WILEY

Delta-Sigma

数据转换器从入门到精通

Understanding Delta-Sigma Data Converters

Second Edition

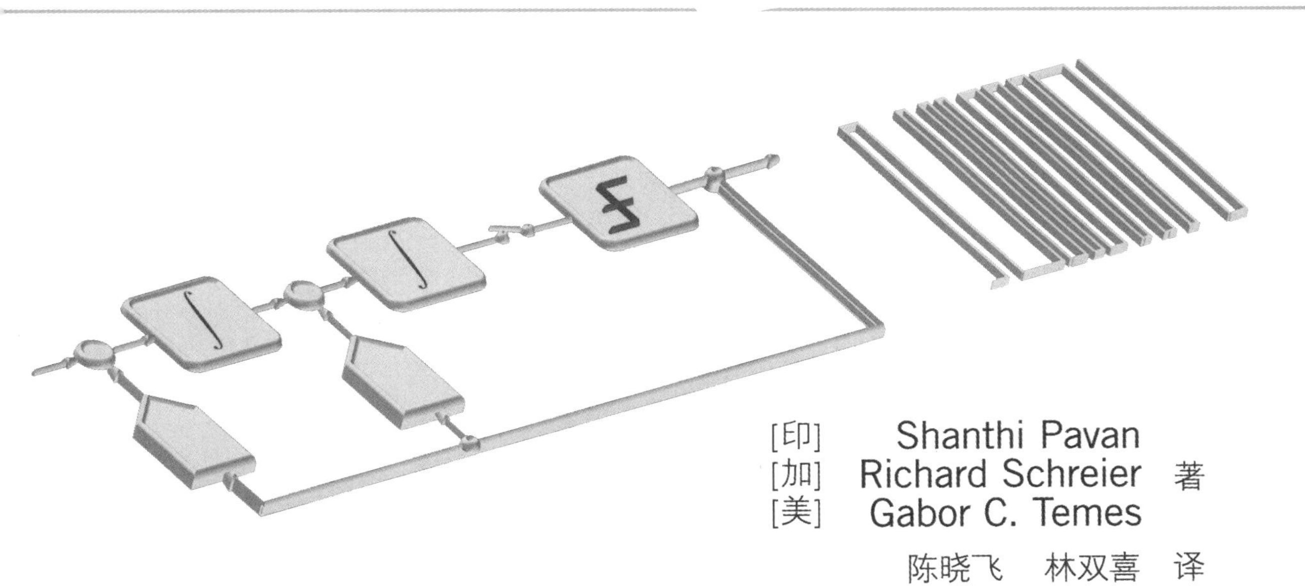

[印] Shanthi Pavan
[加] Richard Schreier 著
[美] Gabor C. Temes

陈晓飞 林双喜 译

華中科技大學出版社
http://www.hustp.com
中国 · 武汉

内 容 简 介

本书首先从简单的概念出发阐述 Delta-Sigma(ΔΣ)数据转换器的工作原理，然后依次讲述了过采样与噪声整形、二阶 ΔΣ 调制器、高阶 ΔΣ 调制器、多级多位量化 ΔΣ 调制器、失配整形、离散时间 ΔΣ ADC、连续时间 ΔΣ ADC、带通和正交 ΔΣ ADC、增量型 ADC、ΔΣ DAC、滤波器等关于 ΔΣ 转换器的几乎全部主题，十分适合初学者，可以作为本科高年级或研究生的教材。同时，本书在讲述这些主题时，借助大量实例，将 ΔΣ 数据转换器的许多理论和设计技术的最新发展给予了详细分析和总结，因此，也可作为工业和学术界 ΔΣ 转换器设计人员的参考书。

图书在版编目(CIP)数据

Delta-Sigma 数据转换器从入门到精通/(印)尚西帕文，(加)理查德·施莱尔，(美)加博尔·特梅斯著；陈晓飞，林双喜译. —武汉：华中科技大学出版社，2021.1(2024.4 重印)
ISBN 978-7-5680-6776-8

Ⅰ.①D…　Ⅱ.①尚…　②理…　③加…　④陈…　⑤林…　Ⅲ.①数-模转换器　Ⅳ.①TP335

中国版本图书馆 CIP 数据核字(2021)第 006005 号

Delta-Sigma **数据转换器从入门到精通**
Delta-Sigma Shuju Zhuanhuanqi Cong Rumen Dao Jingtong

(印)Shanthi Pavan
(加)Richard Schreier
(美)Gabor C. Temes 著
陈晓飞　林双喜 译

策划编辑：祖　鹏
责任编辑：余　涛　李　昊
责任校对：刘　竣
责任监印：周治超
出版发行：华中科技大学出版社(中国·武汉)
武汉市东湖新技术开发区华工科技园
电　　话：(027)81321913
邮　　编：430223
录　　排：武汉市洪山区佳年华文印部
印　　刷：武汉科源印刷设计有限公司
开　　本：787mm×1092mm　1/16
印　　张：29
字　　数：700 千字
版　　次：2024 年 4 月第 1 版第 2 次印刷
定　　价：149.90 元

译者序

Delta-Sigma(ΔΣ)数据转换器在低功耗高精度音频信号数据转换、高精度窄带传感器信号数据转换、射频信号低通和带通数据转换等领域得到了广泛的应用，已成为目前最为流行的转换器架构之一。

本书译自《Understanding Delta-Sigma Data Converters(Second Edition)》。原书结构严谨，内容丰富，包含了ΔΣ调制器工作原理、过采样与噪声整形、二阶ΔΣ调制器、高阶ΔΣ调制器、多级多位量化ΔΣ调制器、失配整形、离散时间ΔΣ ADC、连续时间ΔΣ ADC、带通和正交ΔΣ ADC、增量型ADC、ΔΣ DAC、滤波器等关于ΔΣ转换器的几乎全部主题。并且，在讲述这些主题时，将ΔΣ数据转换器的许多理论和设计技术的最新发展都涵盖其中。

本书深入浅出，从简单的概念出发来阐述ΔΣ数据转换器的工作原理，十分适合初学者，可以作为本科高年级或研究生的教材；同时，该书也提供了丰富实用的设计信息，是工业界和学术界ΔΣ转换器设计人员的一本不可多得的参考书。

本书由华中科技大学的陈晓飞老师组织翻译，参加翻译工作的还有武汉工程大学的林双喜老师，全书由华中科技大学的邹雪城教授审校。译者虽然在ΔΣ数据转换器集成电路设计领域耕耘10余年，但在翻译过程中，却常常为一个词或一句话而反复斟酌，唯恐不能准确传达原书本意。虽然历尽艰辛，最终还是翻译完成并出版以飨读者，使我们甚感欣慰；但是，疏漏和错误之处在所难免，恳望各位读者朋友批评指正！

最后，在本书即将出版之际，还要感谢华中科技大学在读研究生唐敌翔、朱洪波和石俊杰等同学，我们经常在一起讨论书稿；感谢华中科技大学出版社祖鹏老师的大力支持；感谢原书作者Shanthi Pavan教授对我们翻译工作的期望和鼓励。

译者

2020年12月

前言

本书的早期版本[①]旨在不依赖复杂的数学，以简单的概念阐述用于模数转换器(A/D)和数模转换器(D/A)中的差-和(ΔΣ)调制器的原理和操作，还为工业界和学术界的ΔΣ转换器设计人员提供了实用的设计信息。这本书很受欢迎，被称为“绿皮书”，是国际市场上的畅销书。它被翻译成日文，并在中国传播，目前每年在相关学术论文中的引用约为170次。这本书既然如此畅销，我们为何还要撰写新版本呢？

答案是自该“绿皮书”出版以来已经过去了十二年。在此期间，随着极端频谱数据转换器的许多新应用的开发，转换器设计人员的兴趣发生了重大变化。无线应用需要具有GHz级时钟的连续时间ΔΣ ADC，它用于低通和带通信号。在频谱的另一个极端，需要具有非常窄(有时仅10 Hz宽)的信号频带但精度非常高的多路复用ADC，例如，在生物医学方面的应用或应用于环境传感器的接口中。通常，满足这些规格的最佳转换器是增量型ADC，而增量型ADC基本上是一个定期重置和重启的ΔΣ ADC。

为了反映设计师不断变化的需求，本书包括了许多理论和设计技术方面的新材料，且原有材料中主题的重点也发生了变化。在级联(MASH)体系结构、数模转换器DAC失配效应及其缓解方面增加了新的章节，并扩展了连续时间ΔΣ ADC及其非理想性、采样数据和连续时间ADC电路设计技术以及增量型ADC的章节。

在过去的十年里，市面上已经出版了几本涉及ΔΣ ADC特殊技术方面的新书。J. M. De La Rosa和R. Del Rio最近出版的一本书[②]，堪称有关ΔΣ ADC实用信息的百科全书，是对文献的宝贵补充，在此强烈推荐给设计师们。相比之下，我们工作的目的(正如书名所暗示的)是对这些转换器的工作原理有一个基本的了解，并提供一般的设计技术。我们可以设想在课堂环境中使用本书的几种可能方案，第1章到第6章为本书核心理论内容；另外，侧重于离散时间ΔΣ ADC的专业可安排一个学期的课程学习，应涵盖第7、12、13和14章；关于CT ΔΣ调制器的课程将涵盖第1～6章、第8～11章和第14章。

来自学术界和工业界的几位同事在不同阶段审阅了本书的草稿，在此非常感谢他们的帮助。同时感谢Trevor Caldwell(Analog Devices模拟器件公司)、Rakshit Datta(Texas Instruments德州仪器)、Ian Galton(University of California at San Diego加州大学圣地亚哥分校)、John Khoury(Silicon Laboratories硅实验室)、Victor Kozlov(模拟器件公司)、Saurabh Saxena(Indian Institute of Technology Madras印度马德拉理工学院)和Nan Sun(University of Texas at Austin奥斯汀得州大学)，他们细心而机敏的

---

① Understanding Delta-Sigma Data Converters, R. Schreier and G. C. Temes. IEEE Press and Wiley-Interscience, 2005.

② CMOS Delta-Sigma Converters, J. M. De La Rosa and R. Del Rio. IEEE Press and Wiley-Interscience, 2013.

评论有助于提高本书的质量。我们也对 Amrith Sukumaran 的编辑加工表示感谢。

由于篇幅和时间限制，我们对一些主题做了省略或简明扼要的介绍。尽管如此，我们希望本书对教学和自学都是有益的。

SHANTHI PAVAN
金奈(印度)
RICHARD SCHREIER
多伦多(加拿大)
GABOR C. TEMES
科瓦利斯(美国)

目录

1

ΔΣ 调制器的魅力

本章的目的是激发大家对过采样数据转换器的兴趣，并且给出本书所涵盖主题的概览。在本章的末尾，我们将简要概述 ΔΣ ADC 的起源以及这一令人兴奋的领域的发展趋势。

1.1 过采样数据转换器的需求

现在，计算和信号处理任务主要通过数字手段执行，因为数字电路具有鲁棒性，并且可以通过非常小而简单的结构来实现。这些结构又可以组合成非常复杂、准确且快速的系统。数字集成电路(ICs)的速度和(晶体管)密度每年都在增加，从而巩固了数字信号在几乎所有通信和消费产品领域的主导地位。由于物理世界仍然存在模拟信号，因此，数据转换器需要与数字信号处理(DSP)内核连接。随着 DSP 内核的速度和性能提高，与之相关的转换器的速度和精度也必须提高。这对于致力于数据转换器设计的工程师来说是一个持续的挑战。

图 1.1 所示的是一个带有模拟输入/输出信号和一个中央数字引擎的信号处理系统的框图。图 1.1 中模拟输入信号(通常是经过了放大和滤波后的信号)进入一个模数转换器(ADC)转换成数字数据流，该数据流经过 DSP 内核处理后得到的数字输出信号，再通过数模转换器(DAC)转换成模拟信号。DAC 的输出信号通常也经过滤波和放大得到最终的模拟输出信号。

数据转换器(ADC 和 DAC)可分为两大类：奈奎斯特速率(Nyquist-rate)转换器和过采样转换器。在前一类数据转换器中，存在输入和输出之间一对一的对应关系。每个输入采样都被单独处理，不考虑之前的输入样本；换句话说，转换器没有记忆功能。将一个包含 $b_1,b_2,\cdots,b_N$ 位的数字输入字在奈奎斯特速率 DAC 中应用，在理想情况下，其模拟输出的是

$$V_{\text{out}}=V_{\text{ref}}(b_1 2^{-1}+b_2 2^{-2}+\cdots+b_N 2^{-N}) \tag{1.1}$$

其中，V_{ref} 为参考电压，与输入字无关。转换器的精度可以通过比较 V_{out} 的实际值与式(1.1)中的理想值得出。

顾名思义，奈奎斯特速率转换器的采样率 f_s 的最小值是奈奎斯特准则所要求的频率，即两倍的输入信号带宽(B)(实际采样率通常略高于这个最小值)。

在大多数情况下，奈奎斯特速率转换器的线性度和精度由具体电路中使用的模拟

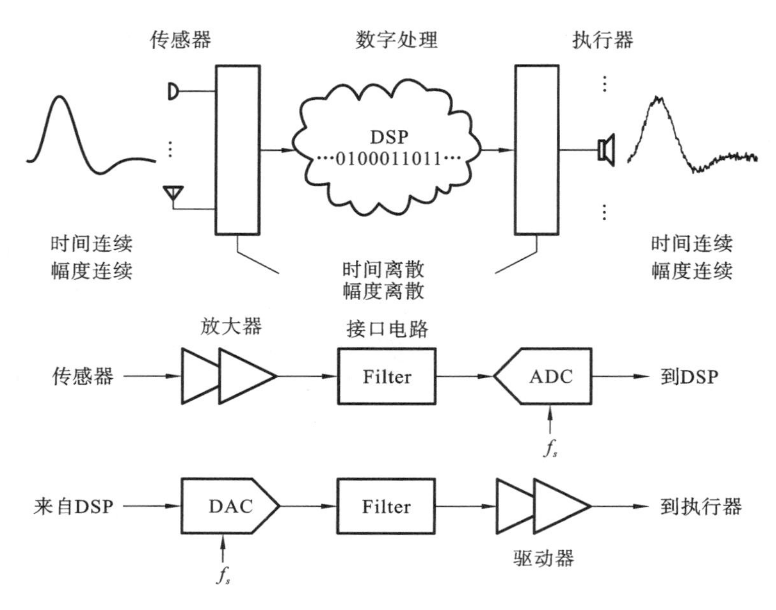

图 1.1 ADC 和 DAC 是现实世界与虚拟世界的接口

元件(电阻、电流源或电容器)的匹配精度所决定。例如,图 1.2 所示的 N 位电阻串 DAC 中,电阻器的相对匹配误差必须小于 2^{-N},才能保证转换器的积分非线性(integral nonLinearity,INL)[①]小于 0.5 LSB。由电流源或开关电容(SC)构成的 ADC 和 DAC 也有类似的匹配要求。实际中,匹配精度被限制在 0.02%左右,因此这种转换器的有效位(ENOB)约为 12 位。

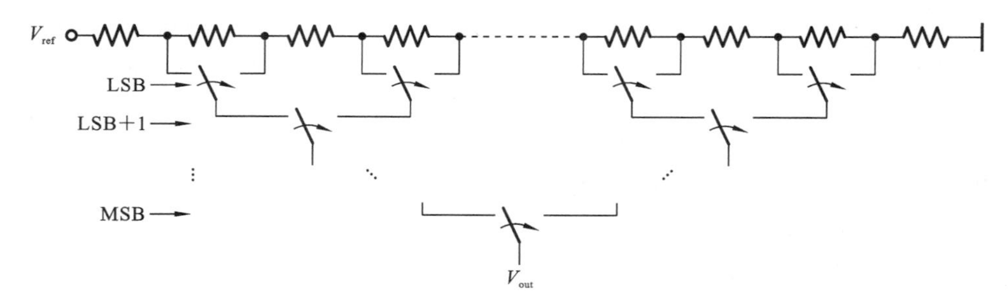

图 1.2 电阻串 DAC(LSB 和 MSB 分别表示数字输入的最低有效位和最高有效位)

在许多应用中(如数字音频),需要更高的分辨率和线性度,有的 ENOB 甚至高达 18 或 20 位。能够达到这样精度的奈奎斯特速率转换器只有积分型或计数型,然而,一个采样需要至少 2^N 个时钟周期才能完成转换,这对于大多数信号处理的应用来说太慢了。

过采样数据转换器通过折中设计,能够在相当高的转换速度下实现 20 ENOB 以上的分辨率。它们使用远高于奈奎斯特频率的采样率,通常高出 8～512 倍,并使用许多前面的输入值来生成每一个输出值,因此,转换器结构中包含记忆元件。该属性破坏了奈奎斯特速率转换器的输入和输出之间的一对一采样关系。对于过采样数据转换器,

---

① INL 是实际输出和理想输出之间的差异。

无论是在时域中还是在频域中,只有比较完整的输入和输出波形,才能评估转换器的精度。

衡量转换器精度的一个常用指标是正弦输入信号的信噪比(SNR)。对于奈奎斯特转换器来说,在满量程的正弦波激励下,ENOB 与 SNR(以 dB 表示)之间的关系是 SNR=6.02 ENOB+1.76。该式的反关系通常应用于过采样数据转换器,将其信噪比 SNR 转换为有效比特位数。

正如后面几章所述,过采样数据转换器的实现除了一些模拟电路外,还需要大量的数字电路,其模拟电路和数字电路的工作速度都要比奈奎斯特速率更快;但是,相比于奈奎斯特速率转换器的相关模拟模块,它对模拟单元的精度要求不是那么苛刻。随着数字集成电路工艺技术的进步,包括更快的工作速度以及增加的数字电路所花费的成本越来越低,以前奈奎斯特速率转换器统治的许多应用,正逐渐被 ΔΣ 数据转换器所取代。

1.2　举例说明奈奎斯特转换和过采样模数转换

为了更好地理解奈奎斯特和过采样模数转换之间的区别,请考虑下面的说明性示例。

1.2.1　咖啡店问题

一个学生每天早上去学校的咖啡店喝咖啡。校园咖啡馆的大杯咖啡售价为 3.47 美元。学生如何支付这笔相当不方便的款项(老式的咖啡馆不接受信用卡)?"奈奎斯特"的支付方式是让学生每天携带面值合适的硬币。不管怎样,她可以用一张 5 美元的钞票支付,希望售货员能找零 1.53 美元;不幸的是,这家咖啡馆的小额硬币严重不足,店员不能接受这种做法。不过,店员和学生达成了一项协议,允许后者用一张 5 美元的钞票付款,同时不要少付或多付咖啡钱。它利用的事实是这个学生每天都去咖啡馆,这就是 ΔΣ 方法,描述如下。

双方达成的协议如下:任何一天,如果学生欠咖啡馆超过 2.5 美元,她就向售货员交一张 5 美元钞票。相反,若她欠了不到 2.5 美元,则不用支付。这个学生记录她欠咖啡馆多少钱。前三天的交易如图 1.3 所示。

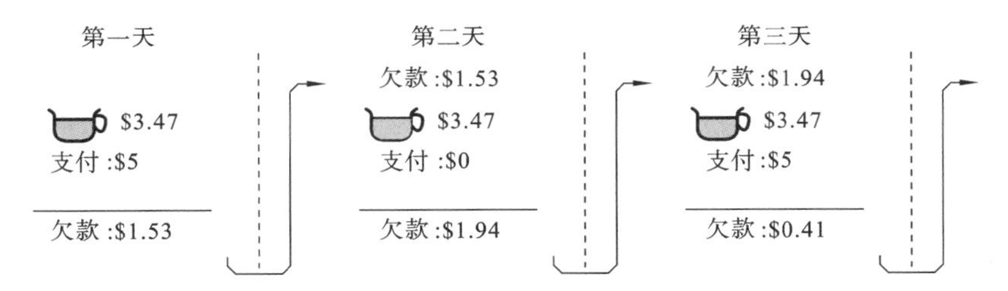

图 1.3　只有 5 美元的钞票,支付 3.47 美元购买大杯咖啡的 ΔΣ 方式

第一天,学生按照约定支付 5 美元。她注意到,在第一天结束的时候,她欠咖啡馆 −1.53 美元。负号表示学生付的钱多了。

第二天在咖啡厅点餐时,学生提醒店员昨天多付了多少钱,学生只需支付 3.47−

1.53＝1.94(美元)。按照约定，她什么也不用付，但她注意到她欠咖啡馆 1.94 美元。

第三天，学生需要支付 5.41 美元，并按照约定，她交给售货员一张 5 美元的钞票。她注意到她欠咖啡馆 0.41 美元。这种情况持续下去，日复一日。

将上述方案转换为信号流图，如图 1.4 所示。在图 1.4 中，u 表示大杯咖啡的价格；$y[n]$ 为量化器的输入，表示学生在第 n 天下单时的欠款总额；$v[n]$ 为量化器输出，表示第 n 天学生的支付额，取值为 0 或 5。因此，$(y[n]-v[n])$ 是学生在第 n 天支付完成后欠咖啡馆的总金额。图 1.4 中的 z^{-1} 模块表示延迟一天。

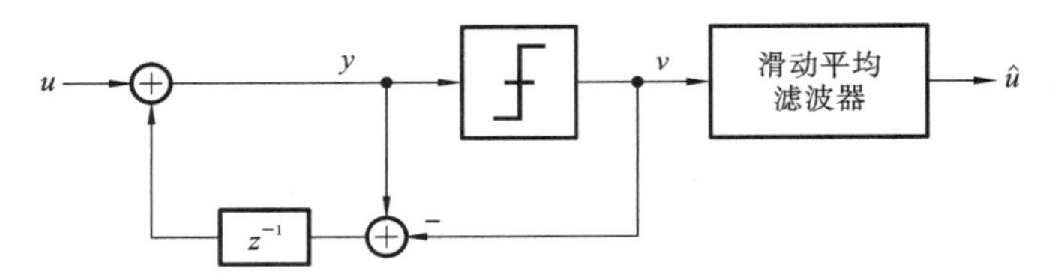

图 1.4　按图 1.3 的算法，u 表示大杯咖啡的费用，$v[n]$ 表示学生在第 n 天支付的费用

图 1.5 所示的是 v 的连续平均值，由下式给出

$$\frac{1}{n}\sum_{k=1}^{n}v[k] \tag{1.2}$$

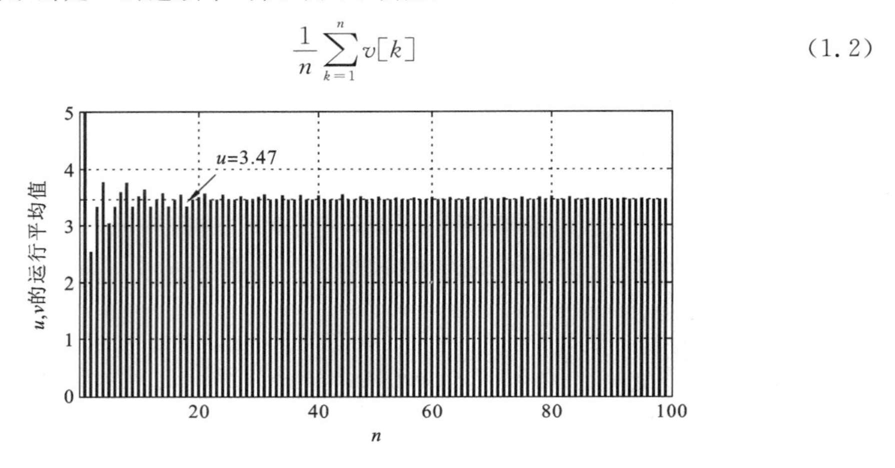

图 1.5　n 较大时，v 的滑动平均值趋近于 u

滑动平均值表示学生为每一大杯咖啡支付的价格是前几天的平均值。当 n 变大时，我们看到它趋于 u，也就是 3.47 美元。

在讨论之初，这个学生可能会觉得很惊讶，只需 5 美元就可以支付 3.47 美元的不方便金额。利用 ΔΣ 方式，事实上，u 从一个样本到另一个样本基本保持不变。它使用反馈使得 v 的平均值近似等于 u。v 的一个单独样本是没有意义的——只能通过对多个样本求平均值来确定 u。为什么这个方案有效？我们将图 1.4 重新绘制，得到如图 1.6 所示的系统，可能更容易理解这一点。我们看到，$y[n]$是学生(从时间开始)在当天拿了咖啡之后所欠的总额，只要这个是有界的，累加器(Σ)的输入的平均值就必须接近于零。因为累加器的输入是输入与反馈序列之差(Δ)，因此，v 和 u 平均下来是相等的。这样，通过嵌入一个(非常粗糙的)2 级量化器到一个负反馈环路中，得到充分平均输出序列，数字估计 $\hat{u}$ 可以很好地代表 u。

图 1.4 和图 1.6 所示的反馈环路是等价的，代表一个一阶 ΔΣ 调制器。前一种结构称为误差反馈结构，而后者更为传统(且可立即识别)，称为误差累加结构。

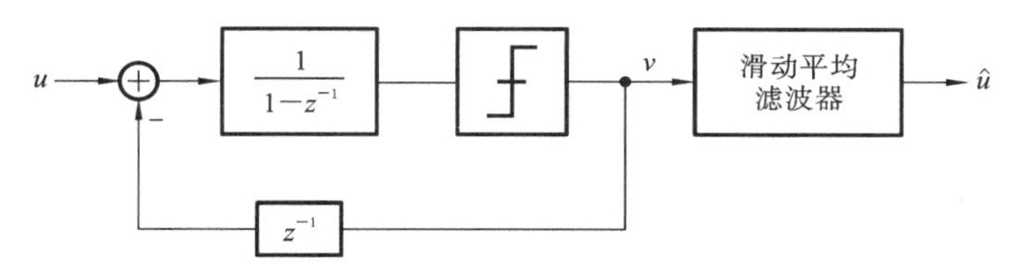

图 1.6 重新绘制图 1.4 的系统

1.2.2 字典问题

一个学生在逛书店时，开始想知道那本珍贵的大部头《韦伯斯特国际英语词典》有多厚。得到词典厚度的直接方法是，找到一把 6 英寸(in，1 英寸＝2.54 厘米)的尺子直接测量词典的厚度，如图 1.7 所示。因为尺子上每八分之一英寸处都有标记，在最坏的情况下，测量厚度的误差将达到十六分之一英寸。这是"奈奎斯特"的方式，其中尺子上两个连续的标记之间的距离与 LSB 相对应。测量的不确定性(用数据转换器术语就是量化误差)只能通过使用刻度更精细的尺子来减小。虽然制作这样一把尺子要付出很多的努力，更别说要辨别尺子上最符合这本巨著厚度的刻度有多么困难。但是，请注意，测量是一次性完成的——这意味着完成测量只需使用一次这把尺子就可以了。

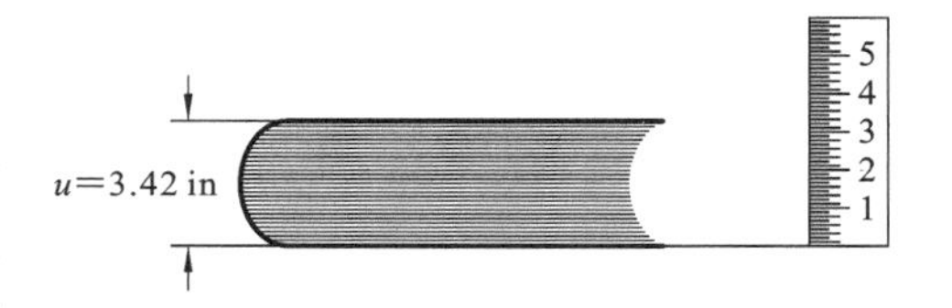

图 1.7 用奈奎斯特法测量《韦伯斯特国际英语词典》的厚度

这个学生发现，专注于精细刻度对眼睛来说是一种巨大压力，他在想是否有可能不需要看尺子上的刻度来测量书的厚度。换句话说，有没有可能用一把具有唯一刻度的 6 英寸的尺子求出书的厚度且精确到 1/16 英寸(甚至更好)？乍一看，这似乎是一项不可能完成的任务——如何用具有唯一刻度的、6 英寸的尺子测量 1/16 英寸的距离呢？

这个足智多谋的学生充分利用了书店有很多册《韦伯斯特国际英语词典》，并且可以随意使用这一条件，设计了下面的算法，并确信可以用任意精度来测量词典的厚度。该算法涉及一系列的操作，其步骤如图 1.8 所示。

在墙壁上，使用 6 英寸刻度的尺子每隔 6 英寸做一个记号。学生把一本《韦伯斯特国际英语词典》放在地板上，使得词典堆栈顶部水平面(此时只包含一个实例)，与墙上最低的记号(也就是地板平面)有交叉。本实验的结果用 v 来表示，记为 6(对应墙上 6 英寸的厚度)。

将另一本《韦伯斯特国际英语词典》放在第一本上，如图 1.8(b)所示。因为添加第二本使得堆栈的高度与墙上的记号交叉，实验结果也被认为是 6。按这种操作方式一直持续下去。在每一步结束时，如果添加一本新词典引起堆栈高度与新的 6 英寸标记交叉，则记为 6，否则记为 0。用 u 表示厚度，则第 n 个实例堆栈的高度由下式给出，即

$$\sum_{k=1}^{n} u = nu \tag{1.3}$$

墙上后退一个 6 英寸标记的高度为

$$\sum_{k=1}^{n-1} v[k] \tag{1.4}$$

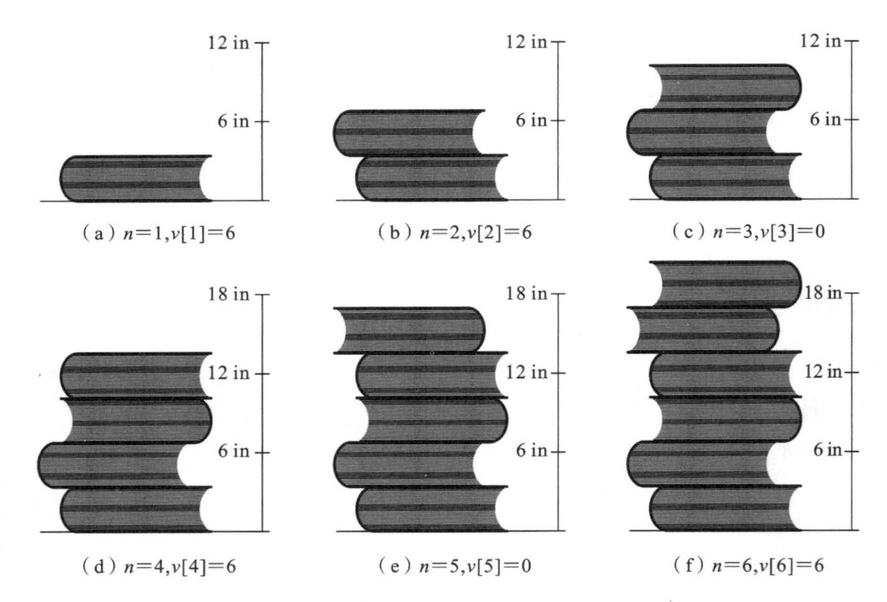

图 1.8　用 ΔΣ 法测量《韦伯斯特国际英语词典》的厚度

将二者比较,有

$$v[n]=\begin{cases}6, & \sum_{k=1}^{n}u\geqslant\sum_{k=1}^{n-1}v[k],\\0, & \text{其他}\end{cases}$$

学生认为在 n 个操作结束时,有

$$0<\sum_{k=1}^{n}v[k]-\sum_{k=1}^{n}u<6 \tag{1.5}$$

因为堆栈的高度和堆栈顶部上方的标记可能不同,最多 6 英寸。这意味着,

$$\frac{1}{n}\sum_{k=1}^{n}v[k]-\frac{6}{n}<u<\frac{1}{n}\sum_{k=1}^{n}v[k] \tag{1.6}$$

因此,只需对序列 $v[n]$求平均就可以得到 u 的估计值。当 n 趋近无穷时,输出序列的平均值就接近这本词典的实际厚度,约 3.42 英寸。

把这位学生的方案翻译成电气工程语言,如图 1.9 所示。输入 u 用一个无延迟积分器求和;输出序列 v 用一个延迟积分器求和(Σ),因为当前判决取决于先前判决的总和。两个累积结果之间的差(Δ)被量化到两个级别之一(在我们的示例中是 0 和 6)。将得到的输出序列通过滑动平均滤波器平均,以得到输入 u 的估计。平均滤波器作用于数字输入,因此它是一个数字滤波器。

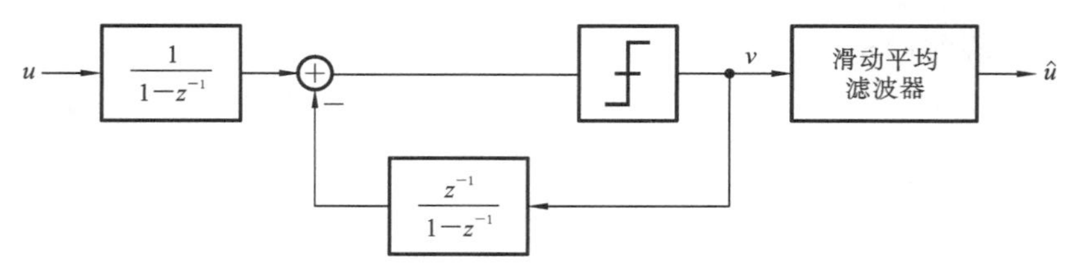

图 1.9　图 1.8 中算法的等效表示

图 1.10 所示的是一个 64 抽头滑动平均滤波器输出 $\hat{u}$ 的前 100 个样本值。在稳定状态下，$\hat{u}$ 与 u 误差范围在 0.05 英寸以内。乍一看，用 6 英寸的刻度尺能分辨出 1 英寸的若干分之一，这确实很了不起。

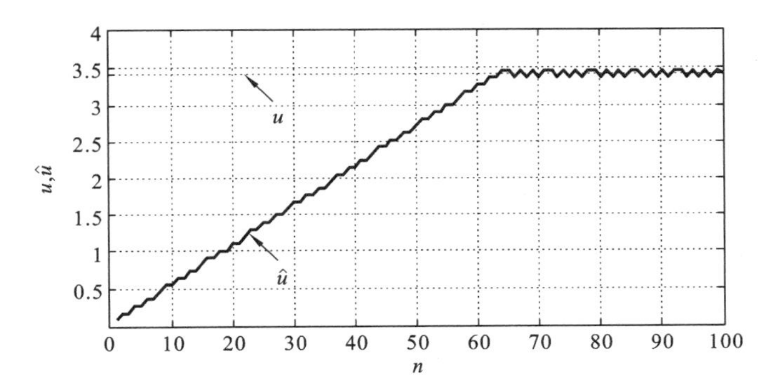

图 1.10　一个 64 抽头滑动平均滤波器输出 $\hat{u}$ 的前 100 个样本值
(u=3.42 英寸，假设 64 抽头滤波器的所有抽头均相等)

对奈奎斯特测量方法和 ΔΣ 测量方法进行比较，它具有一定的指导意义。前者是一次性过程，其测量精度取决于尺子上标记的细度(fineness)和精度(precision)。而后者是一个迭代过程，它包含反馈，因为第 n 次迭代的结果 $v[n]$取决于前面的实验结果。ΔΣ 测量方法依赖于 u 在连续迭代之间不发生变化这一事实，这意味着 u 被严重过采样。此外，$v[n]$不代表 u，u 只能通过平均大量迭代的结果来推断。测量精度通常随着 n 的增加而提高，平均 1000 个样本值可以将误差减小到 0.006 英寸。

实现图 1.9 的一个实际问题是，两个积分器的输出都会随着 n 的增长而增加。在书店的示例中，图 1.8 中的词典堆叠由于天花板空间限制而可能达到上限。同样，电子积分器对其最大允许输出量也有限制。这可以通过简单地将积分器移动到环路中来避免，如图 1.11 所示。

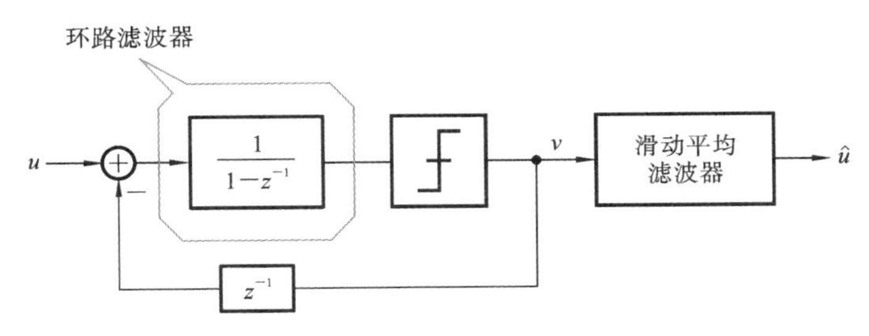

图 1.11　通过将积分器移入环路来解决图 1.9 中系统的"净空问题"
(平均 v 后得到 u 的估计值为 $\hat{u}$)

在图 1.11 中，$\hat{u}$ 是 u 的数字表示，并且系统将连续值输入 u 转换为量化输出。这是通过在负反馈环路中嵌入粗量化器(在我们的示例中，该量化器只有两个级别——0 和 6 英寸)来实现的。图 1.11 中的反馈回路称为调制器(或转换器)，更准确地说，它代表一阶二电平调制器。积分器的输出被量化，通常称为环路滤波器。

本节讨论的是对调制背后的基本概念的简单介绍。第 2 章将会给出一阶环路更详细的变迁、分析以及实现相同功能的替代方法。

读者可能想知道为什么测量必须以图 1.8 所示的迭代方式进行，为什么不直接堆叠 64 本词典,并测量堆栈的高度(到最近的 6 英寸标记处),然后除以 64? 为了解释这一点,我们用 $e[n]$表示图 1.11 中的量化器在第 n 次迭代中引入的误差,很容易看出:

$$v[n]=u[n]+e[n]-e[n-1] \tag{1.7}$$

M 抽头滑动平均滤波器(加权相等)的输出由下式给出

$$\hat{u}=\frac{1}{M}\sum_{k=r+1}^{M+r}v[k]=u+\frac{1}{M}(e[r+M+1]-e[r]) \tag{1.8}$$

显而易见,$\hat{u}$ 就是通过叠加 M 本词典,测量堆栈到最近的 6 英寸标记,并将它除以 M 得到的结果。从上面的方程中,我们观察到,$\hat{u}$ 中的估计误差是由于滑动平均滤波器处理的头 64 个样本和最后 64 个样本(假设 $M=64$)中的 e 造成的。这表明,通过非均匀地加权 $v[n]$可以减小量化误差,也就是说,更加重视中间样本集,而不是那些接近尾部的样本集。这种直觉是通过用具有三角脉冲响应的 64 抽头滑动平均滤波器,对调制器的输出序列进行滤波来证实的;由图 1.12 可以看出,这种滤波器输出的峰到峰的偏移,比将 $v[n]$中所有样本平均加权的情况小得多。因此,在每次添加一本词典时,观察堆栈的高度是有益的,因为这使得使用任意滑动平均滤波器成为可能。回想一下,测量一堆 64 本字典的高度(到最接近的 6 英寸标记处)并除以 64,相当于对 $v[n]$的样本均匀加权。总之,选择后置滤波器来处理调制器的输出比简单地对输出进行平均要多得多。理解了如何设计后置滤波器,在频域中对 ΔΣ 调制器的研究是有帮助的。

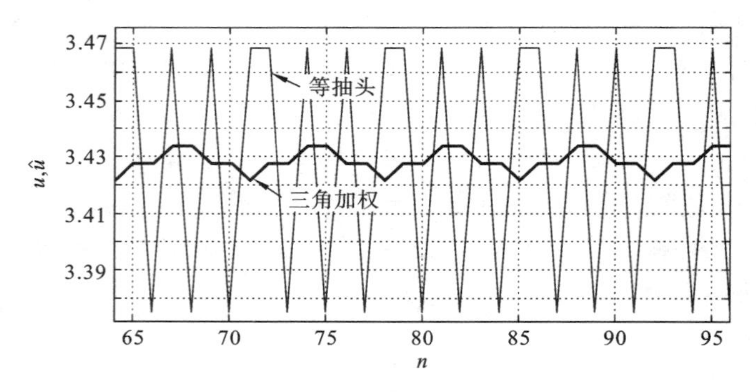

图 1.12　等权重滑动平均滤波器的输出以及三角加权响应

上面的例子认为调制器的输入 u 是常数,实际上,被数字化的输入信号具有非零带宽(比采样率小得多),然后,可以对数字后置滤波器的输出(它是以采样率表示的序列)进行降采样(downsampled),使得输出采样率等于与输入信号相对应的奈奎斯特速率。图 1.13 所示的是带一阶 ΔΣ 调制器的 ADC 的系统模型。图 1.11 所示调制器的反馈路径中的延迟元件已经被推入到前馈路径,这样做的结果是输入将延迟一个采样。数字后置滤波器和降采样器的组合称为抽取滤波器或抽取器。

由于 ΔΣ 调制器中的量化误差引起的输出噪声是 $q[n]=e[n]-e[n-1]$,在 z 域中,可变为 $Q(z)=(1-z^{-1})E(z)$;在频域中,用 $e^{j\omega}$ 替换 z,得到输出噪声的功率谱密度(PSD)为

$$S_q(\omega)=4\sin^2\left(\frac{\omega}{2}\right)S_e(\omega) \tag{1.9}$$

式中:$S_e(\omega)$是内部 ADC 量化误差(噪声)的单边 PSD。对于"繁忙"(快速且随机变化)的输入信号,可以用均方值 $\Delta^2/12$ 的白噪声近似为 e,其中 Δ 是量化器的步长,因此,有

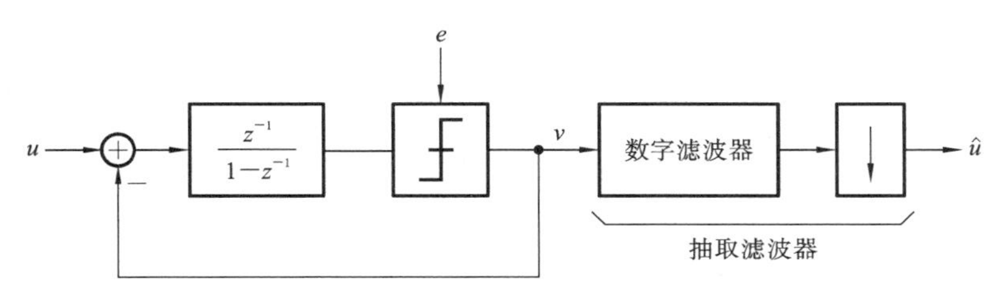

图 1.13　带一阶 ΔΣ 调制器的 ADC 的系统模型

$$S_e(\omega)=\frac{\Delta^2}{12\pi} \tag{1.10}$$

滤波函数$(1-z^{-1})$称为噪声传递函数(NTF),NTF 的平方值与频率的关系如图 1.14 所示,ΔΣ 调制器的 NTF 是一个高通滤波器函数,e 在 0 频率附近处被抑制,但是 NTF 在 $\omega=\pi$ 附近处增强 e。

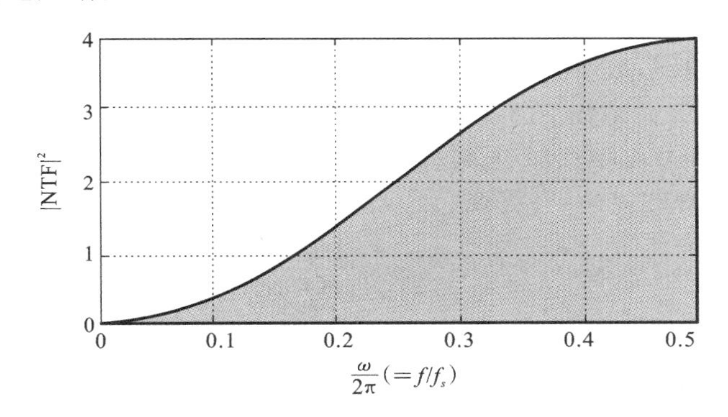

图 1.14　图 1.13 的调制器的噪声整形功能

接下来我们介绍过采样率,有

$$\mathrm{OSR}=\frac{f_s}{2f_B} \tag{1.11}$$

式中:f_B 是最大信号的频率,即信号带宽。OSR 定义了过采样调制器的采样率比奈奎斯特速率转换器的采样率快多少。

结果表明,调制器输出的量化噪声的带内分量由下式给出

$$q_{\mathrm{rms}}^2=\frac{\pi^2}{3}\frac{e_{\mathrm{rms}}^2}{\mathrm{OSR}^3} \tag{1.12}$$

如预期的那样,带内噪声随着 OSR 的增加而减小。然而,这种降低相对缓慢;将 OSR 加倍仅将噪声降低 9 dB,因此它只将 ENOB 提高约 1.5 比特。

本章仅仅是一个简单介绍,以激发大家对过采样 ΔΣ 调制器的兴趣。第 2 章将详细介绍采样、过采样和一阶 ΔΣ 调制器。

1.3　高阶单级噪声整形调制器

正如读者可能预期的,提高调制器的分辨率(ENOB)的方法是使用高阶环路滤波器。通过向图 1.13 的调制器添加另一个积分器和反馈路径,得到如图 1.15 所示的结

构。线性分析得到

$$V(z)=z^{-1}U(z)+(1-z^{-1})^2E(z) \tag{1.13}$$

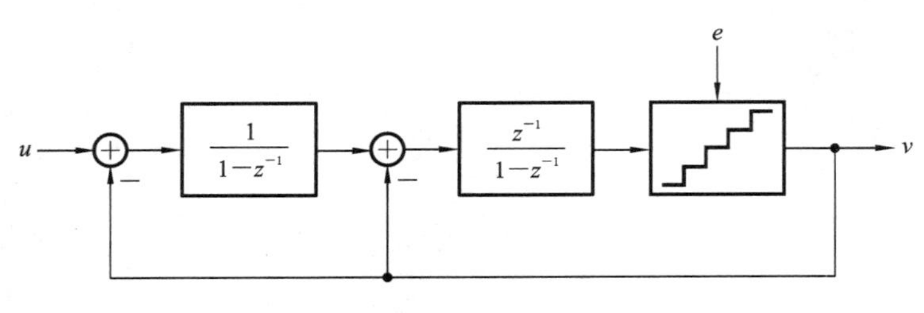

图 1.15　二阶 ΔΣ 调制器

这表明，在 z 域中，NTF 现在是 $(1-z^{-1})^2$，它对 e 的 PSD 应用了 $(2\sin(\omega/2))^4$ 的整形函数。由此可见，带内噪声功率是(对 OSR≫1 的良好近似)

$$q_{\mathrm{rms}}^2=\frac{\pi^4 e_{\mathrm{rms}}^2}{5\mathrm{OSR}^5} \tag{1.14}$$

因此，加倍 OSR 可以得到大约 2.5 位的额外分辨率，这是一个比一阶调制器更有利的选择。第 3 章将详细分析二阶调制器及其实现方法。

原则上，通过向环路中添加更多的积分器和反馈支路，可以获得更高阶的 NTF。L 阶环路滤波器产生 $\mathrm{NTF}(z)=(1-z^{-1})^L$，带内噪声功率近似为

$$q_{\mathrm{rms}}^2=\frac{\pi^{2L} e_{\mathrm{rms}}^2}{(2L+1)\mathrm{OSR}^{2L+1}} \tag{1.15}$$

并且，当 OSR 倍增，分辨率的比特数将增加 $(L+0.5)$。

通过上面的讨论，看起来好像使用带有适当选择的(非常高阶)NTF 可以获得任意高的信噪比 SNR，甚至对于较小的 OSR 也是如此。但正如读者怀疑的那样，听起来感觉太好的反而不可能是真的。事实证明，对于高阶回路，迄今为止被忽略的稳定性考虑将可实现的分辨率降低到低于上述方程给出的值。对于高阶 1 位调制器，其差别很大，比如一个五阶调制器，其差值超过 60 dB。第 4 章将详细讨论高阶调制器的稳定性、设计中涉及的折中以及实现它们的各种方法。

1.4　多级多位量化器 Delta-Sigma 调制器

使用高阶环路抑制带内量化噪声的原理是将噪声除以大的环路增益，通过在环路中加入更多的积分器来获得。另一种实现相同目标的策略是通过测量和减法消除量化误差。事实证明，这种方法缓解了高阶调制器的稳定性问题，得到的结构称为级联调制器，也称为多级或 MASH(multi-stage noise-shaping，多级噪声整形)调制器。第 5 章主要介绍 MASH 以及基于该基本思想的其他技术。

级联调制器的基本原理如图 1.16 所示，第一级的输出信号由下式给出

$$V_1(z)=\mathrm{STF}_1(z)U(z)+\mathrm{NTF}_1(z)E_1(z) \tag{1.16}$$

式中：STF_1 和 NTF_1 分别是第一级的信号传递函数和噪声传递函数，第二级是为了提高信噪比 SNR，即超过 NTF_1 所能提供的 SNR。

如图 1.16 所示，输入级的量化误差 e_1 是以模拟形式从内部量化器的输出减去输入求得，然后将 e_1 送入另一个环路，形成调制器的第二级，并转换成数字形式。因此，第

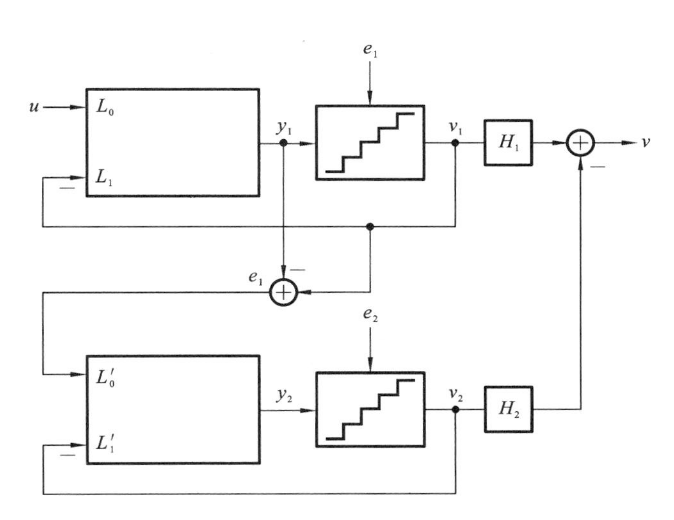

图 1.16 级联调制器的基本原理

二级在 z 域中的输出信号为

$$V_2(z)=\mathrm{STF}_2(z)E_1(z)+\mathrm{NTF}_2(z)E_2(z) \tag{1.17}$$

式中：STF_2 和 NTF_2 分别是第二级的信号传递函数和噪声传递函数。通过设计两个调制器环路的输出处的数字滤波器级 H_1 和 H_2，使得在系统的整体输出中第一级误差 e_1 被抵消，根据式(1.16)和式(1.17)，实现这一点要满足下述条件：

$$H_1(z)\mathrm{NTF}_1(z)=H_2(z)\mathrm{STF}_2(z) \tag{1.18}$$

欲满足式(1.18)，H_1 和 H_2 最简单(通常也是最实用)的选择是 $H_1=k\cdot\mathrm{STF}_2$ 和 $H_2=k\cdot\mathrm{NTF}_1$，其中 k 为常数，用来得到单位信号的增益。由于 STF_2 通常只是一个延迟，H_1 很容易实现，故总的输出由下式给出

$$V(z)=k\cdot\mathrm{STF}_1(z)\mathrm{STF}_2(z)U(z)+k\cdot\mathrm{NTF}_1(z)\mathrm{NTF}_2(z)E_2(z) \tag{1.19}$$

在典型情况下，MASH 调制器的两级都可能包含一个二阶环路，它们的传递函数可以由 $\mathrm{STF}_1=z^{-1}$，$\mathrm{STF}_2=0.5z^{-2}$ 和 $\mathrm{NTF}_1=\mathrm{NTF}_2=(1-z^{-1})^2$ 给出。选择 $k=2$，我们得到的输出是

$$V(z)=z^{-2}U(z)+2(1-z^{-1})^4E_2(z) \tag{1.20}$$

因此，这个噪声整形性能本质上是四阶单环路变换器的噪声整形性能，但具有二阶稳定性。如果不能完全满足式(1.18)的条件，例如，由于模拟传递函数实现的不完美，那么 $E_1(z)$将出现在输出端，并乘以 $k\cdot[\mathrm{STF}_2\mathrm{NTF}_{1a}-\mathrm{NTF}_1\mathrm{STF}_{2a}]$，其中下标“a”表示模拟传递函数的实际值。这并不奇怪，因为任何基于抵消技术的有效性总是因为失配而降低，如第 5 章将介绍，失配会导致转换器的噪声性能严重恶化。

1.5 多位 ΔΣ 调制器的失配整形

量化器是按一个 ADC 和一个 DAC 的级联来实现的，如图 1.17 所示。DAC 出现在 ΔΣ 调制器的反馈路径中，其非线性导致整个转换过程相当大的非线性，这是因为 DAC 输出信号的带内部分被反馈环路强制以非常精确地跟随输入信号 u。因此，如果 DAC 是非线性的，它的输入将失真，从而给出精确的输出。因为 DAC 的输入是转换器的输出，所以转换器的输出失真。

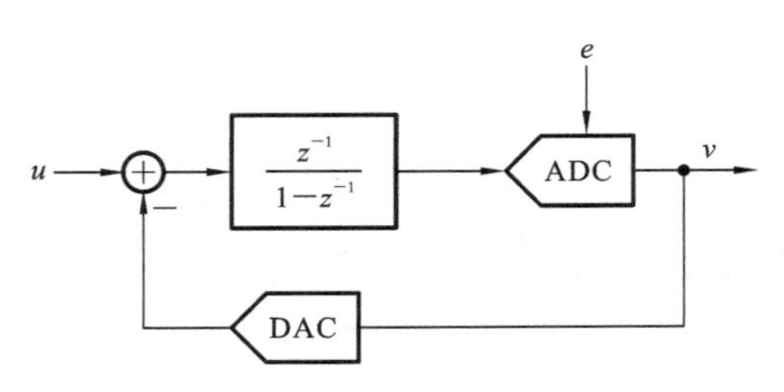

图 1.17　用 ADC 和 DAC 的级联实现一个 ΔΣ 调制器中的量化器

正是这个事实迫使早期 ΔΣ 调制器的设计者在 ΔΣ 环路中使用单比特内部 DAC。单比特 DAC 具有内在线性这一非常重要的优点。由于对单比特 DAC 的输入只取两个值，所以 DAC 的传输特性可以用输入、输出平面中的两个点来表示。因此，穿过这些点的直线精确地模拟了 1 位 DAC。换句话说，DAC 由 $v_d = kv + \text{offset}$ 方程精确描述，其中 k 和 offset 是常数。由于服从这种模型的系统不引入失真，所以 1 位 DAC 被称为固有线性 DAC。

相反，单比特 ADC（本质上是比较器）增益系数不确定，这将在第 2 章阐明，在第 3 章和第 4 章也会讲到，包含 1 位量化器的环路必须在大的环路增益范围内保持稳定。这种考虑导致允许的输入信号摆幅减少，从而导致 SNR 降低。

对于多位量化器，由于量化器增益定义明确，环路在本质上更稳定，并且环路的无过载范围也会增加。事实上，线性分析可以用来设计调制器，从而保证其稳定性。此外，量化器每增加 1 位，量化噪声将降低 6 dB，并且由于可以使用高阶噪声整形函数，所以，即使在低 OSR 值下，多比特调制器也可以具有非常高的 ENOB。因此，解决多比特量化所固有的 DAC 非线性问题具有很强的动机。虽然早前使用的是元件修调等蛮力技术，但目前较为流行的技术是，使用辅助数字电路来操纵 DAC 的元件，以减少 DAC 非线性引入的误差信号的带内部分。这个技术在概念上与 ΔΣ 调制器中使用噪声整形非常相似，通常用术语失配整形来描述。与噪声整形一样，失配整形的效果随着 OSR 的增大而增大。对于极低的 OSR 值（OSR<8），可以使用数字技术来确定并修正 DAC 的非线性。第 6 章将详细介绍解决多比特 Delta-Sigma 调制器 DAC 失配的基本原理。

1.6　连续时间 ΔΣ 调制器

在本章的开头，我们看到 ADC 将连续时间模拟信号（在时间和振幅上是连续的）转换为数字信号（在时间和振幅上被量化），一个离散时间调制器作用于模拟信号的采样值，它的作用是量化这些采样。另一方面，连续时间 ΔΣ 调制器（CTΔΣM），与连续时间输入信号 $u(t)$ 一起工作。理解 CTΔΣM 有很多种方法，下面对此进行介绍。在前几章讨论离散时间 ΔΣ 设计的基础上，第 8 章将更深入地探讨连续时间 ΔΣ 调制器。

图 1.18(a)所示的是一个一阶低通滤波器，这个放大器是理想的。无论（连续时间）输入 $u(t)$ 如何，平均电容电流 $\overline{i_C(t)}$ 必须为零，否则，电容器两端的电压将变为无界。因此，$\overline{i_1(t)} = \overline{i_2(t)}$，这导致 $\overline{u(t)} = -\overline{v(t)}$。

接下来，以 f_s 的速率对放大器的输出进行采样，如图 1.18(b)所示，得到的序列 $v[n]$ 在通过电阻器反馈之前是零阶保持。假设反馈环路是功能性的，则平均电容电流仍然为零，这意味着 $u(t)$ 的平均值仍然等于 $v(t)$ 的平均值，后者现在指的是 ZOH（零阶保持器）的输出，而 $\overline{v(t)}$ 等于序列 $v[n]$ 的平均值。因此，通过在环路中插入采样器，我们能够将输入波形 $u(t)$ 的平均值与输出序列的平均值联系起来。现在，如果输入信号变化非常缓慢（相对于采样周期而言），则 $u(t)$ 和它的局部平均值基本上相同。在这种情况下，$u(t)\approx-\overline{v[n]}$，至此模数转换器的战斗已经赢得了一半——我们已经完成了时间的离散化。

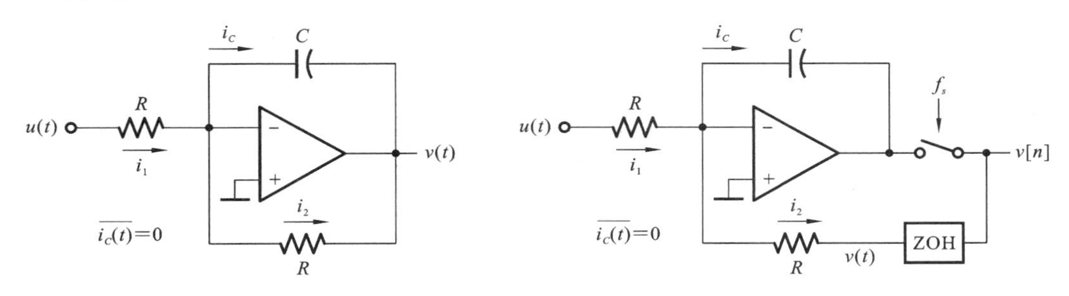

（a）一阶低通滤波器　　（b）对放大器的输出进行采样，并使用ZOH反馈采样序列

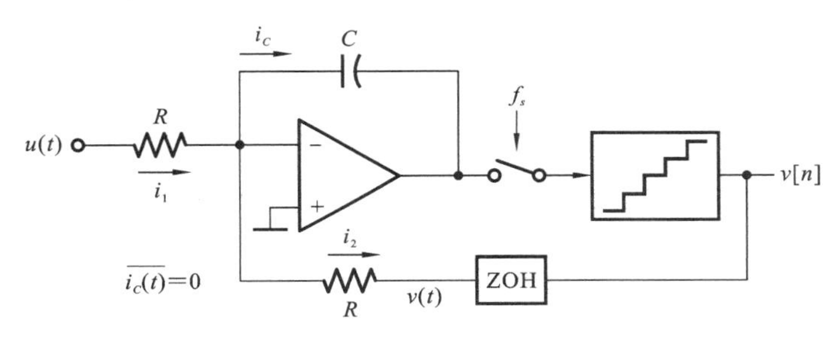

（c）在反馈之前量化输出序列

图 1.18　CTΔΣM 结构

下一步是通过 ZOH 将 $v[n]$ 反馈之前量化。假设环路仍然稳定，并且 $u(t)$ 缓慢变化，$u(t)$ 仍然近似等于 $-\overline{v[n]}$。$v[n]$ 现在不仅在时间上是离散的，而且在振幅上也是离散的，因此，它可以以数字形式表示。注意，与离散时间的情况一样，只有 $v[n]$ 的平均值近似等于 u，而孤立的单个样本集是没有任何意义。图 1.18(c) 所示的系统是一阶 CTΔΣM，其输出序列必须经过适当选择的数字滤波器处理，以便适当地平均 $v[n]$ 并产生 $u(t)$ 的估计。与离散时间的情况一样，高阶环路滤波器能更好地抑制带内量化噪声。

当 $u(t)=\cos(2\pi f_s t)$，即频率等于采样率的正弦波，检查一阶 CTΔΣM 的输出是有意义的。由于虚拟地电压为零，并且 $\overline{u(t)}=0$，因此 $\overline{i_1(t)}=0$。这意味着 $\overline{i_2(t)}$ 必须为零。这又意味着 $\overline{v[n]}=0$，表明 CTΔΣM 不对等于采样频率的输入作出响应。CTΔΣM 的这种显著特性使其区别于所有其他 ADC 架构，它不能将 f_s 频率的输入与直流输入区分。CTΔΣM 对直流输入和 f_s 频率输入作出不同响应的能力称为隐式抗混叠。第 8 章将详细讨论连续时间 ΔΣ 调制器的基本原理。

然而，CTΔΣM 具有很多非理想性——量化器的过量延迟、环路滤波器的时间常数变化、时钟抖动等。第 9 章将分析这些非理想性的影响以及如何规避它们。第 10 章将给出组成 CTΔΣM 模块的电路设计考虑。

通用单环路 CTΔΣM 的框图如图 1.19 所示。环路滤波器处理 $u(t)$ 和 $v(t)$，并且它是线性和时不变的。对滤波器的输出进行采样和量化，其中，采样是一种时变操作。量化器是非线性的，事实上，由于其传输曲线中的陡变，它的非线性十分明显。为了添加激励，所有这些模块都被封闭在负反馈回路中。故 CTΔΣM 可以被描述为包含负反馈的部分线性、部分非线性、部分时不变、部分时变、部分连续时间和部分离散时间的系统。因此，理解 CTΔΣM 时会使人们接触到各种各样的主题——从信号处理和系统理论到精密电路设计。除了其明显的教学价值，CTΔΣM 在实践中也具有重要意义，它就是我们所说的全能系统。

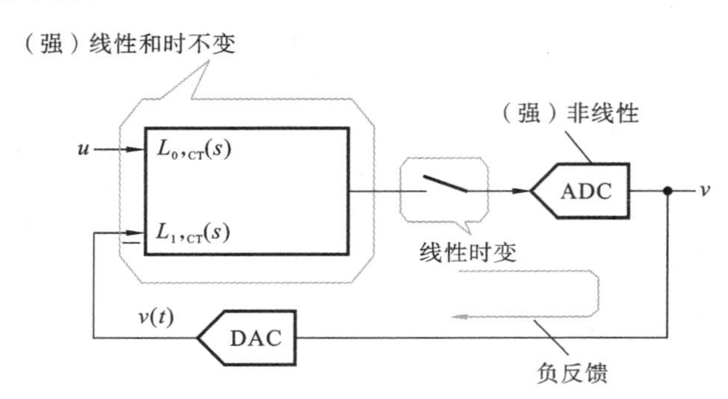

图 1.19　通用单环路 CTΔΣM 的框图

1.7　带通 ΔΣ 调制器

到目前为止，我们都假设信号能量集中在以直流为中心的低频窄带中。在诸如 RF 通信系统之类的应用中，信号集中在中心频率 f_0 周围的窄带宽 f_B 中，其中 f_B 远小于 f_s，而 f_0 不是。在这种情况下，调制仍然有效，但是现在噪声传递函数 NTF 必须具有带阻特性，而不是零点位于 f_0 或 f_0 附近的高通特性。

图 1.20 比较了低通 ΔΣ 调制器和带通 ΔΣ 调制器的概念性输出频谱。获得带通 ΔΣ 调制器 NTF 的一种简单方法是首先找到合适的低通 NTF，然后在其上执行 z 域映射。例如，$z \to -z^2$ 变换将围绕直流 DC（即 $z=1$）的频率范围映射到围绕 $\pm f_s/4$（即 $z=\pm\mathrm{j}$）的范围，因此，得到的 NTF 在 $f_0=f_s/4$ 附近具有小的值，将抑制那里的量化噪声。这种带阻噪声整形使得对于其能量被限制在 $f_s/4$ 附近频率的信号，能够实现高信噪比（signal-to-noise ratio，SNR）。

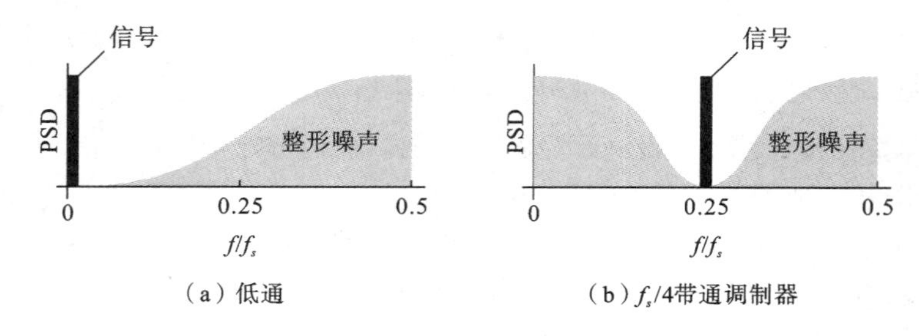

（a）低通　　（b）$f_s/4$ 带通调制器

图 1.20　概念性输出频谱

注意，这种映射将低通 NTF 的阶数加倍，并将 NTF 的零点从 $z=1$ 附近变换到 $z=\pm\mathrm{j}$ 附近，如图 1.21 所示。第 11 章将详细讨论获得带通 ΔΣ 调制器 NTF 的其他技术

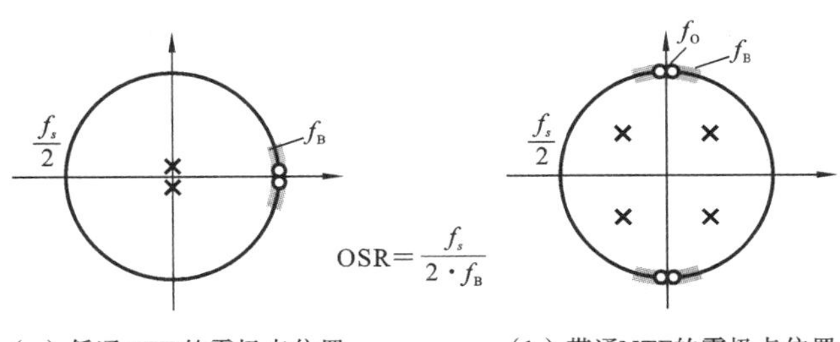

（a）低通NTF 的零极点位置 （b）带通NTF的零极点位置

图 1.21 零极点位置

以及用于带通 ΔΣ 调制器的电路设计技术。

1.8 增量型 ΔΣ 变换器

到目前为止，我们通过在信号带宽上积分 ΔΣ 调制器的频谱密度来评估其带内量化噪声，这只有在跟随调制器之后的数字滤波器具有矩形响应时才是合理的。这种要求只能在实践中近似，并且像所有尖锐滤波器一样，滤波器的脉冲响应可能非常长。这意味着 ΔΣ 调制器和伴随的后置滤波器具有显著的记忆性，这使得传统的 ΔΣ 调制器不适用于 ADC 在多个传感器之间多路复用的应用中，或者在 ADC 必须以间歇方式工作时。

一种不同的 ADC 方案是增量 ADC，它应用了 ADC 的噪声整形算法，但仅限于奈奎斯特率 ADC 的逐个采样操作。这个 ADC 家族和其“传统表亲”关系密切，它们构成了第 12 章的主题。

1.9 ΔΣ 数模转换器

使用 ΔΣ 调制实现高性能 DAC 的动机与 ADC 的相同：对于奈奎斯特速率 DAC 来说，即使是有可能的，但也很难实现比大约 14 位字长更好的未修调线性度和精度。通过 ΔΣ 调制，这个任务变得可行。一个 ΔΣ DAC 系统如图 1.22 所示。通过以过采样时钟速率操作一个全数字 ΔΣ 调制器环，例如 18 位字长的数据流可以改变为一个高速单比特的数字信号，这样就能够保留基带频谱。为了使带内噪声可以忽略不计，系统对环路中产生的大量截断噪声进行整形，然后可以使用简单的二电平 DAC 电路将单比特数字输出信号高线性度地转换为模拟信号。带外截断噪声随后可以使用模拟低通滤波器去除。

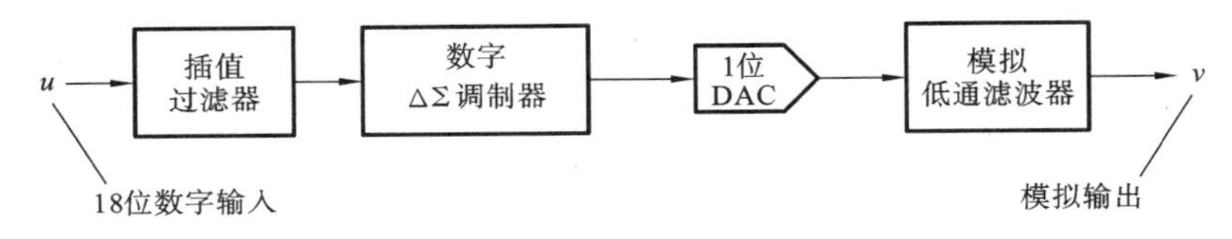

图 1.22 一个 ΔΣ DAC 系统

与模拟回路的情况一样，使用单比特截断可能导致系统不稳定，从而限制噪声整形的有效性。使用多位（通常为 2～5 位）截断可以增强噪声整形，并使模拟后置滤波器的任务更加容易。对于带内信号，DAC 的线性度可以通过在模拟多位 ADC 的内部 DAC 中使用相同的失配整形技术来实现。与 ADC 的情况一样，它也可以设计带通 DAC，噪声整形现在在位于非零中心频率 f_0 附近的窄带中抑制截断噪声，中心频率 f_0 不必小于时钟频率 f_s。我们在第 13 章中将详细讨论 ΔΣ DAC。

1.10 抽取和插值

跟随 ΔΣ ADC 的数字滤波器具有消除整形噪声的关键功能。假设有一个理想的砖墙（矩形）滤波器（brick-wall filter），调制器的滤波输出相对于采样率具有更小的带宽，这允许数字滤波器的输出被降采样，并以奈奎斯特速率产生一个输出序列。砖墙特性在实践中只能近似，这意味着滤波器特性应该非常尖锐，以防止采样降频时发生的混叠而导致带内 SQNR 衰减。数字滤波和降采样由抽取滤波器执行。同样，在 DAC 信号链的起始端出现一个具有类似要求的滤波器，称为插值滤波器。我们在第 14 章中将给出抽取和插值滤波器的设计思想。

1.11 规格指标和品质因数 FoM

ADC 的主要规格包括功耗 P、信号带宽（BW）和有效位数（ENOB）。显然，很难甚至不可能同时满足 ENOB、BW 和 P 的指标，而其他指标则相对容易满足。为了量化难度，通常计算品质因数（figure of merit，FoM）来反映 ADC 的功率效率。有两种常用的 FoM，其中 Walden FoM 将其[1]定义为

$$\mathrm{FoM}_W = \frac{P}{2^{\mathrm{ENOB}} \cdot f_{\mathrm{N}}} \tag{1.21}$$

式中：P 是 ADC 所需的功率；ENOB 是有效位数；f_{N} 是奈奎斯特频率。FoM 的单位是焦耳，它给出了每个转换步长（LSB 步长）所需的能量。注意，较小的 FoM 表示更高效的 ADC。另一个 FoM 定义，最初由 Rabii 和 Wooley[2] 提出，称为 Schreier FoM，它被定义为

$$\mathrm{FoM}_S = \frac{\mathrm{DR} \cdot \mathrm{BW}}{P} \tag{1.22}$$

或

$$\mathrm{FoM}_S(\mathrm{dB}) = \mathrm{DR}(\mathrm{dB}) + 10 \cdot \lg\left(\frac{\mathrm{BW}}{P}\right) \tag{1.23}$$

式中：DR 表示 ADC 的动态范围。较大的 FoM 表示更高效的 ADC。下面给出定义该 FoM 的动机。我们假设该技术决定满量程信号功率，因此，DR 将由可变带内噪声功率 q_{rms}^2 决定。我们还假设噪声是白噪声，所以 q_{rms}^2 与信号带宽 BW 成比例，DR 与 1/BW 成正比。因此，对于给定的 ADC，若 P 确定，则其乘积 DR · BW 是常数。

对于固定的 BW，功率消耗 P 与所需的 DR 成正比。为了说明这一点，假设 ADC 采用多通道实现，如图 1.23 所示，每一个通路的 ADC 是相同的，第 i 个 ADC_i 产生的输出信号和噪声输出分别用 $v_i[n]$ 和 $q_i[n]$ 表示。由于信号是完全相关的，因此输出信号功率是 $k^2 \cdot v_{\mathrm{rms}}^2$；而噪声输出是不相关的，因此总噪声输出功率为 $k \cdot q_{\mathrm{rms}}^2$。故 ADC 总的动态范围将是每个子 ADC 的 DR 的 k 倍。如果每个子 ADC 需要功率 P，那么总

功率将是 $k \cdot P$。因为 DR 和 P 都与 k 成正比，因此它们也相互成正比关系。可以看到，这个结果与热噪声功率可以通过降低电路阻抗来降低的直观认识是一致。将所有的 C、g_m 和 $1/R$ 值增加 k 倍($k>1$)，则 DR 变为 $k \cdot$ DR，但它将增加所有电流，因此，对于固定偏置电压，P 也增大了 k 倍。

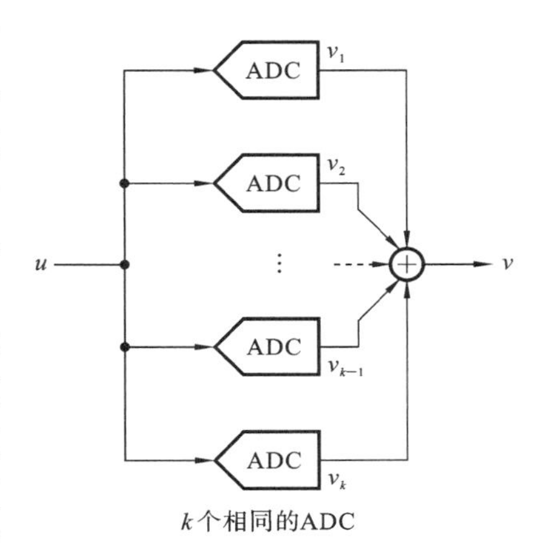

图 1.23　一个多路 ΔΣ ADC 系统

对于固定的 DR，所需功率 P 与要求的 BW 成正比。为了说明这一点，首先，假设功率保持恒定，BW 增加 l 倍，由于 P 固定，乘积 DR · BW 恒定，所以新的动态范围是 DR/l。为了将 DR 恢复到原始值，通过前段的论证，必须用 $l \cdot P$ 取代 P (BW 和 P 之间的比例的另一种推导也可以基于图 1.23 的结构，假设每个子 ADC 的带宽为整个 ADC 带宽 BW 的 $1/l$，即 BW/l)。

最后，让我们来考虑一下，如果 DR 和 BW 都改变会怎样。如果用 $k \cdot$ DR 代替 DR，用 $l \cdot$ BW 代替 BW，则功率 P 变为 $k \cdot l \cdot P$。这表明，DR · BW/P 是给定转换器的特征常数，因此可以用来比较不同的结构和电路的效率。

上面介绍的品质因数 FoM_S 可以用来评估 ADC 的能量效率，但它们并不能说明其实际用途。缺少的关键参数是所选体系结构的成本和系统资源。成本方面包括 ADC 实现工艺、硅片面积、封装引脚数量、所需的产品测试以及制造良率。系统资源方面包括前置滤波(抗混叠)和 ADC 的带外信号传输，后者决定 ADC 抑制出现在其输入信号中的大量不想要的带外“阻滞剂”的有效性。为了对现有的 ADC 算法和结构进行有意义的比较，这些特性也需要考虑。

1.12　早期发展史，性能和体系结构发展趋势

本书中介绍的 ΔΣ 调制方式并非其历史起源。ΣΔ 调制的起源可以追溯到 Δ 调制，这是一种旨在将语音编码为数字形式的技术，以便实现电话中的电子交换。当时流行的技术是以奈奎斯特速率对语音进行数字化，并将其量化到 8 位分辨率。由于构建 8 位 ADC 是一个挑战，人们开始思考使用过采样(过采样将导致连续样本之间的显著相关性)是否可以简化量化器的设计。

Δ 调制的基本思想如下：如果要数字化的输入信号相对于采样率变化缓慢，由于连续的采样是如此相似，人们可以只传输连续采样值的量化差(Δ)。这样，传输信号的动态范围可以显著小于信号本身的动态范围，从而减少量化器所需的电平数量。在 Δ 调制器中，量化器可以采用最简单的量化器，即二电平量化器。

图 1.24(a)所示的是传输量化差的初步尝试。发射机输出两电平序列 ±Δ，其符号取决于输入信号斜率的符号。因为 v 包含 u 的第一个差值，所以接收机应该是一个积分器。图 1.24(b)将正弦输入信号 u 与接收机输出处的估计值 $\hat{u}$ 在 OSR=512 时的波形进行了比较，由于量化噪声的低频分量被接收机中的积分器放大，因此我们看到了两个波形之间的显著误差。由于 v 是一个两电平序列，所以可以把它看作是一个 ADC，然而，从图 1.24(b)中可以看出，它的性能还待提高。

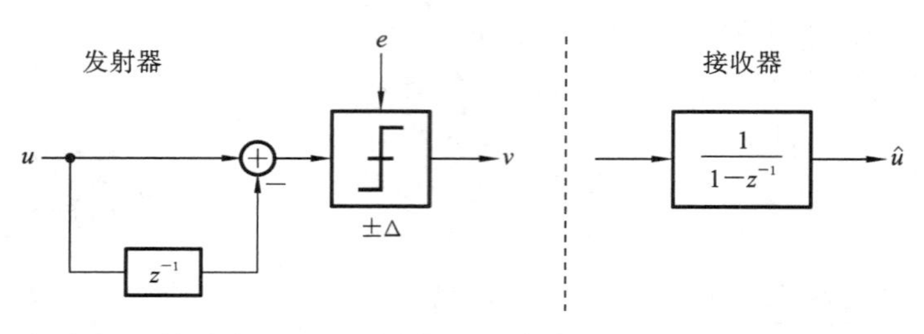

(a) 一种初步尝试，用于量化高度过采样信号的连续样本之间的差异

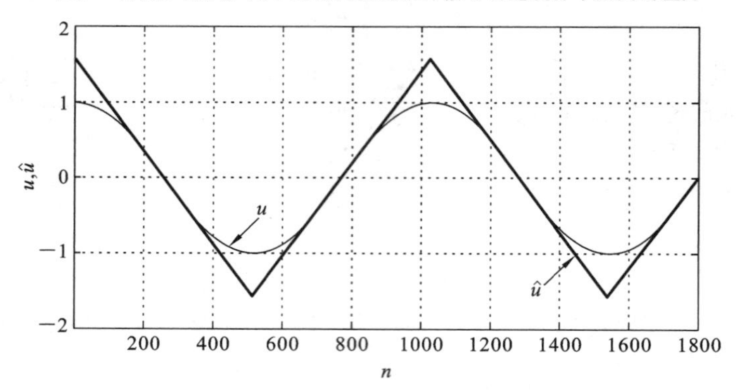

(b) 输入和重建波形（重建误差具有大的低频分量）

图 1.24 两电平序列

Δ 调制器是对上述思想的基本改进，如图 1.25(a)所示。它通过对 v 积分得到输入的延迟版本，因而，在反馈环路中有量化误差 e，可以将该电路看作是量化输入与预测值之差。实际上，Δ 调制器之名源自这样一个事实，即输出是基于输入的样本与该样本的预测值之间的差(Δ)。一般情况下，环路滤波器可以是高阶电路，它产生对输入样本 $u[n]$ 能更精确的预测，以便从实际 $u[n]$ 中减去。这种类型的调制器有时称为预测编码器。

参见图 1.25，有

$$v[n]=u[n]-u[n-1]+e[n]-e[n-1] \tag{1.24}$$

我们看到量化噪声也被一阶整形，因此接收器的重建误差将小得多。通过图 1.25(b)中的波形得到证实——对于相同的输入和步长，与图 1.24(a)所示的系统相比，$\hat{u}$ 是 u 更好的近似值。由于 v 是一个两电平序列，通过这个序列可以重构 u，因此，Δ 调制器也可以被看作是 ADC。然而，它有几个缺点：由于环路滤波器(一阶环路的积分器)在反馈通路中，因此，其非理想性限制了可实现的线性度和精度；接收机中的积分器在信号频带内具有高增益，因此，它将放大发射波形的非线性失真以及调制器与解调器之间信号拾取的任何噪声；它还可能在输出中产生任意的直流偏移，因此，使用直流输入时，Δ 调制器无法可靠地工作。

图 1.25 所示的 Δ 调制器也称为误差反馈结构，由 De Jager 于 1952 年提出[3]，而 Cutler 以另一种形式提出[4]。

图 1.13 所示的 ΔΣ 调制器是避免了 Δ 调制器缺点的另一种过采样结构。ΔΣ 调制器也是一个反馈环，包含一个环路滤波器和一个内部低分辨率量化器，但是环路滤波器位于环路的前向路径中。如前所述，ΔΣ 调制器的输出由下式给出：

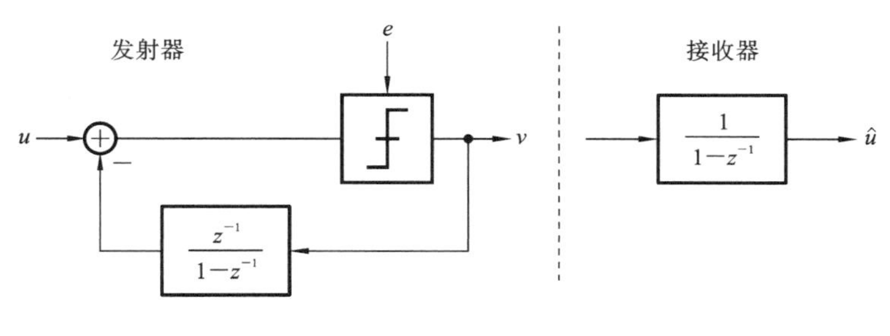

(a) Δ调制器

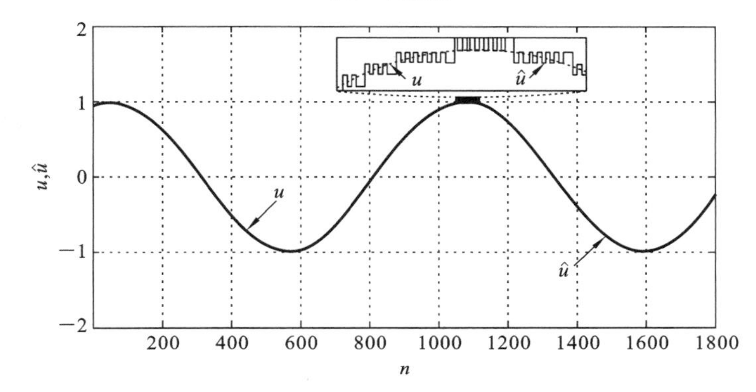

(b) 由于量化误差被噪声整形，重建误差大大降低

图 1.25 Δ 调制器及波形图

$$v[n]=u[n-1]+e[n]-e[n-1] \tag{1.25}$$

因此，数字输出包含模拟输入信号 u 的延迟和量化误差 e 的差分。由于信号不因调制过程而改变，所以在解调操作中不需要积分器，而 Δ 调制器中是需要积分器的。因此，在接收机处不会发生带内噪声和失真的放大。此外，误差 e 的差分抑制了远小于采样率 f_s 的频率上的误差。一般来说，如果环路滤波器在信号频带具有高增益，则带内量化“噪声”被极大衰减，这一过程通常称为噪声整形。

ΔΣ 调制器可以通过级联一个积分器或带 delta 调制的求和模块从 Δ 调制器中得到，因此，图 1.13 所示的结构称为 sigma-delta(ΣΔ)调制器。或者，可以看到，在输入处差分，接着是环路滤波器中求和，因此也将该结构称为 delta-sigma(ΔΣ)调制器。具有高阶环路滤波器、多比特量化器等其他系统最恰当的称谓是噪声整形调制器，但是通常也将术语 ΔΣ 调制器(或 ΣΔ 调制器)用于这些系统。

虽然使用反馈来提高数据转换精度的基本思想已经存在了大约 50 年，但是噪声整形的概念(连同名称 ΔΣ 调制)是 Inose 等人在 1962 年首次提出的[5]。他们描述了一个包含连续时间积分器作为环路滤波器和施密特触发器作为 ADC 的系统，该系统获得(接近)了 40 dB 的 SNR，并且具有大约 5 kHz 的信号带宽。由于模拟电路的精度与更高的速度以及额外的数字硬件之间的折中在当时并不是特别有吸引力，所以关于这个课题的进一步研究一度相对较少。

12 年后，Ritchie 提出了使用高阶环路滤波器[6]。在贝尔实验室里，Candy 和他的合作者开发了有用的理论以及分析和设计技术[7,8,9,10,11]。Candy 和 Huynh 还提出了用于 ΔΣ DAC 中的数字调制器的 MASH 概念[12]。1986 年，Adams 描述了一个使用三阶连续时间环路滤波器和一个具有修调电阻的 4 位量化器作为 DAC 的 18 位 ΔΣ

ADC[13]。Hayashi 等人于 1986 年首次将 MASH 结构应用于 ΔΣ ADC[14]。

Larson 等人于 1988 年提出，在环路中使用具有数字线性校正的多比特内部量化器[15]；同时，1988 年 Carley 和 Kenney 在 ADC 的内部 DAC 中引入了动态匹配（随机化）[16]。Leung 和 Sutarja[17]、Story[18]、Redman-White 和 Bourner[19]、Jackson[20]、Adams 和 Kwan[21]、Baird 和 Fiez[22]、Schreier 和 Zhang[23] 以及 Galton[24] 随后提出了各种失配整形算法。

带通调制器因其在无线通信领域的潜在应用所驱动，出现在 20 世纪 80 年代后期[25,26,27]。

目前 ΔΣ 转换器的设计趋势是不降低信噪比 SNR 的前提下扩展信号频率范围。这将在数字视频、无线和有线通信、雷达等方面开拓新的应用。通常可以通过使用高分辨率（一般是 5 位）的内部量化器和多级（2 级或 3 级）MASH 架构来实现更快的速度。为了校正内部 DAC 的非线性和量化噪声泄漏，针对 ΔΣ ADC 提出了数字校正算法[28]。为了提高带通 ΔΣ ADC 的性能，人们也做了大量的工作[29,30,31,32,33]。

在过去十年中，出现了大量连续时间 ΔΣ ADC 的研究和商业部署。这种转换器的好处很多，正如本章前面所讨论的，它们具有固有抗混叠的显著特性。事实证明，当这些芯片是带有大量衬底噪声的大型数字芯片的一部分时，它们具有很强的鲁棒性。这些 ADC 的输入阻抗通常有电阻性，使它们易于驱动。与奈奎斯特 ADC 的相应工作相比，基准产生电路通常也更容易设计。

工艺技术的发展趋势（更细的线宽，伴随更低的击穿电压）激发了低电源电压 ΔΣ 调制器的研究[34]。在便携式设备中的应用也推动了 ΔΣ 数据转换器的低功耗设计技术的发展。最后，在仪器和测量领域的应用，包括生物医学传感器接口领域的应用，推动了低频和高精度 ADC 的发展，这些 ADC 通常通过周期性复位 ΔΣ 调制器（如我们前面所讨论的，称之为增量型数据转换器（incremental data converters）来实现。

随着噪声整形理论与实践的不断成熟，数据转换器有望进一步扩大其应用范围。

参考文献

[1] R. H. Walden, "Analog-to-digital converter survey and analysis", *IEEE Journal on Selected Areas in Communications*, vol. 17, no. 4, pp. 539-550, 1999.

[2] S. Rabii and B. A. Wooley, "A 1.8-V digital-audio sigma-delta modulator in 0.8-m CMOS", *IEEE Journal of Solid-State Circuits*, vol. 32, no. 6, pp. 783-796, 1997.

[3] F. De Jager, "Delta modulation: A method of PCM transmission using the one unit code", *Phillips Research Reports*, vol. 7, pp. 542-546, 1952.

[4] C. C. Cutler, "Transmission systems employing quantization", Mar. 8, 1960. US Patent 2,927,962.

[5] H. Inose, Y. Yasuda, and J. Murakami, "A telemetering system by code modulation-modulation", *IRE Transactions on Space Electronics and Telemetry*, vol. 3, no. SET-8, pp. 204-209, 1962.

[6] G. Ritchie, J. C. Candy, and W. H. Ninke, "Interpolative digital-to-analog converters", *IEEE Transactions on Communications*, vol. 22, no. 11, pp. 1797-

1806, 1974.

[7] J. C. Candy, "A use of limit cycle oscillations to obtain robust analog-to-digital converters", *IEEE Transactions on Communications*, vol. 22, no. 3, pp. 298-305, 1974.

[8] J. C. Candy and O. J. Benjamin, "The structure of quantization noise from sigma-delta modulation", *IEEE Transactions on Communications*, vol. 29, no. 9, pp. 1316-1323, 1981.

[9] J. C. Candy, "A use of double integration in sigma-delta modulation", *IEEE Transactions on Communications*, vol. 33, no. 3, pp. 249-258, 1985.

[10] J. C. Candy, B. A. Wooley, and O. J. Benjamin, "A voiceband codec with digital filtering", *IEEE Transactions on Communications*, vol. 29, no. 6, pp. 815-830, 1981.

[11] J. C. Candy, "Decimation for sigma delta modulation", *IEEE Transactions on Communications*, vol. 34, no. 1, pp. 72-76, 1986.

[12] J. C. Candy and A.-N. Huynh, "Double interpolation for digital-to-analog conversion", *IEEE Transactions on Communications*, vol. 34, no. 1, pp. 77-81, 1986.

[13] R. W. Adams, "Design and implementation of an audio 18-bit analog-to-digital converter using oversampling techniques", *Journal of the Audio Engineering Society*, vol. 34, no. 3, pp. 153-166, 1986.

[14] T. Hayashi, Y. Inabe, K. Uchimura, and T. Kimura, "A multistage delta-sigma modulator without double integration loop", in *Digest of Technical Papers, IEEE International Solid-State Circuits Conference*, vol. 29, pp. 182-183, IEEE, 1986.

[15] L. E. Larson, T. Cataltepe, and G. C. Temes, "Multibit oversampled -A/D convertor with digital error correction", *Electronics Letters*, vol. 24, no. 16, pp. 1051-1052, 1988.

[16] L. R. Carley and J. Kenney, "A 16-bit 4th order noise-shaping D/A converter", in *Proceedings of the IEEE Custom Integrated Circuits Conference*, pp. 21-27, IEEE, 1988.

[17] B. H. Leung and S. Sutarja, "Multibit -A/D converter incorporating a novel class of dynamic element matching techniques", *IEEE Transactions on Circuits and Systems* Ⅱ: *Analog and Digital Signal Processing*, vol. 39, no. 1, pp. 35-51, 1992.

[18] M. J. Story, "Digital to analogue converter adapted to select input sources based on a preselected algorithm once per cycle of a sampling signal", Aug. 11, 1992. US Patent 5,138,317.

[19] W. Redman-White and D. Bourner, "Improved dynamic linearity in multi-level - converters by spectral dispersion of D/A distortion products", in *European Conference on Circuit Theory and Design*, pp. 205-208, IET, 1989.

[20] H. S. Jackson, "Circuit and method for cancelling nonlinearity error associated with component value mismatches in a data converter", June 22, 1993. US Patent 5,221,926.

[21] R. W. Adams and T. W. Kwan, "Data-directed scrambler for multi-bit noise shaping D/A converters", Apr. 4, 1995. US Patent 5,404,142.

[22] R. T. Baird and T. S. Fiez, "Linearity enhancement of multibit A/D and D/A converters using data weighted averaging", *IEEE Transactions on Circuits and Systems Ⅱ: Analog and Digital Signal Processing*, vol. 42, no. 12, pp. 753-762, 1995.

[23] R. Schreier and B. Zhang, "Noise-shaped multbit D/A convertor employing unit elements", *Electronics Letters*, vol. 31, no. 20, pp. 1712-1713, 1995.

[24] I. Galton, "Noise-shaping D/A converters for modulation", in *Proceedings of the IEEE International Symposium on Circuits and Systems*, vol. 1, pp. 441-444, IEEE, 1996.

[25] T. Pearce and A. Baker, "Analogue to digital conversion requirements for HF radio receivers", in *Proceedings of the IEE Colloquium on System Aspects and Applications of ADCs for Radar, Sonar, and Communications*, 1987.

[26] P. H. Gailus, W. J. Turney, and F. R. Yester Jr, "Method and arrangement for a sigma delta converter for bandpass signals", Aug. 15, 1989. US Patent 4,857,928.

[27] R. Schreier and M. Snelgrove, "Bandpass sigma-delta modulation", *Electronics Letters*, vol. 25, no. 23, pp. 1560-1561, 1989.

[28] X. Wang, U. Moon, M. Liu, and G. C. Temes, "Digital correlation technique for the estimation and correction of DAC errors in multibit MASH ADCs", in *Proceedings of the IEEE International Symposium on Circuits and Systems*, vol. 4, pp. Ⅳ-691, IEEE, 2002.

[29] W. Gao and W. M. Snelgrove, "A 950MHz second-order integrated LC bandpass sigma-delta modulators", in *Digest of Technical Papers, IEEE Symposium on VLSI Circuits*, 1997.

[30] G. Raghavan, J. Jensen, J. Laskowski, M. Kardos, M. G. Case, M. Sokolich, and S. Thomas Ⅲ, "Architecture, design, and test of continuous-time tunable intermediate-frequency bandpass delta-sigma modulators", *IEEE Journal of Solid-State Circuits*, vol. 36, no. 1, pp. 5-13, 2001.

[31] P. Cusinato, D. Tonietto, F. Stefani, and A. Baschirotto, "A 3.3-V CMOS 10.7-MHz sixth-order bandpass modulator with 74-dB dynamic range", *IEEE Journal of Solid-State Circuits*, vol. 36, no. 4, pp. 629-638, 2001.

[32] R. Schreier, J. Lloyd, L. Singer, D. Paterson, M. Timko, M. Hensley, G. Patterson, K. Behel, J. Zhou, and W. J. Martin, "A 50 mW bandpass ADC with 333 kHz BW and 90 dB DR", in *Digest of Technical Papers, IEEE International Solid-State Circuits Conference*, vol. 1, pp. 216-217, IEEE, 2002.

[33] H. Shibata, R. Schreier, W. Yang, A. Shaikh, D. Paterson, T. C. Caldwell, D. Alldred, and P. W. Lai, "A dc-to-1 GHz tunable RF ADC achieving DR=74 dB and BW=150 MHz at f_0 450 MHz using 550 mW", *IEEE Journal of Solid-State Circuits*, vol. 47, pp. 2888-2897, Dec 2012.

[34] M. Keskin, U.-K. Moon, and G. C. Temes, "A 1-V 10-MHz clock-rate 13-bit CMOS modulator using unity-gain-reset op amps", *IEEE Journal of Solid-State Circuits*, vol. 37, no. 7, pp. 817-824, 2002.

2

采样、过采样与噪声整形

模数转换器(ADC)和数模转换器(DAC)在信号调理中起着关键作用,信号调理是真实世界与虚拟世界的接口,在真实世界中的时间和幅度上连续的信号在虚拟世界中表示为时间和幅度上离散的量。

一个模拟前端的代表性信号链如图 2.1 所示。输入信号 $x_{in}(t)$具有 B Hz 的带宽,原则上,只要采样率 f_s 达到 $2B$,就可以从采样中完美地重建信号。实际上,输入信号通常被噪声破坏,而噪声可能具有频率范围$[0,B]$之外的频率分量。因此,在采样之前,$x_{in}(t)$必须通过抗混叠滤波器滤波,该滤波器能消除带外噪声,否则,这些带外噪声在采样之后会混叠到信号频带中,从而降低 $x_{in}(t)$的采样质量。

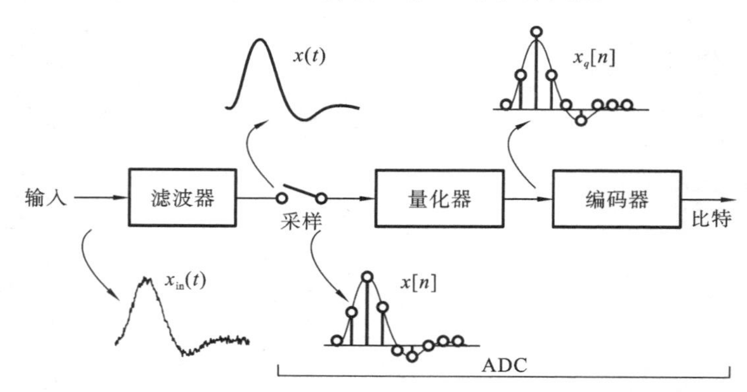

图 2.1　一个模拟前端的代表性信号链

然后对滤波器输出的样本 $x[n]=x(nT_s)$(其中 $T_s=1/f_s$)在幅度上进行量化产生 $x_q[n]$,它具有离散的电平。它将数字代码分配给每一个电平,从而产生一个数字信号——一个在时间(由于采样)和幅度(由于量化)上都是离散的信号。

2.1　采样技术研究综述

由于 $x[n]$是 $x(t)$的采样值,所以 $x[n]$的傅里叶变换应该与 $x(t)$的傅里叶变换有关,为了确定这种关系,我们进行如下操作:首先用狄拉克 δ 链 $\sum_n \delta(t-nT_s)$(以 T_s 为周期)乘以 $x(t)$构建一个连续时间信号 $x_s(t)$,因此,有

$$x_s(t)=x(t)\sum_{n=-\infty}^{\infty}\delta(t-nT_s)=\sum_{n=-\infty}^{\infty}x(nT_s)\delta(t-nT_s) \tag{2.1}$$

式中，$x(nT_s)\equiv x[n]$。

获得 $x(t)$ 的傅里叶变换的一种方法是，将 $x(t)$ 的变换（用 $X_c(f)$ 表示）与 δ 链的变换进行卷积[1]。

回想一下有下述公式：

$$\mathscr{F}\left\{\sum_{k=-\infty}^{\infty}\delta(t-kT_s)\right\}=\frac{1}{T_s}\sum_{n=-\infty}^{\infty}\delta(f-nf_s) \tag{2.2}$$

式中，$f_s=1/T_s$。我们得到

$$\mathscr{F}\{x_s(t)\}=X_s(f)=\frac{1}{T_s}\sum_{n=-\infty}^{\infty}X_c(f-nf_s) \tag{2.3}$$

对式(2.1)的两边应用傅里叶变换，但是这次在右边逐项地应用，我们也可以将 $X_s(f)$ 表示为

$$X_s(f)=\sum_{n=-\infty}^{\infty}x[n]\mathrm{e}^{-\mathrm{j}2\pi fT_s n} \tag{2.4}$$

从式(2.3)和式(2.4)，我们得到

$$\sum_{n=-\infty}^{\infty}x[n]\mathrm{e}^{-\mathrm{j}2\pi fT_s n}=\frac{1}{T_s}\sum_{n=-\infty}^{\infty}X_c(f-nf_s) \tag{2.5}$$

在上述关系式中，用 ω 替换 $2\pi fT_s$，可以得到序列 $x[n]$ 的离散时间傅里叶变换，用 $X_d(\mathrm{e}^{\mathrm{j}\omega})$ 表示，有

$$X_d(\mathrm{e}^{\mathrm{j}\omega})=\mathscr{F}\{x[n]\}=\sum_{n=-\infty}^{\infty}x[n]\mathrm{e}^{-\mathrm{j}\omega n}=f_s\sum_{n=-\infty}^{\infty}X_c\left(\frac{f_s\omega}{2\pi}-nf_s\right) \tag{2.6}$$

显然，$X_d(\mathrm{e}^{\mathrm{j}\omega})$ 以 2π 为周期。对于给定的 $X_c(f)$，$x[n]$ 的离散时间傅里叶变换 $X_d(\mathrm{e}^{\mathrm{j}\omega})$ 可以通过下述过程得到，如图 2.2 所示。

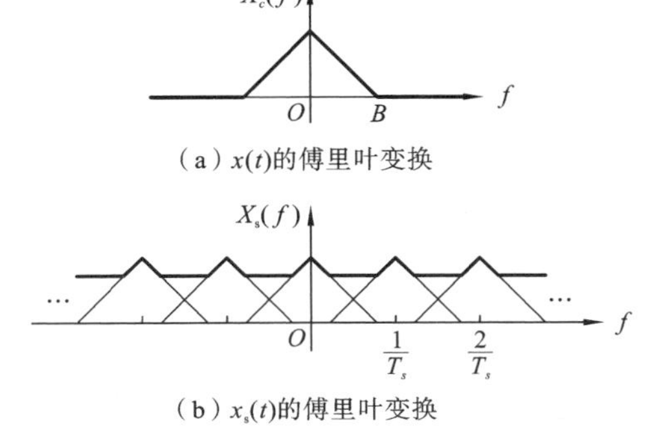

（a）$x(t)$的傅里叶变换

（b）$x_s(t)$的傅里叶变换

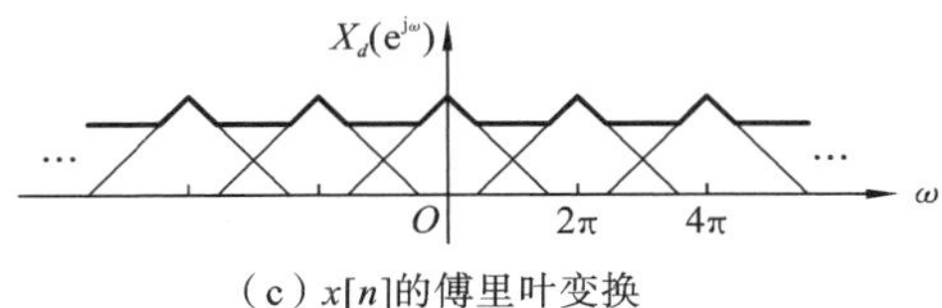

（c）$x[n]$的傅里叶变换

图 2.2　离散时间傅里叶变换

(1) $X_c(f)$ 的窗体副本(form copies)，以 f_s 的整数倍移位。

(2) 添加这些副本，并用 f_s 将结果进行缩放（见图 2.2(b)）。

(3) 缩放频率轴，以便 f_s 对应于 2π，并将该轴标注为 ω(见图 2.2(c))。

从上面的图中可以看出，选择 $f_s<2B$ 会导致 $X_c(f)$ 的位移副本重叠，从而导致混叠(aliasing)。因此，防止混叠的最小采样频率是 $f_{s(\min)}=2B$，它被称为奈奎斯特速率。

一个 f Hz 频率的连续时间音调采样后表现为频率为 $\omega=2\pi fT_s$ 的离散时间音调。由于 $X_d(e^{j\omega})$ 的周期性，频率为 f 和 $\pm f+mf_s$(其中 m 为整数)的两个连续时间音调在以 f_s 频率采样之后不能彼此区分。

人们心中很自然会升起一股疑惑：如果以高于 $2B$ 的速率对信号采样，会产生什么好处(如果有的话)呢？实际采样率 f_s 与奈奎斯特速率 $2B$ 之比，称为过采样率(OSR)，定义为

$$\mathrm{OSR}=\frac{f_s}{2B} \tag{2.7}$$

图 2.3 中显示了使用更大的 OSR 在抗混叠滤波器方面所具有的优点。没有滤波器，频率范围 $[f_s-B, f_s+B]$ 内的信号在采样后将混叠到期望的信号频带 $|\omega|<2\pi(B/f_s)$。因此，滤波器应该衰减混叠区中的所有信号。滤波器的幅值响应对于 $|f|<B$ 应该为 1，对于 $|f-f_s|<B$ 应该为 0。通过增加 OSR，可以看到，滤波器的过渡带更宽，从而放宽了滤波器的设计要求。对于非常高的 OSR，抗混叠滤波器很容易设计。

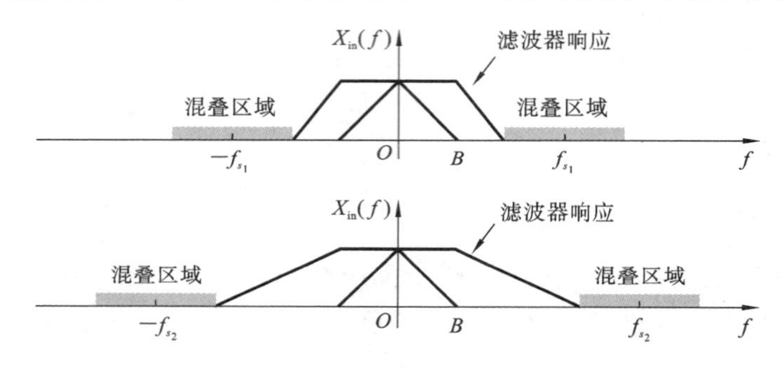

图 2.3 两种采样率下抗混叠滤波器响应的约束条件

除了抗混叠滤波器，高 OSR 在减小带内量化噪声方面也起关键作用，这点将在本书的后面章节中介绍。正如图 2.1 所示，抗混叠滤波和采样之后的操作是量化。

2.2 量化

量化是一种非线性、无记忆的操作，其符号如图 2.4(a)所示。我们在本书中遵循的一种惯例是，用 y 表示量化器的输入，用 v 表示量化器的输出[①]。传输曲线呈阶梯状，通常是均匀的，因此任何两个相邻的输出电平都相差一个固定的间距 Δ。在一定的输入范围内，阶梯以斜率为 k[②] 的直线贯穿，并在此之后饱和。

实际应用中，量化器是用双极输入实现的，传输曲线是关于 y 的奇函数。根据阶梯(step)的数量(用 M 表示)，可以得到两种类型的传输曲线，如图 2.4(b)和图 2.4(c)所

① 用 y 表示量化器输入、v 表示量化器输出的符号助记法是将量化器视为丢失信息，并将字母 v 想象为字母 y 减去其尾部。

② 为方便计算，我们通常使用 $k=1$。

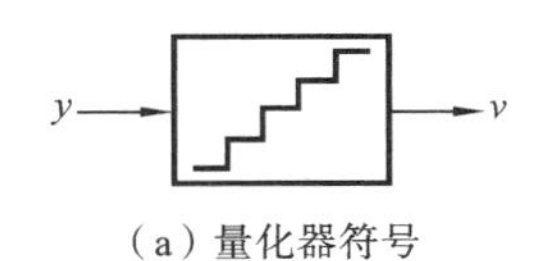

(a) 量化器符号

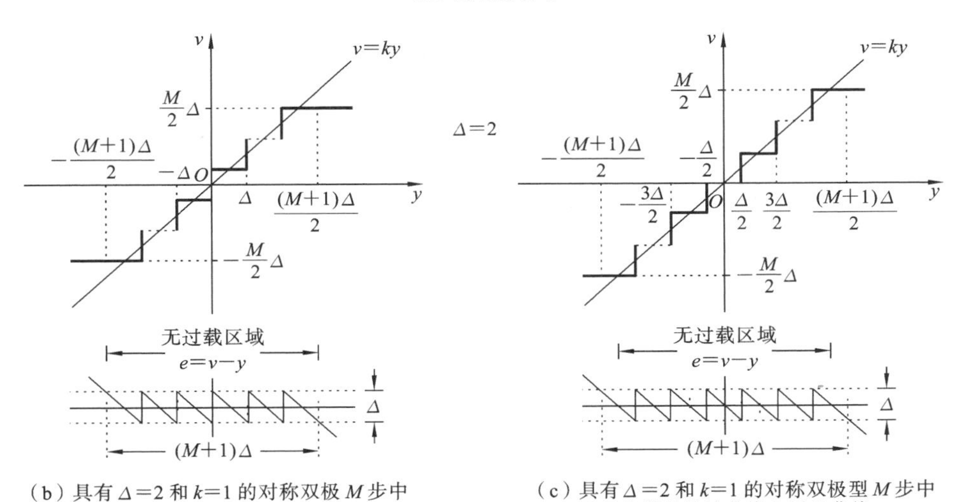

(b) 具有 $\Delta=2$ 和 $k=1$ 的对称双极 M 步中升量化器的传输曲线和误差曲线

(c) 具有 $\Delta=2$ 和 $k=1$ 的对称双极型 M 步中平量化器的传输曲线和误差曲线

图 2.4 量化及其曲线图

示。在第一种情况下，其中 $y=0$ 与 v 的一个阶梯（上升）重合，称为中升（mid-rise）特性。在第二种情况下，$y=0$ 出现在曲线的平坦部分（踏板或中平）的中间，因此量化器被称为中平量化器。除非另有说明，本文中所考虑的量化器都是具有 $\Delta=2$ 的对称双极量化器。Δ 的这一公共值允许两种类型量化器的量化电平数目为整数值：中升量化器为奇数整数；中平量化器为偶数整数。差值 e 称为量化误差。

误差关于输入的传输曲线如图 2.4(c)所示，只要 y 在 $-(M+1)$ 和 $(M+1)$ 之间，误差 e 就在 -1 和 1 之间，这里满足这个条件的范围称为无过载输入范围，或者简称为输入范围。量化器的最低和最高电平之差称为满量程(FS)。表 2.1 总结了图 2.4(b)和图 2.4(c)所示的量化器的特性。

表 2.1 图 2.4(b)和图 2.4(c)的对称量化器的性质，$\Delta=2$

参　数	值
输入步长(LSB 大小)	2
步数	M
电平数	$M+1$
位数	$\lceil \log_2(M+1) \rceil$
无过载输入范围	$[-(M+1),(M+1)]$
满量程	$2M$
输入阈值	$0,\pm 2,\cdots,\pm(M-1)$，M 为奇数（中升）； $\pm 1,\pm 3,\cdots,\pm(M-1)$，$M$ 为偶数（中平）
输出电平	$\pm 1,\pm 3,\cdots,\pm M$，M 为奇数（中升）； $0,\pm 2,\pm 4,\cdots,\pm M$，$M$ 为偶数（中平）

理想的量化器是确定性器件，因此误差 e 完全由输入决定。但是，如图 2.4 所示，e 是一个关于 y 的“复杂”函数。与量化器的强非线性特性相关的困难促使工程师对量化误差的性质做出若干假设。从广泛的角度来说，在量化器的输入范围之内，这些假设是适当的；并且由于采样样本足够大，使得量化误差在量化间隔内的位置基本上是随机的（这样的信号也称为忙信号）。在参考文献[2]中给出了关于量化、量化误差特性的各种近似以及与之对应的有关假设的详细（且更适当）讨论。简化假设如下：

（1）e 被假定为加性“噪声”序列；

（2）假设 e 独立于 y；

（3）假设 e 在$[-1,1]$中均匀分布；

（4）在对 e 做了三个可疑的假设之后，再做一个假设也无妨即 e 是一个白色序列（white sequence）。

尽管上面的假设都不能保证是正确的，但是我们能用这些假设来计算。首先，使用上面的假设(3)来计算 e 的均值和方差，则有

$$\bar{e} = \frac{1}{2}\int_{-1}^{1} e\mathrm{d}e = 0 \tag{2.8}$$

$$\overline{e^2} = \frac{1}{2}\int_{-1}^{1} e^2\mathrm{d}e = \frac{1}{3} \tag{2.9}$$

假设(4)的含义如图 2.5 所示的频域。以奈奎斯特速率对输入进行采样，$y[n]$的频谱由$[-\pi,\pi]$进行延伸。量化后，y 被 e 破坏了，e 的（双边）频谱密度是平坦的且等于 $\Delta^2/(24\pi)$。

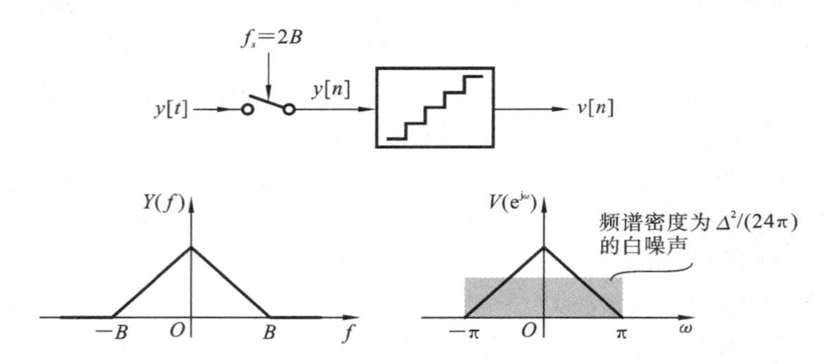

图 2.5　加性量化噪声假设的频谱图（$y(t)$以奈奎斯特速率（OSR=1）采样）

总的来说，量化器的输入和输出是通过下式关联的：

$$v = y + e \tag{2.10}$$

当 y 是忙信号时，假设 e 是均匀分布的随机变量。

对于满量程正弦波，N 位（2^N 个电平）量化器的输出信噪比是多少？这种正弦曲线的峰-峰值幅度是 $2^N\Delta$，因而信号功率为 $2^{2N-3}\Delta^2$，量化引起的均方噪声是 $\Delta^2/12$（假设误差均匀分布）。因此，峰值 SQNR（以 dB 为单位）由 $10\lg(2^{2N}(12/8))$ dB=$(6.02N+1.76)$ dB 给出。

需要注意的是式(2.10)总是有效的；但只有假定 e 具有均匀分布或白频谱等特定性质，才能进行近似，而且，这种近似只在前面所述条件下是合理的。

很容易设想到不满足这些条件的输入，当不满足这些条件时，近似给出的结果将大错特错。例如，一个常数，或者一个频率与 f_s 谐波频率相同的周期函数 y。

为了说明这点，一个满量程正弦波采样如图 2.6 所示，然后通过一个 16 步、$\Delta=2$ 的对称双极量化器进行量化。与 f_s 相比，输入信号的频率 f 较低，并且与 f_s 没有简单的谐波关系。结果，尽管当输入信号经过其峰值时仔细检查误差序列确实揭示了相邻样本之间的非零相关性，量化误差序列表现出相当的随机性。在本例中，误差的均方值为 0.30，接近于 $\Delta^2/12=1/3$ 的期望值。

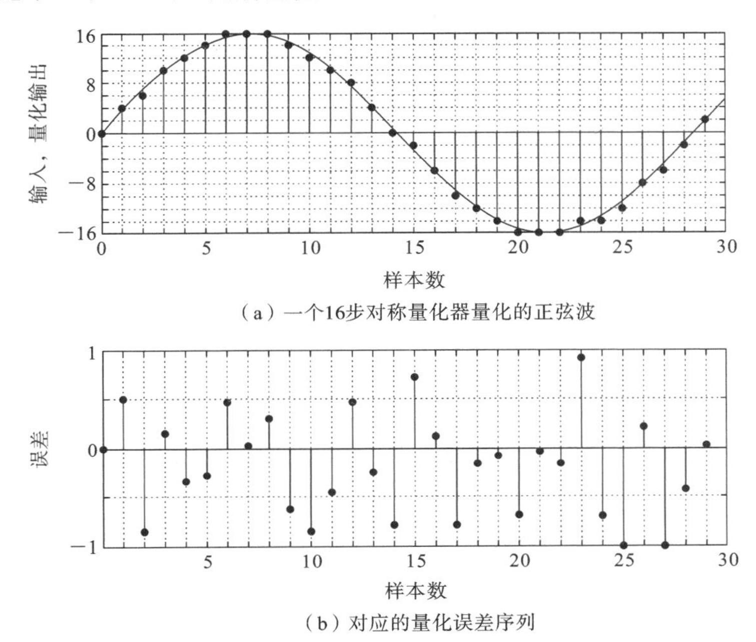

(a) 一个16步对称量化器量化的正弦波

(b) 对应的量化误差序列

图 2.6　一个满量程正弦波采样

快速傅里叶变换(FFT)如图 2.7 所示，频谱由一个代表输入正弦波的大尖峰，加上沿频率轴分布的许多代表量化误差频率的小尖峰组成。从这些结果来看，白噪声近似在这种情况下似乎是合理的。

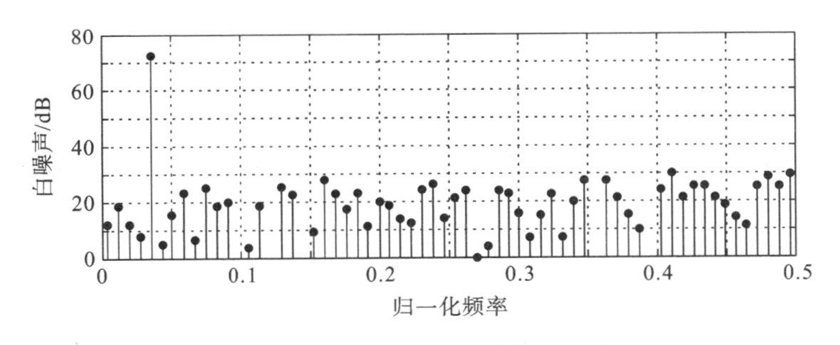

图 2.7　图 2.6 中量化正弦波的 256 点 FFT

现在考虑如图 2.8 所示的频率 $f=f_s/8$ 的满幅正弦波被同一个 16 步量化器量化时会发生什么。图 2.8(b)所示的量化误差是周期性的，并且由于它只假设三个值，所以其分布不均匀。该误差序列的均方值为 0.23，大约是期望值的 70%。图 2.9 所示的 FFT，其频谱现在只由两个尖峰组成，它代表了与我们通常假设的更严重的偏离。量化噪声能量全部集中在 $f_s/8$(与信号本身一致)和 $3f_s/8$(信号的三次谐波)处。

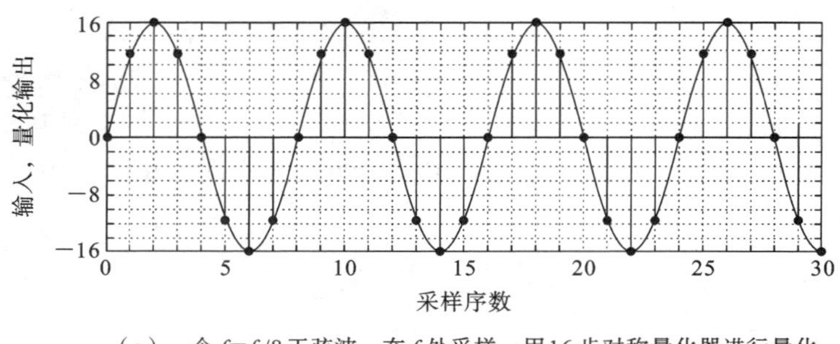

(a) 一个 $f=f_s/8$ 正弦波，在 f_s 处采样，用16步对称量化器进行量化

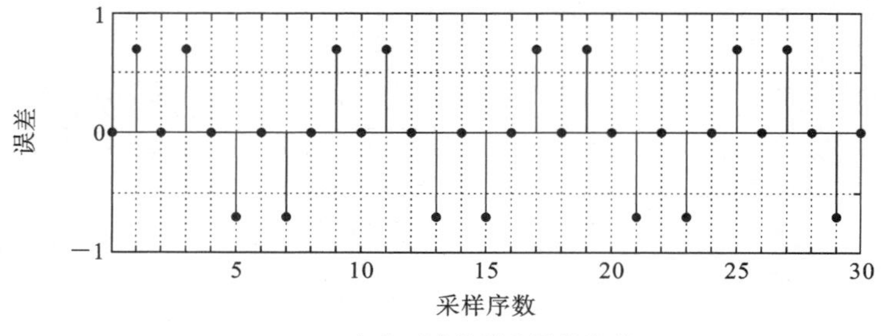

(b) 对应的量化误差序列

图 2.8 满幅正弦波

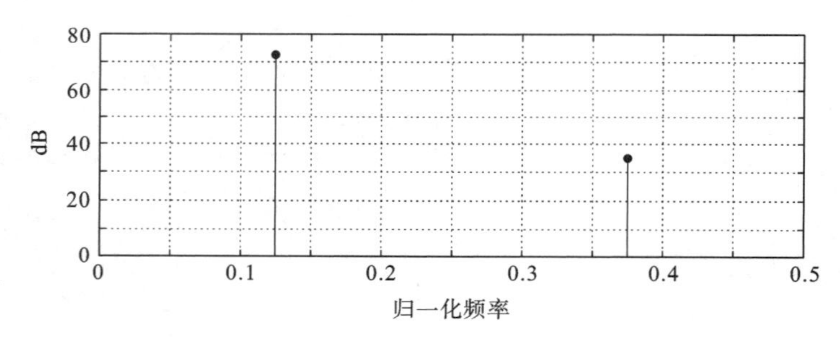

图 2.9 图 2.8 中量化正弦波的 256 点 FFT

2.2.1 量化器建模

如图 2.10 所示，量化器的传输曲线跨过斜率 $k=1$ 的直线。我们将量化器(假设它没有过载，并且很忙，因此 e 是均匀的)建模设为其输入被量化噪声所破坏的增益 $k=1$ 的系统。使用 $k=1$ 似乎很自然，但是为什么这样做是合理的呢？毕竟，在量化器特性中，可以画出许多直线，如图 2.10(a)所示。

随着量化器步数的减少，这个问题变得更加棘手。如图 2.10(b)所示，对于二电平量化器，可以绘制任意数量的“最佳匹配”线，尽管无过载范围不同，但图中的三条线都导致相同的最大误差 $\Delta/2$。显然，有必要采用更系统的方法来确定量化器增益。

确定量化器增益的一种自然方式是提出这个问题——导致量化器输出 v 和 $k \cdot y$ 之间均方误差最小的直线的斜率 k 是多少？换句话说，我们应该尝试最小化 σ_e^2，即

$$\sigma_e^2 = \lim_{N\to\infty} \frac{1}{N}\sum_{n=0}^{N} e^2[n] = \lim_{N\to\infty} \frac{1}{N}\sum_{n=0}^{N} (v[n]-ky[n])^2 \tag{2.11}$$

为了确定 k，我们首先引入内积或标量积。对于实序列 a 和 b，内积定义为

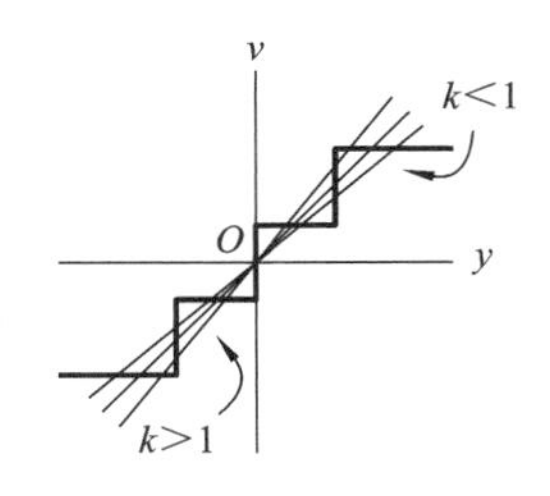

(a) 许多条直线“匹配”量化器特性

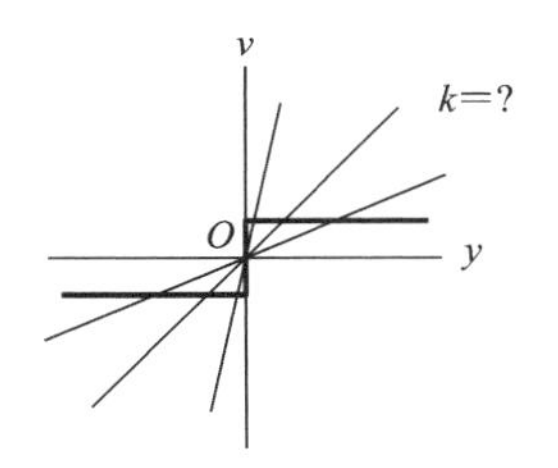

(b) 哪条线最匹配2级量化器

图 2.10 量化器建模

$$\langle a,b\rangle=\lim_{N\to\infty}\left[\frac{1}{N}\sum_{n=0}^{N}a[n]b[n]\right]=E[ab] \tag{2.12}$$

因为 $e=v-ky$，所以 e 的平均功率可以写成：

$$\begin{aligned}\sigma_e^2&=\langle e,e\rangle\\&=\langle v-ky,v-ky\rangle\\&=\langle v,v\rangle-2k\langle v,y\rangle+k^2\langle y,y\rangle\end{aligned} \tag{2.13}$$

求其最小值，得到

$$k=\frac{\langle v,y\rangle}{\langle y,y\rangle} \tag{2.14}$$

图 2.11 所示的是一个 $\Delta=2$ 的中平量化器对两种输入计算得到的 k 和 σ_e^2，图2.11(a)所示的结果是由 $f/f_s=7/256$ 的正弦输入产生的。对于大的振幅(只要量化器没有过载)，增益徘徊在单位增益附近，并且 $\sigma_e^2\approx\Delta^2/12$。$k$ 在小振幅时偏离了单位增益，在 $A<1$ 时变为 0。这是有意义的，因为量化器是中平类型。

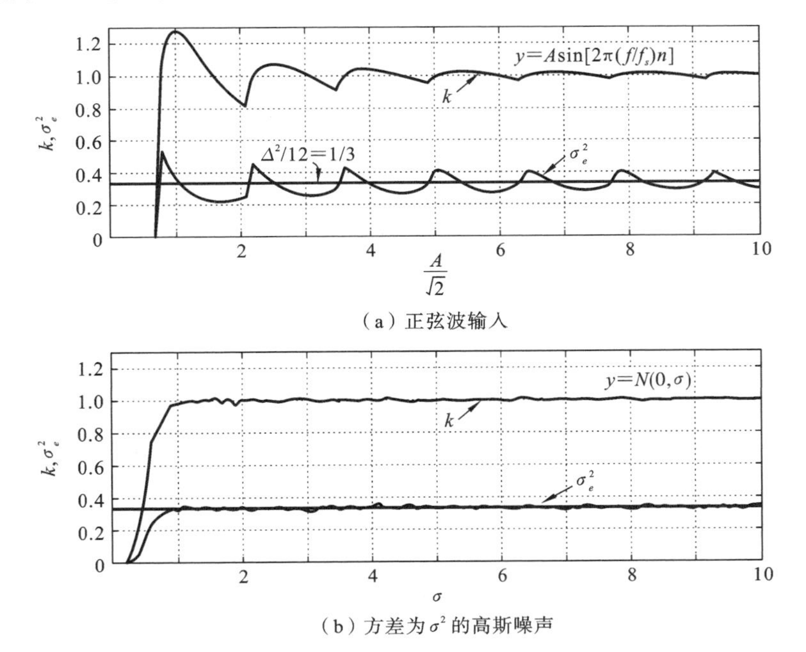

(a) 正弦波输入

(b) 方差为 σ^2 的高斯噪声

图 2.11 中平量化器($\Delta=2$)的增益和噪声方差作为强度的函数的计算结果

当 y 是零均值且标准偏差为 σ 的白高斯序列时，情况会有所不同。由于 y 的“忙碌”性质，在 $\sigma>1$ 时，k 和 σ_e^2 几乎分别是 1 和 1/3。当高斯分布的偏移大约是平均值的

$\pm 3\sigma$ 时，即使 $\sigma=1$，v 是四电平序列。

2.2.2 过载的量化器

当输入很大以至于量化器开始过载时，我们预计 k 和 σ_e^2 发生什么？因为当 y 超过输入范围时，v 饱和，所以 k 应该减小。此外，当量化器过载时，e 超过 $\Delta/2$，因此我们应该预期 k 的减少伴随着 σ_e^2 的增加。

图 2.12 所示的仿真结果证实了这种直觉。量化器的输入范围是[−5,5]。对于正弦波输入，k 和 σ_e^2 在图 2.11(a)的 $A/\sqrt{2}=3.5$ 处开始偏离曲线；而对于高斯输入，我们看到这发生在 $\sigma\approx 5/3\approx 1.67$ 处。

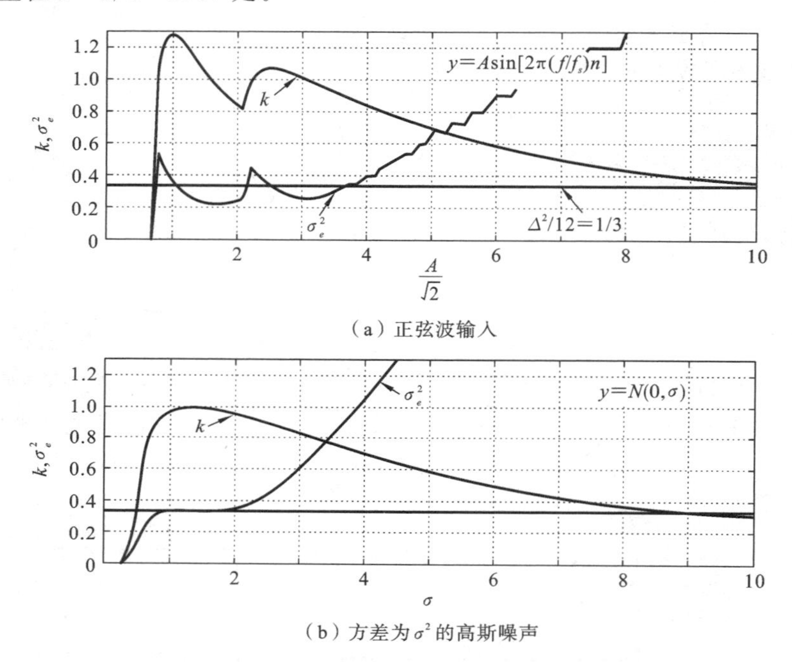

(a) 正弦波输入

(b) 方差为 σ^2 的高斯噪声

图 2.12 五电平量化器($\Delta=2$)的增益和噪声方差作为强度的函数的计算结果

二电平(二进制)量化器的增益是多少？在这种情况下，式(2.14)简化为

$$k=\frac{\langle v,y\rangle}{\langle y,y\rangle}=\frac{E[|y|]}{E[y^2]} \tag{2.15}$$

显然，二进制量化器线性模型的 k 的最优值取决于其输入 y 的统计量。作为完备性测试，可根据式(2.15)，将 k 设为与输入相关联的增益。如果输入被修改为 $\hat{y}=10y$，则 $E[|\hat{y}|]=10E[|y|]$，$E[\hat{y}^2]=100(E[y^2])$，所以，$\hat{k}=k/10$。因此，当二进制量化器的输入被放大 10 倍，则其有效增益减小为原来的十分之一。这在物理上也是有道理的，因为当 y 增加 10 倍时，v 保持不变。

当包含二进制量化器的系统被其线性模型替换时，量化器增益 k 的估计应该从深入的数值模拟中得到，否则，可能从线性模型中得到错误的结果。

2.2.3 双输入量化器建模

如何对如图 2.13 所示的有 y_1 和 y_2 两个输入的量化器建模？我们以与单个输入情况类似的方式进行处理，有

$$v=k_1y_1+k_2y_2+e \qquad (2.16)$$

以及确定 k_1 和 k_2 的值使 v 和 $k_1y_1+k_2y_2$ 在均方意义上的误差 e 最小。最佳拟合 k_1 和 k_2 的值(假设 $\langle y_1,y_2\rangle=0$)由下式给出：

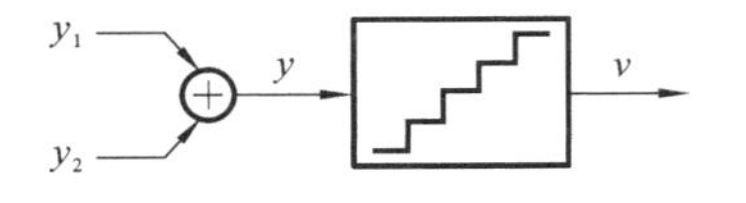

图 2.13 v 是 y_1+y_2 的量化版本

$$k_1=\frac{\langle v,y_1\rangle}{\langle y_1,y_1\rangle},\quad k_2=\frac{\langle v,y_2\rangle}{\langle y_2,y_2\rangle} \qquad (2.17)$$

当电平数很大时，量化器就不会饱和，并且当 y 也是忙时，可以预期 k_1 和 k_2 相等并接近于 1。同理，均方误差应该是 $\Delta^2/12$。图 2.14 中的结果证实了这一观点，图中显示了 $\Delta=2$ 量化器的 k_1、k_2 和 σ_e^2。它们输入由下式给出：

$$y=A\sin[2\pi(f/f_s)n]+N(0,\sigma) \qquad (2.18)$$

式中，$y_1(y_1=A\sin[2\pi(f/f_s)n])$ 是 $f/f_s=7/256$ 的正弦波，$y_2(y_2=N(0,\sigma))$ 是 $\sigma=1$ 的高斯噪声。在图 2.14 中，$A/\sqrt{2}$ 从 0.1 扫描到 10，我们看到，$k_1\approx k_2\approx 1$，$\sigma_e^2=\Delta^2/12\approx 1/3$。

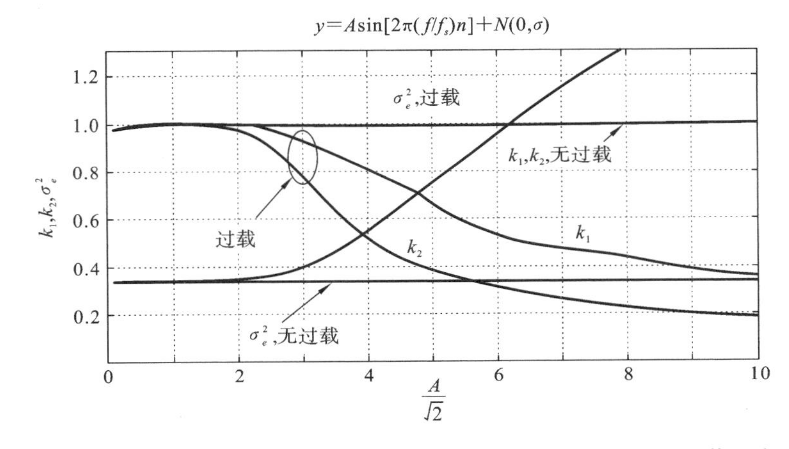

图 2.14 在 $y=A\sin[2\pi(f/f_s)n]+N(0,1)$ 时，无过载(∞级)/有过载(5 级)量化器($\Delta=2$)的增益和噪声方差随 A 变化的计算结果

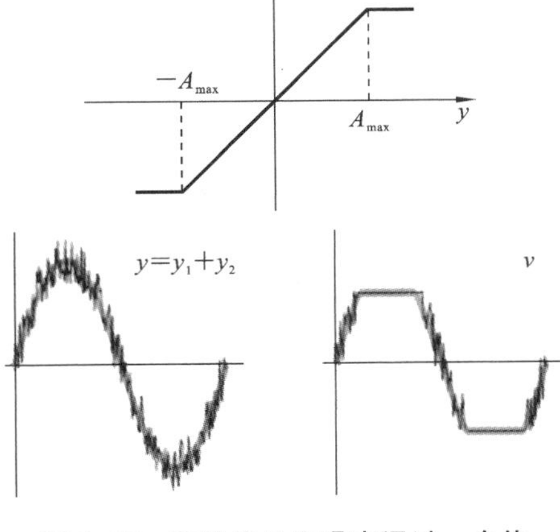

图 2.15 正弦信号和噪声通过一个饱和非线性-正弦波的有效增益高于噪声的有效增益

当电平数减少到 5 时，量化器开始饱和——当 A 很小时，偶尔发生；但是对于 A 的较大值，则发生得越来越频繁，这导致 k_1 和 k_2 减少，而 σ_e^2 增大。开始发生这种情况的 A 的估计值是 $5-3\sigma=2$。有趣的是，当量化器过载时，k_1 和 k_2 是不同的，我们还注意到 $k_1>k_2$。为什么是合理的？

如图 2.15 所示，我们来考虑正弦波($y_1=A\sin[2\pi(f/f_s)n]$)与噪声($y_2=N(0,1)$)之和激励的饱和非线性。由于 $A>A_{max}\gg 1$，输出饱和于正弦波周期的一部分，在此期间，噪声 y_2 的“增量增益”为零。因此，y_2 的平均增益应该小于 1。

y_1 的平均增益也小于 1，因为饱和时的输出小于不饱和时的输出。然而，与完全衰

减的 y_2 相比，由于饱和，y_1 只有一小部分“丢失”。因此，正弦波的有效增益 k_1 虽然小于 1，但应大于噪声的增益 k_2[①]。

2.3 过采样降低量化噪声

量化器的输出经过编码后，是一个数字信号，通过 DSP 进行处理。因此，DSP 将 v 作为 y（精确到 e）的近似表示。换言之，DSP 对 $y[n]$的估计 $\hat{y}[n]$为 $v[n]$。因此，正如我们在 2.2 节中看到的，估计值 $\hat{y}[n]$和 $y[n]$之间的误差的均方值是 $\Delta^2/12$。

现在，假设 $v[n]$是量化缓慢变化的序列 $y[n]$的结果，如图 2.16 所示。这相当于用较大的过采样率（OSR≫ 1）对 y 进行采样。我们能用 v 以小于 $\Delta^2/12$ 的均方误差来估计 y 吗？换句话说，我们能更好地猜测 y 是什么吗？这确实是可能的——直觉如下。

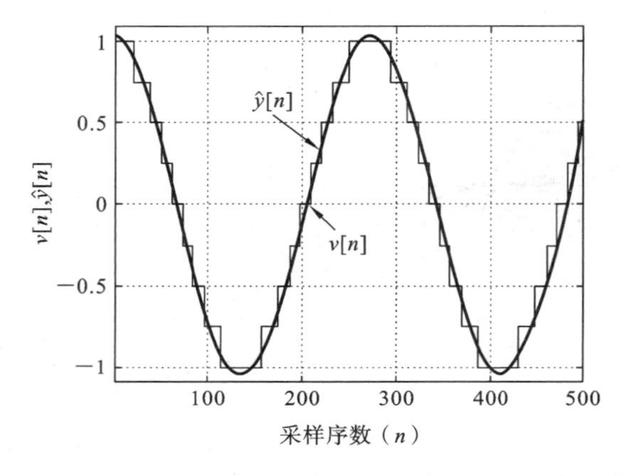

图 2.16 从量化器的输出序列估计量化器的输入

由于输入被过采样，连续采样之间的差异应该很小。另外，当 y 超过量化器阈值时，v 表现为跳跃。因此，可以通过“平滑”序列 v 来获得更好的估计 $\hat{y}[n]$，如图 2.16 所示。从数学上讲，这相当于用数字滤波器对数字序列 $v[n]$进行滤波，如图 2.17(a)所示。

图 2.16 和图 2.17(b)所示的数值实验结果说明了这一想法。低频正弦波 y 用$\Delta=0.25$ 的阶跃量化，产生 v。v 与 y 之间的均方差为 4.6×10^{-3}，接近 $\Delta^2/12$（等于 5.2×10^{-3}）。为了从 v 中估计 y，将 v 用一个截止频率为 $\pi/5$ 的尖锐数字低通滤波器进行滤波，当将过滤后的输出 $\hat{y}$ 与 y 进行比较时，误差 $\hat{y}-y$ 大大减少，如图 2.17(b)所示，$\overline{(\hat{y}-y)^2}$ 等于 7×10^{-5}，大约是未被滤波时的值的 1/5.5。这是有意义的——对于白量化噪声，数字滤波器应能通过量化噪声的 20%。事实上，“白噪声”的假设并不完全成立，这个均方误差略低。

利用过采样来降低量化噪声的系统频谱图如图 2.18 所示。y 的频谱在$[-\pi/\text{OSR},\pi/\text{OSR}]$范围内，而量化噪声扩展到$[-\pi,\pi]$范围，其双边谱密度为 $\Delta^2/(24\pi)$。数字滤波器截断了信号带外噪声，从而将 $\hat{y}$ 中量化噪声的功率降低为原来的 1/OSR。

① 当两个信号都通过非线性器件时，其中一个信号的增益受到另一个信号的影响，这种现象并不完全陌生，类似于射频放大器的脱敏。在射频放大器中，一个小的期望信号的增益在一个大得多的、不期望的干扰信号存在时降低，这是因为干涉器周期性地将压缩放大器驱动到其传输曲线的较低增益区域，从而导致期望信号的平均增益较小。

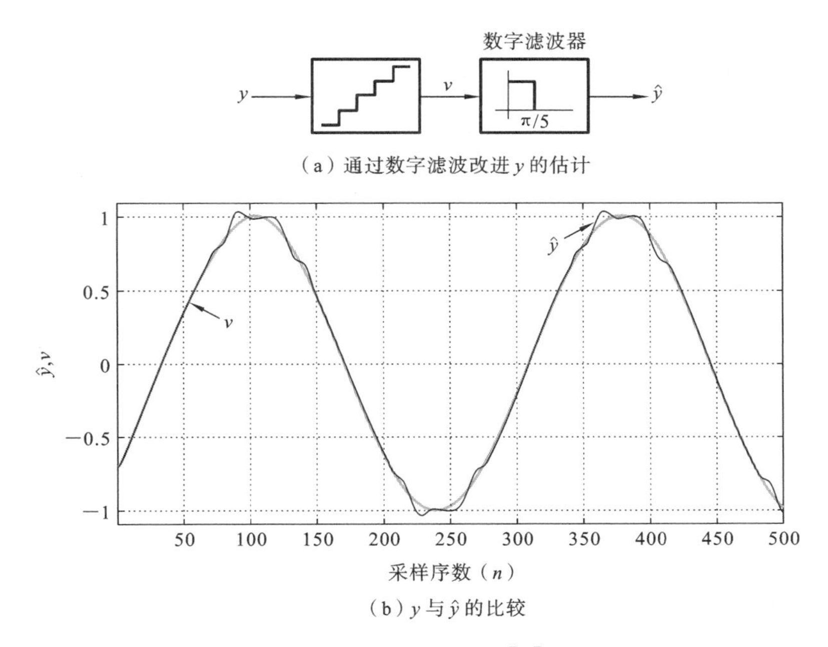

（a）通过数字滤波改进 y 的估计

（b）y 与 $\hat{y}$ 的比较

图 2.17　数字序列 $v[n]$

这还不是全部。因为 $\hat{y}$ 的功率在$[-\pi/\mathrm{OSR},\pi/\mathrm{OSR}]$范围内，它可以被 OSR 降采样，从而产生奈奎斯特速率序列 v_1。数字滤波器和降采样器的结合称为抽取滤波器(decimation filter)。然而，使用相同的量化器，与奈奎斯特采样相比，基于过采样的 ADC 可以降低量化噪声。

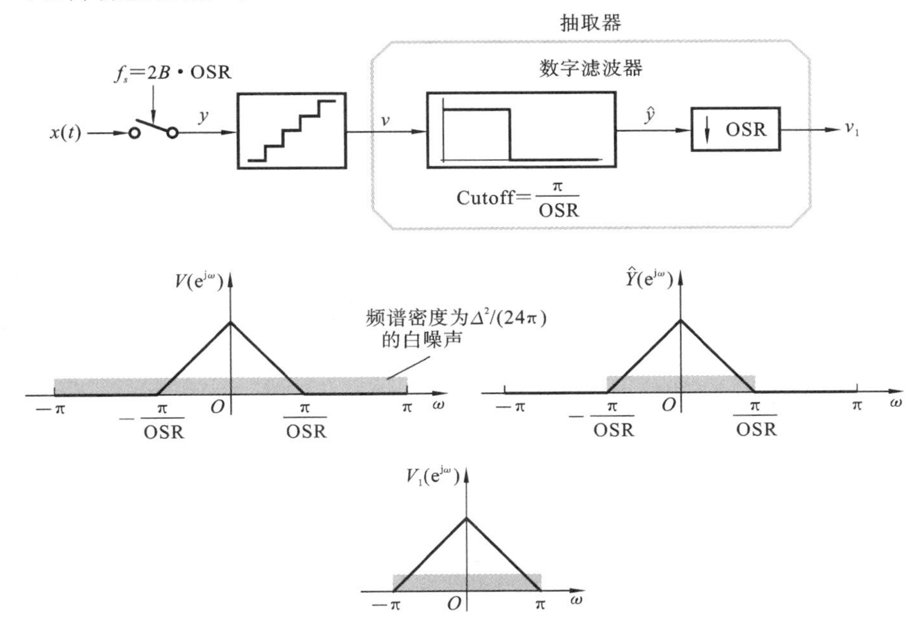

图 2.18　采用过采样来减少量化噪声的信号链以及 v，$\hat{y}$ 和 v_1 的频谱

综上所述，我们发现，通过简单地对一个带限信号进行过采样，对其进行量化，并用一个截止频率为 π/OSR 的理想低通滤波器对该数字序列进行滤波，能够将带内量化噪声功率降低为原来的 $1/\mathrm{OSR}$。净效应是使量化器的分辨率有所提高，因为峰值 SQNR

增加了 10lg(OSR)(dB)。因此,将 OSR 加倍会导致量化器分辨率提高 3 dB(半位)。而提高分辨率的代价是需要高速数字处理,其表现为抽取滤波器。

尝到甜头后,现在自然而然有一个问题——我们能做得比每次倍增 OSR 使分辨率只提高半位更好吗?事实证明是可以的,我们求助于负反馈,以寻求灵感。

2.4 噪声整形

考虑如图 2.19 所示的带放大器的反馈系统,把 e 看成放大器的输出噪声,经检查,我们有

$$v=\left(\frac{A}{1+A}\right)u+\left(\frac{1}{1+A}\right)e \tag{2.19}$$

随着放大器增益的增加,我们看到 v 开始接近 u,从 e 到 v 的传递函数减小。在 $A\to\infty$ 的极限情况下,$v=u$,并且 e 不影响输出。

那么,假设 e 是量化噪声呢?换句话说,假设放大器是无噪声的,但是我们将 e 与量化噪声联系起来,如图 2.20 所示,会怎么样?我们能把量化噪声嵌入一个负反馈回路,并使 A 足够大,从而完全消除量化噪声吗?实现一个大的增益 A 似乎很容易——作为模拟设计师,我们完全习惯于设计高增益放大器。但是,消除量化噪声能这么容易吗?

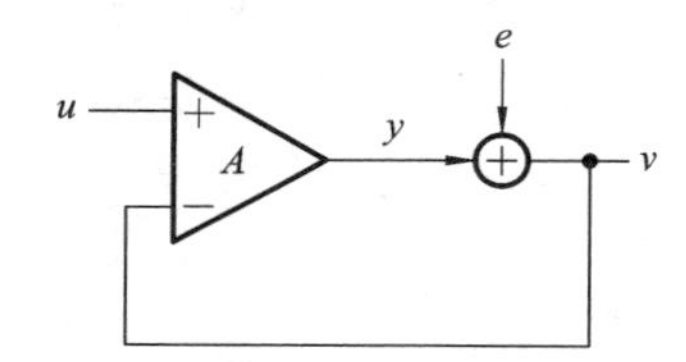

图 2.19 一个简单的负反馈放大器

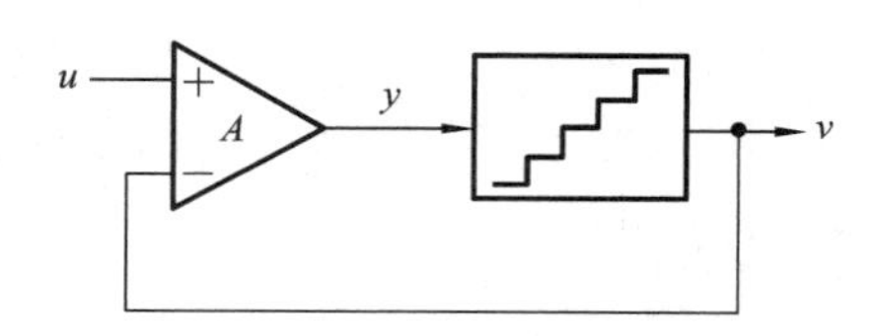

图 2.20 将 e 与量化噪声联系起来

不幸的是,图 2.20 中的系统也不能轻易实现。为了了解原因,考虑到一个实际的量化器,由于任何一个实际可行的设备都需要一定的工作时间——换句话说,量化器“观察”输入之后,只有经过一段短时间后,才能得到量化输出。也就是说,放大器只能在下一次采样中使用量化器的输出(进而调整自己的输出以减少 u 和 v 之间的误差)。因此,在数学上,我们应该在放大器输出中插入一个单采样延迟,如图 2.21 所示,因为量化器的输出只能在下一个周期被电路的其余部分“看到”。这个概念对我们来说并不完全陌生——事实上,在顺序数字状态机设计中,不能有“无延迟环路”是一个常见的概念。

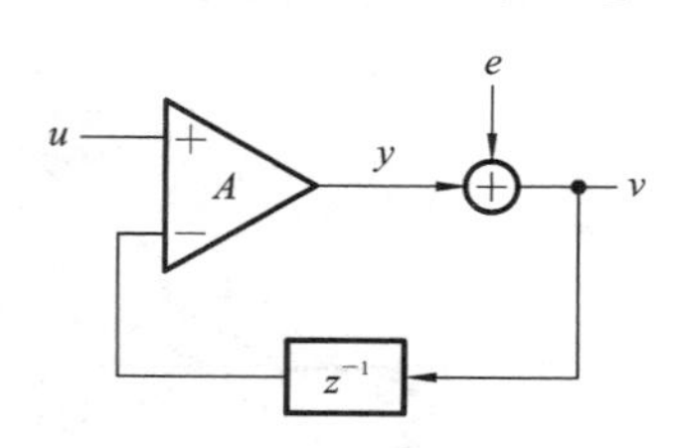

图 2.21 物理上可实现的离散时间反馈环路应至少有一个采样延迟,e 是量化误差

图 2.21 在 z 域的分析得出,有

$$V(z)=(U(z)-z^{-1}V(z))A+E(z)$$

简化后为

$$V(z)=\left(\frac{A}{1+Az^{-1}}\right)U(z)+\left(\frac{1}{1+Az^{-1}}\right)E(z) \tag{2.20}$$

式中,$\frac{A}{1+Az^{-1}}$ 为信号传递函数(STF),$\frac{1}{1+Az^{-1}}$ 为噪声传递函数(NTF)。

当 $A\to\infty$ 时,STF 趋近于 1,而 NTF 趋近于 0。通常情况下,与单个系统相关的传

递函数一样，STF 和 NTF 具有相同的分母，这是系统的特征多项式。通过确定分母多项式的根来确定系统的极点位置为 $z=-A$。

为了使离散时间系统稳定，其所有极点必须位于单位圆内。在系统中，保证稳定性的唯一方法是使 $|A|<1$，如图 2.22 所示。

我们发现自己正处于一种不可摆脱的困境之中——需要 $|A|\gg 1$，这样 NTF 很小。但是，如果我们这样做，系统是不稳定的，因为极点位于单位圆之外；而如果我们试图稳定回路，就会失去噪声抑制作用。

从上面的讨论中可以明显地看出，让放大器的增益 A 在所有频率下都很大是不可行的——试图完全消除量化噪声似乎太贪婪了。由于存在过采样，输入序列 u 的频谱被限制在低频，因此，与其试图抑制所有频率下的量化噪声，不如我们满足于只在信号带宽 $[0,\pi/\mathrm{OSR}]$ 上消除量化噪声。同样地，如果增益 A 不是在所有频率下都高而只是在低频下才高呢？这就要求用一个与频率相关的增益模块替换与频率无关的增益 A，其增益在低频时应该是无穷大的。因此在低频时 NTF 很小，具有这些特性的最低阶系统是一个积分器。

系统的结果如图 2.23 所示。在式(2.20)中的使用 $A=1/(1-z^{-1})$，得到

$$V(z)=1U(z)+(1-z^{-1})E(z) \tag{2.21}$$

式中，STF 是 1；NTF 是 $(1-z^{-1})$，是传输函数在 dc($\omega=0$ 或 $z=1$)处有一个零点的一阶高通响应。这是因为“前向放大器”的增益在直流时是无穷大的。

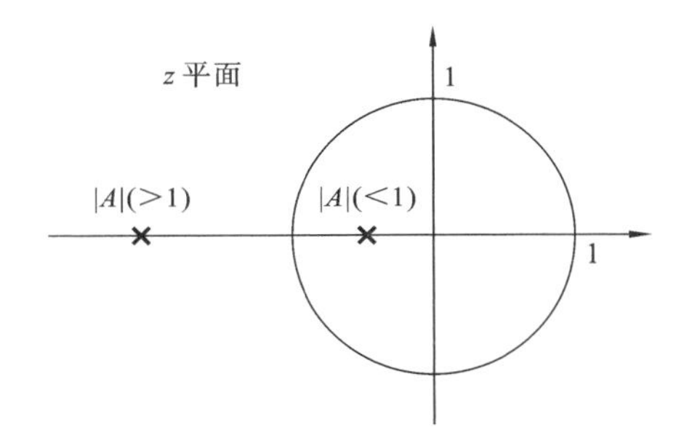

图 2.22　对于小的 A 和大的 A 在图 2.21 中系统的极点位置

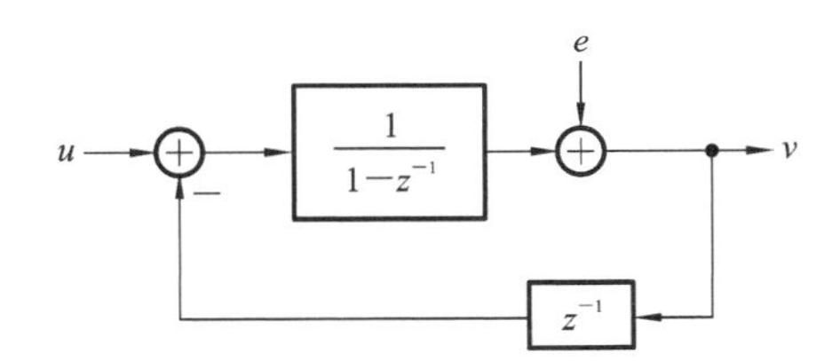

图 2.23　输出量化噪声在低频被衰减的负反馈系统

以线性和对数坐标表示的 NTF 的幅频响应如图 2.24 所示。图 2.24(a)中的阴影部分显示了噪声的带内分量，从直流延伸到 $\omega=\pi/\mathrm{OSR}$。图 2.24(b)说明了高通响应的一阶性质，即幅度以每 10 倍频程 20 dB(20 dB/decade)的速率增长。

让我们来确定带内量化噪声的方差，有

$$\mathrm{IBN}=\frac{\Delta^2}{24\pi}\int_{-\frac{\pi}{\mathrm{OSR}}}^{\frac{\pi}{\mathrm{OSR}}}|(1-\mathrm{e}^{-\mathrm{j}\omega})|^2\mathrm{d}\omega=\frac{\Delta^2}{12\pi}\int_0^{\frac{\pi}{\mathrm{OSR}}}4\sin^2\left(\frac{\omega}{2}\right)\mathrm{d}\omega$$

$$\approx\frac{\Delta^2}{12\pi}\int_0^{\frac{\pi}{\mathrm{OSR}}}\omega^2\mathrm{d}\omega=\frac{\Delta^2}{36\pi}\frac{\pi^3}{\mathrm{OSR}^3}$$

我们发现带内噪声功率与 OSR^{-3} 成正比，将 OSR 加倍可使带内噪声功率降低 9 dB，从而有效提高 1.5 比特的分辨率。回想一下，通过简单的过采样(但没有噪声整形)，当 OSR 加倍时，分辨率只增加了 0.5 位。在这两种情况下，原则上可以通过使用足够高的 OSR 值来实现任意高的精度，但当过采样与噪声整形结合时，所需的 OSR 值

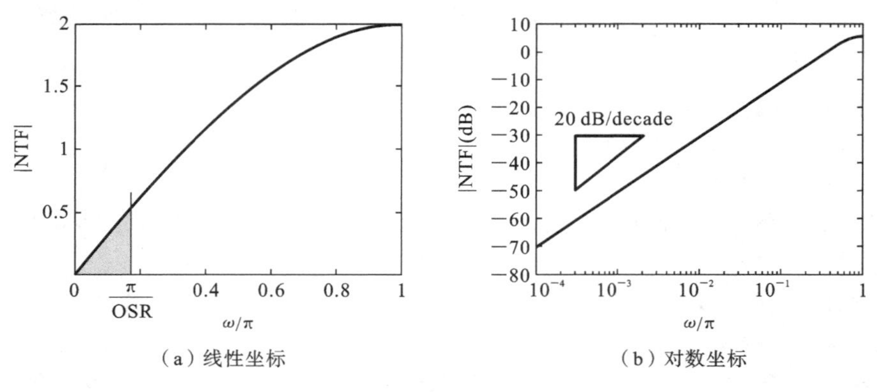

图 2.24 一阶噪声整形量化器的 NTF 值

要低得多。频谱上，量化噪声被高通滤波，或被“整形”出信号带，因此，这是一个一阶噪声整形转换器(first-order noise-shaped converter)，也称为一阶 ΔΣ 转换器，本书中，我们还亲切地(和可互换地)把这个系统称为 MOD1。

ΣΔ 还是 ΔΣ?

设计界的一个(友好的)争论焦点是术语的选择，这种调制器应该称为 ΔΣ 调制器还是 ΣΔ 调制器？一些设计师认为 ΣΔ 更合适，这是基于以下原因。在图 2.25(a)中，我们看到 Δ 操作首先进行，然后是 Σ 操作，且在科学和工程中，复合操作的命名顺序与单个操作的顺序相反。例如，要确定一个波形的均方根值，我们首先对其进行平方，确定其平均值，然后计算结果的平方根。因此，在类似的情况下，这种调制器应该称为 ΣΔ 调制器。

ΔΣ 的支持者认为，调制器历史上是由积分器(Σ)和 Δ 调制器级联而成，按照相反的顺序，把它称为 ΔΣ 调制器是有意义的。另一个惯例是，文献中首次使用的名字就是默认的名字，既然 Inose 和 Yasuda[3] 选择了 ΔΣ 这个名字，那就是我们采用的惯例。此

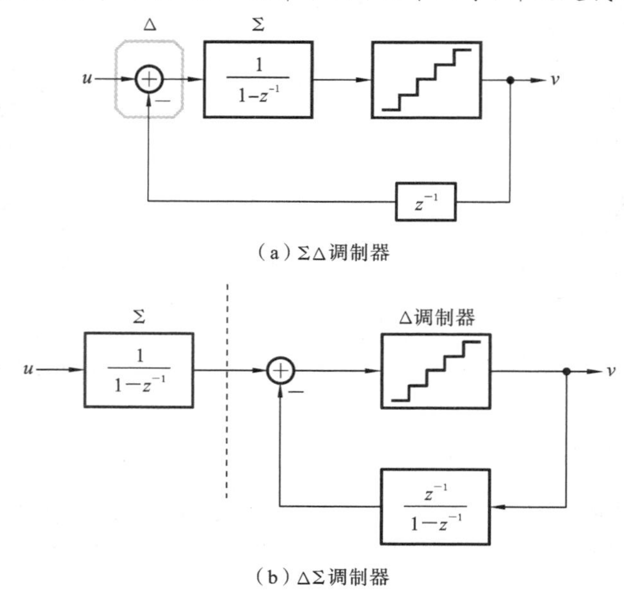

图 2.25 正确使用名称

外，ΔΣ 听起来更好。

一阶 ΔΣ 转换器的系统框图如图 2.26 所示。它由一个“模拟”部分(通常称为调制器)构成，该部分是由积分器、量化器和减法器组成的负反馈回路。抽取器由一个“尖锐”数字低通滤波器组成，其输出被 OSR 倍降采样，产生奈奎斯特速率数字信号 ω。

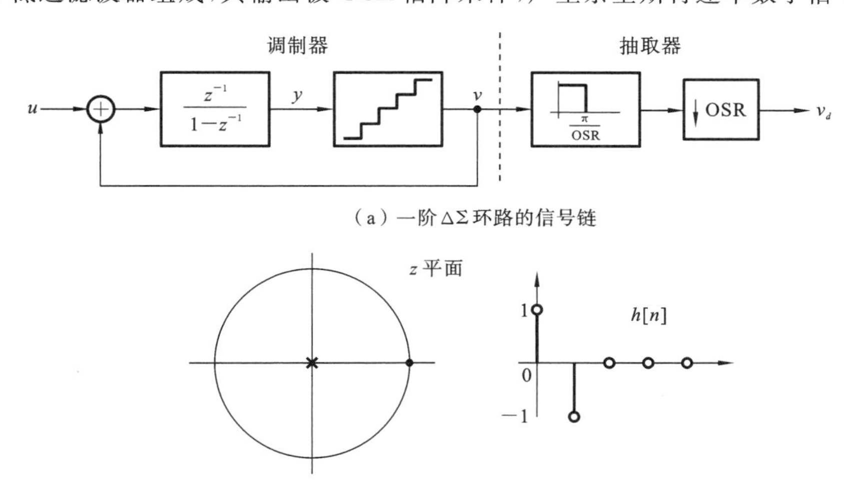

(a) 一阶 ΔΣ 环路的信号链

(b) 系统极零点图及与NTF对应的脉冲响应

图 2.26 一阶 ΔΣ 转换器的系统框图

调制器工作的方程式如下：

$$y[n]=y[n-1]+u[n-1]-v[n-1],\quad v[n]=Q\{y[n]\} \tag{2.22}$$

输出可以表示为输入 u 和量化误差 $e=v-y$ 的总和。因此，有

$$V(z)=z^{-1}U(z)+(1-z^{-1})E(z)$$

上述方程中虽然没有近似符号，但我们做了近似假设，即假设 $e[n]$ 是一个白色序列。

- 量化误差被“一阶整形”到信号带外，具有传递函数$(1-z^{-1})$，在直流处有一个零点。
- 假设它是白量化噪声，带内噪声功率与 OSR^{-3} 成正比。因此，将 OSR 加倍可使分辨率提高 9 dB。

对于 M 阶量化器，满量程输入的峰值 SQNR 由下式给出：

$$SQNR_{peak}=\frac{9M^2OSR^3}{2\pi^2} \tag{2.23}$$

这表明，要实现所需的峰值 SQNR 有许多设计选择。在低 OSR 采样的 ΔΣ 环路中可以使用多电平量化器；或者，增加 OSR 可以减少 M。后一种方法的优点在于，随着 M 的减少，量化器(以及随后的 ΔΣ 环路)的复杂性大大简化。

极限情况下，当 $M=1$ 时，ΔΣ 环路将产生一个 2 级量化器或二进制量化器或单比特量化器。乍一看，一个 1 位量化器可以用来高精度地数字化一个量，这听起来简直不可思议。但通过过采样、负反馈和适当的数字处理(以抽取滤波器的形式)，已经得以实现，这就是反馈的魔力。

用 $h[n]$表示 NTF 的脉冲响应，即 $h[0]=1$。当 $n=0$ 时，由于 e 中的脉冲而产生的输出 v 由两部分组成：$e[0]=1$ 和 $y[0]$。正如我们前面讨论的，不能实现无延迟回路，

这意味着 $n=0$ 处的环路滤波器(y)的输出必须为零,从而导致 $h[0]=1$。在转换域中,此约束转换为

$$\mathrm{NTF}(z)=h[0]+h[1]z^{-1}+h[2]z^{-2}+\cdots+h[n]z^{-n}+\cdots \tag{2.24}$$

设置 $z=\infty$,我们看到

$$\mathrm{NTF}(\infty)=h[0]=1$$

这个等式(或它的时域等式)是一个适用于任何可实现 $\Delta\Sigma$ 环路的基本约束。在 $z=1$ 处计算式(2.24),且 $\mathrm{NTF}(1)=0$,我们看到,对于任何在直流处有一个零点的 NTF,有

$$\sum_{n=0}^{\infty}h[n]=0$$

当带内噪声降低时,v 中总的量化噪声功率比量化器引入的功率(即 $\Delta^2/12$)大。使用 Parseval 定理简化总量化噪声功率(在整个频带$[0,\pi]$)的计算,并由下式给出:

$$\frac{\Delta^2}{12\pi}\int_0^{\pi}|\mathrm{NTF}(e^{j\omega})|^2\mathrm{d}\omega=\frac{\Delta^2}{12}\sum_{n=0}^{\infty}h^2[n]=2\frac{\Delta^2}{12} \tag{2.25}$$

将过采样转换器(无噪声整形)的输出序列与一阶 $\Delta\Sigma$ 调制器的输出序列进行比较是具有指导意义的。图 2.27(a)所示的是两种情况下的量化器输出。$\Delta\Sigma$ 调制器的输出被视为包含更多的电平之间的跃迁,因为高频($\omega=\pi$)处的量化噪声的增益是 2(而在

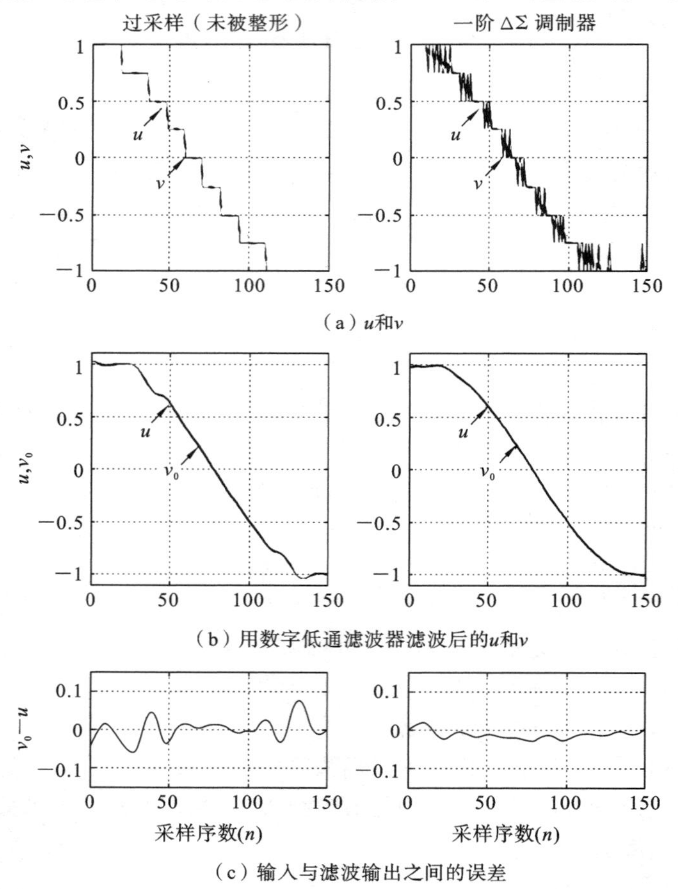

(a) u和v

(b) 用数字低通滤波器滤波后的u和v

(c) 输入与滤波输出之间的误差

图 2.27 过采样转换器与一阶 ΔΣ 调制器的输出序列比较

只有过采样的情况下是1)。图2.27(b)显示了序列被数字滤波后的波形,输入与滤波输出之间的误差如图2.27(c)所示,很明显量化误差被噪声整形大大抑制了。

ADC、DAC和量化器

我们在图2.1中看到,在概念上,一个ADC对一个输入进行采样、量化,并给量化器输出的每个电平分配一个数字字。虽然该ADC框图便于分析,但实际的ADC并不使用这种方法来实现。相反,量化和编码是以依赖于特定ADC架构的方式交织在一起的。换句话说,输入的采样和量化版本(图2.1中的$x_q[n]$)无从获取。有时,在量化之前输入也没有被显式采样。这是可以理解的,因为在理论上,变换采样和量化的顺序与ADC的输出无关。此外,其输入有量纲(通常是电压或电流),而输出无量纲。

相反,数模转换器DAC则根据数字序列产生连续的时间波形。当输入无量纲时,输出的量纲对应于实际物理量(如电压、电流或电荷)。

量化器,比如图2.26中的量化器,是一种输入和输出都有量纲的设备。那么,如何实现图2.26中的量化器呢?实现这一点的常见方法如图2.28(a)所示,其中ADC和DAC是级联的,产生的一阶ΔΣ调制器如图2.28(b)所示。ADC的输出是一个数字字,由抽取滤波器处理,同时,从u中减去DAC的输出,并由积分器处理。

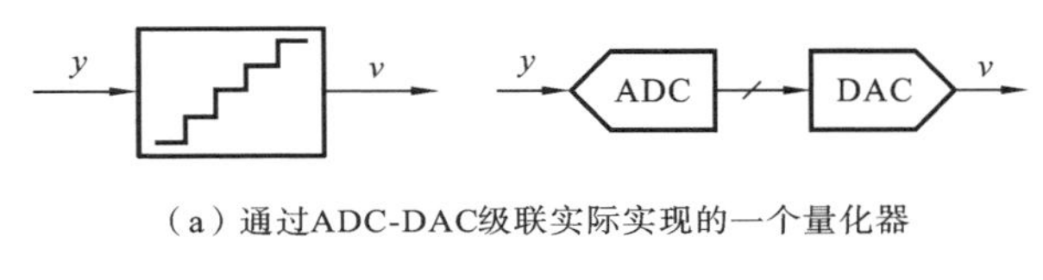

(a) 通过ADC-DAC级联实际实现的一个量化器

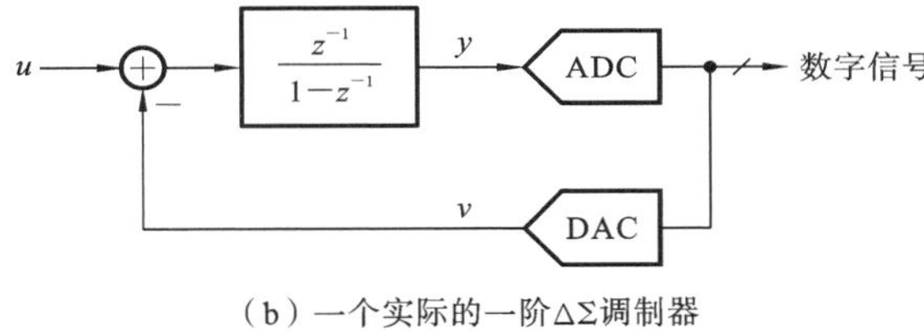

(b) 一个实际的一阶ΔΣ调制器

图2.28 实现图2.26中的量化器

2.4.1 积分器有限直流增益的影响

理想情况下,环路中积分器的直流增益应为无穷大。然而,在电路的非理想情况下,我们只能保证一个大的(但不是无限的)直流增益,用A表示。参考图2.26,将实际积分器的传递函数修改为①

$$L_0(z)=\frac{pz^{-1}}{1-pz^{-1}} \tag{2.26}$$

式中,$p=A/(1+A)$。

因此,NTF为

$$\mathrm{NTF}(z)=1-pz^{-1} \tag{2.27}$$

这个表达式中,很明显,在单位圆内,NTF的零点从$z=1$移到$z=p$。因此,NTF

① 选择这种特定形式的积分器传递函数是为了得到形如$(1-pz^{-1})$的“干净”NTF。

的直流增益从理想值 0 变为$(1-p)=1/(A+1)$，并且为了实现直流信号的无限精度，导致调制器失去了稳定性。对于忙输入信号，在信号带内$|\mathrm{NTF}(e^{j\omega})|^2$的积分约等于$A^{-2}+\omega^2$，并将结果与$A\to\infty$的情况下的结果进行比较，来估计低频噪声陷波“填充”产生的额外噪声功率。如果$A>\mathrm{OSR}$，则附加噪声小于 1.2 dB，因此这种影响并不严重。虽然这一论点表明，高放大器增益不是一个关键的要求，但读者应该意识到，上述论点假设放大器增益为线性并忽略死区现象。如果放大器增益为非线性，则低放大器增益可能存在问题。此外，有限增益效应对第 5 章讨论的级联(MASH)结构也有严重影响。

2.4.2 量化器的非理想效应

如图 2.29 所示，实际的量化器用一个 ADC 和一个 DAC 的级联来实现。这些构成非理想性的模块如何影响量化器和 MOD1 本身？

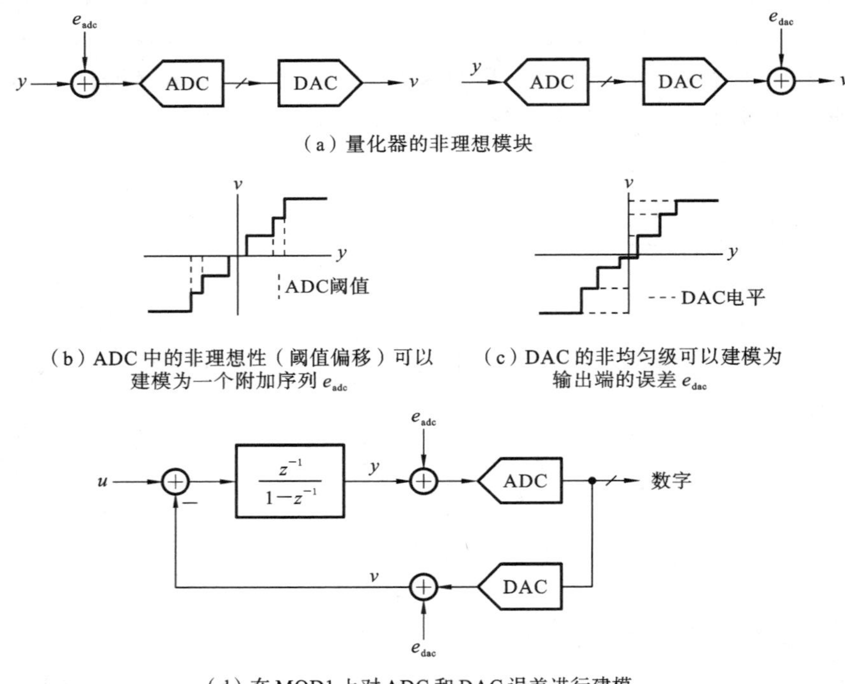

图 2.29　用一个 ADC 和一个 DAC 的级联来实现量化器

理想的 ADC 应该具有均匀间隔的阈值。然而，在实践中，这些值会偏离其理想值，导致踏板具有不同的宽度。这种不确定性可以建模为 ADC 输入端的误差序列 e_{adc}，如图 2.29(a)所示。

DAC 的所有输出步长理想情况下应该相等。事实上，由于 DAC 中使用的组件的可变性，情况并非如此。这种非理想性同样被建模为添加到 DAC 输出的误差信号 e_{dac}，如图 2.29(b)所示。

MOD1 的模型，包括这些误差，如图 2.29(c)所示。从图中可以明显看出，e_{adc}不应成为令人担忧的原因；毕竟，e_{adc}加上了 ADC 引入的量化误差，因此它将像量化误差一样被负反馈回路整形。

然而，e_{dac}是有问题的，因为它无法与输入 u 区分，因此会降低带内 SQNR。这符合我们的一般经验，即负反馈系统的传递函数在很大程度上由反馈元件决定（当回路增益较大时）。用术语来说，e_{adc}被噪声整形，而 e_{dac}不被噪声整形。

2.4.3　单比特一阶 ΔΣ 调制器

在单比特调制器中，ADC 的阈值误差（e_{off1}）等于直流偏移量。假设 DAC 理想情况下的电平为±1，实际形式为$-(1+\varepsilon_1)$和$(1+\varepsilon_2)$，由此产生的量化器特性如图 2.30(a)所示。因此，v 与 y 的关系如下：

$$v=\hat{k}[\mathrm{sign}(y-e_{off1})]+e_{off2} \tag{2.28}$$

其中，

$$\hat{k}=1+\frac{\varepsilon_1+\varepsilon_2}{2} \tag{2.29}$$

$$e_{off2}=\frac{\varepsilon_2-\varepsilon_1}{2} \tag{2.30}$$

生成的 MOD1 模型如图 2.30(b)所示。当涉及输入时，由于积分器的无限直流增益，e_{off1}减小到零，因此 e_{off1}没有任何影响。而添加到 u 的 e_{off2}在输入中表现为一个失调量。因为$|\varepsilon_1,\varepsilon_2|\ll 1$，$\hat{k}$ 接近 1，使得 STF 的带内增益变为 $1/\hat{k}$。

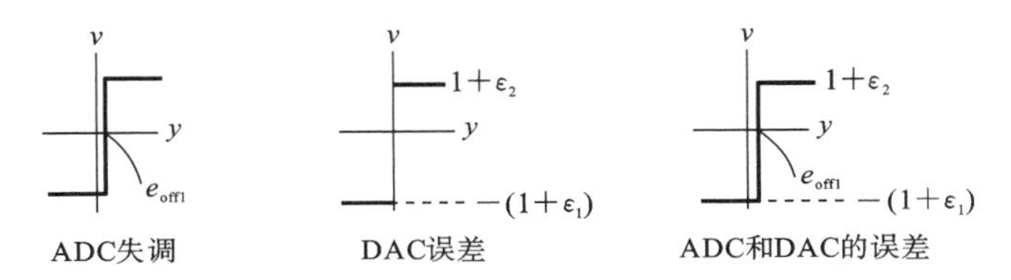

（a）一个 2 级调制器具有 ADC 和 DAC 非理想性的量化器特性

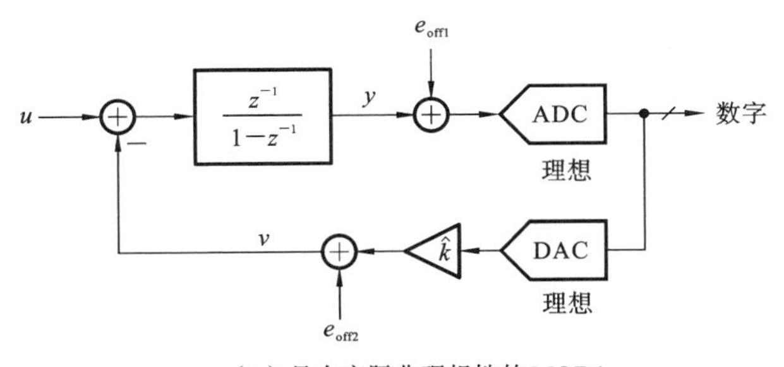

（b）具有实际非理想性的 MOD1

图 2.30　量化器特性图和 MOD1 模型

通过上面的讨论，我们看到，在一个单比特 delta-sigma 调制器中，元件失配会导致偏移和增益误差，这两种误差都是没有危害的（与超过两个电平的情况不同）。这是使用两电平量化器的一个很大的激励因素。事实上，这种特性被称为固有线性（inherent linearity）。它还有其他好处——因为 $v=\mathrm{sign}(y)$，所以缩放积分器的输出对 v 没有影响。但是，它的缺点是，与超过 2 个量化级别的量化器相比，采用两电平量化需要更高的 OSR 来实现所需的带内 SQNR。但对于低带宽信号来说，这通常不是问题。第 4 章将详细介绍在使用单比特量化器进行设计时需要考虑的折中。

2.5 一阶 ΔΣ 调制器的非线性特性

到目前为止,我们已经对一阶 ΔΣ 回路的线性特性建立了直觉。但实际上,量化噪声模型并不完全正确,它与用线性分析所期望的行为有偏差。下面将讨论其中一些存在偏差的情况。通过对差分方程式(2.22)的时域仿真,可以很容易地确定 MOD1 的真实行为。仿真是 ΔΣ 调制器设计的一个重要工具,因为线性模型是不完美的且会隐藏其重要影响,只有充分考虑调制过程的真正非线性性质时,这些重要影响才能显现。

这些计算所需的是输入信号的样本和积分器的初始条件。一旦输出序列被计算出来,就可以用快速傅里叶变换(FFT)得到它的频谱,然而,为了达到所需的高数值精度,必须采用几种预防措施,这些措施将在附录 A 中进行讨论。

图 2.31 所示的是 MOD1 对量化噪声的整形,当使用满量程正弦波输入进行仿真时,图 2.31 描绘了使用 2 级量化器的 MOD1 的输出频谱。该图清楚地显示了噪声整形特征、调制特性和 20 dB/decade 的噪声斜率,这些均与一阶整形一致。然而,对于 OSR=128,仿真得到的 SQNR 为 55 dB,比线性模型预测的 60 dB 小 5 dB。在本节余下部分的讨论中,除非另有说明,一般假设 M(量化步数)=1。

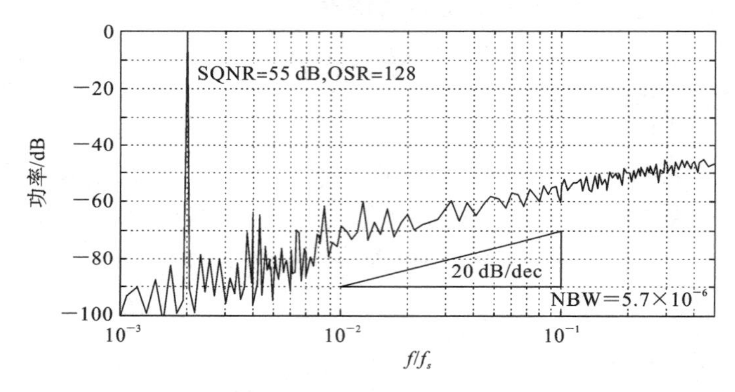

图 2.31 用一个满量程正弦波输入仿真 MOD1 输出频谱

图 2.32 所示的是两个不同测试频率下仿真的 SQNR 与输入振幅的关系,它给出了该 SQNR 差异的来源。如图 2.32 所示,MOD1 的仿真 SQNR 是输入振幅和频率的一个不规则函数。很明显,MOD1 的动态特性并不像线性模型那样简单。

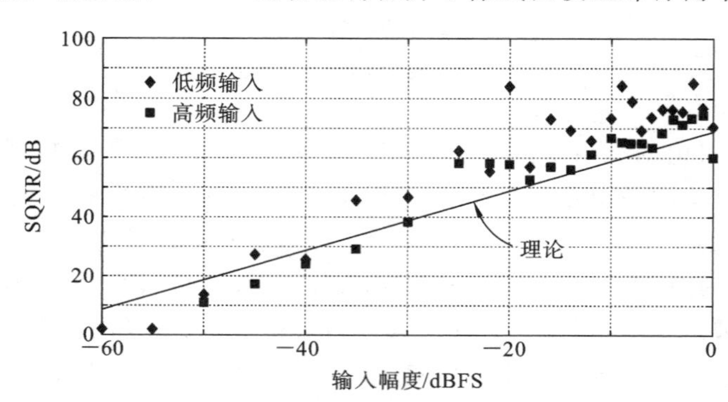

图 2.32 用 OSR=256 仿真 MOD1 的 SQNR

为了进一步证明隐藏在 MOD1 中的复杂性，图 2.33 所示的是针对两个 OSR 值，仿真得到的带内噪声功率与直流输入值的函数，图中还显示了带内噪声的均方值以及所有输入值的平均值。这两个图都表明，MOD1 在某些输入值(特别是 ± 1 和 0)附近的带内噪声增加。对比图 2.33(a)和图 2.33(b)，我们发现随着 OSR 的增加，异常区域的宽度和绝对高度减小，但相对于平均噪声级，噪声峰值更高。Candy 和 Benjamin[4] 指出，中心噪声峰的高度为 $-20\lg(\sqrt{2}\cdot \mathrm{OSR})$ dB，宽度为 OSR^{-1}。后来，Friedman[5] 指出，主导模式由一堆较小的尖峰围绕着两个大的尖峰组成，并且该模式在相邻的两对较小的尖峰之间以无休止的递归方式重复。

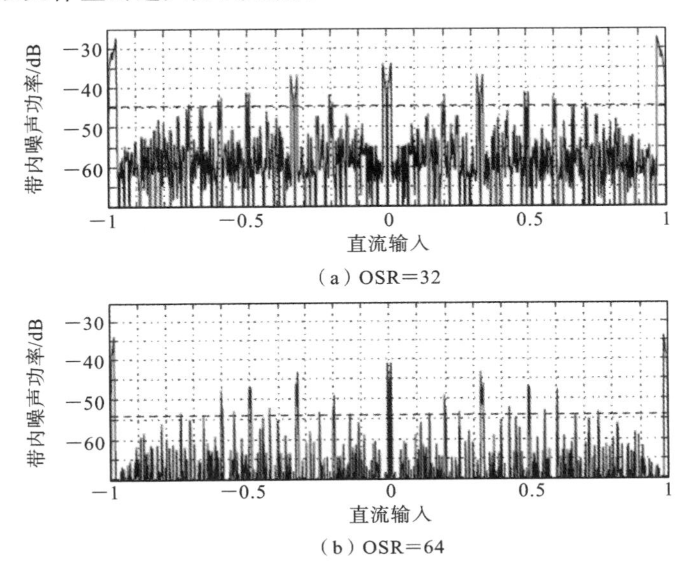

图 2.33 带内量化噪声功率与 MOD1 直流输入电平的关系(虚线表示所有输入值的平均噪声功率)

这种以及其他奇异行为都是 MOD1 的非线性差分方程的直接结果。

2.6 用直流激励 MOD1

如前所述，量化器的线性模型仅在量化器的输入信号是大且快速随机变化的信号的特定条件下有效，只有当回路的输入 u 满足类似条件时，才能满足该条件。本节中，我们将讨论 MOD1 在违背这些条件的情况即恒定输入信号情况下的行为。

2.6.1 空闲音的生成

考虑带两级量化器的 MOD1，并由直流输入 u 激励，如图 2.34 所示。尽管它是非线性量化器，但我们之前看到的 y 与 u 和 $e=v-y$ 是线性相关的，所以，有

$$Y(z)=\mathrm{STF}(z)U(z)+(\mathrm{NTF}(z)-1)E(z)$$

其中 $\mathrm{STF}(z)=z^{-1}$，$\mathrm{NTF}(z)=(1-z^{-1})$。在时域，识别出 $v[n]=\mathrm{sign}([n])$ 之后，转化为

$$y[n]=u[n-1]+(y[n-1]-\mathrm{sign}(y[n-1])) \tag{2.31}$$

在上述一阶非线性差分方程中，可以捕捉到 MOD1 的奇异行为。

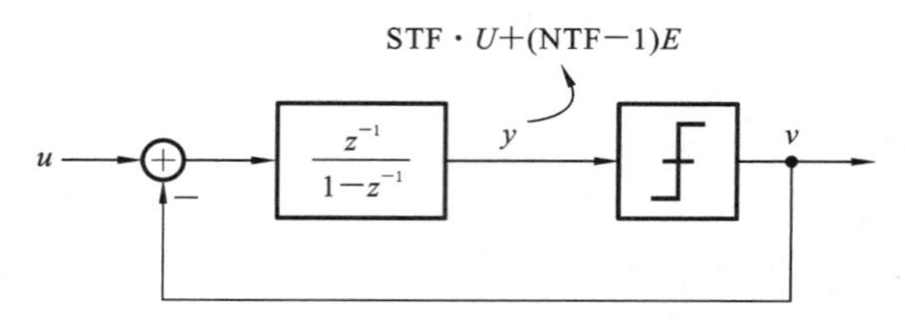

图 2.34 y 与 u 和 $e=v-y$ 线性相关

如果 MOD1 是稳定的，当 $n\to\infty$ 时，$y[n]$不会达到$\pm\infty$，它必须遵循 $\bar{u}=\bar{v}$。如若不然，u 和 v 之间的平均差将不断累积，并最终变为无穷大。

例如，假设 $u=1/2$，如果 $y[n]$为正，则 $v[n]=1$，并且 y 以$-(u-v)=1/2$ 递减；如果 $y[n]$为负，则 $v[n]=-1$，并且 y 以 1.5 递增。从 $y[0]=0.1$ 开始，使用 $u=0.5$ 的 MOD1 的操作如表 2.2 所示。显然，对于 $n=4$，存在与 $n=0$ 相同的条件。因此，它的输出是周期性的，且周期为 4。

表 2.2 $u=1/2$ 的 MOD1 操作

n	0	1	2	3	4
$y[n]$	0.1	−0.4	1.1	0.6	0.1
$v[n]$	1	−1	1	1	1

整个周期 v 的平均值为$(1-1+1+1)/4=1/2$，与输入 u 相同，这是符合预期的。因为 MOD1 能够以无限精度转换直流输入信号，前提是允许它运行无限时间，并被一个完美的低通滤波器滤波。对于考虑中的输入、输出是周期性的且周期为 4，因此包含 $f_s/4$ 的音调及其谐波，这些谐波将被低通滤波器移除。

读者应重复对 $y[0]$的不同值进行计算，以验证输出是否会再次以 4 为周期，以及 $|y[n]|\leqslant 2$。在包含 4 个采样的一个周期内，输出始终包含 3 个+1 和 1 个−1，它们出现的顺序将取决于 $y[0]$。

现在考虑更一般的情况，令输入是一个有理数常数：$u=a/b$。假设 $0<a<b$，a 和 b 是奇数且为正，并没有公因数。给定初始值 $y[0]$，且$|y[0]|<1$，让第一个 b 输出 v 的样本包含$(a+b)/2$ 个+1 的样本和$(-a+b)/2$ 个−1 的样本，那么这个集合中 v 的平均值是 a/b，与 u 相同。对于第一个 b 采样，积分器的总净输入为零。因此，第 b 次采样之后，y 的值将再次变为 $y[0]$。因此，v 序列将在下一个 b 采样期间重复，并将生成具有周期 b 的周期序列。

假设现在 MOD1 有一个周期为 p 的周期性输出，其中每个周期包含 m 个+1 样本和$(p-m)$个−1 样本，那么，每个周期的平均输出将是一个有理数$(2m-p)/p$。因此，(常量)输入必须等于该值，并且必须是有理数。

因此，恒定输入 $u(|u|<1)$具有周期性输出意味着 u 是有理数。由此可知，如果 u 是无理数，那么 MOD1 的输出就不可能是周期性的。

由有理数直流输入产生的周期序列有时被称为模式噪声、空闲音调或极限环。它们不代表回路的不稳定性；它们的振幅不随时间变化，而是 u 的一个复杂函数。如上文所述，它们的频率也取决于输入。

研究极限环对 MOD1 带内噪声的影响具有重要意义。在上面讨论的数值的例子中，输出频谱在直流处包含一条线，对应于 v 的平均值，这表示直流输入 u 的数字等效值，因此它是所需的信号。此外，在 $f_s/4$、$2f_s/4$ 和 $3f_s/4$ 处的谱线代表噪声。由于环路后面的数字低通滤波器的截止频率 f_B 满足 $f_B=f_s/(2\cdot \mathrm{OSR})\ll f_s$，因此，这些谱线位于滤波器阻带内，是无害的。

然而，假设输入是有理数且直流值 $u=1/100$，上面的论述表明，输出信号将包含 $f_s/200$ 的音调及其谐波，其中一些位于数字滤波器的通带内，因此会降低信噪比 SNR。详细分析表明，输出序列将包含 101 个周期的数值 +1 和 −1 交替；由于积分器中 u 的累积，本应出现 −1 的样本 102 将更变为 +1，从而连续出现两个 +1，然后继续以数值 +1 和 −1 交替到样本 199，此时 −1 再次变为 +1，从而连续出现两个 +1。通过快速计算证实，如预期的那样，200 个样本的平均值是 $(101-99)/200=2/200=u$。输出频谱可以通过观察得到，输出等价于频率为 $f_s/200$、占空比为 50.5% 的方波调制的频率为 $f_s/2$ 的采样正弦波。

如前所述，音调的频率和功率都是直流输入 u 的函数，它们引入的带内噪声也是如此。图 2.33 分别为 MOD1 在 OSR=32 和 OSR=64 下，带内噪声功率随 u 的变化情况，如图 2.33 所示，大的峰值出现在有理数值如 $u=0$，$\pm 1/2$ 和 $\pm 1/3$ 附近。

在某些应用中，例如在数字音频中，因为人类听力器官甚至可以听到比已存在的任何白噪声水平低 20 dB 的音调，因此不能容忍空闲音调。防止音调的产生是 ΔΣ 调制器设计的一个重要方面，驱使设计者使用高阶调制器或抖动（一种附加的伪随机信号）。

如果输入电压缓慢变化，并保持在临界电平（一个简单的有理数）附近的时间足够长以致极限环变得明显，也可能产生空闲音调，这对于低阶调制器，如 MOD1，尤其可能发生。

2.6.2 MOD1 的稳定性

线性分析可以预测 MOD1 的无条件稳定性，因为系统的极点位于 $z=0$ 处，且在单位圆内。然而，这种预测并没有考虑到量化器执行的实际信号处理。因此，需要考虑时域的非线性因素。

假设环路中使用一个二级量化器（$M=1$），考虑其直流激励下的稳定性。很明显，若 $|u|>1$，则环路变得不稳定，特别是 y 变得无边界，例如，如果 $u=1.3$，DAC 将通过每次反馈一个 +1 信号以平衡 u。即便如此，一个 0.3 的净输入在每个时钟周期内都会进入积分器，直到 y 变得异常大，以致电路功能丧失。

反之亦然，如果 $|u|<1$，且 y 的初始值满足 $|y[0]|<2$，则环路将保持稳定，并且 $|y|$ 以 2 为界。即使对于时变 u，这个稳定性条件也是充分的，并且很容易建立。尽管是非线性量化器，我们也可以看到 y 与 u 和 $e=y-v$ 呈线性关系，因此，有

$$Y(z)=\mathrm{STF}(z)U(z)+(\mathrm{NTF}(z)-1)E(z)$$

其中，$\mathrm{STF}(z)=z^{-1}$，$\mathrm{NTF}(z)=(1-z^{-1})$。在时域中，由于 $v[n]=\mathrm{sign}(y[n])$，可将上式变换为

$$y[n]=u[n-1]+(y[n-1]-\mathrm{sign}(y[n-1])) \tag{2.32}$$

这表明：

$$|y[n]|\leqslant|u[n-1]|+|y[n-1]-\mathrm{sign}(y[n-1])| \tag{2.33}$$

若 $|y[0]|<2$，则 $|y[0]-\mathrm{sign}(y[0])|<1$，因此，如果 $|u|<1$，那么 $|y[1]|<2$。继续递归，则对于所有的 n，都有 $|y[n]|<2$。

如果 $y[0]>2$ 且 $|u|<1$，那么调制器输出将包含一串 $+1$（如果 $y[0]>2$）或 -1（如果 $y[0]<-2$），并且 $|y|$ 将单调减少直到 2，此时前面规定的条件将保持不变，且 y 仍将以 2 为限。因此，很明显，MOD1 在任意输入小于或等于 1 的情况下是稳定的，并且它能够从任何初始条件中恢复。

2.6.3 死区

另一个有趣的（也是不期望的）现象是，当 u 为小值时，$\bar{v}$ 中出现死区，这是由有限的积分器增益和量化器的非线性性质造成的。

我们首先用一个理想积分器来分析 MOD1，并将此扩展到有损积分器的情况。图 2.35(a)所示的是 $u=0$、使用一个二级量化器的 MOD1。假设最初 $y[0]=-1/2$，y_{off} 初始值为 0，其中 y_{off} 是我们故意在积分器的输出上添加的失调。因为 $u=0$，所以 $\bar{v}$ 必须是 0，否则 y 最终会趋近 $\pm\infty$。很容易看到，v 是重复序列…，1，-1，1，-1，…，可以用 $-\cos(\pi n)$ 表示。当信号反馈回来时，产生 y 的稳定状态是

$$y[n]=\left.\frac{z^{-1}}{1-z^{-1}}\right|_{z=e^{j\pi}}\cos(\pi n)=-\frac{1}{2}\cos(\pi n)$$

由于 $\text{sign}(y[n])=v[n]$，这形成了描述 MOD1 的方程的一致解。现在让我们增加 y_{off}，如图 2.35 所示。很明显，只要 $|y_{off}|<0.5$，v 就不会改变，因为 v 是 $y+y_{off}$ 的符号。

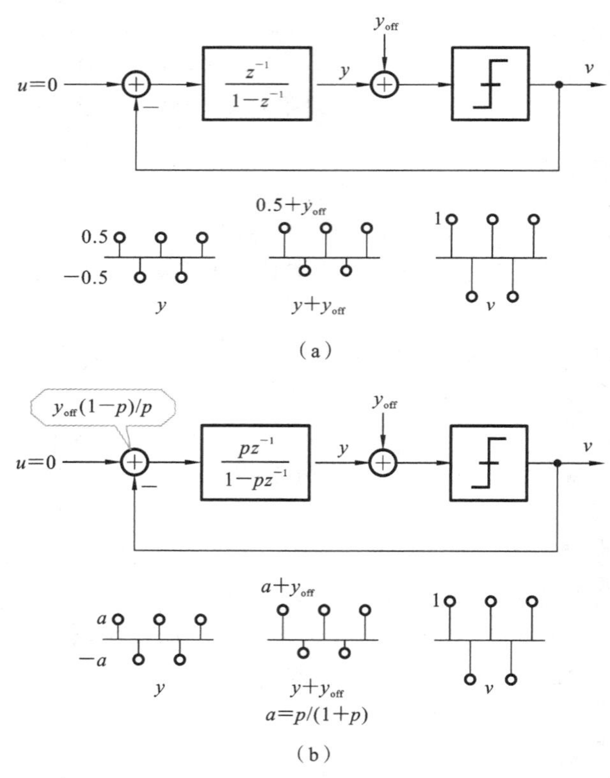

图 2.35 (a) $u=0$ 的 MOD1，较大值的 y_{off} 不干扰 v；(b) 对于阻尼积分器，y_{off} 可以指输入

接下来，我们将检查积分器有损时的 MOD1，如图 2.35(b)所示，其中 $u=0$、$y[0]=0$。此外，我们假定 y_{off} 初始值为 0。在上面的讨论中，我们看到 v 是重复序列…，1，-1，1，-1，…，y 的稳定状态是

$$y[n]=\frac{pz^{-1}}{1-pz^{-1}}\bigg|_{z=e^{j\pi}}\cdot\cos(\pi n)=-\frac{p}{1+p}\cos(\pi n)$$

由于 $\mathrm{sign}(y[n])=v[n]$，这是一个一致解。注意到，只要 $|y_{off}|<p/(1+p)$，序列 v 就不会改变，并且 $\bar{v}$ 保持为零，因为 v 是 $y + y_{off}$ 的符号。

然而，积分器是有损的，其直流增益为 $A=p/(1-p)$，这意味着在积分器的输出端加上 y_{off} 等于在 MOD1 的输入端加上 $y_{off}(1-p)/p$。由于 $|y_{off}|<p/(1+p)$ 对 $\bar{v}$ 没有影响，因此小直流输入：

$$|u|<\frac{1-p}{1+p}\approx\frac{1}{2A}$$

导致 $\bar{v}=0$。

结论是，对于有限的运算放大器增益，归一化值小于 $1/(2A)$ 的输入对输出没有影响。例如，若 $A=1000$，$V_{ref}=1$ V[①]，则小于 0.5 mV 的直流信号不会出现在输出中。因此，如果 MOD1 使用一个有泄漏的积分器，则在 $u=0$ 周围存在死区(dead-zone)或死带(dead-band)。可以看出，在 u 的所有有理数值周围都存在相似的死区，除 $u=\pm1$ 周围的死区外，其他死区的宽度比 $u=0$ 周围的死区窄。图 2.36 所示的是 $A=1000$ 时直流值约为零的 MOD1 的模拟平均输出，该图显示死区的宽度与预测的一样，对于死区外的输入，误差很快衰减到远小于 0.5 mV 的值。

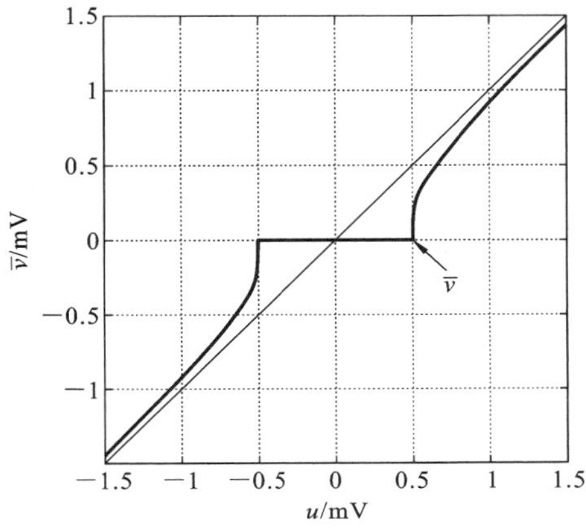

图 2.36　MOD1 的小直流 u 下的 $\bar{v}$，死区的宽度为 $1/A$

有限放大器增益的另一个结果与 MOD1 的极限环有关。带直流输入的理想 MOD1 所显示的极限环是不稳定的，因为输入中的任意小的偏移最终会导致积分器状态的大变化，从而导致不同的输出模式。但是，如果 NTF 零点在单位圆内，则所产生的极限环是稳定的，因为输入中足够小的偏移只会导致积分器状态的小变化，并且其输出模式不会发生变化，这是一种有害的影响，因为极限环通常是不可取的。

2.7　替代体系结构：误差反馈结构

我们接下来将考虑如图 2.37 所示的误差反馈结构，该结构看起来很简单，但是对于模拟 ΔΣ 环路来说仍然有问题。我们在第 1 章的咖啡店示例中看到了这一点。这里，量化误差 e 是通过从 DAC 的输出中减去内部 ADC 的输入得到的模拟量，然后 e 通过滤波器 H_f 反馈给输入端。z 域中的输出信号是

$$V(z)=E(z)+U(z)+H_f(z)E(z) \tag{2.34}$$

因此，$\mathrm{STF}(z)=1$，$\mathrm{NTF}(z)=1+H_f(z)$。要获得 $\mathrm{NTF}(z)=(1-z^{-1})$，显然需要 $H_f(z)=(1-z^{-1})-1=z^{-1}$，这很容易实现。

尽管误差反馈结构非常简单，但对于模拟实现来说还是有难度的，因为它对参数的

① 反馈值是 $\pm V_{ref}$。

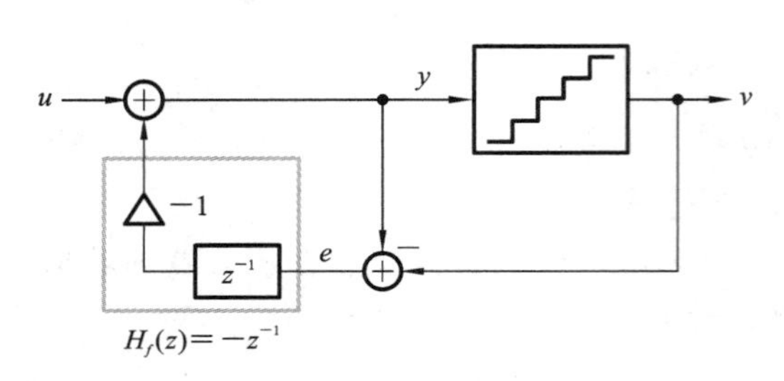

图 2.37 使用误差反馈结构实现的 MOD1

变化很敏感。假设减法器实现($v-y$)有$+1\%$的误差,所以 1.01e 被反馈回来,那么实际的 NTF 将是 $(1-z^{-1})-0.01z^{-1}$,在非常低的频率下,e 的大小将等于 0.01 或-40 dB 而不是 0。因此,纵使经过仔细的模拟设计,对于使用单比特量化器的 ADC 来说,即使 OSR≈1000,可实现的 ENOB 通常也小于 12 位。相比之下,在相同的参数变化下,图 2.26 所示的结构在 OSR=1000 下仍然可以有 15 位分辨率。因此,误差反馈结构在 ΔΣ ADC 中的实用性有限——然而,它在噪声耦合的 ADC 中找到了优势,其原理将在第 3 章和第 5 章中介绍。

误差反馈结构是非常有用的,并且经常被应用在 ΔΣ DAC 所需的数字环路中,其中减法是需要精确实现的。本主题将在第 13 章中再进行详细讨论。

2.8 未来之路

目前为止,我们已经了解到采样信号是如何减少带内量化噪声。仅通过采样,OSR 每增加一倍只贡献 0.5 bit,这带来的好处并不大。我们发现,通过使用负反馈将量化噪声从信号带内整形出来,其结果是一阶调制器(MOD1),OSR 每增加一倍则产生 1.5 bit。我们是否能做得比 MOD1 更好?这就引出了二阶调制器,将在下一章中进行讨论。

参考文献

[1] A. V. Oppenheim, R. W. Schafer, and J. R. Buck. *Discrete-Time Signal Processing*. Prentice-Hall, 1989.

[2] R. M. Gray and D. L. Neuhoff, "Quantization", *IEEE Transactions on Information Theory*, vol. 44, no. 6, pp. 2325-2383, 1998.

[3] H. Inose, Y. Yasuda, and J. Murakami, "A telemetering system by code modulation-ΔΣ modulation", *IRE Transactions on Space Electronics and Telemetry*, vol. 3, no. SET-8, pp. 204-209, 1962.

[4] J. C. Candy and O. J. Benjamin, "The structure of quantization noise from sigma-delta modulation", *IEEE Transactions on Communications*, vol. 29, no. 9, pp. 1316-1323, 1981.

[5] V. Friedman, "The structure of the limit cycles in sigma delta modulation", *IEEE Transactions on Communications*, vol. 36, no. 8, pp. 972-979, 1988.

3

二阶 ΔΣ 调制器

在对 MOD1 的分析中，我们看到它的带内 SQNR 可以通过采用更多电平的量化器来改进。这样，量化器的步长相对其满量程是减小的。在频域中，增加电平数会降低整个频率范围[0,π]上量化噪声(用满量程归一化)的频谱密度，从而提高 SQNR。

提高 MOD1 分辨率的另一种方法是使用带内量化噪声谱密度小的量化器，而不是增加电平数(降低所有频率的噪声谱密度)。可以做到这一点的最简单的量化器是 MOD1 本身。这表明用另一个 MOD1 替换 MOD1 中的量化器可以增强噪声整形，得到的调制器如图 3.1(a)所示，方框中所包含的部分是一阶调制器，它取代了量化器。

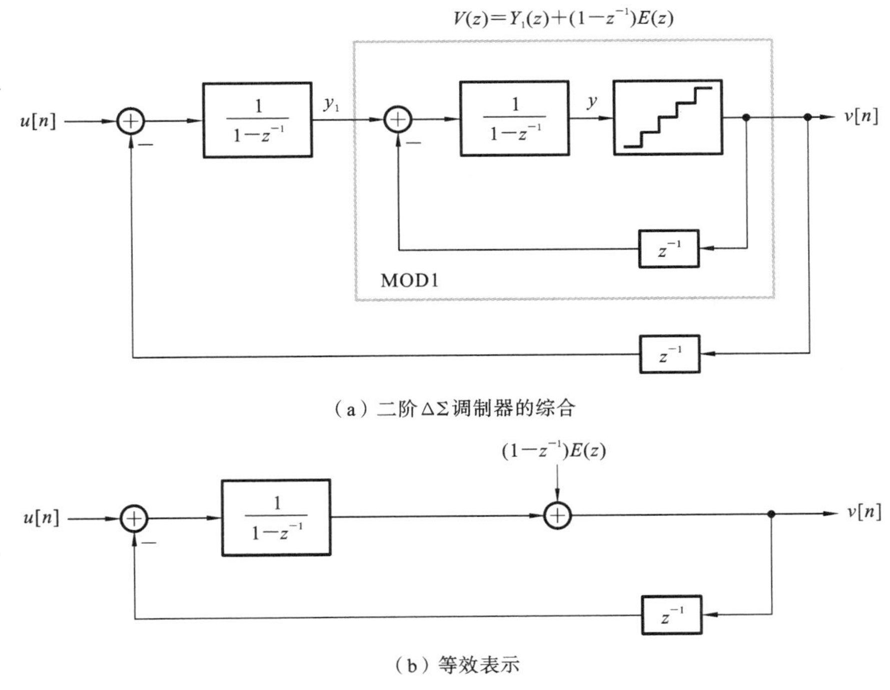

(a) 二阶 ΔΣ 调制器的综合

(b) 等效表示

图 3.1 调制器及其等效表示

我们看到

$$V(z)=Y_1(z)+(1-z^{-1})E(z) \tag{3.1}$$

它与量化器的形式相同，只是 $E(z)$已经被其一阶噪声整形后的$(1-z^{-1})E(z)$所取代，如图 3.1(b)所示。这意味着图 3.1 中的输入、输出和量化误差是相关的，有

$$V(z)=U(z)+(1-z^{-1})^2E(z) \tag{3.2}$$

因此，量化噪声被二阶高通滤波器整形到信号带外，所以，这个 ΔΣ 环路称为二阶 ΔΣ 调制器，即 MOD2。图 3.2 所示的是一个等效的调制器，其中反馈延迟被推入积分器。

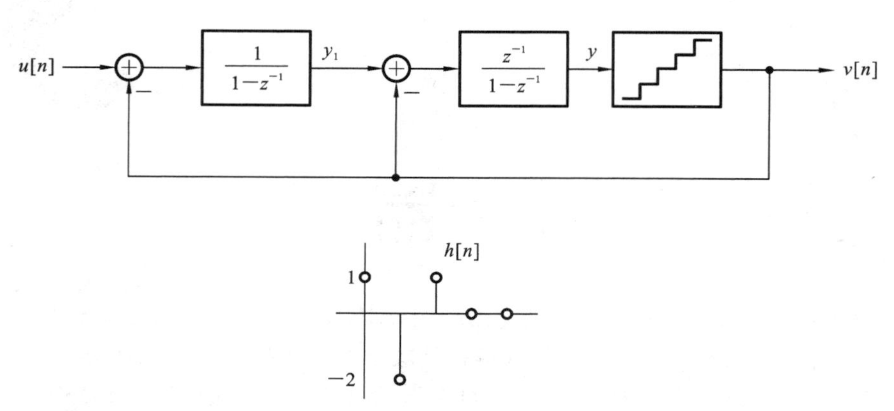

图 3.2 反馈延迟被推入积分器的 MOD2，**以及对应该** NTF **的脉冲响应**

图 3.2 的简单分析表明：

$$\begin{aligned} \mathrm{STF}&=z^{-1} \\ \mathrm{NTF}(z)&=(1-z^{-1})^2 \end{aligned} \tag{3.3}$$

正如我们在 2.4 节中讨论无延迟环路的不可行性所预期的那样，我们看到对应该 NTF 的脉冲响应的第一个样本是 $h[0]=1$。由于在 $z=1$ 处为零点，$\sum_{n=0}^{\infty}h[n]=1-2+1=0$。

在低频时，NTF 的幅度约为 ω^2。因此，带内噪声由下式给出，有

$$\mathrm{IBN}\approx\frac{\Delta^2}{12\pi}\int_0^{\frac{\pi}{\mathrm{OSR}}}\omega^4\,\mathrm{d}\omega=\frac{\Delta^2}{60\pi}\left(\frac{\pi}{\mathrm{OSR}}\right)^5 \tag{3.4}$$

它正比于 OSR^{-5}。因此，将 OSR 加倍可使 SQNR 增加 15 dB(2.5 位)——在一阶情况下为 1.5 位，而在没有噪声整形的情况下仅为 0.5 位。

利用 M 级量化器可实现的带内峰值 SQNR 为

$$\mathrm{SQNR}=\frac{15M^2(\mathrm{OSR})^5}{2\pi^4} \tag{3.5}$$

图 3.3 比较了 MOD1 和 MOD2 的 NTF 幅度，其中对数图证明了 MOD2 的 NTF 的二阶特性，我们能观察到低频下 40 dB/dec 的斜率。

与 MOD1 相比，MOD2 的 NTF 带内增益的降低伴随着带外增益的增加。MOD1 的 NTF 在 $\omega=\pi$ 处的增益为 2，而 MOD2 的增益为 4。因此，可以预期 MOD2 输出中的样本之间会有更多的变化，如图 3.4 所示的波形。

尽管 MOD2 中的带内量化噪声与 MOD1 的相比有所降低，但总量化噪声(即整个带宽[0,π]上的积分)已经增加，并由式(3.6)给出，即

$$\frac{\Delta^2}{12\pi}\int_0^{\pi}|\mathrm{NTF}(\mathrm{e}^{\mathrm{j}\omega})|^2\mathrm{d}\omega=\frac{\Delta^2}{12}\sum_{n=0}^{\infty}h^2[n]=6\,\frac{\Delta^2}{12} \tag{3.6}$$

图 3.5 所示的是带两电平量化器的 MOD1 和 MOD2 的 SQNR 与 OSR 的理论关

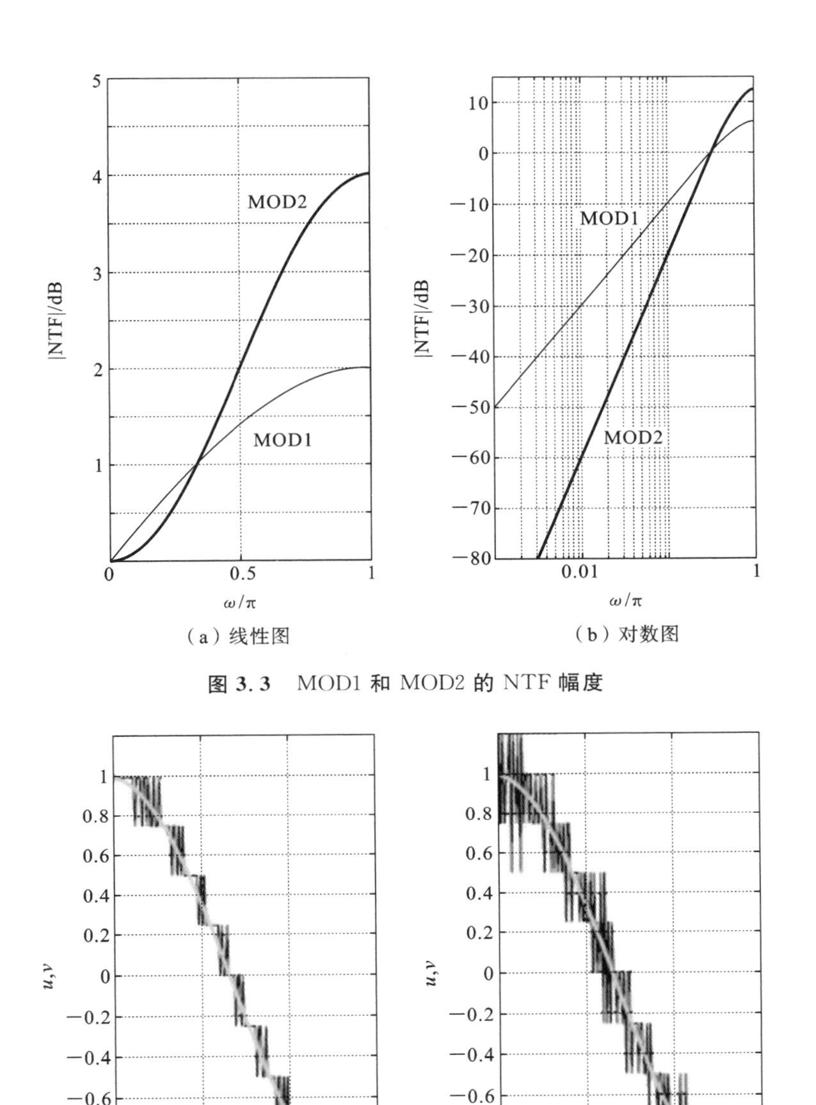

图 3.3 MOD1 和 MOD2 的 NTF 幅度

图 3.4 MOD1 和 MOD2，$\Delta=1/8$ 的代表性输入和输出序列

系。作为可实现的 ENOB 的示例，令 OSR＝128，则由式(3.5)得到 SQNR＝94.2 dB，其对应近 16 位的分辨率。如果 ADC 用于转换音频信号，那么 $f_B=20$ kHz，所需的时钟速率为 $f_s=2\cdot\text{OSR}\cdot f_B=5.12$ MHz，这个值具有很强的操作性。为了用 MOD1 实现相同的分辨率，由式(2.23)可知，OSR＝1800，需要使用 $f_s=72$ MHz，这将加大实现的难度。

对驱动 MOD2 中的量化器的信号进行检查具有一定的指导意义。如图 3.2 所示，$y=v[n]-e[n]$。由于 STF 在低频时的幅度为 1，因此 $v[n]$ 由输入和被 NTF(z)整形

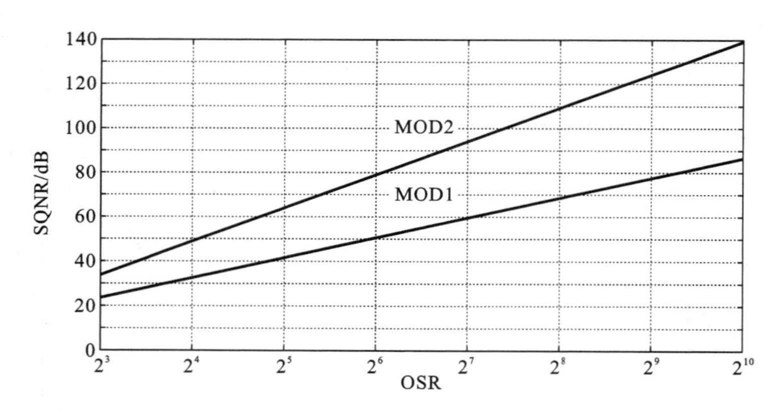

图 3.5 带两电平($M=1$)量化器的 MOD1 和 MOD2 的 SQNR 与 OSR 的理论关系

的量化噪声组成。$Y(z)$可由下式给出：

$$V(z)=\mathrm{STF}(z)U(z)+\mathrm{NTF}(z)E(z)$$

其中，$\mathrm{STF}(z)=z^{-1}$，

$$Y(z)=V(z)-E(z)=z^{-1}U(z)+(\mathrm{NTF}(z)-1)E(z) \tag{3.7}$$

由于 $\mathrm{NTF}(z)-1=-2z^{-1}+z^{-2}$，$y$ 的均方噪声为$(\Delta^2/12)[1^2+2^2]=5(\Delta^2/12)$。代表性波形如图 3.6 所示。

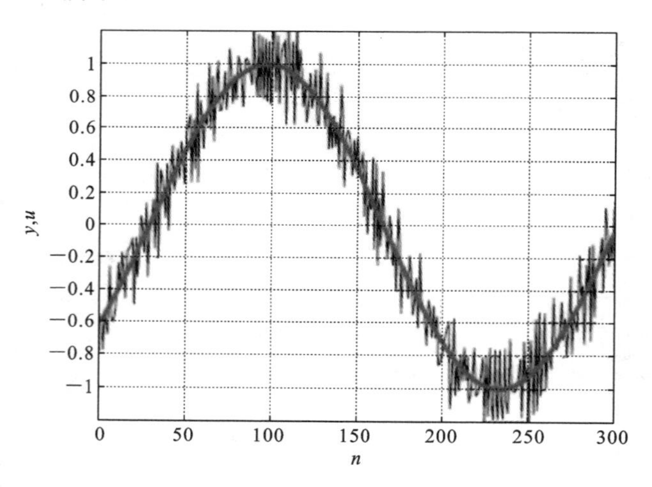

图 3.6 MOD2 的量化器输入由 u 组成，其上有噪声整形，$\Delta=1/8$

如果使用两电平量化，则 MOD2 具有与 MOD1 相同的固有线性特性。与 MOD1 一样，MOD2 的线性度不受非理想性(如失调或迟滞)比较器的影响，因为这些误差在与量化噪声相同的点处注入环路中，因此也会因 NTF 造成衰减。但环路滤波器系数的轻微偏移同样是良性的，因为这些转换成 NTF 和 STF 的极点位置的小偏移，而不是非线性的。

3.1 MOD2 的仿真

与 MOD1 一样，基于调制器差分方程进行仿真，可以更好地验证得到 MOD2 的解析、SQNR 预测的那些假设的有效性。使用多电平量化器，输出序列跨越 u，如图 3.4

所示。使用两电平量化器时，输出值为二进制数，如图 3.7 所示，图中显示了具有半幅度正弦波输入、两电平量化器下 MOD2 的输入和输出波形。与 ΔΣ 系统中的典型情况一样，这些波形在时域中只能进行粗略观察，例如，当输入为正时输出为 1 的趋势增加；输入为负时输出为 −1 的趋势增加。可以通过在频域中观察调制器输出，如图 3.8 所示。

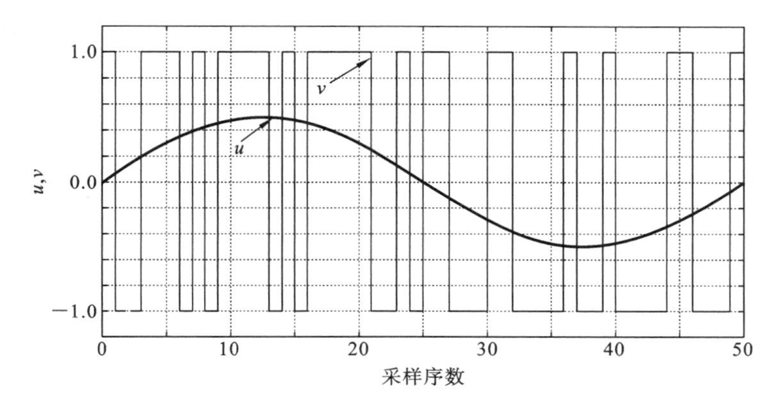

图 3.7　两电平量化器的 MOD2 的输入和输出波形

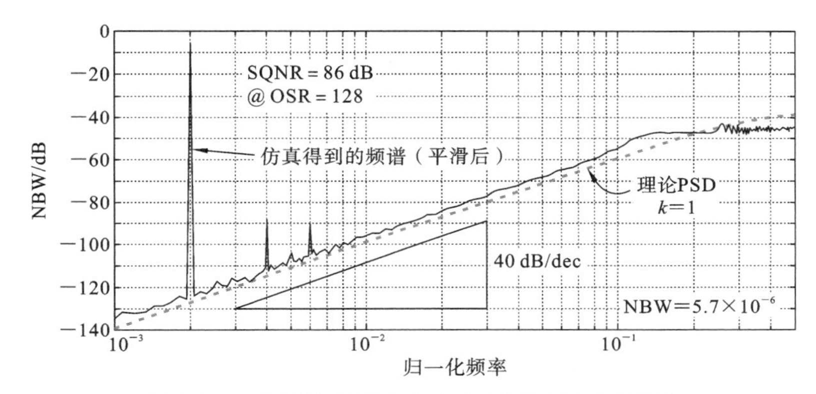

图 3.8　−6 dBFS 正弦波输入的 MOD2 的输出频谱

图 3.8 所示的频谱清晰地表现出噪声整形，以及 40 dB/dec 的斜率证实了噪声整形的二阶性质。对于过采样率为 128，并对 PSD 进行积分得到 SQNR＝86 dB，由该值推导 SQNR，得到满量程输入下预测峰值 SQNR 为 92 dB，这与 3.5 节中预测的 94 dB 的理论结果近似。但是，图 3.8 显示了与我们的模型不一致的两个特点：首先，信号的二次和三次谐波清晰可见，幅度分别为 −88 dB 和 −90 dB，由于白量化噪声不能产生信号的谐波，因此该仿真结果与白噪声模型不一致；其次，该图显示了 MOD2 的 NTF 图，按 $(\Delta^2/12)\cdot 2\text{NBW}$ 缩放，因此它应与观察到的 PSD 一致①，理论曲线类似观察到的 PSD，但其转角频率高于观察到的 PSD，较高的转角频率使理论 PSD 在低频时略低于观察到的 PSD，而在高频时略高于观察到的 PSD。

为了解释谐波，需要非线性量化器模型，这种模型将在 3.2 节中介绍。为了解释 NTF 形状的变化，从仿真中评估有效量化器增益就足够了。将式(2.14)应用于仿真数

① NBW 是噪声带宽的缩写。有关在 PSD 图中 NBW 的重要性的讨论，请参见附录 A。

据得到 $k=0.63$，并且基于 k 值重新计算 NTF，得到如图 3.9 所示的零极点和 PSD 图，现在观察到的 PSD 与线性模型“预测”的 PSD 之间的一致性非常好。

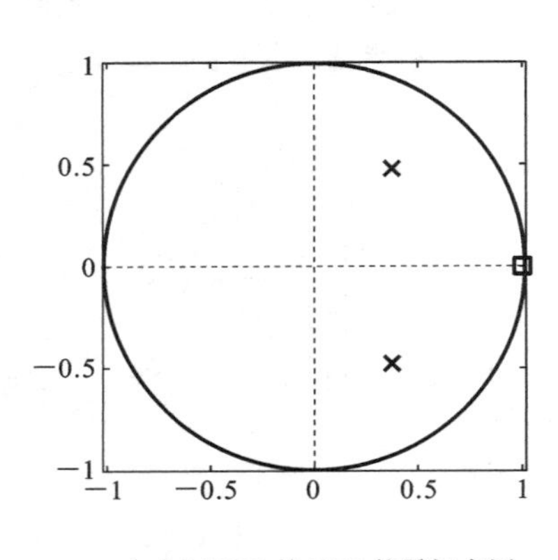

（a）MOD2 的 NTF 的零极点图（假设量化器增益为 $k=0.63$）

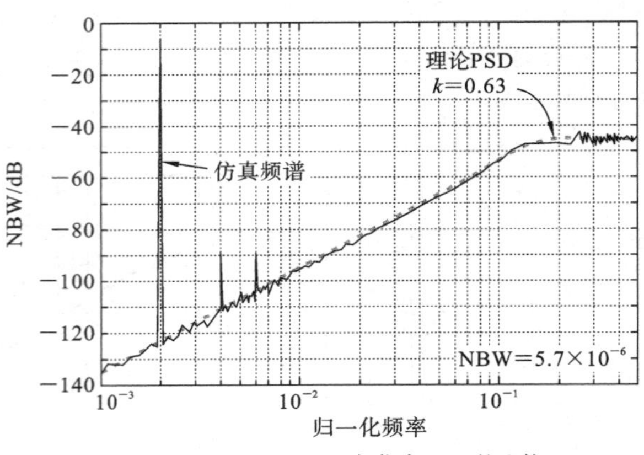

（b）理论 PSD 与仿真 PSD 的比较

图 3.9　零极点和 PSD 图

当输入幅度降低时，仿真显示的量化器增益的最佳值略有变化，对于小于 -12 dB 的输入，k 约为 0.75。因此，仿真结果表明，假设 $k=0.75$ 而不是 1，则可以推导出具有小输入的 MOD2 更准确的 NTF。如果 k 不是 1，那么有效的 NTF 是多少？

我们分别用 NTF_1 和 NTF_k 表示与量化器增益 1 和 k 相关的 NTF。将从 v 到 y 的传递函数用 $-L_1(z)$ 表示，得到

$$\mathrm{NTF}_1(z)=\frac{1}{1+L_1(z)} \tag{3.8}$$

如果量化器的增益为 k，则在该增益之后添加量化噪声，得到的 NTF 是

$$\mathrm{NTF}_k(z)=\frac{1}{1+kL_1(z)} \tag{3.9}$$

由式(3.8)和式(3.9)，得到

$$\mathrm{NTF}_k(z)=\frac{\mathrm{NTF}_1(z)}{k+(1-k)\mathrm{NTF}_1(z)} \tag{3.10}$$

在 $k=0.75$ 的情况下，通过式(3.10)得到 MOD2 的 NTF 的改进估计为

$$\mathrm{NTF}(z)=\frac{(1-z^{-1})^2}{1-0.5z^{-1}+0.25z^{-2}} \tag{3.11}$$

由于该 NTF 的带内增益比 $\mathrm{NTF}_1(z)=(1-z^{-1})^2$ 的高 2.5 dB，因此仿真的带内噪声功率应比通过 NTF_1 预测的高约 2.5 dB。

当输入幅度超过满量程的一半时，最佳量化器增益减小，噪声整形进一步退化，且预期的 SQNR 和仿真的 SQNR 之差增大。为了说明这一点，图 3.10 所示的是 MOD2 的 SQNR 关于输入幅度的函数，用了两个不同的测试频率，并将仿真结果与单位增益白噪声量化器模型的预测结果进行了比较。在输入幅度范围的中间部分，仿真数据与理论上预期的数据非常接近；对于小幅度输入，观测到的 SQNR 略低于预测值，其结果是 0 dB SQNR 需要比预期更大的输入；MOD2 的 SQNR 在大输入幅度下饱和，在 -5 dB 输入附近时达到峰值，然后随着输入幅度接近满量程而突然下降；SQNR 的最大衰减发生在低频满量程信号上，因为这些信号在较长的时间段对 MOD2 的输入施加较大

的值。比较图 3.10 和 MOD1 的对应图(见图 2.32),我们看到 MOD2 的 SQNR 比 MOD1 表现得更好,除了在大信号条件下饱和外。

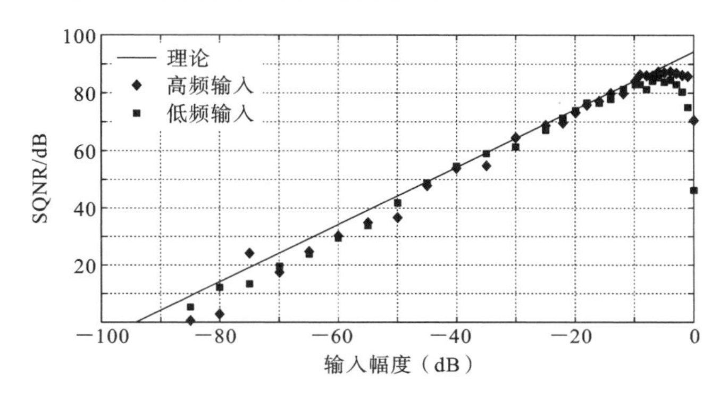

图 3.10　OSR=128 时,MOD2 的 SQNR 仿真结果

3.2　MOD2 中的非线性效应

上面给出的 MOD2 仿真结果证实了线性模型所提供的基本数据,但也表现出只能用非线性模型来解释异常。不幸的是,使用二进制量化器的 MOD2 的动态行为比 MOD1 的动态行为复杂得多,并且无法精确分析。鉴于难以进行精确的动态分析,使用近似和/或经验技术来解释观察到的 MOD2 行为是合理的。

3.2.1　信号相关的量化器增益

如 2.2.1 节所述,二进制量化器的增益是不确定的。此外,3.1 节的仿真表明,在 MOD2 中,量化器的增益实际上与信号相关。包含此信号相关增益(非线性效应)的 MOD2 模型如图 3.11 所示。

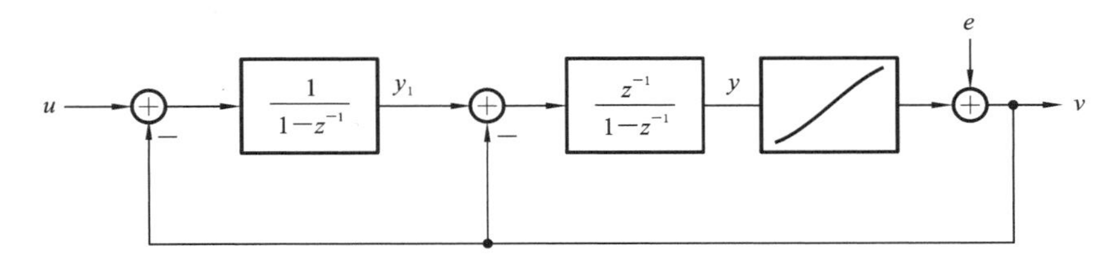

图 3.11　包含量化器非线性的 MOD2 模型

在图 3.11 中,量化器由弱非线性的量化器传递曲线(quantizer transfer curve, QTC)和加性噪声代替,通过将平均量化器输出设计为平均量化器输入的函数来确定 QTC,同时在其范围内扫描直流输入信号。图 3.12 给出了通过仿真确定的 QTC,该图显示 QTC 是压缩的,这意味着当输入幅度很大时,增益会降低。图 3.12 还绘制了量化器非线性的三次方近似 $v=k_1y+k_3y^3$,并列出了其近似的系数(k_1, k_3)。我们可以使用这些系数来估计 QTC 引起的失真。

首先,使用 $k=k_1$ 作为有效量化器增益来确定调制器的有效 NTF:

$$\mathrm{NTF}_{k1}=\frac{(1-z^{-1})^2}{1-0.775z^{-1}+0.3875z^{-2}} \tag{3.12}$$

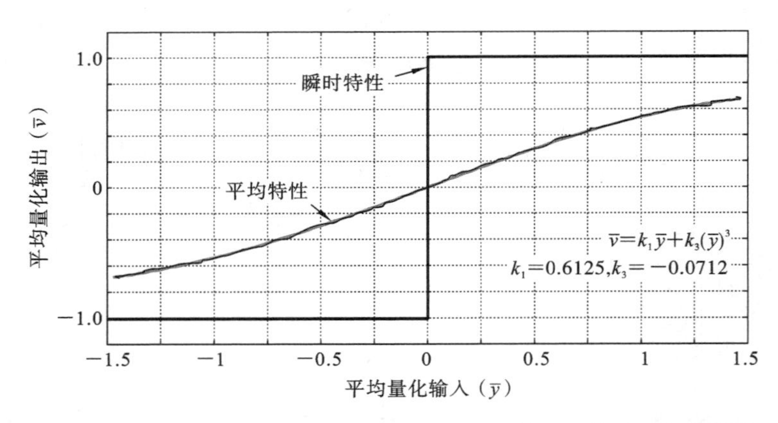

图 3.12　量化器的"平均"传递特性是通过绘制 $\overline{v}$ 关于 $\overline{y}$ 的函数得到的

接下来，由于失真项 $k_3\overline{y}^3$ 被加在环路中与量化误差相同的位置，我们得出结论，该失真项的频谱能被 NTF_{k_1} 整形。因此，对于 NTF 提供最少保护的频率，即当失真项位于通带的边缘时，失真最大。对于图 3.9 所示的频谱，输入信号为 $f=f_s/500$，因此，三次谐波位于归一化频率 $3f=0.006$ 处，其中 NTF_{k_1} 提供的衰减约为 53 dB。

对于振幅为 A 的、小的低频正弦波输入，其输出的局部平均值跟随输入。因此，根据线性模型，量化器输入的局部平均值也是低频正弦波，但幅度为 A/k_1。由 QTC 引起的三次谐波的幅度为 $k_3(A/k_1)^3/4$，由此得出三次谐波失真为

$$\mathrm{HD}_3=\left|\frac{k_3A^2}{4k_1^3}\mathrm{NTF}_{k_1}(z)\right| \tag{3.13}$$

其中 $z=\mathrm{e}^{\mathrm{j}2\pi(3f)}$。在图 3.9($A=0.5$，$f=1/500$)中，由式(3.13)得到 $\mathrm{HD}_3=-87$ dB。由于该计算值比观测值 −82 dB 小约 5 dB，因此上述计算提供的失真估计只能被视为粗略近似。当输入很大且失真严重时，差异最大。

现在回到我们对 MOD2 行为的实证研究，因为它的输入是变化的，图 3.13 绘制

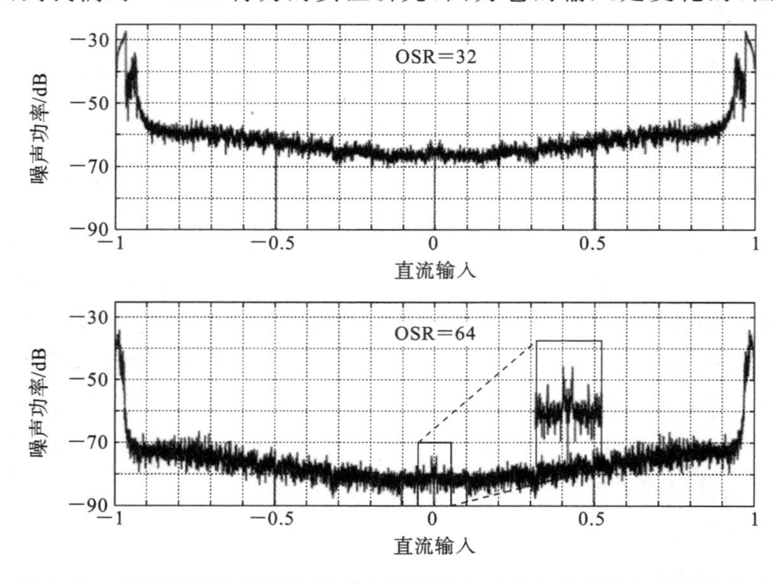

图 3.13　仿真得到的 MOD2 的带内量化噪声功率与直流输入电平的关系

了过采样率为 32 和 64 时，MOD2（带有二进制量化器）的带内量化噪声功率与直流输入电平的关系。将这些图与 MOD1 的那些图（见图 2.33）进行比较，我们注意到，现在没有与 MOD1 中的周期性行为相关的大量尖峰，因此得出结论，MOD2 比 MOD1 更能对抗音调；$u=0$ 周围的放大视图如图 3.13 所示，MOD2 仍然表现出了这种不良行为。

图 3.13 所示的第二个特征是 U 形的带内噪声功率随着 $|u|\to 1$，出现了很大的噪声尖峰，即使在 $|u|<0.7$ 的范围内（即输入小于 −3 dB），带内噪声变化约 6 dB。这种特征主要是由 MOD2 的量化器增益与信号相关（NTF 也与信号相关）来解释。随着输入幅度的增加，量化器增益减小，从而降低了环路增益，进而降低了噪声整形的效果。结果，MOD2 输出端的噪声随信号电平的增加而增加。在随机过程术语中，这一性质使得具有大的确定性输入的 MOD2 的量化噪声是非固定的。具体来说，当信号的绝对值较大时，量化噪声功率也大，因此量化噪声的统计是时变的。

3.3 MOD2 的稳定性

3.2 节中使用仿真和准线性建模的组合来解释 MOD2 的几个非线性特性。本节中，将介绍有关带有直流输入的 MOD2 稳定性的文献结果。

Hein 和 Zakhor[1] 已经证明，如果 MOD2 的构造如图 3.14 所示，那么差分方程是

$$\begin{cases} v[n]=\text{sign}(y[n])=\text{sign}(x_2[n]) \\ x_1[n+1]=x_1[n]-v[n]+u \\ x_2[n+1]=x_1[n]+x_2[n]-2v[n]+u \end{cases}$$

则对于 u 满足 $|u[n]|<1$ 的直流输入，以下边界适用：

$$|x_1|\leqslant|u|+2 \tag{3.14}$$

$$|x_2|\leqslant\frac{(5-|u|)^2}{8(1-|u|)} \tag{3.15}$$

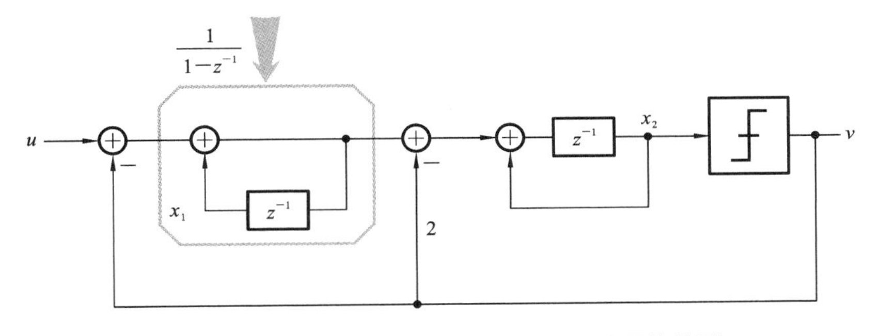

图 3.14 用于在 MOD2 中建立状态变量边界的模型

图 3.15 绘制了这些边界以及仿真得到的值。对于 $|u|<0.7$，解析得到的边界相当靠近，但随着 $|u|\to 1$，x_2 上的解析边界“爆炸”的速度比仿真结果更快。因为 x_2 是（延迟版本的）量化器输入，图 3.15 再次表明，当输入接近满量程时，MOD2 中量化器的输入变大。

根据式(3.14)和式(3.15)，对于幅度小于 1 的直流输入，尽管随着 $|u|\to 1$，x_2 上的

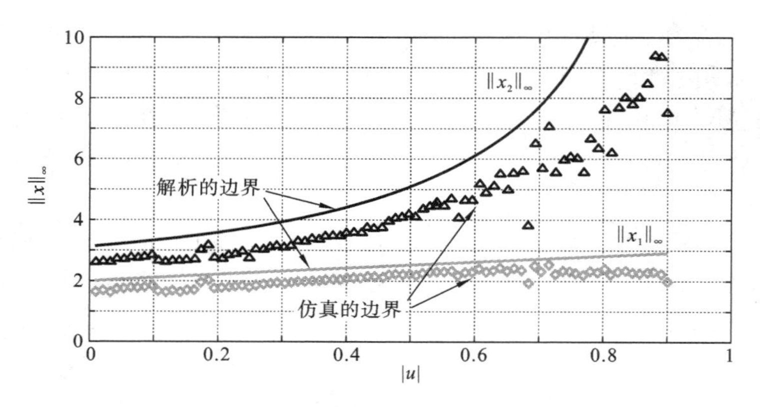

图 3.15 MOD2 解析的与仿真的状态边界比较

边界会变得无穷大，但 MOD2 的内部状态被保证是有界的。由于 MOD2 跟随其输入的低频部分，人们可能会认为，对于所有 n，满足 $|u[n]|<1$ 的任意时变输入将导致类似直流输入的边界。但是，选择适当波形，如 $|u|\leqslant 0.3$ 的输入波形可能会导致较大的内部状态。图 3.16 所示的输入波形主要在 -0.3 和 $+0.3$ 之间振荡，并且恰好在正确的相位和周期内振荡，从而将调制器状态驱动为不断增加的振荡，此外，选择瞬变值以便最大化内部振荡的偏移。幸运的是，在实际中不太可能遇到这样的波形，即使是这样，它也不太可能像图 3.16 中的波形那样精确地与调制器的内部动态同步。众所周知，MOD2 对于幅度小于 0.1 的任意输入是稳定的，但是对于保证稳定运行的输入幅度的上限尚不清楚。

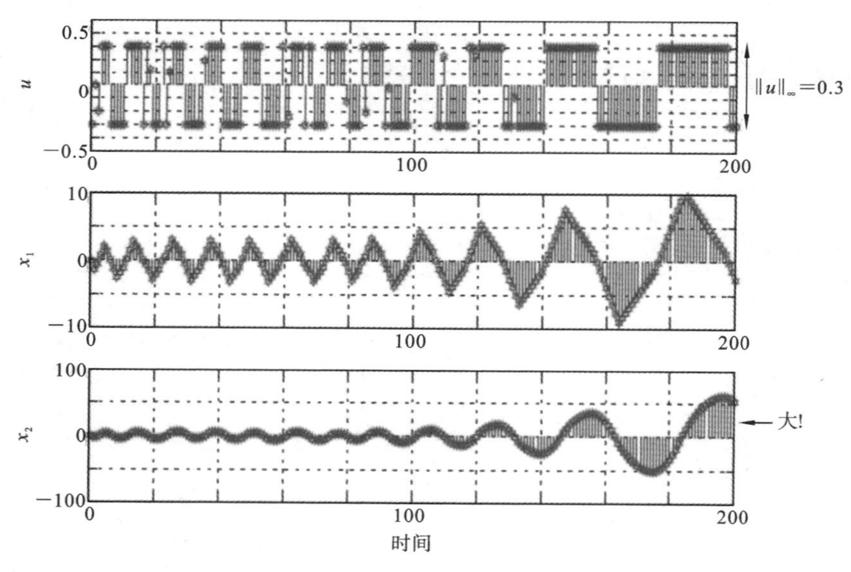

图 3.16 $|u|\leqslant 0.3$ 的恶意输入可能驱动 MOD2“不稳定”

前面的讨论表明，MOD2 的稳定性没有 MOD1 的好。虽然在幅度小于 1 的直流输入的情况下，MOD2 的稳定性已被严格证明，但是随着 $|u|\rightarrow 1$，其状态变化可能较大。因此，如果可能的话，将 MOD2 的输入限制在 0.9 以内是明智的选择，这样第二个积分器的状态就不会起伏太大。不幸的是，尽管这样的输入限制将使调制器状态对直流和

缓慢变化的输入保持合理，但调制器状态可能变得比预期的大得多。因此，保证稳定运行的重点是要包括检测过大状态和将调制器置于“良好”状态。

3.3.1 死区

由 2.4.1 节可知，当积分器的直流增益有限时，MOD1 的 NTF 中的零点从 $z=1$ 变为 $z=p$，其中 $(1-p)$ 与积分器的直流增益 A（近似）成反比。NTF 零点的这种偏移在 MOD1 对直流输入的响应中产生死区，这些死区中最麻烦的是以 $u=0$ 为中心的死区，其宽度被计算为 $2/A$。

有限积分器增益如何导致 MOD2 中的死区？与 MOD1 的分析类似，并使用图 3.17进行说明。y_{off} 是一个外部添加的偏移量，初始值为零。从 v 到 y 的传递函数是

$$-L_1(z)=-\frac{p^2z^{-1}}{(1-pz^{-1})^2}-\frac{pz^{-1}}{1-pz^{-1}} \tag{3.16}$$

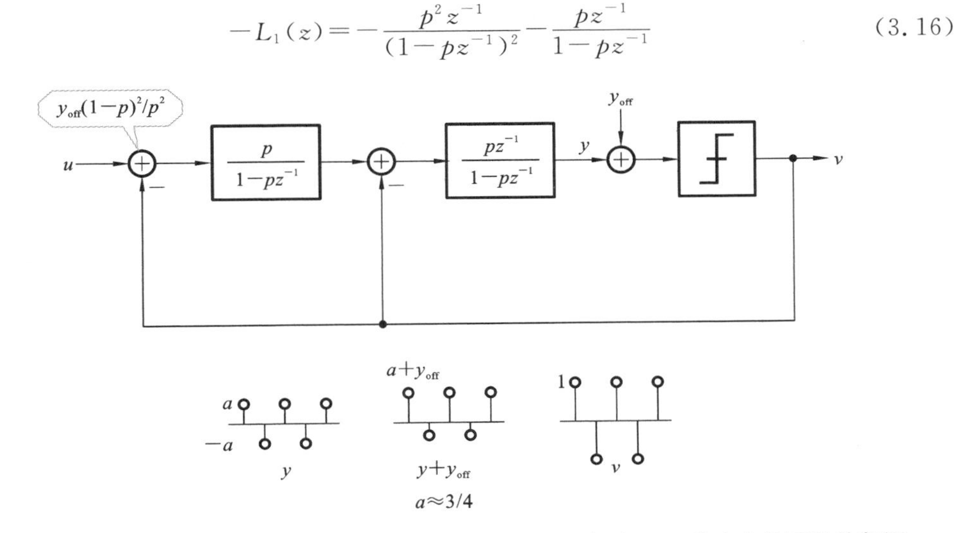

图 3.17 当积分器具有有限增益 $A=p/(1-p)$ 时，MOD2 中以 $u=0$ 为中心的死区的起源

当 $u=0$ 时，很容易看出 v 是周期序列，有 $\cdots,-1,1,-1,1,\cdots=\cos[\pi n]$。在稳定状态下，$y$ 由下式给出：

$$y[n]=-L_1(z)\big|_{z=-1}\cos[\pi n]=\frac{p(2p+1)}{(p+1)^2}\cos[\pi n]\approx\frac{3}{4}\cos[\pi n] \tag{3.17}$$

上述等式中的近似是有效的，因为 $p\approx 1$。又因为 $y_{\text{off}}=0$，量化器输入为 $(3/4)\cos[\pi n]$，且 $\text{sign}(y[n])=v[n]$，这与闭合环路所施加的约束是一致的。

如果现在引入一个非零偏移 y_{off}，我们会看到，只要 $|y_{\text{off}}|<(3/4)$，输出序列 v 就不会受到干扰。在量化器输入处添加 y_{off} 相当于在调制器的输入端添加

$$u_{\text{eq}}=\frac{y_{\text{off}}}{\dfrac{p^2}{(1-p)^2}} \tag{3.18}$$

其中，$p^2/(1-p)$ 为从 u 到 y 的直流增益。由于 $p/(1-p)=A$，则 MOD2 的输出序列的平均值保持为零，只要满足下式：

$$|u_{\text{eq}}|<\frac{3}{4}\frac{1}{A^2} \tag{3.19}$$

因此，有限积分器增益的影响大大降低，因为环路滤波器的开环增益与 A^2 成正比。

为了验证前面的计算，在图 3.18 中，我们绘制了较小直流输入下 MOD2 输出的平均值，其中 $A \approx 100$，环路滤波器的极点位于 $z=0.99$ 处。观察到的死区宽度与我们的估计相同。此外，我们看到，与 MOD1 一样，死区外的输入由 MOD2 的平均输出精确表示。

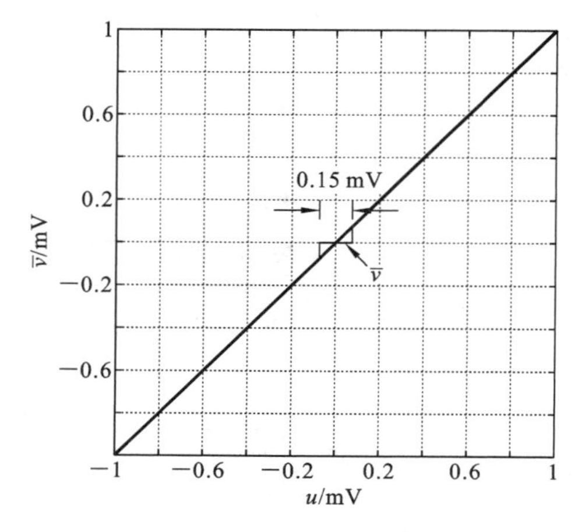

图 3.18 MOD2 **小直流** u **下的** $\bar{v}$**，死区的宽度为** $1.5/A^2$

在 MOD2 中的两个积分器级联的增益平方性质导致 MOD2 增加了运算放大器有限增益的容差，并且相对于 MOD1 降低了对音调的敏感性。此外，如前所述，MOD2 具有非常优越的 SQNR/OSR 折中。除了增加模拟电路复杂度之外，MOD2 的主要缺点是稳定性低，这表现在实际输入范围为转换器潜在满量程的 80%～90%。

以下介绍 MOD2 的其他实现，以及 MOD2 的改进版本，它提供了更高的 SNR 和更好的稳定性。

3.4 其他二阶调制器结构

存在许多可以实现二阶调制的可选结构，并且也提供单位增益 STF(尽管延迟一个或两个时钟周期)，以及与图 3.1 中结构相同的 NTF。在设计此类结构时，必须注意避免无延迟的环路(这是不可实现的)，并保持合理的鲁棒性，以防止不可避免的非理想实际效应，如元件误差和运算放大器的有限增益。

存在实现低通 STF 的二阶调制器结构，以及实现非纯二阶差分的 NTF 结构。在处理这些 NTF 时，必须注意确保最终的调制器是稳定的。例如，将图 3.1 中的无延迟积分器转换为延迟积分器并消除反馈延迟，会改变 NTF 并产生一个边际稳定的系统。

3.4.1 Boser-Wooley 调制器

一个包含两个延迟积分器的二阶调制器[2]如图 3.19 所示。使用延迟积分器是可取的，因为它允许每个积分器中的运算放大器彼此独立地建立，从而对它们放宽速度的要求[3]。

假设量化器为单位增益，我们可以使用线性分析得到 STF 和 NTF：

$$\mathrm{STF}(z)=\frac{a_1 a_2 z^{-2}}{D(z)}$$

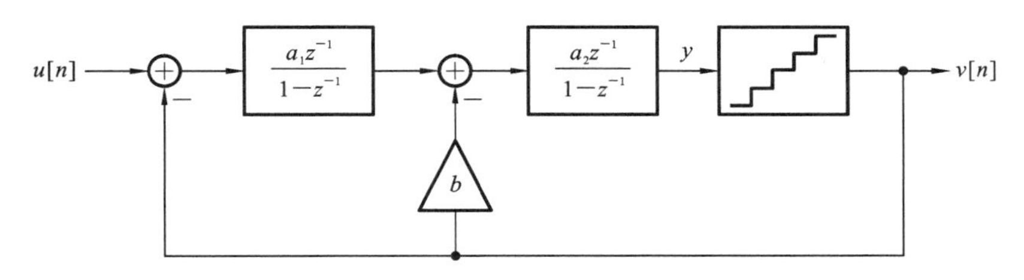

图 3.19　带有延迟积分器的二阶调制器

$$\mathrm{NTF}(z)=\frac{(1-z^{-1})^2}{D(z)} \tag{3.20}$$

其中，

$$D(z)=(1-z^{-1})^2+a_2bz^{-1}(1-z^{-1})+a_1a_2z^{-2} \tag{3.21}$$

为了实现 $\mathrm{STF}(z)=z^{-2}$ 和 $\mathrm{NTF}(z)=(1-z^{-1})^2$，我们需要满足条件 $a_1a_2=1$ 和 $a_2b=2$。由于有 3 个参数且只有 2 个约束，因此有许多可能解。例如，可以使用 $a_1=a_2=1, b=2$，或 $a_1=0.5, a_2=2, b=1$。在实际设计过程中，动态范围缩放（将在 4.7 节中讨论）消除了得到实现给定 NTF 和 STF 所需参数的任何模糊性。

3.4.2　Silva - Steensgaard 结构

另一个有用的二阶结构如图 3.20 所示[4,5]。该电路的显著特点是从输入到量化器的直接前馈路径和来自数字输出的单个反馈路径。线性分析证实在 z 域中输出是

$$V(z)=U(z)+(1-z^{-1})^2E(z) \tag{3.22}$$

与之前一样，环路滤波器的输入信号是不同的，它只包含整形的量化噪声：

$$U(z)-V(z)=-(1-z^{-1})^2E(z) \tag{3.23}$$

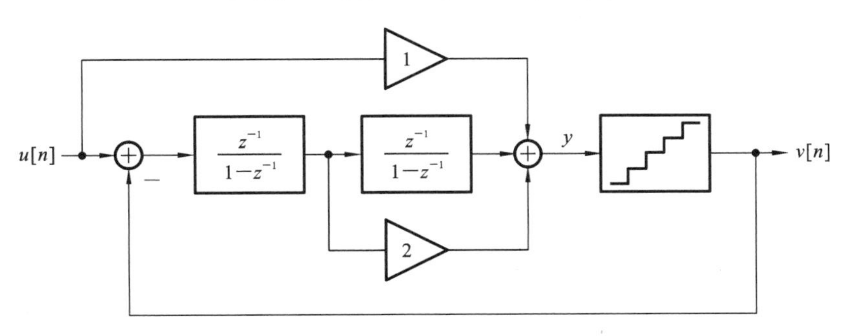

图 3.20　带前馈路径的二阶调制器

另外，从式(3.23)可以看出，第二个积分器的输出将直接给出 $-z^{-2}E(z)$。如果调制器是 MASH 结构的输入级（在第 5 章中讨论），这是有利的。

3.4.3　误差反馈结构

误差反馈结构如图 3.21 所示，是 MOD1 相应结构的二阶模拟（见图 2.37）。z 域中的输出信号是

$$V(z)=E(z)+U(z)+H_f(z)E(z) \tag{3.24}$$

因此，$\mathrm{STF}(z)=1$，$\mathrm{NTF}(z)=1+H_f(z)$。为了获得 $\mathrm{NTF}(z)=(1-z^{-1})^2$，$H_f(z)=(1-z^{-1})^2-1=z^{-2}-2z^{-1}$。如结合图 2.37 所讨论的，该结构不是特别适合模拟实

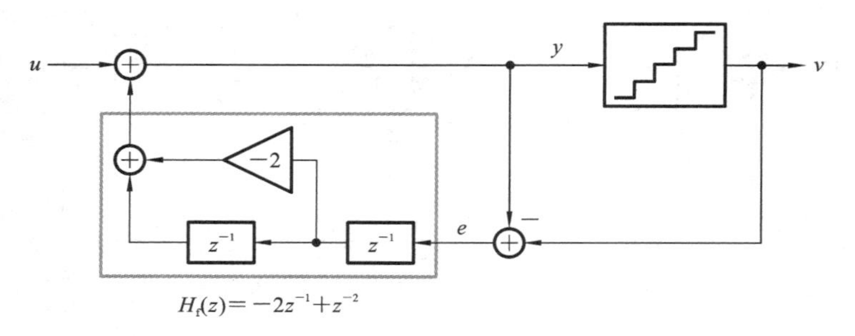

图 3.21　使用误差反馈架构实现的 MOD2

现，但它常用于数字 ΔΣ 环路。

3.4.4　噪声耦合结构

通过用一阶噪声量化器（MOD1 本身）替换 MOD1 中的量化器来实现 MOD2，如果将 MOD1 用误差反馈结构实现，如图 3.22 所示，则会产生噪声耦合的 MOD2 结构。与图 3.21 的模拟实现相比，由于存在第一个积分器，该系统在实际非理想性方面更具有鲁棒性。同时，它继承了误差反馈结构中固有的简单性。该技术已应用于高阶调制器，以实现具有额外噪声整形阶数的 NTF，而无须相关的有源电路。

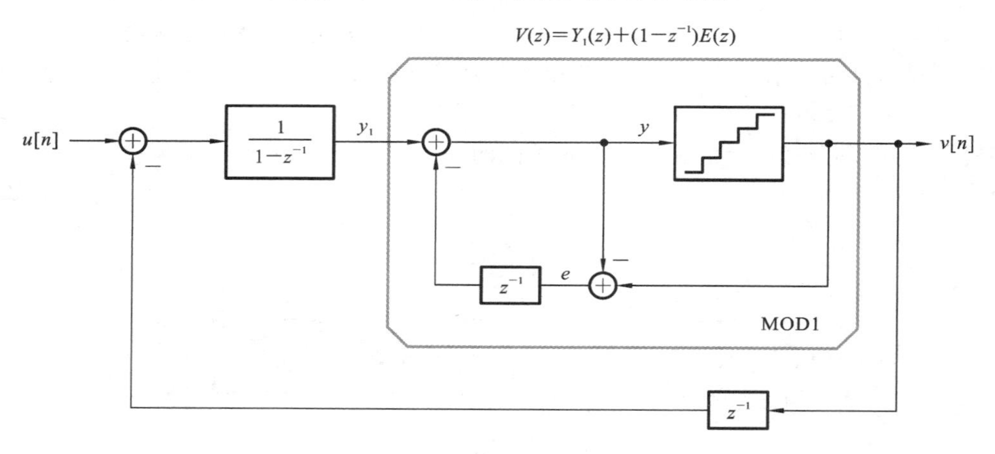

图 3.22　噪声耦合 MOD2 结构

3.5　广义二阶结构

图 3.1 的结构给出了 $\mathrm{STF}(z)=1$ 和 $\mathrm{NTF}(z)=(1-z^{-1})^2$。通过将 u 不仅馈送到第一个积分器的输入，而且还馈送到第二个积分器和量化器的输入，可以获得更一般的 STF（见图 3.23），则 STF 为

$$\mathrm{STF}(z)=b_1+b_2(1-z^{-1})+b_3(1-z^{-1})^2 \tag{3.25}$$

STF 现在具有两个零点，并且在 $z=0$ 处具有双极点。这样，一个“自由”二阶 FIR 信号预滤波器可以合并到 ADC 中。

类似地，通过将输出信号 v 反馈到前向路径中的全部三个模块（见图 3.24），可以在 STF 和 NTF 中生成两个非零极点，因此，可以获得更一般的 STF 和 NTF。这个新

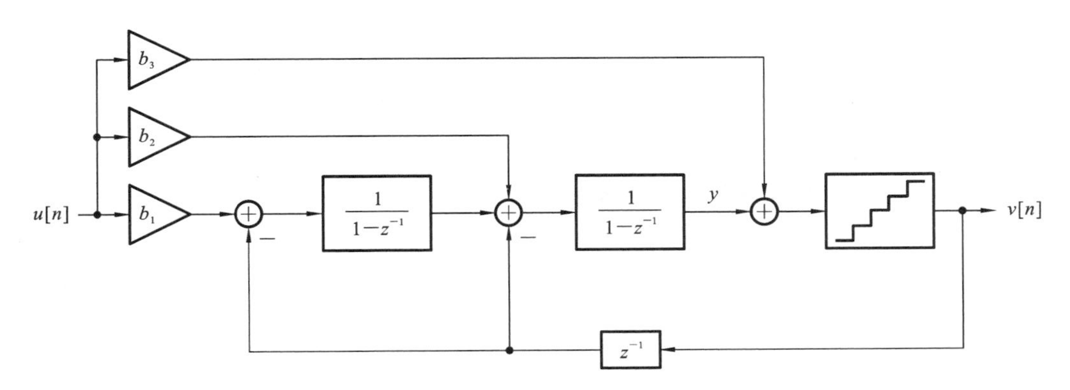

图 3.23 带有馈入路径的二阶调制器

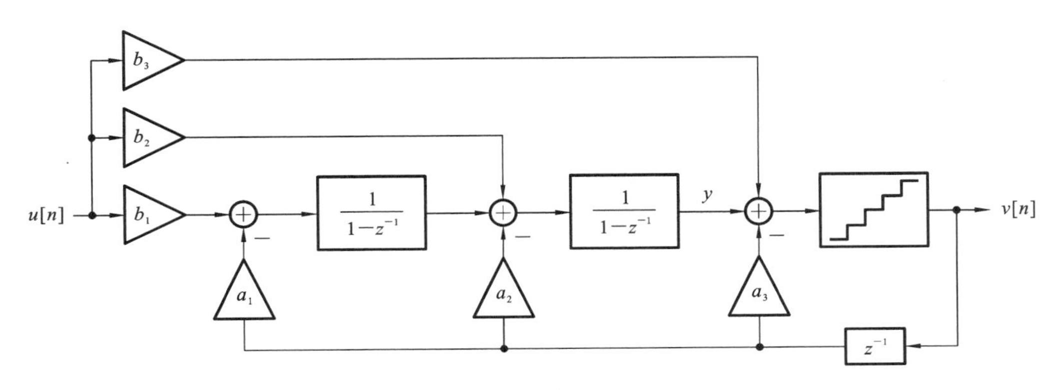

图 3.24 带有馈入和反馈路径的二阶调制器

函数是

$$\begin{cases} \mathrm{STF}(z)=\dfrac{B(z)}{A(z)} \\ \mathrm{NTF}(z)=\dfrac{(1-z^{-1})^2}{A(z)} \end{cases} \tag{3.26}$$

其中，

$$B(z)=b_1+b_2(1-z^{-1})+b_3(1-z^{-1})^2 \tag{3.27}$$

$$A(z)=1+(a_1+a_2+a_3-2)z^{-1}+(1-a_2-2a_3)z^{-2}+a_3z^{-3} \tag{3.28}$$

由于反馈项 a_3 将 NTF 阶数增加到三，但不增加带内 NTF 零点的数量，因此很少使用该项。

通过将多个前馈和反馈特征结合到二阶结构中，获得了更大的灵活性以增强稳定性和改善动态范围。

3.5.1 最优二阶调制器

对于到目前为止所示的各种调制器架构，读者可能会想知道哪种架构是最好的。这个问题答案的一部分涉及最优 NTF，而答案的另一部分涉及最优拓扑。而 STF 是次要考虑因素，因为 STF 仅过滤信号，它在决定峰值 SQNR 方面没有任何作用。此外，由于拓扑的选择与实际考虑因素的关系比基本数学限制更紧密，本节仅考虑优化 NTF 的问题。

找到最优二阶调制器的第一步是找到产生最高 SQNR 的二阶 NTF，或者等效地，最小化带内噪声的 NTF。对于高 OSR 值，信号带中的 $\mathrm{NTF}(z)=(1-z^{-1})^2/A(z)$ 的幅度约为 $K\omega^2$，其中 $K=1/A(1)$。通过将 NTF 零点从 $z=1$ 移位到 $z=\mathrm{e}^{\pm \mathrm{j}\alpha}$，通带中 NTF 的幅度变为 $|K(\omega-\alpha)(\omega+\alpha)|=|K(\omega^2-\alpha^2)|$，通带上这个量的平方的积分是带内噪声的量度，并且可以通过选择 α 来使它最小化，这样

$$I(\alpha)=\int_0^{\frac{\pi}{\mathrm{OSR}}}(\omega^2-\alpha^2)^2\mathrm{d}\omega \tag{3.29}$$

被最小化。可以通过将 $I(\alpha)$ 对 α 微分，并令结果等于 0 来获得该优化问题的解，即

$$\alpha_{\mathrm{opt}}=\frac{1}{\sqrt{3}}\frac{\pi}{\mathrm{OSR}} \tag{3.30}$$

由于比率 $I(0)/I(\alpha_{\mathrm{opt}})=9/4$，预期的 SQNR 改善为 $10\lg(9/4)=3.5$ dB。注意，这结果假设的基础是，量化噪声是白色的，并且在$[0,\pi/\mathrm{OSR}]$频率范围内的$|A(\mathrm{e}^{\mathrm{j}\omega})|=1$。

对具有最高峰值 SQNR 的 NTF 的 NTF 设计空间进行穷举搜索，得到 NTF，其 SQNR 曲线如图 3.25 所示。这个最佳 NTF 的分母是

$$A_{\mathrm{opt}}(z)=1-0.5z^{-1}+0.16z^{-2} \tag{3.31}$$

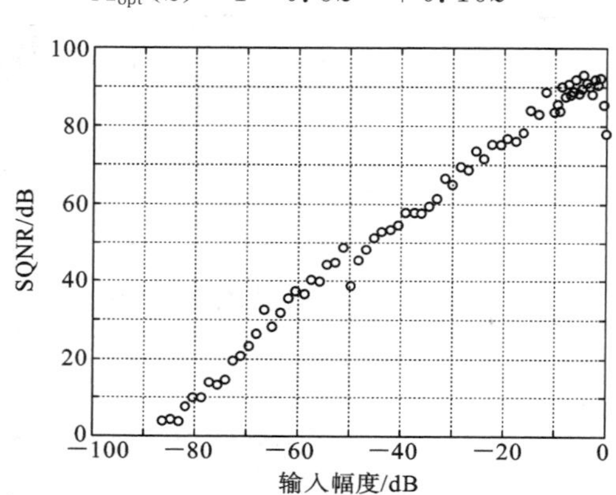

图 3.25　一个最优二阶 NTF **的** SQNR(OSR=128)

与图 3.10 所示的 MOD2 的 SQNR 曲线相比，与该 NTF 相关的 SQNR 曲线的线性更加明显，并且支持更接近满量程的信号而没有达到饱和。因此，该 NTF(OSR=128)的峰值 SQNR 约为 94 dB，比 MOD2 的峰值 SQNR 高约 6 dB。

3.6　总结

本章研究了二阶调制器 MOD2 及其几种变体。与 MOD1 一样，MOD2 在理论上能够实现直流输入的任意高分辨率，并且不受各种因素的影响。与 MOD1 相比，OSR 每增加一倍，MOD1 的 SQNR 增加 9 dB，而 MOD2 的 SQNR 每倍频程增加 15 dB。因此，MOD2 能够以比 MOD1 所需的更低的采样率实现给定的性能水平。由于双积分器级联提供的增益的平方，MOD2 在有限运算放大器增益方面也比 MOD1 更具有鲁棒性。此外，与 MOD1 输出端的噪声相比，MOD2 输出端的量化噪声包含音调的可能性更小。在以上方面，MOD2 明显优于 MOD1。MOD2 的主要缺点是硬件的复杂性(模拟和数字)，允许的信号范围略有减小。由于增加 NTF 的阶数后似乎给我们带来了很

大的好处，所以探索实现更高阶 NTF 的环路是很自然的。这构成了下一章的主题。

参考文献

[1] S. Hein and A. Zakhor, "On the stability of sigma delta modulators", *IEEE Transactions on Signal Processing*, vol. 41, no. 7, pp. 2322-2348, 1993.

[2] B. E. Boser and B. Wooley, "The design of sigma-delta modulation analog-to-digital converters", *IEEE Journal of Solid-State Circuits*, vol. 23, no. 6, pp. 1298-1308, 1988.

[3] R. Gregorian and G. C. Temes, *Analog MOS Integrated Circuits for Signal Processing*. Wiley-Interscience, 1986.

[4] J. Silva, U. Moon, J. Steensgaard, and G. Temes, "Wideband low-distortion delta-sigma ADC topology", *Electronics Letters*, vol. 37, no. 12, pp. 737-738, 2001.

[5] J. Steensgaard-Madsen, *High-Performance Data Converters*. Ph. D. dissertation. The Technical University of Denmark, 1999.

4

高阶 ΔΣ 调制器

我们通过将 MOD1 中的量化器替换为自身的另一个实例，从一阶结构中导出二阶 ΔΣ 调制器。本着同样的方法，使用 MOD1 代替 MOD2 中的量化器，可得到一个 NTF 为$(1-z^{-1})^3$的三阶调制器，如图 4.1 上半部分所示。具有形式为$(1-z^{-1})^L$的 NTF 的高阶调制器可以以类似的方式产生。

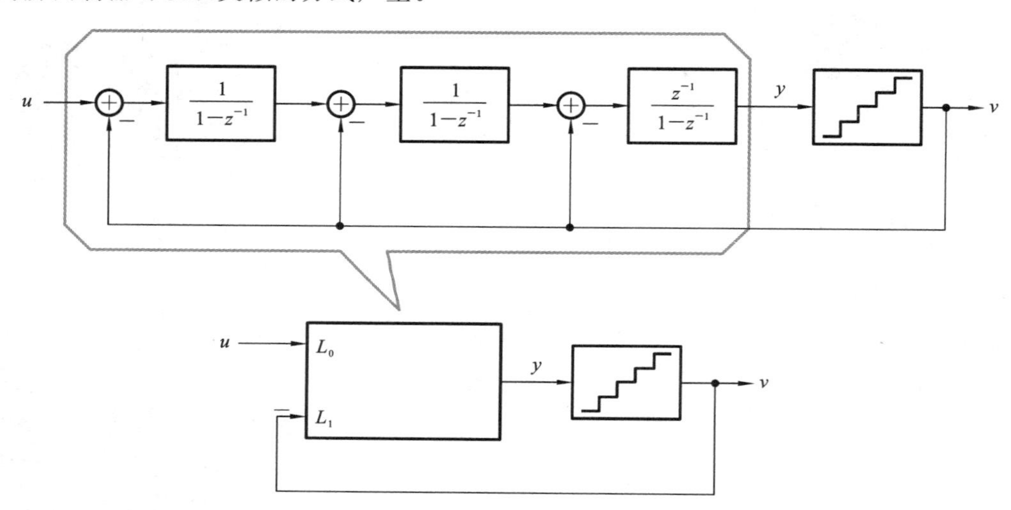

图 4.1　高阶 ΔΣ 调制器结构

高阶调制器的通用框图如图 4.1 下半部分所示。环路滤波器处理两个输入/输出——数字化的输入 u 和调制器输出 v，滤波器的输出 y 驱动量化器，从 u 和 v 到 y 的传递函数分别由 $L_0(z)$和$-L_1(z)$表示，其 z 域表示为

$$Y(z)=L_0(z)U(z)-L_1(z)V(z) \tag{4.1}$$

$$V(z)=Y(z)+E(z) \tag{4.2}$$

如果 $V(z)$表示为

$$V(z)=\mathrm{STF}(z)U(z)+\mathrm{NTF}(z)E(z) \tag{4.3}$$

那么显然，有

$$\mathrm{STF}(z)=\frac{L_0(z)}{1+L_1(z)} \tag{4.4}$$

$$\mathrm{NTF}(z)=\frac{1}{1+L_1(z)} \tag{4.5}$$

以下是一些观察结果。

(1) 如果调制器必须在物理上可实现，则它不是无延迟的。因此，如在 MOD1 和 MOD2 的情况下，对应于 NTF(z)的脉冲响应的第一个采样必须是 1。在频域中，这转换为约束：

$$\mathrm{NTF}(z \to \infty) = 1 \tag{4.6}$$

等价地，由式(4.5)可得

$$L_1(z \to \infty) = 0 \tag{4.7}$$

这意味着 $L_1(z)$的脉冲响应的第一个采样必须是 0。

(2) STF 和 NTF 具有相同的分母，这是系统的特征方程。

(3) 由式(4.5)可知，当 $L_1(z)$是无穷大时，NTF 变为零。这意味着环路滤波器的极点是 NTF 的零点。因此，具有形式为$(1-z^{-1})$的 L 阶 NTF 的调制器的环路滤波器应该在 $z=1$ 处具有 L 个极点，这表明在环路中必须存在 L 个积分器，并且在低频率($z \to 1$)处，$L_1(z)$应接近 $1/(1-z^{-1})^L$。

(4) 直流($z=1$)处的 STF 通常选择为 1。由式(4.4)可得$\lim\limits_{z\to 1} L_0(z) = \lim\limits_{z\to 1} L_1(z)$。

(5) 当 $\mathrm{STF}(1)=1$，并且假设输入为低频时，可以看到量化器的输入是 $Y(z) \approx U(z)+(\mathrm{NTF}(z)-1)E(z)$。通过关于量化噪声的通常(白噪声)假设，我们得到 y 上的噪声方差是$(\Delta^2/12)(\|h\|_2^2-1)$，其中

$$\|h\|_2^2 = \left(\sum_{n=0}^{\infty} h^2[n]\right) \tag{4.8}$$

L 阶 $\mathrm{NTF}(1-z^{-1})^L$ 的带内量化噪声由下式给出：

$$\mathrm{IBN} \approx \frac{\Delta^2}{12\pi}\int_0^{\frac{\pi}{\mathrm{OSR}}} \omega^{2L}\,\mathrm{d}\omega = \frac{\Delta^2}{12\pi(2L+1)}\left(\frac{\pi}{\mathrm{OSR}}\right)^{2L+1} \tag{4.9}$$

将这种调制器的 OSR 加倍可使其分辨率增加($L+0.5$)位。因此，似乎使用具有足够高 L 的 $\mathrm{NTF}(z)=(1-z^{-1})^L$ 可以产生任意大的 SNR。但是事实上调制器即使对于较小的输入，上述形式的 L 阶 NTF 也变得不稳定，从而严重限制了 ADC 的可用信号范围。这让我们想到了调制器的信号稳定性问题，我们将在下面进行讨论。

4.1　ΔΣ 调制器的信号相关稳定性

在开始详细讨论这个主题之前，让我们回顾一下。

(1) 带内噪声的表达式(4.9)基于这样的假设：量化可以由均匀分布的、附加的白噪声源来建模。正如在 2.2.1 节中介绍的，当激励量化器的输入信号不会使其超载时，这基本上是正确的。对于 M 级量化器，这意味着其输入不应超出范围$[-M, M]$。

(2) ΔΣ 环路中量化器的输入由两部分组成——(低频)输入 u 和被$(\mathrm{NTF}(z)-1)$整形的量化误差，如图 4.2 所示。

现在考虑图 4.2 所示的调制器，它由较小直流输入 u 激励，用于形式为$(1-z^{-1})^L$的 NTF，其中 L 很大。量化器输入 y 的方差由$(\Delta^2/12)(\|h\|_2^2-1)$确定，表 4.1 列出了 $L=1,\cdots,4$ 时的相关结果。我们可以看到，随着 NTF 的高频增益增加，方差显著增加。这是有道理的——增加 $\omega=\pi$ 处 NTF 的增益意味着量化噪声在环绕环路时被放大到更大的程度。具有形式为$(1-z^{-1})^L$ 的 NTF 的 ΔΣ 调制器，在 $\omega=\pi$ 处的增益以

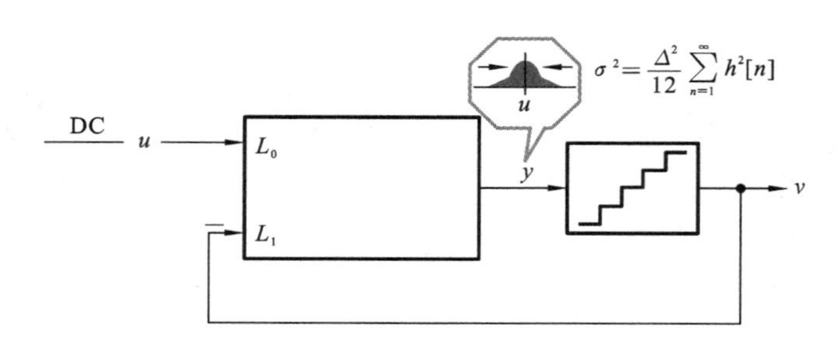

图 4.2 对于直流输入，y 由直流加带方差 $(\Delta^2/12)\sum_{n=1}^{\infty}h^2[n]$ 的整形噪声组成

及量化器输入处的整形噪声($\Delta=2$)的方差如表 4.1 所示。

表 4.1 ΔΣ 调制器参数

阶数(L)	NTF	$\omega=\pi$ 处增益	$\|h\|_2^2-1$
1	$(1-z^{-1})$	2	1
2	$(1-z^{-1})^2$	4	5
3	$(1-z^{-1})^3$	8	19
4	$(1-z^{-1})^4$	16	69

当 u(假设是直流)慢慢增加时，量化器就会开始饱和——一开始并不频繁，但随着 u 的不断增加，这种情况会越来越频繁。当量化器饱和时，u 的有效增益和整形量化噪声均下降，拟合误差(y 和 v 之间)的方差增加到 $\Delta^2/12=1/3$ 以后，环路会发生什么？为了建立直觉，我们假设量化器的步长(M)很大。

该问题具体如下：当直流输入 u 从零增加时，我们希望检查图 4.3(a)中的调制器的行为。假设量化器的步数为 M，并且如果其输入超出范围$[-(M+1),(M+1)]$时，量化器就会饱和。我们进行以下观察。

(1) 将饱和量化器看作是在一个无限范围的量化器之后的一个饱和非线性级联，可以将饱和效应与量化过程分开，如图 4.3(b)所示。无限范围量化器的(虚构)输出用 $\hat{y}$ 表示。

(2) 在 2.2.1 节的讨论中，$\hat{y}$ 可以被认为是 $y+e$，其中 e 是均匀分布的白噪声序列，方差为 $\Delta^2/12=1/3$。得到的系统如图 4.3(c)所示，这里只有 e 的性质采用近似的方式。

因此，我们希望理解的现象可以等效如下情况：图 4.3(c)所示的系统如何表现为 u 的函数(假设为直流)？其中 e 是零均值、方差为 1/3 的均匀分布噪声。

我们首先考虑 $e=0$ 时的情况。此时 u 的取值范围是什么，环路才“有效”(即 $u=v$)？对于不使输出饱和的输入，即$|u|\leqslant M$，很容易看出 $v=u$ 和 $\hat{y}=y=u$，且系统稳定。NTF 设计为$(1-z^{-1})^L$，这意味着调制器在 $z=0$ 处具有 L 个极点。

当$|u|$大于 M(e 仍然为零)时会发生什么？对于较大的正 u，v 饱和到等于 M，这是因为负反馈环路试图使 u 和 v 相等，又由于 v 不能超过 M，所以反馈难以将 y 趋近∞。数学上，在低频情况下，$L_0(z)=L_1(z)\propto z^{-1}/(1-z^{-1})^L$。因此，当 $z\to1$ 时，$Y(z)\approx(U(z)-V(z))/(1-z^{-1})^L$，表示$(u-v)$被积分 L 次。如果 v 饱和，$(u-v)$非零，导致 y 趋近∞。因此可以看出，即使当 $e=0$ 时，u 的取值范围为$|u|<M$。当 e 不为零时，该取值范围进一步减小，如下所述。

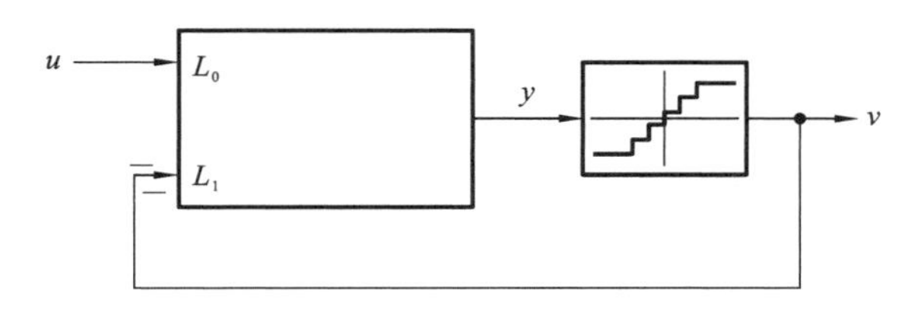

（a）带饱和量化器的ΔΣ调制器

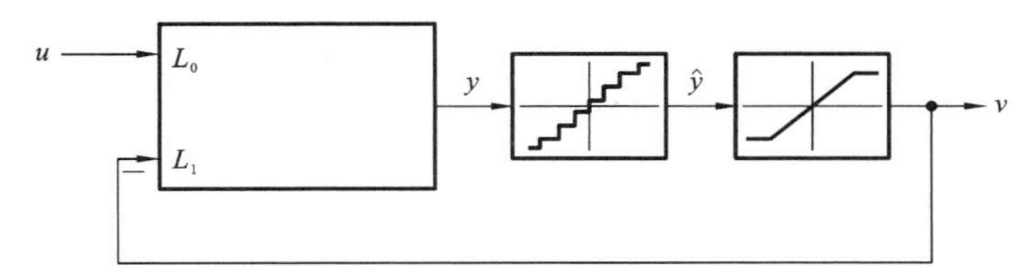

（b）通过将一个具有无限范围的量化器和一个饱和单位增益模块级联，来对饱和量化器建模

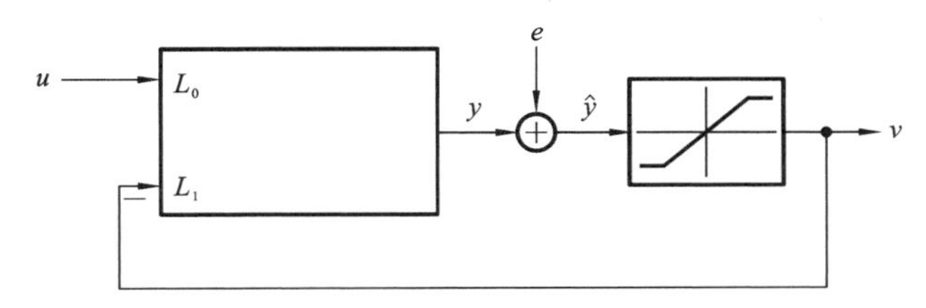

（c）量化噪声被建模为均匀分布的白色序列 e，其中 $|e|<\Delta/2$，当 $|u|$ 很大时，饱和量化器会产生额外的误差

图 4.3　调制器的行为

考虑图 4.3(c)所示的系统，选择直流 u 使得 $|u|<M$。我们现在引入加性噪声 e，如图 4.3 所示。e 绕环路一周，如果 $|u|$ 足够小以使量化器不被过驱动，则从 e 到 v 的传递函数就是 NTF。u 在什么范围内可以避免饱和？参考图 4.3(c)，并使用 $Y(z)=\mathrm{STF}(z)U(z)+(\mathrm{NTF}(z)-1)(V(z)-Y(z))$，可得到

$$\begin{aligned} y[n] &= u+(h[n]-\delta[n])\cdot(v[n]-y[n]) \\ &= u+\sum_{k=-\infty}^{n}(v[n-k]-y[n-k])\cdot(h[k]-\delta[k]) \end{aligned} \tag{4.10}$$

对于没有过载的 M 步量化器，$|v[n-k]-y[n-k]|$（量化误差）应小于 $(\Delta/2)=1$。从而，有

$$\begin{aligned} \max_n y &= \max_n\left\{u+\sum_{k=-\infty}^{n}(|v[n-k]-y[n-k]|)\cdot|h[k]-\delta[k]|\right\} \\ &\leqslant \max_n u+\sum_{k=1}^{\infty}|h[k]| \end{aligned} \tag{4.11}$$

因此，避免过载的充分（但不是必要）条件是将 $\max_n\{y\}$ 限制到 $(M+1)$，因为如果 y 超出范围 $[-(M+1),(M+1)]$，则量化器将过载。如果下式成立，则量化器确保不会过载：

$$|u|_{\max}=\max_n|u[n]|\leqslant M+2-\sum_{k=0}^{\infty}|h[k]| \tag{4.12}$$

其中 $\|h\|_1 \triangleq \sum_{k=0}^{\infty}|h[k]|$，称为 $h[n]$ 的 1- 范数。

对于 $\mathrm{NTF}(z)=(1-z^{-1})^L$，$\|h\|_1=2^L$。因此，从式(4.12)可以看出，使用 L 位 (2^L-1) 步量化器使得 $|u|_{\max}=1$。然而，如果使用 $(L+1)$ 位量化器，将有 $|u|_{\max}=2^L+1$，这表示不使量化器过载的可用范围大约是量化器范围的一半。

对直流、正弦和噪声输入信号进行的大量仿真[2]表明，对于 $L=5$ 且 $M>2^5$，式(4.12)的条件是很严格的。因此，仅略高于式(4.12)给出的值的信号电平可能导致量化器不稳定。这表明了该条件的实用价值。

然而，对于较小的 M，式(4.12)的条件过于严格。例如，已知带二进制量化器的 MOD2 在直流输入 $|u|<0.9$ 下是稳定的。然而，对于 MOD2，$\|h\|_1=4$，因而由式(4.12)得到 $|u|_{\max}=3-4=-1$。这意味着，根据式(4.12)，MOD2 在任何输入下都不能稳定工作。式(4.12)的问题是它要求量化器永远不会过载，而在实际中，即使量化器偶尔过载，调制器也能正常工作。

为了更好地理解这一点，我们首先要认识到图 4.3(c)所示的是一个由直流输入 u 和噪声 e 激励的非线性系统，然后使用模拟设计人员熟悉的工具——小信号分析工具。假定 u 设置为系统的静态操作点，e 是增量输入。

由于 u 是直流，并且满足 $|u|\leqslant M$，非线性元件的输入和输出都是 u。静态输出 $v_q[n]=u$，如图 4.4(a)所示。在增量模型中，u 设置为零(即“偏置”)，饱和非线性由增益 k 表示，如图 4.4(b)所示。饱和非线性的输入和输出分别由 $\hat{y}_i$ 和 $v_i[n]$ 表示。为了确定 k 的值，非线性元件必须围绕其工作点 u 呈现线性化，图 4.4(c)显示了必须用于此目的的移位特性。我们如何确定 k 的值呢？如 2.2.1 节所述，应选择使非线性的输出 v_i 为 $\hat{y}_i$ 的最佳线性近似，即 $k=\langle\hat{y}_i,v_i\rangle/\langle\hat{y}_i,\hat{y}_i\rangle$，与此过程相关的拟合误差由 e_{sat} 表示。

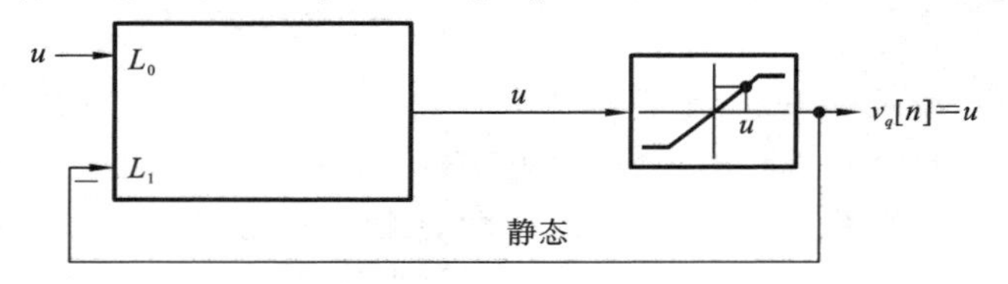

(a) u 设置为静态工作点

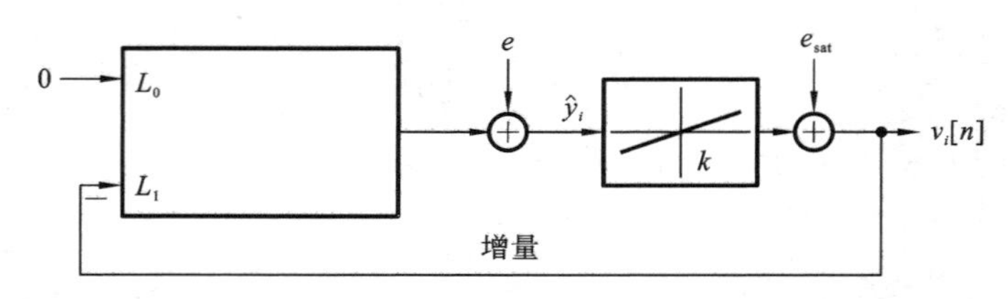

(b) e 是增量输入，饱和元件的有效增益(k)取决于 e 的大小以及工作点 u

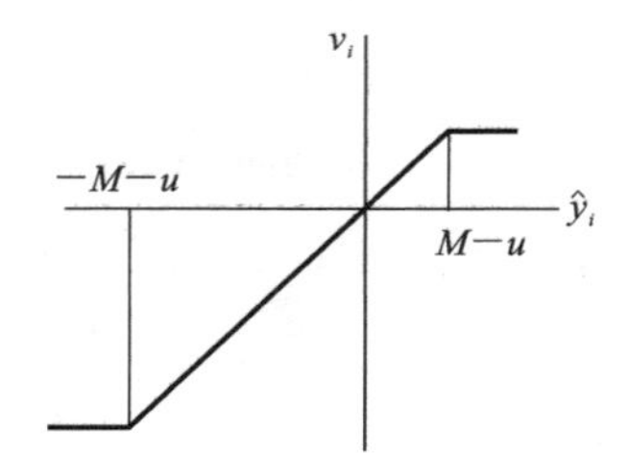

(c) 饱和元件在其工作点附近线性化

图 4.4　静态模型、增量模型及移位特性

当调制器饱和时，k 小于 1。这具有直观意义：在饱和情况下，v_i 小于其他情况下的 v_i。从 e 到 v_i 的传递函数为

$$\mathrm{NTF}_k(z)=\frac{1}{1+kL_1(z)}=\frac{\mathrm{NTF}(z)}{k+(1-k)\mathrm{NTF}(z)} \tag{4.13}$$

在我们的例子中，$\mathrm{NTF}(z)=(1-z^{-1})^3$。随着 k 的变化，极点是特征多项式 $(1-k)(z-1)^3+kz^3$ 的根。图 4.5 所示的是当 k 从 1 下降到 0 时根的轨迹。当 $k=1$ 时，不饱和系统在 $z=0$ 处有三个极点；当 $k=0$ 时，极点必须位于 $z=1$ 处；随着增益降低到 $k=0.5$，系统变得不稳定。这是因为大多数高阶负反馈系统是有条件稳定的。

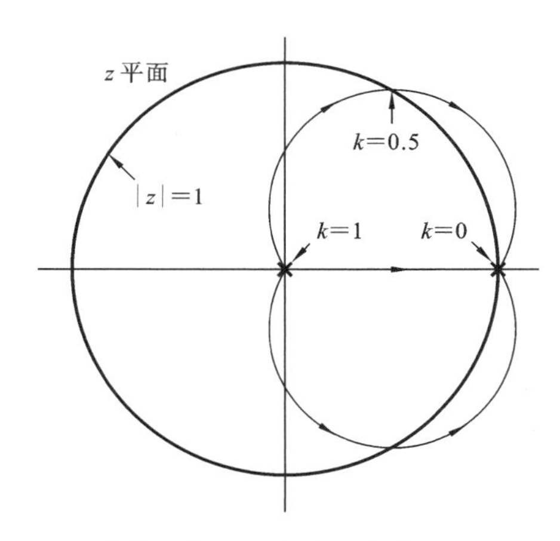

图 4.5　随着 k 从 1 下降到 0，具有 $\mathrm{NTF}=(1-z^{-1})^3$ 的三阶 ΔΣ 调制器的根轨迹图（当 $k<0.5$ 时，系统变得不稳定）

线性模型的行为使我们能够深入了解随着 u 的增加，调制器的预期效果。当 $|u|$ 足够接近 M 时，量化器饱和，整形噪声的有效增益减小。这导致线性化系统（见图 4.4(b)）的极点向单位圆移动。此外，e_{sat} 不再为零。随着 u 值的进一步增加，这两种效应都会更加突出——k 值进一步下降，e_{sat} 的方差则会进一步增加。这两种效应都会增加 $\hat{y}_i$ 的偏移量，使环路进一步饱和（导致 k 减小），直到系统变得不稳定，在某种意义上，$\hat{y}_i$ 和环路滤波器的其他状态趋近无穷大。现在，只有当 u 不等于 $\bar{v}$ 时，环路滤波器的输出才会趋近无穷大，这表明它已经失去噪声整形作用。以上讨论的摘要如下。

(1) 对 $|u|$ 的一个非常宽松的界限是最大量化器输出 M，因为在这种情况下，量化器输出永远无法平衡输入。

(2) 假设 M 步量化器，稳定调制器操作的 $|u|$ 的值最大为 $M+2-\|h\|_1$。对于此范围内的 $|u|$，量化器不会饱和。但是，这是一个非常严格的限制。

(3) 通过让量化器偶尔饱和，即使 $|u|$ 增加超过其极限，调制器仍保持稳定。$|u|$ 可以超过 $M+2-\|h\|_1$ 的量取决于 M 和 NTF（通过 $\|h\|_1$）。

因此，很明显，应该期望信号相关的稳定性。稳定工作的最大输入，归一化为量化器的满量程输出，称为 ΔΣ 调制器的最大稳定幅度（maximum stable amplitude，MSA），定义它为

$$\mathrm{MSA}\triangleq\frac{\max|u|}{M} \tag{4.14}$$

不稳定的“根本原因”是饱和，而不是量化过程：使用一个无限大量化级数的量化器不会使调制器不稳定，在某种意义上来说，状态变量变得不适当。

如前所述，MSA 取决于激励量化器的整形噪声的方差，而这反过来又取决于 NTF 的最大增益。因此，对于一个 NTF 为 $(1-z^{-1})^L$ 形式以及带有一个 M 步量化器的 ΔΣ 环路，MSA 应该随着 L 的增加而减小。当我们在本节中讨论直流输入时，MSA 也应该依赖于输入频率；我们在 3.3 节中看到了与二阶调制器相关的类似效果。

在结束本节时，应该重申，虽然在高阶 ΔΣ 调制器的稳定性方面有令人印象深刻的

研究结果，但在实施之前，仍然需要进行大量的行为级仿真。量化器的分辨率越低，设计者越怀疑不可预见的不稳定性。

4.1.1 估计最大稳定幅度

如何估计 ΔΣ 调制器的最大稳定幅度？仿真是描述调制器差分方程的最好方法之一。正弦波仿真方法如下：u 是一个带内正弦波，其幅度是阶跃的，对于每个幅度，都计算带内 SQNR。当幅度超过 MSA 时，量化器输入的幅度接近无穷大，结果噪声整形作用失去了，SQNR 急剧下降。正弦波方法的一个缺点是需要多次长时间仿真（每个幅度一次）来估计 MSA。

另一种方法[3]是用一个斜坡来激励调制器，该斜坡从 0 到满量程缓慢变化，比如，采用超过 100 万个样本，如图 4.6(a)所示。量化器输入的大小被监控，当 u 超过 MSA 时，调制器变得不稳定，y 趋近无穷大，这时 u 的值是 MSA。

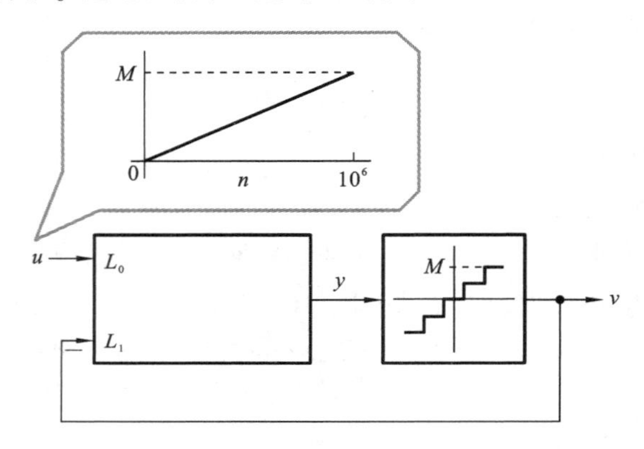

（a）用一个缓慢斜坡激励 ΔΣ 调制器来估算 MSA

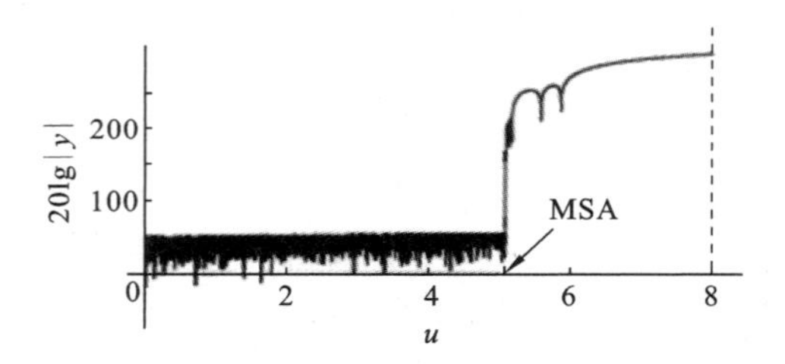

（b）具有 $\mathrm{NTF}(z)=(1-z^{-1})^3$ 并带有一个 9 级量化器的三阶环路的 $20\lg|y|$

图 4.6 用斜坡激励调制器

图 4.6(b)显示了对于具有 $\mathrm{NTF}(z)$ 为 $(1-z^{-1})^3$ 和 9 级量化器的三阶调制器，以 $20\lg|y|$ 作为 u 函数的图。从该图中可以看出，MSA 约为 −4 dB。仿真显示，该方法产生的结果与正弦波方法的结果接近，但速度更快。我们还注意到 MSA（至少对于慢速输入）远高于从式(4.12)获得的 1/8（=−18 dB）值。

4.2 改善高阶 ΔΣ 转换器的 MSA

在 4.1 节中，我们看到具有形式 $(1-z^{-1})^L$ 的 NTF 的 ΔΣ 环路在调制器满量程的相对较小分数值上变得不稳定了，这是因为 NTF 在高频时的大增益（2^L），在环绕环路时极大地放大了量化噪声。结果，即使对于小输入，量化器也会过载，从而降低了其有效增益，导致不稳定。如何在保持噪声整形阶数的同时，改善输入稳定范围呢？

考虑 $\mathrm{NTF}=(1-z^{-1})^3$ 的幅度响应，其在高频下具有很高增益，这限制了调制器的输入范围，如 4.1 节中详细讨论的那样。我们想要改善 MSA，同时保持低频下的 ω^3 噪声整形，只能通过防止量化器过载，这必须通过降低 NTF 的高频增益来实现。这在概念上可以通过将 NTF 乘以一个低通传递函数 G（其直流处的增益远大于 $\omega=\pi$ 处的增益）来实现，如图 4.7 所示。

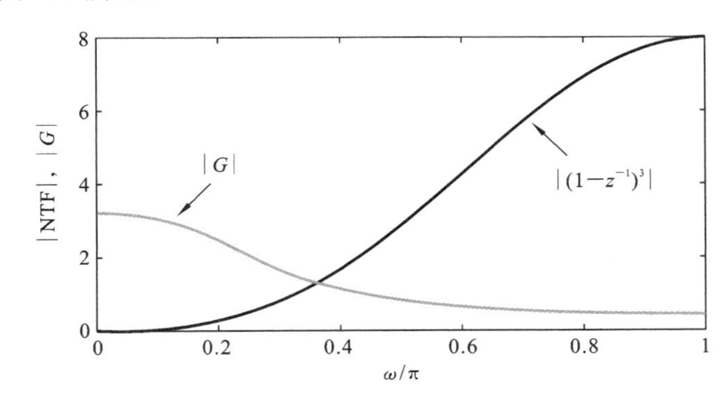

图 4.7 $(1-z^{-1})^3$ 的幅度响应和一个低通特性 G 的一般形状，$|G\cdot\mathrm{NTF}|$ 与 $|\mathrm{NTF}|$ 相比，在 $\omega=\pi$ 时具有较低的增益

这种低通滤波器的极点在哪里？为了直观地理解这个问题，让我们回忆一下求传递函数幅度响应的图形化方法：

$$H(z)=\frac{(z-z_1)}{(z-p_1)(z-p_2)} \tag{4.15}$$

在复频率 z 中，如图 4.8 所示，很容易看出 $H(z)$ 可以分别通过 p_1、p_2 和 z_1 绘制矢量 r_1、r_2 和 r_3，并使用

$$H(z)=\frac{r_3}{r_1 r_2} \tag{4.16}$$

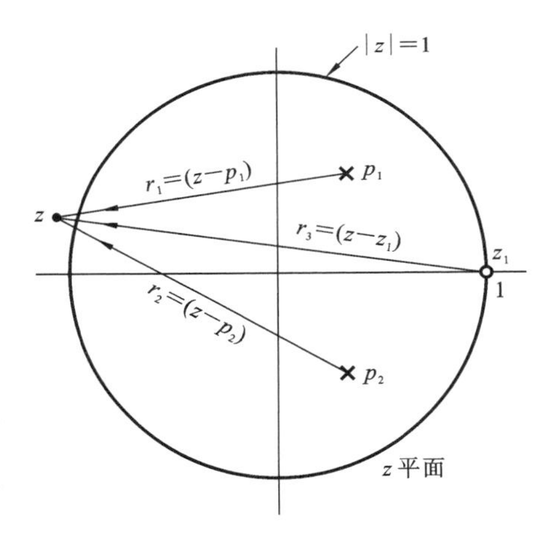

图 4.8 式(4.15)中传递函数的 $H(z)$ 的几何解释

回到我们的问题，假设 $G(z)$ 是形式为 $1/(1-p_1z^{-1})(1-p_1^*z^{-1})$ 的二阶低通滤波器，因此，修改过的 NTF 是 $(1-z^{-1})^3G(z)$，其中 $G(z)$ 的极点位于 p_1 和 p_1^* 处。需要确保修改的 NTF 在物理上是可实现的（这要求当 $z\to\infty$ 时，$(1-z^{-1})^3G(z)$ 的值为 1）。

由于我们需要 $G(z)$ 的增益在 $z=1$ 时比在 $z=-1$ 时更高，因此与 $z=-1$ 相比，p_1 和 p_1^* 应该更接近 $z=1$，如图 4.9(a)所示。由于采用了低通滤波器，在 $\omega=\pi$ 处修改的 NTF 的增益现已降低——从 8 降低到 $8(1/|r_\pi|)^2$。原则上，可以使用更高阶 $G(z)$ 来更好地整形 NTF。

$G(z)$ 对带内性能有什么影响？由于极点 p_1、p_1^* 接近 $z=1$，所以，它遵循 $G(1)=(1/|r_0|)^2>1$。此外，在保持噪声整形阶数的同时，带内 NTF 从 ω^3 增加到 $k_1\omega^3$，其中 $k_1=(1/|r_0|)^2>1$。因此，虽然稳定范围增加（由于 NTF 的高频增益减小），但伴随而

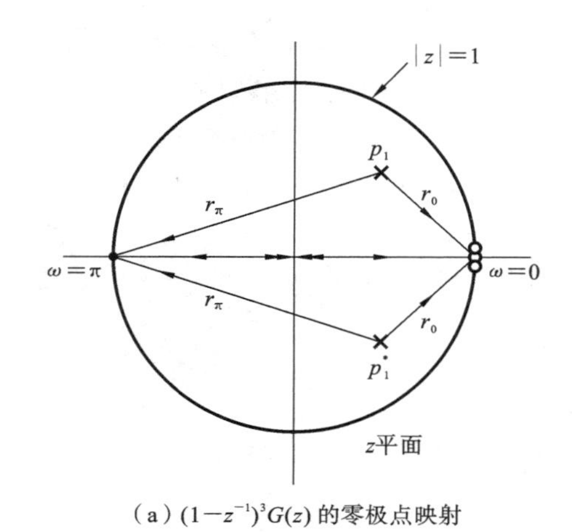

(a) $(1-z^{-1})^3G(z)$ 的零极点映射

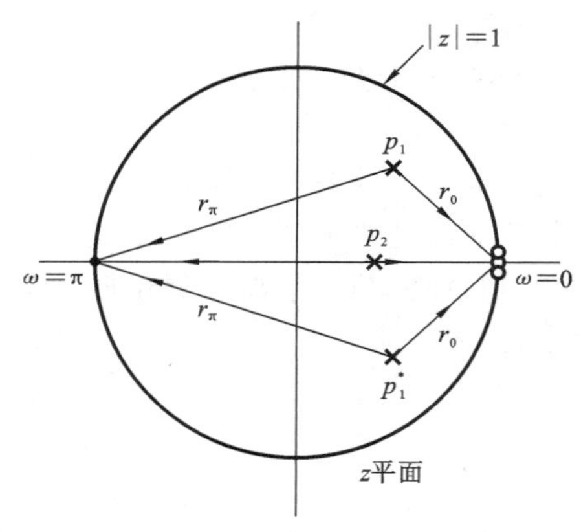

(b) 通过在 z 平面将 NTF 的极点移动到合适位置，可以在不增加阶数的情况下实现该低通滤波器

图 4.9 整形 NTF

来的是带内噪声的增加。

虽然将 NTF 乘以一个辅助低通传递函数的想法确实增加了稳定的输入范围，但它带来了调制器阶数增加的缺点。如下所述，这很容易解决。我们可以将 NTF 的三个现有极点（在 $z=0$ 处）移动到 z 平面中的适当位置，而不是引入新的极点（在我们的例子中为 p_1 和 p_1^*）来实现低通滤波器，如图 4.9(b)所示。换句话说，选择如下形式的 NTF：

$$\mathrm{NTF}(z)=\frac{(1-z^{-1})^N}{D(z)} \tag{4.17}$$

其中 $D(z)$ 使 NTF 的极点从 $z=0$ 移动到 z 平面中的适当位置（接近 $z=1$）。因此，低通滤波器的传递函数是 $1/D(z)$，其中根据 $D(z)$ 的根来减少带外增益，就像之前的 $G(z)$ 一样。"无延迟环路"条件规定 $D(z)$ 的形式为 $D(z)=\prod_k(1-z^{-1}p_k)$。

如本节前面所述，与 $z=-1$ 相比，$D(z)$ 的根应更接近 $z=1$，因此 $|D(e^{j\pi})|>1$。结果，带内噪声整形稍微降低，如图 4.10 所示，但结果是稳定的输入范围增加。当然，MSA 的改善取决于为 NTF 选择的实际极点位置，存在各种可能性——本节接下来将探讨其中一些可能性。

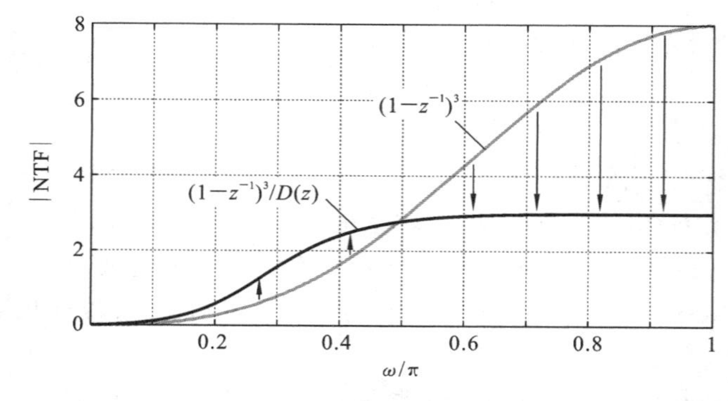

图 4.10 低通滤波器降低了 NTF **在高频时的增益，但代价是带内量化噪声增加**

现在我们总结一下关于高阶 ΔΣ 环路的一些要点。

(1) 量化器过载会使 ΔΣ 环路不稳定。

(2) 由于量化器输入等于调制器输入加上整形噪声，因此调制器的稳定输入范围必须小于量化器的输入范围。

(3) 稳定的调制器中更多的整形噪声意味着更高的不稳定性和稳定输入范围的降低。

(4) 具有更多整形噪声(更高的带外增益)的 NTF 也将具有更少的带内噪声。从上面的观察中我们看到，一个更激进的 NTF(即试图将带内噪声衰减到更大程度的 NTF)将具有更小的稳定输入范围。

当我们比较 MOD1 和 MOD2 时，后者的带内性能要好得多(ω^2 对 ω)，然而，$\omega=\pi$ 处的增益却“更差”(4 对 2)。随着我们在本章前面对采用$(1-z^{-1})^L$形式的 NTF 的高阶 ΔΣ 调制器的构想，这种趋势继续下去，在本节中，当我们通过移动极点位置来抑制高阶 NTF 的高频增益时，带内性能下降了。似乎 NTF 的带内和带外性能总是朝着相反的方向发展。这是一个我们一直在考虑的 NTF 的巧合，还是隐藏着一些基本的东西？事实证明是后者，我们将在 4.5 节中对此进行讨论。

在对高阶调制器的稳定性和 NTF 权衡有了直观的认识后，我们现在开始系统地选择一个噪声传递函数。换言之，我们试图回答这样一个问题：应如何确定一个 NTF 来实现期望的带内 SQNR？

4.3 系统的 NTF 设计

正如我们之前所见，NTF 是一个高通传递函数，必须进行设计，以实现所需的带内 SQNR。在典型应用中，信号带宽、采样率(通常受系统约束)和所需的带内 SQNR 是已知的。增加量化器中的电平数量有实际的实现困难，设计人员通常将量化器的分辨率限制在 16 个电平。我们应该如何进行设计？这里最好用一个例子来说明。我们的目标是设计一个具有 OSR=64 的三阶 NTF，其利用 16 级量化器实现优于 115 dB 的峰值 SQNR。我们按照以下步骤进行[4]。

(1) 我们选择一个高通滤波器系列的原型——这里可以借鉴有关 IIR 数字滤波器的丰富文献，常用的滤波器属于巴特沃斯(Butterworth)、切比雪夫(Chebyshev)、逆切比雪夫(Inverse Chebyshev)和椭圆(elliptic)族。使用这些“现成的”而不是自己发明的高通滤波器的一个优势是，这些近似值的系数很容易从 MATLAB 获得。在这个例子中，我们(随意)选择一个巴特沃斯滤波器，其 3 dB 转折频率(corner frequency)为 $\pi/8$。所以，巴特沃斯的设计完全由它的转折频率来规定。

(2) 我们从 MATLAB 获得传递函数。相关代码片段和输出如下：

```
[b,a]= butter(3,1/8,'high')
```

$$H(z)=\frac{0.6735-2.0204\,z^{-1}+2.0204\,z^{-2}-0.6735\,z^{-3}}{1-2.2192\,z^{-1}+1.7151\,z^{-2}-0.4535\,z^{-3}}$$

根据标准实践，滤波器系数被缩放，使得高通滤波器的通带增益为 1。要思考的问题如下：NTF 是高通滤波，但是任何高通传递函数都可以是 NTF 吗？换句话说，我们怎么知道上面的输出 $H(z)$是有效的 NTF？我们之前已经解决了这个问题——任何可物理实现的 NTF，当在 $z=\infty$处进行评估时，必须降低到 1。这是“无延迟环路”规则强加的频域约束。在上面的示例中，$H(z=\infty)=0.6735$，表明它不是物理上可实现的。因此，它应缩放 1/0.6735，得到的 NTF 由下式给出：

$$\mathrm{NTF}(z)=\frac{(1-3z^{-1}+3z^{-2}-z^{-3})}{1-2.2192z^{-1}+1.7151z^{-2}-0.4535z^{-3}} \tag{4.18}$$

NTF 在高频下的(恒定)增益称为带外增益(OBG，out-of-band gain)。在我们的示例中，OBG=1/0.6735=1.48。图 4.11 所示的是 $H(z)$和 NTF(z)的幅度响应。

式(4.18)中 NTF 的带内增益与 $\mathrm{NTF}(z)=(1-z^{-1})^3$ 相比如何？当 $z\to1$ 时，式(4.18)的分母估为 0.0424，NTF 的带内增益为 $\omega^3/0.0424$，比$(1-z^{-1})^3$高约 24 倍。这并不奇怪，因为 OBG 比带内增益要小得多。

(3) 接下来，我们使用 $1/(1+L_1(z))=\mathrm{NTF}(z)$得到环路滤波器的传递函数。结果是

$$L_1(z)=\frac{0.7808z^{-1}-1.285z^{-2}+0.5465z^{-3}}{1-3z^{-1}+3z^{-2}-z^{-3}} \tag{4.19}$$

实现具有所需 NTF 的 ΔΣ 调制器的一种方法是使用图 4.1 的特殊情况，其中 $L_0=L_1=L$，如图 4.12 所示。

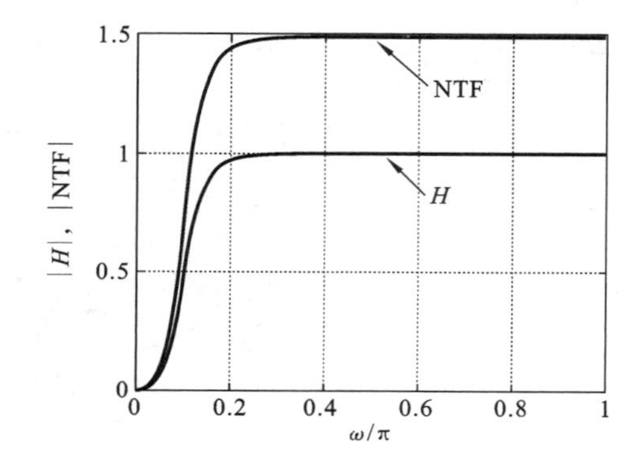

图 4.11 H 和 NTF 的幅度响应(NTF 的 OBG 为 1.48，得到的 SQNR 约为 102 dB)

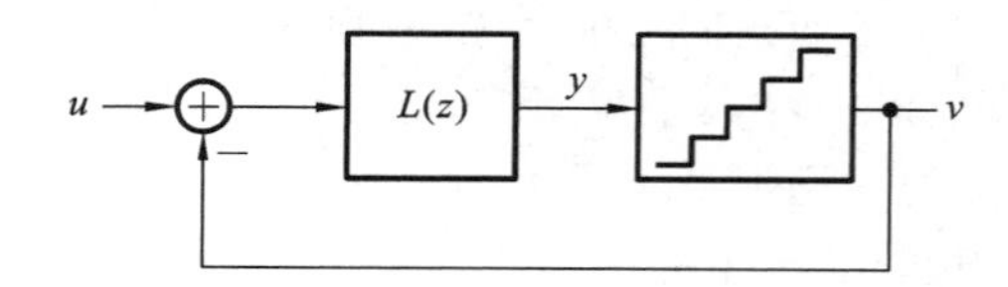

图 4.12 一种 ΔΣ 调制器结构，其中 $L_0=L_1=L$

(4) 然后，我们仿真描述调制器的方程，确定 MSA，从而确定峰值 SQNR。在我们的示例中，我们获得的 MSA 约为满量程的 85%，峰值 SQNR 为 102 dB，比我们的设计目标低 13 dB。

(5) 由于 SQNR 不够，我们得出结论，高通滤波器在衰减低频方面做得不够好。因此，应增大巴特沃斯高通滤波器的截止频率。在我们的例子中，我们将滤波器的 3 dB 频率从 π/8 增加到 π/4。通过上面的步骤(2)，我们看到，得到的 NTF 的 OBG 将高于我们之前的 OBG。由于 OBG 增加，MSA 应该减少。

(6) 在完成步骤(3)和步骤(4)之后，我们发现 OBG 和 MSA 分别是满量程的 2.25 倍和 80%，并且峰值 SQNR 约为 116 dB。因此，我们实现了目标。

4.4 具有最佳扩散零点的噪声传递函数

在前面的部分中，我们处理了形式为$(1-z^{-1})^N/D(z)$的 NTF，其中 NTF 的所有零点都出现在 $z=1$ 处。在信号频带内，$|\mathrm{NTF}|^2\approx k_1\omega^{2N}$，其中，$k_1>1$。

$$\text{带内噪声} = \frac{\Delta^2}{12\pi}\int_0^{\frac{\pi}{\mathrm{OSR}}} k_1 \omega^{2N} \mathrm{d}\omega \tag{4.20}$$

图 4.13(a)所示的是信号频带中二阶 NTF 的平方幅度。很明显，带内噪声大部分来自频带边缘附近的频率。我们可以令 NTF 零点为复数(形式为 $e^{\pm j\omega_z}$)，相应的平方幅度响应则由 $k_1(\omega^2-\omega_z^2)^2$ 给出，如图 4.13(a)所示。但是 ω_z 应该为多少才能获得最佳效果呢？最佳 ω_z 是使得下述积分最小的值：

$$\frac{\Delta^2}{12\pi}\int_0^{\frac{\pi}{\mathrm{OSR}}} k_1 \left(\omega^2 - \omega_z^2\right)^2 \mathrm{d}\omega \tag{4.21}$$

故最优 ω_z 为

$$\omega_z = \frac{\pi}{\mathrm{OSR}}\frac{1}{\sqrt{3}} \tag{4.22}$$

带内噪声降低 3.5 dB。

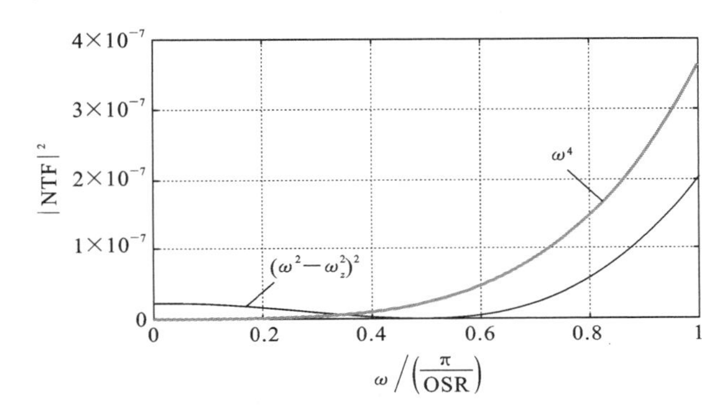

(a) 在 $z=1$ 处有零点并有优化零点的二阶NTF的幅值平方

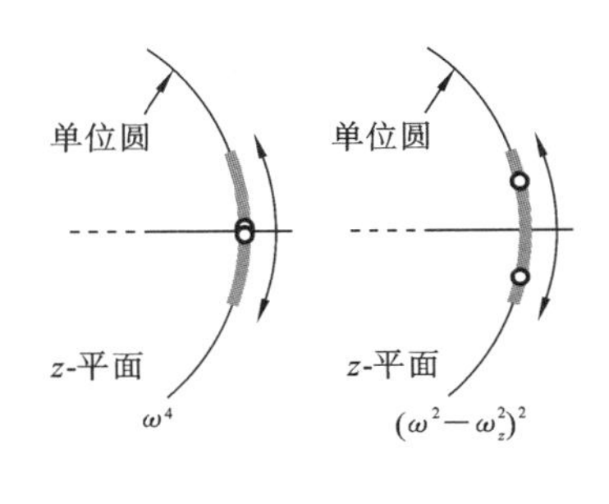

(b) z 平面中相应的零点位置

图 4.13 二阶 NTF 的平方幅度及零点位置

从上面的讨论可以看出，优化高阶 NTF 的零点位置可以获得更大的好处。优化的原则仍然是相同的：将 NTF 的平方幅度在信号带上积分并给出归一化噪声功率，然后将其相对于它的所有零点值求最小值，最后通过对积分的偏导为零求得最优零点。

表 4.2 所示的是阶数为 1 到 8 的 NTF 的零点(归一化到信号带限)的结果值。值得注意的是，在给出这些零点的优化过程中，假设量化噪声是白噪声，并且 NTF 的极点对带内噪声没有显著影响。如果这些条件不成立，或者不同频率的噪声应按不同的权重加权，例如，对于音频信号的 A 加权，仍然可以通过将这些因子以积分下的权重因子的形式合并到优化过程中来执行优化。

表 4.2 实现最小带内噪声的零点位置

阶数	相对于边带的零点位置	SQNR 提高(dB)
1	0	0
2	$\pm 0.577(1/\sqrt{3})$	3.5
3	$0, \pm 0.775(\pm\sqrt{3/5})$	8
4	$\pm 0.340, \pm 0.861$	13
5	$0, \pm 0.539, \pm 0.906$	18
6	$\pm 0.23862, \pm 0.66121, \pm 0.93247$	23

续表

阶数	相对于边带的零点位置	SQNR 提高(dB)
7	0,±0.40585,±0.74153,±0.94911	28
8	0,±0.18343,±0.52553,±0.79667,±0.96029	34

4.5 噪声传递函数的基本方面

到目前为止,我们已经接触到形式为$(1-z^{-1})^N/D(z)$的 NTF,以及具有优化零点的 NTF。我们可以看到,好的带内性能伴随着高的带外增益。这是偶然的,还是隐藏着更为根本的东西?事实证明是后者。在本节中,我们将详细地研究这种相关性。

4.5.1 Bode 灵敏度积分

在我们讨论 ΔΣ 调制器的 NTF 之前,让我们从控制理论中回顾以下事实。考虑图 4.14 所示的离散时间反馈系统:输入为 x,输出为 v,e 是在环路滤波器 L 的输出端注入的干扰信号。即有

$$V(z)=\frac{L(z)}{1+L(z)}X(z)+\frac{1}{1+L(z)}E(z) \tag{4.23}$$

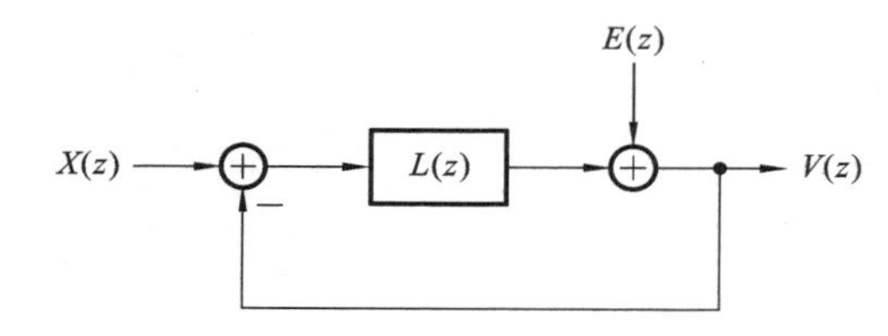

图 4.14 反馈环路的灵敏度定义为从干扰 e 到输出 v 的传递函数

如果 $L(z)=\infty$,则 $V(z)=X(z)$并且环路屏蔽 $E(z)$。换句话说,环路对 $E(z)$不敏感。由于 $L(z)$不能在所有频率下为∞,因此环路仅在环路增益高的频率处有效地抑制干扰 e。其灵敏度函数定义为

$$S(e^{j\omega})=\frac{1}{1+L(e^{j\omega})} \tag{4.24}$$

即量化环路屏蔽 e 的有效程度。在 ΔΣ 环路中,灵敏度与 NTF 相同。对应我们之前的讨论中,对应于 NTF(z)的脉冲响应的第一个样本必须是 1,在频域中,这相当于 NTF$(\infty)=1$。此外,由于 NTF 的分子、分母多项式可以表示为一阶和二阶因子的乘积,因此 NTF(z)可以写为

$$\mathrm{NTF}(z)=\frac{(1+b_1z^{-1})(1+b_2z^{-1}+b_3z^{-2})\cdots}{(1+a_1z^{-1})(1+a_2z^{-1}+a_3z^{-3})\cdots} \tag{4.25}$$

对于稳定的调制器,极点必须位于单位圆内。NTF 的零点位于单位圆上,如果$|a_1|\leqslant 1$,易知(通过在单位圆上积分 $\lg[z/(z+a_1)]$):

$$\int_0^{\pi}\lg(|1+a_1e^{-j\omega}|)d\omega=0 \tag{4.26}$$

在$(1+a_1e^{-j\omega})$的对数幅度图中,零轴以上的区域面积等于零轴以下的区域面积,如图 4.15 所示。理解式(4.26)后,如果 $1+a_2z^{-1}+a_3z^{-2}$ 的根位于单位圆内(或圆上),可以直接得到

$$\int_0^{\pi}\lg(|1+a_2e^{-j\omega}+a_3e^{-j2\omega}|)d\omega=0 \tag{4.27}$$

NTF 可以扩展为一阶多项式和二阶多项式的比,如式(4.25)所示,并且 NTF 的对

数幅度的积分可以看作：

$$\int_0^{\pi} \lg|\mathrm{NTF}(e^{j\omega})|\mathrm{d}\omega = \int_0^{\pi} \lg\left|\frac{(1+b_1 e^{-j\omega})(1+b_2 e^{-j\omega}+b_3 e^{-2j\omega})\cdots}{(1+a_1 e^{-j\omega})(1+a_2 e^{-j\omega}+a_3 e^{-2j\omega})\cdots}\right|\mathrm{d}\omega = 0 \tag{4.28}$$

由于 ΔΣ 环路中的 NTF 与反馈环路的灵敏度相同，因此上面的等式相当于

$$\int_0^{\pi} \lg(|S(e^{j\omega})|)\mathrm{d}\omega = 0 \tag{4.29}$$

在控制理论中，这种积分关系称为 Bode 灵敏度积分(Bode sensitivity integral)。这是物理实现无延迟反馈环路不可行的直接结果[5]。

因此，在 ΔΣ 调制器中，只有以较差的带外性能为代价才能获得良好的带内性能，任何降低带内增益的方法都会导致高频增益增加。

Bode 灵敏度积分让我们对为什么使用高阶 NTF 能更有效地降低带内量化噪声有了不同的见解。图 4.16 所示的是具有相同带外增益但不同阶数的两个 NTF 的对数幅度，其中信号带宽用虚线标记。由于更高阶的 NTF 能够实现更窄的过渡带，这增加了 0 dB 线以上的面积，意味着可以获得更多的“负面积”。此外，由于过渡带较窄，因此在该频带中较少的“负面积”被“浪费”，这允许带内增益更低，从而带来更好的带内性能。

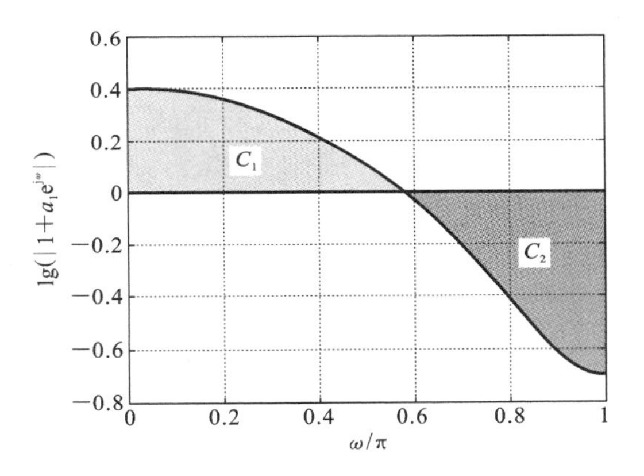

图 4.15　对于$|a_1|<1$，高于零(C_1)和低于零(C_2)的区域面积是相等的

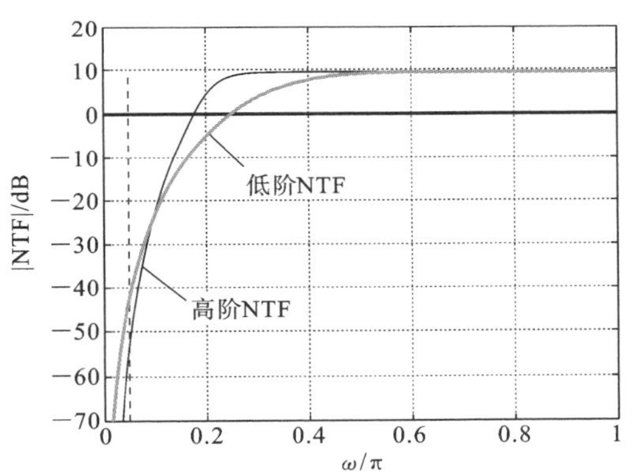

图 4.16　高阶 NTF 具有更大的“正面积”和更尖锐的过渡带

4.6　高阶 1 位 ΔΣ 数据转换器

到目前为止，我们已经看到将过采样与负反馈相结合可以显著提高嵌入在环路中的粗量化器的有效分辨率。在信号带宽产生所需的 SQNR 有几种可行的方法，增加采样率(相当于工作在更高的 OSR 下)或增加噪声整形阶数，可以减小量化器的电平数。使用具有较少电平数目量化器的优点是减少了实现调制器所需的硬件，可以使用的最简单的量化器是两电平量化器，也称为单比特量化器。

除了非常容易实现外，单比特量化器在第 2.4.1 节中讨论的意义在本质上是线性的，其中阈值或电平中的误差在环路中引起(良性)偏移和增益误差。由于量化器的输出只是其输入的符号，因此可以在不影响调制器输出的情况下缩放环路滤波器的输出，如图 4.17 所示，结果表明，这有可能简化环路滤波器中积分器使用运算放大器的设计。

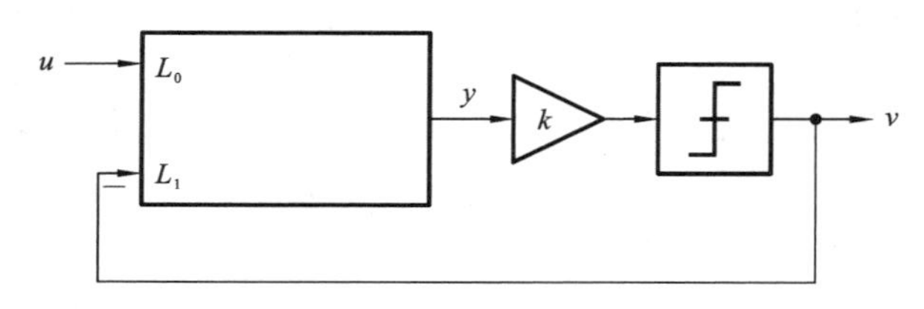

图 4.17 1 位调制器的输出序列不受通过正常数 k 缩放的环路滤波器输出的影响

基于加性白量化噪声模型的已有经验，我们应该预期到什么？与多电平设计相比，我们应该预期使用更大的 OSR 来实现相同的频带 SQNR，因为单比特量化器增加的误差更多。出于同样的原因，与具有相同 NTF 的多位环路相比，在两电平情况下 MSA 应该会减小，此外，需要由环路滤波器处理的误差波形的幅度更大。这意味着，为了实现相同水平的整体性能，这种调制器的环路滤波器必须比多位设计中的环路滤波器更具有线性性。

以上关于 1 位调制器的结论是基于我们从多位调制器研究中得出的推论。虽然这些推论在很多情况下是有效的，但如果 1 位调制器以意想不到的方式运行，则不应该感到惊讶：毕竟单比特量化器总是饱和的，这意味着加性白量化噪声模型特别值得怀疑。

在讨论多位调制器的稳定性时，我们发现 NTF 是了解其稳定性的基础。在二进制（1 位）调制器的情况下，一个重要的问题是"哪些 NTF 特性对于稳定运行来说是充分必要的？"不幸的是，这个问题目前还没有一个简单且准确的答案。经过验证，其结果通常要么过于严格（或过于保守），要么只适用于具有恒定输入的特定调制器。一个广泛使用的近似准则是（修改后的）李氏规则[6,7]。

如果 $\omega_{\max}(|\mathrm{NTF}(e^{j\omega})|)<1.5$，则 1 位调制器多半是稳定的。

$\omega_{\max}(|\mathrm{NTF}|)$是 NTF 在所有频率上的最大增益，也称为 NTF 的无穷大范数，其数学符号是 $\|\mathrm{NTF}\|_\infty$。在此条件的原始表述中，$\|\mathrm{NTF}\|_\infty$ 的极限为 2，但随着获得的更高阶调制器的经验，经验法则将此极限修改为 1.5。对于中等阶数调制器（三阶或四阶），令该极限选择稍微高一些的值是可以接受的，而对于高阶调制器（七阶或更高），选择更保守的 $\|\mathrm{NTF}\|_\infty=1.4$ 可能更合适。

请注意，这个标准既不是必要的（正如我们在具有 $\mathrm{NTF}(z)=(1-z^{-1})^2$ 稳定的 MOD2 中看到的那样，它允许 $\|\mathrm{NTF}\|_\infty=4$），也不是充分的（该标准没有说明对输入信号的限制）。尽管如此，由于它的简单性，它还是有些用处的。虽然李氏规则是预测 1 位调制器先天不稳定性的一个有用的经验法则，但它没有坚实的理论基础，需要大量的仿真来证实。

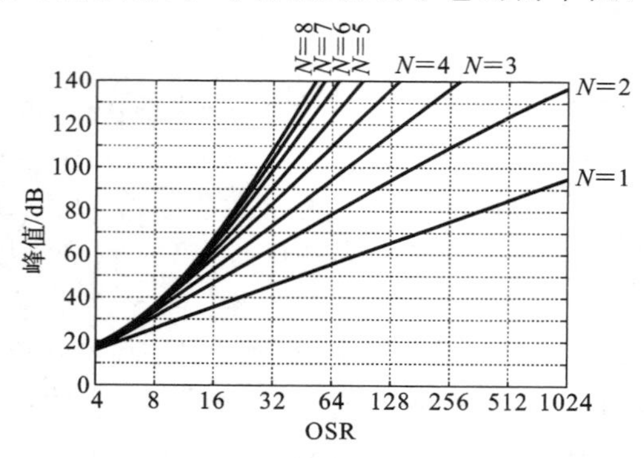

图 4.18 N 阶 1 位调制器的经验 SQNR 限制

注意，$\mathrm{NTF}(e^{j\omega})$的最大值通常发生在 $\omega=\pi$ 处，这一点离零点最远（这些零点聚集在 $z=1$ 附近）并且最接近极点。如果 $\mathrm{NTF}(z)$ 具有高 Q 极点，则可能发生例外，在此情况下，峰值可能出现在主（最高 Q）极点附近。

图 4.18～图 4.20 所示的是一些额外

的设计信息[8]。这些曲线显示了采用最佳零点位置的具有1～3位内部量化的$N=1\sim$8阶的调制器可实现的峰值信号——量化噪声比(SQNR)。由于曲线包括满足稳定条件所需的输入u的减少效应,因此,它们可以准确预测实际(非线性而不是线性化)调制器的实际性能。

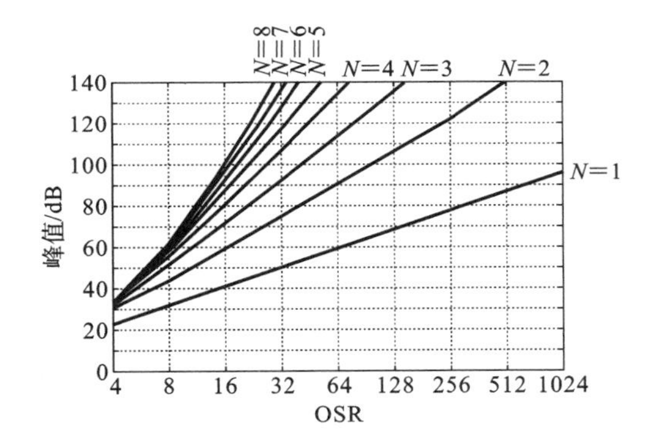

图 4.19 带2位量化器的N阶调制器的经验 SQNR 限制

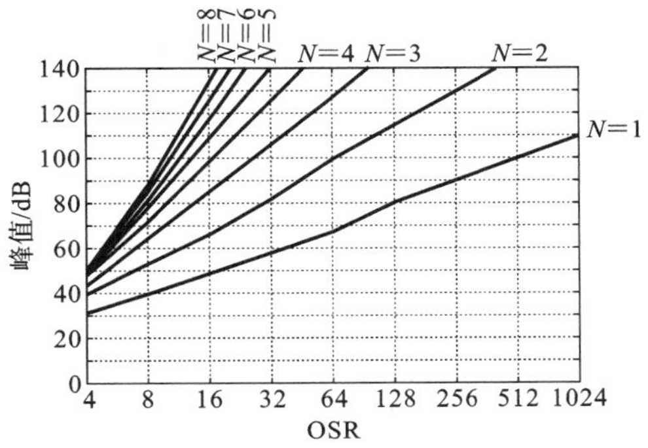

图 4.20 带3位量化器的N阶调制器的经验 SQNR 限制

4.7 离散时间 ΔΣ 转换器的环路滤波器拓扑

在了解有关 NTF 选择的各种权衡之后,可以实现图4.2中的环路滤波器$L_0(z)$和$L_1(z)$。本节将介绍一些基本结构,虽然其中一些可以被认为是第3章中讨论的二阶调制器 MOD2,但其他结构是不同的。由于可以通过多种方式实现所需的 NTF,这就引出了一个问题:应该选择哪种拓扑,为什么?我们将在下面说明这一点[4,9,10]。

4.7.1 带分布式反馈的环路滤波器:CIFB 和 CRFB 系列

图4.21所示的是一个三阶 ΔΣ 调制器,其推导过程与图4.1所示的相同。环路滤波器由三个延迟积分器级联而成,量化器的输出以不同的权重因数反馈给每个积分器,这是 CIFB 结构,很容易扩展到更高阶。则直接可以得到:

$$L_0(z)=\frac{b_1 z^{-3}}{(1-z^{-1})^3},\quad L_1(z)=\frac{a_1 z^{-3}}{(1-z^{-1})^3}+\frac{a_2 z^{-2}}{(1-z^{-1})^2}+\frac{a_3 z^{-1}}{(1-z^{-1})} \tag{4.30}$$

L_0和L_1在直流($z=1$)处有三个极点。NTF 和 STF 由下式给出:

$$\mathrm{NTF}(z)=\frac{(1-z^{-1})^3}{(1-z^{-1})^3+a_3 z^{-1}(1-z^{-1})^2+a_2 z^{-2}(1-z^{-1})+a_1 z^{-3}} \tag{4.31}$$

$$\mathrm{STF}(z)=\frac{b_1 z^{-3}}{(1-z^{-1})^3+a_3 z^{-1}(1-z^{-1})^2+a_2 z^{-2}(1-z^{-1})+a_1 z^{-3}} \tag{4.32}$$

两个传递函数的分母是相同的,因为它们与同一系统相关联。NTF 满足条件$\mathrm{NTF}(z\to\infty)=1$,这是物理可实现性所必需的。它在直流处有三个零点,对应于$L_1(z)$的三个直流极点。选择a_1,a_2,a_3来实现所需的极点(根据 NTF 的要求)。

由 STF(1)给出的 STF 的直流增益为(b_1/a_1),虽然从上面的等式可以看出这一点,但也可以由图4.21直观地推断出增益。在任何稳定的负反馈环路中,任何积分器的平均输入应为零,为什么?如果不是这样,非零直流将不断积累,导致积分器的输出

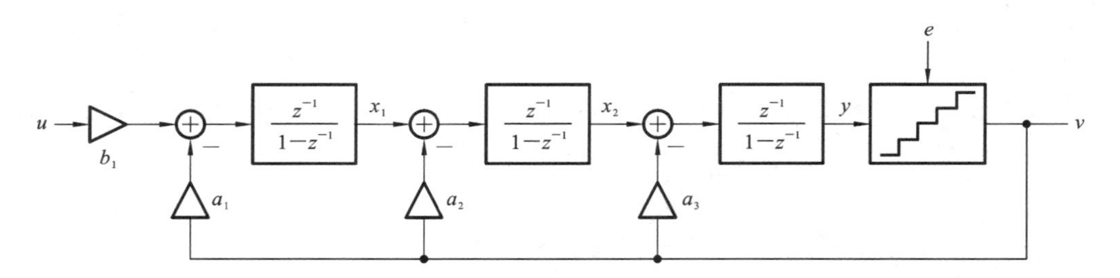

图 4.21 使用带反馈的级联积分器(CIFB, cascade of integrators with feedback)**结构实现三阶** NTF(NTF **的全部零点都在** $z=1$ **处**)

达到无穷大，从而与我们对稳定系统的假设相矛盾。将此原理应用于图 4.21 的第一个积分器，我们看到在直流处，$b_1\bar{u}=a_1\bar{v}$，使得直流增益为(b_1/a_1)。

如果选择 a_1 和 b_1 相等使得 STF 的直流增益为 1，并且假设输入 u 缓慢变化，则 $Y(z)\approx U(z)+(\mathrm{NTF}(z)-1)E(z)$。正如我们之前所见，$y$ 由输入和整形量化噪声组成。当 U 的幅度等于 MSA 时，y 的峰-峰摆幅大约是量化器的无过载范围。在这种情况下，第一和第二积分器输出(x_1 和 x_2)摆幅是多少？

例子：令 OBG=2.25 的三阶最大平坦 NTF，其中 NTF(使用第 4.3 节的方法得出)由下式给出：

$$\mathrm{NTF}=\frac{(1-z^{-1})^3}{1-1.467z^{-1}+0.8917z^{-2}-0.1967z^{-3}}$$

将等式右边分母中 z^{-1} 的相似幂的系数与式(4.31)的一般形式的系数相等，得到 $a_1=0.228$，$a_2=0.957$ 和 $a_3=1.533$。

这个 NTF 的带内均方根(RMS)量化噪声与$(1-z^{-1})^3$的 NTF 得到的噪声相比如何？如图 4.21 所示，a_1 表示 $L_1(z)$的“三重积分”路径的增益，即$(1-z^{-1})^3$ 的系数。因此，在低频时，$1/(1+L_1(z))$的 NTF 约为 $1/L_1(e^{j\omega})\approx\omega^3/a_1$。可以看出，信号频带中 NTF 的幅度主要由具有最高阶积分的环路滤波器的路径决定。在我们的例子中，将 OBG 降低到 2.25 导致 NTF 的低频增益(和带内 RMS 噪声)增大了 $1/a_1=4.4$。

如果带内 NTF 仅依赖 a_1，那么为什么 $L_1(z)$的二阶路径和一阶路径是必要的呢？因为这些路径是稳定负反馈回路所必需的。我们还看到 a_3 大于 a_2，并且显著大于 a_1。为什么这很直观呢？每个稳定的负反馈环路的环路增益包括一个“快速且粗糙”的快速路径，该路径是使环路具有良好的粗误差并进行误差修正所必需的。确保稳态精度所需的“精确路径”(在 ΔΣ 中转换为 NTF 的低频增益)应具有高直流增益，并通过级联积分器实现。由于存在级联，高阶路径的速度必然很慢。如果没有提供一个足够量的快速反馈的路径，高增益的慢速路径将导致其不稳定。这意味着一阶路径应具有足够大的增益。这也是为什么一个大 a_3(一阶路径的增益)是有意义的。

为了确定这一点，我们使用叠加原理。如果仅存在 $u(e=0)$，则 $v=u$。x_1 和 x_2 应分别为 a_2u 和 a_3u。为什么？回想一下，稳定负反馈系统中任何积分器的直流输入必须为零。扩展这个论点，即任何积分器输入的低频分量都应该非常小。因为在没有 e 的情况下，$v=u$，因此，$x_1=a_2v=a_2u$ 并且 $x_2=a_3v=a_3u$。只有当 e 存在时，v 为 e 的三阶整形，x_1 是 v 的累积，是二阶整形；x_2 包含一阶和二阶整形噪声。同样，x_3(即 y)包含所有阶整形噪声。综上所述，有

$$x_1 = a_2 u + \text{二阶整形噪声}$$
$$x_2 = a_3 u + \text{一阶和二阶整形噪声}$$
$$x_3 = y = u + \text{所有阶整形噪声}$$

由于 u 是具有最大稳定幅度的正弦波，因此 y 的峰值摆幅实际上是量化器的无过载范围。在实践中，后者被选择为能够“适应”用于设计调制器的电源电压的最大范围。这种选择是有意义的，因为它使 ADC 的步长最大化并简化了其设计。MSA 通常占量化器范围的很大一部分（约 85%），这意味着如图 4.21 所示的 ΔΣ 调制器可能会导致 x_1 和 x_2 的范围超过量化器的范围（我们假设它是在给定电源电压下的最大值）。在上面的示例调制器中，$a_3=1.53$，$a_2=0.95$，并且正弦输入的幅度为满量程的 85%，仿真显示 x_2 比 x_3 摆幅大得多（$x_{2\max}\approx 21$，$x_{3\max}\approx 15$）。

在实际应用中，较大的内部摆幅是有问题的，因为它们导致积分器的运算放大器饱和，这会严重降低性能，甚至可能使调制器不稳定。为了防止内部状态过早饱和，必须在不影响环路滤波器的传递函数 L_0 和 L_1 的情况下对它们进行缩放，此过程称为动态范围缩放。下面我们以使用开关电容实现的离散时间积分器为例，对此进行更详细地分析。

图 4.22(a)所示的是一个单端延迟开关电容积分器，它执行输入 v_1 和 v_2 的加权相加。从 v_1 和 v_2 到 v_0 的积分器的传递函数分别是 $(C_1/C_A)z^{-1}/(1-z^{-1})$ 和 $(C_2/C_A)z^{-1}/(1-z^{-1})$。积分器的宏模型如图 4.22(b)所示。因此，输出可以通过改变 C_A 或 C_1 和 C_2 来进行缩放。通过分析（见第 7 章）表明，输入路径被噪声破坏，该噪声的均方值分别与 C_1 和 C_2 成反比。

考虑图 4.23(a)中以灰色显示的调制器部分，如果选择调制器 STF 的直流增益为 1，$b_1=a_1$，然后，输入端积分器处理(u-v)，我们用 v_i 表示。随后增益 a_1（等于 b_1）被推入加法器。使用开关电容积分器建立的电路的宏模型如图 4.23(b)所示。$\overline{v_{ni}^2}$ 表示第一个积分器的输入参考均方噪声，C_1/C_A 可以实现 b_1，第二个积分器处理 x_1 和 v 的加权和，该积分器的输入电容用 C_2 和 C_3 表示，积分电容用 C_B 表示。两个输入路径的输入参考热噪声由 $\overline{v_{n1}^2}$ 和 $\overline{v_{n2}^2}$ 表示。

假设我们希望将 x_1 被因子 α 缩放，同时确保从 v_i 和 v 到 x_2 的传递函数不变。将第一个积分器反馈电容 C_A 缩小至 $\dfrac{C_A}{\alpha}$，则 x_1 被因子 α 缩放。为了使 x_2 保持不变，后续模块的输入电容 C_2（用以感测 x_1）缩小至 $\dfrac{C_2}{\alpha}$，如图 4.23(c)所示。

缩放 x_1 会对 x_2 处的噪声产生影响。由于 C_2 减小了，$\overline{v_{n1}^2}$ 增加了 α 倍，但是从噪声源到 x_2 的传递函数缩小至原来的 $\dfrac{1}{\alpha}$。因此，v_{n1} 对 v_0 处的均方噪声的贡献缩小至原来的 $\dfrac{1}{\alpha}$。因此，将 x_1 缩放 $\alpha(\alpha>1)$，可以得到降低噪声和网络总电容的理想结果。但是，如果因子 α 太大，第一个积分器就会达到饱和——这是应该避免的。由此可见，应尽量选择较大的因子 α 而不引起饱和。为了实现低噪声和面积有效的设计，这样的缩放应该应用于所有运算放大器的输出中。如前所述，此过程称为动态范围缩放，它是设计过程中必不可少的一部分。

图 4.24(a)和图 4.24(b)所示的是没有和有动态范围缩放的 CIFB 调制器的结构。其中，后者通过系数 c_1 和 c_2 实现缩放，STF 在直流处是 1。图 4.25(a)所示的是图 4.24

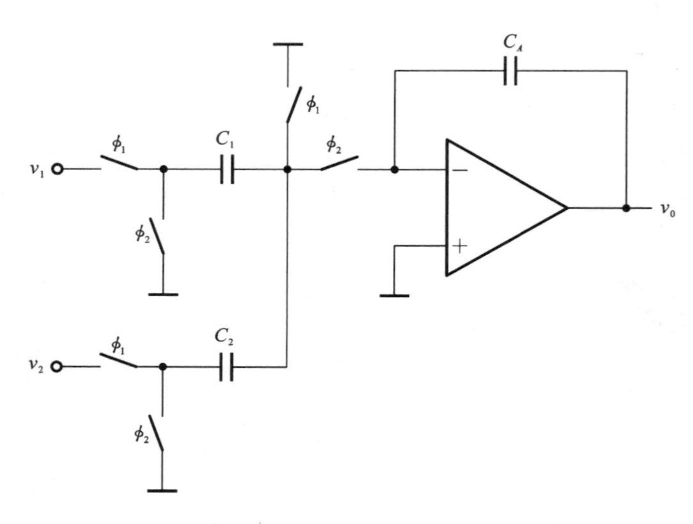

(a) 求和，延迟开关电容积分器

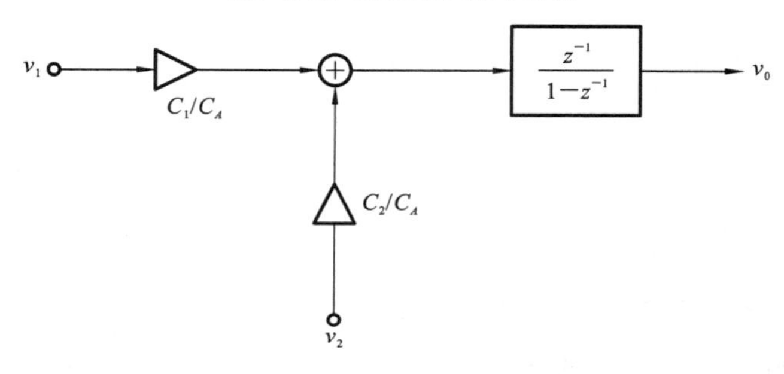

(b) 等效宏模型

图 4.22 积分器及等效宏模型

(a)的 CIFB 调制器的积分器输出，假设量化器有 16 个电平(步长为 2)，输入是振幅为满量程的 80%的正弦信号。正如我们之前推断的那样，每个积分器输出都有一个输入组件。我们看到 x_2可以在实际中实现饱和。经过动态范围缩放(见图 4.25(b))，其中 x_1和 x_2的峰值幅度被限制为 12，没有饱和的危险。

图 4.24(b)中调制器的 STF 是多少？通过观察，有 $L_0(z)=\hat{a}_1c_1c_2z^{-3}/(1-z^{-1})^3$，从而

$$\mathrm{STF}(z)=\frac{L_0(z)}{1+L_1(z)}=\frac{\hat{a}_1c_1c_2z^{-3}}{D(z)} \tag{4.33}$$

其中 $D(z)$是 NTF 的分母多项式。正如本章前面所讨论的，$1/D(z)$是一个低通响应，它可以"抑制"$(1-z^{-1})^3$ 的高频增益。因此，STF 的幅度响应必须具有低通特性形状，其细节由特定的 $D(z)$决定。重要的是，一旦架构(本例中为 CIFB)和 NTF 被冻结，就没有关于 STF 的自由选择，且必须接受由式(4.33)产生的任何形状。

CIFB 设计的哪些方面存在问题，从而激发了实现环路滤波器的替代方法？首先，CIFB 环路中有多个反馈路径进入环路滤波器，这意味着 N 阶 ΔΣ 调制器需要 N 个反馈 DAC。CIFB 架构的另一个问题是面积效率，特别是在使用多电平量化器时。考虑直流输入 u 的情况，选择略小于调制器的最大稳定幅度。由于量化器电平数很大，与 u 相比，峰-峰整形噪声较小，在分析中可以忽略不计。参考图 4.24(a)和图 4.24(b)，我

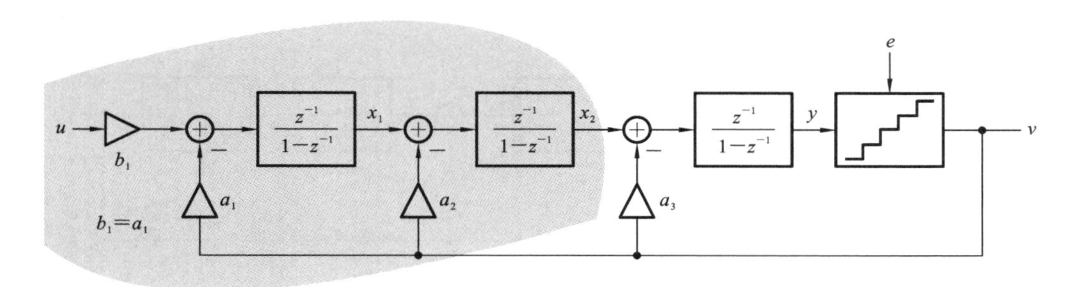

(a) 信号流图的一部分

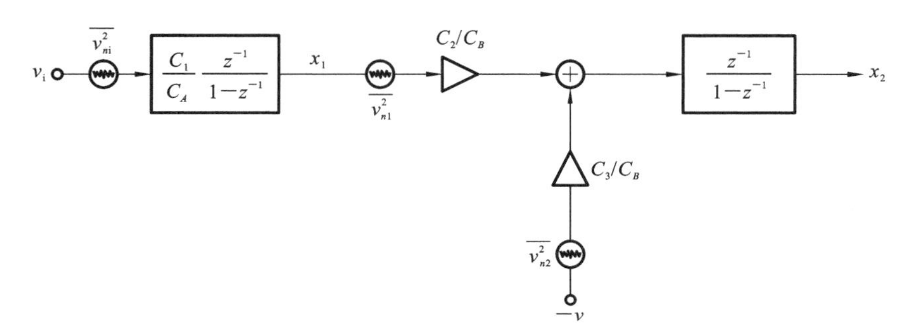

(b) x_1 被因子 α 缩放，但是从 v_i 到 x_2 和 x_3 的传递函数保持不变

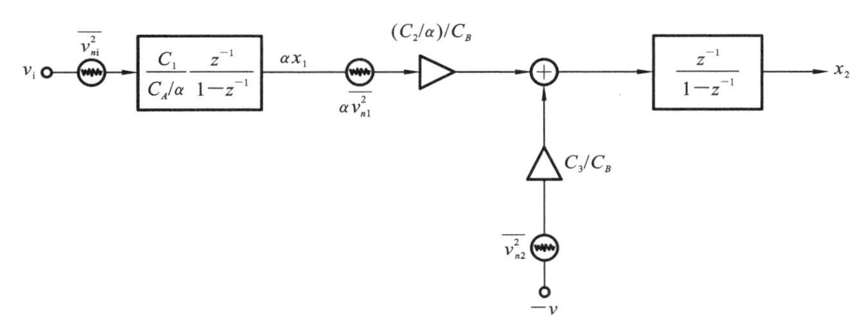

(c) 输出通过改变 C_A（或 C_1）和 C_2 被缩放

图 4.23　调制器及其模型

们看到 a_3 和 $\hat{a}_3$ 应该相等。因为 x_2 通过缩放使其峰值摆幅与 x_3 的相同，并且忽略了附加在 x_2 上的整形量化噪声。因此，c_2 应等于 $\hat{a}_3$，以确保进入后续积分器的直流输入为零。因为 $c_2=\hat{a}_3=a_3$，L_1 中的双积分路径的增益为 $\hat{a}_2\hat{a}_3$，它应等于 a_2，故 $\hat{a}_2=a_2/a_3$。按照与上述类似的方式推理，$c_1=\hat{a}_2=a_2/a_3$ 和 $\hat{a}_1c_1c_2=a_1$，得到 $\hat{a}_1=a_1/a_2$。注意 $\hat{a}_1$ 必须远小于 1，这是稳定 NTF 的结果，如第 4.2 节所介绍的。因此，$\hat{a}_1$ 必然很小。

如后面第 7 章所述，ΔΣ 调制器的输入参考噪声在很大程度上取决第一个积分器中使用的输入电容的大小，高分辨率设计要求使用大的输入电容。因此，一个较小的 $\hat{a}_1$ 需要一个更大的积分电容器，从而大大增加了调制器所占的面积。第一个积分器中较小的 $\hat{a}_1$ 的另一个不良后果是，当参考调制器输入时，环路滤波器中进一步增加的噪声和失真不能被充分衰减。此外，由于积分器存在不可避免的非线性，每个积分器的输出处存在的大输入分量会导致 ΔΣ 调制器输出的谐波失真。

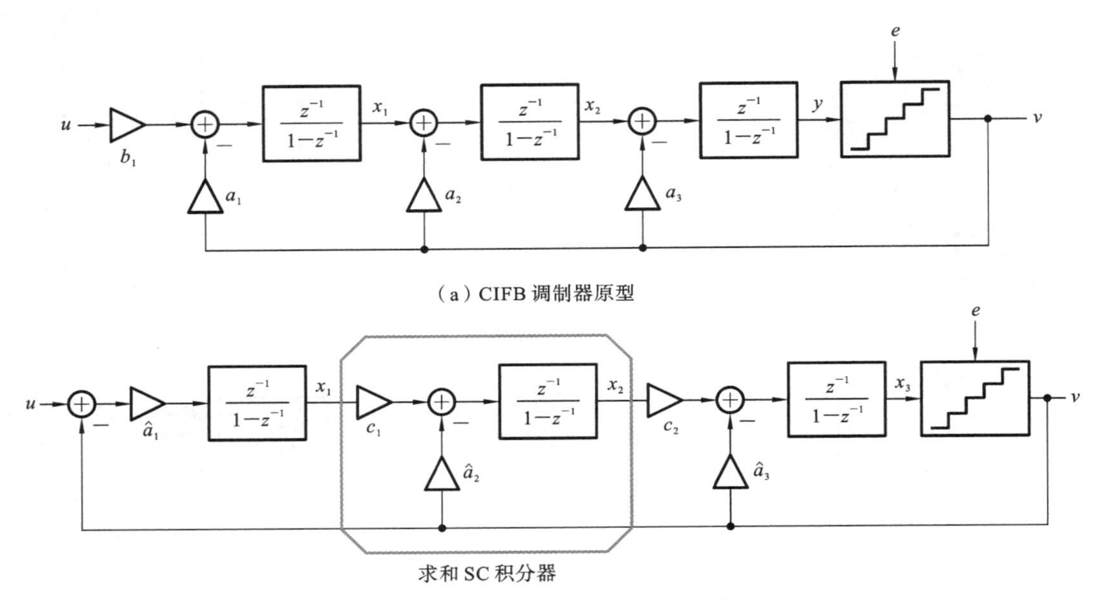

(b) 与动态范围缩放结合，STF 的直流增益被限制为 1

图 4.24　CIFB 调制器结构

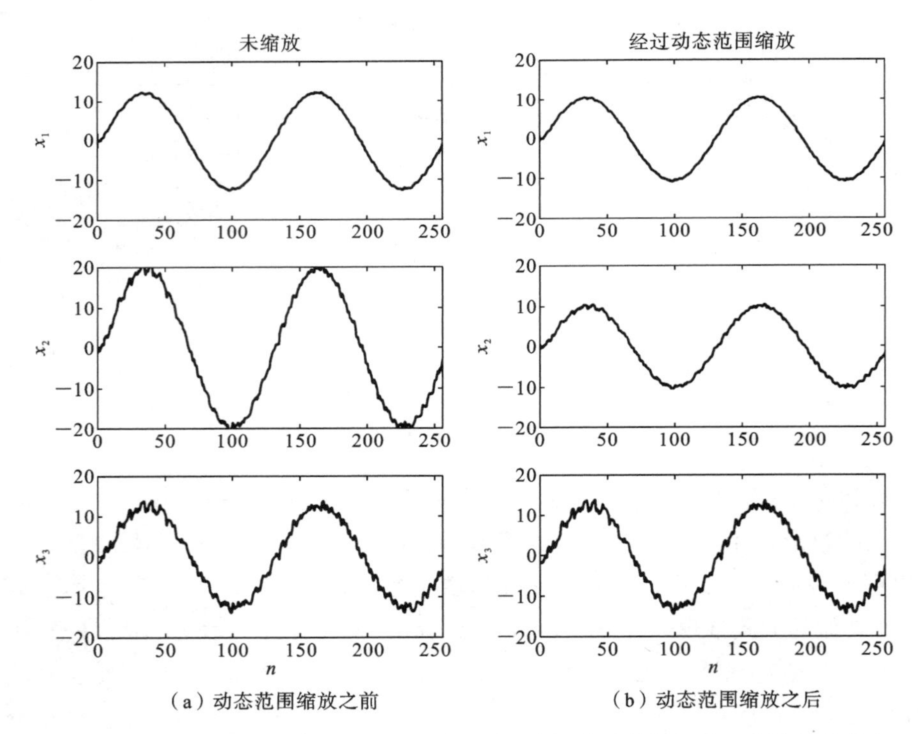

图 4.25　CIFB 调制器的积分器输出(输入是一个幅度为满量程的 80%的正弦波)

在确定了“由输入分量组成的状态”作为 CIFB 调制器问题的根本原因之后，可以设想几种保持状态不受输入影响的方法。其中一种是将 u 的前馈添加到每个积分器的输出中，如图 4.26 所示。因为 y 由 u 和整形噪声组成，因此环路滤波器通过前馈路径 b_4 辅助产生 u，从而减轻了产生 u 的负担，且该前馈路径 b_4 的增益选择为 1。这样，x_3 就

不需要 u 了。以类似的方式，选择 $b_3=a_3$ 和 $b_2=a_2$，确保反馈路径注入的信号的输入分量由前馈路径提供。因此，在图 4.21 的未缩放调制器中添加馈入路径不仅可以显著降低积分器输出的摆幅，而且可以确保它们在很大程度上独立于 u 的幅度（只要调制器稳定）。这意味着，x_1、x_2 和 x_3 可以通过减小反馈电容的大小，来实现大于 1 的缩放。这减少了电容器面积以及第二个和第三个积分器产生的噪声，如本节前面所述。

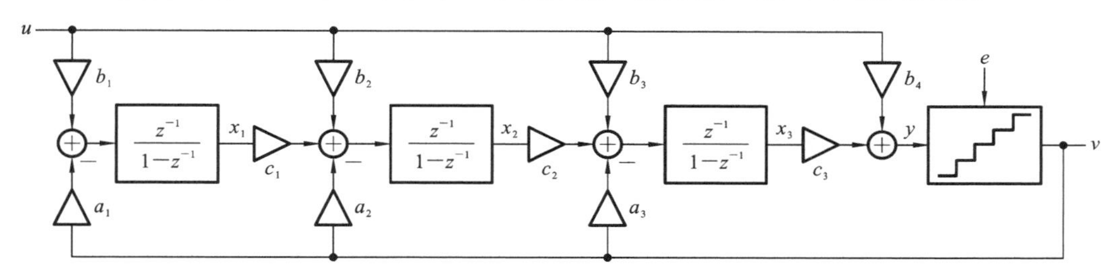

图 4.26　一个带有前馈的 CIFB 结构

添加前馈会修改 STF，STF 由下式给出：

$$\frac{L_0(z)}{1+L_1(z)}=\frac{b_4(1-z^{-1})^3+b_3c_3z^{-1}(1-z^{-1})^2+b_2c_2c_3z^{-2}(1-z^{-1})+b_1c_1c_2c_3z^{-3}}{D(z)} \tag{4.34}$$

不出所料，前馈路径改变了分子多项式，并导致 STF 中出现峰值。如果输入信号由带外振幅较大的信号组成，这可能会存在问题，因为 STF 带来的增益会破坏 ΔΣ 环路的稳定。

目前所讨论的 CIFB 结构只能在直流处实现 NTF 零点。我们已经看到，将这些零点设置在单位圆上非零频率处，可以实现更高的 SQNR。这要求 $L_1(z)$ 具有复极点，它很容易通过修改 CIFB 架构来实现。如图 4.27 所示，该环路能够实现三个 NTF 零点，它们分别是直流处的零点以及单位圆上的复共轭对零点。第一个积分器将直流极点贡献给 $L_1(z)$。第二和第三个积分器，连同具有增益 $-g_1$ 的反馈路径一起形成具有两个复极点的谐振器，这两个极点是 $z^2-(2-g_1)z+1$ 的零点。这些极点在频率为 $\pm\omega_1$ 的单位圆上，其中 ω_1 满足 $\cos(\omega_1)=1-(g_1/2)$。通常情况下，当 $\omega_1\ll 1$ 时，$\omega_1\approx\sqrt{g_1}$。该调制器配置称为带有分布式反馈（CRFB）结构的级联谐振器，与 CIFB 情况一样，其输入馈入路径可以添加到所有积分器的输出中。虽然未在图 4.27 中显示，但需要通过系数 c_i 对 x_1、x_2 和 x_3 进行动态范围缩放，如图 4.24 所示。

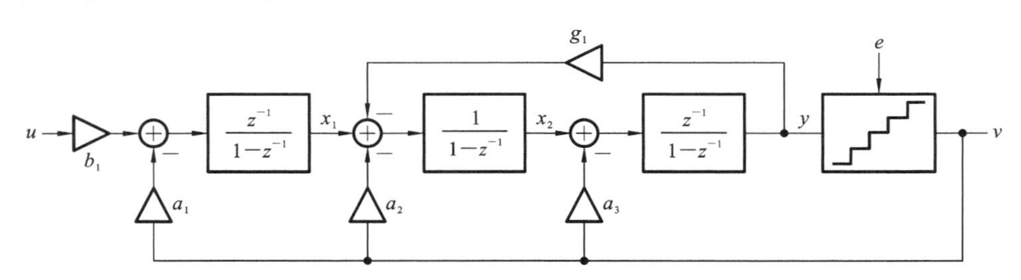

图 4.27　CRFB 的 ΔΣ 调制器结构（馈入路径和缩放系数没有显示）

注意到，图 4.27 中的谐振器环路包含一个非延迟积分器，它可以确保谐振器极点位于单位圆上。对于以高采样率工作的 ΔΣ ADC（为了获得较大的信号带宽），每个积分器都有一个延迟是有利的，因为这降低了所用放大器的速度要求。在这种情况下，谐振器中的两个积分器块都具有传递函数 $z^{-1}/(1-z^{-1})$。很容易看出谐振器的传递函数变为

$$R(z)=\frac{z^{-2}}{1-2z^{-1}+(1+g_1)z^{-2}} \tag{4.35}$$

而其极点位于单位圆外的 $z=1\pm \mathrm{j}\sqrt{g_1}$ 处。对于 $\omega_1 \ll 1$，有 $\omega_1 \approx \sqrt{g_1}$，故谐振器本身是不稳定的，可以从其极点位置推断出来，然而，由于其嵌入在强负反馈系统中，因此避免了局部振荡。

在设计 CRFB 电路时，g_1 的值可以通过 ω_1 立即确定，如上所示。其他参数（a_i 和 b_i）可以通过计算 $L_0(z)$ 和 $L_1(z)$ 很容易求得，首先根据指定的 STF 和 NTF 得到 $L_0(z)$ 和 $L_1(z)$，然后根据电路图中的 a_i、b_i 和 g_i，并匹配 z^{-1} 的相似幂的系数。一种简单的方法是使用附录 B 中描述的软件工具。

4.7.2 带分布式前馈和输入耦合的环路滤波器：CIFF 和 CRFF 结构

使用图 4.21 中的 CIFB 结构实现的三阶 NTF 传递函数也可以通过在环路滤波器中使用前馈来实现，如图 4.28 所示。通过观察，$L_1(z)$ 由下式给出：

$$L_1(z)=a_1\left(\frac{z^{-1}}{1-z^{-1}}\right)+a_2\left(\frac{z^{-1}}{1-z^{-1}}\right)^2+a_3\left(\frac{z^{-1}}{1-z^{-1}}\right)^3 \tag{4.36}$$

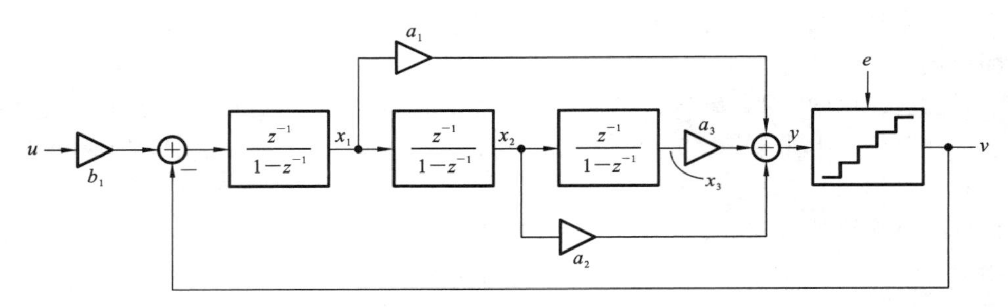

图 4.28 使用带前馈的级联积分器（CIFF，cascade of integrators with feed forward）结构实现三阶 NTF

如果 STF 必须在直流处为 1，则 $b_1=1$（这样第一个积分器的直流输入为零）。从期望的 $L_1(z)$ 确定系数 a_1、a_2、a_3。

正如 MOD2 的前馈实现（第 3.4.2 节）中所讨论的，x_1 和 x_2 的直流分量为零，因为这些状态直接连接到后续的积分器。由于 y 由 u 和整形噪声组成，因此 y 的输入分量必须由 x_3 产生，这又意味着增加了电容器的面积。为了避免这种情况，可以通过将 u 馈入环路滤波器的输出端来"辅助"环路滤波器，如图 4.29 所示。这样，所有积分器仅处理整形量化噪声，从而减小谐波失真。很容易看出 $L_0(z)=1+L_1(z)$，这意味着 STF 在所有频率上都是 1。

量化器周围的"快速路径"是积分阶数最小的路径。在 CIFF 情况中，它对应于第一个积分器。事实证明，在动态范围缩放之后，第一个积分器的增益很大（因为它只处理整形量化噪声，其输出没有信号分量）。这是有用的，因为后续级所添加的输入参考噪声和失真会变得很小。CIFF 实现的另一个优点是什么？这种调制器只需要一个反馈 DAC，即简化了设计。

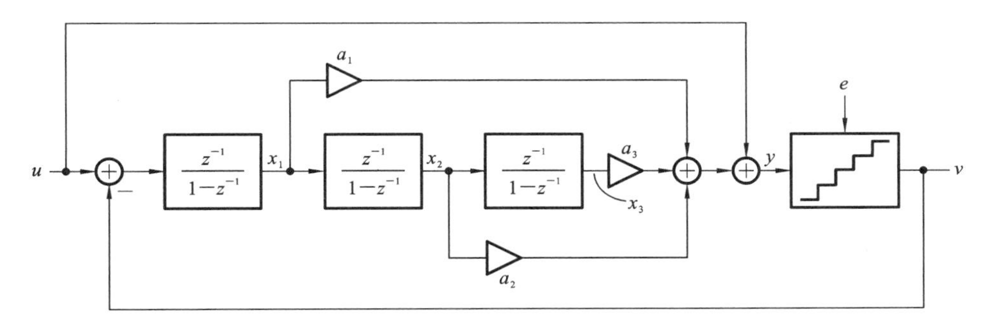

图 4.29 使用输入前馈完成的低失真 CIFF 结构

在 CIFF 环路滤波器中，调制器的反馈路径是反馈环路的“快速”和“精确”路径的一部分。这会给高速设计的实现带来挑战，尤其是实现连续时间环路滤波器时。

如式(4.36)所示，对于图 4.28 和图 4.29 所示的结构，$L_1(z)$ 的三个极点都位于直流处，因此，NTF 的所有零点也是如此。为了获得优化的零点，必须通过环路滤波器内部的反馈来创建谐振器，得到的调制器如图 4.30 所示，被称为带有前馈的谐振器级联(cascade of resonators with feed forward，CRFF)结构。

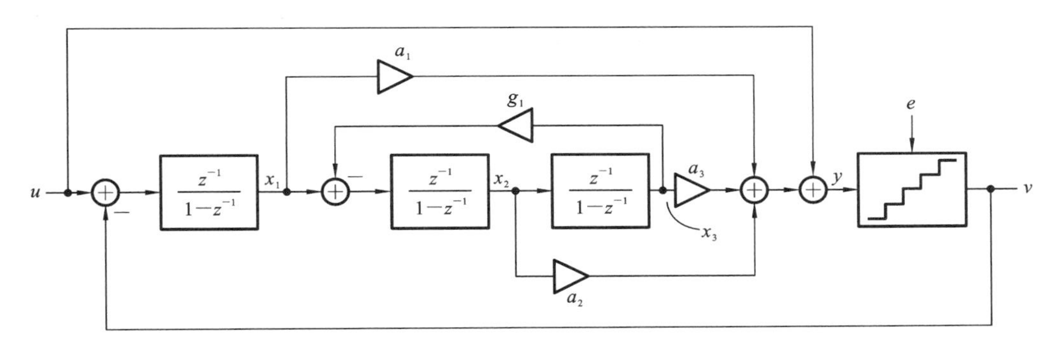

图 4.30 低失真的 CRFF 结构，通过 g_1 的内部反馈实现 NTF 的复零点

4.7.3 带有前馈和多个反馈的环路滤波器：CIFF-B 结构

在了解了与 CIFB 和 CIFF 环路滤波器相关的各种权衡之后，我们现在可以将多重反馈和前馈相结合，目的是创建一个我们称之为具有前馈和反馈的积分器级联(the cascade of integrators with feedforward and feedback，CIFF-B)拓扑结构，该拓扑结构继承其父拓扑结构的优点。图 4.31 所示的是一个 CIFF-B 环路滤波器的三阶 ΔΣ 调制器，它使用两个 DAC，而在 CIFF 和 CIFB 环路中分别使用一个和三个 DAC。它还具有通过系数 a_1 和 a_3 的多个反馈路径。量化器周围的快速反馈是通过系数 a_3 来控制的，而系数 a_1 控制二阶路径和三阶路径的增益。这样做的好处是反馈回路的快速和精确路径是解耦的，允许它们分别针对速度和精度进行优化，与 CIFB 回路中的优化相同。当实现连续时间环路滤波器时，这一点尤其重要，我们将在第 8 章中重新讨论这方面的问题。二阶路径由第一个积分器和第三个积分器通过前馈实现。由于 x_1 是第二个积分器的输入，所以它必须有一个非常小的输入分量。这意味着调制器动态范围调整后，其增益将会很大，正如我们在 CIFF 环路滤波器中看到的那样，这是一个有用的属性，它不仅使得第一个积分器的反馈电容更小，而且还降低了环路滤波器的后续级所添加的

噪声和失真的影响。尽管 x_1 在很大程度上与 u 无关，但 x_2 有输入分量，这是为了确保很小的第三个积分器的低频输入。很容易看出，对于直流输入 u，x_2 由直流 a_3u 和一阶整形噪声构成。NTF 的复零点可以通过在两个积分器之间添加内部反馈来实现，就像 CIFF 和 CIFB 中的情况一样。

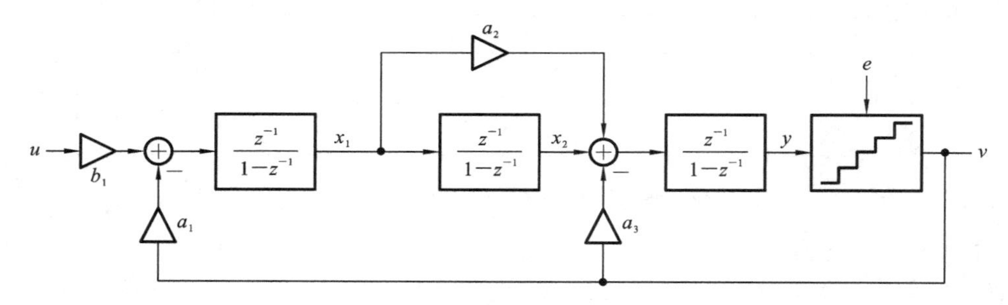

图 4.31　带有前馈和多反馈路径的 ΔΣ 调制器

从本节的讨论中明显看出，可以设想几种实现环路滤波器的方法，且每一种拓扑都有其优点和缺点。

4.8　ΔΣ 环路的状态空间描述

使用传递函数形式的环路滤波器描述，便于我们分析和建立直觉。然而，调制器行为级的计算机仿真最好通过以状态空间形式对环路滤波器建模来完成，这种方法在其他领域有广泛的描述[11]。本节的目的是引起读者注意有关 ΔΣ 调制器仿真的几个方面。下面的讨论均使用二阶结构进行说明。

MOD2 如图 4.32 所示，其中明确显示了各延迟积分器的框图。其中每个延迟单元的输出都是一个状态。可以看出，延迟单元的输入可以与输出相关：

$$x_1[n+1]=x_1[n]+b_1u[n]-a_1v[n]$$

$$x_2[n+1]=x_1[n]+x_2[n]+b_2u[n]-a_2v[n]$$

$$y[n]=x_2[n]+b_3u[n]$$

其矩阵形式为

$$\underbrace{\begin{bmatrix}x_1[n+1]\\x_2[n+1]\end{bmatrix}}_{\text{下一个状态}}=\underbrace{\begin{bmatrix}1&0\\1&1\end{bmatrix}}_{A_d}\underbrace{\begin{bmatrix}x_1[n]\\x_2[n]\end{bmatrix}}_{\text{当前状态}}+\underbrace{\begin{bmatrix}b_1&-a_1\\b_2&-a_2\end{bmatrix}}_{B_d}\underbrace{\begin{bmatrix}u[n]\\v[n]\end{bmatrix}}_{\text{输入}} \tag{4.37}$$

$$y[n]=\underbrace{[0\quad 1]}_{C_d}\begin{bmatrix}x_1[n]\\x_2[n]\end{bmatrix}+\underbrace{[b_3\quad 0]}_{D_d}\begin{bmatrix}u[n]\\v[n]\end{bmatrix} \tag{4.38}$$

其中，A_d、B_d、C_d、D_d 是离散时间状态空间矩阵。在 n 阶调制器的一般情况下，矩阵 A_d、B_d、C_d、D_d 的维数分别为 $n\times n$、$n\times 2$、$1\times n$ 和 1×2。观察到 $D_d[1,2]=0$，表明电流环路滤波器的输出 $y[n]$ 不依赖于当前量化器的输出 $v[n]$，这是“无延迟自由环路”准则的状态空间等价。

传递该信息的简写符号，在 ΔΣ 工具箱(见附录 B)中有着广泛地使用，是将状态矩阵组合成单个 $(n+1)\times(n+2)$ 矩阵 ABCD，由下式给出：

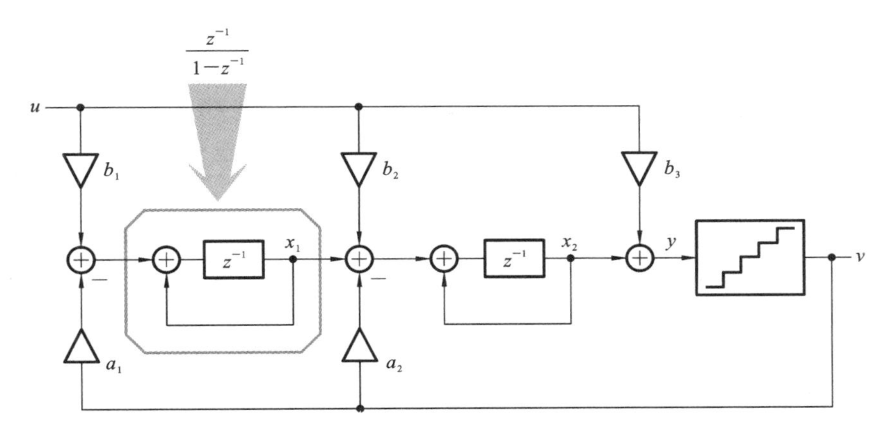

图 4.32 MOD2:用延迟实现积分器

$$\text{ABCD}=\left[\begin{array}{c|c} A_d & B_d \\ \hline C_d & D_d \end{array}\right] \tag{4.39}$$

一旦知道了状态空间表示,仿真就如下进行:知道状态和 n 时刻的 u,式(4.38)用来得到 $y[n]$;通过量化 $y[n]$ 获得调制器输出 $v[n]$;使用式(4.37)确定下一时刻($n+1$)的状态,并重复该过程。

4.9 总结

在本章中,我们讨论了高阶调制器。特别关注具有多位和 1 位量化器的高阶 ΔΣ 环路的稳定性。对于多位环路,量化器的增益仅随其输入信号略有变化,因此,可以找到确保稳定环路操作的信号范围的严格理论界限。

对于 1 位环路,量化器的等效增益随其输入值的变化很大。因此,线性化稳定性分析成为一项艰巨的任务。

本章将第 3 章中讨论的二阶环路噪声传递函数零点和极点的优化问题推广到高阶调制器,对最常用的环路结构也进行了描述、分析和比较。

参考文献

[1] J. G. Kenney and L. R. Carley, "Design of multibit noise-shaping data converters", *Analog Integrated Circuits and Signal Processing*, vol. 3, no. 3, pp. 259-272, 1993.

[2] Y. Yang, R. Schreier, and G. Temes, "A tight sufficient condition for the stability of high order multibit delta-sigma modulators", *Oregon State University Research Report*, 1991.

[3] L. Risbo, *Sigma-Delta Modulators: Stability Analysis and Optimization*. Ph. D. dissertation, Technical University of Denmark, 1994.

[4] S. R. Norsworthy, R. Schreier, and G. Temes, *Delta-Sigma Data Converters: Theory, Design, and Simulation*. IEEE Press, New York, 1997.

[5] C. Mohtadi, "Bode's integral theorem for discrete-time systems", *IEE Proceedings on Control Theory and Applications*, vol. 137, no. 2, pp. 57-66, 1990.

[6] W. Lee, *A Novel Higher Order Interpolative Modulator Topology for High Resolution Oversampling A/D Converters*. Ph. D. dissertation, Massachusetts Institute of Technology, 1987.

[7] K. C. Chao, S. Nadeem, W. L. Lee, and C. G. Sodini, "A higher order topology for interpolative modulators for oversampling A/D converters", *IEEE Transactions on Circuits and Systems*, vol. 37, no. 3, pp. 309-318, 1990.

[8] R. Schreier, "An empirical study of high-order single-bit delta-sigma modulators", *IEEE Transactions on Circuits and Systems II: Analog and Digital Signal Processing*, vol. 40, no. 8, pp. 461-466, 1993.

[9] J. Steensgaard-Madsen, *High-Performance Data Converters*. Ph. D. dissertation, The Technical University of Denmark, 1999.

[10] J. Silva, U. Moon, J. Steensgaard, and G. Temes, "Wideband low-distortion delta-sigma ADC topology", *Electronics Letters*, vol. 37, no. 12, pp. 737-738, 2001.

[11] B. C. Kuo, *Digital Control Systems*. Holt, Rinehart and Winston, 1980.

5

多级多量化器 ΔΣ 调制器

ΔΣ 转换器依赖过采样和噪声整形来降低信号频带内量化噪声的功率。可以通过增加 OSR(过采样率)、量化器分辨率、环路滤波器的阶数或侵略性，来增加 SQNR(信号-量化噪声比)。在本章，我们将讨论结合噪声消除和噪声整形策略的 ΔΣ 调制器。

5.1 多级调制器

如第 4 章所述，ΔΣ 调制器的 SQNR 可以通过提高 OSR、环路的阶数 L、量化器的电平数 M 来增加。但是，所有这些参数都存在实际限制；更高的 OSR 需要更多的功率，这受到可用 IC 工艺所允许的速度的限制；提高环路滤波器的阶数受制于稳定性考虑，这限制了高阶环路的最大允许输入信号幅度，抵消了预期的噪声抑制改善。最后，通过在内部量化器中使用更多位数，也可以增加 SQNR，但这需要一个闪存 ADC (Flash ADC)，并且需要额外的电路来确保内部 DAC 的带内线性度(该主题将在第 6 章讨论)，结果，量化器的复杂性随着使用的位数呈指数增长，因此，量化器分辨率很少高于 4 位。

除了在调制器中用多级结构来过滤噪声之外，另一种策略是消除量化噪声，然后可以以降低总噪声功率的方式来组合量化输出。本章讨论使用此种方案的调制器。

5.1.1 leslie-singh 结构[1]

一个简单的两级 ΔΣADC 如图 5.1 所示，它包含一个 L 阶 ΔΣ 调制器作为第一级，一个静态(即 0 阶)ADC 作为第二级。两级的输出 v_1 和 v_2 经过数字滤波和组合以获得总输出 v。

如图 5.1 所示，通过从其输出 v_1 中减去内部量化器的输入信号 y_1，以模拟形式提取输入级的量化误差 $e_1[n]$，然后通过多位(如 10 位)ADC 将误差 e_1 转换成数字形式，形成调制器的第二级。这引入了另一个量化误差 $e_2[n]$，然而它比 $e_1[n]$小得多，因为允许第二级 ADC(不在反馈环路中)具有任意等待时间，因此它可以用低复杂度的多位流水线(pipeline)结构来实现。

接下来，通过数字级 H_1 和 H_2 分别对两级的输出 v_1 和 v_2 进行滤波并相加，通常 $H_1(z)=z^{-k}$，这只是实现了一个等于第二级 ADC 等待时间的延迟。此外，可以选择 H_2 作为第一级的 NTF 的数字等效，然后，在 H_1 的输出中减去 H_2 的输出从而产生输

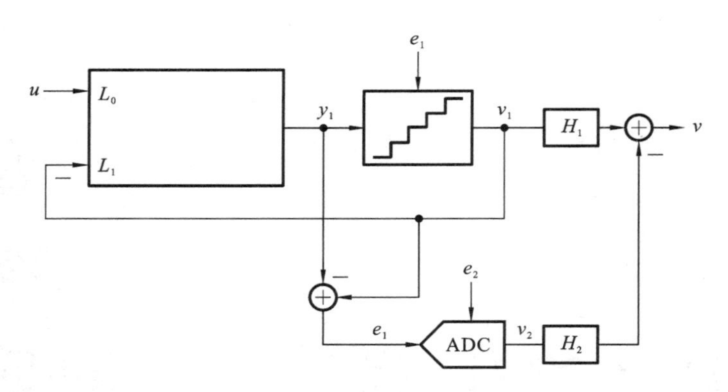

图 5.1 L-0 级联(leslie-singh)结构

出 v,即

$$
\begin{aligned}
V(z) &= H_1(z)V_1(z) - H_2(z)V_2(z) \\
&= z^{-k}[\mathrm{STF}_1(z)U(z) + \mathrm{NTF}_1(z)E_1(z)] - \mathrm{NTF}_1(z)z^{-k}[E_1(z)+E_2(z)] \\
&= z^{-k}[\mathrm{STF}_1(z)U(z) - \mathrm{NTF}_1(z)E_2(z)]
\end{aligned} \tag{5.1}
$$

在比较输出 $V(z)$ 和第一级输出 $V_1(z)$ 时,很明显(除了 k 个时钟周期的延迟之外),它们的差别是由于 $V(z)$ 中的 $E_2(z)$ 代替了 $E_1(z)$。如上所述,$E_2(z)$ 可以比 $E_1(z)$ 小得多,因为构造多位流水线 ADC 比第一级的多位环路量化器便宜得多。因此,该技术可以将 SQNR 增加多达 25～30 dB。

为了通过简单的减法获得 $e_1[n]$,量化器的操作必须是无延迟的,这可能是不切实际的。在这种情况下,它必须在执行减法之前延迟信号 y_1。为了完全避免减法,第二级的输入信号可以选择为 $y_1[n]$,即第一级 ADC 的输入信号,而不是 $e_1[n]$,由下式给出:

$$
Y_1(z) = V_1(z) - E_1(z) = \mathrm{STF}_1(z)U(z) + [\mathrm{NTF}_1(z) - 1]E_1(z) \tag{5.2}
$$

我们保留 $H_1(z) = z^{-k}$,但是为 $H_2(z)$ 选择其他滤波函数 $H_2(z) = \mathrm{NTF}_1(z)/(\mathrm{NTF}_1(z)-1)$①,这样,总输出变为

$$
\begin{aligned}
V(z) = z^{-k} | \mathrm{STF}_1(z)U(z) + \mathrm{NTF}_1(z)E_1(z) | - \frac{\mathrm{NTF}_1(z)}{\mathrm{NTF}_1(z)-1} z^{-k} \\
\{\mathrm{STF}_1(z)U(z) + [\mathrm{NTF}_1(z)-1]E_1(z) + E_2(z)\}
\end{aligned} \tag{5.3}
$$

假设类似项完美抵消,有

$$
V(z) = \frac{z^{-k}\mathrm{STF}_1(z)}{1-\mathrm{NTF}_1(z)} U(z) + \frac{z^{-k}\mathrm{NTF}_1(z)}{1-\mathrm{NTF}_1(z)} E_2(z) \tag{5.4}
$$

因此,在信号频带内,$|\mathrm{NTF} \ll 1|$,以及用新的 $V(z)$ 获得的 SQNR 非常接近于用式(5.1)中给出的 $V(z)$ 获得的 SQNR。使用 $y_1[n]$ 作为第二级输入的缺点是它包含 $u[n]$ 以及 $e_1[n]$,因此第二级 ADC 必须能够处理更大的输入信号,而且第二级 ADC 必须具有低失真,以避免产生 $u[n]$ 的谐波。

考虑将 4.7 节中讨论的低失真结构作为第一级 ADC。假设在图 4.26 的 CIFB 调制器中,对于所有 $i \leqslant N$ 的条件,$b_i = a_i$ 成立且 $b_{N+1} = 1$,则 $\mathrm{STF}(z) = 1$,最后一个积分器

---

① $H_2(z)$,如文所述,是非因果关系。将 $H_2(z)$ 和 $H_1(z)$ 乘以 z^{-1} 得到一对可实现的滤波器,并保留所需的噪声消除。

的输出信号是

$$X_N(z)=Y(z)-b_NU(z)=\mathrm{STF}(z)U(z)-[1-\mathrm{NTF}(z)]E(z)-b_nU(z)$$
$$=[1-\mathrm{NTF}_1(z)]E(z) \tag{5.5}$$

该信号可作为第二级 ADC 的输入信号，它不包含 u，因此第二级 ADC 具有较小的输入信号，并且不需要呈现明显的线性性。然而，注意到时域信号 $x_N[n]$ 包含 $e[n]$ 的延迟版本的线性组合，它可以大于 $e[n]$，因此应该适当地缩放。

易知，类似的结论适用于其他低失真结构：可以提取 $y_1[n]-u[n]\approx e[n]$，并将其作为第二级的输入。例如，图 5.2 所示的是一个二阶低失真 CIFF 调制器，简单分析表明其噪声传递函数为 $(1-z^{-1})^2$，其信号传递函数为 1，第二个积分器的输出信号为 $X_2(z)=z^{-2}E_1(z)$，因此，$X_2(z)$ 可以直接作为这种结构的第二级的输入。

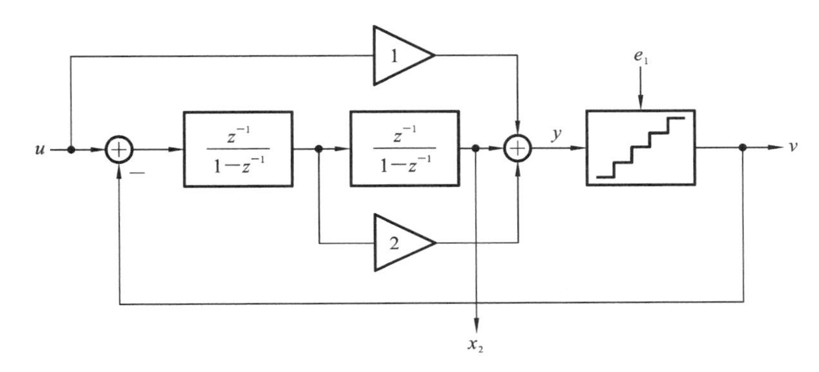

图 5.2　低失真 CIFF 调制器用作第一级(MASH)

应当注意，抵消而不是滤除噪声 $e_1[n]$ 是其固有的病态操作。因此，所涉及传递函数的小误差可能导致 $e_1[n]$ 噪声的大"泄漏"，而且需要仔细考虑馈送到第二级的信号缩放，它不应该使第二级过载，而应确保它的良好动态范围。

5.2　级联(MASH)调制器

leslie-singh 调制器的一个明显扩展是级联调制器，也称为多级调制器或多级噪声整形(multi-stage noise-shaping，MASH)调制器[2,3,4]，这里，第二级 ADC 由另一个 ΔΣ 调制器实现，基本结构如图 5.3 所示，第一级 ADC 的输出信号由下式给出：

$$V_1(z)=\mathrm{STF}_1(z)U(z)+\mathrm{NTF}_1(z)E_1(z) \tag{5.6}$$

其中，STF_1 和 NTF_1 分别是第一级的信号传递函数和噪声传递函数。

如图 5.3 所示，输入级的量化误差 e_1 通过从其内部量化器的输出减去其输入而得到的是模拟量。然后将 e_1 馈送到形成调制器的第二级的另一个 ΔΣ 环路，并转换成数字形式。因此，第二级的输出信号的 z 域由下式给出：

$$V_2(z)=\mathrm{STF}_2(z)E_1(z)+\mathrm{NTF}_2(z)E_2(z) \tag{5.7}$$

其中，STF_2 和 NTF_2 分别是第二级的信号传递函数和噪声传递函数。设计两个调制器环路的输出处的数字滤波器级 H_1 和 H_2，使得在系统的总输出 $V(z)$ 中，第一级误差条件 $E_1(z)$ 被消除，由式(5.6)和式(5.7)知，如果下式成立即可达成：

$$H_1\cdot\mathrm{NTF}_1-H_2\cdot\mathrm{STF}_2=0 \tag{5.8}$$

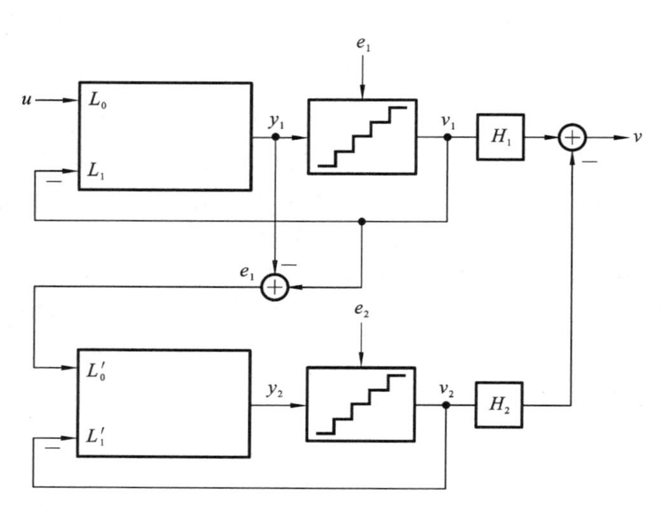

图 5.3　两级 MASH 结构

满足式(5.8)中的 H_1 和 H_2 最简单(通常是最实用)的是令 $H_1=\mathrm{STF}_2$ 和 $H_2=\mathrm{NTF}_1$。由于 STF_2 通常只是一个延迟,因此很容易实现 H_1。因此,在理想情况下,总输出由下式给出:

$$V=H_1V_1-H_2V_2=\mathrm{STF}_1\cdot\mathrm{STF}_2\cdot U-\mathrm{NTF}_1\cdot\mathrm{NTF}_2\cdot E_2 \tag{5.9}$$

在典型情况下,MASH 的两级可以包含一个二阶环路,并且它们的传递函数可以由下面两式给出:

$$\mathrm{STF}_1(z)=\mathrm{STF}_2(z)=z^{-2} \tag{5.10}$$

和

$$\mathrm{NTF}_1(z)=\mathrm{NTF}_2(z)=(1-z^{-1})^{-2} \tag{5.11}$$

则总输出是

$$V(z)=z^{-4}U(z)-(1-z^{-1})^4E_2(z) \tag{5.12}$$

因此,噪声整形性能等于四阶单环转换器的性能,而其稳定性等于二阶的稳定性,因为两个内部反馈环都是二阶的[①]。

由于模拟传递函数在实现中存在的缺陷而不完全满足式(5.8),则 E_1 将出现在输出处,并被 $\mathrm{STF}_2\mathrm{NTF}_{1a}-\mathrm{NTF}_1\mathrm{STF}_{2a}$ 倍乘。其中下标 a 表示模拟传递函数的实际值,如 5.3 节所介绍的,这可能导致转换器的噪声性能严重恶化。

如 5.1 节所述,对 MASH 系统中所有级都使用低失真环路滤波器结构是有利的,这使得 MASH 系统在没有任何减法的情况下获得第一级误差 $e_1[n]$,从而将其输入第二级。此外,低失真特性也改善了两级的性能。

MASH 结构的一个优点是输出 V 中的剩余误差是第二级的整形量化误差 $e_2[n]$,它与输入 $e_1[n]$ 一起操作,而输入 $e_1[n]$ 本身是类噪声的。因此,第二级量化误差 $e_2[n]$ 非常类似真正的白噪声,哪怕是第一级噪声包含音调。图 5.4 所示的是具有单比特量化器的 2-2MASH 的输入级(V_1)和总调制器(V)的仿真输出频谱。V_1 包含 $f=0.01$ 附

① 在实践中,第二个调制器级的输入 e_1 需要按比例缩放,以适应稳定的输入范围。对于二阶单比特的第一级,通常的缩放因子是 $k=1/4$。如果在第一级使用多位量化,则缩放因子可以大于 1。这个缩放因子的倒数 $1/k$ 需要包含在 H_2 中才能消除 e_1。对于 $k>1$ 来说,这会减少输出中的 e_2,从而增强 SQNR。

近的三次谐波，其在 V 中被大大减小。因此，相比单级调制器，MASH 调制器几乎不需要抖动。

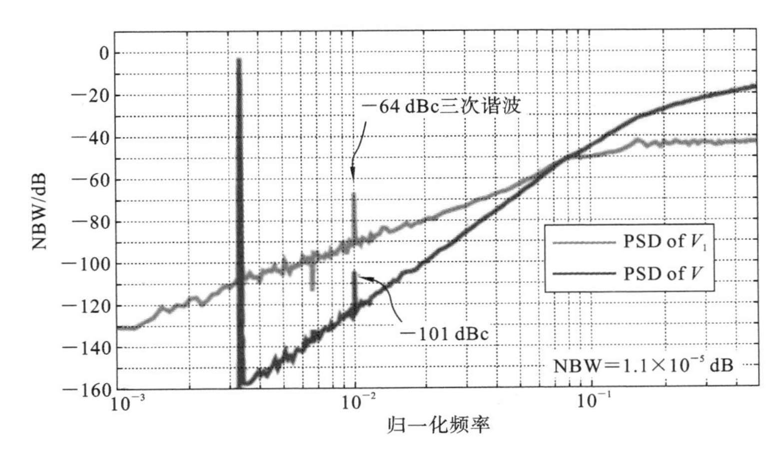

图 5.4 2-2MASH 调制器的输出频谱

MASH 结构的另一个有用特性是它通常允许在第二级中使用多比特量化器，而不需要对 DAC 非线性进行任何动态或其他校正[5]。这是因为第二级 DAC 的非线性误差（作为 V_2 的一部分）在被加到输出信号 V 之前乘以 $-H_2(z)$。如上所示，$H_2(z)$ 包含第一级的 NTF。由于该 $\mathrm{NTF}_1(z)$ 是高通滤波器函数，因此在基带中第二级 DAC 的非线性误差被抑制了。

此外，由于第二级的输入包含第一级的量化误差 $e_1[n]$ 而不是输入信号，因此在第二级 DAC 中不会产生信号的谐波失真，并且（特别是对于较高的 OSR 和较小的非线性误差）由于第二级 DAC 的非线性引起较小的附加噪声通常是可以容忍的。

由图 5.3 所示的两级 MASH 结构实现的量化误差消除的原理可以作进一步扩展。正如 MASH 的第二级用于消除第一级的量化误差 $e_1[n]$，可以添加第三级以消除 $e_2[n]$，即第二级的量化误差（见图 5.5）。对于两级 MASH，误差消除的条件是

$$\begin{cases} H_1 \cdot \mathrm{NTF}_1 - H_2 \cdot \mathrm{STF}_2 = 0 \\ H_2 \cdot \mathrm{NTF}_2 - H_3 \cdot \mathrm{STF}_3 = 0 \end{cases} \tag{5.13}$$

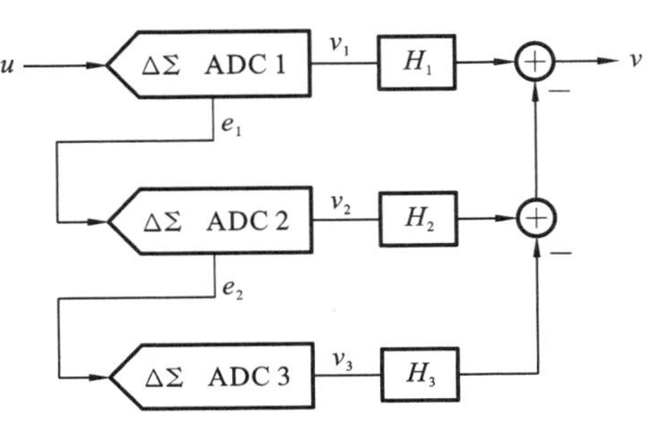

图 5.5 三级 MASH ADC

在这些条件下，e_1 和 e_2 在整个输出信号中被消除，则有

$$\begin{aligned} V &= [\mathrm{STF}_1 \cdot U + \mathrm{NTF}_1 \cdot E_1] \cdot H_1 - [\mathrm{STF}_2 \cdot E_1 + \mathrm{NTF}_2 \cdot E_2] \cdot H_2 \\ &\quad + [\mathrm{STF}_3 \cdot E_2 + \mathrm{NTF}_3 \cdot E_3] \cdot H_3 \\ &= \mathrm{STF}_1 \cdot H_1 \cdot U + \mathrm{NTF}_3 \cdot H_3 \cdot E_3 \end{aligned} \tag{5.14}$$

使用式(5.13)表示 H_3，我们可以将 V 重写为

$$V = \mathrm{STF}_1 \cdot H_1 \cdot U + \frac{H_1 \cdot \mathrm{NTF}_1 \cdot \mathrm{NTF}_2 \cdot \mathrm{NTF}_3}{\mathrm{STF}_2 \cdot \mathrm{STF}_3} \cdot E_3 \tag{5.15}$$

如前所述，H_1 和信号传递函数通常只包含简单的延迟，或者在信号频带内具有平坦的增益，因此它们不会显著地整形信号或噪声。但是，NTF 会在基带上提供抑制。

在理想条件下，前两级的量化误差被消除，而第三级的量化误差被全部三级的NTF的积所滤波。因此，如果所有三级MASH中都包含二阶环路滤波器，则该结构总的NTF将等效于一个六阶调制器的NTF，而且没有这种高阶环路存在的糟糕的稳定性问题。

三级MASH通常仅在需要提供非常高的SQNR性能时才使用，模拟传递函数($NTF_{1,2,3}$)、($STF_{1,2,3}$)和数字传递函数($H_{1,2,3}$)之间的不完美匹配导致第一级滤波后的量化噪声泄漏是一个非常严重的问题，这种泄漏限制了其实际可达到的分辨率。噪声泄漏方面的问题将在下一节中讨论。

5.3 级联调制器中的噪声泄漏

在高阶单级调制器中，无源环路滤波器元件(通常是电容器)的不完美匹配和有源环路滤波器元件(通常是运算放大器)的有限增益将改变NTF和STF的系数，但通常不会显著影响SQNR性能。这是因为通过滤波抑制了量化误差，并且只要环路滤波器的增益L_1在信号频带内保持足够大，则$|NTF| \approx |1/L_1| \ll 1$将仍然成立。例如，可以很容易地得出，对于运算放大器增益低至OSR/π时，SQNR与高阶单级ADC的理想值相比仅降低几个分贝。

相反，在两级MASH结构中，较大的SQNR是通过精确地消除第一级量化误差e_1获得的，第一级量化误差e_1仅由低阶NTF_1整形。如式(5.13)所示，这要求混合信号(模拟和数字)传递函数$H_1 \cdot NTF_1$和$H_2 \cdot STF_2$精确匹配。对于设计人员而言，为了保持e_1的泄漏可接受，重要的是要知道模拟电路需要达到什么精确度才能获得级联调制器的良好性能，即元件需要精确匹配的程度，以及运算放大器的最小可接受增益等。对于三级MASH，还需要分析e_2的泄漏。即使对于相对简单的结构，描述泄漏的等式也会变得非常复杂。

与delta-sigma调制器一样，精确的行为级仿真是预测所有非理想性对MASH调制器的SQNR的影响的最可靠技术。然而，在一些(通常是有效的)条件下，使用线性近似和分析可以获得有用且简单的结果。参考式(5.14)，从e_1和e_2到总输出v的传递函数分别是

$$H_{l1} = H_1 \cdot NTF_1 - H_2 \cdot STF_2, \quad H_{l2} = H_2 \cdot NTF_2 - H_3 \cdot STF_3 \tag{5.16}$$

在理想情况下，这两种泄漏传递函数都是相同的，均为零，但由于NTF函数和STF函数是使用不完美地模拟元件实现的，所以它们是不精确的。因此，H_{l1}和H_{l2}不为零，从而导致e_1和e_2泄漏到v。通常，我们可以证明以下简化假设是合理的。

(1) e_2的泄漏不如e_1的泄露重要。这是因为H_{l2}中的项比H_{l1}中的项代表更高阶的噪声整形。例如，在2-2-1 MASH中，由H_{l1}引起的噪声整形最多为二阶，而H_{l2}的噪声整形为四阶。此外，如果使用多位二级量化器，则e_2通常小于e_1。

(2) 在H_{l1}中，不完美的NTF_1的作用主导了不完美的STF_2的作用，即使两者的增益误差相同。这是因为第二级之后是噪声整形模块$H_2 = NTF_1$，因此，由于不完美的STF_2引起的误差信号会被噪声整形。由于不完美的NTF_1引起的误差信号却并非如此，因为H_1模块在信号频带内具有单位增益。

(3) 鉴于假设(2)，可以在式(5.16)中设置$STF_2 = H_1 = 1$作为一级近似，则

$$|H_{l1}|\approx|\mathrm{NTF}_1-H_2|=|\mathrm{NTF}_{1a}-\mathrm{NTF}_{1i}| \tag{5.17}$$

其中下标“a”和“i”分别表示实际和理想函数。

(4) 由式(5.3)知，$\mathrm{NTF}_1=1/(1+L_1)$，其中 L_1 是从量化器输出到其输入的环路滤波器的增益。假设该系统只存在很小的误差，$|L_1|\gg 1$ 适用于理想和实际函数，则式(5.17)可以进一步近似为

$$|H_{l1}|\approx\left|\frac{1}{L_{1i}}-\frac{1}{L_{1a}}\right| \tag{5.18}$$

式(5.18)比完整的原始关系式(5.14)或式(5.16)更容易评估，它可用于两级或三级 MASH 调制器。

作为说明，考虑 1-1 或 1-1-1 MASH 调制器的简单情况。第一级环路滤波器只是一个延迟积分器，具有理想的传递函数：

$$I_1(z)=\frac{az^{-1}}{1-z^{-1}} \tag{5.19}$$

如果使用开关电容(SC)电路实现积分器，如图 5.6 所示，那么标称电容比 C_1/C_2 中的相对误差 D 将改变因子 a，运算放大器的有限直流增益 A 将改变因子 a 和极点的值(理想情况下 $p=1$)。由此产生的实际传递函数是

$$I_a(z)=\frac{a'z^{-1}}{1-p'z^{-1}} \tag{5.20}$$

其中，对于 $D\ll 1$ 和 $(a/A)\ll 1$，有

$$a'\approx a\left[1-D-\frac{(1+a)}{A}\right] \tag{5.21}$$

以及

$$p'\approx 1-\frac{a}{A} \tag{5.22}$$

因为这里 $L_1(z)=-I(z)$，则通过式(5.18)，求得泄漏传递函数：

$$|H_{l1}|=\left|\frac{z-1}{a}-\frac{z-p'}{a'}\right|\approx\left|\frac{1}{a'}\right|\cdot\left|\frac{a}{A}+(z-1)\cdot\left[D+\frac{1+a}{A}\right]\right|$$

$$\approx\left|\frac{1}{A}+(z-1)\cdot\left[\frac{D}{a}+\frac{1+(1/a)}{A}\right]\right| \tag{5.23}$$

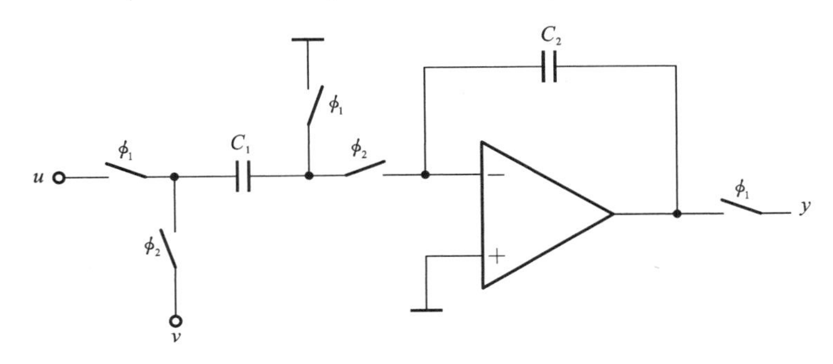

图 5.6　用于一阶 ΔΣ 调制器的延迟开关电容积分器

如式(5.23)所示，存在大约为 E_1/A 的未滤波泄漏分量，以及一个被一阶滤波的分量，近似等于 $(z-1)\cdot\left[\frac{D}{a}+(1+1/a)/A\right]E_1$。对于较高的额定 SQNR，需要具有快速

建立时间的超高增益运算放大器，以将未滤波的泄漏降低到足够低的水平。如果 OSR 较低，则第二个分量也是十分明显的，由于要求 $D \ll 1$，因此，电容器的匹配精度也必须非常高。

耦合第一级和第二级的路径中的误差也将增加到 $H_{l1} \cdot E_1$。然而，输出 v 至少会被一阶滤波，因为误差信号将通过 H_2 滤波器。

对于二阶滤波的第一级结构，可以减少 e_1 的泄漏，然而，计算将变得更加复杂。考虑如 2-0 MASH(leslie-singh)结构的调制器(见图 5.1)，其具有式(5.1)中给出的理想输出。假设第一级结构由图 5.2 所示的低失真调制器结构实现，且该结构由两个级联积分器构成，则积分器的理想传递函数由式(5.19)给出，它们的实际传递函数由式(5.20)到式(5.22)给出。

作为这些变化的结果，以及环路中其他系数 b_i 的不精确性，第一级量化误差 E_1 将泄漏到整个 ADC 系统的输出 v 中。通过在 $z=1$[6] 的泰勒级数展开式来表示寄生泄漏在传递函数中是有用的，即

$$H_{l1}(z)=A_0+A_1(1-z^{-1})+A_2(1-z^{-1})^2+\cdots \tag{5.24}$$

其中，假设 $A \gg 1$ 和 $D \ll 1$，则系数值为

$$\begin{cases} A_0=\dfrac{1}{A^2} \\ A_1=\left(\dfrac{1}{a_1}+\dfrac{1}{a_2}\right)\dfrac{1}{A} \\ A_2=\dfrac{1}{a_1 a_2}-1+2\left(1-\dfrac{1}{a_1 a_2}-\dfrac{1}{a_2^2}\right)A+\dfrac{2D}{a_1 a_2} \end{cases} \tag{5.25}$$

H_{l1} 级数展开式中的第一项表示未被滤波的泄漏，由于它与 A^2 成反比，因此通常非常小。第二项给出了线性滤波的误差泄漏，第三项给出了二次滤波后的误差泄漏，依此类推。对于 $OSR \gg 1$ 以及典型的运算放大器增益和匹配误差，包含 A_1 和 A_2 的线性滤波和二次项倾向于支配 H_{l1}，因为 A_0 通常很小，并且高阶滤波抑制了二次项以后的高阶项。

上面给出的推导忽略了由于耦合支路和第二级结构中的误差引起的泄漏。在这种情况下，这些误差仅对二次滤波和高阶项(A_2，A_3 等)有贡献，因为 H_2 在这里是二阶高通滤波器。

作为说明，对于 $A=1000$ 和 $D=0.5\%$，我们发现 $A_0=10^{-6}$，系数 A_1 到 A_4 的值在 0.001 与 0.2 之间，乘法器 $(1-z^{-1})^L$ 将高通滤波引入 H_{l1} 的项中，这减少了它们对带内噪声的影响。随着 L 和 OSR 的增加，这种减少作用将迅速增加。例如，对于 OSR=64，线性项($L=1$)减少约 1/30，二次项减少约 1/1000，立方项减少约 1/30000。因此，只有前三项是重要的。

5.4 健壮 MASH(Sturdy-MASH)结构

通过修改 MASH 架构，可以降低级联 ΔΣADC 对模拟电路不完美的高灵敏度，并消除噪声抵消逻辑。修改后的调制器的框图如图 5.7 所示[7,8]，MASH 和 Sturdy-

MASH 结构之间存在两个差异：① 在修改后的结构中，第二级的输出耦合回第一个环路；② 修改结构中不存在的噪声消除逻辑（H_1 和 H_2）。

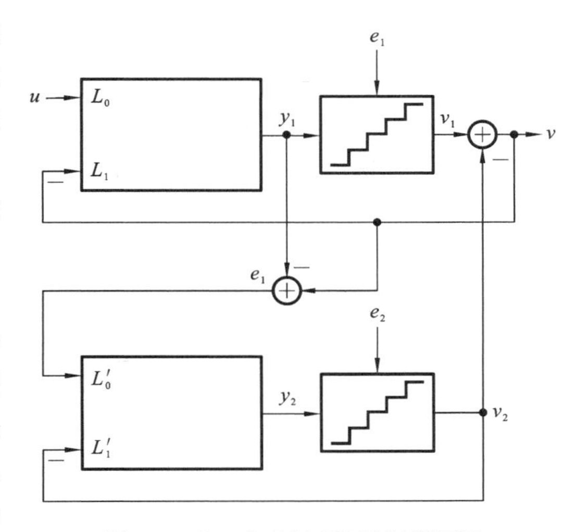

图 5.7　Sturdy-MASH 调制器框图

作为这些变化的结果，调制器的输出由下式给出：

$$V=\mathrm{STF}_1\cdot U-\mathrm{NTF}_1\cdot \mathrm{NTF}_2\cdot E_2+\mathrm{NTF}_1\cdot(1-\mathrm{STF}_2)\cdot E_1 \tag{5.26}$$

将该等式与式（5.8）和式（5.9）进行比较表明，用于抵消输出中的 e_1 的条件式（5.8），即被 $(1-\mathrm{STF}_2)=0$ 替换。一方面，这是一个糟糕的替换，因为 STF_2 不是一个无延迟函数，因此即使使用理想电路也无法满足这一条件；另一方面，在信号频带内，通过选择具有与噪声传递函数类似的特性的误差，可以减小误差 $|1-\mathrm{STF}_2|$ 的大小。因此，选择 $\mathrm{STF}_2=1-\mathrm{NTF}_2$，生成下式：

$$V=\mathrm{STF}_1\cdot U-\mathrm{NTF}_1\cdot \mathrm{NTF}_2\cdot(E_1+E_2) \tag{5.27}$$

结果，高灵敏度噪声消除被低灵敏度噪声整形所取代，同时仍保持 MASH 方案的稳定性改善。由于其鲁棒性，修改后的方案被命名为健壮 MASH（Sturdy-MASH 或 SMASH）。

图 5.8 所示的是一个具有 $\mathrm{NTF}_1=\mathrm{NTF}_2=(1-z^{-1})^2$ 的 2+2 MASH 调制器。

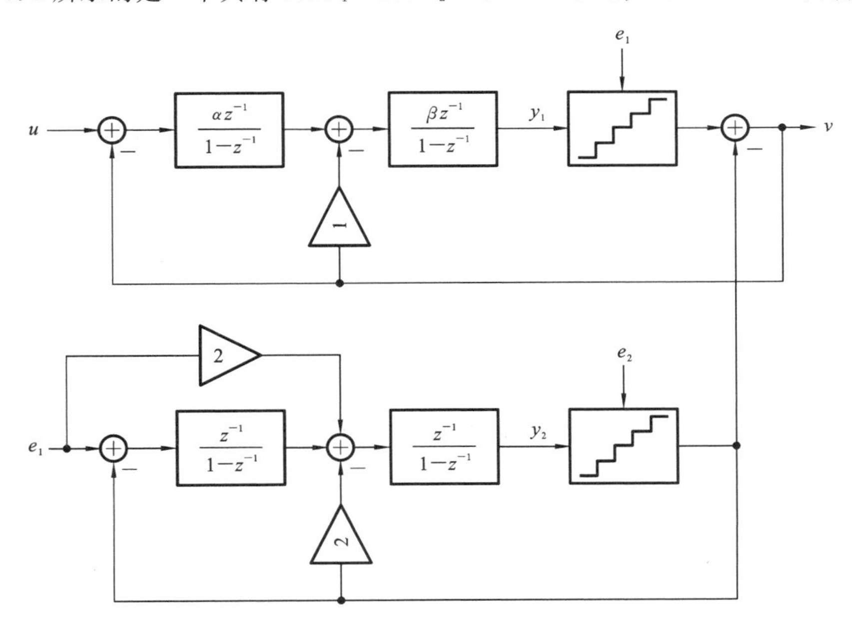

图 5.8　2+2 MASH 调制器

比较式（5.9）和式（5.27）可见，在 SMASH 的 ADC 中 E_2 被 E_1+E_2 取代。由于 e_1

和 e_2 是不相关的噪声，若将它们的功率相加，当 $e_1 \approx e_2$ 时，噪声增量约为 3 dB。还要注意的是，附加的噪声 e_2 被插入第一级量化器 Q_1 的输出端，因此它在到达 Q_1 的输入之前被环路滤波器抑制，因此，它不会使 Q_1 过载。关于 SMASH 调制器的描述，参见参考文献[8]，该调制器使用 35-dB 运算放大器实现 SNDR=74 dB@OSR=16；参考文献[9，10]描述了可以进一步改善 SMASH 性能的其他修改。

5.5 噪声耦合结构

另一种增强 ΔΣADC 噪声整形性能的策略是噪声耦合[11,12]，如图 5.9 所示。其中，图 5.9(a)所示的是实际电路，图 5.9(b)所示的是等效实现。通过从其 D/A 转换输出中减去量化器的输入来获取量化误差 e，当误差被延迟，并反馈到量化器的输入，其效果 $E(z)$ 被 $(1-z^{-1})E(z)$ 替代。如图 5.9(b)所示，这相当于在环路滤波器中插入了一个额外的积分器，现在在量化器的输入端不需要快速多输入加法器，但该特性对于低失真前馈调制器特别有用。这种调制器通常需要一个具有低反馈系数的额外运算放大器来执行几个信号的求和。

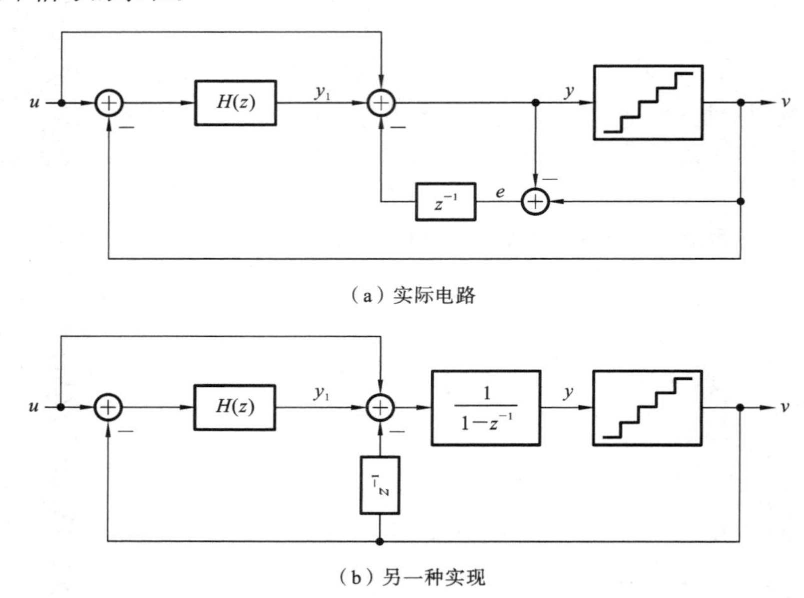

图 5.9　ΔΣADC 中的噪声耦合

由于附加的支路，量化器的输入信号可能稍微增大，因为它包含量化误差 $e[n]$ 的第一差值 $e[n]-e[n-1]$，然而，$e[n]$ 和 $e[n-1]$ 只是弱相关。因此，量化器的线性范围最多减少 3 dB。好的一方面，滤波后的误差相当于量化器输入端的抖动信号，该信号将音调和谐波转换为随机噪声，可显著改善 SFDR 和 THD 参数。因此，噪声耦合转换器通常可以实现超过 100 dB 的 SFDR 值，非常适合关键点为线性度的应用。

通过在耦合路径中使用更复杂的电路，可以增强噪声耦合的效果。作为说明，图 5.10(a)所示的是无噪声耦合的三阶前馈调制器，图 5.10(b)和(c)所示的是具有一阶噪声耦合的调制器。

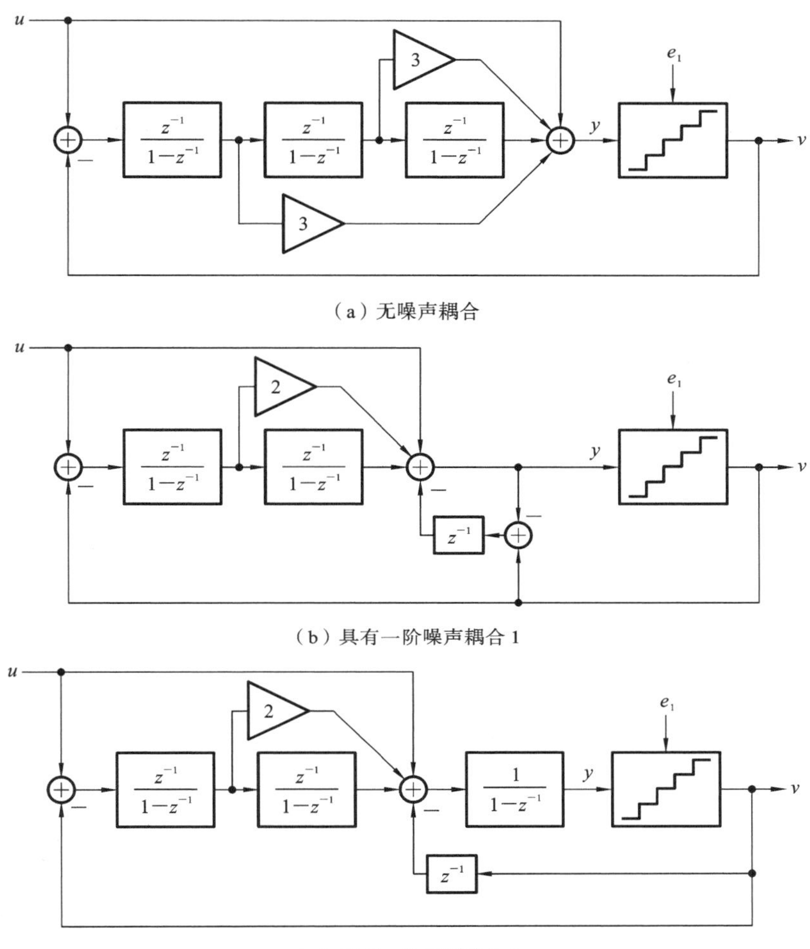

（a）无噪声耦合

（b）具有一阶噪声耦合 1

（c）具有一阶噪声耦合 2

图 5.10 三阶 ΔΣADC1

图 5.11 所示的是无噪声耦合及具有二阶噪声耦合的调制器。噪声耦合可以减少运算放大器的数量，从而降低功耗。一阶噪声耦合可以将有源级数减少 1；二阶耦合将有源级数减少 2。

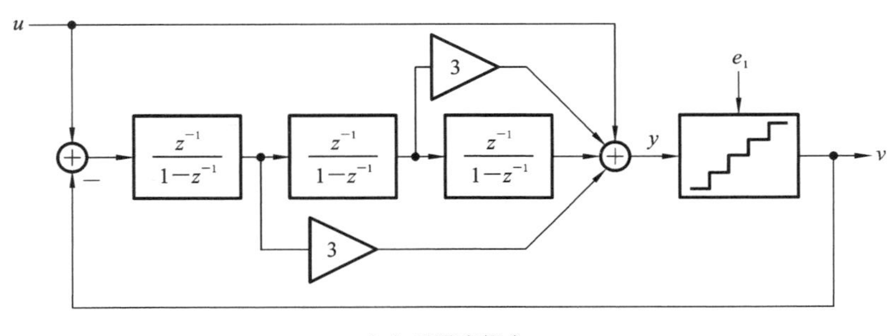

（a）无噪声耦合

图 5.11 三阶 ΔΣADC2

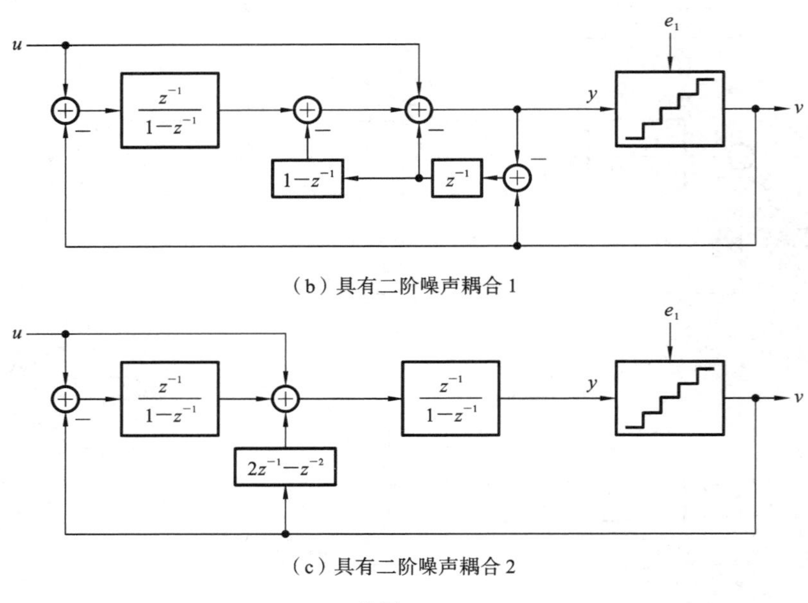

（b）具有二阶噪声耦合 1

（c）具有二阶噪声耦合 2

续图 5.11

由于噪声耦合网络在环路滤波器的输入级之后，因此不会影响对元件值变化和失调误差的敏感性。仿真结果表明，当运算放大器直流增益低至 30 dB 且元件误差高达 5%时，调制器的性能仍然几乎不受影响。

5.6 交叉耦合结构

噪声耦合是提高分离和时间交织 ΔΣADC 性能的有效方法。图 5.12(a)所示的是分离调制器，该结构用于实现 ADC 的数字校准[13]。两个半电路接收相同的输入信号 u，并将其输出相加。假设 $\mathrm{STF}_1=\mathrm{STF}_2=1$ 和 $\mathrm{NTF}_1=\mathrm{NTF}_2=\mathrm{NTF}$，则总输出为

$$V=U+\mathrm{NTF}\cdot\frac{E_1+E_2}{2} \tag{5.28}$$

e_1 和 e_2 由于两个半电路之间的不匹配以及噪声而不相关，因此与每一个半电路的 SQNR 相比，整个电路的 SQNR 提高了 3 dB。对于规定的 SQNR，它允许将分离电路中的电容和跨导值切割为一半，这反过来使得分离电路需要的功率与单路径 ΔΣADC 相同。

量化误差 e_1 和 e_2 的交叉耦合产生如图 5.12(b)所示的结构，其输出为

$$V=U+\mathrm{NTF}\cdot(1-z^{-1})\frac{E_1+E_2}{2} \tag{5.29}$$

因此，产生额外的一阶噪声整形。

通过半个时钟周期位移的时间交错的两个半电路可以实现进一步的改进（见图 5.12(c)）。现在调制器的输出信号是

$$V=U+\mathrm{NTF}\cdot(1-z^{-1/2})\frac{E_1+E_2}{2} \tag{5.30}$$

由于在远低于时钟速率的频率处保持$|1-z^{-1/2}|\approx|1-z^{-1}|/2$，时间交错 ADC 的 SQNR 将比图 5.12(b)中的交叉耦合调制器的 SQNR 高约 6 dB。图 5.12 中三个调制

器的噪声传递函数与图 5.13 中的二阶环路滤波器的噪声传递函数不相上下。

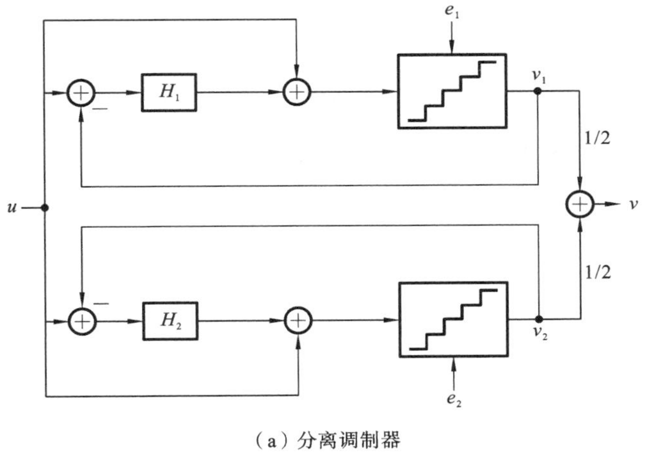

（a）分离调制器

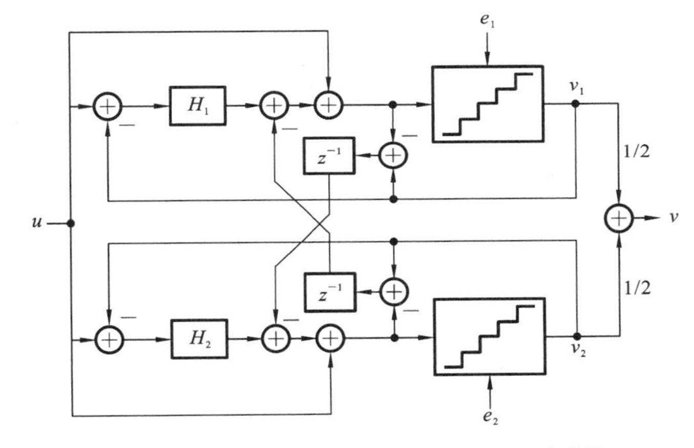

（b）噪声耦合分离（noise-coupled split，NCS）电路

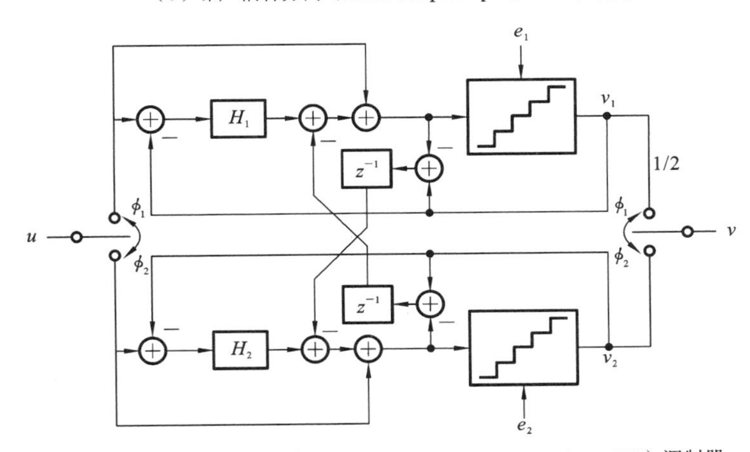

（c）噪声耦合时间交织（noise-coupled time interleaved，NCTI）调制器

图 5.12 3 种调制器

参考文献[14,15]描述了单路和时间交织噪声耦合调制器的实验结果。

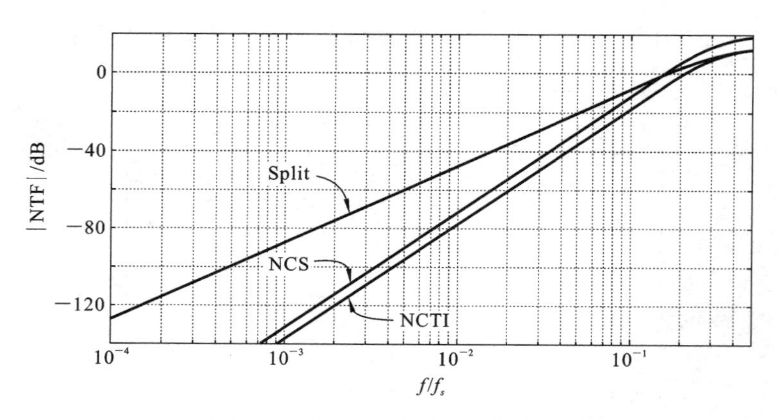

图 5.13 分离调制器的噪声传递函数

5.7 总结

本章讨论了多级多量化器调制器，分析了它们相对于单级调制器的优缺点，指出了其中一些调制器的固有病态，并给出了由于模拟元件的缺陷而引起的噪声泄漏的的估计方法。最近在这一领域的研究还探索了其他结构，如 0-L MASH，其中第一级是无记忆转换器，第二级（ΔΣ 调制器）转换第一级的误差[16,17,18]。

参考文献

[1] T. Leslie and B. Singh, "An improved sigma-delta modulator architecture", in *IEEE International Symposium on Circuits and Systems*, pp. 372-375, IEEE, 1990.

[2] T. Hayashi, Y. Inabe, K. Uchimura, and T. Kimura, "A multistage delta-sigma modulator without double integration loop", in *Digest of Technical Papers. IEEE International Solid-State Circuits Conference*, vol. 29, pp. 182-183. IEEE, 1986.

[3] Y. Matsuya, K. Uchimura. A. Iwata. T. Kobayashi, M. Ishikawa, and T. Yoshitome, "A 16-bit oversampling A-to-D conversion technology using triple-integration noise shaping", *IEEE Journal of Solid-State Circuits*, vol. 22, no. 6, pp. 921-929, 1987.

[4] J. C. Candy and A. N. Huynh, "Double interpolation for digital-to-analog conversion", *IEEE Transactions on Communications*, vol. 34, no. 1, pp. 77-81, 1986.

[5] B. P. Brandt and B. Wooley, "A 50-MHz multibit sigma-delta modulator for 12-b 2-MHz A/D conversion", *IEEE Journal of Solid-State Circuits*, vol. 26, no. 12, pp. 1746-1756, 1991.

[6] P. Kiss, J. Silva, A. Wiesbauer, T. Sun, U. K. Moon, J. T. Stonick. and G. C. Temes, "Adaptive digital correction of analog errors in MASH ADCs Ⅱ. Correction using test-signal injection", *IEEE Transactions on Circuits and Systems II*:

Analog and Digital Signal Processing, vol. 47, no. 7, pp. 629-638, 2000.

[7] N. Maghari, S. Kwon, G. Temes, and U. Moon, "Sturdy mash ΔΣ modulator", *Electronics Letters*, vol. 42, no. 22, pp. 1269-1270, 2006.

[8] N. Maghari, S. Kwon, and U. K. Moon. "74 dB SNDR multi-loop sturdy-MASH delta-sigma modulator using 35 dB open-loop opamp gain", *IEEE Journal of Solid-State Circuits*, vol. 44, no. 8, pp. 2212-2221, 2009.

[9] N. Maghari and U. K. Moon. "Multi-loop efficient sturdy MASH delta-sigma modulators", in *IEEE International Symposium on Circuits and Systems*, pp. 1216-1219, IEEE, 2008.

[10] N. Maghari, S. Kwon, G. C. Temes, and U. Moon. "Mixed-order sturdy MASH ΔΣ modulator", in *IEEE International Symposium on Circuits and Systems*, pp. 257-260. IEEE, 2007.

[11] K. Lee, M. Bonu, and G. Temes, "Noise-coupled ΔΣ ADCs", *Electronics Letters*, vol. 42, no. 24, pp. 1381-1382, 2006.

[12] K. Lee and G. C. Temes, "Enhanced split-architecture ΔΣADC", *Electronics Letters*, vol. 42, no. 13, pp. 737-739, 2006.

[13] J. McNeill, M. C. Coln, and B. J. Larivee, "Split ADC architecture for deterministic digital background calibrution of a 16-bit 1-MS/s ADC", *IEEE Journal of Solid-State Circuits*, vol. 40, no. 12, pp. 2437-2445, 2005.

[14] K. Lee, J. Chae, M. Aniya, K. Hamashita, K. Takasuka, S. Takeuchi, and G. C. Temes, "A noise-coupled time-interleaved delta-sigma ADC with 4.2 MHz bandwidth, 98 dB THD, and 79 dB SNDR", *IEEE Journal of Solid-State Circuits*, vol. 43, no. 12, pp. 2601-2612, 2008.

[15] K. Lee, M. R. Miller, and G. C. Temes, "An 8.1 mW, 82 dB delta-sigma ADC with 1.9 MHz BW and 98 dB THD", *IEEE Journal of Solid-State Circuits*, vol. 44, no. 8, pp. 2202-2211, 2009.

[16] A. Gharbiya and D. Johns, "A 12-bit 3.125 MHz bandwidth 0-3 MASH ΔΣ modulator", *IEEE Journal of Solid-State Circuits*, vol. 44, no. 7, pp. 2010-2018, 2009.

[17] Y. Chae, K. Souri, and K. Makinwa, "A 6.3 μW 20 bit incremental zoom-ADC with 6 ppm INL and 1 μV offset", *IEEE Journal of Solid-State Circuits*, vol. 48, no. 12, pp. 3019-3027, 2013.

[18] Y. Dong, R. Schreier, W. Yang, S. Korrapati, and A. Sheikholeslami, "A 235 mW CT 0-3 MASH ADC achieving-167 dBFS/Hz NSD with 53 MHz BW", in *Digest of Technical Papers, IEEE International Solid-State Circuits Conference (ISSCC)*, pp. 480-481, 2014.

6

失配整形

6.1 失配问题

1位DAC的固有线性允许在不使用高精度元件的情况下构建高线性的ΔΣADC和DAC。不幸的是，1位量化严重限制了中等OSR下可实现的SQNR，并且还使得连续时间调制器对抖动过度敏感。多位量化虽然可以解决这两个问题，但使相应的多位DAC对元件不匹配敏感。例如，仿真结果表明，用于制作3电平DAC的两个元件必须在匹配度为0.01%以内才能实现低于−90 dBc的失真。由于获得这种匹配度是困难的，因此有效的多比特DAC线性化技术具有重要的实用价值。

不匹配问题的一个解决方案是校准。例如，工厂校准在制造时对薄膜电阻器进行激光修调，能够实现必要的匹配，但易于老化及封装移位。电流源的后台或前台（按需）校准避免了封装应力，但需要模拟校准电路。相比之下，数字校正（见图6.1）省去了模拟校准硬件，而是通过查找表（LUT）校正DAC误差，确保馈送到抽取滤波器的数字数据能准确反映DAC的模拟输出[1]。如图6.1所示，由于LUT和DAC的输出相同，因此该技术能有效地将DAC置于环路的前向路径中。结果，DAC元件的误差（ee）被NTF整形。模拟校准和数字校正的缺点是需要精确测量DAC元件的误差，并且如果这些误差存在漂移，则系统性能将降低。

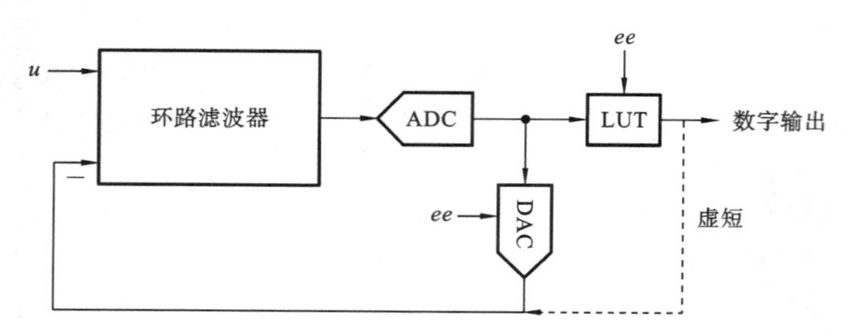

图6.1　ΔΣADC中DAC误差的数字校正

本章将介绍由于不匹配引起的误差的整形技术。这些方法的显著特点是它们是盲的，即不需要知道实际的误差，可以自动适应缓慢变化的误差。

6.2 随机选择和轮换

考虑一个由两个名义上相等的元件构成的3电平DAC。在不失一般性的情况下，我们可以假设DAC是单极性的，并且两个元件的平均值是单位1(unity)[①]。在这些假设下，输入代码为0、1和2的DAC对应的标称输出同样为0、1和2。如果元件不匹配，使得一个值为$1+\varepsilon$，而另一个值为$1-\varepsilon$。虽然端点不受影响，但由于ε太高或太低而导致中间电平太高或太低。如果始终使用相同的元件来构造这个中间电平，则DAC起到静态非线性作用并因此产生失真(由于3电平DAC的传输特性可以用二次方精确描述，因此失真纯粹是二阶的)。但是，如果用于构造中间电平的元件是随机选择的，则元件不匹配就会变成白噪声。我们可以将2元件DAC由于元件不匹配引起的误差白噪声化，很自然地，ΔΣ的倡导者会问"我们能整形它吗?"

对ΔΣ较好的一种解释是现在可以接受误差，只要我们以后再补偿它。响应中间代码时，若选择元件1会导致误差为ε，而选择元件2会导致误差为$-\varepsilon$。因此，在响应中间代码时，我们应该在选择元件1后选择元件2，反之亦然。要查看误差是否已被整形，请考虑假设的输入序列：

$$\text{dac 输入}=\{0,0,1,0,2,1,1,1,2,\cdots\} \tag{6.1}$$

如果我们遵循上面的交替选择规则，那么误差序列是

$$\text{dac 误差}=\{0,0,\varepsilon,0,0,-\varepsilon,\varepsilon,-\varepsilon,0,\cdots\} \tag{6.2}$$

因此积分误差是

$$\text{积分误差}=\{0,0,\varepsilon,\varepsilon,\varepsilon,0,\varepsilon,0,0,\cdots\} \tag{6.3}$$

注意，当元件1用于响应代码1时，积分误差中连续的ε值开始出现，并且当使用元件2响应下一个代码1时终止。由于该积分的误差序列是有界的，我们可以得出结论：通过区分积分误差获得的实际误差(至少)是一阶整形的。

如图6.2所示，比较了上述元件选择方案，其工作条件是由具有$\|H\|_\infty=1.5$的三电平五阶ΔΣ调制器在OSR=32下驱动2元件DAC。具有完美的DAC和−3 dB输入，通过仿真得到的SNDR为85 dB。如图6.2(a)所示，如果元件有$\sigma=1\%$的变化，且使用标准静态选择策略，则SNDR降至50 dB；频谱中还包含几个偶次谐波，包括强(−53 dB)二次谐波。虽然随机选择(见图6.2(b))消除了失真项，但SNDR仍然比理想的SQNR差30 dB。图6.2(c)表明我们的交替选择策略将SNDR恢复到理想值的2 dB以内，完全消除了DAC引起的谐波(调制器数据本身存在小的三次谐波)。对于这个2单元的例子，其动态元件的选择看起来非常有效。

为了研究M个元件的情况，将使用更强大的五阶数字调制器，其具有$\|H\|_\infty=2.5$，且工作在更低的OSR=16的情况下。ΔΣDAC布局如图6.3所示，并评估1% DAC元件变化的影响。

由图6.4可知，如果使用静态元件选择策略，则不匹配会使SNDR从理想值101

---

① 本质上，我们将"单位元件或单位元(unity)"定义为DAC的两个元件的平均值。当然，这个平均值在不同的DAC之间会有所不同，但这种变化相当于DAC满量程的变化。在考虑DAC线性时，我们可以忽略这种变化，就像我们对1位DAC所做的那样。

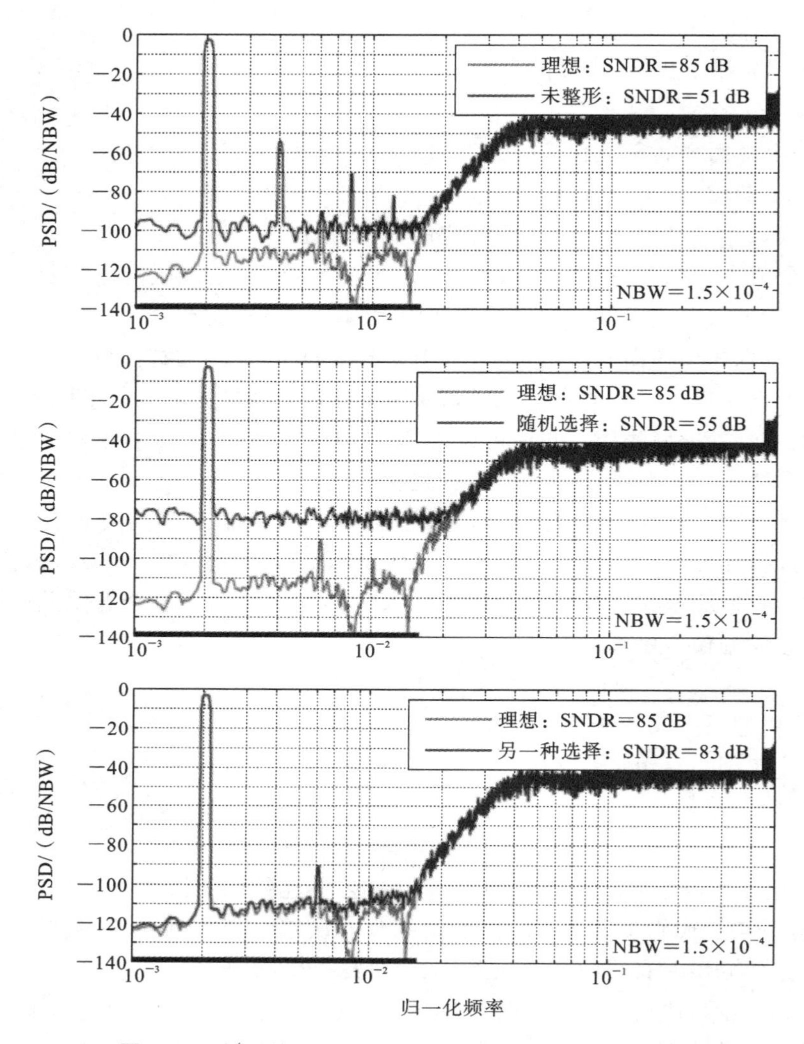

图 6.2　1%元件不匹配的 2 元件 DAC 的平均输出 PSD

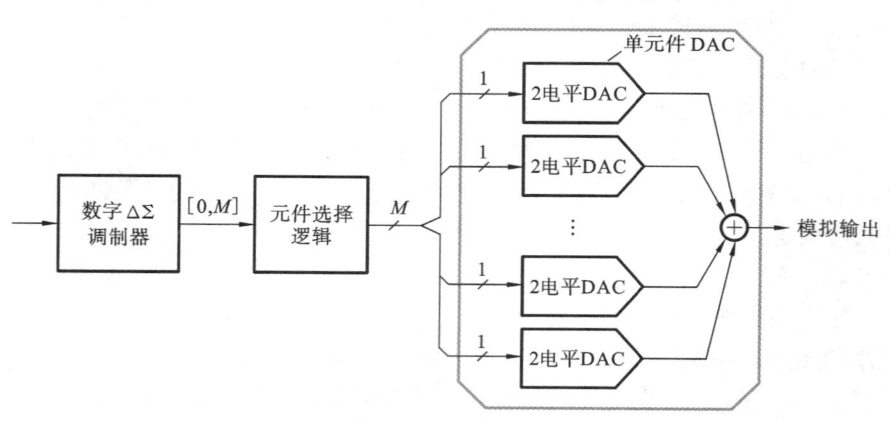

图 6.3　ΔΣDAC 系统

dB 降至 55 dB，并产生许多大谐波。使用随机选择（见图 6.5）可消除 DAC 失配引起的失真，并产生平坦的本底噪声（noise floor），但在 −62 dB 时，带内噪声功率仍比理想情

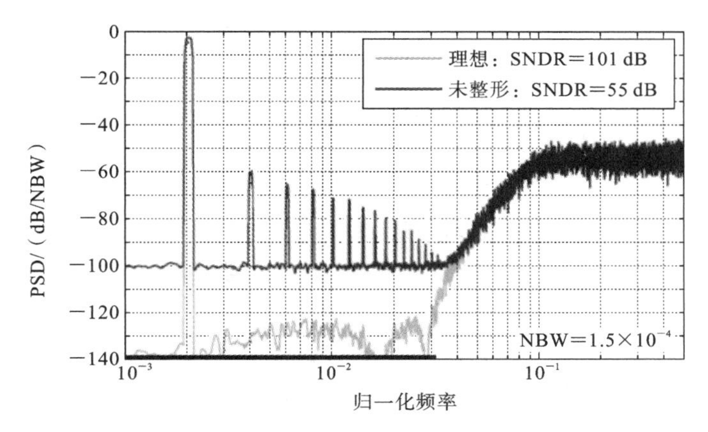

图 6.4 1%元件失配下 16 元件 DAC 的平均 PSD(未整形)

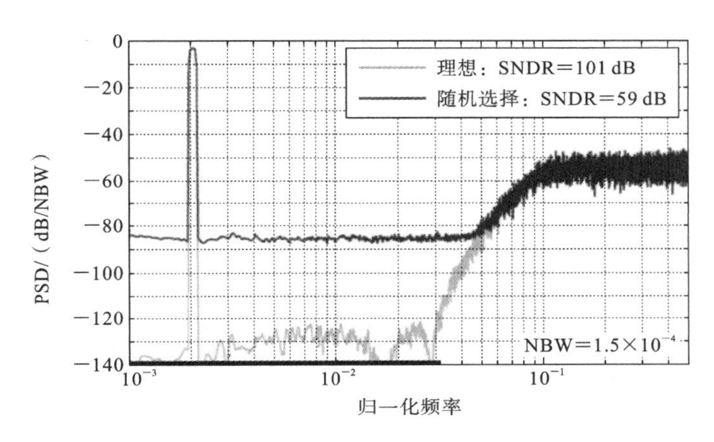

图 6.5 1%元件失配下 16 元件 DAC 的平均 PSD(随机选择)

况高 40 dB。

我们将这个仿真结果与理论估计结果进行比较，对于元件标准偏差为 σ_{ee} 的具有独立误差的 M 个元件 DAC，代码 m 的 DAC 输出与由端点定义的线之间差值的方差为①

$$\sigma_m^2 = \frac{2m(M-m)}{M}\sigma_{ee}^2 \tag{6.4}$$

对于跨越多个电平的信号，σ_m^2 的平均值为

$$\frac{1}{M+1}\sum_{m=0}^{M}\sigma_m^2 = \frac{(M-1)}{3}\sigma_{ee}^2 \approx M\sigma_{ee}^2/3 \tag{6.5}$$

该值可以用来估计失配噪声的功率。对于 $\sigma_{ee}=1\%$、$M=16$ 和 OSR=16，同时假设失配噪声为白噪声，则由于元件失配导致的噪声的带内功率相对于满量程正弦波功率如下式：

$$\text{MNP} = \frac{M\sigma_{ee}^2/3}{(\text{OSR})(M/2)^2/2} = \frac{8\sigma_{ee}^2}{3(M)(\text{OSR})} = -60\ \text{dB} \tag{6.6}$$

由于信号功率为 −3 dB，因此 SNDR 估计值为 57 dB，接近图 6.5 中给出的结果。

① 将 e_i 定义为单元 i 的值，则代码 m 的误差为 $\sum_{i=1}^{m}\left(e_i - \frac{1}{M}\sum_{i=1}^{M}e_i\right) = \left(1-\frac{m}{M}\right)\sum_{i=1}^{m}e_i - \frac{m}{M}\sum_{i=m+1}^{M}e_i$，立即可得式(6.4)。

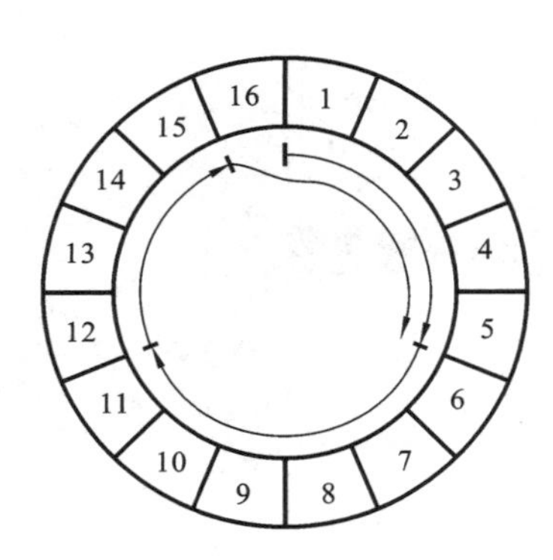

图 6.6 序列{5、6、4、6}的旋转元件选择

为了理解如何整形 M 个元件的失配，将 ΔΣ 原理解释为“如果在当前周期中产生误差，那么尝试在下一个周期中对该误差进行取反”。由于 DAC 对代码“0”和“M”没有误差，则与使用某些元件相关的误差的负数等于使用其他单元的误差。因此，如果我们在 $t=0$ 时，选择元件 1 到 $v[0]$，然后，在 $t=1$ 时，我们应该选择剩余的元件，但是，我们只允许选择 $v[1]$元件。因此，我们选择元件 $v[0]+1$ 到 $v[0]+v[1]$，这样做，我们提交了不选择剩余元件的误差。为了弥补这个误差，我们继续在后续周期中顺序选择元件，直到所有 $1\sim M$ 元件都被使用过一次，此时累积的误差是零，并且选择返回到了元件阵列的开头。我们期望这种轮换元件选择策略(见图 6.6)产生一阶噪声整形。这种预期在图 6.7 中得到了证实，我们发现由于不匹配引起的噪声现在具有一阶整形的 20 dB/10 倍频程斜率的特征。

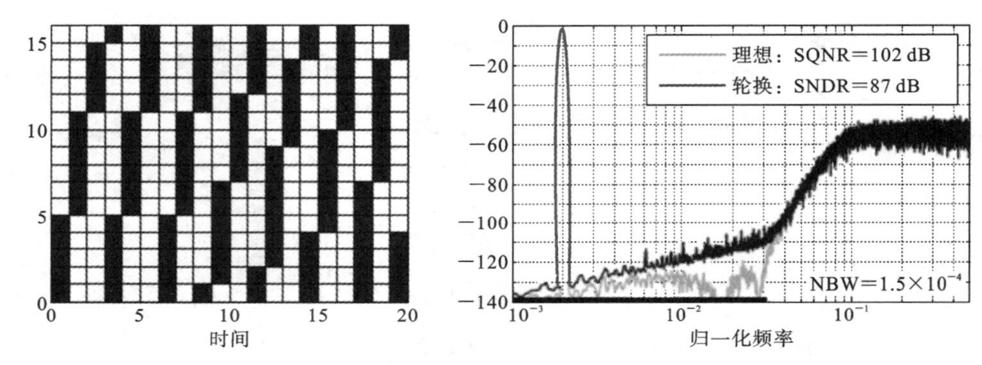

图 6.7 轮换的使用模式和频谱示例

图 6.7 中还可以看到信号的谐波以及频率杂散也倾向于遵循一阶噪声整形斜率。虽然图 6.7 中的频率杂散均低于−100 dB，但对 $f\approx 1/64$ 附近的小输入(如−30 dB)的仿真显示出的不匹配导致二次谐波(H_2)接近−80 dB。由于降低 OSR 会使谐波更大，因此当 OSR 较低时，元件轮换不太有吸引力。此外，由于前面的频谱是整体平均值，设计者还必须留下足够的裕量以实现足够的良率。

为了量化所需的裕量，绘制了通过蒙特卡罗仿真获得的 H_2 的累积分布函数(cumulative distribution function，CDF)，如图 6.8 所示。结果表明，对于 99.9%的良率，在中值 H_2 值之上需要 12 dB 的裕量。因此，我们对可以减少由于失配导致的杂散的方案显然是有兴趣的。

在解决杂散问题之前，先让我们尝试量化噪声。根据图 6.7，由于在 16 个单元上有 1%的变化，在 OSR=16 的情况下，旋转产生−90 dB 的带内失配噪声功率(mismatch noise power，MNP)。为了获得 MNP 的理论估计，可以回想一下被一阶噪声整形的功率为 P 的白噪声的带内功率是

$$\frac{P}{\pi}\int_0^{\frac{\pi}{\mathrm{OSR}}}\omega^2\,\mathrm{d}\omega=\frac{\pi^2 P}{3(\mathrm{OSR})^3} \tag{6.7}$$

在每一时刻，积分失配误差等于 M 个元件的失配误差之和，所述的 M 个元件的失

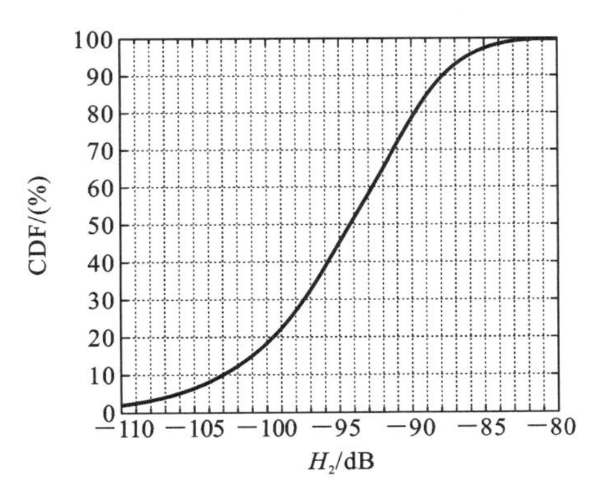

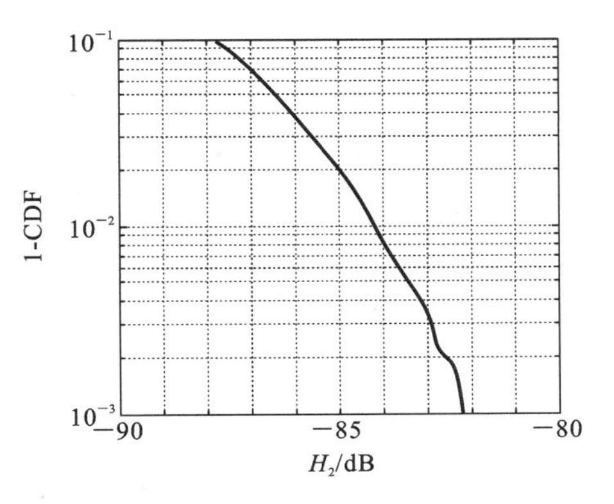

图 6.8 $f_s/(4\text{OSR})$处-3 dB 信号的 H_2 累积分布函数(OSR=16,M=16,$\sigma_{ee}=1\%$,轮换选择)

配误差比其他元件多选择了一次。因此,该信号的功率通过对式(6.4)求 M 上的平均值得到与式(6.5)相同的结果(即 $P=M\sigma_{ee}^2/3$),可以得到该信号的功率。如果我们做出假设,即积分误差是白噪声,那么带内失配噪声功率(MNP)相对于满量程正弦波的功率($M^2/8$)是

$$\text{MNP}=\frac{\pi^2 M\sigma_{ee}^2}{9(\text{OSR})^3(M^2/8)}=\frac{8\pi^2\sigma_{ee}^2}{9M(\text{OSR})^3}=-76\ \text{dB} \tag{6.8}$$

理论估计值比仿真值过度估计了 14 dB。显然,这种分析计算对于设计目的而言过于保守,因此需要进行仿真以获得足够的精度。

元件轮换在 1995 年的技术文献中被引入[2],它被称为数据加权平均(data-weighted averaging,DWA),与不太有效的个体水平平均(individual-level averaging,ILA)[3]单元选择方案形成对比。尽管 DWA 这个术语目前已经普遍使用并且吸引了工程师对三字母缩略词 TLA(three-letter acronyms)的喜爱,但我们认为它比"轮换(rotation)"具有更少描述性。此外,由于单元旋转在 1993 年的专利中有所描述[4],所以由第一个发明人赋予命名。

6.3 轮换的实现

在 ΔΣDAC 系统中,元件选择逻辑(element selection logic,ESL)的复杂性在某种程度上是次要的,因为延迟不是特别严重的问题。但是,在 ΔΣADC 系统中,DAC 反馈的延迟通常需要占用时钟周期的一小部分,因此对于高速应用,ESL 必须简单。幸运的是,实施轮换很容易。

图 6.9 所示的是旋转的实现,其中闪速 ADC 的温度计编码输出应用于旋转移位器,其移位代码是数字积分器的输出。将积分器的输出视为指向未使用元件开始的指针。在每个循环结束时,指针以所选元件的数量递增,其模为 M,这使得指针始终指向未使用元件的开始。由于当前指针值与当前数据无关,因此更新指针操作不是时间要求严格(time-critical)的操作。

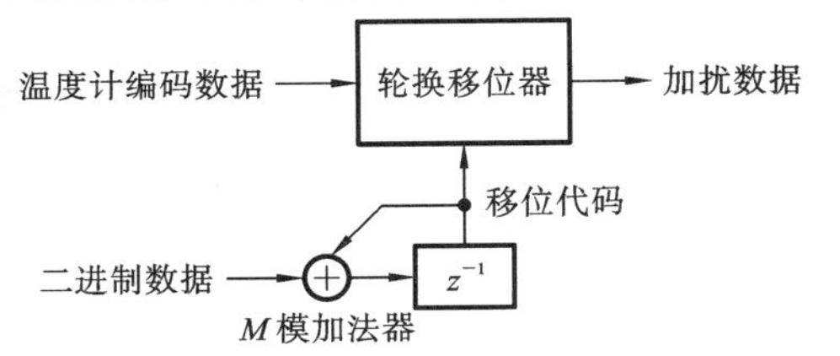

图 6.9 元件轮换的实现

移位器的延迟确实占用了比较器再生

的可用时间，因此在高速设计中时间要求严格。图 6.10 所示的是一种快速轮换器结构，其延迟为 $t_d\lceil\log_2 M\rceil$，其中 t_d 是 2 输入 MUX 的延迟。可以使用两个优化来减少 MUX 本身的延迟，首先，消除设计同相 MUX 所需的反相器，如图 6.11 所示；其次，由于移位代码（即指针）通常在数据之前可用，因此连接到 S 和 $\overline{S}$ 信号的器件使用较大的宽长比。这种安排增加了 MUX 的驱动能力，而不增加 MUX 后续所呈现的负载电容，从而使移位器的延迟最小化。

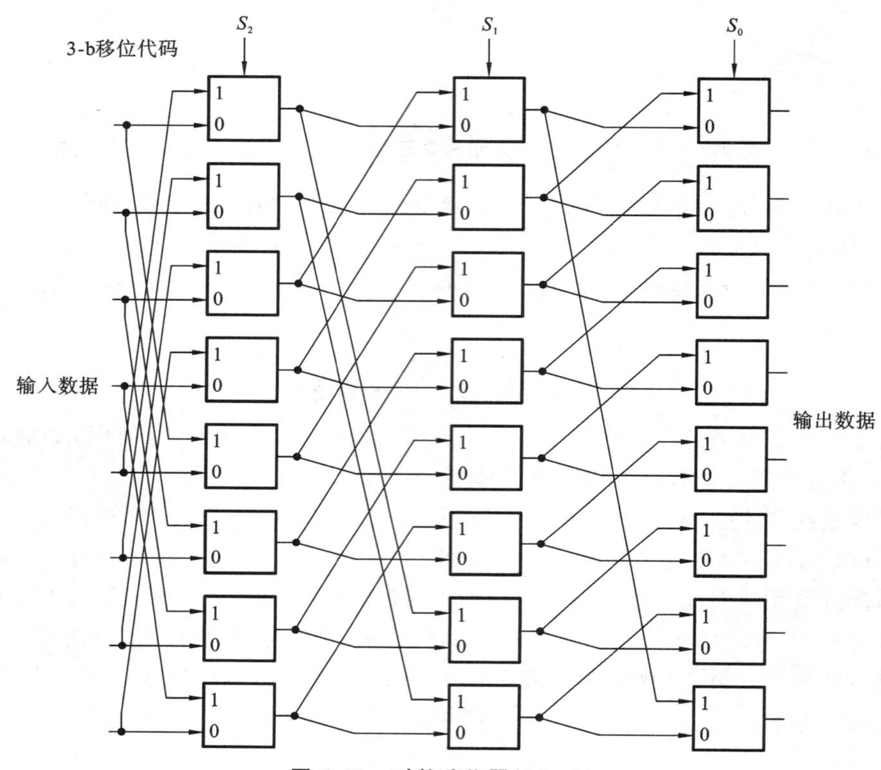

图 6.10　对数移位器(M=8)

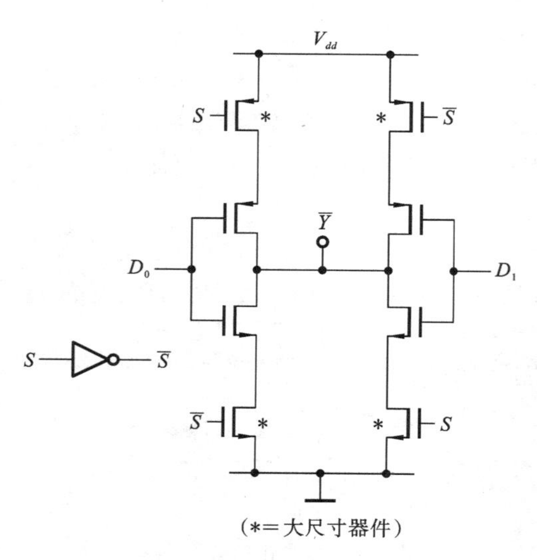

图 6.11　减少 D-Y 延迟的多路复用器

即使有这样的优化，移位器也会增加关键的再生加上 DAC 设置时间(regeneration-plus-DAC-setup time)的延迟，因此可能形成速度瓶颈。如图 6.12 所示，比较器输入（即参考电平）可以在启动再生之前旋转，而不是在再生之后旋转比较器的输出[7]。这种参考电平洗牌(reference shuffling)技术可以最大化再生的可用时间，但需要一个模拟移位器。模拟移位器可以使用对数移位器拓扑(logarithmic shifter topology)构建，但使用 M 个 M 输入模拟 MUX 结构，配置为任意连接置换（见图 6.13(a)）或硬连线轮换（见图 6.13(b)），通常会更快。

请注意，通过引入参考电平洗牌，必须在

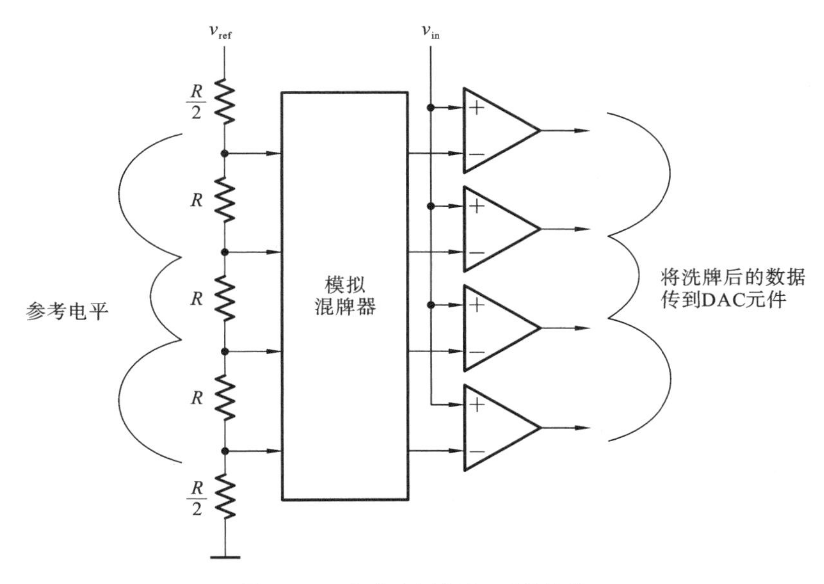

图 6.12　参考电平($M=4$)的洗牌

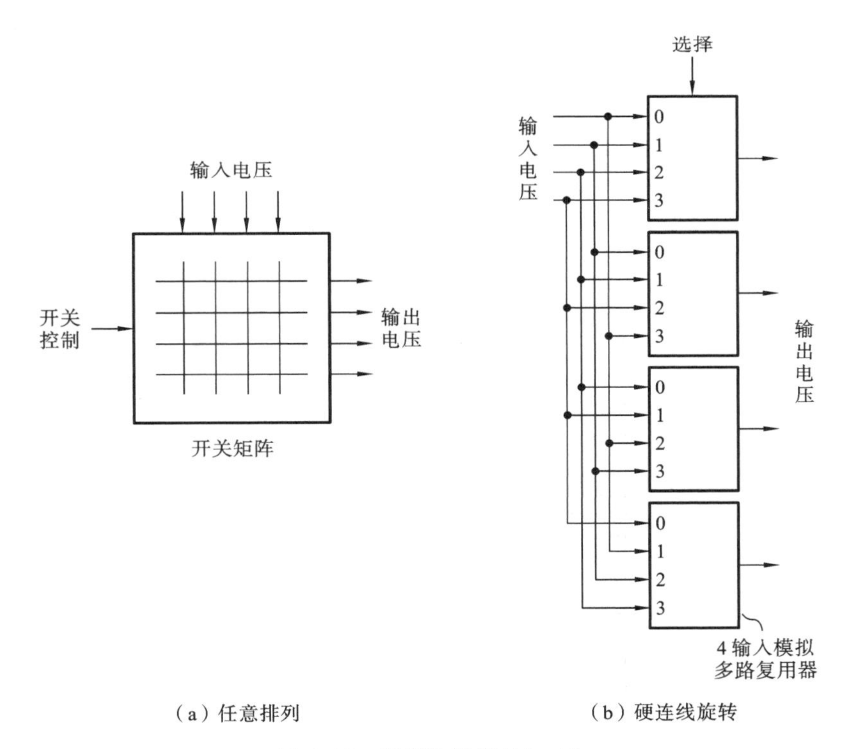

(a) 任意排列　　(b) 硬连线旋转

图 6.13　模拟洗牌器($M=4$)

洗牌数据上进行二进制转换，因此需要使用一个单值—二进制转换器(unary-to-binary converter)，而不是温度计码到二元转换器。单值—二进制转换器只是一个具有 M 个 1 位输入的加法器，最方便的是用全加法器和半加器的单元树实现，如图 6.14 所示。

相比之下，实施轮换方案比其效果差一些的随机选择策略更容易。因为完全随机选择需要支持所有 $M!$ 个可能排列的电路，而旋转只使用 M 个排列。如果我们满足于

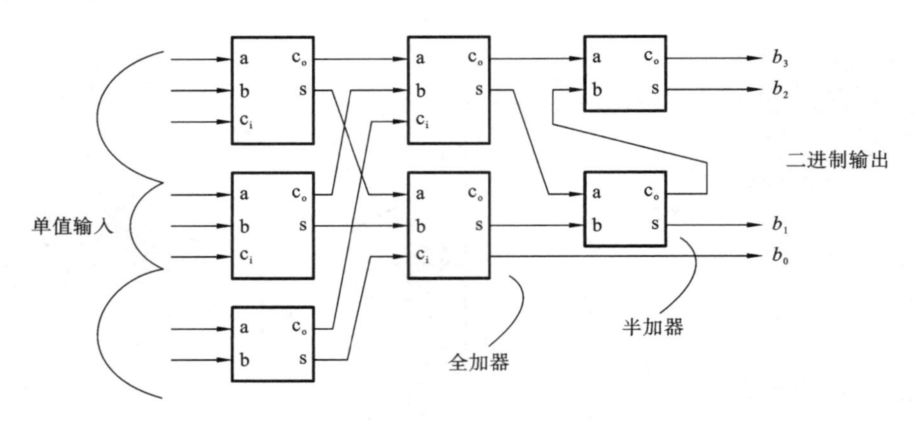

图 6.14 单值—二进制转换器(M=8)

支持后一个数字,那么具有随机指针的前面的结构可以用于实现部分随机选择。

6.4 备选的失配整形拓扑

本节简要介绍几种旋转方案,它们以增加复杂性和降低失配抑制为代价,使得音调行为下降,最终得到了一种经过严格证明无音调的安排。

6.4.1 蝶形洗牌器

图 6.15 中描述的蝶形洗牌器(butterfly shuffler)由 $\log_2 M$ 列 $M/2$ 个交换单元组成,其排列方式类似于 FFT 的蝶形运算[8]。每个交换器单元根据以下两个规则独立运行。

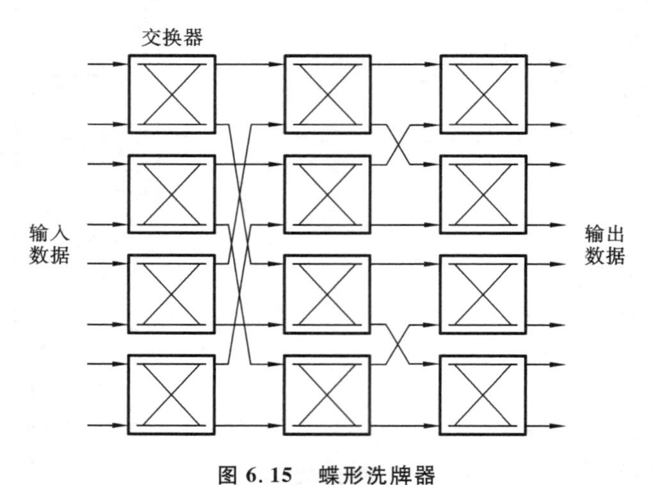

图 6.15 蝶形洗牌器

(1) 若两个输入位相同,则只传递它们。

(2) 若两个输入位不同,最近的单独“1”被路由到顶部输出,则将“1”路由到底部输出,反之亦然。

该方案均衡了单元中两个输出平均为 1 密度,并且多层交换单元确保了所有洗牌器输出相等的 1 密度,从而实现了一阶整形。

与具有 $\log_2 M$ 位状态的旋转洗牌器相比，蝶形洗牌器中存在 $M/2\log_2 M$ 位状态。与普通旋转相比，这种额外的状态信息导致更奇特的单元使用模式（见图 6.16）以及周期性行为的可能性降低。减小的周期性伴随着可见谐波的减少。

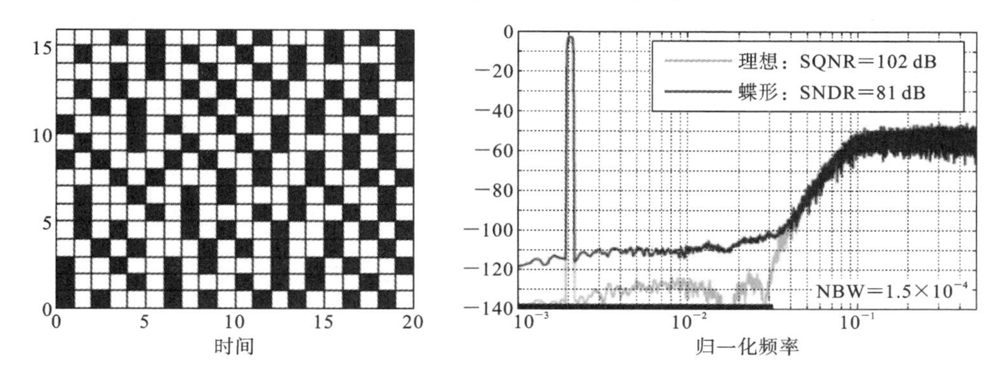

图 6.16 示例蝶形洗牌器使用模式和频谱

6.4.2 A-DWA 和 Bi-DWA

平轮（plain rotation）产生杂散的原因是它是确定性的。人们可以设想通过在单元全部被均等地使用时重新编号来添加随机性，但是这种方案通过硬件实现起来很复杂。相反，推进数据加权平均（advancing data-weighted averaging，A-DWA）[9] 每次完成一次完整旋转时都会增加指针的起始值。图 6.17 所示的是使用 $[M/3]=5$ 的推荐增量的仿真使用模式和频谱，仿真频谱显示，虽然音调不如旋转的明显，但音调和 SNDR 比蝶形洗牌器的更差。

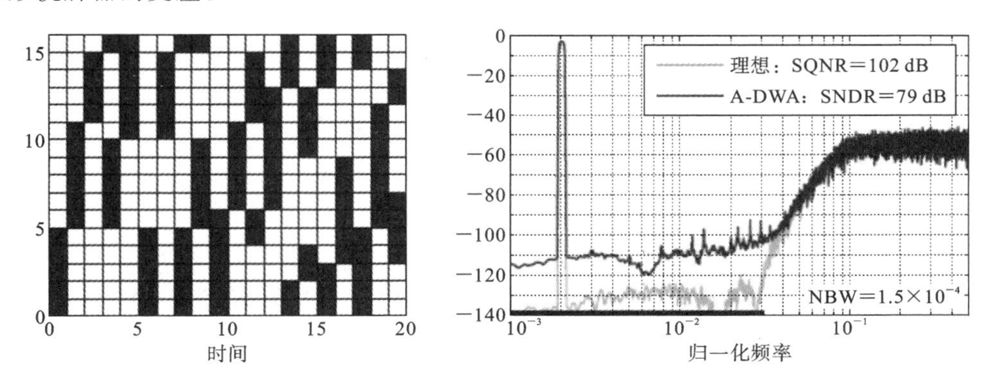

图 6.17 A-DWA 使用模式和频谱（增量为 5）

一个特别简单有效的方法是双向数据加权平均（bi-directional data-weighted averaging，Bi-DWA）方法[10]，涉及交错前向和后向旋转，如图 6.18 所示。因为图 6.18 中的失配频谱具有清晰的整形并且明显没有音调，并且进一步的仿真表明这些特性具有鲁棒性，因此与平轮相比，6-dB SNDR 损失似乎是值得的。

6.4.3 树形 ESL

图 6.19 所示的是我们考虑的一阶失配整形系统最终版。在该系统中，表示 $[0,\ 2^m]$ 中的值的 $(m+1)$ 位输入数据被连续地分成两个宽度减小的数据流，直到位宽

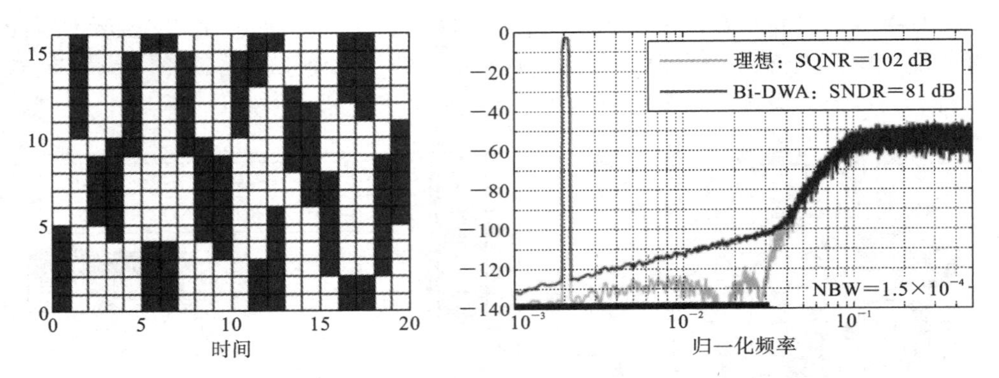

图 6.18 示例 Bi-DWA 使用模式和频谱

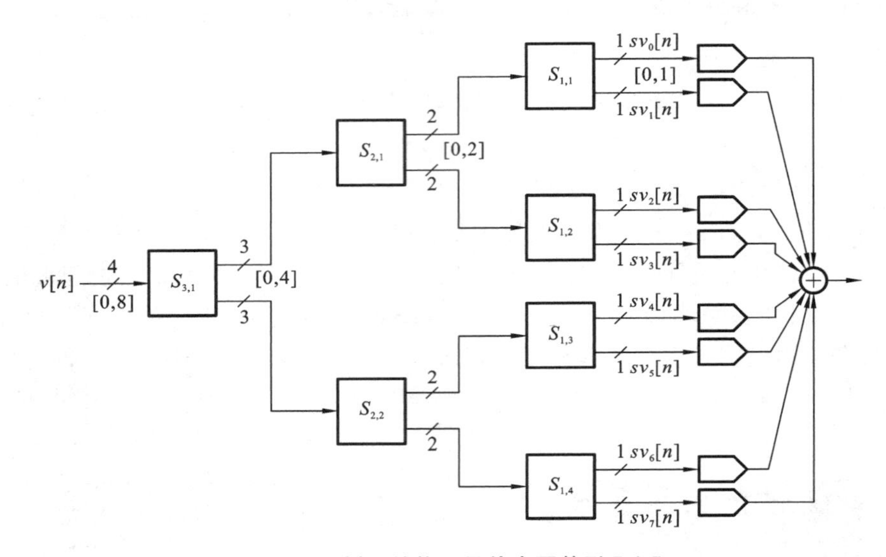

图 6.19 树形结构 8 元件失配整形 DAC

为 1，得到的 2^m 个 1 位 sv_i 信号用来选择启用 2^m 个 DAC 单元中的一个（sv 代表选择向量）。

图 6.19 中的每个开关块 $s_{k,r}$ 实现了图 6.20 所示的信号处理（下标 k 表示块的层编号，而下标 r 表示第 k 层内的块位置。层编号 k 从右到左，因此 $s_{k,r}$ 的输出的位宽为 k）。由图 6.20 可知，每个块的两个输出的总和等于它的输入。选择 $s_{k,r}[n]$ 信号以确保除以 2 得到整数并且还被选择为被整形的序列。具体来说，将 $s_{k,r}[n]$ 缩写成 $s[n]$，有

$$s[n]=\begin{cases} 0, & x[n]\text{偶数} \\ +1, & x[n]\text{奇数和之前的 } s=-1 \text{ 的非零样本} \\ -1, & x[n]\text{奇数和之前的 } s=1 \text{ 的非零样本} \end{cases} \tag{6.9}$$

这与我们在 2 单元 DAC 的交替选择策略中使用的规则相同。

图 6.21 所示的是一个实现式(6.9)的开关模块[11]。在该图中，$[0,2^k]$中的值的一个$(k+1)$位数字信号由表示$[0,2^k-1]$中的值的 k 位信号加上表示值 0 和 1 的 1 位信号组成。这个冗余的 LSB 表示消除了图 6.20 中描述的加法器，因此实现了简单性和提高了速度。

由于开关块的输出之和等于其输入，因此 sv 的分量之和等于洗牌器的输入 v，因此

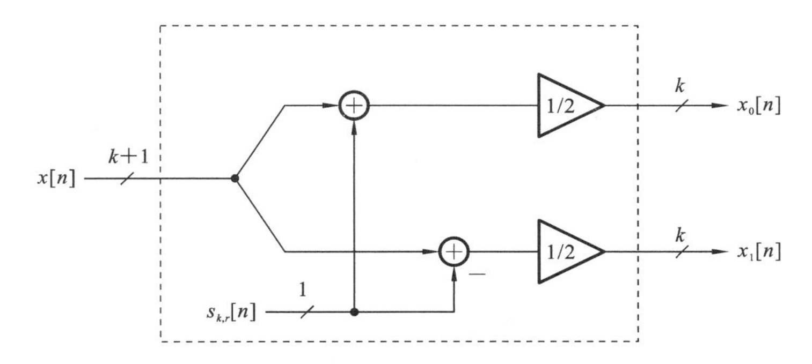

图 6.20 开关模块的信号处理等效

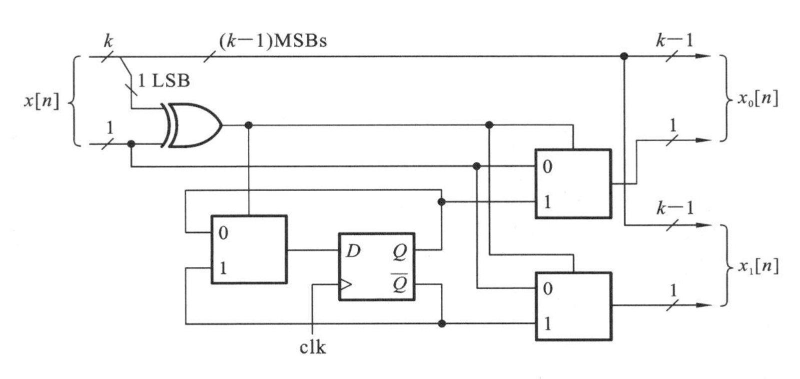

图 6.21 开关模块的实现示例

DAC 的标称输出为 v。此外，由于 sv 的每个分量等于 v/M 加上在开关块内使用的 s 序列的线性组合，并且由于 s 序列是一阶整形的，因此失配引起的噪声是一阶整形的。图 6.22 所示的是一个使用模式和频谱的示例，对于单元使用图，单元以位反转顺序编号以强调与旋转的初始相似性。通过观察频谱，我们看到一些谐波和比旋转差 7 dB 信噪比的证据。

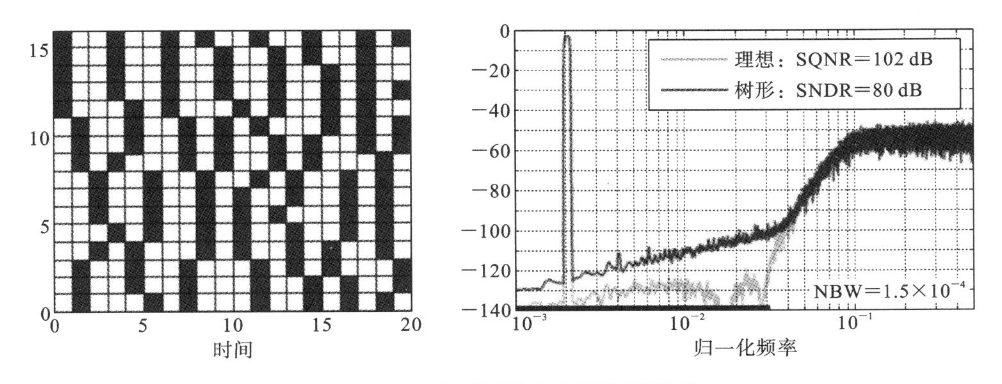

图 6.22 一阶树形结构失配整形仿真

回想一下，交替选择策略在选择单元 1 之后选择单元 2，反之亦然，而我们对旋转的理解是在完成旋转之后，即均等地使用两个单元之后，允许对单元重新编号。当单元的数量很大时，这种重新编号很难实现；但当只有两个单元时，硬件开销是微不足道的。对于树形结构失配整形器，现在根据下式选择 s 序列，即

$$s[n]=\begin{cases}0, & x[n]\text{偶数}\\ +1, & x[n]\text{奇数和 } ss[n]=-1\\ -1, & x[n]\text{奇数和 } ss[n]=+1\\ r[n], & x[n]\text{奇数和 } ss[n]=0\end{cases} \tag{6.10}$$

其中，$ss[n]=\sum_{i=0}^{n-1}s[i]$，$r[n]$ 是以 50% 概率取值 ±1 的一个随机位(注意，r、s 和 ss 对于每个开关块都是本地的)。读者可以验证这些规则意味着和序列 ss 的大小以 1 为界，即 $|ss[n]|\leqslant 1$，因此我们知道 s 是一阶整形的。更令人印象深刻的是，事实证明 s 的 PSD 已经被证明是平滑的，因此失配噪声可以保证没有音调[12]。

图 6.23 所示的证实了这种惊人的性能，但也表明与类似有效的 Bi-DWA 方案相比，其代价是 SNR 减小了 6 dB。实现式(6.10)操作的开关块的逻辑如图 6.24 所示[11]。

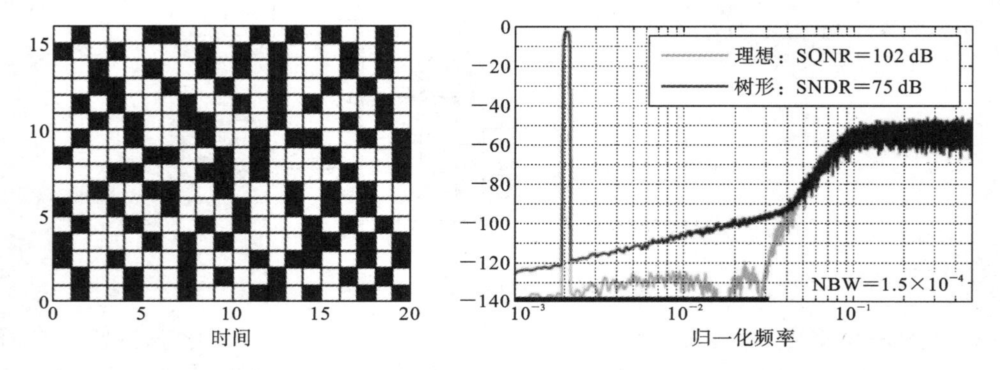

图 6.23 一阶树形结构失配整形，带抖动

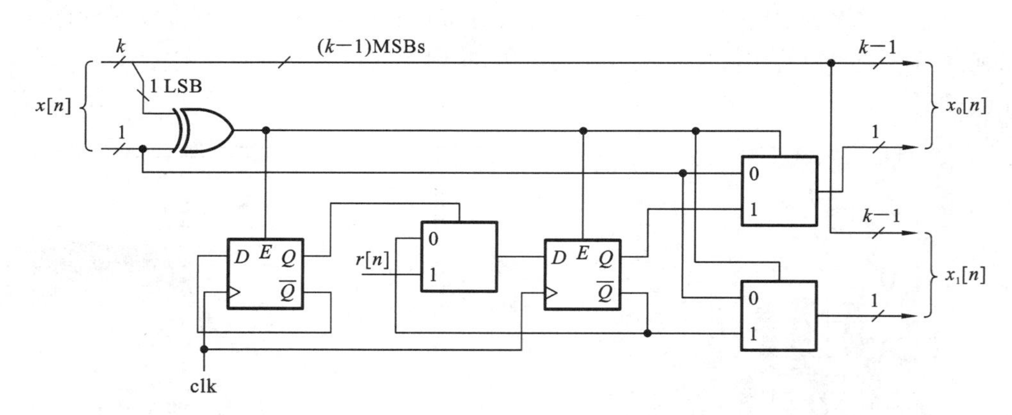

图 6.24 实现抖动开关模块的逻辑

6.5 高阶失配整形

我们已经看到了失配引起的噪声的一阶整形的几种情况，读者可能想知道它是否也可以进行高阶整形。本节表明，失配的高阶整形确实是可能的，但是受到至少与二进制 ΔΣ 调制一样严重的稳定性约束。

6.5.1 基于矢量的失配整形

图 6.25 所示的是一个能够通过任意传递函数 MTF(z)来形成失配整形的系统[13]。该系统由 M 个相同的滤波器组成，其中，M 个输出被量化为 M 个 1 B 信号 sv_i，然后反馈到 M 个滤波器。由于每个环路都具有共同输入 SU 的一个误差反馈调制器，所示 ΔΣ 理论告诉我们

$$SV(z)=SU(z)+\mathrm{MTF}(z)SE(z) \tag{6.11}$$

其中，粗体字表示作为(行)向量的信号。我们要求 M 输入量化器(以下称为矢量量化器(vector quantizer，VQ))服从

$$sv[n]\cdot[1\quad 1\quad \cdots\quad 1]=\sum_{i=1}^{M}sv_i[n]=v[n] \tag{6.12}$$

其中，· 表示点积①，这样，DAC 的标称输出为 v(这个约束以图解方式在图 6.25 中通过输入 v 到 VQ 中表示)。和以前一样，我们不失一般性地假设平均单元值是 1，因此，DAC 输出为

$$D(z)=SV(z)\cdot([1\quad 1\quad \cdots\quad 1]+ee) \tag{6.13}$$

其中，ee 是单元误差向量，包含各个单元与它们的平均值的偏差，从而满足

$$ee\cdot[1\quad 1\quad \cdots\quad 1]=0 \tag{6.14}$$

现在，凭借式(6.12)，有

$$SV(z)\cdot[1\quad 1\quad \cdots\quad 1]=V(z) \tag{6.15}$$

从式(6.11)和式(6.14)中，可以得到

$$\begin{aligned}SV(z)\cdot ee&=SU(z)([1\quad 1\quad \cdots\quad 1]\cdot ee)+\mathrm{MTF}(z)(SE(z)\cdot ee)\\&=\mathrm{MTF}(z)(SE(z)\cdot ee)\end{aligned} \tag{6.16}$$

因此，DAC 的输出由下式给出，即

$$D(z)=V(z)+\mathrm{MTF}(z)(SE(z)\cdot ee) \tag{6.17}$$

这表明 DAC 的输出包括所需信号加上由 MTF(z)整形的项。只要我们能够确保 se 是有界的，单元误差就会产生由 MTF(z)整形的噪声。

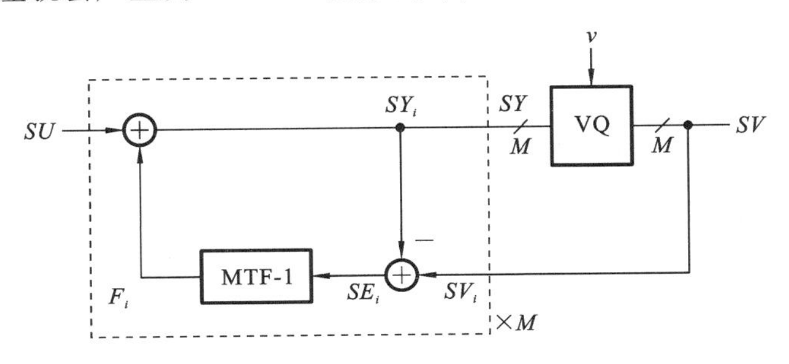

图 6.25 基于矢量的失配整形

为了使 se 有界的可能性最大，选择遵循式(6.12)将 sy 量化为 sv 的方案，即将瞬时 se 信号最小化。具体地是，$sv[n]$中对应于 $sy[n]$的最大值的 $v[n]$单元被设置为 1，而其他单元被设置为 0。为了消除 sy 的组件中的共性，$su[n]$可以设置为 $f[n]$ 的最小值的

---

① $sv[n]\cdot[1\quad 1\quad \cdots\quad 1]=sv[n][1\quad 1\quad \cdots\quad 1]^{\mathrm{T}}=\sum_i sv_i$。

负值，因此 $sy[n]$ 由正数和至少一个零组成。这个选择很随意，其他选择例如 $f[n]$ 的平均值的负值也可以用于消除共性。

为了使上面的讨论更加具体，我们通过被序列 $v[n]=\{1,1,2,3,4\}$ 驱动的 8 单元 DAC 进行 $\mathrm{MTF}(z)=1-z^{-1}$ 的单元选择逻辑操作，并从 $sy[0]=[0\ \ 0\ \ 0\ \ 0\ \ 0\ \ 0\ \ 0\ \ 0]$ 开始。为简化讨论，我们假设此时 su 为 0。

因为 $sy[0]$ 的所有部件都相同，所以可以任意选择一个单元。因此，为了满足 $\sum_i sv_i[0]=v[0]=1$，我们选择第一个单元：

$$sv[0]=[1\ \ 0\ \ 0\ \ 0\ \ 0\ \ 0\ \ 0\ \ 0] \tag{6.18}$$

因为 $\mathrm{MTF}(z)-1=-z^{-1}$，$su=0$ 的递归方程是

$$sy[n+1]=-se[n]=sy[n]-sv[n] \tag{6.19}$$

因此，有

$$sy[1]=[-1\ \ 0\ \ 0\ \ 0\ \ 0\ \ 0\ \ 0\ \ 0] \tag{6.20}$$

使用 $v[1]=1$ 时，我们再次面临着在单元 2 到 8 中选择哪个单元的模糊性，因此我们选择第一个单元：

$$sv[1]=[0\ \ 1\ \ 0\ \ 0\ \ 0\ \ 0\ \ 0\ \ 0] \tag{6.21}$$

继续这样，我们发现

$$sy[2]=[-1\ \ -1\ \ 0\ \ 0\ \ 0\ \ 0\ \ 0\ \ 0]$$
$$sv[2]=[0\ \ 0\ \ 1\ \ 1\ \ 0\ \ 0\ \ 0\ \ 0]$$
$$sy[3]=[-1\ \ -1\ \ -1\ \ -1\ \ 0\ \ 0\ \ 0\ \ 0]$$
$$sv[3]=[0\ \ 0\ \ 0\ \ 0\ \ 1\ \ 1\ \ 1\ \ 0]$$
$$sy[4]=[-1\ \ -1\ \ -1\ \ -1\ \ -1\ \ -1\ \ -1\ \ 0]$$
$$sv[4]=[1\ \ 1\ \ 1\ \ 0\ \ 0\ \ 0\ \ 0\ \ 1]$$

上述证明了得到的使用模式与单元旋转是相同的。在这个例子中也很明显，选择 su 作为 sy 的最小值的负值可以保持 sy 的所有分量为正，并阻止它们一起增长。事实上，对于 $\mathrm{MTF}(z)=1-z^{-1}$，sy 的分量是 0 或 1，这意味着一个比特的空间对这些信号就足够了。

现在让我们使用式(6.17)来估计带内失配噪声①。se 的 M 个分量中的每一个都是 1 比特调制器的量化误差序列。在本文中，令量化级别为 0 和 1。如果我们假设量化误差在[−0.5,0.5]中均匀分布，那么量化误差功率为 1/12。如果进一步假设这些误差序列是白噪声且彼此不相关，则($SE(z)\cdot ee$)项的功率是 $\frac{M\sigma_{ee}^2}{12}$。因此，根据式(6.8)的推导，相对于满量程正弦波功率的带内失配功率是

$$\mathrm{MNP}=\left(\frac{M\sigma_{ee}^2}{12}\right)\left(\frac{\frac{\pi^2}{3}}{\mathrm{OSR}^3}\right)\frac{8}{M^2}=\frac{2\pi^2\sigma_{ee}^2}{9M(\mathrm{OSR})^3}=-82\ \mathrm{dB} \tag{6.22}$$

该估计值比式(6.8)得到的估计值更接近 −90 dB 的仿真值。但是，由于该估计值高了 8 dB，因此仍建议进行仿真以量化旋转方案的有效性。

除了展示如何导出单元旋转之外，前面的示例还建议了一种将抖动添加到单元选

① Nan Sun 提出的改进方法。

择过程的良性方法。只需向 sy 的每个分量中添加一个随机值,就可以以随机方式断开单元之间的关系。不幸的是,当使用此方案或高阶 MTF 时,单元使用模式通常变得不可识别,因此需要显式实现图 6.25 中的结构。

该系统中最复杂的模块是矢量量化器。ΔΣ 工具箱函数 simulateMS(见附录 B)使用排序操作来确定单元优先级。排序是标准的软件操作,但硬件排序可能非常复杂。部分排序使硬件变得更易于管理[14]。作为排序的一种替代方法,$sy[n]$的 $v[n]$个最大分量的选择可以通过找到阈值 $r[n]$来实现,该阈值 $r[n]$通过 $r[n]$和 $sy[n]$分量之间的 M 个数字进行比较得到 $v[n]$个分量。该方法避免了排序操作,但需要迭代才能找到$r[n]$。

由于 ESL 实际上由 M 个 1 位 ΔΣ 调制器环路组成,对 1 位量化器具有额外约束,因此 ESL 的稳定性通常比普通的 1 位 ΔΣ 调制器差。因此,当需要高阶失配整形时,明智的做法是采取预防措施,如将 DAC 输入限制在 DAC 满量程的一小部分(如通过使用额外单元增强 DAC),以及实施饱和逻辑和复位逻辑。

为了证明高阶失配整形的有效性,我们在图 6.26 中展示了 16 单元 DAC 的预期性能的示例,采用针对 OSR=16 优化的零点且具有 $\|\mathrm{MTF}\|_\infty=1.5$ 的二阶 MTF,其单元变化为 1%。我们发现 SNDR 比旋转高 4 dB,频谱似乎没有杂散。在较高的 OSR 下,相对于一阶整形,高阶失配整形具有更高的噪声抑制,但是在较低的 OSR 下,其改善可忽略不计。

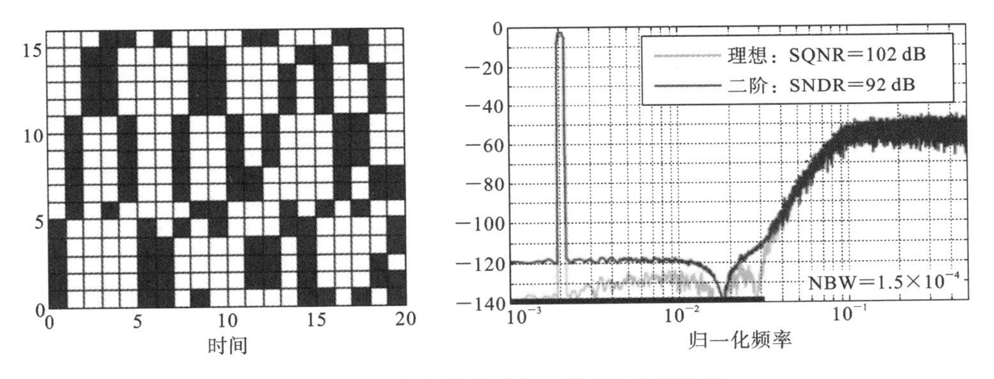

图 6.26 二阶失配整形使用模式和频谱示例

6.5.2 树形结构

如前所述,图 6.20 中的 $s_{k,r}[n]$信号满足被 2 除后得到的非负整数小于 2^{k-1} 约束,且满足

$$s_{k,r}(z)=\mathrm{MTF}(z)e_{k,r}(z) \tag{6.23}$$

其中 MTF(z)是所需的失配传递函数,$e_{k,r}[n]$是有界序列。则可以用图 6.19 的树形结构完成高阶失配整形。

与矢量样式一样,$s_{k,r}$信号可以由一个包含有改进的量化器的数字 ΔΣ 调制器生成。例如,图 6.27 所示的是一个二阶调制器,其量化器在 $x[n]$为偶数时生成偶数值,在 $x[n]$ 为奇数时生成奇数值。为确保开关块的输出在$[0,2^{k-1}]$范围内,s 的值进一步限制在$[-L, L]$范围内,其中,$L=\min(x[n],2^{k-1}-x[n])$。如果假设量化器的增益是单位 1,则由该结构实现的失配传递函数是

$$\mathrm{MTF}(z)=\frac{(z-1)^2}{z^2-1.25z+0.5} \tag{6.24}$$

其中，$\|\mathrm{MTF}\|_\infty \approx 1.5$。

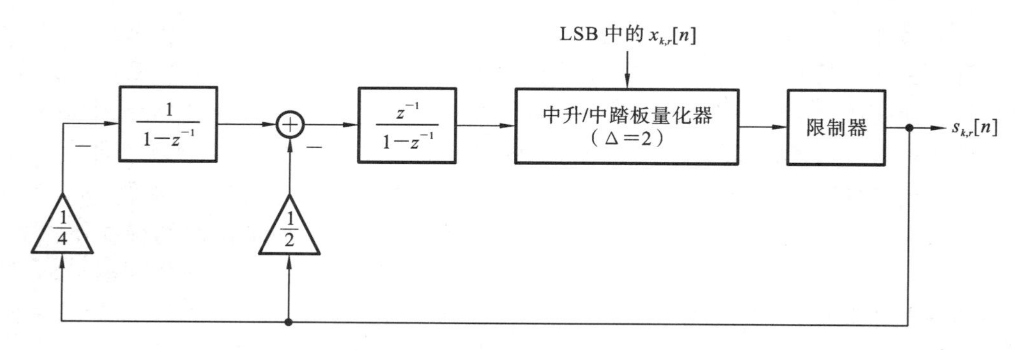

图 6.27　二阶开关序列发生器

图 6.28 所示的是失配的二阶整形，但不幸的是 SNDR 低得令人失望。

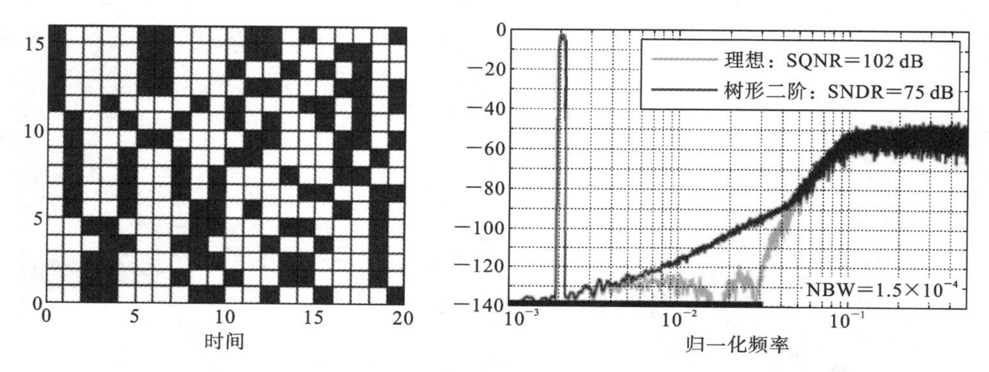

图 6.28　二阶树形结构失配整形使用模式和频谱示例

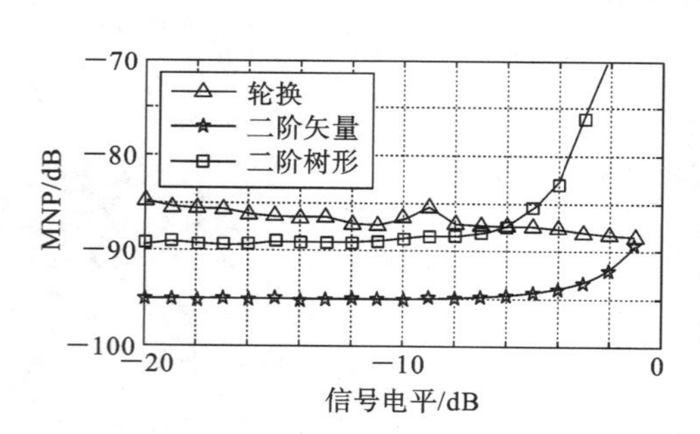

图 6.29　仿真的带内失配噪声功率(MNP)与信号电平的关系(OSR=16)

为了获得正确认识，图 6.29 将仿真的带内失配噪声功率(MNP)作为三种失配整形的信号电平的函数进行了比较。对于旋转，我们发现随着信号电平的增加，MNP 逐渐减小，而对于两个二阶失配整形器，MNP 在一个临界信号电平以上（树形结构为 −6 dB，基于矢量的整形器为 −1 dB）急剧增加。因此，我们在前面的比较中选择使用 −3 dB 输入电平，对二阶树形结构是非常不利的。如果我们考虑低信号电平，二阶树形结构失配整形器的 MNP 实际上只比旋转的低几个分贝；而基于矢量的整形器具有 5 dB的优势。两个二阶整形器之间的差异在很大程度上是由于它们的 MTF 不同，但即使使用相同的 MTF，基于矢量的方法似乎也略微好一些。对于两个二阶整形器，MNP 随着 OSR 的增加而改善，速率为 15 dB/每倍增 OSR；而对于旋转，改善率仅为 9 dB/每倍增 OSR。因此，当 OSR>16 时，两个二阶整形器都特别有吸引力。

6.6 概括

到目前为止,关注的焦点是用 M 个标称相等的 1 位 DAC 单元构造的 DAC。本节简要描述失配整形的两种概括,即使用三电平(tri-level)和非单位单元(non-unit elements)。

6.6.1 三电平 DAC 单元

考虑一个三电平 DAC 单元,它使用如图 6.30(a)所示的结构分别响应独热(one-hot)控制信号 n,z 和 p 产生 -1,0 和 $+1$ 电平。选用这样的三电平单元有两个原因,首先,使用三电平单元量化器的量化电平间隔是使用两电平单元可以实现的量化电平间隔的 1/2(即 $\Delta=1$ 对 $\Delta=2$),因此,对于相同数量的 DAC 单元,量化噪声降低了 6 dB;其次,更基本的是,当 z 信号有效时,三电平单元的热噪声为 0。

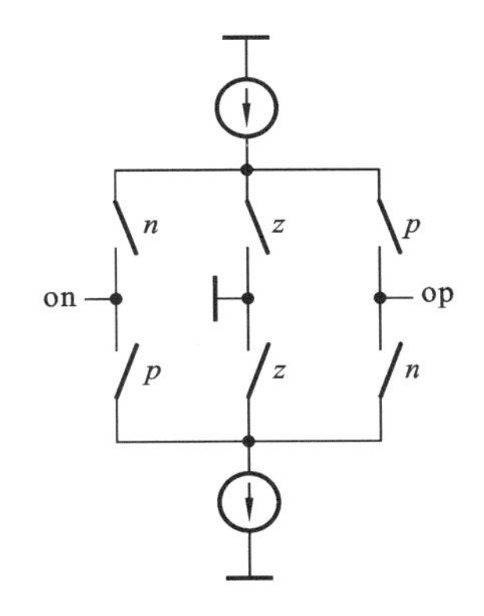

(a) 响应独热控制信号

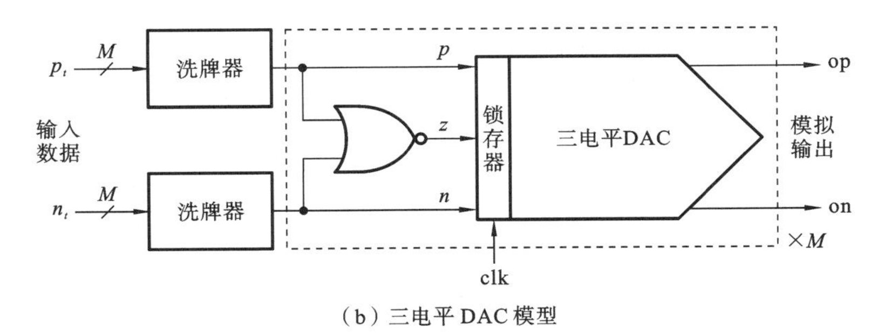

(b) 三电平 DAC 模型

图 6.30 三电平 DAC 与三电平失配整形

为了将三电平 DAC 单元和失配整形的优点结合起来,可以使用图 6.30(b)所示的结构[15]。在该系统中,正数据被编码为具有 $n_t=0$ 的 M 位温度计码 p_t,对于负数据,反之亦然。p_t 和 n_t 数据被打乱(shuffle)以产生驱动 DAC 单元的 p 和 n 数据;z 中的每 1 位由反相相应的 p 和 n 的每 1 位产生。

6.6.2 非单位 DAC 单元

当 M 较大时,单元选择逻辑中的数字硬件量也较大。使用分段加扰技术可以降低

硬件需求[8]。对于 257 级 DAC，其概念如图 6.31 所示，它的输出由 16 个权重为 16 的单元(DAC1)和 32 个权重为 1 的单元(DAC2)构成。输入数据 v 被分解为 $v=v_1+v_2$，其中，v_1 通过一阶 ΔΣ 调制器(MOD1)量化为 16 的倍数，v_2 是 MOD1 的输入和输出之差。当 $v\in[-128,128]$ 时，MOD1 的特性保证 $|v_2|\leqslant 16$，因此 32 单元 DAC2 具有足够的范围将 v_2 转换为模拟量。在 DAC1 和 DAC2 中采用失配整形会整形 DAC 内部(intra-DAC)的不匹配。因为 DAC 间(inter-DAC)的不匹配使得系统的输出与 $v_1+(1+\varepsilon)v_2=v+\varepsilon v_2$ 的值成正比，并且 $v_2=(1-z^{-1})E_1$，其中，E_1 是 MOD1 的量化误差，因此 DAC 间的失配也被整形。

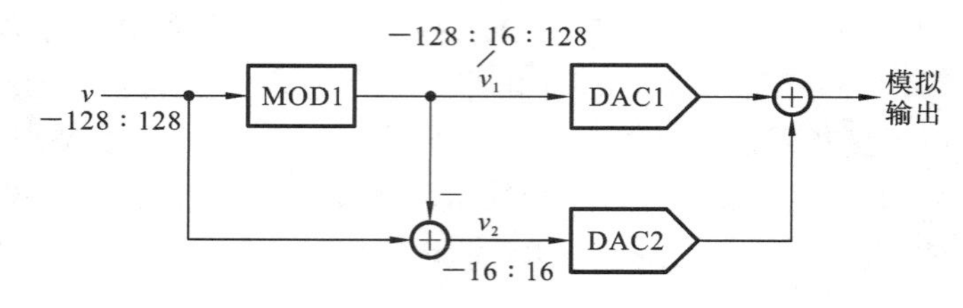

图 6.31　分段加扰

分段加扰技术可以作递归应用，例如，K. L. Chan 和 I. Galton[16] 使用 14 级递归的完全分段的 DAC 将这种方法推向极致，以整形 28 个单元的不匹配，这些单元的权重为 $\{2^{13},2^{13},2^{12},2^{12},\cdots,2,2,1,1\}$。这个 DAC 只用 28 个单元就可以构建 2^{14} 个级别。但是，由于单元总权重为 2^{15}，因此，可用输出范围仅为理论可用范围的一半。而且其他改进也有应用，例如，使用抖动(特别是在主调制器中)或使用高阶调制，只要第二个 DAC(s)的范围适当增加。

6.7　转换误差整形①

到目前为止，我们一直在关注影响离散时间(DT)和连续时间(CT)DAC 的 DAC 误差。在本节中，我们将考虑非线性动态转换导致的误差。这些误差在 CT DAC 中至关重要，但在 DT DAC 中无关紧要，因为 DT DAC 的输出在每个时钟周期内完全稳定。我们首先开发一个转换误差(transition-error)模型，然后继续演示如何使用前面描述的技术的扩展来整形这个误差。

如图 6.32(a)所示，将 $w_{LH}(t)$，$w_{HH}(t)$，$w_{HL}(t)$ 和 $w_{LL}(t)$ 定义为 1 位 DAC 响应低-高、高-高等输入数据的输出波形。这些波形是跨越一个时钟周期的时间函数。如果 DAC 的内部节点在每个时钟周期结束时稳定下来，那么 DAC 的输出可以通过将 $w_{LH}(t)$，$w_{HH}(t)$ 等波形拼接在一起来构建，因此这些波形提供了完整的、尽管可能是非线性 DAC 的描述。作为量化非线性的第一步，图 6.32(b)所示的是 1 位 CT DAC 的模型，选择其中四个波形参数($w_0(t)$，$w_1(t)$，$w_2(t)$ 和 $w_e(t)$)，以使得模型根据输入数据生成正确的输出波形。②

---

① transition-error shaping。

② 图 6.32(b)的模型可以通过执行线性模型 $w_{lin}=w_0+w_1v[n]+w_2v[n-1]$ 对 w_{LH}，w_{HH}，w_{HL} 和 w_{LL} 响应的最小二乘拟合，然后计算残余 $w_{actual}-w_{lin}$ 来得到。我们从模型开始并将其与 w_{XX} 波形匹配，从而为读者提供这些细节。

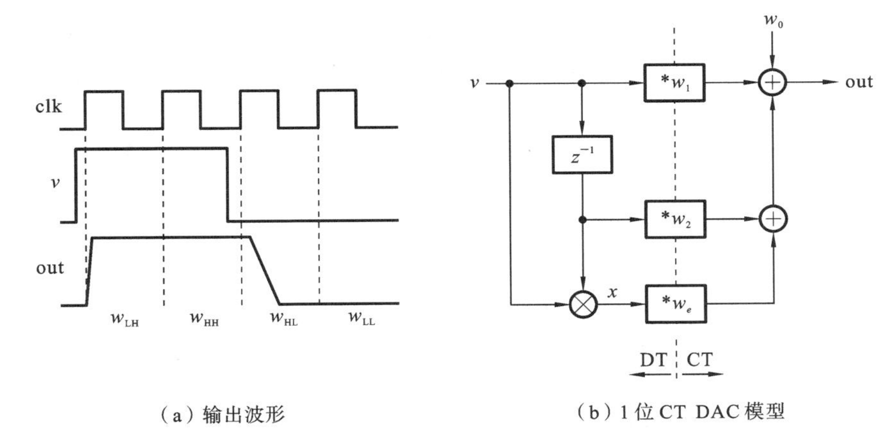

(a) 输出波形 (b) 1位 CT DAC 模型

图 6.32 1位 CT DAC 及其相关信号处理模型中的波形(注意,* 在模型中表示卷积)

表 6.1 列出了这个 DAC 以及其模型响应四个可能的 1 位输入对的输出。按照前面章节中使用的惯例,v 输入的输入字母表为$\{-1,+1\}$。为了使模型输出与实际 DAC 输出相匹配,我们要求

$$\begin{bmatrix} +1 & -1 & -1 & +1 \\ +1 & +1 & -1 & -1 \\ +1 & +1 & +1 & +1 \\ +1 & -1 & +1 & -1 \end{bmatrix} \begin{bmatrix} w_0 \\ w_1 \\ w_2 \\ w_e \end{bmatrix} = \begin{bmatrix} w_{LL} \\ w_{LH} \\ w_{HH} \\ w_{HL} \end{bmatrix} \tag{6.25}$$

根据 DAC 波形,可以反转以产生模型波形:

$$\begin{bmatrix} w_0 \\ w_1 \\ w_2 \\ w_e \end{bmatrix} = \frac{1}{4} \begin{bmatrix} +1 & +1 & +1 & +1 \\ -1 & +1 & +1 & -1 \\ -1 & -1 & +1 & +1 \\ +1 & -1 & +1 & -1 \end{bmatrix} \begin{bmatrix} w_{LL} \\ w_{LH} \\ w_{HH} \\ w_{HL} \end{bmatrix} \tag{6.26}$$

表 6.1 1位 DAC 的输出波形及其模型

$v[n-1]$	$v[n]$	DAC 输出	模型输出
-1	-1	w_{LL}	$w_0-w_1-w_2+w_e$
-1	$+1$	w_{LH}	$w_0+w_1-w_2-w_e$
$+1$	$+1$	w_{HH}	$w_0+w_1+w_2+w_e$
$+1$	-1	w_{HL}	$w_0-w_1+w_2-w_e$

根据 DAC 的输出波形计算模型参数后,我们现在可以讨论 CT DAC 的非线性的本质。首先,除了 w_0 和 w_e 两项,DAC 模型在数学意义上是线性的。w_0 项类似于 DT 情况下的直流失调,在直流和时钟频率的倍数处产生杂散,这种失调和时钟馈通项通常可以忽略,因为它们不会损坏信号的信息承载组件。w_e 项是条件更加苛刻的非线性项,为了使 DAC 成为线性,我们需要 $w_e=0$,即从式(6.26)的最后一行开始,它等于要求

$$w_{LL}+w_{HH}=w_{LH}+w_{HL} \tag{6.27}$$

对该结果的一种解释是,线性 CT DAC 必须遵循叠加原理。式(6.27)的另一个有用的见解是平衡差分 DAC 是自动线性的,因为在这样的 DAC 中,$w_{LL}=-w_{HH}$,$w_{LH}=-w_{HL}$。差分电流模 DAC 中不平衡的重要来源包括开关中的 V_T 不匹配和开关控制信号

中的延迟不匹配。因此，DAC 设计师的工作是设计使这些误差源足够小的 DAC 电路。

通过将 $w_e(t)$ 与离散时间序列进行卷积来获得 DAC 输出的非线性分量的频谱，有

$$x[n]=v[n]\cdot v[n-1] \tag{6.28}$$

如果 DAC 不切换，则 $x[n]$ 为 $+1$；如果 DAC 切换，则 $x[n]$ 为 -1，故 x 序列反映切换事件或转换的发生。因此，我们将 x 与 w_e 卷积得到的误差称为转换误差。由于时域中的卷积是频域中的乘法，因此转换误差的频谱等于 x 序列的频谱乘以 w_e 的傅里叶变换。所以，可以通过对 x 序列整形来整形转换误差。

图 6.33 所示的安排可用于整形多元 DAC 的 x 序列。除了 v 和 M 元矢量之外的所有标记信号，与基于矢量的失配整形一样，并且矢量量化器遵循 $\sum_i sv_i = v$。该系统可以划分为一个线性的环路滤波器和一个非线性的“量化器”，如图中虚线框所示。通过这种划分，我们可以将系统识别为输入 $\boldsymbol{x}_u$ 和输出 $\boldsymbol{x}_v$ 的 MOD1 的 M 来实现，但它还包含一个特殊的量化器。如果环路是稳定的，ΔΣ 理论告诉我们，对于恒定输入 $\boldsymbol{x}_u$，输出 $\boldsymbol{x}_v$ 包含一个等于 $\boldsymbol{x}_u$ 的直流项加上一阶整形噪声。由于 $\boldsymbol{x}_v$ 是转换(x)序列的向量，因此，我们得出结论，转换误差被一阶整形了。为了验证稳定运行的合理性，如果 $\boldsymbol{x}_{y_i}$ 为高(表示单元 i 的转换过多)，则相关比较器被偏置从而使关联位保持不变。

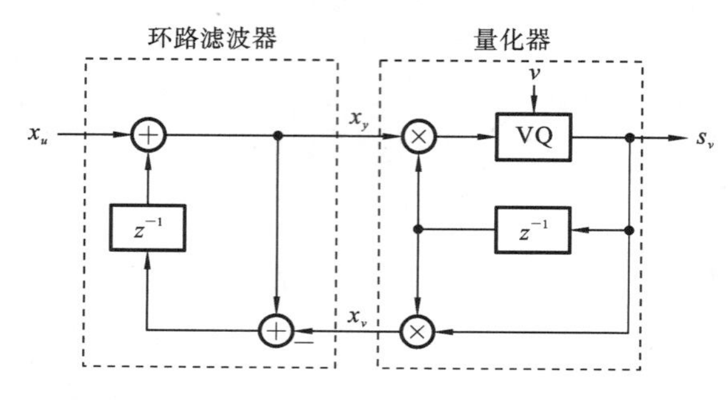

图 6.33 一阶转换误差整形的元件选择逻辑

与基于矢量的失配整形一样，转换误差整形环路的稳定性取决于整形函数和输入数据 v。然而，与基于矢量的失配整形相比，$\boldsymbol{x}_u$ 输入也影响环路的稳定性，并且与基于矢量的失配整形中的时变标量 su 信号不同，$\boldsymbol{x}_u$ 必须是常矢量。为 $\boldsymbol{x}_u$ 选择合适的值是一个开放性问题。使用 $\boldsymbol{x}_u=0$ 并将目标转换速率设置为 50%，当 v 接近$[-M, M]$范围的末端时，这是不支持的，因为只有少数 DAC 元件可以切换。一方面，当 $\boldsymbol{x}_u$ 为负时问题更严重，因为这样的设置增加了目标切换速率；另一方面，使 $\boldsymbol{x}_u$ 为正，虽然降低了目标切换速率，但使系统难以跟踪快速变化的信号。

图 6.34 所示的是当输入为 −3 dB 的低频($f=0.002$)正弦波时，$x_u=0.7$ 的仿真结果。这个元件使用图表明 $\boldsymbol{x}_u$ 的大正值导致斑点使用模式，这是可以预期的，因为每个周期切换的元件的平均数量是相对较小的值，即 $M(1-x_u)/2=2.4$。该频谱图表明，转换误差已被整形。该仿真最令人鼓舞的是，与普通温度计编码相比，二次谐波衰减超过 30 dB。由于进一步的仿真表明，系统容许 −3 dB 的输入频率高达 $f\approx0.1$，因此我们选择 $x_u=0.7$ 似乎是合理的。在不理想的一面，整形转换误差与未整形误差的交越频率为 $f\approx0.03$，因此转换误差整形对 OSR<16 几乎没有好处；而且 $f\approx0.07$ 附近的大的杂散能量也令人担忧。

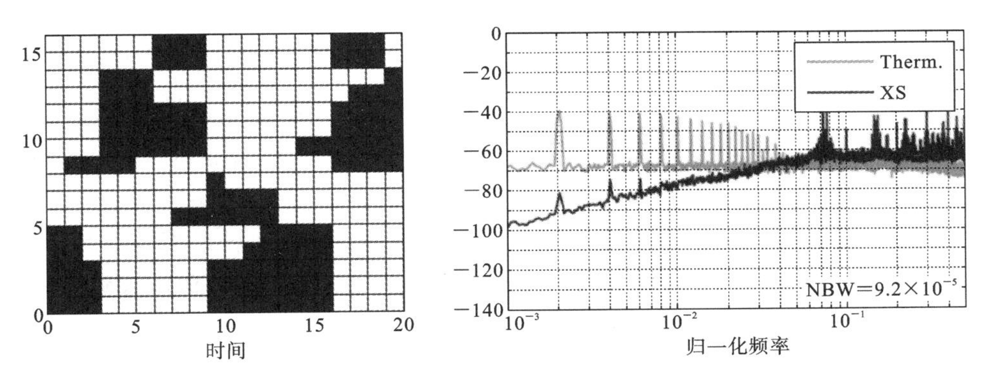

图 6.34 一阶转换误差整形(XS)使用模式示例及转换向量谱比较(−3 dB 输入，$x_u=0.7$)

作为技术前沿的失配整形系统的最后一个例子，图 6.35 描述了一个结合了失配整形和转换误差整形的系统[17]。在该系统中，失配整形环路的输出和转换误差整形环路的输出分别加权 α 和($1-\alpha$)。设计者根据两个误差源的相对大小选择 α。

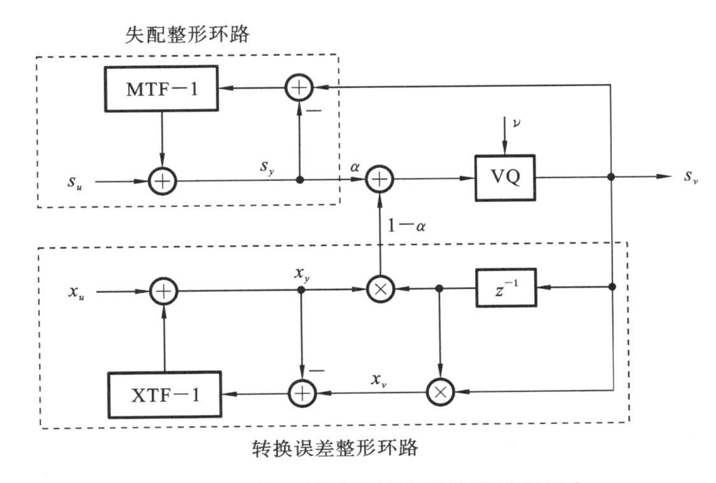

图 6.35 失配整形和转换误差整形相结合

为了证明这种安排是可行的，图 6.36 绘制了一个将一阶转换误差整形与二阶失配整形相结合的系统的使用模式以及 s_v 和 x_v 信号的频谱。由于 x_u 是正的，因此使用模式再次具有斑点外观，但现在选择矢量和转换矢量的频谱都被整形。

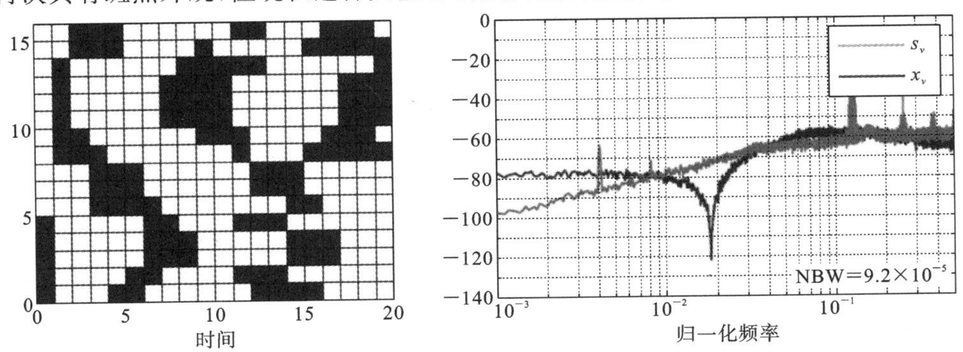

图 6.36 失配误差整形和转换误差整形相结合的仿真性能

($\alpha=0.5$；$x_u=0.5$；在 $f=0.002$ 处输入为 −3 dB)

6.8 总结

在本章中，我们研究了各种由 M 个 1 位 DAC 元件组成的多位 DAC 的线性度增强技术。这些失配整形方案的一个重要特征是它们在不知道实际元件误差的情况下运行。我们发现随机选择元件会将由静态元件不匹配引起的误差转换为白噪声，而以旋转方式选择元件可实现一阶整形。我们发现，使用 Bi-DWA 或抖动树形结构变体的一阶失配整形分别减少或消除了音调，但是以失配抑制为代价。我们展示了使用包含多个改进 ΔΣ 环路的更复杂硬件可以进行高阶整形。

除静态元件不匹配外，我们还讨论了单比特 CT DAC 的动态特性，并发现转换误差也可以被整形。通过将失配整形环路与转换误差整形环路相结合，可以同时实现转换误差和失配误差的整形。转换误差整形的研究还处于起步阶段，鼓励有志于此者进一步发展它。对于此类技术的最新评论以及更广泛的参考文献，请参阅参考文献[18]。

ΔΣ 工具箱包含与元件选择相关的几个函数：ds_therm（温度计编码选择），simulateMS（基于矢量的失配整形，包括旋转），simulateSwap（蝶形洗牌器），simulateTSMS（树形结构整形器），simulateBiDWA（双向数据加权平均），simulateXS（转换误差整形）和 simulateMXS（失配整形与转换误差整形环路结合）。

参考文献

[1] M. Sarhang-Nejad and G. C. Temes, "A high-resolution multibit ΣΔ ADC with digital correction and relaxed amplifier requirements", *IEEE Journal of Solid-State Circuits*, vol. 28, pp. 648-660. June 1993.

[2] R. T. Baird and T. S. Fiez, "Improved ΔΣ DAC linearity using data weighted averaging", *Proceedings of the* 1995 *IEEE International Symposium on Circuits and Systems*, vol. 1, pp. 13-16, May 1995.

[3] B. H. Leung and S. Sutarja, "Multi-bit Σ-Δ A/D converter incorporating a novel class of dynamic element matching", *IEEE Transactions on Circuits and Systems II*, vol. 39, pp. 35-51. Jan. 1992.

[4] H. S. Jackson, "Circuit and method for cancelling nonlinearity error associated with component value mismatches in a data converter", U. S. patent number 5221926, June 22, 1993 (filed July 1, 1992).

[5] M. J. Story, "Digital to analogue converter adapted to select input sources based on a preselected algorithm once per cycle of a sampling signal", U. S. patent number 5138317, Aug. 11, 1992 (filed Feb. 10, 1989).

[6] W. Redman-White and D. J. L. Bourner, "Improved dynamic linearity in multi-level ΣΔ converters by spectral dispersion of D/A distortion products", *IEEE Conference Publication European Conference on Circuit Theory and Design*, pp. 205-208, Sept. 5-8, 1989.

[7] Yang, W. Schofield, H. Shibata. S. Korrapati, A. Shaikh, N. Abaskharoun, and D. Ribner, "A 100 mW 10 MHz-BW CT ΔΣ modulator with 87 dB DR and 91 dBc

IMD", *Proceedings of the 2008 IEEE International Solid-State Circuits Conference*, pp. 498-499. Feb. 2008.

[8] R. W. Adams and T. W. Kwan, "Data-directed scrambter for multi-bit noise-shaping D/A converters", U. S. patent number 5404142, April 4, 1995 (filed Aug. 1993).

[9] D-H. Lee and T-H. Kuo, "Advancing data weighted averaging technique for multi-bit sigma-delta modulators", *IEEE Transactions on Circuits and Systems II*, vol. 54, no. 10, pp. 838-842. Oct. 2007.

[10] I. Fujimori, L. Longo, A. Hairapetian, K. Seiyama, S. Kosic, J. Cao, and S. L. Chan, "A 90 dB SNR 2.5 MHz output-rate ADC using cascaded multibit delta-sigma modulation at 8×oversampling ratio", *IEEE Journal of Solid-State Circuits*, vol. 35, no. 12, pp. 1820-1828, Dec. 2000.

[11] J. Welz and I. Galton, "Simplified logic for first-order and second-order mismatch-shaping digital-to-analog converters", *IEEE Transactions on Circuits and Systems II*, vol. 48, no. 11, pp. 1014-1027, Nov. 2001.

[12] J. Welz and I. Galton, "A tight signal-band power bound on mismatch noise in a mismatch-shaping digital-to-analog converter", *IEEE Transactions on Information Theory*, vol. 50, no. 4, pp. 593-607, Apr. 2004.

[13] R. Schreier and B. Zhang, "Noise-shaped multibit D/A convertor employing unit elements", *Electronics Letters*, vol. 31, no. 20, pp. 1712-1713, Sept. 28, 1995.

[14] A. Yasuda, H. Tanimoto, and T. lida. "A third-order Δ-Σ modulator using second-order noise-shaping dynamic element matching", *IEEE Journal of Solid-State Circuits*, vol. 33, pp. 1879-1886. Dec. 1998.

[15] K. Q. Nguyen and R. Schreier, "System and method for tri-level logic data shuffling for oversampling data conversion", U. S. patent number 07079063, July 18. 2006 (filed Apr. 18, 2005).

[16] K. L. Chan and I. Galton, "A 14b 100 MS/s DAC with fully segmented dynamic element matching", in *Proceedings of the IEEE International Solid-State Circuits Conference*, pp. 2390-2399. Feb. 2006.

[17] L. Risbo, R. Hezar, B. Kelleci, H. Kiper, and M. Fares, "Digital approaches to ISI-mitigation in high-resolution oversampled multi-level D/A converters", *IEEE Journal of Solid-State Circuits*, vol. 46, no. 12, pp. 2892-2903. Dec. 2011.

[18] A. Sanyal and N. Sun. "Dynamic element matching techniques for static and dynamic errors in continuous-time multi-bit ΔΣ modulators", *IEEE Journal on Emerging and Selected Topics in Circuits and Systems*, vol. 5, no. 4, pp. 598-611, Dec. 2015.

7

离散时间 ΔΣADC 的电路设计

本章介绍开关电容 ΔΣADC 的电路设计，首先用一个简单的低速 1 位二阶调制器来说明电路设计的主要考虑因素，然后介绍更先进的电路、技术和分析。

7.1　SCMOD2：二阶开关电容 ADC

为实现标准 MOD2 框图（见图 7.1），我们需要能进行积分、求和、1 位量化和 1 位反馈的电路。在我们学习如何设计这些电路之前，让我们选择一些目标 ADC 指标。

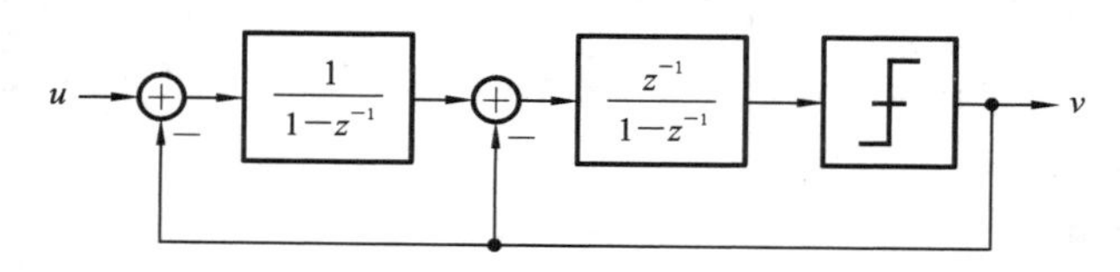

图 7.1　标准 MOD2 框图

表 7.1 列出了我们提出的指标。带宽为 1 kHz 的 ADC 可用作片上电压监视器或低速校准引擎的一部分。由于选择 1 MHz 的时钟速率会产生 500 的过采样率，因此二阶调制器提供的 SQNR 约为 120 dB，故 100 dB SNR 目标非常可行。为简化电路设计，我们将使用 1.8 V 电源。虽然当前纳米 CMOS 工艺的核心电源电压为 1.0 V 或更低，但大多数此类工艺支持使用 1.8 V 器件做 IO 供电器件[①]。因此，即使在现代 CMOS 工

表 7.1　SCMOD2 的规格

参数	符号	值	单位
带宽	f_B	1	kHz
采样频率	f_s	1	MHz
信噪比	SNR	100	dB
电源电压	Vdd	1.8	V

① 对 CMOS IC 而言，有第二个供电电源即 IO（输入/输出）电源是很普遍的，IO 用作与其他 IC 的接口。模拟设计师常常利用 IO 电源的优点。

艺中，该设计实例的电路也是实用的。

7.2 高级设计

7.2.1 NTF 选择

具有 $NTF(z)=(1-z^{-1})^2$ 的 MOD2 的标准版本是常用的，但我们建议使用不太激进的 NTF，以便当输入接近满量程时其调制器的性能更加良好。下面的代码片段创建了一个 NTF，并使用 SQNR 关于幅度的曲线评估其性能（见图 7.2）。由于理想峰值 SQNR 为 120 dB，因此量化噪声比目标噪声电平低 20 dB。该裕度通常位于将理想 SQNR 与目标 SNR 分开 10～20 dB 范围的宽端。

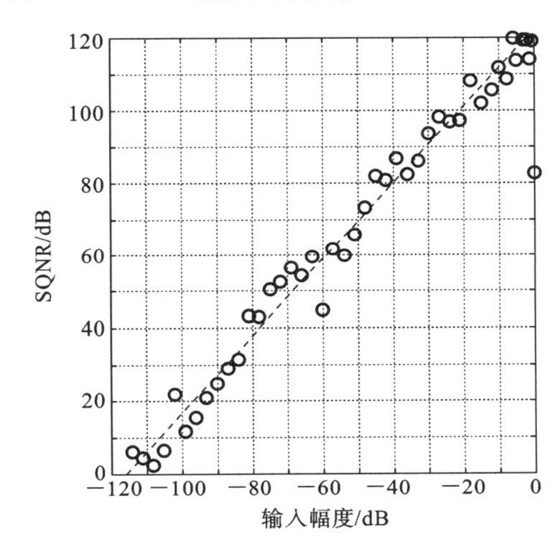

图 7.2 SQNR 随输入幅度变化的仿真结果

```
% Create a second-order NTF
order=2;
osr=500;
M=1;
ntf=synthesizeNTF(order,osr);
% Plot the SQNR vs.amplitude curve
[sqnr,amp]=simulateSNR(ntf,osr,[],[],M+1);
plot(amp,sqnr,'-o','Linewidth',1);
...
```

7.2.2 电路实现以及动态范围缩放

在将方框图转换为电路时，我们需要确保每个节点的信号幅度在驱动该节点的放大器范围内。遗憾的是，图 7.1 中的框图未提供有关积分器输出信号摆幅的信息。即使我们掌握了这些信息，也无法做任何事情来确保这些摆幅与电路兼容。为了弥补这一遗漏，我们需要确定每个积分器输出的摆幅，然后对每级进行缩放，使其输出在我们的运算放大器的预期范围内。

如 4.7.1 节和图 7.3 所示，为了将特定状态(x)向下缩放 k 倍，简单地将所有输入系数除以 k，并将所有输出系数乘以 k。

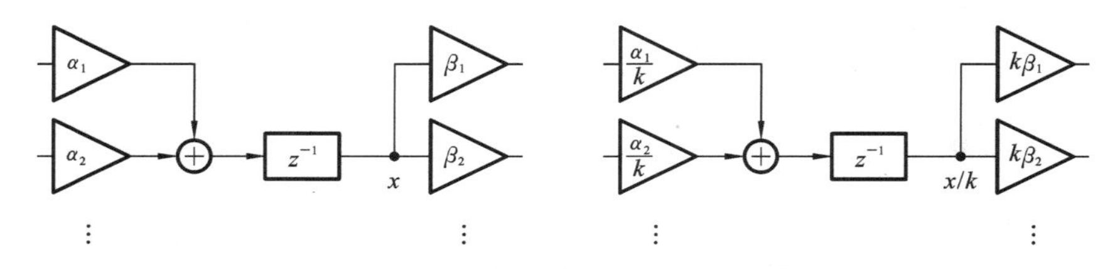

图 7.3　状态缩放

下面的代码片段使用 CIFB 拓扑可以实现上述 NTF，并使用 ΔΣ 工具箱函数(见附录 B)执行如上所述的动态范围缩放。在如图 7.4 所示的相关框图中，除 c_2 外的所有系数将转换为电容比。c_2 系数是无关紧要的，因为 1 位量化器只关心其输入的符号，而 c_2 的值是正号。

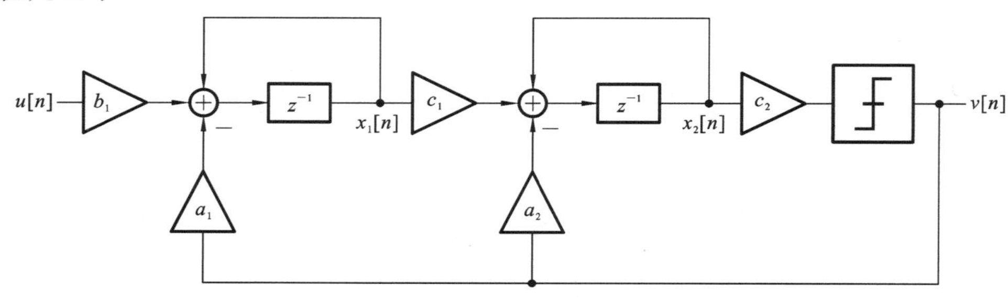

图 7.4　二阶 CIFB 调制器

```
…
form='CIFB';
swing=0.5;     % Amplifier output swing,Vp
umax=0.9* M;   % Scale system for inputs up to 0.9 of full-scale
[a,g,b,c]=realizeNTF(ntf,form);
b(2:end)=0;
ABCD=stuffABCD(a,g,b,c,form);
ABCD=scaleABCD(ABCD,M+1,[],swing,[],umax);
[a,g,b,c]=mapABCD(ABCD,form);
% Yields a=[0.1131 0.1829];b=0.1131;c= [0.4517 4.2369]
```

7.3　开关电容积分器

图 7.5 所示的是我们的第一个基本模块：开关电容(switched-capacitor，SC)积分器。在该电路中，每个时钟周期被分成两相，并且电路在由相位开关限定的两个配置之间切换。在相 1 期间，标记为“1”的开关接通，标记为“2”的开关断开；在相 2 期间，则反之。此外，相 1 开关与相 2 开关不会同时接通。

要了解此电路的工作原理，请考虑图 7.6 所示的两种配置。在相 1 期间，C_1 被充电到输入电压 $v_i[n]$并且 C_2 保持在前一相 2 期间的电荷。在相 2 期间，C_1 在左侧接地并且在右侧接虚地。如果运算放大器的增益为无穷大，则 C_1 上的电荷被驱动为零。然

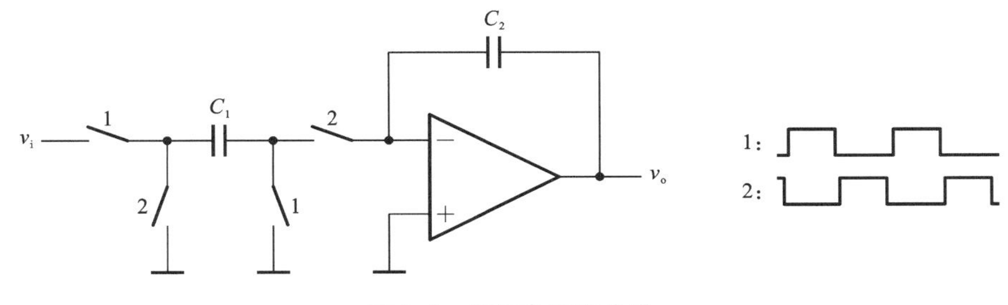

图 7.5 开关电容积分器

而，根据电路的拓扑结构，来自 C_1 的电荷必须累积在 C_2 上，因此有

$$q_2[n+1]=q_2[n]+q_1[n] \tag{7.1}$$

对式(7.1)进行 z 变换可得

$$\frac{Q_2(z)}{Q_1(z)}=\frac{z^{-1}}{1-z^{-1}} \tag{7.2}$$

因为 $Q_1(z)=C_1V_i(z)$，$Q_2(z)=C_2V_o(z)$。我们得出结论，图 7.5 中的电路实现了一个具有比例因子 C_1/C_2 的延迟积分器，即

$$\frac{V_o(z)}{V_i(z)}=\frac{C_1}{C_2}\frac{z^{-1}}{1-z^{-1}} \tag{7.3}$$

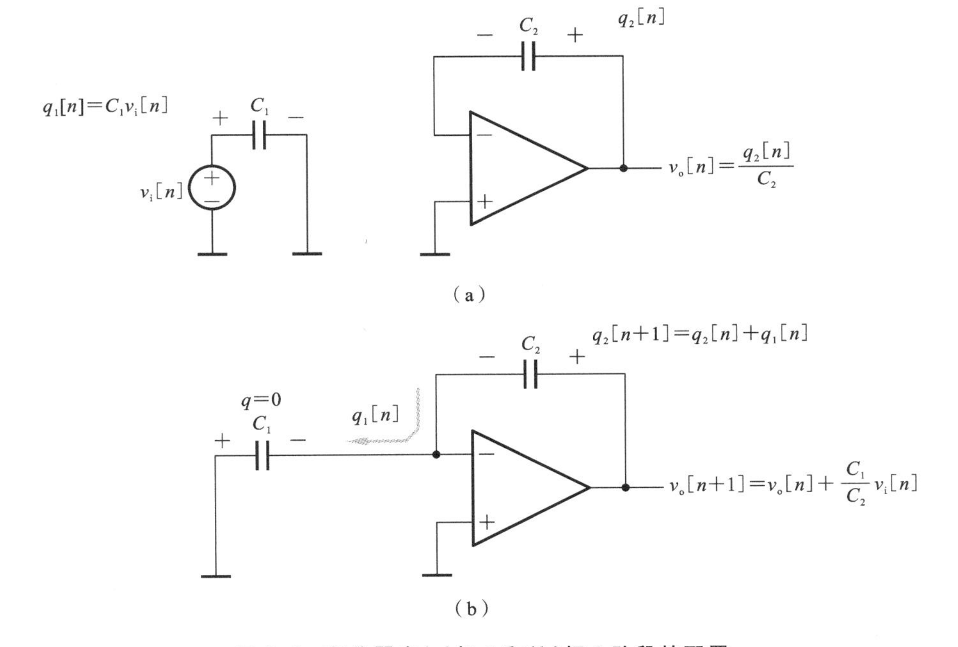

图 7.6 积分器在(a)相 1 和(b)相 2 阶段的配置

图 7.5 中的电路通常被描述为对寄生不敏感，因为从开关节点到地的寄生电容不会影响传递函数。要了解此属性，首先考虑从 C_1 左侧到地的寄生电容，该寄生电容在相 1 阶段充电到 v_i，然后在相 2 阶段通过地进行放电。虽然这听起来与 C_1 相似，但放电路径仅通过相 2 开关，因此该寄生电容上没有电荷被转移到 C_2。故 C_1 左侧的寄生电容不会改变积分器的传递函数。

接下来考虑从 C_1 右侧到地的寄生电容。该电容的顶部交替连接到地然后连接到虚地。结果，该寄生电容器不能保存任何电荷，因此在积分器的传递函数中不起作用。通过遵循与电路中其他节点类似的推理，读者可以验证从任何节点到地的寄生电容不会改变式(7.3)。

图 7.7 所示的电路由两个连接到同一放大器的开关电容器支路组成。通过叠加原理，得出

$$V_o(z)=\left(\frac{C_1}{C}V_1(z)+\frac{C_2}{C}V_2(z)\right)\frac{z^{-1}}{1-z^{-1}} \tag{7.4}$$

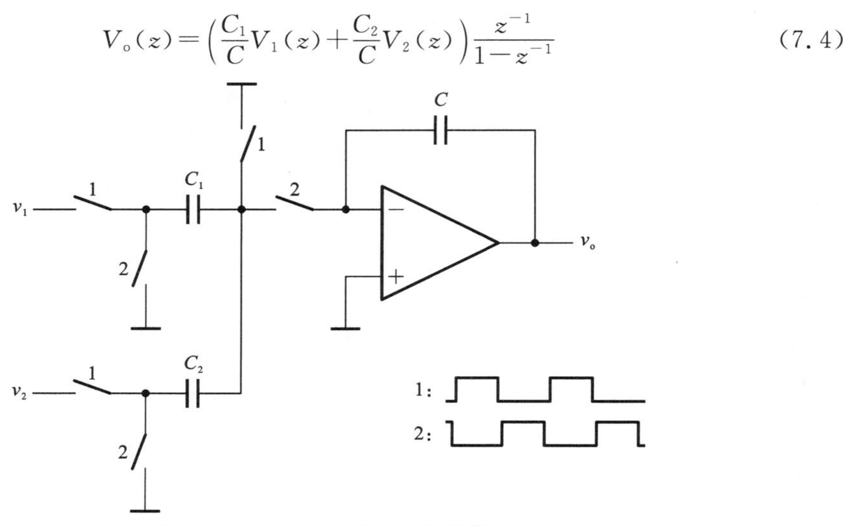

图 7.7 两输入开关电容积分器

因此，图 7.7 中的电路实现了求和和积分的功能。实际上，当 $v[n]$为-1 时将 v_2 连接到$+V_{\text{ref}}$，当 $v[n]$为$+1$ 时将 v_2 连接到$-V_{\text{ref}}$，第二个分支实现一位反馈 DAC，其极性如图 7.1 所示。所以，图 7.7 中的电路实现了求和与积分。

图 7.8 所示的是备选开关电容拓扑及其相关的时序图以及图 7.4 中的差分方程(连接 v 到开关的虚线表示 1 位 DAC，即连接到$\pm V_{\text{ref}}$并由 v 控制的一对开关)。第一个差分方程表示 $v[n]$取决于 $x_2[n]$，这与原理图和时序图一致，因为 $x_2[n]$在相 2 结束时可用，而

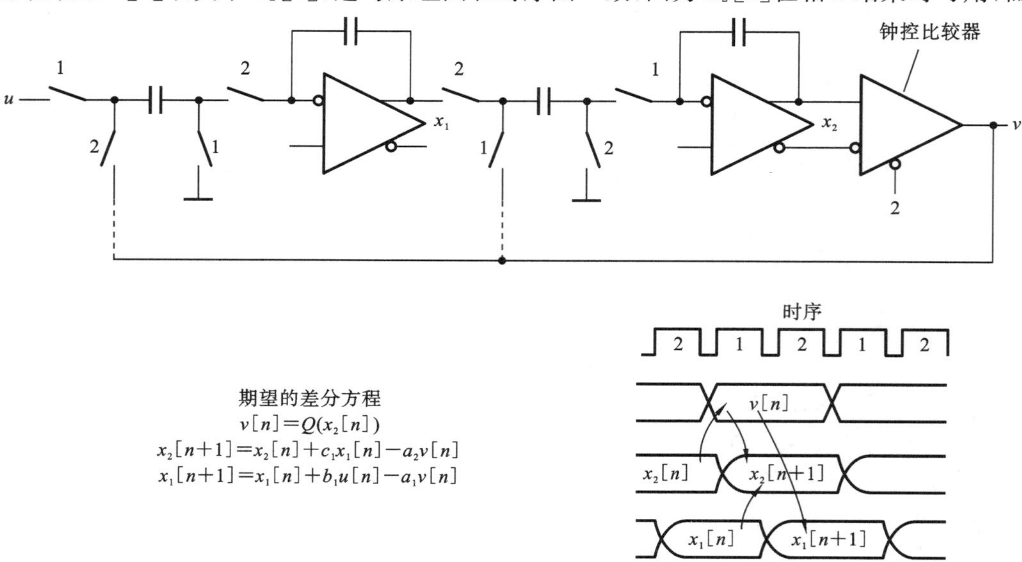

图 7.8 MOD2 的备选拓扑及其相关的时序图

$v[n]$由比较器在相2时钟的下降沿产生。第二个等式表明$x_2[n+1]$取决于$x_1[n]$和$v[n]$，这又与原理图和时序图一致，因为图7.8中，$v[n]$在下一个相1可用，$x_1[n]$在前一个相2被采样。最后一个等式表明，$x_1[n+1]$取决于$v[n]$，这又与电路和时序图一致，因为$x_1[n+1]$是在相2产生，此时$v[n]$存在（$x_1[n+1]$对$u[n]$的依赖性并不重要，因为u只连接到第一个积分器，因此我们可以自由地为u波形分配任意时序标签）。①

7.3.1 积分器变形

图7.9所示的是一个兼有积分器、加法器和反馈DAC的差分版本。该图显示了由电压i_{cm}，u_{cm}和v_{cm}驱动的三个不同的共模节点。这些电压代表设计者的自由度。例如，i_{cm}是放大器的输入共模电压，设计人员可根据放大器的需要自由选择电压大小。同样，u_{cm}是输入信号u的共模电压，v_{cm}是参考电压的共模电压。只要在u_{cm}上提供的电压与实际输入的共模电压之间，或者在v_{cm}上提供的电压与参考电压的实际共模电压之间不匹配，就会在放大器输入端引入共模误差电压。设计人员应确保放大器具有足够的输入共模范围以包容此类错误。则有

$$u_{cm}=(u_p+u_n)/2 \tag{7.5}$$

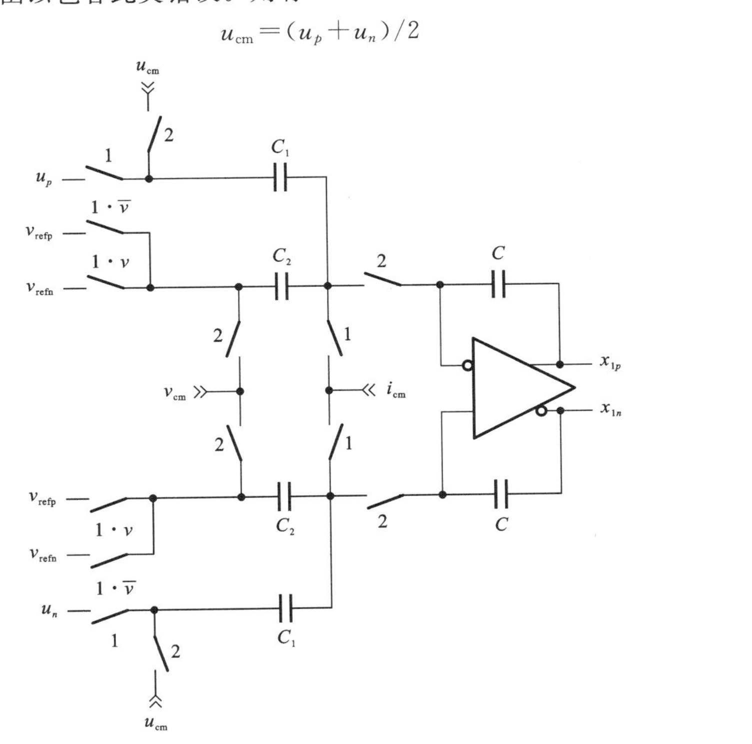

图7.9 带独立输入和DAC电容器的差分型积分器

① 这种方法偏离了开关电容滤波器设计的标准实践。在标准方法中，设计者选择相1或相2阶段的末端作为时间n和时间$n+1$的分界线，然后使用每个模块的z域描述来处理电路。图7.8所示的电路对标准方法提出了两个挑战：首先，当$v[n]$和$x_2[n]$同时出现，由于没有时间，我们无法在时间n和时间$n+1$之间做出一致的区分；其次，一个模块的z域描述不是唯一的。例如，如果我们选择相2的末端作为时间n和时间$n+1$的分界线，那么第二个积分器被描述为一个延迟传递函数；而如果我们选择相1的末端作为时间n和时间$n+1$的分界线，那么这个传递函数是非延迟的。事实上，积分器可以被认为对一个输入延迟而对另一个输入不延迟。由于这些原因，我们选择放弃标准方法，而直接验证差分方程。

和

$$v_{cm}=(v_{refp}+v_{refn})/2 \tag{7.6}$$

接下来，仅观察开关电容电路中驱动电容器的运算放大器。当电路响应相位变化时，运算放大器的输出电流衰减到零，该特性允许运算放大器具有任意大的输出电阻，因此具有高输出电阻的简单跨导放大器为开关电容器电路提供了完美可用的高增益运算放大器。这种放大器的首字母缩写词是 OTA(operational transconductance amplifier)，它代表运算跨导放大器。

图 7.10 所示的是前述积分器的简化版本，其中同一个电容用于对输入进行采样(在相 1 阶段)并应用于反馈(在相 2 阶段)。这种配置的噪声比图 7.9 所示的电路低 3 dB(噪声在 7.18 节中讨论)，但它要求输入满量程电压等于参考电压，并且还容易受到共模电压不匹配的影响。

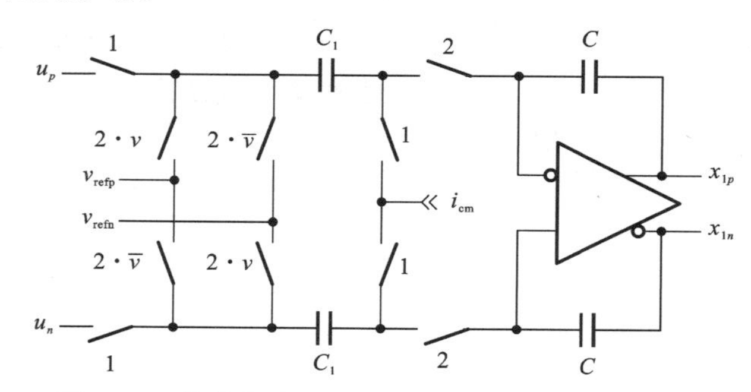

图 7.10　带共享输入和 DAC 电容器的差分型积分器

图 7.11 所示的是一个接受单端输入的积分器，其反馈 DAC 使用与用于采样输入相同的电容。此外，该电路使用 $V_{ref}=V_{dd}$①。由于我们设想的 ADC 应用之一是电压监视器，因此具有范围为$[V_{ss},V_{dd}]$的单端输入似乎非常合适。出于这个原因，我们对第一个积分器采用这种拓扑结构。

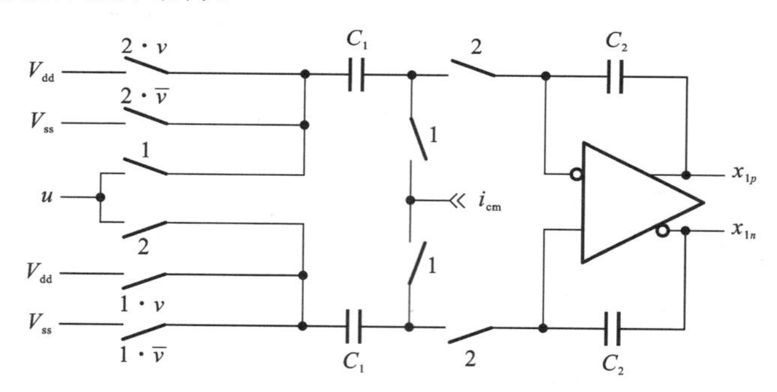

图 7.11　带单端到差分转换的差分型积分器

但是，此时必须注意，因为图 7.11 中的电路使用的时序与图 7.8 中假设的时序略有不同，特别是，图 7.8 显示 $v[n]$在相 2 期间被反馈到第一个积分器，而在图 7.11 中，$v[n]$在相 2 和前一个相 1 被采样。幸运的是，如图 7.8 所示的时序图，$v[n]$两次都可

① 在实际应用中，以供电电压为基准，在面对供电噪声的情况下，需要进行较强的滤波，才能达到较高的转换精度。文献[1]介绍了一种采用两步粗/细充电方案和一个外部电容的合适电路，该电路采用 2 Hz 低通滤波器对电源电压进行有效滤波。

用，因此我们可以使用图 7.11 中的电路作为我们系统中的第一个积分器。另外，我们注意到，如果选择 CRFB 拓扑结构，情况可能不好。

图 7.12 所示的是图 7.9 的一个版本，其中输入共模和参考共模开关已被差分短路开关取代。这种通过简单的连接能自动找到所需的共模电压，并且由一个开关取代了两个开关，该开关的电阻可以是两个原始开关的两倍。由于该电路将输入和反馈加权解耦，并且由于示例调制器中的第二积分器使用不相关的系数 a_2 和 c_1，因此将该电路用于第二积分器。

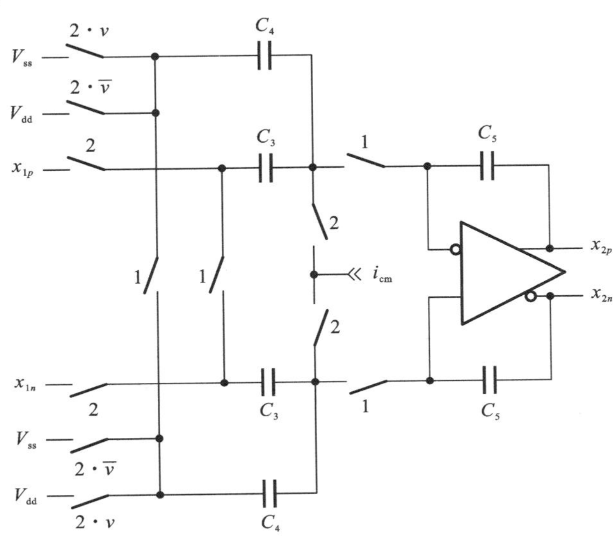

图 7.12　SCMOD2 中的第二个积分器

图 7.13 所示的是一个积分器，其中 DAC 电容器在相 2 期间既不短接也不连接到 v_{cm}，相反，DAC 电容器连接到相反极性的参考电压源。这样做可以使参考电压加倍，从而产生比图 7.9 所示电路更低的噪声。

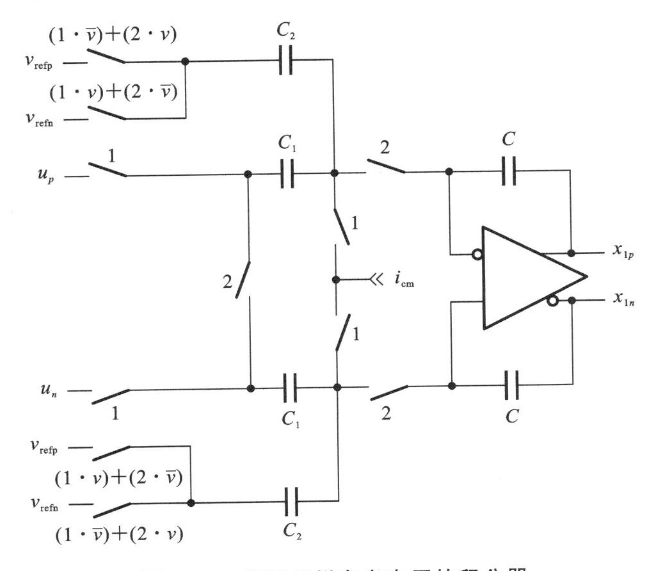

图 7.13　带双采样参考电压的积分器

作为积分器变形的最终结果，图 7.14 所示的是一个输入结构，它将输入衰减了 20%，以防止调制器过载。由于 $V_{fullscale}/V_{ref}$ 的比率取决于电容器匹配，代价是 SNR 减小 2 dB 和直流精度的损失。

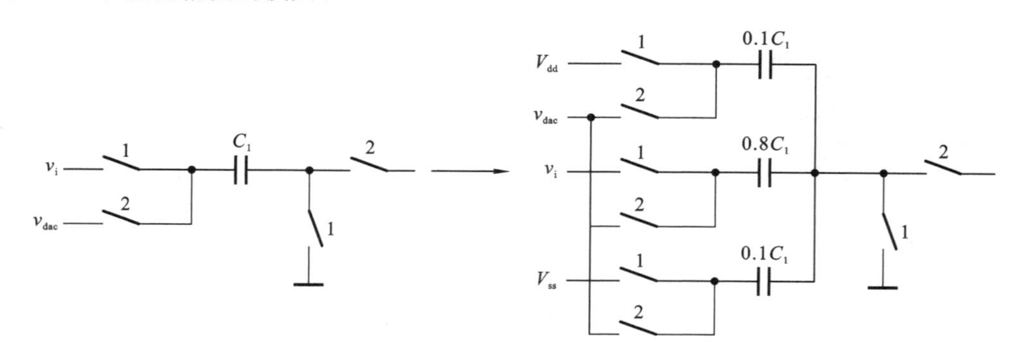

图 7.14 输入电压缩放和平移

7.4 电容大小

第一级的电容比可以使用下述其中任何一个式子来计算，即

$$a_1=\frac{C_1V_{ref}}{C_2}=\frac{C_1V_{dd}}{C_2} \tag{7.7}$$

或

$$b_1=\frac{C_1V_{FS}}{MC_2}=\frac{C_1V_{dd}}{C_2} \tag{7.8}$$

因为 $a_1=b_1$，所以两次计算都得出相同的结果①。

C_1 的绝对值由热噪声约束确定。相对于满量程($V_p=V_{dd}/2$)正弦波功率，均方噪声电压产生的信噪比为 103 dB(100 dB 加 3 dB 余量)，

$$\overline{v_n^2}=\frac{(V_{dd}/2)^2/2}{10^{SNR/10}}=\frac{(0.9)^2/2}{10^{(103/10)}}=(4.5\ \mu V)^2 \tag{7.9}$$

与第一个积分器相关的带内输入参考均方噪声电压近似为②

$$v_n^2=\frac{kT}{OSR\cdot C_1} \tag{7.10}$$

令式(7.9)等于式(7.10)，得到 $C_1=0.4$ pF，并将该值插入式(7.8)得到 $C_2=6.5$ pF。我们得到第一个积分器所需的电容。

c_1 系数指定连接第一个积分器和第二个积分器的加权因子：

$$c_1=\frac{C_3}{C_5} \tag{7.11}$$

并且，对于 a_1 系数类似于式(7.7)，a_2 与反馈电容 C_4 和 1 位 DAC 的差分参考电压($\pm V_{dd}$)相关，即

---

① DAC 系数，如 a_1，包括 DAC 参考电压，因为信号 v 是无单位的，而我们的状态稳定赋予了信号 x_1 电压的量纲。根据 ΔΣ 工具箱的约定，u 也被归一化以匹配 v，因此将 b_1(与 u 相乘)与电容比关联的表达式包括满量程电压。

② 第 7.18 节表明，差分型积分器的噪声约为 $4kT/C_1$。OSR 因子出现在式(7.10)中是因为我们对噪声的带内部分感兴趣，而 4 的因子消失是因为图 7.11 的电路做了单端到差分转换。

$$a_2=\frac{C_4 V_{dd}}{C_5} \tag{7.12}$$

然而,由于过采样率高,第二积分器的带内热噪声被第一积分器的增益严重衰减,从而使得第二级噪声约束不重要。相反,我们将最小的电容(C_4)设置为 10 fF,并使用式(7.11)和式(7.12)计算其他电容。不可否认,10 fF 是一个任选值。如果该过程以足够的精度支持较小的值,那么选择较小的电容可以节省一些功率,但正如我们将看到的那样,节省的功率很小。下面通过代码对电容器的计算进行总结。

```
% Compute capacitor sizes
Vdd=1.8;
Vref=Vdd;
FullScale=Vdd;
DR=100+3;    % Dynamic range in dB,plus 3-dB margin
k=1.38e-23;T=300;kT=k*T;
% First stage values based on kT/C noise
v_n2=(FullScale/2)^2/2/undbp(DR);    % =kT/(osr*C1)
C1=kT/(osr*v_n2);
C2=C_1/b(1)*FullScale/M;
% Second-stage values based on C4=10f

C4=10e-15;
C5=C4*Vref/a(2);
C3=C5*c(1);
% Yields C1=410f,C2=6.49p,C3= 44f,C4= 10f,C5= 98f
```

7.5　初步验证

手动验证所选拓扑的可行性后,需要仿真我们的原理图(见图 7.15),以确保它实现所需的差分方程。由于 ΔΣ 调制器很难通过闭环仿真进行调试,因此在关闭环路并验证调制器的整体之前进行开环仿是明智的选择。

要验证环路滤波器,我们建议检查其脉冲响应是否与预期响应匹配,可以使用 ΔΣ 工具箱函数 impL1 计算。要对电路执行此检查,我们需要一个代替量化器的模块提供脉冲 $v=\{1,0,0,\cdots\}$ 给出反馈路径。不幸的是,单比特 DAC 只能接受 $v=\pm 1$ 的值。为了克服这个限制,我们改为仿真环路滤波器两次,首先使用 DAC 输入序列

$$v_1=\{-1,+1,-1,+1,-1,+1,\cdots\} \tag{7.13}$$

然后用

$$v_2=\{+1,+1,-1,+1,-1,+1,\cdots\} \tag{7.14}$$

由于环路滤波器是线性的,因此它对脉冲 $\delta=(v_2-v_1)/2$ 的响应是从 v_2 的响应中减去 v_1 的响应,然后除以 2。图 7.16 将预测的响应与此检查的结果进行了比较。由于仿真结果(实线)通过预测点(标记为×),我们可以确信环路滤波器和反馈 DAC 正常运行。

我们推荐的第一个闭环检查是带有直流输入的短暂瞬态仿真。图 7.17 所示的是直流输入为 $90\%V_{dd}$,以及在 40 个时钟周期内的仿真输入、输出和内部信号。注意,稳定的积分器输出应在规定的 ± 0.5 V 限制内,并且 v 的运行平均值按 V_{dd} 缩放,

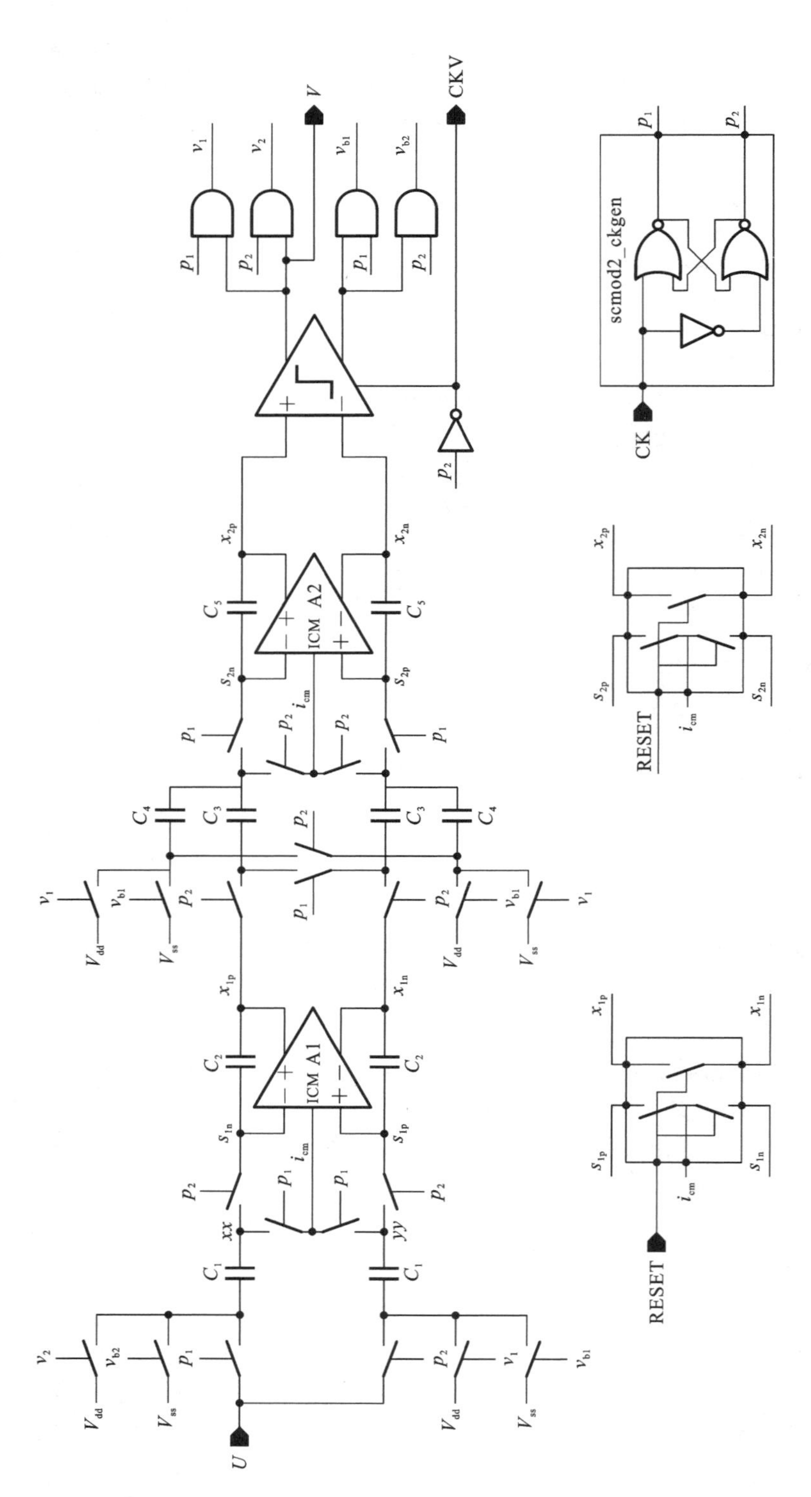

图 7.15　MOD2 的电路图

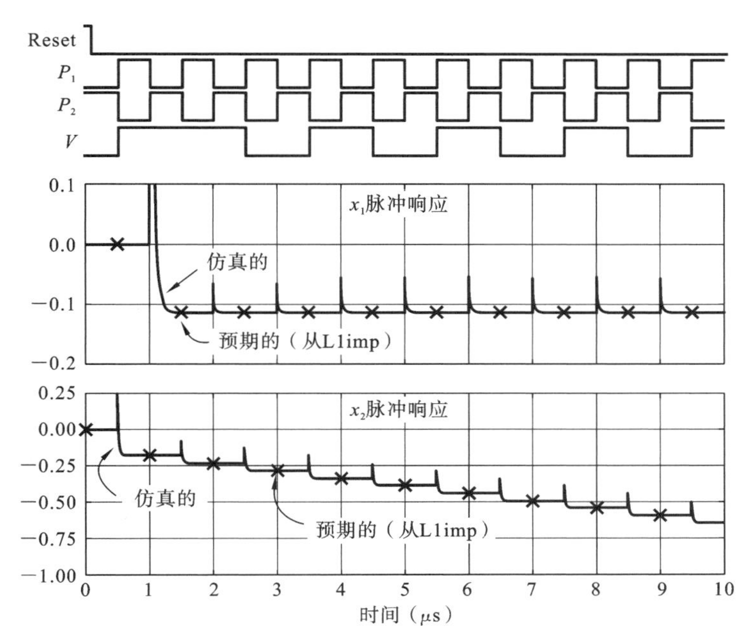

图 7.16　脉冲响应检查

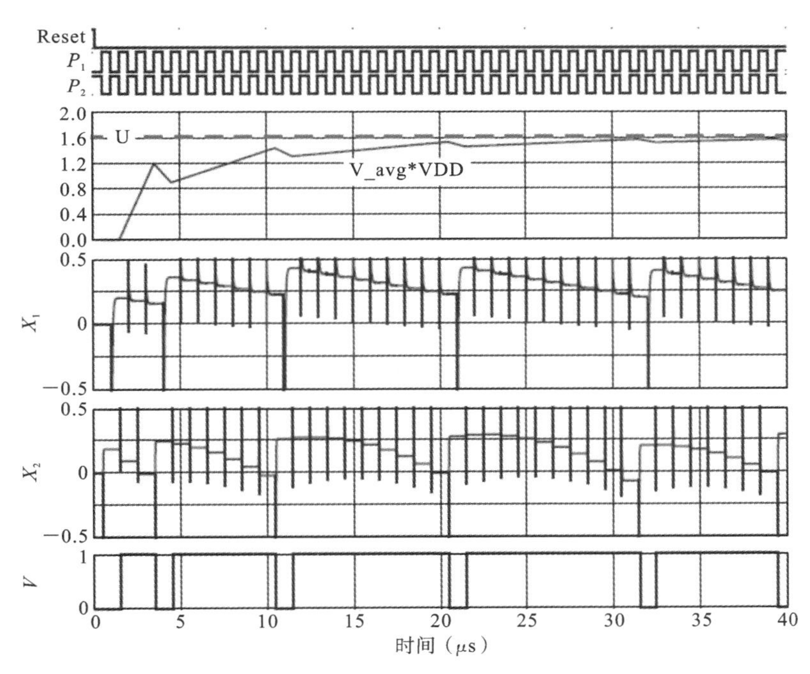

图 7.17　带直流输入的短时瞬态仿真

接近输入信号[①]。这些观察结果增加了我们对电路按预期运行的信心。

然而，调制器真正起作用的主要证据是具有正弦波输入的闭环仿真。由于 OSR 如此之高，因此为了准确地确定调制器的 SQNR，需要运行非常长的仿真。一个好的做法

① 由于输入是单极性的，在图 7.17 中，我们把 v 的两个值解释为{0,1}而不是{−1,+1}。

是进行短仿真，以验证调制器是否稳定，并在运行长仿真之前演示噪声整形。但在图 7.18 中，我们仅提供长(2^{16}个时钟周期)仿真的结果：具有 40 dB/decade 特性的二阶噪声整形是显而易见的。SQNR 比从 ΔΣ 工具箱中获得的噪声低 6 dB，但可以使我们的仿真容差达到观察，即远高于 100 dB 的 SQNR 的要求。类似地，H_3 的值表示大于 −105 dB 的失真项不太可能是由于仿真设置。现在让我们继续讨论一些晶体管级电路。

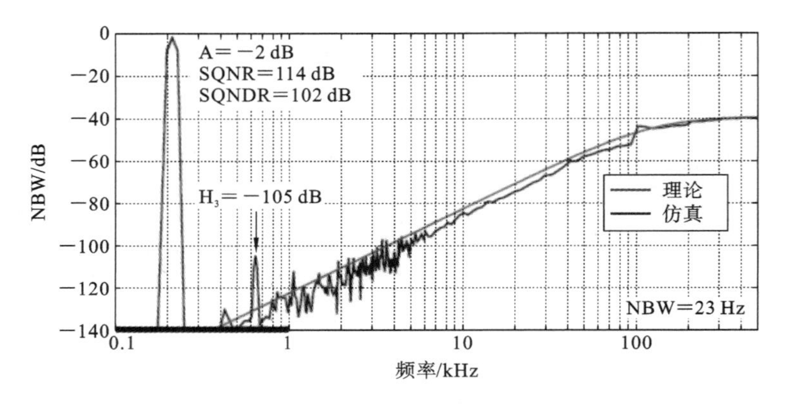

图 7.18 行为级仿真的频谱图

7.6 放大器设计

图 7.19 所示的是具有 NMOS 或 PMOS 输入对的折叠共源共栅放大器。差分对的输出和相反极性的共栅管的源极之间的折叠连接提供了宽输入共模范围，而输出支路中的共源共栅电流源提供高输出阻抗并因此提供高运算放大器增益。接下来我们将研究该电路的一些设计考虑因素。

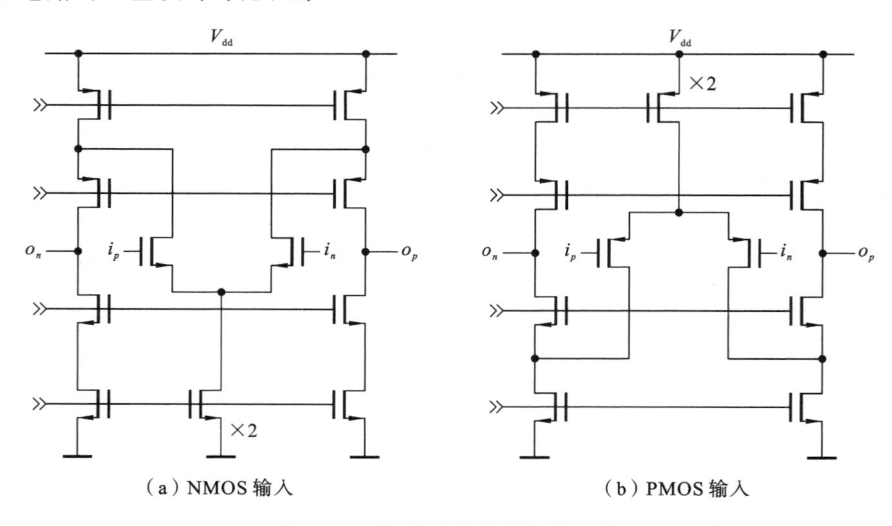

图 7.19 折叠式共源共栅放大器

为了支持 0.5 V 峰值的差分输出，O_p 和 O_n 必须能够在 0～0.5 V 摆动。由于电源电压为 1.8 V，因此留给每个 NMOS 和 PMOS 共源共栅电流源的电压为 0.65 V。为了最大限度地降低电流源产生的噪声，大部分电压(400 mV)将分配给共源管，为共栅器件留下 250 mV 电压。

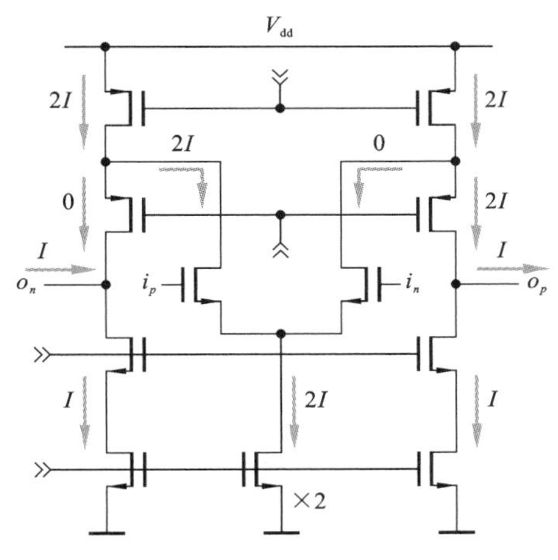

图 7.20　转换电流

下一个考虑因素是转换(slewing)。通常，在每个电荷转移阶段开始时，放大器输入端子被驱动得足够远，使得差分对中的电流完全切换到一侧。如图 7.20 所示，在这些条件下输出电流的大小为 I，其中 I 是差分对的每一半中的偏置电流(I 也被认为是输出共源共栅管的驻波电流)。显然，I 必须足够大，以便在规定的时间内将电荷从输入电容传输到积分电容。当我们分配一半的时钟相(即时钟周期的四分之一)进行转换时，由于输入电容器 C_1 左侧的电压可以改变如 $V_{dd}=1.8$ V 一样多，因此需要

$$I>\frac{C_1V_{dd}}{T/4}=\frac{0.4\ \text{pF}\cdot 1.8\ \text{V}}{0.25\ \mu\text{s}}=3\ \mu\text{A} \tag{7.15}$$

为转换分配一半的时钟相使另一半的时钟相用于普通线性建立(linear settling)。图 7.21 所示的是电荷转移阶段积分器的小信号模型和等效电路，其时间常数是

$$\tau=RC=\frac{C_1+C_3+C_1C_3/C_2}{g_m} \tag{7.16}$$

如果我们需要线性建立来提供 100 dB 的初始条件衰减，那么

$$T/4=\tau\ln(10^5)\approx 12\tau \tag{7.17}$$

这使得

$$g_m=\frac{C_1+C_3+C_1C_3/C_2}{T/48}=20\ \mu\text{A/V} \tag{7.18}$$

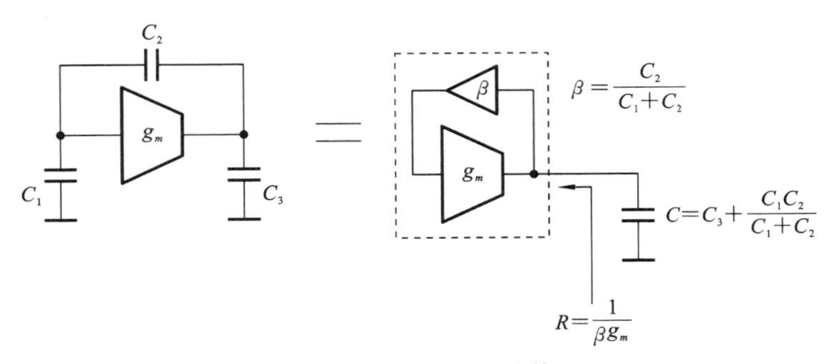

图 7.21　时间常数计算

注意，上面列出的 g_m 值是与放大器半电路相关的值，表示差分对中各个晶体管的跨导。由于我们已经确定这些晶体管的最小漏极电流为 $I_d=3\ \mu\text{A}$，因此输入晶体管所需的 g_m/I_d 比为$\frac{20}{3}$ $\text{V}^{-1}=7\ \text{V}^{-1}$，它在中等反型偏置晶体管的实际范围内。由于在这一过程中对单个晶体管的仿真表明，g_m/I_d 可以高达 18 V^{-1}，因此我们可以牺牲线性建立时间，留出更多的时间进行转换，从而达到更理想的电流目标。然而，由于它仍然处于设计阶段的早期，我们将为一些可能出现的意外留下一些空闲时间。

7.6.1 放大器增益

我们最后考虑的放大器是放大器增益。图 7.22 所示的是用于分析有限放大器增益对开关电容积分器的影响的步骤。与无限增益情况一样，我们从相 1 开始。在相 1 期间，C_1 充电到输入电压，而 C_2 保持其电荷 $q_2[n]$。但是，现在 C_2 左侧的电压为 $-v_o[n]/A$，而 C_2 右侧的电压为 $v_o[n]$。因此，q_2 和 v_o 之间的关系是

$$q_2 = C_2(1+1/A)v_o \tag{7.19}$$

在相 2 期间，电荷 q 如所示那样流动，从而将 C_1 上的电荷减少到

$$q_1[n]-q=C_1v_o[n+1]/A \tag{7.20}$$

据此可得

$$q=q_1[n]-C_1v_o[n+1]/A \tag{7.21}$$

这个电荷被添加到 C_2，所以有

$$\begin{aligned}q_2[n+1]&=q_2[n]+q=q_2[n]+q_1[n]-\frac{C_1v_o[n+1]}{A}\\&=q_2[n]+q_1[n]-\frac{C_1q_2[n+1]}{C_2(A+1)}\end{aligned} \tag{7.22}$$

这意味着

$$q_2[n+1]=\frac{q_2[n]+q_1[n]}{1+\varepsilon} \tag{7.23}$$

其中

$$\varepsilon=\frac{C_1}{C_2(A+1)} \tag{7.24}$$

应用式(7.19)～式(7.23)，并采用 z 变换得到

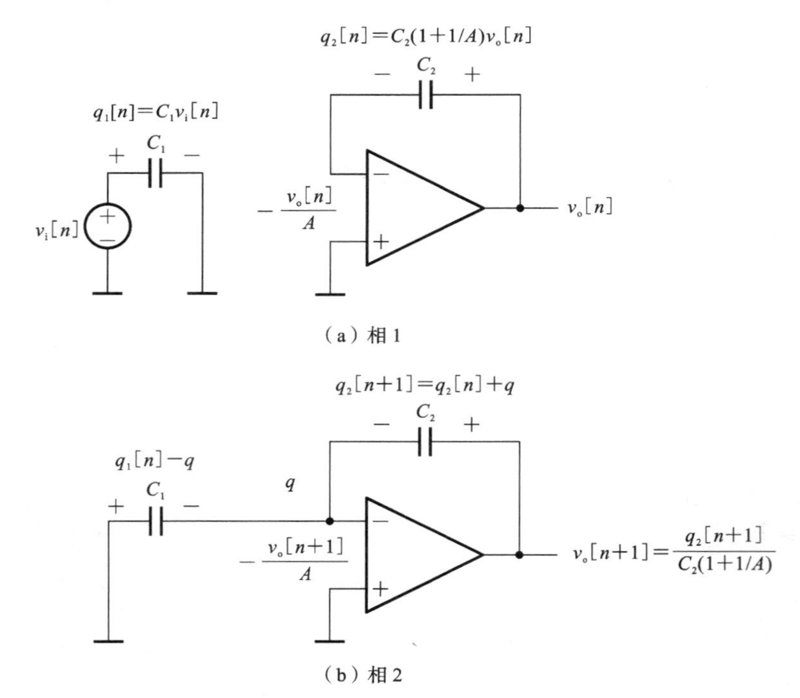

图 7.22 有限运放增益分析

$$\frac{V_o(z)}{V_i(z)}=\frac{C_1/C_2}{\left(1+\frac{1}{A}\right)(1+\varepsilon)}\frac{1}{\left(z-\frac{1}{1+\varepsilon}\right)} \tag{7.25}$$

从式(7.25)可以看出，有限放大器增益有两个影响：积分器增益常数的微小减小和积分器极点($z_p\approx1-\varepsilon$)的向内偏移。由于积分器增益常数的变化等于系数误差，因此这种变化通常对 NTF 提供的带内衰减的影响可以忽略不计。相反，极点偏移是大问题，因为积分器极点变成一个 NTF 零点。如图 7.23 所示，当偏移为 $\frac{\pi}{\text{OSR}}$时，NTF 零点的偏移会使通带边缘的 NTF 衰减降低 3 dB。根据这个论点，我们希望运算增益满足

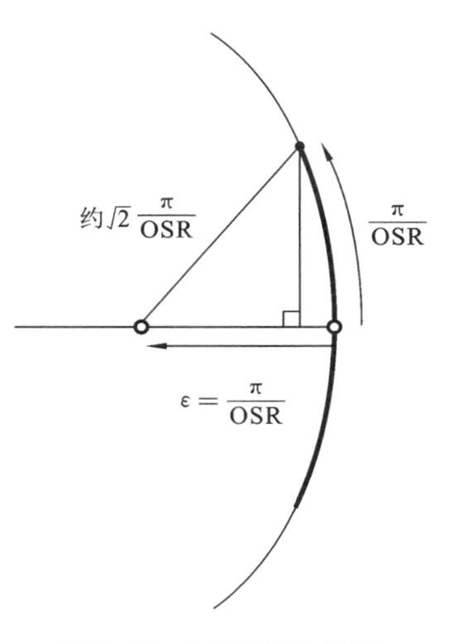

图 7.23　NTF **零点漂移**

$$A>\left(\frac{\text{OSR}}{\pi}\right)\left(\frac{C_1}{C_2}\right)-1=19\ \text{dB} \tag{7.26}$$

这个增益要求是非常宽松的。不幸的是，它基于两个非常乐观的假设。第一个假设是将调制器视为纯线性系统。但是，像我们这样的低阶调制器容易受到死带(dead band)的非线性现象的影响。如 3.3.1 节所述，死带是输入的一个范围，它们产生相同的周期性输出序列，因此产生相同的后抽取输出。通常，最差的死带与输出模式{+1，−1}相关联。在我们的输入为零的调制器中，该反馈模式在第二积分器的输出端产生 $x_2=$ {+80 mV，−80 mV}的周期序列①。按照 3.3.1 节的方法，我们发现，通过较小的输入 δ，x_2序列向上移动 $A_2\delta$，若

$$\delta<\frac{80\ \text{mV}}{A^2} \tag{7.27}$$

则输出序列不变。由于输出序列的平均值为零，因此其大小为 δ 或更小的输入将与零输入无法区分。故为了解决如 10 μV 的输入，我们需要使

$$A>\sqrt{\frac{80\ \text{mV}}{10\ \mu\text{V}}}=39\ \text{dB} \tag{7.28}$$

第二个假设，也是更相关的假设，即运算放大器增益是恒定的。实际上，运算放大器的增益随输入电压的变化而变化，这种可变性会导致失真。行为建模可以用于量化由给定增益曲线产生的失真，但是在调制器的环境中依赖于放大器的晶体管级仿真更直接且通常更容易。

尽管如此，我们仍然可以通过注意有限放大器增益导致输入电容器的电荷传输不完全，来对所需增益进行设置上限。由于相关输入参考误差信号的幅度不大于 $v_{o,\max}/A$，我们知道稳定极限(在我们的情况下为 $0.9V_{dd}=1.6$ V)附近的信号失真小于 0.5 V/A。如果放大器增益保持高于 80 dB，则无论放大器是否为非线性，我们都可以确定所有失真项都小于 $0.5/(1.6\times10^{-80/20})=-90$ (dBc)。

即使 ADC 没有明确的失真要求，我们也需要确保环路滤波器具有足够的线性，以使失真的带外量化噪声不会填充噪声陷波。作为所需线性度的估计，在图 7.18 的频谱

① 对于图 7.4 所示的结构，x_2 的稳态信号在 $v=\{+1,-1\}$时是$\pm(a_2-a_1c_1/2)/2$。

中观察到带外量化噪声密度高于带内密度近 90 dB,因此−90 dB 水平的失真对带内噪声具有明显影响。

基于这些考虑,放大器增益至少为 80 dB,然后使用调制器进行仿真,以验证放大器的线性度是否足够。重要的是,基于纯线性理论对所需放大器增益的估计是很不合适的。

7.6.2 备选放大器

图 7.24 所示的是用于第一个积分器的放大器原理图,其中注释了偏置电流和选定的节点电压。晶体管的尺寸设计可以达到目标饱和电压,且在慢/快工艺角处具有 100 mV 裕度,同时输入对和电流源器件的栅极面积足够大,使得 $1/f$ 噪声角低于 100 Hz。该放大器总电流的消耗为 12 μA。

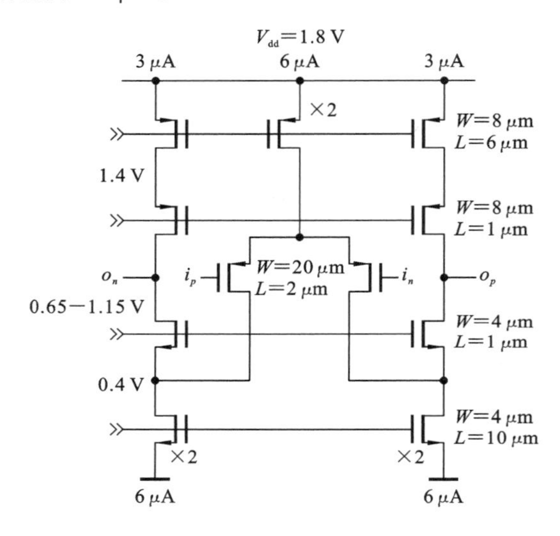

图 7.24 晶体管尺寸和偏置点

当在调制器内使用这种放大器时,共模反馈(CMFB)通常由图 7.25 所示的开关电容网络提供。在该电路中,开关电容器设置主 CMFB 电容器上的直流电压,CMFB 路

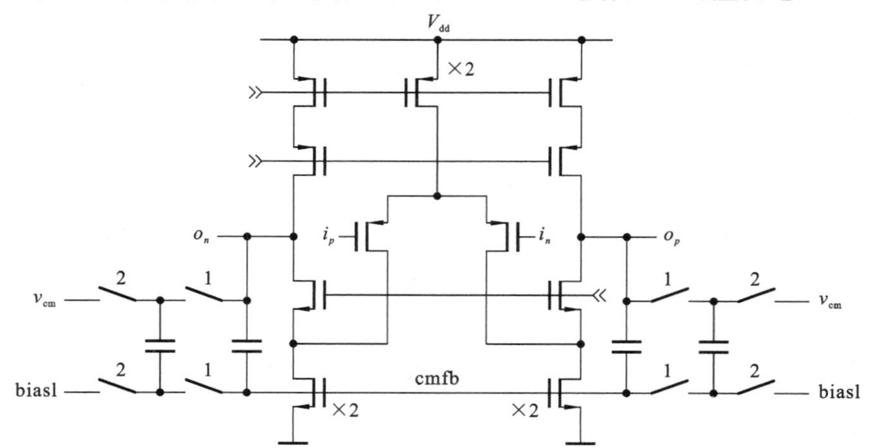

图 7.25 开关电容共模反馈

径的高增益确保输出的共模电压调节到几分之一毫伏。但是，由于该网络需要几个时钟周期来稳定，我们提倡使用如图 7.26 所示的理想共模反馈进行交流仿真，以检查放大器的增益和稳定性。

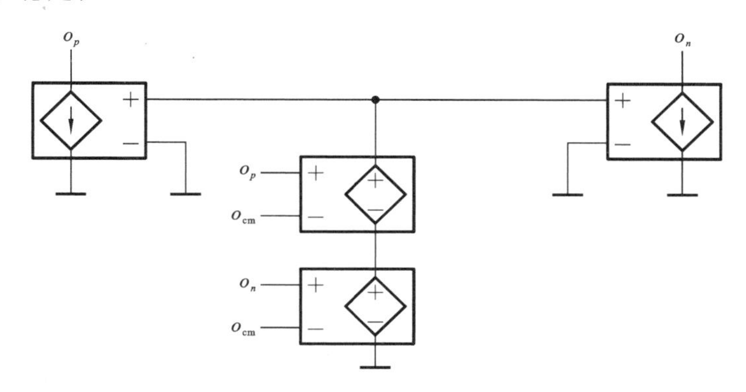

图 7.26 理想共模反馈

图 7.27 所示的是常规情况和慢/快工艺角下放大器增益与差分输出电压的关系曲线。在标称情况下，放大器增益在 $|V_o|\leqslant 0.5$ V 的情况下大于 83 dB，而在慢/快工艺角下，此输出范围内的最小增益约降低 5 dB。

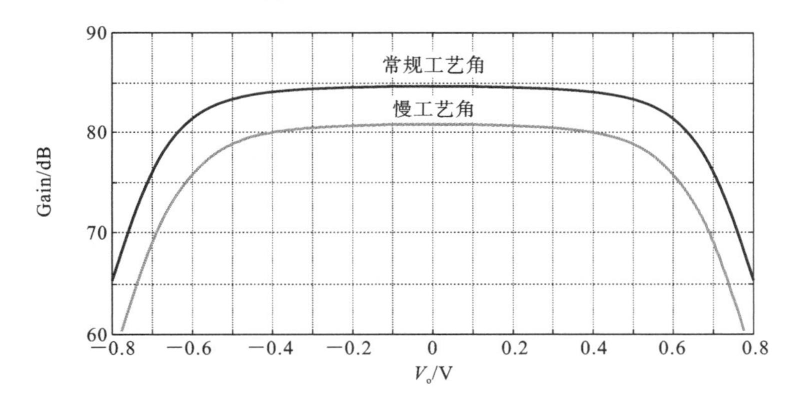

图 7.27 放大器增益与输出电压的关系

图 7.28 所示的是放大器的波特图，其输出负载电容为 0.5 pF。10 MHz 的单位增益频率(Unity-Gain Frequency，UGF)提供 $2\pi(10\ \text{MHz})/(1\ \text{MHz}/4)\approx 16$ 个时间常数，在 1 MHz 时钟的四分之一周期内建立，因此放大器在规定的时间内建立没有问题①。此外，由于相位裕度是 80°，因此该建立行为也没有振铃。

第二级放大器可以是第一级放大器的缩放版本。第二级中的电容器比第一级中的电容器小得多，因此 10 倍的比例因子似乎是合理的。然而，这种激进的缩放带来的回报正在减小，将第一级缩放至四分之一，产生方便的器件宽度，接近该工艺允许的最小值；而且，两个放大器的合计功耗是不超过 10 倍比例缩放时的 15%。

① 这种快速计算是假设放大器连接在单位增益反馈中，驱动输出负载 0.5 pF，因此 10 MHz 的 UGF 对应的建立时间常数(setting time constant)为 $1/(2\pi(10\ \text{MHz}))$。虽然实际工作情况略有不同(反馈系数为 0.94，负载电容 $C_l=0.4$ pF+CMFB 电容)，但这一事实并没有改变放大器足够快的结论。

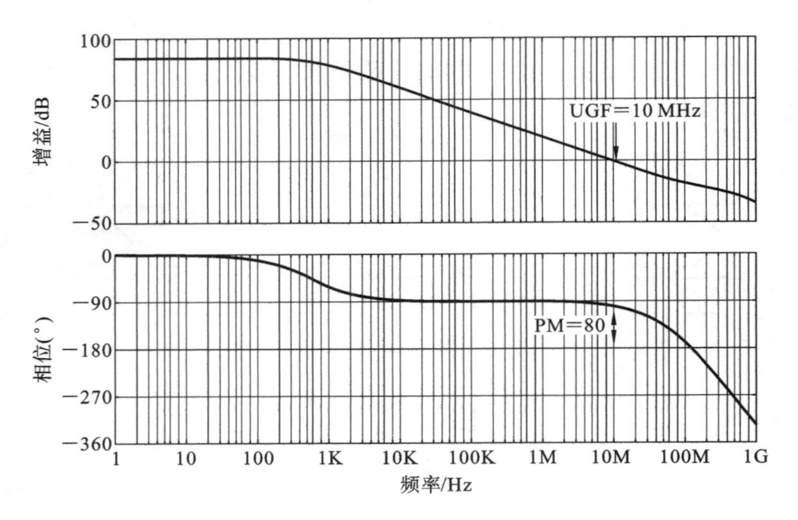

图 7.28 0.5 pF 负载下，放大器的增益和相位

7.7 中间验证

让我们对第一个放大器的晶体管进行一些检查。图 7.29 所示的脉冲响应仍然通过预期点，通过图 7.30 可以确认调制器仍然在直流输入下正常工作。这种快速检查有助于确定系统已准备好进行更详细的仿真。

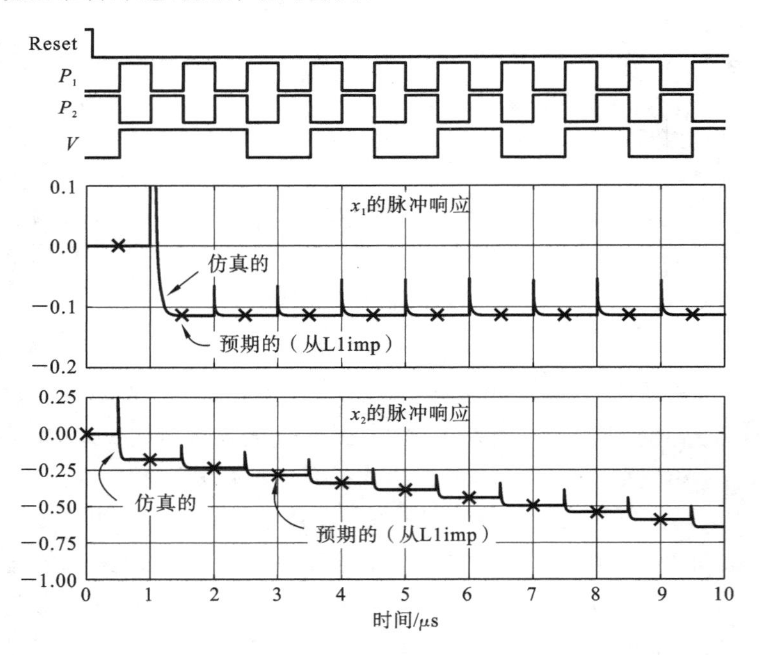

图 7.29 脉冲响应检查-A1 晶体管化

在进行此类仿真之前，让我们更加仔细地看一下第一个积分器的输出电压。图 7.31所示的是当反馈为 $v[n]=-1$ 时，第一个积分器输出端出现的单端波形的放大视图。这些波形的两个特征值需特别说明。

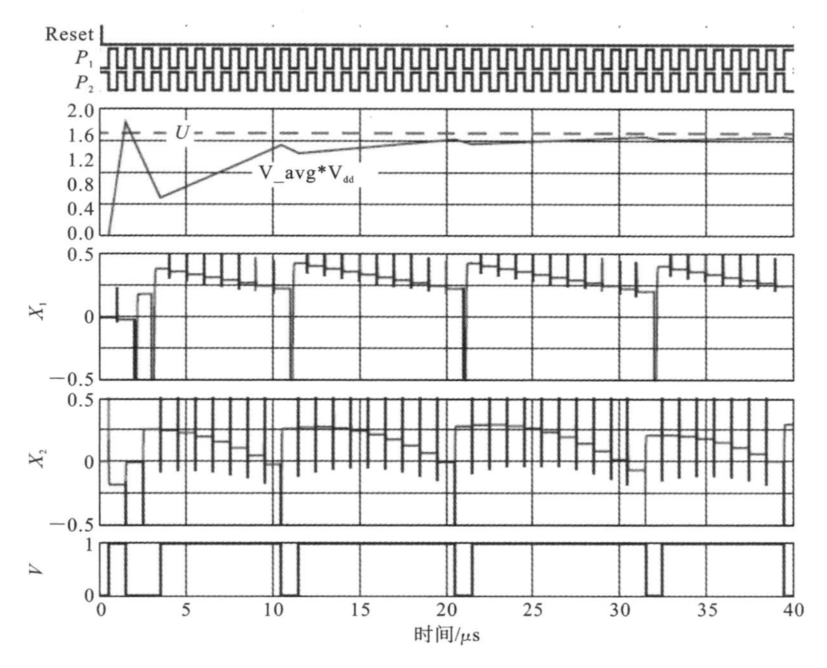

图 7.30 用直流输入短仿真——A1 晶体管化

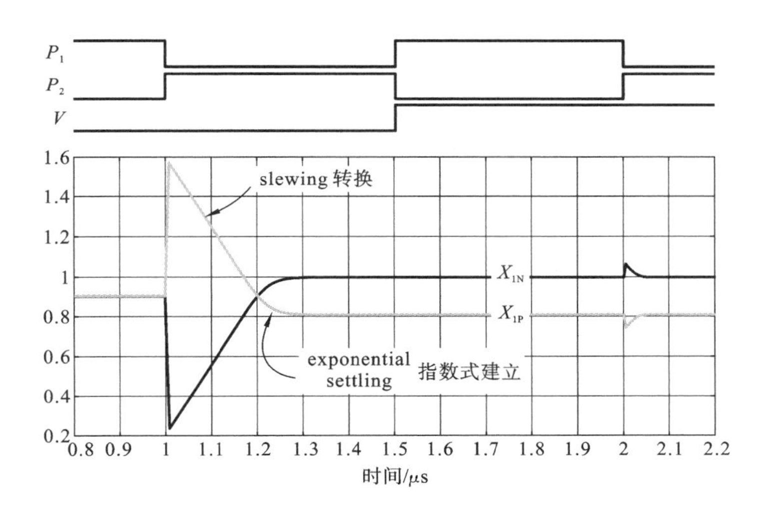

图 7.31 A1 输出电压

首先要注意的是，当 x_{1p} 在一个时钟周期内从 0.9 V 变为 0.8 V 时，它会通过陡升近 0.6 V 来开始这个 −0.1 V 转换。可参考图 7.32 中的半电路，该图说明了当 $v[n]=-1$ 和 $u[n]=V_{dd}$ 时从相 1 到相 2 的瞬态变化。在这种情况下，C_1 左侧的电压增加了 V_{dd}，这个正向的步进通过分压可瞬间（受开关电导的限制）传播到网络中的所有电容器。在这个初始电荷重新分配后，放大器将驱动 v_1 到 0，v_0 到 −0.11 V。请注意，尽管初始 x_{1p} 的电压（在图 7.31 中约为 1.5 V）远远超出放大器的线性范围，但只要放大器稳定，这种偏移就不重要了。

图中

$$\Delta v_1=\frac{C_1V_{dd}}{C_1+C'_p},\quad C'_p=C_p+\frac{C_2C_3}{C_2+C_3}$$

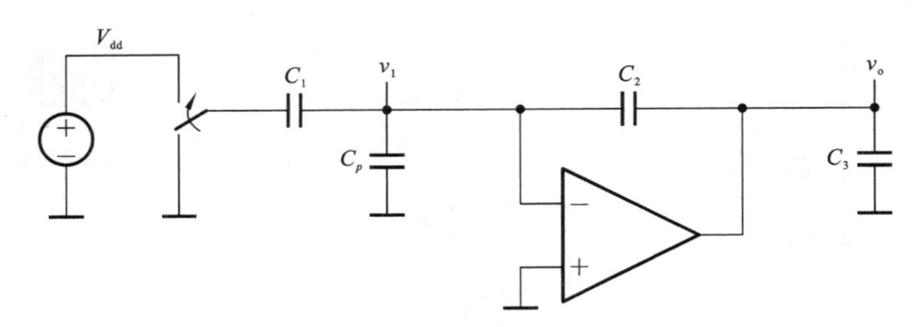

图 7.32 V_{ss} 到 V_{dd} 切换事件

其中
$$\Delta v_o = \frac{C_2 \Delta v_1}{C_2 + C_3}$$

电荷转移操作的转换部分由差分对中的晶体管的 3 μA 偏置电流控制，并且符合我们的四分之一时钟周期预算。一旦放大器的输入落入差分对的线性范围内，放大器输出就会进行指数级的收敛，直到它们的最终值。

图 7.33 所示的是使用第一个放大器及其共模反馈晶体管化电路的长调制器仿真结果。由于量化噪声仍然被尖锐整形，我们得出结论，放大器的频谱越接近线性，越能防止带外量化噪声的失真造成的 SQNR 衰减。然而，放大器的频谱线性不是那么好，以至于输入信号的谐波可以忽略不计。尽管如此，我们认为 −92 dB 的三次谐波失真是足够的。在慢/快工艺角进行的类似仿真，SNDR 有 2 dB 的衰减，从而验证了我们的 80 dB 目标增益。

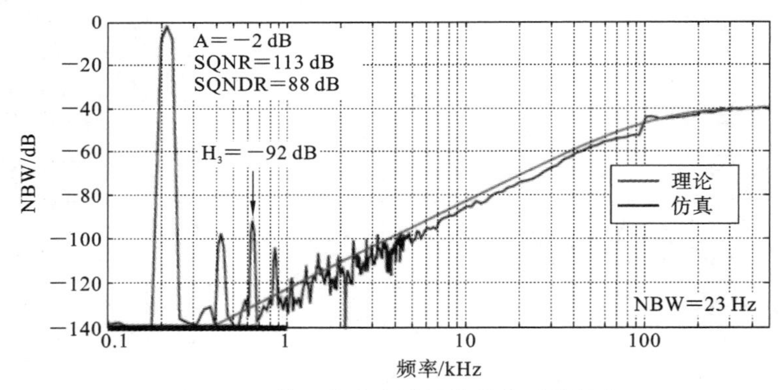

图 7.33 第一个放大器晶体管化后的频谱

为验证放大器的噪声是否可接受，我们可以对图 7.34 所示电路中的节点 x 进行交流噪声分析。节点 x 测量输入电容器上的组合电压为[①]

$$v(x) = \frac{v(a) - v(b)}{2} - \frac{v(c) - v(d)}{2} \tag{7.29}$$

因此，节点 x 处的噪声 n_x 就是在这些电容器上采样的噪声。由于此噪声是采样的，我们将所有混叠频率的 n_x 的平方值相加，然后取平方根得到如图 7.35(a)所示的采样数据噪声密度。将这些噪声密度结合起来(平方，然后取平方根)，可以得到如图7.35(b)所示的曲线。让我们将这些模拟结果与基于 kT/C 理论得到的结果进行比较。

在相 1 期间，放大器不起作用，我们预期单端输入噪声为 $0.5kT/(\text{OSR} \cdot C_1) = 3.3$

① 除以 2 表示单端输入的双采样。

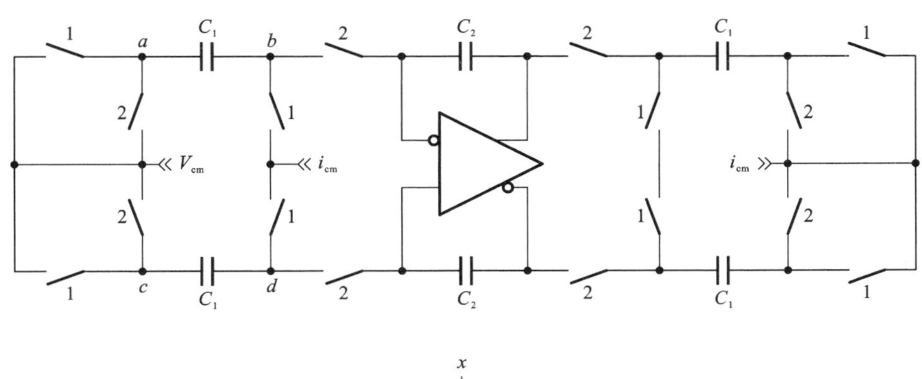

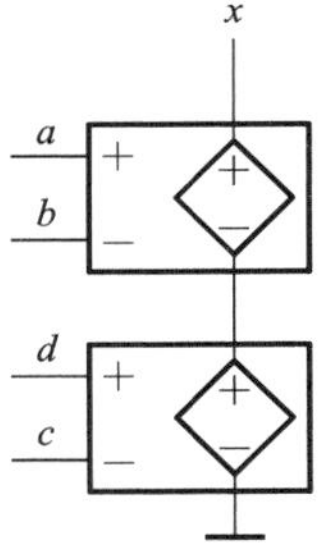

图 7.34　C_1 电容噪声测试仿真实验台

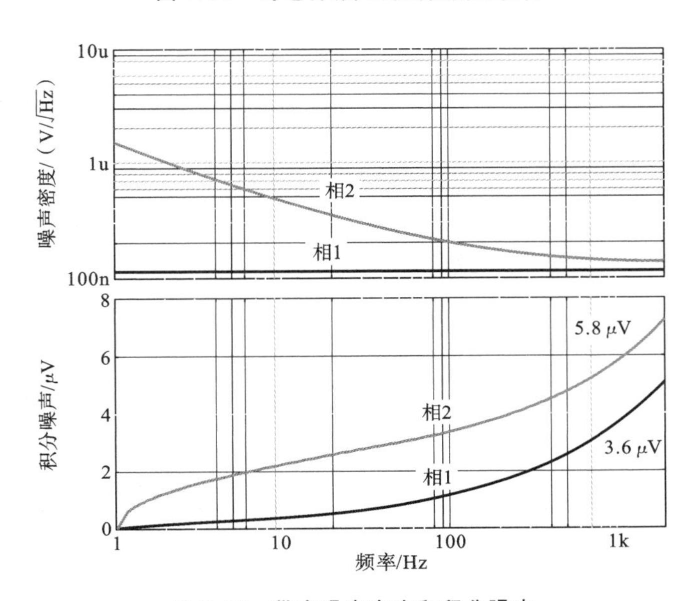

图 7.35　带内噪声密度和积分噪声

μV_{rms}[①]。仿真值在该预测的 10%范围内。在相 2 期间，放大器的噪声产生的值比直接计算的 kT/C 噪声高 4 dB。这些增量中，大约 1 dB 是由放大器的 $1/f$ 噪声引起的。相 1 和相 2 噪声之和为 $\sqrt{3.6^2+5.8^2}=6.8\ \mu V_{rms}$，相当于 -99.4 dB 的水平。因此，尽管留下 3 dB 的 SNR 余量，仍比 100 dB SNR 的目标值低 1.6 dB(请记住，我们只保证调制器适用于低于 -1 dB 的输入)。如果我们致力于满足 SNR 目标，不得不将电容器和放

① 这个计算使用 $T=55\ ℃=328$ K，因为 IC 的温度通常比室温高。

大器缩放至少一个比例因子,即 undbp(1.6)=1.4[①]。另外,如果我们关注 $1/f$ 噪声,会采用斩波技术[2]。为了使设计过程继续推进,我们选择让电容器和放大器保持原样。

7.8 开关设计

显然,连接到 V_{dd} 的开关需要 PMOS 器件,连接到 V_{ss} 的开关需要 NMOS 器件。既可以通过高压也可以通过低压的开关需要传输门。图 7.36 所示的是一个开关的最坏情况电导,该开关由 1 μm 宽的 NMOS 与 4 μm 宽的 PMOS 并联组成。选择 4∶1 比率以平衡极端电压下的 NMOS 和 PMOS 电导。

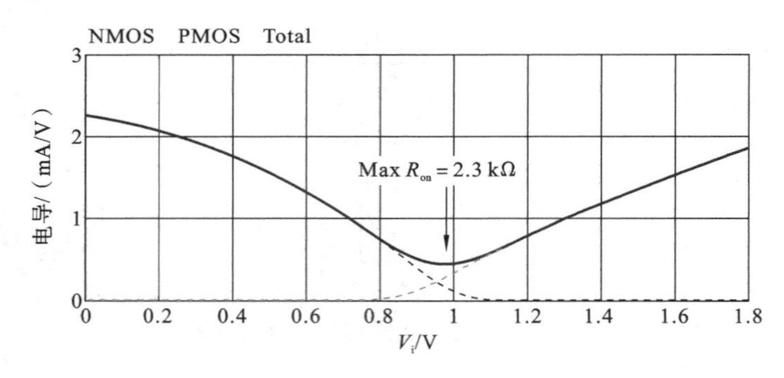

图 7.36 $W_n=1\ \mu$m 和 $W_p=4\ \mu$m(慢工艺角)下开关电导与输入电压的关系

从图 7.36 中可以看出,在 V_i 低于 0.8 V 时,PMOS 器件对开关电导的贡献很小。如果我们选择低放大器输入共模电压,比如 0.5 V,则虚拟地的开关可以只用 NMOS 器件来实现(这是选择具有 PMOS 输入对的放大器的另一个好处)。我们还看到开关电导在 5∶1 范围内变化。读者可能会担心这种显著的非线性特性会导致调制器的非线性,然而,只要电阻足够低以使电路稳定,非线性开关电阻就不重要了。

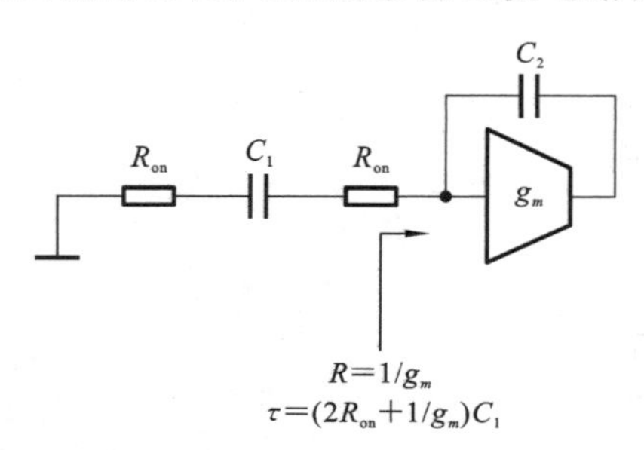

图 7.37 开关电阻对建立时间的影响

图 7.37 量化了开关电阻对建立时间(setting time)的影响。为了对建立时间几乎不产生影响,我们要求 $2R_{on}\ll\frac{1}{g_m}$。由于 4/1 传输门的最坏情况电阻(2.3 kΩ)加上 1 μm 的 NMOS 在 V_i=0.5 V 下的最坏情况电阻(0.6 kΩ)只是 $\frac{1}{g_m}$=50 kΩ 的一小部分,因此,这种组合可以用于与输入采样网络相关的开关。其他开关的尺寸受类似工艺约束的最小宽度 0.5 μm 的影响。

7.9 比较器设计

图 7.38 所示的是一种流行的比较器的原理图。StrongARM 比较器[3]的工作原理

---

① $\text{undbp}(x)=10^{\frac{x}{10}}$ 是 ΔΣ 工具箱中的一个函数。

如下。当 CK 为低电平时，比较器处于复位状态，差分对关断，差分对上方的所有节点都拉至 V_{dd}。当 CK 上升时，差分对中的电流在 p 和 q 节点之间上下拉，激活 NMOS 器件 M_3 和 M_4，从而下拉 $\bar{R}$ 和 $\bar{S}$ 节点。来自差分对的下拉电流的不平衡被 M_5 和 M_6 提供的正反馈放大，直到 $\bar{R}$ 或 $\bar{S}$ 变低，从而反过来将 RS 锁存器设置为比较结果。RS 锁存器可以由交叉耦合的 NAND 门构成，如图 7.38 所示，或者可以使用图 7.39 所示的任一锁存器实现。

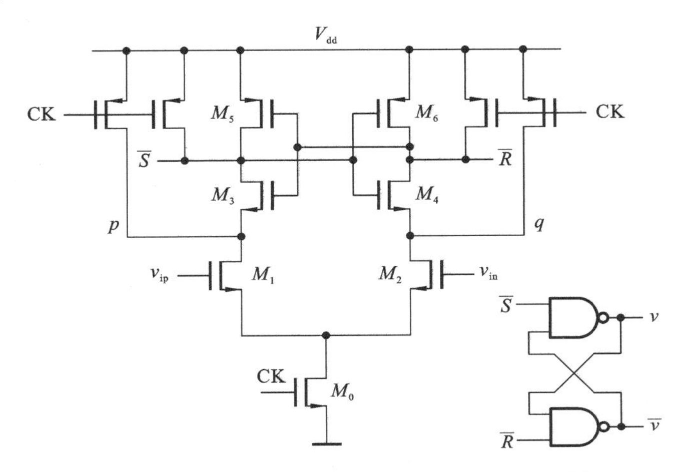

图 7.38　带 RS 锁存器的 StrongARM 比较器[3]

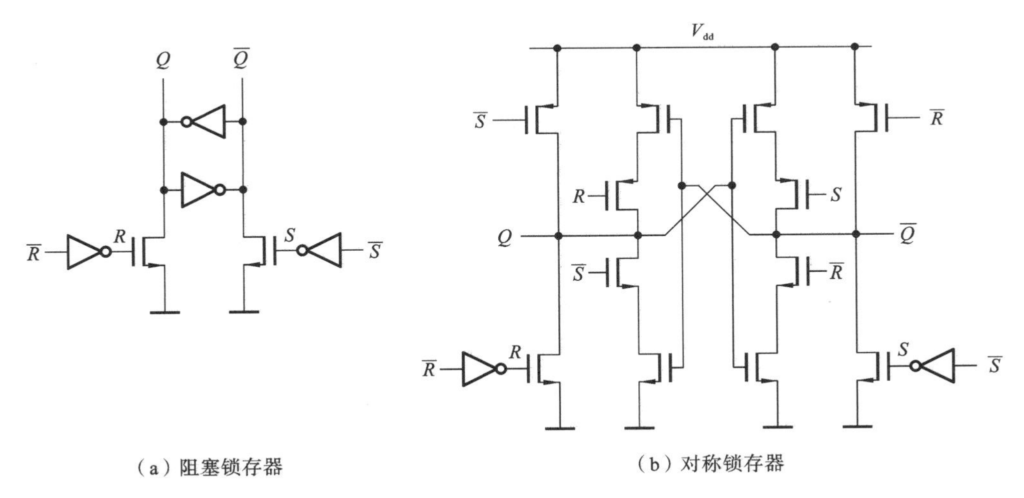

（a）阻塞锁存器　　（b）对称锁存器

图 7.39　备选 RS 锁存器

图 7.40 所示的是将通过仿真研究的比较器原理图。图 7.41 所示的是比较器响应 1 mV 输入的内部波形。我们看到 P 和 Q 信号迅速下降，但 Rb 和 Sb 信号围绕在 $V_{dd}/2$ 附近大约 100 ps，然后其中一个变低。锁存器的输出在另一个 100 ps 后发生变化，锁存器上升瞬态导致交叉耦合的 NAND 门的下降瞬态。当时钟频率为 1 MHz 时，比较器的仿真功耗为 0.2 μW。

图 7.42 将几个仿真的结果与越来越小的输入叠加在一起。通过这些曲线我们可以看出，比较器解决小差分输入所需的时间比解决大输入所需的时间长，而且 v_i 的每十倍减少似乎增加了固定的时间。这种亚稳态行为是一个重要的现象，我们将进一步研究它。

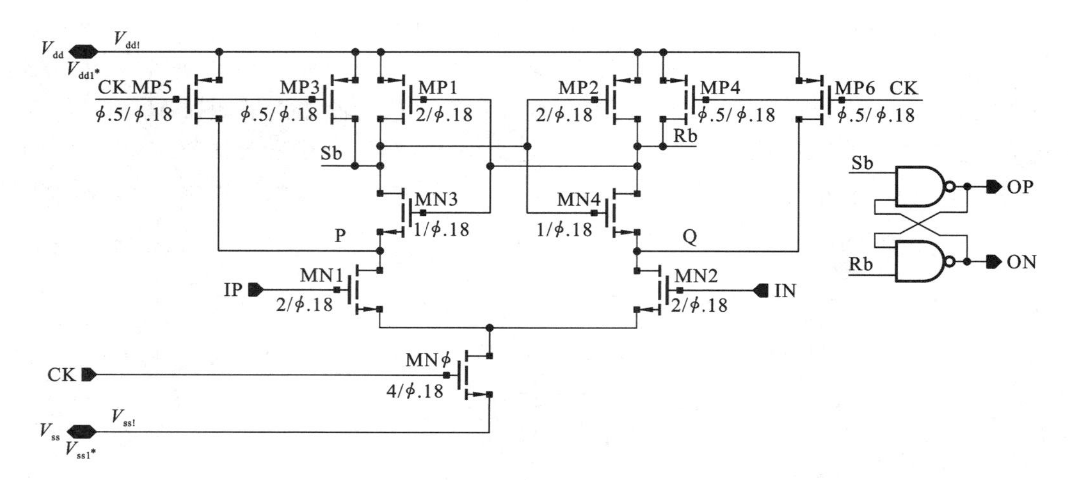

图 7.40 比较器电路图

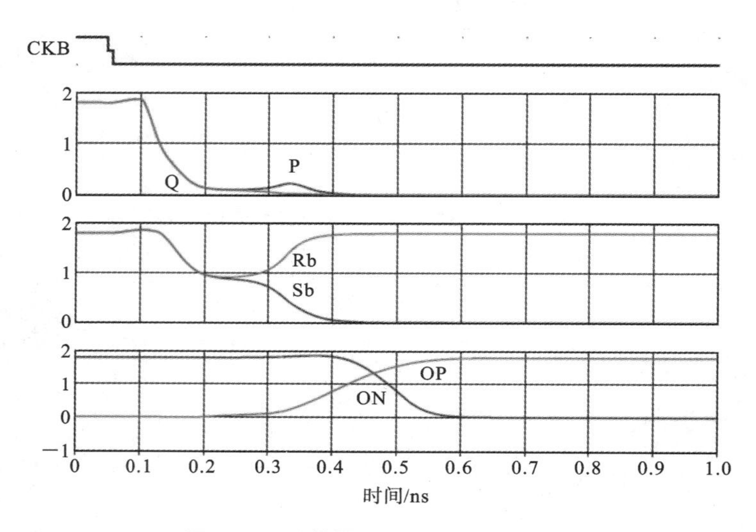

图 7.41 比较器对 1 mV 输入的响应

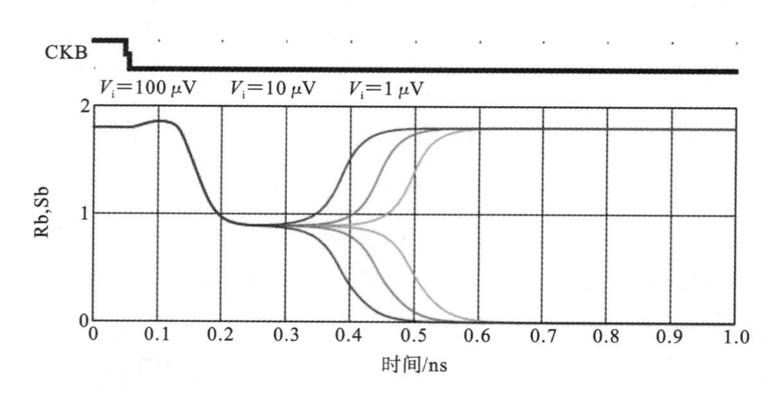

图 7.42 小输入下比较器的瞬态仿真

图 7.43 所示的是包含在亚稳定点附近工作的一对交叉耦合反相器的小信号等效的简略分析。根据分析，任何初始条件都被时间常数为

$$\tau_{\text{regen}}=\frac{C}{g_m} \tag{7.30}$$

的指数放大。因此，我们预期将输入差分电压降低 k 倍使比较器的延迟增加 $\tau_{\text{regen}}\ln k$。为了检查这种预测，图 7.44 绘制了比较器的标称延迟作为输入电压的函数，并列出了通过将一条线拟合到小输入数据而获得的再生时间常数的值。拟合的质量为我们的分析提供了定性支持。

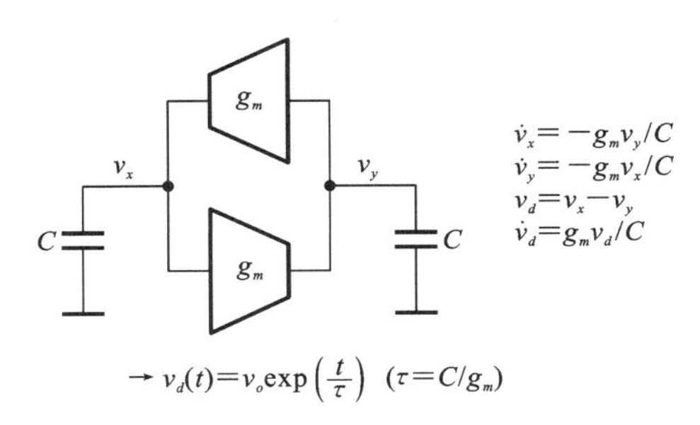

图 7.43　再生时间常数的推导

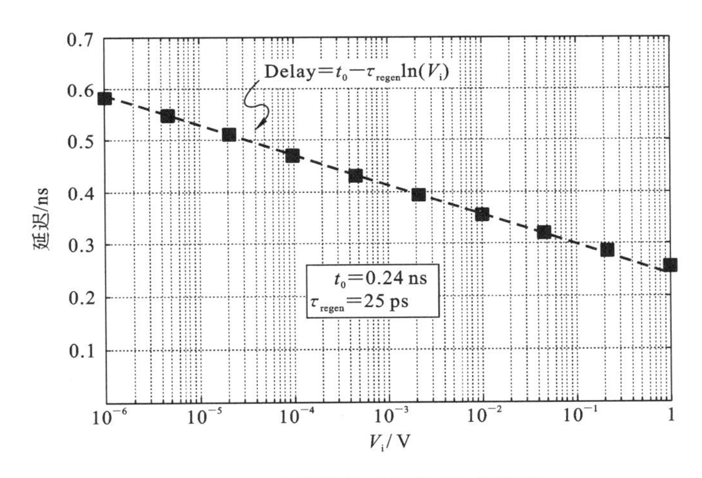

图 7.44　比较器的延迟与 V_i 的关系

我们注意到，一般做法是调整连接到 $\overline{R}/\overline{S}$ 的门的尺寸，使其开关点低于 $\overline{R}/\overline{S}$ 亚稳态电压，以防止锁存输出在比较器解决之前发生变化。

其他比较器的参数包括失调、迟滞和噪声等。然而，在单比特调制器中，比较器失调是无关紧要的，因为它仅在第二个积分器的输出处产生相应的失调。类似地，与量化噪声相比，比较器噪声通常是微不足道的，因此可以忽略。最后，迟滞会导致调制器动态行为的变化，但迟滞对带内性能的影响通常可以忽略不计。

7.10　时钟

图 7.45 所示的是一个简单的非重叠时钟发生器的原理图。该电路中的交叉耦合 NOR 门确保 P_1 在 P_2 变为高电平之前变为低电平，反之亦然。然而，对开关进行计时不仅仅是确保没有重叠。

图 7.46 所示的是大多数开关电容电路中存在的采样布置。让我们考虑一下 M_1

和 M_2 开关的电荷注入效应。M_2 中的沟道电荷与信号无关，因为 M_2 的漏-源电压与信号无关，而 M_1 中的沟道电荷与信号有关。在我们理想的开关电容电路视图中，M_1 和 M_2 同时断开。但是，如果 M_2 在 M_1 断开时仍处于导通状态，则 M_1 的沟道电荷的一部分将传输到采样电容，并将在后续相 2 期间添加到积分电容上。由于此电荷与信号非线性相关，因此会产生失真。但是，如果在 M_2 断开时 M_1 导通，则注入固定量的电荷，这会造成引入直流失调。因此，标准做法是延迟断开 M_1 直到 M_2 已断开。

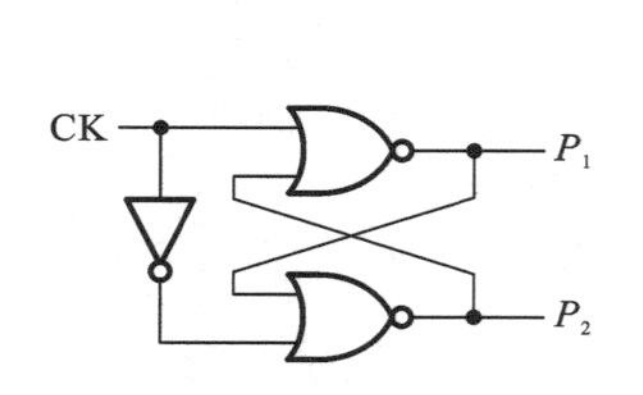

图 7.45 一个简单的非重叠时钟发生器

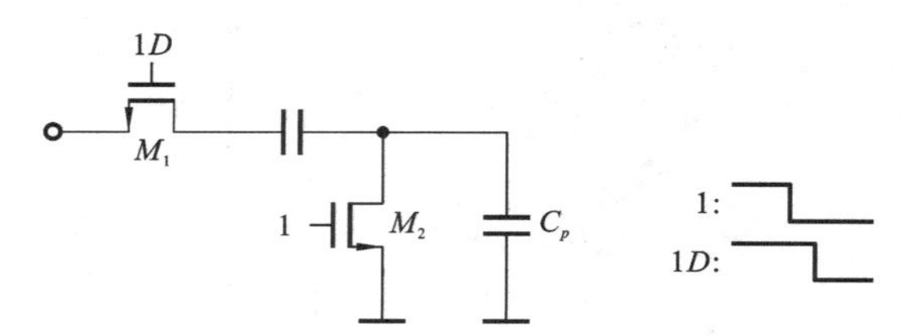

图 7.46 早/晚时钟相位

图 7.47 所示的是普通电容器结构的横截面，它与底板相关的寄生电容远大于与顶板相关的寄生电容。按图 7.47(a)中设置的定向电容器，可使求和节点上的电容最小化，并将求和节点与衬底屏蔽。由于同样的原因，积分电容器的顶板通常与求和节点相连。

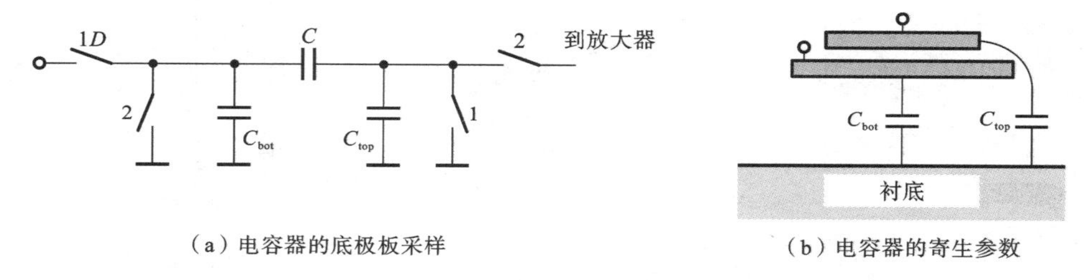

(a) 电容器的底极板采样　　(b) 电容器的寄生参数

图 7.47 普通电容器结构的横截面

图 7.48 所示的是一个更加精巧的时钟发生器的原理图，该时钟发生器生成所需的时钟相。在该电路中，重叠时间和延迟时间可以通过标有星号的反相器进行调整。

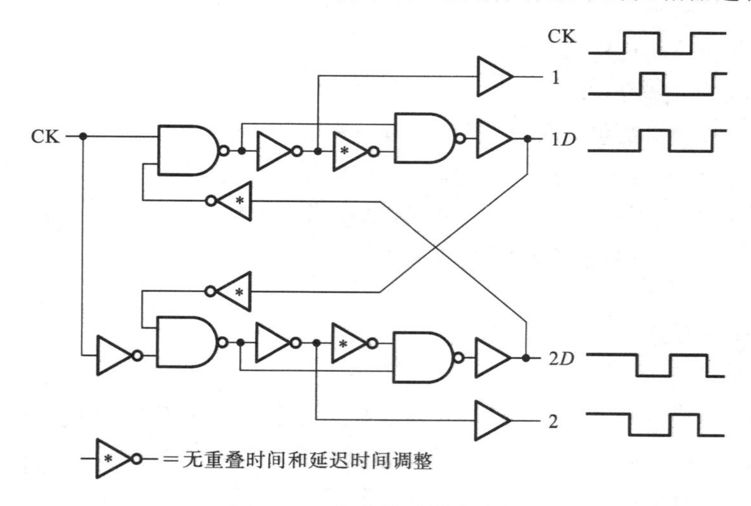

图 7.48 专业的时钟发生器

由于传输门需要互补的时钟信号，因此必须确保这些控制信号的有效部分与另一相的开关的控制信号之间不重叠。在高速设计中，使用如图 7.49 所示的结构对齐这些互补时钟是有帮助的，以便建立最大化的可用时间。

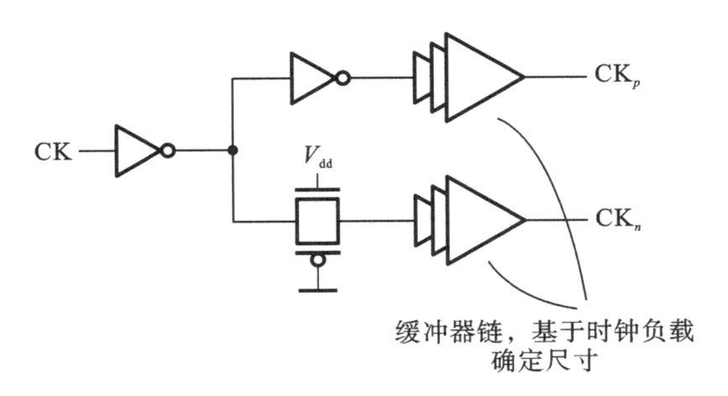

图 7.49 对齐互补时钟

7.11 全系统验证

由于我们从建立和验证行为模型开始设计过程，首先一个好的实现策略是孤立地设计和验证单个模块，然后在调制器的行为级设计和验证单个模块，再与调制器中的其他模块一起设计和验证单个模块。在开始长频谱仿真之前，应进行短仿真(脉冲响应检查、直流输入)。组装所有模块后，尝试调试整个调制器可能是正确的选择，尤其是在时间有限的情况下，毕竟，这个环节最终必须完成。但是，一般不建议使用这种方法，因为使用长瞬态仿真调试一个完整的调制器非常耗时，且其通常提供的有用信息很少。在验证过程中经常会出现一些不可预见的问题，而且，即使是这种简单的设计也是如此。

图 7.50 所示的是已设计完成大部分晶体管化下获得的频谱(时钟产生器和偏置是行为级的)。由于频谱表现出许多谐波，最差的是 −56 dB，这显然发生了灾难，但可以从频谱中收集一些线索。例如，由于噪声整形遵循预期的形状直到非常低的频率而没有变平，则预计放大器不是问题的根源，但仅从这个频谱中无法推断出任何结论。通过系统地对单个元件晶体管化的调制器进行短仿真，问题被追溯到连接 C_1 电容器右侧的开关(图 7.15 中的节点 xx 和 yy)。

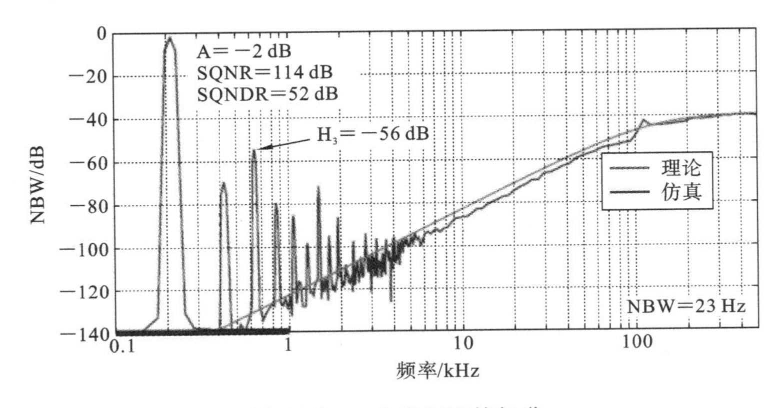

图 7.50 一个有问题的频谱

图 7.51(a)所示的是当输入和反馈之差很大时，xx 和 yy 节点上的电压波形。我

们在这些节点上能看到很大的毛刺。它们是如此之大，以至于 xx 节点变得很富足并已部分地开通相 1 NMOS 开关，从而损失了一些本应进入积分电容器的电荷。虽然每个开关电容电路都依赖于应该断开的开关没有电荷损失，但这很少成为问题，因为毛刺通常足够小，从而使得断开的开关保持断开。然而，在我们的例子中，相对于开关电容器的尺寸，较大的 $V_{dd}-V_{ss}$ 转换、较低的 ICM 值和转小的寄生效应等导致了这种不寻常的情况。

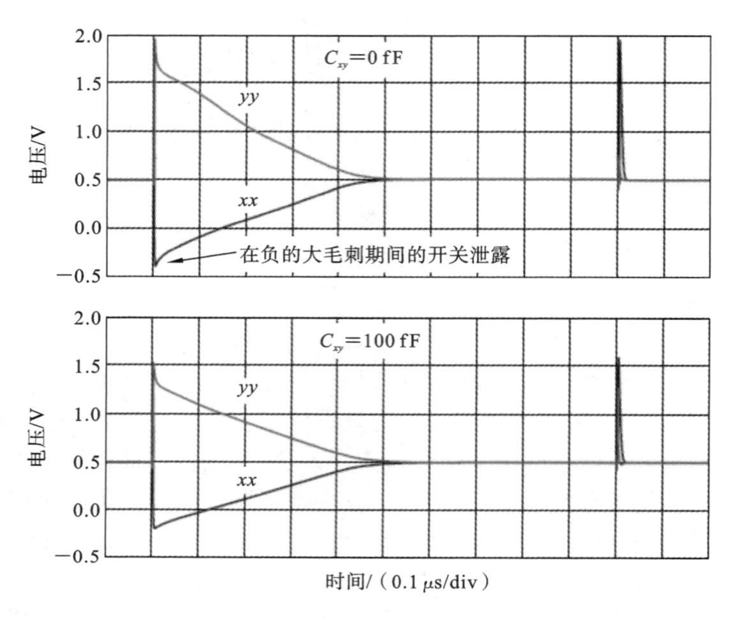

图 7.51 C_1 电容器右侧的电压波形

为了解决这个问题，在 xx 和 yy 节点之间增加 100 fF 的电容就足够了。由于图 7.51(b)所示的负向毛刺已经减少了几百毫伏，所以图 7.52 中的频谱得到了很大改善。这种补救措施是可行的，但代价是噪声增加和运算放大器负载增加。避免这些问题的另一种方法是用负栅极电压断开引起该问题的开关，但这种解决方案会产生负电压。最后，我们注意到采用多位架构也可以避免这个问题，因为反馈和输入不太可能因 V_{dd} 的变化而变化。

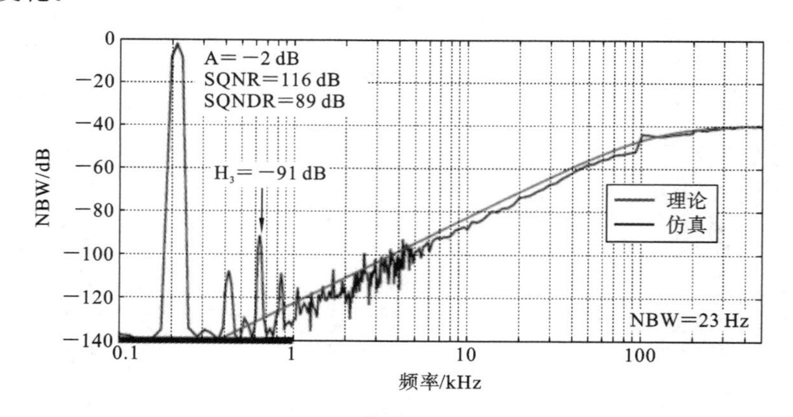

图 7.52 大部分模块电路已晶体管化后的频谱

鉴于此问题的不寻常性，我们选择了蛮力解决的方案，并在图 7.53 中给出了补丁设计的仿真 SQNR 和 SQNDR。根据仿真结果，调制器的功耗为 $P=40\ \mu$W。将 40 μW 的功耗与 1 kHz 的带宽和 98 dB 的 DR 相结合，得到了 172 dB 的品质因数。后一个数字是可观的，但不可否认的是，对于这个信号带宽，它比目前的技术水平低 10 dB 以上。

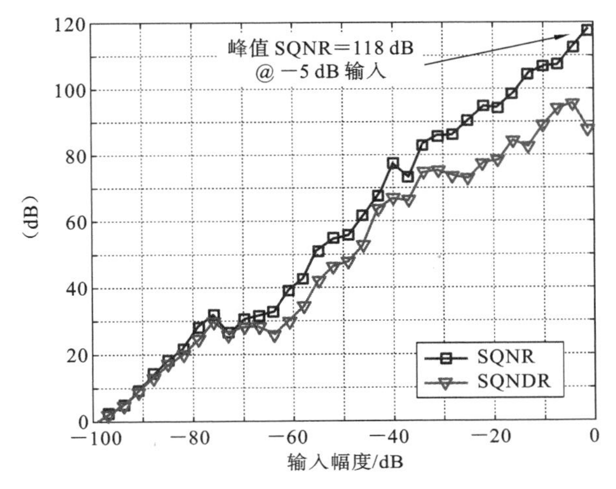

图 7.53 调制器晶体管化后的 SQNR 仿真结果

现在，我们已经通过了设计的第一步，我们满足于列出使设计达到工业标准所需的步骤。商用设计需要增加掉电和调试功能，并且需要对工艺、温度和电压角进行仿真，还建议进行蒙特卡罗检查(尤其是偏置检查)以及可靠性和老化验证。当然，所有这些都需要有详细记录，以便其他人可以根据他们的具体指标要求修改设计。

7.12 高阶调制器

7.12.1 架构

高阶调制器的设计过程与我们在低阶示例中遵循的设计过程非常相似。考虑图 7.54 中描述的四阶 CRFB 系统，与该结构相关的差分方程列于图 7.55 中。图 7.55 还显示了该调制器的简化开关级实现和相关的时序图。使用类似于二阶示例中的推理，让我们验证这个原理图能够实现的差分方程。

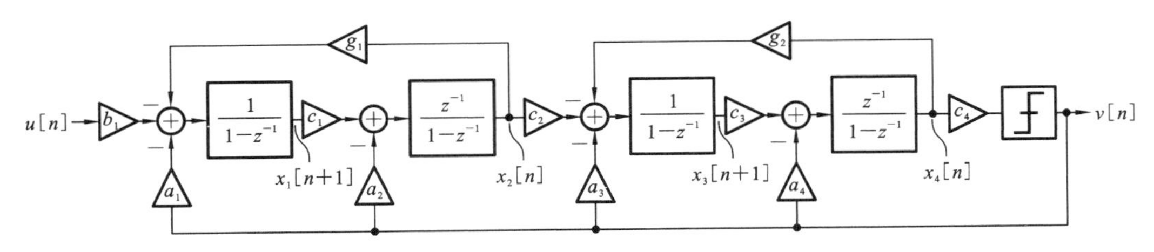

图 7.54 四阶 CRFB 调制器

首先，我们看到 $v[n]$是通过在相 1 结束时量化 $x_4[n]$获得的。接下来，基于 $x_2[n]$

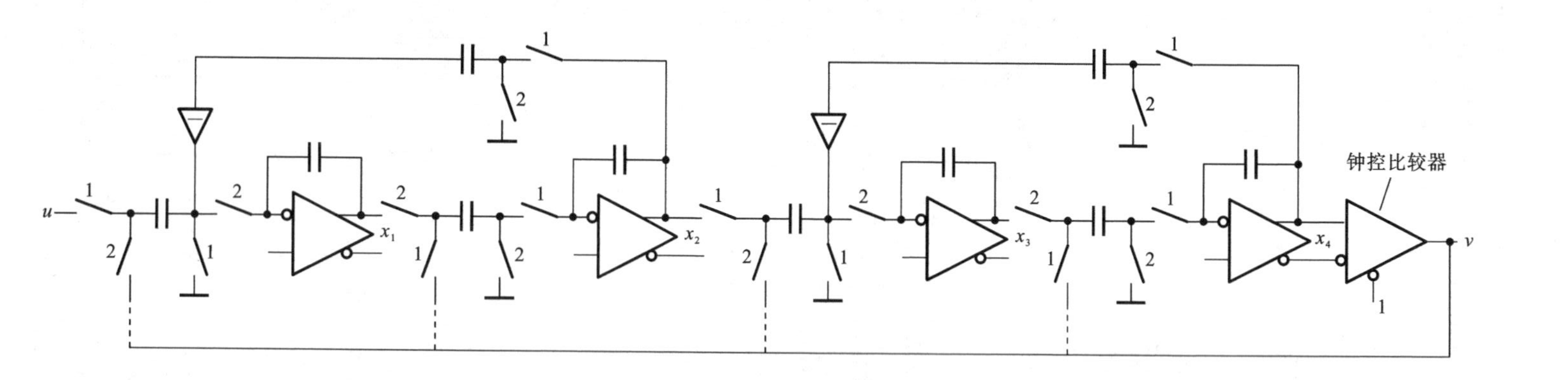

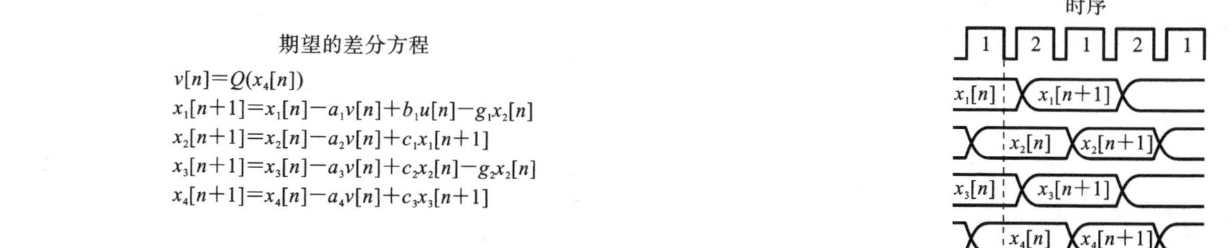

图7.55 实现图 7.54 中系统的开关电容电路和时序图

的值、在前一个相 1 中采样的 $x_4[n]$、$v[n]$(因为它在相 2 期间可用),通过在相 2 期间评估得到 $x_1[n+1]$和 $x_3[n+1]$。然后,基于 $v[n]$的可用值和在前一个相 2 期间采样的 $x_1[n+1]$和 $x_3[n+1]$值,通过在相 1 期间评估得到 $x_2[n+1]$和 $x_4[n+1]$。然后重复该过程。请注意,每个放大器都是单独建立的——即使在这样的高阶调制器中也不需要串联建立。

7.12.2 电容器尺寸

与低阶示例一样,动态范围缩放后计算的系数对应于电容比,而电容的绝对大小则由噪声决定。但是,由于高阶调制器不太可能使用与低阶示例一样高的过采样率,因此我们不一定会忽略后端阶段(版图阶段)对热噪声的影响。例如,假设 $C_1=1$ pF、$C_2=2$ pF、OSR=30 以及我们想要在图 7.56 中产生 C_3的输入参考噪声,使得在通带边缘处 C_1和 C_3的组合输入参考噪声比仅由 C_1产生的输入参考噪声高 1 dB 以内。为实现这一目标,C_3的输入参考噪声必须不超过 C_1噪声的 undbp(1)−1=0.25 倍。由于通带边缘处的第一个积分器的增益为

$$A=\left|\frac{C_1/C_2}{e^{j\pi/OSR}-1}\right|\approx\frac{C_1}{C_2}\frac{OSR}{\pi}\approx 5 \tag{7.31}$$

因此我们要求

$$C_3=\frac{C_1}{(0.25)(5^2)}\approx\frac{C_1}{6} \tag{7.32}$$

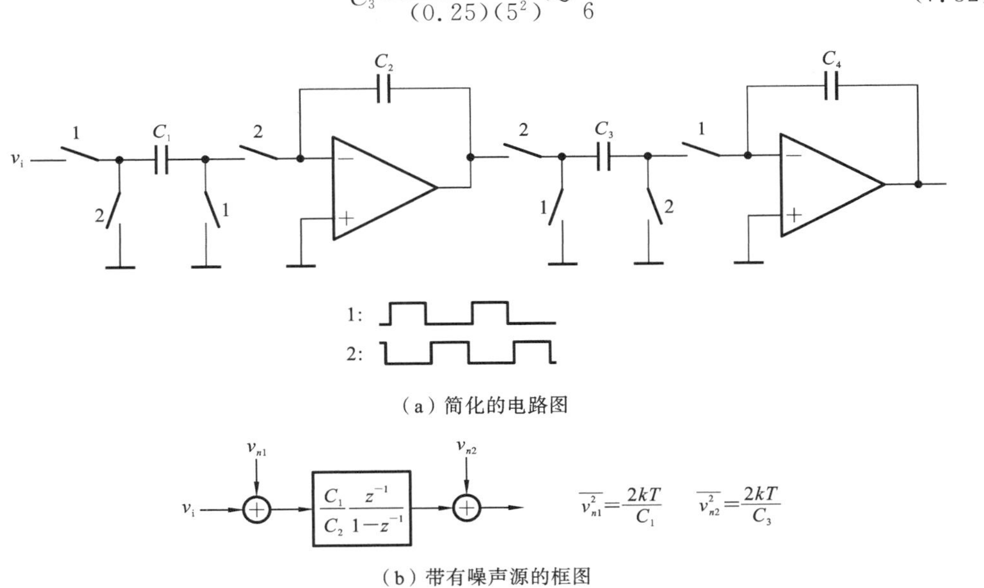

(a) 简化的电路图

(b) 带有噪声源的框图

图 7.56 前端部分电路示例

由于积分器消耗的功率大致与其容性负载成正比,因此在上述假设下,第二个积分器(INT2)消耗的功率约为第一个积分器(INT1)所需功率的六分之一。一方面,如果我们将过少的噪声预算分配给 INT2,那么 C_3 以及 INT2 消耗的功率将过大;另一方面,为 INT2 分配过多的噪声预算会减少 INT1 的噪声预算并增加其功耗。为了找到最佳噪声分配,我们可以进行如下操作。

假设 INT1 消耗的功率与 C_1 成比例，同样 INT2 消耗的功率与 C_3 成比例。如果我们进一步假设比例常数是相同的，那么目标函数

$$f(C_1, C_3) = C_1 + C_3 \tag{7.33}$$

是衡量总功耗的指标。可以用

$$g(C_1, C_3) = \frac{1}{C_1} + \frac{\alpha^2}{C_3} \tag{7.34}$$

函数来获得总带内噪声的规格。其中，α^2 是一个常数，它将 INT2 的噪声功率折算到 INT1 的输入。如果我们遵循之前使用 A_p 的策略（A_p 是通带边缘处 INT1 的增益），则输入参考 INT2 噪声为 $\alpha^2 = 1/A_p^2$。当应用对通带中的峰值噪声密度敏感时，这种方法是合适的。但是，如果积分噪声比点噪声更具有相关性，则使用 INT1 提供的衰减函数的均方值更加合适，在这种情况下为 $\alpha^2 = 1/(3A_p^2)$。

目前的优化问题是找到在关于 g 的等式约束下使 f 最小的 C_1 和 C_3。通过使用拉格朗日乘子法可以很容易地解决这个问题，以及涉及两级以上的一般性问题：

$$\nabla f + \lambda(\nabla g) = 0 \tag{7.35}$$

$$(1,1) - \lambda\left(\frac{1}{C_1^2}, \frac{\alpha^2}{C_3^2}\right) = 0 \tag{7.36}$$

从而

$$C_1 = \sqrt{\lambda}, \quad C_3 = \alpha\sqrt{\lambda} \tag{7.37}$$

因此，我们看到，无论噪声约束的值是什么，当 $C_3/C_1 = \alpha$ 时，可以实现最小功耗。因此，一种方便的方法是按所指示的比例对电容器进行配比，然后对它们进行统一缩放，以达到所需的噪声。例如，如果假设前一个示例中的 $C_1 = 1$ pF 消耗了整个噪声预算（即噪声约束为 $g = 1\ (\text{pF})^{-1}$），那么为了说明第二级，我们先设置

$$C_3 = \alpha C_1 = 0.2C_1 = 0.2\ \text{pF} \tag{7.38}$$

并计算：

$$g = \frac{1}{C_1} + \frac{\alpha^2}{C_3} = \frac{1}{1\ \text{pF}} + \frac{0.2^2}{0.2\ \text{pF}} = 1.2\ (\text{pF})^{-1} \tag{7.39}$$

为了达到噪声目标，我们需要将 C_1 和 C_3 放大 1.2 倍，即

$$C_1 = 1.2\ \text{pF} \tag{7.40}$$

$$C_3 = 0.24\ \text{pF} \tag{7.41}$$

7.12.3 合成来自多个开关电容支路的噪声

一个重要步骤是将多个开关电容(SC)支路的噪声折算到单个支路。图 7.57 所示的是一对开关电容器支路及其相关噪声源。要将这些噪声源合并成连接到顶部支路的单个噪声源，首先将噪声电压转换为噪声电荷，然后相加，即

$$\overline{q^2} = \overline{q_1^2} + \overline{q_2^2} = 2kTC_1 + 2kTC_2 \tag{7.42}$$

接下来，将此噪声电荷返回到 C_1 的输入侧，如图 7.57 所示，即

$$\overline{v_n^2} = \frac{\overline{q^2}}{C_1^2} = \frac{2kT}{C_1}\left(1 + \frac{C_2}{C_1}\right) \tag{7.43}$$

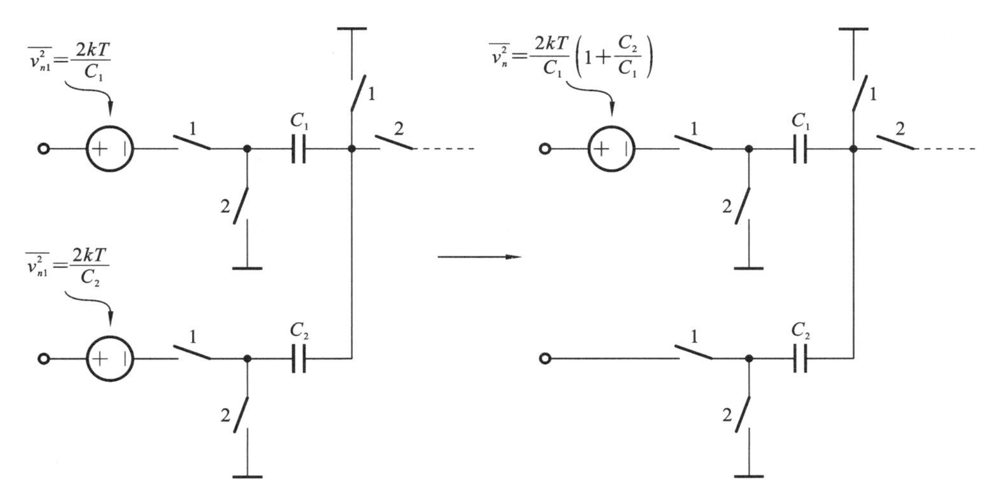

图 7.57　将噪声从第二个开关电容支路引回到第一个支路

7.13　多比特量化

当使用单比特量化时，量化器只是一个比较器，每个 DAC 只是一个开关电容器支路。为了实现多位量化，可以使用多个比较器或多个比较来对环路滤波器的输出进行数字化。

设 M 是量化器传递函数中的步数。如果我们选择在一个时钟周期内执行量化，那么我们需要 M 个比较器将环路滤波器的输出与 M 个参考电压进行比较。由于环路滤波器的输出和参考电平都是差分信号，我们需要 M 个双差分比较器(见图 7.58)。

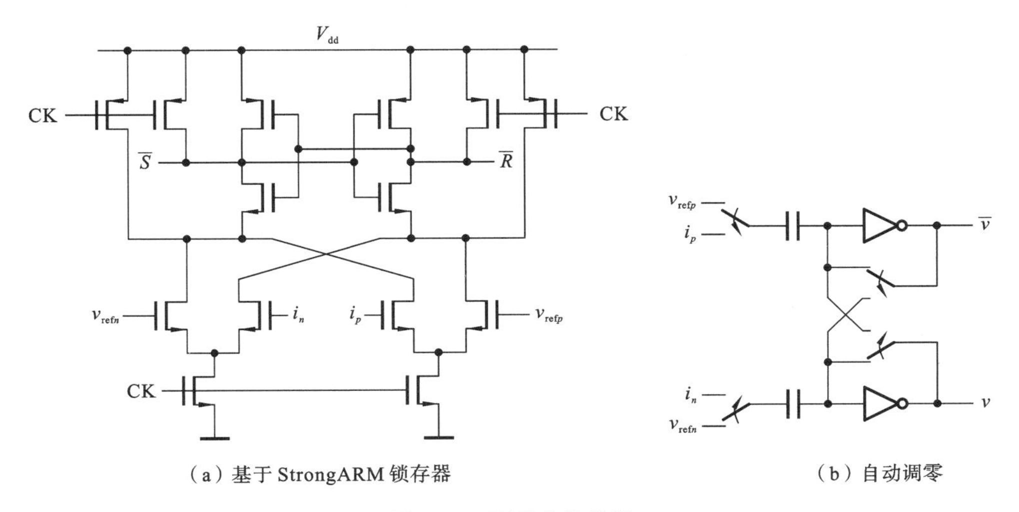

(a) 基于 StrongARM 锁存器　　(b) 自动调零

图 7.58　双差分比较器

图 7.58(a)中的电路用两个并联的差分对替换了 StrongARM 比较器的差分对。一个差分对将 i_p 与基准 v_{refp} 进行比较，另一个差分对将 i_n 与基准 v_{refn} 进行比较。这些信号的共模电压之间的差异应该在差分对的线性范围内。如果 i_p 和 i_n 连接到一个差分对，而 v_{refp} 和 v_{refn} 连接到另一个差分对，这种替代安排可能是灾难性的，因为这两个差

值可能远远超出差分对的线性范围。

图 7.58(b)中的电路使用一对反相器，该反相器在基准采样阶段偏置在其触发点，然后在采样电容器连接到输入信号后立即进行正反馈连接。同样，v_{refp}应该与 i_p 进行比较，且 v_{refn}应该与 i_n 进行比较，以获得最佳性能。该电路的一个特别吸引人的特点是自动调零，即反相器的失调被其开环增益抑制。

图 7.59 所示的是如何使用 $M=4$ 双差分比较器来构造闪速(flash)量化器。模拟输入信号施加到所有比较器中的一对输入，而不同的参考电压施加到另一输入对。比较器的参考电压可以通过连接在基准参考电压 v_{refp} 和基准参考电压 v_{refn}之间的电阻串产生(图 7.59 显示了两个这样的电阻串，以便图表清晰。在实践中，一串就足够了，但是线路会更加复杂)。

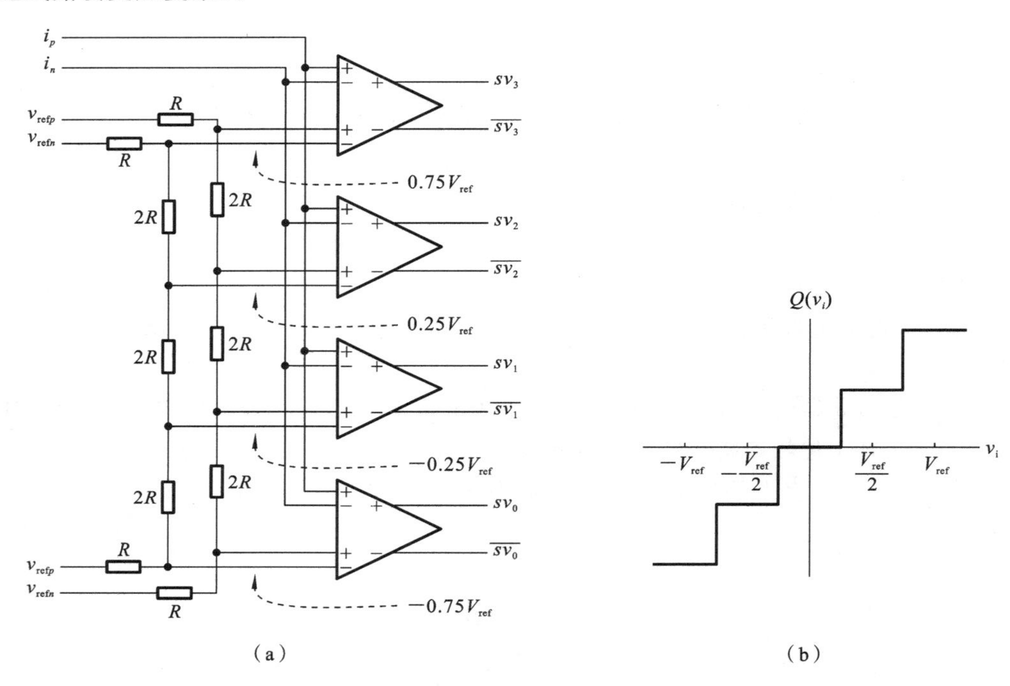

图 7.59 四步量化器

图 7.60 所示的是与闪速量化器相对应的 DAC。这种一元编码的 DAC 由 M 个相同的开关电容支路组成，每个支路由 M 个比较器中的一个来控制。为了实现二进制编码的 DAC，电容器将被二次幂加权。

与在单时钟周期内使用 M 个比较器解析 $M+1$ 电平的闪速 ADC 相比，逐次逼近寄存器(successive-approximation register，SAR)ADC 使用单比较器和 $m+1$ 个时钟周期解析 2^m 个电平。图 7.61 所示的是这种 ADC 的 3 位版本的单端实现。该电路由一个二进制加权电容阵列、一个比较器和一些控制逻辑组成。其操作如下。

在采样阶段，比较器自动归零，输入电压采样到电容阵列上。接下来，打开采样和自动调零开关，SAR 逻辑设置 DAC 开关，使 MSB 电容连接到 v_{ref}，而其他电容接地。如果 v_i 的采样值高于 $v_{ref}/2$，则节点 x 处的电压将低于比较器的阈值，并且一旦通过比较器解决了这一情况，SAR 逻辑将数据字的 MSB 设置为 1。如果 MSB (b_2)为 1，则 $4C$ 电容器保持与 v_{ref}连接；否则，当 $2C$ 电容连接到 v_{ref}时，$4C$ 电容切换到地。然后比较器

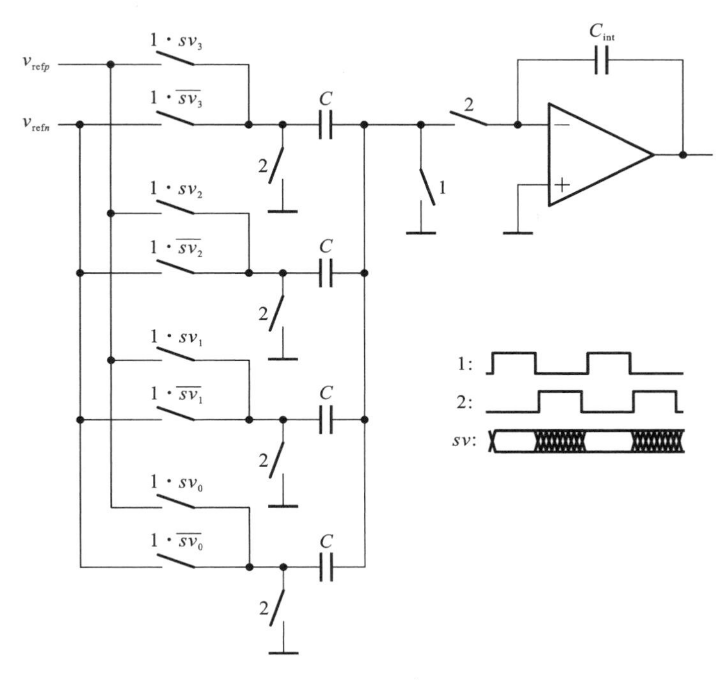

图 7.60　四元素 DAC

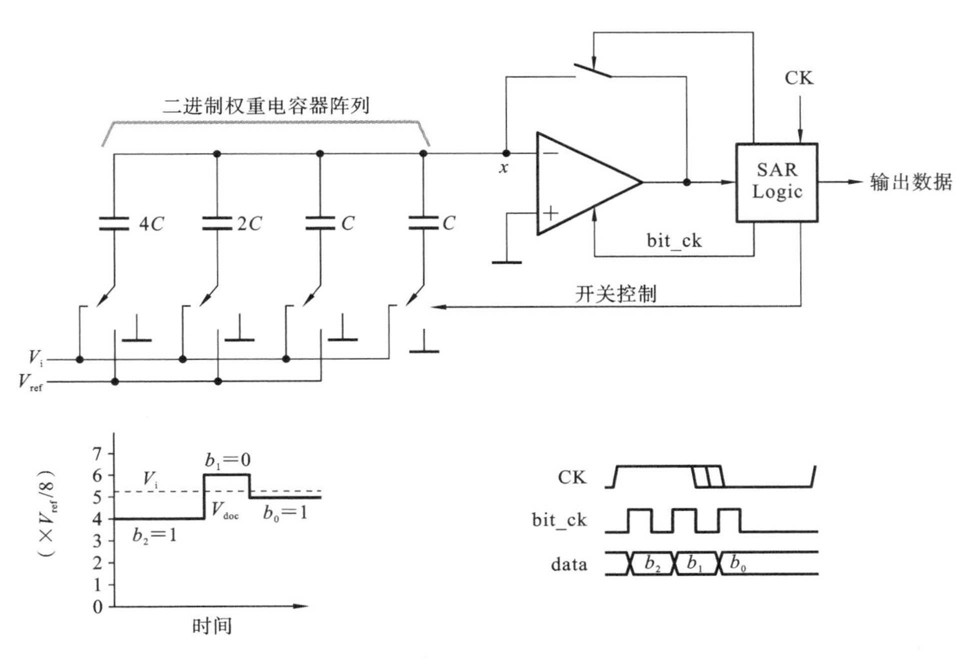

图 7.61　3 **位** SAR **量化器(单端版本)**

再次计时，确定下一个数据位。基于该位(b_1)，当 LSB 电容连接到 v_{ref}时，2C 电容器其左侧或者保持连接到 v_{ref}或者切换回接地。最后比较解析 LSB(b_0)。

SAR ADC 是最早实现使用高速时钟来驱动 SAR 逻辑，但现在的 SAR 逻辑是根据每个比较器的判决异步生成位时钟。近年来已经进行了许多技术改进，包括在阿托法拉(10^{-18} F)范围内使用电容器[4]~[7]。

特别是在分辨率较低的情况下，SAR 架构的功率可以产生效率非常高的 ADC，因此 SAR ADC 非常适合 ΔΣADC 中的量化器。但是，由于 SAR ADC 的速度低于闪速 ADC，因此在最大化采样速率处于至关重要的时候仍然需要闪速 ADC。在这两个体系结构极端之间进行插值，可以得到诸如多比特 SAR[8] 和两步[9] ADC 之类的安排。

7.14　重新设计开关

第 7.8 节仅考虑简单的 NMOS、PMOS 或传输门开关。我们看到具有宽输入电压范围的开关表现出高度非线性电导，并且提到只要电路稳定，这种效应就不会引起失真。这个断言的一个隐藏前提是输入信号是一个采样保持波形，它对 ADC 本身的所有信号都有效，但通常对 ADC 的输入无效。如果 ADC 的输入是连续时间信号，则输入开关的非线性电导会限制 ADC 的高频线性度。

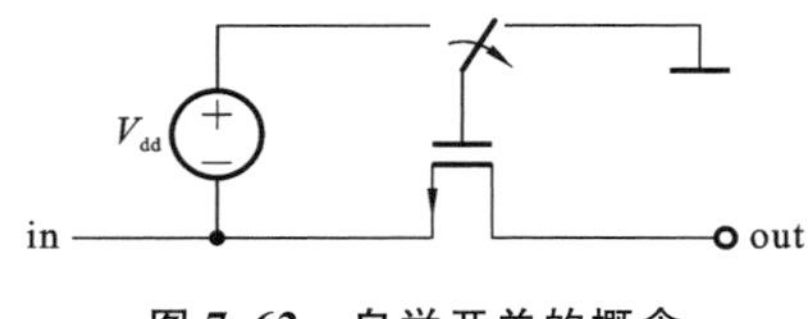

图 7.62　自举开关的概念

图 7.62 所示的是解决与输入相关的开关电阻问题的概念。在这个自举开关中，NMOS 开关的 V_{gs} 固定为 V_{dd}，从而使开关的导通独立于输入电压。图 7.63 所示的是一种实现，它可以防止对任何器件施加过大的应力[10]。

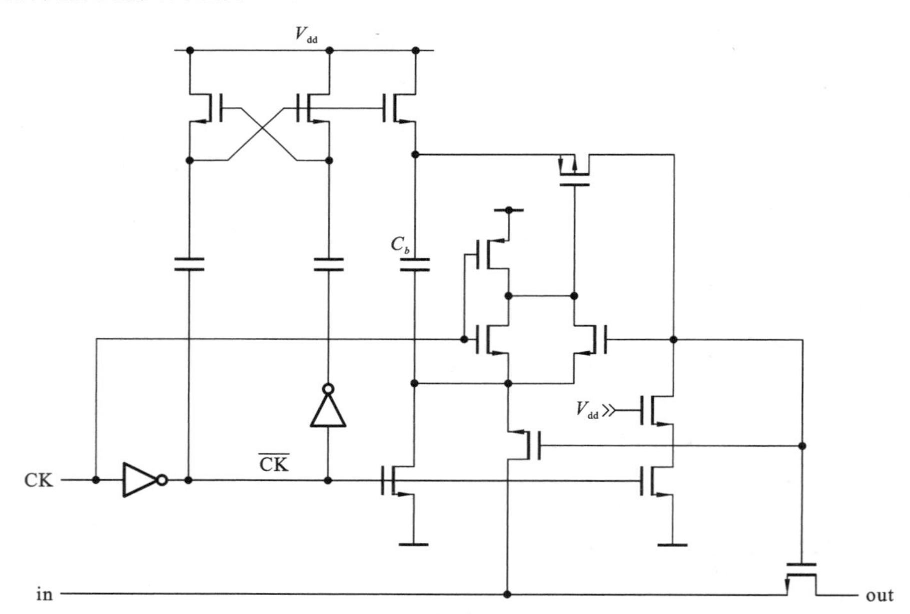

图 7.63　Abo 实现的一款自举开关

为了证明这种技术的有效性，图 7.64 所示的是由一对 0.25 V_p 正弦波驱动的开关电容两端电压的仿真 IMD3，该正弦波以 $V_{dd}/2=0.9$ V 为中心。一对曲线使用一个传输门开关，其中包含与 4 μm PMOS 并联的 1 μm NMOS，而另一对使用自举的 1 μm NMOS。在这两种情况下，减小连接到开关的采样电容的尺寸可以减少失真，但是与自

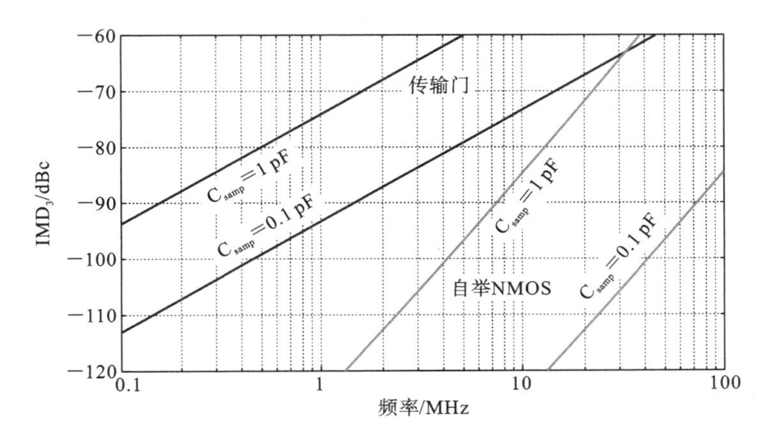

图 7.64　常规和自举开关的失真

举开关相比，其传输门的性能很差。因此良好的高频性能，例如，在 10 MHz 时，90 dBc IMD3 将需要传输门尺寸是自举开关尺寸的 100 倍以上。

其他开关技巧包括切换背栅（以减少 C_{db} 的非线性）或自举背栅（隐藏 C_{db}）[11]。

7.15　双采样

图 7.65 所示的是双采样积分器的结构[12]。由于该电路在相 1 和相 2 上都进行积分，因此其采样率是时钟速率的两倍。在 ΔΣADC 的环境中，采样率加倍（对于给定的带宽）对 SQNR 提供了相当大的改善，因此双采样非常有吸引力。此外，由于双采样使用运算放大器的空闲相位，因此双采样 ADC 比不使用双采样的 ADC 更有效。

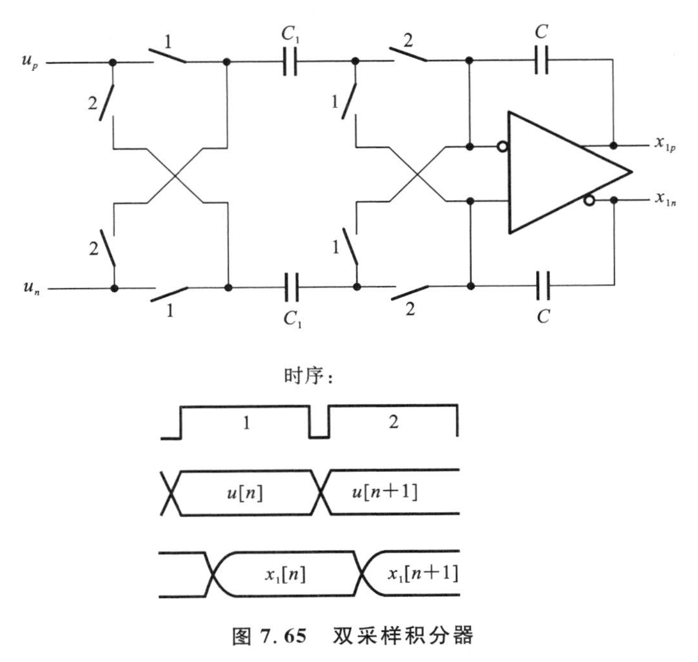

图 7.65　双采样积分器

为了得到该积分器的传递函数，首先要注意的是，仅仅分析当电路从相 1 转换到相 2 时发生的情况就足够了，因为在另一个转换期间发生了同样的事情。接下来请注意，放大器的输入共模电压(v_{icm})是无关紧要的,因此我们可以假设 $v_{icm}=0$。其总结分析如图 7.66 所示,在相 1,输入电容采样 $v_i[n]$;在相 2,反馈电容器上 $v_i[n]$和 $v_i[n+1]$之和与 C_1/C_2 相乘累积。

因此,该积分器的传递函数是

$$\frac{V_o(z)}{V_i(z)}=\left(\frac{C_1}{C_2}\right)\left(\frac{1+z^{-1}}{1-z^{-1}}\right) \tag{7.44}$$

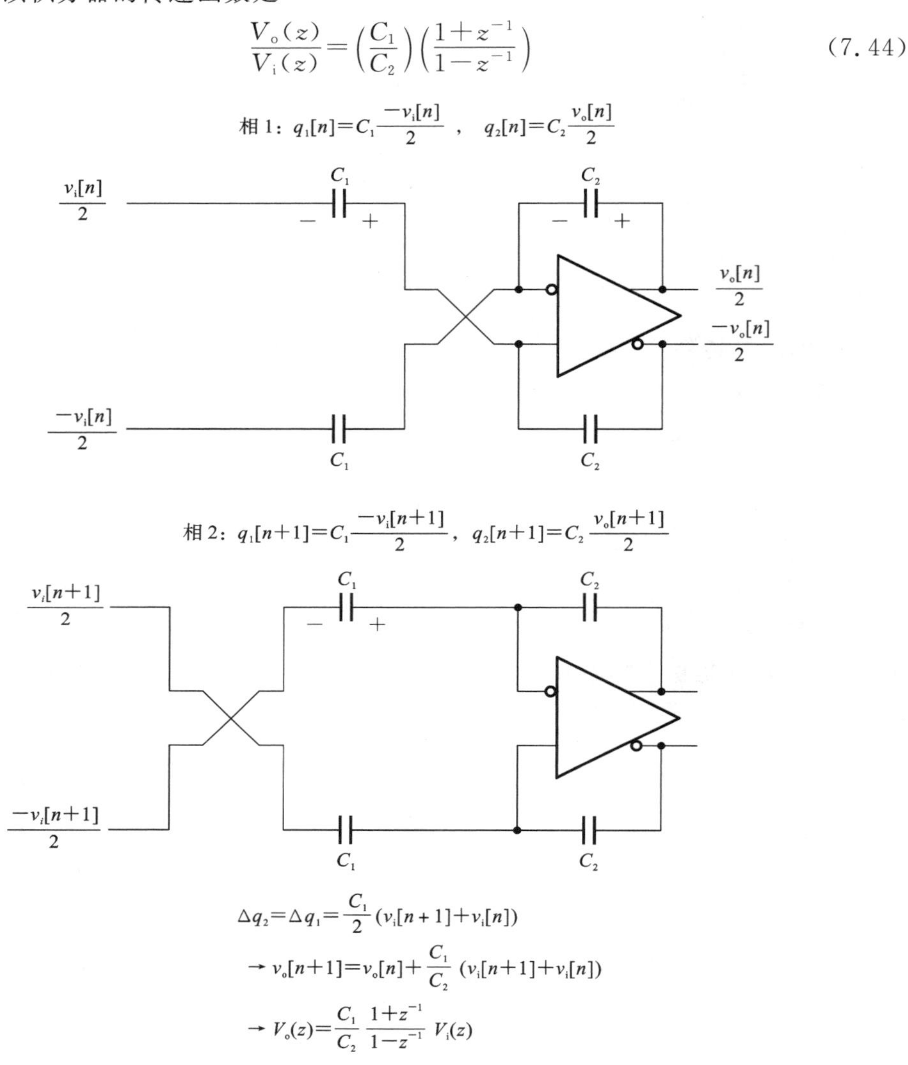

图 7.66 双采样积分器的分析

图 7.65 所示的双采样积分器的优点很明显,但这个绘制的电路无法设置输入共模电压。将小的常规开关电容器分支添加到求和节点可以解决这个问题。

图 7.67 所示的是一个 ΔΣADC 的结构,其环路滤波器采用了这种双采样积分器。请注意,环路滤波器中的每个积分器不可能都使用如图 7.65 所示的双采样积分器,因为 L_1 环路增益具有约束 $L_1(-1)=0$,并且此约束不允许环路支持任意 NTF。为了克服这种限制,最后一个积分器有更传统的 $1/(1-z^{-1})$ 积分器传递函数就足够了。该积分器可以用一对标准乒乓型寄生电容不敏感的开关电容支路实现。请注意,由于此积分器前面有几个其他积分器,因此乒和乓分支之间的不匹配不会造成

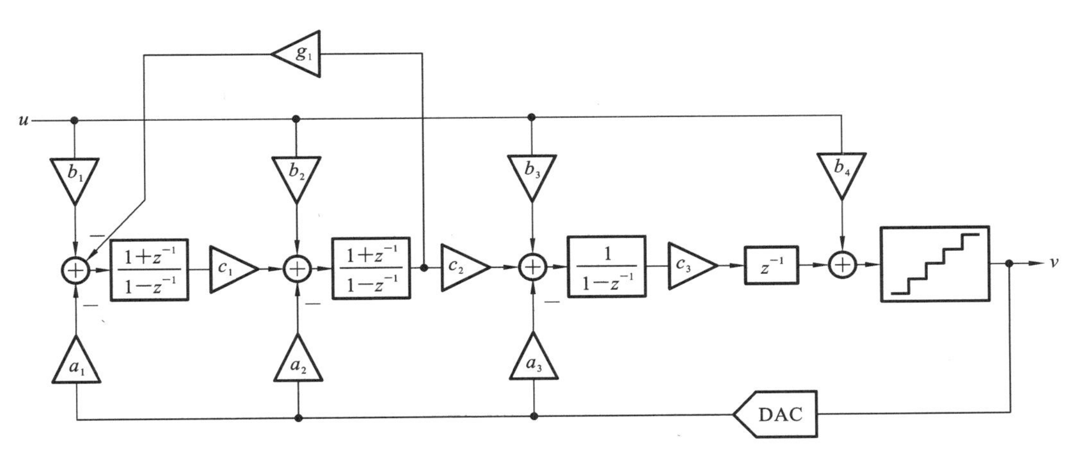

图 7.67　带双采样积分器的环路滤波器

问题。

7.16　增益提高和增益平方

低速示例系统中的放大器可以使用长通道器件来实现高直流增益。然而，在高速应用中，这种长通道器件的大寄生电容使得放大器的速度慢得令人无法接受。在本节中，我们将研究两种增强放大器增益而不会显著降低其速度的技术。

第一种技术在晶体管级工作。图 7.68(a)所示的是一个增益提高(Gain-Boosting)的共源共栅[13]。该电路使用辅助运算放大器以等于运算放大器增益的系数来增强共源共栅。因此，复合放大器的增益增加了相同的因子。图 7.68(b)所示的是这种安排的差分版本。

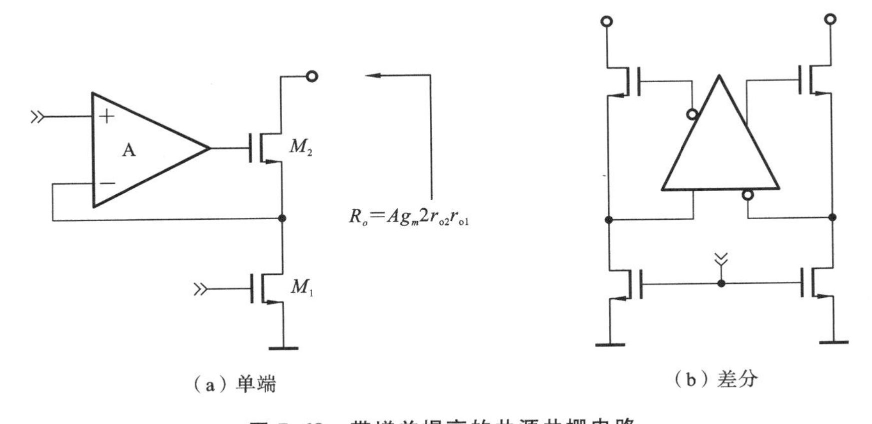

(a) 单端　　(b) 差分

图 7.68　带增益提高的共源共栅电路

第二种技术应用于放大器和开关级。图 7.69 所示的是增益平方(Gain-Squaring)电路使用电容器 C_x 对相 1 期间运算放大器负输入端的电压进行采样，然后在积分阶段将该电容与放大器串联[14]。如果 C_x 控制放大器的输入电容，则放大器的有效增益会增加，放大器的失调和 $1/f$ 噪声都会被消除。

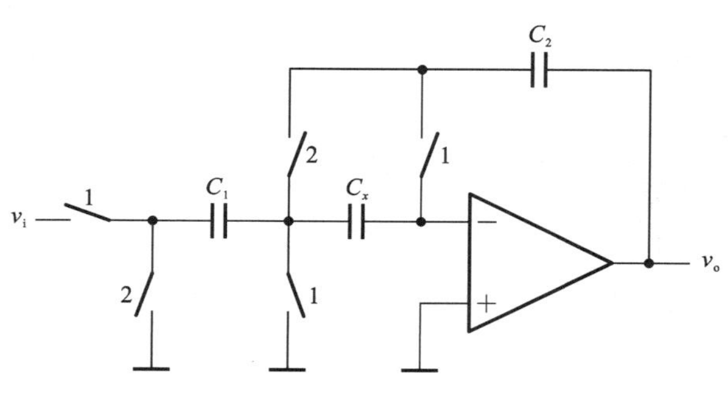

图 7.69 增益平方积分器

7.17 分离式转向和放大器堆叠

在仿真示例中，二阶调制器承诺具有 172 dB 的 FOM，带宽为 1 kHz。目前的 FOM 记录是一个在 0.35 μm 工艺下实现的四阶 1 位前馈 ΔΣ 调制器[15]。当时钟频率为 640 kHz 时，该 ADC 在 1 kHz 带宽下实现了 185 dB 的 FOM。由于 13 dB 的 FOM 改善相当于功率效率提高了 20 倍，因此该 ADC 的效率非常高。让我们快速浏览用于实现此创纪录效率的电路技术。

图 7.70(a)所示的是基于伪差分反相器的放大器的半边电路。该电路具有 3 个属性，比我们在示例调制器中使用的折叠共源共栅放大器更有效。首先，由于输入施加在共享的一个公共偏置电流的 NMOS 和 PMOS 器件，因此该跨导是使用相同偏置电流工作的单个器件的跨导的两倍。其次，由于所有的偏置电流都用于实现跨导，因此在其他放大器功能上无电流浪费，比如折叠以增加摆幅并扩展共模输入范围。最后，与诸如折叠共源共栅的 A 类放大器不同，转换电流不受固定偏置电流的限制。这种基于反相器的放大器的缺点是增益仅限于单个 MOS 器件的自增益，可用输出摆幅受限于 MOS 器件的阈值电压之和，并且偏置点随电源电压、工艺以及输入共模的变化而变化。实际上，如果阈值电压很大且电源电压很低，那么晶体管可能基本上都是关闭的。

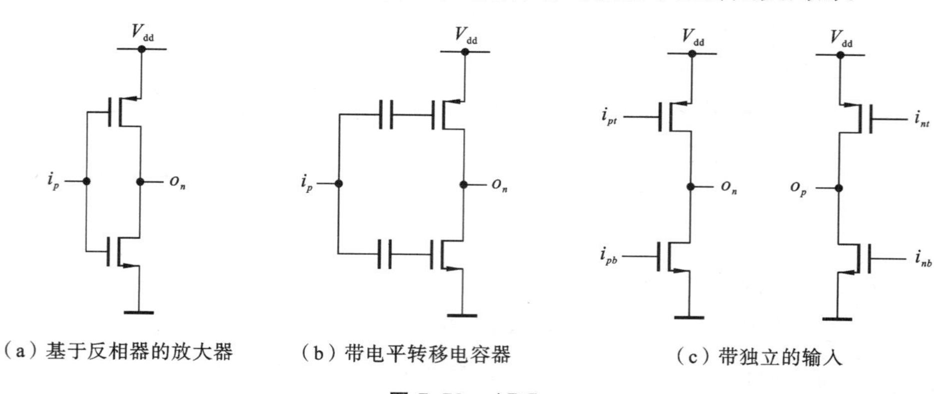

(a) 基于反相器的放大器　(b) 带电平转移电容器　(c) 带独立的输入

图 7.70 ADC

通过增加共源共栅和增益提高技术可以改善增益(以输出摆幅为代价)，而其他两个缺点可以通过图 7.70(b)中的布置来解决。在该电路中，电平转移电容器允许独立地设置 NMOS 和 PMOS 器件的偏置电压，从而允许偏置电流独立于工艺和电源电压。

不幸的是，电平转移电容器会产生 kT/C 噪声并增加衰减。为了避免噪声损害，它需要很大的电平转移电容器。

图 7.70(c)中的电路取消了电平转移电容器，以产生具有两对输入的放大器。该放大器可用于图 7.71 所示的分离式转向积分器(split-steering integrator)。该积分器利用了标准 SC 积分器可以支持任意输入共模电压的事实。在此积分器中，顶部输入对的共模电压设置为 V_T，而底部对的共模电压设置为 V_B。一个偏置电路产生这两个电压，使得尽管工艺、温度和电源电压发生变化，仍然可以建立所需的工作点。在低电源电压下，V_T 电压甚至可以低于 V_B 电压。通过这些偏置电压可以实现共模反馈。

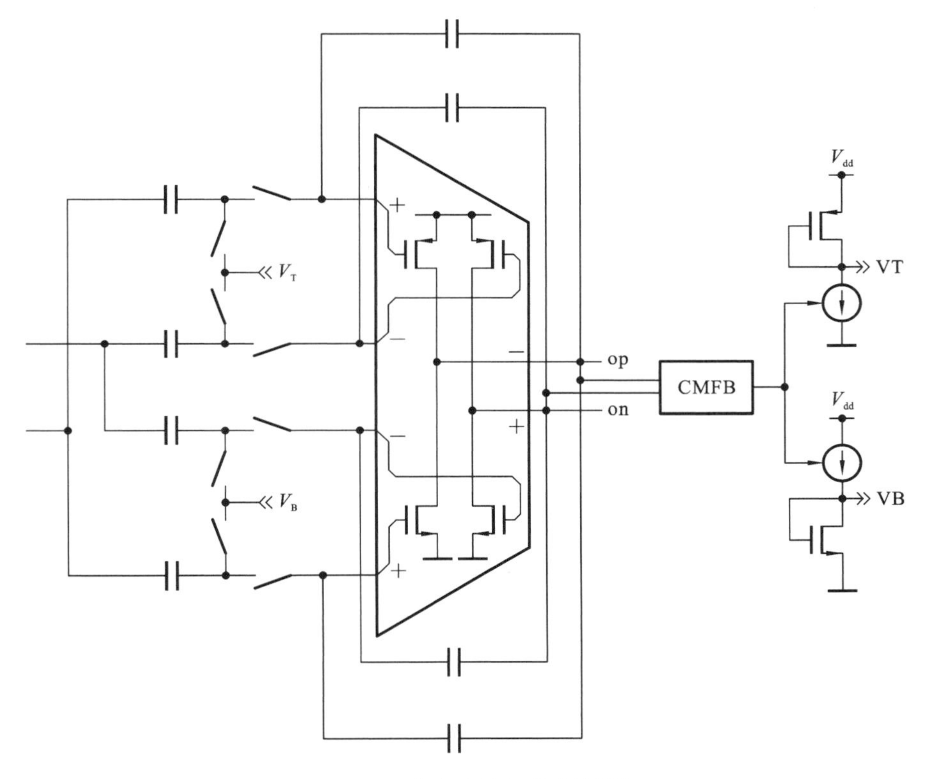

图 7.71　分离式转向积分器[15]

在开关电容电路中，信号功率正比于$(V_{dd})^2$，并且噪声功率与 C 成反比。因此，对于给定的 SNR，将 V_{dd} 以 k 因子增加，允许 C 以 k^2 倍减小，因此 g_m 也以 k^2 倍减小。这种折中表明可以通过使用大电源电压来改善 FOM。我们已经看到图 7.71 的分离式转向积分器可以有效地利用电源电流来实现给定的跨导，但我们是否可以利用更高的电源电压来进一步提高跨导效率？

图 7.72 所示的是一对积分器(为简单起见，只显示了单端)，这些积分器已经堆叠，因此电源电流通过两个放大器。由于复合跨导是单个放大器的两倍，因此这种布置提供了利用高电源电压的方法。但是，放大器堆叠有两个缺点，第一个缺点是每个积分器的输出摆幅减半，因此积分电容需要加倍，并且后级的输入参考噪声变得更加显著。对于 OSR＝320，积分器的带内增益仍然很大，以至于后级所需的功率仍然可以忽略不计。第二个缺点是需要额外的电路，即图 7.72 中的平衡器(balancer)，以确保两个积分器表现相同。在参考文献[15]中，平衡器采用小型无源开关电容减法器和非噪声关键

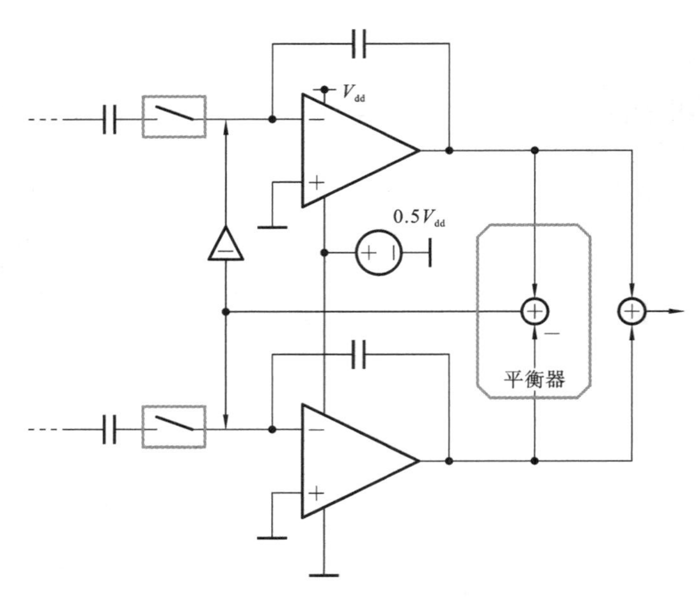

图 7.72 堆叠的积分器

的放大器实现。在这项工作中,平衡器的噪声贡献仅为 ADC 总噪声的 1%。

此 ADC 中使用的最后一个技巧是双网络二重采样(twin double-sampling),如图 7.73 所示[15]。电容器左侧的双采样开关配置有效地使信号摆幅加倍,从而允许采样电容减小。将采样电容分成两半,并以反相驱动,这样两个时钟相位就可以用于积分。噪声分析表明,对于与完全双采样积分器相同的总采样电容(见图 7.65),双采样结构实

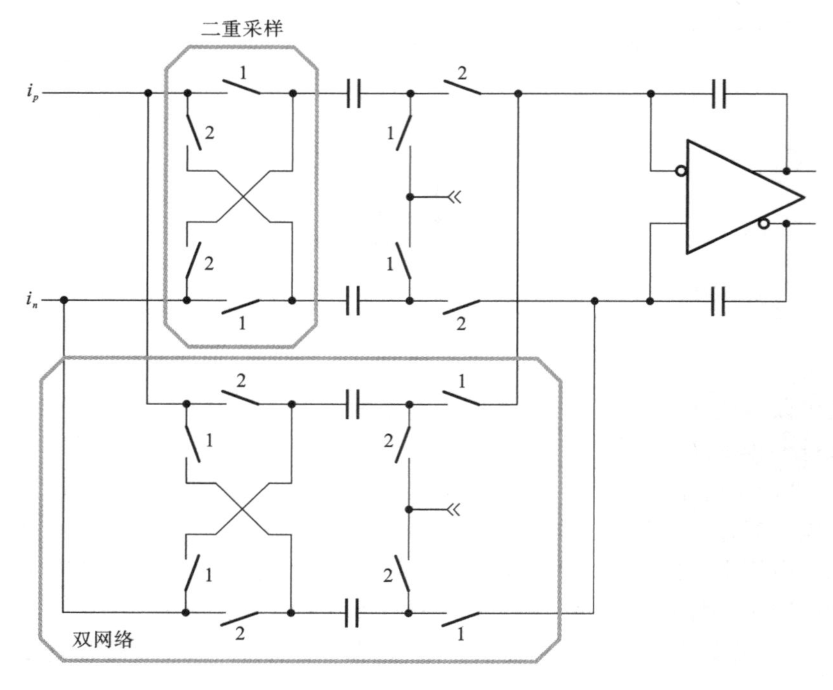

图 7.73 双网络二重采样

现了相同的低频输入参考噪声，但需要的积分电容只有其一半大[①]。

图 7.74 所示的是测量的带内噪声功率与直流输入的函数关系。基于该数据和正弦波测试，观察到 136 dB 的动态范围。5.4 V 电源的总功耗为 13 mW。大部分功率由第一个积分器（55%）和时钟产生电路（40%）消耗，剩下的 5% 由其他三个积分器和比较器消耗。斩波用于抑制 1/f 噪声。

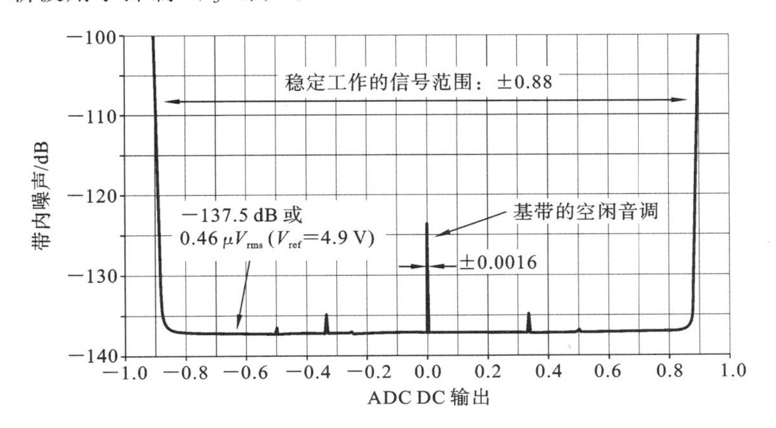

图 7.74　测试得到的噪声功率与直流输入的关系

7.18　开关电容电路中的噪声

在本节中，我们将更详细地介绍开关电容电路中的噪声。为便于参考，电阻和饱和区 MOS 晶体管的热噪声模型分别如图 7.75 和图 7.76 所示。对于用作开关的 MOS 晶体管，应用于电阻器的噪声模型。如图 7.75 所示，热噪声可以通过与电阻串联的电压源或与电阻并联的电流源建模。类似的二元性适用于晶体管：热噪声可以用与栅极串联的电压源或跨接漏极和源极的电流源建模。由于每种情况下的噪声源都是白噪声，这意味着功率谱密度 $S_v(f)$ 和 $S_i(f)$ 的表达式与 f 无关。电阻器电压噪声的单边功率谱密度（PSD）为

$$S_v(f)=4kTR \tag{7.45}$$

其中，$k=1.38\times10^{-23}$ J/K 是玻尔兹曼常数，T 是以开尔文为单位的温度。类似地，晶体管电流噪声的 PSD 为

$$S_i(f)=4\,kT\gamma g_m \tag{7.46}$$

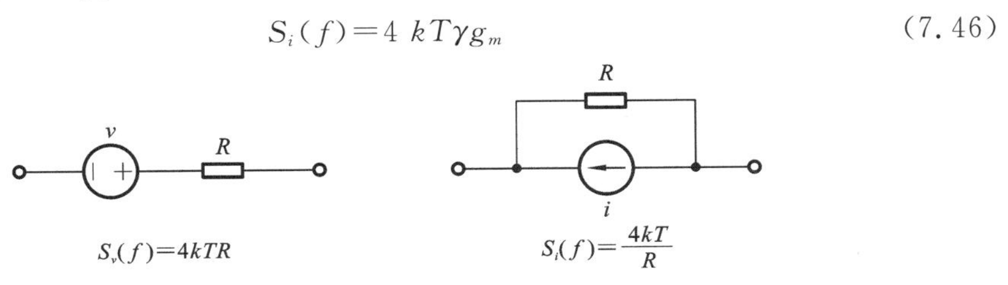

图 7.75　电阻的热噪声模型

① 感谢 Matthias Steiner 分享这一观察。要了解为什么完全双采样积分器处于不利地位，请注意采样电容上的噪声看到输出有一个 $1+z^{-1}$ 传递函数，这个传递函数将低频时的噪声密度放大了 4 倍。

其中，γ 是器件相关的拟合参数。γ 的理论值为$\frac{2}{3}$，但在 1～2 范围内有多个测量值的报告。

白噪声具有无限的功率，因为 $S(f)$ 在所有频率上的积分是无界的。然而，在实际电路中，电容带限噪声并使噪声功率有限。例如，图 7.77 所示的是一个连接到电容器的噪声电阻，并提供了导致我们在一阶噪声分析中使用的结果的关键步骤，即电容器两端的均方电压为[①]

$$\overline{v^2}=\frac{kT}{C} \tag{7.47}$$

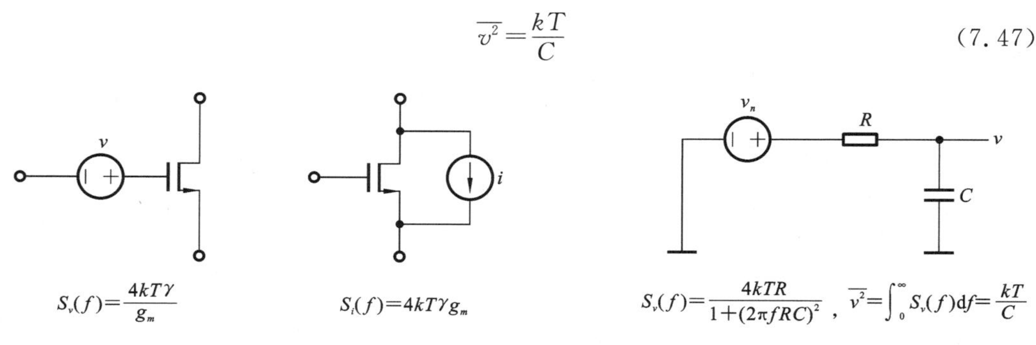

图 7.76 电阻的热噪声模型

图 7.77 分析穿过一个电容器的噪声

上述结果是单极点滤波器的噪声带宽

$$\mathrm{NBW}_1=\frac{1}{4RC} \tag{7.48}$$

导致的结果。由于电阻器的电压噪声与 R 成正比，而噪声带宽与 R 成反比，因此将 NBW_1 乘以电阻器的 $4kTR$ 噪声密度会产生与电阻器无关的结果(见式(7.47))。

对电容器两端的电压进行采样，得到离散时间序列，其功率与式(7.47)相同。如果采样率较低($f_s<\frac{1}{RC}$足够低，因为与前一个采样相关的初始条件被至少 2π 个时间常数衰减)，则连续采样之间的相关性接近于零，因此离散时间序列本质上是白色的。

由于对通过电阻 R 驱动的电容器 C 上的电压进行采样相当于打开导通电阻为 R 的开关，我们得出结论，与开关电容器 C 的充电阶段相关的均方噪声电压是$\frac{kT}{C}$。

为了分析与电荷转移阶段相关的噪声，我们需要放大器的噪声模型。图 7.78(a)所示的是一个简单的差分 CMOS 运算放大器及其内部噪声源。我们假设电路是对称的，即 M_1 匹配 M_2，M_3 匹配 M_4。通过将输出节点短接到地并分析得到的电路，我们发现差分输出电流是

$$i_d=\frac{i_{n1}+i_{n2}+i_{n3}+i_{n4}}{2} \tag{7.49}$$

(与 M_0 相关的噪声以及差分对的电流源在 M_1 和 M_2 之间平均分配，因此不会出现在 i_d 中。另请注意，如果电流源是共源共栅极电流源，则共源共栅的噪声会以 $g_m r_o$ 因子衰减，因此可以忽略)。因为，i_{n1} 和 i_{n2} 的 PSD 是 $4kT\gamma g_{m1}$，而 i_{n3} 和 i_{n4} 的 PSD 是

① 利用能量均分物理原理也可以得到这一结果。根据这一原理，在热平衡状态下，与任何自由度有关的平均能量为$\frac{kT}{2}$。由于电容器 C 充电到电压 V 上的能量是$\frac{Cv^2}{2}$，通过能量均分可得$\frac{C\overline{v^2}}{2}=\frac{kT}{2}$，与式(7.47)相等。类似的结果也适用于电感器中的均方噪声电流，或质量弹簧系统中质量的均方位移。

$4kT\gamma g_{m3}$，所以 i_d 的 PSD 是这些 PSD 之和的四分之一，即

$$S_{i_d}=2kT\gamma(g_{m1}+g_{m3}) \tag{7.50}$$

如图 7.78(b)所示，该谱密度可以通过除以 $g_m^2=(g_{m1}/2)^2$ 折算到输入：

$$S_{v_d}=\frac{8kT\gamma}{g_{m1}}\left(1+\frac{g_{m3}}{g_{m1}}\right) \tag{7.51}$$

为简化分析，我们经常使用图 7.78(c)中的半边电路模型，其中

$$S_v=\frac{4kT\gamma}{g_{m1}}\left(1+\frac{g_{m3}}{g_{m1}}\right) \tag{7.52}$$

请注意，在对半边电路进行噪声分析时，我们需要将单端噪声功率加倍，以获得差分噪声功率。

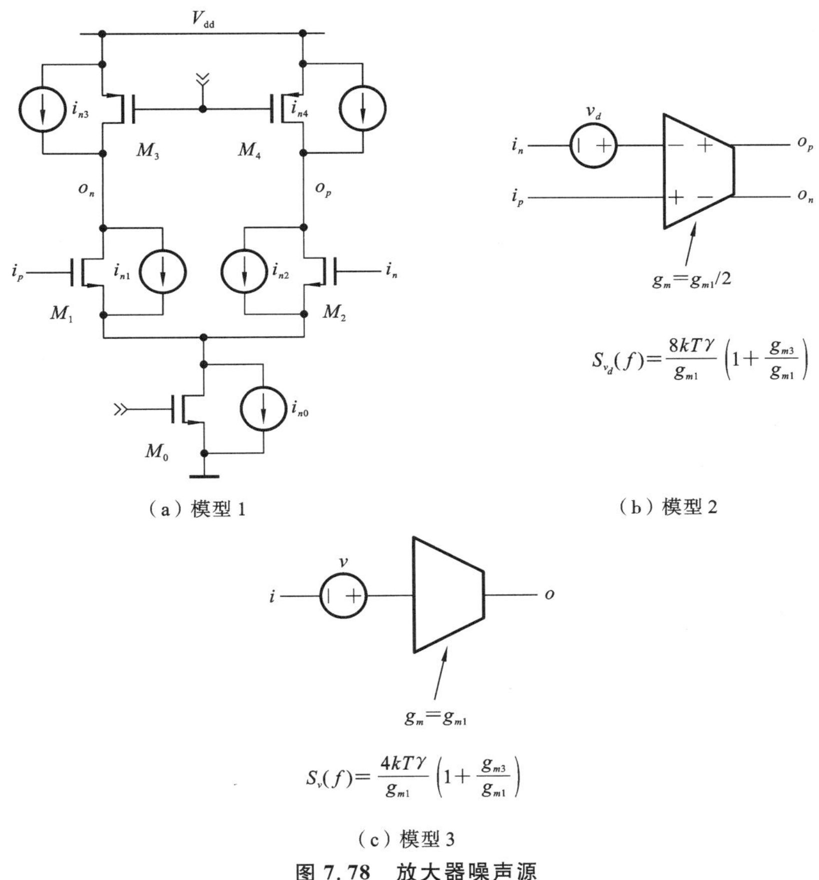

图 7.78　放大器噪声源

将式(7.52)的括号内项吸收到 γ，得到定义：

$$\gamma_{\text{amp}}\equiv\gamma\left(1+\frac{g_{m3}}{g_{m1}}\right) \tag{7.53}$$

在最好的情况下，$\gamma=\dfrac{2}{3}$，来自电流源器件的噪声可以忽略不计，γ_{amp} 小于 1：$\gamma_{\text{amp}}=\gamma=\dfrac{2}{3}$。但是，因为

$$g_m=\frac{2I_d}{V_{\text{eff}}} \tag{7.54}$$

电流源器件的 V_{eff} 必须是差分对的 V_{eff} 的许多倍，以便来自电流源器件的噪声可以忽略

不计。更现实的假设是 V_{eff} 比率为 2，这意味着 $\frac{g_{m3}}{g_{m1}}=\frac{1}{2}$，因此 $\gamma_{\text{amp}}=\frac{2}{3}\left(1+\frac{1}{2}\right)=1$。对于折叠共源共栅运算放大器，其所有电流源器件的 V_{eff} 设置为差分对的两倍，$\gamma_{\text{amp}}=\frac{5}{3}$。因此，通常 $\gamma_{\text{amp}}\geqslant 1$。利用现有的放大器噪声模型，我们可以分析电荷转移阶段放大器噪声的影响。

图 7.79 说明了该过程。噪声来自开关（由图 7.79 中的 R_1 和 R_2 表示）和放大器，开关和放大器噪声源是独立的。因此，我们将分别计算它们的效果，然后用均方意义将它们组合起来。

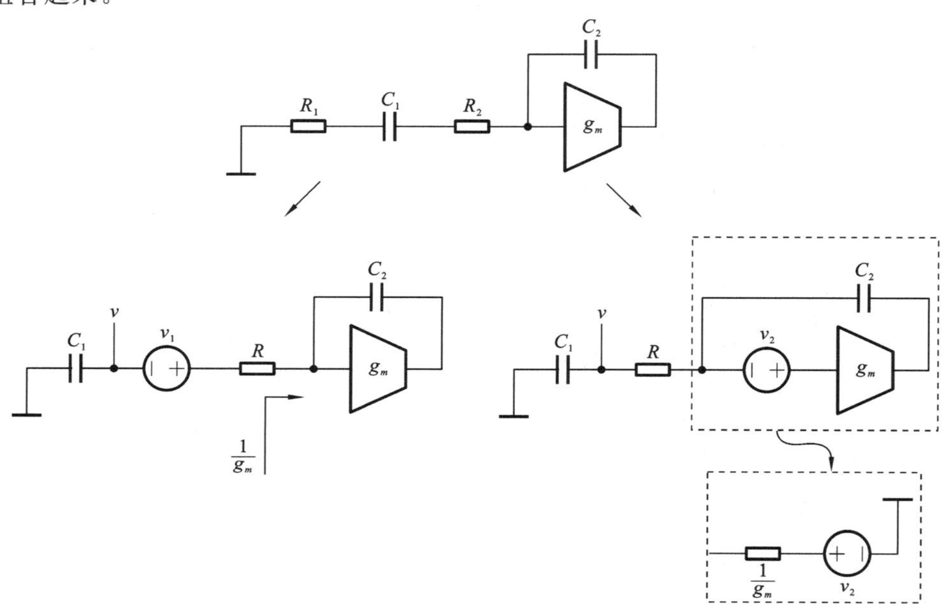

图 7.79 相 2 阶段噪声的分析

对于开关噪声，我们首先将 R_1 和 R_2 合并为 $R=R_1+R_2$，如图 7.79 所示的左下方。由于从 R 右侧看到的阻抗为 $\frac{1}{g_m}$，因此该电路相当于 RC 电路，其中电阻器由 $R_{\text{eq}}=R+\frac{1}{g_m}$ 代替。因此，由开关引起的电容器上的积分噪声是

$$\overline{v^2}=\frac{S_{v_1}}{4R_{\text{eq}}C_1}=\frac{kTR}{\left(R+\frac{1}{g_m}\right)C_1} \tag{7.55}$$

根据该结果，使 $R\ll\frac{1}{g_m}$ 可以最小化开关噪声。

接下来考虑放大器噪声。如图 7.79 所示的右下方，现在看虚线圈中的电路，其戴维南等效为一个电阻 $\frac{1}{g_m}$ 与一个 PSD 为 $S_{v_2}=\frac{4kT\gamma_{\text{amp}}}{g_m}$ 的电压源串联。电路再次分解成由电压源驱动的单个电阻器和电容器。因此，我们可以立即写出

$$\overline{v^2}=\frac{S_{v_2}}{4R_{\text{eq}}C_1}=\frac{\frac{kT\gamma_{\text{amp}}}{g_m}}{\left(R+\frac{1}{g_m}\right)C_1} \tag{7.56}$$

与式(7.55)相比,最小化放大器噪声要求 $R \gg \frac{1}{g_m}$。

联合式(7.55)和式(7.56),得到在电荷转移阶段由放大器和开关引起的噪声,即

$$\overline{v^2} = \left(\frac{kT}{C_1}\right)\left(1 + \frac{\gamma_{\text{amp}} - 1}{1 + g_m R}\right) \tag{7.57}$$

如果 $\gamma_{\text{amp}} = 1$,则电荷转移阶段的均方噪声与充电阶段相同,即 kT/C_1,因此两相的总和为 $2kT/C_1$。

作为最后的分析练习,我们将考虑到功耗。如果我们做出定义:

$$x \equiv g_m R \tag{7.58}$$

那么相 1 和相 2 的总噪声是

$$\overline{v^2} = \left(\frac{kT}{C_1}\right)\left(2 + \frac{\gamma_{\text{amp}} - 1}{1 + x}\right) \tag{7.59}$$

而建立时间常数是(见图 7.37)

$$\tau = \frac{C_1}{g_m}(1 + x) \tag{7.60}$$

ADC 规格对 $\overline{v^2}$ 和 τ 都有限制,因此我们会提出"x 取何值可以最小化 $\overline{v^2}$ 和 τ 对功耗的约束?"。为了简化该问题,假设驱动开关所需的功率可以忽略不计。功耗仅与 g_m 相关,通过式(7.60)得到

$$g_m = \frac{C_1}{\tau}(1 + x) \tag{7.61}$$

代入式(7.59)推导的 C_1 值,得到

$$g_m = \left(\frac{kT}{\tau\,\overline{v^2}}\right)\left[2(1 + x) + \gamma_{\text{amp}} - 1\right] \tag{7.62}$$

显然,如果 $x = 0$,即开关电阻是 $\frac{1}{g_m}$ 的一小部分,则此时 g_m 的功耗最小。在实践中,最小化开关电阻的期望需要与驱动大开关相关联的功耗进行折中。因此,我们的第一目标 $R = \frac{0.1}{g_m}$,即 $x = 0.1$ 提供合理的起始点。

7.19 总结

本章的前半部分介绍了单比特二阶开关电容 ΔΣADC 的设计,讨论了放大器、比较器、时钟发生器和开关的设计考虑,给出了示例电路,并通过仿真进行了验证。这些仿真表明该设计可以达到 DR=98 dB,BW=1 kHz 和 P=40 μW,对应于 FoM=172 dB。本章的后半部分描述了可用于更苛刻应用的各种架构和电路技术,包括多位量化、高阶环路滤波器、双采样和增益提高技术,讨论了使用分离式转向和放大器堆叠技术的一个 ADC,实现了创纪录的 FoM=185 dB(DR=136 dB,BW=1 kHz,P=13 mW)。最后,我们更详细地研究了开关电容电路中的噪声,分析验证了 $\frac{kT}{C}$ 噪声估计,并且建议开关电阻必须是 $\frac{1}{g_m}$ 的一小部分。

参考文献

[1] Y. Yang, A. Chokhawala, M. Alexander, J. Melanson, and D. Hester, "A 114 dB 68 mW chopper-stabilized stereo multi-bit audio A/D converter", *ISSCC Digest of Technical Papers*, pp. 64-65, Feb. 2003.

[2] C. Enz and G. C. Temes, "Circuit techniques for reducing the effects of opamp imperfection", *Proceedings of the IEEE*, vol. 84, pp. 1584-1614, Nov. 1996.

[3] J. Montanaro, R. Witek, K. Anne, A. Black, E. Cooper, D. Dobberpuhl, P. Donahue, and T. Lee, "A 160-MHz 32-b 0.5-W CMOS RISC microprocessor", *IEEE Journal of Solid-State Circuits*, vol. 31, pp. 1703-1714, Nov. 1996.

[4] P. J. A. Harpe, B. Busze, K. Philips, and H. de Groot, "A 0.47-1.6 mW 5-bit 0.5-1 GS/s time-interleaved SAR ADC for low-power UWB radios", *IEEE Journal of Solid-State Circuits*, vol. 47, pp. 1594-1602, July 2012.

[5] D. Stepanović and B. Nikolic, "A 2.8 GS/s 44.6 mW time-interleaved ADC achieving 50.9 dB SNDR and 3 dB effective resolution bandwidth of 1.5 GHz in 65-nm CMOS", *IEEE Journal of Solid-State Circuits*, vol. 48, pp. 971-982, April 2013.

[6] P. Harpe, E. Cantatore, and A. van Roermund, "A 10b/12b 40 kS/s SAR ADC with data-driven noise reduction achieving up to 10.1b ENOB at 2.2 fJ/conversion-step", *IEEE Journal of Solid-State Circuits*, vol. 48, pp. 3011-3018, Dec. 2013.

[7] L. Kull, T. Toifl, M. Schmatz, P. Francese, C. Menolfi, M. Braendli, M. Kossel, T. Morf, T. Andersen, and Y. Leblebici, "A 3.1 mW 8b 1.2 GS/s single-channel asynchronous SAR ADC with alternative comparators for enhanced speed in 32 nm digital SOI CMOS", *IEEE Journal of Solid-State Circuits*, vol. 48, pp. 3049-3058, Dec. 2013.

[8] C. H. Chan, Y. Zhu, S. W. Sin, U. Seng-Pan, and R. P. Martins, "A 5.5 mW 6-b 5 GS/s 4-interleaved 3b/cycle SAR ADC in 65nm CMOS", *ISSCC Digest of Technical Papers*, pp. 1-3, Feb. 2015.

[9] R. Jewett, K. Poulton, K. Hsieh, and J. Doernberg, "A 12b 128 MSample/s ADC with 0.05 LSB DNL", *ISSCC Digest of Technical Papers*, pp. 138-139. Feb. 1997.

[10] A. M. Abo and P. R. Gray, "A 1.5-V, 10-bit, 14.3-MS/s CMOS pipeline analog-to-digital converter", *IEEE Journal of Solid-State Circuits*, vol. 34, pp. 599-606, May 1999.

[11] J. Brunsilius, E. Siragusa, S. Kosic, F. Murden, E. Yetis, B. Luu, J. Bray, P. Brown, and A. Bar-low, "A 16b 80 MS/s 100 mW 77.6 dB SNR CMOS pipeline ADC", *ISSCC Digest of Technical Papers*, pp. 186-188, Feb. 2011.

[12] D. Senderowicz, G. Nicollini, S. Pernici, A. Nagari, P. Confalonieri, and C. Dallavale, "Low-voltage double-sampled ΣΔ converters", *IEEE Journal of Solid-State Circuits*, vol. 32, pp. 1907-1919, Dec. 1997.

[13] K. Bult and G. J. G. M. Geelen, "A fast-settling CMOS opamp for SC circuits

with 90-dB dc gain", *IEEE Journal of Solid-State Circuits*, vol. 25, pp. 1379-1384, December 1990.

[14] K. Nagaraj, T. R. Viswanathan, and K. Singhal. "Reduction of finite-gain effect in switched-capacitor filters", *Electronics Letters*, vol. 21, no. 15, pp. 644-645, July 1985.

[15] M. Steiner and N. Greer, "A 22.3 b 1 kHz 12.7 mW switched-capacitor ΔΣ modulator with stacked split-steering amplifiers", *ISSCC Digest of Technical Papers*, pp. 284-286, Feb. 2016.

8

连续时间 ΔΣ 调制

在前面的章节中，我们已经建立了直观认识，并了解了 ΔΣ 调制背后的基本概念。具体来说，给定输入信号的带宽和所需的 SQNR 后，我们现在知道如何选择达到这些规格的 NTF 和 OSR。此外，我们还了解了可用于实现 NTF 的各种环路滤波器拓扑的折中，已经看到实现环路滤波器的许多方法。由于调制器的输入是一个过采样序列，因此必须使用离散时间电路来实现环路滤波器。正如我们在前面的章节中看到的那样，环路滤波器的基本构建模块是积分器，通常使用运算放大器、开关和电容器以类似于图 4.22 的方式实现。这种开关电容积分器具有许多优点：它们的系数由电容器比率控制，在工艺/温度变化时具有鲁棒性，并且对杂散电容不敏感。

然而，遗憾的是，在低压 CMOS 工艺下，由于存在几个困难，这种积分器的设计变得越来越具有挑战性。在低电源电压下打开和关闭开关是有问题的，正如我们在第 4 章中看到的那样，积分器的输出需要在半个时钟周期内才能慢慢稳定下来，因此积分器需要具有良好建立行为的宽带运算放大器。所以，试图实现具有大信号带宽（或等效地，高时钟速率）的 ΔΣ 调制器导致高功率消耗，或者在给定的工艺下可能根本不可行。如果我们用连续时间电路实现环路滤波器会怎么样？为了更好地理解这一点，我们通过 MOD1 尝试用连续时间（CT）滤波器实现环路滤波器[1,2,3]。

8.1 CT-MOD1

MOD1 的离散时间和连续时间方法之间的差异如图 8.1 所示。在图 8.1(a)中，输入是预先采样的，输入序列和反馈序列之差由 DT 环路滤波器处理。CT 实现背后的理念如下：输入未预先采样，而是从中减去量化器的输出波形，并由连续时间环路滤波器处理。对滤波器的输出进行采样、量化和反馈。像往常一样，量化器通过一个 ADC-DAC 级联实现。ADC 将 y 转换为数字输出（也构成调制器的输出），而 DAC 则根据数字输出代码生成连续时间反馈波形。CT-MOD1 中的 CT 环路滤波器的传递函数是什么可使得 NTF 等于 $1-z^{-1}$？在我们讨论之前，我们需要讨论 DAC 的几个方面。

DAC 采用输入序列并输出与序列相关（线性）的波形。每个 DAC 都与脉冲形状 $p(t)$ 相关联，将反馈波形表示为

$$v(t) = \sum_{n} v[n]p(t - nT_s) \tag{8.1}$$

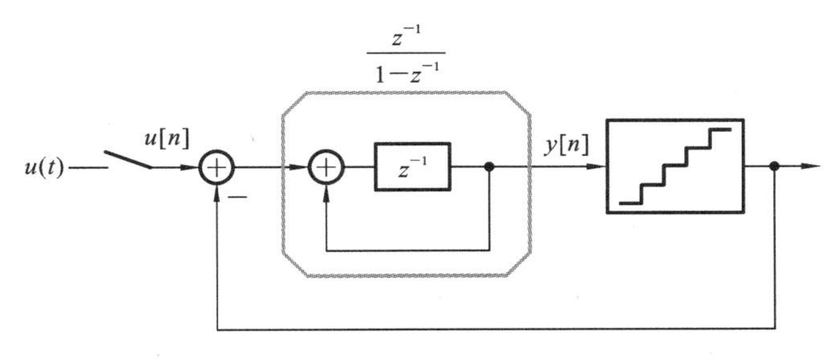

(a) MOD1-u是预先采样的，环路滤波器处理输出序列与$u[n]$的差值

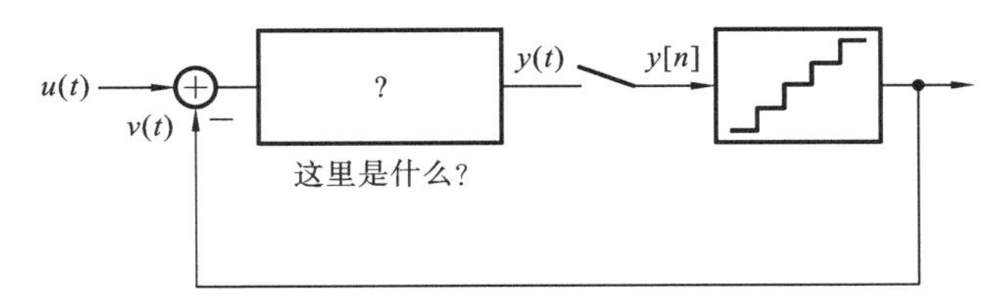

(b) 对环路滤波器的输出进行采样和量化

图 8.1 MOD1 的离散时间和连续时间方法之间的差异

下面列出了一些常用的脉冲形状。

- NRZ DAC：$p(t)=1, 0<t<T_s$。
- RZ DAC：$p(t)=2, 0<t<0.5T_s$。
- Impulsive DAC：$p(t)=\delta(t)$。

$v(t)$的频谱与 $v[n]$的频谱有什么关系？为了确定这一点，我们按图 8.2(a)所示的步骤进行。我们首先形成一个由狄拉克脉冲组成的连续时间波形 $v_1(t)$，与 $v[n]$的关系如下：

$$v_1(t) = \sum_n v[n]\delta(t-nT_s) \tag{8.2}$$

$v[n]$和 $v_1(t)$的傅里叶变换分别由 $V(e^{j\omega})$和 $V_1(f)$表示，则有

$$V(e^{j\omega}) = \sum_n v[n]e^{-j\omega n}$$

$$V_1(f) = \sum_n v[n]e^{-j2\pi f T_s n} \tag{8.3}$$

从式(8.3)可以看出，$V_1(f)=V(e^{j2\pi f T_s})$。DAC 输出 $v(t)$可以被认为是具有脉冲响应 $p(t)$的线性时不变滤波器的输出，由 $v_1(t)$激励。因此，DAC 输出波形的傅里叶变换 $V(f)$由下式给出

$$V(f)=P(f)V_1(f)=P(f)V(e^{j2\pi f T_s}) \tag{8.4}$$

这个量化器(ADC-DAC 级联)的模型如图 8.3 所示。通过将输入 $y(t)$与狄拉克脉冲序列相乘来对采样进行建模，并通过添加 $e(t)=\sum_n e[n]\delta(t-nT_s)$ 来建模量化误差。DAC 脉冲由具有脉冲响应 $p(t)$的连续时间滤波器建模，得到的连续时间 ΔΣ 实现的模型如图 8.4(a)所示。图 8.4(b)所示的是纯粹主义者模型，通常按图 8.4(c)所示的绘制。

我们应该用什么来代替 DT-MOD1 中的离散时间积分器，以使图 8.4(c)所示的 CT 设计实现相同的 NTF？我们继续在两种情况下将环路脉冲响应等效，如图 8.5 所示。为

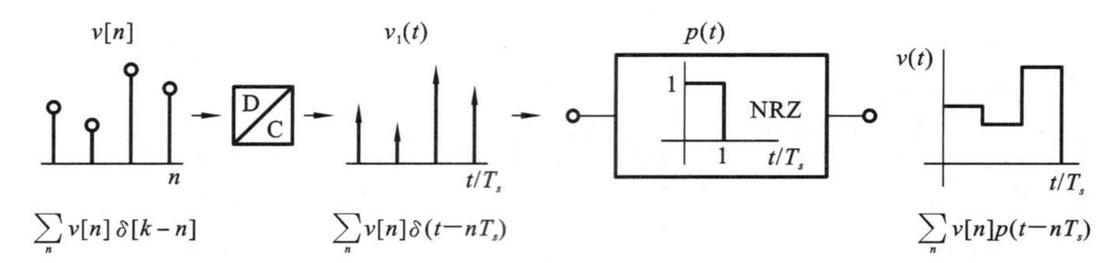

（a）将$v[n]$与$v(t)$联系起来（当被Dirac脉冲序列$v_1(t)$激励时，$v(t)$可以认为是脉冲响应为$p(t)$的滤波器的输出）

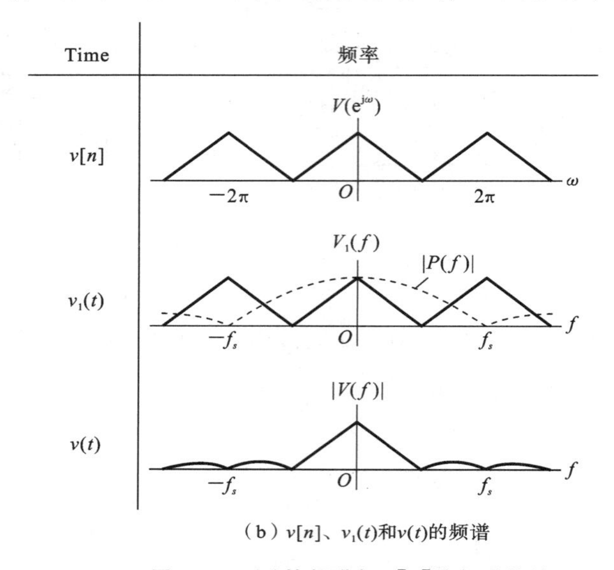

（b）$v[n]$、$v_1(t)$和$v(t)$的频谱

图 8.2 $v(t)$的频谱与 $v[n]$的频谱的关系

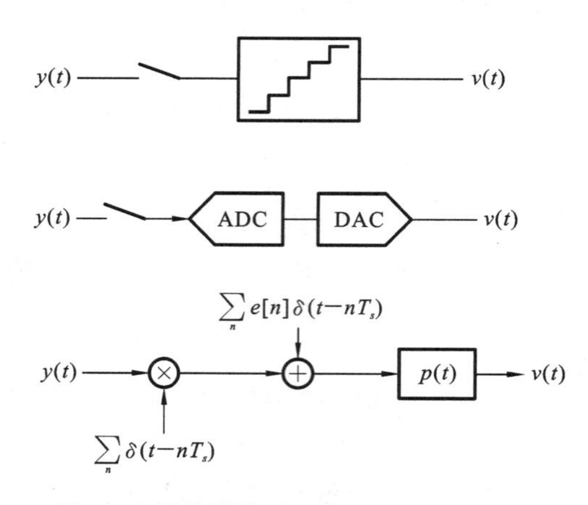

图 8.3 量化器模型,适用于分析 CTΔΣM

简单起见,我们假设 CT-MOD1 的采样周期为 $T_s=1$,在两种情况下,我们都在量化器的输入处断开了环路。当 DT 环路滤波器被一个脉冲所激励时,产生的输出序列为

$$l_{DT}[n]=0,1,1,1,\cdots \tag{8.5}$$

在 CT 设计中,相应的序列是

$$l_{CT}(n)=p(t)*l(t)|_{t=n} \tag{8.6}$$

其中,$I(t)$是环路滤波器的脉冲响应,$*$ 表示卷积。为了实现$(1-z^{-1})$的 NTF,应选择$I(t)$使得 $l_{CT}(n)=l_{DT}[n]$。如果假设 $p(t)$是 NRZ 脉冲,很容易看出使用连续时间积分

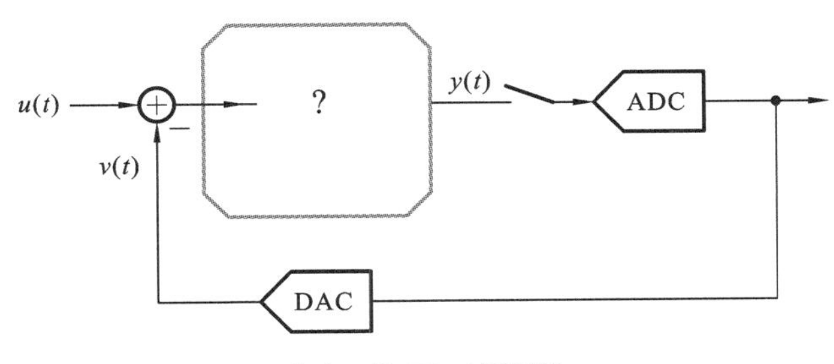

(a) 一阶CT ΔΣ 调制器

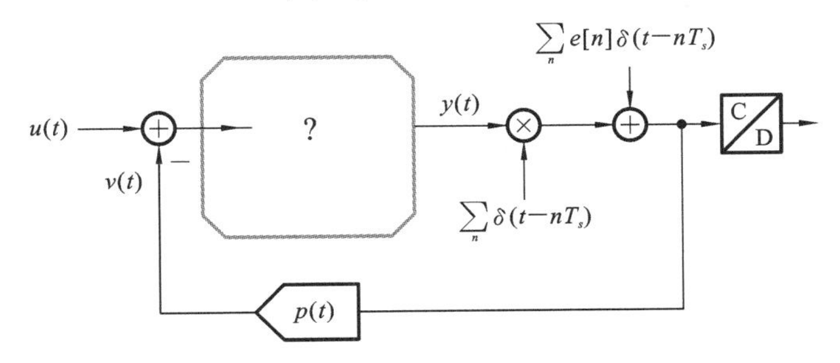

(b) 纯粹主义者视角：C/D表示连续时间到离散时间转换器

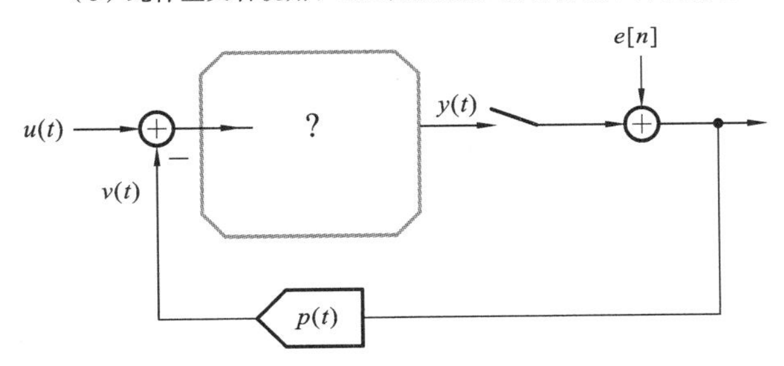

(c) 对纯粹主义者模型的常用描述

图 8.4 连续时间滤波器建模

器达到了我们的目标(见图 8.5(b))。

通过以上方法得到的 ΔΣ 调制器，是 MOD1 在连续时间的化身，如图 8.6(a)所示，我们称之为 CT-MOD1。如果采样率增加到 m Hz，上面的讨论会如何变化？要实现相同的 NTF，环路滤波器必须按系数 m 进行频率缩放，如图 8.6(b)所示。使用归一化调制器(其中 $f_s=1$ Hz)并在最后对频率进行缩放始终是方便的(也是可取的)。

当 DAC 脉冲被修改，CT-MOD1 的 NTF 会发生什么？如图 8.7 所示，使用 RZ 或脉冲 DAC 代替 NRZ 可以修改 $l_{\mathrm{CT}}(t)$——然而，样本 $l_{\mathrm{CT}}(n)$保持不变，表明 CT-MOD1 的 NTF 不受脉冲形状的影响，只要

$$\int_0^1 p(t)\mathrm{d}t = 1 \tag{8.7}$$

和 $p(t)=0, t>1$。

重申一下，与 CT-MOD1 的 NTF 相关的 DAC 脉冲形状的唯一特征是脉冲面积。从上面的讨论中可以看到，就 NTF 而言，CT 环路滤波器可以模仿离散时间结构的行为。环路是如何影响输入(连续时间)呢？STF 的分析并不像离散时间中的情况那样简单，因为输入 $u(t)$是 CT，而输出 $v[n]$是离散时间序列。

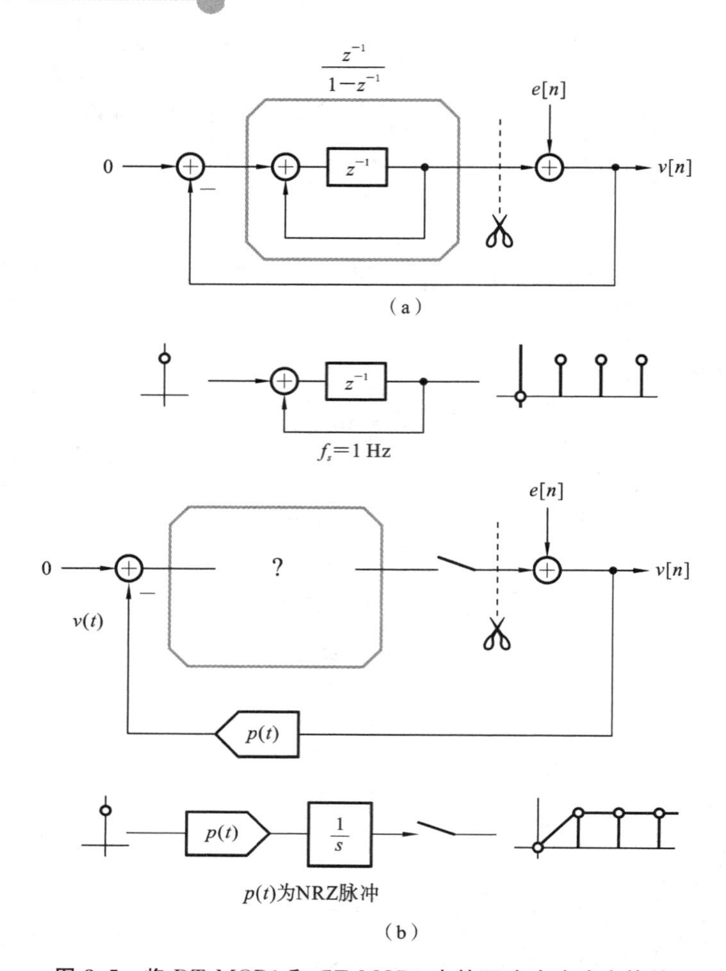

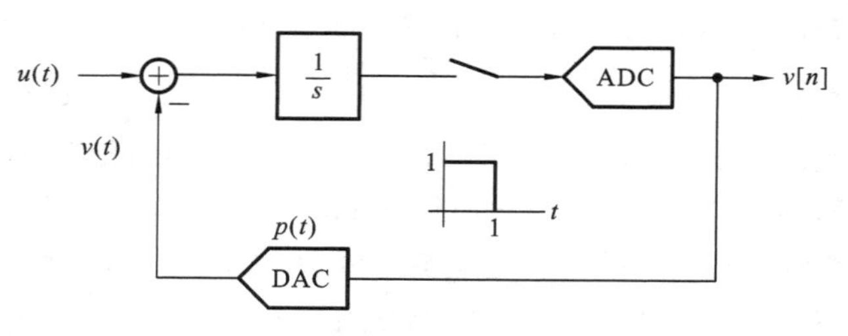

图 8.5　将 DT-MOD1 和 CT-MOD1 中的环路脉冲响应等效

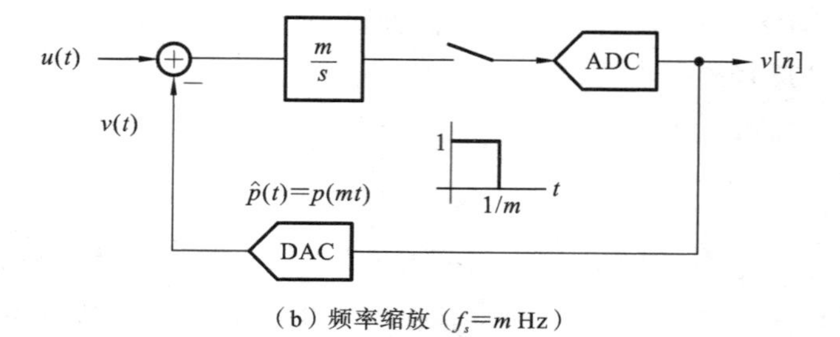

（a）归一化的原型（$f_s=1$ Hz）

（b）频率缩放（$f_s=m$ Hz）

图 8.6　归一化调制器

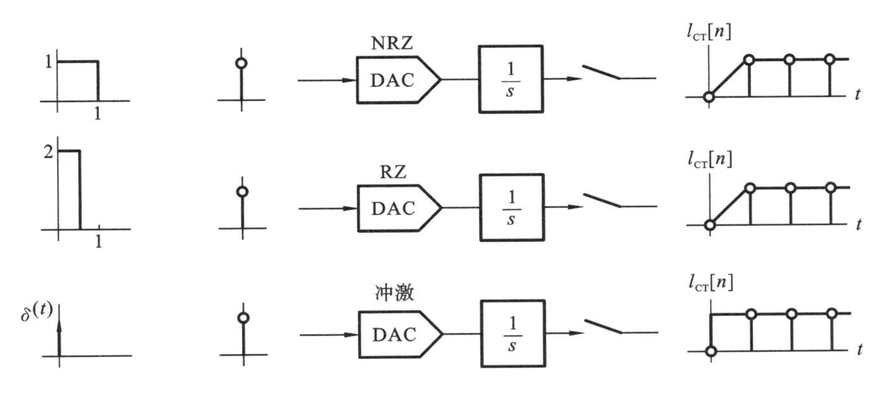

图 8.7 不同 DAC 脉冲形状下的 $l_{CT}(n)$

8.2 CT-MOD1 的 STF

当试图表征线性系统时,我们用复数正弦曲线 $e^{j2\pi ft}$ 来激励它并检查输出。这里我们使用与 CT-MOD1 相同的策略。由于调制器是一个由连续时间和采样部分组成的反馈环路,会使分析复杂化。为简化问题,如图 8.8 所示进行重新排列。这一系列变换的依据是将 CT-MOD1 分成连续时间和离散时间部分,如图 8.8(c)所示。为了确定 STF,我们使用 $u(t)=e^{j2\pi ft}$,从而有

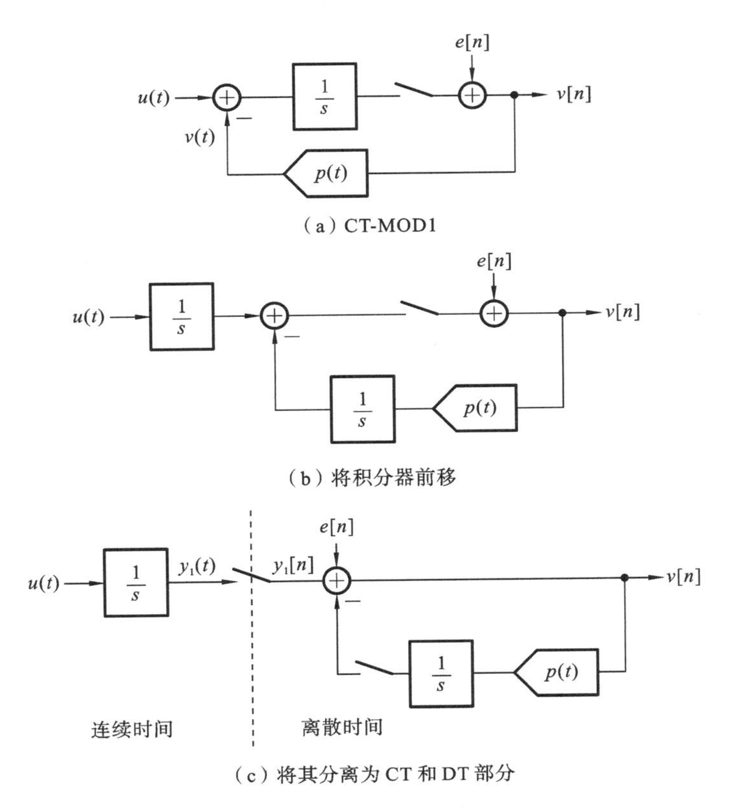

图 8.8 评估 STF 的步骤

$$y_1(t)=\frac{1}{\mathrm{j}2\pi f}\mathrm{e}^{\mathrm{j}2\pi ft} \tag{8.8}$$

$$y_1[n]=\frac{1}{\mathrm{j}2\pi f}\mathrm{e}^{\mathrm{j}2\pi fn} \tag{8.9}$$

从 $y_1[n]$到 $v[n]$的传递函数与 $e[n]$到 $v[n]$的传递函数相同，就是环路的 NTF，为 $1-z^{-1}$。

因此，由于 $u=\mathrm{e}^{\mathrm{j}2\pi ft}$，输出序列为

$$v[n]=\underbrace{\frac{1}{\mathrm{j}2\pi f}}_{\text{环路滤波器}}\underbrace{(1-\mathrm{e}^{-\mathrm{j}2\pi f})}_{\text{NTF}}\mathrm{e}^{\mathrm{j}2\pi fn} \tag{8.10}$$

上面的等式可以解释如下：$v[n]$可以被认为是通过用 u 激励具有传递函数

$$\mathrm{STF}(f)=\underbrace{\frac{1}{\mathrm{j}2\pi f}}_{\text{环路滤波器}}\underbrace{(1-\mathrm{e}^{-\mathrm{j}2\pi f})}_{\text{NTF}}=\mathrm{e}^{-\mathrm{j}\pi f}\mathrm{sinc}(f) \tag{8.11}$$

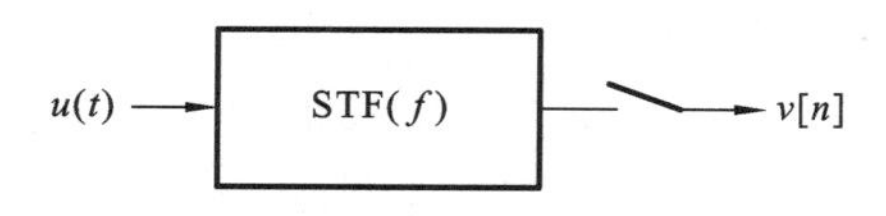

图 8.9　CT-MOD1 的 STF 解释：在采样前，输入由具有 STF(f) 频率响应的连续时间滤波器滤波

的连续时间线性时不变(LTI)滤波器，并在 1 Hz 下对其输出进行采样得到，如图 8.9 所示。STF(f)被称为 CTΔΣM 的信号传递函数[1]。

图 8.10 所示的是环路滤波器幅度的响应、NTF 和 STF。STF 的直流增益是 1(如预期的那样)；更有趣的是，STF 在采样频率的所有非零整数倍数处都为 0。这意味着 CT-MOD1 固有地消除了采样后可能存在于直流处的所有音调。STF(f)在所有混叠区域的响应很小，但不为 0，如图 8.11 所示。因此，CT-MOD1 拥有所谓的“固有抗混叠”特性，其中调制器兼作抗混叠滤波器。CT-MOD1 的这一显著特性使得不必预先使用明确的抗混叠滤波器。

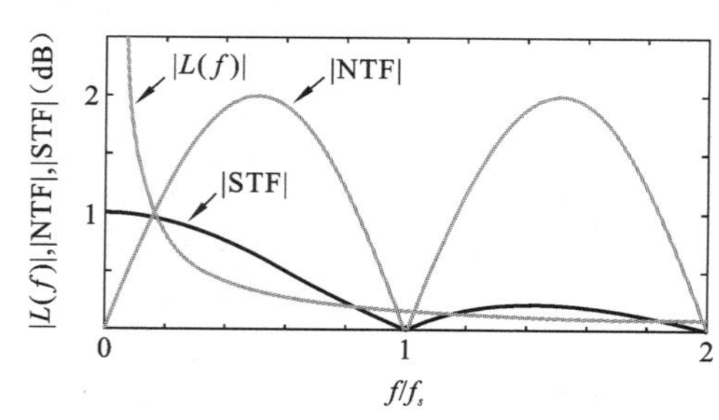

图 8.10　环路滤波器的幅度响应、NTF 和由此产生的 STF

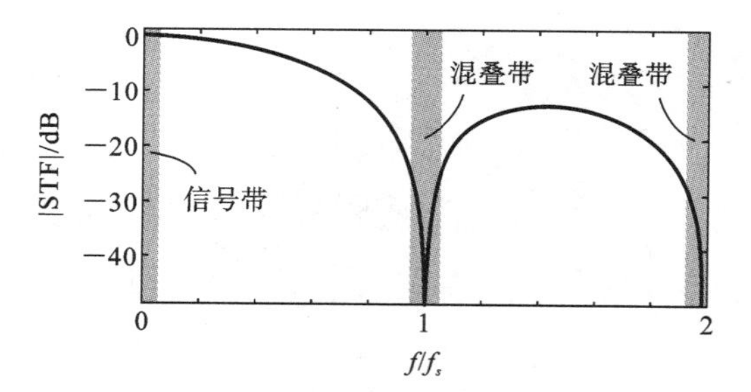

图 8.11　CT-MOD1 的 STF 在采样频率的整数倍处为 0

假设加性量化噪声的 CT-MOD1 模型如图 8.12 所示。首先通过具有传递函数 $\mathrm{STF}(f)=\mathrm{e}^{-\mathrm{j}\pi f}\mathrm{sinc}(f)$的连续时间滤波器对输入进行滤波，然后对其进行采样，样本被整形量化噪声破坏。在时域中，STF“滤波器”具有矩形脉冲响应，如图 8.12 所示。

从本节的分析中，我们看到 u 在采样之前进行了预滤波——这是有道理的，因为 CT-MOD1 中的采样操作发生在环路滤波之后。

有没有更直观的方法看出 CT-MOD1 的 STF 在 1 Hz 的倍数频率处有陷波？如图 8.13 所示，第一步是实现积分器输入的平均值$\overline{v_x(t)}=0$。由于 $u(t)=\cos(2\pi t)$，$\overline{u(t)}=$

0。这意味着反馈波形的平均值$\overline{v(t)}$应为 0，这又意味着$\overline{v[n]}=0$。如图 8.12 所示，如果 $u=\cos(2\pi f_s t)$，$\overline{v[n]}=0$，则意味着 STF(f)在输出端的正弦波幅度必须为 0。为什么？采样后，f_s 处的正弦曲线的非零幅度将导致非零$\overline{v[n]}$。因此，我们看到 CT-MOD1 对环路采样频率倍数处的音调没有响应。

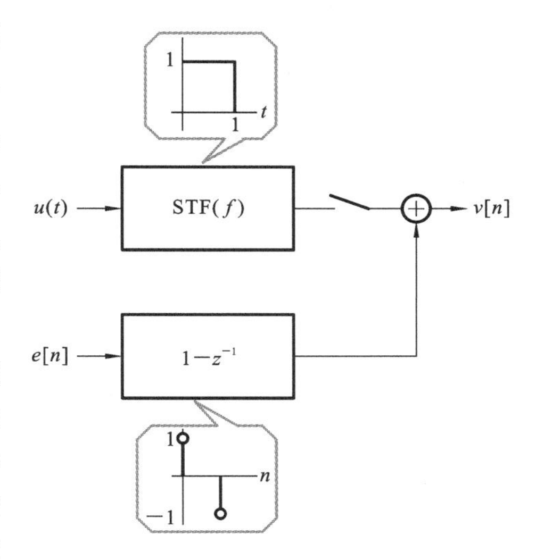

图 8.12　CT-MOD1 **模型，假设为加性量化噪声模型**

通过合理选择连续时间环滤波器，可以使 CT-MOD1 的 NTF 与其离散时间环滤波器的 NTF 相等。环路滤波器的选择必须使其脉冲响应在与 DAC 脉冲形状 $p(t)$卷积并采样时与 DT 环路滤波器的脉冲响应相匹配。有时，这个被称为脉冲不变性。如果 $p(t)$下的面积为 1，并且脉冲不超过 1 s，则 NTF 与脉冲形状无关。STF 在采样率的倍数处具有零值，因此，CT-MOD1 具有固有抗混叠的显著特性。

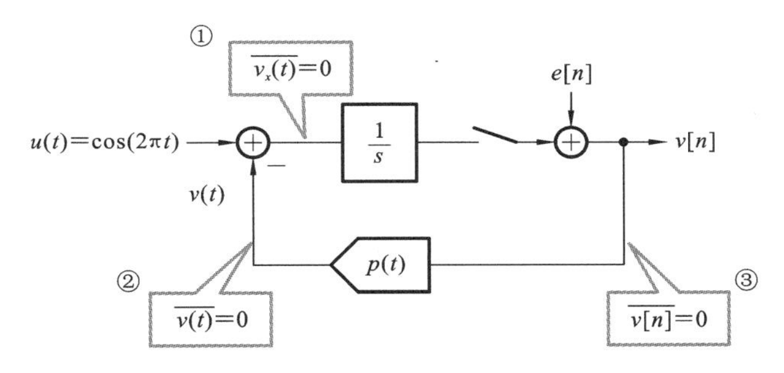

图 8.13　采样频率下的输入零直流输出的直观解释

在从 DT 原型中导出 CT-MOD1 时，我们简单地用连续时间积分器代替离散时间积分器，并且这样做是为 MOD1 产生了所需的 NTF。这是偶然的发现还是潜藏着一个基本原则？

离散时间系统的脉冲响应由 z_l^k 形式的复指数序列之和组成，其中 z_l 表示其极点位置。另一方面，连续时间系统的脉冲响应由形式为 $e^{s_l t}$ 的复指数序列之和组成，其中 s_l 是系统极点。由于我们通过将其脉冲响应的样本与离散时间环路滤波器的样本相匹配来导出 CT 环路滤波器，因此遵循 $z_l^k=e^{s_l k}$，相当于

$$s_l=\ln(z_l) \tag{8.12}$$

MOD1 的环路滤波器在 $z_1=1$ 处具有极点。因此，CT-MOD1 的环路滤波器的极点应位于 $s_1=\ln 1=0$ 处。

具有 $\text{NTF}=(1-z^{-1})^N/D(z)$的高阶 DT 调制器的环路滤波器在 $z=1$ 处具有 N 个极点。上面的讨论表明，实现相同 NTF 的 CTΔΣ 调制器的环路滤波器应具有 N 个积分器(在 $s=0$ 处有 N 个极点)。

8.3 二阶连续时间 ΔΣ 调制

MOD2 是为了提高 MOD1 的噪声整形性能，而 CT-MOD1 是 MOD1 的连续时间实现。下一个逻辑目的地是 CT-MOD2，其中 MOD2 的环路滤波器是连续时间实现的，如图 8.14 所示。假设 MOD2 是以 CIFF 形式实现的。

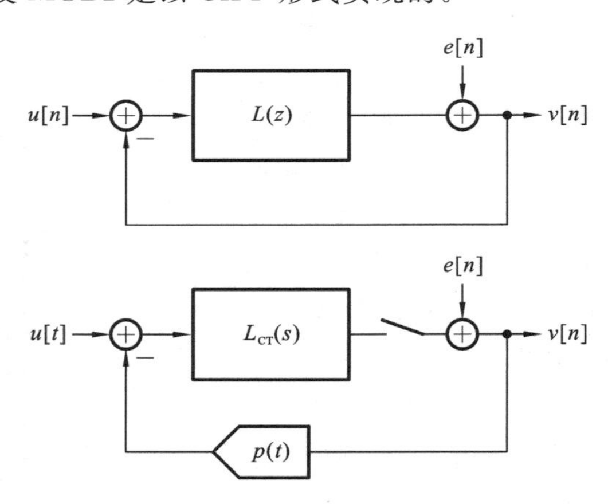

图 8.14 用连续时间环路滤波器替换 CIFF MOD2 中的 $L(z)$，$p(t)$ 表示 DAC 脉冲形状

MOD2 的 NTF 为 $(1-z^{-1})^2$。因此，$L(z)$ 由下式给出，即

$$L(z)=\frac{1}{\text{NTF}(z)}-1=\frac{1}{z-1}+\frac{z}{(z-1)^2} \tag{8.13}$$

对应于 $L(z)$ 的脉冲响应是

$$l[n]=[0\quad 1\quad 1\quad 1\quad \cdots]+[0\quad 1\quad 2\quad 3\quad \cdots]=[0\quad 2\quad 3\quad 4\quad \cdots]$$

CT 环路滤波器的结构如图 8.15(a) 所示，且具有传递函数：

$$L_{\text{CT}}(s)=\frac{k_1 s+k_2}{s^2} \tag{8.14}$$

假设 $p(t)$ 是 NRZ 脉冲，我们可以将 $1/s$ 和 $1/s^2$ 路径的采样脉冲响应写为

$$\frac{1}{s}\to[0\quad 1\quad 1\quad 1\quad \cdots]$$

$$\frac{1}{s^2}\to[0\quad 0.5\quad 1.5\quad 2.5\quad \cdots]$$

导致 $l_{\text{CT}}(n)=l[n]$ 的 k_1 和 k_2 可以通过求解下式来确定，即

$$\begin{bmatrix}0 & 0\\ 1 & 0.5\\ 1 & 1.5\\ \vdots & \vdots\end{bmatrix}\begin{bmatrix}k_1\\ k_2\end{bmatrix}=\begin{bmatrix}0\\ 2\\ 3\\ \vdots\end{bmatrix} \tag{8.15}$$

显然，上面的方程组是超定的，因为方程数比未知数多。然而，其解是唯一的，即

$$k_1=1.5,\quad k_2=1$$

另一种达到相同结果的方法是将 $1/s$ 和 $1/s^2$ 路径的采样脉冲响应的加权变换等价于 $L(z)$。

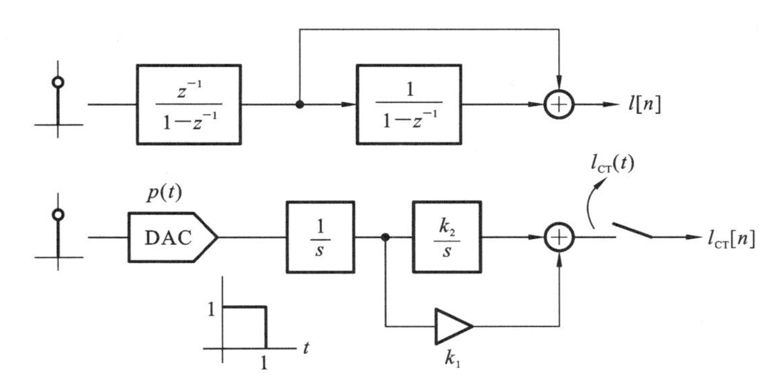

(a) CT环路滤波器的采样脉冲响应必须与$l[n]$匹配

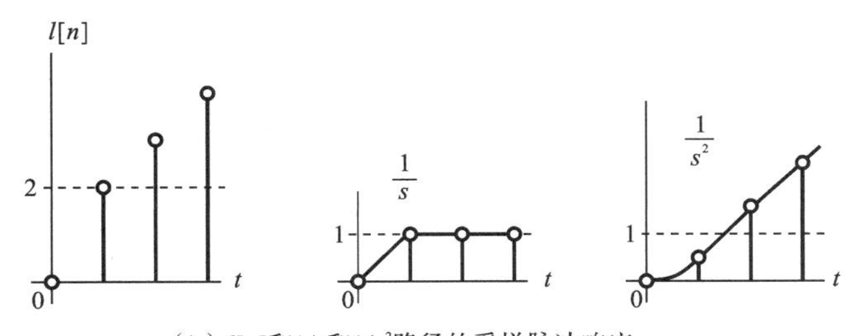

(b) $l[n]$和$1/s$和$1/s^2$路径的采样脉冲响应

图 8.15 CT 环路滤波器的结构图及其采样脉冲响应

查看表 8.1 中的相关变换，我们得到

$$\frac{k_1 z^{-1}}{1-z^{-1}}+\frac{k_2(0.5z^{-1}+0.5z^{-2})}{(1-z^{-1})^2}=\frac{z^{-1}}{1-z^{-1}}+\frac{z^{-1}}{(1-z^{-1})^2} \tag{8.16}$$

其中 k_1 和 k_2 可以通过将式(8.16)的两边乘以$(1-z^{-1})^2$ 并且用 z^{-1} 的相似幂的系数相等来确定。

表 8.1 对于一个 NRZ DAC 脉冲，形式为 $1/s^l$ 的 CT 传递函数的采样脉冲响应的 z 变换

CT 传递函数	采样脉冲响应的 z 变换
$1/s$	$1/(z-1)$
$1/s^2$	$0.5(z+1)/(z-1)^2$
$1/s^3$	$(1/6)(z^2+4z+1)/(z-1)^3$
$1/s^4$	$(1/24)(z^3+11z^2+11z+1)/(z-1)^4$

得到的调制器 CT-MOD2 如图 8.16(a)所示。为了确定 STF，我们用与对 CT-MOD1 相同的方式进行。

$$\mathrm{STF}(f)=\underbrace{\left(\frac{1.5(\mathrm{j}2\pi f)+1}{(\mathrm{j}2\pi f)^2}\right)}_{\text{环路滤波器}L(s)}\underbrace{(1-\mathrm{e}^{-\mathrm{j}2\pi f})^2}_{\mathrm{NTF}}=(1+1.5(\mathrm{j}2\pi f))\mathrm{e}^{-\mathrm{j}2\pi f}\mathrm{sinc}^2(f) \tag{8.17}$$

其中 STF 的直流增益是 1。STF 是 $L(s)$和 NTF 在 $\mathrm{e}^{\mathrm{j}2\pi f}$处的乘积。与 CT-MOD1 中一样，STF 在采样频率的倍数处为 0，从而产生隐式抗混叠，如图 8.16(b)所示。由于环路滤波器的前馈特性，STF 在 $s=-\frac{2}{3}$处为零。这使得 STF 在高频时渐近地滚转为$\frac{1}{f}$。

STF(f)对应的脉冲响应如图 8.16(c)所示，它是一个三角形脉冲(高度为 1，宽度为 2 s)及其一阶导数的加权组合。

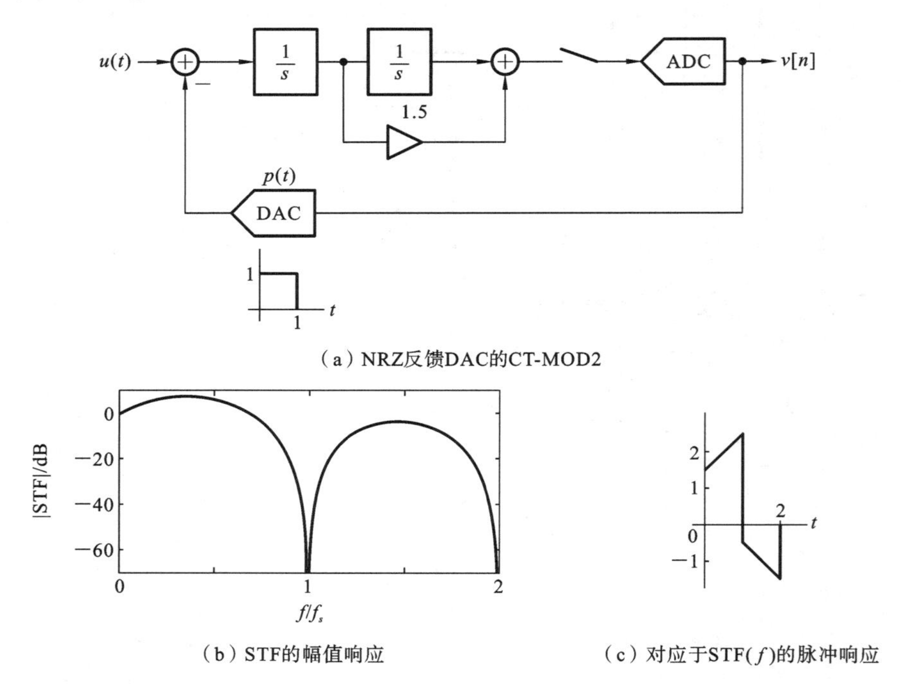

(a) NRZ反馈DAC的CT-MOD2

(b) STF的幅值响应

(c) 对应于STF(f)的脉冲响应

图 8.16　CT-MOD2 模型和 STF 的幅值响应及脉冲响应

要特别注意的是，CT-MOD2 的环路滤波器并不是简单地用连续时间积分器代替 MOD2 的离散时间积分器；$\frac{1}{s}$ 和 $\frac{1}{s^2}$ 路径必须适当加权，这些系数取决于 DAC 脉冲形状。

CT-MOD2 也可以用 CIFB 结构实现，如图 8.17(a)所示。在这种情况下，STF 由下式给出，即

$$\mathrm{STF}(f)=\underbrace{\frac{1}{(\mathrm{j}2\pi f)^2}}_{\text{环路滤波器}}\underbrace{(1-\mathrm{e}^{-\mathrm{j}2\pi f})^2}_{\text{NTF}}=\mathrm{e}^{-\mathrm{j}2\pi f}\operatorname{sinc}^2(f) \tag{8.18}$$

与 CIFF 调制器的情况一样，在 STF 中 f_s 的倍频处看到陷波，再次证明(见图 8.17(b))CTΔΣM 的抗混叠特性。此外，幅度响应在高频处渐近地以 $\frac{1}{f^2}$ 滚降。对应于 STF(f)的脉冲响应是如图 8.17(b)所示的三角形脉冲。

在对 CT-MOD1 的讨论中，我们发现它的 NTF 不受 DAC 脉冲的影响，只要脉冲的面积为 1，并且没有溢出超过 1 s。那么 CT-MOD2 会怎样？

环路滤波器的脉冲响应是 $\frac{1}{s}$ 和 $\frac{1}{s^2}$ 路径的脉冲响应之和。如前所述，前者不依赖于脉冲形状(假设 $p(t)$ 的面积为 1，并且其持续时间小于 1 s)。$\frac{1}{s^2}$ 路径的响应由下式给出，即

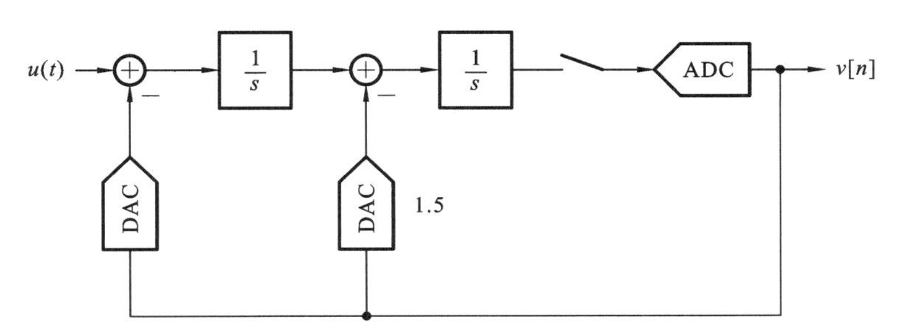

（a）带CIFB环路滤波器的CT-MOD2

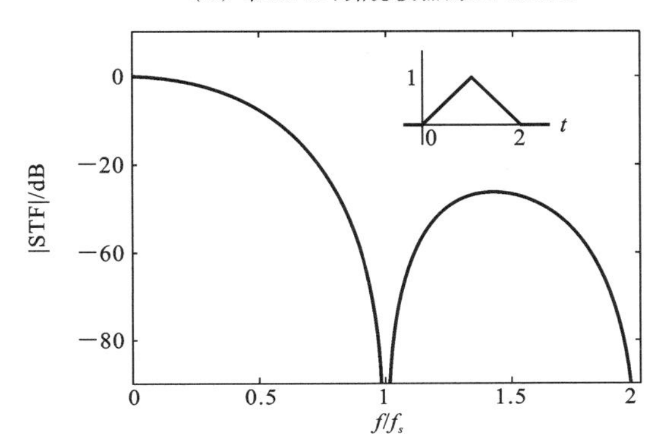

（b）STF的幅值（插图显示了对应于STF(f)的脉冲响应）

图 8.17　带 CIFB 的 CT-MOD2 模型和 STF 的幅值

$$l_2(t)=tu_1(t)*p(t)=\int_0^t p(\tau)(t-\tau)\mathrm{d}\tau \tag{8.19}$$

其中，$u_1(t)$为单位阶跃函数，$*$ 表示卷积。由于脉冲持续时间限制在 1 s，则当 $t\geqslant 1$ 时，$l_2(t)$可以表示为

$$l_2(t)=\int_0^1 p(\tau)(t-\tau)\mathrm{d}\tau=t\underbrace{\int_0^1 p(\tau)\mathrm{d}\tau}_{=1}-\int_0^1 \tau p(\tau)\mathrm{d}\tau \tag{8.20}$$

$p(t)$的平均延迟由下式给出，即

$$t_d=\frac{\int_0^1 \tau p(\tau)\mathrm{d}\tau}{\underbrace{\int_0^1 p(\tau)\mathrm{d}\tau}_{=1}} \tag{8.21}$$

可以得到

$$l_{\mathrm{CT}}(n)=n-t_d,\quad n\geqslant 1 \tag{8.22}$$

很明显，$\frac{1}{s^2}$路径的脉冲响应仅取决于 $p(t)$的两个特征：面积和延迟。因此，只要脉冲的面积和延迟保持不变，CT-MOD2 的 NTF 将与 DAC 脉冲的细节无关。

图 8.18 所示的是 3 个 DAC 脉冲 NRZ、RZ 和升余弦脉冲的 CT-MOD2 的 $l_{\mathrm{CT}}(t)$。所有脉冲的面积和延迟分别为 1 和 0.5。我们看到，虽然 $0<t<1$ 时的波形不同，但 DAC 脉冲消失后的波形是相同的。因此，对于所有这些 DAC 脉冲，$l_{\mathrm{CT}}(n)$和 NTF 保持不变。

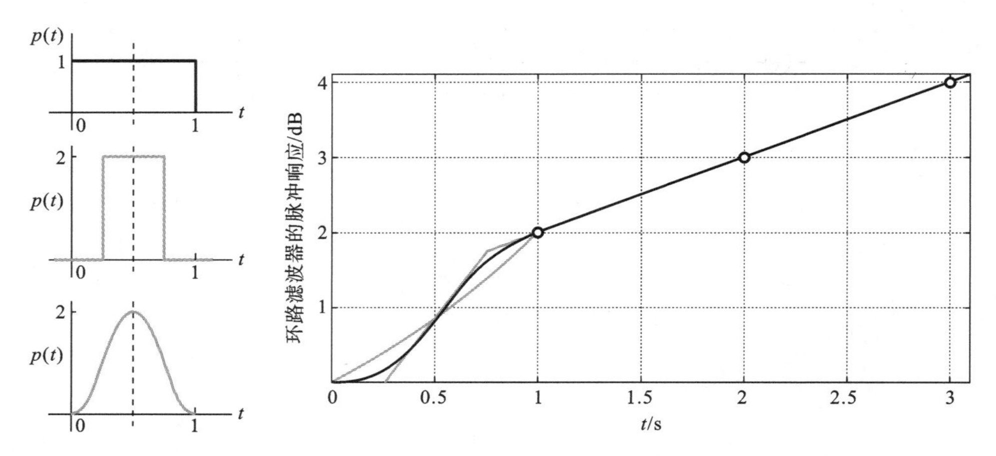

图 8.18 只要面积和延时保持不变，CT-MOD2 的环路滤波器的脉冲响应与 DAC 脉冲无关

8.4 高阶连续时间 ΔΣ 调制器

在理解了 MOD1 和 MOD2 的 CT 版本后，我们继续下一个逻辑目标——高阶 CTΔΣM 的设计。图 8.19(a)所示的是一个离散时间原型，连续时间原型都基于该原型。和往常一样，自 u 和 v 的环路滤波器传递函数分别用 $L_0(z)$和 $L_1(z)$表示。

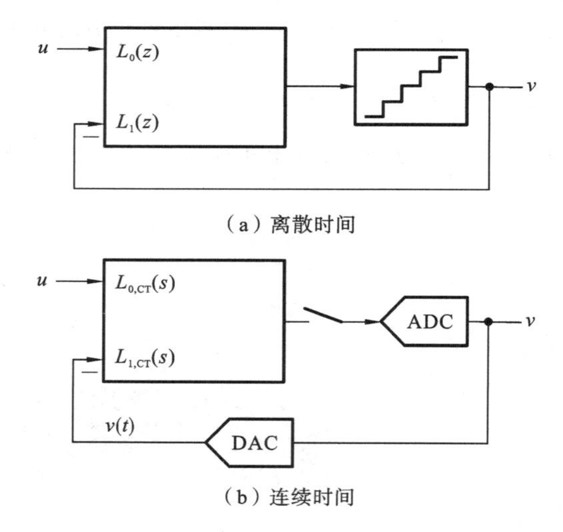

图 8.19 ΔΣ 调制器的框图

期望的 N 阶 NTF 具有$(1-z^{-1})^N/D(z)$的形式。调制器 STF 的低频增益通常设置为 1。然后，我们看到

$$\mathrm{STF}(z=1)=1=\frac{L_0(z=1)}{1+L_1(z=1)} \tag{8.23}$$

这告诉我们 $L_0(z)$和 $L_1(z)$必须随着 $z\to1$ 彼此接近。由于 NTF 在 $z=1$ 处有 N 个零点，$L_1(z)$必须有 N 个直流极点。因此，要使 STF 在直流处为 1，$L_0(z)$也必须有 N 个直流极点。回想一下，在对 CT-MOD1 的讨论中，我们推论出，只有当 CT 环路滤波器的极点(s_l)与离散时间滤波器的极点(z_l)以 $s_l=\ln(z_l)$相关时，才有可能将连续时间滤

波器的脉冲响应与离散时间滤波器的脉冲响应相匹配。从上面的论证中可以清楚地看出，$L_{0,\mathrm{CT}}$和$L_{1,\mathrm{CT}}$在$s=0$处必须都有N个极点，也就是说，必须包含N个积分器。

$L_{1,\mathrm{CT}}(s)$的可能实现如图8.20所示，它可以表示为形式$1/s^i$的各路径的线性组合。必须选择这些路径的增益系数$k_1,k_2,\cdots,k_N$，以便当由DAC脉冲$p(t)$驱动时，滤波器的采样输出与$L_1(z)$的脉冲响应$l_{dt}[n]$匹配。确定系数的系统方法如下。

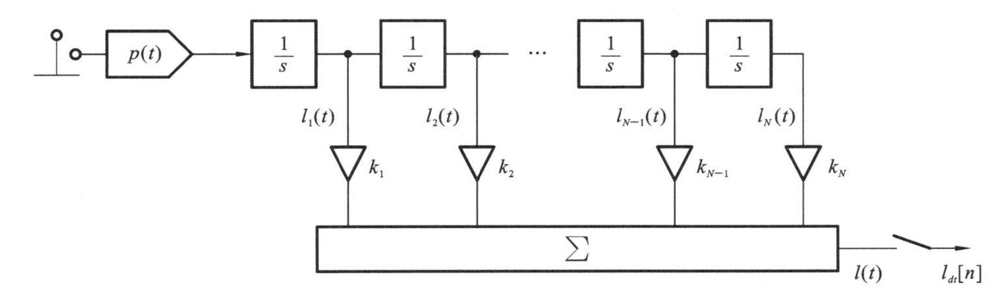

图 8.20 $L_{1,\mathrm{CT}}$的可能实现

(1) 从期望的NTF确定$L_1(z)=1/\mathrm{NTF}(z)-1$。

(2) 找到$L_1(z)$的脉冲响应$l_{dt}[n]$。

(3) 确定$i=1,2,\cdots,N$的各个$\frac{1}{s^i}$路径$x_i[n]=x_i(t)|_{t=n}$的脉冲响应。

(4) 求解$[x_1 \quad x_2 \quad \cdots \quad x_N]\begin{bmatrix}k_1\\k_2\\\vdots\\k_N\end{bmatrix}=[l_{dt}]$。$x_i$和$l_{dt}$是列向量。方程组是超定的；然而，如同在CT-MOD2中一样，该方程组的解是唯一的。

(5) 实现$L_{0,\mathrm{CT}}$的一种方法是将u添加到DAC的输出，如图8.21所示。这满足了当$s\to 0$时，$L_{0,\mathrm{CT}}$必须等于$L_{1,\mathrm{CT}}$的要求。环路滤波器的输出被采样、量化并通过DAC反馈。由于环路滤波器是具有前馈的级联积分器，相当于CIFF的CTΔΣM，其中$L_{0,\mathrm{CT}}(s)=L_{1,\mathrm{CT}}(s)$。

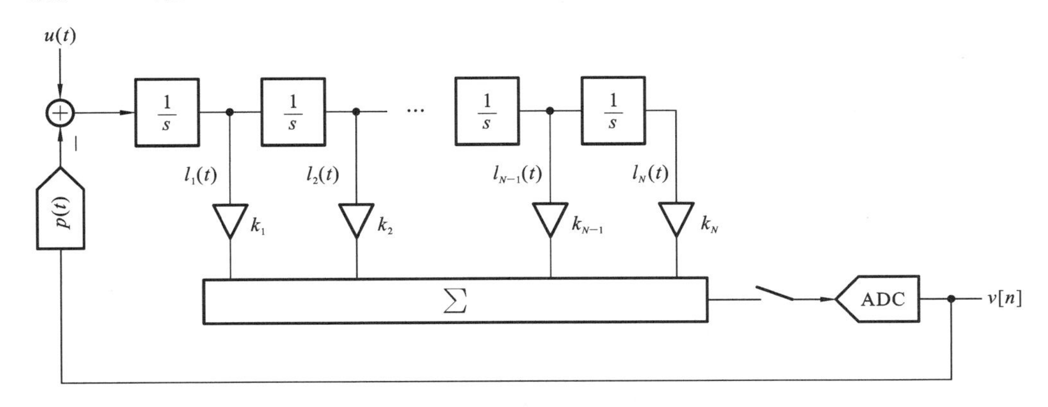

图 8.21 完善环路并添加u，实现N阶CIFF的CTΔΣM

通过使用我们应用于CT-MOD1的相同步骤可以找到图8.21中的调制器的STF，得到

$$\mathrm{STF}(f)=L_{0,\mathrm{CT}}(\mathrm{j}2\pi f)\mathrm{NTF}(\mathrm{e}^{\mathrm{j}2\pi f}) \tag{8.24}$$

直流增益为 1。由于 NTF 的零点,STF 在采样率的所有整数倍处都具有出色的抑制性能,与 NTF 提供的带内衰减相当。

在前文中,我们讨论了 DAC 脉冲形状对 CT-MOD1 和 CT-MOD2 的 NTF 的影响[4],假设脉冲在 1 s 后消失。我们发现只要它的面积是 1,前者不需要知道脉冲形状,而后者的 NTF 仅取决于脉冲形状的两个特征,即它的面积和延迟。那么它在 N 阶调制器中会发生什么?

为简单起见,我们首先考虑一个三积分器链,其脉冲响应为$(t^2/2)u_0(t)$,其中 $u_0(t)$ 表示单位阶跃函数。对于 $t>1$,通过将脉冲响应与 $p(t)$进行卷积而获得的输出 $x_3(t)$ 由下式给出

$$x_3(t)=p(t)*\frac{t^2}{2}u_0(t)=\int_0^1 p(\tau)\frac{(t-\tau)^2}{2}u_0(t-\tau)\mathrm{d}\tau,\quad t>1 \tag{8.25}$$

简化后得

$$x_3(t)=\left[\int_0^1 p(\tau)\mathrm{d}\tau\right]\frac{t^2}{2}-\left[\int_0^1 \tau p(\tau)\mathrm{d}\tau\right]t+\frac{1}{2}\int_0^1 \tau^2 p(\tau)\mathrm{d}\tau,\quad t>1$$

如上所示,这个三积分器链的输出处的脉冲响应是 t 的多项式,其中系数仅取决于 $p(t)$的细节(或特征)。脉冲的力矩定义如表 8.2 所示。

表 8.2 几种常用脉冲的力矩

DAC 类型	拉普拉斯变换	μ_0	μ_1	μ_2	μ_3
$\delta(t)$ 0 1 冲激	1	1	0	0	0
1 0 1 NRZ	$\frac{1-\mathrm{e}^{-s}}{s}$	1	$\frac{1}{2}$	$\frac{1}{3}$	$\frac{1}{4}$
2 0 1 RZ	$2\frac{1-\mathrm{e}^{-\frac{s}{2}}}{s}$	1	$\frac{1}{4}$	$\frac{1}{12}$	$\frac{1}{32}$
$1/\tau_d$ 0 1 指数	$\frac{1}{1+s\tau_d}$	1	τ_d	$2\tau_d^2$	$6\tau_d^3$

$$\underbrace{\mu_0}_{\text{area}} = \int_0^\infty p(\tau)\mathrm{d}\tau,$$

$$\underbrace{\mu_1}_{\mu_0-\text{delay}} = \int_0^\infty \tau p(\tau)\mathrm{d}\tau,$$

$$\mu_2 = \int_0^\infty \tau^2 p(\tau)\mathrm{d}\tau$$

$$\vdots$$

$$\mu_l = \int_0^\infty \tau^l p(\tau)\mathrm{d}\tau$$

其中，μ_0 是脉冲的面积（或“质量”），$\frac{\mu_1}{\mu_0}$是平均延迟（或“质心”），$\frac{\mu_2}{\mu_0}$是“惯性矩”，依此类推。由于 $p(t)$的持续时间为 1 s，因此上述积分的上限可以替换为 1。表8.2给出了一些常用的 DAC 脉冲矩。

使用 $p(t)$的矩来重写上面的等式，得到

$$x_3(t)=\frac{\mu_0}{2}t^2-\mu_1 t+\frac{\mu_2}{2},\quad t>1 \tag{8.26}$$

从上面的讨论中，我们观察到，对于 $t\geqslant1$，输出 $x_3(t)$（样本 $x_3[n]$）仅取决于 $p(t)$的三个矩。

通常，由 $x_N(t)$表示的$\frac{1}{s^N}$路径的脉冲响应由下式给出，即

$$x_N(t) = \frac{t^{(N-1)}u_1(t)}{(N-1)!} * p(t) = \frac{1}{(N-1)!}\int_0^t p(\tau)(t-\tau)^{(N-1)}\mathrm{d}\tau \tag{8.27}$$

对于 $t\geqslant1$，可简化为

$$x_N(t) = \frac{1}{(N-1)!}\int_0^1 p(\tau)(t-\tau)^{(N-1)}\mathrm{d}\tau = \sum_{l=0}^{N-1}\frac{(-1)^l}{(N-1)!}\binom{N-1}{l}\mu_l t^{N-l-1} \tag{8.28}$$

表明采样脉冲响应仅取决于 $p(t)$的 N 个特征，即脉冲的 0，1，…，$(N-1)$个矩。

由于 N 阶环路滤波器的采样脉冲响应由下式给出，即

$$y[n] = \sum_{i=1}^{N}k_i x_i[n] \tag{8.29}$$

它必须遵循 N 阶 NTF 完全由 $p(t)$的 N 个矩确定。换句话说，只要 0，1，…，$(N-1)$个矩保持不变，即使 DAC 脉冲形状被修改，NTF 也保持不变。这种观察的实际效用是什么？为此，我们检查以下问题。假设对于给定的 DAC 脉冲形状 $p(t)$，已知导致期望的 NTF 的连续时间环路滤波器的传递函数，如果脉冲形状（见图 8.22）被修改为 $q(t)$，必须有怎样的传递函数才能得到相同的 NTF？

以下是三阶示例。在下面的讨论中，我们将 DAC 脉冲为 $p(t)$时的系数表示为 $k_{1,p}$，…，$k_{3,p}$，相应的矩为 $\mu_{0,p}$，…，$\mu_{2,p}$。对于 $t\geqslant1$，我们有

$$\begin{aligned}
x_3(t) &= \frac{\mu_{0,p}}{2}t^2-\mu_{1,p}t+\frac{\mu_{2,p}}{2}\\
x_2(t) &= \qquad\quad \mu_{0,p}t-\mu_{1,p}\\
x_1(t) &= \qquad\qquad\qquad \mu_{0,p}
\end{aligned}$$

环路滤波器输出由下式给出，即

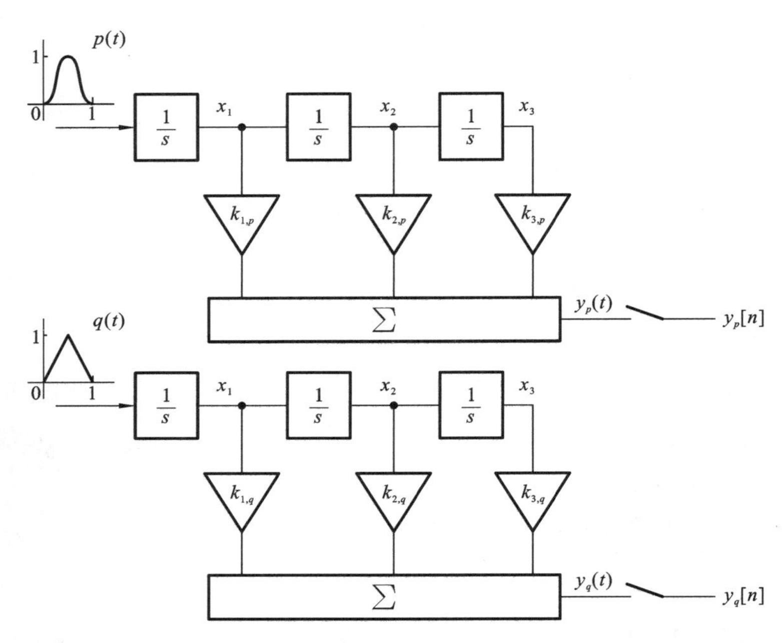

图 8.22　使两个调制器具有相同的 NTF,环路滤波器的系数关联

$$y_p(t)=\frac{k_{3,p}\mu_{0,p}}{2}t^2+(k_{2,p}\mu_{0,p}-k_{3,p}\mu_{1,p})t+\left(k_{1,p}\mu_{0,p}-k_{2,p}\mu_{1,p}+\frac{k_{3,p}\mu_{2,p}}{2}\right)$$

当脉冲被修改为 $q(t)$ 时,有

$$y_q(t)=\frac{k_{3,q}\mu_{0,q}}{2}t^2+(k_{2,q}\mu_{0,q}-k_{3,q}\mu_{1,q})t+\left(k_{1,q}\mu_{0,q}-k_{2,q}\mu_{1,q}+\frac{k_{3,q}\mu_{2,q}}{2}\right)$$

如果选择脉冲的面积相同,以便 $\mu_{0,p}=\mu_{0,q}=1$,则可以简化上述等式,即

$$y_p(t)=\frac{k_{3,p}}{2}t^2+(k_{2,p}-k_{3,p}\mu_{1,p})t+\left(k_{1,p}-k_{2,p}\mu_{1,p}+\frac{k_{3,p}\mu_{2,p}}{2}\right)$$

$$y_q(t)=\frac{k_{3,q}}{2}t^2+(k_{2,q}-k_{3,q}\mu_{1,q})t+\left(k_{1,q}-k_{2,q}\mu_{1,q}+\frac{k_{3,q}\mu_{2,q}}{2}\right)$$

如果 NTF 必须相同,则对于 $t\geqslant 1$,$y_p(t)=y_q(t)$,导致

$$\begin{aligned}&k_{3,q}=k_{3,p}\\&k_{2,q}=k_{2,p}+k_{3,p}(\mu_{1,q}-\mu_{1,p})\\&k_{1,q}=k_{1,p}+(\mu_{1,q}-\mu_{1,p})(k_{2,p}+\mu_{1,q}k_{3,p})-\frac{k_{3,p}}{2}(\mu_{2,q}-\mu_{2,p})\end{aligned}\tag{8.30}$$

如果 $p(t)$ 和 $q(t)$ 的第 0、第 1 和第 2 阶矩相等,那么相同的系数可以用于两个 DAC 脉冲——与本节前面的讨论一致。在实际的 N 阶 NTF 中(带外增益被限制为远小于 2^N),事实证明,$i\geqslant 3$ 的 $\frac{1}{s^i}$ 路径的系数很小。因此,在上面的三阶示例中,$k_{3,p}\ll k_{2,p}$,$k_{1,p}$。然后,从式(8.30)可以看到,如果选择 $p(t)$ 和 $q(t)$ 使得只有它们的第 0 和第 1 阶矩是相同的,那么即使 $\mu_{2,p}\neq\mu_{2,q}$,NTF 应该大致相似。

注:上述观察结果具有关键意义,即实际高阶 CTDSM 的 NTF 对脉冲形状的确切性质很不敏感,只要面积和延迟(“质心”)保持不变即可。

下面给出的四阶调制器的仿真结果证实了使用我们的分析获得的直观认识。图

8.23(a)和(b)分别所示的是 CTΔΣM 的离散时间原型和 CIFF 实现，确定了四种 DAC 脉冲形状，即 NRZ、延迟 RZ、升余弦和延迟脉冲的 NTF。所有这些脉冲具有相同的面积和平均延迟，导致 $\mu_0=1$ 和 $\mu_1=0.5$。使用具有 1.5 和 3 的带外增益的最大平坦 NTF 作为示例，带外增益(out-of-band gain，OBG)代表实际使用的限制——前者用于单比特设计，后者是多比特设计的典型上限。离散时间调制器的系数和相应的 CTΔΣM(带有 NRZ DAC)的系数如表 8.3 所示。

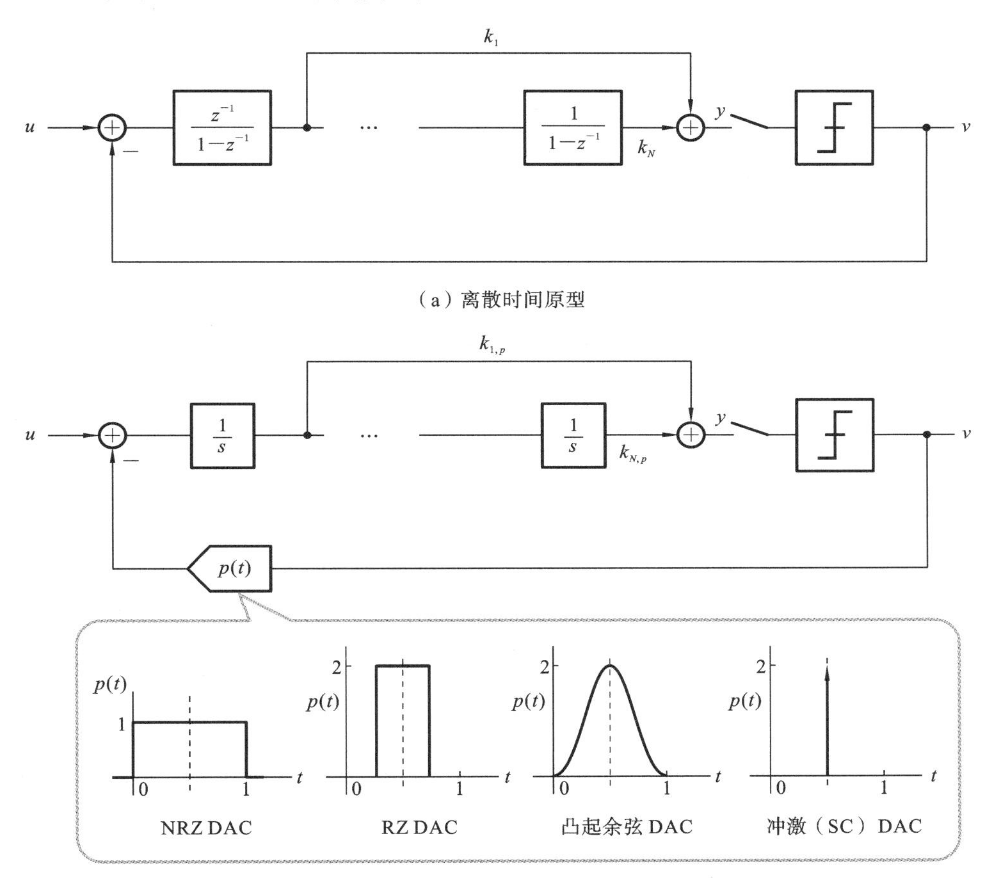

(b) 具有各种不同反馈 DAC 脉冲的 CTΔΣ 调制器

图 8.23　所有脉冲具有相同的面积和延迟

表 8.3　OBG 分别为 1.5 和 3 时，具有最大平坦 NTF 的四阶调制器系数

	Pulse/OBG	k_1	k_2	k_3	k_4
DT(CRFF)	—/1.5	0.5556	0.2500	0.0524	0.0061
CTΔΣM	NRZ/1.5	0.6713	0.2495	0.0555	0.0061
DT(CRFF)	—/3.0	1.1994	0.8890	0.5423	0.1584
CTΔΣM	NRZ/3.0	1.3851	1.1862	0.6215	0.1584

假设使用 NRZ DAC 计算的 CTΔΣM 系数用于确定具有如图 8.23 所示的所有脉冲形状的 NTF。图 8.24 所示的是四阶 CTΔΣM 的 NTF，我们发现它们基本上没有变

化，即使 DAC 脉冲产生急剧变化也是如此。

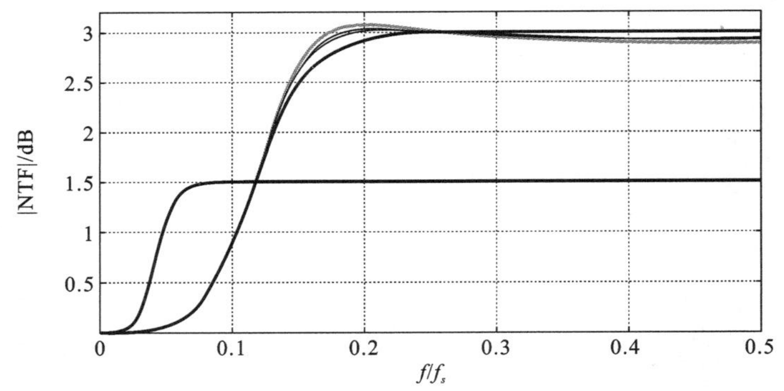

图 8.24 OBG＝1.5 和 OBG＝3 的四阶 CTΔΣM 的 NTF——同样的系数（对应于 NRZ DAC 的）用于所有脉冲形状

当 OBG＝1.5 时，NTF 的幅度难以辨认，并且与 OBG＝3 略有不同。在低频处 N 阶 NTF 的幅度约为 ω^N/k_N，其中 k_N 是 $L_{1,\mathrm{CT}}$ 的 $1/s^N$ 路径的增益。由于较高的 OBG 意味着 NTF 的带内增益较低，因此 k_N 随着 OBG 的增加而增加，如表 8.3 所示。从式(8.30)可以看出，如果 $k_{1,q}$ 被错误地选择为 $k_{1,p}$，则该系数将与 $k_{4,p}$ 成比例的量（其随 OBG 增加而增加）出错。因此，当带外增益很小时，NTF 对脉冲形状不太敏感。

在本节中，我们讨论了在给定期望的 NTF 的情况下，确定 CTΔΣM 的环路滤波器的传递函数的系统程序。从我们实现 CT-MOD1 和 CT-MOD2 的经验可以预期，环路滤波器可以通过多种方式实现，同时仍然实现相同的 NTF。接下来我们会介绍其中一些方式。

8.5 环路滤波器拓扑结构

8.5.1 CIFB 系列

如图 8.25 所示的三阶 CTΔΣM 实现为带反馈的积分器级联（cascade of integrators with feed back，CIFB）作为我们讨论的开始。与离散时间情况一样，它需要三个 DAC。环路的“快速路径”是通过系数为 k_1 的最里面的 DAC 的环路，而“精确路径”通过权重为 k_3 的 DAC。因此，CIFB 结构解耦了环路的快速和精确部分，这是一个有用的属性，尤其是在时钟频率很高时。根据图 8.25，有

$$L_{0,\mathrm{CT}}(s)=\frac{k_3}{s^3}$$

$$L_{1,\mathrm{CT}}(s)=\frac{k_3}{s^3}+\frac{k_2}{s^2}+\frac{k_1}{s}$$

由 $L_{0,\mathrm{CT}}(\mathrm{j}2\pi f)\mathrm{NTF}(\mathrm{e}^{\mathrm{j}2\pi f})$ 给出的 STF 在高频下滚降为 $\dfrac{1}{f^3}$。其中，调制器可能受到具有显著带外信号的输入信号的应用（如无线收发器），之所以 CIFB 结构的固有频带限制特性是一个优点，是因为它可以潜在地简化在其之前的滤波器的设计。

CIFB 结构有哪些缺点促使人们寻找其他实现环路滤波器的方法呢？与离散时间

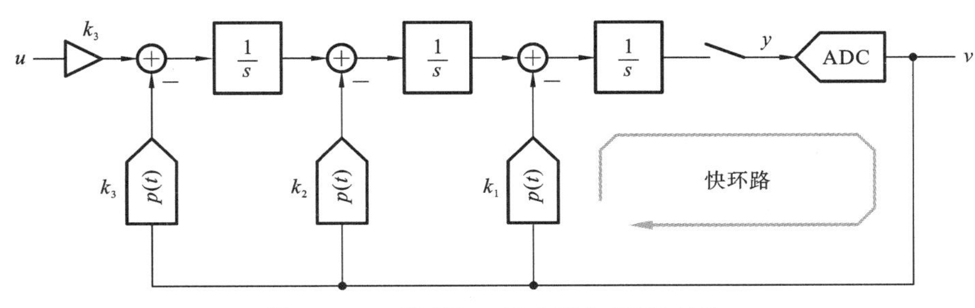

图 8.25 三阶 CTΔΣM 实现为 CIFB 结构

情况一样，每个积分器的输出包含输入信号，原因如下：每个积分器的输入的低频成分必须非常小，遗憾的是，这意味着每个前面的积分器的输出必须包含一个较大的输入分量，以便使反馈 DAC 注入的输入分量被抵消。例如，使第二个积分器输入的直流分量为 0 的唯一方法是输入积分器的直流输出与第二个 DAC(其权重为 k_2)的直流输出“平衡”，因此，该积分器的输出必须由 k_2u 加上整形量化噪声组成。以类似的方式，第二个积分器的输出必须包含 k_1u。但这有两个问题，在动态范围缩放之后(关于动态范围缩放，我们针对离散时间情况详细讨论了它的动机)，第一个积分器的单位增益频率变小，由于较小的单位增益频率意味着信号频带内的增益降低，当涉及调制器的输入时，噪声和失真对环路滤波器的影响没有得到充分的衰减；较低的单位增益频率也需要在输入积分器使用较大的积分电容，这增加了调制器的面积。

认识到 CIFB 环路问题的根本原因是反馈 DAC 在第一和第二积分器的输出处注入的输入分量，显然通过添加输入馈入来辅助积分器可以缓解该问题。图 8.26 所示的是带有输入馈入的 CIFB CTΔΣM。如果积分器输出必须没有输入分量(假设为直流)，则 $b_0=1$、$b_1=k_1$ 和 $b_2=k_2$。随着输入频率的增加，输入馈入路径提供的“辅助”并不完美，因为 v(和因此 DAC 反馈波形)由 u 的相移版本组成。当具有输入馈入时，有

$$L_{0,\mathrm{CT}}(s)=\frac{b_3}{s^3}+\frac{b_2}{s^2}+\frac{b_1}{s}+b_0 \tag{8.31}$$

高频下的 STF 现在为 $b_0\mathrm{NTF}(\mathrm{e}^{\mathrm{j}2\pi f})$。解决 CIFB 结构的缺点而付出的代价显然是 STF 的滤波性质的丧失。

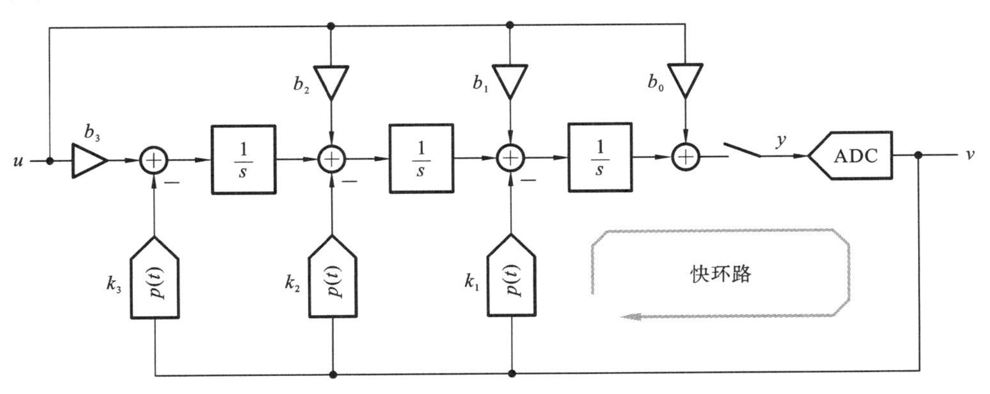

图 8.26 带有输入馈入的 CIFB 结构

8.5.2 CIFF 系列

环路滤波器也可以实现为具有前馈结构的级联积分器(cascade of integrators with

feedforward,CIFF),如图 8.27 所示。这种设计只需要一个反馈 DAC。此外,除了最后一个积分器之外的所有积分器的输出中都没有输入分量,与 CIFB 相比,这将导致输出摆幅减少。在动态范围缩放之后,这将转换为输入积分器的高单位增益频率。这是有益的,因为当涉及调制器的输入时,在环路中进一步增加的噪声和失真等非理想性特征会更小。更快的积分器还意味着环路滤波器中的电容值更低,从而节省了面积。然而,这些好处是需要付出代价的,如图 8.27 所示,我们看到

$$L_{0,CT}(s)=L_{1,CT}(s)=\frac{k_3}{s^3}+\frac{k_2}{s^2}+\frac{k_1}{s} \tag{8.32}$$

表明 STF 在高频时仅以 $1/f$ 滚降。很容易看出,对于相同的 NTF,图 8.25 和图 8.27 中 CTΔΣM 的 STF 有下述关系:

$$\mathrm{STF}_{\mathrm{CIFF}}(s)=\left(1+\frac{k_2}{k_3}s+\frac{k_1}{k_3}s^2\right)\mathrm{STF}_{\mathrm{CIFB}}(s) \tag{8.33}$$

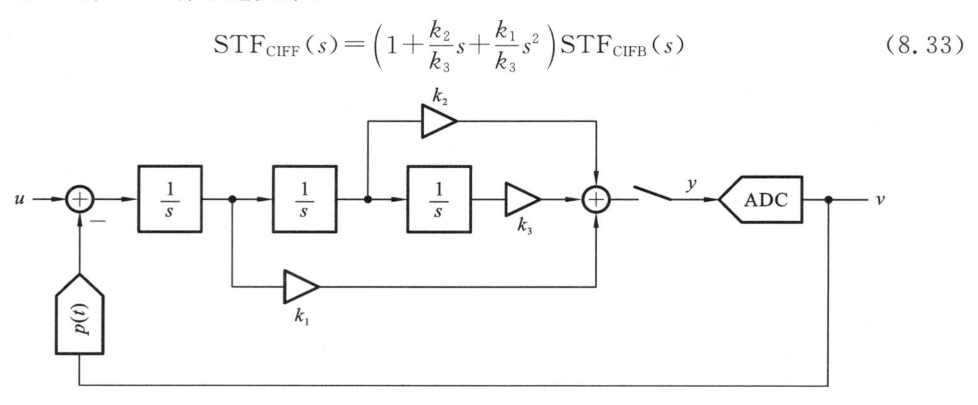

图 8.27 环路滤波器实现为 CIFF 结构的三阶 CTΔΣM

这很直观——添加前馈路径会在传递函数中引入零点。因此,CIFF 调制器的 STF 在信号频带之外达到峰值,这在无线应用中可能存在问题。由于 CIFF 设计仅需要一个 DAC,这将导致另一个缺点是 ΔΣ 环路的"快速"和"精确"路径包含有输入积分器和 DAC。这在高速设计中可能很麻烦:闭合回路的必要性有利于简单的电路(单级放大器和小的 DAC 延迟),这与实现高线性度(多级、高增益放大器和线性化反馈 DAC 的特殊技术)的方法是不一致的。

8.5.3 CIFF-B 系列

一种特别有用的拓扑是 CIFF-B 结构,它结合了 CIFF 和 CIFB 环路的优点。

对于这种结构(见图 8.28),我们看到

$$L_{0,CT}(s)=\frac{k_3}{s^3}+\frac{k_2}{s^2} \tag{8.34}$$

我们得出结论,STF 在高频下滚降为 $1/f^2$。其 STF 不如 CIFB 情况下的滤波器那么好,但不像 CIFF CTΔΣM 那样"尖峰"。在 CIFB 情况下也一样,其快速和精确的环路是去耦的,这在高速设计中是有利的。由于前馈路径,第一积分器输出端的低频摆幅很小,这意味着,在动态范围缩放之后,输入积分器的单位增益频率大于 CIFB 结构中的单位增益频率,当涉及输入时,这导致来自环路滤波器的其余部分的失真和噪声减小,如在 CIFF CTΔΣM 中那样。

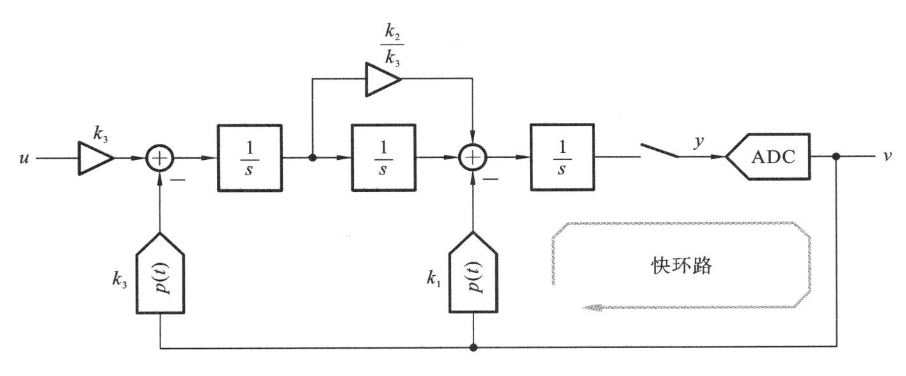

图 8.28 CIFF-B 环路滤波器结构

8.6 具有复数 NTF 零点的连续时间 ΔΣ 调制器

在第 4 章讨论 NTF 的特性时，我们发现在信号频带内扩展 NTF 的零点(而不是将它们全部置于直流处)可以改善带内 SQNR。通过对这些零点相关的带内噪声最小化来获得零点的最佳位置。最佳 NTF 的零点在单位圆上，具有 $z_k=e^{j\theta_k}$ 的形式。根据 8.1 节中的推理，连续时间环路滤波器的极点位于

$$p_k=\ln(z_k)=j\theta_k \tag{8.35}$$

由于复数 NTF 零点以共轭对的形式出现，因此连续时间环路滤波器必须在 s 平面的虚轴上具有共轭极点，用谐振器来实现，该谐振器通过在两个积分器周围添加负反馈回路实现。

图 8.29 所示的是基于多个反馈路径的三阶 CTΔΣM，实现了复数 NTF 零点。这种环路滤波器被称为具有反馈的级联谐振器(cascade of resonators with feed back, CRFB)结构。CRFF 和 CRFF-B 调制器可以用类似的方式得到。

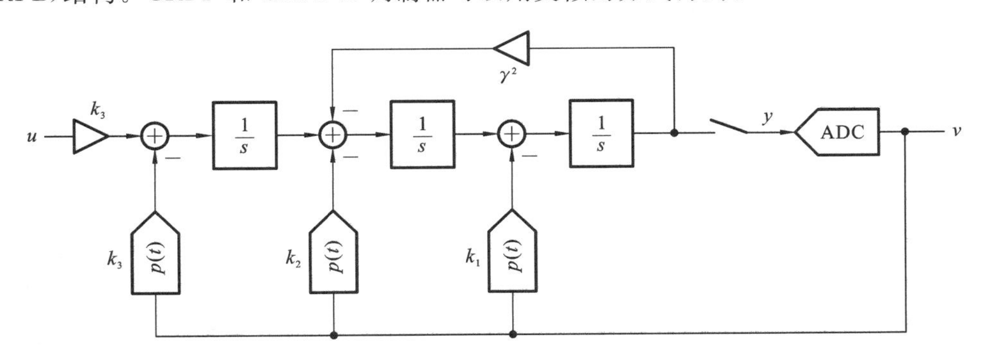

图 8.29 三阶 CRFB CTΔΣM，通过 γ^2 的反馈实现复数 NTF 零点

8.7 用于仿真的连续时间 ΔΣ 调制器的建模

从离散时间调制器获得提示，似乎环路滤波器的状态空间描述是表示 CTΔΣM 用于仿真的最恰当方式。这是事实，但除此之外还有更多的东西。我们用图 8.30 所示的二阶示例对此进行说明，两个积分器的输出是状态，由 x_1 和 x_2 表示。从图中可以看出

$$x_1 = x_2 + b_1 u - k_1 v$$
$$x_2 = \quad b_2 u - k_2 v$$
$$y = x_1 + b_0 u$$

其矩阵形式为

$$\underbrace{\begin{bmatrix} \dot{x}_1 \\ \dot{x}_2 \end{bmatrix}}_{\text{状态导数}} = \underbrace{\begin{bmatrix} 0 & 1 \\ 0 & 0 \end{bmatrix}}_{\boldsymbol{A}_c} \underbrace{\begin{bmatrix} x_1 \\ x_2 \end{bmatrix}}_{\text{当前状态}} + \underbrace{\begin{bmatrix} b_1 & -k_1 \\ b_2 & -k_2 \end{bmatrix}}_{\boldsymbol{B}_c} \underbrace{\begin{bmatrix} u \\ v \end{bmatrix}}_{\text{输入}}$$

$$y = \underbrace{[1 \quad 0]}_{\boldsymbol{C}_c} \begin{bmatrix} x_1 \\ x_2 \end{bmatrix} + \underbrace{[b_0 \quad 0]}_{\boldsymbol{D}_c} \begin{bmatrix} u \\ v \end{bmatrix}$$

N 阶调制器的矩阵的维数如下，即

$$\boldsymbol{A}_c : N \times N, \quad \boldsymbol{B}_c : N \times 2, \quad \boldsymbol{C}_c : 1 \times N, \quad \boldsymbol{D}_c : 1 \times 2$$

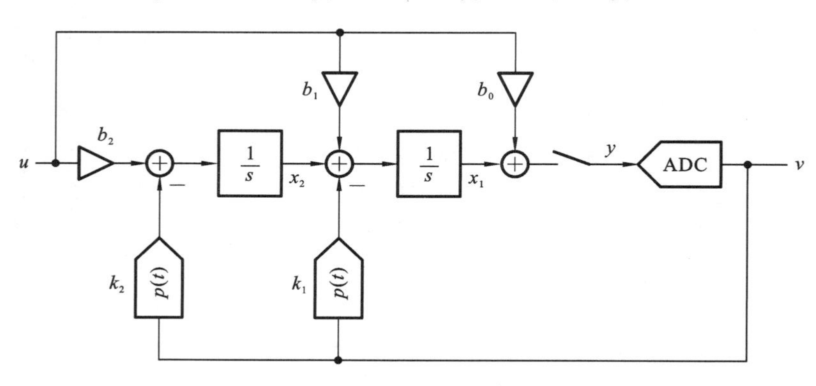

图 8.30 二阶 CTΔΣM 示例用于说明状态空间表示

如何仿真在连续时间和采样域中运行的环路呢？其中一种方法是实现输出 v 取决于其采样版本 $y[n]$，而不是整个波形 $y(t)$。如果输入缓慢变化，并假设是 NRZ 反馈 DAC 脉冲，则连续时间环路滤波器的操作可以进行离散化，如图 8.31 所示。图 8.31(a)部分示出了缓慢变化的 $u(t)$ 及其零阶保持(zero-order-held，ZOH)近似。后者可以表示为

$$\hat{u}(t) = \sum_n u[n]p(t-n) \tag{8.36}$$

其中，$p(t)$ 是 NRZ 脉冲，$u[n]$ 是通过以 1 Hz 采样 $u(t)$ 获得的序列(回想一下调制器的采样率也是 1 Hz)。$\hat{u}(t)$ 可以被认为是具有脉冲响应 $p(t)$ 的滤波器的输出，由 $u[n]$ 激发。参考图 8.31(b)，我们看到连续时间环路滤波器由两个序列($u[n]$ 和 $v[n]$)激发，其输出 $y(t)$ 的样本值得注意。盒子里面的系统显然是线性的，有两个离散时间序列作为输入，一个序列 $y[n]$ 作为输出。因此，原则上，它可以由离散时间系统代替，其状态矩阵由 $\boldsymbol{A}_d$、$\boldsymbol{B}_d$、$\boldsymbol{C}_d$ 和 $\boldsymbol{D}_d$ 表示。在给定连续时间环路滤波器的状态矩阵后，可以直接确定 DT 状态，如下所示。连续时间过滤器由下式控制，即

$$\dot{\boldsymbol{x}}(t) = \boldsymbol{A}_c x(t) + \boldsymbol{B}_c \begin{bmatrix} u(t) \\ v(t) \end{bmatrix} \tag{8.37}$$

$$\boldsymbol{y}(t) = \boldsymbol{C}_c x(t) + \boldsymbol{D}_c \begin{bmatrix} u(t) \\ v(t) \end{bmatrix} \tag{8.38}$$

各状态的自然响应是 $e^{\boldsymbol{A}_c t}$。$u(t)$ 由分段常数 $\hat{u}(t)$ 近似，并且由于存在 NRZ 脉冲，

（a）缓慢变换的 $u(t)$ 与其 ZOH 版本 $\hat{u}(t)$ 大致相同

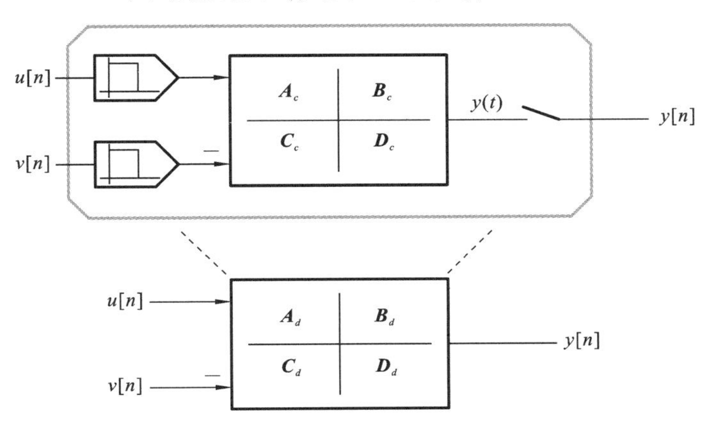

（b）连续时间环路滤波器和两个 NRZ DAC 可以用其离散时间等效代替

图 8.31　连续时间环路滤波器的离散化操作

$v(t)$无论如何都是分段常数。然后，时刻 $n+1$ 的状态可以以下面的方式与 $x[n]$、$u[n]$ 和 $v[n]$相关，即

$$
\begin{aligned}
x[n+1] &= \mathrm{e}^{\boldsymbol{A}_c} x[n] + \underbrace{\int_0^1 \mathrm{e}^{\boldsymbol{A}_c \tau} \boldsymbol{B}_c \begin{bmatrix} u[n] \\ v[n] \end{bmatrix} \mathrm{d}\tau}_{\text{卷积积分}} \\
&= \mathrm{e}^{\boldsymbol{A}_c} x[n] + \boldsymbol{A}_c^{-1} (\mathrm{e}^{\boldsymbol{A}_c} - \boldsymbol{I}) \boldsymbol{B}_c \begin{bmatrix} u[n] \\ v[n] \end{bmatrix}
\end{aligned}
\tag{8.39}
$$

上述等式中的第一项表示状态从 n 到 $n+1$ 的演化，而第二项表示分段常数输入与从 u 和 v 到各状态的脉冲响应的卷积。其中 $\boldsymbol{I}$ 表示 $N\times N$ 单位矩阵。时刻 n 的输出由下式给出，即

$$
\boldsymbol{y}[n] = \boldsymbol{C}_c x[n] + \boldsymbol{D}_c \begin{bmatrix} u[n] \\ v[n] \end{bmatrix} \tag{8.40}
$$

从式(8.39)和式(8.40)中，我们看到等效离散时间系统的状态矩阵由下式给出，即

$$
\begin{aligned}
\boldsymbol{A}_d &= \mathrm{e}^{\boldsymbol{A}_c} \\
\boldsymbol{B}_d &= \boldsymbol{A}_c^{-1} (\mathrm{e}^{\boldsymbol{A}_c} - \boldsymbol{I}) \boldsymbol{B}_c \\
\boldsymbol{C}_d &= \boldsymbol{C}_c \\
\boldsymbol{D}_d &= \boldsymbol{D}_c
\end{aligned}
\tag{8.41}
$$

由于 CTΔΣM 现在已经进行离散化，因此可以通过用于离散时间调制器的相同例程来仿真它。

当反馈 DAC 的脉冲形状被修改，前面的讨论如何改变？在这种情况下，式(8.39)可以如下重写，其中 $\boldsymbol{B}_c$ 表示为$[\boldsymbol{B}_{c1} \quad \boldsymbol{B}_{c2}]$。$\boldsymbol{B}_{c1}$ 和 $\boldsymbol{B}_{c2}$ 是 $\boldsymbol{B}_c$ 的第一列和第二列，并且分别影响来自 u 和 v 的状态传递函数。$p_{\mathrm{DAC}}(t)$表示 DAC 脉冲形状，并假设当 t 超过 $t=1$

时为 0，即

$$\begin{aligned} x[n+1] &= e^{A_c}x[n] + \underbrace{\int_0^1 e^{A_c\tau}\boldsymbol{B}_{c1}u[n]\mathrm{d}\tau}_{\text{卷积积分}} + \underbrace{\int_0^1 e^{A_c\tau}\boldsymbol{B}_{c2}p_{\mathrm{DAC}}(1-\tau)v[n]\mathrm{d}\tau}_{\text{卷积积分}} \\ &= e^{A_c}x[n] + \underbrace{\boldsymbol{A}_c^{-1}(e^{A_c}-\boldsymbol{I})\boldsymbol{B}_{c1}}_{\boldsymbol{B}_{d1}} \cdot u[n] + v[n]\underbrace{\int_0^1 e^{A_c\tau}\boldsymbol{B}_{c2}p_{\mathrm{DAC}}(1-\tau)\mathrm{d}\tau}_{\boldsymbol{B}_{d2}} \end{aligned} \tag{8.42}$$

从上面的等式可以看出，结合任意反馈 DAC 脉冲非常简单，只需要根据下式在式(8.41)中修改 $\boldsymbol{B}_d$ 值，即

$$\boldsymbol{B}_d = [\boldsymbol{B}_{d1} \quad \boldsymbol{B}_{d2}] \tag{8.43}$$

其中 $\boldsymbol{B}_d$ 的第一列和第二列由文献[2,5]给出，即

$$\boldsymbol{B}_{d1} = \boldsymbol{A}_c^{-1}(e^{A_c}-\boldsymbol{I})\boldsymbol{B}_{c1}$$

$$\boldsymbol{B}_{d2} = \int_0^1 e^{A_c\tau}\boldsymbol{B}_{c2}p_{\mathrm{DAC}}(1-\tau)\mathrm{d}\tau$$

8.8 动态范围缩放

考虑图 8.32 所示的三阶 CIFF CTΔΣM，由低频输入 u 激励，其幅度选择接近调制器的 MSA。我们假设量化器级别的数量很大。环路滤波器的输出 y 由 u 和整形噪声组成，我们可以对状态 x_1，x_2 和 x_3 做出什么观察？由于 y 的低频分量主要是环路滤波器的三阶路径的贡献，因此，$k_3x_3 \approx u$。一方面，由于 $k_3 \ll 1$（为了确保与满量程相关的 MSA 很大），必须遵循 x_3 的峰值摆幅大大超过调制器的满量程。另一方面，x_1 的峰值摆幅（整形量化噪声的积分版本）必然远小于满量程，原因如下：由于我们假设了许多量化器级别，因此 y（和 v）的整形噪声所贡献的峰-峰值摆幅仅为几个级别。这必须是环路滤波器的快速($1/s$)路径的贡献，因为 k_1 的数量级是 1，所以 x_1 摆幅必须很小。在理想的世界中（没有噪声，并且具有无限的电源电压），状态的峰-峰值摆幅的巨大差异并不重要。

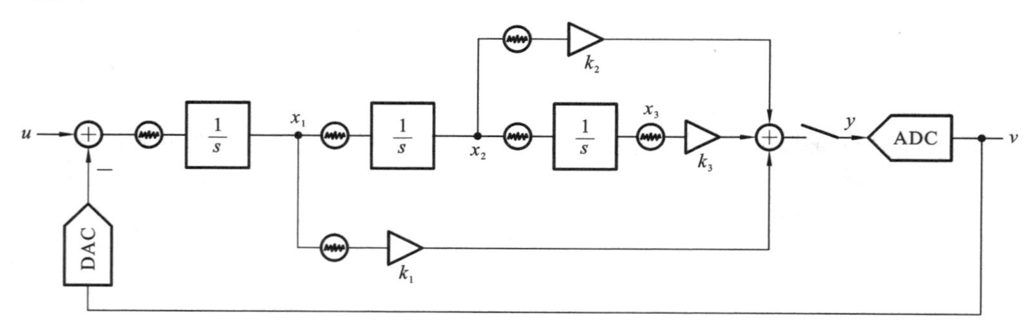

图 8.32　三阶 CIFF CTΔΣM：每个积分器产生的噪声由一个输入参考噪声源建模

但是，我们需要考虑两个实际情况。首先，每个积分器都会产生热噪声，在图 8.32 中建模为输入参考噪声源。接下来，每个积分器如果其输出尝试超过某个阈值，则将达到饱和。这是（有限）电源电压强制实施限制的结果。它会导致相同的输入-输出传递函数，在环路滤波器内部状态有很多选择。例如，图 8.33 中的 CTΔΣM 与图 8.32 中的

设计具有相同的 NTF 和 STF，然而，前者状态 $\hat{x}_1$ 是后者状态 x_1 的缩放版本(缩放因子为 α)。这是通过增加第一积分器的增益 α 倍，并通过相同的因子减少感测 $\hat{x}_1$ 的所有模块的增益来实现的。这样，传递函数和环路滤波器的其他状态保持不变。

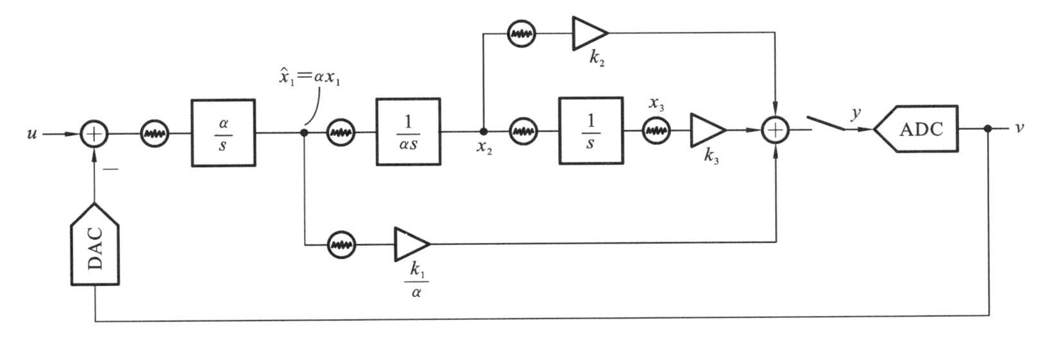

图 8.33　在不影响环路滤波器传递函数的情况下以 α 因子缩放 x_1

既然 α 是任意的，一个很好的问题是，是否有选择它的方法？例如，如果 α 太小，会发生什么？如图 8.33 所示，我们看到要求从 $\hat{x}_1$ 到 y 增大的增益为 k_1/α，这大大放大了增益元件的输入参考热噪声。这表明应选择较大 α 以减少环路滤波器输出端的热噪声。

现在，如果 α 做得太大会怎样？这也是存在问题的，因为积分器的输出试图增加到某个极限(由电源电压决定)，积分器将会饱和。当积分器饱和时，其输出不再响应其输入的变化，从而有效地将其从调制器中切除。鉴于我们对量化器饱和的有害影响的经验，我们应该预期饱和积分器最有可能会使调制器不稳定。上面讨论的结论是，应该试图保持状态变量的幅度尽可能大，同时避免饱和。这样，环路滤波器的热噪声被放大到其最低程度。此外，增加积分器的增益会增加其单位增益频率，并减小实现所需的电容。这导致 CTΔΣM 占用的有效面积减小。以尽可能大的方式缩放状态(而不是更大)称为动态范围缩放，这应该是设计过程中不可或缺的一部分。

如上所述，动态范围缩放不会影响滤波器的输入-输出行为。这如何反映在其状态空间描述中呢？原始状态方程是

$$\dot{\boldsymbol{x}}(t)=\boldsymbol{A}_c x(t)+\boldsymbol{B}_c\begin{bmatrix}u(t)\\ v(t)\end{bmatrix} \tag{8.44}$$

$$\boldsymbol{y}(t)=\boldsymbol{C}_c x(t)+\boldsymbol{D}_c\begin{bmatrix}u(t)\\ v(t)\end{bmatrix} \tag{8.45}$$

我们用 $\hat{x}$ 表示缩放状态。因为每个状态可以通过不同的因子来缩放，即 $\hat{x}=\boldsymbol{T}x$，其中 $\boldsymbol{T}$ 是对角变换矩阵。因此，将 $x=\boldsymbol{T}^{-1}\hat{x}$ 代入到上面的状态方程中，得到

$$\boldsymbol{T}^{-1}\dot{\hat{x}}=\boldsymbol{A}_c\boldsymbol{T}^{-1}\hat{x}+\boldsymbol{B}_c\begin{bmatrix}u\\ v\end{bmatrix}$$

$$\boldsymbol{y}=\boldsymbol{C}_c\boldsymbol{T}^{-1}\hat{x}+\boldsymbol{D}_c\begin{bmatrix}u\\ v\end{bmatrix}$$

故可以看出缩放的环路滤波器的状态矩阵是

$$\hat{\boldsymbol{A}}_c=\boldsymbol{T}\boldsymbol{A}_c\boldsymbol{T}^{-1},\quad \hat{\boldsymbol{B}}_c=\boldsymbol{T}\boldsymbol{B}_c,\quad \hat{\boldsymbol{C}}_c=\boldsymbol{C}_c\boldsymbol{T}^{-1},\quad \hat{\boldsymbol{D}}_c=\boldsymbol{D}_c \tag{8.46}$$

8.9 设计实例

在本节中，我们通过尝试设计具有 OBG＝2.5 最大平坦 NTF 的三阶 CTΔΣM 来说明迄今为止所讨论的概念。假设我们使用的是 CIFF 环路滤波器和 NRZ DAC，调制器采用 16 级量化器，并在 OSR＝64 下工作，信号带宽为 500 kHz。我们通过使用 ΔΣ 工具箱，按照以下步骤进行。

（1）确定 NTF，即

```
ntf=synthesizeNTF(3,64,0,2.5,0)
```

得到

$$\mathrm{NTF}(z)=\frac{(z-1)^3}{(z-0.417)(z^2-0.8778z+0.3804)}$$

（2）接下来，我们确定 $L_1(z)=1/\mathrm{NTF}(z)-1$，即

```
L1=1/ntf-1
```

得到

$$L_1(z)=\frac{1.7052(z^2-1.322z+0.4934)}{(z-1)^3}$$

（3）然后我们确定 DT 环路滤波器的脉冲响应 l，即

```
l=impulse(L1,10);
```

（4）由于 $L_{1,\mathrm{CT}}(s)$ 的形式为 $\frac{k_1}{s}+\frac{k_2}{s^2}+\frac{k_3}{s^3}$。我们需要确定 k_1，k_2 和 k_3。

（5）我们首先找到 $1/s$，$1/s^2$ 和 $1/s^3$ 路径的脉冲响应样本（x_1，x_2，x_3），即

```
x1=impulse(c2d(tf([1],[1 0]),1),10);
x2=impulse(c2d(tf([1],[1 0 0]),1),10);
x3=impulse(c2d(tf([1],[1 0 0 0]),1),10);
```

（6）通过求解 $[x_1 \quad x_2 \quad x_3]\boldsymbol{K}=l$ 确定 $\boldsymbol{K}=[k_1,k_2,k_3]^{\mathrm{T}}$，即

```
K=[x1 x2 x3]\l;
```

得到 $k_1=1.2244$，$k_2=0.8638$，$k_3=0.2930$。

（7）环路滤波器是由 CIFF 设计的（见图 8.34），我们用状态空间形式描述如下：

$$\boldsymbol{A}_c=\begin{bmatrix}0&0&0\\1&0&0\\0&1&0\end{bmatrix},\quad \boldsymbol{B}_C=\begin{bmatrix}1&-1\\0&0\\0&0\end{bmatrix},\quad \boldsymbol{C}_c=[k_1 \quad k_2 \quad k_3],\quad \boldsymbol{D}_c=[0 \quad 0]$$

（8）接下来，我们创建 CT 环路滤波器：

```
sys_ct=ss(Ac,Bc,Cc,Dc);
```

并确定相应的离散时间环路滤波器：

```
sys_dt= c2d(sys_ct,1);
```

得到

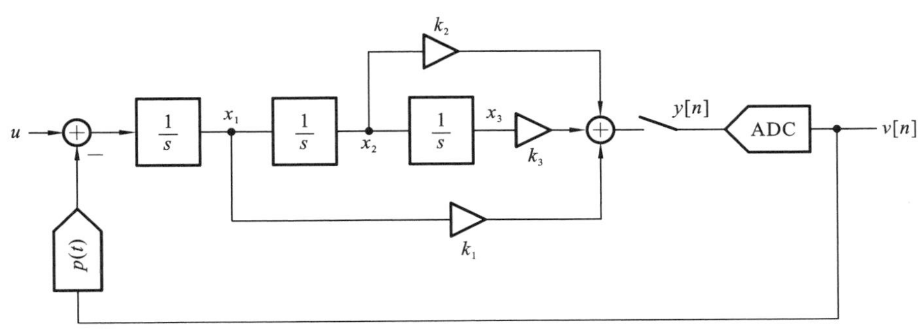

图 8.34 三阶 CTΔΣM，x_1，x_2，x_3 为状态变量

$$\boldsymbol{A}_d=\begin{bmatrix}1 & 0 & 0\\ 1 & 1 & 0\\ 0.5 & 1 & 1\end{bmatrix},\quad \boldsymbol{B}_d=\begin{bmatrix}1 & -1\\ 0.5 & -0.5\\ 0.1667 & -0.1667\end{bmatrix},$$

$$\boldsymbol{C}_d=[1.225\quad 0.864\quad 0.293],\quad \boldsymbol{D}_d=[0\quad 0]$$

(9) 然后我们仿真描述调制器的差分方程(正弦输入是信号带宽的四分之一，幅度为满量程的 0.8 倍)：

```
u=0.8*15*sin(2*pi*(0.25/OSR)*(0:1:2^15));
ABCD=[Ad Bd;Cd Dd];
[v,xn,xmax,y]=simulateDSM(u,ABCD,16,zeros(3,1));
```

由 simulateDSM 产生 v，其最终状态为 x_n，它们的最大值为 $x_{\max}$，采样的环路滤波器输出为 y。

(10) v 的功率谱密度(PSD，见图 8.35)：

```
psd(v,Nfft,fs,hanning(Nfft,'periodic'));
```

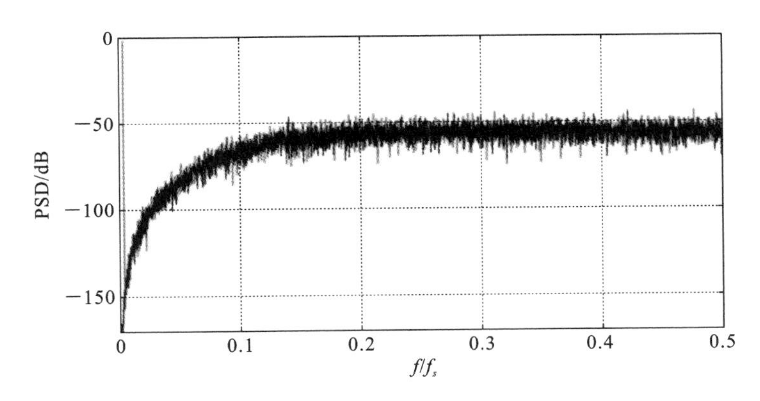

图 8.35 输出序列的功率谱密度

正如我们所料，量化噪声已被整形。但是我们怎么知道 NTF 就是我们想要实现的呢？通过观察 PSD 来推断 NTF(其形状和 OBG)的问题是它的噪声性质，这是由量化误差的类似噪声特性引起的。但是，在仿真中，此误差是明确可用的，因为我们可以访问 v 和 y。因此，消除 PSD 中的噪声(在仿真中)并由此验证 NTF 的有用"技巧"是将 PSD(v)除以 PSD(v-y)。这将生成无噪声的 $|\mathrm{NTF}(\mathrm{e}^{\mathrm{j}\omega})|^2$，如下所示。

(11) 验证 NTF：

```
[P1,f]=psd(v,Nfft,fs,hanning(Nfft,'periodic'));
[P2,f]= psd((v- y),Nfft,fs,hanning(Nfft,'periodic'));
plot(f,10* log10(P1./P2));
```

得到的 NTF 以 dB 标度绘制，如图 8.36 所示。将$|NTF(e^{j\omega})|^2$确定为 PSD(v)/PSD($v-y$)，即清楚地证明了 NTF 的性质，并允许我们准确地确定 OBG。

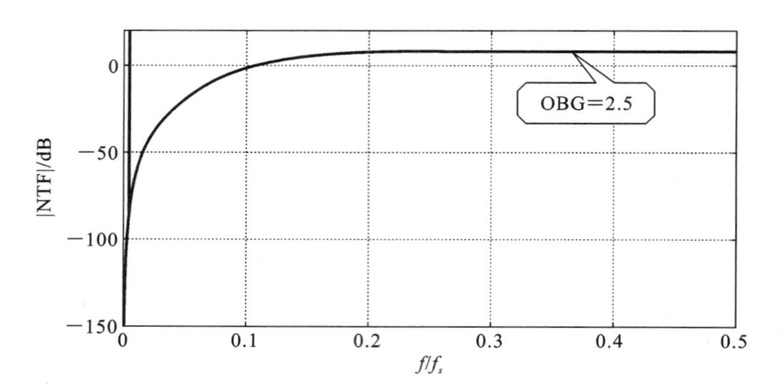

图 8.36 通过计算 PSD(v)/PSD($v-y$)确定 NTF

(12) 最后，我们进行动态范围和频率缩放。由于 simulateDSM 还产生状态的最大值，其结果是 $x_{1,\max}=2.605$，$x_{2,\max}=2.905$ 和 $x_{3,\max}=43.32$(DAC 输出可以为 −15～15)。假设我们希望将状态的幅度分别限制为 10、12 和 14，则可以直接看到积分器单位增益频率应分别按 $\alpha=4.6$，$\beta=0.89$ 和 $\gamma=0.067$ 进行缩放。此外，积分器输出现在应按 $\hat{k}_1=0.26$，$\hat{k}_2=0.21$ 和 $\hat{k}_3=1.05$ 进行加权，如图 8.37 所示。最后，为了以采样频率 f_s 操作，所有积分器的带宽将乘以 f_s。

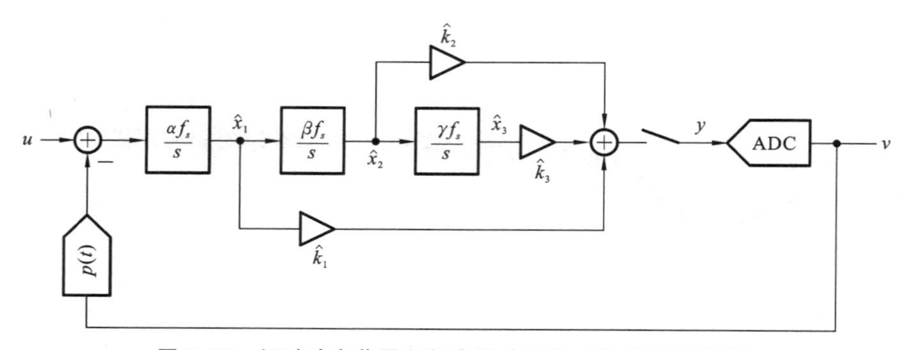

图 8.37 经过动态范围和频率缩放后的三阶 CIFF 调制器

8.10 结论

本章我们讨论了连续时间 ΔΣ 调制的基本思想和属性。CTΔΣM 背后的原理是用连续时间电路模拟离散时间 ΔΣ 转换器中环路滤波器的行为。这是通过选择 CT 环路滤波器作为相对于 DT 原型的脉冲不变量来实现的。由于采样发生在环路内部，CTΔΣM 具有隐式抗混叠功能。与 DT 转换器一样，实现环路滤波器也有许多选择，且每种选择都有相关的折中。最后，我们看到了如何通过对连续时间环路滤波器进行离散化来仿真 CTΔΣM，从而利用已经设计的工具来仿真离散时间转换器。

参考文献

[1] J. C. Candy, "A use of double integration in sigma delta modulation", *IEEE Transactions on Communications*, vol. 33, no. 3, pp. 249-258, 1985.

[2] R. Schreier and B. Zhang, "Delta-sigma modulators employing continuous-time circuitry", *IEEE Transactions on Circuits and Systems: Fundamemal Theory and Applications*, vol. 43, no. 4, pp. 324-332, 1996.

[3] J. A. Cherry, *Theory, Practice, and Fundamemal Performance Limits of High Speed Data Conversion Using Continuous-Time Delta-Sigma Modulators*. Ph. D. dissertation, Carleton University. 1998.

[4] S. Pavan, "Continuous-time delta-sigma modulator design using the method of moments", *IEEE Transactions on Circuits and Systems I: Regular Papers*, vol. 61, no. 6, pp. 1629-1637, 2014.

[5] S. R. Norsworthy, R. Schreier, and G. Temes, *Delta-Sigma Data Converters, Theory, Design, and Simulation*, IEEE Press, New York, 1997.

9

连续时间 ΔΣ 调制器中的非理想性

在第 8 章中，我们了解了连续时间调制的基本原理。特别是，我们学习了如何设计一个连续时间环路滤波器，从而得到所需的 NTF。不幸的是，我们所做的许多关于调制器工作的假设在实践中是不正确的。例如，没有一个实际的量化器可以即时做出决定——一定会有延迟。由于元件失配，ADC 的阈值和 DAC 的级别将偏离其期望值。环路滤波器中的积分器也不理想，即使在最乐观的情况下，不精确的部件也会改变单位增益频率。更现实地，积分器具有有限的直流增益，并且它们的传递函数具有寄生极点和零点。由于它们是用晶体管构建的，因此积分器也具有非线性性。

最后，任何实际的采样时钟都会产生抖动。虽然有人可能认为时钟抖动“不是 CTΔΣM 的问题”，但事实证明，调制器架构的选择对它如何响应抖动会产生巨大影响。因此，这需要进行详细研究。在本章中，我们将研究 CTΔΣM 中的主要非理想性——过量延迟，时间常数变化和时钟抖动，并讨论如何解决这些问题。

9.1 过量环路延迟

到目前为止，在本书中，我们认为量化器具有零延迟，因此量化输出在输入采样的同一时刻可用。然而，在实践中，由于各种原因而存在延迟。如图 9.1 所示，量化器由 ADC 级联 DAC 来实现。前者是在其时钟的上升沿采样环路滤波器的输出，用 clk_adc 表示。如第 7.9 节所述，解析模拟输入需要非零时间，ADC 的输出序列仅在一定的延迟后才可用。因此，将 ADC 输出序列转换回波形的 DAC 只能在稍后时刻进行计时，如图 9.1 所示。正如我们在第 6 章中看到的那样，通常在 ADC 和 DAC 之间插入数字电路（称为动态元件匹配（DEM）逻辑），以便在信号频带外整形不匹配引起的噪声。因此，DAC 时钟相对于 ADC 时钟的延迟 t_d 应足够大，以满足 ADC 和 DEM 的延迟加上 DAC 的建立时间。在大多数情况下，DAC 需要明确定时，以防止再生和传播延迟的可变性引入不期望的抖动。

在详细分析过量环路延迟的影响之前，让我们思考延迟的效应。与任何反馈环路一样，增加延迟必然会降低调制器的稳定性。我们还应该预期高阶环路比低阶环路更

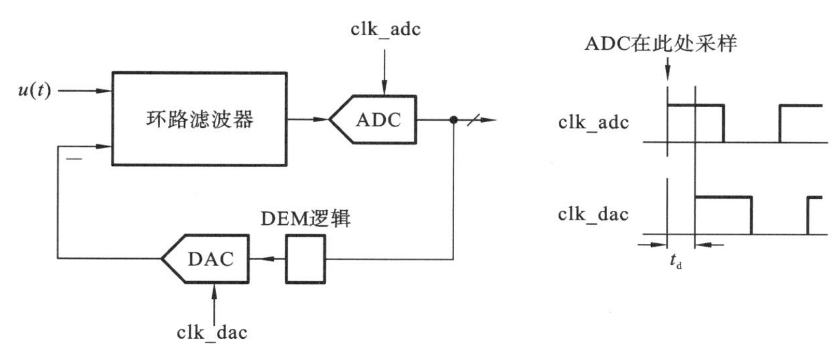

图 9-1　连续时间 ΔΣ 调制器中的过量延迟问题

糟糕。最后，由于环路增益的幅度不随延迟而变化，我们期望信号频带内的量化噪声抑制不应受到影响(假设调制器保持稳定)。

9.1.1　CT-MOD1：一阶连续时间 ΔΣ 调制器

考虑归一化的一阶 CTΔΣM，延迟时间为 t_d，如图 9.2 所示，假设它为 NRZ DAC。通过断开环路并对积分器的输出进行采样来获得环路滤波器的脉冲响应，即

$$l[n]=\{0,1,-t_d,1,1,\cdots\}=\underbrace{\{0,1,1,1,\cdots\}}_{\text{理想响应}}-\underbrace{\{0,t_d,0,0,\cdots\}}_{\text{误差}} \tag{9.1}$$

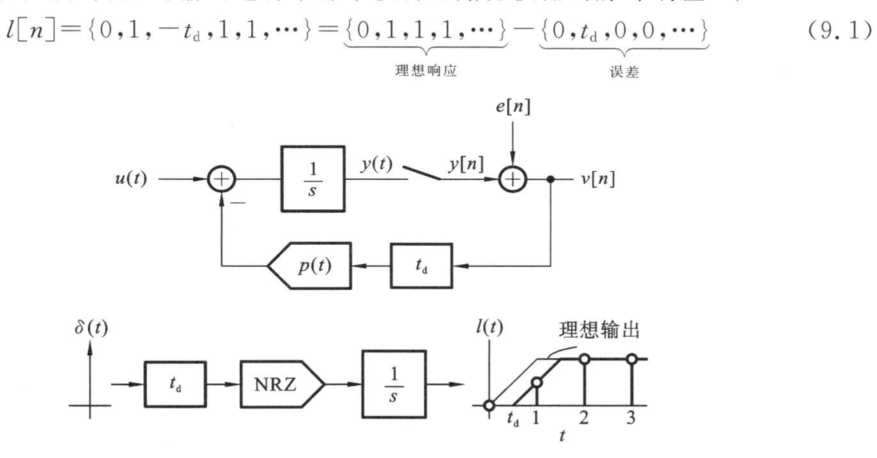

图 9-2　延时为 t_d 的 CT-MOD1

环路增益为 $L(z)=Z\{l[n]\}$，它和 NTF 由下式给出，即

$$L(z)=\frac{z^{-1}}{1-z^{-1}}-t_d z^{-1}$$

$$\mathrm{NTF}(z)=\frac{1}{1+L(z)}=\frac{1-z^{-1}}{1-t_d z^{-1}+t_d z^{-2}}$$

从这些表达式可以看出，系统现在增加到二阶，极点位置取决于 t_d。分析表明，当延迟增加时，调制器极点向单位圆移动，当 $t_d=1$ 时，调制器极点位于单位圆上，如图9.3所示。随着延迟的增加，开始会出现不稳定状态。此外，我们看到在信号带中，NTF 的幅度仍然为 ω(与 t_d 无关)，这正如我们直观预期的那样。

虽然分析延迟对 CT-MOD1 的影响是有益的，但更有成效的是了解如何减小过量延迟的影响。由式(9.1)可以看到，与积分器并行地添加采样脉冲响应为$\{0,t_d,0,0,0,$

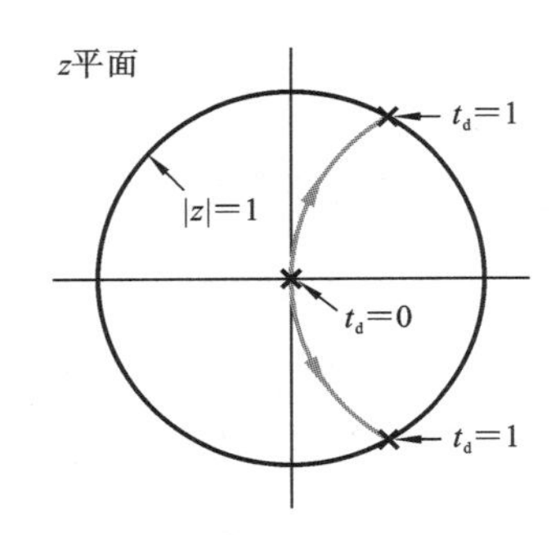

图 9-3　一阶 CTΔΣM 的极点位置轨迹与过量环路延迟(t_d)的关系

…}的路径可以恢复环路的 NTF。实现这个并行路径的一种方法是简单地使用增益 t_d，如图 9.4 所示。根据我们对电路的经验，由于一个前馈路径为环路增益函数增加了一个"零点"，从而提高了相位裕度并稳定了系统。重要的是，仅仅只有补偿后的环路滤波器的样本等于理想样本(即没有延迟)——环路滤波器输出的连续时间波形不是这样的。将直接路径结合到调制器中可以得到如图 9.5 中所示的系统。

通常使用图 9.5(b)所示的以具体实现，其中阴影部分被称为"围绕量化器的直接反馈路径"。请注意，由于直接反馈被采样，实现此路径的 DAC 不需要计时。

DAC 脉冲的形状影响环路滤波器的采样响应。其他常用的脉冲是归零(return-to-zero，RZ)脉冲和冲击脉冲(impulsive shapes)。如图 9.6 所示，RZ DAC 可以容忍半个时钟周期的延迟，而冲击脉冲 DAC 几乎可以容忍全时钟

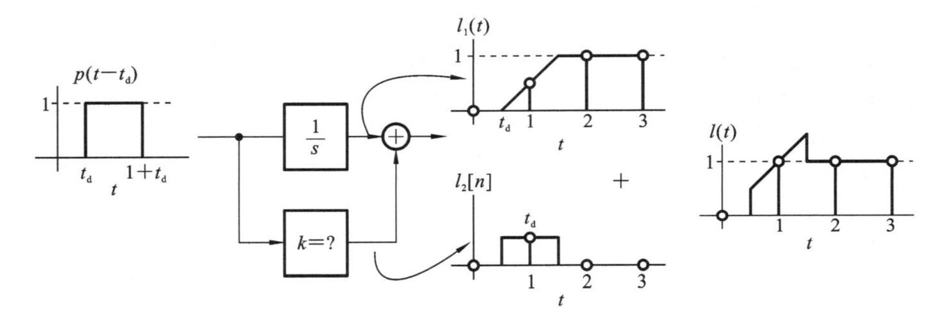

图 9-4　使用横跨积分器的直接路径来减少过量延迟

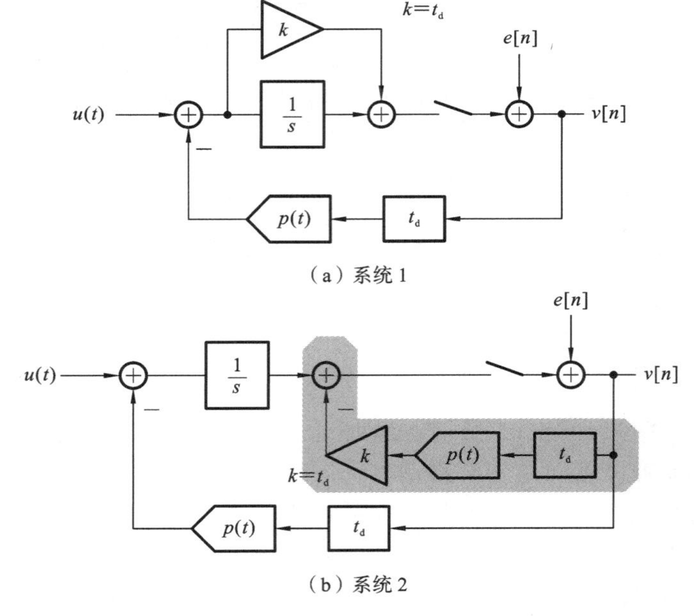

图 9-5　CT-MOD1 中直接路径的替代实现

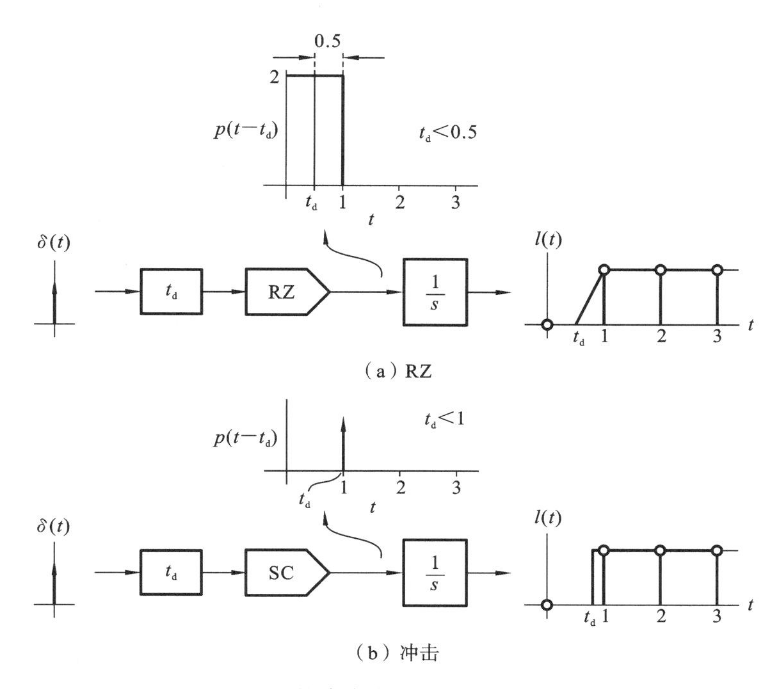

图 9-6　使用其他脉冲形状对过量延迟不敏感

周期的延迟。

9.1.2　CT-MOD2：二阶连续时间 ΔΣ 调制器

接下来，我们分析带有一个 NRZ DAC 的二阶调制器中的过量延迟的影响，如图 9.7 所示。理想情况下，有 $t_d=0$ 和 $\mathrm{NTF}(z)=(1-z^{-1})^2$，其对应的环路增益函数为 $L(z)=(2z-1)/(z-1)^2$。环路滤波器的传递函数是

$$L_c(s)=\frac{1.5}{s}+\frac{1}{s^2} \tag{9.2}$$

对于过量延迟，$1/s$ 和 $1/s^2$ 路径的采样脉冲响应的 z 变换由下式给出

$$\frac{1}{s}\to\frac{1-t_d}{z-1}+z^{-1}\frac{t_d}{z-1} \tag{9.3}$$

$$\frac{1}{s^2}\to\frac{(0.5-t_d+0.5t_d^2)z+0.5(1-t_d^2)}{(z-1)^2}+z^{-1}\frac{t_d(1-0.5t_d)z+0.5t_d^2}{(z-1)^2} \tag{9.4}$$

$L(z)$和 NTF 可以由上面的等式确定为 t_d 的函数。与一阶情况一样，过量延迟会导致

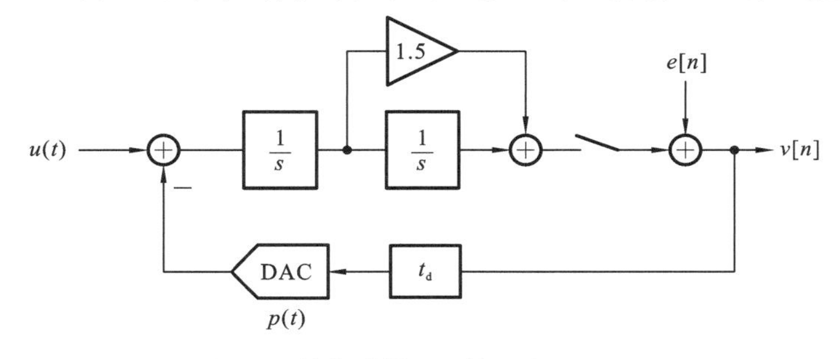

图 9-7　具有过量延迟的二阶 CTΔΣM

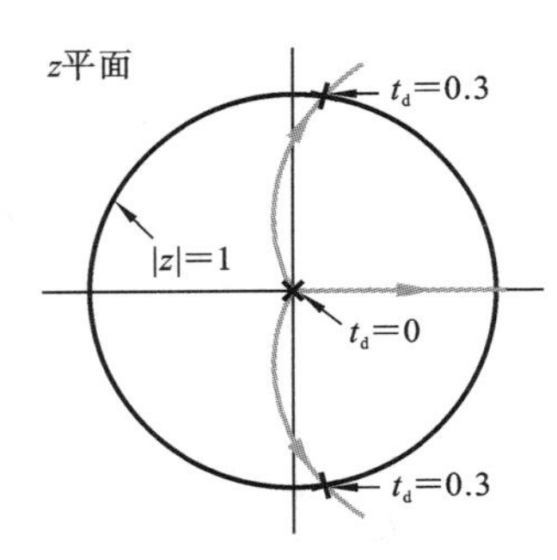

图 9-8 二阶 CTΔΣM 随 t_d 变化的极点轨迹

系统的阶数增加 1。如图 9.8 所示，根轨迹随 t_d 变化，表明延迟时间超过时钟周期的 30%时调制器不稳定，随着 t_d 接近 0.3，MSA 将急剧下降。

从上面的讨论可以清楚地看出，与一阶设计相比，二阶调制器对环路延迟的容忍度要低得多。如何恢复二阶环路的 NTF 呢？以一阶情况作为灵感，我们在增益为 $\hat{k}_0$ 的量化器周围添加一条直接路径，如图 9.9 所示。通常，环路滤波器的采样脉冲响应应等于离散时间原型 $L(z)$的脉冲响应。

直接路径、$1/s$ 路径和 $1/s^2$ 路径的采样响应由下式给出：

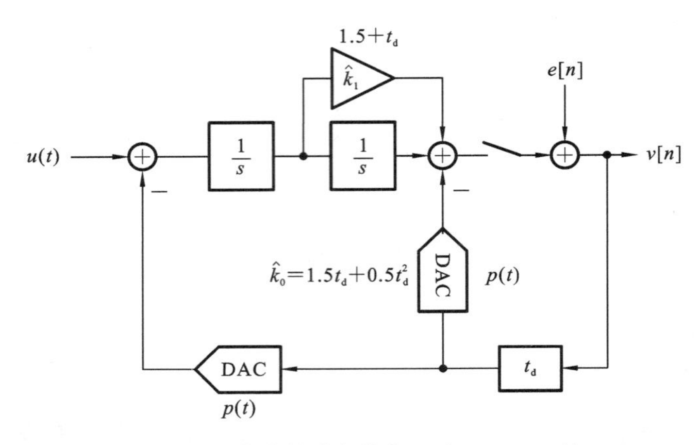

图 9-9 使用一条直接路径恢复二阶 CTΔΣM 的 NTF

直接路径 $\rightarrow z^{-1}$

$$\frac{1}{s} \rightarrow \frac{1-t_d}{z-1}+z^{-1}\frac{t_d}{z-1}$$

$$\frac{1}{s^2} \rightarrow \frac{(0.5-t_d+0.5t_d^2)z+0.5(1-t_d^2)}{(z-1)^2}+z^{-1}\frac{t_d(1-0.5t_d)z+0.5t_d^2}{(z-1)^2}$$

要恢复 NTF[1]，即

$$\hat{k}_0 z^{-1}+\hat{k}_1\left[\frac{1-t_d}{z-1}+z^{-1}\frac{t_d}{z-1}\right]+\hat{k}_2\left[\frac{(0.5-t_d+0.5t_d^2)z+0.5(1-t_d^2)}{(z-1)^2}\right.$$

$$\left.+z^{-1}\frac{t_d(1-0.5t_d)z+0.5t_d^2}{(z-1)^2}\right]=\frac{2z-1}{(z-1)^2}$$

等式两边对应系数相等，我们得到下面的方程组：

$$\begin{cases}0.5t_d^2\hat{k}_2-t_d\hat{k}_1+\hat{k}_0=0\\(0.5-t_d+0.5t_d^2)\hat{k}_2+(1-t_d)\hat{k}_1+\hat{k}_0=2\\-(0.5+t_d-t_d^2)\hat{k}_2+(1-2t_d)\hat{k}_1+2\hat{k}_0=1\end{cases}\tag{9.5}$$

得到的解是

$$\begin{cases}\hat{k}_2=1\\\hat{k}_1=1.5+t_d\\\hat{k}_0=1.5t_d+0.5t_d^2\end{cases}\tag{9.6}$$

我们观察到，直接路径中所需的增益随 t_d 增加而增加。这是有道理的，因为较高的延迟导致环路增益函数的相移增加，因此需要一个“更强”的零点来稳定。补偿后，$1/s^2$ 路径的增益不会改变——这在直观上令人满意，因为带内 NTF（和低频环路增益的幅度）没有改变。

减轻 N 阶 CTΔΣM 中过量环路延迟的影响的过程是类似的，下面对其进行总结。

(1) 确定由延迟的 DAC 冲击驱动的直接路径，以及 $1/s, 1/s^2, \cdots, 1/s^N$ 路径的离散时间等效值，并分别用 $\hat{L}_0(z), \cdots, \hat{L}_N(z)$ 表示它们。

(2) 确定这些路径的系数 $\hat{k}_0, \hat{k}_1, \cdots, \hat{k}_N$，使得 $\hat{k}_0\hat{L}_0(z)+\hat{k}_1\hat{L}_1(z)+\cdots+\hat{k}_N\hat{L}_N(z)=(1/\mathrm{NTF}(z))-1$。这将产生一组多变量的 $(N+1)$ 个联立方程，求解后得到 $\hat{k}_0, \hat{k}_1, \cdots, \hat{k}_N$。

ΔΣ 工具箱函数 realizeNTF_ct 自动执行此过程。根据从一阶和二阶例子中获得的概念，我们期望直接路径的增益应该是 t_d 的增函数。此外，第 N 阶路径的增益不应随延迟而改变。尽管过量延迟补偿背后的思想很简单，但即使在二阶情况下，代数运算似乎也令人生畏。此外，如果 DAC 脉冲改变，则需要重复整个过程。因此，似乎只有特别勇敢的读者才会尝试用任意 DAC 脉冲在高阶 CTΔΣM 中解析地求解过量延迟问题。幸运的是，正如下一节所示，这并不像导致式(9.6)分析所表明的那样困难。

9.1.3　具有任意 DAC 脉冲形状的高阶连续时间 Delta-Sigma 调制器中的过量延迟补偿[2,3]

以三阶 CIFF 调制器为例说明基本思想。我们希望解决的问题如图 9.10 所示，其中量化器被加性噪声序列 $e[n]$ 代替。图 9.10(a)所示的是噪声整形环路，其中选择了 k_1, k_2 和 k_3，以便产生所需的 NTF。应该如何选择 $\hat{k}_0, \hat{k}_1, \hat{k}_2$ 和 $\hat{k}_3$，使得图 9.10(b)中的 CTΔΣM 即使存在过量延迟 t_d，也具有相同的 NTF?

同样地，我们可以提出一个关于环路滤波器的脉冲响应的问题，如图 9.11 所示。现在问题降低为如何选择 $\hat{k}_0, \hat{k}_1, \hat{k}_2$ 和 $\hat{k}_3$，使得在两种情况下 $y[n]$ 都是相同的。

我们考虑两种情况。在其中一种情况下，我们假设延迟的 DAC 脉冲 $p(t-t_d)$ 不会超过 $t=1$，这种情况适用于具有小于半周期延迟的 RZ DAC 的 CTΔΣM，或具有小于 1 个周期延迟的冲击 DAC，其中 $p(t)$ 是任意的。

我们首先检查没有延迟和有延迟的 $1/s^3$ 路径的输出，如图 9.12 所示。就环路的 NTF 而言，只有波形 $y_3(t)$ 和 $y_3(t-t_d)$ 的样本在 1 s 的倍数处是相关的。从图 9.12 中的插图可以看出，对于 $t\geqslant 1$，可以通过“向前看 t_d”从 $y_3(t-t_d)$ 处获得 $y_3(t)$。为此，我们在 t 处将泰勒级数应用于 $y_3(t-t_d)$ 中，即

$$
\begin{aligned}
y_3(t) &= y_3(t-t_d+t_d) \\
&= y_3(t-t_d)+t_d\underbrace{\frac{\mathrm{d}}{\mathrm{d}t}y_3(t-t_d)}_{y_2(t-t_d)}+\frac{t_d^2}{2}\underbrace{\frac{\mathrm{d}^2}{\mathrm{d}t^2}y_3(t-t_d)}_{y_1(t-t_d)}+\frac{t_d^3}{6}\underbrace{\frac{\mathrm{d}^3}{\mathrm{d}t^3}y_3(t-t_d)}_{y_0(t-t_d)\equiv 0} \\
&= y_3(t-t_d)+t_d y_2(t-t_d)+\frac{t_d^2}{2}y_1(t-t_d)
\end{aligned}
\tag{9.7}
$$

注意，在上面的级数展开式中，三阶及以上的项为 0，因为在 $t\geqslant 1, p(t-t_d)=0$ 时

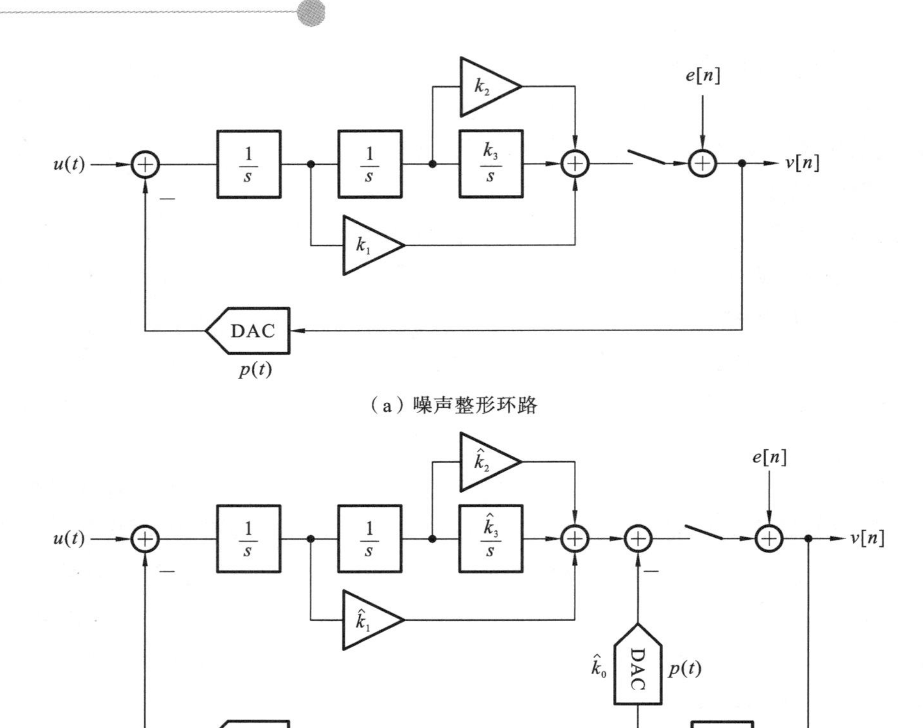

（a）噪声整形环路

（b）存在过量延迟 t_d

图 9-10　过量延迟补偿问题

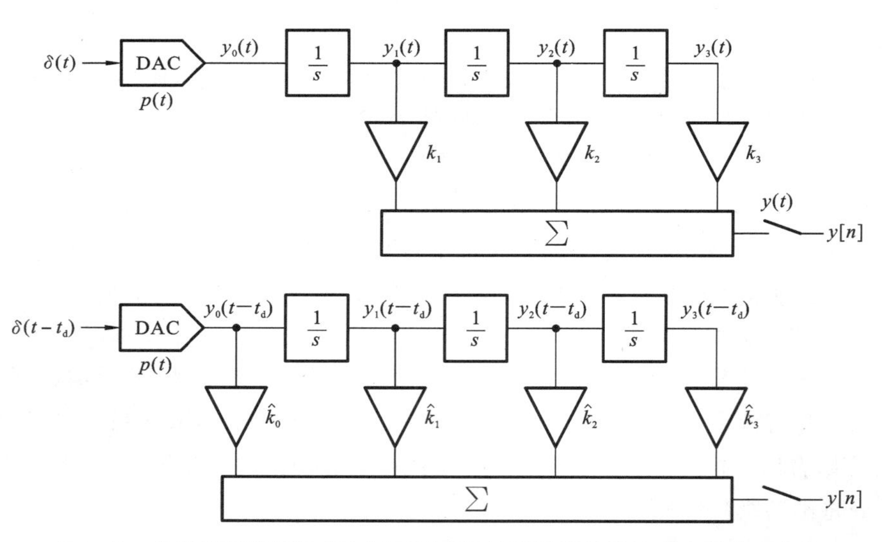

图 9-11　将理想环路滤波器和延迟环路滤波器输出的脉冲响应相等来求解

为 0。由式(9.7)可知，对于给定的 t_d 和 $y_3(t-t_d)$，如果有 $y_3(t-t_d)$ 的导数，则可以确定 $y_3(t)$。从图 9.11 中可以看出，$y_3(t-t_d)$ 的导数只是前面积分器的输出。因此，通过添加 $1/s^2$ 和 $1/s$ 路径的适当部分，可以从延迟输出中获得无延迟 $1/s^3$ 路径的输出，如式(9.7)所示。可以应用相同的思想来获得 $1/s^2$ 和 $1/s$ 路径的理想输出。

从图 9.11(a)中可以看出，环路滤波器的无延迟响应由 $y(t)=k_3y_3(t)+k_2y_2(t)+$

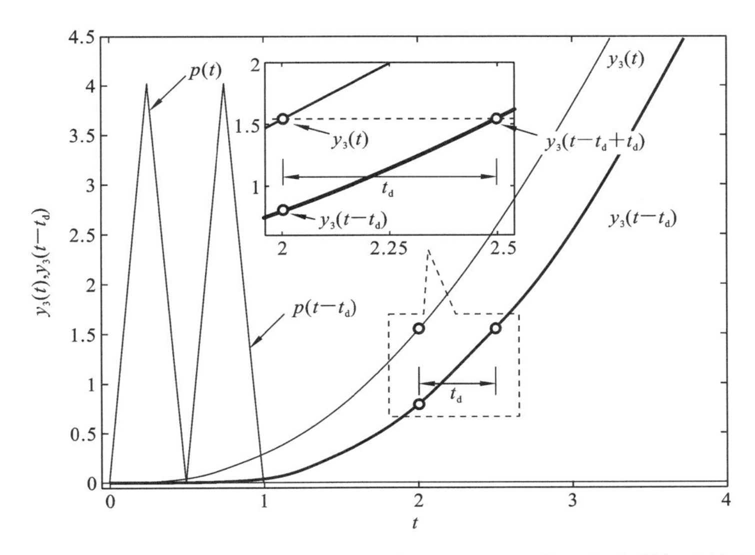

图 9-12 具有过量延迟 $y_3(t-t_d)$ 和不具有过量延迟 $y_3(t)$ 的三积分器级联的脉冲响应

$k_1y_1(t)$ 给出。使用上面的讨论，可以从延迟输出获得相同的输出，如下所示：

$$
\begin{array}{rcl}
k_3y_3(t) & = & k_3y_3(t-t_d)+k_3t_dy_2(t-t_d)+0.5k_3t_d^2y_1(t-t_d)\\
+k_2y_2(t) & = & k_2y_2(t-t_d)+k_2t_dy_1(t-t_d)\\
+k_1y_1(t) & = & k_1y_1(t-t_d)\\
\hline
y(t) & = & k_3y_3(t-t_d)+(k_2+k_3t_d)y_2(t-t_d)+(k_1+k_2t_d+0.5k_3t_d^2)y_1(t-t_d)
\end{array}
$$

重要的是要注意上面的等式对所有 $t\geqslant 1$ 都是有效的。

就 NTF 而言，只有样本 $y[n]$ 是相关的。因此，由于无延迟和延迟路径的输出在 $t=0$ 时为零，并且对于所有时刻 $t=1,2,\cdots,n$ 都相等。我们得出结论，如果按如下修改环路滤波器的系数，则将恢复 NTF，即

$$
\begin{aligned}
\hat{k}_3 &= k_3\\
\hat{k}_2 &= k_2+k_3t_d\\
\hat{k}_1 &= k_1+k_2t_d+0.5k_3t_d^2\\
\hat{k}_0 &= 0
\end{aligned}
$$

因此，对于延迟不超过 $t=1$ 的任何 DAC 形状或延迟，不需要直接路径。通过适当地调整系数，调制器的 NTF 可以恢复到无延迟的 NTF。上面的延迟补偿公式的有用助记符及其背后的基本原理如下。

让我们假设产生期望的 NTF（没有过量延迟）所需的连续时间环路增益函数是

$$L_c(s)=\frac{k_3}{s^3}+\frac{k_2}{s^2}+\frac{k_1}{s}$$

在过量延迟情况下，环路增益为 $L_c(s)\mathrm{e}^{-st_d}$。可以通过将 $L_c(s)$ 乘以 e^{st_d} 来进行补偿延迟。要做到这一点，当 DAC 脉冲使得 $t\geqslant 1$ 时，$p(t-t_d)=0$，环路增益的 $1/s^l$ 路径应该被一条路径替换，该路径的传递函数是通过将 $1/s^l$ 乘以 e^{st_d} 得到的，其中指数被扩展到 $l-1$ 次幂，如下所示：

$$\frac{1}{s^l}\rightarrow\frac{1}{s^l}\mathrm{e}^{st_d}=\frac{1}{s^l}+t_d\frac{1}{s^{l-1}}+\cdots+\frac{t_d^{l-1}}{(l-1)!}\frac{1}{s}$$

因此，在三阶情况下，恢复 NTF 的 $\hat{L}_c(s)$ 由下式给出，即

$$\hat{L}_c(s)=L_c(s)e^{st_d}=\frac{k_3(1+st_d+0.5s^2t_d^2)}{s^3}+\frac{k_2(1+st_d)}{s^2}+\frac{k_1}{s}$$
$$=\frac{k_3}{s^3}+\frac{k_2+k_3t_d}{s^2}+\frac{k_1+k_2t_d+0.5k_3t_d^2}{s} \tag{9.8}$$

上述技术的一个方面是避免 s 和 z 域之间的变换。可以在简单计算的情况下计算系数(作为对比，参见导致式(9.6)的分析)。与前面小节中的分析给出的印象相反，补偿的环路滤波器的系数与脉冲形状无关(假设 $t\geqslant1$ 时，$p(t-t_d)=0$ ↑)。

在更实际的情况下，其中 $p(t-t_d)$ 超出 $t=1$ 会发生什么？例如，当使用一个 NRZ DAC 并且环路延迟为正(但小于一个时钟周期)时，就会发生这种情况。根据本节中使用的泰勒级数分析，很明显，选择式(9.8)中的环路增益函数 $\hat{L}_c(s)$ 确实可以确保 $\hat{L}_c(s)$ 的脉冲响应等于 $t\geqslant2$ 以外的 $L(s)$ 的脉冲响应，因为当 $t\geqslant2$ 时 $p(t-t_d)=0$。因此，$L_c(s)$ 和 $\hat{L}_c(s)$ 的脉冲响应的样本之间的唯一的差异在 $t=1$ 处。因此，该差异应该由直接路径来弥补。

现在让我们将该技术应用到图 9.9 所示的二阶调制器中。实现 $(1-z^{-1})^2$ 的 NTF 所需的环路增益函数由下式给出，即

$$L_c(s)=\frac{1}{s^2}+\frac{1.5}{s}\Rightarrow k_2=1,\quad k_1=1.5$$

为了补偿 t_d 的过量延迟，我们需要执行以下操作：

$$\frac{1}{s^2}\rightarrow\frac{1}{s^2}+t_d\frac{1}{s}$$
$$\frac{1.5}{s}\rightarrow\frac{1.5}{s}$$

从而，有

$$\hat{L}_c(s)=\frac{1}{s^2}+\frac{1.5+t_d}{s}\Rightarrow\hat{k}_2=1,\quad\hat{k}_1=1.5+t_d$$

由于使用具有 $t_d<1$ 的 NRZ DAC，因此需要直接路径。为了确定直接路径的增益，应先确定 $L_c(s)$ 的脉冲响应和 $\hat{L}_c(s)$ 的延迟响应。很容易看出来

$$y[1]=k_1+0.5k_2=2,\quad\hat{y}[1]=(1-t_d)\hat{k}_1+0.5(1-t_d)^2\hat{k}_2$$
$$\Rightarrow\hat{k}_0=y[1]-\hat{y}[1]=1.5t_d+0.5t_d^2$$

我们看到，使用本章描述的基于泰勒级数的技术，可以避免在 s 域和 z 域之间来回转换。该公式简单，甚至适用于手工计算，并且对任意 DAC 脉冲形状有效。根据无延迟设计，得到补偿滤波器的系数。

9.1.4 设计实例

选择具有 1.5 dB 的带外增益的四阶最大平坦 NTF 作为要实现的目标。我们假设对应于没有延迟的理想 NRZ DAC 的系数是已知的。我们将使用本章开发的技术来确定当引入半周期的过量延迟时补偿调制器的系数。从 ΔΣ 工具箱中获得的 NTF 由下式给出，即

$$\text{NTF}(z)=\frac{(z-1)^4}{z^4-3.194z^3+3.892z^2-2.136z+0.4444}$$

对于使用一个 NRZ DAC，且无过量延迟情况，我们可以计算产生所需 NTF 的传递函数，即

$$L_1(s)=\frac{0.6713s^3+0.2495s^2+0.0555s+0.0061}{s^4} \tag{9.9}$$

如果我们假设采用 CIFF 拓扑，有 $k_1=0.6713$，$k_2=0.2495$，$k_3=0.0555$ 和 $k_4=0.0061$。对于 $t_d=0.5$ 的过量延迟，必须将环路滤波器的系数修改为

$$\begin{aligned}\hat{k}_4=k_4=0.0061,\quad \hat{k}_3=k_3+k_4t_d=0.0585\\ \hat{k}_2=k_2+k_3t_d+k_4(t_d^2/2)=0.2780\\ \hat{k}_1=k_1+k_2t_d+k_3(t_d^2/2)+k_4(t_d^3/6)=0.8031\end{aligned} \tag{9.10}$$

利用上面的系数，在 $t=1$ 处具有延迟的 DAC 的环路滤波器的输出是 0.423。很容易证明，对于 $\text{NTF}(z-1)^N/B(z)$，在 $t=1$ 处的理想脉冲响应的样本应该是 $N+B(z)$ 中 $(z-1)^N/B(z)$ 的系数。对于 NTF，它是 0.8060，这意味着直接路径应该具有 $(0.8060-0.423)=0.37$ 的增益。

9.1.5 总结

在本节中，我们发现过量延迟会使 CTΔΣM 变得不稳定。即使调制器稳定，过量延迟也会减小稳定的输入范围。具有高阶和/或高带外增益的调制器对过量延迟的影响更敏感。幸运的是，通过调整环路滤波器的系数并在量化器周围添加一条直接路径，可以很容易地解决延迟带来的有害后果。直观地说，就是系数调整和直接路径，而用放大器的说法就是在环路增益函数中添加零点（或移动现有的零点）并恢复稳定性。给定过量延迟 t_d，可以容易确定修正系数（恢复 NTF）。直接路径可以以多种方式实现，我们将在第 10 章中介绍其中的一些方法。

9.2 环路滤波器的时间常数变化

如第 8 章所述，CTΔΣM 的 NTF 是通过使用脉冲不变变换从离散时间原型的 NTF 导出的。将离散时间原型的环路滤波器的脉冲响应表示为 $l_1[n]$，必须选择连续时间环路滤波器 $l_{\text{CT},1}(t)$ 的脉冲响应以便

$$p(t)*l_{\text{CT},1}(t)\big|_{t=nT_s}=l_1[n] \tag{9.11}$$

前文中，我们看到了几种达到满足上述等式的环路滤波器系数的方法。然而，实际上，积分器的单位增益频率取决于部件的值。图 9.13 所示的是两个常用积分器的简化原理图，即有源 RC 和 Gm-C 结构。假设前者是理想的运算放大器，后者中的 $g_mR\gg1$，则有

$$\frac{V_o(s)}{V_i(s)}=-\frac{1}{sCR} \tag{9.12}$$

由于 R 和 C 随工艺和温度而变化，因此 $l_{\text{CT},1}(t)$ 必然偏离其标称波形，从而改变所需的 NTF。在本节中，我们的目标是获得关于 RC 变化对调制器性能影响的一些结论。

用 $L_1(s)$ 表示环路滤波器的传递函数，我们看到将每个 RC 乘积减少一个因子 k_p，导致 $L_1(s)$ 变为 $L_1(s/k_p)$，其中 $k_p>1$。因此，$L_1(s)$ 的幅度在信号带中增加，如图 9.14

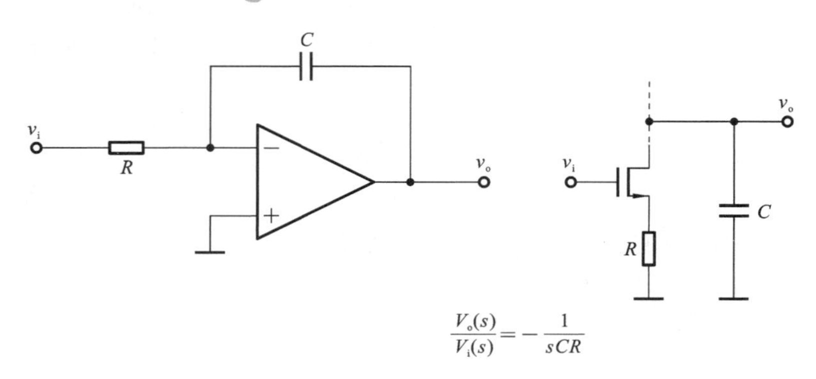

$$\frac{V_o(s)}{V_i(s)}=-\frac{1}{sCR}$$

图 9-13　使用有源 RC 和 Gm-C 技术实现的积分器

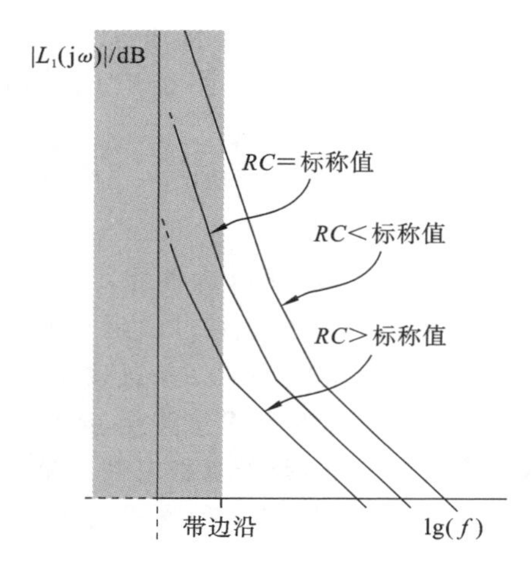

图 9-14　标称 RC、低 RC($k_p>1$)和高 RC($k_p<1$)的环路滤波器传递函数的幅值

所示。由于带内环路增益增加，NTF 在低频时必须具有较低的幅度，这表明噪声整形更好。所以，波特的灵敏度积分预测 NTF 必须在带外频率下更差。因此，应预计最大稳定幅度略低于 RC 乘积的标称值。同样，大于标称值的时间常数也会增加带内量化噪声，并降低高频时已实现的 NTF 的增益。

图 9.15 所示的是组成积分器的单位增益频率变化±30%的三阶 CTΔΣM 的 NTF 振幅。在时域中，增加的带外增益表现为当 $k_p>1$ 时输出序列的"更疯狂的摆动"，反之亦然，如图 9.16 所示。

尽管有上述分析，我们必须认识到高阶负反馈环路是有条件稳定的，如果 CTΔΣM 因 RC 乘积与标称值有较大偏差而变得不稳定，也不应感到惊讶。因为，在工艺、电压和温度(PVT)变化时，有必要将 RC 时间常数调整到接近其标称值。有很多方法可以做到这一点—— 图 9.17 所示的是其中的一种方法，电流 I 集成在数控电容器组上，持续时间为 T_s。将横跨电容器组产生的电压与电阻器 R 通过电流 I 产生的参考电压进行比较，比较器的结果显示 RC/T_s 要么大于 1 要么小于 1。然后对控制电容器组的数字代码进行逐次逼近，使 RC/T_s 接近 1。CTΔΣM 的积分器中使用的电

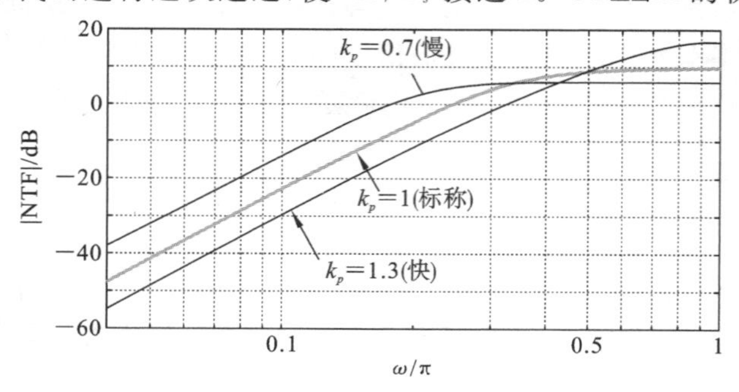

图 9-15　三阶 CTΔΣM 的|NTF|随着 RC 乘积的变化
(标称 NTF 是带外增益为 3 的最大平坦 NTF)

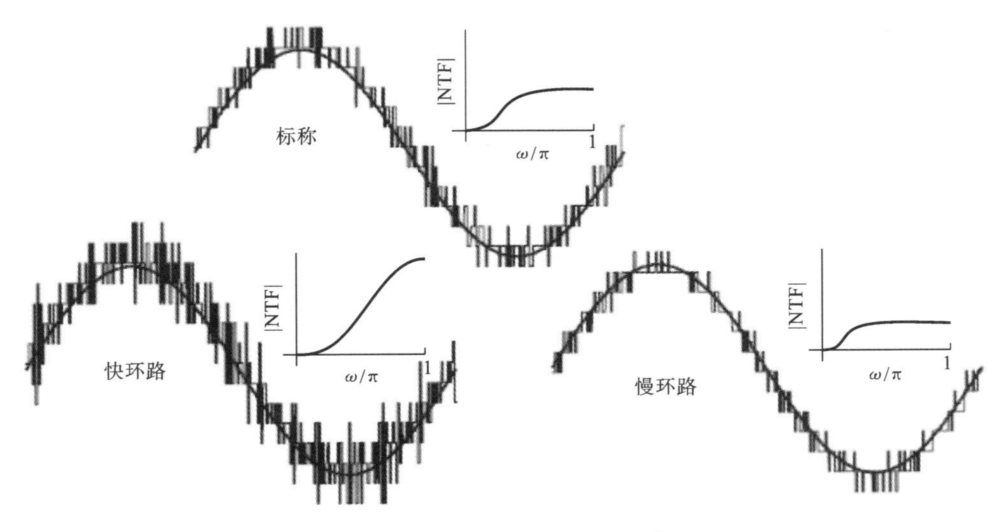

图 9-16 RC 变化效应的时域示意图

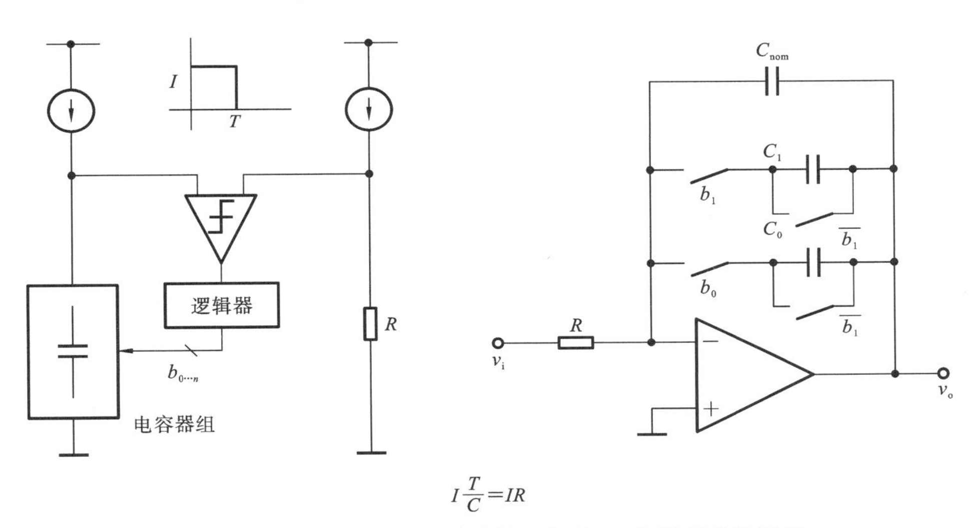

图 9-17 使用数字可编程电容器组复制 RC 调谐回路的示例

容器是调谐电路中使用的电容器的缩放版本。调谐电路中产生的代码适用于调制器中的所有电容器组。

9.3 Delta-Sigma 调制器中的时钟抖动

9.3.1 离散时间情况

首先我们研究时钟抖动在离散时间 ΔΣ 调制器中的影响。连续时间输入 u 是预先采样的，如图 9.18(a)所示。理想情况下，采样时钟的边沿应恰好出现在 T_s 的整数倍处。然而，在实践中，边沿的时间存在偏差，如图 9.18(b)所示。由序列 $\Delta t[n]$表示的这些定时误差称为抖动。为简单起见，我们假设 $\Delta t[n]$是具有均方根(RMS)值 $\sigma_{\Delta t}$ 的白噪声序列。此外，我们假设抖动很小，因此抖动引起的误差序列由下式给出，即

$$e_j[n]=\left.\frac{\mathrm{d}u}{\mathrm{d}t}\right|_{nT_s}\Delta t[n] \tag{9.13}$$

我们让 u 成为幅度为 A 和频率为 f_{in} 的正弦曲线，即

$$e_j[n]=2\pi A f_{\text{in}}\cos(2\pi f_{\text{in}}nT_s)\Delta t[n] \tag{9.14}$$

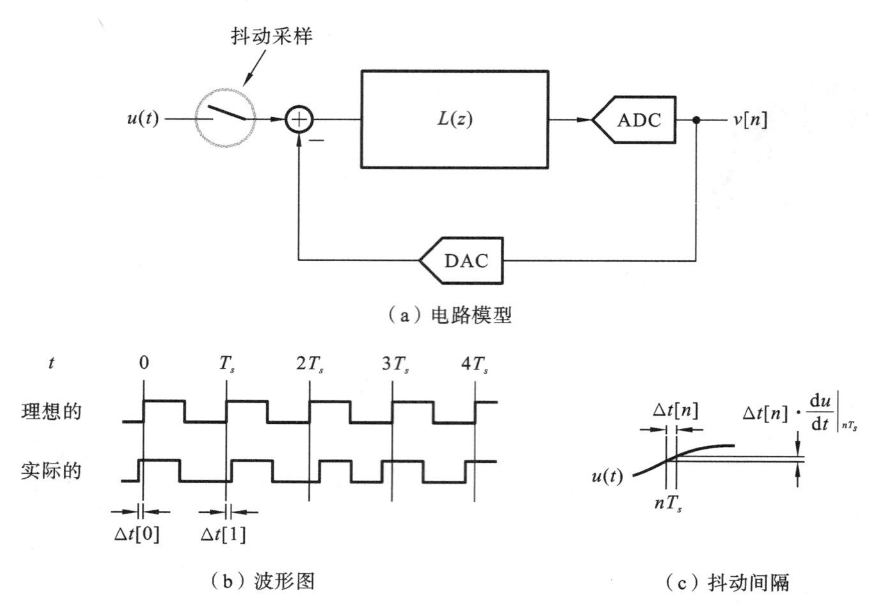

图 9-18 离散时间 ΔΣ 调制器中的时钟抖动

由于 $\Delta t[n]$ 是白色的[①]，$e_j[n]$ 也是白色的，并且具有 $2(\pi A\sigma_{\Delta t}f_{\text{in}})^2$ 的均方值。在该功率中，仅 1/OSR 位于信号频带中。因此，由抖动引起的带内 SNR 由下式给出，即

$$\text{SNR}_{\text{jitter}}=\frac{\text{OSR}}{4\pi^2(f_{\text{in}}\sigma_{\Delta t})^2} \tag{9.15}$$

从上面的讨论可以看出，在离散时间 ΔΣ 调制器中，时钟抖动甚至在转换器处理之前就破坏了输入，从而降低了性能。由于调制器中的离散时间电路通常设计为在半时钟周期内建立，因此时钟抖动不会影响调制器本身的性能。然而，在 CTΔΣM 中，性能衰减机制是完全不同的，我们将在下面进行介绍。

9.3.2 连续时间 ΔΣ 调制器中的时钟抖动

考虑图 9.19(a)所示的 CTΔΣM。ADC 和 DAC 分别由 clk_adc 和 clk_dac 提供时钟。正如本章前面所讨论的，clk_dac 必须相对于 clk_adc 延迟，以便给 ADC 足够的时间来解析其输入。时钟抖动会影响 ADC 和 DAC 的性能。采用抖动时钟采样的 ADC 可以建模为使用无抖动时钟，但在输入端添加了误差 e_{adc}，如图 9.19(b)所示。以类似的方式，抖动 DAC 的输出可以通过无抖动 DAC 输出处附加误差 e_{dac} 来建模。CTΔΣM 的最终模型结合了时钟抖动的影响，如图 9.20 所示。很明显，e_{dac} 被调制器的 NTF 整形，就像量化噪声一样，对 CTΔΣM 的带内频谱几乎没有影响。

然而，抖动引起的误差在 DAC 的输出处情况不同，如图 9.20 所示，e_{dac} 添加到了调

① 我们还假设 $\Delta t[n]$ 是平稳的，即其统计数据与时间无关。相反，$e_j[n]$ 是白色的，但不是平稳的。

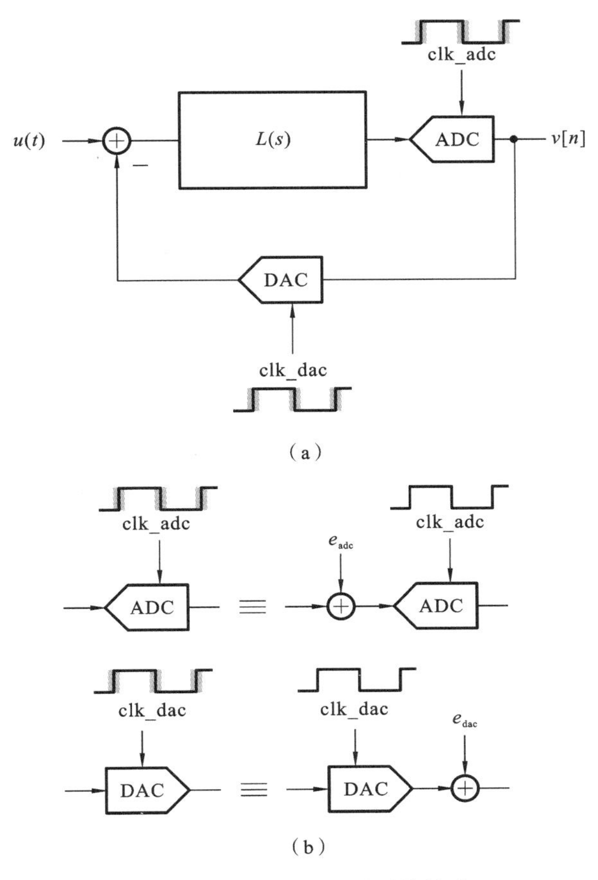

图 9-19 CTΔΣM 中的时钟抖动

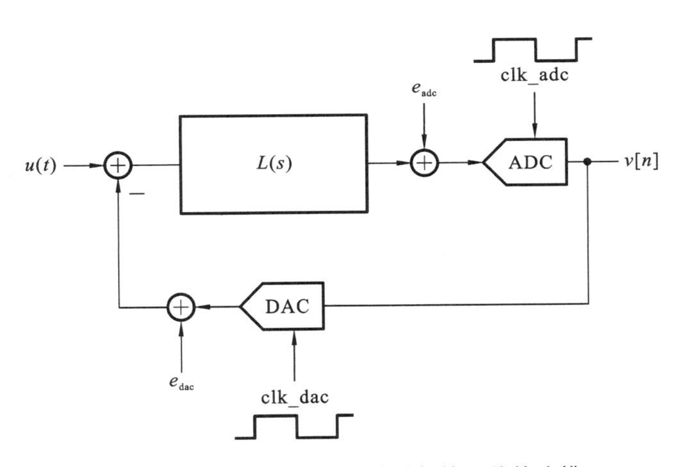

图 9-20 CTΔΣM 中由抖动引起的误差的建模

制器的输入。e_{dac} 的低频成分是调制器带内 SNR 衰减的原因，因此需要更仔细地分析[4,5]。

我们首先考虑 NRZ DAC 的情况，如图 9.21 所示。在没有抖动的情况下，它的输出波形在 T_s 的倍数处发生的跃迁。理想输出波形和抖动输出波形之间的差异如图9.2(a)所示——它由一系列长条组成，其在 nT_s 处的宽度和高度分别由 $\Delta t[n]$和高度

$(v[n]-v[n-1])$给出。我们看到，只有当调制器输出在该周期内发生变化时，特定时钟边缘的抖动才会在该边沿产生误差。

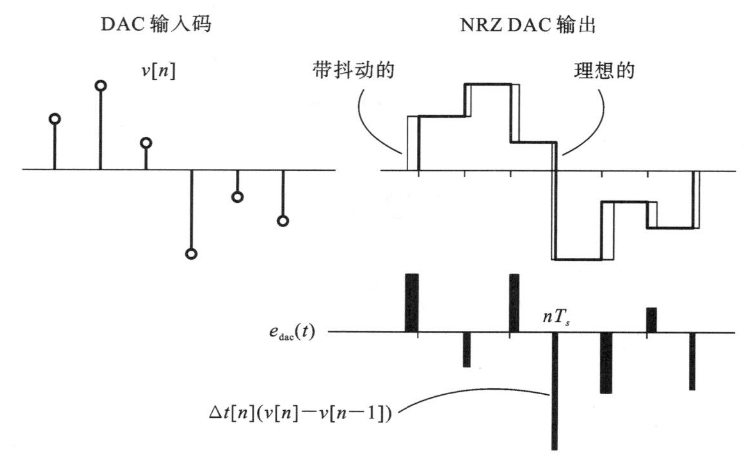

（a）有/无时钟抖动下DAC输入序列和输出波形

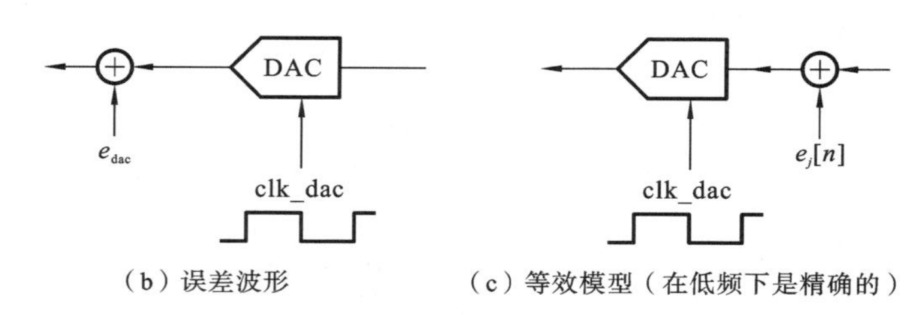

（b）误差波形　　　　（c）等效模型（在低频下是精确的）

图 9-21　NRZ DAC

由于我们打算确定由于时钟抖动引起的带内噪声，因此 e_{dac} 可以被认为是 DAC 输入端的一个等效误差序列，如下所述。考虑宽度为 $\Delta t[n]$ 和高度为 $(v[n]-v[n-1])$ 的误差脉冲。在远小于 $f_s=1/T_s$ 的频率处，其频谱与具有宽度 T_s 和高度 $e_j[n]=(v[n]-v[n-1])(\Delta t/T_s)$ 的脉冲的频谱相同。因此，DAC 输出端的波形 $e_{dac}(t)$ 可以用 DAC 输入端的等效噪声序列 $e_j[n]$ 代替，如图 9.21(b)所示。

因此，v 的带内噪声频谱由两部分组成—— 一部分是由于整形量化噪声，另一部分是由于与序列 $(v[n]-v[n-1])$ 混频(mix)的时钟抖动。由于我们假设 $\Delta t[n]$ 是白色序列，因此 $e_j[n]$ 也是白色序列，并且具有均方值：

$$\sigma_{ej}^2=\sigma_{dv}^2\frac{\sigma_{\Delta t}^2}{T_s^2} \tag{9.16}$$

其中 σ_{dv}^2 表示 $v[n]-v[n-1]$ 的均方值。

假设 u 是在信号频带内，$|\mathrm{STF}|\approx 1$，则有

$$v[n]=u[n]+e[n]*h[n]$$

在上面的表达式中，通常，$e[n]$ 和 $h[n]$ 分别表示量化噪声和对应于 NTF 的脉冲响应。从而有

$$v[n]-v[n-1]=u[n]-u[n-1]+(e[n]-e[n-1])*h[n]$$

由于我们假设 u 在信号带内，$u[n]\approx u[n-1]$。从而有

$$v[n]-v[n-1]\approx(e[n]-e[n-1])*h[n]$$

由于在频域中更容易得到 σ_{dv}^2，$e[n]$被假定为白色的。又由于步长为 2，因此其均方值为 1/3，则有

$$\sigma_{dv}^2 \approx \frac{1}{3\pi}\int_0^\pi |(1-\mathrm{e}^{-\mathrm{j}\omega})\mathrm{NTF}(\mathrm{e}^{\mathrm{j}\omega})|^2 \mathrm{d}\omega$$

由于 e_j 是白色的，因此其功率的一部分(1/OSR)位于信号频带中。所以，抖动(J)引起的带内噪声由下式给出，即

$$J=\sigma_{dv}^2\frac{\sigma_{\Delta t}^2}{T_s^2}\frac{1}{\mathrm{OSR}}\approx\frac{\sigma_{\Delta t}^2}{T_s^2}\frac{1}{3\pi\mathrm{OSR}}\int_0^\pi |(1-\mathrm{e}^{-\mathrm{j}\omega})\mathrm{NTF}(\mathrm{e}^{\mathrm{j}\omega})|^2 \mathrm{d}\omega$$

这个看似强大的表达式可以分为三个部分，即

$$J=\underbrace{\frac{\sigma_{\Delta t}^2}{T_s^2}}_{\text{抖动}}\cdot\underbrace{\frac{1}{\mathrm{OSR}}}_{\text{带内分量}}\cdot\underbrace{\frac{1}{3\pi}\int_0^\pi |(1-\mathrm{e}^{-\mathrm{j}\omega})\mathrm{NTF}(\mathrm{e}^{\mathrm{j}\omega})|^2 \mathrm{d}\omega}_{\text{转换的均方值}} \tag{9.17}$$

从式(9.17)可以看出，调制器的 NTF 在 $\omega=\pi$ 周围的增益对带内噪声有重要影响。这是有道理的，因为正是 NTF 的高频增益决定了 v 在 u 周围"摆动"的方式。由第 4 章的内容，我们知道，具有更高带外增益的调制器具有更低的带内量化噪声；但是，正如上面的讨论所指出的，这会导致时钟抖动而引起的噪声增加。

当量化器的量化电平数(M)增加时会发生什么？最大稳定幅度可表示为 $\alpha(M-1)$，其中 α 取决于 NTF 的细节。峰值信号-抖动噪声比(signal-to-jitter-noise ratio，SJNR)为 $\alpha^2(M-1)^2/J$，表明增加 M 是降低调制器对时钟抖动敏感性的有效方法，因为 DAC 跃迁的高度相对于其满量程输出而言是降低了的。

让我们比较时钟抖动衰减离散时间和连续时间 ΔΣ 调制器性能的机制(假设是 NRZ 反馈 DAC)。在前者中，时钟抖动与输入的导数"混频(mixes)"；在后者中，它与反馈波形的变化"混频"，其中反馈波形不仅包括输入，还包含整形量化噪声。

9.3.3 单比特连续时间 ΔΣ 调制器中的时钟抖动

式(9.17)中 J 的表达式假设量化误差可以被建模为加性白色序列。正如我们在前面的章节中所看到的，这在 1 位调制器中并不完全正确。图 9.22 所示的是带有 NRZ DAC 的 1 位 CTΔΣM 中的理想和抖动 DAC 波形。由于转换的高度始终为 2，因此，假设 $v[n]$与 $v[n-1]$不同，抖动在第 n 个时钟边沿引入的误差是宽度为 $\Delta t[n]$且高度为 2 的脉冲。与多位情况一样，DAC 输出端的 $e_{\mathrm{dac}}(t)$可以通过 DAC 输入端的等效误差序列 e_j 建模，其中 $e_j[n]=(\Delta t[n]/T_s)(v[n]-v[n-1])$。用 p 表示 v 发生转换的概率，我们看到由于抖动引起的带内噪声是

$$J=\left(\frac{\sigma_{\Delta t}}{T_s}\right)^2\frac{4p}{\mathrm{OSR}} \tag{9.18}$$

我们对 p 使用什么值？当 $u\approx0$ 时，p 值应该较高，因为在 -1 与 1 之间 v 的转换试图使 $\bar{v}$ 等于 u。随着 u 的增加，v 转换的数量应该减少，因为此时 -1 比 1 的多。当 u 进一步增加时，为了使调制器不稳定，量化误差远大于满量程，这将导致 p 值显著降低。图 9.23 所示的是 p 作为三阶单比特 CTΔΣM 的输入直流电平的函数。对于较小的 u 值和 $p\approx0.8$，并且对于$|u|>0.2$，p 将呈线性下降直到$|u|\approx0.8$ 为止，若继续降低 p 值，调制器将变得不稳定。因此，可以看出，使用 $p=0.8$ 可以很好地估计由于时钟抖动引起的带内噪声。

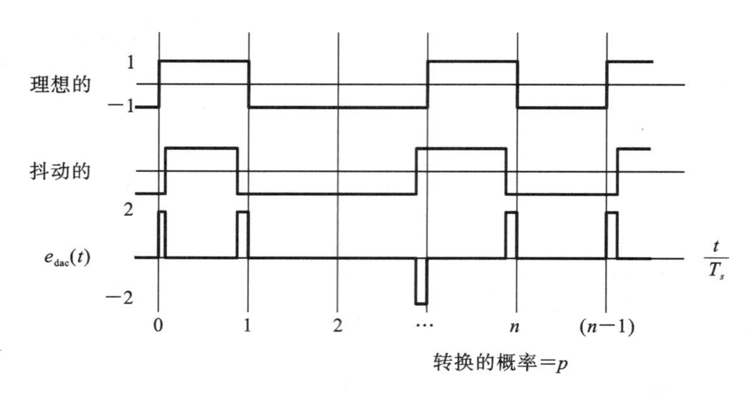

图 9-22　带有 NRZ DAC 的 1 位 CTΔΣM 中的抖动导致的 DAC 误差的建模

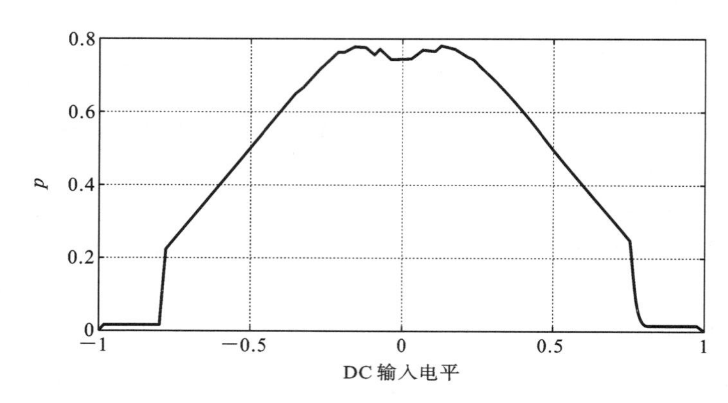

图 9-23　作为直流输入函数进行转换的三阶单比特 CTΔΣM 的输出的概率

示例：具有 1 位和 4 位量化器的 CTΔΣM 中的抖动噪声。

假设我们需要设计 25 kHz 带宽、110 dB 带内 SQNR 的 CTΔΣM，可以使用阶、OSR 和量化器级数的若干组合来实现期望的 SQNR。我们考虑两个调制器：一个使用 1 比特量化器，另一个使用 4 比特量化器。此外，我们将两个调制器的阶限制为 3。选择两个调制器的 NTF 为带外增益为 1.5 的最大平坦 NTF。时钟抖动假定为白色，均方根值为 25 ps。计算表明，2 电平调制器相对于 16 电平调制器需要两倍的 OSR，以实现相同的峰值 SQNR。我们还看到，由于抖动导致的 SNR 在单比特情况下比在多比特情况下差大约 28 dB(见表 9.1)。这是有道理的——相对于满量程的步长在后者中小 15 倍(23.5 dB)，并且其 MSA 高出约 2 dB。与 T_s 相比，均方根抖动是它的二分之一(6 dB)，但 OSR 也是它的二分之一。因此，由于多位操作导致的 SJNR 净增加(25.5+6−3)=28.5 dB。

表 9.1　两种调制器对比表

项目	2 电平	16 电平
阶	3	3
NTF 的 OBG	1.5	1.5
OSR	128	64
f_s	6.4 MHz	3.2 MHz

续表

项目	2 电平	16 电平
T_s	156.25 ns	312.5 ns
最大稳定幅度	0.8 FS	0 FS
峰值 AQNR	110 dB	110 dB
峰值 SJNR	88 dB	116 dB

9.3.4　带 RZ DAC 的连续时间 ΔΣ 调制器

在前文,我们讨论了时钟抖动对 NRZ 反馈 DAC 的 CTΔΣM 的影响。现在我们分析一下,当 DAC 是 RZ 类型时会发生什么。在深入讨论细节之前,我们先思考一下为什么 RZ DAC 是相关的。要了解这一点,请记住,任何实际 DAC (NRZ 或 RZ)的输出波形将具有非零上升和下降时间。而且,上升和下降的时间不一定是相同的。

第 6.7 节描述了这种非对称性是非线性转换误差的来源,让我们再回顾一下这种讨论。考虑实际的 1 位 NRZ DAC 在两个周期性输入序列,…,1,−1,1,−1,…和…,1,1,−1,−1,…下的输出波形,如图 9.24(a)所示。两个序列的平均值均为零。DAC 具有上升时间 t_r,并且其下降时间假定为零。可以看到,第一个输入序列的输出波形的平均值是 $-t_r/2$;而第二个序列的是 $-t_r/4$。因此,我们看到两个零均值输入序列的输出波形的平均值是不相同的,这足以证明在存在上升-下降不对称的情况下,NRZ DAC 的固有非线性。直观地讲,这种非线性可以解释如下:在 1 位 DAC 中,每个正跳变必须跟随负跳变(不一定在下一个时钟边沿)。如果跳变相同,则在正和负跳变期间产生的误差在幅度上相等但符号相反。因此,平均而言,它们的影响为 0——表明带内(低频)性能没有降低。如果跳变不对称,则由它们引起的误差不会抵消。此外,跳变的发生取决于信号。因此,平均误差不为零,但更重要的是,它的非线性方式取决于信号。

RZ DAC 的输出波形如图 9.24(b)所示,而它不存在上述问题。这是因为输出波形与每个时钟周期中的上升和下降转换相关,与输入序列无关。使用 RZ DAC 的主要动机是它的固有线性,尽管升-降不对称。然而,为此所付出的代价是对时钟抖动的敏感性增加,我们将在下面展示这一点。

图 9.25 所示的是没有时钟抖动和具有时钟抖动的单比特 RZ DAC 的输出波形。$e_{dac}(t)$由高度为 2 的竖条组成。此外,在每个时钟周期中有两个这样的竖条——这是由于与脉冲相关的上下转换造成的。假设(保守地)随机抖动是白色的并且影响所有边沿,我们看到由于抖动引起的带内噪声是

$$J=\left(\frac{\sigma_{\Delta t}}{T_s}\right)^2=\frac{8}{\mathrm{OSR}} \tag{9.19}$$

因此,对于 1 位调制器,在相同的时钟抖动情况下,RZ DAC 的性能比 NRZ DAC 差 4 dB 左右。在多电平量化情况下会发生什么? 在 NRZ DAC 中,DAC 波形中的转换高度为几个电平,与 NRZ DAC 相比,RZ DAC 的输出从 0 到 $2\cdot v[n]$,并在每个循环中返回。在我们假设的抖动场景中(即白色抖动),这使 RZ DAC 中的抖动处于非常不利的地位。

此外,虽然 RZ DAC 本身具有线性性,但这种 DAC 增加了对环路滤波器线性度的

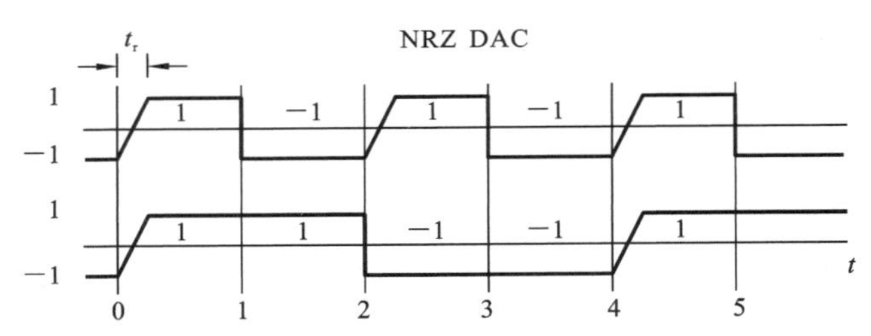

（a）输入…,1,−1,1,−1,…和…,1,1,−1,−1,…的NRZ DAC的输出
（由于上升-下降不对称，DAC输出波形的平均值在两种情况下都不相同）

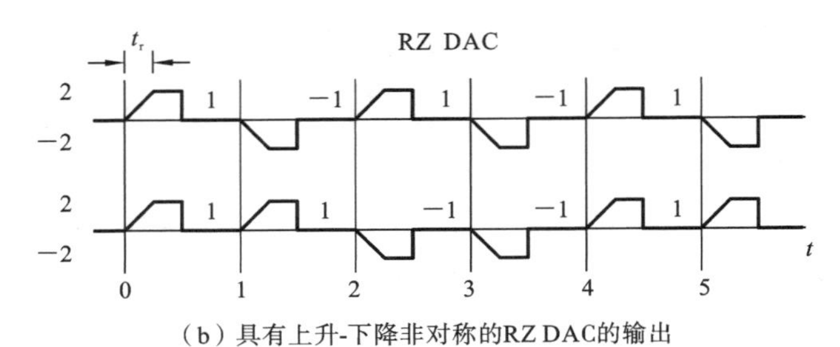

（b）具有上升-下降非对称的RZ DAC的输出

图 9-24 NRZ DAC **和** RZ DAC **的输出波形**

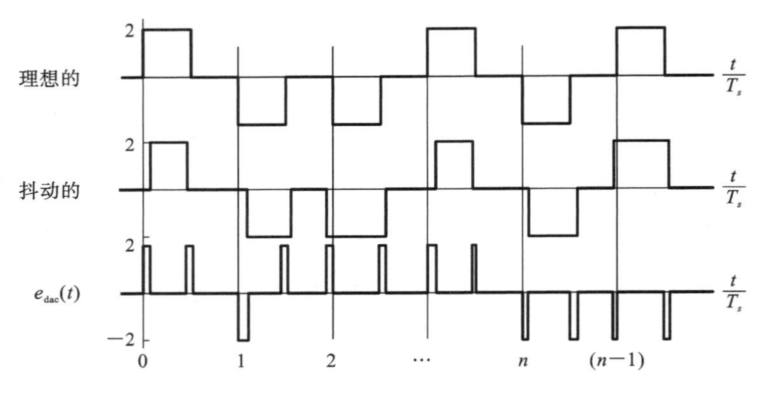

图 9-25 带有 RZ DAC **的单比特** *CTΔΣM* **中由于抖动引起的误差**

要求。这是由于以下原因造成的。CTΔΣM 中的环路滤波器处理输入和反馈波形之差。与 NRZ 相比，RZ DAC 产生的反馈波形的峰-峰值幅度是其两倍，造成的结果是，即使两个波形的低频部分相同，RZ DAC 的误差波形的幅度也要大得多。因此，在 RZ 情况下，环路滤波器的线性性必须更加明显。

在参考文献[6]中，Adams 提出将两个 RZ DAC 交错以获得 RZ DAC 的线性度，同时避免单个 RZ DAC 的抖动灵敏度，这通常称为双-RZ DAC。

9.3.5 实时时钟源和相位噪声

目前为止，我们已经了解了时钟抖动降低 CTΔΣM 性能的机制。我们的分析假设了白色抖动——这在实践中并不完全正确。事实证明，实际时钟源的输出可以表示为

$$v_{\mathrm{clk}} = \sin(2\pi f_s t + \phi(t)) \tag{9.20}$$

其中 $\phi(t)$ 较小，与 $2\pi f_s t$ 相比其变化缓慢。$\phi(t)$ 是由时钟源中的噪声过程而产生的结果，使时钟的相位偏离其理想的 $2\pi f_s t$ 轨迹。因此，它被称为相位噪声。

对于较小的 $\phi(t)$，式(9.20)可以写成

$$v_{\text{clk}} \approx \sin(2\pi f_s t) + \phi(t)\cos(2\pi f_s t) \tag{9.21}$$

v_{clk}的功率谱密度由下式给出，即

$$P_{\text{clk}}(f) = \frac{1}{4}(\delta(f-f_s)+\delta(f+f_s)) + \frac{1}{4}(S_\phi(f-f_s)+S_\phi(f+f_s)) \tag{9.22}$$

其中 $S_\phi(f)$代表 $\phi(t)$的功率谱密度。

由此可见，在相位噪声存在的情况下，时钟源的频谱可以认为是由功率为 1/2 的载波和 $\phi(t)$的频谱组成，$\phi(t)$的频谱围绕 $\pm f_s$ 平移。事实证明，$\phi(t)$中的大部分参数相对于 $2\pi f_s t$ 缓慢变化。因此，$S_\phi(f)$在本质上是低通的，并且在平坦部分之后随频率降低而降低。当 v_{clk}在频谱分析仪上测量时，负频率处的功率折叠到正频率处，导致频谱类似于如图 9.26 所示的频谱。图 9.26 中，$S_\phi(\Delta f)$是 v_{clk}在$(f_s+\Delta f)$周围 1 Hz 带宽内的功率与 $v_{\text{clk}}$$\left(\frac{1}{2}\text{处}\right)$的功率之比。因此，在实际应用中，规定 $S_\phi(\Delta f)$（通常以 dBc 为单位）为偏离 f_s 频率 Δf 的 v_{clk}的功率谱密度。

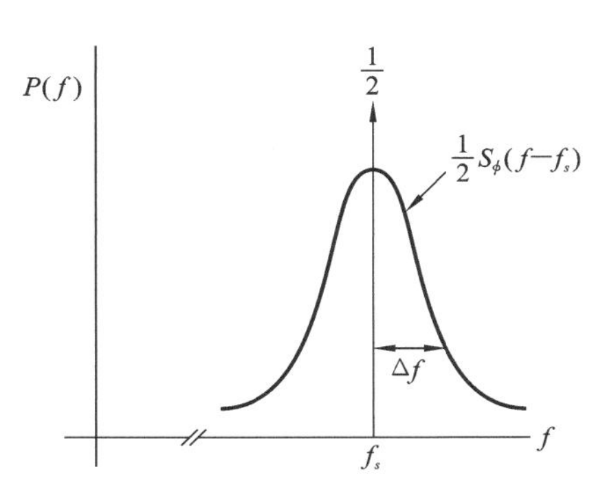

图 9-26　在频谱分析仪上观察到的 v_{clk} 的功率谱密度

$\phi(t)$如何在时域内表示呢？在无噪声的情况下，$\phi(t)=0$ 和 v_{clk}上升沿精确地出现在 $1/f_s=T_s$ 的整数倍处。相位噪声导致 v_{clk}的零交越点偏离其无噪声时的零交越点。很容易看出，$\phi(t)$将 v_{clk}的上升沿位移改变

$$\Delta t[n] = \frac{\phi[nT_s]}{2\pi}T_s \tag{9.23}$$

我们之前已经看到，时钟抖动对具有 NRZ 反馈 DAC 的 CTΔΣM 的影响，可以通过将误差序列 $e_j[n]=(v[n]-v[n-1])(\Delta t[n]/T_s)$添加到调制器的输出来建模。假设带内输入 $u(t)=A\cos(2\pi f_{\text{in}} t)$和$|\text{STF}|\approx 1$，我们看到

$$v[n]-v[n-1] \approx 2\pi A f_{\text{in}} T_s \sin[2\pi f_{\text{in}} n T_s] + (e[n]-e[n-1]) * h[n] \tag{9.24}$$

其中 $h[n]$是对应于 NTF 的脉冲响应。使用式(9.23)，我们可以将 $e_j[n]$表示为

$$e_j[n] = \underbrace{A(f_{\text{in}}/f_s)\phi[nT_s]\sin[2\pi f_{\text{in}} T_s n]}_{e_{j1}=\text{输入信号分量}} + \underbrace{[(e[n]-e[n-1]) * h[n]]\cdot(\phi[nT_s]/2\pi)}_{e_{j2}=\text{整形量化噪声分量}} \tag{9.25}$$

其中 e_{j1}是由抖动与输入信号的相互作用产生的，而 e_{j2}则建模了整形量化噪声与抖动的混频。e_j 的频谱用图 9.27 所示的简化草图说明。因为时域中的乘法对应于频域中的卷积，因此 e_{j1}的谱密度是 $\phi[nT_s]$的谱密度缩放$(A^2/2)(f_{\text{in}}/f_s)^2$ 倍并且围绕 f_{in}平移。输入音调的幅度为 A，因此，相对于输入（幅度为 $A^2/2$）的偏离 f_{in}频率 Δf 处的 e_{j1}的功率谱密度是$(f_{\text{in}}/f_s)^2 S_\phi(\Delta f)$。因此，时钟源的近端相位噪声的影响是扩宽了我们对正弦输入所预计的线频谱。

e_{j2}的 PSD 是整形量化噪声的一阶差分谱与相位噪声序列的一阶差分谱卷积的结果。我们感兴趣的是 e_{j2}的带内功率。从图 9.27(a)可以看出，由于抖动而产生的带内（白色）噪声中，大多数是由远端相位噪声与高频整形噪声卷积而成的。如果没有抖动，

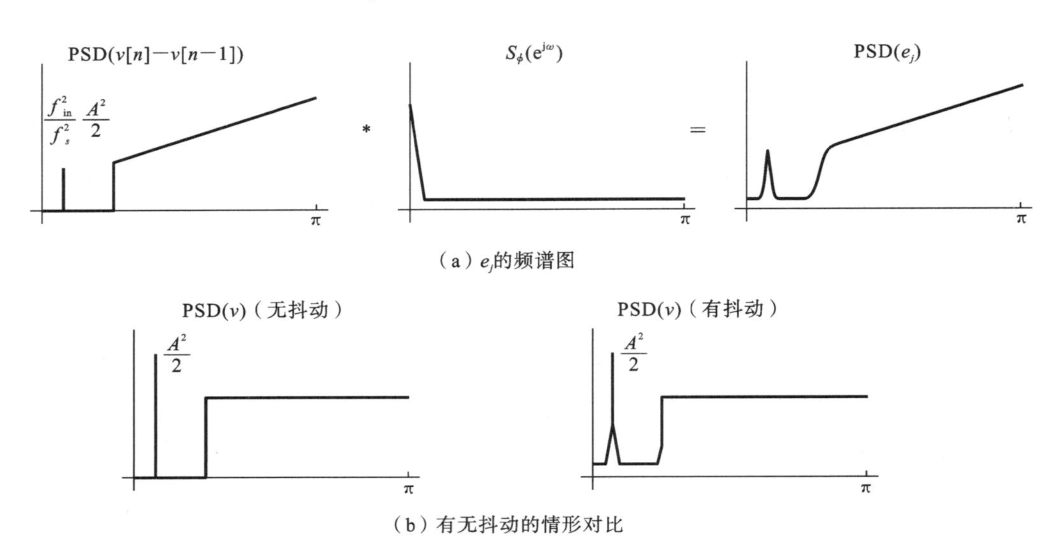

（a）e_j的频谱图

（b）有无抖动的情形对比

图 9-27　说明时钟相位噪声对 CTΔΣM 的 PSD 影响的简化草图

PSD(v)的带内噪声和整形带外噪声应该非常小，如图 9.27(b)所示。然而，在抖动情况下，带内频谱会受到输入音调周围的边带的损害，并且本底噪声会增加。

图 9.28 所示的是两个 6 GHz 时钟源的测量相位噪声与频率偏移的关系。很明显，由于源 1 在较大频率偏移下的相位噪声比源 2 的相位噪声小 20 dB，因此其抖动导致的带内噪声要小得多。那么这些时钟发生器中的任何一个(或两个)都适用于 OSR＝50 下的单比特 CTΔΣM，并以 75 dB 的信噪比为目标吗？

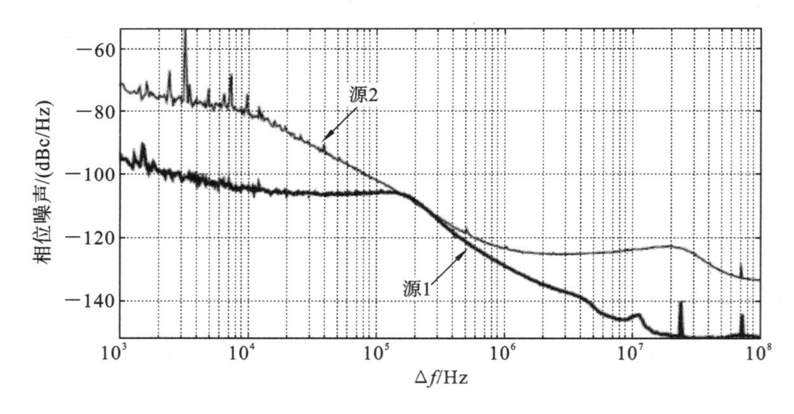

图 9-28　两个 6 GHz 时钟源的测量相位噪声与频率偏移的关系

源 1 具有约－150 dBc/Hz 的远端相位噪声谱密度，在 6 GHz 带宽(即 f_s)上，这相当于－52.2 dBc，均方根相位误差为 $\phi_{rms}=\sqrt{10^{-5.22}}=2.45\times10^{-3}$ rad。在时域中，这对应于 $\phi_{rms}/(2\pi f_s)=65\times10^{-15}$ s 的均方根(白色)抖动。由式(9.18)，令 $p=0.8$，并假设 MSA 为－3 dB，计算得到峰值信号-抖动噪声比为 74 dB。对于抖动噪声，我们还必须添加热噪声和量化噪声，这将进一步降低带内 SNDR。其结论是，这两个时钟源都无法使我们在有 NRZ DAC 的 1 位 CTΔΣM 中寻求的性能，而需要进行架构更改以降低此调制器对时钟抖动的敏感度。这个有几种选择，我们将在下一节中研究其中的一些内容。

9.4 解决连续时间 ΔΣ 调制器中的时钟抖动问题

从我们对 RZ 和 NRZ DAC 中抖动表现的讨论中可以明显看出，DAC 脉冲的形状对 CTΔΣM 的抖动灵敏度有重要影响。因此，减轻抖动影响的一种方法是选择 DAC 脉冲形状，使得抖动时钟边沿对反馈 DAC 波形的低频部分几乎没有影响。例如，可以通过使用脉冲反馈 DAC 来实现。图 9.29(a)所示的是无抖动和有抖动的脉冲 1 位 DAC 的输出。这两个波形之差对应于由抖动引起的误差，如图 9.29(b)所示。$e(t)$的带内分量是调制器 SNR 衰减的原因。为了更好地理解 $e(t)$的低频功率谱密度，考虑 $e(t)$的积分，如图 9.29(c)所示。每个脉冲的面积是 $v[n]\Delta t[n]$，正如我们在评估 NRZ DAC 的抖动误差时所得出的那样，该波形的低频谱密度与序列 $v[n](\Delta t[n]/T_s)$的相同。如果假设抖动为白色的，则 $e(t)$的积分的功率谱也是白色的。因此，$e(t)$的 PSD 必须与 ω^2 成正比。它表明，由于时钟抖动引起的噪声是一阶的，整形到信号带外。故冲击 DAC 比 NRZ 更不容易受到时钟抖动的影响。直观地说，这是因为冲击的面积(决定了 DAC 波形的低频部分)不受抖动的影响。冲击位置由抖动改变的事实是次要结果，因为该误差具有高通频谱。

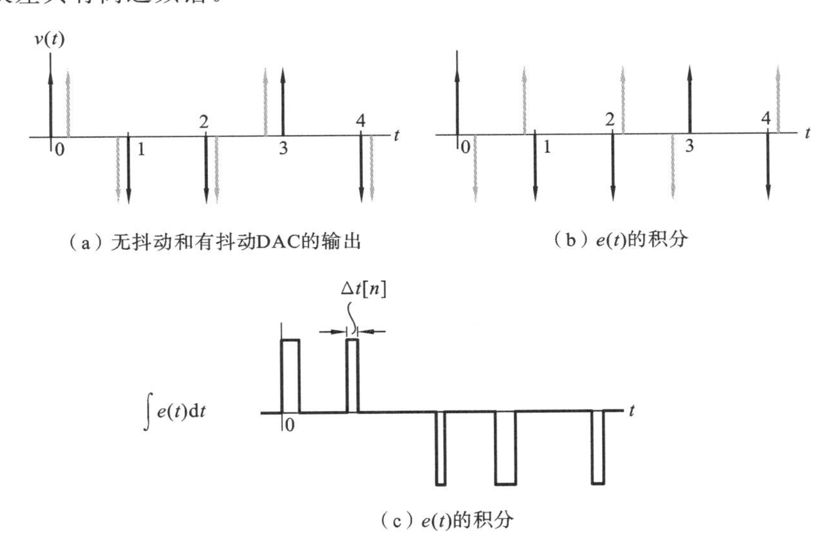

(a) 无抖动和有抖动DAC的输出

(b) $e(t)$的积分

(c) $e(t)$的积分

图 9-29 时钟抖动对脉冲 DAC 波形的影响

(黑色箭头表示理想的，灰色箭头表示抖动的；$e(t)$为理想的输出减去抖动的输出)

实际上，冲击是不可能实现的。一个实际的替代方案是通过指数衰减脉冲逼近冲击[7]。如何实现具有这种脉冲形状的 DAC 呢？其中一种方法如图 9.30 所示，假设调制器的采样率为 $f_s(=1/T_s)$。电容器 C_d 在 ϕ_1 期间充电到 $v[n]$，在 ϕ_2 期间，它通过电阻器 R_x 放电到运算放大器的虚地。如果运算放大器是理想的，则 DAC 电流(无抖动)由下式给出，即

$$i_{\mathrm{dac}}(t)=\sum_n v[n]p(t-nT_s) \tag{9.26}$$

其中

$$p(t)=\frac{1}{R_x}\exp\left(\frac{-\left(t-\frac{1}{4}\right)}{R_xC_d}\right),\quad \frac{1}{4}\leqslant t/T_s\leqslant\frac{3}{4} \tag{9.27}$$

其他为零。

该 DAC 在时钟抖动的情况下表现如何呢？其表现如图 9.30(b)所示的 $i_{\mathrm{dac}}(t)$。假设 ϕ_1 和 ϕ_2 的两个边沿均为白色抖动，则有抖动和无抖动反馈电流脉冲面积的差值为

$$e(t)=\frac{v[n]}{R_x}\exp\left(\frac{-T_s}{2R_xC_d}\right)\left(\Delta t[n]-\Delta t\left[n+\frac{1}{2}\right]\right) \tag{9.28}$$

从式(9.28)可以清楚地看出，由于抖动引起的误差随放电时间常数 R_xC_d 呈指数减小。因此很容易使用小的 R_x，以加速电容器的放电。然而，这会产生非常不理想的后果，因为电容在 ϕ_1 的末端充电到 $v[n]$。因此 DAC 在 ϕ_2 期间注入的初始电流为 $v[n]/R_x$，该电流必须由运算放大器提供，这要求放大器的高度线性性(会增加其功耗)。

如何在图 9.30 的 CTΔΣM 中选择 C_d，以便实现直流增益为 1 的 STF？这意味着，对于直流 u，有 $\bar{v}=u$，且流过输入电阻的平均电流为 u/R。由于流过积分电容的平均电流必须为零，因此$\overline{i_{\mathrm{dac}}(t)}=u/R$。假设电容在 ϕ_2 期间完全放电，那么有

$$\overline{i_{\mathrm{dac}}(t)}=-\bar{v}f_sC_d \tag{9.29}$$

因此，由条件 $|\mathrm{STF}(0)|=1$ 可知 $f_sC_d=1/R$，表示反馈通路中的开关电容电阻必须等于输入电阻。

总而言之，开关电容(SC)反馈 DAC 以调制器的线性度为代价减轻了时钟抖动的影响。其根本原因是指数衰减 DAC 脉冲的高峰-均比。事实证明，当运算放大器非理想时，SC DAC 也会严重损害调制器的混叠抑制[8]。鉴于困扰 SC DAC 的几个问题，它并不像最初看起来那样具有吸引力。

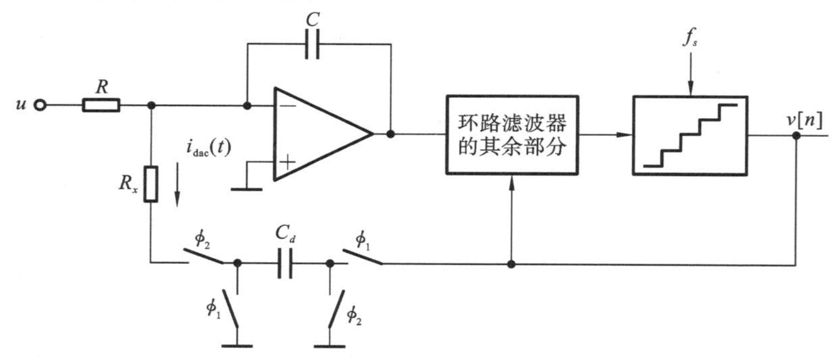

(a) 带有开关电容反馈DAC的CTΔΣM

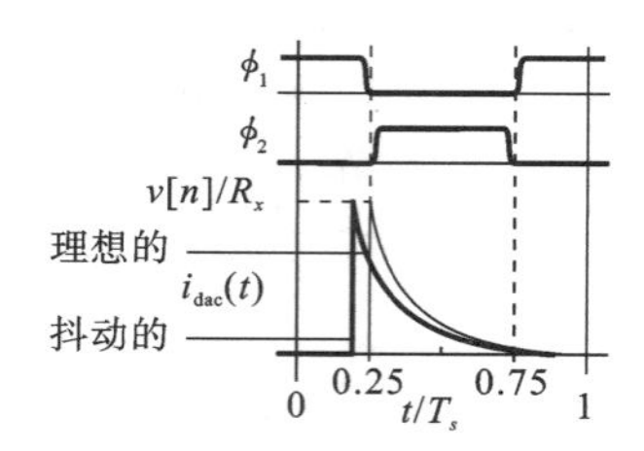

(b) 有和没有抖动情况下的$i_{\mathrm{dac}}(t)$

图 9-30 通过指数衰减脉冲逼近冲击

9.5 使用FIR反馈减轻时钟抖动

解决 CTΔΣM 中时钟抖动问题的一种特别优雅的方法是使用 FIR 反馈[9,10]。我们用图 9.31 所示的单比特示例进行说明。在激励主反馈 DAC 之前，通过具有传递函数 $F(z)$ 的 N 抽头低通 FIR 滤波器对 2 电平输出序列 v 进行滤波。该 DAC 具有 NRZ 脉冲形状。为简单起见，假设 $F(z)$ 的抽头权重相同。因为 $v=\pm1$，v 的转换幅度为 2，当 $F(z)$ 到位时，它减小到 $2/N$。因此，反馈 DAC 波形中的步长的大小（在图 9.31(a) 中用 $v_1(t)$ 表示）要比没有 $F(z)$ 时小 N 倍。由于时钟抖动引起的噪声与 DAC 输出中的转换高度成正比，因此抖动引起的带内均方噪声降低了 $20\lg(N)$dB。该论证假设抖动对于所有 DAC 单元是共同的。因此，应该为所有的 DAC 单元使用公共时钟，即不使用时钟缓冲树。

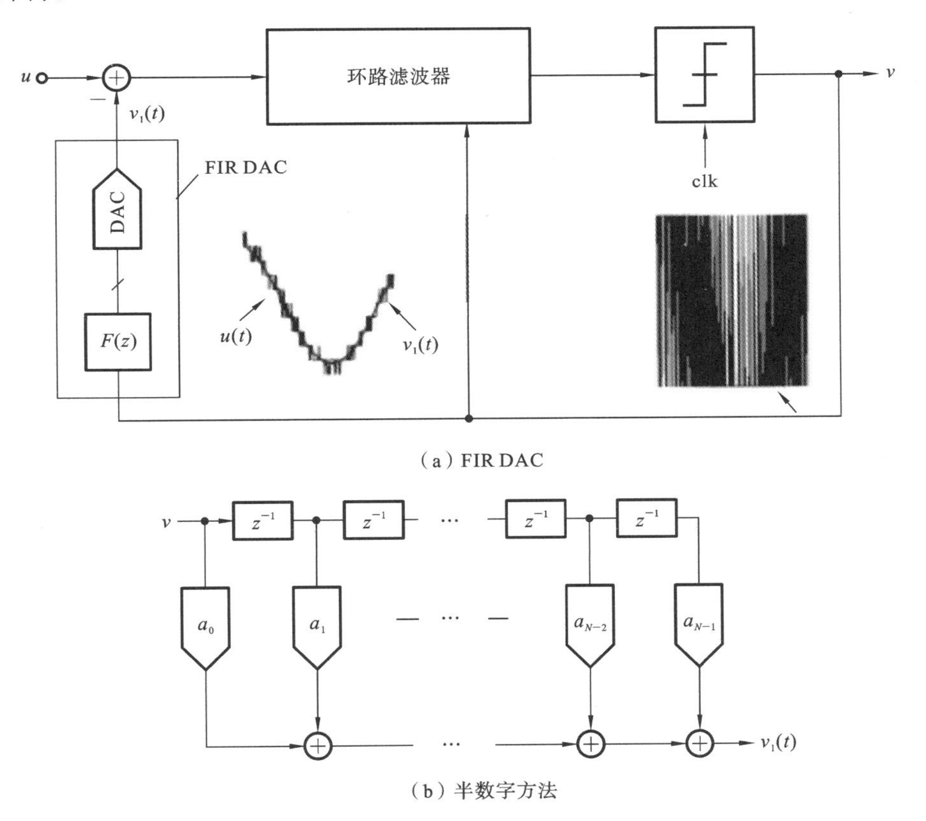

(a) FIR DAC

(b) 半数字方法

图 9-31 使用 FIR 反馈 DAC 减轻单比特调制器中时钟抖动引起的噪声

FIR DAC 还具有其他的优势。由于 $F(z)$ 是低通滤波器，所以 v 的输入分量不受影响，尽管降低了整形噪声的功率。因此，DAC 的输出 $v_1(t)$ 与输入 u 密切相关的高频部分减少。因此，被环路滤波器处理的误差 $u(t)-v_1(t)$ 要小得多，这放宽了对环路滤波器的线性要求，就像具有多位 DAC 的 CTΔΣM 一样。直观地说，由于 $v_1(t)$ 看起来像多位 DAC 的输出，可以预期，它在时钟抖动和环路滤波器线性度方面具有类似的优势。

当 DAC 电平间隔不等时（由于元件不匹配），实现如图 9.31(a) 所示的 FIR DAC 是有问题的。认识到 $v[n]$ 是一个两电平序列，可以使用半数字方法[11]实现线性 DAC-

滤波器组合，如图 9.31(b)所示。这里，延迟是以数字方式实现的，而各个 DAC 输出(这里假设为电流)在模拟域中被加权和求和。很容易看出，DAC 不匹配会修改滤波器的传递函数，但不会导致非线性。

图 9.32 所示的是有时钟抖动的单比特、多比特和单比特＋FIR DAC 的三阶 CTΔΣM 的 PSD，以及没有抖动的 PSD 且输入为－6 dB 正弦波。多位调制器采用 12 级量化器，时钟频率为单比特设计的 1/3。为了实现与单比特设计相同的带内量化噪声，NTF 的带外增益必须增加到 2.8。正如预期的那样，有抖动时，单比特设计的性能明显比多比特设计的差。然而，当使用 12 抽头 FIR DAC 时，抖动引起的噪声减小了 20lg12≈21.6 dB，而 1 位和多位设计的性能几乎相同。这里的假设是在合并 FIR DAC 之后已经恢复了单比特调制器的 NTF，如下所述。

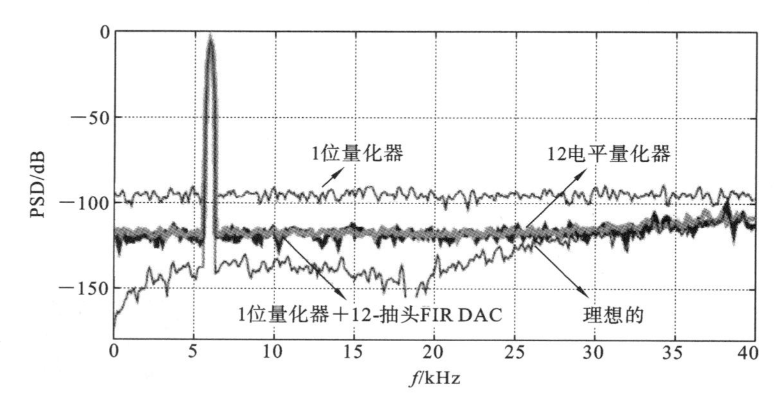

图 9-32　有时钟抖动的各种 CTΔΣM 的 PSD 的比较

(时钟抖动假定为白色的，f_s＝6.144 MHz，$\sigma_{\Delta t}$＝160 ps，图中理想(无抖动)频谱用于比较)

在介绍 FIR DAC 的优点之后，我们不能忽视 FIR 滤波器在 ΔΣ 环路中引入延迟的事实，并且这很可能使调制器不稳定。因此，FIR DAC 的关键设计挑战之一是补偿环路以应对 FIR 滤波器的影响。具有 NRZ DAC 的原型调制器包含已知的(期望的)NTF，在 DAC 之前插入 FIR 滤波器 $F(z)$，以利用上述几个特性。我们要回答下面几个问题。

(1) 是否有可能将环路的 NTF 恢复为原型的 NTF?

(2) 如果可以恢复，那么如何修改环路滤波器以恢复这个 NTF?

幸运的是，第一个问题的答案是肯定的。事实上，正如下面我们将看到的，具有 FIR DAC 的环路的 NTF 以一种类似于过量环路延迟补偿过程的方式精确地恢复，可以通过修改环路滤波器系数和在量化器周围添加一条直接路径 FIR 滤波器来实现。

为了说明补偿过程，我们使用一个带 NRZ DAC 的归一化三阶 CIFF 调制器，以第 8 章中讨论的矩量法[3]可以快速简单地确定修正系数。分别用 k_1,k_2,k_3 和 μ_0,μ_1,μ_2 表示原型调制器的系数和 DAC 脉冲矩。如前所述，假设已选择原型系数以实现所需的 NTF。原型的主反馈 DAC 被修改为具有相等抽头权重(每个为 0.25)的 4 抽头 FIR DAC，如图 9.33(a)所示。我们认为，可以通过将系数修改为 $\tilde{k}_1,\tilde{k}_2,\tilde{k}_3$ 并通过添加补偿 FIR DAC(其传递函数由 $F_c(z)$表示)来补偿环路。

考虑环路滤波器在图 9.33(a)中的点 $\tilde{y}_1(t)$处的脉冲响应。驱动环路滤波器的 FIR DAC 可以被认为是具有宽度为 4 秒、高度为 0.25 的脉冲形状的改进 NRZ DAC，如图

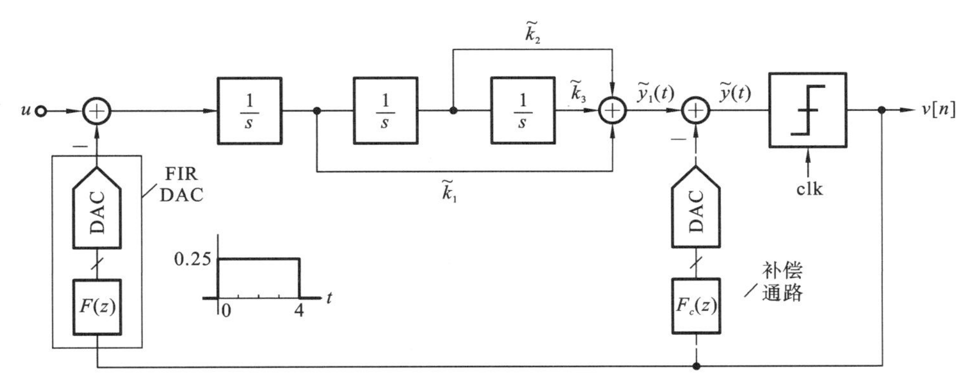

（a）具有补偿了 FIR DAC 延迟的 4 抽头 FIR DAC 的三阶 CTΔΣM，$F_c(z)$ 也是 4 抽头 FIR 滤波器

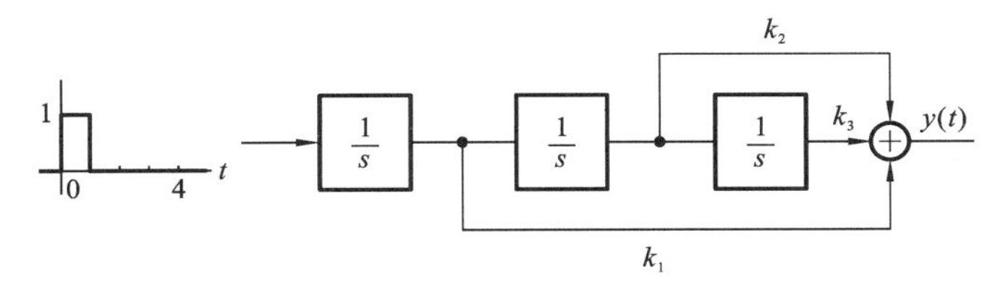

（b）确定没有 FIR DAC 的环路滤波器的脉冲响应 $y(t)$

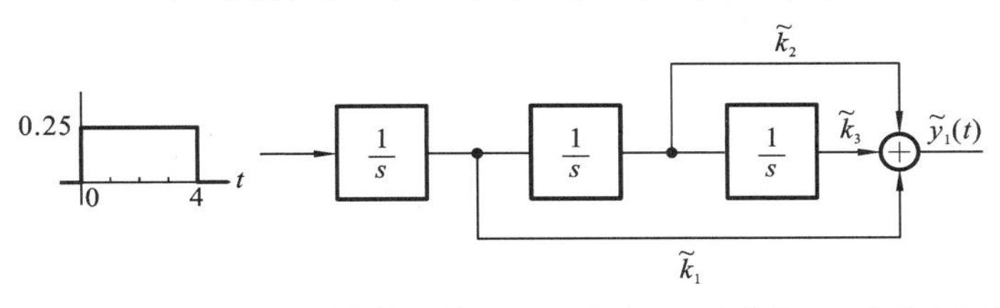

（c）通过修改系数，可以使当 $t\geqslant 4$ 时的 $\tilde{y}_1(t)$ 等于 $y(t)$，需要 $F_c(z)$ 来补偿 $t<4$ 的采样脉冲响应的差异

图 9-33　带补偿的环路滤波器模型

9.33(c)所示。该脉冲的矩用 $\tilde{\mu}_0,\tilde{\mu}_1,\tilde{\mu}_2$ 表示。由于调制器是三阶的，因此 DAC 脉冲的相关矩为 $\tilde{\mu}_0=1,\tilde{\mu}_1=2$ 和 $\tilde{\mu}_2=16/3$。基于第 8 章中的矩理论，当 $t\geqslant 4$ 时，$\tilde{y}_1(t)$ 可表示为

$$\tilde{y}_1(t)=\tilde{k}_3\left(\frac{\tilde{\mu}_0}{2}t^2-\tilde{\mu}_1 t+\frac{\tilde{\mu}_2}{2}\right)+\tilde{k}_2(\tilde{\mu}_0 t-\tilde{\mu}_1 t)+\tilde{k}_1\tilde{\mu}_0,\quad t\geqslant 4 \tag{9.30}$$

对于环路滤波器原型，$y(t)$（见图 9.33(b)）由下式给出，即

$$y(t)=k_3\left(\frac{\mu_0}{2}t^2-\mu_1 t+\frac{\mu_2}{2}\right)+k_2(\mu_0 t-\mu_1 t)+k_1\mu_0,\quad t\geqslant 1 \tag{9.31}$$

其中 $\mu_0=1,\mu_1=\dfrac{1}{2}$ 和 $\mu_2=\dfrac{1}{3}$，如果根据下述式子来选择 $\bar{k}$，有

$$\begin{aligned}
&\tilde{k}_3=k_3\\
&\tilde{k}_2=k_2+k_3(\tilde{\mu}_1-\mu_1)=k_2+1.5k_3\\
&\tilde{k}_1=k_1+(\tilde{\mu}_1-\mu_1)(k_2+\tilde{\mu}_1 k_3)-0.5k_3(\tilde{\mu}_2-\mu_2)=k_1+1.5k_2+0.5k_3
\end{aligned} \tag{9.32}$$

则当 $t\geqslant 4$ 时，$\tilde{y}_1(t)$ 和 $y(t)$ 相等。

图 9.34 所示的是 4 抽头示例中的 $\tilde{y}_1(t)$ 和 $y(t)$。由此可以清楚地看出，调整 $\tilde{k}_1$，$\tilde{k}_2$，$\tilde{k}_3$ 只能确保在 $t\geqslant 4$ 之后的采样脉冲响应与原型的相匹配，没有足够的自由度来实现 $t<4$ 所需的脉冲响应。实现 $t<4$ 所需脉冲响应的方法是在量化器周围的直接路径

中使用 4 抽头补偿滤波器 $F_c(z)$，如图 9.33(a)所示。可以使用以下步骤计算 $F_c(z)$的抽头。

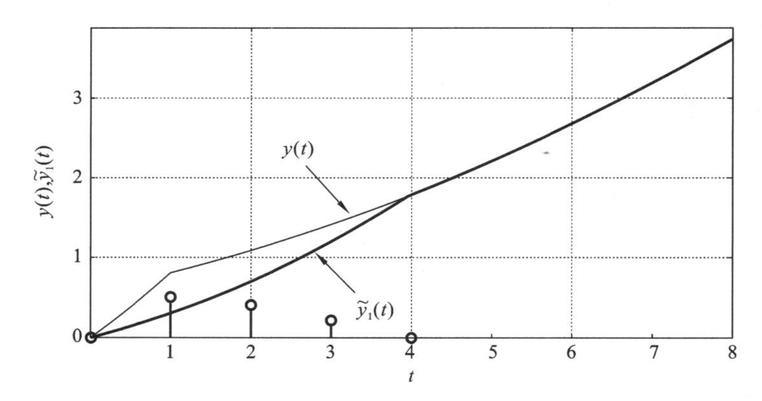

图 9-34　NRZ 原型的环路滤波器脉冲响应，带有 4 抽头 FIR DAC 的(系数调谐)环路滤波器以及补偿滤波器的响应(假设所有主 FIR DAC 抽头均相等，具有响应 $F_c(z)$的直接路径 DAC 应该弥补差值$(\tilde{y}_1(t)-y(t))$)

(1) 使用原型中的 k_1, k_2, k_3 和主 FIR DAC 的系数，使用式(9.32)计算 $\tilde{k}_1, \tilde{k}_2, \tilde{k}_3$。

(2) 使用 FIR 反馈 DAC 确定原型环路滤波器和系数调谐环路滤波器的脉冲响应。在 $t=M$ 之后，这些响应将是相同的，其中 M 表示 FIR DAC 的抽头数。

(3) 确定上述步骤(2)中的脉冲响应之间的差异，其持续时间为 M。直接路径滤波器抽头是在时刻 $1,\cdots,(M-1)$处的该差异的样本。

补偿路径不必直接出现在量化器周围，它可以移动到第三或第二积分器的输入端。对于具有所有相等抽头的 M 抽头 FIR 滤波器，由式(9.32)可知

$$\begin{aligned}
\tilde{k}_3 &= k_3 \\
\tilde{k}_2 &= k_2 + \frac{(M-1)}{2}k_3 \\
\tilde{k}_1 &= k_1 + \frac{(M-1)}{2}k_2 + \frac{(M-1)(M-2)}{12}k_3
\end{aligned} \tag{9.33}$$

从上面的讨论可以看出，选择大量 FIR 抽头似乎是有益的，因为它可以更好地对反馈序列进行滤波。除了降低抖动灵敏度之外，还可以减小由环路滤波器产生的误差信号的幅度，从而改善其线性度。那么，FIR 抽头数量的限制是什么？是什么原因阻止人们使用 200 抽头滤波器？滤波器引入的延迟不是问题，因为其影响可以通过系数调整和一条直接路径 FIR DAC 来精确补偿，如前所述。

在我们对 FIR 反馈实现的抖动抗扰性的分析中，我们没有考虑补偿 DAC 注入的抖动噪声的影响。后者取决于具体的环路滤波器架构以及补偿 DAC 的位置。分析表明，这些是限制可以使用的抽头数的重要考虑因素。至于改善线性度，结果表明，u 和 FIR DAC 输出 $v_1(t)$之间的相移(见图 9.31)随抽头数的增加而增加，这意味着如果使用大量抽头，$u-v_1(t)$的幅度将增加。FIR 反馈的另一个结果是 STF 的变化。从式(9.33)可以看出，必须增加环路滤波器的系数 k_1 和 k_2 以补偿主 FIR DAC 的延迟，这意味着在高频下从 u 到 $y(L_{0,CT})$的传递函数的增益更高，从而增加了 STF 峰值。最后，在实际方面，增加抽头数量需要更多的触发器，并导致更小的“单位 DAC”，前者增加了

开关功率，而后者在使用电阻 DAC 时导致面积增加。考虑到这些限制因素，选择超过 15 个抽头的 FIR DAC 似乎没什么好处。

总而言之，使用具有 FIR 反馈的单比特量化器结合了单比特和多比特工作的优点。由于只使用了一个比较器，ADC 设计具有高功率效率，即使滤波器的权重偏离其标称值，FIR DAC 在本质上也是线性的。因此，与多位 DAC 不同，元件不匹配不会导致失真。此外，FIR-DAC 输出波形类似于多位 DAC，并且受益于小步长，就像是一个多位 CTΔΣM 一样。虽然我们是在假定相等的抽头权重情况下讨论的 FIR 反馈的优势，但可以做一些优化工作，即可以优化抽头以最大限度地减少抖动引起的带内噪声。因此，FIR DAC 是降低抖动灵敏度的一种非常有效的方法。如上所述，给定 $F(z)$后，可以精确地恢复环路的 NTF。最后，带有 FIR DAC 的单比特 ADC 在实践中特别有用，同时，FIR 反馈也可以应用于多位 ADC。

9.6 比较器的亚稳性

在关于 CTΔΣM 的过量延迟的讨论中，我们假设 ADC 需要非零时间才能做出有效决策。事实证明，现实情况更复杂。我们通过研究 1 位量化器（比较器）的行为开始讨论，理想比较器的输出只是其输入的符号，而实际比较器具有偏移，并且延迟取决于其输入的幅度。偏移是晶体管和电容器不匹配的结果，以及锁存器结构的细节。正如我们在下面讨论的那样，比较器提供有效输出所需的时间取决于差分输入的幅度。这些对 CTM 的操作有何影响？

假设使用 NRZ 反馈 DAC，其脉冲宽度被 ADC 的信号相关延迟所调制，结果导致带内 SNR 降低，就像使用抖动时钟时一样。

图 9.35(a)所示的是一个常用的比较器电路，常被称为 StrongARM 锁存器[12]。当 clk 为低电平时，$M_{7,8}$将 $v_{\rm op}$和 $v_{\rm om}$拉至电源电压。当 clk 为高电平时，M_9导通，随后，$M_{1,2}$导通并且最初处于饱和状态，在此阶段产生的差动电流 $g_m v_d$ 在 v_x 和 v_y 之间产生不平衡，接着，$M_{3,4}$导通并最初处于饱和状态，在 $v_{\rm op,om}$处的寄生电容对 $v_{x,y}$表现出差分负效应，因而在 $v_{\rm op,om}$处产生电压增益。自始至终，$v_{\rm op,om}$和 $v_{x,y}$的共模电压不断减小。最后，$M_{5,6}$导通，而 $M_{1,2}$进入三极管区，再生开始。再生过程中的等效电路如图 9.35(b)所示，当晶体管处于饱和状态时，反相器可以用跨导器建模，C_p 表示再生节点处的寄生电容。差值 $v_{\rm op}-v_{\rm om}$根据下式变化，即

$$v_{\rm op}(t)-v_{\rm om}(t)=(v_{\rm op}(0)-v_{\rm om}(0))\exp\left(\frac{t}{\tau}\right) \tag{9.34}$$

其中 $\tau=C_p/g_m$。最终，反相器饱和，并依据 v_d 的符号，$v_{\rm op}/v_{\rm om}$达到电源电压/地电压。

$v_{\rm op}$和 $v_{\rm om}$连接到 RS 锁存器，所以当 clk 较低时，锁存器作出的判决被保持。因此，在功能上，锁存器在 clk 的上升沿对差分输入 $2v_d$ 进行采样并确定其符号。

$v_{\rm op}-v_{\rm om}$必须至少为 $\alpha V_{\rm dd}$才能使 RS 锁存器识别 $v_{\rm op}$和 $v_{\rm om}$的逻辑状态的变化。因此，可以看出，比较器需要更多的时间来分辨小 v_d，并且延迟是

$$t_{\rm delay}=\tau\ln\left(\frac{\alpha V_{\rm dd}}{2\beta v_d}\right) \tag{9.35}$$

其中 β 是从 v_d 到 $v_{\rm op}(0)-v_{\rm om}(0)$的增益。

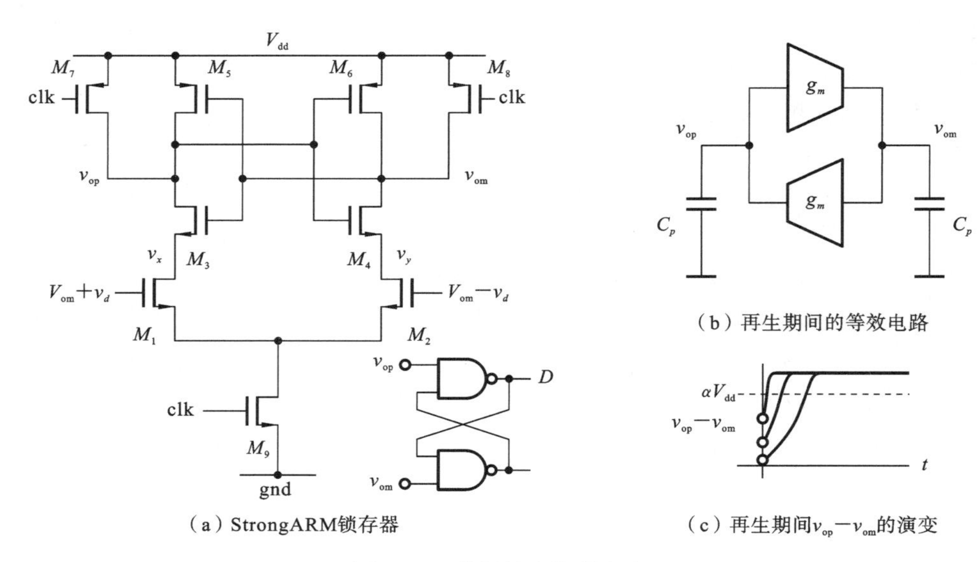

（a）StrongARM锁存器

（b）再生期间的等效电路

（c）再生期间$v_{op}-v_{om}$的演变

图 9-35　常用的比较器电路

图 9.36 所示的是一个比较器的延迟的仿真结果，该比较器用于 1 GS/s 下运行的二阶单比特 CTΔΣM 中。x 轴上是采样时刻的量化器输入 $2v_d$，y 轴上表示相应的决策延迟，图 9.36 中的输入是按正负两个方向变化的一对曲线，正如预期的那样，延迟随着 v_d 幅度的减小而增加；另外，当幅度很小时，延迟的变化很大，原因如下。当锁存器跟踪输入时，差分电流 $g_m v_d$ 在寄生电容器上积分一段短时间，如前所述，积分时间取决于器件细节；v_d 的这个积分版本被再生。由于 v_d 是环路滤波器的输出，它随时间变化——一方面，如果其幅度很大，则在锁存器积分阶段，$v_d(t)$的变化对 $v_{op}(0)-v_{om}(0)$ 几乎没有影响；另一方面，如果 v_d 非常小，则在积分阶段，波形的细节对锁存器的寄生电容上产生的电压起重要作用。例如，具有大的负斜率的小 v_d 比具有大的正斜率的小 v_d 会导致更小的 $v_{op}(0)-v_{om}(0)$。产生 $v_{op}(0)-v_{om}(0)$的差异导致比较器延迟的扩大。虽然上面的分析描述了特定锁存电路中输入相关延迟的机制，但类似的机制在所有锁存中都发挥作用。

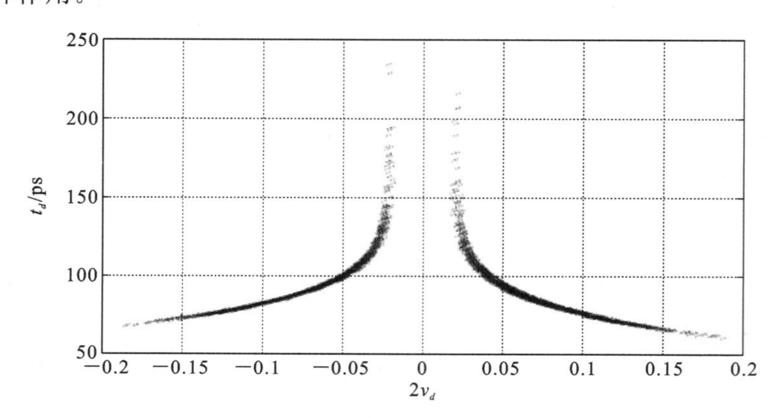

图 9-36　比较器延迟与 v_d 的函数关系

图 9.35(a)中，RS 锁存器的输出 D 可以直接用于激励一个单比特 CTΔΣM 中的 DAC。因为 ADC 的延迟 t_d 取决于 y，所以 DAC 反馈波形的边沿被环路滤波器以非线

性方式调制。如果使用 NRZ DAC,可以通过向 DAC 输出添加一个细脉冲来建模该误差,其高度等于 DAC 输出波形的跃迁,宽度为 t_d。像时钟抖动一样,这个误差可以用下述加法序列建模[5],即

$$e_m[n]=\frac{t_d}{T_s}(v[n]-v[n-1]) \tag{9.36}$$

在 DAC 的输入端,如图 9.37 所示。在信号带 e_m 的功率如下式:

$$J_m=\frac{4p}{\mathrm{OSR}}\left(\frac{\sigma_{t_d}}{T_s}\right)^2 \tag{9.37}$$

其中 $p\approx0.8$ 是 D 进行转换的概率。$\sigma_{t_d}^2$ 表示比较器的信号相关延迟的方差,并且假设与反馈波形中的转换不相关。对于图 9.35(a)中的比较器,其延迟与输入幅度的曲线如图 9.36 所示,结果 σ_{t_d} 约为 18 ps。假设 $u=A\cos(2\pi f_{\mathrm{in}}t)$,由于亚稳态导致的带内 SNR 可以表示为

$$\mathrm{SNR}_{\mathrm{metastability}}=10\lg\left(\frac{A^2\,\mathrm{OSR}\cdot T_s^2}{8p\sigma_{t_d}^2}\right) \tag{9.38}$$

图 9.38 所示的包含图 9.35(a)中 StrongARM 比较器的 CT-MOD2 的 PSD,其中 $u=0.1\cos(2\pi f_{\mathrm{in}}t)$。环路滤波器是理想中的。比较器的信号相关延迟导致低频噪声基底增加,并且它显著降低带内 SNR,从仿真中得到的 SNR 为 27.9 dB。图 9.38 中还有具有理想比较器的调制器的 PSD,用于比较。使用式(9.38)以及 $A=0.1$ 和 $\sigma_{t_d}=18$ ps 产生 27.8 dB 的估计值,与晶体管级仿真的结果非常一致。

因此,我们看到,在设计高速/高精度的 CTΔΣM 时,比较器的信号相关延迟可能是一个严重问题。在这方面,单比特调制器特别糟糕,因为 DAC 脉冲宽度上的误差将导致与调制器满量程成正比的一个误差。

解决此问题的一种方法是在 ADC 之后为 DAC 提供足够长的时钟,以便 ADC 可以做出决定。换句话说,我们可以故意在 ΔΣ 环路中引入额外延迟以提供足够的时间让 ADC 做出决定。这样,在对 ADC 输出进行采样时,DAC 的输入非常接近 V_{dd} 或电源地,造成的结果是,DAC 中的锁存器具有非常小的延迟,这也意味着非常小的数据相关抖动。

故意引入延迟不是问题,因为有可能通过系数调整并在量化器周围引入一条直接路径来补偿环路并恢复其 NTF,如本章前面所述。现在的问题是:ADC 在计时后,DAC 应等待多长时间?一个非常方便(并鲁棒)的选择是在半个时钟周期后为 DAC 提供时钟[13],如图 9.39 所示。从图 9.39 中的 PSD 可以看出,带内 SNR 仅比使用理想比较器的低 3 dB。

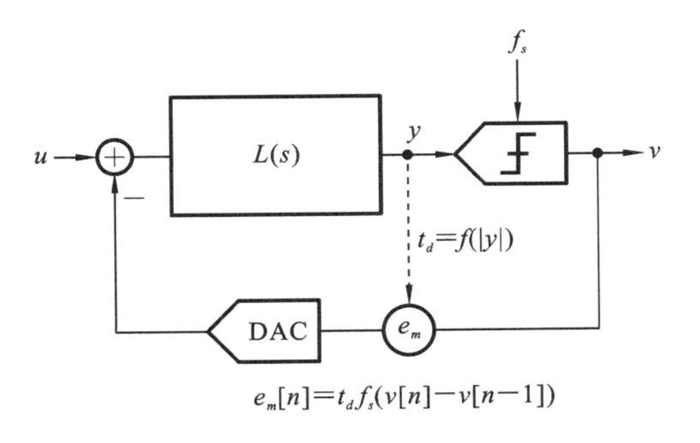

图 9-37 具有 NRZ 反馈 DAC 的 1 位 CTΔΣM 中信号相关的比较器延迟的建模

通过减轻信号相关比较器延迟影响的其他策略观察到,由于亚稳态以类似于时钟抖动的方式表现,解决后者的技术对前者也有效。一个很好的例子就是使用多比特量化器,它在两个方面是有益的。首先,由于实现给定信号带宽所需 SQNR 的 OSR 减小,因

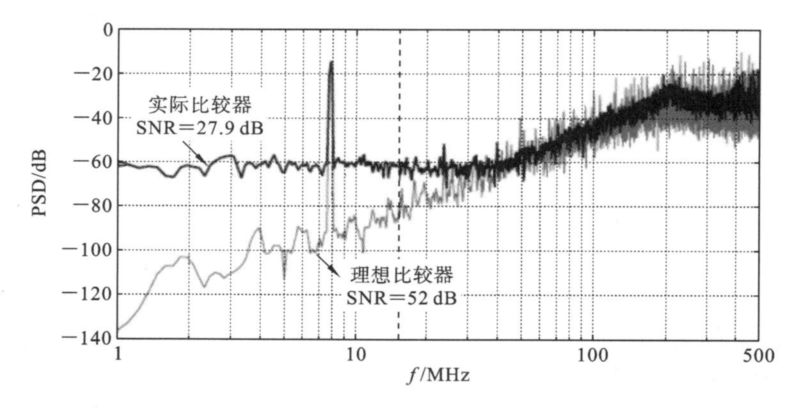

图 9-38　具有理想和实际比较器的二阶 CTΔΣM 的 PSD(f_s=1 GHz,OSR=32)

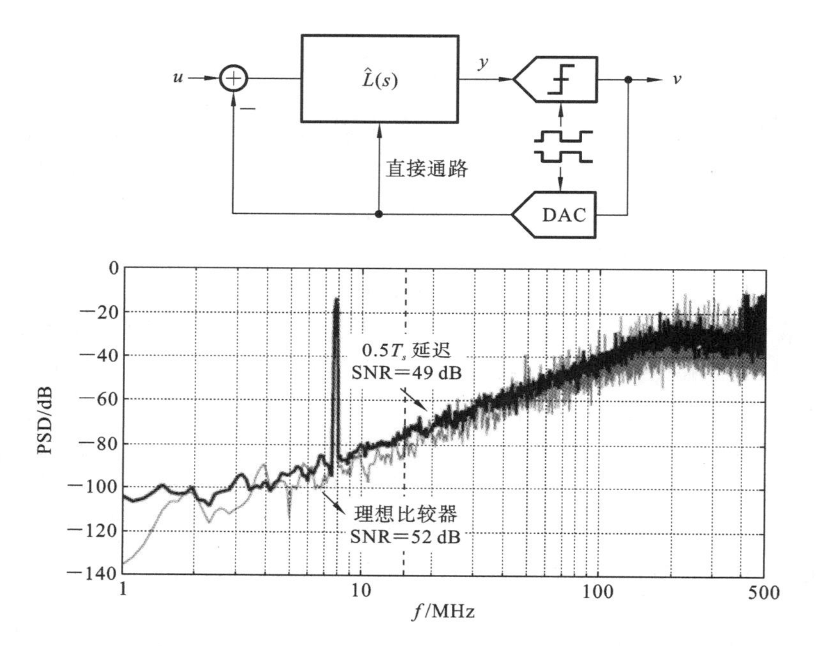

图 9-39　通过在半周期延迟后对 DAC 进行计时来缓解比较器的亚稳态

此,由亚稳态而产生的抖动只是时钟周期的一小部分。此外,只有"最靠近"y 的比较器的输出会经历不同于其他比较器的延迟。由于多位操作,此输出只能影响反馈波形的一小部分,从而减轻了因信号相关延迟带来的问题。同样,使用脉冲 DAC(使用开关电容技术实现)也可以解决比较器的亚稳态问题,因为输入环路滤波器的电荷量与 ADC 延迟无关。

正如我们所看到的,FIR 反馈 DAC[9,10]是一种减轻时钟抖动影响的有吸引力的方法,因此,应该期望它解决比较器亚稳态问题。锁存器链在减少信号相关延迟方面特别有效,如图 9.40 所示。v 是单比特量化器的输出,并且表现出显著的信号相关延迟。然而,由于 $v[n]$中 a_0(小于 1)加权,因此它对 $v_1(t)$的贡献减少了这个因子。为避免直接依赖于 $v[n]$,可以故意选择 $a_0=0$,这相当于在环路中引入了 1 个周期的延迟。由于 $v[n-1],\cdots,v[n-N+1]$是通过触发器链从 $v[n]$导出的,因此连续再生使得数据相关抖动不成为问题。

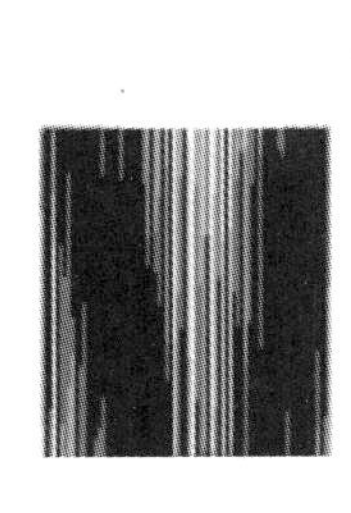

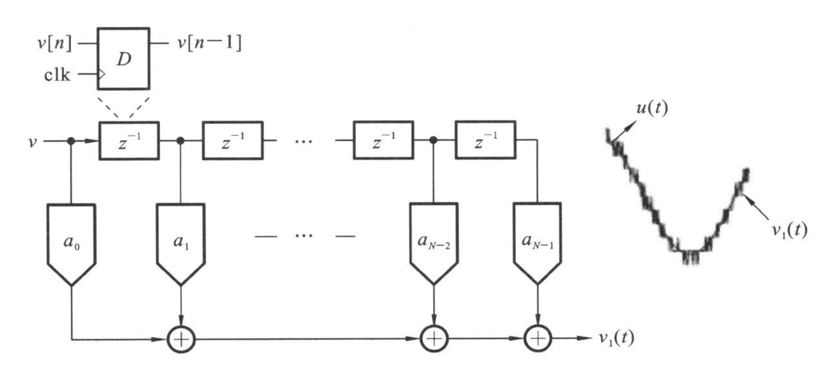

图 9-40 FIR DAC 减轻了由于级联锁存器引起的比较器亚稳态的影响，并降低了单个锁存器对 $v_1(t)$ 的影响

9.7 总结

在本章中，我们研究了主要非理想性对 CTΔΣM 性能的影响，非理想性主要包括过量环路延迟、环路滤波器的时间常数变化、时钟抖动和比较器亚稳态。与任何反馈环路一样，过量延迟会使调制器不稳定。然而，这可以通过结合系数调整和在量化器周围添加一条直接路径来解决。

环路滤波器中的时间常数变化会修改 NTF 并且可能会带来潜在的麻烦，但这些可以通过 RC 调谐环路来解决。

时钟抖动是 CTΔΣM 中的一个严重问题(远远超过离散时间对应情况)。我们直观地了解了时钟抖动降低 CTΔΣM 性能的机制，并研究了解决抖动影响的各种方法。使用 NRZ DAC 脉冲以及 FIR 反馈被认为是解决该问题的好方法。补偿环路可以应对 FIR DAC 引入的延迟，并且 NTF 可以通过系数调整以及使用一条直接路径补偿 FIR DAC 而精确恢复。

比较器的信号相关延迟以类似于时钟抖动的方式降低带内 SNDR，我们介绍了各种缓解这个问题的方法。

参考文献

[1] J. Cherry and W. M. Snelgrove, "Excess loop delay in continuous-time delta-sigma modulators", *IEEE Transactions on Circuits and Systems II: Analog and Digital Signal Processing*, vol. 46, no. 4, pp. 376-389, 1999.

[2] S. Pavan, "Excess loop delay compensation in continuous-time delta-sigma modulators", *IEEE Transactions on Circuits and Systems II: Express Briefs*, vol. 55, no. 11, pp. 1119-1123, 2008.

[3] S. Pavan, "Continuous-time delta-sigma modulator design using the method of moments", *IEEE Transactions on Circuits and Systems I: Regular Papers*, vol. 61, no. 6, pp. 1629-1637, 2014.

[4] J. A. Cherry, *Theory, Practice, and Fundamental Performance Limits of High*

Speed Data Conversion using Continuous-time Delta-Sigma Modulators. Ph. D. dissertation, Carleton University, 1998.

[5] J. Cherry and W. M. Snelgrove, "Clock jitter and quantizer metastability in continuous-time delta-sigma modulators", *IEEE Transactions on Circuits and Systems II: Analog and Digital Signal Processing*, vol. 46, no. 6, pp. 661-676, 1999.

[6] R. Adams and K. Q. Nguyen, "A 113-dB SNR oversampling DAC with segmented noise-shaped scrambling", *IEEE Journal of Solid-State Circuits*, vol. 33, no. 12, pp. 1871-1878, 1998.

[7] M. Ortmanns, F. Gerfers, and Y. Manoli, "A continuous-time ΣΔ modulator with reduced sensitivity to clock jitter through SCR feedback", *IEEE Transactions on Circuits and Systems I: Regular Papers*, vol. 52, no. 5, pp. 875-884, 2005.

[8] S. Pavan, "Alias rejection of continuous-time modulators with switched-capacitor feedback DACs", *IEEE Transactions on Circuits and Systems I: Regular Papers*, vol. 58, no. 2, pp. 233-243, 2011.

[9] B. M. Putter, "ΣΔ ADC with finite impulse response feedback DAC", in *Digest of Technical Papers, IEEE International Solid-State Circuits Conference (ISSCC)*, pp. 76-77, 2004.

[10] O. Oliaei, "Sigma-Delta modulator with spectrally shaped feedback", *IEEE Transactions on Circuits and Systems II: Analog and Digital Signal Processing*, vol. 50, no. 9, pp. 518-530, 2003.

[11] D. K. Su and B. A. Wooley, "A CMOS oversampling D/A converter with a current-mode semidigital reconstruction filter", *IEEE Journal of Solid-State Circuits*, vol. 28, no. 12, pp. 1224-1233, 1993.

[12] A. Abidi and H. Xu, "Understanding the regenerative comparator circuit", in *Proceedings of the IEEE Custom Integrated Circuits Conference (CICC)*, pp. 1-8, IEEE, 2014.

[13] G. Mitteregger, C. Ebner, S. Mechnig, T. Blon, C. Holuigue, and E. Romani, "A 20 mW 640 MHz CMOS continuous-time ADC with 20 MHz signal bandwidth, 80 dB dynamic range and 12 bit ENOB", *IEEE Journal of Solid-State Circuits*, vol. 41, no. 12, pp. 2641-2649, 2006.

10

连续时间 ΔΣ 调制器的电路设计

在前面的章节中，我们已经介绍了连续时间 ΔΣ 调制器的架构。我们现在知道了如何选择 NTF 和过采样率来实现所需的带内 SQNR，以及如何选择合适的环路滤波器拓扑。我们了解了实际非理想性的影响，如过量延迟、时间常数变化和量化器亚稳态对调制器性能的影响，以及如何缓解这些问题。在本章中，我们将探讨 CTΔΣM 的各基本模块的电路设计技术。正如人们所预料的那样，实际实现很可能会引入“新的”非理想性器件。

基本模块将使用晶体管来实现，晶体管需要时间来操作，并且基本上是具有噪声和非线性的。首先，这意味着与晶体管相关的有限延迟在环路滤波器传递函数中引入了不希望的极点和零点，这将修改 NTF。然后，晶体管的热噪声和闪烁噪声引入的噪声超过了由于量化引起的噪声。最后，预期完全线性的环路滤波器不再如此，正如我们在本章后面所述，这些会显著降低带内信噪比。

对基础理论进行全面了解是至关重要的，同时理解和降低与电路实现相关的非理想性是实现 CTΔΣM 按预期工作的关键。本章重点介绍实现 CTΔΣM 所需的电路模块的设计、它们的非理想性，以及可以采取哪些措施来缓解它们。

10.1 积分器

积分器有多种实现类型，图 10.1 所示的是实现反相积分器的三种常用方法。该图显示了单端电路——实际上，大多数信号路径都是以全差分形式实现的。这些图应该被解释为差分实现的单端等效电路。

图 10.1(a)所示的为一个有源 RC 积分器。假设运算放大器是理想的，有

$$V_{\text{out}}(s)=-\frac{1}{sCR}V_{\text{in}}(s) \tag{10.1}$$

这种积分器的优点是什么？如果运算放大器是理想的，它的反相端是虚地，由于 R 是线性的，因此 v_{in} 以非常线性的方式将其转换为电流 v_{in}/R。如果 C 是线性的，则 v_{out} 与 v_{in} 线性地相关；换句话说，如果运算放大器是理想的，则该积分器完美线性。由于以下原因，在每个节点处必然存在的寄生电容是无害的。因为运算放大器是输出阻抗为

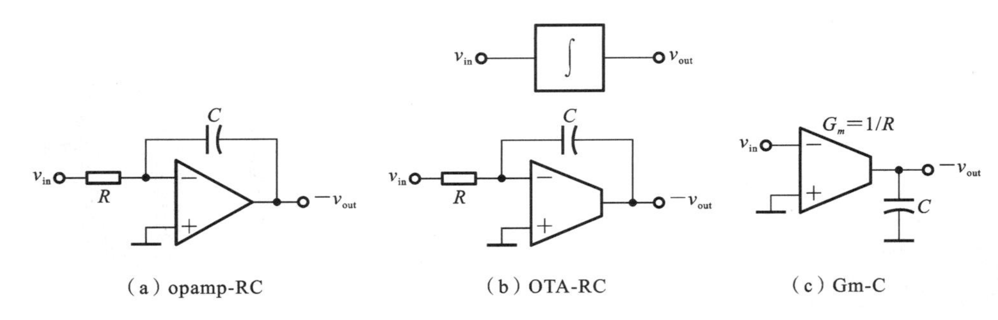

(a) opamp-RC　　(b) OTA-RC　　(c) Gm-C

图 10.1　实现积分器的三种技术

零的电压控制电压源，因此运算放大器输出端的寄生电容不会影响 v_{out}。虚地节点处的寄生电容也没有影响，因为它两端的电压不变。此外，由于积分器的输出阻抗为零，因此驱动后续积分器也不是问题。

如果该有源 RC 结构具有积分器中所需的全部功能，那么还需要发明其他拓扑结构吗（见图 10.1(b)和(c)）？事实证明，设计一个低输出阻抗的运算放大器是有问题的。如图 10.2 所示，该图显示了采用共漏极输出实现的具有低输出阻抗的运算放大器的概念设计。我们分别用 V_T 和 ΔV 表示所有晶体管（假设相同）的阈值电压和过驱动电压。在跨导器进入三极管区之前，v_a 可以高达 $V_{dd}-\Delta V$，这意味着 v_{out} 可以高达 $V_{dd}-V_T-2\Delta V$，同时保持所有器件处于饱和区（实现高增益所需）。在低端，最小 v_{out} 为 ΔV，若低于 ΔV，则偏置输出的电流源被驱动到线性区。因此，v_{out} 的峰-峰值摆幅为 $V_{dd}-V_T-3\Delta V$。如果我们假设 $V_{dd}=1.2$ V，$V_T=0.5$ V 和 $\Delta V=100$ mV，则 v_{out} 的峰-峰值摆幅为 400 mV。因此可以看出，实现运算放大器所要求的低输出阻抗，所需的共漏极严重限制了其输出摆幅。积分器摆幅减小，则需要更大的电容值。更重要的是，由于环路滤波器输出端的摆幅减小，ADC 的步长变小，这使其设计复杂化。因此，运放 RC 积分器虽然具有几个吸引人的特性，但也具有明显的缺点。这就是我们使用 OTA-RC 积分器的原因，其中运算放大器(opamp)由运算跨导放大器(OTA)取代。

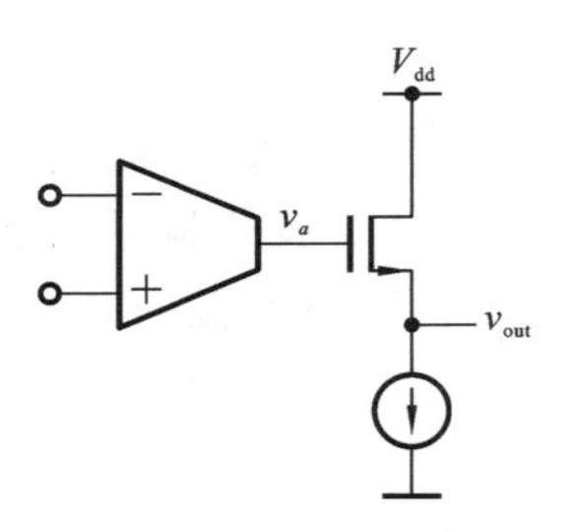

图 10.2　可实现低输出阻抗的 CMOS 运算放大器的有限摆幅问题

理想的 OTA 是压控电流源，其跨导无穷大，因此，如图 10.1(b)所示，OTA-RC 积分器的虚地节点为 0（和 opamp-RC 情况一样）。这意味着积分器是线性的（假设无源元件是线性的）。积分器的输出阻抗为 0——这种情况是通过使用深度负反馈实现的。由于这个原因，积分器对寄生电容不敏感，可以驱动其他积分器。最后，由于不需要共漏放大器，输出可以摆动到每个电源轨的 ΔV 以内，因此，峰-峰摆幅是 $V_{dd}-2\Delta V$，与 opamp-RC 结构相比，这是一个很大的改善①。

OTA-RC 积分器的出色表现是通过负反馈实现的。从本质上讲，这将工作带宽限制为 OTA 固有速度的一部分。跨导-电容（或 Gm-C）积分器试图通过使用开环结构来

① 由于 opamp-RC 积分器严重限制输出摆幅，因此很少使用图 10.1(a)中的 opamp。"opamp"的名称和符号经常被（误）使用，在这个意义上，人们在谈论 opamp 时实际上是指"OTA"。

缓解速度问题，如图 10.1(c)所示，这里，v_{in}通过跨导器 G_m（选择为 $1/R$）将其转换成电流，在电容器 C 上积分以产生输出电压。由于积分器的输入阻抗无穷大，因此级联积分器很容易实现。

不幸的是，Gm-C 结构在几个方面存在问题。实现跨导的方法有很多种，但使用开环技术的线性度有限，很大程度上取决于器件特性。使用反馈来线性化跨导器，降低了工作速度。此外，该积分器对寄生电容敏感。所以，Gm-C 积分器仅在速度是主要考虑因素而线性度不太重要时才有用。

从上面的讨论来看，OTA-RC 结构似乎是最佳选择，因此需要进行更详细的研究。下面我们从最简单的 OTA 结构即单级 OTA 开始研究。

图 10.3(a)所示的是一个基于单级 OTA 的 OTA-RC 积分器。该 OTA 有一个有限的 G_m，其他非理想性如输入和输出处的寄生电容以及有限的输出电阻都被忽略了。与理想情况不同，虚拟“地”节点不再是地电平。通过分析表明

$$v_x = \frac{v_{\text{in}}}{1+G_m R} \tag{10.2}$$

和

$$\frac{V_{\text{out}}(s)}{V_{\text{in}}(s)} = -\underbrace{\frac{\alpha}{sCR}}_{\text{单位增益频移}}\underbrace{\left(1-\frac{sC}{G_m}\right)}_{\text{RHP零点}} \tag{10.3}$$

其中 $\alpha = G_m R/(G_m R+1)$。有限的 G_m 导致单位增益频率的偏移，将单位增益频率减少了一个 α 因子。此外，我们看到积分器的传递函数有一个右半平面(RHP)零点，直观地说，这是由于从输入到输出有多条路径而产生的零点——一条路径通过跨导器，另一条通过积分电容。RHP 零点增加了相位滞后，这相当于增加了过量环路延迟。

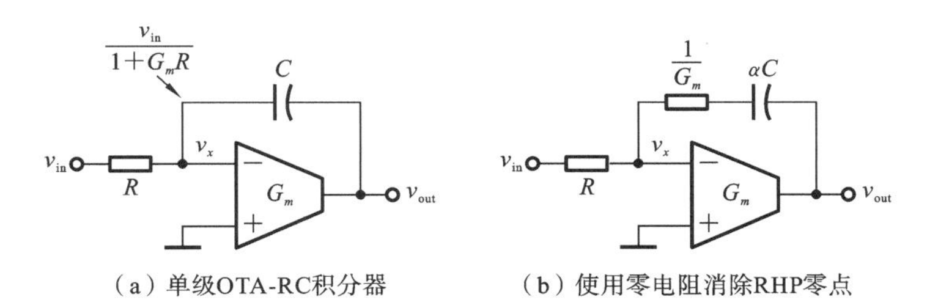

（a）单级OTA-RC积分器　（b）使用零电阻消除RHP零点

图 10.3 OTA-RC **积分器**

可以通过以 α 因子修改电容值或电阻值来解决单位增益频率的偏移问题。通过引入与积分电容串联的值为 $1/G_m$ 的电阻可以消除 RHP 零点。其结果如图 10.3(b)所示，实现了传递函数($-1/sCR$)。

单级 OTA 存在一些实际问题。晶体管的输出电导导致积分器具有有限的直流增益，随着负载的增加而进一步降低。此外，单级 OTA 的最简单的晶体管级实现即差分对，具有有限的输出摆幅。图 10.4所示的是基于一对差分对的全差分单级 OTA 的简化电路图。由于环路滤波器中的积分器需要级联，因此 OTA 的输入和输出共模电压必须相同，

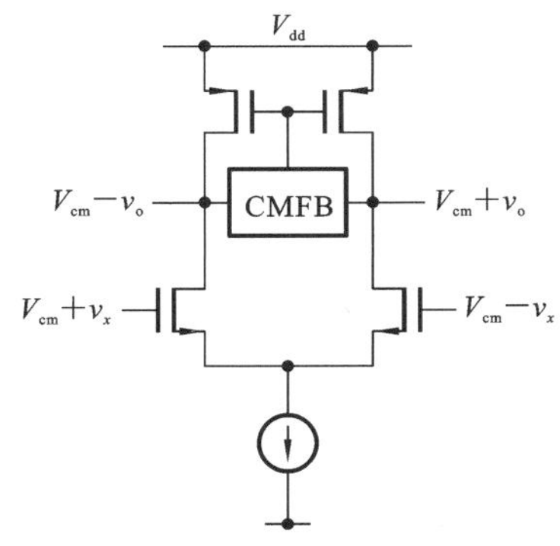

图 10.4 基于一对差分对的全差分单级 OTA

这意味着无论电源有多高，v_o 都不能超过 NMOS 晶体管的阈值电压，这是一个严重的限制。最后，在本章后面将看到，非线性可能是一个重要的问题，除非 G_mR 非常大。简单地增加 G_m 以获得更好的线性，其不具功率效率。解决单级 OTA 局限性的一种方法是使用两级 OTA 设计，我们将在下面讨论。

10.2 米勒补偿的 OTA-RC 积分器

可以使用米勒补偿 OTA 代替单级 OTA，如图 10.5 所示。第二跨导器 G_{m2} 与第一跨导器级联。出于稳定性目的，将补偿电容器 C 放置在 G_{m2} 两端，并且通过与 C 串联的 $1/G_{m2}$ 电阻抵消所得的 RHP 零点。

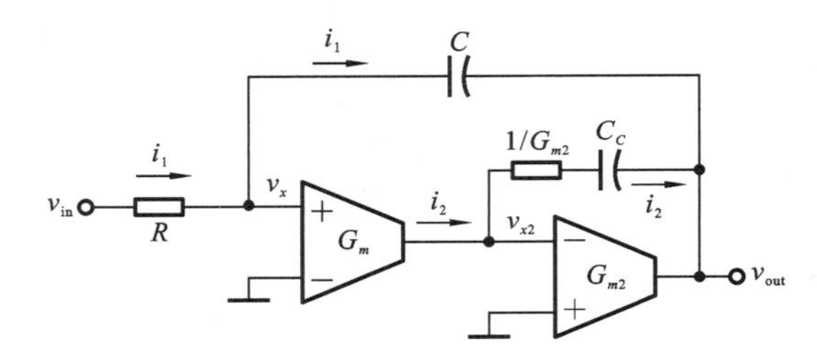

图 10.5 使用二级米勒补偿 OTA 的 OTA-RC 积分器

为什么米勒补偿 OTA 比单级 OTA 有所改进呢？首先，积分器的直流增益来源于两个增益级，因此要高得多。与单级 OTA 不同，内部节点的共模电压不受任何限制。由此，输出可以摆动到电源轨的一个过驱动电压以内。此外，在第一级输出端使用共源共栅可以提高增益而不降低第二级输出端的最大摆幅。由于使用两级 OTA 可以实现的直流增益本质上比单级更高，因此级联积分器没有问题。

具有米勒补偿设计的积分器的性能与使用单级 OTA 的积分器相比如何呢？我们在下面给出一个直观的解释。如图 10.5 所示，v_x 和 v_{x2} 必须非常小，这意味着 C 和 C_c 两端的电压大致相同。用 i_1 表示通过 C 的电流，则通过补偿电容器的电流是

$$i_2 = i_1 \frac{C_c}{C} \tag{10.4}$$

因为 $i_1 \approx v_{in}/R$，i_2 是第一级的输出电流，因此有

$$v_x \approx \frac{v_{in}}{G_mR}\frac{C_c}{C} \tag{10.5}$$

回想一下，在单级 OTA 时，$v_x \approx v_{in}/(G_mR)$。因此可以看出，使用米勒补偿 OTA 可以被认为是使用了一个其 G_m 高了一个 C/C_c 因子的单级 OTA。解释上述结果的另一种方法如下。要使积分器为理想状态，v_x 必须为零。由式(10.5)知，这意味着 $G_mR(C/C_c) \gg 1$，因此

$$\underbrace{\frac{G_m}{C_c}}_{\text{OTA的UGB}} \gg \underbrace{\frac{1}{RC}}_{\text{积分器的UGB}} \tag{10.6}$$

在直觉上是令人满意的。

根据我们的近似分析得出结论，使用米勒补偿 OTA 的好处与 C_c 成反比，因此，将 C_c 设置为零是很诱人的。然而，这是不切实际的，因为我们的分析忽略了第一和第二

级输出端的寄生电容。除非 C_c 足够大，否则这些寄生电容会降低相位裕度（或使积分器不稳定）。对于一阶，基于米勒补偿 OTA 的积分器的传递函数是

$$\frac{V_{out}(s)}{V_{in}(s)} \approx -\frac{1}{sCR}\frac{1}{\left(1+\frac{sC_c}{G_m}\right)} \tag{10.7}$$

OTA 有限带宽的影响是为积分器传递函数增加了一个额外的极点。如果考虑未在图 10.5 中建模的寄生电容，则更多的极点和零点会在传递函数中出现。此外，G_m 和 G_{m2} 的输出电阻导致积分器具有有限的直流增益。由此可见，解决单级 OTA 的相关问题会导致积分器传递函数变成高阶传递函数。一个自然产生的问题是，所有这些极点如何影响环路的 NTF，以及我们可以对此做些什么。这一点和相关问题将在第 10.8 节中讨论。

10.3 前馈补偿 OTA-RC 积分器

两级 OTA 也可以使用前馈补偿，基本思想如图 10.6 所示。不像在米勒补偿中那样在第二级上添加补偿电容器，而是第三跨导器 G_{m3} 感测 v_x 并将电流泵送到输出节点。这提供了反馈回路的“快速路径”。G_m 和 G_{m2} 的级联形成高直流增益（和慢速）路径。由于采用了两级设计，积分器具有很高的直流增益，与米勒补偿的 OTA 一样。乍一看，前馈跨导器似乎增加了功耗，但结果表明，G_{m3} 可以通过复用 G_{m2} 的偏置电流来实现。

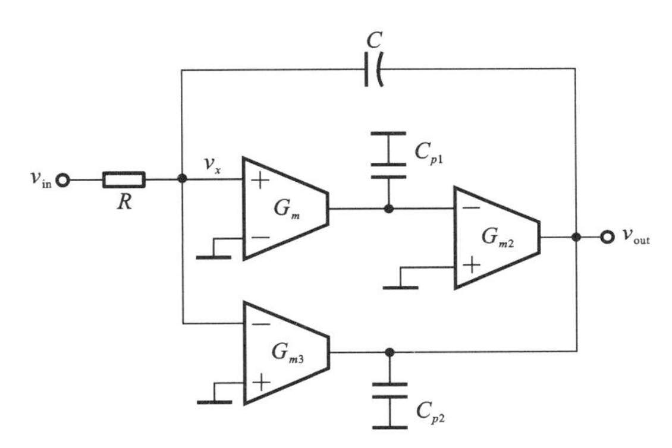

图 10.6 使用前馈补偿 OTA 的有源 RC 积分器

与 Miller 补偿 OTA 相比，前馈补偿的 OTA 的花销如何？如果没有补偿，两种设计的频率响应是相同的，如图 10.7 所示，它们的单位增益频率为 $\sqrt{G_m G_{m2}/C_{p1}C_{p2}}$。对于米勒补偿，必须选择 C_c，使得单位增益频率 G_m/C_c 小于第二级产生的极点，该极点大约为 $G_{m2}/(C_{p1}+C_{p2})$。因此，OTA 的开环增益在远低于 G_m/C_c 的频率下以 20 dB/dec 开始下降。对于前馈补偿，应选择 G_{m3}，使其在穿越 0 dB 时幅频响应以 20 dB/dec 的速度下降。补偿后的放大器的单位增益频率为 G_{m3}/C_{p2}，其高于 $\sqrt{G_m G_{m2}/C_{p1}C_{p2}}$。从图 10.7 可以看出，与 Miller 补偿相比，在相同的功耗下前馈补偿结构实现了更大的带宽。这是有道理的，因为米勒补偿实现稳定性的思想是通过添加 C_c 来减慢第一级，所以故意添加一个大电容并对其充电/放电会增加 Miller OTA 的功耗。

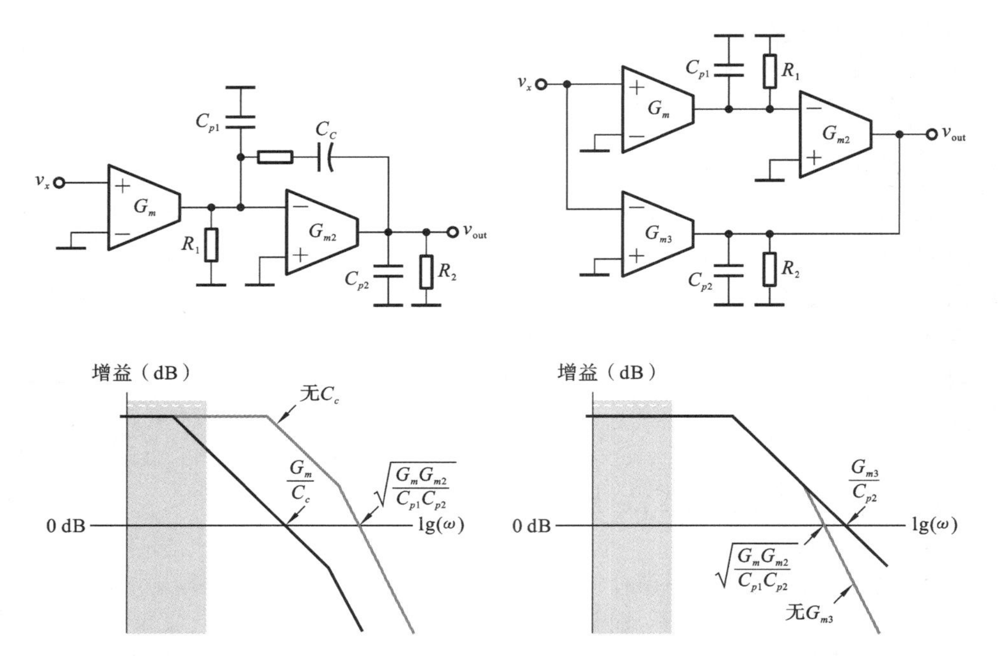

图 10.7 两级米勒补偿和前馈补偿 OTA 的比较 R_1 和 R_2 模拟了跨导器的输出电阻

既然前馈补偿在相同的功耗下实现了更高的带宽，为什么不经常使用它呢？例如，米勒 OTA 是离散时间 ΔΣ 调制器的主力。在模拟集成电路的研究生课程中，其中一个内容是介绍运算放大器设计，并深入分析了米勒补偿 OTA。然而，如果其课程内容覆盖前馈的话，则前馈会被忽视，而大多数商用分立运算放大器也是米勒补偿的，为什么会这样呢？

因为前馈在积分器的传递函数中产生零点，而零点会导致瞬态稳定变慢，这在开关电容器电路中通常是不可接受的，因为在这种电路中，OTA 输出的样本是有意义的。Miller OTA 虽然比前馈 OTA 慢，但没有这样的问题——这使得它成为一个适用于离散时间 ΔΣ 调制器的选择。而在 CTΔΣM 中，整个输出波形是相关的，缓慢建立瞬态并不重要，这意味着可以使用前馈 OTA。

图 10.7 中的响应还表明，如果 OTA 被包含在负反馈环路中，则随着反馈系数的增加，米勒放大器变得不稳定。因此，单位反馈(即反馈系数等于 1)形成了这种 OTA 的“最坏情况”。而当反馈系数降低时，前馈结构变得不稳定——反馈系数为 1 会产生最稳定的前馈结构放大器，这使得前馈补偿运算放大器不适合作通用分立器件。

在讨论二阶前馈补偿 OTA 时，也可以考虑高阶结构[1]。一个例子如图 10.8(a)所示，其传递函数是

$$A(s)=\frac{G_{m1}}{sC_{p1}}+\frac{G_{m2}G_{m3}}{s^2C_{p1}C_{p2}}+\frac{G_{m2}G_{m4}G_{m5}}{s^3C_{p1}C_{p2}C_{p3}}+\cdots \tag{10.8}$$

为了保证稳定性，幅度响应必须以大约 20 dB /dec 跨过 0 dB，就像在二阶情况下一样。多级前馈的优势在于幅度响应的过渡区域可以调整为较窄区域，允许在滚降之前在更宽的带宽上保持高增益，如图 10.7(b)所示。与所有高阶系统一样，此类 OTA 具有条件稳定性。当调制器过驱动时，由于内部增益级的过载，每个增益级饱和且导致其不稳定性。虽然需要仔细和全面的仿真来确保所有工作条件下的稳定性，但有用的

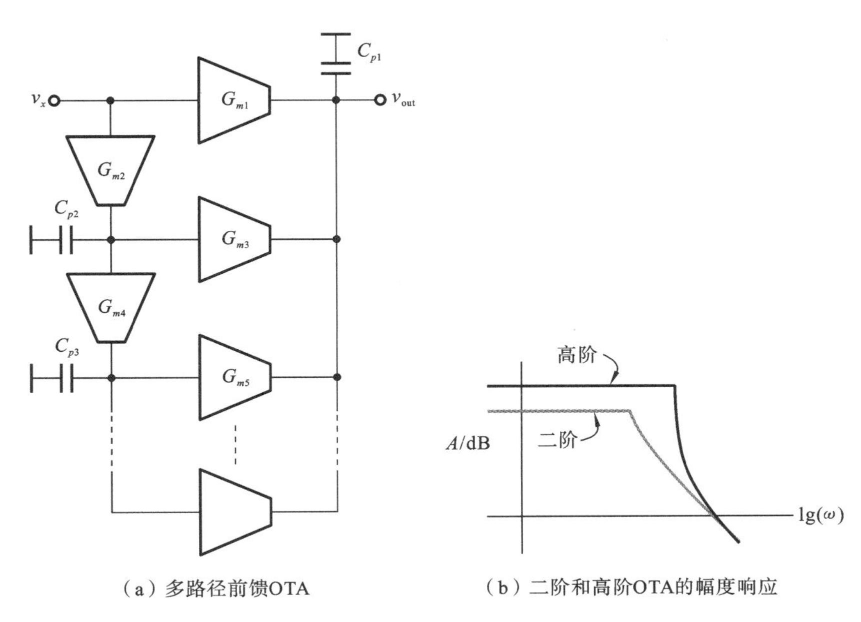

（a）多路径前馈OTA　　（b）二阶和高阶OTA的幅度响应

图 10.8　高阶系统

做法是确保第一阶路径最后饱和，这样，内部节点的饱和仍然会导致系统从过载恢复到稳定状态。

10.4　前馈放大器的稳定性

前馈 OTA 在单增益反馈环路中时，其环路增益函数为如下形式：

$$LG(s)=\frac{k_1}{s}+\frac{k_2}{s^2}+\cdots+\frac{k_n}{s^n} \tag{10.9}$$

一个三阶示例($k_1=2.5,k_2=0.5,k_3=0.1$)的环路增益函数的幅度和相位图如图 10.9 所示。在单位增益频率附近，幅度响应以 20 dB/dec 滚降，相位滞后为 90°。因此，这种特殊设计的相位裕度几乎为 90°。有趣的是，在 $\omega_1=0.2$ rad/s 时，环路增益函数的相位滞后为 180°，其幅度为 12.5（远大于 1）。

当$\angle LG=180°$的$|LG|$远大于 1 时，系统是稳定的，这一事实有点令人迷惑。毕竟，我们从巴克豪森判据中知道，如果$|LG|=1$，并且$\angle LG=180°$，反馈系统是不稳定的。而目前的情况似乎更糟，当环增益的相位为 180°时，$|LG|\gg1$。然而，当我们知道闭环系统是稳定的（用奈奎斯特准则或根轨迹法建立）时，我们该如何解决这个悖论呢？

首先，我们研究了巴克豪森判据背后的依据。考虑图 10.10(a)所示的反馈回路。假设在 ω_1 处，有 $LG(j\omega_1)=1$ 和$\angle LG(j\omega_1)=180°$。为了理解系统不稳定的原因，我们进行一个 gedanken 实验。我们用一个单刀双掷开关代替图 10.10(a)中的加法器，如图 10.10(b)所示。最初，开关位于ⓐ处，它被正弦曲线 $A\cos(\omega_1 t)$ 激励，由于 $LG(j\omega_1)=-1$，在稳定状态下，ⓑ处的正弦曲线也是 $A\cos(\omega_1 t)$，它与ⓐ处的信号完全相同，如图 10.10(c)所示。然后将开关的位置改为ⓑ。就放大器而言，它的输入激励是来自独立源还是来自其自身（反相）输出（因为两个输出无法区分）没有区别。因此，即使在开

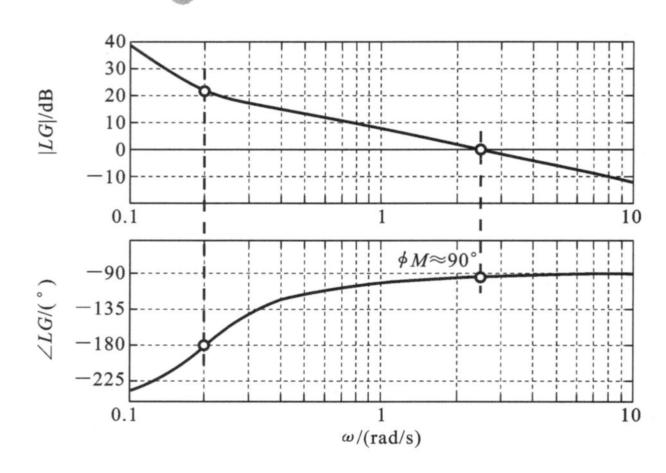

图 10.9　示例三阶前馈补偿环路的环路增益的幅度和相位响应

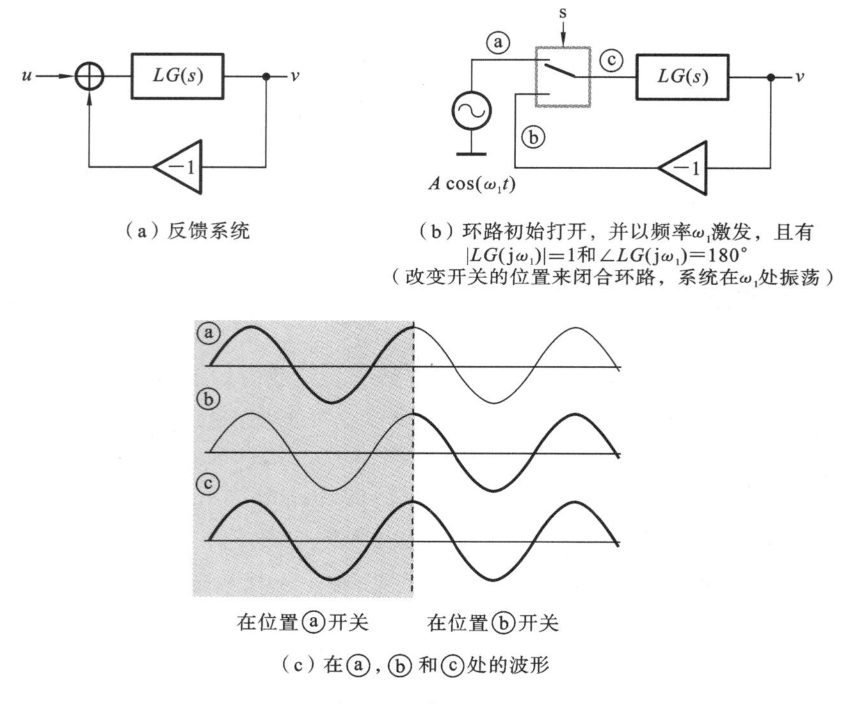

图 10.10　gedanken **实验** 1

关已经改变状态之后，系统也继续以 ω_1 振荡。

基于以上论证，我们开始怀疑，当相位为 180°、环路增益远大于 1 时，系统怎么可能是稳定的。如图 10.11(b)所示，当开关位于ⓐ位置时，则示例系统中ⓑ位置的信号放大 12.5 倍。因此，ⓐ、ⓑ、ⓒ三处的信号如图 10.11 中灰色所示。然后人们可能会想，当环路闭合时，这个环路中的正弦信号的振幅会无限制地增长，毕竟，反馈信号是输入信号的 12.5 倍，当它循环时，它应该重复建立直到无穷大。

关键是要理解 $LG(j\omega_1)=12.5\angle 180°$ 的含义，这句话的意思是，如果开环系统被 ω_1 正弦信号激励，则在稳态下，输出是输入的 −12.5 倍；我们强调，这并不意味着输出等于输入瞬时值的 −12.5 倍。在示例中，当我们将开关切换到位置ⓑ时，ⓒ处的输入经

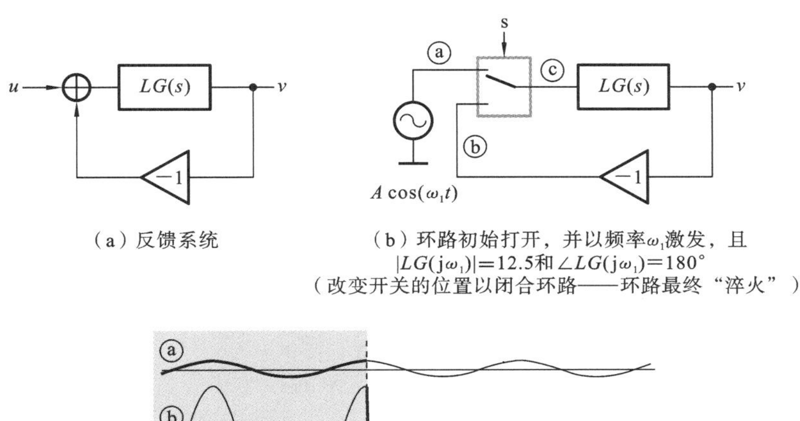

(a) 反馈系统

(b) 环路初始打开，并以频率ω_1激发，且 $|LG(j\omega_1)|=12.5$和$\angle LG(j\omega_1)=180°$
(改变开关的位置以闭合环路——环路最终“淬火”)

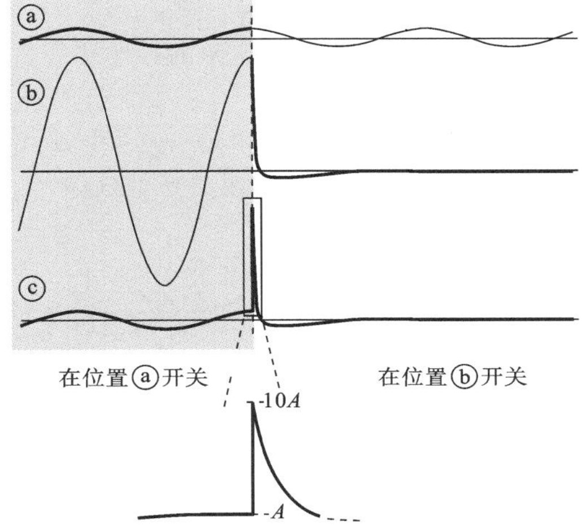

(c) 在ⓐ，ⓑ和ⓒ处的波形(如果“快速”反馈足够强，则具有$|LG(j\omega_1)|\gg 1$和$\angle LG(j\omega_1)=180°$的系统可以是稳定的)

图 10.11 gedanken **实验** 2

历一个阶跃(从 A 跳到 10 A)，如图 10.11(c)所示。放大器的瞬时响应将由一阶路径控制，该路径具有 $2.5/s$ 的传递函数。因此，开关改变状态后，输出 v 是一个斜坡，反相后导致ⓑ处信号减小，如图10.11(c)所示。注意，如果我们假设稳态行为是瞬间达到的，那么这与我们得出的结论是相反的。放大器输出的减少被反馈到输入端，在环路中循环的正弦波被“淬火”并衰减到零，就像在没有信号源的稳定系统中一样。由于环路增益的一阶路径增益较高，所以在正确的方向上反馈较快，如果这个值不够高，那么校正(在开关切换到ⓑ后)就不够，环路就会发生振荡。这与频域的论点是一致的，即减小 $1/s$ 路径的增益将导致更小的相位裕度，并最终导致系统不稳定。

10.5 连续时间 ΔΣ 调制器中的器件噪声

环路滤波器的组件，即电阻器和晶体管，将热(和 $1/f$)噪声注入 CTΔΣM。我们首先检查环路滤波器的构建模块即积分器的噪声。图 10.12 所示的是使用单级 OTA 的有源 RC 积分器中的噪声源。OTA 的输出电流噪声频谱密度为 $4kT\gamma G_m$，其中 γ 取决于设计细节。可以得出积分器的输入参考噪声电压谱密度为

$$S_v(f)\approx 4kT\left(R+\frac{\gamma}{G_m}\right) \tag{10.10}$$

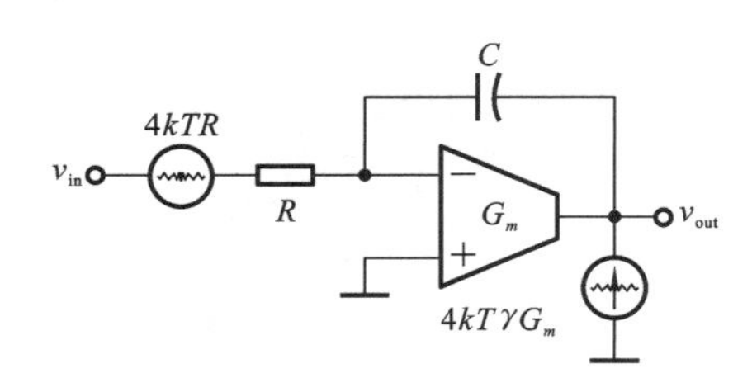

图 10.12　使用单级 OTA 的有源 RC 积分器中的噪声源

回想一下，好的积分器的 $G_mR \gg 1$，因此，$S_v \approx 4kTR$。正如我们将要看到的那样，我们只需要担心带内噪声频谱。将积分器的带内热噪声降低 3 dB 需要多大代价呢？R 必须减少到原来的二分之一，若其他一切保持不变，则 G_m 和 C 应该增加相同的因子。由于所有阻抗都减小到原来的二分之一，因此功耗增加 2 倍。

环路滤波器的噪声如何影响调制器的带内信噪比？我们用二阶 CIFF 示例对此进行说明，如图 10.13 所示，有源 RC 积分器使用单级 OTA，反馈 DAC 假定为电阻式。所有噪声源的影响可等价到调制器的输入端，并合并为等效噪声电压，其谱密度用$S_{eq}(f)$表示。假设有加性量化噪声，调制器的等效模型如图 10.14 所示。由于 CTΔΣM 固有的抗混叠特性，STF 的直流增益为 1，并且在 f_s 的倍数处为零。STF 中的峰值是由于 CIFF 环路滤波器结构造成的。

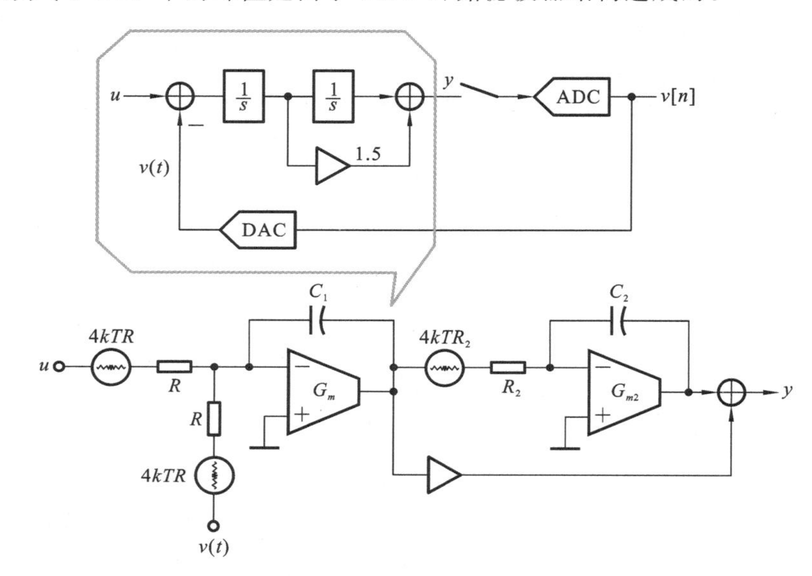

图 10.13　带噪声源的二阶 CIFF CTΔΣM 示例(假设使用电阻 NRZ 反馈 DAC)

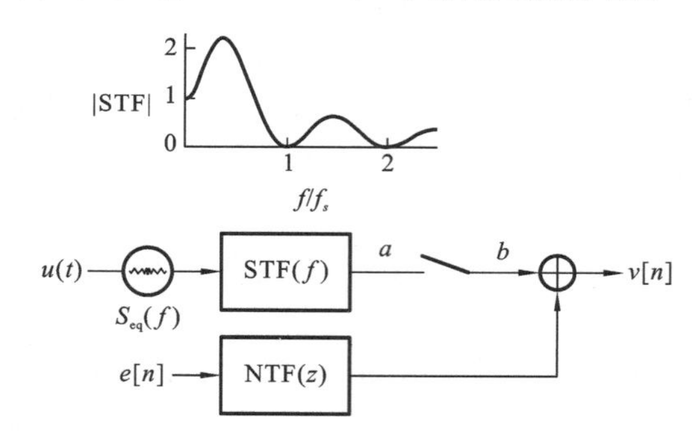

图 10.14　包括热噪声源和量化噪声源的等效 CTΔΣM 模型
($S_{eq}(f)$表示环路滤波器和反馈 DAC 的等效输入参考噪声谱密度)

图 10.15 所示的是图 10.14 中各点的噪声谱密度。在点 a，$S_{eq}(f)$被 STF 整形，产

生的噪声密度为

$$S_a(f)=S_{eq}(f)|\text{STF}(f)|^2 \tag{10.11}$$

由于连续时间输出在点 a 处被采样以产生点 b 处的序列，因此，$v[n]$的热噪声成分是

$$S_b(f)=f_s\sum_{k=-\infty}^{\infty}S_a(f-kf_s) \tag{10.12}$$

我们只对带内噪声谱密度感兴趣，因为带外噪声将被抽取滤波器消除。从图 10.15 中，我们可以看到，在点 b 处采样后，来自点 a 处的约 f_s 倍数的噪声将混叠进入信号带。然而，由于 CTΔΣM 固有的抗混叠特性，STF 的作用几乎消除了 f_s 倍数附近的噪声。因此，即使存在混叠，采样也不会增加带内噪声。所以，就热噪声计算而言，只有信号带中的 $S_{eq}(f)$是相关的。

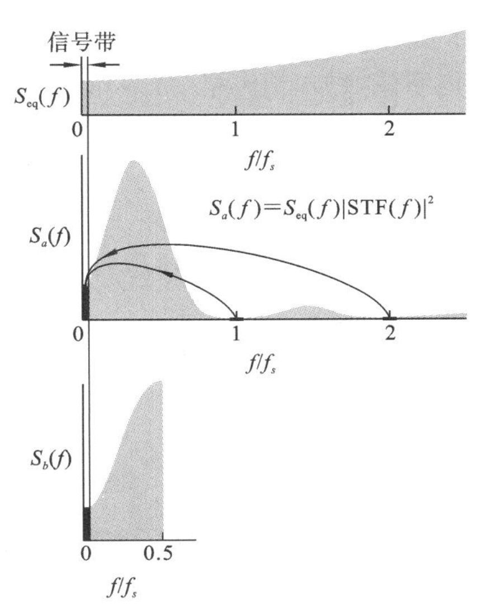

图 10.15　图 10.14 中各点的噪声谱密度

作为推论，如果 STF 在 f_s 的倍数附近没有零值，我们将不得不考虑从这些频率附近折叠到信号带中的噪声。当环路滤波器是时变的，即使用开关电容反馈 DAC 时，STF 将不会在 f_s 附近产生零值。

现在来看图 10.13 中 CIFF CTΔΣM 的具体情况，低频输入的噪声频谱密度(忽略来自 OTA 的噪声)由下式给出，即

$$S_{eq}(f)\approx \underbrace{8kTR}_{\text{输入和DAC电阻}}+\underbrace{4kTR_2(2\pi fRC_1)^2}_{\text{第二个积分器的噪声由第一个积分器的增益决定}} \tag{10.13}$$

从上面的表达式可以清楚地看出，由于信号频带中第一积分器的高增益，当参考调制器的输入时，第二积分器引起的噪声变得可以忽略不计，这意味着环路滤波器的其余部分可以进行阻抗缩放，而不会影响带内热噪声，从而降低功耗。这种观察的另一个含义是增加 NTF 的阶数可以用非常小的额外功率来完成，因为附加积分器可以是阻抗缩放的。

由于环路滤波器的其余部分(在信号带宽内)的噪声在参考输入时被第一积分器的增益降低，因此，与 CIFB 相比，CIFF 和 CIFF-B 结构更能容忍来自环路的其余部分的噪声(和失真)。

CTΔΣM 的均方带内噪声由两部分组成：热噪声分量，用 N_{th}表示；(整形)量化噪声分量，用 N_q 表示。由于过采样，N_{th}在信号带宽上基本上是平坦的(如果我们忽略 $1/f$ 噪声)。假设我们想要获得具有期望峰值 SNR 的 CTΔΣM，则最大信号幅度(MSA)由 NTF 和量化器的电平数确定。正弦输入的峰值 SNR 由下式给出，即

$$\text{SNR}_{\max}=\frac{(\text{MSA}^2/2)}{N_{th}+N_q} \tag{10.14}$$

显然，为了得到相同的峰值 SNR，N_{th}和 N_q 有许多选择。在设计过程中出现的一个问题是，如何为热噪声和量化噪声分配噪声预算。图 10.16 所示的是三种可能的策略。在策略 A 中，预算由量化噪声分量控制；也可以如策略 B 中那样使 N_{th}和 N_q 相

等;或者如策略 C 中让热噪声占主导地位。哪一种策略能产生具有最低功耗的调制器呢？为了回答这个问题,我们先选择策略 A,并思考当我们改变 N_{th} 和 N_q 的相对贡献时,CTΔΣM 消耗的功率会怎样。如果我们决定将 N_{th} 增加 2 倍,那么 N_q 的减少量就会减小到原来的二分之一,现在,将 N_{th} 增加 2 倍是通过将环路滤波器阻抗按相同因子进行阻抗缩放来实现的,这样可以将功耗降低到原来的二分之一。我们如何减少 N_q 呢？这可以通过多种方式完成,例如,通过增加带外增益可以使 NTF 更加强大;或者,可以略微增加 OSR 和/或 NTF 的阶数,前者不会导致功耗增加,而增加 OSR/阶数仅会略微影响功耗。因此,总的来说,将 N_{th} 增加 2 倍会使 CTΔΣM 的功耗降低到原来的二分之一。进一步扩展这一论点,将更多的噪声预算分配给热噪声(同时减少 N_q)似乎是有利的。然而,若超过某一点,则减少带内量化噪声也开始变得困难。因此,省功耗设计是热噪声占总噪声预算的很大部分(约 75%)的设计。一个好的经验法则是保持 N_q 比热噪声低约 12 dB。

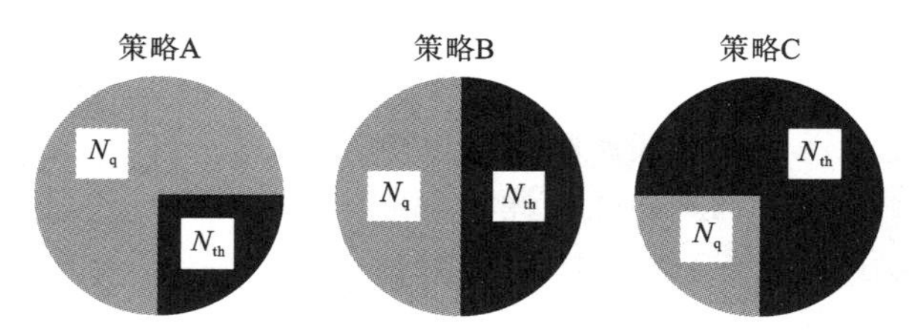

图 10.16 划分热噪声分量和量化噪声分量以获得所需峰值 SNR 的可能方式

保持 $N_{th} \gg N_q$ 还有以下两个原因。

(1) N_{th} 是可重复的。而多位量化中,N_q 是变化的,需要比较器校准和规格上的额外余量。

(2) N_q 包含谐波。

10.6 ADC 设计

量化器中使用的 ADC 可以通过多种方式实现。但是,哪种 ADC 架构特别适合 ΔΣ 环路呢？鉴于 ADC 将嵌入到强负反馈环路中,一般选择的是使用闪速(flash)架构。通过闪速 ADC 使用并行操作来实现高速,但其代价是硬件的复杂性和功耗的增加。闪速 ADC 的工作原理如图 10.17 所示,时钟控制比较器阵列将输入 y 与一组参考电压进行比较,参考电压通常使用梯形电阻器生成,比较发生在由时钟定义的时刻。阵列中的每个比较器产生逻辑输出 t,如果(在采样时刻)y 大于其参考电压(反之亦然),则该输出为 1。M 步闪速 ADC 采用 M 个比较器,比较器阵列的输出是所谓的温度计码,随后转换成二进制形式,并形成调制器的输出。为简单起见,图 10.17 所示的是单端电路,但实际的实现是全差分的。

闪速 ADC 的基本组成部分是时钟比较器。图 10.18 所示的是一个来自读出放大器的信号,它由两个背靠背连接的时钟 CMOS 反相器组成,工作在三个不重叠的时钟阶段。其中,C_c 是参考电压存储电容,C_p 是节点 x 和 y 到地的寄生电容。在采样相 ϕ_1 中,参考电压存储电容器与差分输入 v_{ip} 和 v_{im} 串联,且晶体管不导通,则 x 与 y 两端产生的差分电压由下式得出,即

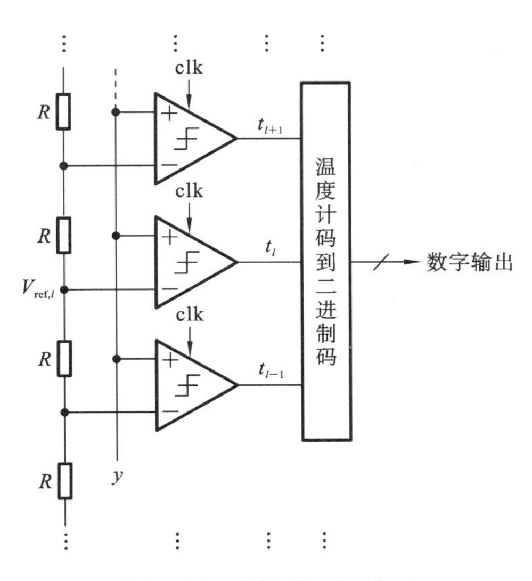

图 10.17 闪速 ADC 的框图

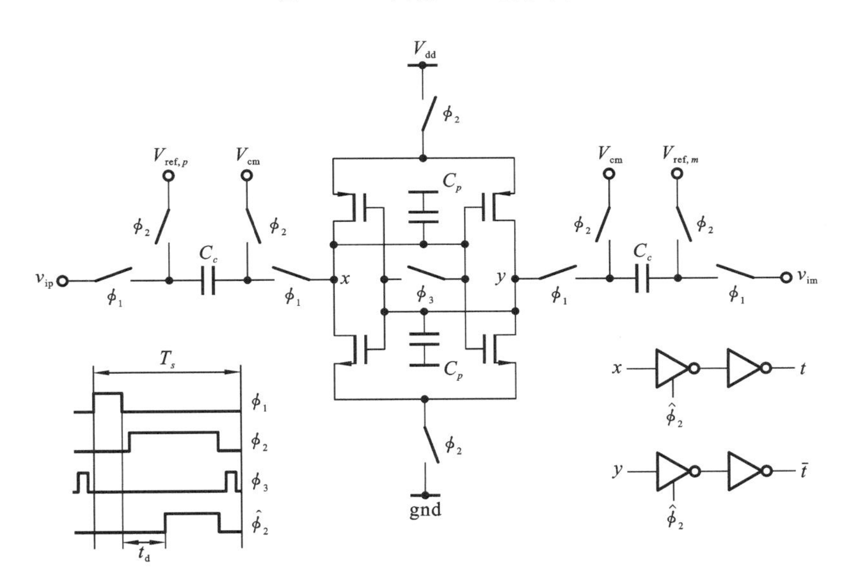

图 10.18 基于读出放大器的比较器

$$v_{xy}=\frac{C_c}{C_c+C_p}[(v_{\mathrm{ip}}-v_{\mathrm{im}})-(V_{\mathrm{ref},p}-V_{\mathrm{ref},m})] \tag{10.15}$$

比较器的采样时刻由 ϕ_1 的下降沿定义。由于再生发生在 ϕ_2 阶段，到此阶段结束时，x 处和 y 处的电位达到 V_{dd} 或 gnd，且参考电压存储电容也在 ϕ_2 期间刷新。ϕ_3 是很短的阶段，通过短接 x 和 y 来清除锁存器的记忆(并防止迟滞)，然后开始下一个比较周期。由于 x/y 的电压仅在 ϕ_2 的后半阶段是有效的逻辑电平，因此输出保持在使用 $\hat{\phi}_2$ 时钟控制的 CMOS 反相器上，以生成整个时钟周期有效的逻辑输出 t。比较器的延迟是 ϕ_1 的下降沿和 $\hat{\phi}_2$ 的上升沿之间的延迟。

实际上，形成再生对的 MOS 器件的阈值电压失配导致静态失调。节点 x 处和 y 处的寄生电容的差异导致动态失调，通常其远大于静态失调。事实证明，动态失调取决于 ϕ_1 阶段末 x 处和 y 处的共模电压之差以及再生反相器的自然阈值。在基于读出放大器的比较器中，通过适当选择 V_{cm} 和反相器尺寸可以使这种差异变小。

基于读出放大器的比较器的缺点是产生和分配所需的各种时钟的复杂性，所以在高速设计中，时钟分配网络消耗的功率可能变得很大。

基于 StrongARM 锁存器的比较器是比时钟更简单的比较器，如图 10.19 所示。在稳定状态下，参考电压存储电容器 C_c 两端的电压是 $(V_{ref,p}-V_{cm})$ 和 $(V_{ref,m}-V_{cm})$，从而有

$$v_a-v_b=(v_{ip}-v_{im})-(V_{ref,p}-V_{ref,m}) \tag{10.16}$$

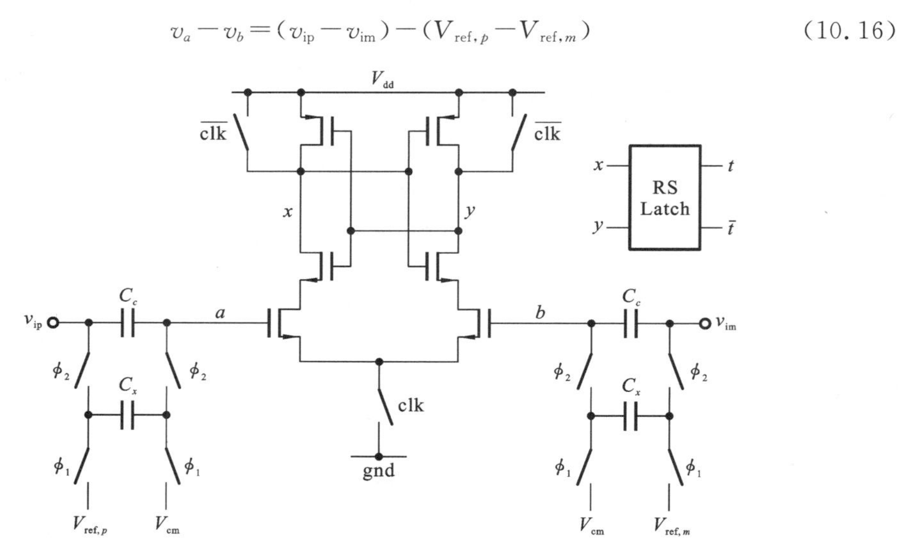

图 10.19　基于 StrongARM 锁存器的比较器

如 7.9 节所述，当 clk 为低电平时，节点 x 和 y 被拉至 V_{dd} 处；当 clk 变高时，再生开始，节点 x 和 y 在此阶段的后半期获得有效的逻辑电平，该判决由 RS 锁存器保持整个时钟周期。选择比 C_c 小得多的 C_x 用于刷新存储在 C_c 上的参考电压，且 ϕ_1 和 ϕ_2 是非重叠时钟（甚至可以以较低的时钟速率工作）。这种减去参考电压的方法的优点是在高速信号路径中不会出现串联开关。由于 $C_x \ll C_c$，ϕ_1 和 ϕ_2 开关可以很小，从而减小 a 处和 b 处的寄生电容。

StrongARM 结构的“采样时刻”有些模糊，但可以预计的是在 clk 变高后不久就会发生。虽然时钟简单和易于做参考电压减法是一个明确的优势，但与基于读出放大器的结构相比，StrongARM 锁存器会受到动态失调更大的影响。原因如下，当 clk 变高时，下拉网络被激活，因此，x 和 y 处的共模电压下降，而前一时钟阶段结束时它们的值是 V_{dd}。x 处和 y 处的寄生电容不匹配将导致在这些节点上产生差分电压，这表现为比较器失调。

图 10.20 所示的是另一个基于 StrongARM 锁存器的比较器，其中参考电压的减法是通过与输入晶体管并联的其他晶体管来完成的。而且，还有许多其他变体。

正如前面章节中所讨论的，比较器失调在单比特调制器中并不重要。然而，在多位 CTΔΣM 中，失调会修改量化器传递曲线的形状，导致带内量化噪声和最大稳定幅度改变。图 10.21 所示的是具有不同比较器失调电平的三阶调制器的带内 SNDR 仿真结果，其中量化器有 15 个级别，OSR=64，NTF 为最大平坦，带外增益为 2.5，输入是信号频段中的 −6 dB 音调。假设比较器失调是高斯分布的，σ_{off} 表示归一化到标称步长的失

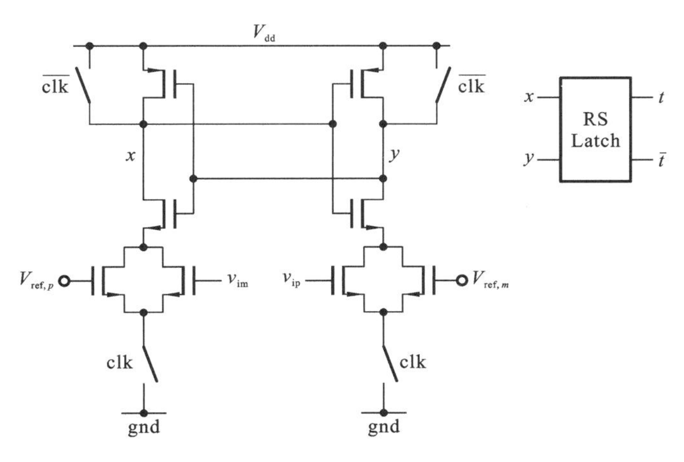

图 10.20　另一个基于 StrongARM 锁存器的比较器

调的标准偏差。对每个 σ_{off} 值执行 200 次蒙特卡罗仿真。很明显，当 σ_{off} 很大时，SNDR 会显著降低(约 20 dB)。因此，较谨慎的做法是确保比较器失调较小。图 10.21 表明在我们的例子中，$\sigma_{off}=0.05$ 是一个很好的目标值。

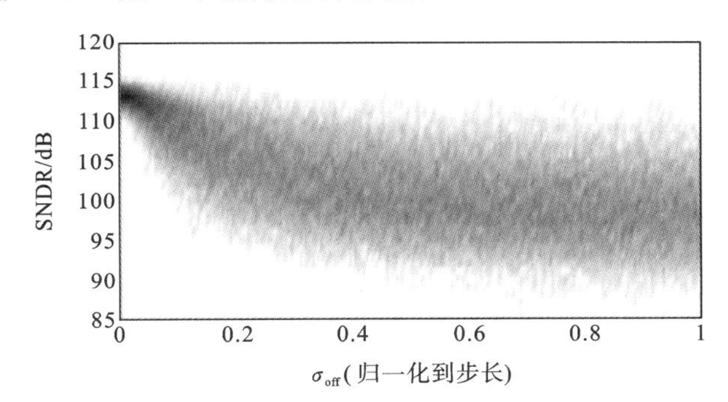

图 10.21　比较器阈值存在随机失调的情况下，三阶 15 级 CTΔΣM 的带内 *SNDR*

图 10.22 所示的是 CTΔΣM 作为比较器失调函数的 MSA，我们发现 MSA 也会受到影响，尽管不如 SNDR 的那么大。

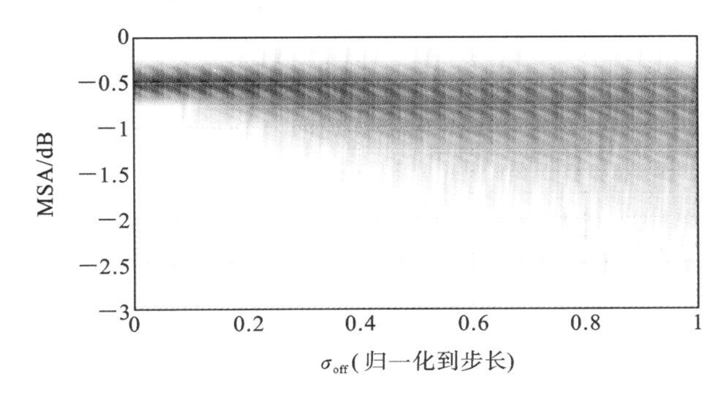

图 10.22　CTΔΣM 的 MSA 随 σ_{off} 变化

从上面的讨论中，我们看到以下内容：虽然 flash ADC 误差没有那么重要(与反馈 DAC 的非理想性相比)，但在最坏情况下，比较器失调量必须限制在标称步长的一小部分。因此，对这些失调进行纠正并不罕见，为此，我们需要一种控制失调量的方法。其中一种方法如图 10.23 所示，驱动 StrongARM 锁存器的前置放大器输出为 $v_a - v_b$，即 $(v_{ip} - v_{im}) - (V_{ref,p} - V_{ref,m})$。$I_{off}$ 是一个(数字)可编程电流源，用于修改前置放大器的输入参考失调量，例如，在通电期间，可以设置 I_{off}，以最小化比较器失调。

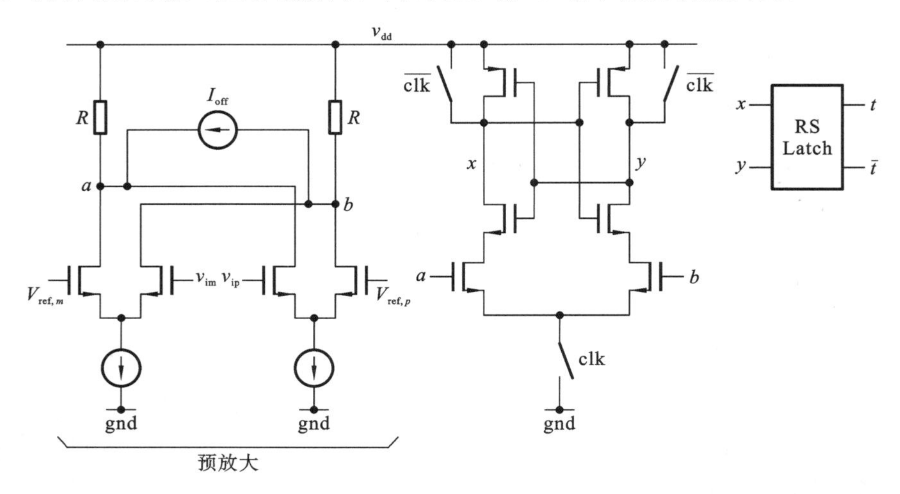

图 10.23 采用前置放大器和 StrongARM 锁存器的失调消除比较器

10.7 反馈 DAC 的设计

负反馈系统的闭环传递函数与反馈模块的特性密切相关。而 CTΔΣM 也不例外，其带内 SNDR 受到反馈 DAC 的噪声和线性度的严重影响。在本节中，我们将讨论 DAC 的各种实现方式，以及它们的相对优点。

10.7.1 电阻式 DAC

前文提到过，对于实现包含环路滤波器的积分器，OTA-RC 结构是一个令人信服的选择。实现 DAC 的一种方法是利用 OTA 便利的虚地，如图 10.24(a)所示的概念性单端原理图。然而，大多数实际的 CTΔΣM 设计是不同的，图 10.24(b)所示的是 DAC 如何连接到 OTA。如果我们假设一个 M 步量化器，ADC 输出是一个 M 位温度计代码。每个温度计位 t 驱动一个差分 DAC 单元元素(unit element)，该元素由一对电阻构成，每个电阻值为 $M \cdot R$。根据 t_l(代表第 l 温度计位输出)的状态，电阻连接到正或负的参考电压($V_{ref,p}/V_{ref,m}$)上。如果 t_l 保持了一个完整的时钟周期，则会产生 NRZ 脉冲形状。这种 DAC 也被称为开关电阻 DAC。

我们用 V_{dd} 表示电源电压，运算放大器输入端的共模电压选择为 $0.5V_{dd}$。在 $V_{ref,p} = V_{dd}$ 和 $V_{ref,m} = 0$ 的最佳情况下，DAC 的满量程差分电流为 V_{dd}/R。电流噪声的频谱密度由 $8kT/R$ 给出，当参考调制器的输入时，这转换成噪声电压谱密度为 8 kTR。

电阻式 DAC 的优点是什么？对于给定的满量程电流，这样的 DAC 可以增加最小的热噪声。因此，使用这种 DAC 的调制器往往非常节能。由于单元元素的简单性，DAC 版图的布局往往不会杂乱。

开关电阻 DAC 有哪些问题？由于其虚地节点处的电阻负载，输入 OTA 周围的环路增益减小。结果，当参考 CTΔΣM 输入时，OTA 的低频噪声增加了 2 倍。此外，环路

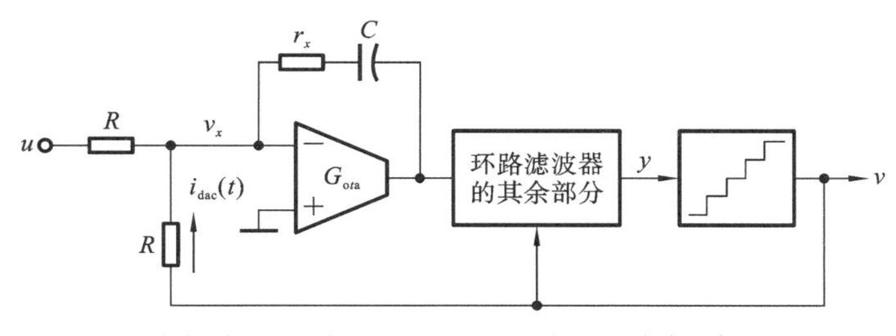

(a) 采用电阻式DAC的CTΔΣM的概念性单端示意图

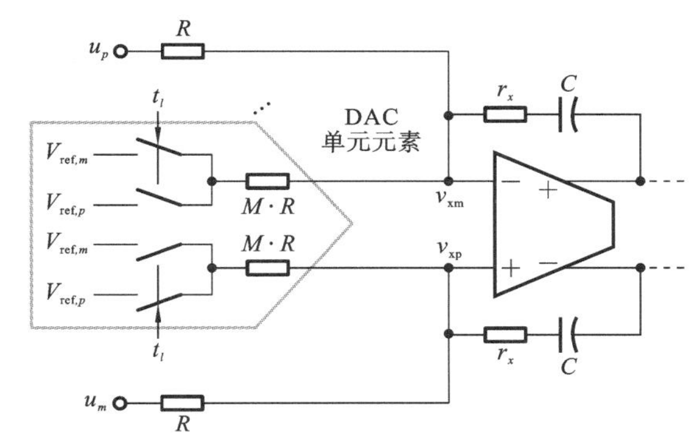

(b) 馈入到OTA-RC积分器的差分单元元素的实际实现

图 10.24 OTA-RC **结构图**

增益减小会降低积分器的线性度,必须通过适当的 OTA 设计来解决。

通常,制造工艺中没有高电阻率的多晶硅电阻器,这导致电阻尺寸很大,特别是在低带宽设计中。电阻尺寸过大会导致电阻器的分布式寄生电容很大,从而导致过量环路延迟增加,且超过量化器的其余部分会引入延迟。这可以通过第 9 章中讨论的任何方式来解决。

在多位调制器中,单元元素的电阻的不匹配将降低带内 SNR,必须通过校准或动态元件匹配(DEM)技术来解决。这本身就是一个巨大且重要的话题,在第 6 章中对此进行了详细介绍。

另一种形式的非线性甚至会降低单比特开关电阻 DAC 的性能。我们在第 9 章讨论 RZ DAC 的有用性时提到了这一点。我们将这种现象称为转换误差,通常称为符号间干扰(inter-symbol interference,ISI),这是动态非线性的一个例子,由 NRZ 反馈波形的上升和下降时间之间的差异引起。其根本原因是 DAC 单元元素中上拉和下拉开关的电阻和时序不匹配,如图 10.25 所示。假设 DAC 开关具有电阻 r_m 和 r_p,并且开关接头处存在寄生电容 c_p,OTA 被认为是理想的。我们首先分析单端电流 i_m。在理想情况下,应该 i_m 是 $\pm I_o$,其中 $I_o = V_{dd}/(2R)$,如图 10.25(b)所示。由于存在非零开关电阻,波形分别具有不同的上升和下降时间常数 $\tau_p = r_p c_p$ 和 $\tau_m = r_m c_p$。误差电流 $i_{err}(t)$ 是理想电流和实际电流之间的差值,是一系列指数衰减脉冲,如图 10.25 所示。很容易看出,以下序列在上升(下降)边沿取值为 2(−2),在其他地方取值为 0。

由于,

$$t_{up}[n] = 0.5(v[n] - v[n-1] + |v[n] - v[n-1]|)$$
$$t_{dn}[n] = 0.5(v[n] - v[n-1] - |v[n] - v[n-1]|)$$

其中 $p_r(t)$ 和 $p_f(t)$ 分别是上升沿和下降沿与理想 DAC 波形的偏差,由 $p_r(t) =$

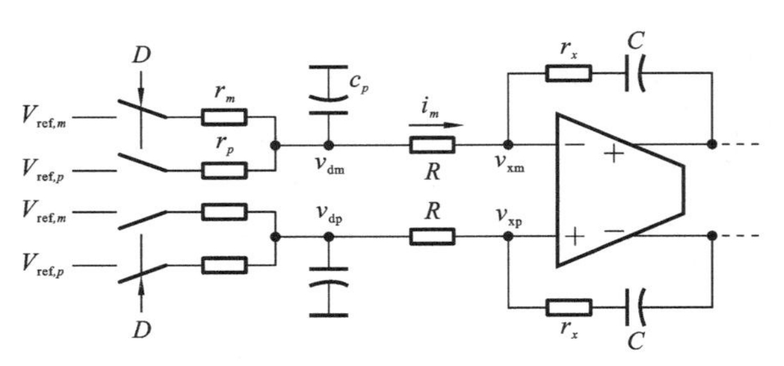

（a）单比特开关电阻DAC，上拉和下拉开关具有不相等的电阻（c_p表示（不期望的）寄生电容）

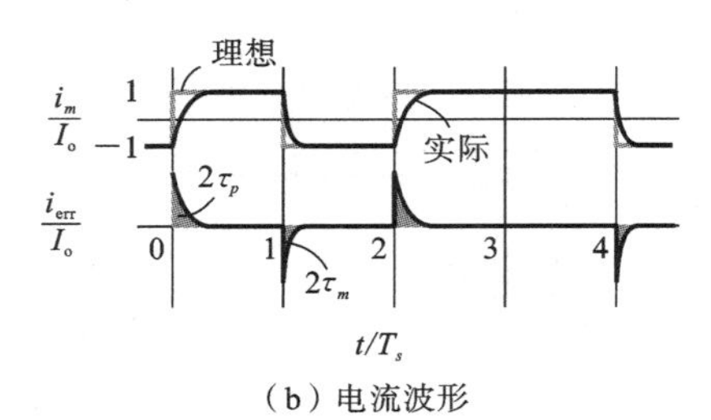

（b）电流波形

图 10.25　单端电流 i_m 电路及波形

$2\exp(-t/\tau_p)$和 $p_f(t)=2\exp(-t/\tau_m)$给出，则误差电流可表示为

$$\begin{aligned} i_{\mathrm{err}}(t) &= I_{\mathrm{o}}\sum_n t_{\mathrm{up}}[n]p_r(t-nT_s)+t_{\mathrm{dn}}[n]p_f(t-nT_s) \\ &= \frac{I_{\mathrm{o}}}{2}\sum_n \underbrace{\{v[n]-v[n-1]\}}_{\text{线性}}(p_r(t-nT_s)+p_f(t-nT_s)) \\ &\quad +\frac{I_{\mathrm{o}}}{2}\sum_n \underbrace{\{|v[n]-v[n-1]|\}}_{\text{非线性}}(p_r(t-nT_s)-p_f(t-nT_s)) \end{aligned} \tag{10.17}$$

从上面的等式可以看出，单端误差电流波形包含一个非线性分量，它取决$|v[n]-v[n-1]|$以及上升和下降转换误差 p_r 和 p_f 之差。DAC 在一个时钟周期内注入的非线性电荷，用理想电荷归一化，由下式给出，即

$$\alpha=\frac{\tau_m-\tau_p}{T_s} \tag{10.18}$$

在两电平调制器中，当输入较小时，v 在 1 和 −1 之间快速转换；当 u 较大时，转换频率较低(见图 9.23)。当 u 是正弦曲线时，ISI 引起的误差在 u 穿过 0 时很大，而在 u 的峰值处较小。图 10.26(a)和(b)分别显示了输入 u 比满量程低 6 dB 的三阶 CTΔΣM 的输入和输出转换密度。其中转变密度是指前 16 个样品中 v 转换的次数。由此可见，ISI 引起的误差应具有较强的二次谐波含量。图 10.27($\alpha=10^{-3}$)中的 PSD 证实了这一观察结果。

上面的讨论考虑了 ISI 引起的单端 DAC 电流的失真，从图 10.27 中可以明显看出 ISI 会严重降低采用 NRZ DAC 的 CTΔΣM 的性能。然而幸运的是，差分工作可以解决此问题。如图 10.25 所示，我们看到两个积分电阻是相同的，则 DAC 电流的非线性分量是共模分量，由于差分对称而完全被抑制。在实践中，差分电路或时序的不匹配将导致其中的一些“泄漏”。

ISI 如何影响多位 DAC 的输出？每个单元元素添加的误差电流仍由式(10.17)给出。如果 DAC 元素直接由 ADC 的温度计码输出驱动，则 ISI 引起的总非线性误差将

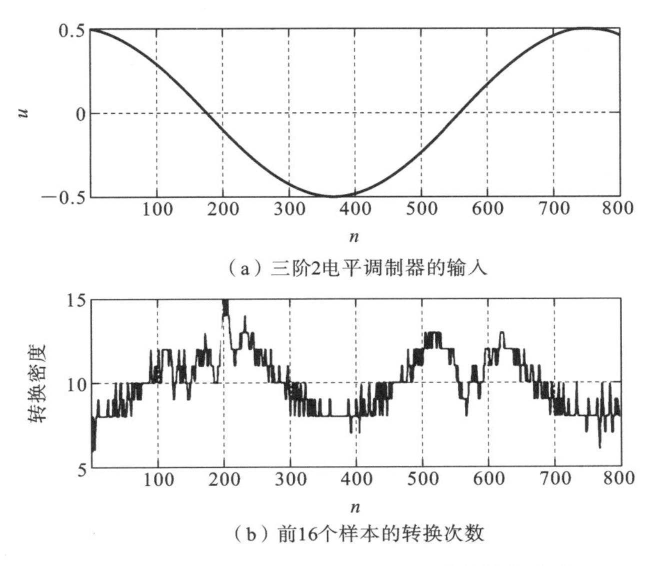

（a）三阶2电平调制器的输入

（b）前16个样本的转换次数

图 10.26 三阶 CTΔΣM 的输入和输出转换密度

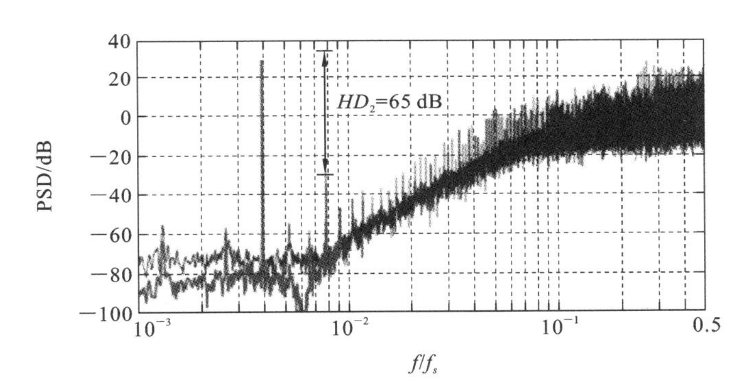

图 10.27 有和没有 ISI 的三阶单比特 CTΔΣM 的 PSD 仿真结果

（假设为 NRZ DAC，$(\alpha=10^{-3})$）

与$|v[n]-v[n-1]|$成正比，并且会导致带内噪声基底和谐波失真增加。但是，动态元素匹配技术的使用会修改转换次数（见第 6 章），它可能会改变误差电流的频谱。

电阻式 NRZ DAC 值得讨论的最后一个方面是参考电压发生器。很明显，当参考 CTΔΣM 输入时，参考电压上的噪声原样显示，因此必须适当地设计参考电压发生器。此外，如果我们假设单元元素相同且运算放大器 0 失调，则从 $V_{\text{ref},p}/V_{\text{ref},m}$ 汲取的电流将独立于调制器输出 v。

10.7.2 归零 DAC 和返回打开 DAC

与 NRZ DAC 相关的 ISI 问题是使用归零（return-to-zero，RZ）DAC 的动机。其基本思想如图 10.28 所示，t_l 是温度计代码的第 l 位。在 ϕ_1 期间，电阻器根据 t_l 连接到 $V_{\text{ref},p}/V_{\text{ref},m}$；在 ϕ_2 期间，电阻器短路（或连接到 V_{cm}），导致电流在时钟周期的后半段返回到零。由于 RZ 波形在每个时钟周期中具有上升沿和下降沿（与 t_l 无关），因此上升/下降时间不相等不会导致非线性。为了提供与 NRZ 情况相同的电荷，电阻需要减少到原来的二分之一，因此，与 NRZ DAC 相比，OTA 应设计为处理更大的电流而不会引起失真。

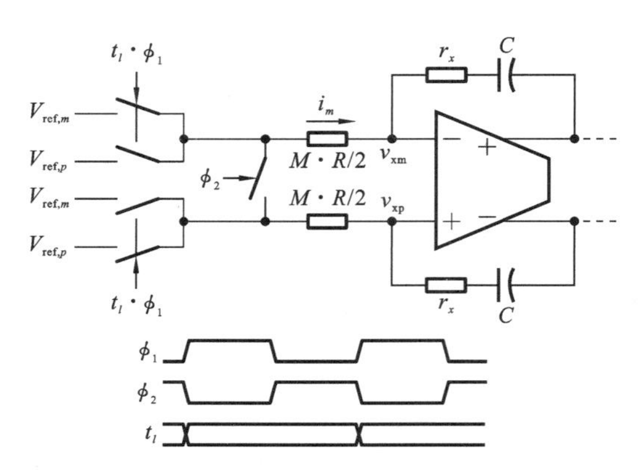

图 10.28 归零 DAC 的差分单元元素

由于电阻较小，RZ DAC 的输入参考热噪声谱密度是 NRZ DAC 的 2 倍。这是有道理的——在 ϕ_2（持续半个时钟周期）期间，RZ DAC 只是注入噪声而不会影响信号分量。

返回打开（return-to-open，RTO）DAC 旨在通过完全省去图 10.28 的 ϕ_2 开关来解决这个问题。这样，电阻器在 ϕ_2 期间不会产生噪声。电阻器的平均输入参考噪声频谱密度为 $8kTMR$，与 NRZ DAC 中的一样。然而不幸的是，DAC 电阻的周期性切换调制了围绕 OTA 的环路增益，使得积分器成为周期性时变系统。这降低了调制器的混叠抑制能力，并导致来自较高频率的 OTA 噪声混叠到信号频带中。

总而言之，RZ 和 RTO DAC 试图解决与 NRZ DAC 相关的 ISI 问题。为此付出的代价是对 OTA 线性度、热噪声（在 RZ 情况下）或折中的混叠抑制（使用 RTO DAC）的需求增加。此外，正如我们在第 9 章中所看到的，抖动时钟会对调制器的性能产生不利影响，由于电流脉冲的 RZ 特性，基准缓冲器需要提供脉冲电流，这就需要更强的缓冲区旁路。

10.7.3 电流舵 DAC

正如我们对开关电阻 DAC 所做的那样，依靠 OTA 的虚地的替代方案是控制电流源产生的电流，这构成了电流舵 DAC 的基础，其单元电路如图 10.29 所示。M_1 和 M_2 构成共源共栅电流源，其电流 $2I_o$ 根据 D 的符号被导入 v_{xm} 或 v_{xp}，而且需要 I_o 电流源来平衡由 $M_{1,2}$ 注入的电流的共模分量。

为什么人们首先想要使用电流舵 DAC？首先，DAC 在原理上可以不加载虚拟地节点。这有两个好处——从 OTA 噪声到输出的增益现在是 1（而不是用开关电阻 DAC 时的 2）；围绕第一个 OTA 的环路增益更高，从而提高了积分器的线性度。此外，电流舵 DAC 的满量程和 ADC 的满量程可通过 v_{bn} 电压调节。在需要高动态范围的应用中，通常使用可变增益放大器（VGA）来扩展信号链的动态范围，在这种应用中，可变 ADC 满量程可以消除对 VGA 的需求。

最后，由于 v_{bn} 偏置电压连接到晶体管栅极，因此可以使用简单的 RC 电路对偏置噪声进行滤波。一个兆欧级别的电阻加上一个 100 pF 电容可提供千赫兹范围内的噪声带宽。

如图 10.29 所示，流入积分电容器的净电流为 $\pm I_o$。由于这些差分电流 I_o 中的一个是从 $2I_o$ 中减去 I_o 得到的，因此单元元素注入的噪声超出了必要的基本噪声。基本电流舵 DAC 中的过量噪声可通过图 10.30 所示的互补单元电路来补偿，然而，该单元注入的电流噪声仍然大于提供相同的差动电流的开关电阻 DAC 注入的电流噪声。其原因是：三个器件的过驱动必须在 $V_{dd}/2$ 以内，最乐观的情况是将所有这些余量分配给 M_1/M_3。故来自每个源的噪声电流的谱密度是

$$S_{I_o}(f)=4kT\gamma\frac{2I_o}{V_{dd}/2} \tag{10.19}$$

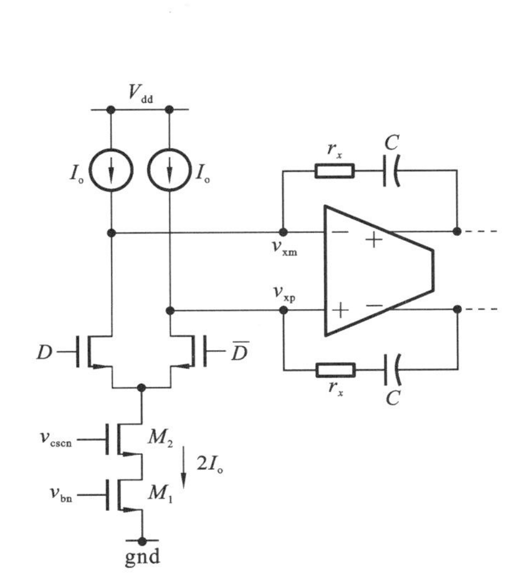

图 10.29 电流舵 DAC 的单元元素

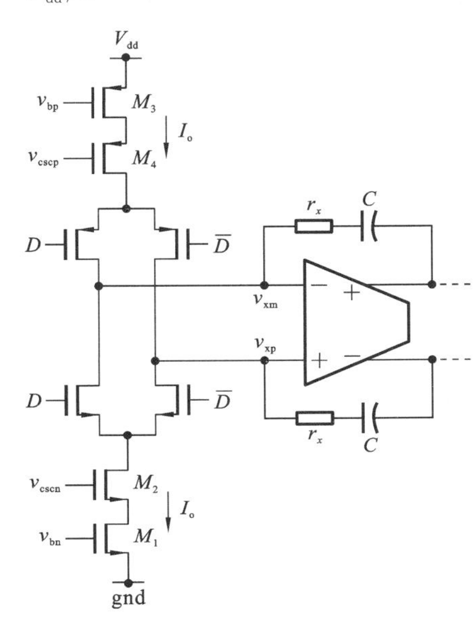

图 10.30 互补电流舵 DAC 的单元元素

其中，在现代工艺中，γ 为 1～2。如果相同的电流是由电阻器引起的，则噪声电流应该是

$$S_{I_o}(f)=4kT\frac{I_o}{V_{dd}/2} \tag{10.20}$$

表明电流舵 DAC 至少比开关电阻 NRZ DAC 低 3 dB。实际上，前者增加的噪声的谱密度更高，因为 M_1/M_2 的过驱动电压只能是 $V_{dd}/2$ 的一部分。

开关电流 DAC 和开关电阻 DAC 之间的其他差别与开关有关。后者中，开关工作在三极管区，而前者中，开关通常在饱和状态下工作。因此，电流舵 DAC 的开关可以比电阻 DAC 中的开关小得多。电流舵 DAC 的缺点是需要管理开关的栅极驱动电压(V_{on})。例如，为了使 NMOS 开关处于饱和状态，有 $V_{on}<V_{cm}+V_T$。如果 $V_{on}=V_{dd}$ 和 $V_{cm}=V_{dd}/2$，这意味着我们需要 $V_T>V_{dd}/2$。如果这种情况不能保证通过 PVT，那么电路需要设置适当的 V_{on}。

最后，我们注意到电阻 DAC 中的开关不匹配会导致静态和动态(ISI)误差。然而，在电流舵 DAC 中，由开关失配引起的静态误差被电流源的高阻抗衰减。

在其他所有方面，电流舵 DAC 和电阻 DAC 类似。它们对抖动的敏感度相同，由于时序不对称导致的 ISI 也一样。

10.7.4 开关电容 DAC

在第 9 章中，我们看到使用开关电容(SC)反馈 DAC[2] 提供了一种解决 CTΔΣM 中时钟抖动问题的方法，使用图 10.31 所示的一阶单比特调制器说明了这个思想，采样率和周期分别用 f_s 和 T_s 表示，积分器属于 OTA-RC 类型，其中 r_x 是零消除电阻，标称值

等于 $1/G_{ota}$。在 ϕ_1 期间，DAC 电容器 C_d 被充电到 v。在 ϕ_2 期间，它被放电至 OTA 的虚地。对于理想的 OTA($G_{ota}\to\infty$)，i_{dac} 在 ϕ_2 阶段之初是 $v[n]/R_d$，并且它以时间常数 R_dC_d 的指数衰减。如果选择的值远小于 $T_s/2$，则 C_d 在 ϕ_2 阶段结束时放电。反馈 DAC 在一个时钟周期内注入的电荷由 $C_dv[n]$ 给出。由于 $R_dC_d \ll T_s/2$，抖动时钟不会修改此电荷。因此，如第 9.4 节说明的那样，使用 SC DAC 降低了对时钟抖动的灵敏度。

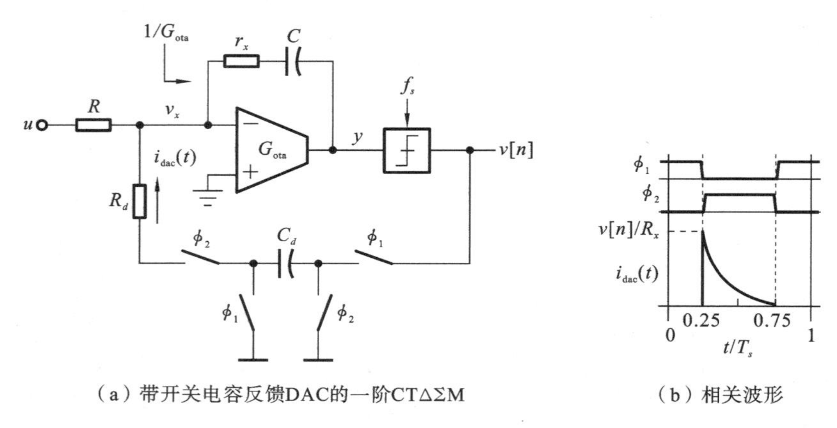

(a) 带开关电容反馈DAC的一阶CTΔΣM (b) 相关波形

图 10.31 一阶单比特调制器

SC DAC 具有指数衰减的脉冲形状。时钟周期中的峰值电流由 $v[n]/R_d$ 给出，而平均电流为 $v[n]C_d/T_s$，脉冲的峰均比为 T_s/R_dC_d。因此，实现良好抖动抗扰度的代价是具有大峰值的反馈电流，这又需要具有足够高线性的 OTA。

让我们回顾一下 SC-DAC 的基本属性，假设 G_{ota} 无穷大。如何选择 C_d 以实现直流增益为 1 的 STF 呢？通过积分电容器的平均电流为零，因为我们假设一个理想的 OTA(即 $v_x=0$)，这意味着，有

$$\underbrace{\frac{\bar{u}}{R}}_{u\text{引起的平均电流}} - \underbrace{\frac{\bar{v}C_d}{T_s}}_{\text{平均DAC电流}} = 0 \tag{10.21}$$

因此，$C_df_s=1/R$ 以实现 STF(0)=1，这直观地满足：当开关电容“反馈电阻”等于输入电阻时，实现单位增益。

如何选择 C 来获得 NTF$=(1-z^{-1})$呢？为了确定这一点，我们需要从 v 到采样输出 y 的传递函数 $L_1(z)=z^{-1}/(1-z^{-1})$，这很容易被看成是$(C_d/C)z^{-1}/(1-z^{-1})$，这意味着 C 应该等于 C_d。

当它被 f_s 处的音调激发时，调制器如何响应？f_s 处的输入音调可能会对 v 的直流分量产生混叠。为了确定 v，我们再次使用通过 C 的平均电流为 0 的观察结果，这意味着，有

$$\underbrace{\frac{\overline{\cos(2\pi f_st)}}{R}}_{=0} - \underbrace{\frac{\bar{v}C_d}{T_s}}_{\text{平均DAC电流}} = 0 \tag{10.22}$$

产生 $\bar{v}=0$。

总而言之，对于理想的 OTA，图 10.31 中调制器的直流增益为 1，NTF$=(1-z^{-1})$，固有抗混叠以及时钟抖动灵敏度降低等特性。而当 OTA 的跨导有限时会怎样？

图 10.32(a)所示的是带 SC DAC 的积分器。就 DAC 而言，积分器可以用其戴维宁等效电路代替，如图 10.32(b)所示。假设 $RG_{ota}\gg1$(无论如何需要实现良好的积分

器)，戴维宁电压和电阻分别为 $u/(RG_{\text{ota}})$ 和 $1/G_{\text{ota}}$。DAC 电容的放电时间常数现在由 $(R_d+1/G_{\text{ota}})C_d$ 给出，应选择远小于 $0.5T_s$ 以实现良好的抖动抗扰度。

STF 的直流增益是多少？为了确定这一点，我们按如下方式进行。我们用 1 V 直流输入激励调制器。如图 10.32(a)所示，$\overline{i_c(t)}=0$。因为 $i_c(t)=-G_{\text{ota}}v_x(t)$，如果遵循 $\overline{v_x(t)}=0$，则从输入得到的平均电流由下式给出，即

$$\overline{i_{\text{in}}(t)}=\frac{\overline{u-v_x(t)}}{R}=\frac{1}{R} \tag{10.23}$$

因此，$\overline{i_{\text{dac}}(t)}$ 应为 $-1/R$。如何将 $\overline{i_{\text{dac}}(t)}$ 与 $\bar{v}$ 相关联呢？为了确定这一点，我们使用图 10.32(b)和(c)。在 ϕ_1 期间，C_d 被充电到 $v[n]$。在该阶段，$i_{\text{dac}}(t)=0$，节点 x 的电位为 $1/(RG_{\text{ota}})$。在 ϕ_2 期间，C_d 被翻转并通过 R_d 连接到 x，其结果是，v_x 最初下降，但到 ϕ_2 结束时，C_d 失去其初始电荷，并且 v_x 接近电位 $1/(RG_{\text{ota}})$，如图 10.32(c)所示。因此，DAC 在整个时钟周期内传输的电荷是

$$Q_{\text{dac}}[n]=\underbrace{-C_d v[n]}_{\text{初充电}}-\underbrace{\frac{C_d}{RG_{\text{ota}}}}_{\text{末充电}} \tag{10.24}$$

这意味着

$$\overline{i_{\text{dac}}(t)}=f_sC_d\left(-\bar{v}-\frac{1}{RG_{\text{ota}}}\right) \tag{10.25}$$

由于 $\overline{i_{\text{dac}}(t)}=-1/R$ 和 $f_sC_d=1/R$，因此

$$\frac{\bar{v}}{u}=\text{STF}(0)=\left(1-\frac{1}{RG_{\text{ota}}}\right) \tag{10.26}$$

因此，可以看出，直流增益约为 1，其与 1 的偏离值与 $1/(RG_{\text{ota}})$ 成正比。

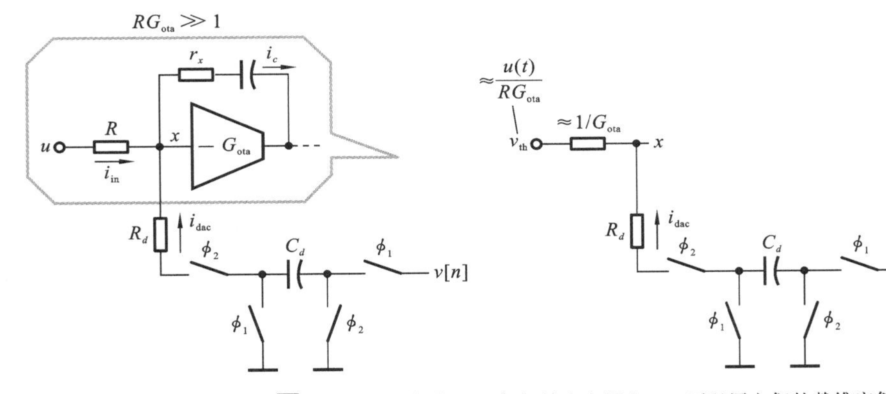

(a) 带开关电容反馈DAC的CTΔ∑M的输入积分器　　(b) 输入电阻和OTA可以用它们的戴维宁等效电路代替

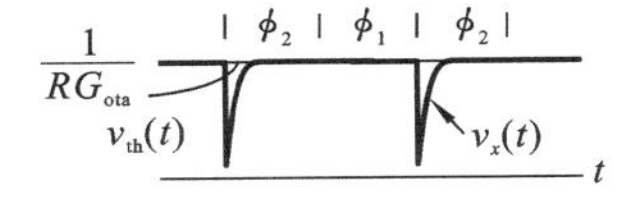

(c) 直流输入下的 $v_{\text{th}}(t)$ 和 $v_x(t)$

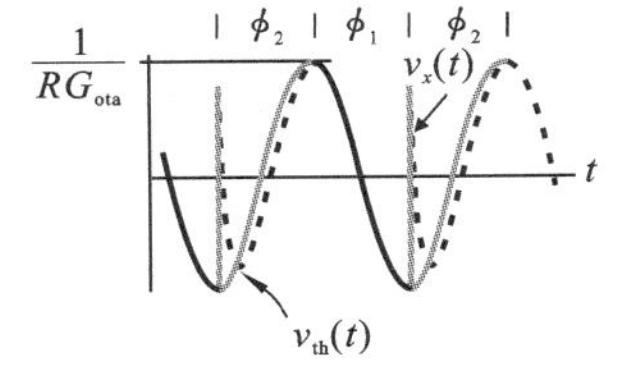

(d) 正弦输入下的 $v_{\text{th}}(t)$ 和 $v_x(t)$

图 10.32　STF 的直流增益

为了确定 f_s 处的混叠抑制，我们需要得到调制器对采样频率输入信号的响应。为此，我们用 $u(t)=\cos(2\pi f_st)$ 激励调制器。从输入中抽取的平均电流是

$$\overline{i_{\text{in}}(t)}=\frac{\overline{\cos(2\pi f_s t)-v_x(t)}}{R}=0 \tag{10.27}$$

由于$\overline{i_c(t)}$和$\overline{i_{\text{in}}(t)}$为 0，因此$\overline{i_{\text{dac}}(t)}$应该为 0。为了将$\overline{i_{\text{dac}}(t)}$与 $\bar{v}$ 关联，我们使用图 10.32(b)和(d)。现在是幅度为 $1/(RG_{\text{ota}})$的正弦曲线。在 ϕ_1 期间，$i_{\text{dac}}(t)=0$。在 ϕ_2 期间，在 ϕ_1 期间充电到 $v[n]$的 C_d 通过 R_x 连接到 x。这会在虚拟接地节点中引起毛刺，如图 10.32(d)所示。由于 DAC 电容的放电时间常数远小于 $T_s/2$(对时钟抖动具有良好抗扰度所需)，因此 C_d 走线上的电压在 ϕ_2 的末端达到 $1/(RG_{\text{ota}})$的电位。因此，DAC 在整个时钟周期内传输的电荷是

$$Q_{\text{dac}}[n]=\underbrace{-C_d v[n]}_{\text{初充电}}-\underbrace{\frac{C_d}{RG_{\text{ota}}}}_{\text{末充电}} \tag{10.28}$$

也就是说

$$\overline{i_{\text{dac}}(t)}=f_s C_d\left(-\bar{v}-\frac{1}{RG_{\text{ota}}}\right) \tag{10.29}$$

由于$\overline{i_{\text{dac}}(t)}$必须为零，由此可见

$$\bar{v}=\text{STF}(\text{j}2\pi f_s)=-\frac{1}{RG_{\text{ota}}} \tag{10.30}$$

因此，我们看到，实际的 OTA 使 CTΔΣM 的“固有抗混叠”特性受到了损害[3]。DAC 电容对 OTA 的虚地进行采样，由于 G_{ota}是有限的，因此虚地节点包含一个输入频率的分量，其在采样后混叠到信号频带中。通过增加 OTA 的跨导可以改善抗混叠性能，从而增加 RG_{ota}。然而不幸的是，这不是高功率效率的方法——以这种方式将抗混叠能力提高 20 dB 需要 OTA 增加 10 倍的功耗。

使用多级 OTA(可以导致 G_{ota}增加)是否有助于改善抗混叠性能呢？不幸的是，由于下面描述的原因，情况并非如此。当 CTΔΣM 被频率为 f_s 的输入信号激励时，虚地节点处的摆幅取决于 OTA 在 f_s 处的跨导。正如我们在本章前面所看到的，多级 OTA 仅改善了 OTA 的低频增益，因此它对解决抗混叠问题是无效的。

上面给出的“平均”参数使我们能够确定 f_s 处调制器的抗混叠能力。当输入频率接近 f_s 时会发生什么？直观地说，我们应该预期它大约为 $1/(RG_{\text{ota}})$，但其具体数值需要更仔细的分析。带有开关电容(SC)反馈的 CTΔΣM 的关键方面是环路滤波器变为线性周期时变(LPTV)系统，事实证明，这会降低抗混叠能力，详情见附录 C。

综上所述，虽然 SC 反馈 DAC 是一种用于抗时钟抖动的直观吸引人的想法，但它提出了许多实际的实现挑战。首先，由于反馈波形的高峰均比，第一积分器所需的线性度大大提高；其次，固有的抗混叠特性(连续时间 ΔΣ 调制的标志)被限制在大约 20 dB。

10.8 系统设计中心

目前为止，我们已经看到如何选择 NTF 和量化器级数来实现所需的带内 SQNR。我们还讨论了选择环路滤波器以及设计积分器的各种方法的考虑因素，了解了必须如何相对于彼此选择热噪声和量化噪声水平。设计过程的下一步是设计各构建模块，即 OTA(假设有源 RC 积分器)、ADC 和 DAC，然后将调制器组合在一起。ADC 阈值中的

误差要么被校正，要么在其输入处建模为附加噪声，而且需要特别注意 DAC 电平的误差（本主题已在第 6 章详细讨论）。因此，就 NTF 而言，量化器可以简单地通过其延迟来建模。接下来的任务是了解 OTA 的有限增益和带宽对环路 NTF 的影响，更重要的是，要减小这些影响。

由于有限的直流增益和带宽，环路滤波器的积分器不再理想。此外，负载加载还修改了它们的传递函数。因此，实际实现的 NTF 将与最初预期的不同，这提出了以下问题。

(1) 是否有可能将 NTF 恢复到我们想要的那个？

(2) 如果是，那么应该怎么做呢？

我们尝试使用二阶 CIFF CTΔΣM 作为例子回答上述问题（见图 10.33）。在不失一般性的情况下，我们假设采样率为 1 Hz，DAC 脉冲形状和过量环路延迟分别由 $p(t)$ 和 t_d 表示，并将具有增益为 k_0 的直接路径以补偿 t_d。

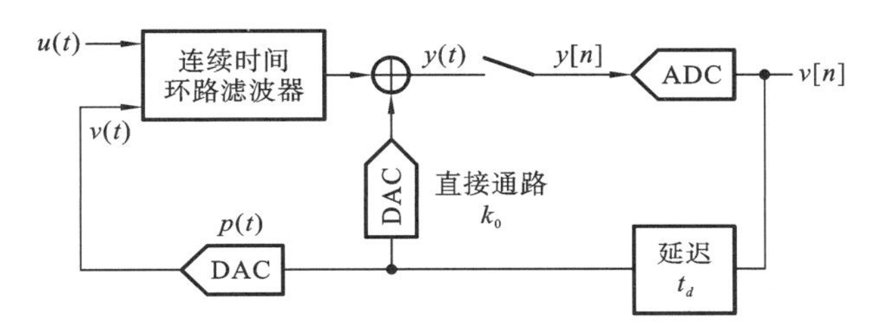

图 10.33　一个二阶 CIFF CTΔΣM 示例用于说明系数调整背后的思想

如何确定连续时间环路滤波器的系数以实现所需的 NTF？正如在第 8 章中所看到的，我们需要将连续时间环路的采样脉冲响应与离散时间原型的冲击响应相匹配。我们用 $l[n]$表示后者，用 $L(z)$表示它的 z 变换。为了确定连续时间滤波器的脉冲响应，先打开环路，如图 10.34 所示，并用延迟 t_d 的 DAC 脉冲激励，其中 t_d 表示过量环路延迟，则可以得到 $l_0(t)$、$l_1(t)$和 $l_2(t)$及其采样版本（使用理想的积分器和 NRZ 脉冲形状），即

$$l_0[n]=[0\quad 1\quad 0\quad \cdots]^{\mathrm{T}}$$

$$l_1[n]=[0\quad 1-t_d\quad 1\quad \cdots]^{\mathrm{T}}$$

$$l_2[n]=[0\quad 0.5(1-t_d)^2\quad 1.5-t_d\quad \cdots]^{\mathrm{T}}$$

用 $\boldsymbol{K}$ 表示 $\boldsymbol{K}=[k_0\quad k_1\quad k_2]^{\mathrm{T}}$，其中 k_0、k_1 和 k_2 分别表示直接路径、一阶路径和二阶路径的增益，则我们有

$$[l_0[n]\quad l_1[n]\quad l_2[n]]\quad \boldsymbol{K}=l[n],\quad n\in[0,N] \tag{10.31}$$

三个未知数的$(N+1)$个方程组具有唯一的解，且无论 N 是多少（正如我们在第 8 章中所见）。这种数值方法求系数的优点并不是使用 l_0，l_1，l_2 的 z 变换，而是 $L(z)$可以应用到实际设计中，从电路仿真器的瞬态分析结果中很容易获得。然而，处理它们的变换需要对连续时间系统的极点有精确的了解——这并不容易，因为积分器实际上是高阶系统。

确定系数后，我们执行动态范围缩放，假定 OTA 理想，如第 8.8 节所述，得到的归一化二阶 CTΔΣM 采用 9 级量化器并获得 NTF$=(1-z^{-1})^2$，如图 10.35 所示。下一步是设计 OTA。鉴于两级前馈补偿 OTA 的几个优点，我们使用它设计，其宏模型如

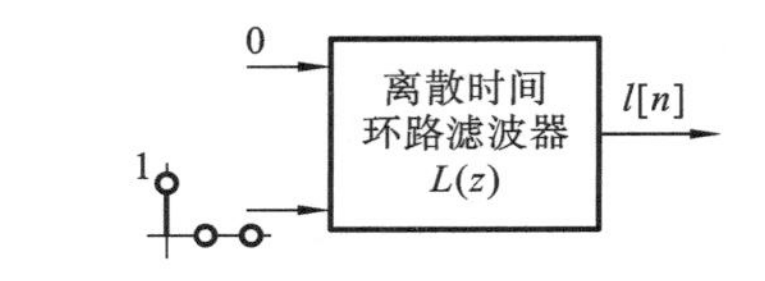

（a）离散时间环路滤波器

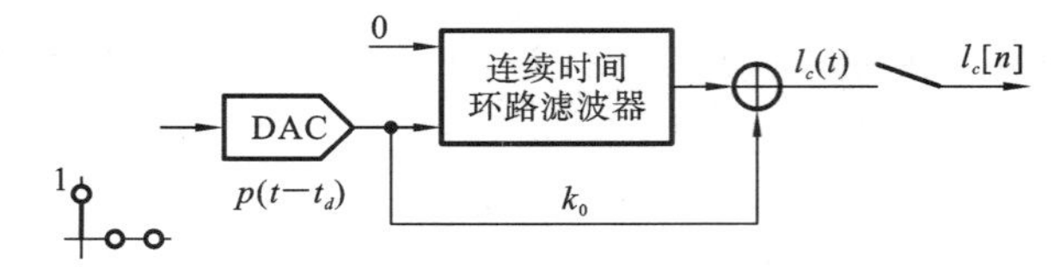

（b）用DAC脉冲激励连续时间环路滤波器

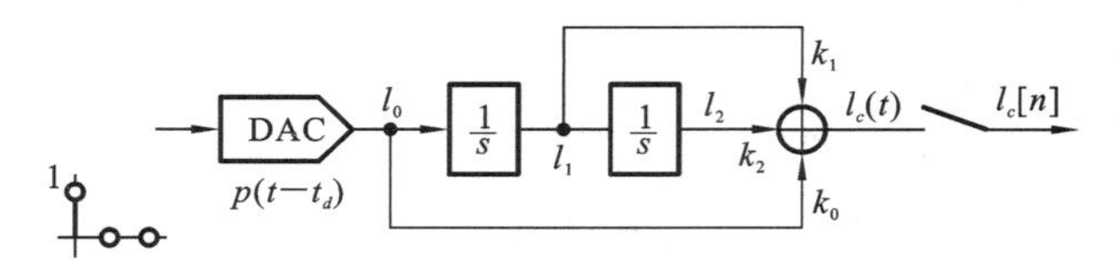

（c）通过调整k_0、k_1和k_2，匹配连续时间环路滤波器的脉冲响应和离散时间原型的冲击响应

图 10.34　环路滤波器

图 10.36 所示。然后可以确定具有实际 OTA 的环路的 NTF，如图 10.37 所示，这与我们的预期并不接近。NTF 的一些极点显然已经移近单位圆，导致其幅度响应出现显著峰值。这是有道理的——假设积分器变得更慢，我们应该预料到 NTF 由于环路滤波器增加的额外延迟而衰减。

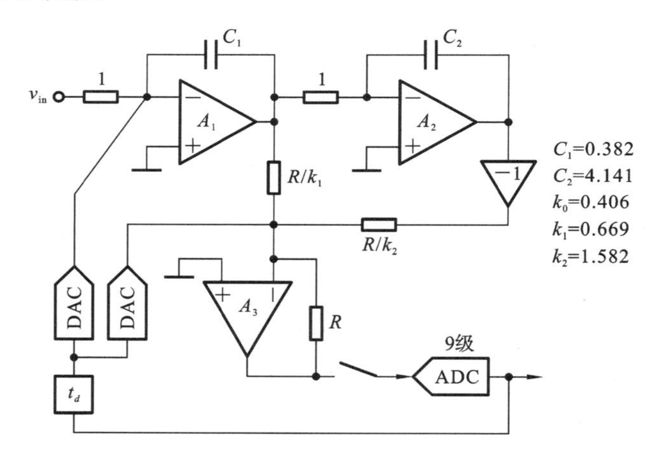

图 10.35　动态范围缩放后 CTΔΣM 的元件值，假设 OTA 理想

我们如何“修复”环路滤波器，以恢复我们原来的 NTF？一种方法是设计速度更快的 OTA，但这不是一种省功耗解决方案；另一种方法是调整元件值，以便使用我们目前拥有的 OTA 实现所需的 NTF。在图 10.35 的二阶示例中，我们尝试改变 k_0、k_1 和 k_2，以使 NTF 尽可能接近$(1-z^{-1})^2$。

和以前一样，我们确定直接、一阶和二阶路径的采样脉冲响应——这次用实际 OTA。这些是从版图寄生参数抽取后的原理图的瞬态仿真中获得的。根据式(10.32)，将连续时间环路滤波器的采样脉冲响应与离散时间原型的冲击响应拟合来得

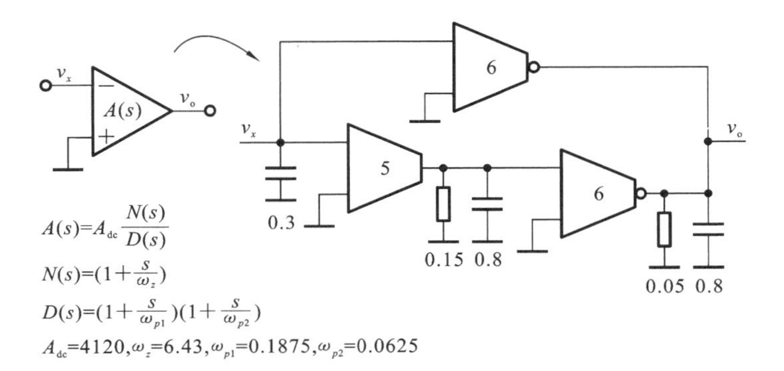

图 10.36　两级前馈补偿 OTA 的宏模型((跨)电导(在宏模型中)和电容(以法拉为单位)已被标记)

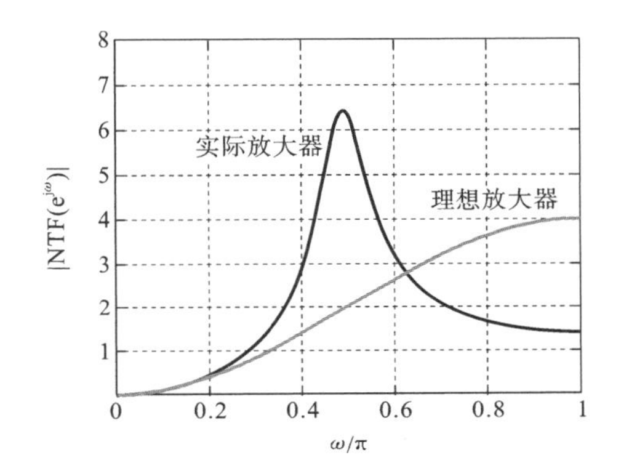

图 10.37　理想/实际的 OTA 下调制器的 NTF

到 $\boldsymbol{K}$,即

$$\underbrace{[l_0[n]\quad l_1[n]\quad l_2[n]]}_{\substack{\text{从仿真中得知}\\\text{(电路图或版图)}}}\boldsymbol{K}=l[n] \tag{10.32}$$

与之前相同,在 3 个未知数中存在$(n+1)$个方程。对于理想积分器,无论 n 取值多少,$\boldsymbol{K}$ 都有唯一解。然而,对于实际 OTA,事实证明并非如此,如表 10.1 所示。该系数变化很大,因此得到的 NTF 也是如此,如图 10.38 所示。那么"正确"的系数是什么?总之,这种寻找 $\boldsymbol{K}$ 的方法并不能激发人们的信心。

表 10.1　用不同的 n 值求解式(10.32)得到的调制器系数

n	5	15	25
k_0	0.8803	0.9670	1.2136
k_1	0.7579	0.7000	0.5350
k_2	1.8707	1.9308	2.0348

为什么会这样?实际上,由于 OTA 的内部寄生效应,OTA-RC 积分器具有有限的增益,以及多个极点和零点。因此,二阶示例中的环路滤波器(理想情况下应该是二阶的)是一个高阶系统。方程式(10.32)试图将(高阶)连续时间响应的脉冲响应与二阶离散时间原型的脉冲响应相匹配,但只能做一个近似的工作。因此,我们不应该期望 $\boldsymbol{K}$ 的唯一解。更重要的是,方程式(10.32)是病态的。因此,$\boldsymbol{K}$ 随 N 变化很大,并不适用。

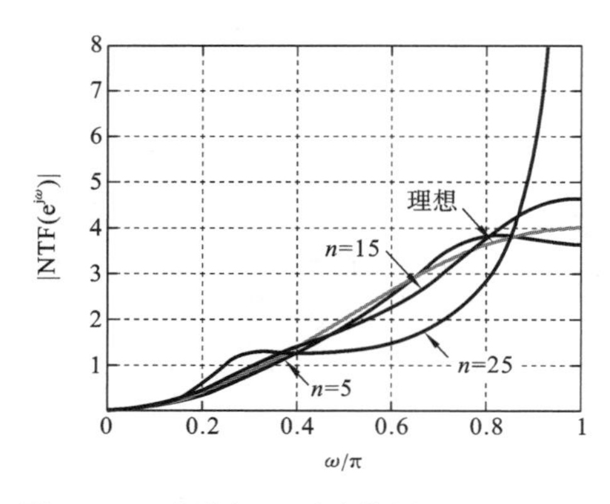

图 10.38 在式(10.32)中使用 $n=5, 15, 25$ 确定的 $\boldsymbol{K}$ 计算 NTF

接下来讨论的闭环拟合方法[4]解决了该技术存在的问题。

这种技术背后的思想是试图使 $\mathrm{NTF}(z)(1+L(z))$ 等于 1，而不是像前面描述的那样，使连续时间滤波器的开环脉冲响应拟合到 $l[n]$。CTΔΣM 的 NTF 与其等效离散时间环路滤波器传递函数关系如下：

$$\underbrace{\mathrm{NTF}(z)}_{h[n]}=\frac{1}{1+\underbrace{L(z)}_{k_0 l_0[n]+k_1 l_1[n]+k_2 l_2[n]}} \tag{10.33}$$

我们在时域中写这个等式，有

$$h[n]+(k_0 l_0[n]+k_1 l_1[n]+k_2 l_2[n]) * h[n]=\delta[n] \tag{10.34}$$

其中 $h[n]$表示对应于 NTF 的冲击响应，$*$ 表示卷积。由 $h_0[n]=l_0[n] * h[n]$，$h_1[n]=l_1[n] * h[n]$，$h_2[n]=l_2[n] * h[n]$，我们得到

$$h[n]+k_0 h_0[n]+k_1 h_1[n]+k_2 h_2[n]=\delta[n] \tag{10.35}$$

从而有

$$[h_0 \quad h_1 \quad h_2]\boldsymbol{K}=\delta[n]-h[n] \tag{10.36}$$

可以求解方程式(10.36)以确定 $\boldsymbol{K}$。用不同的 N 获得的系数如表 10.2 所示。

表 10.2 通过求解式(10.36)不同的 N 值得到的调制器系数

N	5	15	25
k_0	0.9023	0.9003	0.8988
k_1	0.7420	0.7423	0.7425
k_2	1.9093	1.9010	1.8951

图 10.39 所示的是使用式(10.36)对 $N=5$,15 和 25 获得的系数计算的 NTF 的大小。它们几乎无法区分，并且接近我们想要的。这表明，所提出的技术可以很好地逼近所需的 NTF。图 10.39 中的插图将调谐后的 NTF 的带内特性与理想 NTF(其斜率必须为 40 dB/dec)的带内特性进行了比较。在 $\omega/\pi\approx 0.005$ 以下，由于积分器的有限增益，调谐后的 NTF 表现出一阶特性。

为什么开环拟合方法几乎无法使用，但闭环技术却是鲁棒性的？$l_0[n]$、$l_1[n]$和 $l_2[n]$对靠近单位圆的 $L(z)$的极点的位置非常敏感。例如，如果积分器是理想的，则对于较大的 n，有 $l_2[n]\propto n$，而有限增益积分器导致 $l_2[n]\to 0$(对于大的 n)。由于式(10.32)的最小二乘解最小化了$[l_0 \quad l_1 \quad l_2]\boldsymbol{K}-l[n]$的范数，并且有限积分器增益导致的 l_2 误差随 n 增大而大幅增加，系数 k_2 随 N 增加而增加(由表 10.1 的趋势确定)。为了减小较大的 n(通过使用大 k_2)导致的误差，k_1 和 k_0 也必须随 n 变化。因此，可以看出，使用式(10.32)提取系数的不良行为的主要原因是 l_0、l_1 和 l_2 对接近单位圆的极点位置的灵敏度。

然而，式(10.36)中的 h_0、h_1 和 h_2 对 l_0、l_1 和 l_2 的变化不敏感，原因如下：为简单起见，考虑一个全部零点位于 $z=1$ 处的 NTF，如果积分器是理想的，则 $h_i[n]=l_i[n] *$

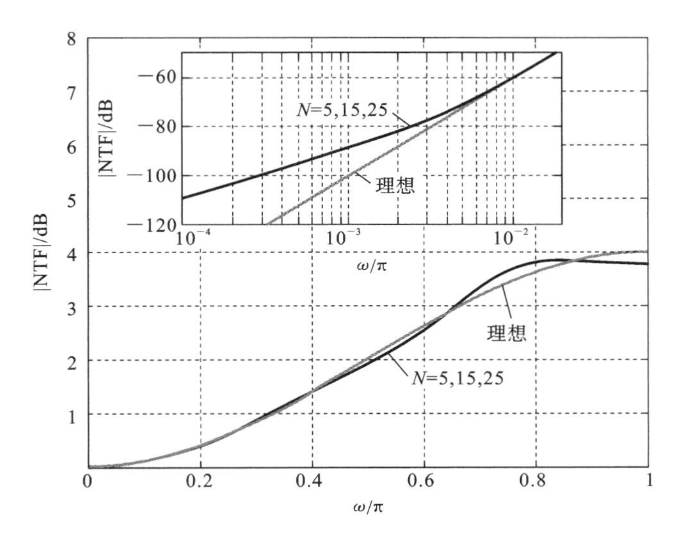

图 10.39　NTF 的幅度（理想的 NTF 和调谐后的 NTF，其系数在 $N=5$，15 和 25 下根据式(10.36)获得。插头将调谐后的 NTF 的带内特性与理想 NTF 的带内特性进行了比较，在 $\omega/\pi\approx0.005$ 以下，由于积分器的有限增益，调谐后的 NTF 表现出一阶特性）

$h[n]$将是 FIR，因为 NTF 的零点将抵消 $L_i(z)$的极点；如果 $L_i(z)$单位圆附近的那些极点的位置被 Δz 扰动，则零极点抵消不精确，但是 h_i 的变化可以忽略不计（即使对 l_i 的影响是显著的）。图 10.40 所示的是两种情况下图 10.34 的二阶示例中的 l_2 和 h_2：一种情况是 OTA 的直流增益无穷大，另一种情况是 OTA 的直流增益为 35。尽管 l_2 存在显著差异，但是 h_2几乎没有变化。

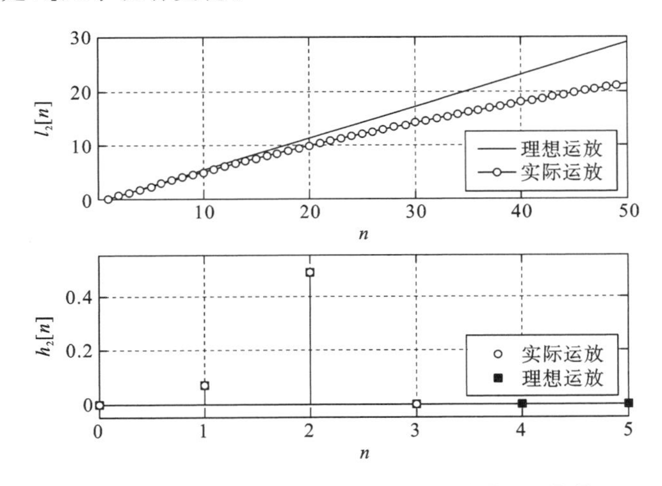

图 10.40　具有理想和实际运放的 $l_2[n]$和 $h_2[n]$

总而言之，环路滤波器中 OTA 的有限带宽效应会极大地改变 NTF，甚至使其不稳定。幸运的是，考虑有限 OTA 带宽情况下，这可以通过调整元件值来减轻，以便环路滤波器的采样脉冲响应模拟离散时间原型的冲击响应。式(10.36)中建议的调整过程既方便又稳健。$l_i[n]$可以从原理图或版图提取网表的短时瞬态仿真中获得，用版图提取网表进行仿真可以考虑 DAC 脉冲形状的版图寄生效应和非理想性。由于 l_i's 与 h 做卷积运算，得到的系数在很大程度上独立于式(10.36)的最小二乘拟合中使用的样本数量。因此,使用这种方法调优系数应该会得到一个接近期望的 NTF。由于积分器负载的变化,对 k_0、k_1 和 k_2 进行调优的行为可能会修改 l_i。这是一个二阶效应,如果有必要,可以通过另一次调优迭代来减轻它。

从上述讨论中产生了一个问题。既然可以通过适当的系数调整来解决 OTA 的有限带宽效应,那么可以通过故意使用慢速 OTA 来降低 CTΔΣM 的功耗吗?虽然这是一个有效的论据,但应该意识到过度使用它会产生一些不良后果,这样设计在以下两个方面变得不那么健壮。首先,NTF 对 OTA 带宽的变化更敏感,其次,它对寄生电容也变得更加敏感。由于以下原因,后者是合理的。当 OTA 理想时,有源 RC 积分器对杂散电容不敏感,因此虚地节点的电位为 0;而对于有限带宽 OTA,这已经不再适用——对于较低的 OTA 带宽来说,情况就更糟了。使用低 OTA 带宽的另一个潜在问题是失真。正如我们将在第 10.9 节中看到的那样,OTA 注入的非线性电流与其内部各节点的电压的三次幂成正比。由于 OTA 带宽的降低意味着虚地(和其他内部节点)的摆幅增大,因此由较差的环路滤波器非线性而导致的带内噪声会增加。故应选择 OTA 带宽作为这些相互冲突的要求之间的折中:一方面是功耗,另一方面是失真。

10.9 连续时间 ΔΣ 调制器中的环路滤波器非线性

在此之前,我们假设环路滤波器是完全线性的。实际上,它是弱非线性的。由此得到的 CTΔΣM 模型如图 10.41 所示,其中量化噪声假定为加性噪声。然而,存在的问题是非线性如何降低调制器的性能,以及如何(如果有的话)解决它。

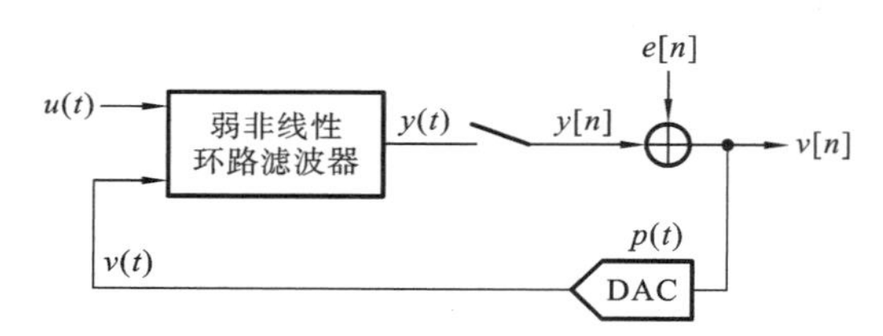

图 10.41 具有弱非线性环路滤波器的 CTΔΣM 模型

在我们深入研究之前,让我们先了解环路滤波器中非线性的表现方式。OTA 由跨导器组成,如图 10.42 所示,如果我们假设全差分运算和弱非线性,则每个跨导器的输出电流与其输入电压的关系如下:

$$i=G(v)=\begin{cases} g_m v-g_3 v^3, & |v|\leqslant\sqrt{\dfrac{g_m}{3g_3}} \\ \pm i_{\max}, & \text{其他} \end{cases}$$

弱非线性意味着每个跨导器的输入端的电压足够小,因此三阶失真分量 $|g_3 v^3|\ll|g_m v|$。这些假设是一种简化,但它们可以在存在非线性的情况下对调制器性能产生有用的见解。我们希望回答的问题是:给定环路滤波器中的每个跨导器 g_m 和 g_3,CTΔΣM 的带内 SQNR 是多少?为了获得直觉而不被淹没在符号中,我们用 CT-MOD1 进行说明,如图 10.43(a)所示。其中,积分器使用单级 OTA,它具有有限的直流增益,其输入和输出寄生电容分别为 c_m 和 c_o,如图 10.43(b)所示。

图 10.43(a)中的系统是由两个输入——$u(t)$ 和 $e[n]$ 激励的弱非线性系统。首先

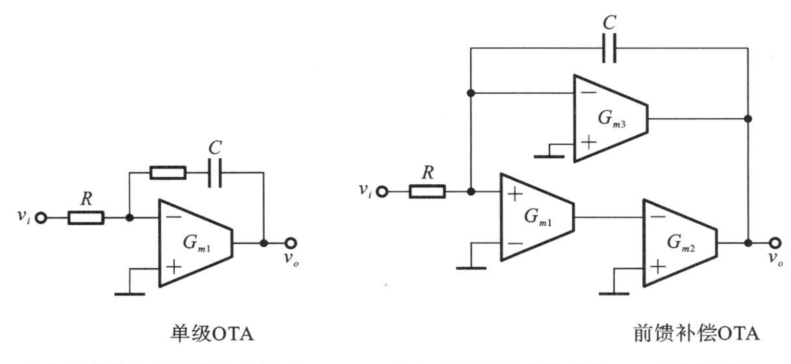

(a) 弱非线性单级的简化模型　　(b) 弱非线性前馈补偿OTA的简化模型

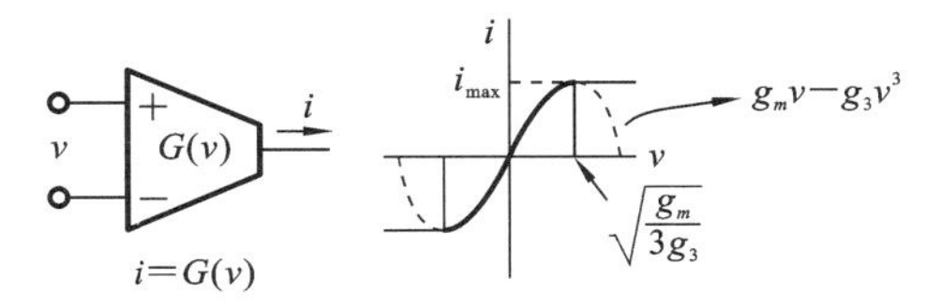

(c) 弱非线性跨导器的简化模型

图 10.42　由导器组成的 OTA

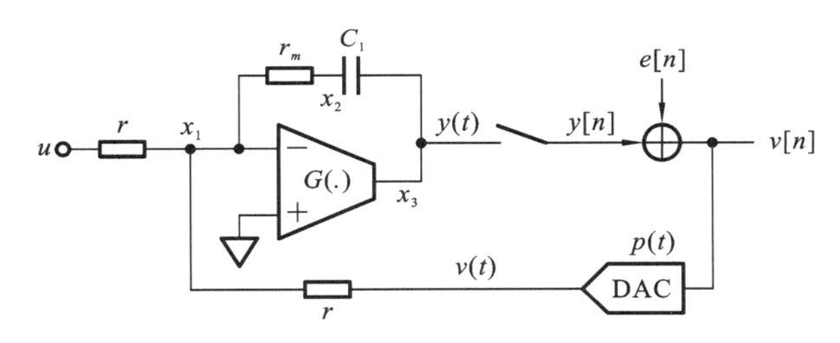

(a) 具有弱非线性积分器的CT-MOD1

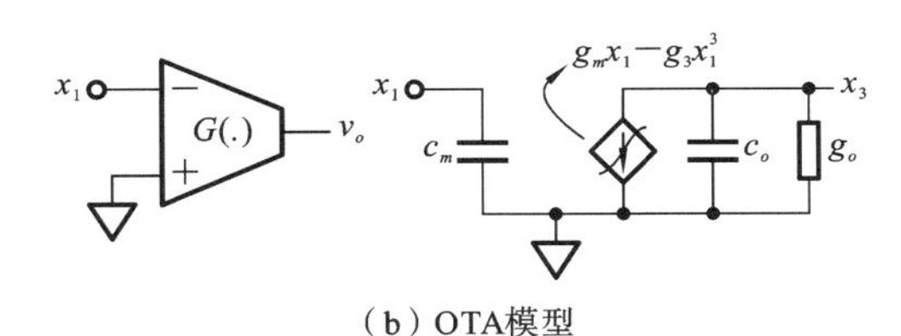

(b) OTA模型

图 10.43　CT-MOD1 **和** OTA **模型**

我们需要确定 $v[n]$。为了做到这一点，我们写出控制环路滤波器工作的节点方程，如下所示。其中内部节点的电压为 x_1，x_2，x_3。

$$\underbrace{\begin{bmatrix} c_m & 0 & 0 \\ 0 & c_1 & -c_1 \\ 0 & -c_1 & c_1+c_o \end{bmatrix}\begin{bmatrix} \dot{x}_1 \\ \dot{x}_2 \\ \dot{x}_3 \end{bmatrix}}_{C\dot{x}} + \underbrace{\begin{bmatrix} (2g+g_m) & -g_m & 0 \\ -g_m & g_m & 0 \\ g_m & 0 & g_o \end{bmatrix}\begin{bmatrix} x_1 \\ x_2 \\ x_3 \end{bmatrix}}_{Gx} + \underbrace{\begin{bmatrix} 0 & 0 & 0 \\ 0 & 0 & 0 \\ -g_3 & 0 & 0 \end{bmatrix}\begin{bmatrix} x_1^3 \\ x_2^3 \\ x_3^3 \end{bmatrix}}_{G_3 x^3}$$

$$= \underbrace{\begin{bmatrix} g & g \\ 0 & 0 \\ 0 & 0 \end{bmatrix}}_{[F_1\ \ F_2]}\begin{bmatrix} u(t) \\ v(t) \end{bmatrix}$$

$$v(t)=\underbrace{\sum_n y|n|p(t-nT_s)}_{y_{\text{dac}}(t)}+\underbrace{\sum_n e[n]p(t-nT_s)}_{e(t)}$$

因此，在矩阵形式中，描述调制器的等式可以表示为

$$\begin{aligned}\boldsymbol{C}\dot{\boldsymbol{x}}+\boldsymbol{G}\boldsymbol{x}+\boldsymbol{G}_3\boldsymbol{x}^3&=[\boldsymbol{F}_1\quad \boldsymbol{F}_2][u(t)\quad v(t)]^{\mathrm{T}}\\ v(t)&=y_{\text{dac}}(t)+e(t)\end{aligned}\tag{10.37}$$

其中，$\boldsymbol{x}$ 是环路滤波器中节点电压的列向量；$\boldsymbol{C}$ 是电容矩阵，$\boldsymbol{G}$ 和 $\boldsymbol{G}_3$ 是电导矩阵，$\boldsymbol{F}_1$ 和 $\boldsymbol{F}_2$ 是输入矩阵；$\boldsymbol{x}^3$ 表示节点电压的三次幂的列向量；$y_{\text{dac}}(t)=\sum\limits_n y[n]p(t-nT_s)$ 和 $e(t)=\sum\limits_n e[n]p(t-nT_s)$。在这个特定的例子中，$y[n]=x_3[nT_s]$。通常，它可以取决于其他节点电压。

方程式(10.37)代表一组耦合的非线性微分方程，它们代表由 $u(t)$ 和 $e(t)$ 激励的调制器的操作。引入非线性的项是 $\boldsymbol{G}_3$，它通常使得方程难以求解。然而，在弱非线性的假设下，当 $\boldsymbol{G}_3\boldsymbol{x}^3$ 中的项与 $\boldsymbol{G}\boldsymbol{x}$ 和 $\boldsymbol{C}\dot{\boldsymbol{x}}$ 中的项相比较小时，式(10.37)可以用近似的方式求解。

考虑一个增益为 k_1 的完美线性放大器，由输入 u 激励。用 $y=k_1u$ 表示其输出。如果放大器现在被输入 αu 激励，则输出为 $\alpha y=\alpha k_1 u$。当放大器是弱非线性，具有转移曲线 $k_1u+k_3u^3$ 时，会怎样？当 u 对这样的放大器进行 α 倍缩放时，输出由下式给出，即

$$\hat{y}=\underbrace{\alpha k_1 u}_{\text{线性分量}}+\underbrace{\alpha^3 k_3 u^3}_{\text{三阶分量}}\tag{10.38}$$

我们看到 $\hat{y}$ 包含一个 α 倍缩放的“线性”项，一个 α^3 倍缩放的分量(由非线性产生)。对于具有轻微饱和奇次非线性的更一般的放大器特性，上面的等式是一个很好的近似，只要 u 足够小，就可以忽略高阶非线性分量。

回到 CT-MOD1，并且依据上面的讨论，我们假设 $x(t)$(节点电压矢量)可以表示为线性和非线性分量的总和，即

$$x(t)\approx\underbrace{x^{(1)}(t)}_{\text{线性分量}}+\underbrace{x^{(3)}(t)}_{\text{三阶非线性分量}}\tag{10.39}$$

非线性分量 $x^{(3)}(t)$ 是 $\boldsymbol{G}_3$ 的结果，必须主要由三阶失真分量组成，因为 OTA 表现出三次方非线性。该求解方案背后的关键点是询问如果系统的输入(u 和 e)按 α 比例缩放后会怎样。如果环路滤波器是完全线性的，那么 x 也应该简单地按 α 比例缩放。然而，由于环路滤波器中的非线性，v 和 x 的线性分量按 α 比例缩放，而三阶失真分量将缩放 α^3 倍。因此，有

$$x(t)\approx\alpha x^{(1)}(t)+\alpha^3 x^{(3)}(t)\tag{10.40}$$

将式(10.40)代入式(10.37)，使用缩放的输入 αu 和 αe，则有

$$\begin{aligned}&\boldsymbol{C}[\alpha\dot{x}^{(1)}+\alpha^3\dot{x}^{(3)}]+\boldsymbol{G}[\alpha x^{(1)}+\alpha^3x^{(3)}]+\boldsymbol{G}_3[\alpha x^{(1)}+\alpha^3x^{(3)}]^3\\ &=[\boldsymbol{F}_1\quad \boldsymbol{F}_2][\alpha u(t)\quad \alpha y_{\text{dac}}^{(1)}(t)+\alpha^3y_{\text{dac}}^{(3)}(t)+\alpha e(t)]^{\mathrm{T}}\end{aligned}$$

让上面等式的两边 α 的一次幂和三次幂的系数分别相等，得到

$$\boldsymbol{C}\dot{\boldsymbol{x}}^{(1)}+\boldsymbol{G}\boldsymbol{x}^{(1)}=[\boldsymbol{F}_1\quad \boldsymbol{F}_2][u(t)\quad y_{\text{dac}}^{(1)}(t)+e(t)]^{\mathrm{T}}\tag{10.41}$$

$$\boldsymbol{C}\dot{\boldsymbol{x}}^{(3)}+\boldsymbol{G}x^{(3)}+\boldsymbol{G}_3(x^{(1)})^3=[\boldsymbol{F}_1\quad \boldsymbol{F}_2][0\quad y_{\text{dac}}^{(3)}(t)]^{\mathrm{T}}\tag{10.42}$$

上面的方程组是线性的。第一个集合对应于 CT-MOD1，其中 OTA 由其对应线性部分代替，通过设置 $g_3=0$ 获得，如图 10.44(a)所示，求解该集合得到 $x^{(1)}(t)$，从而得

到 $y_{dac}^{(1)}$ 和 $v^{(1)}[n]$。换句话说，$v^{(1)}[n]$ 是输入为 $u(t)$ 且其环路滤波器的非线性已关闭的 CT-MOD1 的输出。

式(10.42)也表示线性 CT-MOD1；然而，这个调制器的 u 和 e 被设置为零，它的内部节点由作用于环路滤波器中的立方非线性的 $x^{(1)}(t)$ 产生的电流激励，如图 10.44(b) 所示。$x^{(1)}(t)$ 是已知的，因为这些电压对应于 CT-MOD1 的节点电压，其中 OTA 是线性的。该调制器的解产生 $x^{(3)}(t)$ 和输出序列 $v^{(3)}[n]$，$v^{(3)}[n]$ 取决于 $[x^{(1)}]^3$。$x^{(1)}$ 是 u 和 e 的线性函数，因此 $[x^{(1)}]^3$ 由信号失真、整形量化噪声与其自身混频导致的噪声基底增加以及叉乘(如 $u \cdot e^2$ 和 $u^2 \cdot e$)组成。

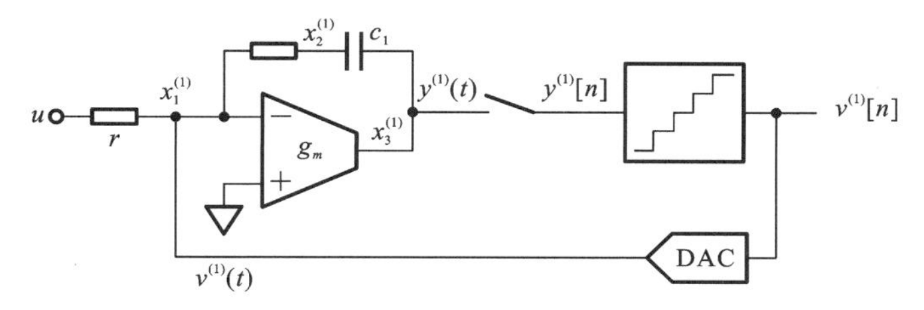

(a) 关闭环路滤波器非线性的CT-MOD1

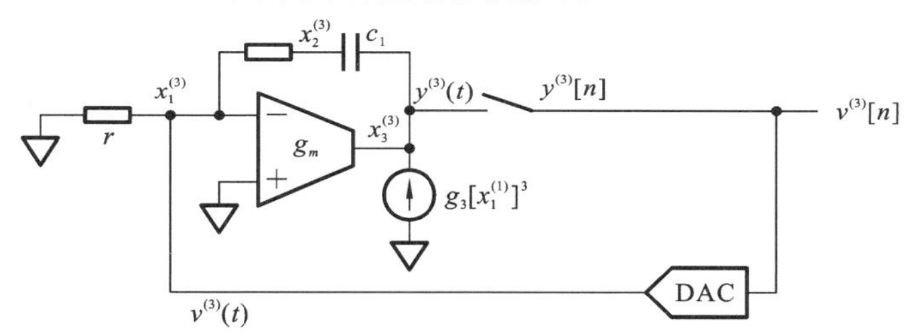

(b) 非线性电流注入CT-MOD1，u=0，量化器旁路

图 10.44 非线性的 CT-MOD1

因此，图 10.41 的弱非线性系统的输出由下式给出，即

$$v[n] \approx v^{(1)}[n] + v^{(3)}[n] \tag{10.43}$$

$v^{(1)}[n]$ 和 $v^{(3)}[n]$ 分别由图 10.44(a)和(b)中的系统获得。虽然上面的讨论说明了 CT-MOD1 的带内性能由于 OTA 非线性而降低的机制，但同样的原理适用于高阶 CTΔΣM。

总之，为了确定弱环路滤波器非线性对 CTΔΣM 性能的影响，我们按以下步骤进行[5]。

(1) 移除所有非线性效应，即将所有非线性元件设置为 $g_3=0$，确定 CTΔΣM 的输出序列 $v^{(1)}[n]$。

(2) 将非线性电流 $g_3[x_1^{(1)}]^3$ 注入一个线性“调制器”，输入 u 设置为零，并且量化器被旁路，该调制器的输出序列是 $v^{(3)}[n]$。

(3) 计算 $v^{(1)}[n]+v^{(3)}[n]$ 的 PSD 以估计调制器的带内 SNR。这解释了量化噪声以及环路滤波器中的弱非线性。

通过以上讨论，我们发现 $v^{(1)}[n]$ 的带内 PSD 必须对应于理想调制器的带内 PSD，而 $v^{(3)}[n]$ 的带内 PSD 则模拟了由于环路滤波器中的非线性效应而导致的退化。由于 $v^{(3)}[n]$ 是通过向 CT-MOD1 注入非线性电流而分析得到的，因此这种分析方法被称为电流注入法。

图 10.45(a)所示的是采用 9 级量化器的三阶 CIFF CTΔΣM，采样率为 6.144 MHz，OTA 采用两级前馈补偿设计，给出了归一化后具有 1 Hz 采样率和 1 Ω 积分电阻的调制器的元件值。图 10.45(b)所示的是理想的 PSD，其中 24 kHz 带宽内的带内 SNDR 约为 125 dB。对于弱非线性 OTA，SNDR 降至 91 dB。SPICE 仿真和电流注入方法结论非常一致，在 SNDR 图中可以看到类似的一致性(见图 10.46)。

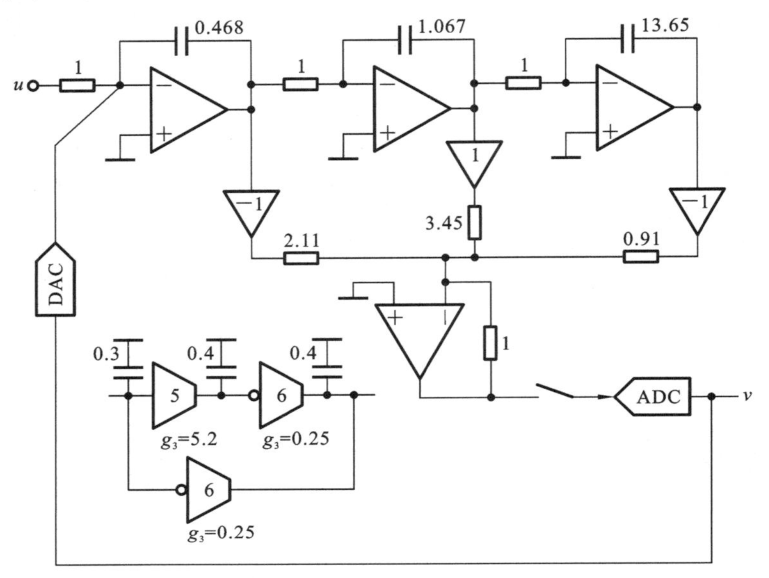

(a) 三阶CIFF CTΔΣM，归一化后具有1 Hz采样率和1 Ω积分电阻的元件值

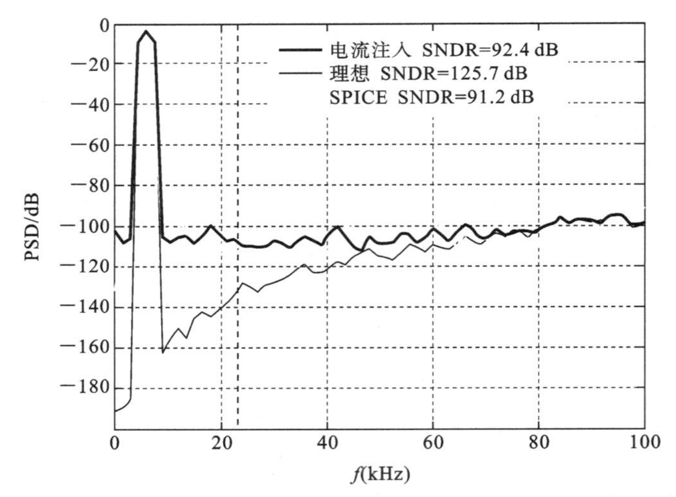

(b) 理想调制器的低频PSD、以及从SPICE仿真和使用电流注入方法获得的低频PSD

图 10.45 三阶 CIFF CTΔΣM 电路图和 PSD 波形图

前文中，我们看到了输入信号和量化噪声是如何通过环路滤波器中的非线性相互作用并降低 CTΔΣM 中的 SNDR。低失真操作的关键是减少组成环路滤波器的跨导器注入的非线性电流，这可以通过几种方式实现。一种“蛮力”方法是使用具有大跨导的(多级)OTA，但这会导致 OTA 的内部节点上的摆幅较小。其结果是，由构成 OTA 的跨导器注入的非线性电流的强度降低，从而由非线性产生较小的“噪声”。

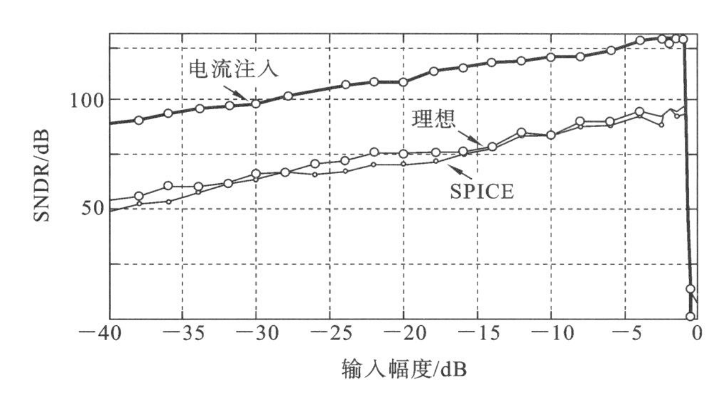

图 10.46　理想的、以及具有弱环路滤波器非线性的 CTΔΣM 的 SNDR（电流注入方法与 SPICE 仿真非常一致）

下面讨论利用前馈来减少由非线性引起的失真的另一种技术。为了说明，我们使用 OTA-RC 积分器构成单比特 CTΔΣM 的输入积分器，如图 10.47 所示。让我们先假设标记为“辅助(assistant)”的电路不存在，开关电阻 NRZ DAC 反馈一个轨到轨波形。如果 OTA 是理想的($G_{ota}\to\infty$)，则虚地电位为零，通过积分电容的电流为$(u+v)/R$，且电流将被 OTA 吸收。实际中，由于 OTA 的跨导有限，v_x 会摆动。OTA 的有限带宽会使事情变得更糟，即反馈波形中的轨到轨阶跃将导致 OTA 虚地的大摆动。通过从“电流注入”方法获得的直观结论，如此大的摆动会导致显著的非线性电流，因而降低 CTΔΣM 的线性。

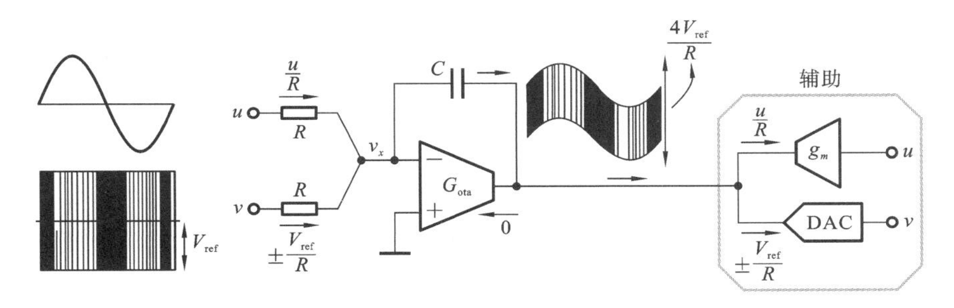

图 10.47　辅助运算放大器积分器的原理

可以通过下述方法来避免虚地的大摆动问题。由于反馈序列 v 和调制器输入 u 易于访问，因此 OTA 需要吸收的电流是已知的。因此，电流$(u+v)/R$ 可以由“辅助”电路产生，如图 10.47 右侧所示。跨导器 $g_m=1/R$ 产生输入分量为 u/R，而 DAC 分量 v/R由电流舵 DAC 产生。这样，辅助电路提供原来需要的由 OTA 吸收的电流，因此没有电流流入 OTA[6]。由此，v_x 保持为零，避免了速度和失真问题。在实践中，OTA 需要吸收辅助电路电流和输入电流之间的失配电流。

辅助电路的噪声和失真如何影响积分器的线性度？这些都没有问题，因为噪声和失真是在 OTA 的输出端注入的，当参考输入 u 时，这些误差减少了大约 RG_{ota}倍(在良好的积分器中，无论如何都需要很大的 RG_{ota})。

辅助电路的使用如何影响积分器的稳定性？很容易看出，它对稳定性是没有影响的——如果 u 和 v 被设置为零，辅助 DAC 和跨导器将从图中移除，并且积分器在没有辅助电路的情况下减少到一个。这意味着积分器的极点位置不受辅助电路的影响。最后，辅助电路消耗功率，当使用单比特 DAC 时，辅助电路引起的功耗增加相当小，因为运算放大器不再提供瞬时输入电流和反馈电流之差，该电流差很大。但是，当使用多位量化或 FIR DAC 时，辅助电路中产生的电流可能大于没有辅助电路时的运算放大器提供的电流。

10.10 16 位音频连续时间 ΔΣ 调制器的案例研究

本节描述了试图在 24 kHz 带宽内实现 16 位分辨率的 CTΔΣM 的设计[7]，采用的工艺是 180 nm CMOS 工艺，支持 1.8 V 的电源电压。首先必须仔细考虑的第一个方面是采用何种架构。对于此应用来说，180 nm CMOS 工艺毫无疑问是非常快的，即使 OSR＝128，需要的采样频率也仅为 f_s＝6.144 MHz。由于存在许多种调制器阶数、采样率和量化器级数的选择，如何在这个令人眼花缭乱的设计中进行选择？不幸的是，这个问题的答案不简单，下面讨论一种有效的方法，且最终通过测量获得的结果来证明了这一点。

传统上使用多级量化器实现高分辨率 CTΔΣM，要了解为什么会这样，让我们来看看有利于这种方法的论点。

（1）较低的采样率：实现所需的带内 SQNR 所需的采样率随着量化器级别的增加而降低。此外，可以使 NTF 更具侵略性，从而进一步降低采样率。

（2）降低时钟抖动的敏感性：反馈波形中减小的步长（假设 NRZ DAC 脉冲）导致对时钟抖动的敏感性降低，如第 9.5 节所述。

（3）环路滤波器线性度改善：使用多级 DAC 时，输入和反馈波形之间的差异很小，意味着由环路滤波器处理的信号的峰值幅度很小，这将导致给定功耗下线性度改善。

虽然上面的论点确实令人信服，但是我们不赞成使用多位量化器。当使用闪速 ADC 对环路滤波器的输出进行数字化时，量化器中使用的 ADC 的复杂性随着量化器位数的增加呈指数增长。此外，如图 10.21 所示，比较器中的随机失调需要限制在步长中的一小部分，这很可能需要某种形式的失调校正，从而增加功耗和设计的复杂性。即使量化器中的比较器适合低功耗工作，时钟生成和分配也会消耗大量电流。不幸的是，这在系统结构设计阶段很难预估。此外，反馈 DAC 的单元元素中的不匹配会降低调制器的带内 SNDR，故需要失配校正，如校准或动态元件匹配（DEM）。这将进一步增加了量化器的功耗和设计时间。相比之下，使用单比特量化器，其中反馈 DAC 本质上是线性的，从而大大简化了量化器设计。比较器失调也没有问题。环路滤波器的输出可以缩放而不影响输出序列，简化了驱动比较器的积分器的设计。然而，满量程两电平反馈波形对环路滤波器的线性度以及调制器对时钟抖动的灵敏度提出了更高的要求。

从上面的讨论可以看出，一个多比特环路简化了环路滤波器的设计而使量化器的设计变得复杂。在单比特调制器中，情况则正好相反。认识到这一点后，我们将试图减轻与单比特设计相关的线性和时钟抖动问题。一种方法是使用基于辅助运算放大器的积分器，如本章前面所讨论的。辅助运算放大器积分器可解决线性问题，但不能解决由于时钟抖动引起的问题。另一种可能的方法是使用单比特 ADC 和 FIR 反馈 DAC。我们在 9.5 节中看到，这种 DAC 中减小的步长不仅降低了调制器的抖动灵敏度，而且放宽了环路滤波器的线性要求。在实际应用中，滤波器和 DAC 的组合采用半数字方式实现，如图 9.31(b)所示，这使得 FIR DAC 在不匹配的情况下具有固有的线性。由于采用单比特量化器，其 ADC 设计简单，功耗极低。因此，采用单比特量化器和 FIR DAC 的调制器结合了单比特和多比特运算的优点。FIR 反馈会增加延迟，如果调制器未得到适当补偿，则会使调制器不稳定。在第 9 章中，我们看到了如何精确恢复具有 FIR 反馈的环路的 NTF。

基于上述考虑，我们决定采用带有 FIR 反馈 DAC 的单比特调制器。此外，为了减少空闲噪音的问题，我们选择三阶环路来实现。当带外增益为 1.5 的最大平坦 NTF，最佳扩展零点，OSR 为 128 时，峰值 SQNR 为 110 dB。到此，我们继续选择环路滤波器拓扑结构。

FIR-CTΔΣM 所基于的原型调制器架构是如图 10.48 所示的单环路设计，围绕 I_1 和 I_3 的弱反馈，需要实现复杂的 NTF 零点，但在图中没有显示。三阶环路滤波器实现为具有前馈和反馈(CIFF-B)的积分器级联。如第 8 章所述，这种体系结构有几个优点，围绕量化器的快速路径(通过 DAC_2 和 I_1)和高增益路径(通过 I_1、I_2 和 I_3)可以独立优化，就像在 CIFB 设计中一样。由于存在前馈，I_2 的输出在输入频率几乎没有信号，这意味着它在信号带内的增益(动态范围缩放后)将很大。由于这一点，当参考调制器输入时，环路滤波器中的其他非理想性将显著减弱，就像在 CIFF 设计中一样。因此，CIFF-B 体系结构继承了 CIFF 和 CIFB 的优点。从 v 到 y 的环路滤波器增益为

$$L_{1,\mathrm{CT}}(s)=\frac{k_1}{s}+\frac{k_2}{s^2}+\frac{k_3}{s^3} \tag{10.44}$$

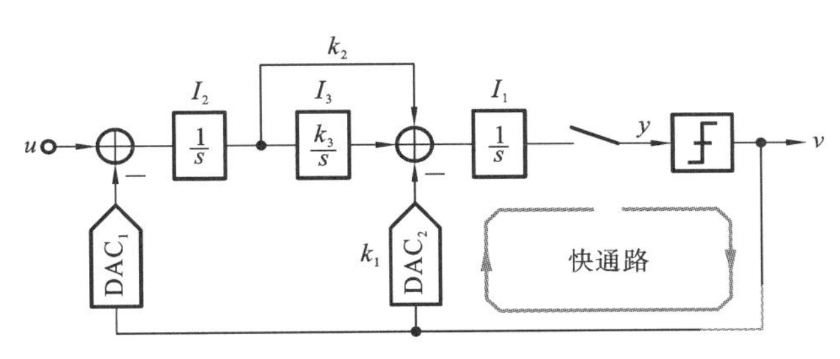

图 10.48 单环路原型($f_s=1$ Hz)

将原型中最外层反馈 DAC 替换为 N 抽头 FIR DAC，其传递函数为 $F(z)$，如图 10.49 所示。为便于版图设计，FIR 滤波器的所有抽头都是相同的。此外，$F(z)$的直流增益应为 1，以保证 CTΔΣM 的带内 STF 为 1。在 I_1 的输入端加入传递函数为 $F_c(z)$ 的补偿 FIR DAC。我们希望稳定环路，使图 10.48 和图 10.49 中的调制器的 NTF 相同。正如我们在第 9 章看到的，(1) $\hat{k}_3=k_3$，(2) $\hat{k}_2=k_2+\frac{k_3}{2}(N-1)$，(3) $F_c(z)$是 N 抽头 FIR 滤波器。其中，所有数量均基于具有 FIR DAC 的调制器。

因此，通过调整 k_2，并在 I_1 的输入处添加 $F_c(z)$，可以精确地恢复 NTF。一旦认识到这一点，就可以解析确定 F_c 的系数，或者使用第 10.8 节的数值技术确定 F_c 的系数。

10.10.1 FIR DAC 中抽头数的选择

由于较长的 FIR DAC 可以更好地滤除量化噪声，因此很有可能无限制地增加主 FIR DAC 中的抽头数量。由于这个原因，人们倾向于得出如下结论：当 N 增加时，误

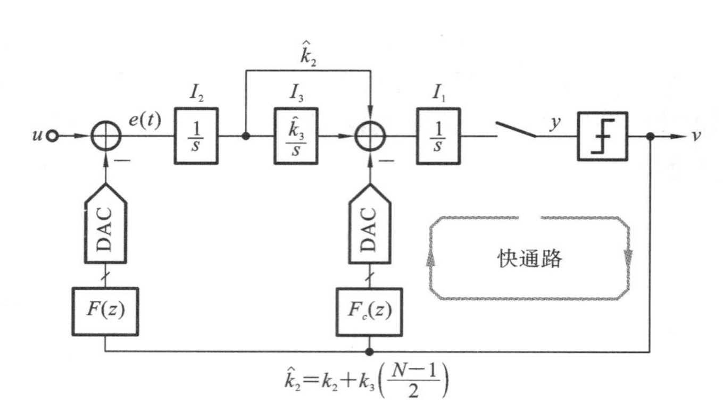

图 10.49 包含 FIR DAC 的归一化 CTΔΣM 原型

（$F_c(z)$代表补偿的 DAC，假设所有抽头都是相同的）

差信号 $e(t)$（见图 10.49）将衰减。所以，环路滤波器处理较小的信号，并且应该期望更好的线性度。这比量化噪声较小的 N 更好的滤波确实减少了 $e(t)$。然而，超过某一点后，$e(t)$不再由于以下原因而减少。如前所述，k_2 随 N 增加而增加。此外，还发现$F(z)$的 DC 增益随 N 增加。以上两者都是不希望发生的。较大的 k_2 增加了信号传递函数中的峰值，导致反馈信号(t)的输入分量在幅度上更大并且相对于 $u(t)$移相。这意味着，即使反馈信号(t)的量化噪声分量由于更好的滤波而变化更小，但当 N 增加并超过某个值时，峰值 $e(t)$开始变大。在实际实现中增加的 $F(z)$的 DC 增益是有问题的，因为由补偿 DAC 注入的输入信号分量需要 I_3 的较低的单位增益频率（在动态范围缩放之后）。此外，时钟产生和分配电路的功耗随着抽头的数量而增加。

由于 FIR DAC 的长度越长，量化噪声的滤波效果越好，因此，不受限制地增加主 FIR DAC 中的抽头数是很有吸引力的。所以，我们可以得出结论，误差信号 $e(t)$的大小（见图 10.49）会随着 N 的增加而减小，结果，环路滤波器可以处理较小的信号，并期望得到更好的线性度。这对于较小的 N 是正确的——更好的量化噪声滤波确实可以减少$|e(t)|$，然而，在超过某一点后，$|e(t)|$不再随着 N 的增加而减小，原因如下。如前所述，$\hat{k}_2$ 随 N 增加而增加，此外，还发现 $F_c(z)$的直流增益随 N 增加而增加，这二者都是不可取的。由于较大的 $\hat{k}_2$ 会增加信号传递函数中的峰值，导致反馈信号 $v(t)$的输入分量的幅度相对 $u(t)$的相移更大。这意味着，虽然 $v(t)$的量化噪声分量因滤波效果较好而变小，但当 N 增加到一定值以上时，$|e(t)|$峰值开始变大。在实际应用中，$F_c(z)$的直流增益增加是有问题的，因为补偿的 DAC 注入的输入信号分量要求 I_3的单位增益频率（动态范围缩放后）更低。此外，时钟产生和分配电路的功耗随抽头数的增加而增加。

因此，FIR DAC 中使用的“最优”抽头数取决于环路滤波器拓扑结构（影响 STF）和输入信号频率。在 CIFF-B 设计中，它在能够容忍的 STF 峰值量、由于额外的抽头而增加的功耗（$|e(t)|$没有相应地降低）以及 $F_c(z)$的直流增益之间折中，$F_c(z)$的直流增益对 I_3的设计有一定的影响。如图 10.50 所示，对于 CIFB 和 CIFF-B 环路滤波器，$e(t)$的仿真结果（归一化为不使用 FIR 滤波器得到的值）可以作为基于上述折中考虑而选择 12 抽头 FIR DAC 是否合理的依据。

10.10.2 利用 FIR DAC 进行状态空间建模和仿真

如何使用 ΔΣ 工具箱建模和仿真带有 FIR DAC 的 CTΔΣM？为此，我们重新绘制

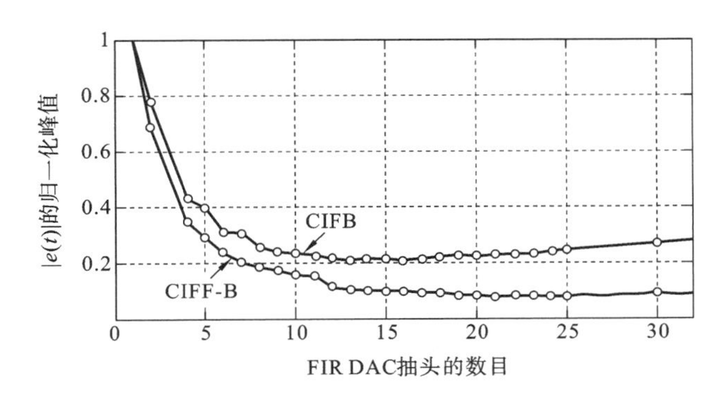

图 10.50 对于 CIFB 和 CIFF-B 架构，环路滤波器输入的峰值幅度是 FIR 滤波器中抽头数的函数

了调制器的环路滤波器，如图 10.51 所示。从概念上讲，它由连续时间部分组成，由主 FIR 滤波器 $F(z)$的输出 v_1 和补偿 FIR 滤波器 $F_c(z)$的输出 v_2 驱动。在图 10.51 中，连续时间环路滤波器的状态矩阵由下式给出，即

$$\boldsymbol{A}_c=\begin{bmatrix}0 & \hat{k}_2 & \hat{k}_3\\ 0 & 0 & 0\\ 0 & 1 & 0\end{bmatrix},\quad \boldsymbol{B}_c=\begin{bmatrix}0 & 0 & -1\\ 1 & -1 & 0\\ 0 & 0 & 0\end{bmatrix},$$

$$\boldsymbol{C}_c=[1\quad 0\quad 0],\quad \boldsymbol{D}_c=[0\quad 0\quad 0]$$

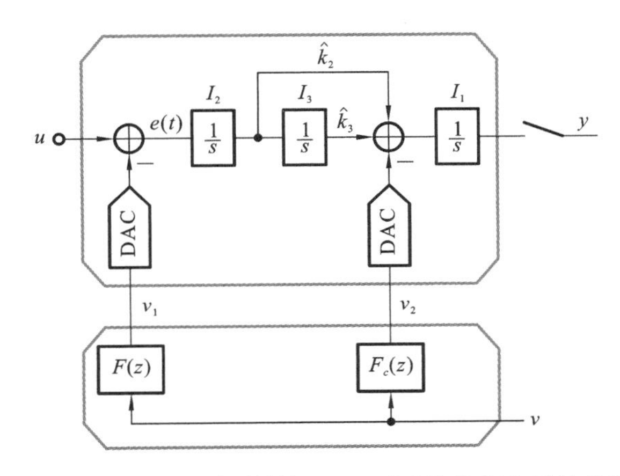

图 10.51 将环路滤波器和 FIR DAC 作为复合系统处理

像往常一样，滤波器和 DAC 可以离散化。我们分别用 $\boldsymbol{x}$ 和 $\boldsymbol{A}_d$、$\boldsymbol{B}_d$、$\boldsymbol{C}_d$、$\boldsymbol{D}_d$ 表示得到的状态向量和矩阵。

这两个 FIR 滤波器（二者均具有 N 抽头）将 $N-1$ 个新状态引入系统。FIR DAC 可以表示为单输入双输出系统，如图 10.52 所示。该系统的状态表示为

$$\boldsymbol{x}_{\text{FIR}}=[x_{f_1}\quad \cdots\quad x_{f_{N-1}}]^{\text{T}} \tag{10.45}$$

相应的状态方程是

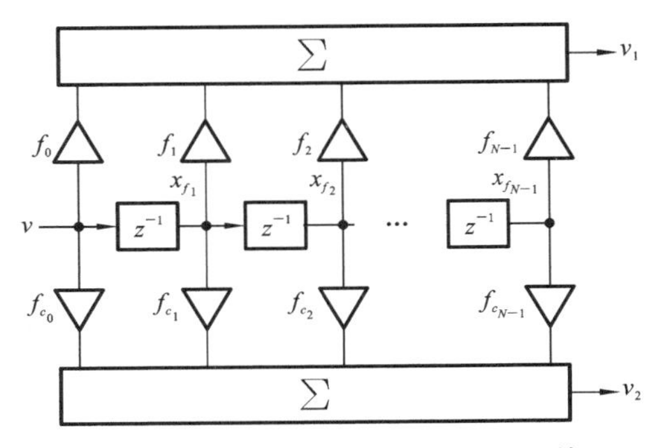

图 10.52 主 FIR 和补偿 FIR DAC 的状态空间表示

$$\boldsymbol{x}_{\mathrm{FIR}}[n+1]=\overbrace{\begin{bmatrix}0&0&\cdots&0&0\\1&0&\cdots&0&0\\0&1&\cdots&0&0\\\vdots&\vdots&&\vdots&\vdots\\0&0&\cdots&1&0\end{bmatrix}}^{A_{\mathrm{FIR}}}\boldsymbol{x}_{\mathrm{FIR}}[n]+\overbrace{\begin{bmatrix}1\\0\\\vdots\\0\\0\end{bmatrix}}^{B_{\mathrm{FIR}}}v[n] \tag{10.46}$$

$$\begin{bmatrix}v_1[n]\\v_2[n]\end{bmatrix}=\underbrace{\begin{bmatrix}f_1&f_2&\cdots&f_{N-2}&f_{N-1}\\f_{c_1}&f_{c_2}&\cdots&f_{c_{N-2}}&f_{c_{N-1}}\end{bmatrix}}_{C_{\mathrm{FIR}}}x_{\mathrm{FIR}}[n]+\underbrace{\begin{bmatrix}f_0\\f_{c_0}\end{bmatrix}}_{D_{\mathrm{FIR}}}v[n]$$

环路滤波器和 FIR DAC 形成一个更大的离散时间系统，其状态空间表示可以从各个系统的状态矩阵导出，如下所示。

环路滤波器的离散时间等效方程可写为

$$\boldsymbol{x}[n+1]=\boldsymbol{A}_d\boldsymbol{x}[n]+\boldsymbol{B}_{d_1}u+\boldsymbol{B}_{d_{23}}\begin{bmatrix}v_1\\v_2\end{bmatrix} \tag{10.47}$$

$$\boldsymbol{y}[n]=\boldsymbol{C}_d\boldsymbol{x}[n]$$

其中 $\boldsymbol{B}_{d_1}$ 代表 $\boldsymbol{B}_d$ 的第一列，$\boldsymbol{B}_{d_{23}}$ 是由 $\boldsymbol{B}_d$ 的第二列和第三列组成的矩阵。在式(10.47)中使用式(10.46)，图 10.51 中复合结构的状态方程可表示为

$$\begin{bmatrix}\boldsymbol{x}[n+1]\\\boldsymbol{x}_{\mathrm{FIR}}[n+1]\end{bmatrix}=\begin{bmatrix}\boldsymbol{A}_d&\boldsymbol{B}_{d_{23}}C_{\mathrm{FIR}}\\\boldsymbol{0}&A_{\mathrm{FIR}}\end{bmatrix}\begin{bmatrix}\boldsymbol{x}[n]\\\boldsymbol{x}_{\mathrm{FIR}}[n]\end{bmatrix}+\begin{bmatrix}\boldsymbol{B}_{d_1}&\boldsymbol{B}_{d_{23}}\boldsymbol{D}_{\mathrm{FIR}}\\\boldsymbol{0}&\boldsymbol{B}_{\mathrm{FIR}}\end{bmatrix}\begin{bmatrix}u\\v\end{bmatrix}$$

$$\boldsymbol{y}[n]=[\boldsymbol{C}_d\quad\boldsymbol{0}]\begin{bmatrix}\boldsymbol{x}[n]\\\boldsymbol{x}_{\mathrm{FIR}}[n]\end{bmatrix} \tag{10.48}$$

上述矩阵中的零项是适当顺序的子矩阵。有了环路滤波器的状态空间表示，现在就可以利用 ΔΣ 工具箱中的 simulateDSM 例程的功能了。

10.10.3 时间常数变化的影响

在基于 FIR DAC 的 CTΔΣM 中，令人关心的问题是时间常数变化对 NTF 和最大稳定幅度(MSA)的影响。为了检验这一点，在有和没有 FIR DAC 的 CTΔΣM 上进行了仿真。在通常条件下，两个调制器被设计成具有相同的带外增益为 1.5 的最大平坦 NTF，然后，所有时间常数在其标称值的±25%范围内变化。传统的和 FIR-CTDSM 的最终 NTF 和 MSA 如图 10.53 所示。可以看出，两种情况下的高频增益都相似。由于 NTF 的高频增益在很大程度上影响了 MSA，且时间常数是变化的，因此两种设计都具有相似的 MSA。由此，我们得出结论，具有 FIR DAC 的 CTΔΣM 对时间常数变化的敏感性并不比具有 NRZ DAC 的 CTΔΣM 的强。

10.10.4 调制器结构

根据 Lee 的规则，CTΔΣM 的 NTF 被选择为最大平坦，带外增益为 1.5，满量程为 3.6 V(差分峰值)，对应外部参考电压 1.8 V。仿真表明，最大稳定幅度约为−3 dB。

图 10.54 所示的是三阶 CTΔΣM 的简化单端原理图。如前所述，使用 CIFF-B 环路滤波器，其中负电阻表示差分版本中的反相。使用有源 RC 积分器以获得低噪声和

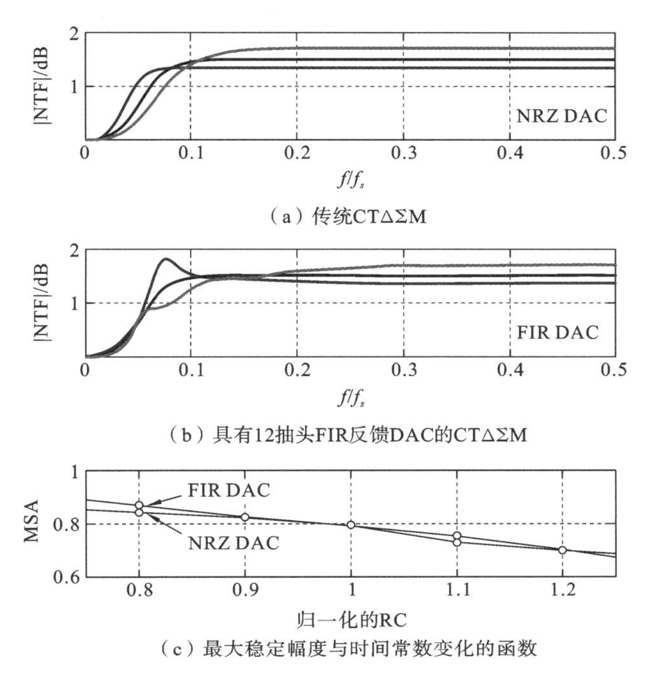

图 10.53　NTF 幅度与±25%时间常数变化的函数关系

高线性度。FIR DAC 将与参考电压成正比的电流注入运算放大器的虚地。使用电阻式 DAC 以获得低噪声操作。主 FIR DAC(FIR_1)的所有抽头权重相等。结果显示，单元电阻器为 $12R_1$，由 R_1 和 FIR_1 引起的输入参考热噪声(差分环路滤波器的)约为 7 μV(rms)，可以显著增加第二和第三积分器的阻抗大小而不影响带内噪声，如图 10.54 所示，R_2 和 R_3 约是 R_1 的 32 倍和 16 倍。因此，A_2 和 A_3 也可以进行阻抗缩放，从而降低功耗。

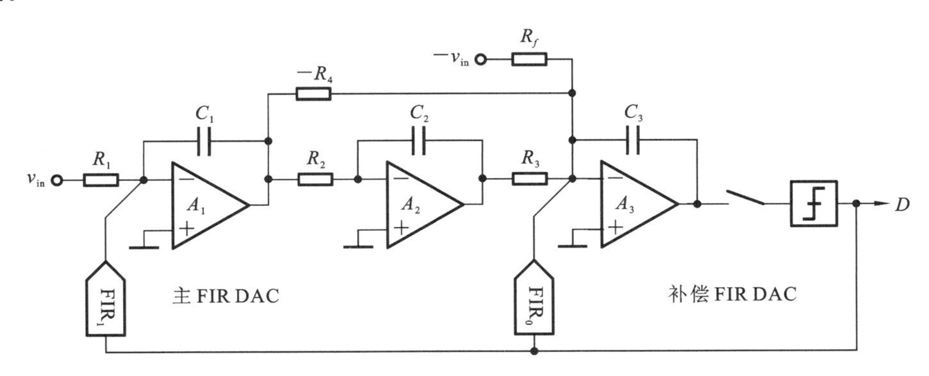

图 10.54　调制器的简化单端原理图

(R_1=30 kΩ，R_2=1 MΩ，R_3=500 kΩ，R_4=1.02 MΩ，R_f=400 kΩ，C_1=10.4 pF，C_2=3.8 pF，C_3=1.25 pF)

R_f 将输入馈送到由 A_3—R_3—C_3 形成的第三积分器中。如果没有 R_f，A_2 的输出将由与 v_{in} 成比例的分量组成，使用 R_f 来抵消 FIR_c 的低频输出(与 v_{in} 大致成比例)可以避免这个问题，从而可以使用更小的 C_2。围绕 A_2 和 A_3 的弱反馈通过添加一个大电阻(为清晰起见未在图 10.54 中示出)从后者的输出到前者的反相端，并将 NTF 的两个零点从直流移动到带内的最佳位置。为避免使用大电阻，通过重复使用 A_3 的 CMFB 检测电阻来使用一个 T 网络。

由于采用单比特工作，可以缩放环路滤波器的输出，而不会影响输出序列。这在实践中是有利的，因为运算放大器(A_3)不需要设计成在其输出处处理较大的摆幅。

所有电阻和电容都可以用开关实现，以抵消 RC 时间常数的变化。运算放大器采用两级前馈补偿结构。由于工作频率低(与工艺的速度有关)，过量环路延迟可以忽略不计。由于 FIR DAC 以半数字方式实现，因此它们本质上是线性的：电阻器不匹配仅改变 FIR 滤波器的传递函数，这对调制器性能几乎无关紧要。

10.10.5 运算放大器设计

环路滤波器中第一个运算放大器的噪声和线性度至关重要。A_1 的简化框图和电路图分别如图 10.55(a)和(b)所示。选择两级前馈补偿架构以实现高直流增益和单位增益带宽。第一级，其信号路径由晶体管 $M_{1a}-M_{1d}$ 形成，且复用输入级电流，使得在给定功耗下获得低噪声。输入器件的大尺寸由 $1/f$ 噪声的考虑决定。第二增益级 G_{m2} 由 $M_{2a,b}$ 形成，$M_{3a,b}$ 形成 G_{m3}。

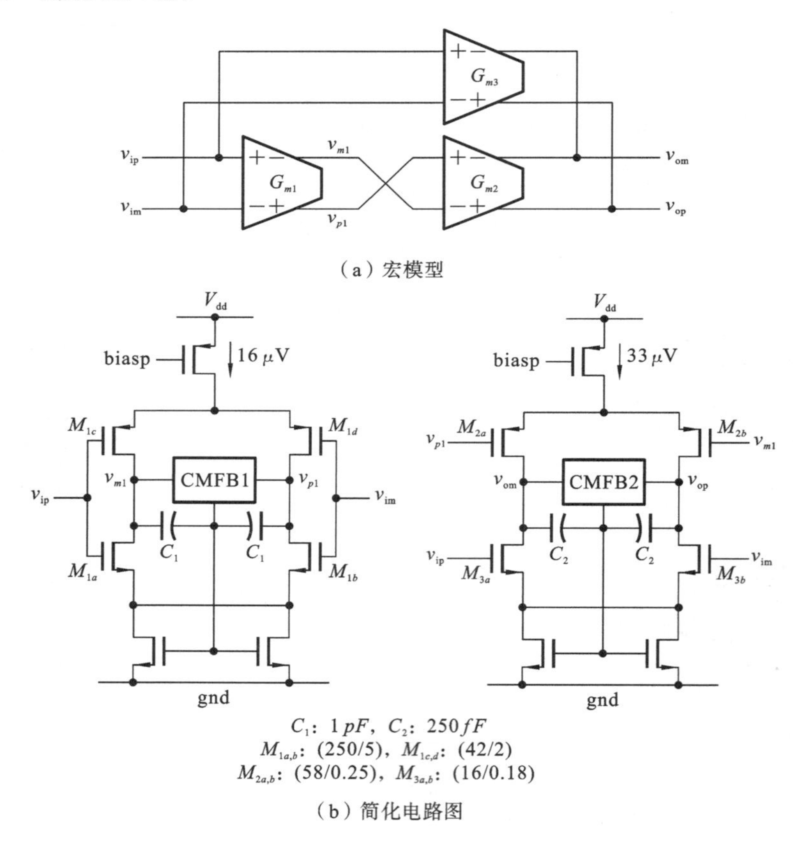

(a) 宏模型

(b) 简化电路图

图 10.55 第一个积分器中使用的两级前馈补偿 OTA

由于采用 12 抽头 FIR DAC，运算放大器的线性度要求没那么严格，从而可以在运算放大器的第二级中使用相对较小的偏置电流。第二级中的电流被复用于实现 G_{m2} 和 G_{m3}。每级输出处的共模电压通过单独的环路稳定，C_1 和 C_2 用来补偿这些共模反馈(CMFB)环路。

在 OTA 设计阶段出现的问题是:“应该使用什么反馈因子来分析 OTA 的稳定性?”在我们的调制器中,OTA 构成了积分器的一部分,如图 10.56(a)所示。OTA 的寄生输入电容不可忽略,用 C_p 表示。正如我们在本章前面所见,积分器的单位增益频率(约为 $1/RC$)必须远小于 OTA 的单位增益带宽。因此,就包围 OTA 的反馈环路而言,积分电容 C 可以被视为在 OTA 的单位增益带宽附近的频率处短路,如图 10.56(b)所示。通过类似的论证,可以忽略电阻对高频环路增益的影响。因此可以看出,OTA 在单位反馈配置中应该是稳定的。

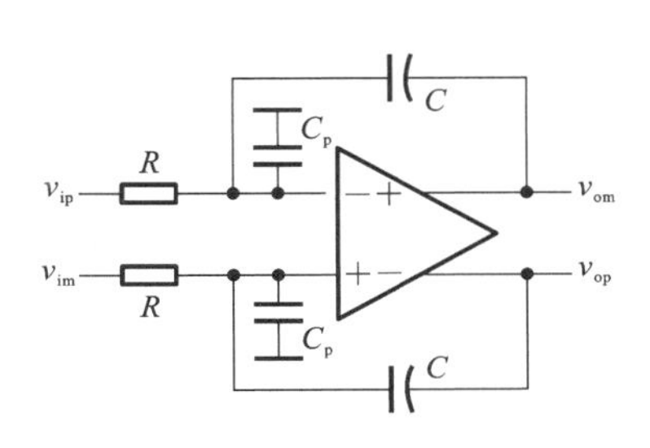

(a) OTA-RC积分器,C_p是OTA的输入寄生电容

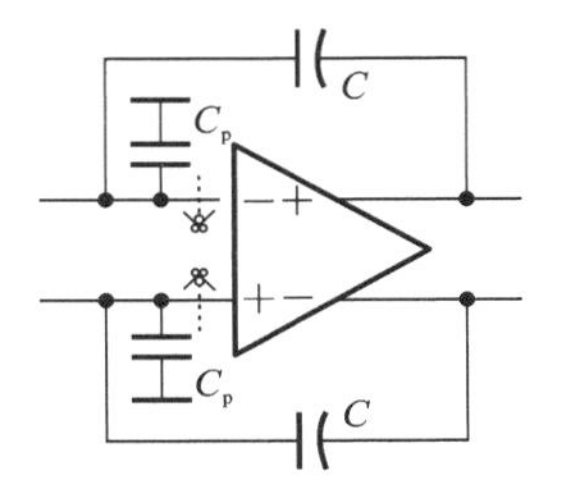

(b) 在远高于积分器的单位增益频率的频率上确定环路增益

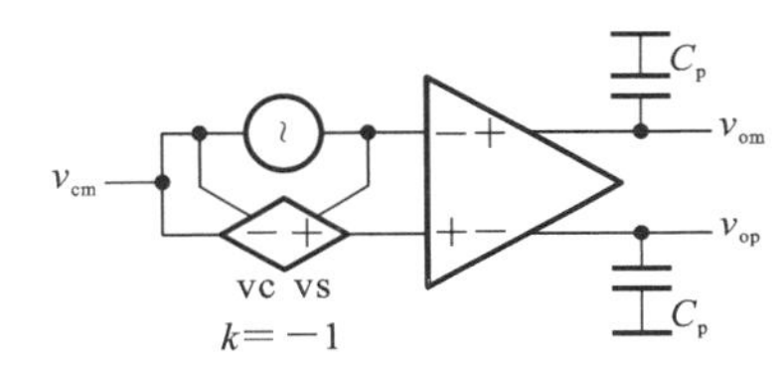

(c) 设置仿真OTA的增益

图 10.56 OTA 设计

输入寄生电容 C_p 加载 OTA 的第二级。要确定环路增益,必须在 C_p 的右侧将环路断开,如图 10.56(b)所示。因此,为了仿真环路增益,使用图 10.56(c)所示的设置是合适的。在图 10.55 的设计中,$C_p \approx 0.5$ pF。

OTA 的幅度和相位响应的仿真结果如图 10.57 所示。直流增益约为 70 dB,单位增益带宽约为 89 MHz,相位裕度约为 60°。这样,使用该 OTA 实现的积分器将有一个约 89 MHz 的高频寄生极点,这相当于大约 $1/(2\pi \cdot 89\ \text{MHz}) \approx 1.8$ ns 的延迟。

将 OTA 嵌入积分器中,其对单位阶跃的响应如图 10.58 所示,图中还显示了用理想的 OTA 获得的阶跃响应进行比较。使用实际 OTA 时的下冲是由于积分电容 C 的前馈效应引起的积分器传递函数中的右半平面零点,其相对于理想积分器的输出大约延迟 2 ns,与 OTA 的 89 MHz 单位增益带宽一致。

10.10.6 ADC 和 FIR DAC

基于读出放大器(sense-amplifier-based)的比较器用于对环路滤波器输出进行单比特判决。该电路类似于图 10.18 所示电路,除了不需要参考电压存储电容(C_c)和相应的开关(由于 1 位操作)。C^2MOS 触发器用于实现 FIR DAC 的数字部分。主 FIR DAC 和补偿 FIR DAC 共享触发器。

FIR DAC 是电阻性的,并以半数字方式实现。由于存在符号间的干扰(ISI),上升-

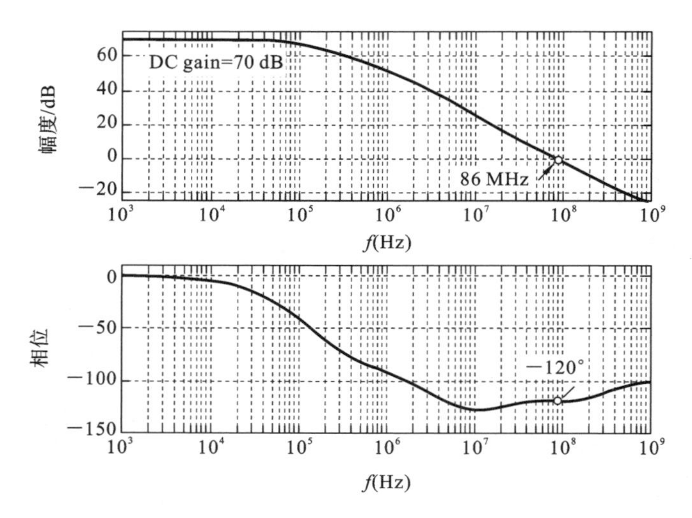

图 10.57　第一个 OTA 的幅度和相位图

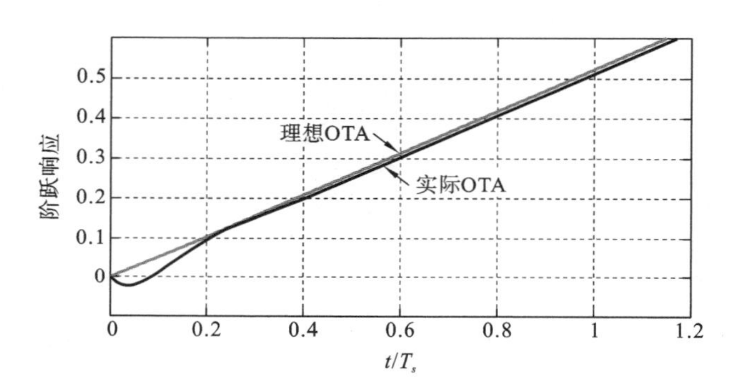

图 10.58　第一个积分器的阶跃响应(还显示了用理想的 OTA 获得的阶跃响应以进行比较)

下降不对称将会导致偶数阶失真,如在传统的 NRZ DAC 中那样。直接分析表明,使用 FIR 滤波并不能缓解这个问题。图 10.59 所示的是主 FIR DAC 的一个抽头的单端部

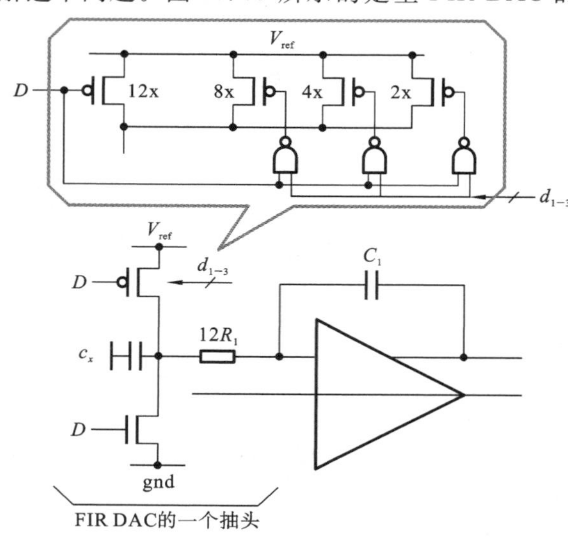

图 10.59　使用数字可编程 PMOS 器件可以进行编程,以减少由于上升-下降不对称引起的失真

分,D 是量化器的单比特判决。正如我们在第 10.7.1 节中讨论的那样,ISI 主要是由于上拉和下拉晶体管的电阻不匹配,并且导致 DAC 单元元素注入的电流中的偶数阶失真。幸运的是,由于差分工作,这种失真被相互抵消了。实际上,不匹配将导致 ISI 引起的一小部分失真泄漏到差分输出中。鉴于此项工作要求的失真水平极低,而且缺乏有关电阻匹配的可靠信息,因此,调制器的设计需使单端反馈电流波形具有固有的低失真,这是通过在通常条件下确保上拉和下拉器件的导通电阻大致相等来实现的。为了解决工艺变化问题,PMOS 开关用 3 位存储器来实现,如图 10.59 所示。

10.10.7 抽取滤波器

抽取滤波器的框图如图 10.60 所示。抽取滤波器的输出为 20 位宽,并且处于奈奎斯特速率(48 kHz)。第一级是一个四阶 32 抽头 CIC 滤波器,用 Hogenauer 结构实现(见第 14 章)。CIC 滤波器之后接两个半带 FIR 低通滤波器,每个滤波器的输出都被下采样 2 倍,滤波器阶数分别是 16 和 60。二十位抽取滤波器的输出通过串行外设接口(serial peripheral interface, SPI)传输到片外。抽取滤波器在 1.8 V 电源中消耗 100 μW。

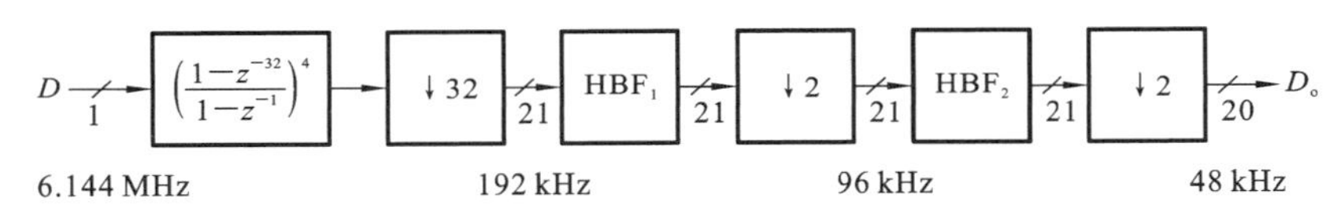

图 10.60 抽取滤波器的框图

10.11 测试结果

CTΔΣM,抽取滤波器和 SPI 接口(便于芯片之间的数据传输)采用 0.18 μm CMOS 工艺制造,包括抽取器在内的芯片的有源区域面积为 1.25 mm×1 mm。

图 10.61 所示的是其输入幅度导致峰值 SNDR 下调制器的 PSD。峰值 SNR、SNDR 和动态范围(DR)分别为 98.9 dB、98.2 dB 和 103 dB。在音频应用中,经常引用的性能度量是 A 加权 SNR(A-weighted SNR)。该设计实现了峰值 A 加权 SNR 和 SNDR 分别为 102.3 dB 和 101.5 dB,可以看出三次谐波失真约为 106 dB。在抽取滤波器的输出处计算的 PSD 实际上给出了相同的性能,表明抽取器按预期工作。

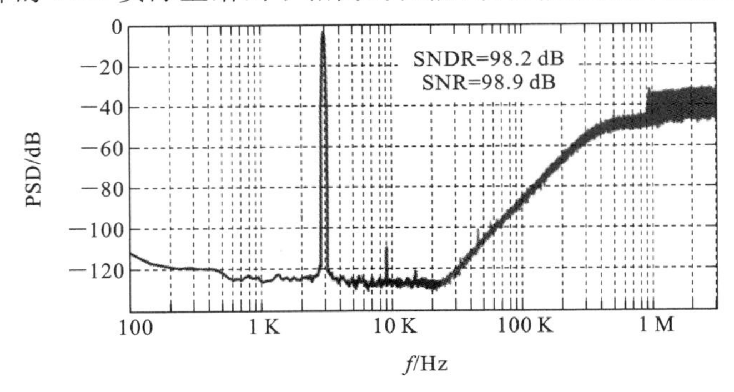

图 10.61 导致峰值 SNDR 的输入幅度下,测量得到的调制器输出的 PSD

图 10.62 所示的是 SNDR 作为输入信号幅度函数的曲线图。调制器在 1.8 V 电源中消耗 280 μW 功耗，其 Schreier FoM 值为 182.3 dB。

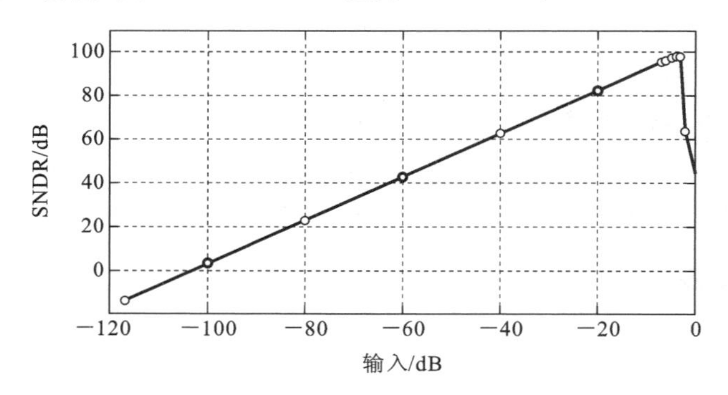

图 10.62 SNDR 与输入信号幅度的函数关系

图 10.63 所示的是−4 dB 输入在有和没有 ISI 校正情况下的频谱的测量结果。通过校正使得 HD_2 降低是显而易见的。固有的低 HD_2（即使没有校正）表明此工艺的电阻匹配良好。

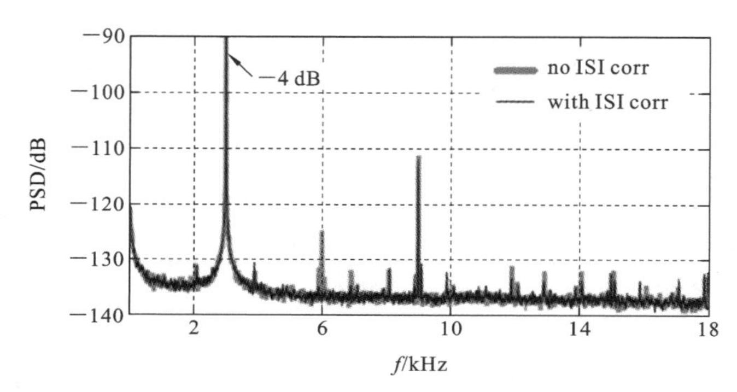

图 10.63 有和没有 ISI 校正的 PSD

10.12 总结

本章中，我们讨论了 CTΔΣM 的电路设计考虑。我们首先考虑了在环路滤波器中实现积分器的各种方法。我们得出结论，基于 OTA 的有源 RC 结构是实现输入积分器的最佳选择，Gm-C 积分器更快但线性度更差，（仅）适合作为内部积分器。我们研究了实现 OTA 的几种选择。我们发现，采用前馈补偿的多级结构，可以以高功率效率的方式实现高带宽。

接着，我们检查了 CTΔΣM 中的热噪声，并得出结论，如果环路滤波器是时不变的，则调制器的输入参考带内（热）噪声谱密度实际上与环路滤波器的带内噪声谱密度相同。这是由于 CTΔΣM（带有时不变的环路滤波器）的“固有抗混叠”特性而导致的结果。

CTΔΣM 的带内噪声由两个独立分量组成——整形量化误差和热噪声。接下来，我们讨论了如何分配给定的总噪声预算。由于降低量化噪声要比降低热噪声“花费”的功率要小得多，因此我们得出结论，在高功率效率的 CTΔΣM 设计中，大部分噪声预算应该分配给后者。经验法则是将(带内)量化噪声保持在(带内)热噪声以下至少 10～12 dB。

然后,我们研究了比较器设计的选择。我们发现比较器失调可能是个大问题,特别是当 SQNR-SNR 余量很小时。这通常需要附加电路以进行比较器失调校正。

下一个讨论主题是反馈 DAC 的设计。我们研究了各种 DAC 脉冲形状的优点,以及实现它们的几种方法。特别是,我们研究了与电阻性 DAC 和电流舵 DAC 相关的折中考虑。我们讨论了带有开关电容反馈的 CTΔΣM 的特性,并发现这样的 DAC 不仅由于反馈波形的高峰均比而降低了调制器的线性度,而且严重降低了其抗混叠能力。

一旦将调制器与"实际的"模块联系起来,实现的 NTF 必然与最初预期的不同。幸运的是,这可以通过调整系数来解决。我们通过一种强大的数值技术来实现这一点。

然后,我们了解了弱环路滤波器非线性对 CTΔΣM 性能的影响,并讨论了解决它们的方法。最后,我们描述了三阶单比特音频 CTΔΣM 的设计,旨在在 24 kHz 带宽内实现 16 位性能。该调制器采用 12 抽头 FIR 反馈 DAC,峰值 SNDR 为 98.2 dB,采用 180 nm CMOS 工艺实现,在 1.8 V 电源中消耗 280 μW 功耗,产生的 FoM 为 182.3 dB。

参考文献

[1] G. Mitteregger, C. Ebner, S. Mechnig, T. Blon, C. Holuigue, and E. Romani, "A 20 mW 640 MHz CMOS continuous-time ADC with 20 MHz signal bandwidth, 80 dB dynamic range and 12 bit ENOB", *IEEE Journal of Solid-State Circuits*, vol. 41, no. 12, pp. 2641-2649, 2006.

[2] M. Ortmanns, F. Gerfers, and Y. Manoli, "A continuous-time ΣΔ modulator with reduced sensitivity to clock jitter through SCR feedback", *IEEE Transactions on Circuits and Systems I: Regular Papers*, vol. 52, no. 5, pp. 875-884, 2005.

[3] S. Pavan, "Alias rejection of continuous-time modulators with switched-capacitor feedback DACs", *IEEE Transactions on Circuits and Systems I: Regular Papers*, vol. 58, no. 2, pp. 233-243, 2011.

[4] S. Pavan, "Systematic design centering of continuous-time oversampling converters", *IEEE Transactions on Circuits and Systems II: Express Briefs*, vol. 57, no. 3, pp. 158-162, 2010.

[5] S. Pavan. "Efficient simulation of weak nonlinearities in continuous-time oversampling converters", *IEEE Transactions on Circuits and Systems I: Regular Papers*, vol. 57, no. 8, pp. 1925-1934, 2010.

[6] S. Pavan and P. Sankar, "Power reduction in continuous-time delta-sigma modulators using the assisted opamp technique", *IEEE Journal of Solid-State Circuits*, vol. 45, no. 7, pp. 1365-1379, 2010.

[7] A. Sukumaran and S. Pavan, "Low power design techniques for single-bit audio continuous-time delta sigma ADCs using FIR feedback", *IEEE Journal of Solid-State Circuits*, vol. 49, no. 11, pp. 2515-2525, 2014.

11

带通和正交ΔΣ调制

前几章描述的ΔΣ转换器，信号的最高频率是一小部分的采样率。本章说明ΔΣ转换器如何也可以用来数字化窄带信号，信号包含的频率是采样率的一个可观的分数值。由此产生的带通和正交带通转换器保留了普通低通ΔΣ转换器的许多优点，并且在无线接收器系统中特别具有吸引力。

11.1 带通转换的需求

图11.1所示的是5种数字接收器架构。在超外差结构中(见图11.1(a))，输入射频(RF)信号在被数字化并被发送到数字信号处理器(DSP)之前被重复滤波、放大和下变频。因为在逐渐降低的频率下重复使用滤波，该架构能够在不使用高Q滤波器的情况下实现高度选择性。而且，因为在无线接收器中可能比有用信号大得多的无用信号在数字化之前已被去除，并且有用信号处于低频，所以对ADC的要求是适度的。为这些优势付出的代价是复杂性：这种接收器通常在模数转换之前要进行模拟滤波和混频。

图11.1(b)中描述的直接转换系统架构相当简单，因为只有一个下变频操作，尽管下变频确实需要一个正交混频器。这种方法的一个缺点是，接收机从那些低于本地振荡器(local oscillator，LO)频率的信号中区分位于LO频率之上的信号的能力受到混频器的不完美的正交和后续基带电路中的不平衡的限制；另一个缺点是接收器易受直流失调、$1/f$噪声和偶数阶失真产物的影响，因为所需信号处于基带。利用自适应数字信号处理，可以移除直流失调，同时仅损失几千赫兹的带宽，并以足够的精度校正I/Q失配，从而实现70～80 dB的稳态镜像抑制。然而，与宽带I/Q失配校正相关的信号处理是复杂的，并且仍存在$1/f$噪声和偶数阶失真问题。

使用带通ADC(见图11.1(c))或正交带通ADC(见图11.1(d))对第一个IF(中频)进行数字化，可将超外差架构的复杂性降低到直接转换接收器的复杂度，而不会招致自适应数字处理的功耗和复杂性的损失。此外，由于信号处于IF，$1/f$噪声和DC失调是不重要的，并且偶阶失真的问题也较少。

最后，图11.1(e)描述了终极简单的体系结构。该架构完全省去了模拟下变频，并使用RF带通ADC数字化RF信号。除了原始的简单性之外，该架构还允许快速跳频，因为重新编程带通ADC通常比改变LO频率更快。使用带通ADC作为接收器的主要障碍是转换器的中心频率范围。中心频率在低吉赫兹范围内的带通ADC已在技

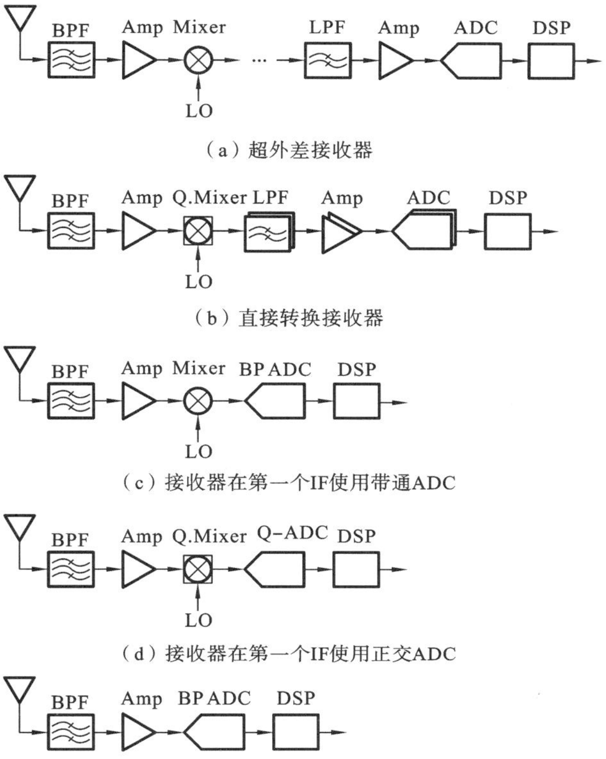

（a）超外差接收器

（b）直接转换接收器

（c）接收器在第一个IF使用带通ADC

（d）接收器在第一个IF使用正交ADC

（e）使用RF带通ADC的接收器

图 11.1　接收器体系结构

术文献[1]~[4]中报道，但由于目前的商业限制为 450 MHz[5]，带通转换目前更适合 IF 而不是 RF 数字化。尽管如此，过去十年取得的进展表明，能够数字化吉赫兹射频信号的商业部件将很快面世。

作为带通转换的最终动机，请考虑图 11.2 所示的频率交织系统。正如时间交织 ADC 通过错开多个低速 ADC 的采样时间来实现宽频带操作一样，频率交织 ADC 错开多个带通 ADC 的中心频率来实现宽频带的数字化。这两种交错形式对失配都很敏感，但是由此产生的损伤在性质上是不同的。在时间交织 ADC 中，失配会导致杂散和噪声；而在频率交织 ADC 中，失配要么是良性的（如果频带没有被拼接在一起），要么只是导致非平坦的频率响应。对于接收机来说，线性度和无杂散动态范围是至关重要的，而传递函数平坦度是次要的，因此频率交织是一种很有前途的宽带接收机 ADC 的构造方法。

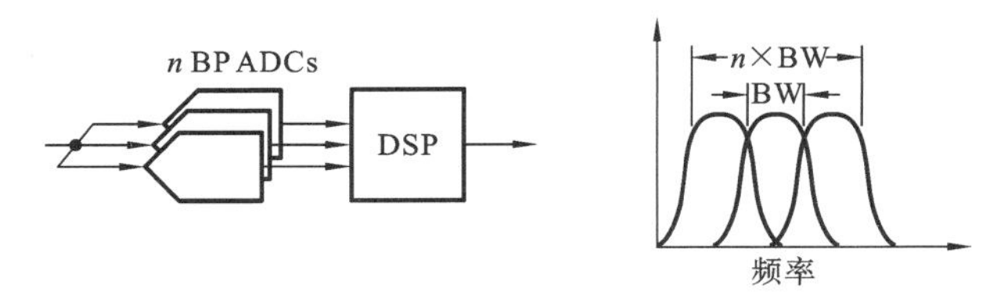

图 11.2　频率交织

11.2 系统概述

图 11.3 所示的是一个带通 ΔΣADC 系统及其关键信号的频谱。ADC 的输入是 IF 或 RF 信号，ADC 的输出包含在任一侧被整形量化噪声包围的所需信号。带通调制器的数字输出先通过数字正交混频器混频到直流，然后通过正交低通数字抽取滤波器进行低通滤波和抽取，以产生复杂的基带数字数据。

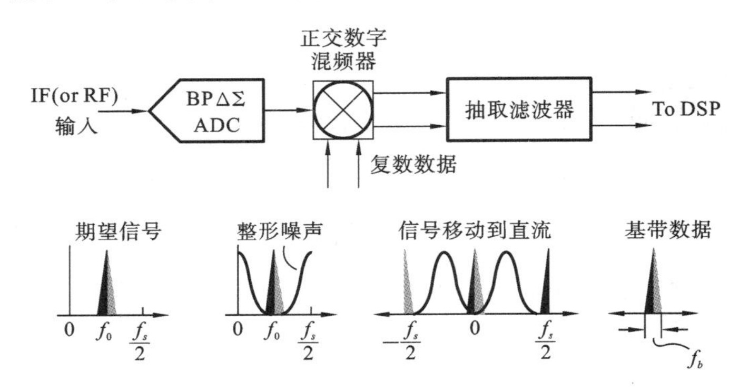

图 11.3　带通 ΔΣADC 系统

带通 ADC 的过采样率的定义方式与标准(低通)ADC 相同，即

$$\mathrm{OSR}=\frac{f_s}{2f_b} \tag{11.1}$$

其中 f_s 是采样频率，f_b 是信号频带的宽度。注意，中心频率 f_0 没有出现在式(11.1)中，因此即使比率 f_s/f_0 不是很大，过采样率也可以很大。

如图 11.3 所示，支持带宽 f_b 所需的输出数据速率也是 f_b，因为输出信号很复杂。这样，在带通 ADC 系统中，采样率因此可以降低 $2\cdot\mathrm{OSR}$ 的因子，而不是在低通情况下的 OSR 因子。

正如带通调制器可以利用其输入的窄带特性一样，正交 ΔΣ 调制器可以利用正交信号[①]中可用的附加信息。图 11.4 所示的是正交 ΔΣADC 系统内发生的主要信号处理操作。正交信号(如，由正交混频器产生的正交信号)被施加到正交 ΔΣ 调制器，该调制器又产生包含所需信号加整形量化噪声的数字正交输出。正交 ΔΣ 调制器的显著特征是其量化噪声阻带仅需要存在于正(或负)频率。从某种意义上说，正交转换器比带通转换器更有效，因为没有由数字化输入的负频率内容来消耗功率。与带通 ΔΣADC 系统一样，正交调制器的输出通过数字正交混频器混频到基带，并通过正交抽取滤波器进行滤波，以产生奈奎斯特速率基带数据。

正交系统的奈奎斯特频带为$[-f_s/2, f_s/2]$，因此总信息带宽为 f_s。为了使 OSR$=1$ 不对应于过采样，正交系统的过采样率定义为

$$\mathrm{OSR}=\frac{f_s}{f_b} \tag{11.2}$$

---

① 正交信号由两个实信号组成，通过由 I(用于同相相位)和 Q(用于正交相位)或通过 Re(用于实数)和 Im(用于虚数)表示。与实信号相反，正交信号的频谱不需要关于零频率对称，即正频率和负频率是不同的。第 11.6 节更详细地讨论了正交信号和正交滤波器。

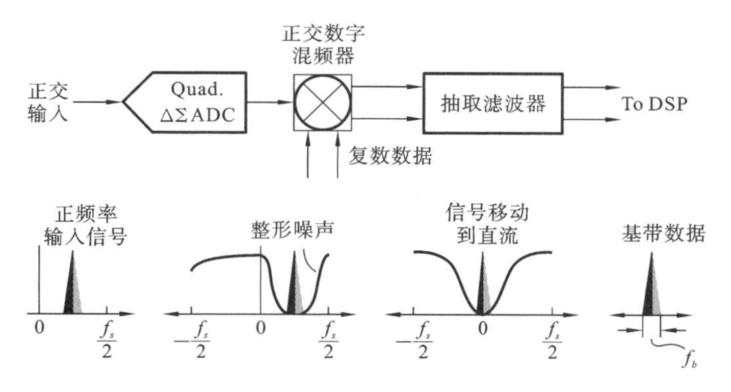

图 11.4　正交 ΔΣADC 系统

换句话说，对于给定的信号带宽和采样率，正交调制器的 OSR 是实际调制器的 OSR 的 2 倍。由于 OSR 加倍可以显著改善 ΔΣ 调制器的 SQNR，因此正交带通 ΔΣ 调制器比实际调制器的 SQNR 具有显著的优势。最后，请注意，由于最小输出数据速率为 f_b，因此 OSR 因子的抽取适用于正交系统。

完成了带通和正交带通 ΔΣADC 系统的概述后，我们现在深入探讨调制器本身。设计步骤的本质与低通调制器的相同，即选择 NTF 和量化器级数，首先选择拓扑，用选择的拓扑实现 NTF，然后进行动态范围缩放，最后将每个模块转换为晶体管电路。接下来的部分描述了这两种调制器设计与低通调制器设计的不同之处，首先介绍带通调制器，然后介绍正交调制器。高速连续时间带通 ADC 的电路细节和测量结果可作为两个高级讨论之间的缓冲。

11.3　带通 NTF

图 11.5(a)所示的是一个代表性的带通 NTF。注意，为了在通带中具有 n 个零点，在负频率处需要 n 个零点，因此 $2n$ 阶带通调制器类似于 n 阶低通调制器。Lee 的稳定性规则在二进制带通调制的背景下和在二进制低通调制的背景下一样有效。零点优化对于带通 NTF 和低通 NTF 同样有用。

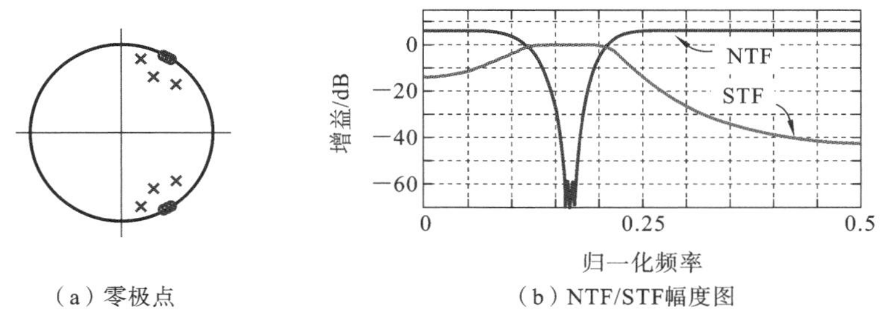

(a) 零极点　　(b) NTF/STF幅度图

图 11.5　$f_s/6$ 带通调制器

通过为 ΔΣ 工具箱函数 synthesizeNTF 的可选 f_0 参数提供一个非零值，可以创建一个带通 NTF，当单个馈入用于输入信号时，产生最大平坦的全极点 STF。然后，simulateDSM 函数可以在给定输入信号和量化器级数的情况下仿真调制器的行为。下面的代码片段说明了这些操作。

```
% Create bandpass NTF
osr=32;
f0=1/6;
ntf=synthesizeNTF(6,osr,1,[],f0);
% Realize it with the CRFB topology
form='CRFB';
[a,g,b,c]=realizeNTF(ntf,form);
% Use a single feed-in
b(1)=abs(b(1)+ b(2)/c(1)*(1-exp(-2i*pi*f0)));
b(2:end)=0;
ABCD=stuffABCD(a,g,b,c,form);
% Simulate the modulator
M=16;
N=2^15;
ftest=round((f0+ 0.25/osr)*N)/N;
u=undbv(-1)*M*sin(2*pi*ftest*(0:N-1));
v=simulateDSM(u,ABCD,M);
```

图 11.6 所示的是一部分输出信号以及输入信号，图 11.7 所示的是相关频谱。与低通调制一样，在时域中，输入和输出之间的对应关系最好是粗糙的，但在频域中，最明显的转换是高度精确的，在本例中转换为 $1/10^5$。有关如何将其他工具箱函数应用于带通系统的更多信息，请参见附录 B。

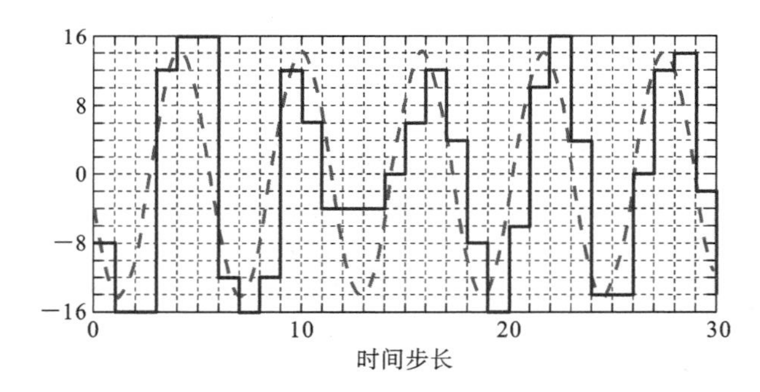

图 11.6　带通调制器的输入信号和输出信号

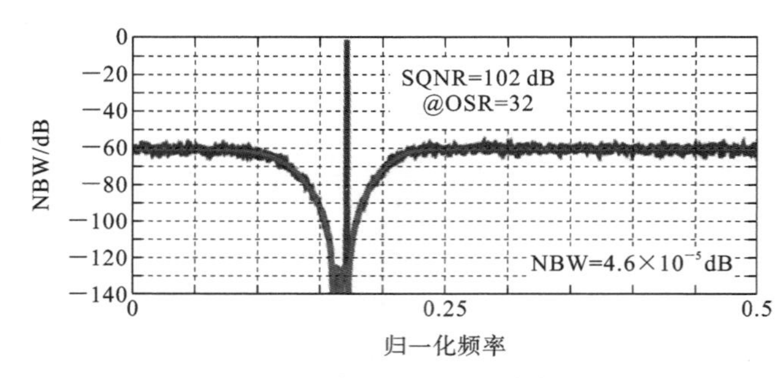

图 11.7　带通调制器输出频谱

下面介绍 N 路变换（N-path transformation）。

图 11.8(a)所示的是一对以时间交错方式运行的相同线性时不变系统 $H(z)$。可以通过构造响应任意时刻脉冲输入的输出来验证，复合系统是时不变的，且具有传递函

数 $H'(z)=H(z^2)$。将原始系统的 N 个拷贝交错以实现传递函数 $H'(z)=H(z^N)$，因此形如 $z\to z^N$ 的变换称为 N 路变换。

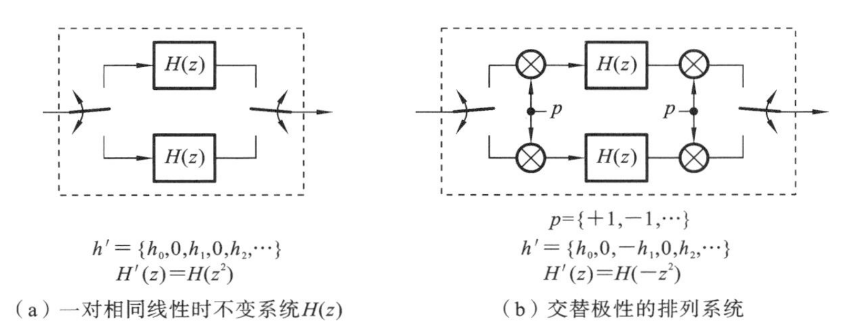

（a）一对相同线性时不变系统 $H(z)$　　（b）交替极性的排列系统

图 11.8　双路系统

类似地，图 11.8(b)所示的是路径的输入和输出具有交替极性的排列系统。尽管换向开关和极性反转具有时变性质，但复合系统仍然是时不变的，具有传递函数 $H'(z)=H(-z^2)$。每一个路径输入和输出用交替极性交错 N 个原系统的拷贝，来实现传递函数 $H'(z)=H(-z^N)$，其形式 $z\to -z^N$ 的变换也被认为是 N 路径变换。

通过替换 $z\to -z^2$，将低通 NTF(在 $z=1$ 附近具有 n 个零点)变换为带通 NTF，其中 $z=\mathrm{j}$ 附近有 n 个零点，$z=-\mathrm{j}$ 附近也有 n 个零点。这个 $2n$ 阶 NTF 具有与原始 NTF 相同的增益-频率曲线，除了频率轴被压缩到原来的 1/2 并且响应被复制，如图 11.9 所示。由于这个 NTF 是通过双路变换获得的，因此得到的带通调制器完全等效于原始低通调制器的两个副本，这些低通调制器工作在具有交替极性的次采样数据上，如图 11.10所示。

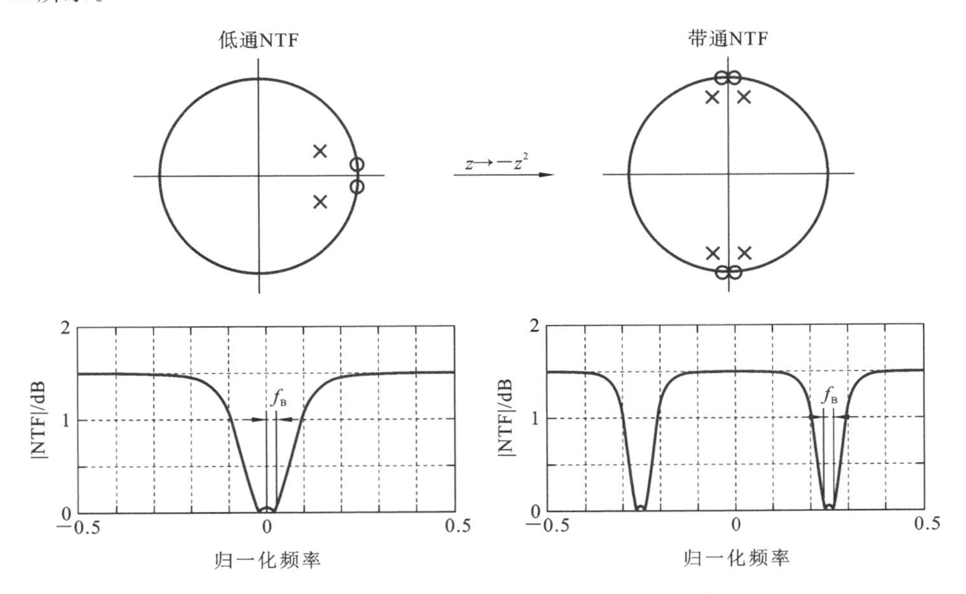

图 11.9　对低通 NTF 应用双路转换($z\to -z^2$)

该等效性表明，通过 $z\to -z^2$ 变换从 n 阶低通调制器导出的 $2n$ 阶带通调制器具有与在相同 OSR 下工作的低通调制器完全相同的稳定性和 SNR 曲线。此外，$f_s/4$ 正弦波输入的带通调制器的极限环特性对应于两个直流输入 $A\cos\phi$ 和 $A\sin\phi$ 的低通调制器的交错极限环特性，其中 A 是正弦波的幅度，ϕ 是相对于采样时钟的相位。

$z\to -z^2$ 变换可以应用于低通调制器的 NTF，以产生带通 NTF，然后可以用第 4 章中的任何结构来实现。还有一种方法是在方框图级别，简单地用两个延迟元件和一个反相替换每个延迟元件，将 $z\to -z^2$ 变换直接应用于低通调制器。作为说明，图 11.11所示的是 MOD1 的 $f_s/4$ 带通模拟。"积分器"现在在其反馈路径中包含一对延迟和一个反相，而来自量化器的反馈路径也包含两个延迟，但是通常失去的是在第一个求和时出现的反相。这种结构实际上比将 NTF 映射到第 4 章中介绍的任何通用结构所得到的结构更简单。

作为关于 N 路径变换的一个总结，请注意，该变换可以应用于失配整形逻辑及噪声整形环路。例如，通过 $z\to -z^2$ 转换 6.2 节的旋转方案以实现一个不匹配传递函数 $\text{MTF}=1+z^{-1}$，得到图 11.12(a)所示的元素使用模式。在该系统中，与每个样本相关联的模块以选择的最后一个元素开始，然后向后进入最近选择的元素。该元素使用模式可以通过从顶部到底部交替地翻转闪速 ADC 的温度计编码输出来创建，同时还交替地从移位控制信号中添加或减去二进制代码。为了实现 $\text{MTF}=1+z^{-2}$，需要将该算法的两个副本交错，生成图 11.12(b)所示的元素使用模式。

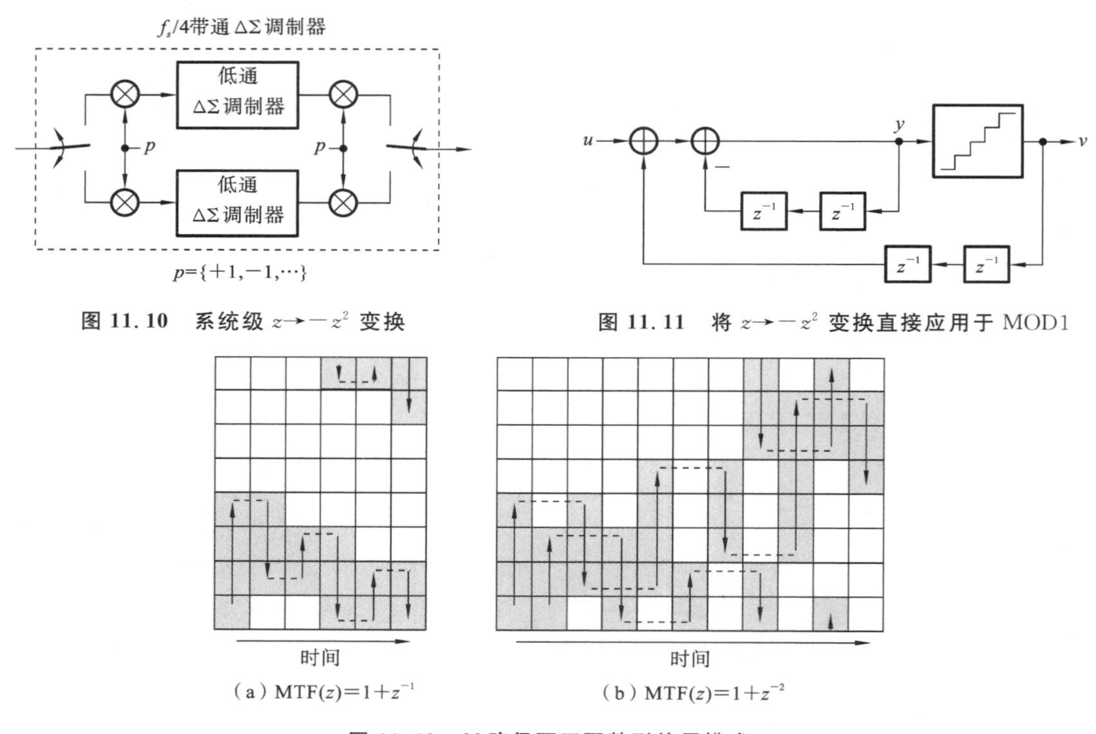

图 11.10 系统级 $z\to -z^2$ 变换

图 11.11 将 $z\to -z^2$ 变换直接应用于 MOD1

(a) $\text{MTF}(z)=1+z^{-1}$

(b) $\text{MTF}(z)=1+z^{-2}$

图 11.12 N 路径不匹配整形使用模式

11.4 带通 Delta-Sigma 调制器的架构

11.4.1 拓扑选择

带通调制器具有与低通调制器相同的架构类型，并且不同架构之间的权衡也基本相同。例如，带通调制器也可以以单环或级联形式实现，在改善稳定性和增加对模拟电路非理想性(如系数误差和有限的运算放大器增益)的敏感度进行类似的权衡。同样，带通调制器的环路滤波器可以使用低通调制器中的任何常规形式构建，包括反馈、前馈和混合拓扑，在内部动态范围和 STF 品质之间具有类似的折中。

图 11.13 所示的是低通调制器的反馈拓扑和前馈拓扑对比的极值。在反馈拓扑中，量化器输出信号被反馈到环路滤波器中的每个积分器的输入，而在前馈拓扑中，每个积分器的输出信号被前馈到量化器的输入。只要系数和时序选择得当，积分器可以是连续时间积分器(如 Gm-C 或有源 RC 积分器)或离散时间积分器(包括延迟、非延迟或半周期延迟开关电容积分器)的任意组合。要将环路滤波器极点移至非零频率，只需添加内部反馈路径，如图 11.13(a)中虚线所示。这些环路滤波器拓扑很容易用于构建带通调制器，例如，图 11.14 所示的是采用标准反馈拓扑的四阶带通调制器的环路滤波器的结构。

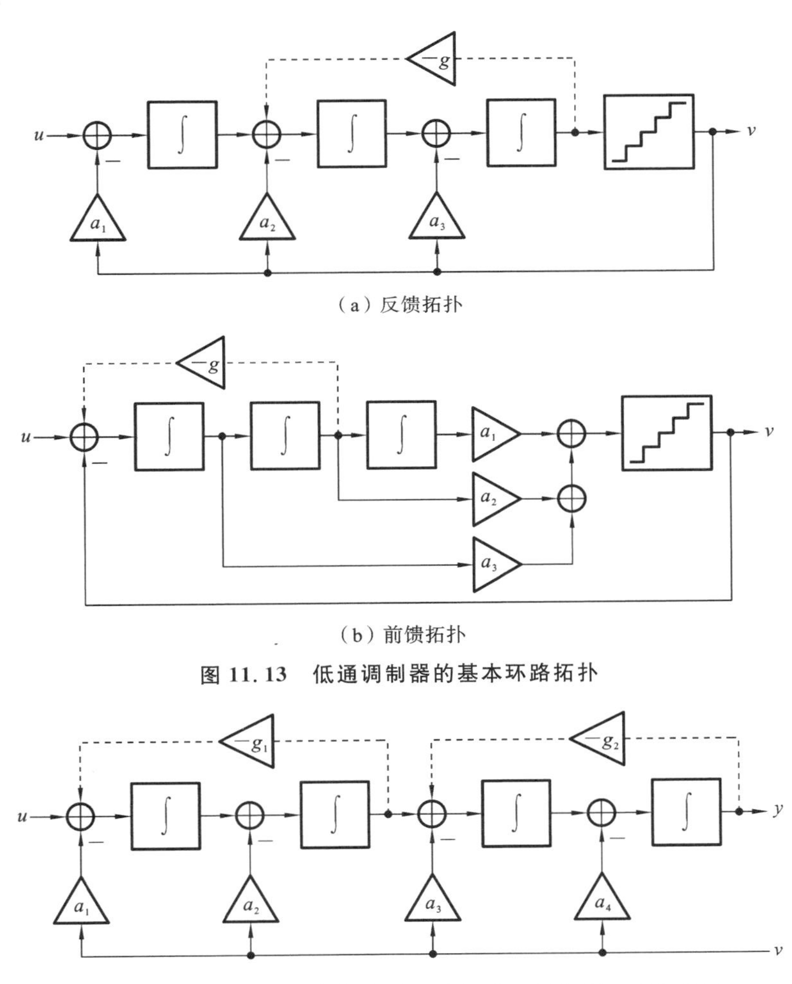

(a) 反馈拓扑

(b) 前馈拓扑

图 11.13 低通调制器的基本环路拓扑

图 11.14 采用标准反馈拓扑的四阶带通调制器的环路滤波器

当 f_0 很大时，谐振器输出可以从第一个积分器获得，如图 11.15 所示。为方便起见，该图中的积分器显示为连续时间模块。从第一个积分器输出而不是第二个积分器输出的谐振器输出将谐振器的传递函数从低通响应的 $\omega_0^2/(s^2+\omega_0^2)$ 改为带通响应的

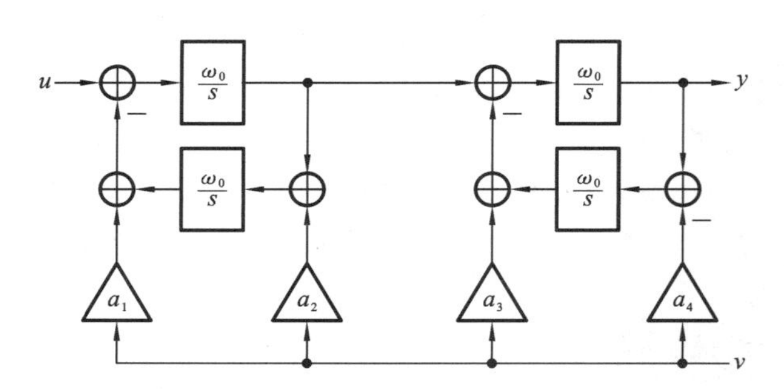

图 11.15　采用带通谐振器的反馈拓扑的四阶带通调制器的环路滤波器

$s\omega_0/(s^2+\omega_0^2)$。由于带通响应在直流时为 0，很明显，这些带通谐振器不能被低通调制器使用，但可以被带通调制器使用。由于 n 阶带通调制器中的 $n/2$ 个谐振器可以是低通或带通，因此对于每个环路滤波器拓扑（反馈、前馈或混合），存在 $2^{n/2}$ 个可能的低通或带通谐振器组合。

图 11.16 所示的是如何添加前馈路径，从而将一个谐振器的输出连接到下一个谐振器中的两个积分器，可以消除带通调制器中的一个反馈系数（即反馈 DAC 之一）。由于图 11.16 中的 v 到 y 的传递函数与图 11.15 中的相同，因此采用图 11.16 中环路滤波器的调制器的噪声传递函数与采用图 11.15 中环路滤波器的调制器的噪声传递函数相同（然而，信号传递函数将不相同）。这种变换可以应用于除最后一个之外的各个谐振器部分，从而将所需的 DAC 的数量减少到原来的 1/2。在第 11.5 节将可以看到，这种变换有助于构建采用一个或多个 LC 谐振器（LC tank）的带通调制器。

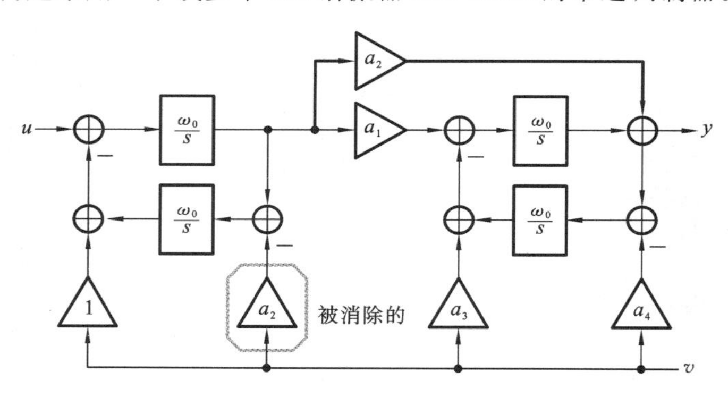

图 11.16　通过添加一条前馈路径消除反馈 DAC

图 11.17 所示的是包含所有变量的环路滤波器的一部分。每个谐振器部分通过四个任意增益模块耦合到下一个谐振器部分，因此低通滤波器的选择仅仅是带通部分的一种特殊情况，其中所有系数都为零，只有一个系数例外。所有反馈 DAC 均未在图中示出，可以根据使用的是反馈、前馈还是混合调制器拓扑结构，将它们添加到任一个或所有积分器的求和节点处。

11.4.2　谐振器实现

低通调制器和带通调制器的实现之间的主要区别在于低通调制器需要良好的积分器，而带通调制器则需要良好的谐振器。由带通调制器的谐振器中的有限品质因数（Q）引起的劣化类似于低通调制器的积分器中由有限直流增益引起的劣化：既降低了

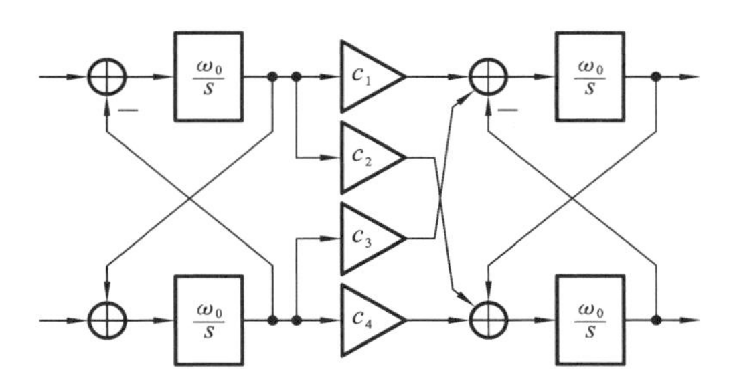

图 11.17 带通调制器的更通用环路滤波器的内部结构

SQNR 又增加了对音调行为的敏感性。当 Q 值低于 f_0/f_B 时，SQNR 显著衰减。因此，为了充分利用高 OSR 值，每个谐振器的 Q 值应该很高。相反，当信号不是窄带时，即当 f_0/f_B 不是很高时，放宽了对 Q 值近乎理想的要求。出于类似的原因，谐振器的谐振频率必须是准确的。f_0 误差是 f_B 的一小部分，比如 20%，通常接近显著性水平。本节介绍几种用于构建带通 ΔΣADC 的谐振器电路，并对各电路实现精确和高 Q 谐振能力进行评述。

图 11.18(a)所示的是无损离散积分器(lossless discrete integrator，LDI)环路，它可以用开关电容电路实现，如图 11.18(b)所示。该电路的结构使得极点是特征方程的根，即

$$1+\frac{gz}{(z-1)^2}=0 \tag{11.3}$$

式(11.3)的根是 $z_p=\sigma\pm \mathrm{j}\sqrt{1-\sigma^2}$，其中 $\sigma=1-g/2$。显然，对于 $|\sigma|\leqslant 1$(即 $0\leqslant g\leqslant 4$)，LDI 环路的极点位于单位圆上，因此谐振器的 Q 值是理想的无穷大。有限运算放大器增益限制了 Q，但由于很容易用典型的运算放大器增益实现 $Q>100$，因此有限的谐振器 Q 值通常没有问题。

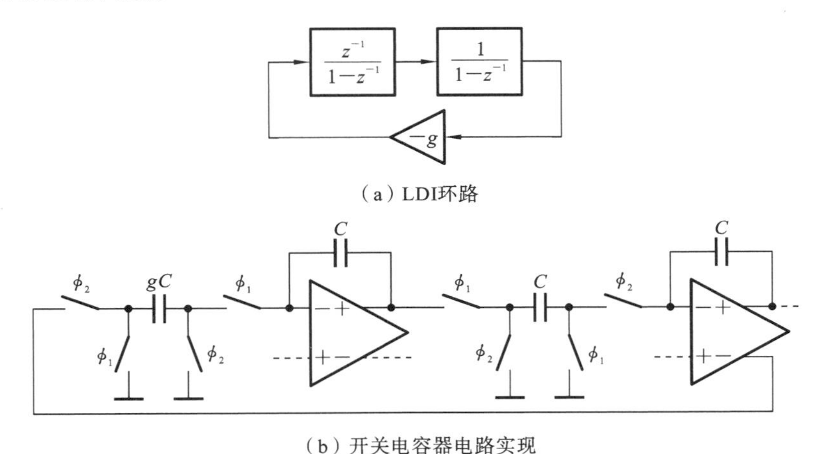

(a) LDI环路

(b) 开关电容器电路实现

图 11.18 LDI 环路及开关电容电路实现

谐振频率由 $\omega_0=\cos^{-1}(\sigma)=\cos^{-1}(1-g/2)$ 给出，它明确显示了 ω_0 对电容比的依赖性。ω_0 对电容率误差的灵敏度是 ω_0 的递增函数，但即使在相对较高的 $\omega_0=\pi/2$ 值，电容器比率的 1% 偏移转换为 ω_0 的偏移仅为 0.6%。因为电容器匹配通常比 1% 好得多，所以，基于 LDI 的谐振器的 ω_0 精度通常是足够的。

LDI 环路提供了一种实现具有任意谐振频率的开关电容谐振器的好方法，但它需要使用两个运算放大器。当谐振频率为 $f_s/4$ 时，第 11.3.1 节中描述的 2 路变换导致电路（见图 11.19）能够实现具有单个运算放大器的谐振器。注意，由于这些电路凭借其拓扑结构而不是通过使用一组特定的电容率来实现所需的中心频率，因此电容误差不会转化为中心频率误差。

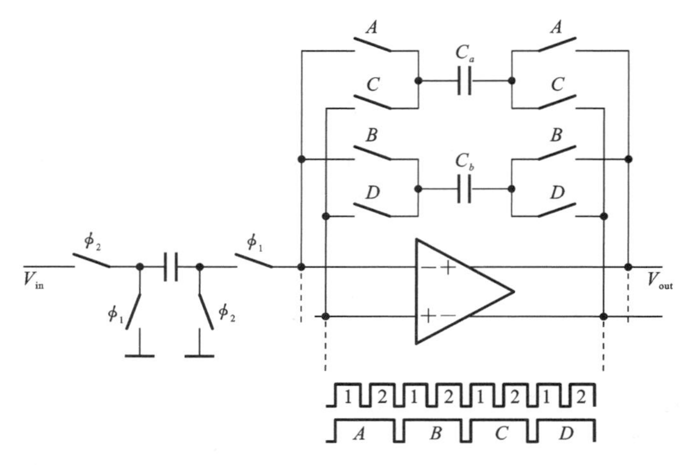

图 11.19　双路开关电容 $f_s/4$ 谐振器

尽管图 11.19 所示电路的中心频率对电容比率不敏感，但路径中的不匹配（特别是 C_a 和 C_b 电容器）会导致电路周期性地随时间变化，而不是时间不变。电路的时变特性反过来导致信号与 $f_s/4$ 频率及其谐波混频，并且信号与 $f_s/2$ 的混频导致镜像信号的出现，镜像信号是以频率 f_0 为中心的频率反转副本。该电路的另一个困难源于使用频率为 $f_s/4$ 的时钟，这些大幅度时钟可能泄漏到信号频带并在频带中心产生音调。

图 11.20 所示的电路在很大限度上可以避免这些问题。由于该电路中的 C_a 和 C_b 路径电容器仅用于电荷存储，并且由于电荷到电压的转换是由（路径无关的）C_o 电容器执行的，因此该电路的时变性质基本上是隐藏的（实际上，运算放大器增益必须足够高以确保足够的电荷转移效率）。此外，由于该电路不使用 $f_s/4$ 时，因此不存在这种杂散产生机制。

图 11.21 所示的是 g_m-C 谐振器的结构。由于中心频率由 $\omega_0=g_m/C$ 给出，并且由于用片上电容器和跨导器实现的 g_m/C 值通常具有 30％变化，因此除非提供调谐手段，否则将很难控制 g_m-C 谐振器的中心频率。调整 g_m-C 滤波器的常用方法是调整滤波器的所有 g_m 元件以及参考滤波器的所有 g_m 元件，直到参考滤波器具有所需的响应[7]~[9]。然而，由于谐振器可以转换成仅具有少量正反馈的振荡器，因此通常使用足以测量谐振器本身的振荡频率并直接调整 g_m（或 C）。由于此校准必须离线完成，因此设计人员必须确保 g_m 关于温度的漂移足够小。如果它不能使该漂移足够小，则另一个最佳选择是使用包括谐振器（缩放）副本的连续调谐方法。

解决了谐振器调谐的问题之后，下一个问题将围绕谐振器的 Q 值。跨导器中的有限输出阻抗和非零相移等非理想性限制了谐振器的 Q 值。诸如共源共栅等技术可以提高输出阻抗，而相移通过使用宽带 g_m 或者通过在电容器中串联一个小电阻补偿来减小。

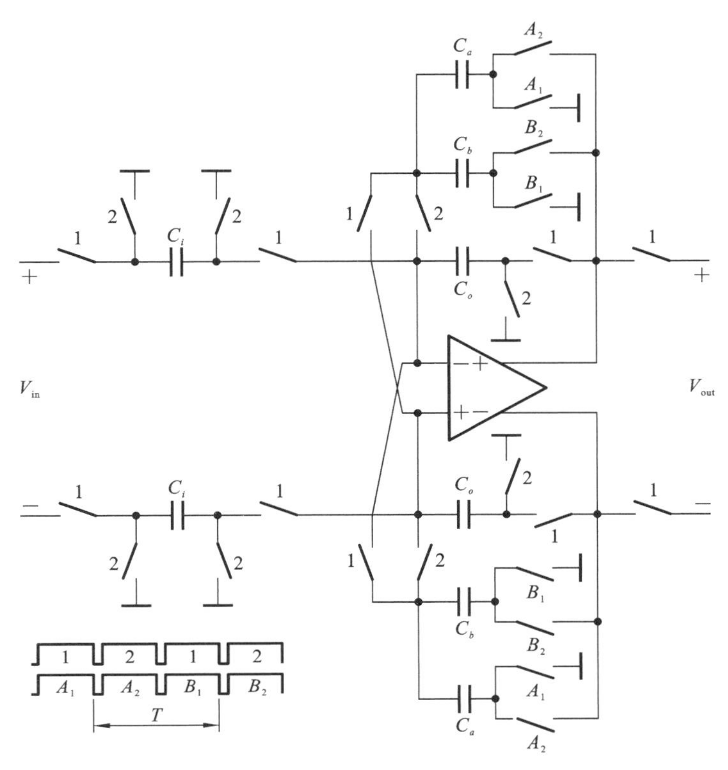

图 11.20　对电容器不匹配敏感度降低的双路谐振器[6]

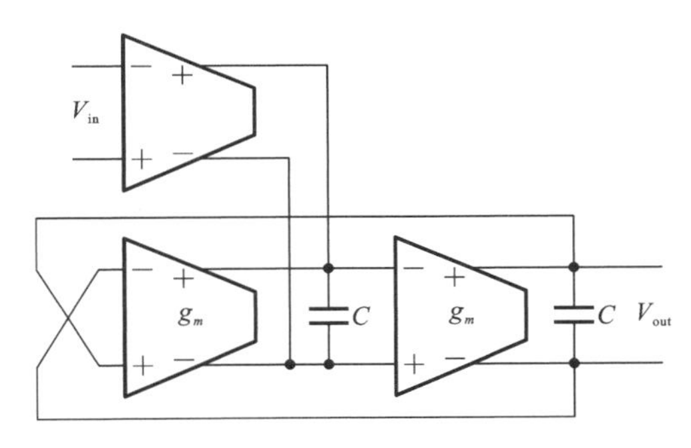

图 11.21　g_m-C 谐振器

图 11.22 所示的是一个有源 RC 谐振器的结构。这里中心频率由 $\omega_0 = 1/(RC)$ 给出，RC 乘积的高度可变性质再次需要使用调谐。调谐可以通过调整 R（通过 MOS 器件连续调整，或使用电阻器阵列进行离散调整），通过调整 C（最实用的阵列）或通过两种方法的组合来完成。同样，将谐振器配置为振荡器非常简单，并且不需要复制模块，但是只有在转换器离线时才能这样做。

我们考虑的最后一个谐振器是由电流源驱动的 LC 谐振槽，如图 11.23 所示。这种谐振器具有三个特性，这使得它在带通变换器中的应用非常有利。首先，由于电感和电容是无噪声的，因此，基于 LC 槽的谐振器相对于之前的那些谐振器电路具有显著的噪声优势，并且是在没有功耗的情况下实现了这种噪声优势。然后，由于电感和电容通常是高度线性的，LC 槽提供低失真。最后，电感器不消耗电压余量，因此使用电感器可以最大限度地提高可用信号的摆幅。在电路设计中，同时获得噪声、失真和功率优势是

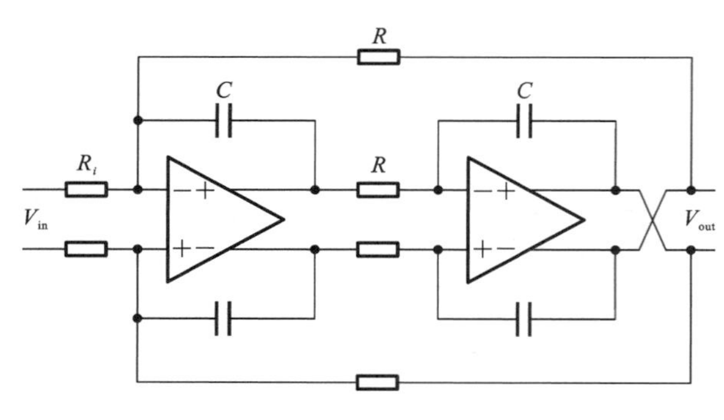

图 11.22　有源 *RC* 谐振器

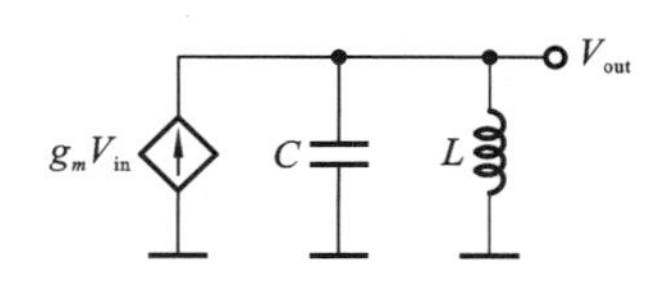

图 11.23　基于 LC 谐振槽的谐振器

非常罕见的,但基于 LC 谐振槽的带通 ΔΣADC 可以实现这种情况。

在带通调制器中使用 LC 槽有一些缺点,但上述优点为克服这些缺点提供了强有力的动力。第一个缺点是电感器难以集成:片上电感器只有几个纳亨级的电感,因此仅在 1 GHz 左右的频率下有用,对于较低频率,需要外部电感,带通 ADC 通常只使用一个 LC 槽作为其第一个谐振器,其中 LC 槽的噪声和失真的优势是最引人注目的。外部电感器的公差也是一个潜在的问题,但是这个问题很容易通过包含一个片上电容阵列来调整 LC 槽的谐振频率以解决。

第二个缺点与可编程性有关。由于电子调谐电感是不切实际的,基于 LC 的带通调制器通常只支持一个倍频程的调谐范围,因此需要多个 LC 槽来支持更宽的范围。

在带通调制器中使用 LC 槽的最后一个缺点是 LC 槽是二阶系统,因此需要两个自由度来控制。在反馈拓扑中,我们希望使用与电容器并联的电流 DAC 和与电感器串联的电压 DAC。尽管具有高输出电阻的电流 DAC 非常实用,但是具有低输出电阻的电压 DAC 则不是,因为即使是 1 Ω 的电阻也会显著降低 LC 槽的 *Q* 值。类似地,如果使用前馈拓扑而不是反馈拓扑,我们需要检测电容电压和电感电流,以便将这些状态馈送到后级。同样,感测电容电压是容易的,但是感测电感电流而不降低 LC 槽的 *Q* 值是困难的。我们现在总结已经提出的克服这种可控性/可观察性问题的 3 种方法。

在图 11.16 的框图中我们已经介绍了一个最优雅的,且在 3-谐振器反馈系统环境中提供了该概念的电路级,如图 11.24 所示。通过从每个前端谐振槽向后端有源 RC 谐振器中的第二积分器添加前馈元件,产生两个自由度,以补偿由于没有电压模式 DAC 而损失的两个自由度。

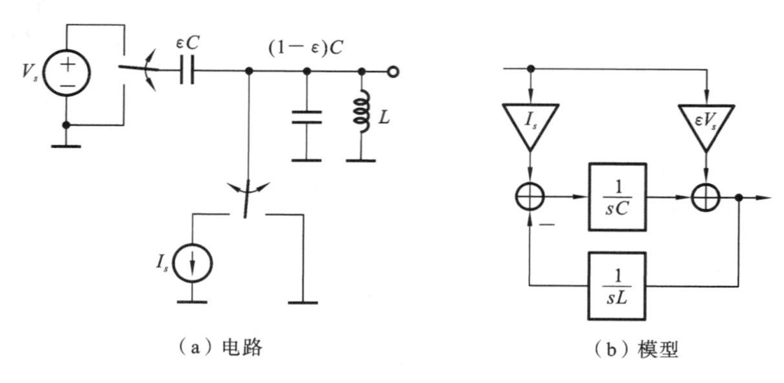

(a) 电路　　　　(b) 模型

图 11.24　基于 LC 的带通 ADC,其前馈路径进入一个有源 RC 后端[10]

第二种方法(见图 11.25)是使用具有不同时序的 DAC 对来恢复丢失的自由度。在附录 B 的表示法中,建议采用[0, 0.5]加[0.5, 1](“归零”和“延迟归零”)等时序[11]。

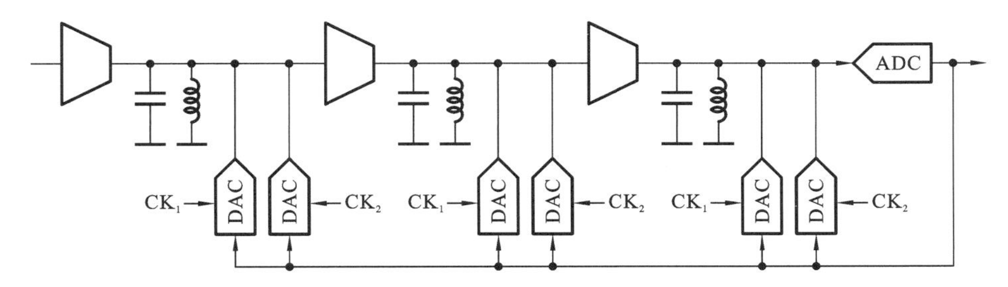

图 11.25　使用多个反馈 DAC 可在基于 LC 的带通 ADC 中完全控制 NTF[11]

一种最新的方法如图 11.26 所示。在这种布置中,只有一小部分 LC 槽电容与电压 DAC 相连,因此电压 DAC 中的非零输出电阻就不那么重要了。

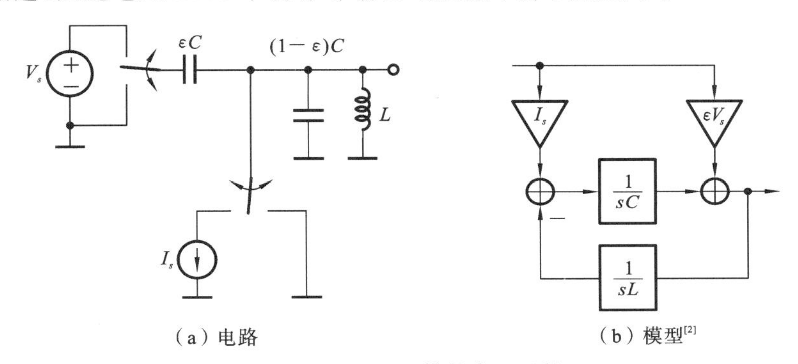

图 11.26　到 LC 槽的电压反馈

11.5　带通调制器示例

图 11.27 所示的是一款 65 nm CMOS 集成电路(IC)的框图,该 IC 能够将高达 100 MHz 的带宽从直流至 1 GHz 的信号数字化[1]。输入信号可以通过低噪声放大器(low-noise amplifier,LNA)或可编程衰减器进行路由。LNA 具有 12 dB 的增益范围,而衰减器提供更高的 27 dB 增益控制。启用后,两个模块均提供 50 Ω 终端电阻。LNA /衰减器的输出由高度可编程的连续时间低通/带通 ADC 数字化,其数字输出经过下变频

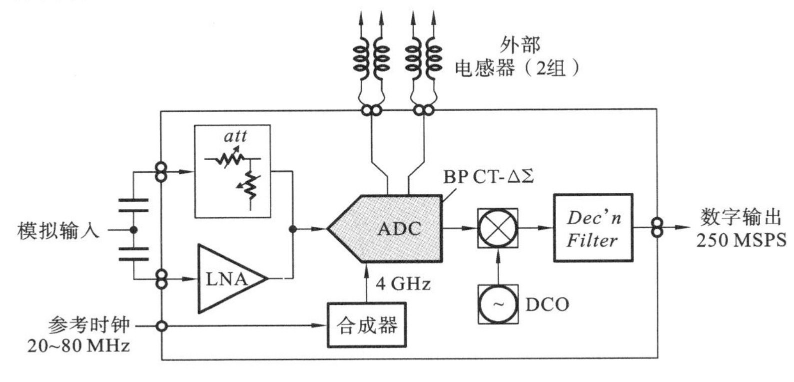

图 11.27　包含高度可编程 ΔΣADC 的 IC[1]

并由片内数字模块滤波。该 IC 还包括一个用于生成 2～4 GHz ADC 时钟的合成器。

带通模式下 ADC 的架构如图 11.28 所示。ADC 使用具有 16 步量化和[1,2]反馈时序的六阶连续时间反馈拓扑。第一个谐振器是 LC 谐振槽，而其余两个谐振器是有源 RC。G_{53}元件提供了丢失的自由度，可通过五个反馈 DAC 支持任意六阶 NTF。I_7反馈 DAC 和相关电阻（突出显示）实现了补偿所选 DAC 时序所需的直接反馈项。

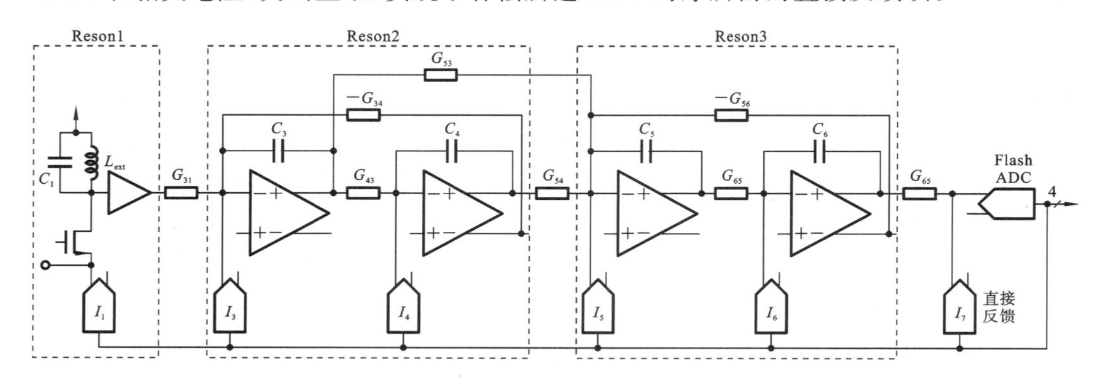

图 11.28 带通模式下的简化 ADC 架构

为了支持各种时钟速率、中心频率和信号带宽，该 ADC 具有高度的可编程性。可编程参数包括 DAC 的 LSB 电流、闪速 ADC 的 LSB 大小、所有的积分电容以及每一个电导。这些参数中的每一个都是以 8 位分辨率控制，甚至电感器也可以通过相关的共源共栅器件从两对中选择一对。除了图 11.28 所示的带通拓扑外，将 LC 谐振槽替换为有源 RC 谐振器，可将该 ADC 配置为 6 阶低通调制器。低通模式用于直流到 200 MHz 的中心频率，而带通模式使用一组电感器用于 200～500 MHz 的中心频率，另一组电感器用于 500～1000 MHz 的中心频率。

图 11.29 所示的是中心频率为 200 MHz 和 1 GHz 时的理论 NTF 和 STF。在每种情况下，选择带外增益以提供 70 MHz 带宽的 65 dB 量化噪声衰减。通过 16 步量化，得到的 10 dB 带外 NTF 增益是合理的。STF 在 LC 谐振槽中的电感器在直流电压

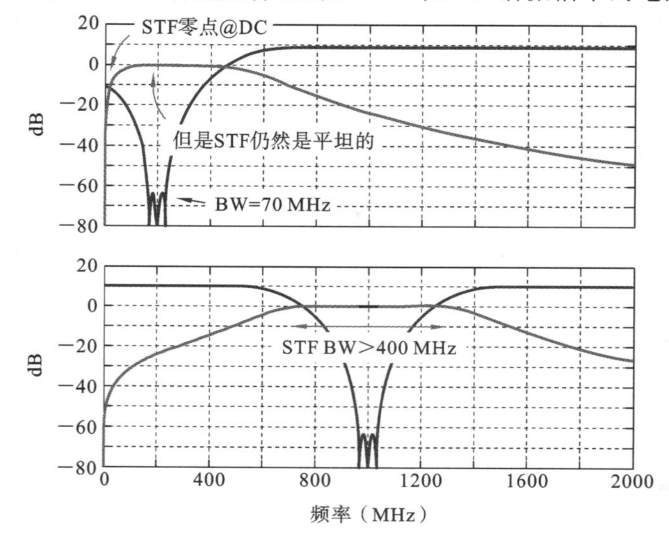

图 11.29 $f_0=200$ MHz 和 1 GHz 的 NTF/STF 示例

下有一个零点。在较低的中心频率下，该零点使得很难定位 NTF/STF 的极点从而使 STF 平坦。图 11.29 中上半部分显示，f_0 低至 $f_s/20=200$ MHz 时，可达到可接受的 STF。图 11.29 中下半部分显示，当 $f_0=f_s/4=1$ GHz 时，STF 非常平坦和宽频带，这种宽且平坦的 STF 响应是可取的，因为它产生低的群延迟变化。

11.5.1　LNA

图 11.30 所示的是一个 LNA 的简化示意图。该 LNA 使用共栅(CG)晶体管提供 50 Ω 匹配和可编程宽度的共源(CS)晶体管，以提供 12 dB 的增益范围。这种 LNA 拓扑结构利用了噪声消除原理[12][13]。

要了解该电路中的噪声消除原理，请考虑电路在 6 dB 增益设置下的操作，其中 CG 和 CS 晶体管的跨导均为 $1/R_s$，如图 11.31 所示。由于 CG 晶体管的源阻抗为 $1/g_m$，并且由于 $R_s=1/g_m$，注入 CG 晶体管源极的噪声电流 i 的一半流经 R_s 到地，然后通过负载返回到 out ＋端子，而另一半的噪声电流只是通过 CG 晶体管再循环。在 6 dB 增益设置下，CS 晶体管的跨导为 $1/R_s$，并且由于 CS 晶体管的栅极电压为 $R_s i/2$，因此 CS 晶体管还承载从 out－端引出的电流 $i/2$。因此，在 6 dB 增益设置下，CG 晶体管的噪声表现为共模信号，其被后续级抑制。当然，CS 晶体管的噪声不会被消除，并且与标准的噪声消除电路不同，CG 晶体管的噪声消除仅发生在 6 dB 的增益设置下。

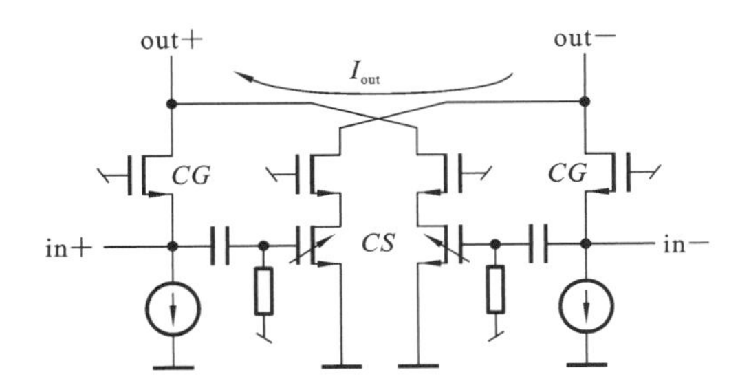

图 11.30　可变增益的噪声消除 LNA

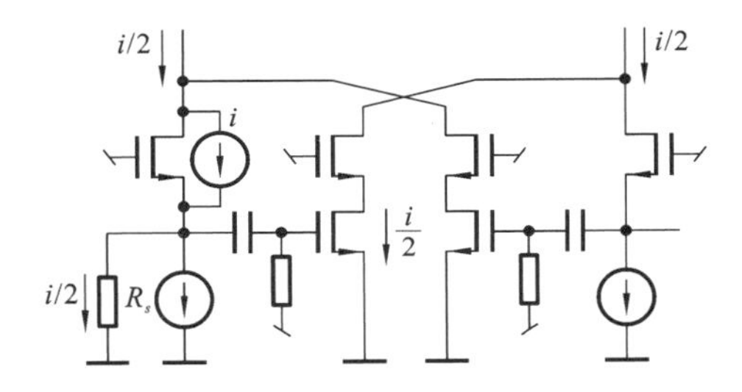

图 11.31　在 6 dB 增益设置下分析共栅晶体管的噪声

11.5.2　衰减器

该衰减器(见图 11.32)利用共源共栅晶体管提供的虚地产生宽带可编程衰减器，其噪声特性优于输入和输出均具有阻抗匹配的衰减器。为了了解原因，请考虑图11.33 所示的简化原理图，其中 $0\leqslant x\leqslant 1$ 表示连接到输出节点的可编程电导的分数。由于从 V_s 到 I_{out} 的传递函数是 $xG/2$，则由源电导 G 引起的 I_{out} 噪声密度为

$$n_s=\left(\frac{4kT}{G}\right)\left(\frac{xG}{2}\right)^2=kTGx^2 \quad (11.4)$$

由于输出的电导是 xG 和 $(2-x)G$ 的串联组合，则有

$$G_{eq}=\frac{xG(2-x)G}{2G}=x(1-x/2)G \quad (11.5)$$

又由于该网络是无源的，因此总 I_{out} 噪声密

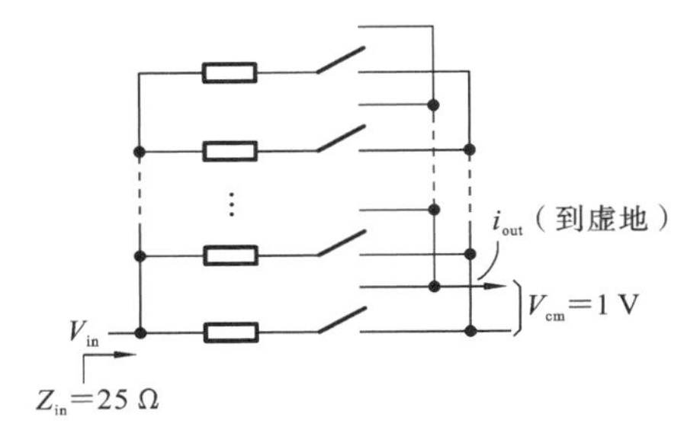

图 11.32　可编程衰减器

度为 $4kTG_{eq}$，故噪声因子是

$$F=\frac{4kTG_{eq}}{n_s}=\frac{4-2x}{x} \tag{11.6}$$

相反，匹配衰减器的终端匹配电阻的噪声系数是

$$F_{matched}=\frac{2}{x^2} \tag{11.7}$$

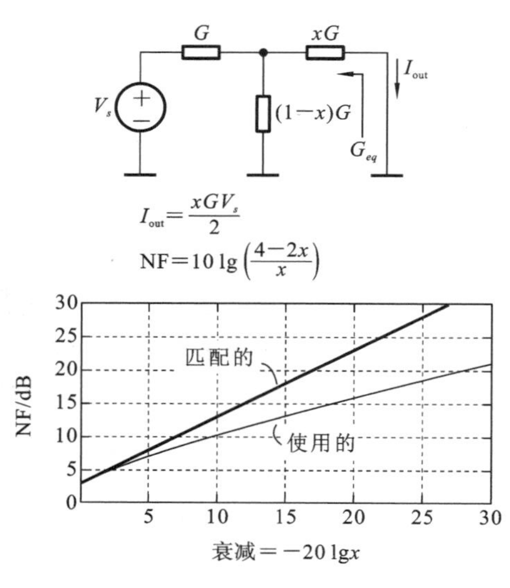

图 11.33 衰减器的噪声系数

图 11.33 中的图比较了这两种噪声表达式。在衰减为 0 dB 时，两种布置的噪声系数均为 3 dB。然而，匹配布置的噪声系数随着衰减分贝的增加而增加，而集成衰减器的噪声系数增加得不快。当衰减为 12 dB 时，匹配系统的 NF 为 15 dB，而集成衰减器的噪声系数为 11.5 dB。如图 11.33 所示，在较高衰减设置下，差异变得更加明显。集成衰减器是一个常见现象的例子，即在 ADC 中构建更多的信号链可以在基本参数(如噪声系数和衰减)之间产生比传统布置更好的折中。

在 LNA 的 0 dB 增益设置或衰减器的 0 dB衰减设置下，从输入到虚地的(跨导)电导为 1/50 Ω。由于第一反馈 DAC 在其最大设置下具有 4 mA 的满量程，因此在这些条件下 ADC 的满量程为 4 mA · 50 Ω＝200 mV 或－4 dBm，它是典型商用 ADC 的 1/5。减小第一反馈 DAC 的满量程或使用 LNA 会进一步降低 ADC 的有效满量程。

11.5.3 放大器

放大器要求取决于放大器在调制器环路中的位置。例如，与低通模式相关的第一个有源 RC 谐振器内使用的放大器需要具有高增益和大摆幅，因为它用于最关键级。而用于后级的放大器的增益和摆幅要求没那么严格，但由于这些级必须处理高达 1 GHz的信号，而第一个谐振器的有源 RC 版本仅处理高达 250 MHz 的信号，因此后端放大器需要比前端放大器更高的带宽。设计了两种放大器来满足这些不同的要求。处于低通模式的第一个谐振器的 A1 放大器需要从直流到 250 MHz 至少 60 dB 的增益，而在第二和第三个谐振器中使用的 A3 放大器需要从直流到 1 GHz 的 40 dB 增益。A1 放大器使用＋2.5 V IO 电源提供大摆幅，而 A3 放大器采用 1 V 核心电源供电。两个放大器都大量使用前馈补偿。

图 11.34 所示的是五阶 A1 放大器的结构。根据前馈放大器设计的原则，它包括输入到输出的第 1、第 2、第 3、第 4 和第 5 阶路径。这些路径的单位增益频率被设计成提供从具有大相位滞后的 5 阶滚降到接近相位滞后远小于 180°的 1 阶滚降的平滑过渡。由于放大器的低频增益由最长路径的增益决定，因此放大器的低频噪声由该路径上的第一个 g_m 的噪声主导，而驱动负载的负担由该路径上最后一个放大器承担。如图 11.34 所示，这两个模块大约占放大器 100 mW 功耗的一半。因此，尽管放大器结构

复杂，但其功率效率相当高。

作为 A1 中使用的 g_m 级的晶体管级实现的示例，图 11.35 所示的是输入 g_m 级中使用的拓扑。该级包含一个互补差分对，工作在 2.5 V 电源，连接到折叠级。互补对使 g_m/I_{bias} 比值最大化，而折叠级与放大器下部使用的 1 V 级接口。

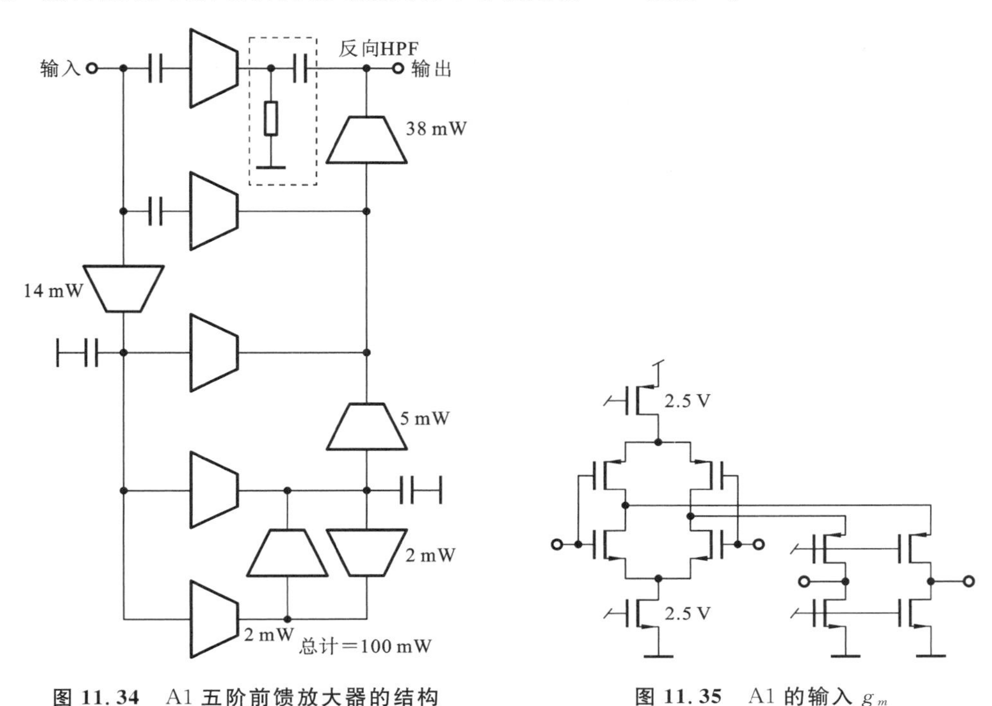

图 11.34 A1 五阶前馈放大器的结构

图 11.35 A1 的输入 g_m

图 11.36 比较了五阶 A1 放大器和七阶 A3 放大器的频率响应，A1 保持 60 dB 的增益到 250 MHz，对应 250 GHz 的增益带宽积。由于高阶滚降，实际的单位增益频率是更实用的 $f_u=6$ GHz，相位裕度为 75°。相反，较高频率的 A3 放大器在 1.5 GHz 下提供 40 dB 的增益（即 150 GHz 的等效 GBW），并且 $f_u=15$ GHz，相位裕度为 64°。这些仿真结果证明了前馈技术在宽带宽上实现高增益的实用性，而不需要不切实际的高单位增益频率。

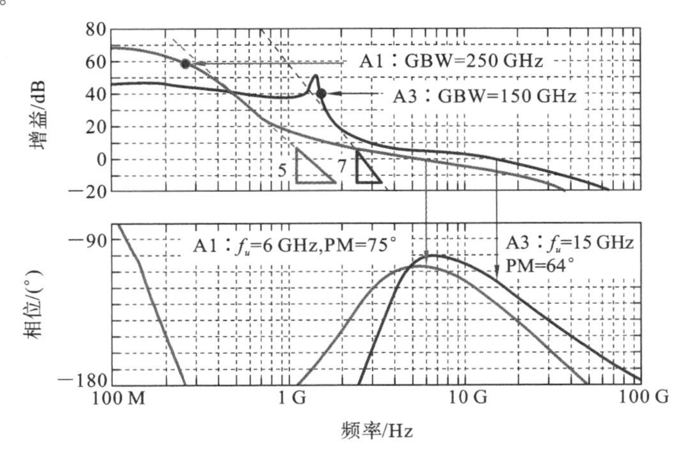

图 11.36 放大器的频率响应

11.5.4 测试

图 11.37 所示的是在 3 GHz 时钟频率和 75 MHz 带宽下几种 f_0 的 STF 和噪声频谱密度(noise spectral density, NSD)的测量结果。首先，请注意 STF 非常平坦且宽带，且测量结果表明，在 100 MHz 范围内 STF 变化小于 0.5 dB。NSD 证明了该 ADC 的灵活性，在 $L=43$ nH 时，该 ADC 的中心频率可以从 150 MHz 调到 220 MHz，使用 $L=20$ nH 可以使中心频率从 220 MHz 变化到 380 MHz。对于给定的电感器尺寸，随着中心频率的增加，带内噪声(in-band noise, IBN)趋于降低，因为随着中心频率提高，LC 谐振槽提供更高的增益，因此后端噪声衰减更多。LC 谐振槽上的电压摆幅也会增加，因此给定电感下，可以支持的中心频率有一个上限。U 形带内 NSD 是由于 LC 谐振槽的增益在通带边缘处很小的事实，因此后端噪声对通带边缘处的总噪声贡献更大。U 的深度取决于 ADC 的配置，但在 BW=75 MHz 时，观察到的通带上的 NSD 变化约为 5 dB。由于在图 11.37 中，NBW = 275 kHz，从垂直轴单位到 dB/Hz 的转换为 10 lg(NBW)=53 dB，因此图 11.37 中的 NSD 最小值为−105−53=−158 dB/Hz。通过优化设置(衰减=12 dB，$f_0=350$ MHz，BW=50 MHz，$L=20$ nH 等)，可以获得低至−161 dB/Hz 的 NSD。

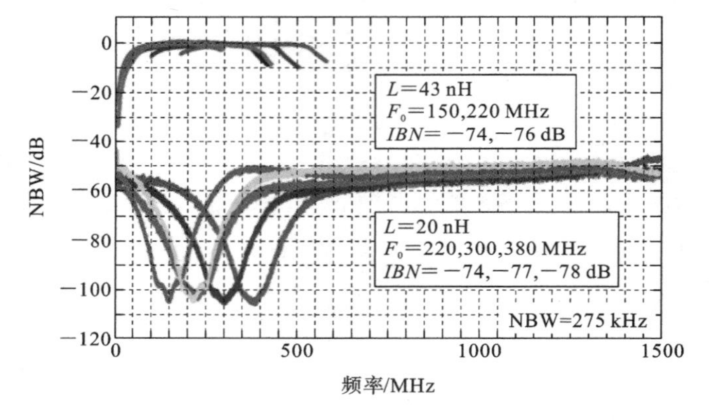

图 11.37 几种 f_0 下 STF 和噪声频谱密度的测量结果

图 11.38 所示的是在大约 400 MHz 时使用−3 dBFS 输入进行下变频和抽取后观察到的带内频谱。观察干净的频谱(最大杂散为−100 dBc)，并注意即使 400 MHz 的

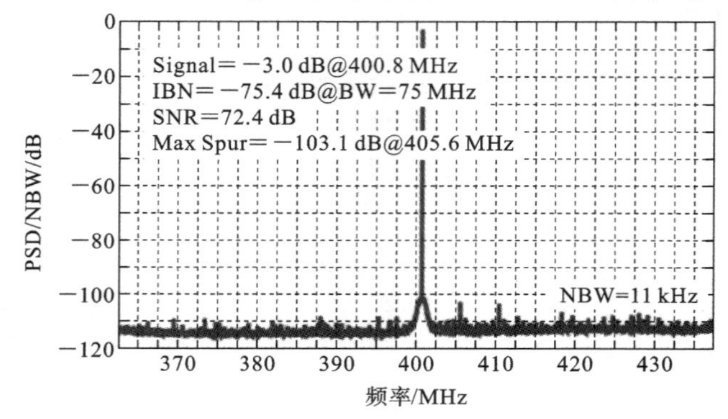

图 11.38 $f_0=400$ MHz 的单音频谱

信号，也可以在 75 MHz 的带宽下实现 72 dB 的 SNR。

为了正确演示带通系统的线性度，需要进行双音测试。图 11.39 所示的是双音测试结果，其中 IMD3 项低于 −87 dBc。对于 $FS = -4$ dBm，这个 −8 dBFS 音调的失真水平产生 HP3 = (−12 + 87/2) dBm = +31 dBm 的输入参考三阶截距。

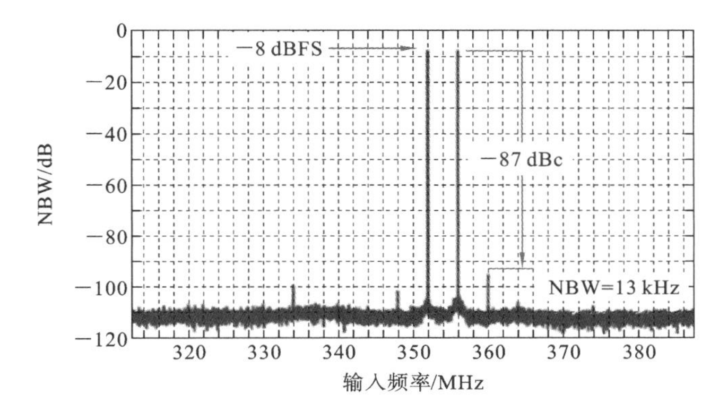

图 11.39 $f_0 = 350$ MHz **下的双音频谱**

作为对该 ADC 性能的最终测量，图 11.40 所示的包括增益控制和不包括增益控制两种情况下，单音信噪比与输入功率的关系。在 12 dB 的固定衰减下，该 ADC 的瞬时动态范围为 80 dB，峰值信噪比为 74 dB，带宽为 75 MHz。接入 LNA 可将较低的输入限制扩展 18 dB，并允许增加衰减，在高端（蓝色）上再增加 14 dB，使总动态范围达到 112 dB。

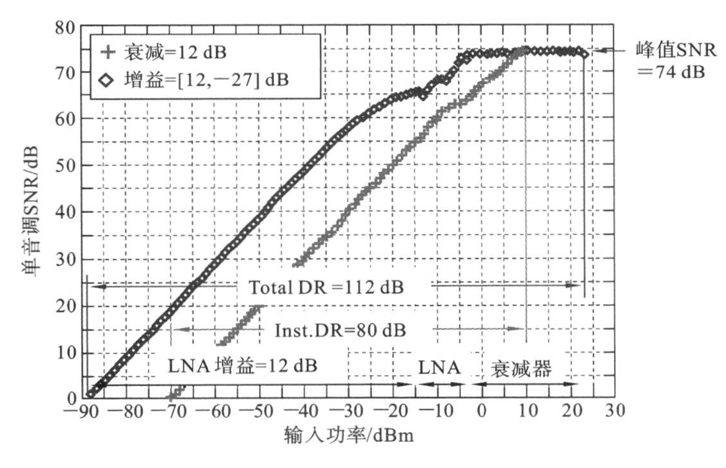

图 11.40 **SNR 与输入功率的关系**（BW = 75 MHz，$f_0 = 400$ MHz，$f_s = 4$ GHz）

表 11.1 所示的是此 ADC 的特性，图 11.41 通过将其品质因数（figure-of-merit，FoM）与其他带通转换器进行比较，将此 ADC 置于应用背景中。如图 11.41 所示，该 ADC 在最高水平的带宽下实现了可观的 FoM（159 dB）。

表 11.1 **ADC 小结**

参数	值	备注
Z_{in}	50 Ω	
f_0	200 MHz～400 MHz	

续表

参数	值	备注
f_s	2 GHz～4 GHz	
满量程	－16～＋23 dBm	
BW	高达 100 MHz	小于 3 dB NSD 衰减
NSD	小于－157 dB/Hz	BW＝75 MHz；12 dB 衰减
电流	110 mA，620 mA，20 mA	2.5 V，1.0 V，－2.5 V 供电
功率	1 W	包含数字滤波器
工艺	65 nm CMOS	

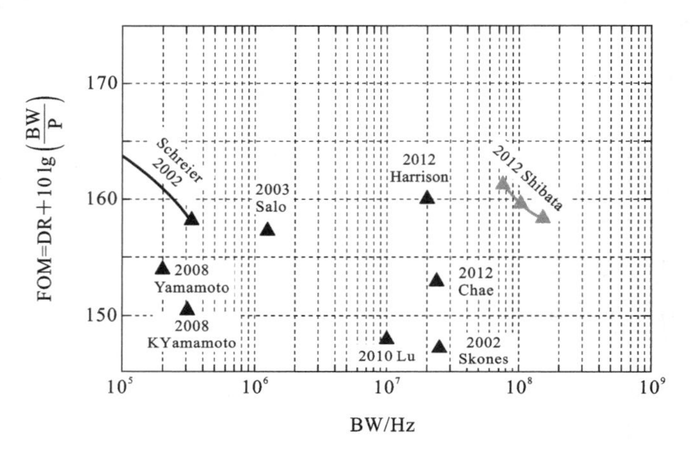

图 11.41 带通 ADC 的品质因数图

11.6 正交信号

本节回顾了正交信号处理，为马上要介绍的正交 ΔΣ 调制部分做准备。下面将更详细地进行解释，正交信号由正交混频器产生，由于其图像的抑制特性，正交混频器本身很有用。

正交信号 v 是由两个实信号 v_x 和 v_y 组成的抽象信号，被视为单个复数实体 $v=v_x+jv_y$①。由于正交信号具有非零虚部，因此其傅里叶变换不需要关于零频率对称。换句话说，对于正交信号，正频率和负频率包含独立信息。

11.6.1 正交混频

正交混频是产生正交模拟信号的最常用方法。在正交的变频混频器中，一个实数

① 由于本文强调电路，将正交信号的分量表示为 I 和 Q 可能导致混淆，因为 I 常用于表示电流，而 Q 用于表示品质因数或电荷。同样，用 Re 和 Im 分量表示在处理转换时会导致混淆（正交信号的拉普拉斯变换的虚部不是正交信号虚部的拉普拉斯变换）。我们没有使用这两种主流约定中的任何一种，而是采用一种符号（受复数的笛卡尔表示法的启发），将正交信号 v 分解为 $v=v_x+jv_y$，并分别将其分量称为 x 和 y 分量。v 的拉普拉斯变换是 $V=V_x+jV_y$，其中 V_x 和 V_y 是 x 和 y 分量的拉普拉斯变换。

(或正交)信号乘以正交信号 $e^{-j\omega_{LO}t}$,我们将其称为本地振荡器 LO。其中,LO 由两个实信号 $\cos(\omega_{LO}t)$ 和 $-\sin(\omega_{LO}t)$ 组成,如图11.42所示。假设这种混频器的输入是实信号 $u(t)=A\cos(\omega_{LO}+\omega_{IF})t$,则混频器的输出是

$$
\begin{aligned}
v(t) &= A\cos(\omega_{LO}+\omega_{IF})t\times e^{-j\omega_{LO}t} \\
&= A\left[\frac{e^{j(\omega_{LO}+\omega_{IF})t}+e^{-j(\omega_{LO}+\omega_{IF})t}}{2}\right]e^{-j\omega_{LO}t} \\
&= \frac{A}{2}e^{j\omega_{IF}t}+\frac{A}{2}e^{-j(2\omega_{LO}+\omega_{IF})t}
\end{aligned}
\tag{11.8}
$$

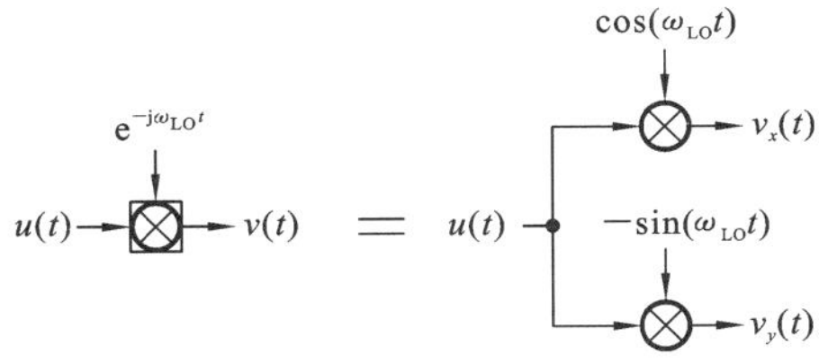

图 11.42 正交混频

使用低通滤波器移除上述表达式中的第二项会留下原始信号的频率偏移版本,以角频率 ω_{IF} 为中心。

正交下变频混频器是有用的,因为它执行频率转换操作,区分 LO 之上的信号频率和低于 LO 的信号频率,而传统的混频器则不然。实际上,正交混频器通过相等的正负量来区分偏离 LO 的频率的能力受到两个实际混频器之间的不匹配和 LO 的两个分量的不完美正交的限制。镜像抑制比(image-rejection ratio,IRR)定义如下,作为 $\omega_{LO}+\omega_{IF}$ 输入的结果 ω_{IF} 处的信号功率相对于 $-\omega_{IF}$ 处的信号功率。对于小误差,IRR 约为[14]

$$
\mathrm{IRR}=6-10\lg\left[\left(\frac{\Delta A}{A}\right)^2+(\Delta\phi)^2\right] \tag{11.9}
$$

其中 $\Delta A/A$ 是相对幅度不平衡,$\Delta\phi$ 是相位误差(以弧度表示)。图 11.43 所示的是 2%(0.17 dB)的幅度不平衡或 0.02 rad(1.1 度)的相位误差,足以将 IRR 限制在 40 dB。更高的图像抑制需要成比例地更大的幅度和相位精度。

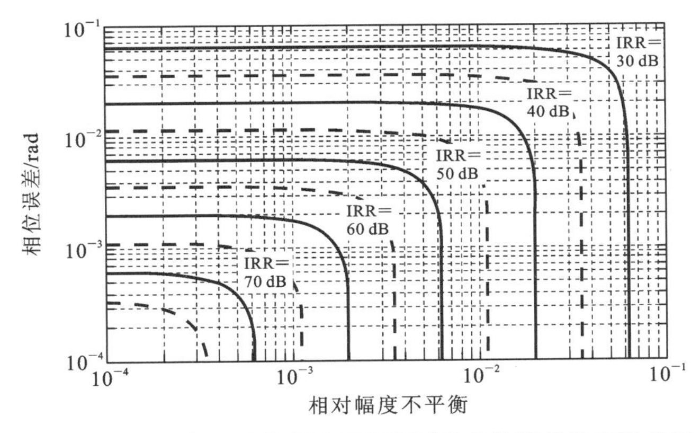

图 11.43 镜像抑制比与幅度不平衡以及相位误差的函数关系

11.6.2 正交滤波器

可以使用正交滤波器对正交信号进行滤波。正交滤波器的传递函数(H)与实际滤波器的传递函数的不同之处在于,H 的极点和零点不必以复共轭对的形式出现,即 H 可以具有不对称的频率响应。以符号形式对这种传递函数进行形式化的处理是很简单的;实现正交滤波器更麻烦。实现正交滤波器 H 的一种方法是将 H 分解为 $H=H_x+jH_y$,其中 H_x 和 H_y 是实传递函数。滤波器的输出为

$$
\begin{aligned}
V &= HU=(H_x+jH_y)(U_x+jU_y) \\
&= (H_xU_x-H_yU_y)+j(H_xU_y+H_yU_x)=V_x+jV_y
\end{aligned}
\tag{11.10}
$$

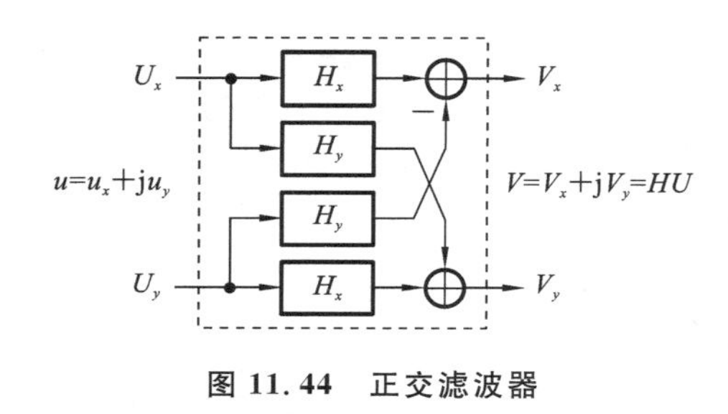

图 11.44 正交滤波器

这表明正交滤波器可以用图 11.44 所示的网格结构实现。该图描绘了一个双输入/双输出的线性系统，其中从输入 U_x 到输出 V_x 的传递函数等于从 U_y 到 V_y 的传递函数，而从 U_x 到 V_y 的传递函数是从 U_y 到 V_x 的传递函数的负值。但在实践中，这些对称性并不精确。

为了解决这个问题，图 11.45(a)所示的是一个任意的双输入/双输出的实线性系统，其输入和输出将被视为正交信号。如图 11.45(b)所示，该系统可用两个复数滤波器表示：一个 H 对未改变的信号 U 进行操作，另一个 H_i 对其共轭 U^* 进行操作。要得到等价性，只需将第二个系统的输出写成展开形式：

$$\begin{aligned} V &= HU + H_i U^* \\ &= (H_x U_x - H_y U_y) + \mathrm{j}(H_x U_y + H_y U_x) + (H_{i,x} U_x + H_{i,y} U_y) + \mathrm{j}(-H_{i,x} U_y + H_{i,y} U_x) \\ &= (H_x + H_{i,x})U_x + (H_{i,y} - H_y)U_y + \mathrm{j}((H_y + H_{i,y})U_x + (H_x - H_{i,x})U_y) \end{aligned} \tag{11.11}$$

因此，有

$$\begin{bmatrix} H_{11} & H_{12} \\ H_{21} & H_{22} \end{bmatrix} = \begin{bmatrix} H_x + H_{i,x} & -H_y + H_{i,y} \\ H_y + H_{i,y} & H_x - H_{i,x} \end{bmatrix} \tag{11.12}$$

或者反过来，即

$$\begin{bmatrix} H_x & H_y \\ H_{i,x} & H_{i,y} \end{bmatrix} = \frac{1}{2} \begin{bmatrix} H_{11} + H_{22} & H_{21} - H_{12} \\ H_{11} - H_{22} & H_{21} + H_{12} \end{bmatrix} \tag{11.13}$$

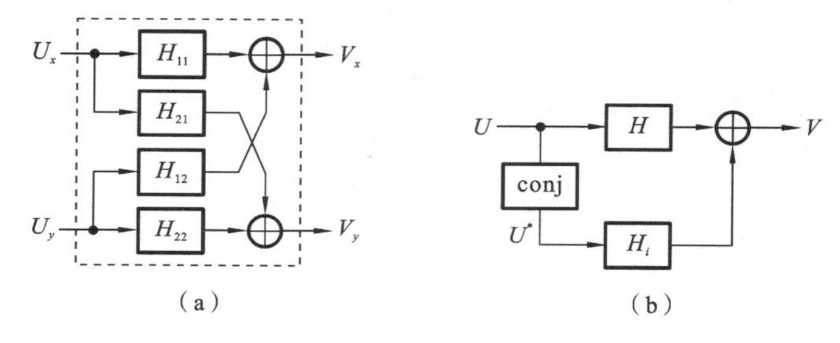

图 11.45 正交滤波器中的不匹配会产生镜像响应

式(11.11)至式(11.13)的结果是路径不匹配($H_{11} \neq H_{22}$ 和/或 $H_{12} \neq -H_{21}$)导致正交滤波器的输出包含输入的共轭乘以镜像传递函数 $H_i = H_{i,x} + \mathrm{j}H_{i,y}$，其中 $H_{i,x} = H_{11} - H_{22}$，$H_{i,y} = H_{12} + H_{21}$。由于取输入的共轭反映其关于 $f=0$ 的傅里叶变换，即 $(x(t) \leftrightarrow X(f)) \Rightarrow (x^*(t) \leftrightarrow X^*(-f))$，镜像传递函数负责从正频率传递信号能量到负频率，反之亦然。我们很快就会看到，在正交 ΔΣ 调制器中，这种镜像动作可能是非常有害的。

在这一点上，有两个例子值得思考。首先，让我们假设想要实现具有下述传递函数：

$$H(s) = \frac{\omega_0}{s - \mathrm{j}\omega_0} \tag{11.14}$$

的正交滤波器。由于这是在 $s=\mathrm{j}\omega_0$ 处具有单极点的一阶传递函数，因此得到的滤波器将是正频谐振器。通过将分子和分母乘以分母的复共轭，可以得到 H 的 H_x 和 H_y 分量：

$$H(s)=\frac{\omega_0}{s-\mathrm{j}\omega_0}\left(\frac{s+\mathrm{j}\omega_0}{s+\mathrm{j}\omega_0}\right)=\frac{\omega_0 s+\mathrm{j}\omega_0^2}{s^2+\omega_0^2} \tag{11.15}$$

因此，所需的滤波器是

$$H_x(s)=\frac{\omega_0 s}{s^2+\omega_0^2},\quad H_y(s)=\frac{\omega_0^2}{s^2+\omega_0^2} \tag{11.16}$$

这两个二阶滤波器以及式(11.10)的计算只需要配置两个实积分器即可实现，如图 11.46 所示。

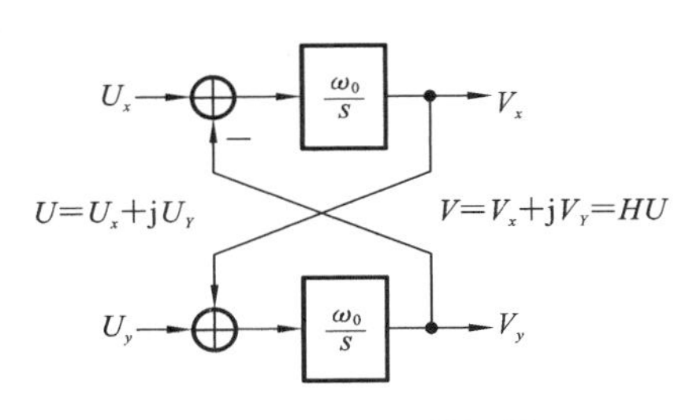

图 11.46　正交谐振器

$(H(s)=\omega_0/(s-\mathrm{j}\omega_0))$

作为正交滤波的第二个例子，考虑图 11.47(a)所示的正交差分电路。我们的目标是找到从 u 到 v 的复传递函数。首先要写出与输出节点相关的四个 KCL 方程：

$$\begin{cases}(G+sC)V_{xp}=GU_{xp}+sCU_{yp}\\(G+sC)V_{yp}=GU_{yp}+sCU_{xn}\\(G+sC)V_{xn}=GU_{xn}+sCU_{yn}\\(G+sC)V_{yn}=GU_{yn}+sCU_{xp}\end{cases} \tag{11.17}$$

接下来使用正交差分信号的定义，即

$$V=(V_{xp}-V_{xn})+\mathrm{j}(V_{yp}-V_{yn}) \tag{11.18}$$

将式(11.17)中的四个方程式转换为一个，即

$$(G+sC)V=(G-\mathrm{j}sC)U \tag{11.19}$$

从中找到传递函数：

$$H=\frac{G-\mathrm{j}sC}{G+sC} \tag{11.20}$$

更直接的方法是分析等效正交四分之一电路。从具有四路对称性的电路构造四分之一电路的规则如下。

(1) 如果四个相等的元素连接两个信号的相应相位(如图 11.47(a)中的电导 G)，那么这些元素用连接正交信号的单个元素表示。

(2) 如果元素连接偏移 90°的相位(如电容 C)，那么这些元素用由 ±j 电压缓冲器驱动的一对元素表示，如图 11.47(b)所示。j 缓冲器连接到信号(如图 11.47(a)中的 v)，v 的正 x 相被耦合到另一个信号的正 y 相。−j 缓冲器连接到另一个相位。

(3) 如果元素连接偏移 180°的相位，那么这些元素用由 −1 电压缓冲器驱动的一对

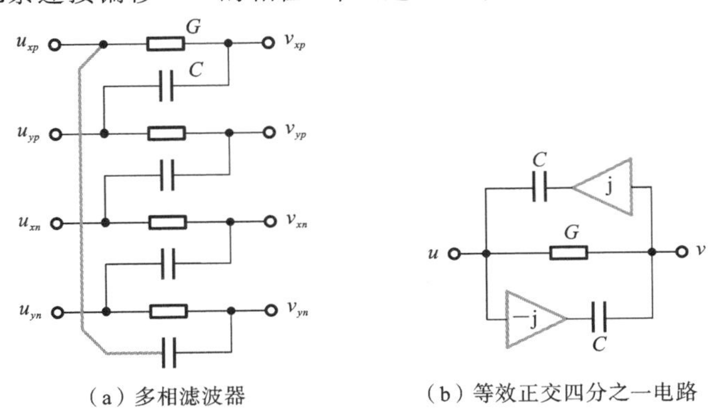

(a) 多相滤波器　　(b) 等效正交四分之一电路

图 11.47　正交差分电路及模型

元素表示，或者如在构造差分半电路时经常用的那样，用单个负元素表示。

将 KCL 应用于图 11.47(b)所示电路的输出节点，则有

$$G(U-V)+sC(-jU-V)=0 \tag{11.21}$$

从式(11.20)开始检查。实践证明，可以在不显式绘制的情况下可视化等效正交四分之一电路，从而可以非常快速地进行分析。

由于 H 在负频率 $s=-j\omega$（其中 $\omega=G/C$）处具有零点，因此，如图 11.48 所示，将实信号 $u=\sqrt{2}(e^{j\omega t}+e^{-j\omega t})$施加到电路产生仅具有正频率内容的输出。该电路通常用于从差分正弦波为正交混频器创建正交 LO 相位。由于正交仅在一个频率下是完美的，因此可以级联多相滤波器以扩宽频率范围。

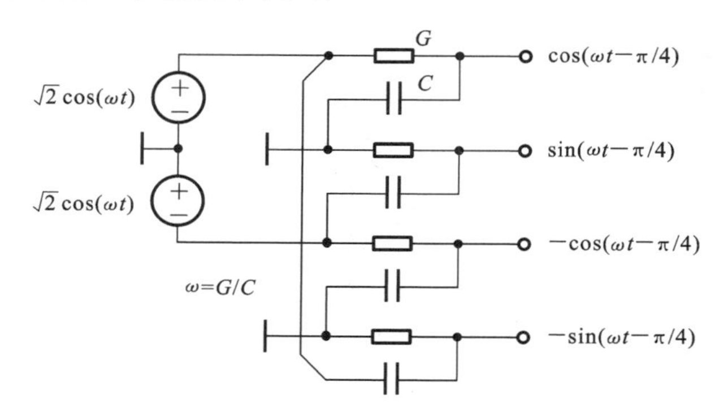

图 11.48　使用一个多相电路产生正交信号

11.7　正交调制

与其他调制器类型一样，正交调制器设计的起点是 NTF。因果关系约束（$h(0)=1$）与实调制器的因果约束相同，并且优化的零点在正交系统中与在实系统中一样有用。实系统和正交系统对带外 NTF 增益的稳定性约束是相似的。唯一实差是正交 NTF 的极点/零点分布不需要关于实轴对称。图 11.49(a)所示的是用于 $f_0=f_s/4$，OSR＝32 的一个正交 NTF 的零极点图。观察到该 NTF 的零点仅位于正频率通带中。图11.49(b)绘制了相关的 NTF 幅度。频率响应类似于已经移位 $f_s/4$ 的低通响应，实际上获得正交 NTF 的一种方法是从低通 NTF 开始，并通过将它们的极点和零点乘以 $e^{j2\pi f_0}$ 来旋转它们。

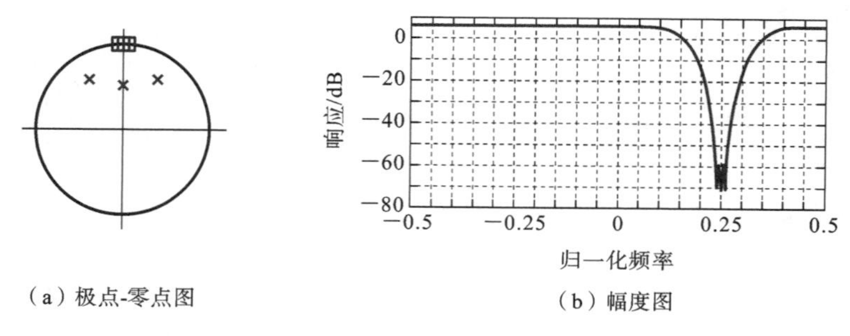

（a）极点-零点图　　（b）幅度图

图 11.49　OSR＝32 的一个正交 NTF

图 11.50 所示的是当输入为－3 dB 正交正弦波时，此类调制器的正交输出数据仿真结果。与带通示例一样，输入和输出波形之间的对应关系在时域中显得非常粗糙，但

在图 11.51 的频域图中出现了更清晰的图像，从中获得了接近 100 dB 的 SQNR。

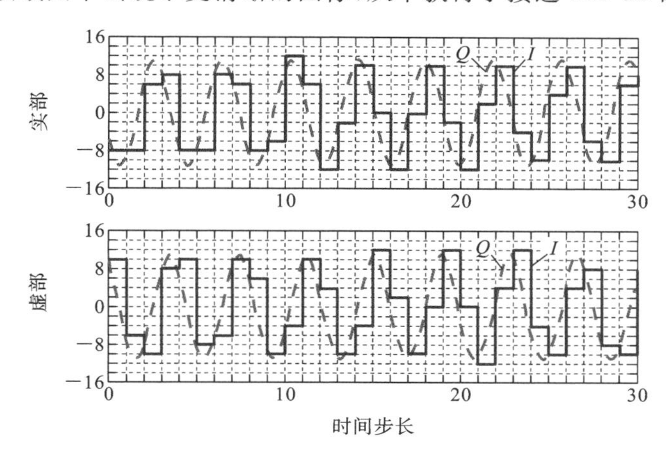

图 11.50　来自包含 16 步量化器的一个正交调制器的输出数据的实部(I)和虚部(Q)分量

诸如有限谐振器 Q 和谐振频移之类的非理想性会产生有害影响，其在幅度上的影响与在实系统中发现的影响相似，因此不会产生问题。然而，由两个通道的失配引起的正交误差可能是严重的退化源。要了解这一点，请注意在图 11.51 所示的频谱中，通带（围绕 $f_s/4$）中的量化噪声电平比镜像频带（围绕 $-f_s/4$）中的量化噪声电平低近 65 dB。数量级为 0.1%的路径失配（例如，由反馈到第一个正交谐振器的 DAC 的满量程输出的不匹配引起）足以反映足够的镜像频带噪声，使 SQNR 降低 6 dB 以上。由于需要更严格的匹配以确保可忽略的性能下降，因此路径失配很容易成为正交调制器中的主要误差源。

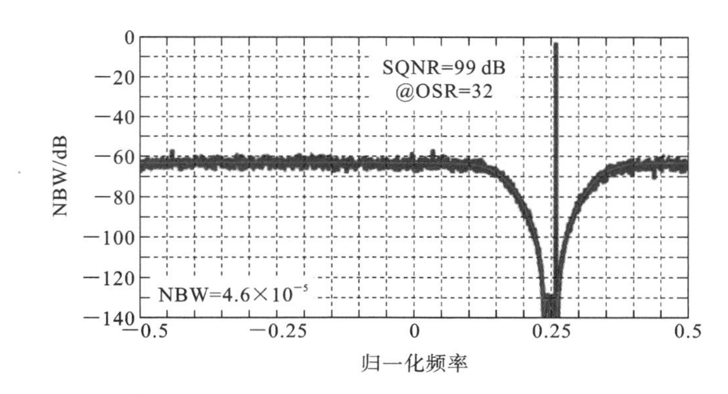

图 11.51　一个正交调制器的输出频谱仿真结果

文献中描述了两种对抗路径失配的方法。第一种方法是将一个或多个镜像零点（以及相应的镜像极点）添加到 NTF 中，以减少镜像带中的噪声。通过调整图像凹口的深度以实现对路径不匹配的期望抗扰度。除了增加的硬件复杂性，以这种方式降低失配灵敏度的代价是降低量化噪声抑制能力，并可能减小稳定输入范围。第二种对抗不匹配的方法只适用于 DAC 失配，并且涉及使用正交失配整形[15]。

单环正交调制器的结构与实调制器的结构相同，即一个环路滤波器连接到一个量化器，量化器的输出通过多个 DAC 反馈到该环路滤波器。环路滤波器由正交谐振器组成，如图 11.46 所示。通常的各种反馈和前馈拓扑以及单环路和多环路架构都适用于正交调制器。例如，图 11.52 中描述的反馈拓扑，以及文献[16]描述了前馈拓扑的使用。请注意，图 11.52 中的结构表明每个反馈路径使用一对 DAC，也就是说，这里假设每个反馈系数都是实数。一个需要两个 DAC 对的复反馈系数，可以通过旋转它，使其乘以 $e^{j\phi}$，然后将该级输入和输出级间耦合系数分别乘以 $e^{j\phi}$ 和 $e^{-j\phi}$，从而强制其为实数。由于复级间系数通常比复 DACs 更容易实现，因此这种操作通常简化了环路滤波器。

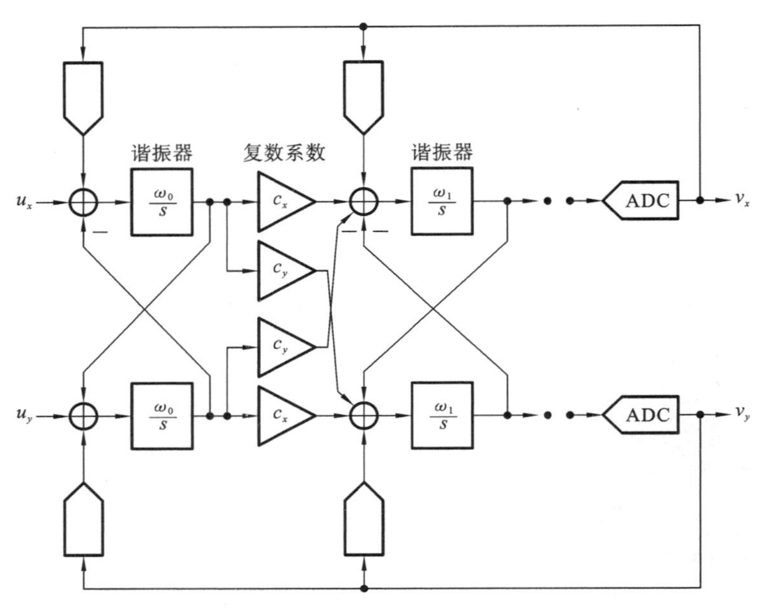

图 11.52 采用反馈拓扑的一种正交调制器

如果 NTF 包含镜像零点，则不建议简单地将镜像谐振器固定到级联的正频率谐振器的末端，因为镜像谐振器通常衰减带内信号。图 11.53 所示的是一种更实用的拓扑结构，其中镜像谐振器与带内谐振器并联放置。这种拓扑结构的另一个好处是可以在镜像带中放置 STF 零点。

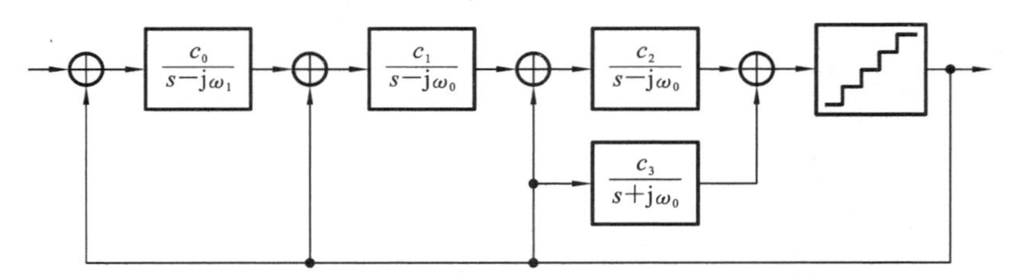

图 11.53 一种用于镜像谐振器的带有平行路径的正交调制器

如图 11.52 所示，正交 DAC 可以用一对独立的实数 DAC 来实现。图 11.54 所示的是将此实现与使用由具有 4 路开关的元素组成的单电流模式 DAC 的实现进行了比较。图 11.54 还显示了使用两个元素的星座(这样总的 DAC 电流是相同的)。在第一种架构中，一个 DAC 元素专用于 x 组件，另一个 DAC 元素专用于 y 组件。在第二种架构中，两个元素都可以对 x 和 y 组件起作用，从而支持比第一架构高 3 dB 的信号振幅，这个额外的信号范围相当于对 DAC 有着 3 dB FOM 改善。

正交调制器中的量化器可以用一对实数量化器实现。在这种情况下，由一对闪速 ADC 产生的一元代码可以应用于一组 2 路 DAC 元素，如图 11.54(a)所示。为了与一

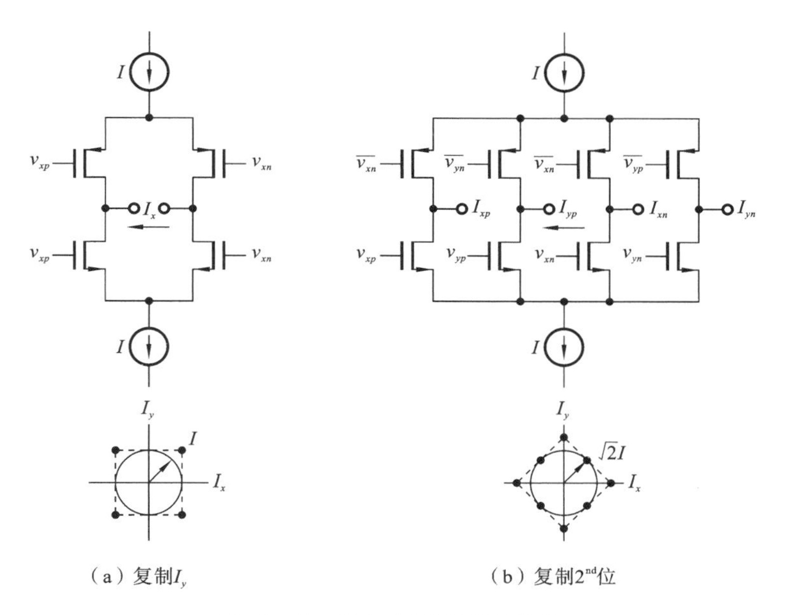

图 11.54　正交 DAC 实现的比较

组 4 路元素接口,可以使用图 11.55 所示的布置,这里,一对实数量化器由和信号和差信号驱动,并且它们的一元输出 a 和 b 被解码以产生用于各个 DAC 元素的驱动信号。例如,如图 11.55 所示,对于 $M=1$ 元素,所需的解码是

$$\begin{cases} x_p = a \cdot b \\ y_p = \bar{a} \cdot b \\ x_n = \bar{a} \cdot \bar{b} \\ y_n = a \cdot \bar{b} \end{cases} \tag{11.22}$$

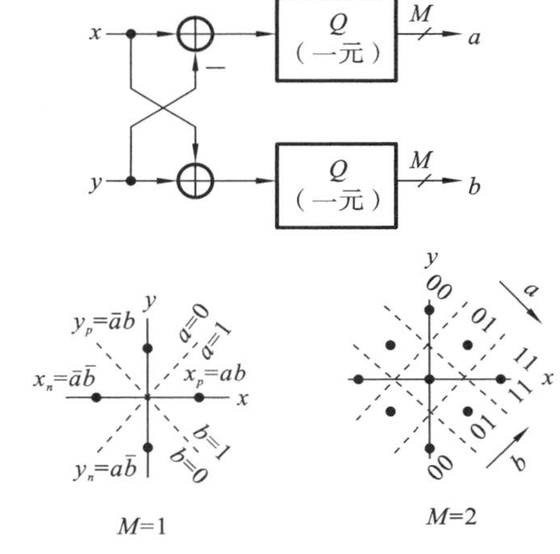

图 11.55　用于 4 路 DAC 元素的正交量化器

对于任意 M,使用式(11.22)对 a 和 b 信号的成对比特位对进行解码就足够了。值得注意的是,一元信号中的比特位的配对和排序是不相关的,因此这些信号的比特位可能被置乱。我们可以使用图 11.55 中的图表来验证 $M=2$ 时的这些说法。

第 11.4.2 节指出了在带通 ADC 中使用 LC 槽的显著优势。不幸的是,似乎不存在 LC 槽的正交等效物。尽管有许多迹象表明正交 ADC 是实数 ADC 的自然扩展,但在本质上似乎不存在无源正交谐振器。作为对这一事实的一些补偿,我们将有源 RC 谐振器在正交形式中实现,如图 11.56 所示。通常,有源 RC 谐振器中的放大器在谐振频率下需要高增益,以确保高 Q 谐振。在有源 RC 谐振器中放大器很难实现高增益,因为放大器必须同时驱动电阻和电容,而传统的观点是,在这种情况下,放大器需要提供低输出阻抗。然而,正如我们稍后将要展示的,图 11.56 中的电路能够通过使用普通跨导器实现高 Q 谐振。

在图 11.56(b)中的正交四分之一电路的 U 和 V 节点处应用 KCL 给出,即

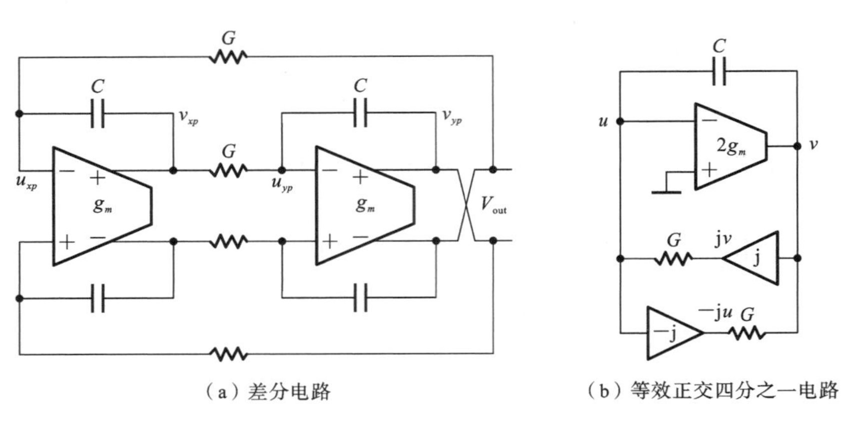

(a) 差分电路 (b) 等效正交四分之一电路

图 11.56 一种高 Q 正交谐振器

$$(sC+G)U=(sC+\mathrm{j}G)V \tag{11.23}$$

和

$$(sC+G)V=(sC-\mathrm{j}G-2g_m)U \tag{11.24}$$

通过消除 U,有

$$(sC+G)^2V=(sC-\mathrm{j}G-2g_m)(sC+G)U$$
$$(sC+G)^2V=(sC-\mathrm{j}G-2g_m)(sC+\mathrm{j}G)V$$
$$((sC)^2+2sCG+G^2)V=((sC)^2-\mathrm{j}G(sC)-2g_m(sC)+\mathrm{j}G(sC)+G^2+2\mathrm{j}g_mG)V$$
$$(2sC(G+g_m)-2\mathrm{j}g_mG)V=0 \tag{11.25}$$

因此,我们看到系统的极点为

$$s=\frac{\mathrm{j}G}{C(1+G/g_m)} \tag{11.26}$$

这是一个在 $\mathrm{j}\omega$ 轴上的极点,即具有无穷大的 Q,且无论 g_m 值如何。有限 g_m 的唯一影响是极点从其理想位置移位。对于合理的 g_m 值,可以通过调整 G 或 C 来克服该位移。该分析包含一些值得一提的假设,即跨导器中相移可忽略,可忽略不计后级的负载以及作为电流注入的输入信号。如果设计者无法满足这些假设,则需要检查相关的退化以确保其可接受。

11.8 多相信号处理

已经看到正交信号处理如何赋予混频器镜像抑制并增加 ΔΣADC 的带宽,那么,超越正交表示是否会带来更多的优势?扩展正交信号处理概念的一种方法是观察到正交信号由两个相位组成,因此考虑由三个相位组成的信号 a,b 和 c。如果我们根据

$$z=a+qb+q^2c \tag{11.27}$$

将三个相位结合起来。其中,

$$q=\mathrm{e}^{\mathrm{j}\phi},\quad \phi=\frac{2\pi}{3} \tag{11.28}$$

那么我们有办法用三个实数信号来表示一个复数信号。我们现在证明了从这个推广中产生的两个非常有用的特性:在方波混频器中消除 3LO 项和抑制三阶失真。

考虑图 11.57 所示的三相 LO 信号。由于 LO 的每个相位与其他两个相位不重

叠，因此可以由无源混频器执行混频操作，该无源混频器根据 LO 中的有效相位将输入信号切换到输出的每个相位。对复合 LO 信号进行傅里叶变换，可以发现频谱由所需的 $e^{j\omega_{LO}t}$ 基波分量加上每边 $6\omega_{LO}$ 倍间隔的项组成。因此，LO 信号不含镜像－LO 和 ±3LO分量等多个杂散项，它可以放宽在混频器之前所需的 RF 滤波。与正交混频相比，三相混频的一个较小优点是基波的幅度为 $3/\pi$，仅比 LO 信号的总功率低 0.4 dB，因此它与 LO 的非基波分量相关的噪声损失很小，相反，正交方波混频有 1 dB 的损失。

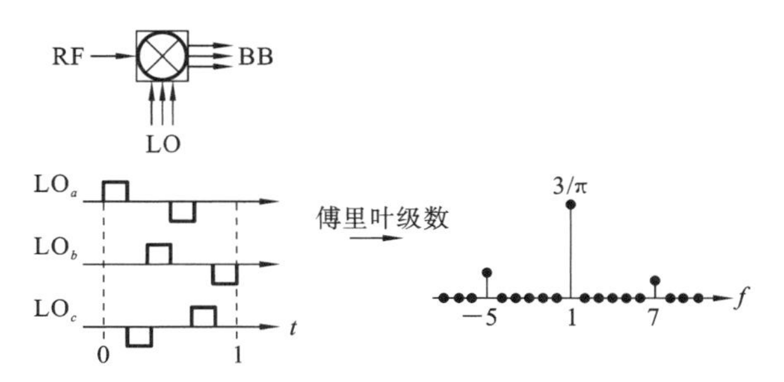

图 11.57　三相混频

三相信号处理的第二个主要优点涉及失真消除。我们知道差分电路会抑制二阶失真；事实证明，三相电路抑制三阶失真。要了解原因，请考虑三阶非线性：

$$f(x)=4x^3-3x \tag{11.29}$$

将正弦波 $\cos(\omega t+\theta)$ 置于这种非线性之下，只需将参数增加 3 倍[①]，将产生一个失真项 $\cos(3\omega t+3\theta)$。将这种非线性应用于三相信号中，有

$$\begin{cases}a=\cos(\omega t)\\ b=\cos(\omega t-\phi)\\ c=\cos(\omega t+\phi)\end{cases} \tag{11.30}$$

产生失真项：

$$\begin{cases}a_3=\cos(3\omega t)\\ b_3=\cos(3\omega t-3\phi)\\ c_3=\cos(3\omega t+3\phi)\end{cases} \tag{11.31}$$

因为 $3\phi=2\pi$，代入式(11.27)则有

$$z_3=a_3+qb_3+q^2c_3=(1+q+q^2)\cos(3\omega t)=0 \tag{11.32}$$

因此，三阶失真项表现为共模信号，在形成复信号时被抑制。

对双音激励下的失真产物的类似分析表明，尽管总和项（$3\omega_1$，$2\omega_1+\omega_2$，$\omega_1+2\omega_2$ 和 $3\omega_2$）消除了，但遗憾的是，差项（$2\omega_1-\omega_2$ 和 $2\omega_2-\omega_1$）却没有消除。因此，多相信号处理并不是式(11.32)中解决失真问题的最好办法。尽管如此，对于存在单个大干扰源的接收机场景，多相信号处理还是提供了一些缓解。

多相电路是正交信号处理的自然延伸，并且发挥 VLSI 电路的优势之一，即匹配元件的复制。与差分信号处理或正交信号处理一样，多相信号处理的优点对于一阶近似没有功率损失。这些电路在美学上也令人愉悦，如图 11.58 所示，它描绘了一个 6 相正

① 这个方便的属性来自 $f(x)$ 是切比雪夫多项式这一事实。将非线性扩展为切比雪夫多项式的加权和，而不是简单的幂级数，它可以简化谐波失真的分析。

频率谐振器，这种电路可用于多相带通 ΔΣADC 的环路滤波器。

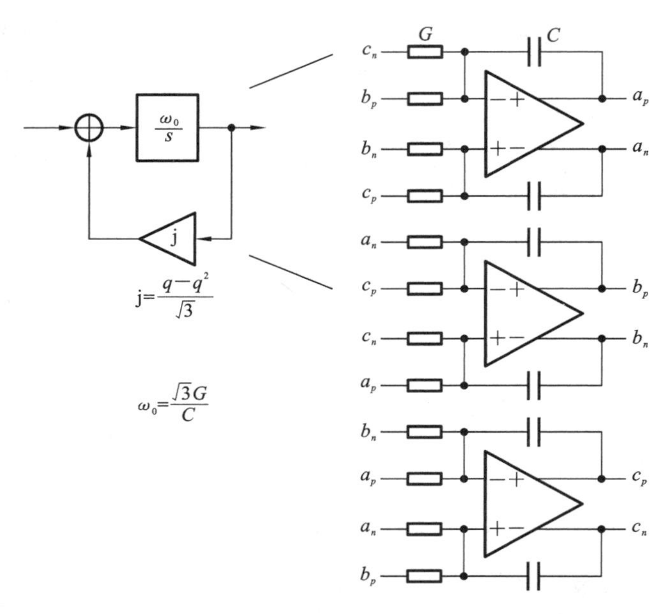

图 11.58　6 相谐振器

11.9　总结

本章描述的 ΔΣADC 可用于数字化窄带带通和窄带正交信号。没有一个 ADC 架构能够像带通 ADC 那样将其分辨率集中在特定频带上。除了 ΔΣ 调制器的标准优点，如鲁棒性、高线性，以及可以连续时间实现、易于接口、固有的抗混叠和小且易于调整的满量程，带通调制的优点还包括以下方面。

(1) 简化了超外差接收机的实现。

(2) 完美的 I/Q 平衡。

(3) 对直流失调和 $1/f$ 噪声的抗扰性。

(4) 带内信号的偶数阶失真项落在带外。

(5) 无须模拟混频的射频信号数字化。

高性能带通 ADC 的高效实现是可能的，特别是如果在环路滤波器的构造中利用诸如 LC 槽之类的物理共振。支持中心频率高达几百兆赫兹的带通 ADC 现已上市，而正交带通 ADC 尚未以独立形式提供。

参考文献

[1] H. Shibata, R. Schreier, W. Yang, A. Shaikh, D. Paterson, T. Caldwell, D. Alldred, and P. W. Lai, "A DC-to-1 GHz tunable RF ΔΣ ADC achieving DR=74 dB and BW=150 MHz at f_0=450 MHz using 550 mW", *IEEE Journal of Solid-State Circuits*, vol. 47, no. 12, pp. 2888-2897, Dec. 2012.

[2] J. Harrison, M. Nesselroth, R. Mamuad, A. Behzad, A. Adams, and S. Avery, "An

LC bandpass ΔΣ ADC with 70 dB SNDR over 20 MHz bandwidth using CMOS DACs", *International Solid-State Circuits Conference Digest of Technical Papers*, pp. 146-148, Feb. 2012.

[3] J. Ryckaert, J. Borremans, B. Verbruggen, L. Bos, C. Armiento, J. Craninckx, and G. Van der Plas, "A 2.4 GHz low-power sixth-order RF bandpass ΔΣ converter in CMOS", *IEEE Journal of Solid-State Circuits*, vol. 44, no. 11, pp. 2873-2880, Nov. 2009.

[4] L. Luh, J. Jensen, C. Lin, C. Tsen, D. Le, A. Cosand, S. Thomas, and C. Fields, "A 4 GHz 4th-order passive LC bandpass Delta-Sigma modulator with IF at 1.4 GHz", *Symposium on VLSl Circuits Digest of Technical Papers*, pp. 168-169, Feb. 2006.

[5] *AD 6676 Wideband IF receiver subsystem datasheet*, Analog Devices, Norwood, MA, Nov. 2014.

[6] A. Hairapetian, "An 81 MHz IF receiver in CMOS", *IEEE Journal of Solid-State Circuits*, vol. 31, no. 12, pp. 1981-1986, Dec. 1996.

[7] D. Senderowicz, D. A, Hodges, and P. R. Gray, "An NMOS integrated vector-locked loop", *Proceedings IEEE International Symposium on Circuits and Systems*, pp. 1164-1167, 1982.

[8] H. Khorramabadi, and P. R. Gray, "High-frequency CMOS continuous-time filters", *IEEE Journal of Solid-State Circuits*, vol. 19. pp. 939-948, Dec. 1984.

[9] F. Krummenacher and N. Joehl, "A 4-MHz CMOS continuous-time filter with on-chip automatic tuning", *IEEE Journal of Solid-State Circuits*, vol. 23. pp. 750-758, June 1988.

[10] J. Van Engelen and R. Van De Plassche, *Bandpass sigma delta modulators-stability analysis, performance and design aspects*, Norwell, MA: Kluwer Academic Publishers 1999.

[11] O. Shoaei and, W. M. Snelgrove, "A multi-feedback design for LC bandpass delta-sigma modulators", *IEEE International Symposium on Circuits and Systems*, vol. 1, pp. 171-174, May 1995.

[12] F. Bruccoleri, E. A. M. Klumperink, and B. Nauta, "Wide-band CMOS low-noise amplifier exploiting thermal noise canceling", *IEEE Journal of Solid-State Circuits*, vol. 39, pp. 275-282, Feb. 2004.

[13] R. Bagheri, A. Mirzaei, S. Chehrazi, M. E. Heidari, M. Lee, M. Mikhemar, W. Tang, and A. A. Abidi, "An 800-MHz, 6-GHz software-defined wireless receiver in 90-nm CMOS", *IEEE Journal of Solid-State Circuits*, vol. 41, no. 12, pp. 2860-2876, Dec. 2006.

[14] B. Razavi, *RF Microelectronics*, Englewood Cliffs, NJ: Prentice-Hall, 1997.

[15] R. Schreier, "Quadrature mismatch-shaping", *Proceedings, IEEE International Symposium on Circuits and Systems*, vol. 4, pp. 675-678, May 2002.

[16] K. Philips, "A 4.4 mW 76 dB complex ΣΔ ADC for Bluetooth receivers", *Inter-*

national Solid-State Circuits Conference Digest of Technical Papers, pp. 64-65, Feb. 2003.

[17] H. Chae, J. Jeong, G. Manganaro, and M. Flynn, "A 12 mW low power continuous-time bandpass ΔΣ modulator with 58 dB SNDR and 24 MHz bandwidth at 200 MHz IF", *International Solid-State Circuits Conference Digest of Technical Papers*, pp. 148-149, Feb. 2012.

[18] C. Y. Lu, J. F. Silva-Rivas, P. Kode, J. Silva-Martinez, and F. S. Hoyos, "A sixth-order 200 MHz IF bandpass Sigma-Delta modulator with over 68 dB SNDR in 10 MHz bandwidth", *IEEE Journal of Solid-State Circuits*, vol. 45, no. 6, pp. 1122-1136, Jun. 2010.

[19] T. Yamamoto, M. Kasahara, and T. Matsuura, "A 63 mA 112/94 dB DR IF bandpass ΔΣ modulator with direct feedforward compensation and double sampling", *IEEE Journal of Solid-State Circuits*, vol. 43, pp. 1783-1794, Aug. 2008.

[20] K. Yamamoto, A. C. Carusone, and F. P. Dawson, "A Delta-Sigma modulator with a widely programmable center frequency and 82-dB peak SNDR", *IEEE Journal of Solid-State Circuits*, vol. 43, pp. 1772-1782, July 2008.

[21] T. Salo, S. Lindfors, and K. A. I Halonen, "A 80-MHz bandpass ΔΣ modulator for a 100-MHz IF receiver", *IEEE Journal of Solid-State Circuits*, vol. 37, no. 7, pp. 1798-1808, July 2002.

[22] M. Inerfield, W. Skones, S. Nelson, D. Ching, P. Cheng, and C. Wong, "High dynamic range InP HBT delta-sigma analog-to-digital converters", *IEEE Journal of Solid-State Circuits*, vol. 38, pp. 1524-1532, Sept. 2003.

12

增量型 ADC

与本书中讨论的所有其他转换器不同,本章描述的增量 A/D 转换器(IADC)是奈奎斯特速率数据转换器。对于这种转换器,在输出端产生的每个数字仅取决于转换间隔期间模拟输入的样本;在该间隔之外输入的行为无关紧要的。这一特性是通过重置 IADC 内的 ΔΣ 调制器获得的。IADC 通常用于以非常高的精度转换窄带信号。它们通常用于生物医学以及仪器和测量应用。

12.1 动机和折中

在许多仪器和测量应用中,需要集成的传感器接口电路来准备模拟传感器输出以进行数字信号处理。典型应用包括数字电压表、图像传感器和生物传感器。在某些情况下,如图像传感器和脑电图,单个接口也应该在许多传感器之间共享。这些传感器通常是电池供电设备,因此接口电路中的功耗非常重要。该接口通常需要低噪声放大器、噪声抑制抗混叠滤波器和模数转换器。在典型应用中,ADC 的规格可能包括以下一个或多个要求:

① 绝对精度高(超过 20 位);

② 很小的失调和增益误差(微伏级);

③ 低输出噪声(微伏级);

④ 高线性度(超过 16 位);

⑤ 低功耗(微瓦级);

⑥ 易于多传感器系统的多路复用。

针对此类高精度要求的可用 ADC 配置包括双斜率奈奎斯特速率转换器和 ΔΣ 调制器。但是,双斜率转换器非常慢,它们需要许多时钟周期来获得输出的字:对于 N 位精度,需要的时钟周期数为 2^{N+1}。虽然 ΔΣADC 比双斜率快得多,但它们也更加复杂。它们需要数字后置滤波器,并且通常会出现增益和失调误差;它们也受到空闲音调和不稳定性的影响。由于 ΔΣADC 依靠模拟和数字存储器来实现高精度,因此如果所有存储器元件都被复制多次,那么,它们能够在多个传感器之间共享。此外,由于其精心设计的数字滤波器,它们在模拟输入和数字输出之间具有明显的延迟。

一种不同的 ADC 方案,即仅在奈奎斯特速率 ADC 的逐个采样操作中应用 ΔΣADC 的噪声整形算法,就是本章要讨论的增量 ADC(IADC)。IADC 非常适合满足上面列出的 6 个要求。图 12.1 所示的是 IADC 的基本框图。

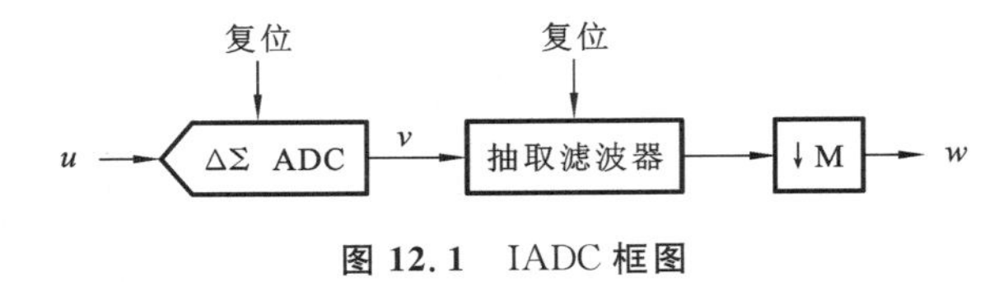

图 12.1 IADC 框图

IADC 方案类似于单级 ΔΣADC。其主要区别在于复位开关在转换之间打开，而不是仅在启动期间或响应过载时打开。在 IADC 中，复位开关对所有存储器元件（调制器中的电容器，抽取滤波器中的存储寄存器）进行放电或复位。这会将 ADC 的特性从连续运行的转换器变为间歇运行的转换器。此功能允许多路复用，并且还可以使用睡眠模式来降低功耗，同时可以轻松实现速度—功耗折中。图 12.2 所示的是 IADC 与其他 ADC 方案相比的典型应用领域。

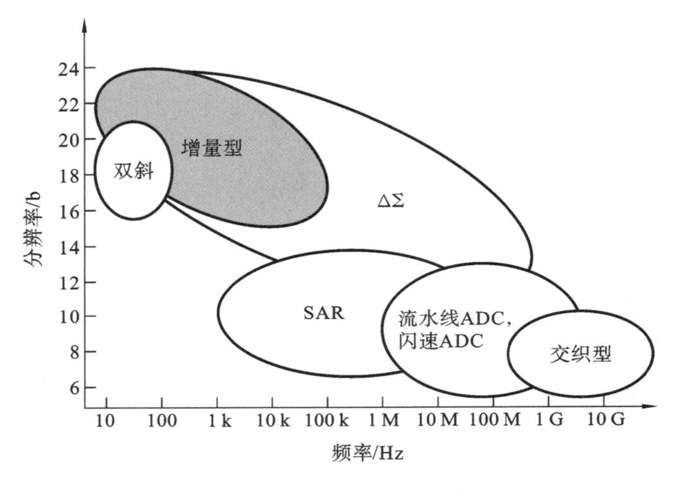

图 12.2 ADC 工作区域

12.2 单级 IADC 的分析和设计

图 12.3 所示的是一个由三阶 CIFF ΔΣADC 转换成 IADC 的示意图，它是通过增加额外的开关，在每 M 个时钟周期后复位积分器来实现的。请注意，该电路使用一个单位增益前馈路径将 ADC 输入连接到量化器输入，这种连接有两个有益的效果，如针对 ΔΣ ADC 所讨论的，环路滤波器只需要处理量化误差，这可以放松对放大器的线性度要求；另外，输入信号（几乎）立即出现在环路的输出端，如稍后所示，这可以改善转换器的 SNR，因为环路之后的数字滤波器为环路输出样本 $v[k]$ 分配了一个减小的比例因子。

时域分析表明，第 M 个时钟周期后第三个积分器的输出信号为

$$x_3[M] = bc_1c_2 \sum_{n=2}^{M} \sum_{l=1}^{n-1} \sum_{k=0}^{l-1} (u[k] - v[k] \cdot V_{\text{ref}}) \tag{12.1}$$

这里 $v[k]$ 是第 k 个时钟周期之后的数字输出，V_{ref} 是反馈 DAC 的参考电压。假设在所有 M 个时钟周期内 u 保持不变，我们有

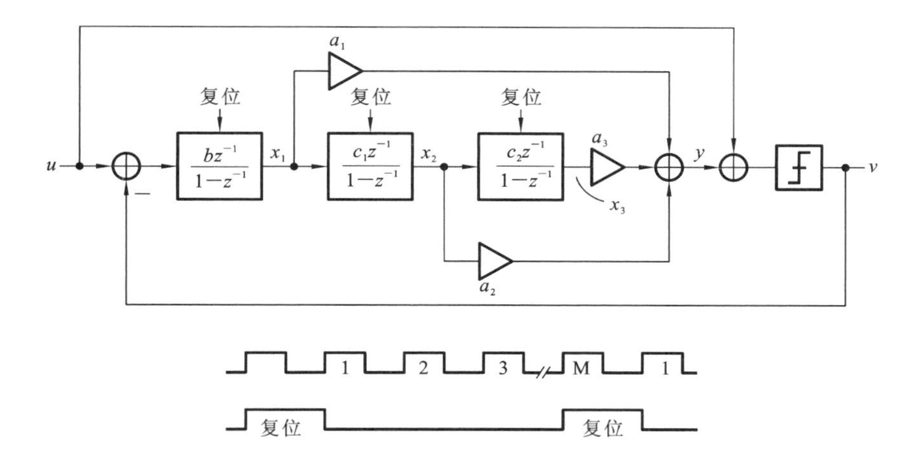

图 12.3 三阶 IADC

$$\frac{M(M-1)(M-2)}{6}\frac{u}{V_{\mathrm{ref}}}-\sum_{n=2}^{M}\sum_{l=1}^{n-1}\sum_{k=0}^{l-1}v[k]=\frac{1}{bc_1c_2}\frac{x_3[M]}{V_{\mathrm{ref}}}\tag{12.2}$$

对于稳定的 ΔΣADC，可以得到 $|x_3|<V_{\mathrm{ref}}$。那么，式(12.2)中 RHS 上的项远小于 LHS 上的项，因此其近似值为

$$\frac{u}{V_{\mathrm{ref}}}\approx G\sum_{n=2}^{M}\sum_{l=1}^{n-1}\sum_{k=0}^{l-1}v[k]\tag{12.3}$$

其中，

$$G=\frac{6}{M(M-1)(M-2)}\approx\frac{6}{M^3}\tag{12.4}$$

可以用来找到 u 的估计。估计误差对应于一个 LSB 电压为

$$V_{\mathrm{LSB}}=G\,\frac{2}{bc_1c_2}V_{\mathrm{ref}}\tag{12.5}$$

则 ADC 的有效位数是 $\mathrm{ENOB}=\log_2(2V_{\mathrm{ref}}/V_{\mathrm{LSB}})$。从等式(12.2)至式(12.5)知，三阶 IADC 的设计过程建议如下。

(1) 使用 Delta-Sigma 工具箱设计三阶低失真 CIFFΔΣADC。执行动态范围缩放以防止积分器和量化器过载，这给出了分支因子 a_1、a_2 和 a_3 的值，以及积分器增益因子 b、c_1 和 c_2。

(2) 使用式(12.4)和式(12.5)找到满足 SQNR 规格所需的 M 的最低值。正如前面章节中所讨论的那样，建议 $\mathrm{SQNR}\gg\mathrm{SNR}_{\mathrm{spec}}$，因为对于功率效率而言，大部分噪声预算应该分配给热噪声。

(3) 如式(12.3)所示，可以通过使用三个数字累加器和一个乘法器来获得 u/V_{ref} 的数字估计。

请注意，内部量化器的分辨率仅通过 bc_1c_2 因子间接出现在误差公式(12.5)中。由于该因子在动态范围缩放之后与量化器的步长成反比，因此，如预期的那样，较高的量化器分辨率给出了较小的 V_{LSB}。

另一种分析可以基于 z 域参数。由于环路输出是

$$V(z)=\mathrm{STF}(z)\cdot U+\mathrm{NTF}(z)\cdot E(z)\tag{12.6}$$

选择数字抽取滤波器的传递函数为 $H(z)=1/\mathrm{NTF}(z)$，得到完整的数字输出 $W(z)$：

$$W(z)=H(z)\cdot V(z)=\mathrm{STF}(z)\cdot\frac{U}{\mathrm{NTF}(z)}+E(z) \tag{12.7}$$

对于具有“最大平坦”噪声传递函数 $\mathrm{NTF}(z)=(1-z^{-1})^3$ 的低失真 ΔΣADC 的情况，传递函数 $H(z)$ 可以通过三个级联累加器来实现。为了保持 H 的直流增益等于 1，还必须包括式(12.4)中定义的比例因子 G。这导致

$$w[M]=\frac{u}{V_{\mathrm{ref}}}+G\cdot e[M] \tag{12.8}$$

因此，数字滤波器的最终输出 $w[M]$ 给出了 u/V_{ref} 的估计，估计的误差是 $G\cdot e[M]$。这里，$e[M]$ 是内部量化器的量化误差的最后一个值，它满足 $|e[M]|<\Delta/2$，其中 Δ 是量化器步长。与式(12.5)不同，误差公式(12.8)允许在 ΔΣADC 环路的模块级设计完成之前找到过采样率 M。

12.3 单级 IADC 的数字滤波器设计

单级 IADC 的模拟环路设计过程与单级 ΔΣADC 基本相同。然而，抽取滤波器的设计是不同的——事实上，它通常更简单。从 12.2 节中可以看出，对于三阶 IADC，u/V_{ref} 的数字估计可以从量化器的数字输出的三重求和中获得，即乘以 $G=6/[M(M-1)(M-2)]$。在 L 阶 IADC 的一般情况下，需要 L 个累加器，比例因子为 $G=L!/[M(M-1)(M-2)(M-L+1)]$。为了改善动态范围，在三阶 IADC 中，缩放器可以分成因子 $1/M$，$2/(M-1)$ 和 $3/(M-2)$，并且每个因子分配给累加器。为了避免这些因子所需的代价高昂的划分，选择 $M=2^n$ 也是有利的，其中 n 是整数，并使用近似值：

$$\frac{1}{M-k}\approx\frac{1+\frac{k}{M}+\left(\frac{k}{M}\right)^2+\left(\frac{k}{M}\right)^3+\cdots}{M},\quad k=1,2 \tag{12.9}$$

这里，由于乘以 $1/M=2^{-n}$ 只需要将二进制点移位 n 个位置，因此可以轻松地找到所有因子。如果不需要，可以在近似中忽略高阶项 $(k/M)^2$ 和 $(k/M)^3$。

抽取滤波器的另一种实现可以基于环路的输出序列 $\{v[k]\}$ 与滤波器的有限脉冲响应 $\{h[k]\}$ 的 M 值的有限长度卷积[8]。脉冲响应 $\{h[k]\}$ 是数字滤波器的传递函数 $H(z)$ 的逆 z 变换，通过将脉冲序列 $\{1,0,0,\cdots\}$ 应用于滤波器的已知结构（这里是级联的累加器）中可以容易地获得它。对于 $L=1$，该过程给出所有 M 值，即 $k=0,1,2,\cdots,(M-1)$ 的 $h[k]=1$；对于 $L=2$，其结果是 $h[k]=k+1$；对于 $L=3$，其结果是 $h[k]=(k+1)(k+2)/2$。它还必须包括使所有元素 $h[k]$ 的总和等于 1（即 $H(1)=1$）所需的比例因子。

在文献[8]中描述了一种更复杂的数字滤波器设计技术，可以使热噪声和量化噪声的加权和最小化。假设热噪声为白噪声，均方值为 $\gamma k_B T/C_{\mathrm{in}}$，其中，$k_{\mathrm{B}}$ 是玻尔兹曼常数，T 是以开尔文为单位的温度，γ 是由输入支路的电路决定的比例因子[1]，通常，$\gamma\approx 5$。则输出热噪声的均方值[8]由下式给出，即

$$P_t=\frac{\gamma k_B T}{C_{\mathrm{in}}}\boldsymbol{h}^{\mathrm{T}}\boldsymbol{S}^{\mathrm{T}}\boldsymbol{S}\boldsymbol{h} \tag{12.10}$$

其中 $\boldsymbol{h}$ 是 M 元素的列向量，它的第 k 个元素是 $h[k]$，是抽取滤波器的脉冲响应的第 k 个样本。$\boldsymbol{S}$ 是 $M\times M$ 的下三角矩阵，即

$$\boldsymbol{S}=\begin{bmatrix} s[0] & 0 & 0 & \cdots & 0 \\ s[1] & s[0] & 0 & \cdots & 0 \\ \vdots & \vdots & \vdots & & \vdots \\ s[M-1] & s[M-2] & s[M-3] & \cdots & s[0] \end{bmatrix} \tag{12.11}$$

其中 $s[k]$是从环路的输入到输出的信号路径的脉冲响应的第 k 个样本。对于低失真环路，$\boldsymbol{S}$ 为单位矩阵，因此 $P_t=(\gamma k_B T/C_{in})|\boldsymbol{h}|^2$，为了使热噪声最小化，应选择合适的$h[k]$以使 P_t 最小化，但条件是数字滤波器的直流增益应该为 1，这种情况可以转化为

$$\boldsymbol{e}\cdot\boldsymbol{h}=1 \tag{12.12}$$

其中 $\boldsymbol{e}=[1,1,1,\cdots,1]^{\mathrm{T}}$ 是 M 元素列向量。对于低失真情况，这给出 $h[k]=1/M$ 中的最小值 P_t，$k=0,1,\cdots,(M-1)$。因此，如果使用低失真架构，则为了最小化热噪声，优化的抽取滤波器的所有抽头权重是相同的。

输出中量化误差贡献的功率估计类似于上面针对热噪声执行的功率估计，假设样本 $e[k]$表现为具有不相关样本的零均值噪声，并且它们具有 $\Delta^2/12$ 的均方值，其中 Δ 是量化器的步长（注意，这个假设依赖于确保其随机性的条件，并且可能需要在环路中使用抖动信号）。令$\{n[k]\}$是从量化器到环路的输出的量化噪声传递函数的脉冲响应，它是环路的噪声传递函数 NTF(z)的逆变换，由复位脉冲加窗。然后，以与 $s[k]$生成 S 相同的方式定义从 $n[k]$样本生成的 $M\times M$ 矩阵 $\boldsymbol{N}$，输出量化噪声的功率 P_q 可以表示为

$$P_q=\frac{\Delta^2}{12}\boldsymbol{h}^{\mathrm{T}}\boldsymbol{N}^{\mathrm{T}}\boldsymbol{N}\boldsymbol{h} \tag{12.13}$$

为了最小化输出量化噪声功率，需要由式(12.13)给出 P_q 的最小化，这受到式(12.12)制约。可以使用拉格朗日乘法[8]以分析方式执行此任务，得到的抽取滤波器的最佳脉冲响应由下式给出，即

$$h_{\mathrm{opt}}=\frac{\boldsymbol{R}\boldsymbol{e}}{\boldsymbol{e}^{\mathrm{T}}\boldsymbol{R}\boldsymbol{e}} \tag{12.14}$$

其中 $\boldsymbol{R}=[\boldsymbol{N}^{\mathrm{T}}\boldsymbol{N}]^{-1}$和 $\boldsymbol{e}$ 是上面定义的单位元素向量。由于 $\boldsymbol{N}$ 的结构，矩阵 $\boldsymbol{N}^{\mathrm{T}}\boldsymbol{N}$ 的元素个数不能是单数的，因此 $\boldsymbol{R}$ 总是存在的。或者，可以使用可用的软件（如 MATLAB 函数 quadprog）来找到 h_{opt}。可以预测，对于 L 阶环路，h_{opt} 的前 L 个元素将为零或非常小，因为环路的最后 L 个输出样本将包含不被后续样本消除的量化误差样本。因此，在最佳解中，这些必须具有小的权重因子。

针对量化和热噪声的数字滤波器传递函数 $H(z)$的优化，是在满足滤波器直流增益的前提下，将 P_t 和 P_q 之和最小化的基础上进行的。指定 $H(1)=1$ 之前，定义矩阵

$$\boldsymbol{O}=\frac{\gamma k_B T}{C_{\mathrm{in}}}\boldsymbol{S}^{\mathrm{T}}\boldsymbol{S}+\frac{\Delta^2}{12}\boldsymbol{N}^{\mathrm{T}}\boldsymbol{N} \tag{12.15}$$

那么我们的任务变成了找到 $\boldsymbol{h}$ 以便实现

$$\min(P_t+P_q)=\min(\boldsymbol{h}^{\mathrm{T}}\boldsymbol{O}\boldsymbol{h}) \tag{12.16}$$

且满足 $\boldsymbol{e}\cdot\boldsymbol{h}=1$。对于这种一般情况，将 P_q 最小化的过程仍然适用，并且 h_{opt}仍然由式(12.14)给出，但是现在 $\boldsymbol{R}=[\boldsymbol{O}^{\mathrm{T}}\boldsymbol{O}]^{-1}$成立，其中 $\boldsymbol{O}$ 由式(12.15)给出。数字滤波器的最佳脉冲响应$\{h[k]\}$现在将是在上面讨论的极端情况下适用的那些之间的折中。例如，下面的 MATLAB™代码片段遵循文献[8]的示例，以产生图 12.4 所示的响应。

其代码如下：

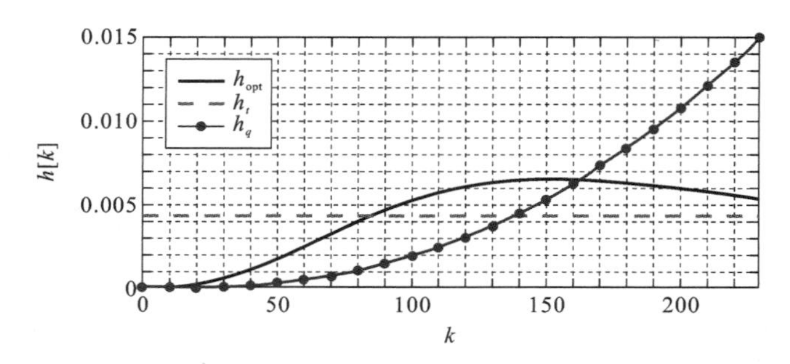

图 12.4 三阶 IADC 数字滤波器的最佳脉冲响应

```
%% Modulator description from [8]
M=230;                        % Decimation factor
Cin=2e-12;                    % Input capacitance
Vref=1;                       % Reference voltage
Vfs=sqrt(2);                  % Full-scale input voltage
nlev=5;                       % Number of quantization levels
% Coefficients for low-distortion CIFF topology
a=[1.0398  0.4870  0.0967];
g=0;
b=[1  0  0  1];
c=[1  1];

%% Calculation of optimal impulse response
ABCD=stuffABCD(a,g,b,c,'CIFF');
[ntf stf]=calculateTF(ABCD);
n=imoulse(ntf,M);             s=impulse(stf,M);
N=zeros(M,M);                 S=zeros(M,M);
for i=1:M
    N(i:M+1:M*(M+1-i))=n(i);
    S(i:M+1:M*(M+1-i))=s(i);
end
delta=2*Vref/(nlev-1);
gamma=5;
k=1.38e-23;                   % Boltzmann constant
T=300;
t2=gamma*k*T/Cin;
q2=delta^2/6;                 % Assumes 1 LSB of dither
O=t2*(S'*S)+q2*(N'*N);
R=inv(O'*O);
e=ones(M,1);
% Optimal impulse response
h_opt=R*e/(e'*R*e);
% Optimal impulse response for quantiztion noise only
h_q=inv(N'*N)*S*e;
h_q=h_q/sum(h_q);
% Optimal impulse response for thermal noise only
```

```
h_t=e'/M;
```

图 12.4 的曲线显示了最小化热噪声功率 P_t（虚线）、量化噪声功率 P_q（点线）和总输出噪声（连续曲线）的最佳$\{h[k]\}$响应。注意，这三条曲线下的面积是相同的，但是各自的性质不同。正如所料，最小热输出噪声响应是恒定的，最小量化输出噪声响应类似于二次抛物线。为了获得最佳的总噪声，曲线最初遵循量化噪声响应，因为它决定了转换结束时引入的噪声，最后，它接近热噪声响应。

抽取滤波器 DF 执行环路输出数据$\{v[k]\}$与 FIR 脉冲响应$\{h[k]\}$的卷积，但它需要以经济的方式实现。由于 DF 的输出 w 被 M 下采样，因此只需要计算卷积的最后结果。可以存储 M 个系数 $h[k]$，其中 $k=0,1,\cdots,(M-1)$，并且可以使用简单的乘法累加 MAC 级来执行 w 的计算。由于 IADC 量化器的分辨率通常较低，因此环路输出将是小幅度的整数，使得 MAC 操作变得微不足道。

在某些应用中，抽取滤波器需要抑制一个或多个干扰源（如电源线噪声）。这要求在干扰信号的频率及其谐波处传输零点。简单的级联积分器抽取滤波器不提供除 f_s/M倍数之外的任何陷波。在这种情况下，设计可以基于 sinc 函数，它可以在任意频率下提供传输零点[6]。第 12.5.1 节中将介绍该工作的示例响应。

12.4 多级 IADC 和扩展计数 ADC

与 ΔΣADC 的情况一样，IADC 的 SQNR 可以通过各种变化得到提高：增加阶数 L、过采样率 M 或内部量化器的分辨率。但是，这些措施都受到实际效应的限制。对于宽带 ADC，由于放大器的带宽或允许的功耗，OSR 的 M 可能被限制在一个较低的值。对于过采样率较低的情况，提高环路滤波器的阶数并不能显著提高 SQNR，而较高的 SQNR 只能通过不切实际的高量化分辨率来获得。

低 OSR 所带来的问题可以通过第 5 章讨论的多级（MASH）架构来解决。其中，第一级的量化误差 e_1 以模拟形式得到，并由第二级的输出抵消。同样，第二级的误差 e_2 可以被第三级的输出抵消，以此类推。然后使用消除滤波器 $H_1, H_2, \cdots$ 组合出所有级的数字输出。这样，可以获得高阶噪声整形，且只使用低阶单独的环路。此外，如果第一个环路包含一个多比特量化器，误差 e_1 将小于电路的满量程电压。然后，e_1 可以在进入第二级之前被一个 $A>1$ 的增益放大，并且一个 $1/A$ 衰减也可以应用于第二级输出，这进一步减小了最终误差。

虽然 MASH 最初是为 ΔΣDAC 和 ADC 开发的，但它也适用于 IADC。参考文献[3]描述了一个两级 MASH IADC，其中第二级从第二时钟周期到周期 $M+1$ 一直工作。许多 IADC 级也可以级联；参考文献[7]描述了一个 12 位 IADC，包含 8 级，并且过采样率仅为 3。

由式(12.8)可知，经过数字滤波后的第一个环路的总转换误差由环路中产生的按比例缩放的最后量化误差 $e[M]$ 给出，由此可以得到一个经济的 MASH IADC。一般来说，$e[M]$ 需要从输出中减去第一级量化器的输入。然而，对于具有最大平坦 NTF(z) 的低失真结构，式(12.2)表明 $e[M]$ 可以简单地从第一个环路的最后一个积分器的输出 $x_3[M]$ 中找到。因此，一个有效的 MASH IADC 可以使用一个第二级，该级在时钟周期 $M-1$ 之前是不活动的。然后它转换并缩放 $x_3[M]$，而第一级的输出则由抽取滤波器处理。因此,这个第二级将生成整个输出字中最低有效位,即 N_{LSB} 位。第二级可以通过奈奎斯特速率 ADC(例如逐次逼近 ADC)实现,并且如果 $N_{LSB}<M-1$,则操作可以完全流水线化。例如,图 12.5 所示的是文献[12]中描述的扩展计数 ADC 的框图,第一级采用低失真二阶 IADC,第二级采用 SAR ADC。它在 0.5 MHz 带宽下实现了 SNDR>86 dB。

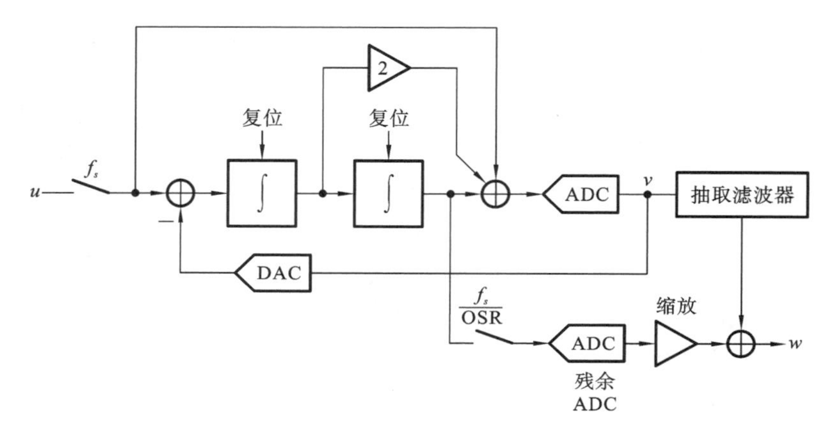

图 12.5 2-0 **扩展计数** ADC

12.5 IADC 设计实例

12.5.1 三阶单比特 IADC

作为单级 IADC 设计的一个例子,将讨论文献[6]中描述的 22 比特数据转换器。噪声整形环路的框图如图 12.3 所示,实现它的开关电容电路如图 12.6 所示。为了避免多位 DAC 引入的动态和静态非理想效应,使用单比特量化。选择的系数是 $a=[1.4\quad 0.99\quad 0.47]$,$b=0.5674$ 和 $c=[0.5126\quad 0.3171]$。

图 12.7 所示的是 $M=1024$ 时,量化噪声的均方与用 V_{ref} 归一化的直流输入信号 u 的函数关系。当 $|u|$ 接近 V_{ref} 时,量化器过载,噪声变大。但是,由于复位操作可以防止长周期的周期信号发生,数字滤波器抑制高频信号,所以没有空闲的音调。

为了允许大输入信号接近 $|u|=V_{ref}$,则输入级应包括增益为 2/3 的衰减器。由于元件失配,要使这个增益因子准确,可以使用动态元件匹配方案,电路如图 12.8 所示。

一个时钟周期中所有 6 个开关输入电容提供与 DAC 输出 V_{dac} 成比例的电荷,但只有 4 个提供 $C_1 \cdot u$ 电荷,这相当于 u 的比例因子为 2/3。通过旋转电容器的作用,失配误差转化为带外周期性噪声。

为了消除失调,该电路使用了一种增强的斩波形式,称为分形排序。注意,简单的斩波对这里使用的级联积分器电路是不够的。为了说明这一点,假设在第一积分器的输入端存在 1 mV 失调,并假设三个积分器级的增益都为 1,则第一个积分器的输出序列(以 mV 为单位)为{1,−1,1,−1,…},第二级输出为{1,0,1,0,…},第三级输出为{1,1,2,2,3,3,…}且随时间发散。在分形排序中,控制信号 INV 确保输入信号始终与

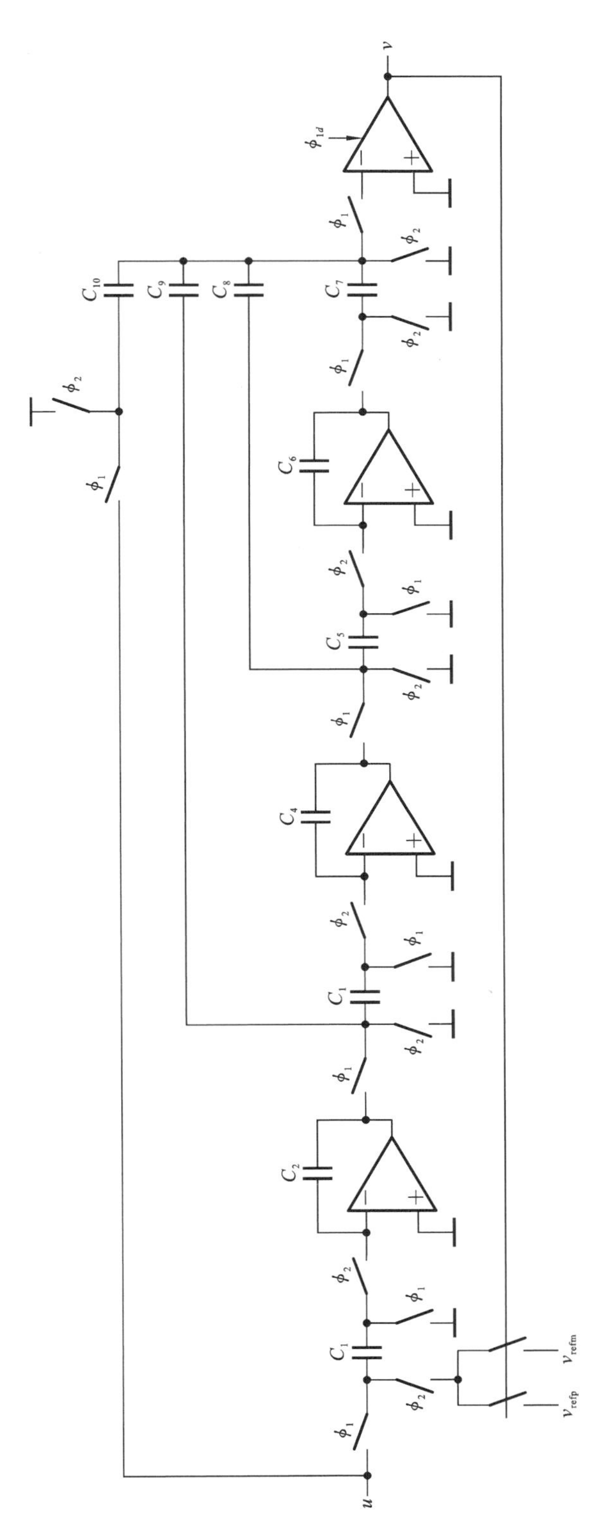

图12.6 图12.3的系统的单端开关电容原理图

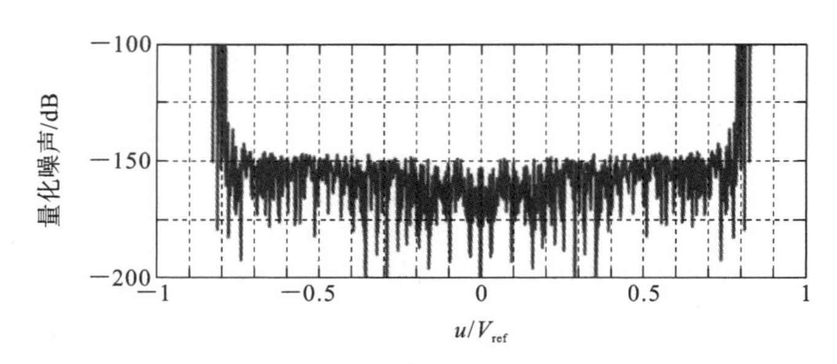

图 12.7 $M=1024$ 时，量化噪声功率与 u/V_{ref} 的函数关系

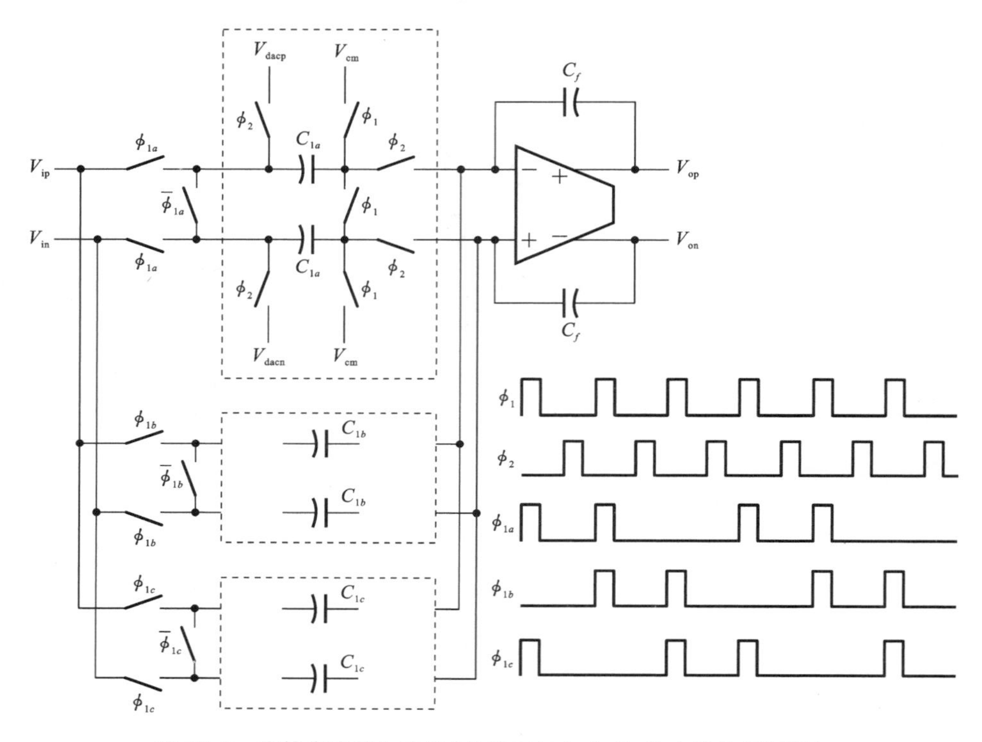

图 12.8 旋转电容输入电路(虚线框包含含 C_{1a} 的电路的复制品)

相同符号集成，而输入失调的切换方式是：在 M 过采样周期之后，最后一个积分器输出处的失调被消除。

简单斩波{+ − + − …}序列是 $S_1=(+-)$。其中，+表示没有信号的反转，而−表示信号的反转，括号表示该模式无限重复。创建分形序列 S_k 的方法基于递归关系 $S_{k+1}=[S_k \quad -S_k]$。因此，从简单的斩波序列 $S_1=(+-)$，可以获得高阶序列，如式(12.17)所示。IADC 的期望序列是 S_L，其中 L 是级联积分器的级数，此处 $L=3$。

$$
\begin{aligned}
S_1 &= (+-) \\
S_2 &= [S_1 \quad -S_1] = (+--+) \\
&\vdots \\
S_{k+1} &= [S_k \quad -S_k]
\end{aligned}
\tag{12.17}
$$

图 12.9 所示的是使用分形排序的输入积分器。开关 INV 和 $\overline{\text{INV}}$ 由 S_3 分形序列操作。为了保持一致的积分极性，当 INV 为低时，则有 $\phi_a=\phi_1$ 和 $\phi_b=\phi_2$；而当 INV 为高

时，则有 $\phi_a=\phi_2$ 和 $\phi_b=\phi_1$。注意，分形序列中使用的斩波频率可以是 IADC 时钟的分谐波。图 12.10 所示的是使用 $f_{\text{chop}}=f_s/64$ 进行分形排序后的归一化积分器输出电压。

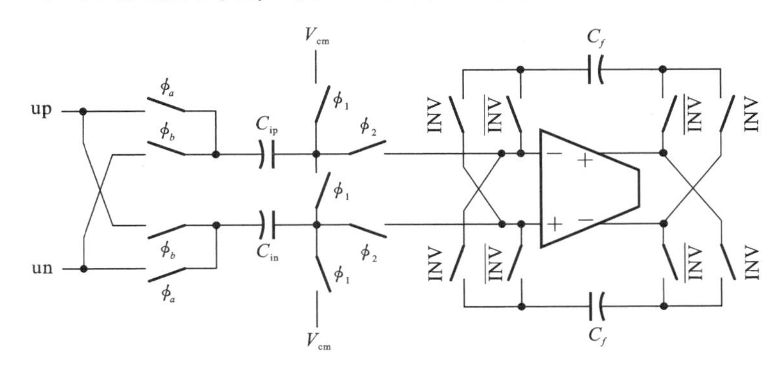

图 12.9 使用分形排序的失调补偿

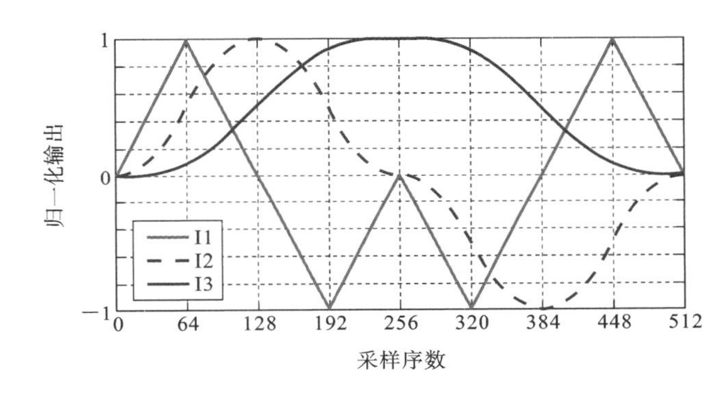

图 12.10 分形排序后的积分器输出电压

数字滤波器采用了改进的 sinc 传递函数：

$$H(z)=\prod_{i=1}^{4}\frac{1-z^{-M_i}}{M_i(1-z^{-1})} \tag{12.18}$$

其中 $M_i=\{512,512,512-2^6,512+2^6\}$，它提供了围绕电源线频率的宽切口(见图 12.11)。即使存在时钟频率或电源线频率变化，这些陷波也能抑制电源线频率噪声。

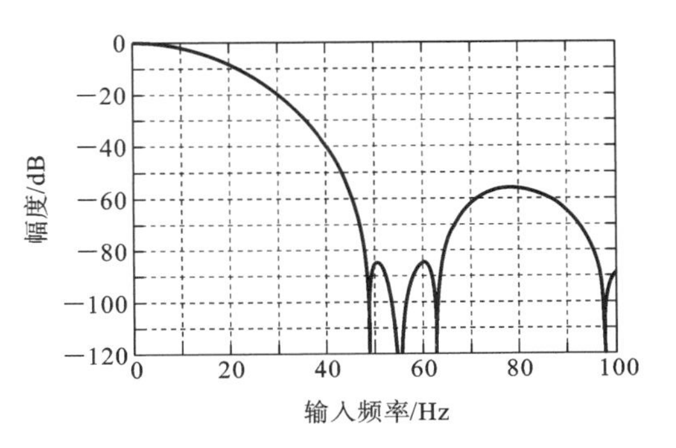

图 12.11 抽取滤波器的增益响应

12.5.2 两步 IADC

第二个例子是一个两级两步 IADC，这种增量 ADC 适用于低带宽、微功率传感器接口电路。两步操作将传统 IADC 的阶数从 N 扩展到 $2N-1$，同时仅需要 N 阶 IADC 的电路。图 12.12 所示的是步 1 和步 2 电路的框图。在步 1 中，电路是 M_1 时钟周期的二阶前馈 IADC。在该步结束时，第二积分器保持 $x_2[M_1]$，这是量化误差的模拟形式。在步 2 中，电路被重新配置，第二个积分器现在充当一个 S/H 输入级，电路的其余部分变为一阶转换器 IADC1，它将 $x_2[M_1]$ 转换为数字形式。

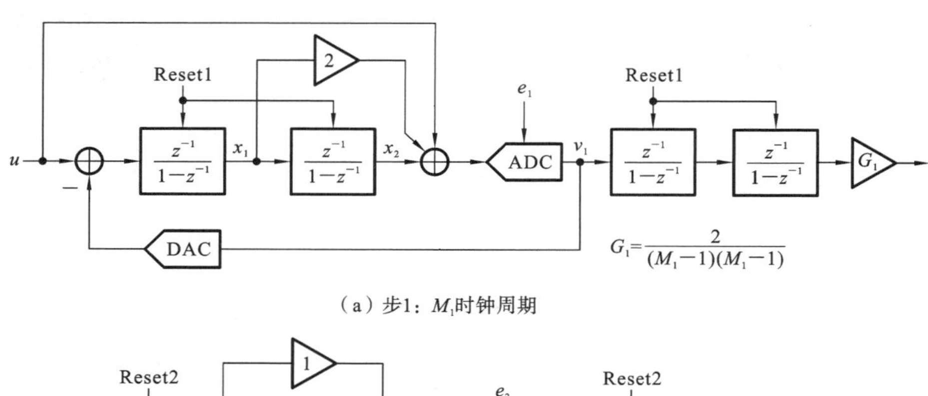

（a）步1：M_1时钟周期

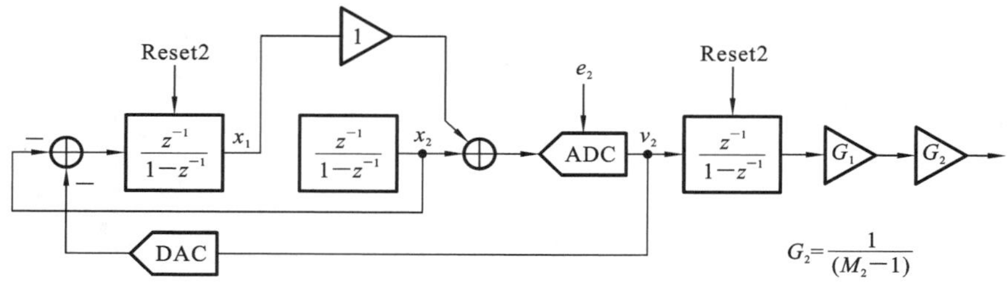

（b）步2：M_2时钟周期

图 12.12　两步 IADC 的框图

图 12.13 所示的是在步 1 期间电路的简化开关电容器实现。对于指定的总时钟周期数 $M=M_1+M_2$，很容易证明[①]量化噪声的最佳分配是 $M_1=\frac{2}{3}M$ 和 $M_2=\frac{1}{3}M$。在实例的 IADC 中，令 $M=192$，因此有 $M_1=128$ 和 $M_2=64$。

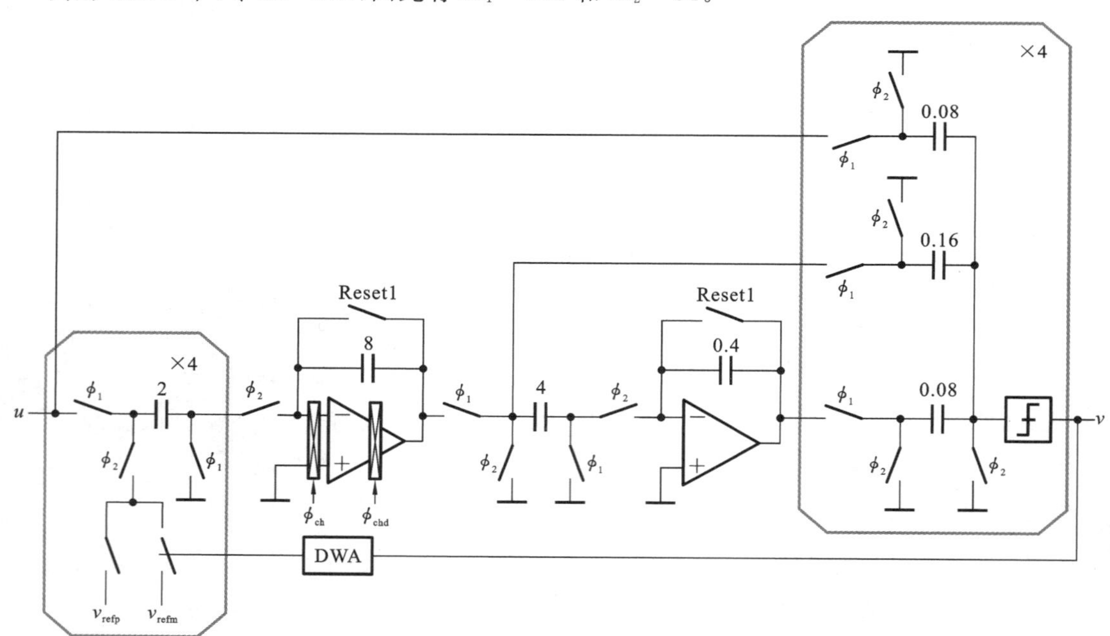

图 12.13　两步 IADC 在步 1 期间的电路图

① 最小化 $1/M_1^2+1/M_2$ 受制于 $M_1+M_2=M$。

对于 2.2 Vpp 输入和 250 Hz 带宽，三阶 IADC 实现了 99.8 dB 的测量动态范围和 91 dB 的 SNDR。它采用 65 nm CMOS 工艺，其 IADC 的核心区域为 0.2 mm^2，仅消耗 10.7 μW。在报告的最佳结果中，FOM 为 0.76 pJ/转换步长和 173.5 dB。

图 12.14 所示的是实现的两步 IADC2 与一个单步 IADC2 和一个 IADC3 的 SQNR 与 OSR 特性比较。对于相同的时钟周期总数，两步电路几乎与 IADC3 具有相同精度，但需要的运算放大器少一个。通常，两步操作允许仅用 N 个放大器近似实现 $2N-1$ 阶 IADC。

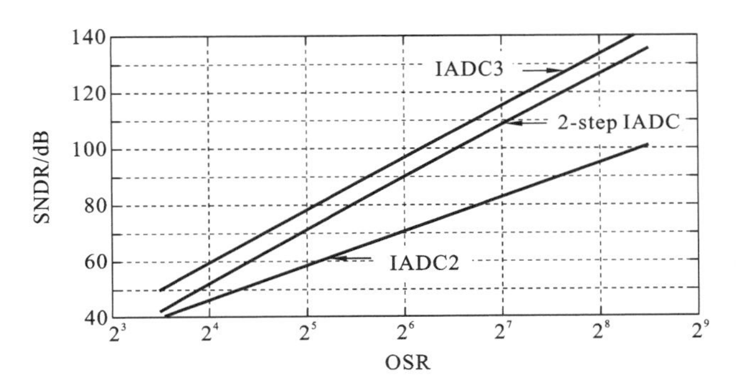

图 12.14 IADC 的 SQNR 与 OSR 特性

如图 12.15 所示，该操作对所用放大器的直流增益并不过分敏感。最后，图 12.16 所示的是 SNR 和 SNDR 与输入信号幅度的关系。

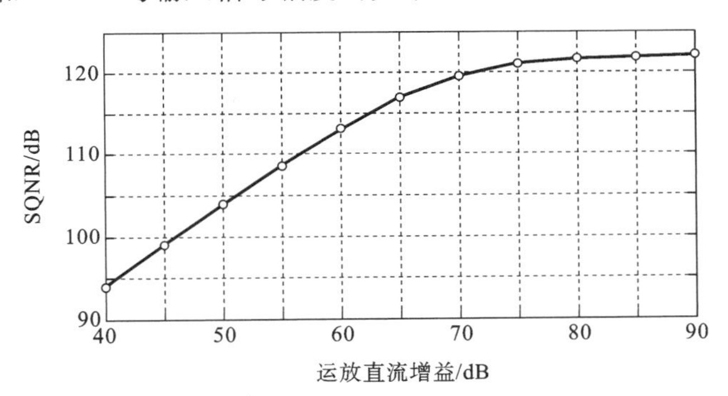

图 12.15 两步 IADC 的 SQNR 与运算放大器增益的关系

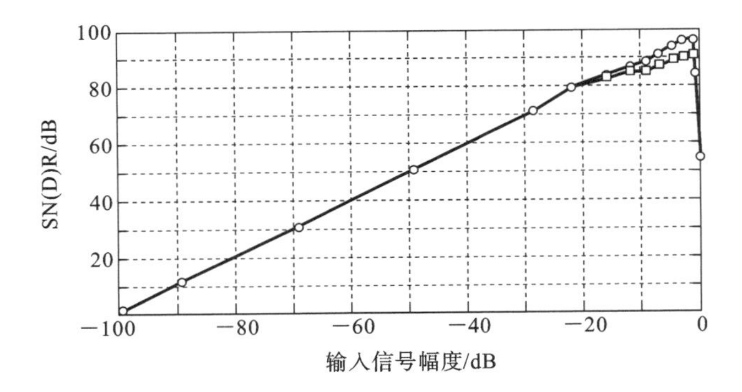

图 12.16 两步 IADC 的 SNR 和 SNDR 与输入信号幅度的关系

12.6 总结

通过周期性地复位 ΔΣADC 的所有存储元件，可以将其转换为奈奎斯特速率转换器，结果是增量 A/D 转换器(IADC)，其中复位之间的时钟周期数决定了过采样率。与 ΔΣADC 相比，IADC 提供更低的 SNR，但它易于复用，且具有更低的延迟，并且只需要更简单的数字滤波器，它也不易受到空闲音调和不稳定性的影响。由于这些原因，IADC 通常是传感器接口应用的最佳选择。

与 ΔΣADC 一样，IADC 可以用多级和多步结构实现，为微功率接口提供高效地实现。

参考文献

[1] R. J. van de Plassche, "A sigma-delta modulator as an A/D converter", *IEEE Transactions on Circuits and Systems*, vol. 25, no. 7, pp. 510-514, July 1978.

[2] J. Robert, G. C. Temes, V. Valence, R. Dessoulavy, and P. Deval, "A 16-bit low voltage A/D converter", *IEEE Journal of Solid-State Circuits*, vol. 22, no. 2, pp. 157-163, April 1987.

[3] J. Robert and P. Deval, "A second-order high-resolution incremental A/D converter with offset and charge injection compensation", *IEEE Journal of Solid-State Circuits*, vol. 23, no. 3, pp. 736-741, March 1988.

[4] J. Márkus. "Higher-order incremental delta-sigma analog-to-digital converters", Ph. D. thesis, Budapest University of Technology and Economics, 1999.

[5] J. Márkus, J. Silva, and G. C. Temes, "Theory and applications of incremental delta sigma converters", *IEEE Transactions on Circuits and Systems -I*, vol. 51, no. 4, pp. 678-690, April 2004.

[6] V. Quiquempoix, P. Deval, A. Barreto, G. Bellini, J. Márkus, J. Silva, and G. C. Temes, "A low-power 22-bit incremental ADC", *IEEE Journal of Solid-State Circuits*, vol. 41, no. 7, pp. 1562-1571, July 2006.

[7] T. C. Caldwell, "Delta-sigma modulators with low oversampling ratios", Ph. D. thesis, University of Toronto, 2010.

[8] J. Steensgaard, Z. Zhang, W. Yu, A. Sárhegyi, L. Lucchese, D. I. Kim, and G. C. Temes, "Noise-power optimization of incremental data converters", *IEEE Transactions on Circuits and Systems I*, vol. 55, no. 5, pp. 1289-1296, June 2008.

[9] R. Harjani and T. A. Lee, "FRC: A method for extending the resolution of Nyquist-rate converters using oversampling", *IEEE Transactions on Circuits and Systems-II*, vol. 45, no. 4, pp. 482-494, April 1998.

[10] P. Rombouts, W. de Wilde, and L. Weyten, "A 13.5-b 1.2-V micropower extended counting A/D converter", *IEEE Journal of Solid-State Circuits*, vol. 36, no. 2, pp. 176-183, Feb. 2001.

[11] J. De Maeyer, P. Rombouts, and L. Weyten, "A double-sampling extended-count-

ing ADC", *IEEE Journal of Solid-State Circuits*, vol. 39, pp. 411-418. March 2004.

[12] A. Agah, K. Vleugels, P. B. Griffin, M. Ronaghi, J. D. Plummer, and B. A. Wooley, "A high-resolution low-power incremental ΣΔ ADC with extended range for biosensor arrays", *IEEE Journal of Solid-State Circuits*, vol. 45, pp. 1099-1110, June 2010.

[13] W. Yu, M. Aslan, and G. C. Temes, "82 dB SNDR 20-channel incremental ADC with optimal decimation filter and digital correction", *IEEE Custom Integrated Circuits Conference*, pp. 1-4, Sept. 21, 2010.

[14] C. H. Chen, J. Crop, J. Chae, P. Chiang, and G. C. Temes, "A-12-Bit, 7 μW/channel, 1 kHz/channel incremental ADC for biosensor interface circuits", *IEEE International Circuits and Systems Symposium*, May 2010.

[15] C.H. Chen, Y. Zhang, T. He, P. Y. Chiang, and G. C. Temes, "A micro-power two-step incremental analog-to-digital converter", *IEEE Journal of Solid-State Circuits*, vol. 50, no. 8, pp. 1796-1808, Aug. 2015.

13

ΔΣ DAC

到目前为止，过采样和噪声整形的概念只被用于 ADC，而没有被用于数模转换器(DAC)。实际上，ΔΣ DAC 在商业上与 ΔΣ ADC 一样重要，它们的实现通常也与 ΔΣ ADC的实现一样困难。本章将专门讨论 ΔΣ DAC 设计中涉及的具体问题。

在 D 到 A 转换中使用噪声整形的动机与在 A 到 D 转换中的相同。对于具有 3 V 满量程和 18 位分辨率的 DAC，LSB 电压仅约为 12 μV。因此，DAC 输出电平与其理想值的允许偏差约为 12 μV，在没有昂贵的修调(trimming)和/或极长的转换时间的情况下，这不可能在传统的 DAC 中实现。因此，前面讨论的与 ΔΣ ADC 相关的折中，其中由于使用了过采样和额外的数字硬件电路，从而允许使用具有鲁棒性且简单的模拟电路，对于高精度 DAC 也是有吸引力的。本章接下来将讨论实现这种折中的实际结构。

13.1 Delta-Sigma DAC 的系统架构

图 13.1 所示的是 DAC 的基本系统框图。图中，前端(包含数字插值滤波器和噪声整形环路)是数字电路，而输出级(内部 DAC 和重建滤波器)是模拟电路。

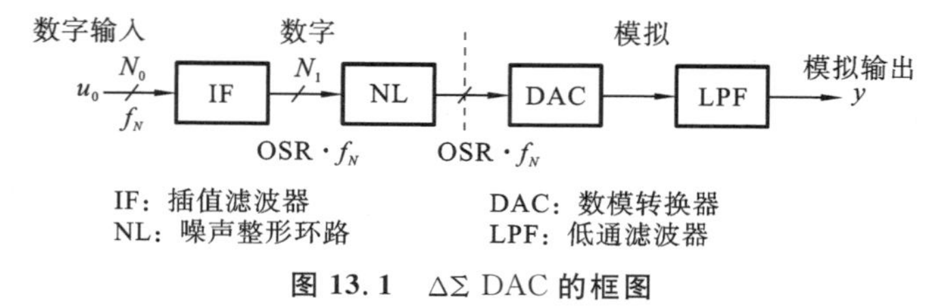

图 13.1　ΔΣ DAC 的框图

系统处理的信号频谱如图 13.2 所示。

输入信号 $u_0[n]$是具有字长 N_0(通常为 15～24 位)的多位数据流，其在奈奎斯特速率 f_N 附近被采样，其频谱如图 13.2(a)所示。

插值滤波器(IF)具有以下两个作用。

(1) 将采样频率提高到 OSR · N，从而允许随后的噪声整形。

(2) 抑制以 f_N，$2f_N$，…，(OSR－1)f_N 为中心的频谱镜像。

这种边带抑制的目的是在不影响基带信号频谱的情况下，以数字方式降低噪声整形环路输入的带外功率，这改善了噪声整形环路的动态范围，因为可以容纳更大的信号。此外，模拟输出滤波器的任务也得到了缓解，因为它只需要抑制较少的带外噪声。

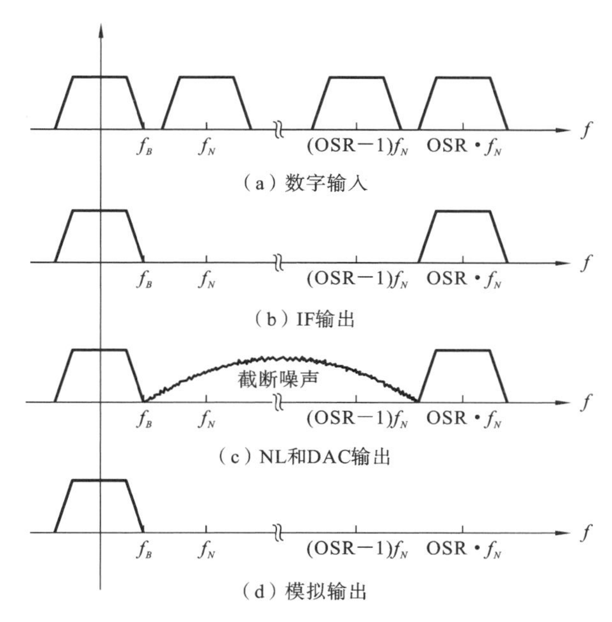

图 13.2　ΔΣ DAC 中的信号和噪声频谱

因此,滤波器的线性度要求可以稍微放松一些,因为互调的带外噪声向下折叠到信号频带中的量减少了。之所以抑制不需要非常准确,是因为噪声整形环路中产生的截断误差无论如何都会在相同的频率范围内引入不需要的噪声。IF 输出信号的理想频谱如图 13.2(b)所示,该信号的字长可以保持与输入数据 $u_0[n]$的字长大致相同。

噪声整形环路将其输入信号的字长减少到 1~6 位。如果使用单比特 NL 输出,则(如第 2 章讨论的 ΔΣ ADC 中的内部 DAC)可以放宽 NL 之后的 DAC 的线性度要求。如果输出数据是多位的,则可以利用第 6 章中讨论的技术滤除或消除 DAC 的不可避免的非线性误差,从而实现线性转换(使用多位 DAC 环路的优缺点将在第 13.3 节中讨论)。在任何情况下,NL 的输出必须包含基带中输入信号 $u_0[n]$的忠实再现,但它还包括由环路中字长减小引起的滤波截断噪声。NL 输出信号的频谱如图 13.2(c)所示。

系统中的下一个模块是嵌入式 DAC。如上所述,它可以具有单比特输入,在这种情况下,其输出将是一个两电平模拟信号。这种 1 位 DAC 的结构非常简单,其线性度在理论上是完美的(尽管需要注意一些实际的预防措施才能获得良好的线性度)。然而,单比特 DAC 输出信号的高压摆率以及它所包含的大量带外噪声功率使得后续模拟平滑滤波器(LPF)的设计成为一项艰巨的任务。

相比之下,对多位 DAC 而言,我们需要额外的电路来滤除或消除 DAC 非线性误差,从而产生更复杂的 DAC。然而,DAC 输出信号的压摆率以及带外噪声功率的减小允许降低平滑滤波器的性能要求,因此实现更加简单。通常,基于复杂性、芯片面积和功耗的总体折中,多位结构会更有利。

理想情况下,DAC 将以模拟形式再现其输入端的数字信号,而不会出现任何失真。因此,DAC 的输出频谱将与图 13.2(c)所示的噪声整形环路的输出信号的频谱相同,除了一个对应于 DAC 的参考电压或电流的常数因子(以及对应于一个零阶保持的频率响应的一个(sinc(fT_s)频率相关因子)。

最后，模拟平滑或重建滤波器的任务是抑制其输入信号中包含的大部分带外噪声功率。因此，其输出信号的理想频谱应如图 13.2(d)所示。如前所述，不给多位 DAC 输出信号引入额外失真的情况下实现良好的噪声抑制是相对容易的，但对于单比特信号而言，通常会非常困难。模拟后置滤波器的设计将在第 13.5.2 节中讨论。

13.2 Delta-Sigma DAC 的环路结构

与 ΔΣ ADC 的情况一样，ΔΣ DAC 的设计者也可以使用各种各样的环路结构。环路的功能类似于 ΔΣ ADC 的噪声整形环路，即将输入信号的分辨率[①]降低到多少位而不会显著影响其在该过程中的带内频谱。由于字长减小意味着引入量化或截断误差，所以环路必须抑制信号频带中因此增加的噪声的功率谱。ADC 和 DAC 环路之间唯一的显著差异如下：在 DAC 环路中，所有信号都是数字信号，因此不需要内部数据转换。出于同样的原因，环路中的信号处理可以高度准确，并且在预测环路的实际行为时我们不需要考虑任何模拟非理想性。正如我们将看到的，它们允许使用一些有效配置，但对 ADC 环路而言却是不切实际。接下来我们将讨论一些典型的环路配置。

13.2.1 单级 Delta-Sigma 环路

第 4.7 节中针对 ADC 讨论的所有环路结构仍适用于 ΔΣ DAC。因此，包含带有分布式反馈和输入耦合(CIFB)的级联积分器的结构如图 4.26 所示；包含使用具有分布式反馈(CRFB)的级联谐振器的电路如图 4.27 所示；以及包含带前馈耦合(CIFF)的级联积分器或谐振器的结构分别如图 4.28 和图 4.30 所示；这些结构也可用于 ΔΣ DAC 环路。当然，基本元件模块现在是累加器而不是积分器，其中累加器由数字加法器和乘法器实现，而不是如 ADC 环路中的运算放大器、电容器和开关那样。

设计人员仍面临着与模拟环路遇到的一些相同问题(如稳定性问题)以及一些新问题。在找到合适的环路配置和环路阶数，并计算所需的系数时，必须满足噪声整形和信号传输规格，并且需要在所有预期条件下确定稳定性。此外，必须满足最佳动态范围的条件，并避免任何模块的上溢或下溢。最后，应仔细确定所有系数和操作的字长，以便一方面保持信号传输和噪声抑制所需的精度，另一方面满足这些准确性条件下使电路复杂性最小化。

定性地，针对 ADC 环路灵敏度考虑的讨论对于 DAC 环路仍然有效，要注意的是，这里产生的误差是由于系数截断和数字运算的舍入误差(加法和乘法)，而不是元件匹配误差和运算放大器的有限增益效应。因此，系数和舍入误差必须在连接到输入节点的所有信号路径中保持较小，但是随着信号朝向环路的输出传播，它们可以逐渐增加。因此，所需的字长可能随着环路中模块的位置而显著变化。

通过选择仅包含少量项的简单系数也可以节省硬件，每个项均为 2 的整数幂。这可能会稍微改变信号和噪声传递函数，但对 NTF 和 STF 的影响通常很小，并且对于 STF，通常可以通过在环路之前或之后的模块来纠正。与竞争架构相比，第 4 章讨论的低失真架构的信号传递函数往往不易受系数截断的影响。

---

① 对模拟信号而言，分辨率可认为是无穷大。

13.2.2 误差反馈结构

图 13.3 所示的用于单比特环路的结构，虽然对 ADC 环路不实用但对 DAC 却非常有效。这里，不是如第 13.2.1 节中讨论的 ΔΣ 环路中那样反馈保留在输出信号中的 MSB，而是将丢弃的 LSB（表示截断误差 $e[n]$）滤波并反馈回输入。用于滤波 $e[n]$ 的环路滤波器 H_e 现在位于反馈路径中。

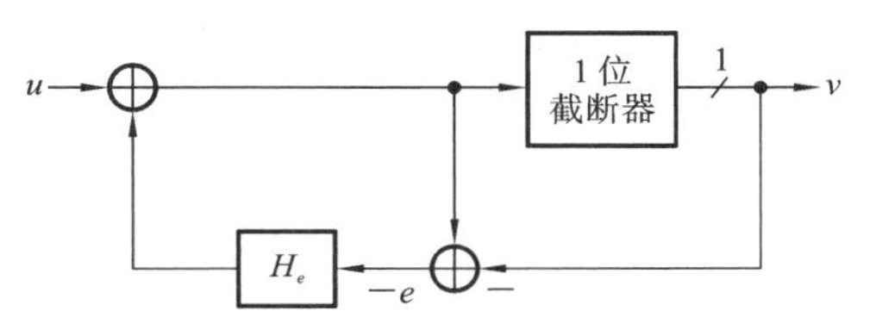

图 13.3 误差反馈结构

在 ADC 环路中，该结构对模拟环路滤波器以及产生 $e[n]$ 所需的模拟减法器的非理想性过于敏感，因为在它们任一个中产生的误差都将直接进入输入端。因此，这种架构从未在 ADC 中使用过。然而，在 H_e 滤波器的数字实现中使用足够的精度，则电路将表现良好。线性分析显示输出由下式(13.1)给出，即

$$V(z)=U(z)+[1-H_e(z)]E(z) \tag{13.1}$$

因此，STF 为 1，NTF 等于 $1-H_e(z)$。

对于低阶环路，通常可以非常简单地实现误差反馈环路。对于一阶环路，$\mathrm{NTF}=1-z^{-1}$，因此 $H_e(z)=z^{-1}$，这意味着它只是一个延迟。对于在 dc 处 NTF 具有双零点的二阶环路，即

$$H_e(z)=1-(1-z^{-1})^2=z^{-1}(2-z^{-1}) \tag{13.2}$$

因此，该环路可以通过两个延迟、一个实现因子 2 的二进制点移位器，以及两个加法器来实现（见图 13.4）。

当然，高阶误差反馈环路也可以很容易地设计，但要考虑稳定性问题。与 ΔΣ 类型环路一样，不稳定性导致量化器的输入信号 $y[n]$（此处为截断器）增长超出数字逻辑的工作范围。根据所使用的算法，这可能只会导致 $y[n]$ 在其最大可能值处饱和，或者可能导致环绕(wraparound)，其中输出 $v[n]$ 在溢出时随着 $y[n]$ 的增加而突然减小。虽然饱和通常是可以接受的，但是环绕会导致很大的误差。因此，必须通过在截断器的输入处的环路中包含数字限制器（见图 13.5）来防止饱和[1]，即在溢出发生之前，限制器应该饱和。

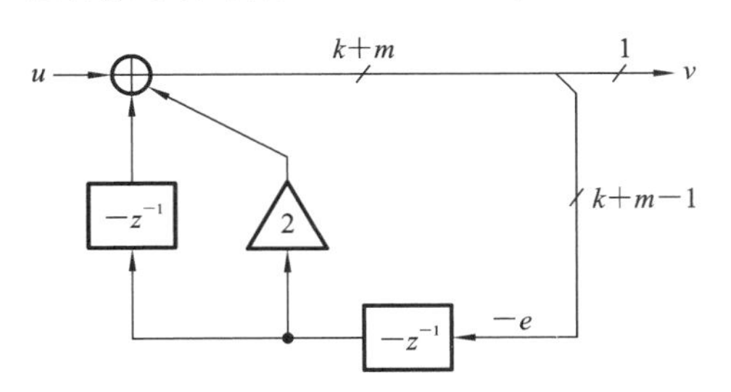

图 13.4 二阶误差反馈噪声整形环路

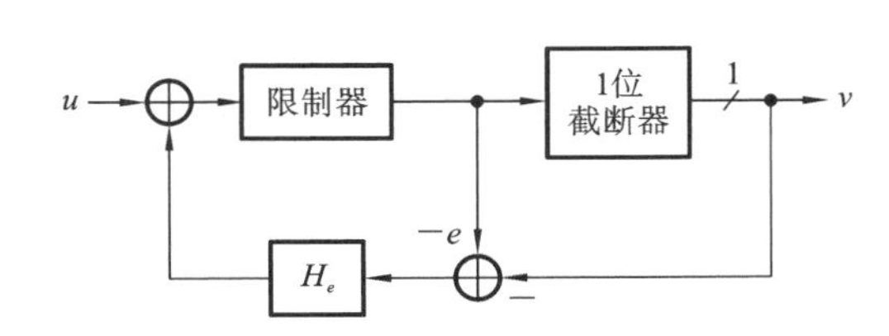

图 13.5 带限制器的误差反馈

13.2.3 级联(MASH)结构

为了实现高阶噪声整形而没有高阶环路设计中固有的稳定性问题，级联结构可用于 ΔΣ DAC 和 ΔΣ ADC[2]（实际上，级联 DAC 在级联 ADC 之前提出）。图 13.6 所示的是一个两级级联 DAC 的架构。在典型结构中，两级都可能包含二阶环路滤波器，从

而得到整体的四阶噪声整形，同时保留二阶环路的鲁棒稳定性。

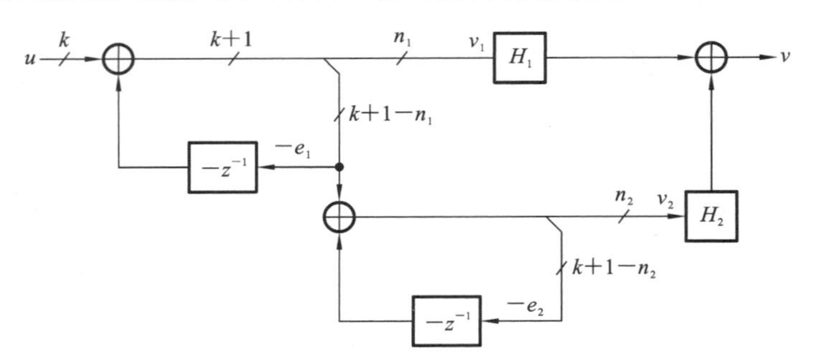

图 13.6　二阶噪声整形环路的级联结构

一个设计问题涉及该结构中内部 DAC 的最佳位置，该问题在 MASH ADC 中不存在，但出现在级联 DAC 中。首先假设图 13.6 所示的结构中的所有信号处理都是数字化的。如 5.2 节的讨论中所解释的，后置滤波器 H_1 通常复制第二级的信号传递函数 STF_2。通常，STF_2 只是单个或多个延迟，因此，H_1 可以容易地以数字方式实现而不增加第一级输出 v_1 的字长 n_1。相反，H_2 通常再现第一级的噪声传递函数，因此，如果以数字方式实现，则增加 v_2 的字长 n_2。数字方式求 $H_1 \cdot V_1$ 与 $H_2 \cdot V_2$ 之和将进一步增加输出字长。因此，这样的结构将产生多位输出 $v[n]$，这导致需要多位、复杂的内部 DAC 来实现精确地转换。

另一种方法是在每级中使用单独的 DAC，并使用模拟电路组合它们的输出，如图 13.7 所示。这种方法允许使用不太复杂的 DAC。由模拟误差引起的两路径增益之间的不匹配将引入第一级截断误差的泄漏，但是不匹配不会影响信号转换的线性，它仅受第一级 DAC 的线性度的限制。

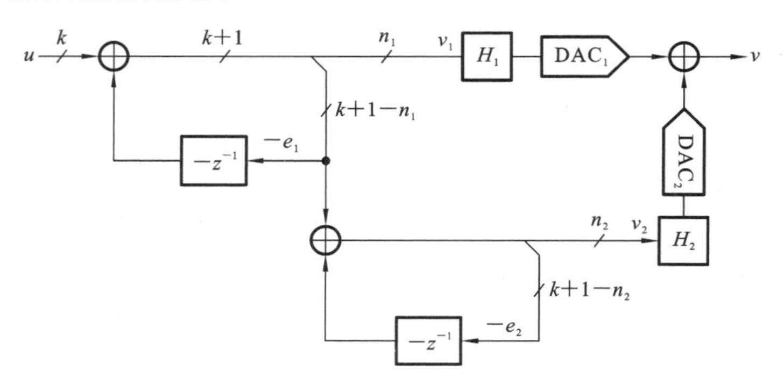

图 13.7　使用模拟重组的级联 DAC

也可以将 DAC_2 置于 H_2 滤波器之前，然后通过模拟电路来实现。这样做有两个好处。首先，DAC_2 的分辨率可以降低，因为它只需要转换 V_2，而不是有更长字长的 $H_2 \cdot V_2$。实际上，对于 $n_1 = n_2 = 1$，两个 DAC 都可以是单比特的。而对于多位 DAC，H_2 现在将对由 DAC_2 的固有非线性引入的噪声以及第二级的截断噪声进行整形。这种改进方案的缺点是，H_2 的模拟实现不能像数字滤波器那样精确地再现数字 NTF_1（但请注意，通过在信号路径中设置串联电容，可以在模拟电路中非常精确地实现任何 H_2 位于直流处的零点）。

另一种选择是将 H_2 模块分成 DAC_2 之前的一个数字级和 DAC_2 之后的一个模拟

级。这样，较大的截断噪声被 NTF_2 和 H_2 完全整形，并且由 DAC_2 误差引起的小得多的噪声将仅由 H_2 的模拟部分整形。该方案将比全模拟 H_2 更准确地实现所需的 NTF_1 复制。

13.3 使用内部多位 DAC 的 ΔΣ DAC

DAC 中使用的数字噪声整形环路的参数比 ADC 中所需的模拟环路的控制精确得多，并且在 ADC 中使用多位量化的一些基本参数（如基于运算放大器压摆率、功耗、非线性和时钟抖动等参数）对 DAC 环路无效。尽管如此，对于多位 DAC，4.1 节中提出的稳定性考虑仍然有效，并且另一个支持多比特操作的原因是：放松了对内部 DAC 之后的模拟平滑滤波器 LPF 的要求。对于单比特 DAC，该滤波器的输入信号是两电平快速转换模拟信号（通常是电压），其大部分功率包含在大的高频量化噪声中。这个快速信号需要通过低通滤波器进行滤波，以便消除几乎所有的高频噪声，这必须在不失真信号甚至带外噪声的情况下完成（扭曲噪声将导致大的噪声频谱从 $f_s/2$ 周围区域向下折叠到信号频段）。此外，由于两电平模拟信号的斜率陡峭，任何时钟抖动都会转换为滤波器输出端的大幅度噪声。总之，在 ΔΣ ADC 的噪声整形环路中出现的由于单比特截断引起的模拟问题在 ΔΣ DAC 中不会消失，只是它们被转移到模拟后置滤波器。

在早期的单比特实现中[3]，为了克服这些难题，平滑滤波器被实现为一个高阶开关电容器（SC）滤波器、一个 SC 缓冲级和一个连续时间后置滤波器的级联组合。它需要相当大的芯片面积和直流功率。为单比特系统付出如此高代价的动机是避免多位内部 DAC 的固有非线性。

近年来，各种技术（双量化、失配误差整形和数字校正）可用于减小 DAC 非线性的影响，因此多位 DAC 结构优于单位 DAC 结构。这些 DAC 线性化方法类似于 ADC 中使用的对应方法，这些方法已在第 6 章中讨论过。在下一节中，我们将研究这些方案。

13.3.1 双截断 DAC 结构

双截断 DAC 的一般原理类似于双截断 ADC：在信号的 D/A 转换中使用单比特截断，在只转换截断误差的情况下使用多比特截断。一个简单的实现，类似于 4.5.1 节的 Leslie-Singh 结构，如图 13.8 所示[4]，信号 $u[n]$ 在噪声整形环路中被简化为单比特数据流，这可以在 1 位 DAC 中线性转换，较大的截断误差 $-e_1$ 被截断为 M 位（$M>1$），并在 M 位内部 DAC 中转换，然后将其滤波并添加到 1 位 DAC 的输出以消除 $e_1[n]$。模拟滤波器 $H_2(z)$ 对 M 位 DAC 的非线性误差 d_M 进行频谱整形，即复制 1 位环路的 NTF 并抑制其带内功率。

如图 13.9 所示，一个更复杂且有效的结构是，在两级中都使用噪声整形环路，第一级中使用 1 位截断，第二级中使用 M 位截断。

图 13.10 所示的是基于此结构的一个三阶 DAC[4] 的实现。在该图中，包含 C_1 的开关电容器支路实现 1 位 DAC，而 C_2，C_3，C_4 及其开关实现模拟滤波器 $H_2(z)$。两个环路都使用误差反馈；第一个环路有一个二阶环路滤波器，其极点在 $z=0.5$ 处，以提高稳定性；而第二个环路使用一个简单的一阶滤波器。

也可以实现一个单级双截断 DAC（见图 13.11）。这类似于 Hairapetian ADC 结

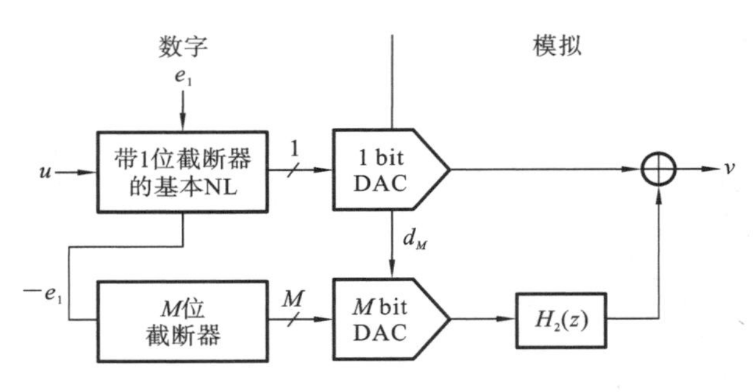

图 13.8　一个双截断 DAC 系统

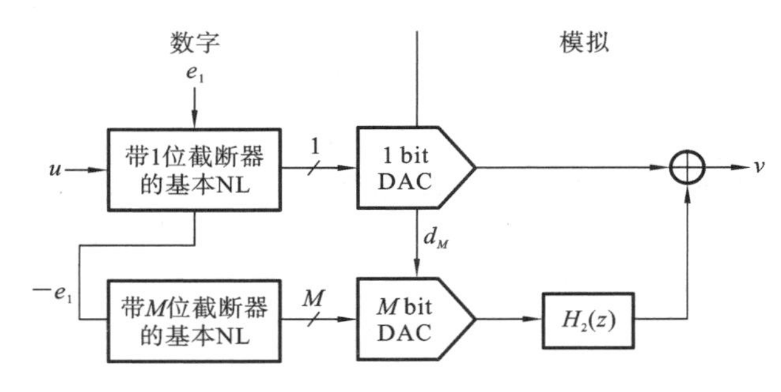

图 13.9　一个双截断 MASH 结构

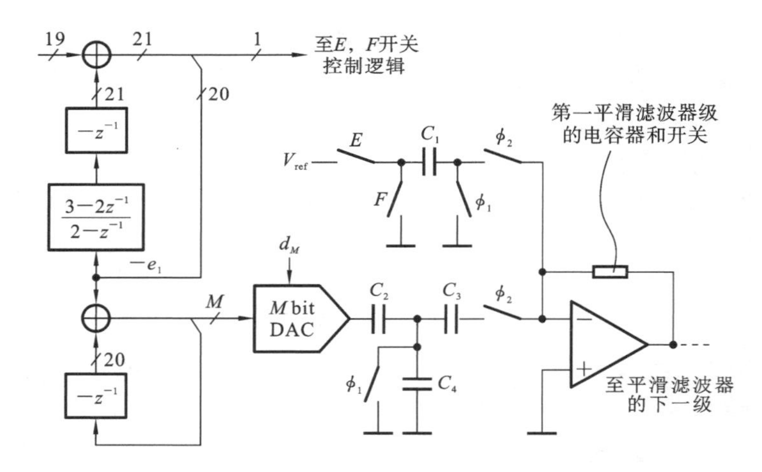

图 13.10　一个三阶双截断 MASH 噪声整形级

构[5]。单比特输出馈送到 1 比特 DAC，并且还反馈到级联积分器中除最后一级之外的所有部分。还生成 M 位输出，它在一个多位 DAC 中被转换，并且也进入最后一个积分器。此结构中的输入信号由 1 位 DAC 以潜在线性方式转换，而 M 位电路用于消除输出 $v[n]$中的较大的 1 位截断误差，并将其替换为较小的 M 位误差，由模拟滤波器 H_4 和 H_5 组成的误差消除逻辑执行该操作。这些滤波器的增益不匹配将消除衰减 1 位截断误差并降低 SNR，且不会引入非线性信号失真。

13.3.2　带失配误差整形的多位 ΔΣ DAC

如前所述，第 6 章讨论的失配误差整形技术（如数据加权平均、单个电平平均、基于矢量的失配整形、树结构元素选择等）仍然适用于多位 D/A 转换器中的内部 DAC。然

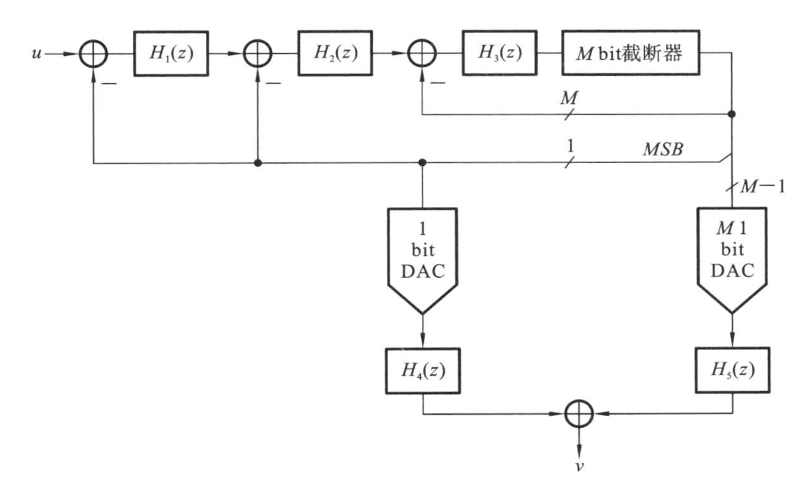

图 13.11 一个单级双截断 D/A 环路

而，ΔΣ DAC 需要考虑新的可能性和权衡因素。

在多位 ΔΣ ADC 中，输出中使用的位数 N 通常限制其最大值为 4，因为对于 $N=5$，内部 ADC 需要 32 个具有相关电路的比较器，这会造成需要大量的电源功率和芯片面积的使用。对于 N 在 2 到 4 之间，DAC 本身的复杂性以及实现必要的失配整形的数字电路的复杂性都相对较低，并且不需要特殊的方案来简化它们。

相反，在多位 ΔΣ DAC 中，不需要内部 ADC，因此，可以选择 N 的值高于 4。然而，由于 DAC 及其误差校正电路的复杂性随 N 呈指数增长，因此它们可能需要太多的芯片面积和偏置(bias)功率。我们可以使用 2^N 作为复杂度指数，通常，对于 $N>4$，其值将会很高。接下来，我们将基于二阶 6 位 ΔΣ DAC 来讨论该问题及其解决方案。

在 DAC 输入信号中具有太多位(此处为 6 位)的明显解决方案是使用分段，即将 6 位输入数据流分成两个 3 位段：MSB 信号段和 LSB 信号段。然后可以将这两个段分别编码为温度计编码的字，进行加扰，并转换为模拟信号(见图 13.12)。

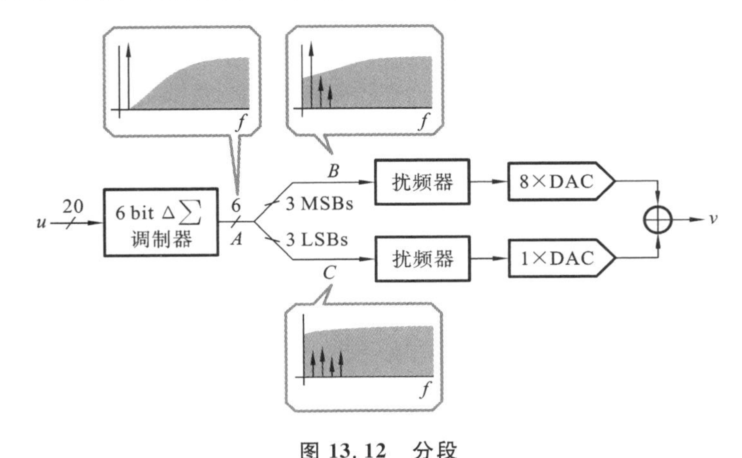

图 13.12 分段

整体输出信号由两个模拟输出的加权和提供。该系统的有效复杂度指数为 $2\cdot 2^3=16$，是直接实现 6 位 DAC($2^6=64$)的四分之一。

这种方法的问题在于，MSB 和 LSB 段都包含较大的失真分量，如果两个分量完全重新组合，理想情况下会取消失真分量，其中权重因子 8 是缩放 MSB 模拟输出所需的。但是，如果该因子不准确，则 MSB 和 LSB 输出中包含的未滤波量化噪声和失真分量将不会完全取消，它将显著降低线性度和 SNR 性能。即使两个路径中的加扰器都使用失配整形，也会发生这种劣化，因为噪声已经包含在加扰器的输入 B 和 C 中，而不是由内部 DAC 产生。

一种克服这种精度问题的方法如图 13.13 所示[6]。一个额外的一阶 ΔΣ 环路与主调制器级联，它将 6 位输入 A 的字长压缩为 4 位。其中用 H_1 表示 MOD1 的 NTF，用 E_1 表示其量化误差，两个分段信号则分别是一阶环路的 4 比特输出 $B=A+H_1E_1$ 和 $C=-H_1E_1$（它是整形后 3 比特量化误差的负值）。通过从输出 B 中减去 MOD1 的输入 A 来产生 C。B 和 C 通过温度计编码、扰码和 D/A 转换，然后进行相加，当 C 是温度计编码时，对 B 使用比例因子 4 来补偿二进制点的移位。理想情况下，模拟输出因此是 $B+C=A$，复杂性指数为 $2^4+2^3=24$，仍远低于未分段系统的值 $2^6=64$。

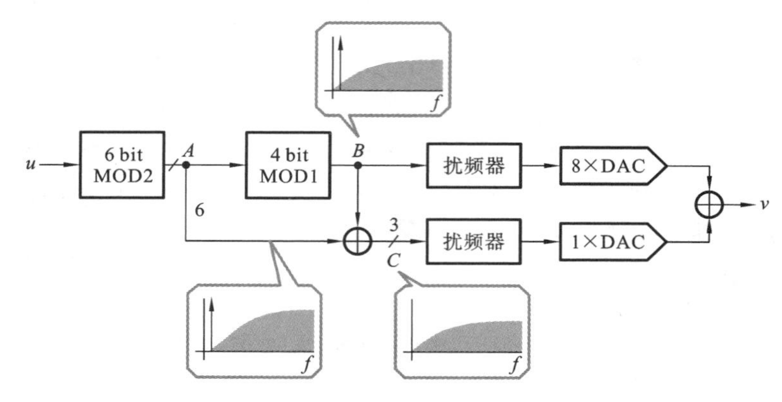

图 13.13　噪声分段

在图 13.13 所示的系统中，B 和 C 都是噪声整形信号，因此，如果模拟比例因子 4 中存在误差，那么 C 没有被完全消除，产生的输出误差将只是一些额外的整形噪声。对于足够高的过采样率(如 128)，1%DAC 元件匹配误差仍将允许 110 dB SNR[6]。

ΔΣ DAC 的另一种分段方案如图 13.14 所示[7]。这里，输入数据流的 L LSB 通过一个误差反馈噪声整形环路压缩为较短(B 位，$B<L$)字，并馈送到一个数字加法器中。相反，M MSB 直接输入进加法器。由于加法是数字的，因此可以高度精确。对于 6 位输入，4 位 LSB 可以压缩成 2 位，并与 2 位 MSB 组合形成一个 4 位 DAC 电路。对于足够大的 OSR，精度可以令人满意(请注意，该系统只是一阶调制器，它不会像图13.13所

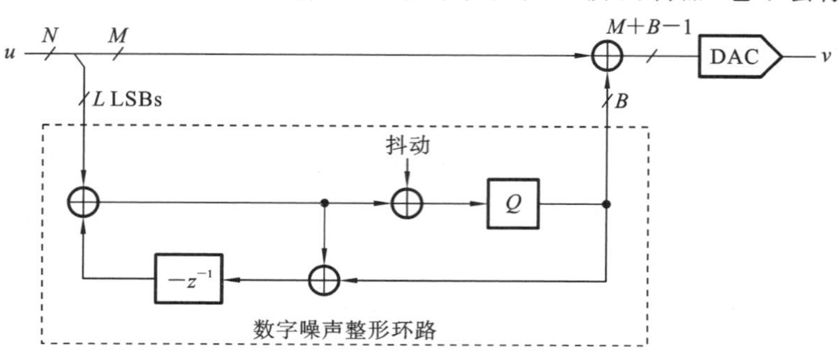

图 13.14　一种带有抖动的硬件缩减一阶调制器

示的系统那样将数据拆分为 MSB 流加上噪声整形 LSB 流)。

13.3.3 多位 ΔΣ DAC 的数字校正

如第 6.1 节所述,多位 ΔΣ DAC 可以随时进行上电校准。校准方案的框图如图 13.15 所示。

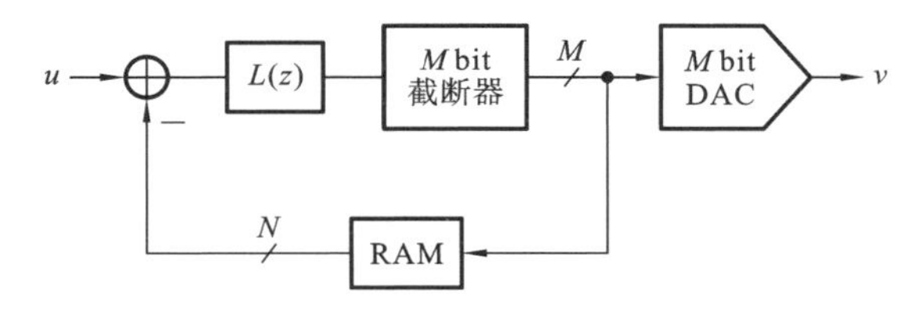

图 13.15 一个经过数字校正的 M 位 DAC

RAM 存储所有可能输入代码的 DAC 的实际模拟输出的数字等价物。反馈环路迫使 RAM 输出的带内频谱分量跟随数字输入 $u[n]$,由于 RAM 和 DAC 的输入相同,DAC 的输出跟随 RAM 的输出。总之,DAC 输出信号的带内部分将是输入信号 $u[n]$ 的模拟版本。

如第 6.1 节所述,校准(即在 RAM 中存储适当的数字)可以在上电时使用一个辅助的 1 位 ΔΣ ADC 执行(见图 13.16)。在校准过程中,一个数字计数器依次产生 DAC 的所有输入代码。对于 M 位 DAC,计数器将计数到 2^M。来自计数器的每个代码在 DAC 输入端保持至少 2^N 个时钟周期,其中 N 是所需的 DAC 线性度(以位为单位)。ADC 将 DAC 输出转换为 1 位数据流,其直流平均值与 DAC 输出呈线性关系。一个数字低通滤波器可以恢复这个直流值,然后将其存储在 RAM 的计数器输出给出的地址中。

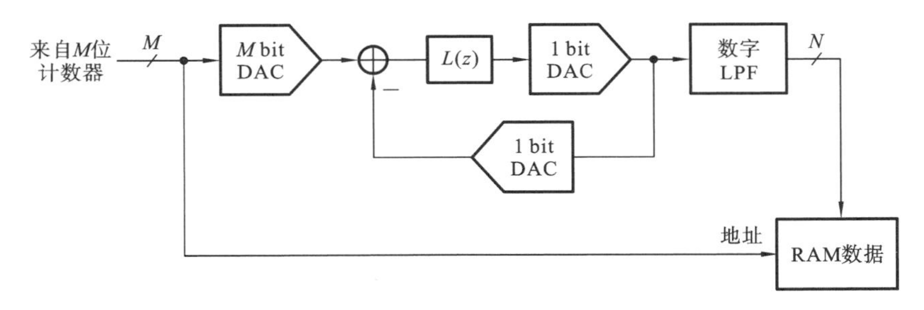

图 13.16 数字校正的校准方案

也可以进行背景校准。在为电流开关 DAC 实现的经典方案[9]中,DAC 包含的单位电流源比转换所需的多两个。其中一个用作参考源。在每个时钟周期中,选择一个新的单位源进行校准,并将参考电流复制到其中,而其余的电流源执行数据转换。因此,通过以旋转模式选择校准源,可以在每 2^M 个时钟周期中重新校准每个源。

在文献[10]中描述了电流模 DAC 的另一种背景校准方案。在这里,我们使用一个辅助 DAC 和一个 1 位 ΔΣ ADC,根据参考源测量和调整电流源。

在文献[11]中描述了一种基于电荷的校准方案,其原理类似于文献[9],但适用于开关电容 DACs。在这里,每个单元元素使用一个可变的参考电压,依次调整单元元素电容器传递的电荷,直到所有电荷与一个固定参考电荷匹配。该方案还需要额外的单元元素。

13.3.4 单比特和多比特 ΔΣ DAC 的比较

带有单比特或多比特内部截断的单级 ΔΣ DAC 的比较表明，两种方案的相对优势如下。

单比特截断可以使用更简单的内部 DAC 结构，无须温度计编码、单元元素和数字失配整形逻辑。

多比特截断可以获得几个优点，包括：

(1) 更简单的数字噪声整形循环，因为可以使用更激进的 NTF，而且截断噪声减少了至少 N-1 位；

(2) 较少(或没有)抖动，因为不太可能产生音调，并且因为通常抖动的幅度约为 1/2 LSB，这在多比特量化器中较小；

(3) 更简单的模拟平滑滤波器，因为 DAC 输出中的转换(slewing)和带外噪声都会降低。此外，由于 DAC 输出信号中的步长较小，因此降低了对时钟抖动的敏感度。

通常，多位截断的优点超过单位截断的优点，因此，最好设计具有多位内部 DAC 的 ΔΣ DAC。

作为说明，文献[3]描述了一个使用单比特内部截断的音频 ΔΣ DAC，而文献[8]讨论了一个具有可比性能的 5 bit DAC。1 位 DAC 需要一个五阶噪声整形环路；而 5 位 DAC 仅需要一个三阶环路。1 位 DAC 使用一个包含一个四阶开关电容(SC)滤波器的模拟平滑滤波器，然后接一个 SC 缓冲级和一个二阶连续时间有源滤波器。相比之下，在这个 5 位系统中，SC 模拟滤波器与 DAC 本身有效合并，无须额外的运算放大器。然而，在这个 5 位 DAC 中应用的失配整形需要相当精细的数字电路。

13.4 ΔΣ DAC 的插值滤波

在噪声整形环路(见图 13.1)之前，数字插值滤波器(IF)的有效实现通常需要一个多级结构。接下来将讨论一个典型的体系结构和各个滤波器级的作用。我们使用一个经典 18 位音频 DAC[3]的 IF 作为例子。该 DAC 的框图如图 13.17 所示，IF 的结构如图 13.18 所示。

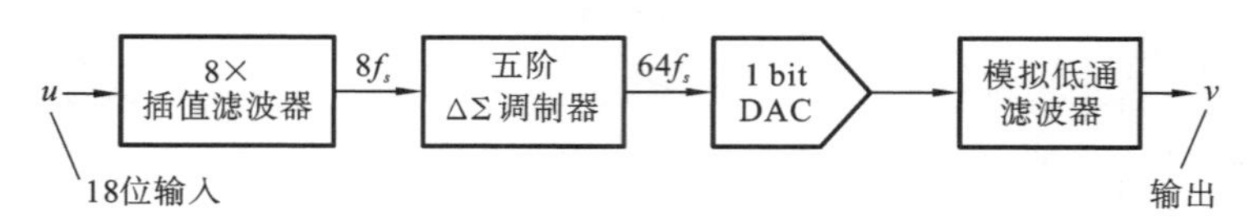

图 13.17 一个 18 位 D/A 转换器架构

该 IF 包含三个级联的有限脉冲响应(FIR)滤波器级，后接一个数字采样-保持寄存器(在文献[8]中讨论的最近的音频 DAC 中实现了类似的 DAC IF)。图 13.19 所示的是各个 IF 级的输入处和输出处以及 DAC 的最终输出处的信号频谱。

如第 13.1 节中所述，IF 的目的是利用增加的时钟频率，并抑制在基带与 $f_s/2$ 之间出现的信号频谱的所有不必要的镜像。这将提高噪声整形的动态范围，并降低模拟输

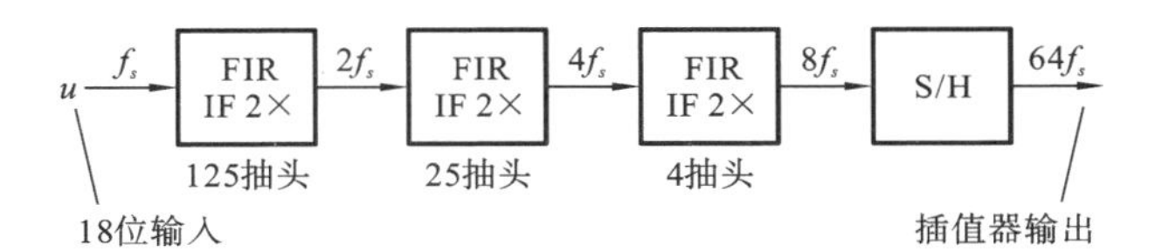

图 13.18 插值滤波器架构

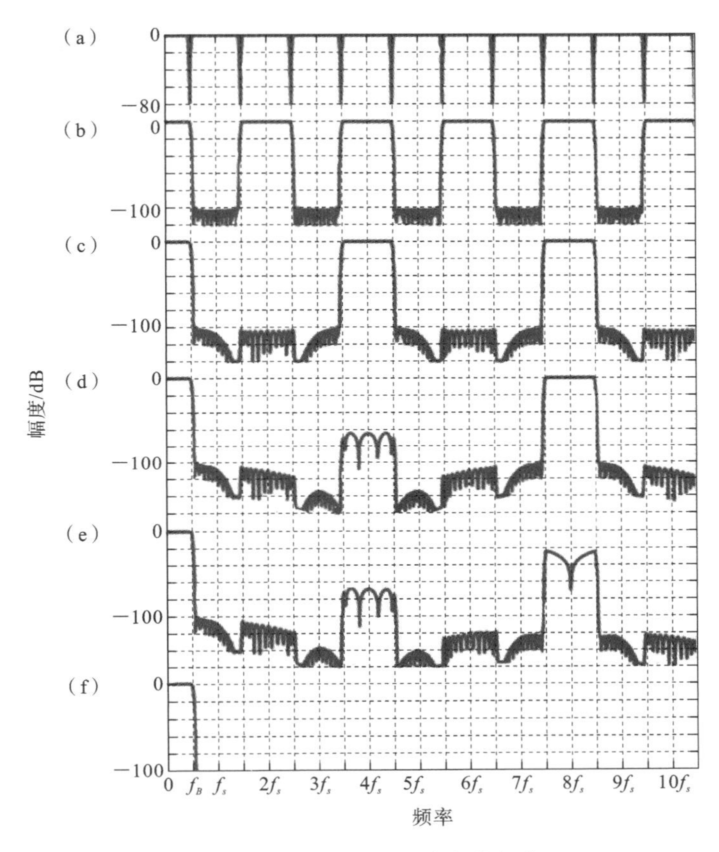

图 13.19 ΔΣ DAC 系统内的频谱

出滤波器的选择性和线性度要求。正如在 13.1 节中也提到的，不必完全擦除不需要的边带，因为无论如何在噪声整形环路 NL 中都会引入截断噪声。

原则上，可以立即将采样频率提高到 OSR · f_s，然后以这个提高的时钟速率执行所有滤波。然而，这将要求所有数字电路以高速运行，因此会消耗不必要的大量功率。它还会产生更多的数字方面的活动，从而产生更多的数字噪声。所以，最好是并行增加时钟频率和滤波，这是因为大部分信号处理都在较低的时钟速率下进行。

滤波器的第一级工作速率为 $2f_s$（见图 13.18），用于抑制奇数阶镜像。因此，它移除了基带的第一阶镜像（假设从 f_B 延伸到 $3f_B$）以及 $5f_B$ 到 $7f_B$ 之间的第三阶镜像，依此类推。该操作如图 13.19(a)和(b)所示，其中第一条曲线显示奈奎斯特采样输入信号的频谱，第二条曲线显示第一级输出的期望频谱。请注意，此级的要求非常苛刻：它需要在 0 到 f_B 频率范围内具有极小（约 0.001 dB）增益变化的平坦通带，并且需要非常陡的截止以抑制相邻的非常接近的镜像。在讨论的滤波器[3]中，该级由 125 抽头半带 FIR 滤波器实现（半带滤波器是 FIR 结构，允许每两个抽头中前面一个抽头权重为零，因此非常经济。然而，半带滤波器只能实现在 $f_s/4$ 附近具有斜对称性的频响，如图 13.20 所示。因此，通带和阻带限制频率必须对称地定位，并且两个频段中的纹波必须相同。这些限制通常在乘 2 插值滤波器中是可接受的)。

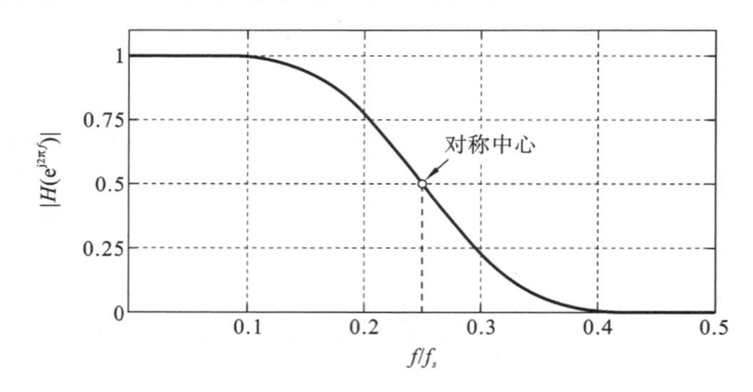

图 13.20　半带滤波器的频率响应

IF 的第二级工作具有 $4f_s$ 的时钟频率。它的任务是移除 $3f_B$ 和 $5f_B$，$5f_B$ 和 $7f_B$ 之间的镜像，依此类推，如图 13.19(c)所示。它的截止值需要比第一级的截止值小得多。在文献[3]描述的系统中，该任务需要 24 抽头半带 FIR 滤波器，其中第三级是一个 4 抽头半带 FIR 滤波器且工作在 $4f_s$ 频率下，它减少了剩余镜像的第一个、第三个等(见图 13.19(d))。

最后，通过简单地将采样率提高到 $64f_s$，并且将第三个 IF 级的每个输出样本重复 8 次来实现数字采样和保持操作。该 S/H 操作引入了一个 sinc 函数，该函数在 $8f_s$，$16f_s$，$24f_s$，…处具有零点，因此在不增加成本的情况下对滤波略有贡献，如图 13.19(e)所示。因此，最终的 OSR 是 64。

请注意，该 IF 设计是为了在刚刚超过信号频带上方提供大部分噪声抑制，其中 DAC 后面的模拟滤波器在消除噪声方面最困难。在 IF 之后的噪声整形环路 NL 中，一些截断噪声被添加到残余的带外噪声中(图 13.19 中未示出)。理想情况下，在 DAC 输出端精确地再现所得到的频谱，最后通过模拟 LPF 消除所有噪声，得到如图 13.19(f)所示的输出频谱。用于 IF 中数据的字长是 18 位，常系数采用 19 位精度。总截断噪声比满量程正弦波信号功率低 107 dB，与 18 位的性能基本一致。

请注意，FIR 滤波器常用于 ΔΣ 系统中，因为这些滤波器可以具有完全平坦的群延迟，并且还因为所需的硬件可以以输入和输出数据速率的较低值进行时钟控制。IIR 滤波器不太常见，但它们具有能够在给定硬件复杂度下提供更大阻带衰减的优点。

13.5　ΔΣ DAC 的模拟后置滤波器

如前所述，ΔΣ DAC 后置滤波器的设计可能会出现模拟电路的困难问题。如图 13.19 所示，该滤波器需要去除内部 DAC 输出信号的所有带外部分，并且在此过程中不得将明显的非线性失真引入信号。对于单比特 DAC 来说，由于较大的两电平模拟信号进入后置滤波器，因此，这项任务尤其困难。

根据应用，后置滤波器也可能需要提供精确或近似线性的相位特性。或者，它可以设计成具有轻度非线性相位，但在数字插值滤波器中对相位误差进行补偿。

在后文中，将分别讨论单比特和多比特 DAC 的后置滤波器设计问题，并用商业芯片的例子进行说明。

13.5.1 单比特 ΔΣ DAC 中的模拟后置滤波器

图 13.21 所示的是一个单比特 DAC 典型后置滤波器的框图，接下来将解释各模块的功能。如上所述，单比特 DAC 中的后置滤波器的输入信号 $x(t)$是较大的两电平信号。$x(t)$的最小摆幅受到带内分量(即有用信号)需求远大于滤波器本身引入的热噪声和其他噪声的条件的限制，这需要很大的振幅，因为 DAC 输出信号中的大部分功率是带外的。因此，如果将该信号输入到传统的有源滤波器中，则有源部件(运算放大器或跨导放大器)将需要夸张的高压摆率以避免产生谐波失真的摆率限制操作。

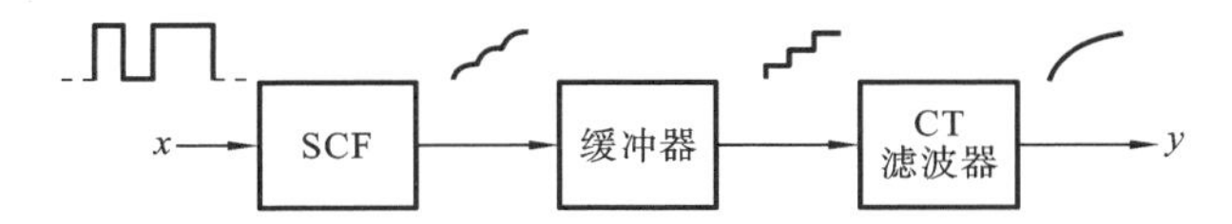

图 13.21　1 位 ΔΣ DAC 和相关信号的后置滤波器

更微妙的线性问题是由于压摆率受限的斜率和 $x(t)$本身波形的不完美对称性，因为它是由不完美的内部 DAC 产生的。此外，波形的确切形状可能取决于先前的值。因此，虽然 $x(t)$的周期性样本 $x(nT)$可以正确地、线性地再现有用信号，但是连续时间 $x(t)$的傅里叶变换通常将包含谐波。

为了缓解这两个问题，通常使用开关电容滤波器(SCF)级作为后置滤波器的输入级。具有采样数据输入和输出的 SCF 仅需要 $x(t)$的样本 $x(nT)$作为其输入信号，并且它可以从信号中去除大部分高频功率(从而减小其步长)，而无须高运算放大器压摆率。一旦波形的步长足够小，使得其线性连续时间(CT)处理所需的压摆率(slew rate)可接受地低，则可以通过一个 CT 有源滤波器对其进行滤波。

要了解 CT 滤波器和 SC 滤波器的压摆率要求之间的基本差异，请考虑图 13.22 中所示的 SC 积分器。在相 ϕ_1 期间，输入电压 $x(t)$对 C_1 充电；在第 n 个时钟相 ϕ_1 结束时，对于设计合理的开关，该电荷将非常精确地等于 $C_1 \cdot x[nT]$。同时，C_3 采样运算放大器的输出电压 $y(t)$，当 ϕ_2 变高时，该电压突然改变，如图 13.22(b)所示，它经历了大信号转换(slewing)和小信号建立(setting)过程，在 ϕ_1 期间继续建立。对于设计合理的运算放大器和开关，最终值 $y(nT)$将非常接近理论值 $y(nT-T)+(C_1/C_2)x(nT-T)$，C_3 中的电荷将非常接近到 $C_3 \cdot y(nT)$。因此，采样信号处理基本上不受运算放大器的转换和(可能非线性)建立所引入的非线性效应的影响。所以，其压摆率不需要很高，只要足够高到允许在分配的时间内准确地建立 $y(t)$即可，这使得 SCF 特别适合当前的任务。

由于 ΔΣ DAC 中 SC 滤波器的信噪比必须很高，因此它对内部噪声源的敏感性是一个重要的设计因素。这可能导致为 SCF 选择非常规的体系结构。通常使用的配置是一个级联的双二阶滤波器，它具有较差的噪声增益特性。图 13.23(a)所示的是这种滤波器的噪声源 n_{ij}。显然，n_{11}的输出增益与输入增益相同。当 n_{12}被引回到输入时，其功率除以$|I_{11}|^2$，其中 I_{11}是第一积分器的传递函数。这种划分相当于对噪声进行微分(高通滤波)，从而降低了 n_{12}引入的带内噪声。

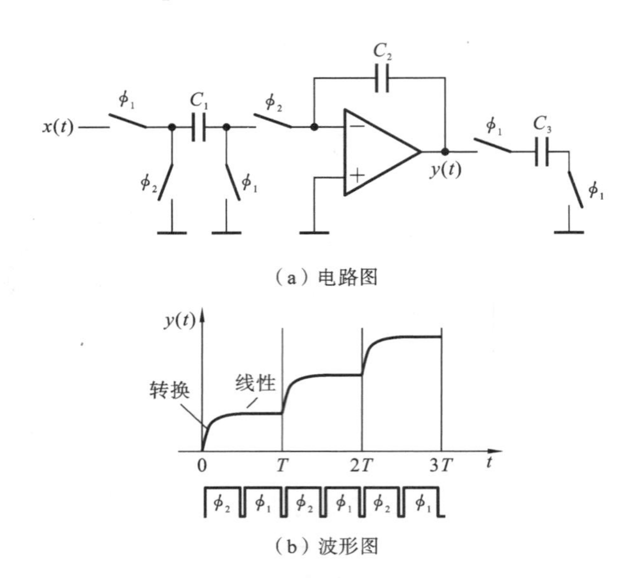

（a）电路图

（b）波形图

图 13.22　SC 积分器

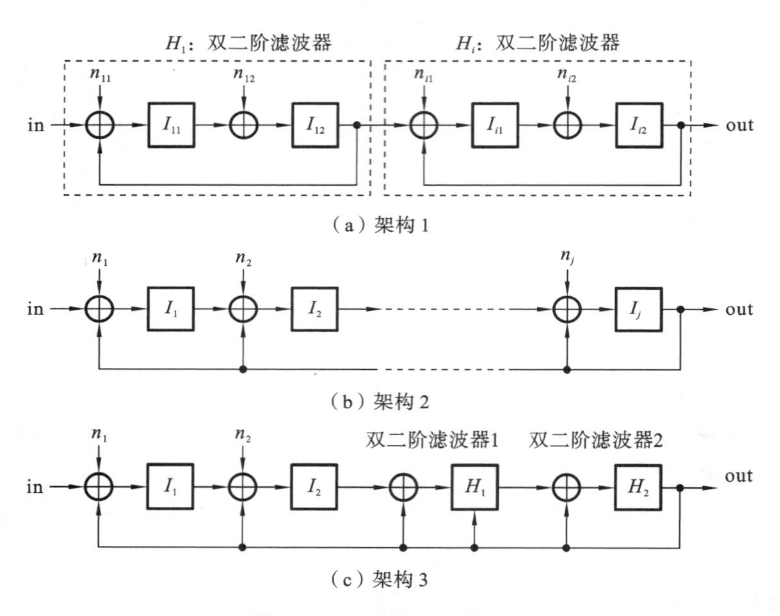

（a）架构 1

（b）架构 2

（c）架构 3

图 13.23　重构滤波器架构

现在考虑第 i 个双二阶滤波器的第一个噪声源 n_{i1}。当它被引回到输入时，其功率除以因子 $|H_1H_2\cdots H_{i-1}|^2$，其中 H_k 是第 k 个双二阶滤波器的传递函数。缩放其动态范围导致 $|H_1H_2\cdots H_{i-1}|\leqslant 1$，因此当 n_{i1} 被引回输入时，其带内功率没有降低。n_{i2} 的功率增益是 n_{i1} 的 $1/|I_{11}|$ 倍，因此它是一阶噪声整形的。总之，对于较高的过采样率，输入参考噪声功率是 SCF 中所有双二阶滤波器的未整形输入噪声功率的加权和（加权因子大于或等于 1），这显然是一种不理想的情况。

相反，考虑图 7.23(b)和(c)所示的结构。对第一个结构（有时称为“反向跟随 -引导(inverse follow-the-leader)”结构）的简单分析表明，将噪声源 n_j 引入输入端相当于将其噪声功率乘以 $1/|I_1I_2\cdots I_{j-1}|^2$。因此，所有噪声源（$n_1$ 除外）都被整形，对于高

OSR,噪声主要由 n_1 控制,所有其他源对带内噪声功率的贡献可忽略不计。

对于图 13.23(c)的结构,分析表明 n_1 仍未被整形,n_2 被一阶整形,所有其他噪声源均被二阶或三阶整形抑制。因此,n_1 再次主导了总体噪声,且具有非常好的噪声性能(请注意它与图 13.23(a)的结构类似,但与图 13.23(b)不同,图 13.23(c)允许实现有限传输零点,这提高了它的选择性能力)。

总之,在高精度 DAC 中,图 13.23(b)和(c)的架构可能优于图 13.23(a)的架构,或其他常用的 SCF 结构(请注意,我们的讨论忽略了各种配置对元件值变化的不同敏感性,在目前情况下,这通常不那么重要,因为变化往往很小,而且精确的响应不是关键因素)。

图 13.24～图 13.27 比较了实现相同传递函数的两个贝塞尔 SCF 的实现和噪声整形特性[12]。图 13.24 所示的是双二阶实现的四阶贝塞尔滤波器,图 13.25 所示的是从源到输出的噪声传递函数。图 13.26 和图 13.27 所示的是用反向跟随引导拓扑实现的四阶贝塞尔滤波器。图 13.27 中曲线证明了后一种结构的优异噪声整形特性。

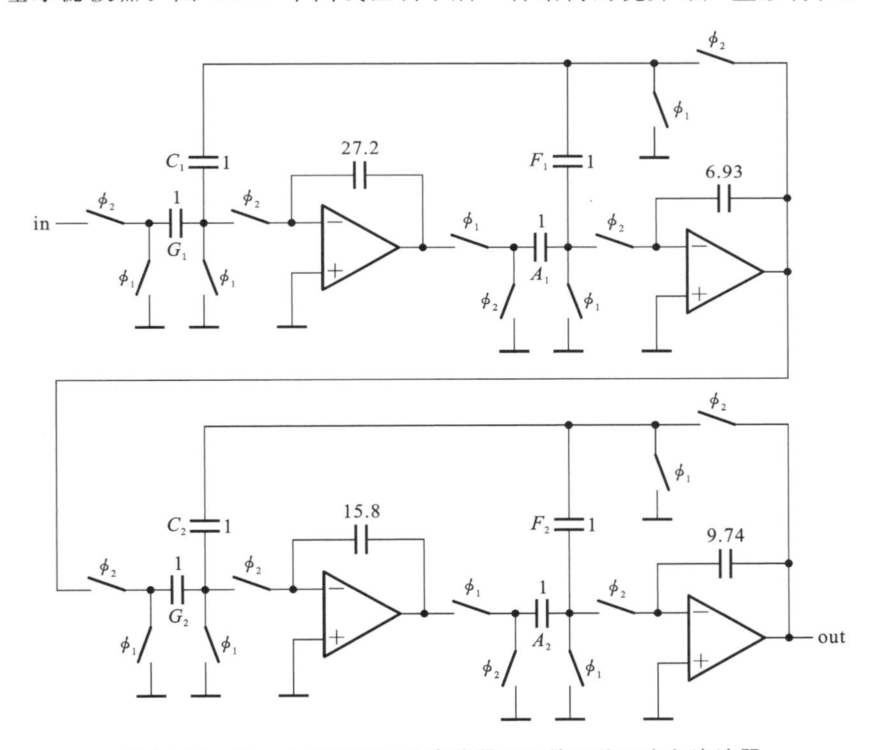

图 13.24　用一个级联双二阶滤波器实现的四阶贝塞尔滤波器

经过充分滤波后,SCF 波形的阶跃可以大大减小。然而,波形仍然会表现出代表非线性失真的运算放大器引起的瞬态。因此,必须使用由 SCF 输出的样本 $y(nT)$驱动的缓冲级,并且提供没有这种瞬变的波形。这可以通过使用直接电荷转移(direct-charge-transfer,DCT)级[13]来实现。一个低通 DCT 级如图 13.28(a)所示,它在 ϕ_1 结束时对输入信号 $x(t)$进行采样,并将其存储在 C_1 上。随着 ϕ_2 变高,C_1 通过 C_2 交换,两个电容器共享电荷(见图 13.28(b))。由于此时并联组合的左端是浮动的,因此在电荷转移期间没有外部电荷进入该支路,特别是,运算放大器不需要促进高脉冲电流的流动。因此,该瞬态由一个简单的一阶微分方程控制,只有开关导通电阻和电容 C_1+C_2 确定时间常数。这样,可以获得快速且干净的瞬态,它不会表现出运算放大器通常会表

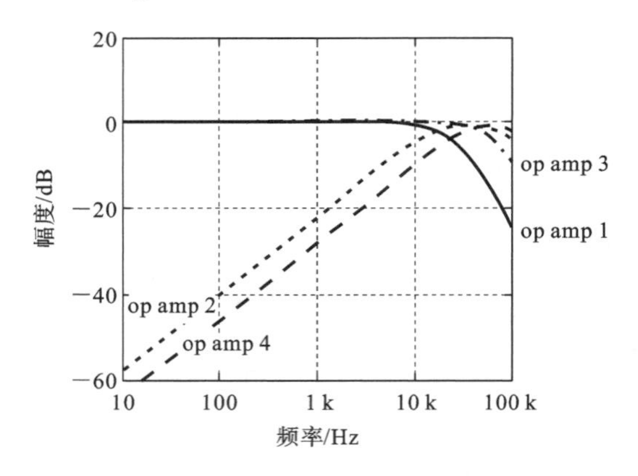

图 13.25 图 13.24 电路中每个运算放大器输入到输出的噪声增益

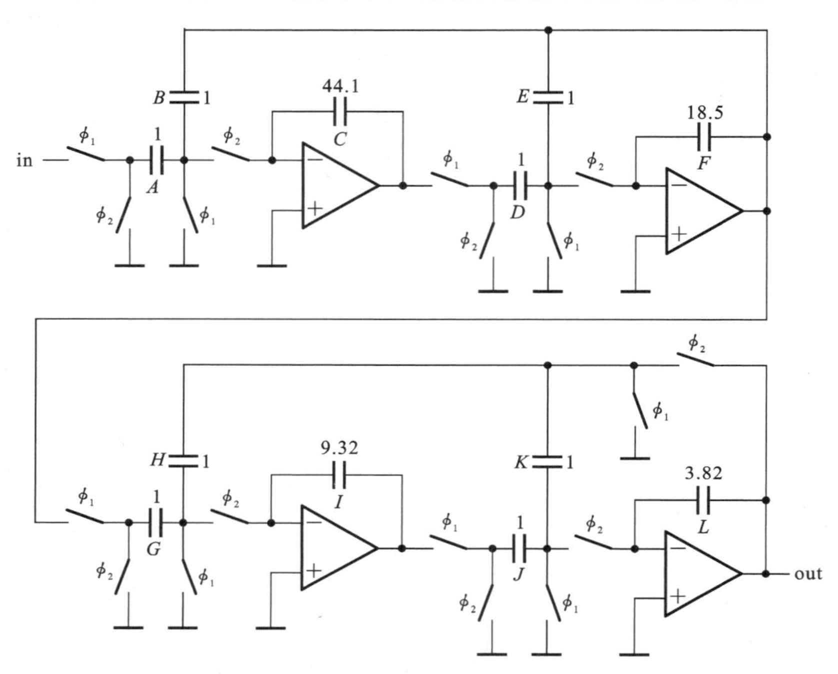

图 13.26 使用反向跟随引导拓扑实现的四阶贝塞尔滤波器

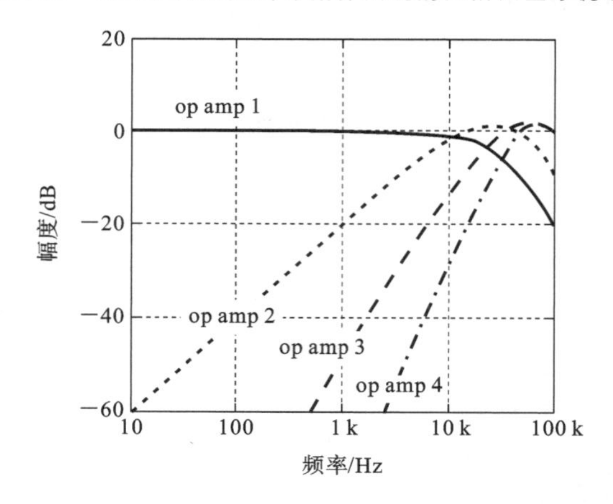

图 13.27 每个运算放大器输入到图 13.26 电路输出的噪声增益

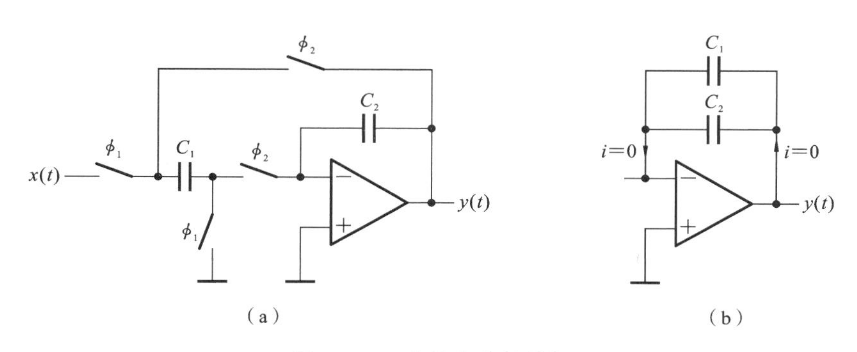

图 13.28 直接电荷转移级

现出的转换和非线性建立行为。

缓冲级的输出现在可以输入到 CT 滤波器，该滤波器需要消除 f_B 以上的剩余噪声。通常，它是二阶或三阶有源 RC 电路，常使用 Sallen-Key 配置[14]。

13.5.2 多位 Delta-Sigma DAC 中的模拟后置滤波

对于多位 ΔΣ DAC，后置滤波器的任务以及设计更容易执行。由于步长较小，带外噪声功率降低，剩余功率随截断后保留的比特数 N 呈指数下降。因此，SCF 中的相应简化在很大程度上也取决于 N。

我们用两个示例来说明多位 DAC 的后置滤波器的设计。第一个例子[8]，在截断中使用 $N\approx5$(31 个电平)，一个单 SC 级(见图 13.29)用于执行内部 DAC 和 SCF 的功能，由于它是直接电荷转移电路，因此不需要额外的 SC 到 CT 缓冲级。因此，DAC、SCF 和缓冲器功能(单比特 DAC 需要 5～6 个运算放大器)全部由一个 5 位系统的单个运算

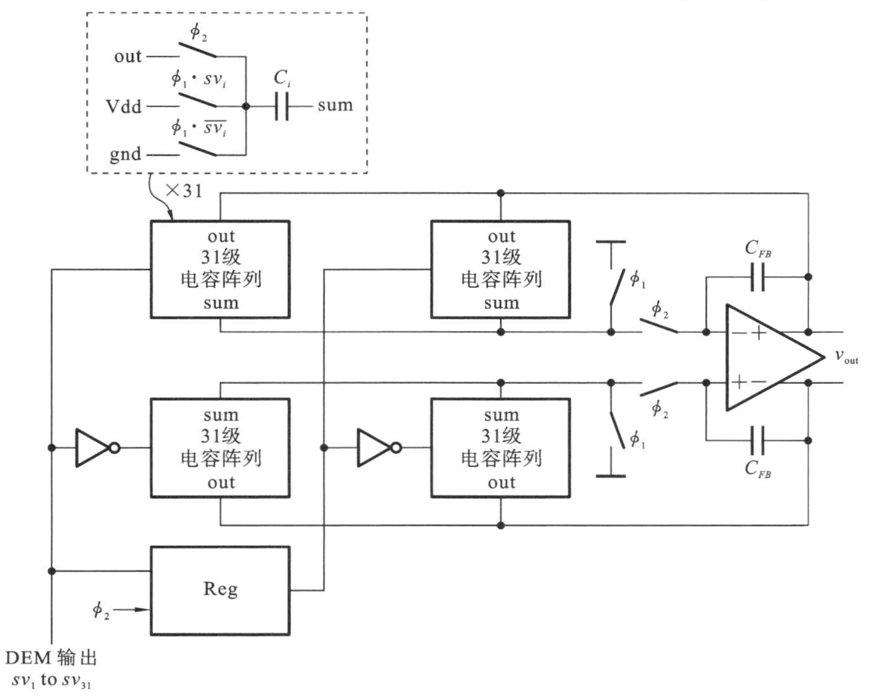

图 13.29 多比特 ΔΣ DAC 的 DAC，DCT 和滤波器组合

放大器执行。在图 13.29 的电路中，DAC 操作在 ϕ_1 期间执行，其方法是将四个电容器阵列中的 4×31 个小电容器中的一些预充电到 Vdd，并对其他电容器放电。通过复制电容器阵列，并用延迟的数字信号驱动二级阵列，实现了一阶（2 抽头）FIR 滤波器功能。在 ϕ_2 期间，所有电容器在 DCT 操作中与反馈电容器 C_{FB} 并联连接。因此，数字输入和输出信号的样本之间的总传递函数，用满量程输出归一化后为

$$H(z)=\frac{1}{2}\left(\frac{1+z^{-1}}{1+r-rz^{-1}}\right) \tag{13.3}$$

其中

$$r=\frac{C_{FB}}{2(C_1+C_2+\cdots+C_{31})} \tag{13.4}$$

这个简单的一阶 FIR 滤波器足以准备用于 CT 滤波的信号，由 Sallen-Key 滤波器在片外执行。

文献[15]中描述的另一个 ΔΣ DAC，使用 13 级（$N\approx3.7$ 位）截断。它的 SCF 是三阶切比雪夫滤波器，它在图 13.30 所示的是单端电路（实际实现的是完全差分）。通过对输入阵列 C_{in} 中的 12 个电容器充电或放电，在 ϕ_1 期间执行 DAC 动作；在 ϕ_2 期间，电路被配置为三阶反向跟随引导 SC 滤波器，其中由 C_{in} 在 ϕ_1 期间获取的电荷充当其输入信号。一个简单的一阶有源 RC 级用于执行 CT 滤波和差分到单端转换。

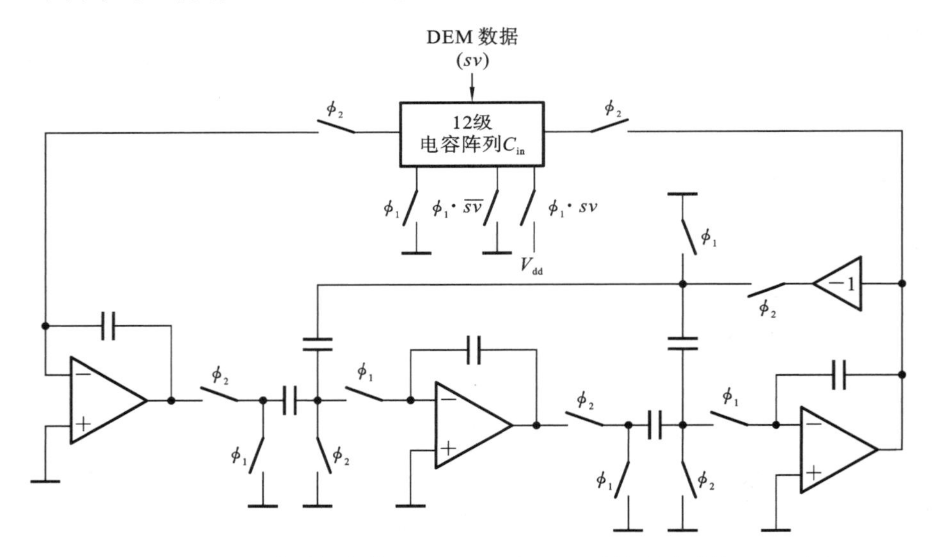

图 13.30　另一个具有合并 DAC、DCT 和 SCF 滤波器功能的 ΔΣ DAC

13.6　总结

在本章关于 ΔΣ DAC 的设计中，首先讨论了 ΔΣ DAC 的基本原理和基本架构，然后描述了可用于实现其噪声整形环路的各种结构。由于全数字环路可实现高精度，因此 ΔΣ DAC 中存在一些新颖的环路架构（不适用于 ADC 环路），本章对这些进行了介绍，并介绍了 DAC 专用的传统 MASH 结构的一些变体。

与 ΔΣ ADC 的情况一样，可以在 ΔΣ DAC 中使用单比特或多比特内部量化器，本章比较了这两个选项的相对优点，并讨论了用于滤除或补偿由多位内部 DAC 的不可避

免的非线性引入的误差信号的各种方法。同样，这些方案中的一些与如前面第 6 章所述的适用于多位 ADC 的方案类似，其他的方案则专门针对 ΔΣ DAC，并在本章中进行了描述。

接下来，本章讨论了数字插值滤波器的设计问题，并通过一个例子进行了说明，选择的示例是一个用于商用 18 位音频 ΔΣ DAC 的高效多级滤波器。最后，本章讨论了 DAC 中使用的模拟后置滤波器的设计，针对单比特和多比特截断产生的两种不同情况进行了对比，并且针对两个系统描述了滤波器设计技术，以及一些典型示例。

参考文献

[1] P. J. Naus, E. C. Dijkmans, E. F. Stikvoort, A. J. McKnight. D. J. Holland, and W. Brandinal, "A CMOS stereo 16-bit D/A converter for digital audio", *IEEE Journal of Solid-State Circuits*, vol. 22, pp. 390-395, June 1987.

[2] J. C. Candy and A. Huynh, "Double integration for digital-to-analog conversion", *IEEE Transactions on Communications*, vol. 34, no. 1, pp. 77-81, Jan. 1986.

[3] N. S. Sooch, J. W. Scott, T. Tanaka, T. Sugimoto, and C. Kubomura, "18-bit stereo D/A converter with integrated digital and analog filters", presented at the 91st convention of the Audio Engineering Society, New York, Oct. 1991, preprint 3113.

[4] X. F. Xu and G. C. Temes, "The implementation of dual-truncation ΣΔ D/A converters", *Proceedings of the IEEE International Symposium on Circuits and Systems*, pp. 597-600, May 1992.

[5] A. Hairapetian, G. C. Temes and Z. X. Zhang, "A multi-bit sigma-delta modulator with reduced sensitivity to DAC nonlinearity", *Electronics Letters*, vol. 27, no. 11, pp. 990-991, May 23 1991.

[6] R. Adams, K. Nguyen, and K. Sweetland, "A 113 dB SNR oversampling DAC with segmented noise-shaped scrambling", *IEEE Journal of Solid-State Circuits*, vol. 33. no. 12, pp. 1871-1878, Dec. 1998.

[7] S. R. Norsworthy, D. A. Rich, and T. R. Viswanathan, "A minimal multi-bit digital noiseshaping architecture", *Proceedings of the IEEE International Symposium on Circuits and Systems*, pp. I-5-I-8, May 1996.

[8] I. Fujimori, A. Nogi, and T. Sugimoto, "A multi-bit ΔΣ audio DAC with 120 dB dynamic rage", *IEEE Journal of Solid-State Circuits*, vol. 35, pp. 1066-1073, August 2000.

[9] D. Groeneveld, H. J. Schouwenaars, H. A. Termeer, and C. A. Bastiaansen, "A self-calibration technique for monolithic high-resolution D/A converters", *IEEE Journal of Solid-State Circuits*, vol. 24, pp. 1517-1522, Dec. 1989.

[10] A. R. Bugeja and B. -S. Song, "A self-trimming 14-b 100 MS/s CMOS DAC", *IEEE Journal of Solid-State Circuits*, vol. 35, pp. 1841-1852, Dec. 2000.

[11] U. K. Moon, J. Silva, J. Streensgaard, and G. C. Temes, "Switched-capacitor

DAC with analogue mismatch correction", *Electronics Letters*, vol. 35, pp. 1903-1904, Oct, 1999.

[12] M. Rcbeschini and P. F. Ferguson, Jr., "Analog Circuit Design for ΔΣ DACs", *in S. Norsworthy, R. Schreier and G. C. Temes, Delta-Sigma Data Converrers*, Sec. 12. 2. 3, IEEE Press, 1997.

[13] J. A. C. Bingham, "Applications of a direct-transfer SC integrator", *IEEE Transactions on Circuits and Systems*, vol. 31, pp. 419-420, April 1984.

[14] R. Schaumann and M. E. Van Valkenburg, *Design of Analog Filters*, pp. 161-163, Oxford University Press, 2001.

[15] M. Annovazzi, V. Colonna, G. Gandolfi, F. Stefani, and A. Baschirotto, "A low-power 98-dB multi-bit audio DAC in a standard 3. 3-V 0. 35-μm CMOS technology", *IEEE Journal of Solid-State Circuits*, vol. 37, pp. 825-834, July 2002.

14

插值和抽取滤波器

本书的大部分都是在 ΔΣ ADC 或者 ΔΣ DAC 系统中研究 ΔΣ 调制器。本章把重点转移到与调制器伴随的数字插值和抽取滤波器的设计上。对数字 ΔΣ 调制器来说，一个 ΔΣ DAC 系统中的插值滤波器可以把低速率的数据转换成过采样率的数据。相反，用于 ΔΣ ADC 系统中的抽取滤波器，能把高速低精度的模拟 ΔΣ 调制器的输出转换成低速高精度的数据。模拟调制器与数字抽取滤波器的组合构成一个完整的 ADC 系统，同样地，数字调制器与一个插值滤波器可以组成一个完整的 DAC 系统。

如图 14.1 所示，插值滤波器能有效地升采样其低速输入，然后低通滤波器对产生的高速数据进行滤波，最终得到没有频谱镜像的高速输出。而抽取滤波器实际上完全相反，如图 14.2 所示，高速输入数据先经过低通滤波，然后降采样得到几乎没有量化噪声和带外噪声信号混叠的低频输入信号。我们很快可以看到，这种对偶性比单纯的运算上的反演更加深入：抽取滤波器的传递函数可以用在插值滤波器中，而且通过框图可以反过来把抽取滤波器转换成插值滤波器；反之亦然。因此，即使读者只对抽取或插值其中之一感兴趣，也能从理解另一个主题中获益。从插值开始，是因为许多概念更容易通过插值理解，并且我们强烈建议，即使只对抽取感兴趣的读者也同样需要去研究与插

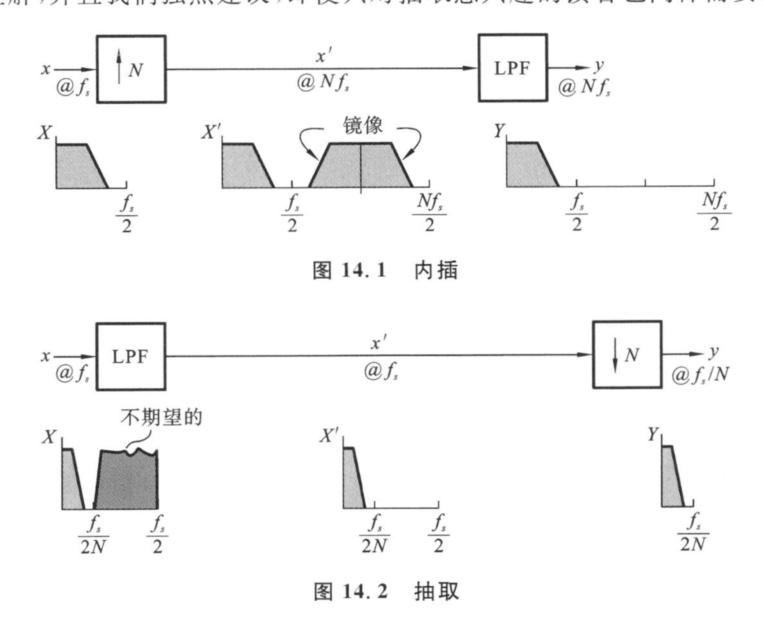

图 14.1　内插

图 14.2　抽取

值有关的资料。

14.1 插值滤波

图 14.3 所示的是插值率为 4 的插值过程在时域上的变化。每两个输入数据之间插入了 $N-1$ 个 0 使得采样率变为原来的 N 倍，所得的高速数据经过低通滤波以后可以滤掉（因为插值产生的频谱镜像）。实际上，直接这样操作效率非常低，因为低通滤波器 LPF 需要在高输出率下工作而且必须处理很多零采样点。

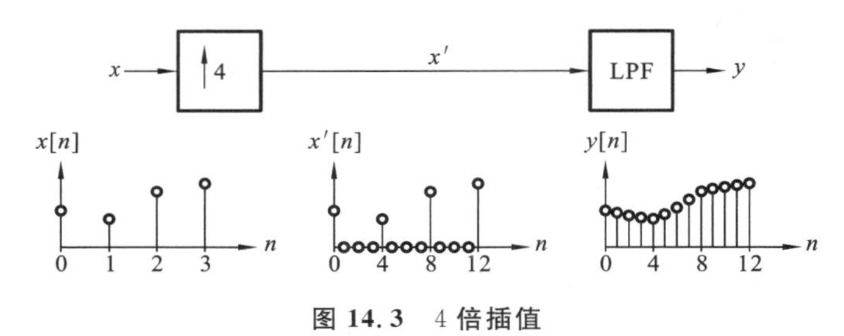

图 14.3　4 倍插值

为了把数据中的零采样点利用起来，我们首先把 N 个连续的低通滤波器输出表示如下（$N=4$）：

$$\begin{cases} y[4n]=h[0]x[n]+h[4]x[n-1]+h[8]x[n-2]\cdots \\ y[4n+1]=h[1]x[n]+h[5]x[n-1]+h[9]x[n-2]\cdots \\ y[4n+2]=h[2]x[n]+h[6]x[n-1]+h[10]x[n-2]\cdots \\ y[4n+3]=h[3]x[n]+h[7]x[n-1]+h[11]x[n-2]\cdots \end{cases} \tag{14.1}$$

在这些表达式中，$h[n]$表示低通滤波器的脉冲响应，$x[n]$表示低速的输入数据，且插值序列 $x'[n]$中的零项已经舍掉。这组公式本质上是如图 14.4 所示多相分解的数学描述。相比于采用 1 个 4 倍采样率的 M 抽头 FIR 滤波器，这种方法采用了 4 个 1 倍采样率的 $M/4$ 抽头滤波器，从而将计算率降低了 4 倍。

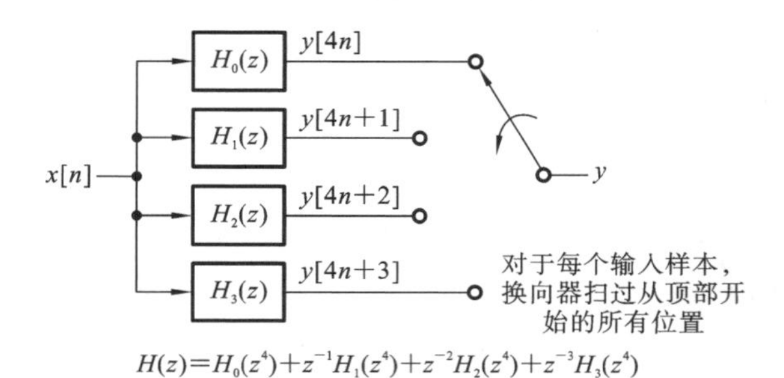

图 14.4　插值滤波器 $H(z)$的多项分解

如图 14.5 所示，当输入信号几乎没有被过采样的时候，低通滤波器的过渡带比较窄，但是当输入信号的过采样率较大时，这个过渡带会变得很宽。因此，当 $\mathrm{OSR_{low}}\approx1$ 时，低通滤波器的结构会很复杂，而当 $\mathrm{OSR_{low}}\gg1$ 时，低通滤波器的结构则较为简单。

最简单的插值滤波器是零阶保持（zero-order hold，ZOH），相比于在采样数据之间填充 0，它通过将低速率数据的每个采样点保持 N 个周期来产生高速数据。在信号处理方面，零阶保持相当于具有矩形脉冲响应

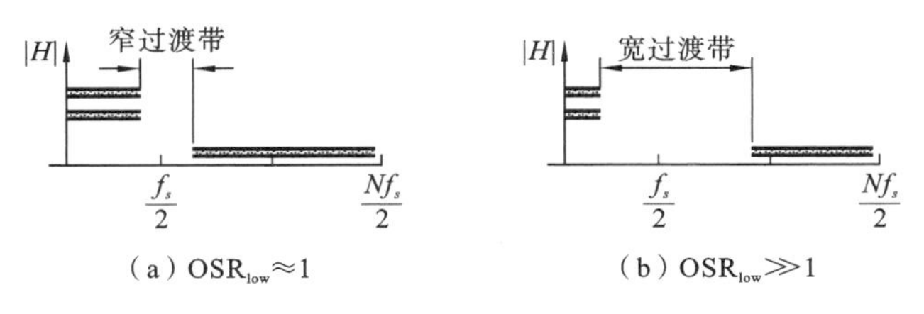

(a) $\mathrm{OSR_{low}}\approx 1$　　(b) $\mathrm{OSR_{low}}\gg 1$

图 14.5　不同低通滤波器的规格

$$h[n]=\begin{cases}1, & 0\leqslant n\leqslant (N-1)\\ 0, & \text{其他}\end{cases} \tag{14.2}$$

滤波的零填充。

该滤波器的频率响应如图 14.6 所示，除非 $\mathrm{OSR_{low}}$ 很大，否则镜像衰减很小。比如，如果 $\mathrm{OSR_{low}}$ 小于 50，零阶保持提供的镜像衰减小于 40 dB。

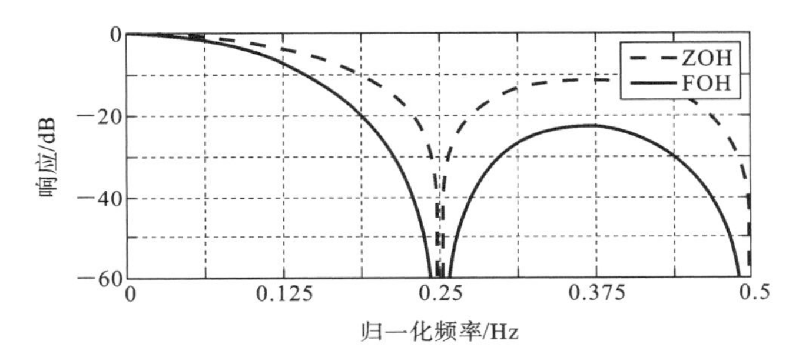

图 14.6　零阶保持和一阶保持的频率响应(归一到直流增益，$N=4$)

式(14.2)的 z 变换

$$H(z)=\frac{1-z^{-N}}{1-z^{-1}} \tag{14.3}$$

表明，采用这种滤波器：

$$H(z)=\left(\frac{1-z^{-N}}{1-z^{-1}}\right)^2 \tag{14.4}$$

会使得混叠的衰减加倍。这种滤波器(按 $1/N$ 的比例缩放来获得单位直流增益)称为一阶保持(First-Order Hold，FOH)，相当于输入采样之间的线性插值。图 14.6 为 $N=4$ 时一阶保持的频率响应图。

图 14.7 所示的是一个一阶保持的实现方式，其中，低速率数据首先经过一阶差分和 $1/N$ 缩放，然后，在 N 个高速率时钟周期内保持并且积分。通过将图 14.7 中各模块的传递函数相乘，可以理解这种结构是如何实现一阶保持：

$$H(z)=\left(\frac{1-Z^{-1}}{N}\right)\left(\frac{1-z^{-N}}{1-z^{-1}}\right)\left(\frac{1}{1-z^{-1}}\right)=\frac{1}{N}\left(\frac{1-z^{-N}}{1-z^{-1}}\right)^2 \tag{14.5}$$

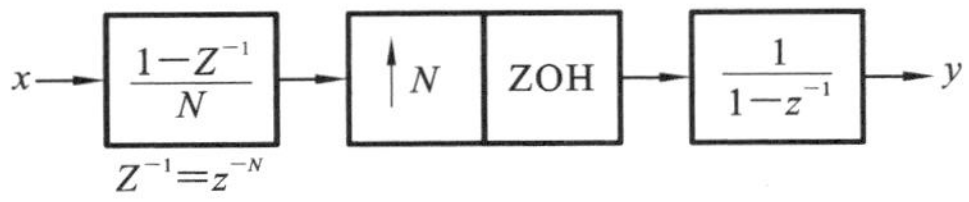

x → $\frac{1-Z^{-1}}{N}$ → $\uparrow N$ → ZOH → $\frac{1}{1-z^{-1}}$ → y

$Z^{-1}=z^{-N}$

图 14.7　一阶保持的有效实现方式

注意，不管在式(14.5)还是在图 14.7 中，大写字母“Z”作为 z 变换中的变量都是用于低速率的数据。因此，Z^{-1}表示一个低速时钟周期的延迟，又因为一个低速时钟周期等于 N 个高速时钟周期，所以 $Z^{-1}=z^{-N}$。

这种实现方式非常有效，但需要仔细设定初始条件。具体来说，微分器和积分器中记忆元件的初始状态需要相同（通常选择将两者初始化为零）；否则，在输入和输出之间会有一个直流偏移。或者，积分器的状态可以设置为每 N 个周期输入一次。建议采用后一种选择，因为插值器在面临算术或舍入错误时具有鲁棒性，否则，这些错误将无限期地持续存在。

由于在 ZOH 中一个常量输入对应一个同样的常量输出，显然 ZOH 具有单位的直流增益。然而，式(14.3)中给出的传递函数 $H(z)$的直流增益为 N。它舍弃的因子$1/N$来自零填充（它将直流分量减少为原来的 N 分之一），但对插值滤波器的输入施加脉冲时，这个因子并不明显。为了将以这种方式测量的脉冲响应转换为插值滤波器有效传递函数的脉冲响应，需要将响应按 $1/N$ 的比例缩放。

利用高阶滤波器可以进一步提高镜像衰减的效果。图 14.8 所示的是一个 M 阶 sinc_N 滤波器：

$$\mathrm{sinc}_N^M(z)=\frac{1}{N^M}\left(\frac{1-z^{-N}}{1-z^{-1}}\right)^M \tag{14.6}$$

可以通过在 $M-1$ 个低速的微分器和同样数量高速的积分器中插入一个零阶保持来实现。在每个微分器中，$1/N$ 的比例缩放通常被省略，或者用低速 $1/N^{M-1}$缩放的输入来替代。需要注意的是，系统必须正确地设定初始状态，否则容易出现算术错误，除非采取进一步的预防措施。

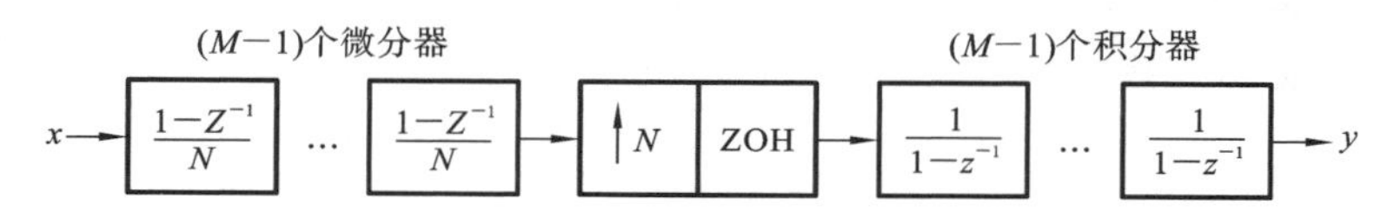

图 14.8 sinc_N^M 插值的 Hogenauer 实现

图 14.8 的结构表明，如果我们忽略缩放系数 $1/N^{M-1}$，那么 sinc_N^M 插值可以通过 $M-1$ 个低速加法器和 $M-1$ 个高速加法器来实现。当 N 是一个变量时，这种结构非常有用，但当 N 是一个常数时，使用其他结构通常更有效。

对于 $N=2$，直接的实现方式为级联 $M-1$ 个 $1+z^{-1}$模块和一个 ZOH，然后通过 $M-1$ 个 2 倍率的加法器来实现 sinc_2^M 插值。多相实现方式可能更有效。例如，图 14.9 所示的 sinc_2^5 插值的多相实现仅要 5 个 1 倍率的加法器，比直接实现方式需要的 4 个工作在 2 倍率的加法器要少。读者可以自行验证图 14.9 中滤波器的脉冲响应等于$(1+z^{-1})^5$ 的脉冲响应，也就是{1,5,10,10,5,1}。由于 sinc_2^M 级可以通过很经济的方式实

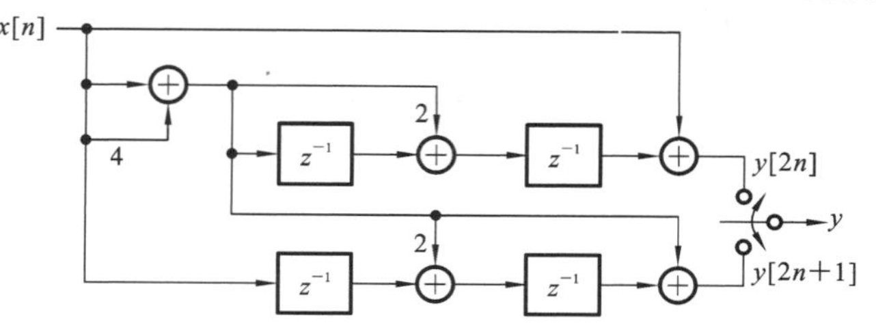

图 14.9 sinc_2^5 插值的多相实现

现，所以通常级联两个 2 插值比级联一个 4 插值更加有效。因此，插值滤波器通常会尽可能地去分解插值因子。

14.2 插值滤波器示例

让我们来设计一个插值滤波器，它将内插一个 $\mathrm{OSR}_{\mathrm{low}}=2$ 的低速信号，插值率为 64，并且提供大于 60 dB 的镜像衰减以及小于 0.5 dB 的通带增益变化。为了最小化计算量，这个插值滤波器将由 6 个级联的二阶插值（I1～I6）组成，并尽可能使用 sinc 滤波器。

一阶 sinc_N 滤波器提供的最小镜像衰减由以下公式给出，即

$$|H_1(e^{j2\pi f_i/N})|=\left|\frac{1-e^{-j2\pi f_i}}{N(1-e^{-j2\pi f_i/N})}\right|=\left|\frac{\sin(\pi f_i)}{N\sin(\pi f_i/N)}\right| \tag{14.7}$$

其中 $f_i=1-1/(2\mathrm{OSR}_i)$ 且 OSR_i 表示第 i 级滤波器的过采样率。对于最后一级（I6），有 $N=2$ 且 $\mathrm{OSR}_i=64$。此时一阶 sinc_2 滤波器的最小混叠衰减为

$$|H_1(e^{j2\pi f_i/N})|=-38\ \mathrm{dB} \tag{14.8}$$

因此，I6 需要使用二阶 sinc_2 滤波器来提供超过 60 dB 的镜像衰减。

对于 I6，在通带边缘 $f_p=1/(2\mathrm{OSR}_i)$ 处，sinc_2^2 滤波器的衰减仅为 0.001 dB，因此可以忽略不计。但是，一般来说，sinc 滤波器的阶数必须考虑通带衰减。所以我们需要计算 A_1（一阶 sinc 滤波器提供的最小衰减与通带衰减之比），如下所示：

$$A_1=|H_1(e^{j2\pi f_i/N})|/|H_1(e^{j2\pi f_p/N})| \tag{14.9}$$

表 14.1 列出了 A_1 的值和 6 级滤波器的阶数，其中所需的滤波器阶数由 $60/20\lg(A_1)$ 给出。

表 14.1 示例插值滤波器中 sinc 滤波器的阶数

级	OSR_i	A_1/dB	sinc_2 阶数	衰减/dB
I6	64	38.2	2	0.001
I5	32	32.2	2	0.005
I4	16	26.2	3	0.03
I3	8	20.1	3	0.1
I2	4	14.0	5	0.8
I1	2	7.7	8	5.5

表 14.1 显示二阶或者三阶 sinc 滤波器可用于第 I3～I6 级，且通带衰减小于 0.5 dB。然而，对于 I1 和 I2 来说，sinc 滤波器的阶数要高得多，并且滤波器的通带衰减较大。我们将比较这个问题的两种解决方案：在 I1 前加一个补偿滤波器 COMP；用一个 FIR 滤波器来实现 I1 同样能补偿 I2～I6 的通带衰减。

下面的代码使用 MATLAB™ 的 `firpm` Parks-McClellan 滤波器设计[①]函数来设计

① 代码片段中使用的 firpm 的四个参数是：①FIR 滤波器的阶数；②通带内 npb 频段的端点；③每个点的期望幅度响应；④与每个频段相关的权重。由于 firpm 的目的是在一组由“不关心”区域间隔的频带上拟合频率响应，所以上面的代码片段在某种程度上滥用了 firpm。对于较大的 npb 值，所得到的 FIR 滤波器在与 sinc 滤波器级联时产生等波纹响应。

COMP 补偿滤波器，即

```
% % Design FIR compensator
order=[8 5 3 3 2 2];
fp=0.25;                  % passband edge
% Evaluate freq response of IF for npb passband bands
npb=20;
f=linspace(0,fp,npb*2);
H=ones(size(f));
for i=1:6
  H=H.*zinc(f/2^i,2,order(i));
end
% Assemble arguments for firpm
comp_order=4;             % Determined by trial and error
wt=abs(H(1:2:end));
[b err]=firpm(comp_order,2*f,1./abs(H),wt)
% Want 1+err/1-err< 0.5dB,i.e.err<0.029
```

然后产生：

```
b=0.1633  -0.8711  2.4243  -0.8711  0.1633
err=0.0087
```

补偿滤波器的阶数，comp_order＝4，是为了让 err 低于目标值 0.029，如代码中所示。

图 14.10 所示的是完整滤波器的全频率响应以及 I3～I6 级的频率响应（为了防止混乱，未显示第 I1 和 I2 级的频率响应）。如图所示，64 倍输出率的 I6，在 $f=32$ 附近陷波。同样，I5 在 $f=16$ 附近陷波，而 I4 和 I3 分别对应的在 $f=8$，24 和 $f=4$，12，20，28 附近陷波。

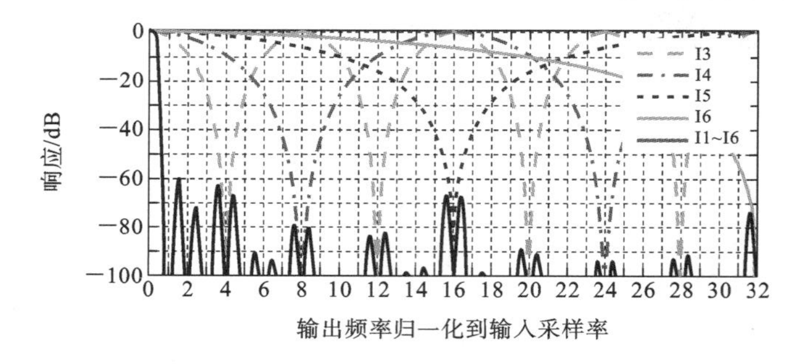

图 14.10 完整滤波器的频率响应

虽然图 14.10 给出了完整的频率响应图像，但图 14.11(a)更好地展示了传递函数幅度随输入频率变化的情况。在图 14.1 中，横轴是输入频率，图中大量的曲线与所有的镜像传递函数对应。该图表明，输出信号在[0，0.25]的通频带中衰减很小且所有镜像的幅度小于－70 dB(事实上，大多数镜像的幅度在所有频率下都小于－60 dB 是偶然的，且因为已经预先指定 $OSR_{low}=2$，这个特点也是不相关的)。图 14.11(b)所示的放大的频率响应证实了通带纹波为 0.2 dB，满足要求。

接下来，我们研究如何在 I1 内部进行补偿。可以再次使用 firpm 函数，但需要增加约束来满足滤波器在[0.75，1.0]频率范围内衰减 60 dB 的要求，即

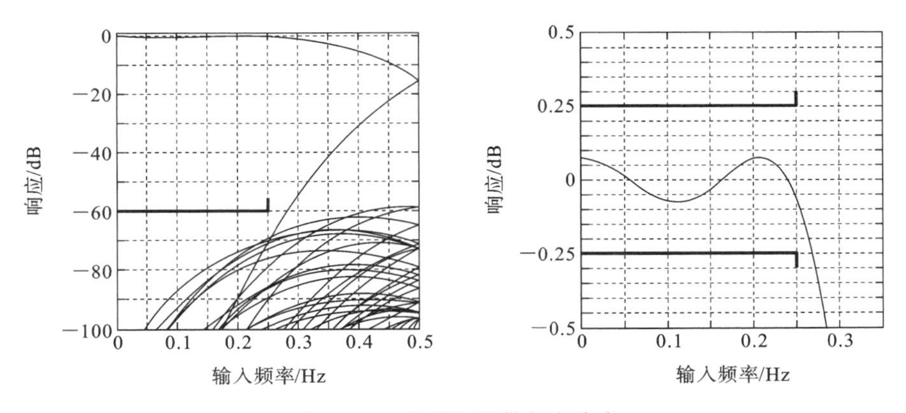

图 14.11 折叠和通带频率响应

```
% % Design FIR interpolator with compensation
order=[8 5 3 3 2 2];
fp=0.25;            % passband edge
% Evaluate freq response of I2-I6 for npb passband bands
% and nsb stopband bands
npb=20;  nsb=10;
f= [linspace(0,fp,npb*2) linspace(1-fp,1,nsb*2)];
H=ones(size(f));
for i=2:6
H=H.*zinc(f/2^i,2,order(i));
end
% Assemble remaining arguments for firpm
I1_order=8;
a=[1./abs(H(1:2*npb)) zeros(1,2*nsb)];
rwt=(undbv(0.25)-1)/undbv(-60);
wt=[abs(H(1:2:2*npb)) abs(H(2*npb+1:2:end))*rwt];
[b err]=firpm(I1_order,2*f/2,a,wt)  % Want err<0.029
```

然后产生：

```
b(1:5)=-0.0215  -0.0718  0.0141  0.3131  0.5041  …
err=0.0280
```

和之前一样，滤波器的阶数 I1_order＝8 是迭代确定的。图 14.12 所示的是这种设计同样符合规格，但仅仅是勉强满足。实际上，不保留系数量化的裕度是不理智的，但我们忽略这一问题，接下来将比较这两种设计方案的计算复杂度。

这种设计中 9 抽头 I1 的多相实现方式需要两个工作在 1 倍率的 5 抽头和 4 抽头 FIR 滤波器。相比之下，第一种设计方式使用了一个工作在 1 倍率的 5 抽头 FIR 滤波器以及一个 sinc_2^5 插值器。如图 14.9 所示，sinc_2^5 插值的多相实现仅仅需要 5 个工作在 1 倍率的加法器，因此计算量比需要 2 个乘法器和 3 个加法器的 4 抽头滤波器要少。实现足够大的阻带衰减需要精确的系数，而 COMP 中系数可以比 I_1 中的系数量化地更精确，因此会产生额外的节省。实际上，可以将 COMP 的系数量化为两个或三个标准带符号数字(canonical signed digit，CSD)术语 CSD 项，如式(14.10)所示：

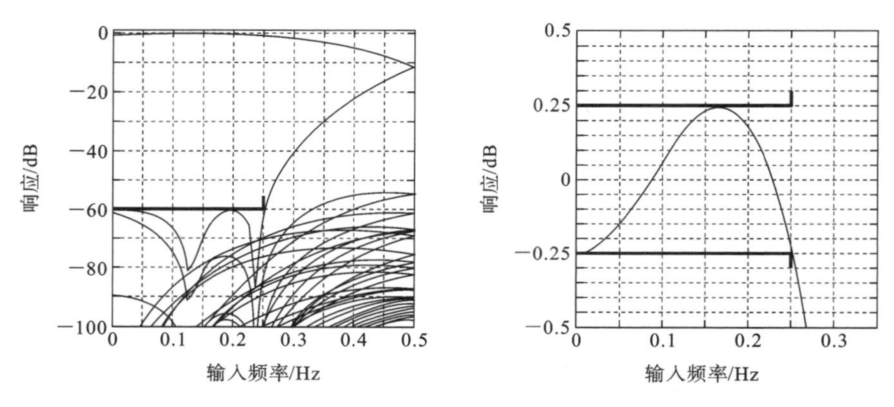

图 14.12 备选设计的折叠和通带频率响应

$$\begin{aligned} b_0 &= 2^{-3} + 2^{-5} \\ b_1 &= -2^{0} + 2^{-3} \\ b_2 &= 2^{1} + 2^{-1} - 2^{-4} \\ b_3 &= b_1 \\ b_4 &= b_0 \end{aligned} \tag{14.10}$$

这样可以提供足够的精度来满足通带纹波的要求(见图 14.13)。

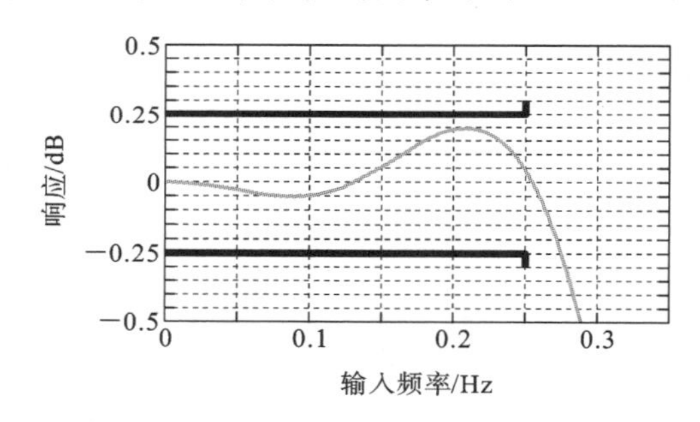

图 14.13 系数量化后 COMP 的通带响应

因此,补偿滤波器只需对每个输入采样执行 7 次累加。图 14.14 所示的是所选设计的架构,并列出了每一级输入采样所需的加法次数,在不使用乘法的情况下,总共需要 113 个工作在 1 倍率的加法器。因此,每个输出采样的计算量少于两次加法。

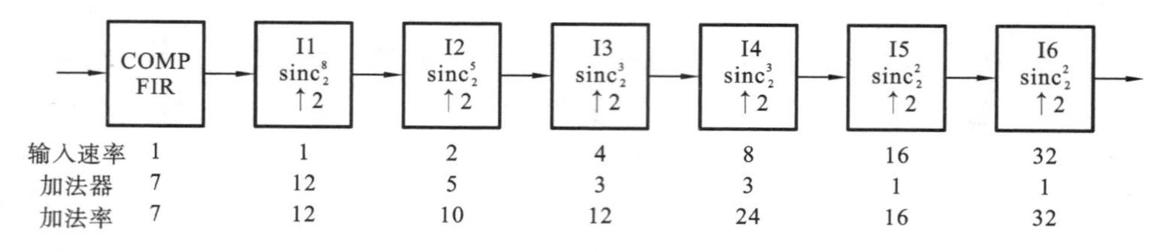

输入速率	1	1	2	4	8	16	32
加法器	7	12	5	3	3	1	1
加法率	7	12	10	12	24	16	32

图 14.14 插值滤波器结构及相关计算要求

在确定了滤波器结构和系数之后,我们的下一步是根据噪声要求选择字长。这一步首先要确定截断的位置,然后计算从截断点到滤波器输出的传递函数。需要在截断点之间分配噪声预算时就开始选择字长,由于这是一个相当直接但不是特别有指导意义的练习,因此我们不再过多讨论。

14.3　抽取滤波

如引言中所述，抽取滤波的过程可以描述为用一个截止频率为 $f_s/2N$ 的低通滤波器来处理高速输入数据，然后对滤波器的输出进行 N 倍抽取。与插值的情况一样，这种直接实现方式的效率很低，因为低通滤波器工作在高(输入)速率下并执行很多不必要的计算。

当抽取率 $N=4$ 时，通过使用图 14.15 所示的结构，多相分解可以减少滤波器的计算量。这个滤波器在 $n=0$ 处脉冲的响应为

$$h_0=\{h[0],h[4],h[8],\cdots\} \tag{14.11}$$

然而在 $n=-1,-2$ 和 -3 的响应为

$$h_1=\{h[1],h[5],h[9],\cdots\} \tag{14.12}$$

$$h_2=\{h[2],h[6],h[10],\cdots\} \tag{14.13}$$

$$h_3=\{h[3],h[7],h[11],\cdots\} \tag{14.14}$$

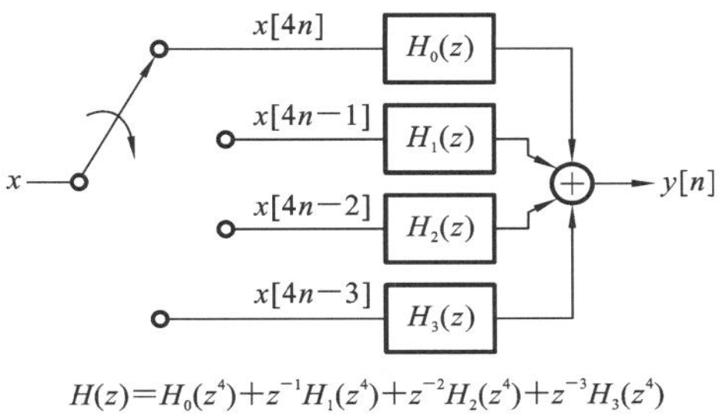

$H(z)=H_0(z^4)+z^{-1}H_1(z^4)+z^{-2}H_2(z^4)+z^{-3}H_3(z^4)$

图 14.15　抽取滤波器的多相实现($N=4$)

因此，这个系统的作用与一个脉冲响应为

$$h=\{h[0],h[1],h[2],\cdots\} \tag{14.15}$$

的滤波器一样，且同样能四倍降采样滤波器的输出，这种实现方法的计算量大约为原来的 1/4。

方程式(14.11)到式(14.14)证明了抽取滤波器的某种违反直觉的特性。虽然我们用传递函数 $H(z)$ 来描述这样一个系统(这是线性时不变系统的一个特质)，但抽取滤波器严格来说是时变的。时间变化的周期性造成了信号的混叠。

与插值滤波一样，分级进行抽取滤波也是很有效的。14.2 节中的示例插值滤波器实现了以下传递函数：

$$H(z)=\mathrm{COMP}(z^{64})\mathrm{I1}(z^{32})\mathrm{I2}(z^{16})\mathrm{I3}(z^8)\mathrm{I4}(z^4)\mathrm{I5}(z^2)\mathrm{I6}(z) \tag{14.16}$$

如图 14.16 所示，我们可以将其反过来，以 64 倍抽取率完成抽取。该抽取滤波器的混叠衰减和通带性能相当于插值滤波器的镜像衰减和通带性能。由于插值滤波器的输入被假设为 2 倍过采样，抽取滤波器的输出也被 2 倍过采样，因此在 ADC 系统中，可能需要做进一步的滤波。

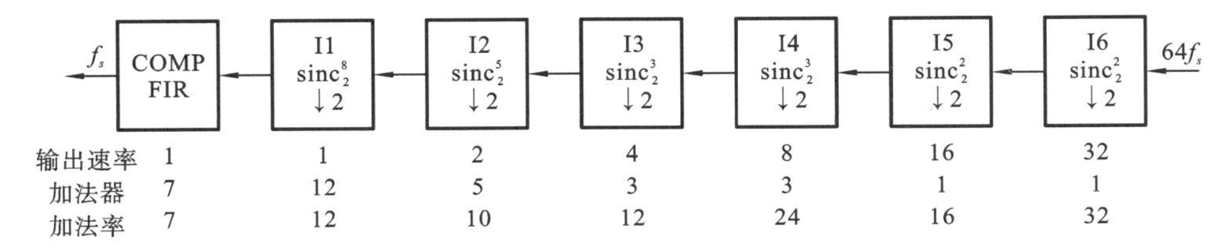

图 14.16　对应图 14.14 的抽取滤波器

到目前为止，我们已经强调了插值和抽取滤波之间的相似性。值得一提的重要区别在于 sinc 滤波器和 ΔΣ ADC 中的抽取。与零阶保持插值器相对应的抽取器是如图 14.17 所示的累积和转储(accumulate-and-dump，AAD)抽取器。这个框图实现了 N 倍缩放的一阶 sinc 响应，即

$$H(z)=\frac{1-z^{-N}}{1-z^{-1}} \tag{14.17}$$

通过累积 N 个周期的输入，然后锁定结果并重置积分器。因此，第一个区别是 AAD 级需要计算，而 ZOH 不需要。对于如图 14.18 所示的 sinc_N^M 抽取器，还出现了两个区别。第一个区别需要注意开环积分器是直接连接到输入的，因为无法阻止直流输入从而导致积分器倾向于无穷大。然而，因为我们知道积分器和微分器的组合有一个增益 N^M，假设 x 由小于或等于 K 的非负整数组成，那么要实现图 14.18 所示的所有运算，只需求出任何大于 KN^M 的整数，就可以得到正确的结果。因此，我们只要允许积分器围绕并有足够的位数，积分器就不会成为问题。第二个区别是，这种结构中的算术误差导致有限长度的瞬态响应，所以积分器和微分器中记忆元件的不正确初始化不会导致灾难性后果。

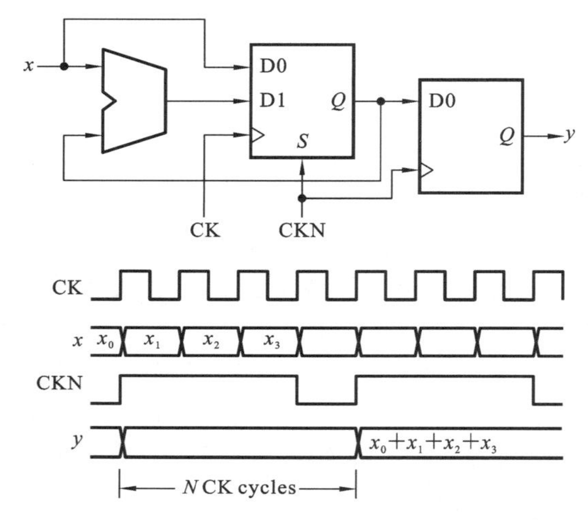

图 14.17 累积和转储抽取器

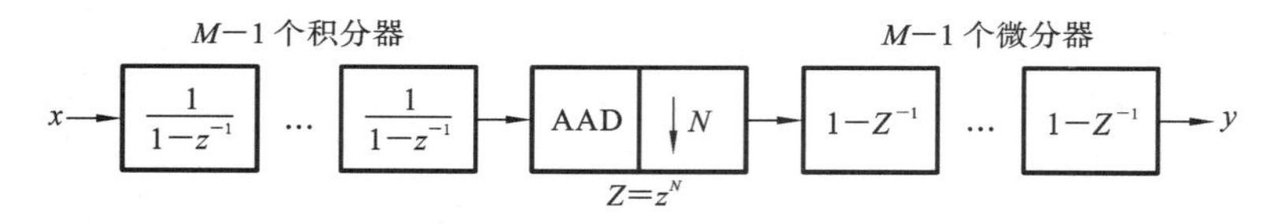

图 14.18 sinc_N^M 抽取器

值得注意的是，抽取和插值之间的最终区别与它们在 ΔΣ 系统中的使用有关。首先，一个 ADC 输出的字宽通常很窄，只有 1～4 位，这对于那些预先高倍率抽取的结构有利。其次，抽取滤波器的衰减要求通常比插值滤波器更严格。这是因为抽取滤波器负责滤除带外信号，而在无线接收器等系统中，带外信号通常必须衰减约 100 dB 才能提供足够的选择性。即使在没有大干扰的情况下，要使 $N-1$ 个混叠带的噪声之和小于带内量化噪声，通常需要 80 dB 以上的混叠衰减，然而对于插值器，60 dB 的镜像衰减就够了。

14.4 抽取滤波器示例

让我们设计一个 64 倍过采样 ΔΣ ADC 中的抽取滤波器。规格要求为 100 dB 的混叠衰减和 0.1 dB 的通带纹波。首先设计一个采用 5 个 2 抽取级的 32 倍抽取滤波器，其设计过程与插值示例中的过程类似。具体来说，对于每一级，我们计算一阶 sinc_N 滤波器提供的最小混叠衰减：

$$A_1=\frac{|H_1(\mathrm{e}^{\mathrm{j}2\pi f_p/N})|}{|H_1(\mathrm{e}^{\mathrm{j}2\pi f_i/N})|}=\left|\frac{\sin(\pi f_p)\sin(\pi f_i/N)}{\sin(\pi f_p/N)\sin(\pi f_i)}\right| \tag{14.18}$$

其中，$f_p=1/(2\mathrm{OSR}_i)$ 是通带截止频率，$f_i=1-1/(\mathrm{OSR}_i)$ 是阻带起点频率，OSR_i 是第 i 级输出的过采样率，并且 $N=2$ 是因为每一级的抽取率都为 2。因此需要的 sinc_2 阶数由$\lceil 100/(20\lg A_1)$给出，其中$\lceil x \rceil$表示大于或等于 x 的最小整数，如表 14.2 所示。

表 14.2 示例抽取器中前 5 级 sinc 的阶数

级	OSR_i	A_1/dB	sinc_2 阶数	衰减/dB
D1	32	32.2	4	0.010
D2	16	26.2	4	0.042
D3	8	20.1	5	0.210
D4	4	14.0	8	1.348
D5	2	7.7	14	9.628

该表显示，D5 级通带衰减较大。然而，使用与插值示例中相同的方法，我们发现具有系数

```
b=[0.0709  -0.4964  1.8350  -4.495  7.1722  -4.495  …]
```

的八阶对称 FIR 补偿滤波器能满足 0.1 dB 的通带纹波要求且有足够的裕度，它的量化系数为

$$\begin{aligned}
b_0&=2^{-4}+2^{-7}\\
b_1&=-2^{-1}+2^{-8}\\
b_2&=2^{1}-2^{-3}-2^{-5}-2^{-7}\\
b_3&=-2^{2}-2^{-1}+2^{-8}\\
b_4&=2^{3}-2^{0}+2^{-2}-2^{-4}-2^{-6}
\end{aligned} \tag{14.19}$$

其中 b_5-b_8 等于 b_3-b_0，同样满足通带纹波要求。

图 14.19 和图 14.20 所示的是 D1 到 D5 以及补偿器的全频率响应和折叠频率响应。图 14.19 中还包括了 D1-D4 单独的响应，用来说明这些级数是怎么影响到整体频率响应的。这些图(为了保证易读性，D5 的响应没有给出)表明，带有后补偿的 sinc 抽

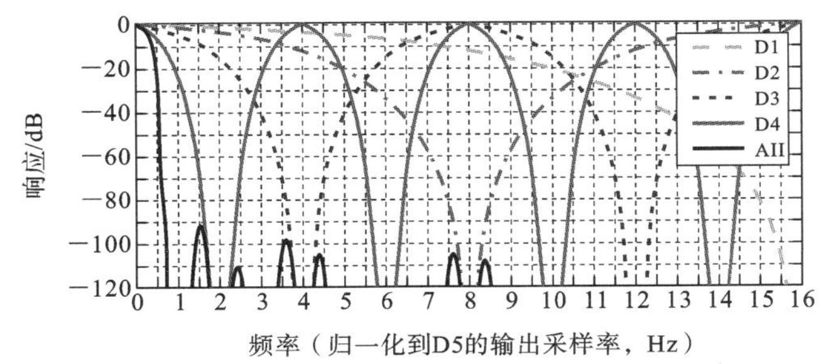

图 14.19 D1-COMP 的频率响应

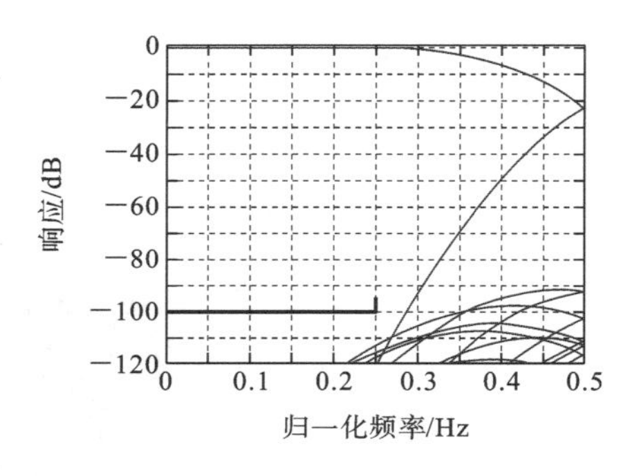

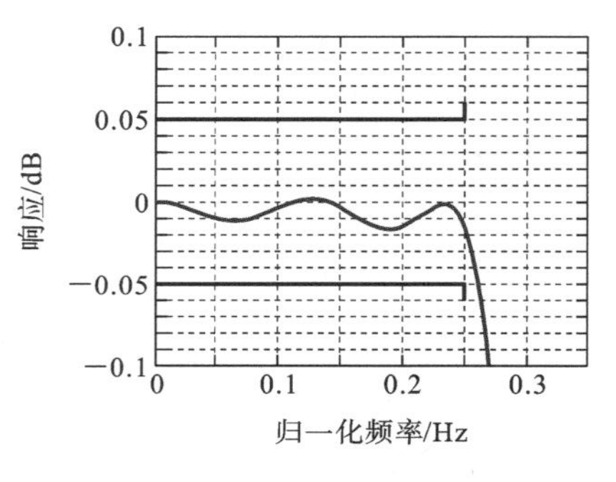

图 14.20 D1-COMP 的折叠频率响应

取器能够完成抽取，直到输出 OSR 为 2。

让我们花点时间来计算目前抽取滤波器的计算复杂度。sinc_2^M 抽取器的直接实现方式需要 M 个 2 倍率工作的加法器减 1，因为最后的 $1+z^{-1}$ 模块是一个亚采样模块，或者 $2M-1$ 个 1 倍率的加法器。相似的，sinc_2^M 插值器的直接实现方式需要 $M-1$ 个 2 倍率的加法器或者 $2M-2$ 个 1 倍率的加法器。表 14.3 所示的是这些数量以及优化后的多相实现方式中 1 倍率加法器的个数（M 从 1 到 10）。

表 14.3 优化后 sinc_2^M 插值/抽取器的低速率加法器的个数

M	1	2	3	4	5	6	7	8	9	10
插值-直接实现	0	2	4	6	8	10	12	14	16	18
插值-多相实现	0	1	3	4	5	8	9	9	12	14
抽取-直接实现	1	3	5	7	9	11	13	15	17	19
抽取-多相实现	1	2	5	5	7	9	13	11	17	16

该表表明对于插值过程，多相实现通常比直接实现更有效，尤其是 $M=5$ 和 $M=8$ 时计算复杂度的节省较大。对于抽取过程，多相实现的优势稍小，但幸运的是，就目前的设计而言，$M=4$、5、8 时计算复杂度节省了大约 20%。因此，建议在 D1-D4 级采用多相实现。对于 D5，sinc_2^{14} 的多相实现中每一个输出采样要求 26 个加法器，而级联一个 sinc_2^6 非抽取模块和一个多相实现的 sinc_2^8 抽取模块（和 D4 中的模块相同）需要 $12+11=23$ 个加法器，因此效率略高。最后，如果不重复使用部分求和，补偿器的每个输出采样需要 19 个加法器。但是，通过识别与 2 次幂相关的项，即 b_1 和 b_3 中的 $-2^{-1}+2^{-8}$ 项，b_2 和 b_4 中的 $-2^{-5}-2^{-7}$ 项以及 $-2^{-4}-2^{-6}$ 项，加法器个数可以减到 17 个。

通过这些优化，每个输出采样的总计算量为 210 个加法器，几乎是插值滤波器示例的 2 倍。计算量增加的主要原因是要求更严格的阻带衰减。一个好消息是，由于输入字长通常只有几位，因此在第一级（最高速率）中的加法器比后续级中的加法器的功耗要低。在我们的设计中，第一级占加法器总数的 38%，因此低输入字长导致计算复杂度的节省是显著的。在单比特调制器的极端情况下，使用查表实现前几个抽取级特别有效。

对于通用 ADC，通常只需将数据抽取到奈奎斯特率的 2 倍以内即可。其原因有两个方面，一方面，由于信道滤波要求取决于应用程序，用户可能需要进一步过滤数据；另一方面，为用户可能需要重新处理的频段实现一个陡峭的过渡带，会浪费功率并增加不必要的延迟。因此,由 D1-D5 和 COMP 组成的抽取滤波器是一个实用的系统。尽管如此,在下一节中,我们将添加一个半带滤波器(HBF)来完成设计,但在这一点上,我们将该级作为一个给定级,并展示滤波器的完整结构(见图 14.21)和每一级的示例频谱(见图 14.22)。

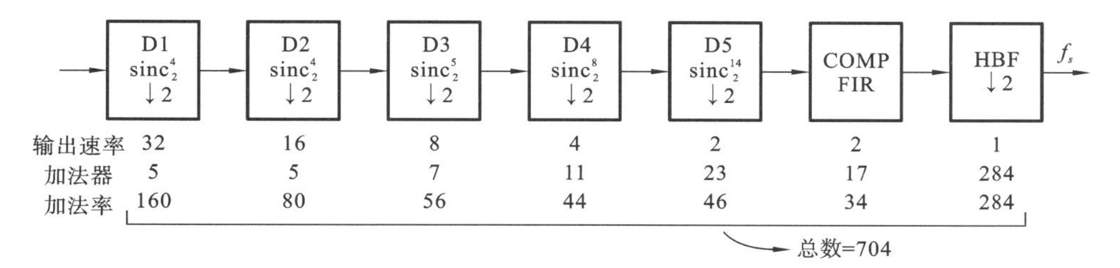

图 14.21 完整的抽取滤波器

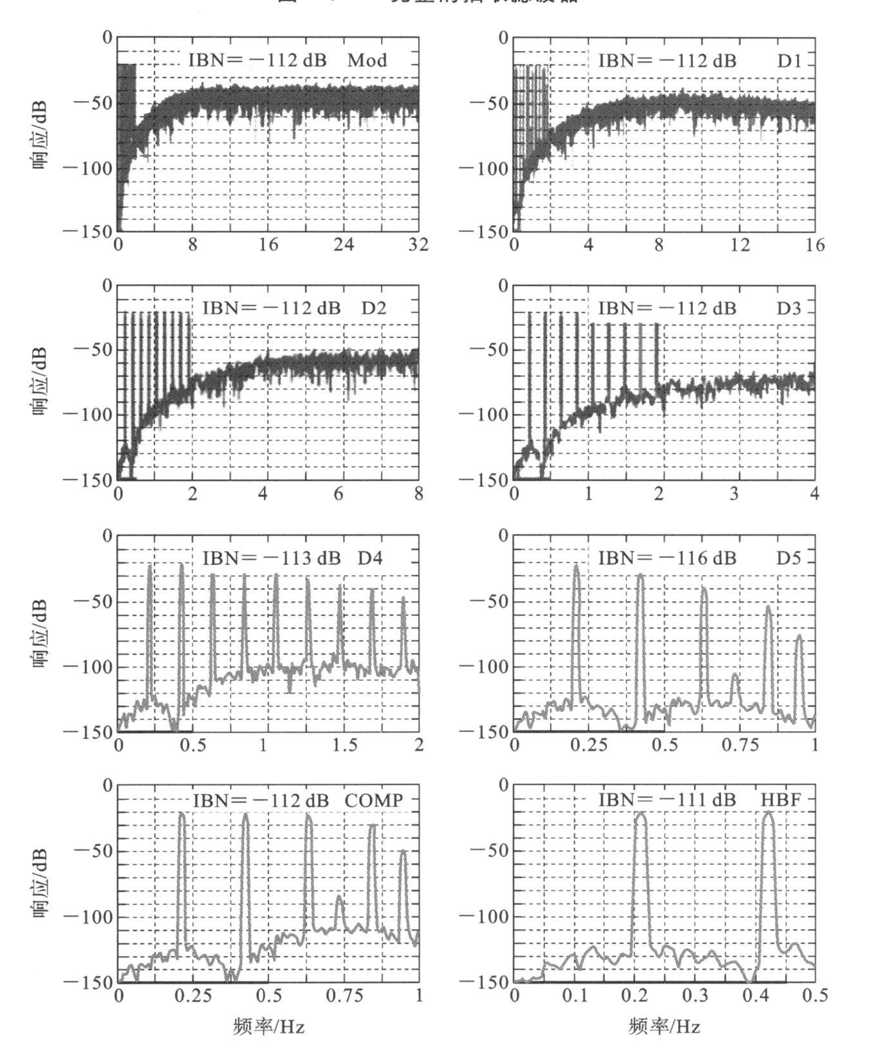

图 14.22 每个抽取级后的仿真频谱

抽取滤波器需要约 700 个加法/每个输出采样点(根据 CSD 项的数目,乘法被转换为加法),大约 40%的运算与抽取的最后一级有关。由于这一级的阶数非常高(超过

200)，并且运算的字长很宽，滤波区域也由最后一级所主导。这就是省略这一级的原因。

图 14.22 从一个三阶、5 个量化电平的 ΔΣ 调制器的输出频谱开始，该调制器给出了 9 个等间距的 −20 dB 低频输入音调，这些音调超出了信号频段。当采样率随抽取的每一级而降低时，音调块占据频率轴的更大部分，直到 D5 的输出为止。在 D5 的输出中，抽取滤波器基本上消除了输入信号的三个最高频率分量。在这个频谱的[0,0.5]区域，我们看到第二个带内音调有一些衰减，但没有混叠音的迹象。在[0.5,1.0]区域中，位于 $f=0.93$ 和 0.7 处的混叠音调很明显，但是这些混叠音调和其他带外音调都被半带滤波器滤除了。在图 14.22 中倒数第二个图，我们可以通过第二个带内音调的振幅已经得到的补偿来判断 COMP 是否正在工作。事实上，在图 14.22 的最后一幅图中，只有带内音调表明 HBF 同样也在工作。

除了在不同频率测试信号下观察抽取滤波器的行为外，更重要的是验证抽取滤波器是否提供了足够的调制器量化噪声衰减。因此，图 14.22 所示的曲线给出了带内噪声(in-band noise，IBN)，直到 D5 之后，IBN 才受到影响，其中 D5 的 IBN 减少了4 dB。IBN 降低 4 dB 是因为 D5 在信号通带上半部的衰减导致的，因此不会带来真正的 SQNR 提升。这一事实解释了为什么在 COMP 补偿以后，IBN 回到了初值。由于在抽取的最后一级，IBN 只降低了 1 dB，仿真结果也表明抽取滤波器对调制器的量化噪声有足够的衰减。

14.5 半带滤波器

半带滤波器是一类特殊的滤波器，适用于 2 倍的抽取或插值。半带滤波器的频率响应满足对称条件：

$$H(e^{j2\pi(0.25-f)})=1-H(e^{j2\pi(0.25+f)}) \tag{14.20}$$

这导致滤波器几乎一半的脉冲响应样本为零。图 14.23 所示的是一个 15 抽头半带滤波器的脉冲响应和频率响应示例，在通带和阻带占 80％的情况下，该滤波器能提供 32 dB 的阻带衰减。除中间抽头为 0.5 以外，所有奇数抽头都为 0，因此 15 个抽头中有 7 个不需要计算。它的对称性意味着通带纹波是 dbv(1＋undbv(−32))＝0.2 dB。

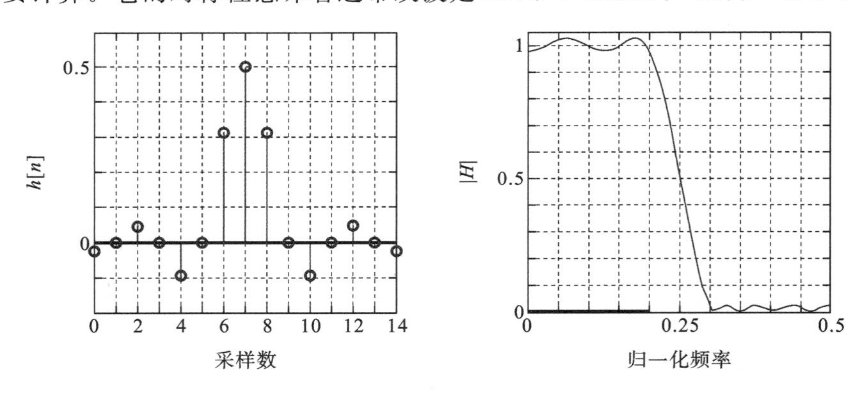

图 14.23 半带滤波器示例

让我们比较以下通带占 80％且阻带衰减大于 80 dB 的半带滤波器(这意味着通带

波纹小于 0.001 dB)与普通 FIR 滤波器的计算需求。使用 MATLAB 的 firhalfband 函数,我们发现 47 抽头的半带滤波器满足要求,且其中 24 个抽头不为 0。但即使通带纹波要求放宽至 0.1 dB,设计一个满足类似阻带衰减要求的 FIR 滤波器,也需要 34 个非零抽头。在这种情况下,通带纹波较小的半带滤波器所需的计算量也比一个通带纹波大很多的 FIR 滤波器要低。然而,半带滤波器需要更多的寄存器,且延迟更高。

由于我们对半带滤波器实现 2 倍抽取或插值感兴趣,图 14.24 所示的是抽取和插值半带滤波器的多相实现方式。脉冲响应交替为 0 使得每个多相实现方式的一条支路表现为单纯的延迟,这不仅节省了计算量,还节省了寄存器的数量。为了能复用一部分乘积,每个图都使用了转置滤波器拓扑结构,并且还包含了一个能同时让所有输入数据采样乘系数的模块。

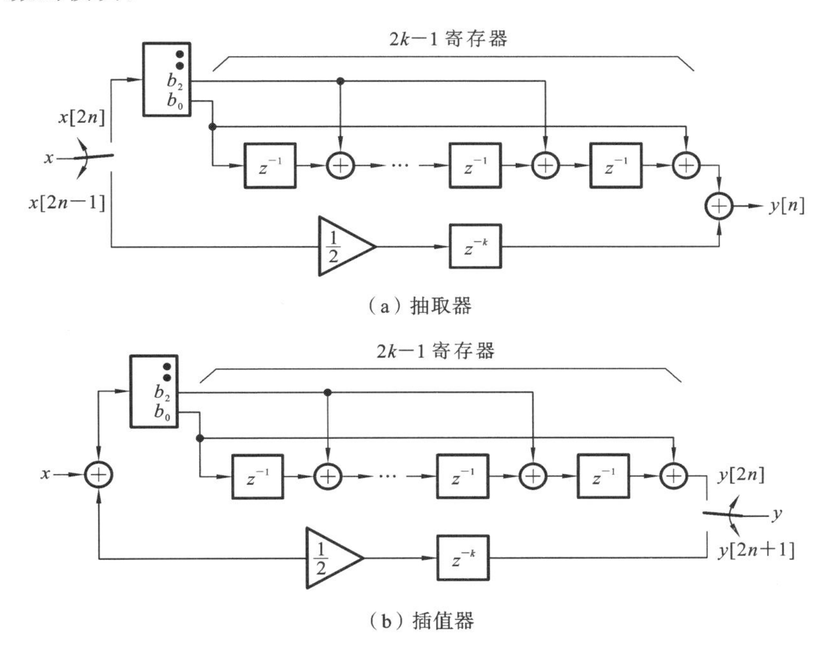

图 14.24 抽取和插值半带滤波器的实现方式

14.5.1 Saramaki 半带滤波器

尽管相比于常规的 FIR 滤波器,半带滤波器能显著减少计算量,但当过渡带很窄且阻带衰减较大时,半带滤波器的计算量仍然很大。通常,大阻带衰减需要精确的系数,因此每个系数都采用了大量的 CSD 项,但是 Saramaki[2] 提出的一种高效半带滤波器结构仅使用少量 CSD 项就能实现较大的阻带衰减。这种结构的设计过程有些复杂,但幸运的是,ΔΣ 设计工具箱函数 designHBF 封装了这段程序。

让我们用这个函数来设计抽取滤波器的最后一级。我们依旧要求 100 dB 的阻带衰减,但需要将保护频率部分降到 100%以下。如果我们选择通带占 90%,那么 0 到 $0.9\times f_{s,\mathrm{out}}/2$ 频率之间的衰减和混叠失真将会最小,但 $0.9\times f_{s,\mathrm{out}}/2$ 到 $f_{s,\mathrm{out}}/2$ 频率之间可能会衰减和失真。后者的频率范围可能需要用户根据信道滤波要求进行滤波。下面的代码分别使用标准和 Saramaki 方法设计具有 90%通带和 100 dB 阻带衰减的半带滤波器:

```
hbf1=firhalfband('minorder',0.9*0.5,undbv(-100));
[f1,f2,info]=designHBF(0.9*0.25,undbv(-100),0);
```

firhalfband 函数返回了一个 123 抽头滤波器，这个滤波器最少需要 31 次乘法以及 62 个寄存器和加法器，而 designHBF 函数返回的滤波器需要大约 200 个寄存器，但只需要 284 个加法器且不需要乘法。图 14.25 所示的频率响应曲线表明，Saramaki 结构在阻带上的频率响应没有标准滤波器结构的许多凹口，但在阻带的大部分都提供超过 110 dB 的衰减。该滤波器的实现如图 14.26 所示，系数及其 CSD 扩展如表 14.4 所示。

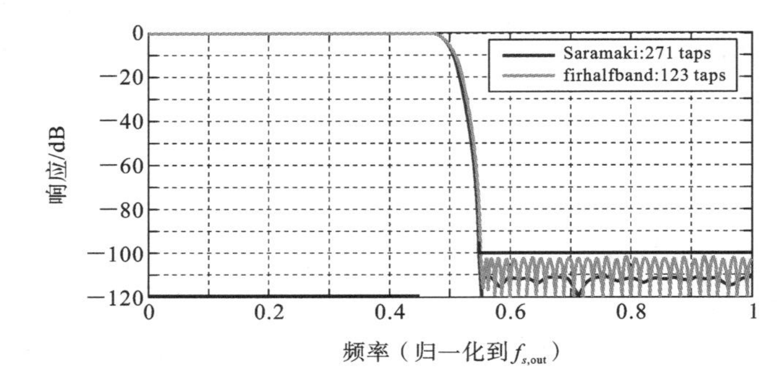

图 14.25 抽取器示例中半带滤波器级的频率响应

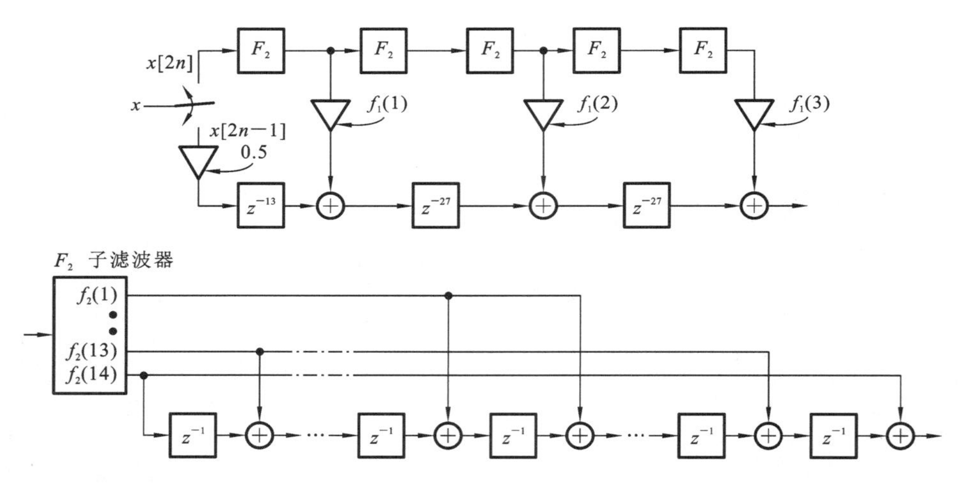

图 14.26 Saramaki 半带抽取滤波器的结构

表 14.4 F_1 和 F_2 的系数

n	$f_1(n)$	CSD	$f_2(n)$	CSD
1	0.9453	$2^0-2^{-4}+2^{-7}$	0.6249	$2^{-1}+2^{-3}-2^{-13}$
2	−0.6406	$-2^{-1}-2^{-3}-2^{-6}$	−0.2031	$-2^{-2}+2^{-5}+2^{-6}$
3	0.1953	$2^{-2}-2^{-4}+2^{-7}$	0.1177	$2^{-3}-2^{-7}+2^{-11}$
4			−0.0791	$-2^{-4}-2^{-6}-2^{-10}$
5			0.0566	$2^{-4}-2^{-8}-2^{-9}$
6			−0.0410	$-2^{-5}-2^{-7}-2^{-9}$
7			0.0311	$2^{-5}-2^{-13}-2^{-15}$

续表

n	$f_1(n)$	CSD	$f_2(n)$	CSD
8			−0.0232	$-2^{-6}-2^{-7}+2^{-12}$
9			0.0168	$2^{-6}+2^{-10}+2^{-12}$
10			−0.0122	$-2^{-6}+2^{-8}-2^{-11}$
11			0.0085	$2^{-7}+2^{-10}-2^{-12}$
12			−0.0058	$-2^{-8}-2^{-9}+2^{-14}$
13			0.0037	$2^{-8}-2^{-12}+2^{-15}$
14			−0.0032	$-2^{-8}+2^{-10}-2^{-12}$

14.6 带通 ΔΣ ADC 中的抽取

带通 ADC 中抽取的实现方式如图 14.27 所示。在这种方法中，将粗量化的调制器输出乘以一个复指数 $e^{-j\omega_0 t}$，可以将所需的频段混频到直流。然后，一对实数抽取滤波器会对混频的复数数据进行处理。

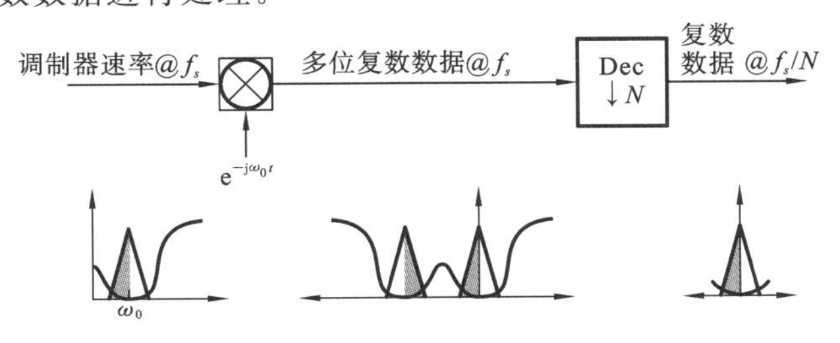

图 14.27 带通抽取

由于以快速调制器速率运行的复数混频计算代价较大，因此将混频频率限制为 $f_s/64$ 的倍数是很有帮助的，这样混频器只需要乘以 16 个可能的正弦和余弦值，从而允许我们用查表操作代替乘法。在部分抽取之后，细混频可以将通带中点精确定位在直流上，而不会因为数据率降低而造成很大的功率损失。图 14.28 所示说明了这一概念，粗混频的粒度限制了细混频之前的抽取率，因此存在一个粗细混频功耗之间的折中。例如，如果粗混频的分辨率为 $f_s/64$，则可以在不需要陡峭滤波特性的情况下进行不超过 16 倍的抽取。若在 $f_s/16$ 下工作的乘法器功耗合理的话，那么粗混频的分辨率就足够了。如果功耗不合理，那么粗混频需要更高的分辨率。

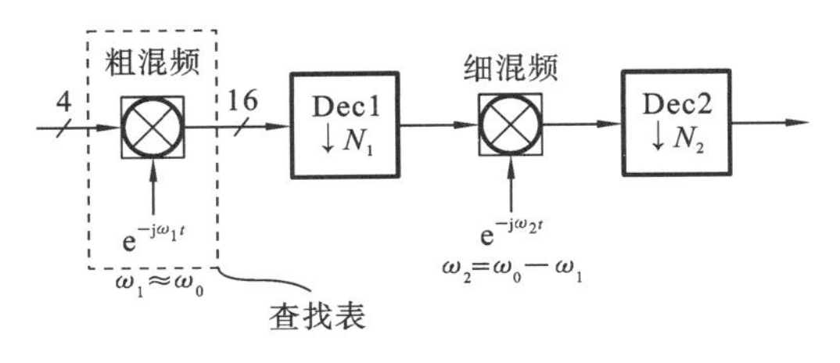

图 14.28 粗/细混频

如果中心频率固定在 $f_s/4$，那么混频操作很简单，因为正弦和余弦是 4 周期序列：

{0,1,0,−1}和{1,0,−1,0}。在这种情况下，图 14.29 所示的结构中既可以执行 $f_s/4$ 频率下变换，又能通过分解为 $H(z)=H_0(z^2)+z^{-1}H_1(z^2)$ 的传递函数进行滤波。类似的结构可用于 f_s 的其他简单有理分式。

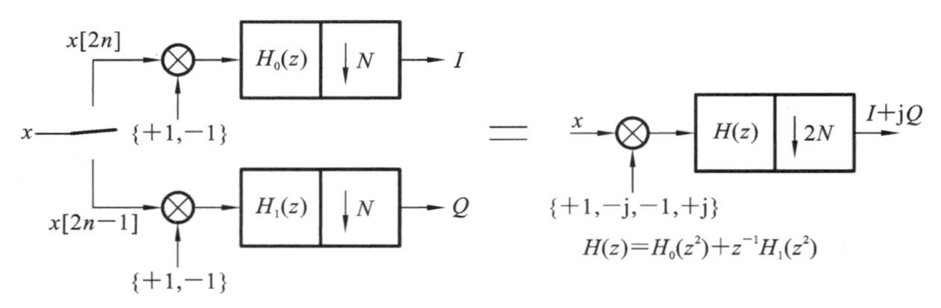

图 14.29 $f_0=f_s/4$ 时的带通抽取

14.7 分数率转换

到目前为止，我们只考虑了整数倍的插值或抽取。在原则上，有理数 M/N 倍的抽取可以先通过 M 倍插值然后进行 N 倍抽取来实现[3]。如果 M 较小，这种方法是可行的，但在一般情况下是禁止的。我们从第一类例子开始，然后考虑任意分数倍的抽取。

14.7.1 1.5 倍抽取

图 14.30 所示的是 1.5 倍抽取系统的候选架构。如图所示，以输入速率进行的滤波扩展了高速滤波器 H 的过渡带，因此，我们希望这种方法比省略滤波器 G 且把全部负担加在滤波器 H 上更有效。读者应该意识到，H 可以通过两相插值器拓扑与上采样器合并，或者通过三相抽取器拓扑与下采样器合并。但是，如果 H 与上采样器合并，那么 2/3 的计算样本就被舍弃了，因此这种方法非常低效。同样地，如果 H 与下采样器合并，那么相位滤波器一半的操作数据为零。为了避免效率过低，可以使用图 14.31 所示的多相实现方法。读者可自行验证该系统模拟实现图 14.30 中的上采样、过滤和下采样操作①。

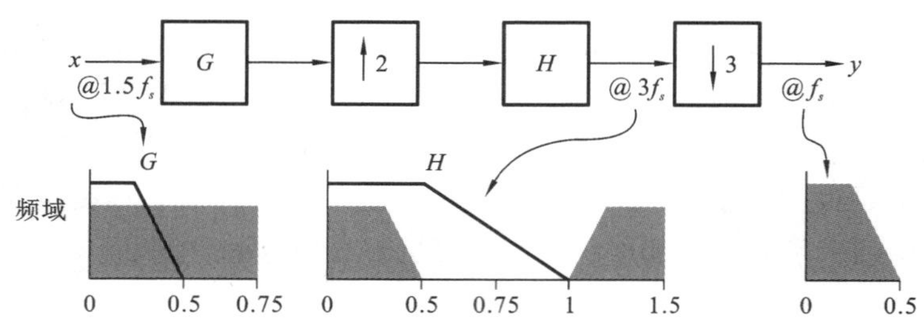

图 14.30 1.5 倍抽取系统的候选架构

让我们在一个例子中比较带 G 滤波器和不带 G 滤波器的抽取过程。我们的设计目标是通带占 90%，通带纹波为 0.1 dB，且混叠衰减和镜像衰减至少为 100 dB。这两个设计的代码如下，它们的频率响应如图 14.32 和图 14.33 所示：

---

① 提示：确认向图 14.30 中的上采样器输入施加时间为 0、1 和 2 的脉冲分别在输出产生序列{$h[0]$,$h[3]$,$h[6]$,$h[9]$…}，{0,$h[1]$,$h[4]$,$h[7]$…}和{0,0,$h[2]$,$h[5]$…}。然后验证图 14.31 中的算式是否同样如此。

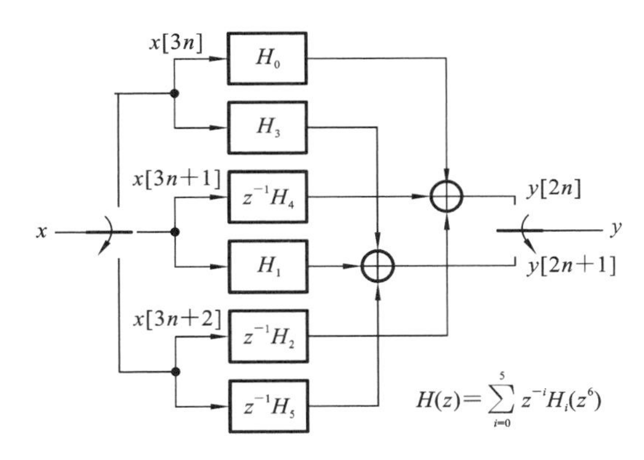

图 14.31 1.5 倍抽取的多相实现方式

```
%% Single-stage filter
A_min= 100;                    % dB
pbr=0.1;                       % passband ripple
pbf= 0.9;                      % passband fraction
f=[[0 0.5*pbf 0.5]/3 0.5];
a=[1 1 0 0];
w=[1/(undbv(pbv)-1)  undbv(A_min)];
[b0 err]=firpm(223,f*2,a,w);
%% G prefilter
k=0.75;% fraction of pbr allocated to prefilter
f=[0 0.5*pbf 0.5 0.75]/1.5;
a=[1 1 0 0];
w=[1/(undbv(k*pbr)-1)  undbv(A_min)];
[g err]=firpm(113,f*2,a,w);
%% H
f=[[0 0.5*pbf 1]/3 0.5];
a=[1 1 0 0];
w=[1/(undbv((1-k)*pbr)-1)  undbv(A_min)];
[h err]= firpm(23,f*2,a,w);
```

注意：和前面的示例一样，上面列表中给出的滤波器阶数(113 和 23)是通过试错来确定的。

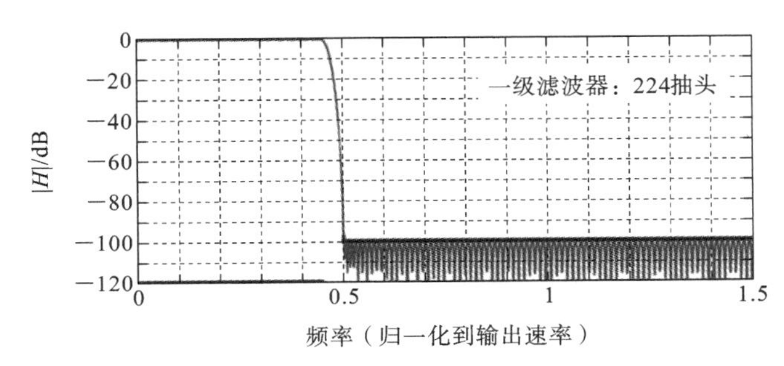

图 14.32 单级 1.5 倍抽取滤波器的频率响应

这个例子表明，当存在预滤波器 G(24 和 224 抽头)时，滤波器 H 要简单得多。由于 G 中的抽头数量(114)约为单级设计中 H 的一半，所以在直观上，级联设计的计算量

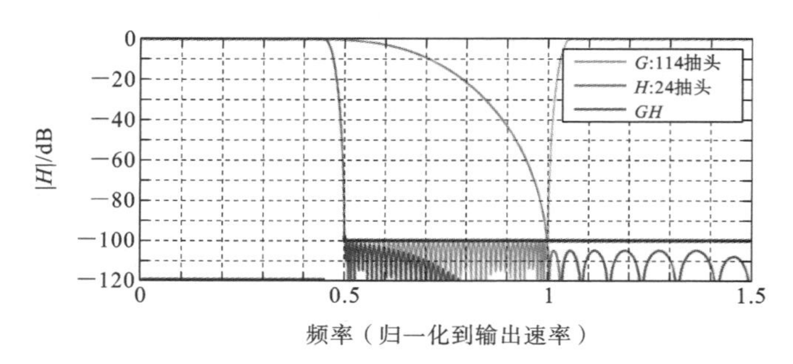

图 14.33 级联 1.5 倍抽取滤波器的频率响应

会比单级设计少很多。仔细看，G 以 1.5 倍率处理数据，而 H 以 0.5 倍的高效速率处理（H 被分成 6 个部分，其中 3 个用于产生输出采样），这有利于单级设计。通过进一步观察，我们发现 G 的系数对称性导致乘法次数减半，而 H 的系数对称则没那么有用，因为只有 H_0 和 H_3，或 H_1 和 H_4，或 H_2 和 H_5 共享的系数才能节省计算量。考虑到所有因素，我们发现单级设计的每个输出采样需要 94 次乘法，而级联设计需要 95.5 次乘法，因此得出结论，采用预滤波器是没有帮助的。

如果 G 是一个 FIR 滤波器，上述结论是有效的。我们更喜欢 FIR 滤波器，因为对称 FIR 滤波器具有线性相位，而且多相分解只适用于 FIR 滤波器。然而，由于 G 不是在上采样器之后或在下采样器之前，所以它不能利用多相分解，因此我们选择 FIR 滤波器的一个常见原因已经没有了。设计一个 IIR 滤波器如下：

```
% % IIR prefilter
[gn wp]=ellipord(pbf*0.5/1.5*2,0.5/1.5*2,2*k*pbr,A_min);
[gb ga]=ellip(gn,2*k*pbr,A_min,wp);
```

我们发现 11 阶 IIR 滤波器满足规格，而每个输出采样只需要 23.5 次乘法。因此，如果我们允许 G 是一个 IIR 滤波器，那么与预滤波相关的节省将是巨大的。图 14.34 所示的是这种设计的频率响应。

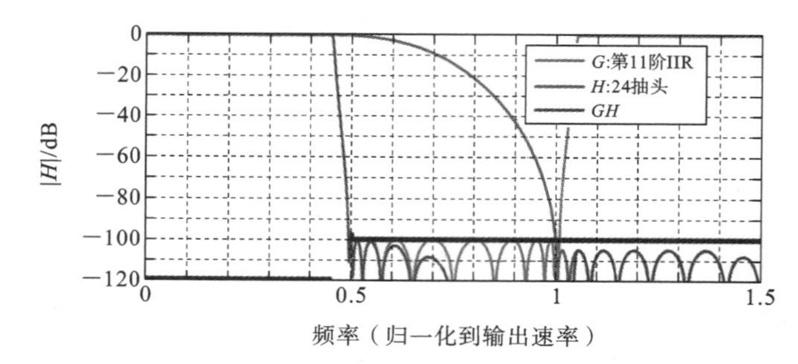

图 14.34 带 IIR 预滤波的 1.5 倍抽取的频率响应

14.7.2 采样率转换

最后的主题是任意倍率的抽取或插值。若需要将单速率数据转换器和一个不相关速率的 DSP 对接，或需要桥接异步数字系统时，这种操作至关重要。我们使用的信号处理模型如图 14.35 所示。在这个概念系统中，输入序列 $x[m]$ 首先被转换成由 Dirac 脉冲组成的连续时间信号：

$$x(t) = \sum_m x[m]\delta(t - mT_{\text{in}}) \tag{14.21}$$

然后通过一个低通滤波器进行滤波，该滤波器的作用是消除 $x(t)$ 在 $f_{s,\text{in}}$ 倍频附近的镜像。LPF 的脉冲响应用 $h_c(t)$ 表示。然后在滤波器输出处产生的连续时间信号 $y_c(t)$ 以输出采样率重新采样，生成序列 $y[n]$。为了防止混叠，低通滤波器的带宽必须小于 $f_{s,\text{in}}/2$ 和 $f_{s,\text{out}}/2$，并且滤波器的阻带衰减必须足够大，这样镜像和混叠才能保持在可接受的水平内。

我们的目标是仅使用数字处理方式来模拟图 14.35 中系统的操作。如果假设输入采样率为 1 Hz，则 $y_c(t)$ 为

$$y_c(t) = \sum_{m=-\infty}^{\infty} x[m]h_c(t - m) \tag{14.22}$$

我们的工作是计算在 $t = nT$ 处的 $y_c(t)$，其中 T 是输出采样周期。如图 14.36 所示，我们定义 $m = [nT]$ 以及 $\mu = nT - [nT]$，$[nT]$ 表示小于或等于 nT 的最大整数，因此，有

$$y[n] = y_c(nT) = \sum_{k=-\infty}^{\infty} x[m - k]h_c(k + \mu) \tag{14.23}$$

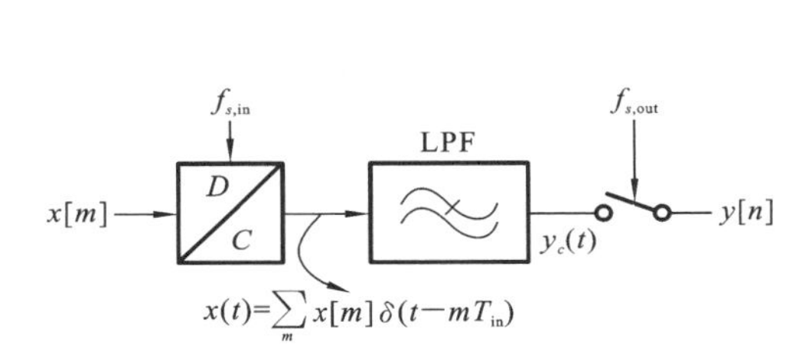

图 14.35　采样率转换器的概念模型

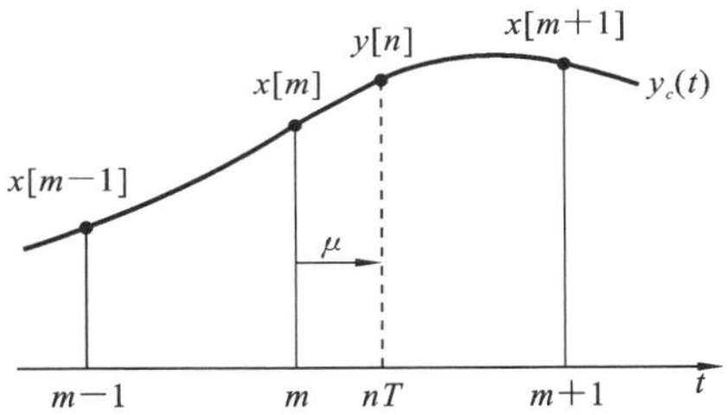

图 14.36　采样率转换器的输入和输出采样

现在，如果 $h_c(k+\mu)$ 及其所有导数在区间 $[k, k+\mu]$ 上是连续的，它可以在 k 附近展开为泰勒级数：

$$h_c(k+\mu) = h_c(k) + \frac{\mathrm{d}h_c(t)}{\mathrm{d}t}\bigg|_{t=k}\mu + \frac{1}{2!}\frac{\mathrm{d}^2 h_c(t)}{\mathrm{d}t^2}\bigg|_{t=k}\mu^2 + \frac{1}{3!}\frac{\mathrm{d}^3 h_c(t)}{\mathrm{d}t^3}\bigg|_{t=k}\mu^3 + \cdots \tag{14.24}$$

它表明：

$$h_c(k) = c_0[k]$$

和

$$\frac{1}{n!}\frac{\mathrm{d}^n h_c(t)}{\mathrm{d}t^n}\bigg|_{t=k} = c_n[k]$$

我们可以将式(14.23)重写为

$$y[n] = \sum_{k=-\infty}^{\infty} x[m-k]\{c_0(k) + \mu c_1[k] + \mu^2 c_2[k] + \cdots\} \tag{14.25}$$

生成的框图如图 14.37 所示。因此，$y[n]$ 可以通过脉冲响应为 $c_0[k]$，$c_1[k]$… 的滤波器组 $x[m]$ 以及滤波器组输出的加权和来确定。如前所述，组中第 M 个滤波器的脉冲响应为 $1/M!$ 乘以 $h_c(t)$ 的 M 阶导数采样。

式(14.24)中的泰勒展开式通常具有无穷多的项，因此组中需要无穷多的滤波器。然而，如果选择 $h_c(t)$ 作为 t 的 M 阶多项式，则式(14.24)的均方根 RHS 只有 $M+1$ 项。此外，因为我们只计算 $h_c(k+u)\mu \in [0,1]$，所以 $h_c(t)$ 是一个分段多项式。例如，$h_c(t)$

可以表示为一个 $0\leqslant t<1$ 时的 M 阶多项式和另一个 $1\leqslant t<2$ 时的 M 阶多项式。这种增加的自由度只能用来帮助设计 $h_c(t)$。

此外，为了简化计算，我们将 $h_c(t)$ 的长度限制为 N 个输入时钟周期。由于 $h_c(t)$ 也是分段多项式，因此它的所有导数也必须持续 N 个输入时钟周期。因为图 14.37 中所有滤波器的抽头取决于 $h(t)$ 的导数采样，所以这些滤波器将有 N 个抽头。

图 14.37 表明在 $[0,N]$ 上由 N 个单位宽度 M 阶分段多项式组成的 $h_c(t)$ 可以表示为

$$h_c(k+\mu)=\begin{cases}c_0[k]+c_1[k]\mu+\cdots c_M[k]\mu^M, & 0\leqslant k<N;\\ 0, & k\geqslant N\end{cases} \tag{14.26}$$

一个示例 $h_c(t)$ 如图 14.38 所示。系数 $c_i[k]$ 的限制由以下要求确定：对称性（对于水平群延迟）、穿越 $x[m]$ 采样点、连续性以及平滑度。然而，在下面的例子中，我们只需要对称性和连续性。

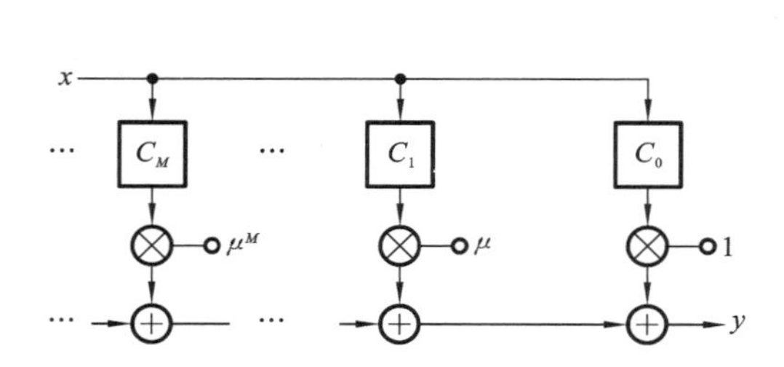

图 14.37 $y[n]$ 可通过 $x[m]$ 驱动的滤波器组输出的适当加权和来确定

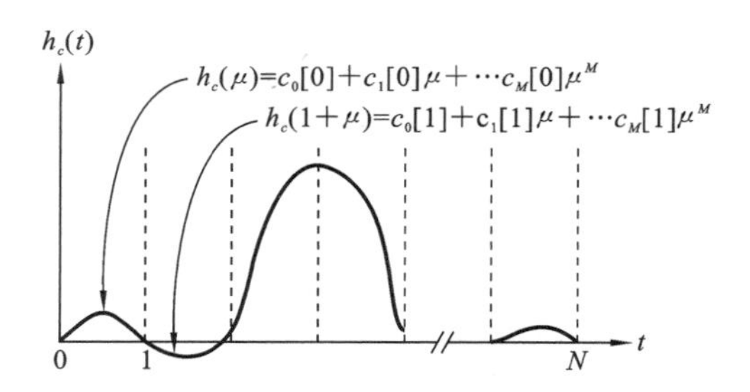

图 14.38 用分段多项式构造 $h_c(t)$

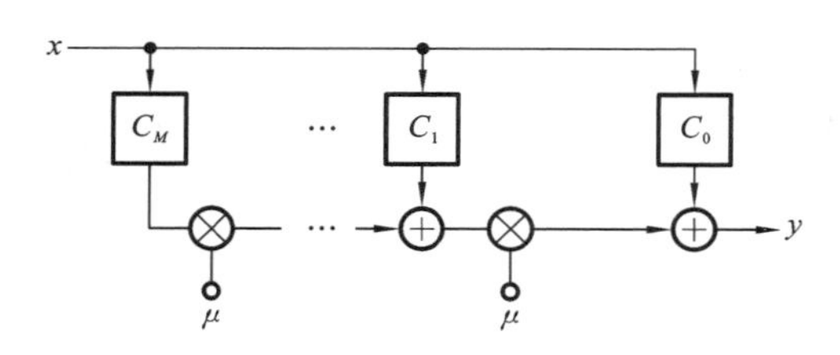

图 14.39 Farrow 架构

图 14.37 中的框图可以等效转换为图 14.39 所示的框图。这种称为 Farrow 滤波器[7]的结构，给出了式(14.23)的有效实现方式。回想一下，如图 14.37 所示，这 $M+1$ 个模块 $C_0\cdots C_M$ 都是 N 抽头 FIR 滤波器。滤波器 C_i 的频率响应为 $\{c_i[0],c_i[1],\cdots,c_i[N-1]$。注意到这 $M+1$ 个滤波器在相同的输入序列 x 上运行，因此可以使用同一采样内存。在基于处理器的实现方法中，将输入采样写入 RAM 中的循环缓冲区，然后读取样本，并以输入和输出速率中较小的那个执行滤波计算是非常有效的。当然，它需要以输出率来执行乘 μ 操作。在硬件实现中，FIR 滤波器中的乘法可以硬接线，因为系数是已知的，但是乘 μ 操作需要真正的乘法器。

图 14.40 所示的是一个通过将单位矩形与其自身卷积四次而获得的示例 $h_c(t)$。得到的 5 个四阶分段的系数可以方便地组成一个 5×5 矩阵，即

$$\boldsymbol{C}=\frac{1}{24}\begin{bmatrix}0 & 0 & 0 & 0 & 1\\ 1 & 4 & 6 & 4 & -4\\ 11 & 12 & -6 & -12 & 6\\ 11 & -12 & -6 & 12 & -4\\ 1 & -4 & 6 & -4 & 1\end{bmatrix} \tag{14.27}$$

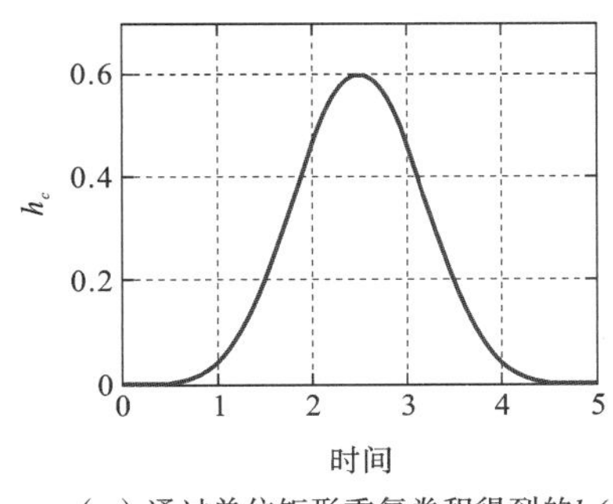

（a）通过单位矩形重复卷积得到的$h_c(t)$

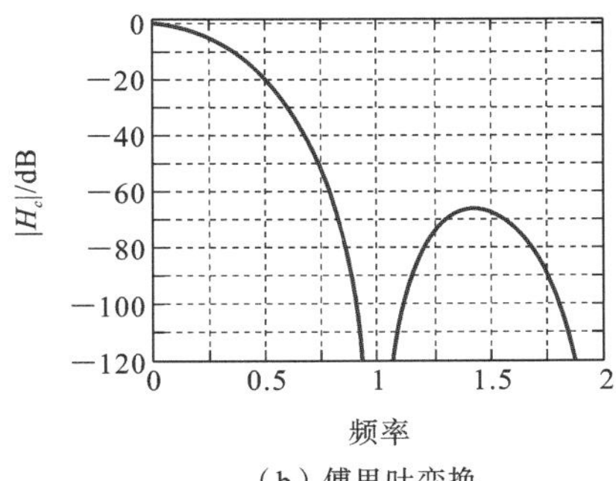

（b）傅里叶变换

图 14.40　示例 $h_c(t)$

该矩阵的行是各个分段的多项式系数，列是 FIR 滤波器的系数。例如，与第二个分段相关联的多项式是

$$h_c(1+\mu)=\frac{1}{24}+\frac{\mu}{6}+\frac{\mu^2}{6}+\frac{\mu^3}{6}-\frac{\mu^4}{6} \tag{14.28}$$

且滤波器 C_1（对所有 5 个分段都实现了 μ^1 多项式项）的脉冲响应为

$$\{c_1[k];k=0,1,2,3,4\}=\left\{0,\frac{1}{6},\frac{1}{2},-\frac{1}{2},-\frac{1}{6}\right\} \tag{14.29}$$

由于 24 倍放大系数会产生简单的整数，因此 FIR 滤波器中的乘法可以用少量的加法实现（可在输入或输出处进行 1/24 的缩放）。然而不幸的是，如图 14.40 所示的傅里叶变换，除非输入过采样，否则该滤波器提供的镜像/混叠衰减较小且下垂很大。虽然该下垂可以通过预滤波器进行补偿，但如果需要 100 dB 的抗混叠保护，那么输入过采样率至少为 5.5。

通过 ΔΣ 工具箱函数 designPBF（该函数遵循 Hunter 方法[8]）可以生成更激进的系数。图 14.41 所示的是 10 段五阶多项式滤波器的脉冲响应及其相关的傅里叶变换。即使输入过采样率仅为 2，该滤波器可以提供 100 dB 的镜像衰减且只有 0.1 dB 的通带纹波。下面代码给出了该滤波器的 **C** 矩阵：

```
% C matrix obtained by designPBF.
%  Use mu-0.5 as the polynomial argument.
C=[
-0.001345  -0.007276  -0.013868  -0.007952   0.008608   0.011467
-0.012460   0.016669   0.074003   0.038627  -0.042437  -0.039262
 0.042131  -0.025342  -0.246761  -0.140367   0.134082   0.118809
-0.144527  -0.015873   0.677698   0.517909  -0.219522  -0.254117
 0.610687   1.112924   0.491399  -1.063063   0.120475   0.375982
 0.610687  -1.112924   0.491399   1.063063   0.120475  -0.375982
-0.144527   0.015873   0.677698  -0.517909  -0.219522   0.254117
 0.042131   0.025342  -0.246761   0.140367   0.134082  -0.118809
-0.012460  -0.016669   0.074003  -0.038627  -0.042437   0.039262
-0.001345   0.007276  -0.013868   0.007952   0.008608  -0.011467
];
```

如果输出采样率与输入采样率的比值 T 是精确已知的，那么 Farrow 结构只需要增加一个就可以为每个输出采样确定 m 和 μ 的模块。如果比率不是很清楚，或者输入

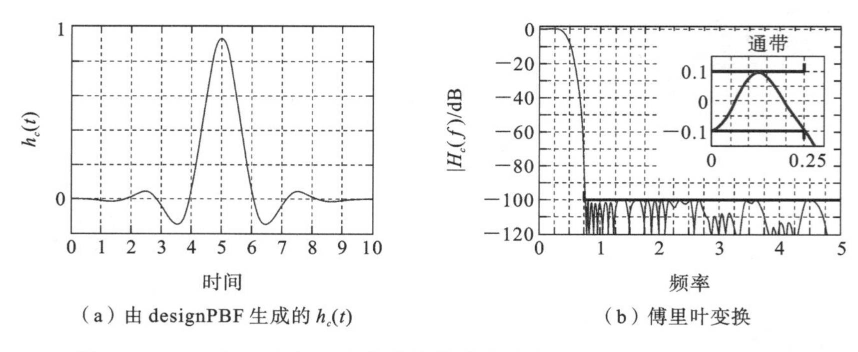

（a）由 designPBF 生成的 $h_c(t)$　　（b）傅里叶变换

图 14.41　10 段五阶多项式滤波器的脉冲响应及其相关的傅里叶变换

和输出时钟是异步的，那么需要一个估计 T 的模块，如图 14.42 所示。

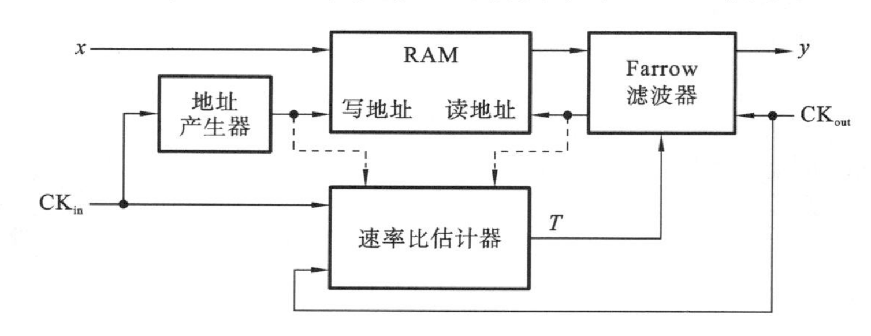

图 14.42　异步采样率转换器

在这个系统中，传入的数据通过 RAM 上的写入端口写入采样内存，然后 Farrow 滤波器通过读取端口读取采样。其中速率比估计器可以向 Farrow 滤波器提供 T 的估计值，以确定每个输出采样中 m 和 μ 的值。T 必须更新得足够快，以跟踪输入和输出频率的变化，否则应进行严格滤波。为了防止读地址溢出到写地址，速率比估计器可以使用写地址和基本读地址作为估计过程的一部分。

14.8　总结

在本章中，我们研究了 ΔΣ DAC 系统中的插值以及 ΔΣ ADC 系统中的抽取。我们观察到两种操作之间有许多相似之处，并注意到一个抽取器可以转换成一个插值器，反之亦然。我们发现，当插值前或抽取后的过采样率为 2 或更多时，sinc 滤波器与均衡器级联较为高效。从接近 1 的过采样率往下抽取或从接近 1 的过采样率往上插值的计算量较大，此时采用半带滤波器效率最高。Saramaki 拓扑结构可以实现半带滤波器，且可以将滤波器的系数量化为一些 CSD 项。本章最后，我们简要讨论了分数倍抽取和插值，以及使用了 Farrow 滤波器结构的异步采样率转换。

参考文献

[1] E. Hogenauer，"An economical class of digital filters for decimation and interpolation"，*IEEE Transactions on Acoustics，Speech and Signal Processing*，vol. 29，no. 2，pp. 155-162，Apr. 1981.

[2] T. Saramäki，"Design of FIR filters as a tapped cascaded interconnection of identi-

cal subfilters", *IEEE Transactions on Circuits and Systems*, vol. 34, no. 9, pp. 1011-1029, Sep. 1987.

[3] R. E. Crochiere and L. Rabiner, "Interpolation and decimation of digital signals-A tutorial review", *Proceedings of the IEEE*, vol. 69, no. 3, pp. 300-331, Mar. 1981.

[4] R. E. Crochiere and L. R. Rabiner, *Multirate Digital Signal Processing*. Prentice-Hall, Englewood Cliffs, 1983.

[5] A. Y. Kwentus, Z. Jiang, and A. N. Wilson, "Application of filter sharpening to cascaded integrator-comb decimation filters", *IEEE Transactions on Signal Processing*, vol. 45, no. 2, pp. 457-467, 1997.

[6] A. V. Oppenheim and R. W. Schafer, *Discrete-Time Signal Processing*. Prentice-Hall, Englewood Cliffs, 1989.

[7] C. W. Farrow, "A continuously variable digital delay element", *IEEE International Symposium on Circuits and Systems*, pp. 2641-2645, June 1988.

[8] M. T. Hunter, "Design of polynomial-based filters for continuously variable sample rate conversion with applications in synthetic instrumentation and software defined radio", *Ph. D. thesis*, University of Florida, 2008.

附录A 频谱估计

本附录的目的是使用快速傅里叶变换(FFT)[1]揭开分析 $\Delta\Sigma$ 数据的过程的神秘面纱。FFT 广泛用于估计 $\Delta\Sigma$ 数据的功率谱密度，但有时也会在此过程中被滥用。使用 FFT 分析 $\Delta\Sigma$ 数据时，$\Delta\Sigma$ 设计人员需要熟悉几个重要概念：窗口化、缩放、噪声带宽和平均。本附录将依次介绍这些主题，将它们应用于一个实例，最后简要讨论其数学背景。

FFT 是用于计算 N 个 bin 处(FFT bin：$0,1/N,2/N,\cdots,(N-1)/N$)①的一个长度为 N 的离散时间序列 $x[n]$ 的傅里叶变换的快速算法，即

$$X[f]=\sum_{n=0}^{N-1}x[n]\mathrm{e}^{-\mathrm{j}2\pi fn} \tag{A.1}$$

周期为 N 的离散时间信号由一个直流项和基频为 $f_1=1/N$ 的谐波构成，一个正弦序列

$$x[n]=A\cos\left(2\pi\frac{i}{N}n+\phi\right) \tag{A.2}$$

的 $|X[f]|$ 由下式给出，即

$$X[k]=\begin{cases}\dfrac{A}{2}N, & k=i;\\ 0, & \text{其他}\end{cases}$$

其中 $i\neq0$ 且 $i\neq N/2$。

因此，周期为 N 的序列的第 i 阶谐波的幅度为 $2|X[f_i]|/N$。所以，FFT 可以很容易地用于计算周期信号的功率谱。遗憾的是，由于 $\Delta\Sigma$ 数据通常不是周期性的，因此将 FFT 直接应用于 $\Delta\Sigma$ 数据是不明智的。

我们将与 $\Delta\Sigma$ 数据相关的"噪声"视为随机信号，更为技术性的术语是随机过程[2]。如果数据来自测量，那么它必然包含真正噪声的成分，并且我们的观点是合理的。对于从仿真中获得的数据，其中噪声是确定性过程的结果，因此将该过程描述为随机的并不严格。然而，由于该过程是复杂的、非线性的，并且经常是混乱的，因此这对该过程在实际上是确定性的这一事实几乎没有实际影响。

A.1 窗口化

窗口化是将欲分析的信号在进行 FFT 处理之前，将之与窗口函数 $w[n]$ 相乘的操作。乍一看，似乎这种操作会改变信号的频谱内容，因此是不希望发生的。尽管窗口化确实会改变信号的频谱，但是窗口化是不可避免的，因为我们永远无法获得无限长度的调制器数据记录。我们能做的最好的是在长度为 N 的有限记录上进行操作。由于有限长度记录可以被认为是无限期调制器输出和矩形窗口

---

① 这里，如前所述，采样率假设为 1 Hz。此外，$X[f]$是一个序列，因为 f 具有离散值。

$$w_{\text{rect}}[n]=\begin{cases}1, & 0\leqslant n\leqslant(N-1);\\0, & \text{其他}\end{cases}\tag{A.3}$$

的乘积。窗口化数据造成的损坏已经造成，因此，问题不是“我应该窗口化我的数据吗?”而是“我应该如何窗口化我的数据?”

这个问题的答案在于原始数据的频谱与窗口化数据的频谱之间的关系。由于时域中的乘法对应于频域中的卷积，因此大致来说，窗口化信号的频谱是未窗口信号的频谱与窗口频谱的卷积。为了获得准确的频谱，设计者必须选择一个窗口，保证其通过频谱卷积引入的误差足够低。

考虑图A.1所示的三个窗口函数。表A.1所示的是它们的定义，并总结了本附录中讨论的各种参数。由于矩形窗口在其端点处具有不连续性，而Hann和Hann^2窗口是连续的(分别到二阶和四阶导数都是连续的)，我们预期矩形窗口包含有比其他两个窗口更高频率的分量。这种假设在图A.2中得到了证实，图A.2描绘了对于每个窗口，由直流增益$W(0)$归一化的傅里叶变换

$$W(f)=\sum_{n=0}^{N-1}w[n]\mathrm{e}^{-\mathrm{j}2\pi fn}\tag{A.4}$$

的幅度，使用$N=32$。

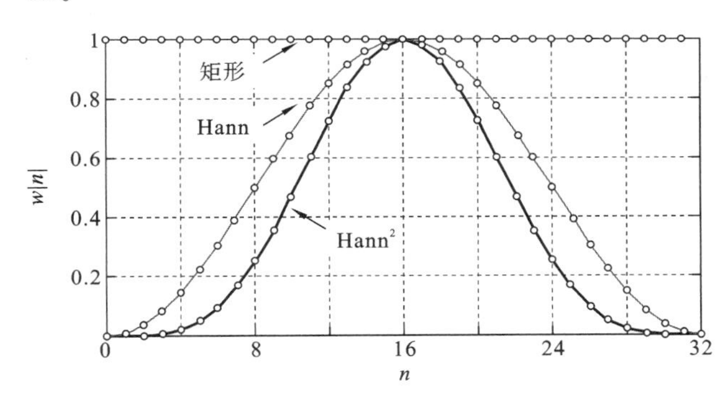

图A.1　矩形、Hann和Hann^2窗口

表A.1　图A.1中所示的三个窗口的属性

窗	矩形	Hann	Hann^2
$w[n],n=0,1,\cdots,N-1$	1	$\frac{1}{2}\left[1-\cos\left(\frac{2\pi n}{N}\right)\right]$	$\frac{1}{4}\left[1-\cos\left(\frac{2\pi n}{N}\right)\right]^2$
$\Vert w_2\Vert^2$	N	$\frac{3}{8}N$	$\frac{35}{128}N$
非零FFT bin的数目	1	3	5
$W[0]$	N	$\frac{1}{2}N$	$\frac{3}{8}N$
NBW	$1/N$	$\frac{3}{2N}$	$\frac{35}{18N}$

如图A.2所示，矩形窗口频谱中高频波瓣的峰值接近一个恒定值(与$1/N$成比例)，而Hann和Hann^2窗口的高频波瓣峰值分别以60 dB / decade和100 dB / decade斜率变为零。一个窗口频谱的高频行为对于确定卷积产生的误差幅度至关重要。

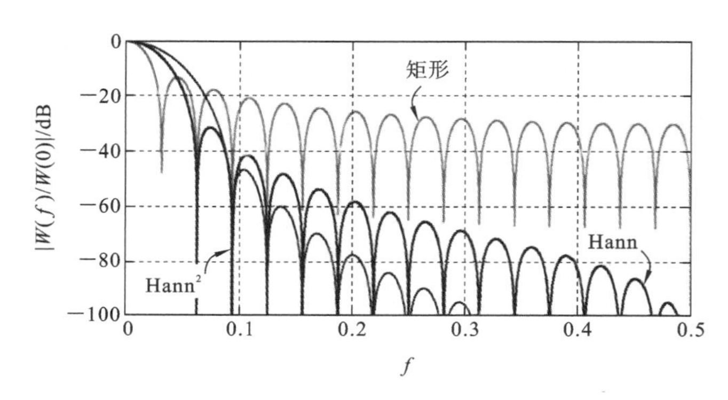

图 A.2 矩形、Hann 和 Hann^2 窗口的傅里叶变换的幅度

作为卷积问题的演示，图 A.3 所示的是一些噪声整形数据的频谱、256 点矩形窗口的傅里叶变换以及窗口化数据的傅里叶变换。图 A.3 中，由于窗口的裙边与带外噪声卷积，从而填充噪声陷波并显著降低表观 SNR。

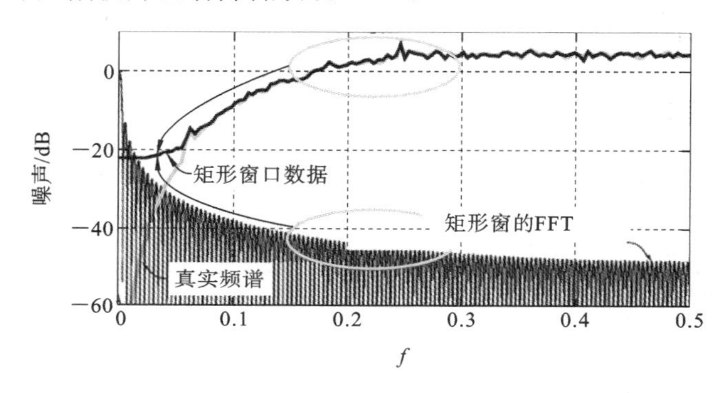

图 A.3 矩形窗口遮掩了一个噪声零点

ΔΣ 设计人员必须确保与实际带内噪声密度相比，这种噪声泄漏很小。在高精度 ΔΣ 调制器的环境中，带外噪声密度和带内噪声密度之间的差异可能是 80 dB 或更大。图 A.3 表明，对于 $N=256$，带外和带内噪声密度之间的可观察差异仅为约 23 dB。增加 N 会改善这种情况，但只能达到每倍频程 3 dB 的速度，根据这种趋势，矩形窗口需要使用超过 10^8 个点才能可靠地观察到 80 dB 的噪声密度差异。

因此，ΔΣ 设计者不得不使用简单的矩形窗口以外的窗口。存在许多不同的窗口(参见文献[3][4])，但是对 ΔΣ 设计者最重要的特征是窗口提供的高频衰减量。具有有限高频衰减的窗口，例如汉明窗口(Hamming window)，不如高频衰减无限增加的窗口。特别是，$N=512$ 的 Hann 窗口能够解决 80 dB 的噪声密度差异，而 Hann^2 窗口的噪声密度与 $N=256$ 的相似。由于提供足够频率分辨率所需的数据点数通常在数千数量级，一个简单的 Hann 窗口通常能提供足够的防止噪声泄漏的保护。

ΔΣ 数据分析中的另一个重要考虑因素是信号泄漏(signal leakage)。在实验室和仿真中使用正弦波激发都很方便。但是，正弦波的频率必须精确地定位在 FFT bin 中；否则，信号功率将流入所有 bin 上。图 A.4 所示的是用两个正弦波的几个长度 512 的 FFT 来说明这种现象。第一个具有精确定位在 FFT bin 的频率(具体地是 bin 73，其靠近 1/7 的频率处)，而第二个具有恰好为 2/7 的频率，因此不在 FFT bin 上。在第一种情况(相干情况)下，正弦波的功率集中在小数目的 FFT bin 内(矩形窗口为 1 个，Hann

窗口为 3 个，$Hann^2$ 窗口为 5 个）；在非相干情况下，正弦波的功率被涂抹在所有 FFT bin 上，扩散的严重程度取决于正弦波离最近的 bin 频率有多远，以及窗口裙边的形状。与噪声泄漏的情况一样，矩形窗口表现出最大的信号泄漏，因为它的裙边是最宽的。

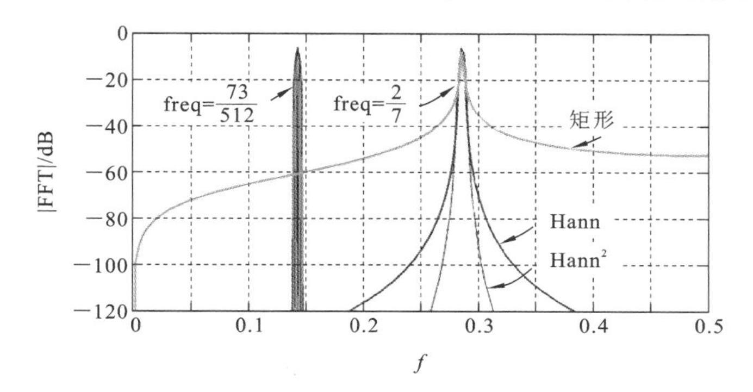

图 A.4　相干和非相干正弦波的 FFT(N=512)

在仿真中，将信号频率放在 FFT bin 上从而完全消除了信号泄漏，是一件简单的事情。值得注意的是，在计算信号 $x[n]=\cos(2\pi fn/N)$ 的样本时使用准确的 π 值。使用 Hann 窗口时，四舍五入 π 到十进制的 4 位会在信号上产生裙边，其总功率为 −84 dBc；使用矩形窗口时，裙边功率比前述的高 18 dB。在实验室中，通过对发生器锁相和精确设置信号频率，可以最大限度地减少信号泄漏。如果无法将信号频率放入 FFT bin 上，则可以使用窗口化来减少频谱污染。或者，可以估计信号的频率、幅度和相位，并且可以从数据记录中减去估计的信号，仅留下噪声。

我们讨论的关于窗口化的最后一个问题是获得调制器 SNR 的准确估计所需的窗口长度。估计 SNR 的最简单方法是计算信号 bin 上的功率与带内噪声 bin 上的功率之比。由于信号通常放在带内，因此它占用了一些带内 bin。信号占用的 bin 数应该是带内 bin 数的一小部分（小于 20%），会对 SNR 估计产生较小的影响（小于 1 dB）。如果我们使用 Hann 窗口，信号将占用 3 个 bin，因此我们应该至少有 15 个带内 bin，这反过来又需要 $N \geqslant (30 \cdot \mathrm{OSR})$ bin，其中 OSR 是过采样率。

如果假设噪声是带内平坦的，则可以通过将噪声 bin 上的功率乘以 $1/(1-a)$ 来计算丢失的噪声功率，其中 a 是信号占据的带内 bin 数的分数。然而不幸的是，至少在仿真中，带内量化噪声遵循 NTF，因此趋于不平坦。或者，可以通过在执行 FFT 之前或之后减去估计的信号分量来估计信号 bin 上的噪声。

关于所需数据记录长度的另一个考虑因素涉及 SNR 测量的可重复性。由于随机信号的 FFT 本身是随机量，因此从 FFT 计算的带内噪声功率也是随机量。数值实验表明，使用 $N=30 \cdot \mathrm{OSR}$ 会导致 SNR 估计值具有约 1.4 dB 的标准偏差；使用 $N=64 \cdot \mathrm{OSR}$ 会导致标准偏差约为 1.0 dB，这需要 $N=256 \cdot \mathrm{OSR}$ 以将标准偏差降低至 0.5 dB。在单独的测量中通常不需要这种程度的可重复性，因为通常进行许多测量，如在输入幅度扫描期间的情况（建议使用 $N=64 \cdot \mathrm{OSR}$）。

关于所需数据记录长度的第三个考虑与可观测的无杂散动态范围（SFDR）有关。使用 $N=64 \cdot \mathrm{OSR}$ 通常足以可靠地观察到比 SNR 大 10 dB 的 SFDR。为了检测低于总带内噪声 10 dB 以上的音调，需要增大 N，具体来说，将 N 增加一倍可观察到 SFDR 增加了 3 dB。

A.2 缩放和噪声带宽

与数据记录中的正弦波分量相关的频谱尖峰的高度取决于窗口类型和窗口长度。大多数窗口具有 $\max|W(f)|=W(0)$（即窗口频谱中的峰值出现在直流处），因此对应于正弦波的峰值高度为 $(A/2)W(0)$，其中 A 是正弦波的幅度。

当显示频谱图时，通常缩放 FFT 使得满量程正弦波产生 0 dB 频谱峰值。如果我们用 FS 表示满量程范围，则满量程正弦波的幅度是 $A=FS/2$，因此我们将呈现的 FFT 的缩放版本是

$$\hat{S}'_x(f)=\left|\frac{1}{(FS/4)W(0)}\sum_{n=0}^{N-1}w[n]\mathrm{e}^{-\mathrm{j}2\pi fn}\right|^2 \tag{A.5}$$

注意，我们已经对幅度求平方，以便允许我们将 $\hat{S}'_x(f)$ 解释为功率谱密度（PSD）。因此，一个正弦波信号相对于满量程正弦波信号功率的功率由 $10\lg\hat{S}'_x(f)$ 给出，其中 f 是信号的频率，这个量的单位通常以 dBFS（相对于满量程的 dB）给出，以强调参考功率是满量程正弦波的功率，但我们很快就会看到这些单位省略了一个重要的细节。符号 $\hat{S}'_x(f)$ 上的“帽子”符号表示上面的表达式是 PSD 的估计值，而“一撇”表示我们已经对估计值进行了缩放，使正弦波信号产生经过校准的峰值高度。

尽管上述缩放对于分析由正弦波组成的信号是方便的，但是分析包含噪声的信号不太方便。图 A.5 所示的是当使用不同长度的矩形窗口时，对由一个 0 dBFS 正弦波加上具有与正弦波相同功率的白噪声构成的信号绘制 $\hat{S}'_x(f)$ 的问题（矩形窗口在这里是安全的，因为我们对观察 $\hat{S}'_x(f)$ 中的凹口不感兴趣）。虽然信号尖峰在每种情况下具有相同的高度，但 $\hat{S}'_x(f)$ 的平均“本底噪声”每下降 3 dB，N 增加一倍。由于噪声功率在每种情况下实际上都是 0 dBFS，因此“本底噪声”的位置不是读者需要的唯一信息。

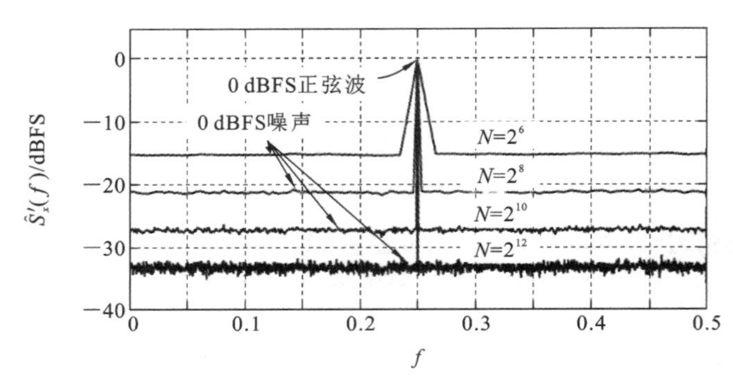

图 A.5 一个正弦波加白噪声的 FFT；正弦波缩放

正弦波缩放的问题在于，噪声功率均匀地分布在所有 FFT bin 上，而正弦波功率仅集中在几个 bin 上。利用正弦波缩放，可以直接从频谱图中读取单个正弦波分量的功率，但是为了确定噪声功率，必须将所有噪声分量的功率加在一起。

信号处理中常见的另一种缩放方法是缩放 FFT 使其提供校准的噪声密度。在这种情况下，适当的比例因子是 $1/\|w\|_2^2$，其中

$$\|w\|_2^2 = \sum_{n=0}^{N-1} |w[n]|^2 \tag{A.6}$$

是窗口的能量[①]。当使用这种缩放时，PSD 估计是

$$\hat{S}'_x(f) = \left| \frac{1}{\|w\|_2} \sum_{n=0}^{N-1} w[n] e^{-j2\pi fn} \right|^2 \tag{A.7}$$

因此，无论窗口类型或长度如何，单位功率白噪声都会产生单位（0 dB）密度。不幸的是，以这种方式缩放噪声使得正弦波尖峰的高度取决于窗口类型和长度。

缩放困境的解决方式遵循实验室仪器特别是频谱分析仪中采用的解决方案。频谱分析仪必须解决在同一显示器上表示周期信号（如正弦波）的频谱的问题，因为正弦波用于表示宽带信号（如噪声）的频谱密度。在频谱分析仪中，信号可以被认为是由一组具有相同滤波特性（增益、带宽等）的滤波器处理的，尽管其中心频率不同。该仪器测量滤波器输出端的功率，并绘制功率与中心频率的关系图。

对于正弦波输入，显示屏在输入频率处显示峰值，其高度等于输入功率。因此，频谱分析仪显示的频谱就像是具有正弦波缩放的 FFT。对于噪声，显示屏指示每个滤波器带宽中的噪声功率。换句话说，对于类似噪声的信号，显示器给出了滤波器的噪声密度和噪声带宽的乘积。

对于具有无限陡峭滚降的滤波器，噪声带宽（NBW）等于滤波器的带宽，而对于具有单极点滚降的滤波器，NBW 是 3 dB 带宽的$\frac{\pi}{2}$倍。通常，滤波器的 NBW 是理想的砖墙滤波器的带宽，在给定白噪声输入的情况下具有相同的输出功率，并且具有与所考虑的滤波器相同的中频带增益。频谱分析仪通过提供 NBW 以及每个频谱来解决缩放问题，从而为设计人员提供将显示器上显示的功率转换为功率密度所需的信息。NBW 取决于各种分析仪设置，包括确定频谱图的频率范围和分辨率的设置。

在正弦波缩放 FFT 获得的 PSD 的情况下对缩放问题的解决方案同样简单。我们所需要做的就是提供 NBW 的值。

对于本附录中考虑的三个窗口，NBW 的值列于表 A.1 中。对于每一个窗口，NBW 与 N 成反比，因此对 N 加倍会使正弦波缩放 PSD 中的噪声显著水平降低 3 dB，如图 A.5 所示。现在让我们说明 NBW 在计算总噪声功率中的用途。从图 A.5 的顶部曲线中，我们观察到大约 −15 dBFS 的“本底噪声”，即带宽 NBW$=1/N=2^{-6}$ 中功率的总量。因此，整个奈奎斯特频带[0, 0.5]的总功率是观察到的 −15 dBFS 值的 0.5/NBW$=2^5$ 倍（多 15 dB），或 0 dBFS。

对于正弦波缩放的 FFT，应始终给出 NBW，或者至少用于计算它的足够信息（即 N 和窗口类型）。此外，为了强调这样的 FFT 表示功率谱密度，垂直轴上的单位应该表示为每单位带宽的功率。由于我们以 dBFS 作为报告功率，并且因为带宽单位是 NBW，所以垂直轴通常标记为“dBFS/NBW”[②]。

---

① 符号 $\|w\|^2$ 表示 2-norm，是 p－norm 的特例，即 $\|w\|_p = \left[\sum_{n=0}^{N-1} |w[n]|^p\right]^{\frac{1}{p}}$。

② 虽然在通常使用中，dBFS/NBW 或 dBm/Hz 等单位具有欺骗性：1 dBm/Hz 的密度在 1 Hz 带宽中确实产生 1 dBm 的功率，但在 2 Hz 带宽中不产生 2 dBm 的功率。倍频带宽使功率增加一倍（增加 3 dB），在 2 Hz 带宽中产生 4 dBm 功率。摆脱这种符号困境的方法是将 dBm/Hz 解释为 dB 相对于 1 mw/Hz 的密度。类似地，dBFS/NBW 表示 dB 相对于在 NBW 带宽上传播的满量程正弦波的功率的密度。

A.3　平均

我们关于使用 FFT 进行频谱分析的最后讨论点是平均值。前面提到过，随机波形的 FFT 本身就是一个随机量，这个量在幅度和相位上都是随机的，但由于我们关注的是功率，所以我们只考虑幅度。随机信号的 FFT 中的特定频率束(bin)的幅度是一个具有均值和标准偏差的随机值。事实证明，正如我们所希望的那样，FFT 幅度的预期值[①]等于实际 PSD(与窗口卷积)，但幅度的标准偏差很大，实际上，标准偏差等于预期值。

该属性的结果是单个 FFT 导致一个“噪声的”频谱估计，如图 A.6 所示，其中显示了三个长度为 64 的 0 dBFS 白噪声的 FFT。预计每条曲线都是 −15 dBFS 的平坦线，但这在图中并不明显，因为每个 bin 上的幅度有大幅度变化。

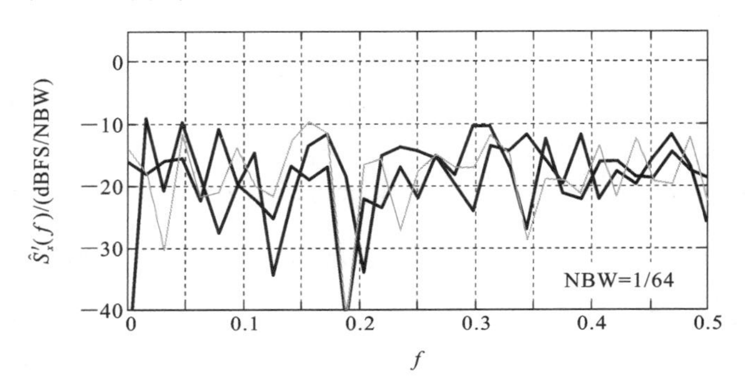

图 A.6　0 dBFS **白噪声的三个长度** 64 **的** FFT

计算噪声功率(通过对 FFT bin 范围内的功率求和)时，只要使用足够数量的 bin，每个 bin 上的幅度的可变性就不成问题。然而，如果试图构建一个清晰的谱密度图，那么 bin 上幅度的不稳定性会导致模糊图，如图 A.7 所示。在此，我们看到的是一个跨越近 20 dB 的宽黑带，而不是平滑的曲线，这掩盖了真正的噪声密度。这个问题有两种解决方案，即平均和积分。平均可以通过平均许多 FFT 来执行，或通过在单个 FFT 中平均附近的 bin 来执行。

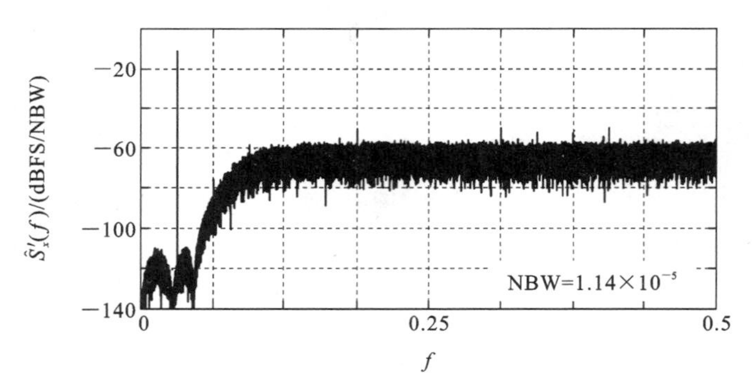

图 A.7　**没有平均的一个长度** 2^{17} **的** FFT

① 期望值是平均值的另一个术语。

平均多个 FFT 需要使用多个数据记录。当单个大数据记录可用时，可以将其划分为多个(可能是重叠的)记录，这些记录单独窗口化并使用 FFT 进行转换。平均这些 FFT 的平方幅度可以降低标准偏差，从而提高频谱图的易读性(为了清晰起见，图 A.3 和图 A.7 所示的频谱是这样取平均值的)。同样，平均相邻 bin 中的功率也将平滑 FFT，有效地"滤波"它。我们将在下一节中介绍这种平均形式的示例。

增加频谱易读性的第二种方法是绘制其累积值，按 $1/(N \cdot \mathrm{NBW})$ 进行缩放，得到的曲线图显示了从直流到当前频率的频带中包含的功率总量，因此节省了读者执行积分以获得噪声功率的工作量。当然，设计人员必须在执行积分之前清空信号箱(signal bins)，并且在处理带通噪声整形时必须改变该方法。图 A.8 所示的是该技术在平滑图 A.7 的 FFT 中的有效性(有些人可能认为这种技术太有效了，因为它隐藏了在原始 FFT 中很明显的高频音调)。

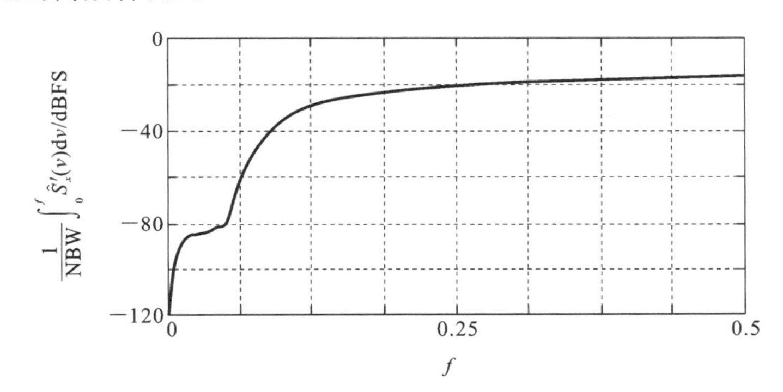

图 A.8 图 A.7 中噪声频谱的积分版本

A.4 示例

我们现在已经介绍了使用 FFT 计算正弦波缩放 PSD 的基本主题，因此可以通过示例进行演示。下面给出了用于产生 ΔΣ 数据记录并根据上述过程对其进行分析的示例 MATLAB 代码：

```
% Compute modulator output and actual NTF
%
OSR=32;
ntf0=synthesizeNTF(5,OSR,1);
N=64*OSR;
fbin=11;
u=1/2*sin(2*pi*fbin/N*[0:N-1]);
[v tmp1 tmp2 y]=simulateDSM(u,ntf0);
k=mean(abs(y)/mean(y.^2))
ntf=ntf0/(k+(1-k)*ntf0);
%
% Compute windowed FFT and NBW
%
w=hann(N);% or ones(1,N) or hann(N).^2
nb=3;% 1 for Rect;5 for Hann^2
w1=norm(w,1);
```

```
w2=norm(w,2);
NBW=(w2/w1)^2
V=fft(w.*v)/(w1/2);
%
% Compute SNR
%
signal_bins=fbin+[-(nb-1)/2:(nb-1)/2];
inband_bins=0:N/(2*OSR);
noise_bins=setdiff(inband_bins,signal_bins);
snr=dbp(sum(abs(V(signal_bins+1)).^2)/sum(abs(V(noise_bins+1)).^2
%
% Make plots
%
figure(1);clf;
semilogx([1:N/2]/N,dbv(V(2:N/2+1)),'b','Linewidth',1);
hold on;
[f p]=logsmooth(V,fbin,2,nb);
plot(f,p,'m','Linewidth',1.5)
Sq=4/3*evalTF(ntf,exp(2i*pi*f)).^2;
plot(f,dbp(Sq*NBW),'k--','Linewidth',1)
figureMagic([1/N 0.5],[],[],[-140 0],10,2);
```

第一个代码块综合了一个五阶 NTF，创建了二进制 ΔΣ 数据，估计量化器增益并计算实际的 NTF。第二个代码块计算缩放和窗口化 FFT，以及 NBW。最后两个代码块计算 SNR 并创建如图 A.9 所示的频谱图。

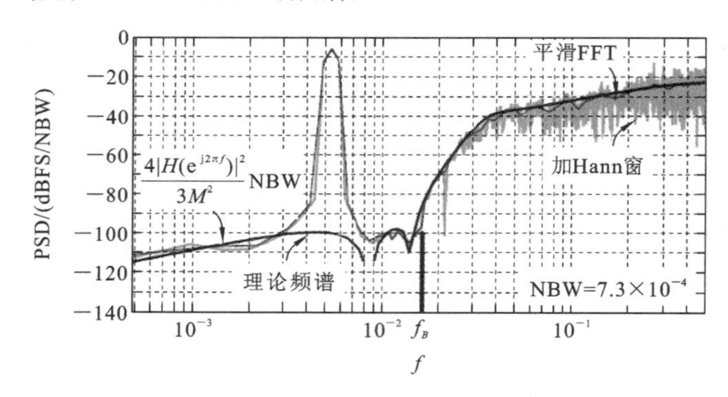

图 A.9　由该 MATLAB 代码片段生成的 PSD 示例

这个 NTF 具有针对过采样率 OSR=32 优化的零点。如第 A.1 节所述，FFT 点的数量设置为 $N=64\cdot\text{OSR}=2048$。注意，半量程输入信号精确地放置在 FFT bin（例如，bin11）中。许多从业者使用奇数 FFT bin 来确保输入数据不包含重复的段，但这不是严格必要的。在奈奎斯特转换器中，明智的做法是使用不包含重复段的输入以便尽可能多地执行代码，但在 ΔΣ 转换器中，转换器的内部状态通常确保输出数据不是周期性的。

如第二个代码块所示，可以尝试不同的窗口，这里使用 Hann 窗口。Hann 窗口的非零信号 bin 的数量是 $nb=3$。使用在下一节中将要证明的表达式直接计算窗口的 NBW，如表 A.1 所示，Hann 窗口的结果是 $\text{NBW}=1.5/N=7.3\times10^{-4}$。第二个代码块的最后一行计算 FFT，并将其缩放窗口的直流增益的一半以执行正弦波缩放。

在第三个代码块中，SNR 被计算为信号 bin 中的总功率与噪声 bin 中的总功率的比率，并且该仿真的结果是 SNR＝81 dB。如果使用矩形窗口，则窗口中较弱的高频滚降将破坏频谱的带内部分并产生较低的 SNR。对于这个特定的例子，缺口有 23 dB，这是灾难性的。

在第四个也是最后一个代码块中，原始的和平滑的 PSD 估计值与理论 PSD 进行了图形比较。正如预期的那样，原始 FFT 产生了一个不稳定的图，从中很难判断观察到的 PSD 是否符合预期。使用 ΔΣ 工具箱函数 logsmooth 执行平滑处理，该函数平均多个 bin 的功率以减小 PSD 的方差，并且还对结果进行子采样以产生在对数轴上相当均匀间隔的点。通过使用在几何上增加超出用户指定频率(默认为输入的三次谐波)的多个 bin 来实现这种几乎均匀的间隔。有关详细信息，请参阅与 logsmooth 相关的“帮助”信息。利用此函数，可以呈现数百万点仿真的结果，而无须在频谱中绘制数百万个点。如图 A.9 所示，预期和观察到的 PSD 之间的一致性非常好。计算预期 PSD 所用公式的合理性也将在下一节讨论。

作为最后一个演示，我们将使用图 A.9 的 PSD 图来手动估计 SNR。信号功率直接从图中读取：−6 dBFS。通过将噪声密度乘以带宽计算噪声功率，或者用对数表示，在噪声密度(单位：dB)上加上 $10\lg\left(\frac{\mathrm{BW}}{\mathrm{NBW}}\right)$。对于 OSR＝32，$\mathrm{BW}=0.5/\mathrm{OSR}=1.6\times10^{-2}$，又由于 $\mathrm{NBW}=7.3\times10^{-4}$，则从平均噪声密度到总噪声功率的转换因子是 $10\lg\left(\frac{\mathrm{BW}}{\mathrm{NBW}}\right)=13$ dB。由于通带中的平均噪声密度为 −100 dBFS/NBW，因此估计的 SNR 为 $-6-(-100+13)=81$ dB。

A.5　数学背景

到目前为止，本附录的重点一直是使用 FFT 对 ΔΣ 调制器中的信号进行频谱估计，同时保持使用最少的数学。与谱估计相关的数学理论涉及随机过程中的许多概念，这些概念本身就值得一章来阐述。对于这些概念，本小节限于篇幅大小，只列出关键结果并将其用作附录中前面出现的许多公式的理由，而这些公式在该附录的前面没有正当理由。有关背景，请参见文献[2]。

一个离散时间平稳随机过程① x 的自相关函数定义为

$$r_x[k]=E\{x[n]x[n+k]\} \tag{A.8}$$

其中 E 表示期望(“平均”)。r_x 的 z 变换是

$$R_x(z)=\sum_{n=-\infty}^{\infty}r_x[n]z^{-n} \tag{A.9}$$

并且 x 的 PSD $S_x(f)$ 定义为

$$S_x(f)=R_x(\mathrm{e}^{\mathrm{j}2\pi f}) \tag{A.10}$$

换句话说，PSD 被定义为自相关函数的傅里叶变换。该定义与更直观的定义(即 $S_x(f)$ 是频率 f 和 $f+\mathrm{d}f$ 之间的功率除以 $\mathrm{d}f$)之间的联系由 S_x 的以下两个属性确定。

① 平稳随机过程(stationary random process)是其统计特性(均值，方差等)不随时间变化的随机过程。

(1) $P_x = \int_0^1 S_x(f)\mathrm{d}f$，其中，$P_x = E[|x[n]|^2]$ 是 x 的功率。

(2) 如果输入 x 时具有传递函数 $H(z)$ 的线性系统的输出是 y，那么有 $S_y(\hat{f}) = |H(\mathrm{e}^{\mathrm{j}2\pi f})|^2 S_x(f)$。

第一个属性表示，在所有频率上积分功率谱会得到信号功率。第二个属性表示，将信号的功率谱乘以滤波器传递函数的平方幅度滤波信号。$S_x(f)$ 的直观定义源于考虑具有关于频率 f 的带宽 $\mathrm{d}f$ 的理想滤波器 H。

注意，第一个属性要求 S_x 在范围[0, 1]上积分。由于实际信号具有对称频谱，因此在实践中通常使用范围[0, 0.5]并使密度加倍，则有

$$P_x = \int_0^{0.5} 2S_x(f)\mathrm{d}f \tag{A.11}$$

由于范围[0.5, 1]等价于范围[−0.5, 0]，因此该惯例类似于在处理连续时间信号时使用单侧谱密度的传统。

接下来，我们考虑 S_x 的估计(从(A.7)重复)，即

$$\hat{S}'_x(f) = \left| \frac{1}{\| w \|_2} \sum_{n=0}^{N-1} w[n]\mathrm{e}^{-\mathrm{j}2\pi fn} \right|^2 \tag{A.12}$$

我们可以从被 w 加窗的 x 的长度为 N 的 FFT 中得到 $\hat{S}_x(f_i)$，其中 $f_i = i/N$。

这个估计的属性是

(1) $E[\hat{S}_x(f)] = S_x(f) * \frac{S_w(f)}{\| w \|_2^2}$，其中 $S_w(f) = |W(f)|^2$，$*$ 表示循环卷积；

(2) $E\left\{\sum_{i=0}^{N-1} \frac{\hat{S}_x(i/N)}{N}\right\} = P_x$；

(3) $\mathrm{Var}[\hat{S}_x(f)] \approx [S_x(f)]^2$，其中 $\mathrm{Var}[y]$ 表示统计量 y 的方差。

第一个性质表明 $\hat{S}'_x(f)$ 是 $S_x(f)$ 的有偏估计量，即 $\hat{S}'_x(f)$ 的期望值不等于 $S_x(f)$ 的实际值。例如，如果使用矩形窗口，则估计 PSD 的预期值等于实际 PSD 与下式：

$$\frac{S_w(f)}{\| w \|_2^2} = \frac{1}{N}\left(\frac{\sin(N\pi f)}{\sin(\pi f)}\right)^2 \tag{A.13}$$

卷积。

第二个属性有效地说明，将 FFT 中包含的 $\hat{S}'_x(f_i)$ 的值求和，然后除以 N(有效地，将 $\hat{S}'_x(\tilde{f})$ 在区间[0, 1]积分)可得出对 x 中的功率的无偏估计。该属性证明将 FFT 在带内 bin 上的功率求和可产生带内噪声功率的估计。

第三个属性说明 PSD 估计是非常“噪声”的，因为估计的标准偏差与估计的量一样大。如第 A.3 节所述，此属性需要使用平均值。

我们现在可以利用一个窗口计算正弦波缩放的 FFT 的 NBW。我们假设 $[W(f)]$ 在 $f=0$ 处有一个峰值，满幅度范围为[−1, 1]。通过式(A.5)知，正弦波缩放的 PSD 估计值为

$$\hat{S}'_x(f) = \left| \frac{1}{W(0)/2} \sum_{n=0}^{N-1} w[n]\mathrm{e}^{-\mathrm{j}2\pi fn} \right|^2 \tag{A.14}$$

因此，$\hat{S}'_x(f)$ 与 $\hat{S}_x(f)$ 的关系(如(A.12)中给出)是

$$\hat{S}'_x(f) = \frac{\hat{S}_x(f) \| w_2 \|^2}{|W(0)/2|^2} \tag{A.15}$$

因为我们想要 $\hat{S}'_x(f)$的积分以得到 x 相对于满幅正弦波功率(0.5)的功率,我们需要找到 NBW 的值以使以下方程成立,即

$$E\left[\int_0^{0.5} \frac{\hat{S}'_x(f)}{\text{NBW}} \mathrm{d}f\right] = \frac{P_x}{0.5} \tag{A.16}$$

由于 $E\left[\int_0^{0.5} 2\hat{S}'_x(f)\mathrm{d}f\right] = P_x$,则有

$$\text{NBW} = \frac{\| w \|_2^2}{|W(0)|^2} \tag{A.17}$$

该表达式用于表 A.1 中计算三个窗口的 NBW。如果我们假设 $w[n] \geqslant 0$,那么 $|W(0)| = \| w \|$,我们就得到了紧凑的结果:

$$\text{NBW} = \frac{\| w \|_2^2}{\| w \|_1^2} \tag{A.18}$$

它在生成图 A.9 的代码中使用。由于满量程范围同时按比例的影响 $\hat{S}'_x(f)$的定义和 0.5 的参考功率,因此 NBW 独立于满量程范围。

需要解释的最后一个公式是 ΔΣ 调制器的整形量化噪声的预期 PSD 的公式,其也用于生成图 A.9 的代码中。由于量化噪声的功率是 $\Delta^2/12$,其中 Δ 是步长,相对于满量程正弦波的功率 $M^2/2$、具有步长 $\Delta=2$ 的 M 步量化器的量化噪声的功率是 $2/(3M^2)$。假设量化噪声是白色的,其单侧 PSD 是该量的两倍,即 $4/(3M^2)$。因此,整形量化噪声的 PSD 是

$$S_q(f) = \frac{4\,|H(\mathrm{e}^{\mathrm{j}2\pi f})|^2}{3M^2} \tag{A.19}$$

为了与 $\hat{S}'_x(f)$的曲线一致,$S_q(f)$必须乘以 NBW。

参考文献

[1] E. O. Brigham, *The Fast Fourier Transform and its Applications*. Prentice Hall,1988.

[2] A. Papoulis and S. U. Pillai, *Probability, Random Variables, and Stochastic Processes*. Tata McGraw-Hill Education,2002.

[3] A. V. Oppenheim, R. W. Schafer, and J. R. Buck, *Discrete-Time Signal Processing*. PrenticeHall,1989.

[4] f. j. harris, "On the use of windows for harmonic analysis with the discrete Fourier transform", *Proceedings of the IEEE*, vol. 66, no. 1, pp. 51-83, 1978.

附录 B　ΔΣ 工具箱

B.1　入门

访问 http://www.mathworks.com/matlabcentral/fileexchange/并搜索 delsig，下载并解压缩 delsig.zip 文件，将 delsig 目录添加到 MATLAB 的路径。要提高仿真速度，请在 MATLAB 提示符下键入 mex simulateDSM.c 来编译 simulateDSM.c 文件。对 simulateMS.c 执行相同的操作。

Delta-Sigma 工具箱需要信号处理工具箱和控制系统工具箱；clans 和 designPBF 函数 Δ 需要优化工具箱（见图 B.1）。

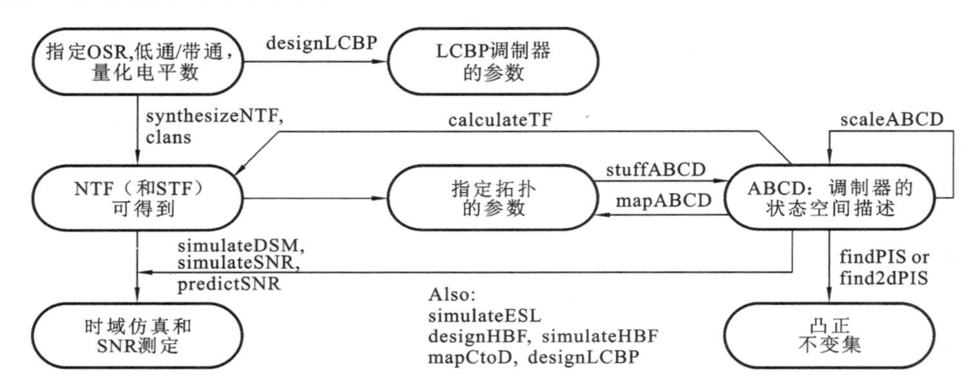

图 B.1　ΔΣ 工具箱关键函数的流程图

在整个 ΔΣ 工具箱中使用以下约定。

（1）频率被归一化；$f=1$ 对应于采样频率 f_s。

（2）函数参数的默认值显示在参数列表中的等号后面。要使用一个参数的默认值，请省略该参数（如果它位于列表的末尾），否则使用 NaN（非数字）或[ ]（空矩阵）作为占位符。

（3）用 ABCD 矩阵描述一个通常的 ΔΣ 调制器的环路滤波器。

有关此矩阵的说明，请参见前文中的“调制器模型详细信息”。

1. 演示和示例

1）dsdemo1

synthesizeNTF 函数的演示。具有和不具有优化零点的五阶低通调制器的噪声传递函数综合，以及具有优化零点的八阶带通调制器综合。

2）dsdemo2

simulatieDSM，predictSNR 和 simulateSNR 函数的演示：时域仿真，使用 Ardalan 和 Paulos 的描述函数方法进行 SNR 预测、频谱分析和信噪比计算，并给出了低通、带通、多位低通示例。

3）dsdemo3

realizetNTF，stuffABCD，scaleABCD 和 mapABCD 函数的演示：系数计算和动态范围缩放。

4）dsdemo4

带有 sinc^n 抽取的 MOD1 和 MOD2 的音频演示。

5）dsdemo5

simulateMS 函数的演示：一个失配整形 DAC 的元件选择逻辑的仿真。

6）dsdemo6

designHBF 函数的演示。硬件高效的半带滤波器的设计和仿真。

7）dsdemo7

findPIS 函数的演示：正不变集计算。

8）dsexample1

离散时间调制器设计示例。

9）dsexample2

连续时间低通调制器设计示例。

2. 关键函数

```
ntf=synthesizeNTF(order=3,R=64,opt=0,H_inf=1.5,f0=0)
ntf=clans(order=4,R=64,Q=5,rmax=0.95,opt=0)
ntf=synthesizeChebyshevNTF(order=3,R=64,opt=0,H_inf=1.5,f0=0)
```

综合一个噪声传递函数。

```
[v,xn,xmax,y]=simulateDSM(u,ABCD,nlev=2,x0=0)
[v,xn,xmax,y]=simulateDSM(u,ntf,nlev=2,x0=0)
```

使用一个给定输入仿真一个 ΔΣ 调制器。

```
[snr,amp]=simulateSNR(ntf,OSR,amp=...,
  f0=0,nlev=2,f=1/(4*R),k=13)
```

通过仿真确定 SNR 关于输入幅度的曲线。

```
[a,g,b,c]=realizeNTF(ntf,form='CRFB',stf=1)
```

将噪声传递函数转换为指定拓扑的系数。

```
ABCD=stuffABCD(a,g,b,c,form='CRFB')
```

根据指定拓扑的参数计算 ABCD 矩阵。

```
[a,g,b,c]=mapABCD(ABCD,form='CRFB')
```

将 ABCD 矩阵转换为指定拓扑的参数。

```
[ABCDs,umax]=scaleABCD(ABCD,nlev=2,f=0,xlim=1,ymax=nlev+2)
```

对由 ABCD 描述的 ΔΣ 调制器执行动态范围缩放。

```
[ntf,stf]=calculateTF(ABCD,k=1)
```

假设量化器增益为 k，计算由给定 ABCD 矩阵描述的 ΔΣ 调制器的 NTF 和 STF。

```
[sv,sx,sigma_se,max_sx,max_sy]=
  simulateMS(v,mtf,M=16,d= 0,dw=[1-],sx0=[0-])
```

仿真失配整形 DAC 的元件选择逻辑。

3. 连续时间系统的函数

```
[ABCDc,tdac2]=realizeNTF_ct(ntf,form='FB',tdac,ordering=[1:n],
  bp=zeros(-),ABCDc)
```

用连续时间环路滤波器实现 NTF。

```
[sys,Gp]=mapCtoD(sys_c,t=[0 1],f0=0)
```

将连续时间系统映射到离散时间系统，离散时间系统的冲激响应(impulse response)与原始连续时间系统的采样脉冲响应(sampled pulse response)相匹配。请参阅 dsexample2。

```
H=evalTFP(Hs,Hz,f)
```

计算连续时间传递函数 H_s 与离散时间传递函数 H_z 在频率 f 下的乘积值。使用此函数可估计 CT ΔΣ ADC 系统的信号传递函数。

4. 正交系统的函数

```
ntf=synthesizeQNTF(order=3,OSR=64,f0=0,NG=-60,ING=-20)
```

综合正交 ΔΣ 调制器的噪声传递函数。

```
[v,xn,xmax,y]=simulateQDSM(u,ABCD|ntf,nlev=2,x0=0)
```

使用给定输入仿真正交 ΔΣ 调制器。

```
ABCD=realizeQNTF(ntf,form='FB',rot=0,bn)
```

将正交噪声传递函数转换为指定结构的复数 ABCD 矩阵。

```
ABCDr=mapQtoR(ABCD) and [ABCDq ABCDp]=mapR2Q(ABCDr)
```

将复数矩阵转换为实数等效矩阵，反之亦然。

```
[ntf stf intf istf]=calculateQTF(ABCDr)
```

计算正交调制器的噪声和信号传递函数。

```
[sv,sx,sigma_se,max_sx,max_sy]=
    simulateQESL(v,mtf,M=16,sx0=[0-])
```

仿真正交差分 DAC 的元素选择逻辑。

注意：如果给定一个复数 NTF 或 ABCD 矩阵，则 simulateSNR 适用于正交调制器；如果给定 ABCDr 矩阵和 2 元素 nlev 向量，simulateDSM 也可用于正交调制器。

5. 专用函数

```
[f1,f2,info]=designHBF(fp=0.2,delta=le-5,deug=0)
```

设计用于抽取或插值滤波器的 Saramäki 半带滤波器。

```
y=simulateHBF(x,f1,f2,mode=0)
```

在时域中仿真 Saramäki 半带滤波器。

```
[C,e,x0]=designPBF(N,M,pb,pbr,sbr,ncd,np,ns,fmax)
```

根据 Hunter 方法设计基于对称多项式的滤波器(polynomial-based filter,PBF)。

```
[snr,amp,k0,k1,sigma_e2=predictSNR(ntf,OSR=64,amp=...,f0=0)
```

使用描述函数法预测 SNR 随输入幅度的变化曲线。

```
[s,e,n,o,Sc]=findPIS(u,ABCD,nlev=2,options)
```

找到 ΔΣ 调制器的凸正不变集(convex positively-invariant set)。

```
[data,snr]=findPattern (N=1024,OSR=64,ntf,ftest,Atest,f0=0,nlev=2,quadra-
                        ture=0,dbg=0)
```

创建一个长度为 N 的数据记录,且重复时具有良好的频谱特性。

6. 实用函数

1) ΔΣ 实用函数

```
mod1,mod2
```

设置标准一阶和二阶调制器的 ABCD 矩阵、NTF 和 STF。

```
snr=calculateSNR(hwfft,f,nsig=1)
```

给定一个窗口 FFT 的带内频率区间和输入位置,估计 SNR。

```
[A B C D]=partitionABCD(ABCD,m)
```

将 ABCD 划分为 A,B,C,D,用于 m 输入状态空间系统。

```
H_inf=infnorm(H)
```

计算 z 域传递函数的无穷大范数(最大绝对值)。

```
y=impL1(ntf,n=10)
```

给定 NTF。计算从比较器输出返回到比较器输入的冲激响应(impulse response)的 n 个点。

```
y=pulse(S,tp=[0 1],dt=1,tfinal=10,nosum=0)
```

计算连续时间系统的采样脉冲响应(pulse response)。

```
sigma_H=rmsGain(H,f1,f2)
```

计算离散时间传递函数 H 在频带$[f_1,f_2]$中的均方根增益。

2) 常规实用函数(General Utility)

```
dbv(),dbp(),undbv(),undbp(),dbm(),undbm()dB
```

电压/功率量的 dB 等效及其反函数。

```
window=ds_hann(N)
```

长度为 N 的 Hann 窗口。与 MATLAB 的原始汉宁(hanning)函数不同，ds_hann 不会涂抹精确位于 FFT bin 中的音调(即在给定数据块中具有整数个周期的音调)。MATLAB 6 的 hanning(N,'periodic')函数和 MATLAB 7 的 hann(N,'periodic')函数与 ds_hann(N)相同。

```
mag=zinc(f,n=64,m=1)
```

计算频率为 f 的级联 $m\,\mathrm{sinc}_n$ 滤波器的幅度响应。

3) 绘图实用函数(Graphing Utility)

```
plotPZ(H,color='b',markersize=5,list=0)
```

绘制传递函数的极点和零点。

```
plotSpectrum(X,fin,fmt)
```

绘制平滑频谱。

```
figureMagic(xRange,dx,xLab,yRange,dy,yLab,size)
```

对当前图形执行一系列的格式化操作，包括轴限制、刻度和标注。

```
printmif(file,size,font,fig)
```

将图形打印成 Adobe Illustrator 文件，然后使用 ai2mif 将其转换为 FrameMaker MIF 格式(ai2mif 是 Deron Jackson〈djackson@mit.edu〉最初编写的同名函数的改进版本)。

```
[f,p]= logsmooth(X,inBin,nbin)
```

平滑 FFT X，并将其转换为 dB(另请参见 bplogsmooth 和 bilogplot)。

B.2 synthesizeNTF

1. 概要

```
ntf=synthesizeNTF(order=3,OSR=64,opt=0,H_inf=1.5,f0=0)
```

综合 ΔΣ 调制器的噪声传递函数(NTF)。

2. 输入

order:NTF 的阶数。对于带通调制器，order 必须是偶数。

OSR:过采样率。仅在请求优化 NTF 零点时才需要 OSR。

opt:用于请求优化 NTF 零点时的标志。

opt=0:将所有 NTF 零点置于频带中心。

opt=1:根据高 OSR 限制优化 NTF 零点。

opt=2:在频段中心至少放置一个零点，但优化其余零点。

opt=3:使用优化工具箱来优化零点。

H_inf:NTF 的最大带外增益。李氏规则表明 H_inf <2 应该产生一个稳定的具有二进制量化器的调制器。降低 H_inf 虽然可以增加成功的可能性,但减少了 NTF 提供的衰减,从而降低了调制器的理论分辨率。

f0:调制器的中心频率。$f_0 \neq 0$ 时,产生一个带通调制器;$f_0 = 0.25$ 时,将中心频率置于 $f_s/4$。

3. 输出

ntf:调制器的 NTF,作为一个 LTI 对象以零极点形式给出。

4. 错误

如果 OSR 或 H_inf 很低,则 NTF 不是最佳的,请改用 synthesizeChebyshevNTF。

5. 示例

五阶低通调制器,针对过采样率 32 进行了零点优化(见图 B.2)。

```
> > H=synthesizeNTF(5,32,1)
Zero/pole/gain:
(z-1) (z^2-1.997z+1) (z^2-1.992z+1)
-----------------------------------------------------------
(z-0.7778) (z^2-1.613z+0.6649) (z^2-1.796z+0.8549)
Sampling time:1
```

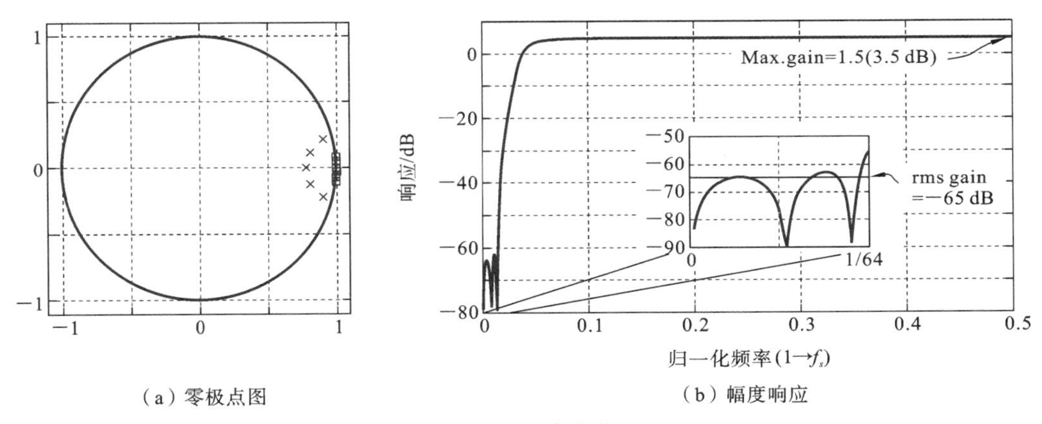

(a) 零极点图　　(b) 幅度响应

图 B.2　零点优化

B.3　clans

1. 概要

```
ntf=clans(order=4,OSR=64,Q=5,rmax=0.95,opt=0)
```

使用 CLANS(Closed-loop analysis of noise-shaper,噪声整形器的闭环分析)方法综合低通 NTF[1]。此函数需要优化工具箱(Optimization toolbox)。

2. 输入

order:NTF 的阶数。

OSR:过采样率。

Q:反馈量化噪声使用的最大量化级数(在数学上,$Q=\|h\|_1-1$,即冲激响应采样值之和减 1)。一个 ΔΣ 调制器的最大稳定输入要保证至少为 $n_{lev}-Q$。

rmax:NTF 极点的最大半径。

Opt:用于请求优化 NTF 零点的标志。

3. 输出

ntf:调制器的 NTF,以零极点形式作为一个 LTI 对象给出。

4. 示例

五阶低通调制器,时域噪声增益为 5,为 OSR=32 优化零点(见图 B.3)。

```
>> H=clans(5,32,5,.95,1)
```

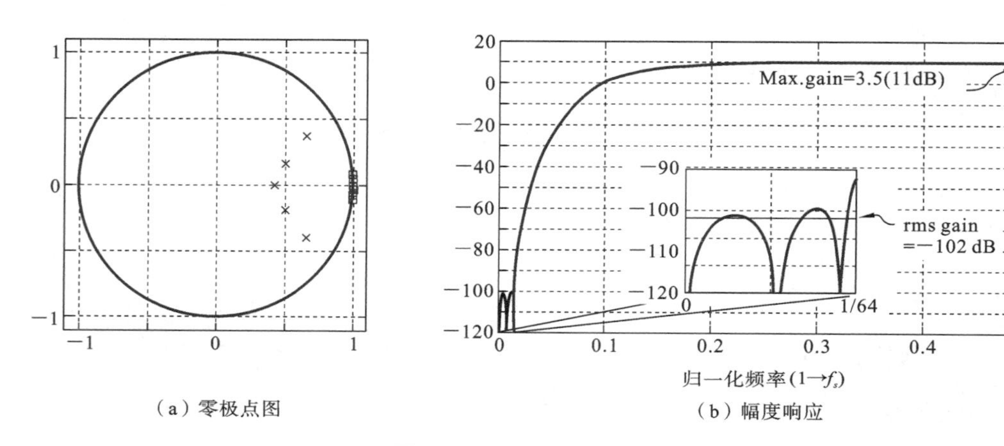

(a) 零极点图　　(b) 幅度响应

图 B.3　OSR=32 优化零点

B.4　synthesizeChebyshevNTF

1. 概要

```
ntf= synthesizeChebyshevNTF(order,OSR,opt,H_inf,f0)
```

获得通带中具有等波纹幅度的噪声传递函数(NTF)。synthechebyshevntf 创建的 NTF 并不比 synthesizeNTF 更好,除非 OSR 或 H_inf 较低。

2. 输入和输出

与 synthesizeNTF 相同,只是 opt 参数尚不受支持。

3. 示例

当 OSR 较低时,比较由 synthesizeNTF 和 synthesizeChebyshevNTF 创建的 NTF(见图 B.4):

```
>> OSR=4;order=8;H_inf=3;
>> H1=synthesizeNTF(order,OSR,1,H_inf);
>> H3=synthesizeChebyshevNTF(order,OSR,1,H_inf);
```

当 H_inf 较低时,重复如下(见图 B.5):

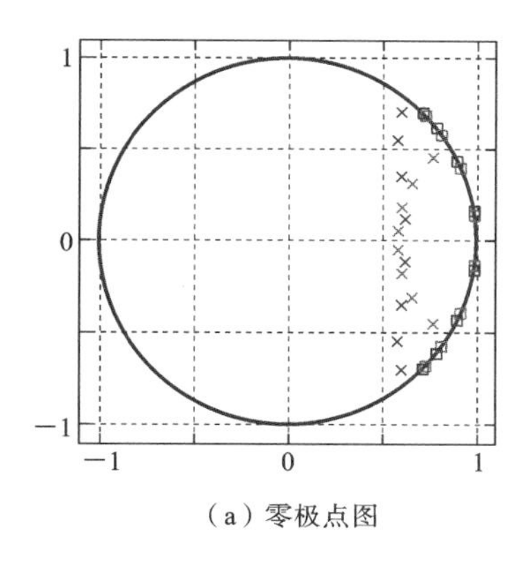

(a) 零极点图

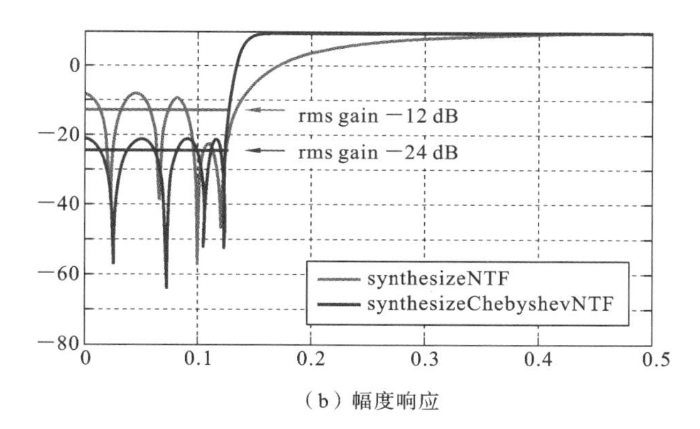

(b) 幅度响应

图 B.4　OSR 较低的情况

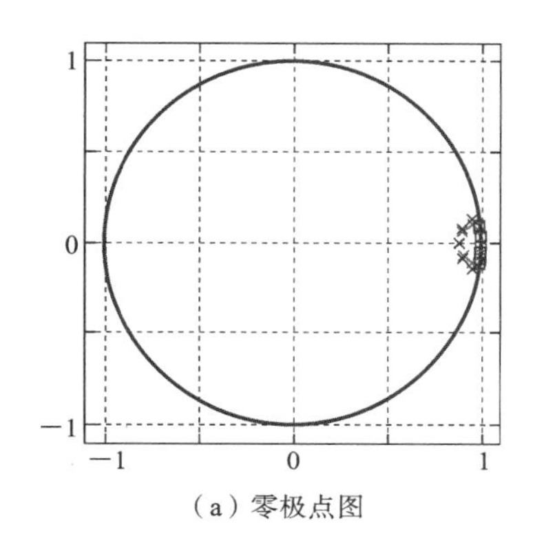

(a) 零极点图

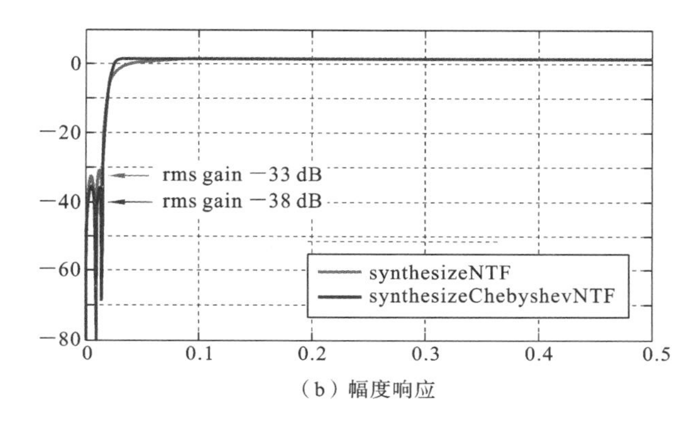

(b) 幅度响应

图 B.5　H_inf 较低的情况

```
>> OSR=32;order=5;H_inf=1.2;
>> H1=synthesizeNTF(order,OSR,1,H_inf);
>> H3=synthesizeChebyshevNTF(order,OSR,1,H_inf);
```

B.5　simulateDSM

1. 概要

`[v,xn,xmax,y]=simulateDSM(u,ABCD|ntf,nlev=2,x0=0)`

用给定的输入仿真一个 ΔΣ 调制器。要想获得最大速度，需在 MATLAB™ 提示下键入 which simulateDSM 来确保编译的 mex 文件在您的搜索路径上。

2. 输入

`u`：调制器的输入序列，给定为一个 $m \times N$ 矩阵，其中 m 为输入数（通常为 1）。注意，满量程对应于 nlev−1 的输入。

`ABCD`：调制器环路滤波器的状态空间描述。

`Ntf`：调制器 NTF，以零极点形式给出（假设调制器的 STF 为 1）。

`nlev`：量化器的电平数。将 nlev 作为列向量表示多个量化器。

`x0`：调制器的初始状态。

3. 输出

v:调制器输出的采样,每个采样对应一个输入。

xn:调制器的内部状态,每次输入样本的内部状态,用 $n \times N$ 矩阵表示。

xmax:每个状态变量的最大绝对值。

y:量化器输入的采样,每次输入样本一个。

4. 示例

仿真一个具有半量程正弦波输入的五阶二进制低通调制器(见图 B.6),并在时域和频域绘制其输出。

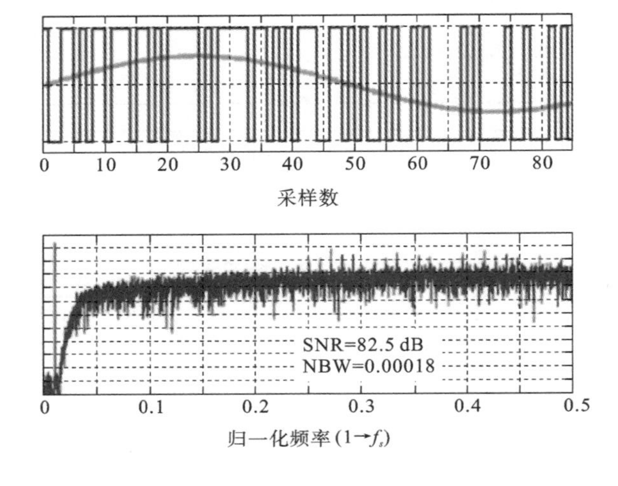


```
t= 0:85;
stairs(t,u(t+1),'g');
hold on;
stairs(t,v(t+1),'b');
axis([0 85 -1.2 1.2]);
ylabel('u,v');
```

```
spec=fft(v.*ds_hann(N))/(N/4)
plot(linspace(0,0.5,N/2+1)),
  dbv(spec(1:N/2+1)));
axis([0 0.5 -120 0]);
grid on;
ylabel('dBFS/NBW')
snr=calculateSNR(spec(1:fB),f)
s=sprintf('SNR=%4.1fdB\n',s)
text(0.25,-90,s);
s=sprintf('NBW=%7.5f',1.5/N);
text(0.25,-110,s);
```

图 B.6 半量程正弦波输入

B.6 simulateSNR

1. 摘要

```
[snr,amp]=simulateSNR(ntf|ABCD|function,osr,amp,f0=0,
nlev=2,f=1/(4*OSR),k=13,quadrature=0)
```

仿真具有不同振幅正弦波输入的 ΔΣ 调制器,计算每个输入的信噪比(SNR,dB)。

2. 输入

ntf:调制器的 NTF,以零极点形式给出。

ABCD:调制器环路滤波器的状态空间描述,或以输入信号为唯一参数的函数的名称。

osr:过采样率。

amp:列出要使用的振幅的行向量。默认值为[−120 −110 … −20 −15 −10 −9 −8 0] dB,其中 0 dB 表示满量程(峰值 n_lev−1)正弦波。

f0:调制器的中心频率。

nlev:量化器的电平数,将 nlev 作为矢量表示多个量化器。

f:测试频率,调整为 FFT bin。

k:用于 FFT 的时间点个数为 2^k。

quadrature:表示被仿真的系统是正交的标志,如果 ntf 或 ABCD 是复数,这个标志自动设置。

3. 输出

snr:包含从仿真计算得到的信噪比 SNR 值的行向量。

amp:列出要使用的振幅的行向量。

4. 示例

将用 Ardalan 和 Paulos 描述函数法确定的与用仿真方法确定的五阶调制器的信噪比随输入幅值变化的曲线进行比较(见图 B.7)。

```
>> OSR=32;H=synthesizeNTF(5,OSR,1)
>> [snr_pred,amp]=predictSNR(H,OSR);
>> [snr,amp]=simulateSNR(H,OSR);
```

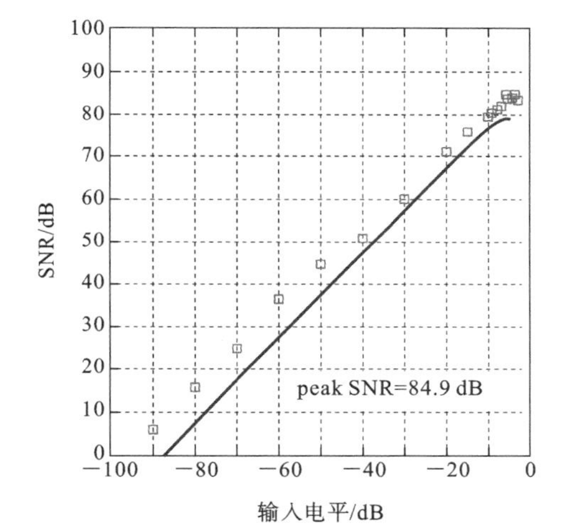


```
plot(amp,snr_pred,'b',amp,snr,'gs');
grid on;
figureMagic([-100 0],10,2,…
  [0 100],10,1);
xlabel('Input Level,dB');
ylabel('SNR dB');
s=sprintf('peak SNR=%4.1fdB\n',…
  max(snr));
text(-65,15,s);
```

图 B.7 描述函数法与仿真方法比较

B.7 realizeNTF

1. 摘要

```
[a,g,b,c]=realizeNTF(ntf,form='CRFB',stf=1)
```

将 NTF 转换为特定调制器拓扑的一组系数。

2. 输入

ntf:调制器的 NTF,以零极点形式给出(即 zpk 对象)。

form:指定调制器拓扑结构的字符串。

CRFB:谐振器级联,反馈形式

CRFF:谐振器级联,前馈形式

CIFB:积分器级联,反馈形式

CIFF:积分器级联,前馈形式

-----D:以上任何一种,但量化器正在延迟。

其结构在“调制器模型细节”中进行了描述。

stf:调制器的 STF,指定为 zpk 对象。注意,STF 的极点必须与 NTF 的极点匹配,以确保 STF 可以在不添加额外状态变量的情况下实现。

3. 输出

a:来自/到量化器的反馈/前馈系数为 $1\times n$。

g:谐振器系数为 $1\times\lceil n/2\rceil$。

b:从调制器输入到每个积分器的馈入系数为 $1\times(n+1)$。

c:积分器级间系数。$1\times n$ 在无标度调制器中,且 c 均为 1。

4. 示例

确定具有级联谐振器结构、反馈(CRFB)形式的五阶调制器的系数(可参考使用 realizeNTF_ct 实现带有连续时间环路滤波器的 NTF):

```
>> H=synthesizeNTF(5,32,1);}
>> [a,g,b,c]=realizeNTF(H,'CRFB')}
  a=0.0007  0.0084  0.0550  0.2443  0.5579}
  g=0.0028  0.0079}
  b=0.0007  0.0084  0.0550  0.2443  0.5579  1.0000}
  c=1    1    1    1    1
```

B.8 stuffABCD

1. 摘要

```
ABCD=stuffABCD(a,g,b,c,form='CRFB')
```

计算特定调制器拓扑给定参数的 ABCD 矩阵。

2. 输入

a:来自/到量化器的反馈/前馈系数。

g:谐振器系数。

b:从调制器输入到每个积分器的馈入系数。

c:积分器级间系数。

form:有关支持的表单列表,请参阅前文中的 realizeNTF 和“受支持的调制器拓扑”,用于它们的方框图。

3. 输出

ABCD:环路滤波器的状态空间描述。

B.9 mapABCD

1. 摘要

```
[a,g,b,c]=mapABCD(ABCD,form='CRFB')
```

计算指定调制器拓扑的参数，假设 ABCD 适合该拓扑。

2. 输入

ABCD:调制器环路滤波器的状态空间描述。

form:有关支持结构的列表，请参见前文中的 realizeNTF。

3. 输出

a:来自/到量化器的反馈/前馈系数。

g:谐振器系数。

b:从调制器输入到每个积分器的馈入系数。

c:积分器级间系数。

B.10 scaleABCD

1. 摘要

```
[ABCDs,umax]=scaleABCD(ABCD,nlev=2,f=0,xlim=1,ymax=nlev+5,umax,N=1e5)
```

缩放 ABCD 矩阵，使状态最大值小于指定的极限。这个过程的附带作用是确定最大稳定输入。

2. 输入

ABCD:调制器环路滤波器的状态空间描述。

nlev:量化器的电平数。

f:测试正弦信号的归一化频率。

xlim:对状态的限制，可能给出一个向量。

ymax:判断调制器稳定性的阈值。如果量化器输入超过 ymax，则认为调制器不稳定。

3. 输出

ABCDs:调制器环路滤波器的缩放状态空间描述。

umax:最大稳定输入。振幅低于此值的输入正弦信号不应导致调制器状态超过其指定的限制。

B.11 calculateTF

1. 摘要

```
[ntf,stf]=calculateTF(ABCD,k=1)
```

计算 ΔΣ 调制器的 NTF 和 STF。

2. 输入

ABCD:调制器的环路滤波器的状态空间描述。

k:量化器增益假设。

3. 输出

ntf:作为一个零极点形式的 LTI 系统给出的调制器 NTF。

stf:作为一个零极点形式的 LTI 系统给出的调制器 STF。

4. 示例

实现了一个具有级联谐振器结构反馈形式的五阶调制器,计算环路滤波器的 ABCD 矩阵,并验证 NTF 和 STF 是否正确。

```
>> H=synthesizeNTF(5,32,1)
Zero/pole/gain:
(z-1) (z^2-1.997z+1) (z^2-1.992z+1)
---------------------------------------------------------------
(z-0.7778) (z^2-1.613z+0.6649) (z^2-1.796z+0.8549)
Sampling time:1

>> [a,g,b,c]=realizeNTF(H)
a=0.0007  0.0084  0.0550  0.2443  0.5579
g=0.0028  0.0079
b=0.0007  0.0084  0.0550  0.2443  0.5579  1.0000
c=1    1    1    1    1

>> ABCD=stuffABCD(a,g,b,c)
ABCD=
1.0000        0         0        0         0  0.0007  -0.0007
1.0000   1.0000   -0.0028        0         0  0.0084  -0.0084
1.0000   1.0000    0.9972        0         0  0.0633  -0.0633
     0        0    1.0000   1.0000   -0.0079  0.2443  -0.2443
     0        0    1.0000   1.0000    0.9921  0.8023  -0.8023
     0        0         0        0    1.0000  1.0000        0

>> [ntf,stf]=calculateTF(ABCD)
Zero/pole/gain:
(z-1) (z^2-1.997z+1) (z^2-1.992z+1)
---------------------------------------------------------------
(z-0.7778) (z^2-1.613z+0.6649) (z^2-1.796z+0.8549)
Sampling time:1

Zero/pole/gain:
1
Static gain.
```

B.12 simulateMS

1. 摘要

```
[sv,sx,sigma_se,max_sx,max_sy]
=simulateMS(v,M=16,mtf,d=0,dw=[1,1,...],sx0=[0-])
```

仿真失配整形 DAC 的元素选择逻辑。

2. 输入

v:DAC 的输入。如果 $dw=[1,1,\cdots]$,则 v 一定在 $-\mathrm{M}:2:\mathrm{M}$ 中。对于其他 dw,v 必须在 $\left[-\sum_{i}^{M}dw(i),\sum_{i}^{M}dw(i)\right]$ 的范围内。

M:DAC 元素的数量。

mtf:以零极点形式给出的失配整形传递函数。

d:将均匀分布在$[-d,d]$中的抖动加到矢量量化器的 sy 输入端。

dw:包含与每个元素相关联的标称权重的向量。

sx0:一个包含元素选择逻辑初始状态的 $n\times M$ 矩阵。n 是 mtf 的阶。

3. 输出

sv:选择向量:由 0 和 1 组成的向量,表示要启用哪些元素。

sx:一个包含元素选择逻辑的最终状态的 $n\times M$ 矩阵。

sigma_se:选择误差的均方根值,$se=sv-sy$。sigma_se 可用于分析估计由元件失配引起的带内噪声功率。

max_sx:ESL 中任何状态所达到的最大值。

max_sy:由(非归一化的)"期望使用"向量 sy 输入端的任何组成部分所获得的最大值。

另请参阅:simulateTSMS，simulateBiDWA，simulateXS 和 simulateMXS(见图 B. 8)。

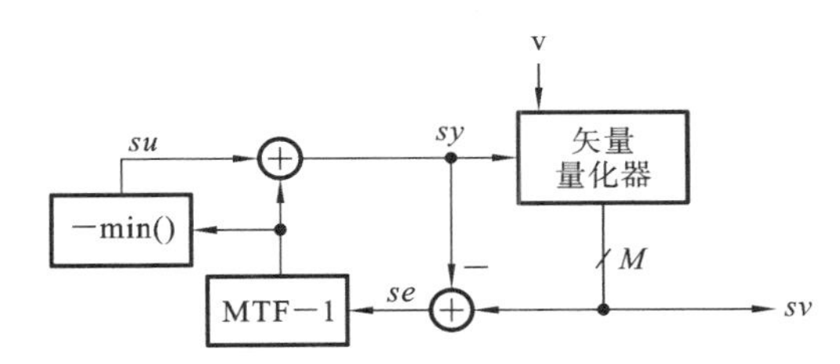

图 B. 8　元素选择逻辑框图

比较 16 元素采用温度计编码的 DAC 驱动的使用模式和示例频谱,以及由一个三阶调制器生成的一阶和二阶失配整形数据(见图 B. 9)。

```
ntf=synthesizeNTF(3,[],[],4);
M=16;
N=2^14;
fin=round(0.33*N/(2*12));
u=M/sqrt(2)*sin((2*pi/N)*fin*[0:N-1]);
v=simulateDSM(u,ntf,M+1);
sv0=ds_therm(v,M);
mtf1=zpk(1,0,1,1); % First-order shaping
sv1=simulateMS(v,mtf1,M);
mtf2=zpk([ 1 1 ],[ 0 0 ], 1, 1); % Second-order shaping
sv2=simulateMS(v,mtf2,M);
ue=1+0.01*randn(M,1); % 1% mismatch
dv0=ue'*sv0;
```

```
spec0=fft(dv0.*ds_hann(N))/(M*N/8);
plotSpectrum(spec0,fin,'g');
```

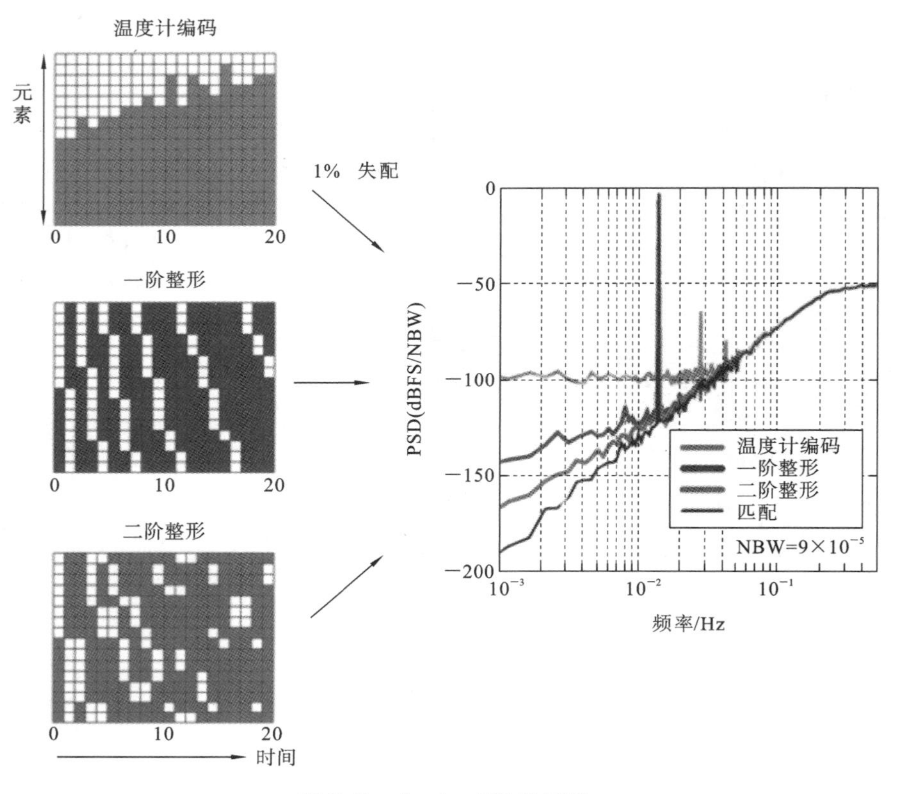

图 B.9 simulateMS 示例图

B.13 realizeNTF_ct

1. 摘要

```
[ABCDc,tdac2]=realizeNTF_ct(ntf,form='FB',tdac=[0 1],
        ordering=[1:n],bp=zeros(-),ABCDc)
```

利用连续时间环路滤波器实现噪声传递函数。

2. 输入

ntf:调制器的 NTF,指定为零极点形式的 LTI 对象。

form:指定调制器拓扑结构的字符串。

FB:反馈形式。

FF:前馈形式。

tdac:反馈 DAC 的定时。如果 tdac(1)≥1,则直接反馈项被添加到量化器中。可以通过将 tdac 设置为单元数组来指定 FB 拓扑的多个计时(每个积分器的一个或多个),如

tdac={[1,2]; [1 2]; [0.5 1],[1 1.5]; [];}

ordering:指定每个谐振器中使用的NTF零点-对的矢量。默认值是按照NTF中指定的顺序使用零点-对。

bp:一种指定谐振器的哪些部分是带通的矢量。默认值(0(…))表示所有部分都是低通的。

ABCDc:状态空间形式的环路滤波器结构。如果省略该参数,则根据form.构造ABCDc。

3. 输出

ABCDc:连续时间环路滤波器的状态空间描述。

tdac2:一个具有DAC定时的矩阵,每次输入一个,包括自动添加的一个。

4. 示例

用连续时间系统实现NTF(参见map C to D的示例):

```
>> ntf=zpk([1 1],[0 0],1,1);
>> [ABCDc,tdac2]=realizeNTF_ct(ntf,'FB')
ABCDc=
0   0   1.0000 -1.0000
1.0000   0   0 -1.5000
0   1.0000   0   0.0000
tdac2=
-1  -1
  0   1
```

B.14　mapCtoD

1. 摘要

```
[sys, Gp]=mapCtoD(sys_c,t=[0 1],f0=0)
```

将MIMO连续时间系统映射为SIMO离散时间等效系统。等效准则是CT系统的采样脉冲响应必须与DT系统的冲激响应相同。即如果y_c是CT系统的输出,输入v_c来自一组用单个DT的输入v馈入的DAC,则输入为v的等效DT系统的输出y满足$y[n]=y_c(n^-)$,n为整数。DAC的特征是具有t矩阵中指定的边缘时间的矩形脉冲响应[2]。

2. 输入

sys_c:CT系统的LTI描述。

t:DAC脉冲的边缘时间用于从DT输入生成CT波形。每一行对应一个系统输入,[−1 −1]表示CT输入。除了第一个输入(假定为CT输入)外,其他所有输入的缺省值都是[0 1]。

fo:Gp滤波器增益被设置为1的频率。默认0 (DC)。

3. 输出

sys:DT等效的LTI描述。

Gp:CT/DT 混合预滤波器,形成输入到每个状态的 CT 样本。

4. 示例

将图 B.10 所示的标准二阶 CT 调制器映射到其 DT 等效上,并验证 NTF 是$(1-z^{-1})^2$。

```
>> LFc=ss([0 0;1 0],[1 -1;0 -1.5],[0 1],[0 0]);
>> tdac=[0 1];
>> [LF,Gp]=mapCtoD(LFc,tdac);
>> ABCD=[LF.a LF.b; LF.c LF.d];
>> H=calculateTF(ABCD)
Zero/pole/gain:
(z-1)^2
-------
z^2
Sampling time: 1
```

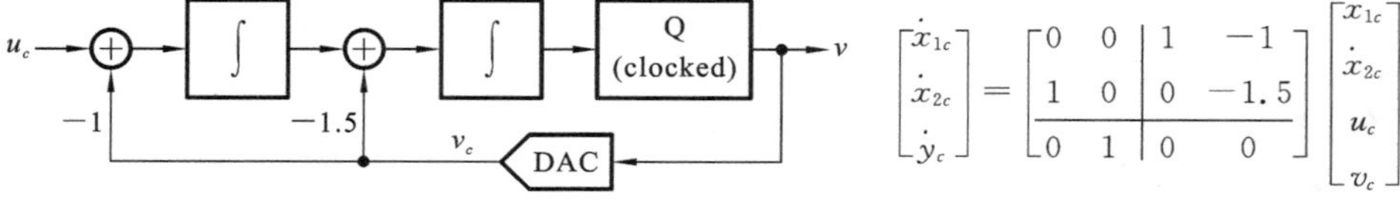

$$\begin{bmatrix}\dot{x}_{1c}\\ \dot{x}_{2c}\\ \dot{y}_c\end{bmatrix}=\left[\begin{array}{cc|cc}0&0&1&-1\\1&0&0&-1.5\\ \hline 0&1&0&0\end{array}\right]\begin{bmatrix}\dot{x}_{1c}\\ \dot{x}_{2c}\\ u_c\\ v_c\end{bmatrix}$$

图 B.10 标准二阶 CT 调制器映射

B.15 evalTFP

1. 摘要

```
H=evalTFP(Hs,Hz,f)
```

使用此函数评估连续时间(CT)系统的信号传递函数。在这种情况下,H_s 是来自 u 输入的环路滤波器的开环响应,H_z 是闭环噪声传递函数。

2. 输入

Hs:以 zpk 形式表示的连续时间传递函数。

Hz:以 zpk 形式表示的离散时间传递函数。

f:频率矢量。

3. 输出

H:$H_s(j2\pi f)H_z(e^{j2\pi f})$的值。

另请参阅:evalMixedTF 是该函数的一个更高级的版本,用于评估 CT 调制器的单个输入传输函数。

4. 示例

绘制 B.14 节中的二级 CT 系统的 STF(见图 B.11),其代码如下:

```
Ac=[0 0; 1 0];
Bc=[1 -1; 0 -1.5];
```

```
Cc=[0 1];
Dc=[0 0];
LFc=ss(Ac, Bc, Cc, Dc);
L0c=zpk(ss(Ac,Bc(:,1),Cc,Dc(1)));
tdac=[0 1];
[LF,Gp]=mapCtoD(LFc,tdac);
ABCD=[LF.a LF.b; LF.c LF.d];
H=calculateTF(ABCD);
%  Yields H=(1-z^-1)^2
f=linspace(0,2,300);
STF=evalTFP(L0c,H,f);
plot(f,dbv(STF));
```

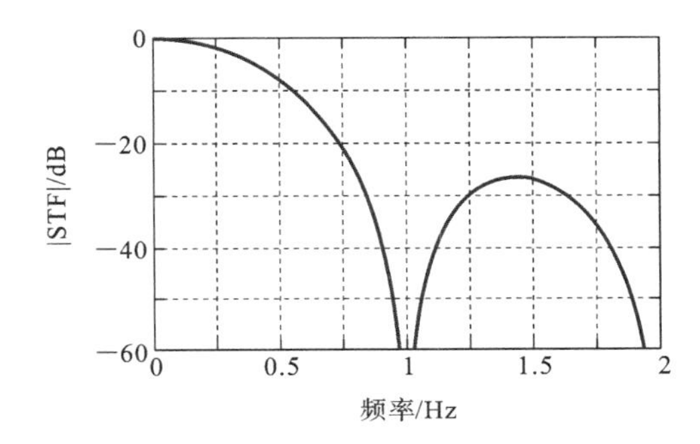

图 B.11　二级 CT 系统的 STF

B.16　synthesizeQNTF

1. 摘要

```
ntf=synthesizeQNTF(order=3,OSR=64,f0=0,f0=-60,ING=-20,n_im=order/3)
```

综合一种用于正交 ΔΣ 调制器的噪声传递函数(NTF)。

2. 输入

order:NTF 的阶数。

OSR:过采样率。

f0:调制器的中心频率。

NG:均方根带内噪声增益(dB)。

ING:均方根镜像带内噪声增益(dB)。

n_im:镜像带内零点的数量。

3. 输出

ntf:调制器 NTF,作为零极点形式的 LTI 对象给出。

其中,在 ALPHA 版本上的错误(bug)中,该函数使用了一种既不优化也不鲁棒的实验专用方法。

4. 示例

该系统(见图 B.12)为四阶,OSR=32,$f_0=1/16$,带通 NTF,带内均方根噪声增益为 50 dB,镜像带内噪声增益为−10 dB。其代码如下:

```
>> ntf=synthesizeQNTF(4,32,1/16,-50,-10);
Zero/pole/gain:
(z-(0.953+0.303i)) (z^2-1.85z+1) (z-(0.888+0.460i))
------------------------------------------------------------------------------------
(z-(0.809+0.003i)) (z-(0.591+0.245i)) (z-(0.673-0.279i)) (z-(0.574+0.570i))
Sampling time: 1
```

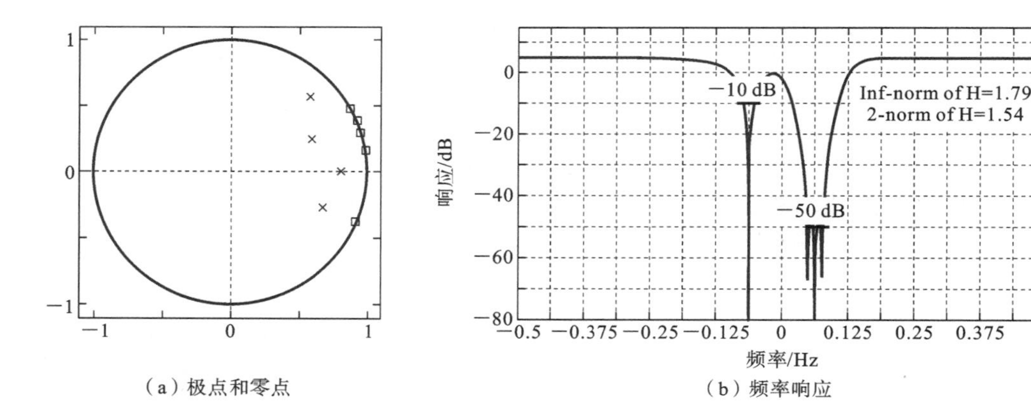

(a) 极点和零点　　(b) 频率响应

图 B.12 NTF

B.17 simulateQDSM

1. 摘要

```
[v,xn,xmax,y]=simulateQDSM(u,ABCD|ntf,nlev=2,x0=0)
```

用给定的输入仿真正交 ΔΣ 调制器。为了提高仿真速度,请使用带有 2 输入/2 输出 ABCDr 参数的 simulateDSM,如 mapQtoR 中的示例所示。

2. 输入

u:调制器的输入序列,以 $1\times N$ 行矢量表示。满刻度对应于一个幅度为 nlev−1 的输入。

ABCD:调制器的环路滤波器的状态空间描述。

ntf:以零极点形式给出的调制器 NTF。

nlev:量化器中的电平数。通过使 nlev 成为列向量来表示多个量化器。

x0:调制器的初始状态。

3. 输出

v:调制器输出的样本,每个输入样本对应一个输出样本。

xn:调制器的内部状态,每个输入样本对应一个,以 $n\times N$ 矩阵表示。

xmax:每个状态变量的最大绝对值。

y:量化器输入的样本,每个输入样本对应一个。

4. 示例

仿真用半量程正弦波输入的四阶9电平正交调制器,并在时域和频域中绘制其输出(见图B.13)。

```
nlev=9; f0=1/16; osr=32; M=nlev-1;
ntf=synthesizeQNTF(4,osr,f0,-50,-10);
N=64*osr; f=round((f0+0.3*0.5/osr)*N)/N;
u=0.5*M*exp(2i*pi*f*[0:N-1]);
v=simulateQDSM(u,ntf,nlev);
```

```
t=0:25;
subplot(211)
plot(t,real(u(t+1)),'g');
hold on;
stairs(t,real(v(t+1)),'b');
figureMagic(...)
ylabel('real');
```

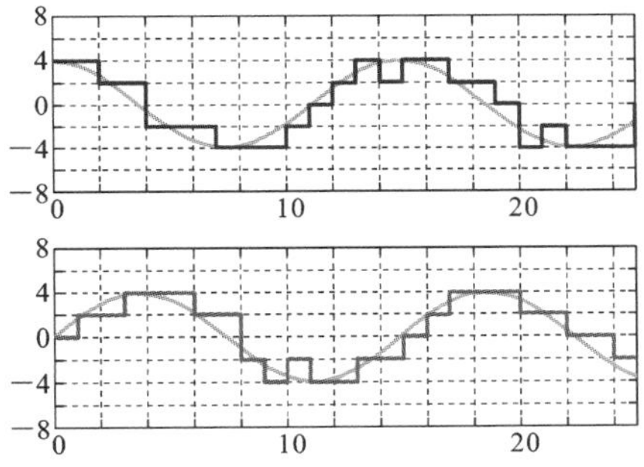

```
spec=fft(v.*ds_hann(N))/(M*N/2);
spec=[fftshift(spec) spec(N/2+1)];
plot(linspace(-0.5,0.5,N+1),dbv(spec))
figureMagic([-0.5 0.5],1/16,2,[-120 0],10
ylabel('dBFS/NBW')
[f1 f2]=ds_f1f2(osr,f0,1);
fb1=round(f1* N);fb2= round(f2*N);
fb=round(f*N)-fb1;
snr=calculateSNR(spec(N/2+1+[fb1:fb2]),f
text(f,-10,sprintf('SNR=%4.1fdB\n',snr)
text(0.25,-105,sprintf('NBW=%0.1e',1.5/N
```

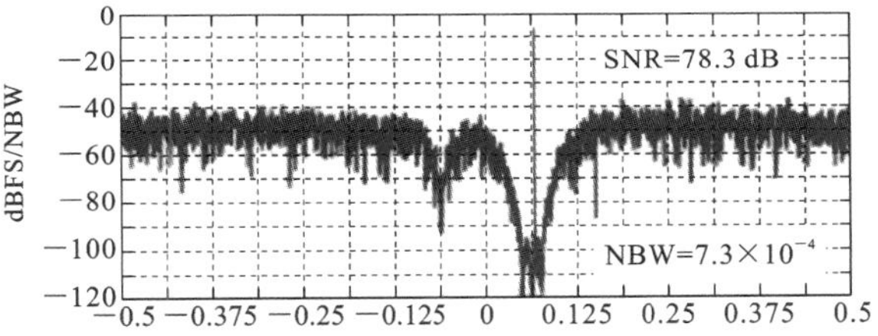

图B.13 四阶9电平正交调制器的输出

B.18 realizeQNTF

1. 摘要

```
ABCD=realizeQNTF(ntf,form='FB',rot=0,bn)
```

将正交NTF转换为指定结构的ABCD矩阵。

2. 输入

ntf:指定调制器的NTF的zpk对象。

form:指定调制器拓扑结构的字符串。

FB:反馈。

PFB:并行反馈。

FF:前馈。

PFF:并行前馈。

rot:rot=1,意味着旋转状态使尽可能多的系数为实数。

bn:form='FF'的辅助 DAC 的系数。

3. 输出

ABCD:环路滤波器的状态空间描述。

4. 示例

确定平行反馈(PFB)结构的系数,其代码如下:

```
>> ntf=synthesizeQNTF(5,32,1/16,-50,-10);
>> ABCD=realizeQNTF(ntf,'PFB',1)
ABCD=
Columns 1 through 4
0.8854+0.4648i          0                 0                 0
0.0065+1.0000i   0.9547+0.2974i           0                 0
       0         0.9715+0.2370i   0.9088+0.4171i            0
       0                0         0.8797+0.4755i   0.9376+0.3477i
       0                0                 0                 0
       0                0                 0         -0.9916-0.1294i
Columns 5 through 7
       0             0.0025       0.0025+0.0000i
       0                0         0.0262+0.0000i
       0                0         0.1791+0.0000i
       0                0         0.6341+0.0000i
 0.9239-0.3827i         0         0.1743+0.0000i
-0.9312-0.3645i         0               0
```

B.19 mapQtoR

1. 摘要

```
ABCDr=mapQtoR(ABCD)
```

把一个正交矩阵转换成它的(IQ)等价实数矩阵。

2. 输入

ABCD:描述正交系统的复数矩阵。

3. 输出

ABCDr:与 ABCD 对应的实数矩阵。ABCD 中的每个元素 z 都被一个 2×2 矩阵替换以生成 ABCDr。具体而言,有

$$z\rightarrow\begin{bmatrix} x & -y \\ y & x \end{bmatrix}$$

其中,$x=\mathrm{Re}(z)$,$y=\mathrm{Im}(z)$。

4. 示例

通过 simulateDSM 用更快的代码块替换对 simulateQDSM 的调用。

```
% v=simulateQDSM(u,ntf,nlev);
ABCD=realizeQNTF(ntf,'FF');
ABCDr=mapQtoR(ABCD);
ur=[real(u); imag(u)];
vr=simulateDSM(ur,ABCDr,nlev*[1;1]);
v=vr(1,:) +1i*vr(2,:);
```

B.20　mapRtoQ

1. 摘要

```
[ABCDq ABCDp]=mapR2Q(ABCDr)
```

将实数矩阵 ABCDr 映射到正交 ABCD。ABCDr 的状态对(实、虚),如 mapQtoR 中所示。

2. 输入

ABCDr:描述正交系统的实矩阵。

3. 输出

ABCDq:ABCDr 的正交(复数)版本。

ABCDp:镜像系统矩阵。如果 ABCDr 没有正交,则 ABCDp 为零。

B.21　calculateQTF

1. 摘要

```
[ntf stf intf istf]=calculateQTF(ABCDr)
```

计算正交调制器的噪声和信号传递函数。

2. 输入

ABCDr:调制器环路滤波器的实状态空间描述。描述中可能包括 I/Q 不对称,这些不对称导致非零的镜像传递函数。

3. 输出

ntf, stf:噪声和信号传递函数。

intf, istf:镜像噪声和信号传递函数。

注意:所有传递函数都以零极点形式作为 LTI 系统返回。

4. 示例

Examine the effect of mismatch in the first feedback(见图 B.14).

```
>> ABCDr=mapQtoR(ABCD);
```

```
>> ABCDr(2,end)=1.01*ABCDr(2,end); % 0.1% mismatch in first feedback
>> [H G HI GI]=calculateQTF(ABCDr);
```

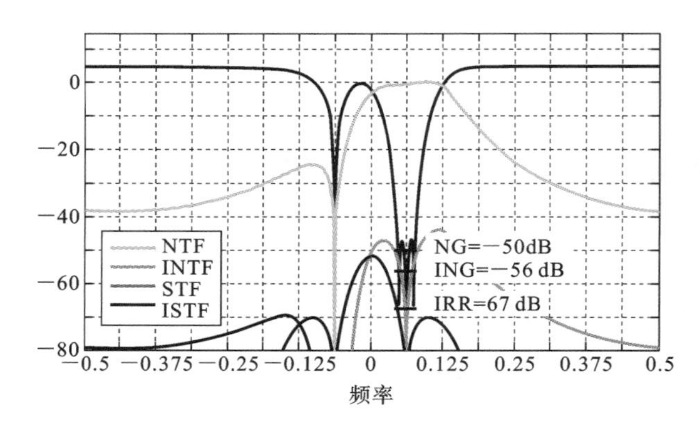

图 B.14　信号传递函数

B.22　simulateQESL

1. 摘要

```
[sv,sx,sigma_se,max_sx,max_sy]=simulateQESL(v,mtf,M=16,sx0=[0-])
```

仿真正交差分 DAC 的元素选择逻辑(element selection logic,ESL)。

2. 输入

v:一个矢量的数字输入值。

mtf:失配整形传递函数,以零极点的形式给出。

M:元素的数量,总数为 $2M$。

sx0:一个 $n\times M$ 矩阵,它的列是 ESL 的初始状态。

3. 输出

sv:选择向量是由 0 和 1 组成的向量,表示要启用哪些元素。

sx:一个包含 ESL 的最终状态的 $n\times M$ 矩阵。

sigma_se:选择误差的 rms 值,$se=sv=sy$。sigma_se 可以用来估计由元素不匹配引起的带内噪声的功率。

max_sx:ESL 中任何状态所达到的最大绝对值。

max_sy:VQ 的任何输入所获得的最大绝对值。

4. 示例

```
>> mtf1=zpk(exp(2i*pi*f0),0,1,1);
% First-order complex shaping
>> sv1=simulateQESL(v,mtf1,M);
```

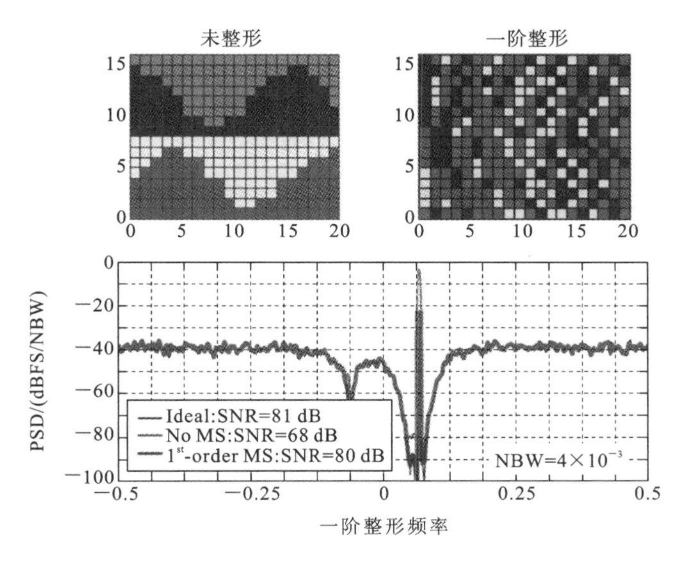

图 B.15 ESL

B.23 designHBF

1. 摘要

```
[f1,f2,info]=designHBF(fp=0.2,delta=1e-5,debug=0)
```

设计一种硬件高效的线性相位半带滤波器，用于与 ΔΣ 调制器相关的抽取或插值滤波器。这个函数是基于过程的，由 T. Saramäki 提出[3]。注意，由于算法使用非确定性搜索过程，后续调用可能产生不同的设计。

2. 输入

fp:归一化通带截止频率。

delta:通带和阻带纹波的绝对值。

3. 输出

f1,f2:原型滤波器和子滤波器系数及其正则符号位(canonical-signed digit,csd)表示。

info:包含以下信息数据的向量(仅当 debug=1 时设置):

complexity:每个输出样本的添加数。

n1,n2:f_1 和 f_2 向量的长度。

sbr:实现的阻带衰减(dB)。

phi:F2 滤波器的比例因子。

4. 示例

设计一个截止频率为 $0.2f_s$，通带纹波小于 10^{-5}，阻带增益小于 10^{-5}(−100 dB)的低通半带滤波器，其代码如下：

```
>> [f1,f2]=designHBF(0.2,1e-5);
>> f=linspace(0,0.5,1024);
>> plot(f, dbv(frespHBF(f,f1,f2)))
```

滤波器响应如图 B.16 所示。滤波器达到了 109 dB 的阻带衰减，并且只使用 124 个加法（没有真正的乘法）来产生每个输出样本。

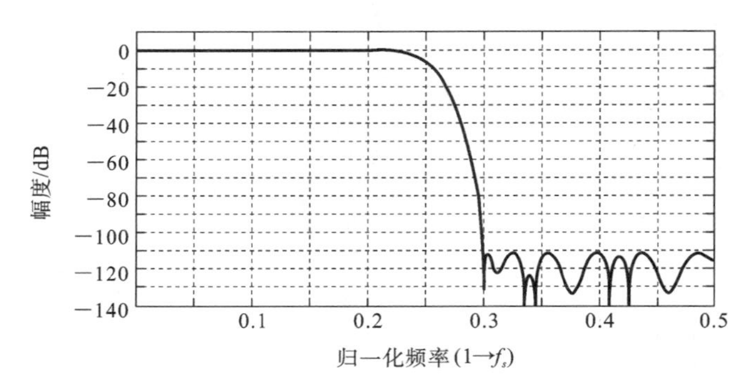

图 B.16 滤波器响应

该滤波器作为抽取或插值滤波器的结构如下所示。系数及其正则符号位(csd)分解为

```
[f1.val]'=     [f2.val]'=     >> f1.csd        >> f2.csd
  0.9453         0.6211       ans=             ans=
 -0.6406        -0.1895          0  -4  -7       -1  -3  -8
  0.1953         0.0957          1  -1   1        1   1  -1
                -0.0508       ans=             ans=
                 0.0269         -1  -3  -6       -2  -4  -9
                -0.0142         -1  -1  -1       -1   1  -1
                              ans=             ans=
                                -2  -4  -7       -3  -5  -9
                                 1  -1   1        1  -1   1
                                               ans=
                                                 -4  -7  -8
                                                 -1   1   1
                                               ans=
                                                -5  -8  -11
                                                 1  -1  -1
                                               ans=
                                                -6  -9  -11
                                                -1   1  -1
```

在 csd 展开中，第一行包含 2 的幂，而第二行给出它们的符号。例如，$f_1(1)=0.9453=2^0-2^{-4}+2^{-7}$。由于滤波器系数仅使用 3 个 csd 项，因此图 B.17 所示的每次乘法-累加操作只需要 3 个加法。因此，这种 110 阶 FIR 滤波器的实现只需要在较低的($f_s/2$)速率下做 $3\times3+5\times(3\times6+6-1)=124$ 个加法。

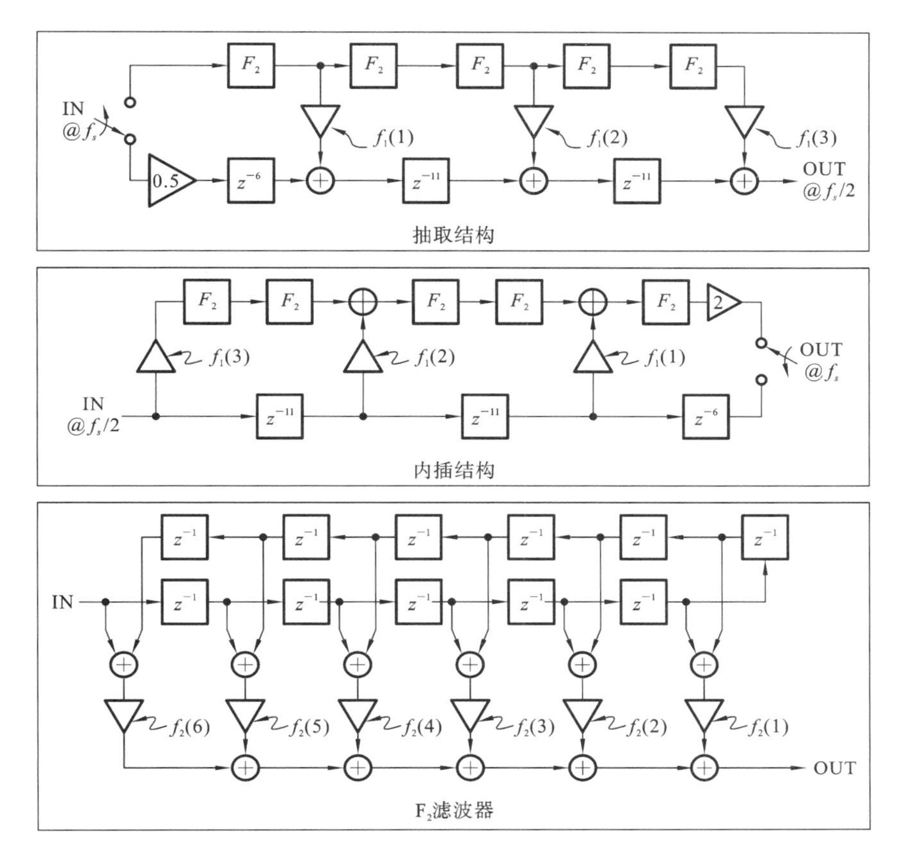

图 B.17　乘法-累加操作

B.24　simulateHBF

1. 摘要

```
y=simulateHBF(x,f1,f2,mode=0)
```

在时域中仿真 Saramäki 半带滤波器(参见 designHBF)。

2. 输入

`x`:输入数据。

`f1,f2`:滤波器系数。f1 和 f2 可以是值的向量或结构数组,就像从 designHBF 返回的那些。

`mode`:这个标志决定输入是按如下方式被滤波、插值还是抽取。

0　纯滤波,不做插值或抽取。

1　输入被插值。

2　输出被抽取,取偶数个样本。

3　输出被抽取,取奇数个样本。

3. 输出

`y`:输出数据。

4. 示例

绘制前文中设计的 HBF 的冲激响应(见图 B.18 所示)。

```
>> N=(2*length(f1)-1)*2*(2*length(f2)-1)+1;
>> y=simulateHBF([1 zeros(1,N-1)],f1,f2);
>> stem([0:N-1],y);
>> figureMagic([0 N-1],5,2,[-0.2 0.5],0.1,1)
```

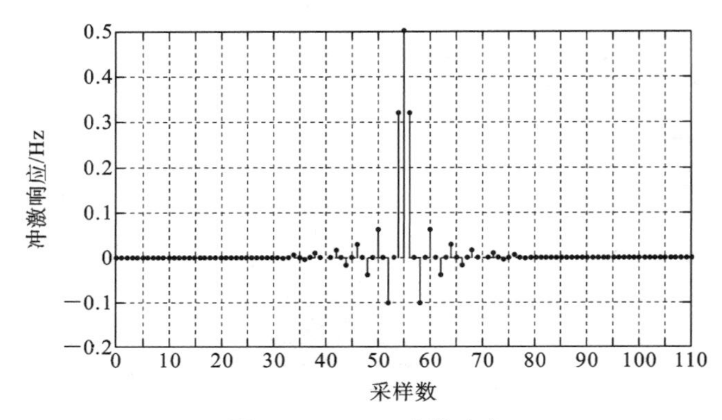

图 B.18 HBF 冲激响应

B.25 designPBF

1. 摘要

```
[C, e, x0]=designPBF(N,M,pb,pbr,sbr,ncd,np,ns,fmax)
```

根据 Hunter 的方法[4]设计一个基于对称多项式的滤波器(symmetric polynomial-based filter,PBF)。designPBF 需要优化工具箱。

2. 输入

N=10:多项式片段数。

M=5:多项式片段的阶数。

pb=0.25:通带宽度。相对于输入采样率,通带为[0,pb],阻带为[1−pb,∞)。使用 pb=0.5/OSR,其中 OSR 是输入的过采样率。

pbr=0.1:通带纹波(dB)。

sbr=-100:阻带纹波(dB)。

ncd=0:连续导数的数目。要使脉冲响应本身不连续,请使用 ncd=−1。

np=100:通带中的点数。

ns=1000:阻带中的点数。

fmax=5:在阻带中检查的最大频率。

3. 输出

C:包含多项式片段的系数的 $N\times(M+1)$矩阵。片段号 i 为

$$p_i(x)=C(i,1)+C(i,2)x+C(i,3)x^2+\cdots+C(i,M+1)x^M$$

e:最大加权误差。e≤1 表示符合规格。

x0=-0.5:多项式参数上的偏移量,即 $x=\mu+x0$,其中 $\mu\in[0,1]$。

4. 示例

用五阶多项式构造一个10段PBF(见图B.19),用于插入输入OSR为2的信号,目标是0.1 dB的通带纹波和−100 dB的阻带纹波。

```
[C, e, x0]=designPBF(10, 5, 0.5/2, 0.1, -100);
[hc, t]=impulsePBF(C,20,x0);
subplot(121); plot(t, hc,'Linewidth', 1);
f=linspace(0,5,1000);
Hc=frespPBF(f,C,x0);
subplot(122); plot(f, dbv(Hc),'Linewidth', 1);
```

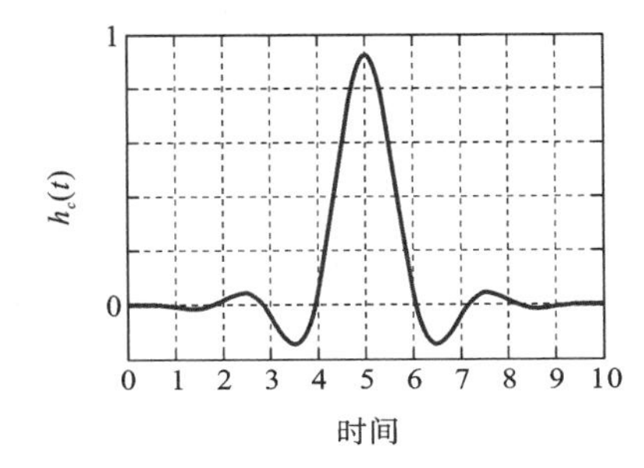

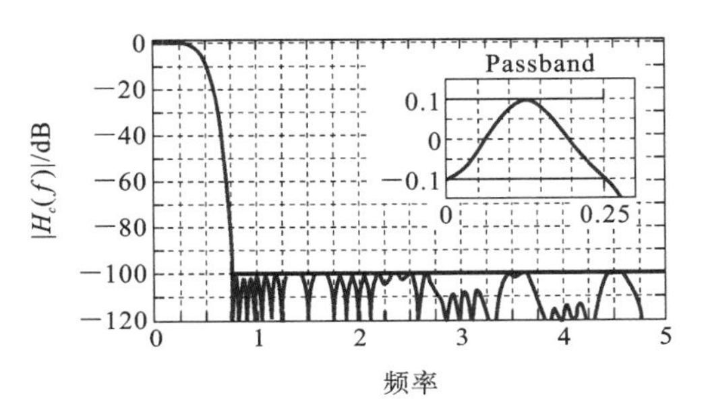

图 B.19 10段PBF

B.26 predictSNR

1. 摘要

```
[snr,amp,k0,k1,sigma_e2]=predictSNR(ntf,OSR=64,amp=...,f0=0)
```

利用Ardalan和Paulos[5]的描述函数方法,预测不同输入振幅下的信噪比(SNR),单位为dB。这种方法只适用于二进制调制器。

2. 输入

ntf:调制器NTF,以零极点形式给出。

OSR:过采样率。

amp:列出要使用的振幅的行向量。amp默认为[−120 −110 ⋯ −20 −15 −10 −9 −8 ⋯ 0]dB,其中0 dB表示满刻度(峰值=1)正弦波。

f0:调制器的中心频率。

3. 输出

snr:包含预测信噪比SNR的行向量。

amp:列出所用振幅的行向量。

k0:包含量化器模型的信号增益的行向量。

k1:包含量化器模型的噪声增益的行向量。

sigma_e2:一个行向量,包含量化器模型中噪声的均方值。

4. 示例

量化器模型：二进制量化器被建模为一对线性增益和一个噪声源，如图 B.20 所示。量化器的输入分为信号分量和噪声分量，由信号相关增益 k_0 和 k_1 处理，处理后这些分量被添加到噪声源中以产生量化器输出，假设噪声源为白色并且具有高斯分布，噪声源的方差 σ_e^2 也与信号有关。

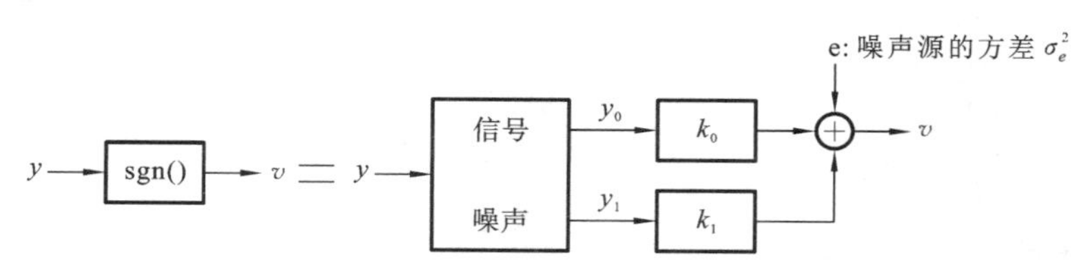

图 B.20 二进制量化器建模

B.27 findPIS，find2dPIS（在 PosInvSet 子目录中）

1. 摘要

```
[s,e,n,o,Sc]=findPIS(u,ABCD,nlev=2,options)
[s,e,n,o,Sc]=findPIS(u,ABCD,nlev=2,options)
options=[dbg=0 itnLimit=2000 expFactor=0.005 N=1000 skip=100]
```

找到一个 ΔΣ 调制器的凸正不变集。findPIS 需要编译 qhull mex 文件；find2dPIS 虽然不需要编译，但仅限于二阶系统。此函数是文献[6]中描述的方法的实现。

2. 输入

u：调节器的输入。如果 u 是一个标量，则调制器的输入是常量。如果 u 是 2×1 矢量，则调制器的输入可以是样本在[$u(1)$，$u(2)$]范围内的任何序列。

ABCD：调制器环路滤波器的状态空间描述。

nlev：量化器的电平数。

dbg：设置 dbg=1 以查看迭代的图形显示。

itnLimit：最大迭代次数。

expFactor：每次映射操作前应用于 hull 的扩展因子。增加 expFactor 会减少迭代次数，但会导致集合膨胀。

N：构造初始猜测时要使用的点数。

skip：观察状态前运行调制器的时间步数。这可以处理调制器中瞬变的可能性。

qhullArgA：qhull 程序的“A”参数。如果它们的法线之间的角度的余弦大于该参数的绝对值，则合并相邻的面。负值意味着合并操作在 hull 构造期间执行，而不是作为后处理步骤执行。

qhullArgC：qhull 程序的“C”参数。如果小面中心（小面顶点的平均值）与相邻超平面之间的距离小于该参数的绝对值，则将小面合并到其相邻超平面中。与上面的参数一样，负值表示预合并，正值表示后合并。

3. 输出

s：集的顶点（dim×n_v）。

e:集的边沿,列为顶点索引对($2\times n_e$)。

n:集面法线。

o:集的面偏移。

Sc:内部用于对集进行取整的缩放矩阵。

找到输入为 $1/\sqrt{7}$ 的二阶调制器的正不变集,其代码如下:

```
>>  ABCD=[
1 0 1 -1
1 1 1 -2
0 1 0 0];
>>  s=find2dPIS(sqrt(1/7),ABCD,1)
s=
Columns 1 through 7
-1.5954  -0.2150  1.1700  2.3324  1.7129  1.0904  0.4672
-2.6019  -1.8209  0.3498  3.3359  4.0550  4.1511  3.6277
Columns 8 through 11
-0.1582  0.7865  -1.4205  -1.5954
 2.4785  0.6954  -1.7462  -2.6019
```

外部 0 镜像顶点如图 B.21 所示。

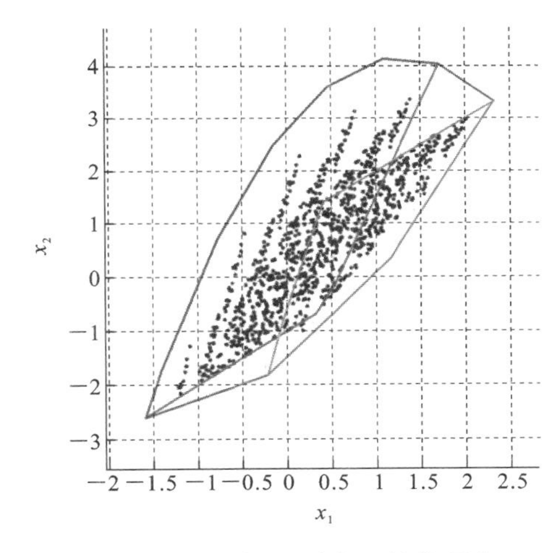

图 B.21　迭代 29:外部 0 镜像顶点

B.28　findPattern

1. 摘要

```
[data, snr]=findPattern(N=1024,OSR=64,ntf,ftest,Atest,
f0=0,nlev=2,quadrature=0,dbg=0)
```

使用 ΔΣ 调制来创建一个长度为 N 的数据流,在重复时具有良好的频谱特性。

2. 输入

N:数据记录的长度。

OSR:过采样率。

NTF:调制器的 NTF。

ftest:信号频率，它可以是一个向量。

Atest:目标输出水平为满量程的一小部分。

f0:中心频率。

nlev:输出数据中的级别数。

quadrature:表示使用正交调制的标志。

dbg:允许显示迭代过程的标志。

3. 输出

data:$1\times N$ 数据记录。

snr:带内信噪比(dB)。

4. 示例

图 B. 22 所示的是一个包含 3 dB、低带内噪声的 5 周期正弦波的 1024 长度数据记录，过采样率为 32，其代码如下：

```
N=1024;
osr=32;
ntf=synthesizeNTF(5,osr,1,1.5);
ftest=5/N;
Atest=undbv(-3);
[data snr]=findPattern(N,osr,ntf,ftest,Atest);
spec=fft(data)/(N/2);
inband=0:ceil(N/(2*osr));
lollipop(inband,dbv(spec(inband+1)),'b',2,-120);
```

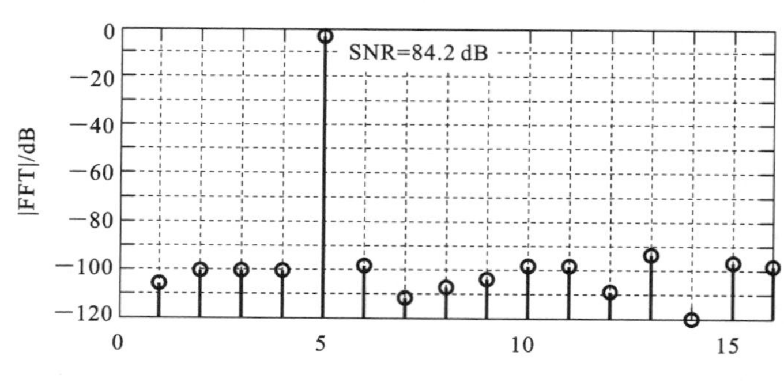

图 B. 22 FFT bin 编号

B. 29 Modulator Model

假设一个具有单个量化器的 ΔΣ 调制器由连接到一个环路滤波器的量化器组成，如图 B. 23 所示。

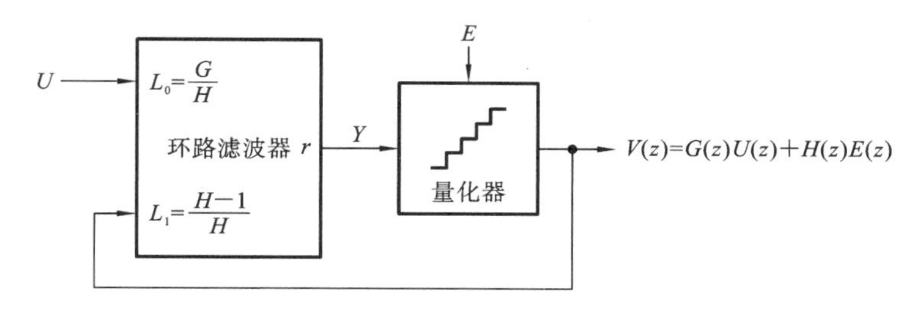

图 B.23　ΔΣ 调制器

1. 环路滤波器

环路滤波器由一个 ABCD 矩阵来描述。对于单量化器系统，环路滤波器是双输入、单输出线性系统，ABCD 是$(n+1)\times(n+2)$型矩阵，分为$\boldsymbol{A}_{n\times n}$，$\boldsymbol{B}_{n\times 2}$，$\boldsymbol{C}_{1\times n}$和$\boldsymbol{D}_{1\times 2}$子矩阵，如下所示：

$$\mathrm{ABCD}=\left[\begin{array}{c|c}\boldsymbol{A} & \boldsymbol{B}\\ \hline \boldsymbol{C} & \boldsymbol{D}\end{array}\right] \tag{B.1}$$

用于更新状态和计算环路滤波器输出的等式是

$$\begin{aligned} x[n+1] &= \boldsymbol{A}\,x[n]+\boldsymbol{B}\begin{bmatrix}u[n]\\ v[n]\end{bmatrix}\\ y[n] &= \boldsymbol{C}\,x[n]+\boldsymbol{D}\begin{bmatrix}u[n]\\ v[n]\end{bmatrix}\end{aligned} \tag{B.2}$$

这个公式可以通用，包含所有使用线性环路滤波器的单量化器调制器。工具箱目前支持下列拓扑的转换到或从 ABCD 描述以及系数。

CIFB：积分器级联，反馈形式。

CIFF：积分器级联，前馈形式。

CRFB：谐振器级联，反馈形式。

CRFF：谐振器级联，前馈形式。

CRFBD：谐振器级联，反馈形式，延迟量化器。

CRFFD：谐振器级联，前馈形式，延迟量化器。

Stratos：支持单位圆上 NTF 零点的 CIFF 类结构(jeff gealow)。

DSFB：双采样，反馈（dan senderowicz)。

多输入多量化系统也可以用 ABCD 矩阵来描述，公式(B.2)仍然适用。对于一个n_i输入n_o输出调制器，子矩阵的维数为

$$\boldsymbol{A}:n\times n,\quad \boldsymbol{B}:n\times(n_i+n_o),\quad \boldsymbol{C}:n_o\times n,\quad \boldsymbol{D}:n_o\times(n_i+n_o)$$

2. 量化器

量化器是理想的，产生以 0 为中心的整数输出。具有偶数电平数的量化器属于中部上升(mid-rise)类型，其输出为奇数(见图 B.24)。具有奇数电平数的量化器是中间胎面(mid-tread)类型的量化器，其输出为偶数(见图 B.25)。

支持的调制器拓扑有如下几种，如图 B.26 至图 B.39 所示。

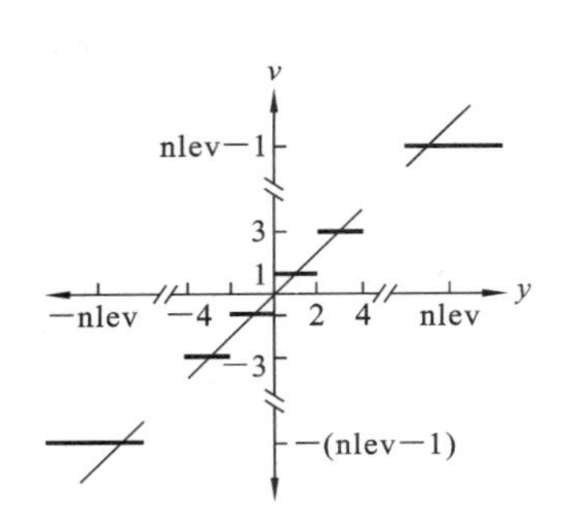

图 B.24 偶数级量化器的传输曲线

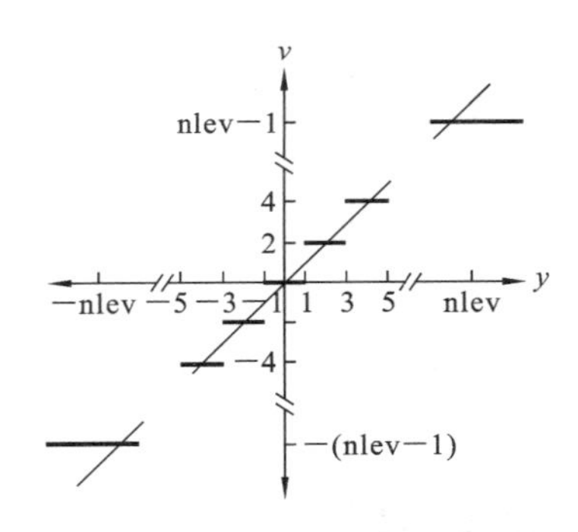

图 B.25 奇数级量化器的传输曲线

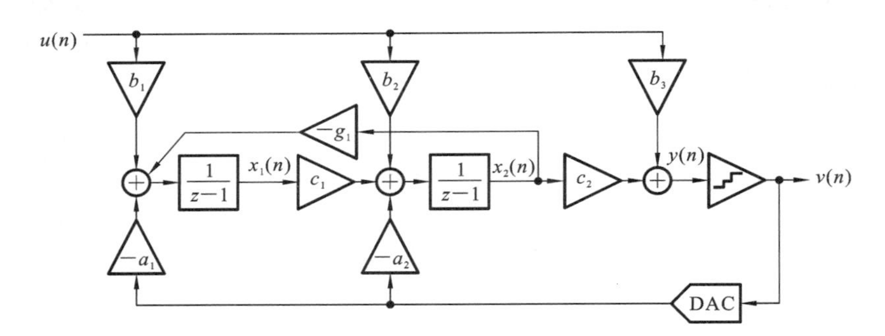

图 B.26 CIFB 结构偶数阶

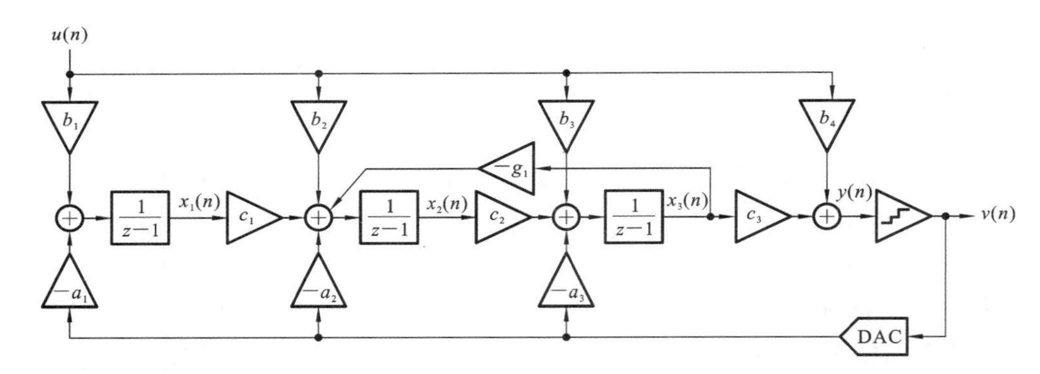

图 B.27 CIFB 结构奇数阶

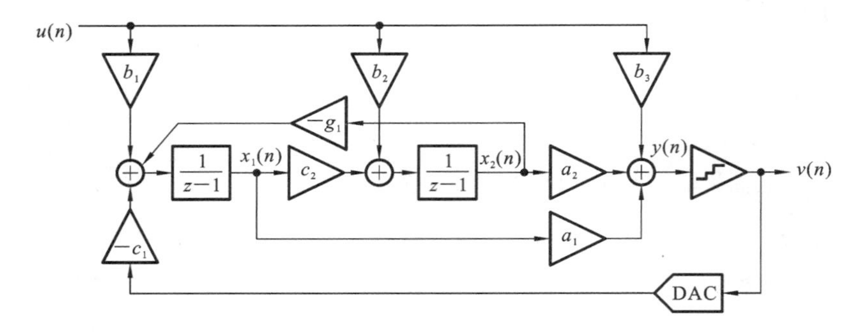

图 B.28 CIFF 结构偶数阶

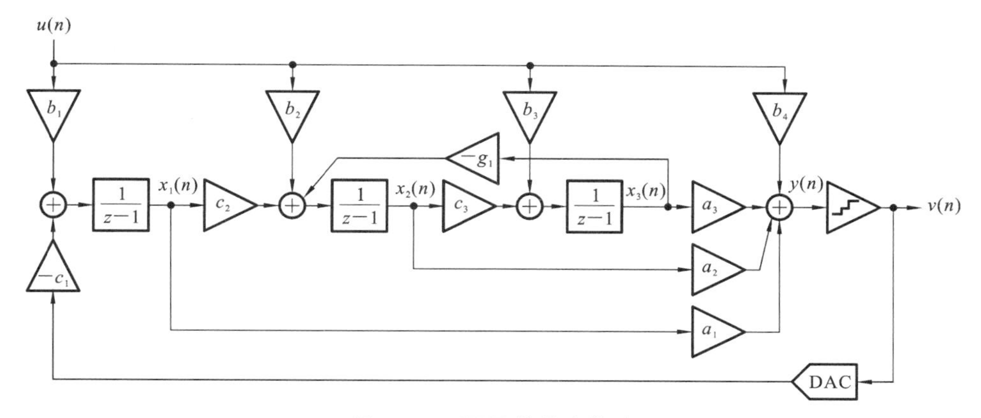

图 B.29　CIFF 结构奇数阶

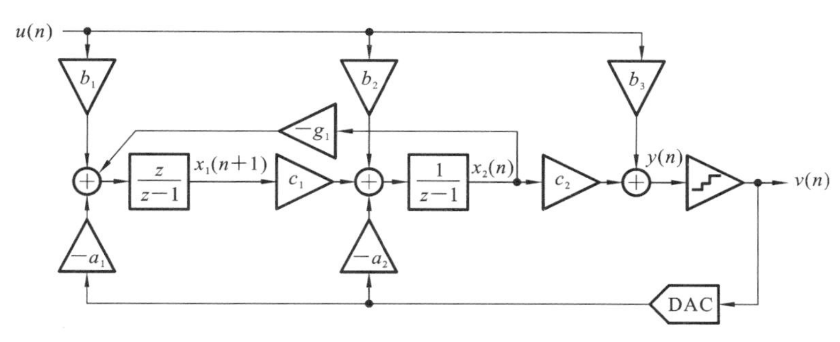

图 B.30　CRFB 结构偶数阶

注意：在使用 synthesizeNTF 设计的 NTF 中，省略 CRFB 结构中的 b2 等系数将产生最大平坦 STF。

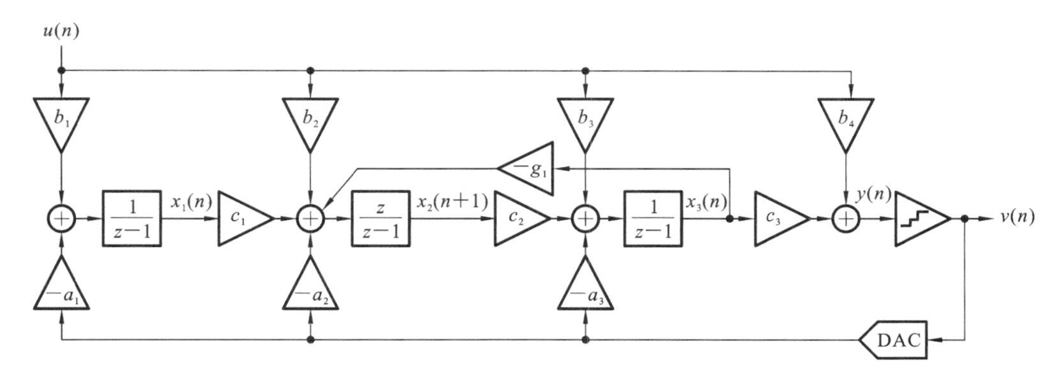

图 B.31　CRFB 结构奇数阶

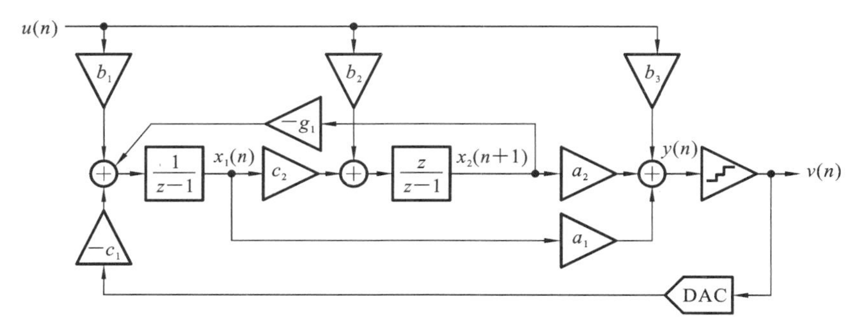

图 B.32　CRFF 结构偶数阶

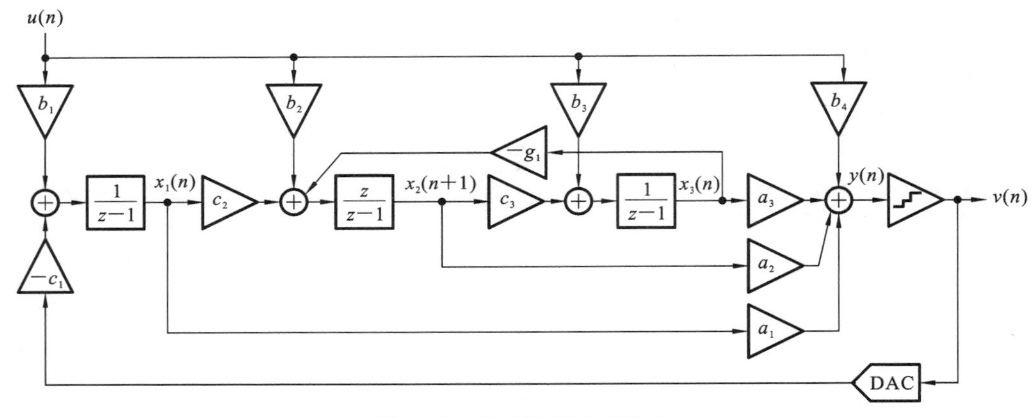

图 B. 33　CRFF 结构奇数阶

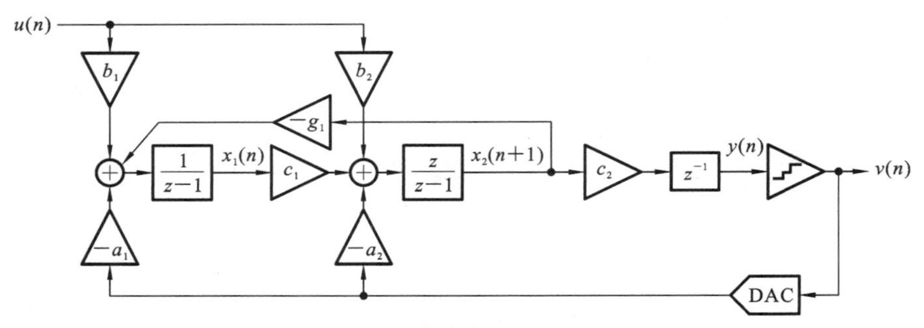

图 B. 34　CRFBD 结构偶数阶

注意：b_{n+1}不显示，因为它必须无延迟地添加到量化器输入中，这在该结构中假定是不允许的。这使得不可能有一个为 1 的 STF。

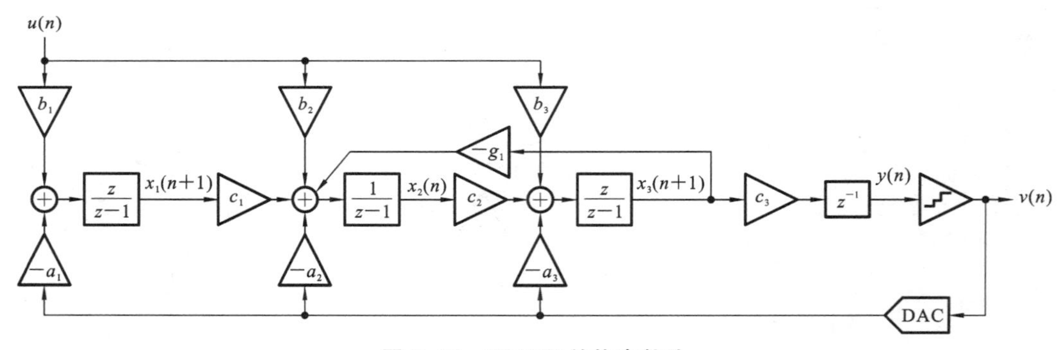

图 B. 35　CRFBD 结构奇数阶

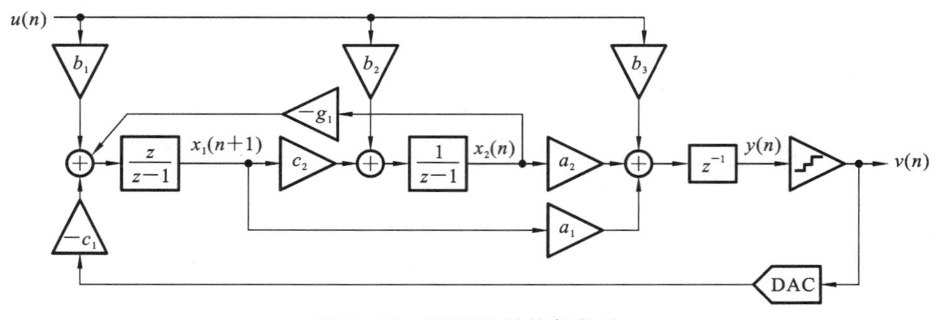

图 B. 36　CRFFD 结构偶数阶

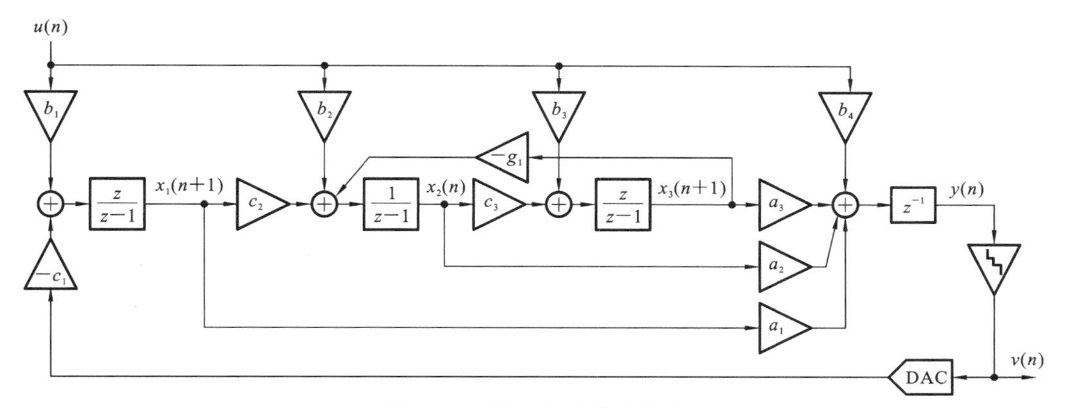

图 **B. 37**　CRFFD 结构奇数阶

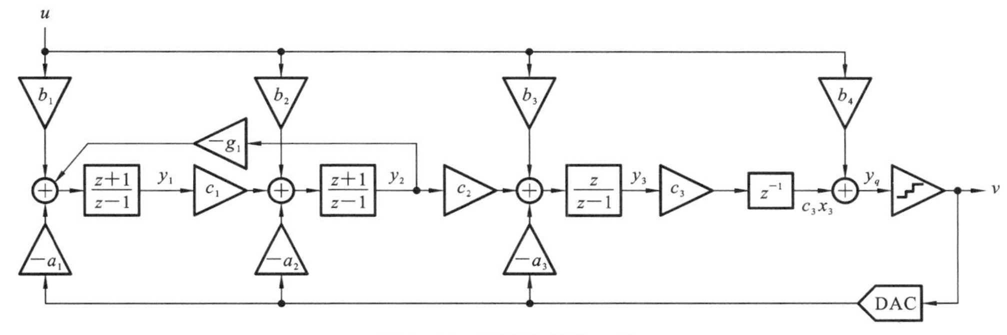

图 **B. 38**　DSFB 结构 3 阶

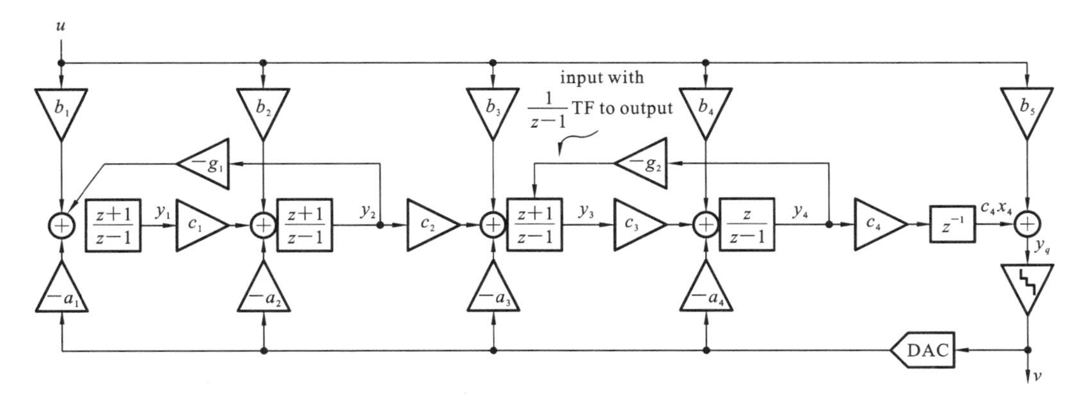

图 **B. 39**　DSFB 结构 4 阶

参考文献

[1] J. G. Kenney and L. R. Carley,"Design of multibit noise-shaping data converters", *Analog Integrated Circuits Signal Processing Journal*,vol. 3,pp. 259-272,1993.

[2] R. Schreier and B. Zhang, "Delta-sigma modulators employing continuous-time circuitry", *IEEE Transactions on Circuits and Systems I*, vol. 43, no. 4, pp. 324-332, April 1996.

[3] T. Saramäki. "Design of FIR filters as a tapped cascaded interconnection of identi-

cal subfilters", *IEEE Transactions on Circuits and Systems*, vol. 34, pp. 1011-1029, 1987.

[4] M. T. Hunter, "Design of polynomial-based filters for continuously variable sample rate conversion with applications in synthetic instrumentation and software defined radio", Ph. D. thesis, University of Florida, 2008.

[5] S. H. Ardalan and J. J. Paulos, "Analysis of nonlinear behavior in delta-sigma modulators", *IEEE Transactions on Circuits and Systems*, vol. 34, pp. 593-603, June 1987.

[6] R. Schreier, M. Goodson and B. Zhang "An algorithm for computing convex positively invariant sets for delta-sigma modulators", *IEEE Transactions on Circuits and Systems I*, vol. 44, no. 1, pp. 38-44, January 1997.

附录C　线性周期性时变系统

我们首先回顾线性和时变(时不变)的概念,然后,我们讨论一类称为线性周期时变(linear periodically time-varying,LPTV)系统的重要系统,以及它的一些性质。事实证明,LPTV 系统在 ΔΣ 系统中非常重要。

C.1　线性和时变/时不变

假设一个初始松弛的系统(所有初始条件为零),分别在被 $x_1(t)$和 $x_2(t)$激励时产生输出 $y_1(t)$和 $y_2(t)$。如果系统服从叠加原理,则系统是线性的,即输入 $\alpha x_1(t)+\beta x_2(t)$产生输出 $\alpha y_1(t)+\beta y_2(t)$。也就是

$$x_1(t) \rightarrow y_1(t)$$

$$x_2(t) \rightarrow y_2(t)$$

$$\alpha x_1(t)+\beta x_2(t) \rightarrow \alpha y_1(t)+\beta y_2(t)$$

如果除了上述约束之外,若输入延迟 τ 则输出也延迟 τ,那么系统就是线性和时不变(LTI)的,即

$$x_1(t-\tau) \rightarrow y_1(t-\tau) \tag{C.1}$$

LTI 系统的特征在于其脉冲响应 $h(t)$,即输入 $\delta(t)$的初始松弛系统的输出。由于时间不变性,$h(t)$也可以被解释为在任意观察时刻 t_1 之前一段时间 t,即在时刻 t_1-t 时施加脉冲,在时刻 t_1 观察到的响应。

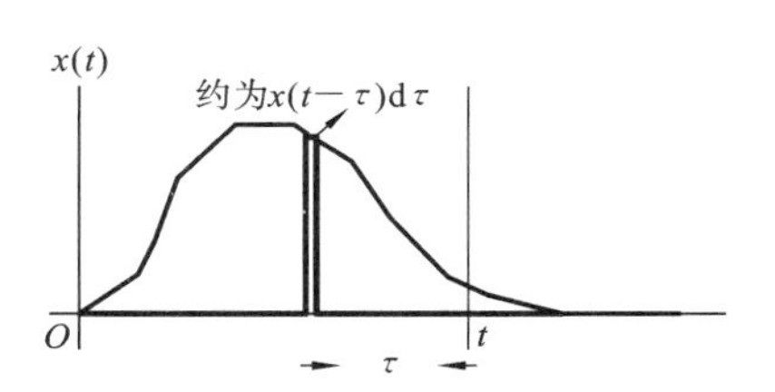

图 C.1　LTI 系统在时刻 t 对输入 $x(t)$的响应

系统如何响应任意输入 $x(t)$? 为了确定这一点,我们将输入表示为宽度为 $\mathrm{d}\tau$ 和高度为 $x(t-\tau)$的细条的总和,如图 C.1 所示,细条在时刻 t 的响应为 $x(t-\tau)\mathrm{d}\tau \cdot h(\tau)$,因此,$x(t)$引起的输出可以通过对由所有细条引起的响应求和来获得,这由卷积积分给出,即

$$y(t)=\int_0^{\infty} \underbrace{x(t-\tau)\mathrm{d}\tau}_{\substack{\text{施加在}(t-\tau)\\ \text{时刻的}\\ \text{脉冲大小}}} \underbrace{h(\tau)}_{\substack{\text{提早}\tau\\ \text{时间的}\\ \text{冲激响应}}} = \int_0^{\infty} h(\tau)x(t-\tau)\mathrm{d}\tau \tag{C.2}$$

复指数在线性系统的研究中尤为重要。当 LTI 系统被 $x(t)=\mathrm{e}^{\mathrm{j}2\pi ft}$ 激发时,使用上面的卷积积分得到

$$y(t)=\int_0^{\infty} h(\tau)\mathrm{e}^{\mathrm{j}2\pi f(t-\tau)}\mathrm{d}\tau = \mathrm{e}^{\mathrm{j}2\pi ft}\underbrace{\int_0^{\infty} h(\tau)\mathrm{e}^{-\mathrm{j}2\pi f\tau}\mathrm{d}\tau}_{H(f)} \tag{C.3}$$

因此可以看出,当由复指数激励时,LTI 系统的输出仅仅是输入的缩放版本,而取决于输入频率的"增益"则是复数 $H(f)$。

如上所述,$H(f)$是脉冲响应 $h(t)$的傅里叶变换,可以被认为是[1]

$$H(f)=\frac{\text{对 } e^{j2\pi ft} \text{ 的响应}}{e^{j2\pi ft}} \tag{C.4}$$

因此，频率 f 处的复指数产生一个稳态输出，该输出是输入被复数 $H(f)$ 缩放的结果。相反，如果 LTI 系统的输出恰好是频率为 f 的复正弦曲线，则必须遵循输入也是频率为 f 的正弦曲线。在电路仿真器中，通过运行，AC 分析获得频率响应 $H(f)$。

实际使用的许多网络都是非线性的。此外，它们通常围绕在时不变的工作点附近使用，输入本身被称为小信号。当非线性网络关于时不变的工作点线性化时，产生时不变的线性网络。因此，在电路仿真器中，要获得小信号频率响应，则首先运行 OP 分析，该分析产生工作点和小信号 LTI 网络，然后执行 AC 分析。

C.2 线性时变系统

图 C.2 所示的是一个增益随时间变化的系统示例。它是线性的，因为

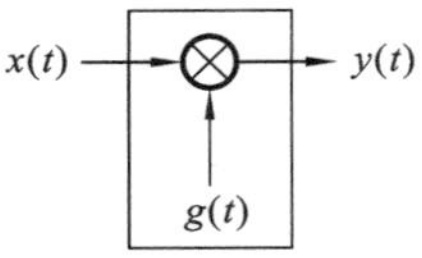

$$x_1(t) \to g(t)x_1(t)$$
$$x_2(t) \to g(t)x_2(t)$$
$$\alpha x_1(t)+\beta x_2(t) \to g(t)(\alpha x_1(t)+\beta x_2(t))$$

图 C.2 时变线性系统的一个例子

然而，它不是时不变的，因为

$$x_1(t) \to g(t)x_1(t)$$
$$x_1(t-t_1) \to g(t)x_1(t-t_1)\neq g(t-t_1)x_1(t-t_1) \tag{C.5}$$

这种系统被描述为线性时变(linear time-varying，LTV)系统。与 LTI 情况一样，LTV 系统的特征是其脉冲响应。但是，该脉冲响应取决于输入脉冲的施加时刻。LTV 系统在时刻 $t-\tau$ 施加的脉冲在时刻 t 的响应由 $h(t,\tau)$ 表示①，即

$$\text{脉冲响应}=h(t,\tau) \tag{C.6}$$

其中，脉冲响应中的第一个变量表示观察时刻，第二个变量表示系统在早于观察时刻前 τ 时间发射激发脉冲。

因此，LTV 系统的响应不仅取决于它在被脉冲激发的观察时刻之前多长时间，而且取决于观察时刻。将它与 LTIτ 系统进行对比，LTI 系统的响应仅取决于被脉冲激发的观察时刻前多长时间。因此，LTI 系统可以被认为是 LTV 系统的特殊情况，其脉冲响应满足 $h(t,\tau)=h(\tau)$。

LTI 和 LTV 系统对脉冲激励的响应如图 C.3 所示。该图上半部分所示的是示例 LTI 和 LTV 系统对在 $t=0$ 处施加的脉冲的响应。前者的输出是 $h_i(t)$，其中 h_i 是脉冲响应，当在观察时刻 t_1 时，输出为 $h_i(t_1)$。

LTV 系统的输出由 $h(t,t)$ 给出，其中 h 表示脉冲响应。当在时刻 t_1 观察时，输出为 $h(t_1,t_1)$。这将被解释为在观察时刻之前 t_1 时间施加的脉冲在 t_1 处的输出，即输入是 $\delta(t-(t_1-t_1))=\delta(t)$。

如输入延迟 t_2(见图 C.3 下半部分)，LTI 系统的输出由 $h_i(t-t_2)$ 给出。因此，如果观察时刻由 t_2 移动到 t_1+t_2，则输出为 $h_i(t_1+t_2-t_2)=h_i(t_1)$。在 LTV 情况下会怎

① 记住，在 LTI 系统中，当系统在时刻 $t-\tau$ 受到脉冲激励时，其在时刻 t 的输出为 $h(\tau)$。

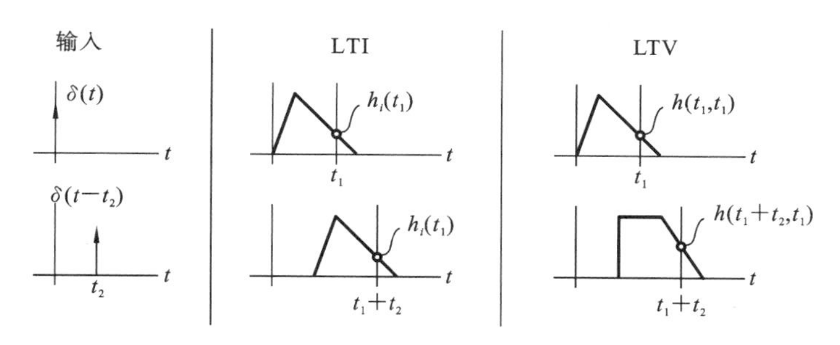

图 C.3 LTI 和 LTV 系统的脉冲响应

样？当在 t_1+t_2 时刻观察时，输出看起来是 $h(t_1+t_2,t_1)$，但它并不（必然）等于 $h(t_1,t_1)$，因为 LTV 系统的输出不仅取决于观察和激励时刻之间的时间差，而且取决于观察输出的绝对时刻。

LTV 系统如何响应复正弦 $x(t)=\mathrm{e}^{\mathrm{j}2\pi ft}$？正如我们在 LT 情况下所做的那样，得到

$$y(t)=\int_0^{\infty}h(t,\tau)\mathrm{e}^{\mathrm{j}2\pi f(t-\tau)}\mathrm{d}\tau=\mathrm{e}^{\mathrm{j}2\pi ft}\underbrace{\int_0^{\infty}h(t,\tau)\mathrm{e}^{-\mathrm{j}2\pi f\tau}\mathrm{d}\tau}_{H(f,t)} \tag{C.7}$$

我们看到，与在时不变的情况下一样，输入正弦曲线被复数 $H(f,t)$ 缩放。然而，正弦波所经历的“增益”不仅是其频率的函数（如在 LTI 情况下一样），而且是时间的函数，这是有道理的，因为系统随时间变化。此外，我们注意到（时变）频率响应，与在时不变的情况下一样，可以解释为

$$H(f,t)=\frac{\text{对 }\mathrm{e}^{\mathrm{j}2\pi ft}\text{ 的响应}}{\mathrm{e}^{\mathrm{j}2\pi ft}} \tag{C.8}$$

C.3 线性周期性时变系统

现在考虑图 C.4 所示的系统，其中增益 $g(t)$ 随时间周期性变化，即 $g(t)=g(t+T_s)$。这是一个线性周期性时变（linear periodically time-varying，LPTV）系统的示例，是 LTV 系统的一种特殊情况，其脉冲响应满足下式：

$$h(t,\tau)=h(t+T_s,\tau) \tag{C.9}$$

换句话说，如果观察输出（t）的时刻和系统被激励的时刻（t_1）都偏移了 T_s，则响应的形式保持不变。T_s 是系统的一个特征，称为 LPTV 系统的周期。

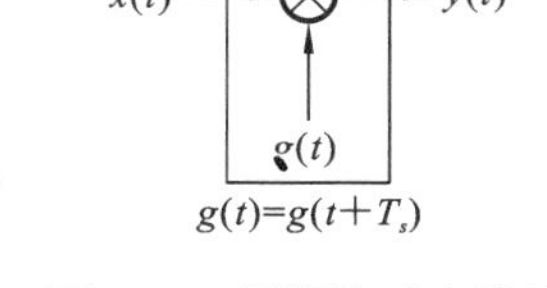

图 C.4 周期性时变线性系统示例

图 C.5 所示的是脉冲激励时 LTV 和 LPTV 系统的响应的比较。在 LPTV 的情况下，我们看到当系统受到“特殊的”T_s 时间延迟的脉冲激励时，输出只是当脉冲输入发生在 $t=0$ 时获得的响应的时间延迟版本。事实上，如果只考虑图 C.5 的第一列和第三列，LPTV 系统可能被误认为是时不变的！从这个意义上讲，LPTV 系统可以被认为是“更接近”LTI 系统而不是时变系统。

LPTV 系统如何响应输入 $x(t)=\mathrm{e}^{\mathrm{j}2\pi ft}$？从式（C.7）中，我们看到输出为

$$y(t)=H(f,t)\mathrm{e}^{\mathrm{j}2\pi ft}$$

由于式（C.9）成立，我们观察到

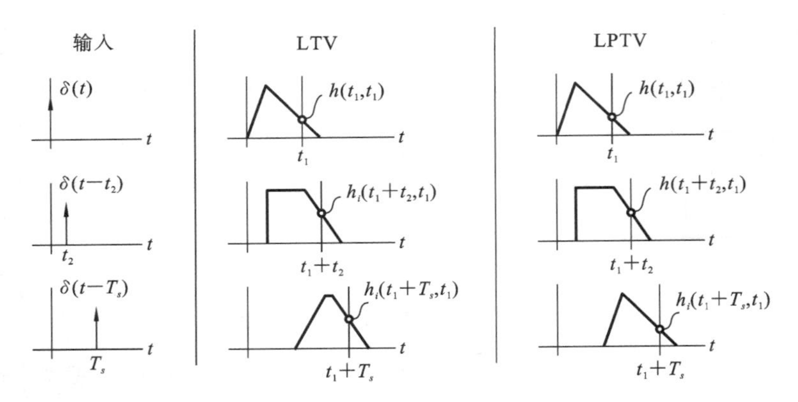

图 C.5 LTV 和 LTPV 系统的脉冲响应

$$
\begin{aligned}
H(f,t) &= \int_0^{\infty} h(t,\tau)\mathrm{e}^{-\mathrm{j}2\pi f\tau}\,\mathrm{d}\tau \\
&= \int_0^{\infty} h(t+T_s,\tau)\mathrm{e}^{-\mathrm{j}2\pi f\tau}\,\mathrm{d}\tau \\
&= H(f,t+T_s)
\end{aligned}
\tag{C.10}
$$

因此，LPTV 系统的频率响应 $H(f,t)$ 是周期性的，周期为 T_s。这意味着由 $\mathrm{e}^{\mathrm{j}2\pi ft}$ 激励的 LPTV 系统的输出可以被认为是 $\mathrm{e}^{\mathrm{j}2\pi ft}$ 被一个随时间周期性变化的增益缩放而得。同样，这在直觉上是令人满意的，因为系统周期性地发生变化。

图 C.6 所示的是由正弦输入激励的示例 LTI、LTV 和 LPTV 系统。在图 C.6(a)中，R 和 C 是固定的，电容两端的电压是一个具有恒定包络的正弦波。在图 C.6(b)中，电阻是线性的，但随时间变化，输出的包络随时间变化，电阻值越小，输出包络越大。图 C.6(c)中的电阻随时间周期性变化，结果，输入音调的增益也随时间周期性地变化，这从包络的形状可以看出。

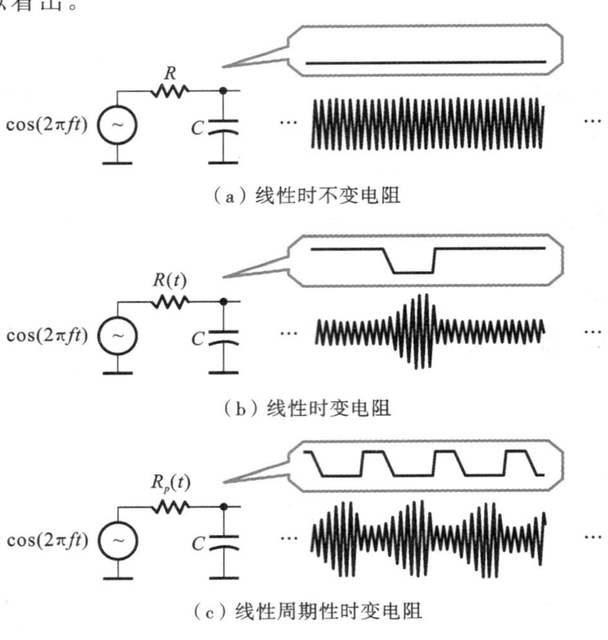

图 C.6 RC 网络对正弦输入的响应

由于LPTV系统的$H(f,t)$是周期性的，时间周期为T_s，因此可以将其展开为t的傅里叶级数，从而有

$$H(f,t)=\sum_{k=-\infty}^{\infty}H_k(f)e^{j2\pi f_s kt},\quad f_s=1/T_s \tag{C.11}$$

傅里叶级数的系数$H_k(f)$，称为谐波传递函数，使用式(C.12)很容易求出，即

$$H_k(f)=\frac{1}{T_s}\int_0^{T_s}H(f,t)e^{-j2\pi f_s kt}dt \tag{C.12}$$

因此，LPTV系统对$e^{j2\pi ft}$的响应由式(C.13)给出，即

$$H(f,t)e^{j2\pi ft}=\sum_{k=-\infty}^{\infty}\underbrace{H_k(f)}_{\substack{\text{谐波的}\\\text{传递函数}}}\underbrace{e^{j2\pi(f+kf_s)t}}_{\substack{\text{频率}\\ f+kf_s}} \tag{C.13}$$

在能够进行频域分析的LPTV系统的电路仿真器中，$H_k(f)$通常被称为周期性AC分析(.PAC分析)求得。在仿真器用语中，$H_k(f)$通常被称为第k阶边带响应。

我们做出以下观察。

(1) 频率为f的正弦波驱动的LPTV系统的输出(以f_s频率周期性变化)由$\bar{f}$，$\bar{f}\pm f_s$，$f\pm 2f_s$等处的频率分量组成。输出由频率为$f+kf_s$的音调组成，其中k是整数。$H_k(f)$表示从输入(频率f)到输出(频率$f+kf_s$)的增益，如图C.7所示。

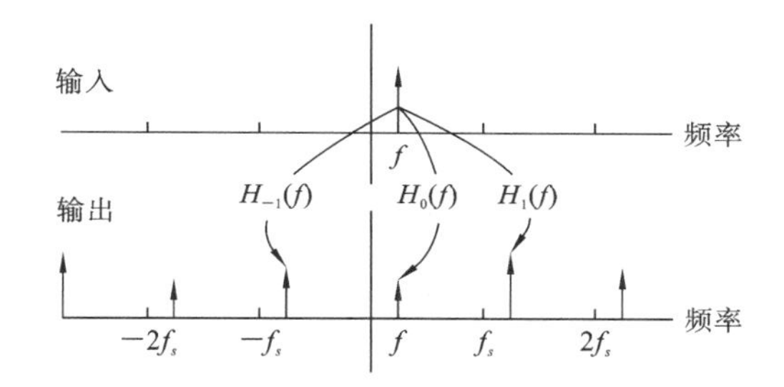

图C.7 输入(频率f)到输出(频率$f+kf_s$)的增益

(2) 出于同样的原因，如果一个LPTV系统的输出(以f_s频率周期性变化)由具有频率f的正弦波组成，则这通常是由于来自f、$f\pm f_s$、$f\pm 2f_s$等频率的输入的贡献。

让我们将已学到的技术应用到图C.4的LPTV系统中。系统的时变脉冲响应由式(C.14)给出，即

$$h(t,\tau)=g(t-\tau)\delta(t-(t-\tau))=g(t-\tau)\delta(\tau) \tag{C.14}$$

因此，系统的时变频率响应是

$$H(f,t)=\int_0^{\infty}h(t,\tau)e^{-j2\pi f\tau}d\tau=\int_0^{\infty}g(t-\tau)\delta(\tau)e^{-j2\pi f\tau}d\tau=g(t) \tag{C.15}$$

由于$g(t)$是周期性的，因此可以根据式(C.16)

$$g(t)=\sum_k g_k e^{j2\pi kf_s t} \tag{C.16}$$

将其展开为傅里叶级数。因此，谐波传递函数由式$H_k(f)=g_k$给出。

例如，考虑图C.4的系统，$g(t)=A_{LO}\cos(2\pi f_s t)$，$x(t)=A_{rf}\cos(2\pi ft)$，则有

$$y(t)=\frac{1}{2}A_{LO}A_{rf}\cos(2\pi(f-f_s)t)+\frac{1}{2}A_{LO}A_{rf}\cos(2\pi(f+f_s)t) \tag{C.17}$$

我们看到频率为f的输入音调产生频率为$f\pm f_s$的输出音调。谐波传递函数是

$H_{\pm 1}(f)=(A_{LO}/2)$，$H_{\pm k}(f)=0(k\neq\pm 1)$。

我们现在问一个相反的问题：假设我们观察到输出 y 是频率为 f 的音调，那么 x 可能是什么？由于 $H_k(f)$ 仅当 $k=\pm 1$ 时非零，因此输入必须由 $(f\pm f_s)$ 处的音调组成。

如何确定电路仿真器中 LPTV 的谐波传递函数？类似于 LTI 网络中使用的. AC 分析，分析 LPTV 系统的仿真器执行. PAC 分析，其中. PAC 指周期性 AC。

许多实际的网络是非线性的，并且经常在周期性时变工作点附近使用，输入本身被称为小信号。当关于周期性时变工作点线性化时，非线性系统产生 LPTV 网络。因此，在电路仿真器中，通过首先运行产生周期性工作点和小信号 LPTV 网络的. PSS 分析[①]来获得小信号频率响应，然后执行. PAC 分析。

读者可能想知道上述所有理论与我们对 CTΔΣM 的研究有什么关系。为了解释这一点，考虑一个纯粹的 CTΔΣM 模型，其中量化误差被认为是加性的（见图C. 8）。采样环路滤波器的输出相当于将 $y(t)$ 乘以一个狄拉克 δ 序列。量化噪声被建模为具有随机幅度的脉冲序列。输出是被 DAC 脉冲 $p(t)$ 滤波后反馈回的脉冲序列。因此，CTΔΣM 是具有两个输入（u 和 e）和一个输出 v 的 LPTV 系统，其随频率 f_s（时间周期 T_s）变化。

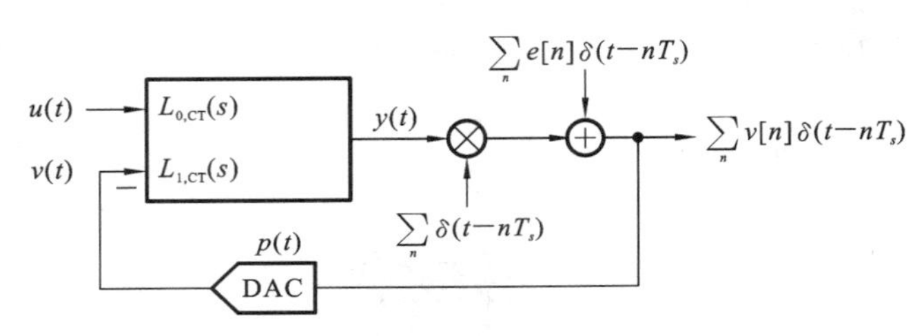

图 C.8 一个 CTΔΣM 被看作是一个 LPTV 系统

除了周期性地随时间变化外，CTΔΣM 还具有另一个显著特征。它是一个 LPTV 系统，其中有用的输出被采样（在这种情况下是 y，被 e 破坏）。此外，y 以频率 f_s 采样，该频率也是 LPTV 系统变化的频率。

C. 4 具有采样输出的 LPTV 系统

考虑 LPTV 系统，其周期为 T_s，如图 C. 9 所示。它被复指数 $x(t)=e^{j2\pi ft}$ 激励，其输出 $y(t)$ 被相同的周期 T_s 采样。根据 C. 3 的讨论，CTΔΣM 是这种类型的系统。

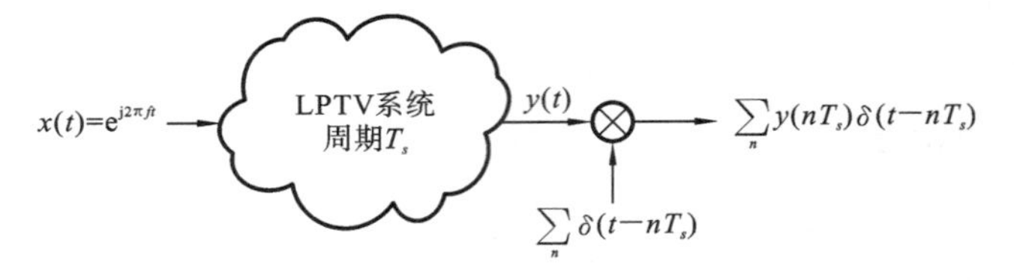

图 C.9 LPTV 系统（以 f_s 的速率变化），其输出在 f_s 处被采样

由于系统是 LPTV，我们有

① PSS 表示周期稳态（periodic steady state）。

$$y(t)=\sum_{k=-\infty}^{\infty}H_k(f)\mathrm{e}^{\mathrm{j}2\pi(f+kf_s)t} \tag{C.18}$$

$y(t)$的采样值由式(C.19)给出，即

$$y(nT_s)=\sum_{k=-\infty}^{\infty}H_k(f)\mathrm{e}^{\mathrm{j}2\pi(f+kf_s)nT_s}=\mathrm{e}^{\mathrm{j}2\pi fnT_s}\sum_{k=-\infty}^{\infty}H_k(f) \tag{C.19}$$

现在考虑如图C.10所示的系统。它是一个线性时不变系统，其频率响应$H_{\mathrm{eq}}^{-}(f)$选择为$\sum_k H_k(f)$，其中$H_k(f)$是图C.9中LPTV系统的谐波传递函数。如果这个LTI系统被$\mathrm{e}^{\mathrm{j}2\pi ft}$激励，则它的输出是

$$\hat{y}(t)=\mathrm{e}^{\mathrm{j}2\pi ft}\sum_{k=-\infty}^{\infty}H_k(f) \tag{C.20}$$

当以$f_s=1/T_s$的速率采样时，我们得到

$$\hat{y}(nT_s)=\mathrm{e}^{\mathrm{j}2\pi nfT_s}\sum_{k=-\infty}^{\infty}H_k(f) \tag{C.21}$$

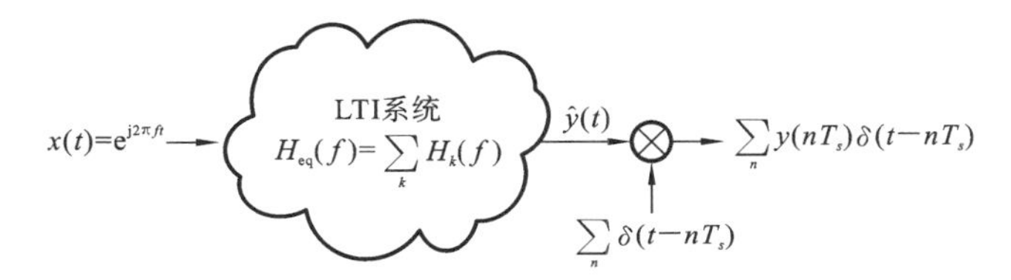

图C.10 一个LTI系统，其输出以f_s采样，产生与图C.9系统相同的序列

从式(C.19)和式(C.21)中我们看到，就输出样本而言，一个LTI系统，其输出以f_s采样，相当于以f_s输出采样的LTI系统。等效的LTI滤波器具有频率响应[2]：

$$H_{\mathrm{eq}}(f)=\sum_{k=-\infty}^{\infty}H_k(f) \tag{C.22}$$

由于任何输入$x(t)$都可以通过傅里叶变换表示为复指数的和，因此可以得出LPTV系统的输出样本(当采样率与系统变化率相同时)被认为是通过用$x(t)$激励LTI滤波器并以f_s的速率对其输出进行采样而获得的(见图C.11)。

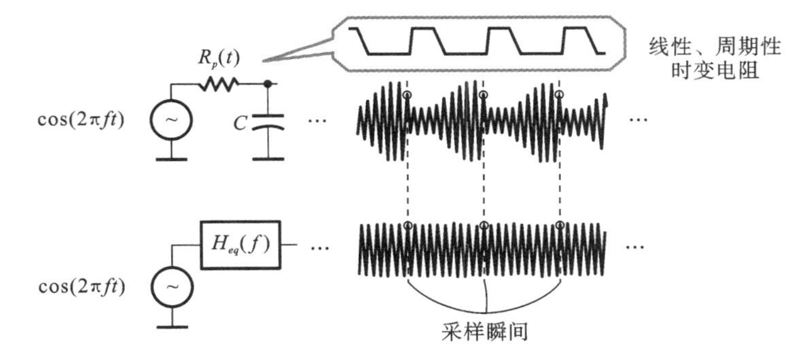

图C.11 一个以f_s变化的LPTV系统，由正弦波激励，输出以f_s采样等效的LTI系统的输出

由于以下原因，上面得出的结果具有直观意义。当LPTV系统被f处的音调激发时，输出包括频率为$f+kf_s$的音调，其中k是整数。当以f_s采样时，高于f_s的频率分量被混叠到频率f处。因此，如果一个人只对系统输出的样本感兴趣，那么它们也可以通过适当选择的LTI滤波器产生，该LTI滤波器作用于频率为f的输入音调。我们还

强调等效性仅适用于样本，而不适用于波形。参见图 C.9 和 C.10，我们注意到 $y(nT_s)$ 等于 $\hat{y}(nT_s)$，但 $y(t)$ 不必等于 $\hat{y}(t)$。

如何在 CT ΔΣ M 的背景下解释上述结果并予以讨论？回想一下，在第 8 章中，我们得出结论（忽略整形量化噪声），CT ΔΣ M 的输出序列（图 C.8 中描述的那种）可以被认为是这样得到的，首先通过具有传递函数

$$\mathrm{STF}(f)=\mathrm{L}_{0,\mathrm{CT}}(\mathrm{j}2\pi f)\mathrm{NTF}(\mathrm{e}^{\mathrm{j}2\pi f}) \tag{C.23}$$

的连续时间滤波器对输入滤波，然后以 f_s 对得到的波形进行采样。我们通过操纵调制器的信号流图，将其分为“连续时间”和“离散时间”两部分，以使分析易于处理，从而说明了这一点。然而，并不能总是以这种方式分离调制器。一个恰当的例子是带有开关电容反馈 DAC 的 CT ΔΣ M，如图 C.12(a)所示，我们在第 9 章和第 10 章中遇到过。由于 DAC 的开关特性，不能将 $Y(s)$ 表示为 $L_{0,\mathrm{CT}}U(s)-L_{1,\mathrm{CT}}V(s)$。

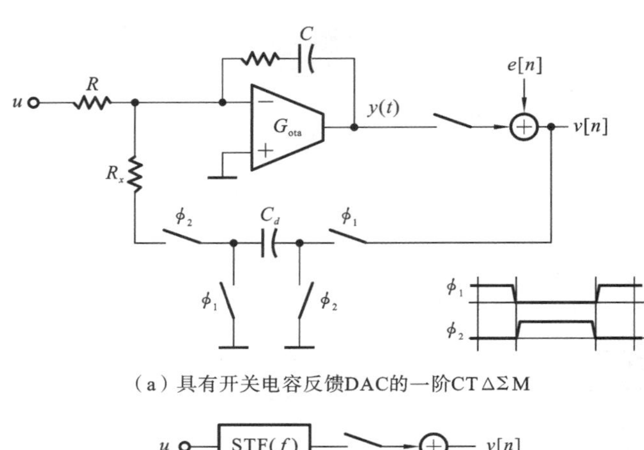

（a）具有开关电容反馈DAC的一阶CTΔΣM

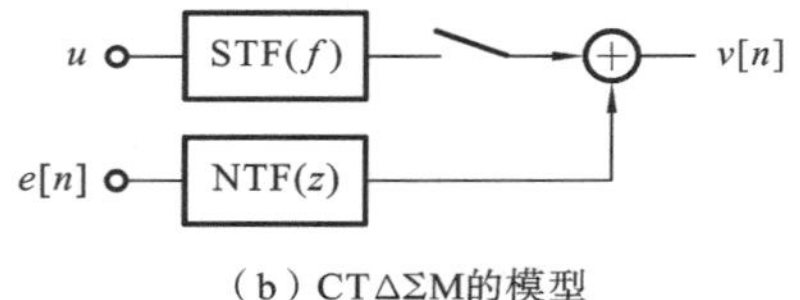

（b）CTΔΣM的模型

图 C.12　分离调制器

然而，式(C.22)的结果为我们能够通过对其输出进行采样的 LTI 滤波器来建模 CTΔΣM 的输入-输出路径提供了基础。在图 C.12(a)的调制器背景下，这意味着，即使环路滤波器的输出不能表示为 $L_{0,\mathrm{CT}}U(s)-L_{1,\mathrm{CT}}V(s)$，调制器的模型仍然如图C.12(b)所示，即对信号进行操作的 CT 滤波器(STF)，其输出被采样并被加到操作于量化误差的 DT 滤波器(NTF)的输出上。因此，我们认识到，CTΔΣM 结果模型是更为基础的模型。

在给定 LPTV 系统的情况下，我们如何确定等效 LTI 系统的传递函数 $H_{\mathrm{eq}}(f)$？一种方法是确定后者的 $H_k(f)$，然后使用式(C.22)进行计算。但是，在许多情况下，如图 C.13 所示，在时域中更容易进行。

等效 LTI 滤波器的脉冲响应由 $H_{\mathrm{eq}}(t)$表示。用 $\delta(t+\Delta t)$激励 LPTV 系统并对输出 $y(t)$进行采样产生一个序列，我们用 $y_{\Delta t}(nT_s)$表示。当采样时，LTI 滤波器的输出（具有输入 $\delta(t+\Delta t)$）产生序列 $h_{\mathrm{eq}}(nT_s+\Delta t)$。根据我们一直在讨论的等效原则，它必须遵循

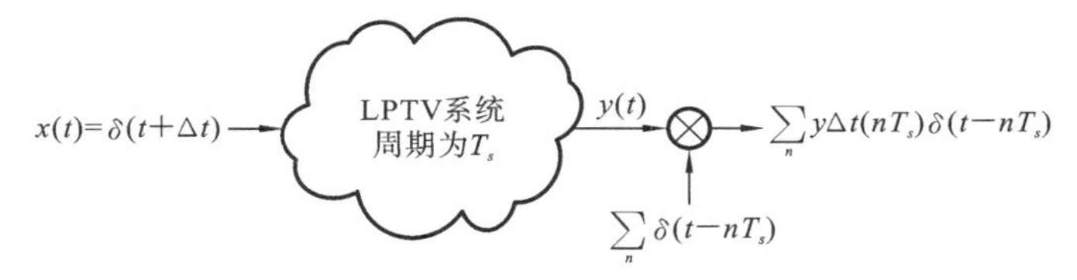

（a）在 $-\Delta t$ 时刻用一个脉冲激励 LPTV 系统，获得的采样输出序列由 $y\Delta t(nT_s)$ 表示

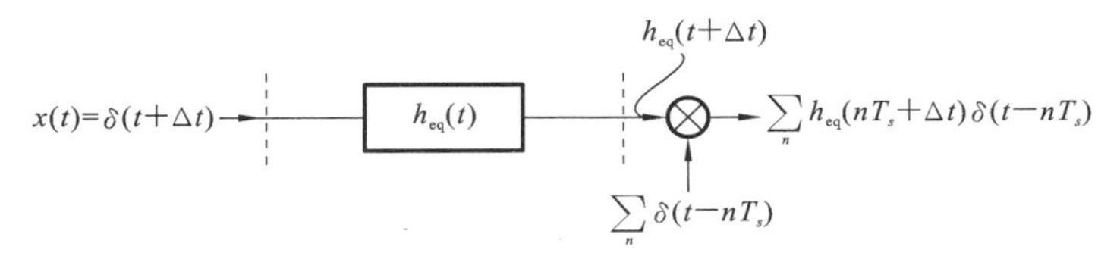

（b）用 $\delta(t+\Delta t)$ 激励等效 LTI 滤波器得到 $h_{eq}(nT_s+\Delta t)$

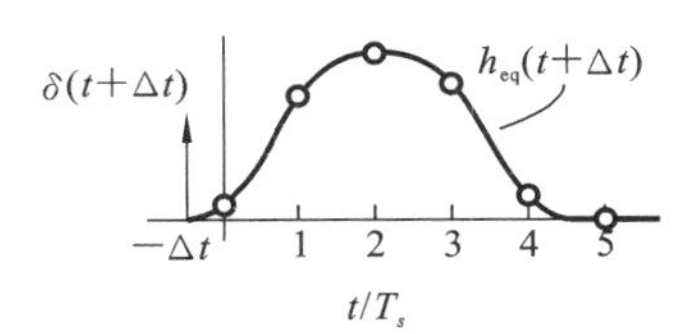

（c）等效 LTI 滤波器的概念输出及其样本

图 C.13　确定对应于具有采样输出的 LPTV 系统的等效 LTI 滤波器的脉冲响应

$$h_{eq}(nT_s+\Delta t)=y_{\Delta t}(nT_s) \tag{C.24}$$

如图 C.13(c)所示。因此，当输入为 $\delta(t+\Delta t)$时，LPTV 系统的输出序列产生等效 LTI 滤波器的样本为 $h_{eq}(nT_s+\Delta t)$。通过以足够小的增量从 0 到 T_s 扫描 Δt，我们应该能够完整地构造 $h_{eq}(t)$。

我们通过确定具有 NRZ DAC 的一阶 CTΔΣM 的 STF 来演示该技术，如图C.14所示。调制器的采样率为 1 Hz，其输出序列是 $y(t)$在 1 s 的倍数处采样。如上所述，为了构建对应于 STF 的脉冲响应，我们用 $u(t)=\delta(t+\Delta t)$激励调制器并“测量”序列 $y[n]$。$y(t)$是在 $t=-\Delta t$ 处变为 1 的阶跃，它在 $t=0$ 处采样并通过一个滤波器反馈，该滤波器的脉冲响应是 NRZ 脉冲。因此，$y(t)$以线性方式变为零，并且在 $t=1$ 时刻之后保持为 0，如图 C.14(b)所示。$y_{\Delta t}[n]$的样本是 1，0，0，…。很容易看出，对于 $0<\Delta t<1$，$y_{\Delta t}[n]$保持为 1，0，0，…，因此，$h_{eq}(t)$是矩形脉冲，如图 C.14(c)所示。所以，$\mathrm{STF}(f)=e^{-j\pi f}\mathrm{sinc}(f)$，这与第 8 章中获得的结果一致。

如图 C.13 所示，通过连续施加脉冲来确定等效 LTI 滤波器的脉冲响应是有用的，但很耗时。幸运的是，通过使用互易性概念，$h_{eq}(t)$可以通过一次性过程找到。借助图 C.15 所示的内容解释了实现这一目标的关键结果。该图上半部分所示的是在 $t=t_i$ 时刻由一个电流脉冲激励的 LPTV 网络 N。其输出是电压 $v_2(t)$以 $f_s=1/T_s$ 采样，定时偏移为 t_o，即 $v_2[nT_s+t_o]$序列。可以找到具有相同时间周期 T_s 的另一个 LPTV 网络，称为互易（或伴随）网络，用 $\hat{N}$（见图 C.15 下半部分）表示，具有以下有趣特性。

让这个伴随网络于时刻 T_s-t_o 在其输出端口处用一个电流脉冲激励。输入端口处的电压 $\hat{v}_1(t)$在定时偏移 T_s-t_i 处采样时，产生完全相同的序列 $v_2[nT_s+t_o]$，即

$$\hat{v}_1[nT_s+T_s-t_i]=v_2[nT_s+t_o] \tag{C.25}$$

由于 $\hat{N}$ 是具有周期 T_s 的 LPTV 网络，在 T_s-t_o 时刻激励它，并且在 $nT_s+T_s-t_i$

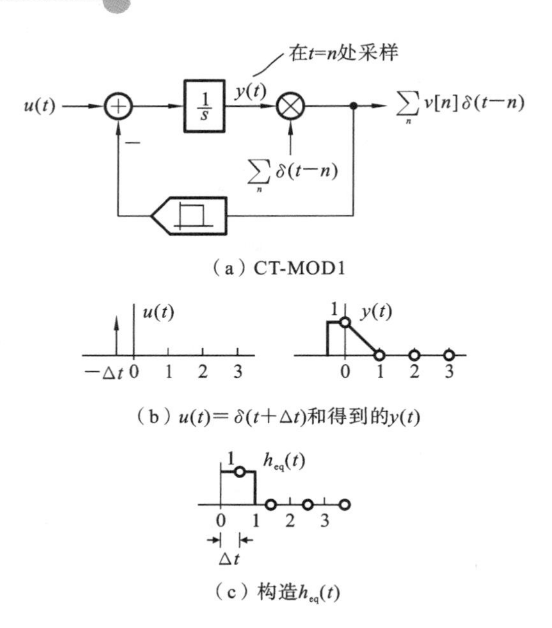

图 C.14　STF 的脉冲响应模型

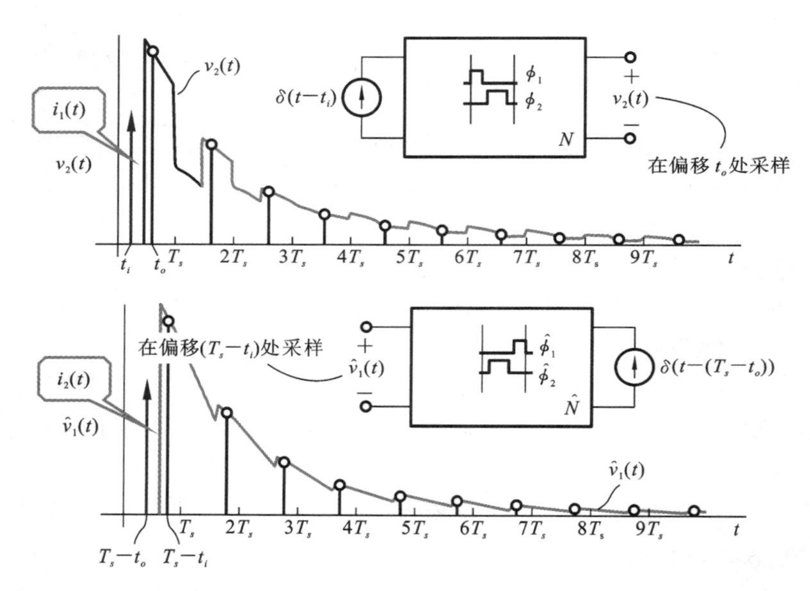

图 C.15　利用互反(或伴随)网络确定具有采样输出的 LPTV 系统对应的等效 LTI 滤波器的脉冲响应

时刻观察响应，相当于在$-t_o$处激励它并观察nT_s-t_i处的响应。由于图 C.15 上半部分的实验中的t_i和t_o已变为$-t_i$和$-t_o$，又由于控制时变元件的信号在时间上翻转，因此，“时间反转”一词常用于如图 C.15 下半部分所示的伴随网络。

伴随网络$\hat{N}$具有与N相同的图形，并且可以从N通过应用表 C.1 所示的以下逐元素替换规则来导出。

(1) N中的一个分支是一个线性电阻、电容或电感时，在$\hat{N}$中保持不变。

(2) N中由波形$\phi(t)$控制的周期性操作的开关，在$\hat{N}$中由$\phi(-t)$控制的开关代替。

(3) N 中线性受控源，在 $\hat{N}$ 中由适当的线性受控源代替，例如，N 中的 CCCS，在 $\hat{N}$ 中由 VCVS 替换，且控制端口和受控端口互换，如表 C.1 所示。

(4) 如果 N 表示为信号流图，则 N 中的求和点和拾取点，分别由 $\hat{N}$ 中的拾取点和求和点替换。

(5) N 中的时变增益 $g(t)$ 由 $\hat{N}$ 中的另一个时变增益 $g(-t)$ 代替。

表 C.1　线性受控源、求和点、拾取点、乘法器和周期性操作开关从 N 到 $\hat{N}$ 的转换

N	$\hat{N}$
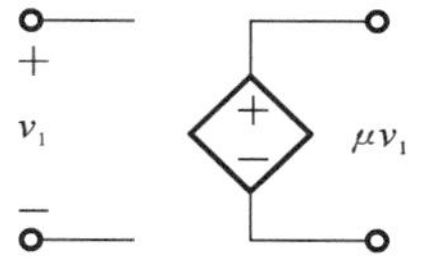 + v_1 − ; μv_1	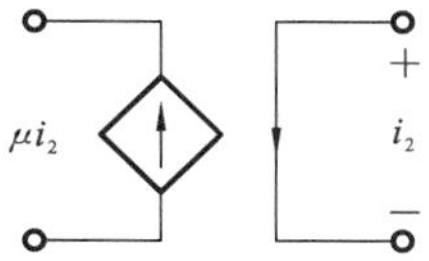 μi_2 ; + i_2 −
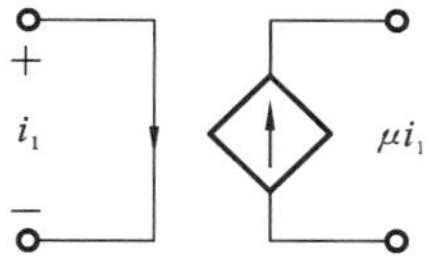 + i_1 − ; μi_1	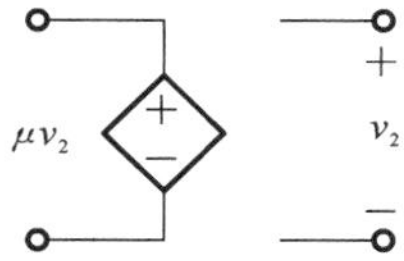 μv_2 ; + v_2 −
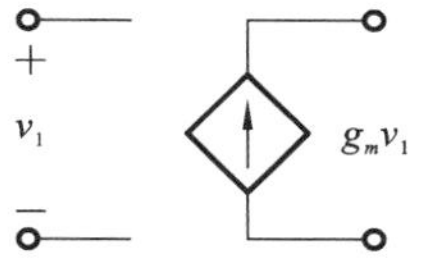 + v_1 − ; $g_m v_1$	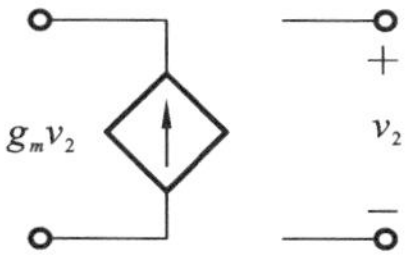 $g_m v_2$; + v_2 −
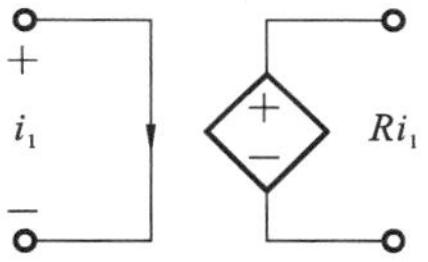 + i_1 − ; Ri_1	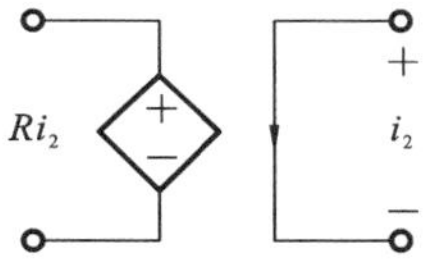 Ri_2 ; + i_2 −
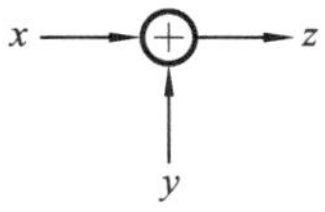 x, y, z	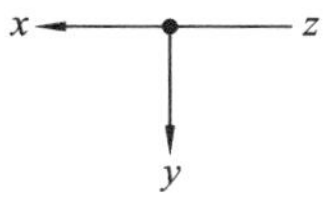 x, y, z
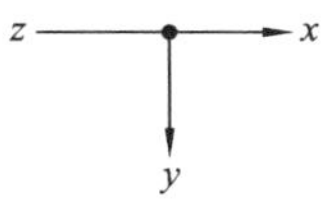 z, x, y	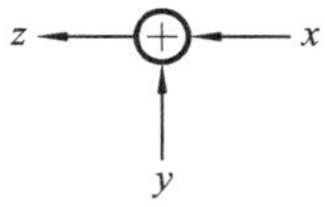 z, x, y
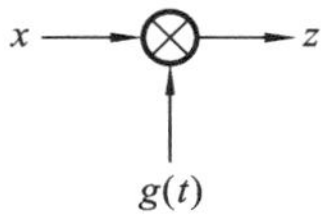 x, z, $g(t)$	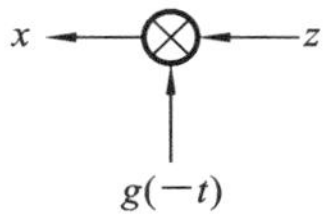 x, z, $g(-t)$
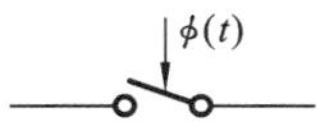 $\phi(t)$	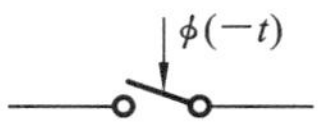 $\phi(-t)$

如下所述，伴随网络极大地简化了确定 N 的 $h_{eq}(t)$的过程。在下文中，假设输出序列是 $v_2(nT_s)$（换句话说，$t_o=0$）。我们用 $h_{eq}(t)$表示等效 LTI 滤波器的脉冲响应。如前所述，为了得到 $h_{eq}(nT_s+\Delta t)$，应该用 $\delta(t+\Delta t)$激励 N，并且在 $t=nT_s$ 处对 $v_2(t)$进行采样，如图 C.16(a)所示。在互易网络中，这对应于在其"输出"端口用 $\delta(t)$激励伴随网络 $\hat{N}$，但是以 $-(-\Delta t)=\Delta t$ 的定时偏移对 $\hat{v}_1(t)$进行采样，换句话说，$h_{eq}(nT_s+\Delta t)=v_2(nT_s)=\hat{v}_1(nT_s+\Delta t)$。

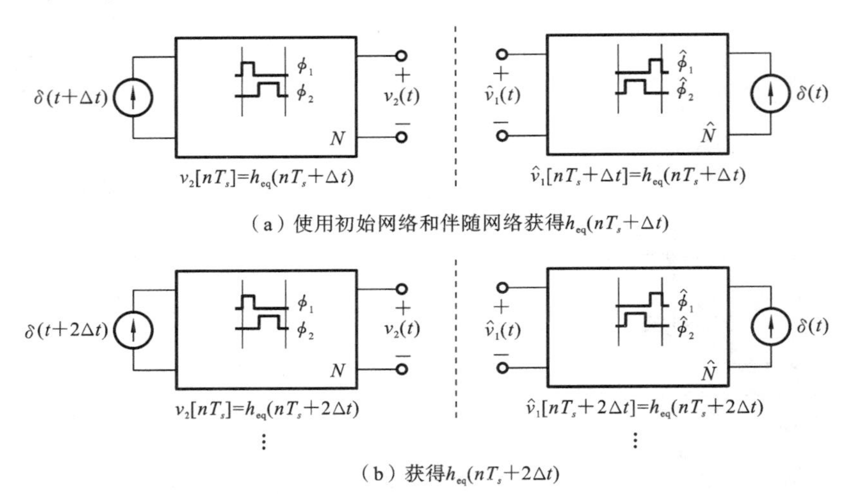

(a) 使用初始网络和伴随网络获得$h_{eq}(nT_s+\Delta t)$

(b) 获得$h_{eq}(nT_s+2\Delta t)$

图 C.16 用 $h_{eq}(t)$表示等效 LTI 滤波器的脉冲响应

下一步是获得 $h_{eq}(nT_s+2\Delta t)$。这是通过用电流 $\delta(t+2\Delta t)$驱动 N 和在 $t=nT_s$ 处采样 $v_2(t)$来实现的，如图 C.16(b)所示。在伴随网络中，输出端口应由电流 $\delta(t)$驱动（见图 C.16(a)），但现在应采用$-(-2\Delta t)=2\Delta t$ 的定时偏移对 $\hat{v}_1(t)$进行采样。对 $0\leqslant\Delta t<T_s$ 重复此操作，我们看到 $h_{eq}(t)$是波形 $\hat{v}_1(t)$，当它的"输出"端口被 $t=0$ 处的脉冲电流激励时，$\hat{v}_1(t)$显现在 $\hat{N}$ 的"输入"端口。因此，用于确定 $h_{eq}(t)$所需的多个涉及激励的实验是不必要的——简单地激励伴随网络一次就足够了。

用一个例子可以很好地说明这一点。我们（再次）尝试找到 CTMOD1 的 $h_{eq}(t)$，如图 C.17(a)所示。输出是 $y(t)$的采样版本，在 $t=n$ 处采样。该过程的第一步是绘制伴随网络信号流图（见图 C.17(b)）。CT-MOD1 的输入是伴随网络中的相关输出。积分器的方向和 DAC（其作用类似于具有矩形脉冲响应的滤波器）的是相反的。狄拉克 δ 序列时间反转，因为脉冲出现在 1 s 的倍数处，因此反转对波形没有影响。此伴随信号流图中的"输出"端口应由 $t=0$ 处的脉冲激励。伴随网络中积分器的输出由 $\hat{u}$ 表示，在 $t=0$ 处有一个阶跃，如图 C.17(c)所示，在被 NRZ DAC 脉冲卷积后反馈，产生初始为单位斜坡的反馈波形。在 $t=1$ 处，对斜坡进行采样并将其馈入积分器。由于 $\hat{v}(1)=1$，$\hat{u}(t)$在 $t=1$ 之后变为零。因此，$\hat{v}(t)$线性向下斜坡，在 $t=2$ 处到达 0 值，此后它保持为零，如图 C.17(d)所示。因此，对应于 STF 的脉冲响应是单位矩形函数，正如我们所期望的那样。

C.4.1 多输入

图 C.18 所示的是将我们的结果扩展到具有多个输入源的 LPTV 网络。假定（不

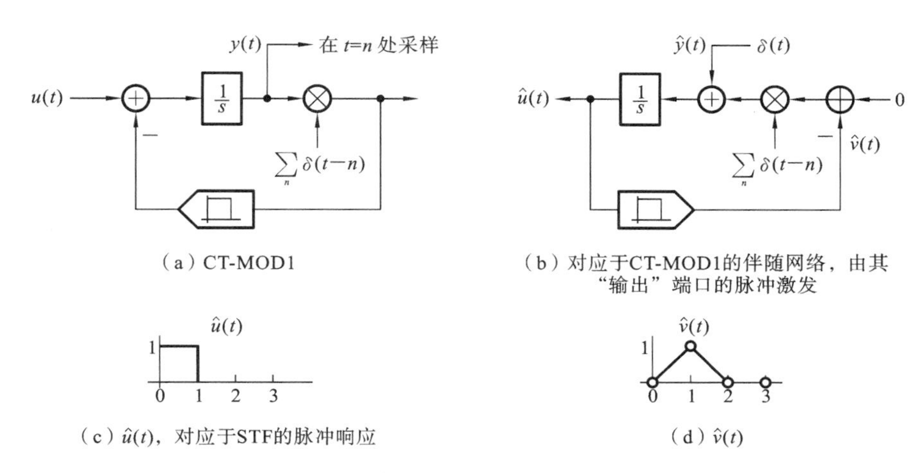

（a）CT-MOD1

（b）对应于CT-MOD1的伴随网络，由其“输出”端口的脉冲激发

（c）$\hat{u}(t)$，对应于STF的脉冲响应

（d）$\hat{v}(t)$

图 C.17 使用伴随网络信号流图确定 CT-MOD1 的 $h_{eq}(t)$

失一般性）输出为 $v_o(t)$，以定时偏移 t_0 进行采样；r 输入可以是电压或电流源；系统的输出可以如图 C.18(b)所示，其中 $h_{eq},1,\cdots,r(t)$表示 LTI 滤波器的脉冲响应。由于互易性，所有脉冲响应可以通过仅使用一个时域分析来确定，如图 C.18(c)所示，通过在时间 t 用脉冲电流激励伴随网络。

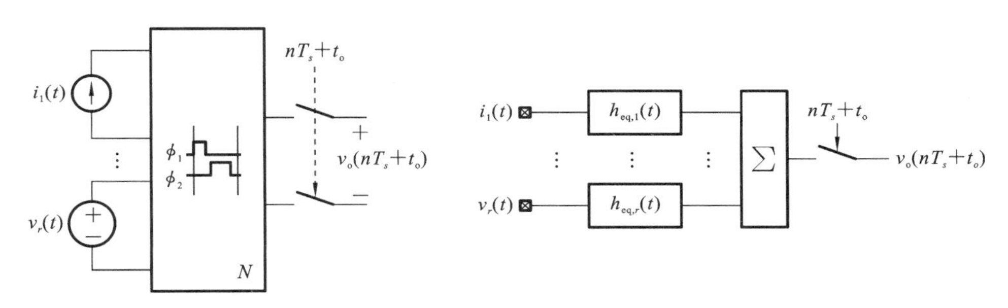

（a）具有多个输入和一个输出的原始网络，以定时偏移 t_0采样

（b）具有 LTI 滤波器的等效模型

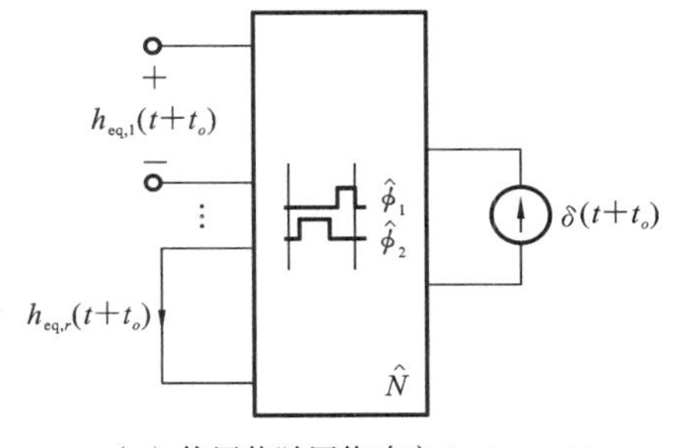

（c）使用伴随网络确定 $h_{eq},1,\cdots,r(t)$

图 C.18 具有多个输入源的 LPTV 网络

如果图 C.18(a)中的多个输入是噪声源，则图 C.18(b)的模型简化了对各个噪声源的贡献以及输出序列的总噪声谱密度的评估。在实践中，各个噪声源通常是独立的。用 $R_{n,l}(\tau)$表示第 l 噪声过程的自相关函数，等效 LTI 滤波器输出的相应函数由式(C.26)给出，即

$$R_l(\tau)=R_{n,l}(\tau) * h_{\mathrm{eq},l}(\tau) * h_{\mathrm{eq},l}(-\tau) \tag{C.26}$$

其中 * 表示卷积。采样后噪声序列的自相关函数由式(C.28)给出，即

$$R_l[m]=R_l(mT_s) \tag{C.27}$$

由第 l 个噪声源引起的输出序列的功率谱密度简单的是式(C.27)中序列 $R_l[m]$的傅里叶变换。由于噪声源是独立的，因此采样输出的自相关函数由式(C.28)给出，即

$$R[m]=\sum_l R_l(mT_s) \tag{C.28}$$

C.4.2 重新审视连续时间 Delta-Sigma 调制器的抗混叠

我们已经拥有处理采样 LPTV 系统所需的工具，现在我们可以处理其环路滤波器随时间变化的 CT ΔΣ M。这种调制器的例子是那些使用开关电容器或返回打开(return-to-open)DAC 的调制器。如我们在参考图 C.8 的调制器所讨论的那样，关系式 $\mathrm{STF}(f)=L_{0,\mathrm{CT}}(\mathrm{j}2\pi f)\mathrm{NTF}(\mathrm{e}^{\mathrm{j}2\pi f})$仅在环路滤波器是时不变的情况下适用。如图 C.19(a)所示，当环路滤波器是时变时，如何得到 STF?

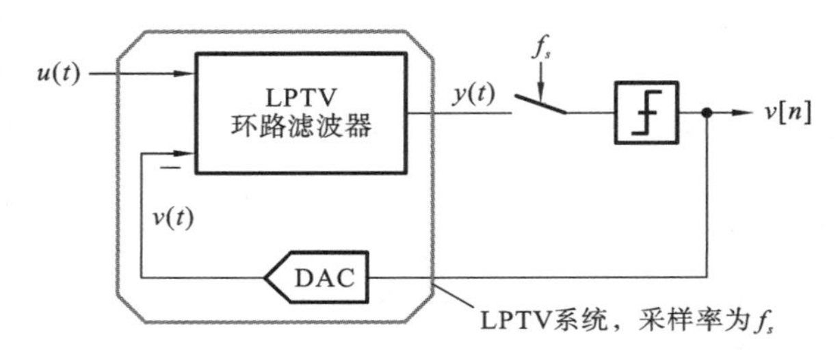

(a) 带有时变环路滤波器的 CTΔ∑M

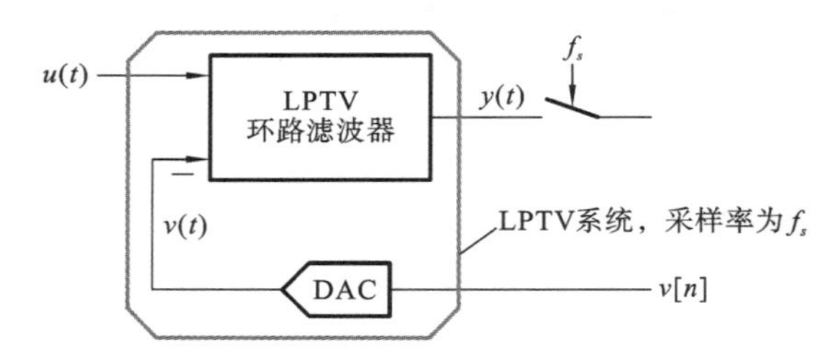

(b) LPTV环路滤波器，其输出以 f_s 采样，可以被视为等效LTI 系统，等效 LTI 系统可以使用伴随网络方法确定

图 C.19 环路滤波器

量化器对环路滤波器的输出 $y(t)$进行采样，采样该 $y(t)$的速率与环路滤波器变化的速率相同。在这种情况下，正如我们在本节前面讨论过的那样，可以找到一个等效的时不变传递函数 $L_{\mathrm{eq,CT}}(s)$，当被 $u(t)$激励时产生相同的 $y[n]$。如果 $u(t)$是时变环路滤波器的输入，设 $l_{\mathrm{eq}}(t)$表示对应于 $L_{\mathrm{eq,CT}}(s)$的脉冲响应，为了确定 $l_{\mathrm{eq}}(t)$，我们必须断开 ΔΣ 环路(见图 C.19(b))，将 v 设置为零，并使用生成的 LPTV 系统的伴随网络。

通过一个示例可以最好地说明该过程。考虑具有开关电容 DAC 的 CIFF CT ΔΣM 的环路滤波器，当环路断开并且将 v 设置为零时，得到的网络如图 C.20(a)所示。假设输入积分器是有源 RC 类型，并使用单级 OTA。假设环路滤波器的其余部分是时间不变的，由 $L_2(s)$表示，则 L_2 的输出在 ϕ_s 边沿被采样。

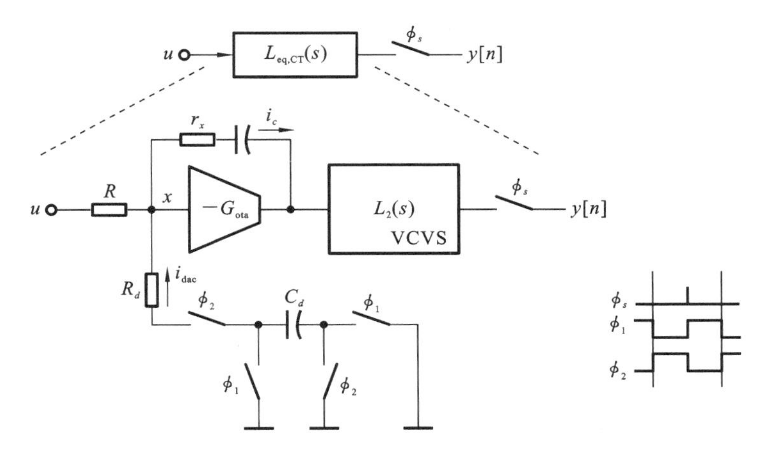

（a）带开关电容DAC的CIFF CT$\Delta\Sigma$M的环路滤波器

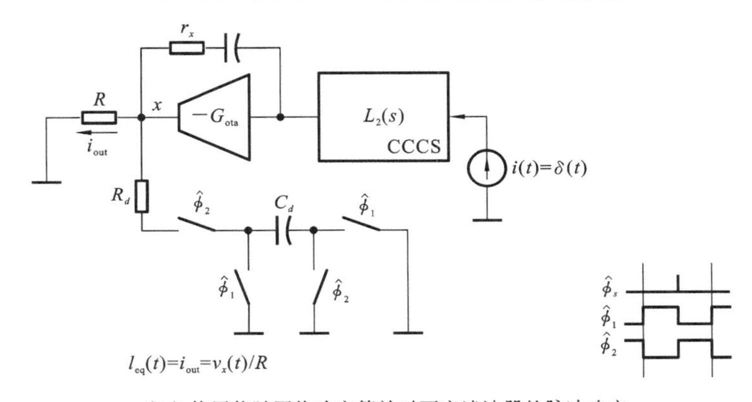

（b）使用伴随网络确定等效时不变滤波器的脉冲响应

图C.20 带开关电容DAC

伴随网络如图C.20(b)所示。原始网络中的OTA(即VCCS)被替换为其输入和输出端口互换的OTA。开关控制信号是时间反转的，换句话说，如果$\phi(t)$表示原始网络中的开关控制信号，则它在伴随网络中被$\phi(-t)$代替。$l_{eq}(t)$是通过在“输出”端口用电流脉冲$\delta(t)$激励伴随网络并通过R观察得到的电流波形得到的，即$v_x(t)/R$。

为了得到伴随网络中的$v_x(t)$，我们继续如下操作。如图C.21(a)中SC DAC所示，OTA和输入电阻R由它们的戴维南等效代替，$v_{th}(t)$是幅度为$1/C$的阶跃函数。没有DAC时，$v_x(t)$和$v_{th}(t)$将是相等的，而$l_{eq}(t)$(即$v_x(t)/R$)则是一个时不变的环路滤波器的脉冲响应。因此，我们用$l_{ideal}(t)$表示$(1/R)v_{th}(t)$。

DAC的电容C_d在$\hat{\phi}_2$期间连接到x(通过R_d)，这导致v_x暂时下降，然后OTA用时间常数$C(R_d+1/G_{ota})$将C_d充电到$v_{th}(t)$。在$\hat{\phi}_2$结束时，v_x到达v_{th}。在随后的时钟周期中重复相同的事件序列。v_x的结果显示在图C.21(b)中，为方便起见，图中也描述了$v_{th}(t)$。为了获得良好的抖动抗扰度$0.5C/g_{ota}\ll T_s$，这意味着DAC电容几乎立即充电到$v_{th}(t)$。因此，DAC电流可以通过如下的脉冲序列来近似，即

$$i(t)\approx f_sC\sum_{n=0}^{\infty}v_{th}((n+0.5)T_s)\cdot\delta(t-(n+0.5)T_s) \tag{C.29}$$

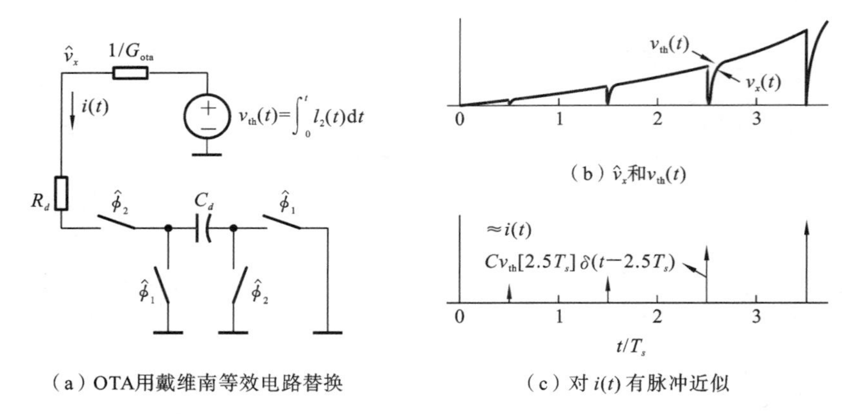

（a）OTA用戴维南等效电路替换　　（b）$\hat{v}_x$和$v_{th}(t)$　　（c）对 $i(t)$ 有脉冲近似

图 C.21　伴随网络的 $v_x(t)$

由于 $l_{eq}(t)=v_x(t)/R$ 和 $v_x(t)=v_{th}(t)-(i(t)/G_{ota})$，我们有

$$l_{eq}(t)\approx\underbrace{\frac{v_{th}(t)}{R}}_{l_{ideal}(t)}-\frac{C}{RG_{ota}}v_{th}(t)\sum_{n=0}^{\infty}\delta(t-(n+0.5)T_s) \tag{C.30}$$

式(C.30)右边的第一项(RHS)是 $l_{ideal}(t)$。由于 SC DAC 而产生的第二项是 v_{th} 和具有频率 f_s 的狄拉克 δ 序列的乘积，这表明 v_x 以此速率进行采样。这是有道理的，因为虚拟地节点在每个时钟周期被采样。因此，可以看出 $l_{eq}(t)$ 的傅里叶变换为

$$L_{eq}(j2\pi f)\approx L_{ideal}(j2\pi f)-\underbrace{\frac{f_sC}{G_{ota}}\sum_k L_{ideal}(j2\pi(f-kf_s))}_{E(j2\pi f)} \tag{C.31}$$

图 C.22 所示的是 $L_{ideal}(j2\pi f)$ 和 $E(j2\pi f)$ 的代表性幅度响应。E 是周期性，频率为 f_s。为了获得 STF，L_{eq}（等于 $L_{ideal}-E$）乘以 NTF。从式(C.31)可以看出，对于形式 $(\Delta f+kf_s)$ 的频率（其中，$\Delta f\ll f_s$），$(f_sC/G_{ota})L_{ideal}(j2\pi\Delta f)$。此外，$\mathrm{NTF}(e^{j2\pi(f+\Delta f)})=\mathrm{NTF}(e^{j2\pi\Delta f})\approx 1/L_{ideal}(j2\pi\Delta f)$。因此，

$$|\mathrm{STF}(f+\Delta f)|\approx\frac{f_sC}{G_{ota}}=\frac{1}{G_{ota}R} \tag{C.32}$$

因此，使用 SC DAC 会严重降低调制器的混叠抑制，如图 C.22 所示。这与我们在第 10 章中的一阶分析一致，该分析基于“平均”参数。

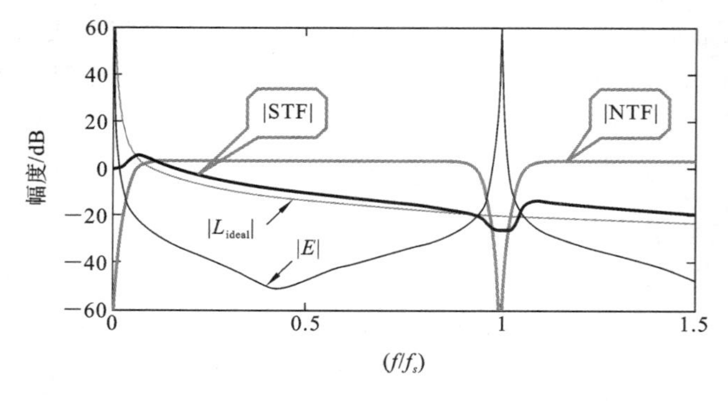

图 C.22　具有开关电容反馈 DAC 的三阶 CIFF CTΔΣM 的 L_{ideal}、$E(j2\pi f)$、NTF 和 STF 的幅度图